"十二五"普通高等教育本科国家级规划教材

"十三五"高等医学院校本科规划教材

供基础、临床、护理、预防、口腔、中医、药学、医学技术类等专业用

生物化学

Biochemistry

（第4版）

主 编 李 刚 贺俊崎

副主编 （按姓名汉语拼音排序）

高国全 孔 英 马 佳 倪菊华 王海生

编 委 （按姓名汉语拼音排序）

程 杉（首都医科大学）
窦 烨（齐鲁医药学院）
高国全（中山大学中山医学院）
何海伦（中南大学湘雅医学院）
贺俊崎（首都医科大学）
江兴林（湖南医药学院）
孔 英（大连医科大学）
李 刚（北京大学医学部）
李红梅（贵州医科大学）
刘友勋（新乡医学院）
龙石银（南华大学医学院）
马 佳（蚌埠医学院）
倪菊华（北京大学医学部）
裴晋红（长治医学院）
覃 扬（四川大学华西医学中心）
王海生（内蒙古医科大学）
王 嵘（青海大学医学院）
王秀宏（哈尔滨医科大学）
王志刚（哈尔滨医科大学大庆校区）
谢书阳（滨州医学院）
杨 洁（天津医科大学）
翟 静（泰山医学院）
张春晶（齐齐哈尔医学院）
赵 蕾（哈尔滨医科大学大庆校区）
周晓慧（承德医学院）

北京大学医学出版社

SHENGWUHUAXUE

图书在版编目（CIP）数据

生物化学 / 李刚，贺俊崎主编．—4 版．—北京：北京大学医学出版社，2018. 6（2022. 11 重印）
ISBN 978-7-5659-1785-1

Ⅰ．①生… Ⅱ．①李… ②贺… Ⅲ．①生物化学－高等学校－教材 Ⅳ．① Q5

中国版本图书馆 CIP 数据核字（2018）第 078233 号

生物化学（第 4 版）

主　　编：李　刚　贺俊崎
出版发行：北京大学医学出版社
地　　址：（100191）北京市海淀区学院路 38 号　北京大学医学部院内
电　　话：发行部 010-82802230；图书邮购 010-82802495
网　　址：http：//www.pumpress.com.cn
E-mail：booksale@bjmu.edu.cn
印　　刷：北京信彩瑞禾印刷厂
经　　销：新华书店
责任编辑：赵　欣　　**责任校对**：金彤文　　**责任印制**：李　啸
开　　本：850 mm × 1168 mm　1/16　　**印张**：32　　**字数**：923 千字
版　　次：2018 年 6 月第 4 版　2022 年 11 月第 6 次印刷
书　　号：ISBN 978-7-5659-1785-1
定　　价：85.00 元

修订说明

国务院办公厅颁布《关于深化医教协同进一步推进医学教育改革与发展的意见》、以“5+3”为主体的临床医学人才培养体系改革、教育部本科临床医学专业认证等一系列重要举措，对新时期高等医学教育人才培养提出了新的要求，也为教材建设指明了方向。

北京大学医学出版社出版的临床医学专业本科教材，从2001年开始，历经3轮修订、17年的锤炼，各轮次教材都高比例入选了教育部“十五”“十一五”“十二五”国家级规划教材。为了顺应医教协同和医学教育改革与发展的要求，北京大学医学出版社在教育部、国家卫生健康委员会和中国高等教育学会医学教育专业委员会指导下，经过前期的广泛调研、综合论证，启动了第4轮教材的修订再版。

本轮教材基于学科制课程体系，在院校申报和作者遴选、编写指导思想、临床能力培养、教材体系架构、知识内容更新、数字资源建设等方面做了优化和创新。共启动46种教材，其中包含新增的《基础医学概论》《临床医学概论》《诊断学》《医患沟通艺术》4种。《基础医学概论》和《临床医学概论》虽然主要用于非临床医学类专业学生的学习，但须依托于临床医学的优秀师资才能高质量完成，故一并纳入本轮教材中。《诊断学》与《物理诊断学》《实验诊断学》教材并存，以满足不同院校课程设置差异。第4轮教材修订的主要特点如下：

1．为更好地服务于全国高等院校的医学教育改革，对参与院校和作者的遴选精益求精。教材建设的骨干院校结合了研究型与教学型院校，并注重不同地区的院校代表性；由各学科的委员会主任委员或理事长和知名专家等担纲主编，由教学经验丰富的专家教授担任编委，为教材内容的权威性、院校普适性奠定了坚实基础。

2．以“符合人才培养需求、体现教育改革成果、教材形式新颖创新”为指导思想，以深化岗位胜任力培养为导向，坚持“三基、五性、三特定”原则，密切结合国家执业医师资格考试、全国硕士研究生入学考试大纲。

3．部分教材加入了联系临床的基础科学案例、临床实践应用案例，使教材更贴近基于案例的学习、以问题为导向的学习等启发式和研讨式教学模式，着力提升医学生的临床思维能力和解决临床实际问题的能力；适当加入知识拓展，引导学生自学。

4．为体现教育信息化对医学教育的促进作用，将纸质教材与二维码技术、网络教学平台相结合，教材与微课、案例、习题、知识拓展、图片、临床影像资料等融为一体，实现了以纸质教材为核心、配套数字教学资源的融媒体教材建设。

在本轮教材修订编写时，各院校对教材建设提出了很好的修订建议，为第4轮教材建设的顶层设计和编写理念提供了详实可信的数据储备。第3轮教材的部分主编由于年事已高，此次不再担任主编，但他们对改版工作提出了很多宝贵的意见。前3轮教材的作者为本轮教材的日臻完善打下了坚实的基础。对他们的贡献，我们一并表示衷心的感谢。

尽管本轮教材的编委都是多年工作在教学一线的教师，但囿于现有水平，书中难免有不当之处。欢迎广大师生多提宝贵意见，反馈使用信息，以臻完善教材的内容，提高教材的质量。

“十三五”高等医学院校本科规划教材评审委员会

序

国务院办公厅《关于深化医教协同进一步推进医学教育改革与发展的意见》（以下简称《意见》）指出，医教协同推进医学教育改革与发展，加强医学人才培养，是提高医疗卫生服务水平的基础工程，是深化医药卫生体制改革的重要任务，是推进健康中国建设的重要保障。《意见》明确要求加快构建标准化、规范化医学人才培养体系，全面提升人才培养质量。要求夯实5年制临床医学教育的基础地位，推动基础与临床融合、临床与预防融合，提升医学生解决临床实际问题的能力，推进信息技术与医学教育融合。从国家高度就推动医学教育改革发展作出了部署、明确了方向。

高质量的医学教材是满足医学教育改革、培养优秀医学人才的核心要素，与医学教育改革相辅相成。北京大学医学出版社出版的临床医学专业本科教材，立足于岗位胜任力的培养，促进自主学习能力建设，成为临床医学专业本科教学的精品教材，为全国高等医学院校教育教学与人才培养工作发挥了重要作用。

在医教协同的大背景下，北京大学医学出版社启动了第4轮教材的修订再版工作。全国医学院校一大批活跃在教学一线的专家教授，以无私奉献的敬业精神和严谨治学的科学态度，积极参与到本轮教材的修订和建设工作当中。相信在全国高等医学院校的大力支持下，有广大专家教授的热情奉献，新一轮教材的出版将为我国高等医学院校人才培养质量的提高和医学教育改革的发展发挥积极的推动作用。

柯杨　詹启敏

前 言

《生物化学》第 4 版的编写工作于 2017 年 7 月顺利启动。本次编写任务与第 3 版略有不同。除了仍然以纸质教材为主外，还将建设配套数字化资源的立体化教材，这些都对教材的编写工作提出了更高的要求。教材仍将以深化岗位胜任力为导向，突出基础理论、基本知识和基本技能的掌握，体现思想性、科学性、先进性、启发性和适用性。编写时仍将紧密结合国家执业医师资格考试大纲和硕士研究生入学考试大纲的要求。

数字教学资源建设主要以微课等形式体现，不在这里赘述。此外，原纸质版教材中穿插的拓展知识点，经过整理和补充后将以二维码形式出现在教材中，使用者只要扫描页边二维码即可获取其中内容，这样可以节省不少篇幅，是现代化信息技术在本学科教学中的体现和应用。

在使用第 3 版教材进行教学实践的几年中，生物化学学科也有了很大的发展，与此同时，我们也对原教材中的许多知识有了新的认识，许多内容急需更新和修正。本次教材的改版主要参考国外最新出版的著名生物化学教材 *Lehninger Principles of Biochemistry*（2017 年，第 7 版）以及其他教材，并保持国内教材使用过程中长期以来形成的传统和特点。与以往教材编写不同的是，我们始终与人民卫生出版社《生物化学与分子生物学》第 9 版教材的主编保持着充分的沟通，在许多知识点的更新上进行了充分的讨论，并达成了共识。不同教材之间的沟通协调将有利于教材建设，也对今后国家执业医师资格考试和硕士研究生入学考试大纲的制订以及试题建设都具有重要的指导意义。

本次教材的修订在第 3 版的整体布局基础上略有调整，对不同章节的内容进行了修改和补充。例如，每章的第一节均安排为概述，以统一风格。第一章对文字部分做了必要的调整，其中将“模体（motif）”改为“结构模体（structure motif）”，以区别“序列模体（sequence motif）”，并将“模体”内容放入蛋白质三级结构中叙述。将第二章“核酸的结构与功能”中的“核酸酶”内容放到第八章“核苷酸代谢”中。在第三章中，将第 3 版教材的“调节酶”均改为“关键酶”或“限速酶”，并全书一致。“调节酶”的说法并没有错，但“关键酶”的说法在酶调节的叙述上更为清晰。第四章补充了葡萄糖吸收机制中的葡萄糖转运蛋白作用。第五章“脂类代谢”改为“脂质代谢”，编写顺序也做了适当调整。第六章对生物氧化特点、呼吸链复合体组成、呼吸控制等做了相应补充，对活性氧清除体系部分做了修改。在第七章“氨基酸代谢”中删除了氨基酸吸收的“γ- 谷氨酰循环”机制，在氨基酸的一般代谢中删除了“嘌呤核苷酸循环”的联合脱氨基方式。这两个机制长期以来都被编写入教材中，但迄今没有找到相应的证据，因而本版教材不再编入。肌肉中氨基酸脱氨基方式将代之以“葡萄糖 - 丙氨酸循环”和“谷氨酰胺”机制。对不同一碳单位名称进行了规范化命名。对第八章内容做了进一步的完善，增加的一些知识点以二维码的形式体现。第九章新增了关于物质代谢的概述，增补了物质代谢的特点、参与物质代谢与调节的常见激素类型。同时，新增了临床知识扩展和案例分析模块。原第十章“DNA生物合成”改为“DNA合成与修复”。第十一章“RNA的生物合成”改为“RNA合成”，这是为了与国外主要生物化学教材的提法保持一致。出于现在对干扰素作用机制的最新理解，删除了第十二章“蛋白质的生物合成”中干扰素对蛋白质合成的作用。蛋白质生物合成过程不再提“核糖体循环”概念，以免与国外主要生物化学教材中的“ribosome recycling”的含义相混淆。第十三章修改篇幅较大的是将非编码RNA相关内容从翻译后调控改至转录后水平调控，并归为“基因沉默”。增加“增强子RNA”二维码知识点。将原第十四章“基因、基因组与人类基因组计划”改为“基因与组学”，以适应当前学科的发展。国内外生物化学教材对“基因”的概念有不同解释，我们在参考多种教材和资料后采用了国外经典教材的定义。在第十五章“重组DNA技术”中，新版教材充实了基因诊断和基因治疗的概念，增加了基因诊断在遗传病、感染性疾病与传染病、恶性肿瘤等的预测和诊断的应用，以及基因诊断在法医学中的应用等。在二维码知识点中增加了CRISPR/Cas新技术的概念。将第十六章“细胞信号转导”整章内容中所有的“通路”改为“途径”；其中第一节概述增加了细胞信号转导的一般特征的介绍，第二节中删除了“细胞膜的转运功能”，并将第二节改为“生物膜的结构与细胞通讯”，第三节中增加了G蛋白一般分类、G蛋白活性与失活状态转变的机制，第四节中增加了信号关闭的几种机制，在“酶偶联型受体介导的信息传递途径”中增加了RTK-PI3K-AKT途径。将第十七章“癌基因与肿瘤抑制基因”中的“生长因子”内容放到同一章第二节“原癌基因与癌基因”中，作为原癌基因产物进行介绍；增加了“oncomiRs”知识点的介绍。第十八章没有太大改变，主要是核实并更正了一些错误。删除原第十九章“肝的生物化学”中“内源性非营养物质”的提法。第二十章“维生素与必需微量元素”改为“维生素与矿物质”，增加钙、磷的相应知识，以与最新版国家执业医师资格考试大纲同步。在第二十一章“常用分子生物学技术”中增加了“第七节　生物大分子的相互作用研究技术”，以适应学科技术手段的新发展。

与上一版教材相比，本版教材的特点是更新了一些知识点，增加了一些新知识，与国内其他教材进行了协调，并且与国家执业医师资格考试大纲和硕士研究生入学考试大纲保持一致，目标是修订成一部适用于医学本科阶段教学的实用教材。

感谢几年来使用本教材的师生对教材中存在的问题提出宝贵意见和建议，也希望各位师生在新一版教材的使用过程中，继续关注教材，及时发现和指出其中出现的错误和问题，以便再次印刷时更正。

编　者

二维码资源索引

续表

目　录

第一篇　生物大分子的结构与功能

第二篇　代谢及其调节

第三篇 分子生物学基础

第四篇 专题篇

绪 论

生物化学（biochemistry）即“生命的化学”，是运用化学的原理和方法，研究生物体的物质组成和生命过程中的化学变化，进而深入揭示生命活动的化学本质的一门学科。其研究对象包括生物体分子结构与功能、物质代谢与调节以及遗传信息传递的分子基础与调控规律等。20世纪50年代，生物化学的发展进入分子生物学时期，人们通常将研究核酸、蛋白质等生物大分子结构、功能及基因结构、表达与调控的内容称为分子生物学（molecular biology）。因此可以认为分子生物学是生物化学的重要组成部分，也可以将其看作生物化学的发展和延续，二者密不可分。生物化学的研究手段早期主要是化学、物理学和数学的原理和方法，随后又融入了生理学、细胞生物学、遗传学和免疫学等的理论和技术，近年来又引入了生物工程学、生物信息学等的原理和手段。因此，生物化学是一门边缘学科，与众多学科有着广泛的联系，尤其是近年来飞速发展，作为生命科学的共同语言，已成为当今生命科学领域的前沿学科，对医学的发展起着重要的促进作用。

一、生物化学发展简史

生物化学的研究始于18世纪，至20世纪初形成一门独立的学科，近百年来呈现蓬勃向上的发展趋势。生物化学可以说是20世纪的科学，目前已成为自然科学中发展最快、最引人瞩目的学科之一。

1. 叙述生物化学阶段（亦称静态生物化学阶段） 18世纪中叶至19世纪末是生物化学发展的初级阶段，主要研究生物体的化学组成，对脂质、糖类及氨基酸的性质进行了较为系统的研究。重要成果有：首次从血液中分离出血红蛋白，并制成了血红蛋白结晶；从麦芽中分离出淀粉酶；发现酵母发酵过程中存在“可溶性催化剂”；引入“酶”的概念，奠定了酶学的基础；证明蛋白质是由不同数量、种类的氨基酸组成的，采用化学方法合成了多肽，以此为底物，分析酶的催化活性，验证了酶催化作用的“锁-钥”学说；成功制备了尿素酶结晶，首次证明酶是蛋白质；发现了核酸。上述成果对后续的生物化学研究产生了极大影响。

2. 动态生物化学阶段 从20世纪初开始，随着生命体化学组成和分子结构知识的积累，进而开始研究细胞内的化学反应是如何进行的，即体内各种分子的代谢变化。由此生物化学进入了蓬勃发展阶段，包括酶学、物质代谢、能量代谢、营养、内分泌等诸多领域。其重要成果有：发现了人类必需氨基酸、必需脂肪酸及多种维生素、激素，并将其分离、合成；认识到生物体内进行的化学反应是由一连串的酶促有机化学反应组成的；由于化学分析及同位素示踪技术的发展与应用，生物体内主要物质的代谢途径已基本确定，包括糖代谢的酶促反应过程、脂肪酸β氧化、三羧酸循环以及尿素合成的鸟氨酸循环等；描绘了物质氧化分解的过程，揭示了新陈代谢的化学本质；发现了腺苷三磷酸（ATP）；提出生物能代谢过程中的ATP循环学说；证明催化三羧酸循环反应的酶都分布在线粒体，线粒体内膜分布有电子传递体，可进行氧化磷酸化反应。此阶段奠定了现代生物能学理论的基础。

3．分子生物学时期 20世纪中叶以来，生物化学发展的显著特征是分子生物学的兴起。这一阶段，细胞内两类重要的生物大分子——蛋白质与核酸成为研究的焦点。采用X射线衍射技术研究蛋白质结晶，发现了蛋白质分子的二级结构——α螺旋。完成了胰岛素的氨基酸全序列分析。X射线衍射技术和多肽链氨基酸序列分析技术随后成为分子生物学研究的两大技术支柱。

证明核酸与蛋白质一样，也是一种多聚物，并发现了核酸的两种类型——核糖核酸（RNA）和脱氧核糖核酸（DNA）。提出“一个基因一个酶”的假说。通过细菌转化实验证明DNA是遗传的物质基础，揭示了基因的本质。尤其具有里程碑意义的是，James D. Watson和Francis H. Crick于1953年提出的DNA双螺旋结构模型，为揭示遗传信息传递规律奠定了基础，从此生物化学发展进入了以生物大分子结构与功能研究为主体的分子生物学时期。此后，对DNA的复制机制、基因的转录过程以及各种RNA在蛋白质合成过程中的作用进行了深入研究。发现了DNA聚合酶，揭示了DNA复制的秘密。破译了mRNA分子中的遗传密码。提出了遗传信息传递的中心法则（central dogma）。这些成果深化了人们对核酸与蛋白质的关系及其在生命活动中作用的认识。

20世纪50年代后期揭示了蛋白质生物合成的途径，确定了由合成代谢与分解代谢网络组成的“中间代谢”概念。随后认识到生物大分子三维结构与功能的关系，以及生命的基本功能表现为基本相同的生化过程，生命现象的“同一性”使科学家可以利用细菌和病毒研究演绎高等生命过程。揭示了原核基因表达的开启和关闭是如何控制的。以酶活性的“别构调节”理论解释了机体代谢功能是如何被调节的，由此引入生物调节的概念。

20世纪70年代，建立了重组DNA技术，不仅促进了对基因表达调控机制的研究，而且使主动改造生物体成为可能。随后相继获得了多种基因工程产品，极大地推动了医药工业和农业的发展。发现了核酶（ribozyme），打破了所有生物催化剂都是蛋白质的传统观念。发明了体外扩增DNA的专门技术——聚合酶链反应（polymerase chain reaction，PCR），使人们有可能在体外高效率扩增DNA，科学家们分离及操作基因的能力有了极大的提升。

目前，分子生物学已经从研究单个基因发展到对生物体整个基因组结构与功能的研究。人类基因组计划（human genome project，HGP）是生命科学领域有史以来最庞大的全球性研究计划，该计划是对人23对染色体全部DNA的核苷酸进行测序。1990年，耗资30亿美元的15年制图和测序计划正式启动。1999年底，22号染色体全序列公布。2000年3月，21号染色体全序列公布；同年6月，人类基因组序列草图提前完成。2001年2月，科学家绘制完成了人类基因组序列图，此成果无疑是人类生命科学史上的一个重大里程碑，它揭示了人类遗传学图谱的基本特点，将为人类的健康和疾病的研究带来根本性的变革。

在上述研究成果之上，近年来相继出现的各类组学研究，成为生物化学的新热点。包括蛋白质组学（proteomics），即在大规模水平上研究蛋白质的特征，包括蛋白质的表达水平、翻译后修饰、蛋白质与蛋白质相互作用等，由此获得蛋白质水平上的关于疾病发生、细胞代谢等过程的整体而全面的认识；转录物组学（transcriptomics），主要在整体水平上研究细胞中基因转录的情况及转录调控规律；RNA组学（RNomics），对细胞中全部RNA分子的结构与功能进行系统的研究，从整体水平阐明RNA的生物学意义；代谢物组学（metabolomics），对生物体内所有代谢物进行定量分析，并寻找代谢物与病理生理变化的相关性；糖组学（glycomics），主要研究单个生物体所包含的所有聚糖的结构、功能（包括与蛋白质的相互作用）等的生物学作用。由此可见，阐明人类基因组及其表达产物的功能是一项需要多学科参与的极具挑战性的工作，它吸引着包括医学、生物学、化学、数学、统计学和计算机科学等领域的诸多学者参与，对各种数据进行整合分析并与其生物学意义相关联。生物信息学（bioinformatics）——一门前景广阔的新兴学科便在此基础之上应运而生，其主要研究生物信息的采集、处理、存储、传播、分析和解释等，综合利用生物学、计算机科学和信息技术揭示大量而复杂的生物数据所蕴含的生物学奥秘。

纵观近几十年，几乎每年的诺贝尔生理学或医学奖以及一些诺贝尔化学奖都授予了从事生物化学和分子生物学的科学家，可见生物化学和分子生物学在生命科学中的重要地位和作用。尽管生物化学与分子生物学的发展如此迅速，探索生命的本质仍然任重而道远。

二、生物化学主要研究内容

生物化学的研究内容十分广泛，简要归纳为以下几个方面：

1．生物体的物质组成和生物分子的结构与功能 构成人体的主要物质包括水（55% ~ 67%）、蛋白质（15% ~ 18%）、脂质（10% ~ 15%）、无机盐（3% ~ 4%）、糖类（1% ~ 2%）等，此外，还有核酸、维生素、激素等多种化合物。由碳、氢、氧、氮等组成的有机化合物统称为生物分子，这些化合物分子有上百万种，其种类繁多，结构复杂，功能各异。将分子量较大、结构复杂的蛋白质、核酸、多糖及脂质等统称为生物大分子。对生物分子的研究，主要是针对生物大分子。生物大分子一般是由某些基本结构单位按一定顺序和方式连接而形成的多聚体（polymer）。比如由氨基酸通过肽键连接形成蛋白质，由核苷酸通过磷酸二酯键连接形成核酸等。生物大分子空间结构与功能密切相关。结构是功能的基础，功能是结构的体现。生物大分子的功能还可通过分子之间的相互识别和相互作用来实现，例如，蛋白质与蛋白质、蛋白质与核酸、核酸与核酸的相互作用在基因表达调节中起着重要作用。所以分子结构、分子识别和分子间的相互作用是执行生物分子功能的基本要素。

2．物质代谢及其调节 生命的基本特征是新陈代谢，即生物体不断与外环境进行物质交换及维持其内环境的相对稳定。据估算，人的一生中与环境进行的物质交换：水约 60 吨、糖类 10 吨、蛋白质 1.6 吨、脂质 1 吨。此外，还有其他小分子物质和无机盐类等。物质通过消化、吸收进入体内，一方面可作为机体生长、发育、修复和繁殖的原料，进行合成代谢；另一方面进行分解代谢，释放能量供生命活动。正常的物质代谢是生命过程的必要条件，体内各种代谢途径之间存在着密切而复杂的关系，生物体依靠精确的调节系统来保证各种物质代谢途径按照一定规律有条不紊地进行，若调节紊乱，物质代谢发生异常则可能引起疾病。目前对生物体内的主要物质代谢途径已基本清楚。物质代谢中的绝大部分化学反应由酶催化，酶结构和酶含量的变化对物质代谢的调节起着重要作用。细胞信息传递也参与多种物质代谢及生长、增殖、分化等生命过程的调节。但是，仍有众多的问题需要探讨。

3．遗传信息传递及其调控 生物体在繁衍个体的过程中，其遗传信息代代相传，这是生命现象的又一重要特征。DNA 是遗传的主要物质基础，基因即 DNA 分子的功能片段，作为基本遗传单位储存在 DNA 分子中。因此，基因信息的研究在生命科学中的作用至关重要。除研究 DNA 的结构与功能外，更重要的是研究 DNA 复制、RNA 转录、蛋白质生物合成等基因信息传递过程的机制及基因表达调控的规律。遗传信息传递涉及遗传、变异、生长、分化等生命过程，与遗传性疾病、恶性肿瘤、代谢异常性疾病、免疫缺陷性疾病、心血管病等多种疾病的发病机制有关。重组 DNA 技术、转基因动植物、基因敲除、新基因克隆、人类基因组计划及后基因组计划等将大大推动这一领域的研究进程。

三、生物化学与医学的关系

生物化学既是重要的医学基础学科，又与临床医学的发展密切相关。作为基础医学的必修课，生物化学的理论和技术已渗透到医学科学的各个领域。掌握生物化学知识，可为进一步学习免疫学、微生物学、药学、遗传学、病理学等基础医学课程打下基础。当前，基础医学各学科的研究已深入到分子水平，越来越多地应用生物化学的理论与技术来解决各学科的问题，学科间相互渗透愈发显著，出现诸多交叉学科，如分子免疫学、分子遗传学、分子药理学、分子病理学等。

同样，生物化学与临床医学的关系也很密切。各种疾病发病机制的阐明，诊断手段、治疗方案、预防措施等的实施，均大量依据生物化学的理论和技术。而且许多疾病的发病机制也需要从分子水平加以探讨。如糖类代谢紊乱导致的糖尿病、脂质代谢紊乱导致的动脉粥样硬化、氨代谢异常与肝性脑病、胆色素代谢异常与黄疸、维生素 A 缺乏与夜盲症、苯丙酮尿症与苯丙氨酸羟化酶缺乏等的关系都早已为世人所公认。体液中各种无机盐类、有机化合物和酶类等的检测，早已成为疾病诊断的常规指标。近年来，生物化学与分子生物学的迅速发展也极大地加深了人们对恶性肿瘤、心血管疾病、神经系统疾病、免疫性疾病等重大疾病本质的认识，并出现了新的诊治方法。随着基因探针、PCR 技术等在临床的应用，疾病的诊断更加特异、灵敏和简便快捷。同时基因工程疫苗的运用也为解决免疫学问题提供了新的手段。由此可见，生物化学是一门重要的医学基础课程。作为医学生，掌握生物化学的基本知识，既有助于进一步学习其他基础医学课程，也可为将来从事临床工作奠定基础。

四、生物化学的特点及学习方法

首先，生物化学的理论和技术原理与其他学科联系紧密，特别是化学、生物学等，对这些学科相关知识的温习和掌握，有助于较好地理解生物化学的内容。其次，生物化学本身的学习过程需要跨越几个台阶。掌握每一类生物分子的结构是第一个台阶。化学结构是生物化学的词汇，分子结构的记忆在整个生物化学课程学习中将使人受益匪浅，有助于理解生物分子的理化特性、反应机制及合成降解规律等。第二个台阶是代谢途径的学习。掌握代谢途径的共同特征，如几乎所有代谢中的反应，都是由酶催化的；物质代谢总是伴随着能量代谢；有些中间代谢物又充当合成代谢的前体分子等。熟悉几种重要的代谢途径，比如糖代谢的中心代谢途径——糖酵解和柠檬酸循环，这一途径是糖、蛋白质和脂质等生物分子代谢的必经之路。最后一个台阶是遗传信息分子的复制、转录、翻译及其调控部分的学习，该部分内容繁杂，有一定难度，特别是基因表达调控部分，主要是了解一些基本规律、原则和过程概要等。

针对上述特点，在学习方法上可参照如下建议：

由于各章节之间联系紧密，教材前面部分介绍的内容，在后续章节经常应用，在学习过程中要注意相关章节知识的连贯性和前后呼应，应反复复习，做到“瞻前顾后”和“温故知新”。这样既有利于知识的加深巩固，又有利于新内容的理解记忆。

需学习的内容多，尤其代谢反应过程十分复杂，知识点繁杂，内容较抽象，应根据教学大纲，抓住重点，有目的地对要求掌握的内容在理解的基础上进行记忆。学习中应侧重于反应性质、条件及生理意义，掌握代谢规律，抓主线，找到框架结构和层次，掌握规律，记住要点，做到纲目清楚，多而不乱。

“难记”是学习生物化学普遍遇到的问题，要解决好这个难题，就要在理解的基础上，善于归纳总结和对比，对于一些相似易混淆的内容，采用对比归纳法。有比较才有鉴别，有鉴别才能分辨事物从而记住其特征。

自学难度较大，须进行课前预习，充分利用老师的课堂讲授理解所学的内容，课后及时复习，并进行一定的习题练习，以助理解理论知识。

总之，生物化学是一门极具挑战性的科学，在过去 1 个多世纪，成千上万的研究者以不懈的努力和巧妙的工作铸成了这一知识宝库，需要后来之人以勤奋和智慧去开采、挖掘并发扬光大。

（贺俊崎）

第一篇

生物大分子的结构与功能

第1章 蛋白质的结构与功能

第一节 概 述

早在19世纪，科学家们就发现含氮天然产物对动物的生存是必需的。1838年荷兰化学家G. J. Mulder首次采用蛋白质（protein，源自希腊语proteios，意为“第一重要的”）来表示这类化合物。蛋白质的基本组成单位是L-α-氨基酸，常见的有20种，称为基本氨基酸，除此之外，近年来又发现了2种新的基本氨基酸，即硒代半胱氨酸和吡咯赖氨酸。氨基酸可通过肽键连接形成多肽链，多肽链中氨基酸的排列顺序构成蛋白质的一级结构。在此基础之上，多肽链又可折叠盘绕形成二级、三级及四级空间结构。蛋白质的一级结构是其生物学功能的基础，一级结构决定空间结构，空间结构相似者往往其生物学功能亦相似。

蛋白质的理化性质部分与氨基酸类似，可两性解离，有呈色反应，同时亦具有高分子化合物的特点，即有胶体性质，不易透过半透膜，可变性、沉淀、凝固等。依据这些性质，可以进行蛋白质的分离纯化，以便深入研究这一类重要的生物大分子。

蛋白质是生物体内重要的高分子有机物，是生物体结构和生命活动的重要物质基础。它不仅在生物体内含量丰富，而且具有多种多样的生物学功能。对于人体而言，蛋白质约占人体干重的45%，遍及所有的组织器官，是机体细胞的重要组成成分，也是机体组织更新和修补的主要原料，在人体的生长、发育、运动、遗传、繁殖等生命活动中起着重要作用。可以说，没有蛋白质就没有生命活动的存在。

一、蛋白质是构成生物体的重要组成物质

生物体无论简单还是复杂，蛋白质都是其细胞的重要组成成分。以病毒（virus）为例，它们虽不具备最简单的细胞形态或结构，却有蛋白质与核酸结合而成的核蛋白（nucleoprotein），使它们能够生长、繁殖、致病。例如烟草花叶病毒（tobacco mosaic virus，TMV），它能使烟草致病，人们将其纯化结晶，并储存数年后再接种到宿主烟叶上，它仍能够生长、繁殖并使烟叶感染花叶病，同时病毒核蛋白也大量增加。这说明在病毒这种极简单的生命形式中，蛋白质亦充当了重要的结构物质。再如朊病毒（prion）是一类只有蛋白质而没有核酸的感染性蛋白质，若其结构发生某种特定的改变，则可引起动物或人的朊病毒病。

二、蛋白质是生物体生命活动的执行者

生物体结构越复杂，其蛋白质种类和功能也越繁多，即使在单细胞生物中，所发现的蛋白质也有数千种，而人体内大约含有30万种蛋白质。

蛋白质作为生命活动的执行者，在生物体内发挥着多种多样的功能，目前所发现的主要功能包括以下几类：

1．催化功能 由活细胞产生的具有催化功能的蛋白质称为酶，生物体新陈代谢的全部化学反应都是由酶来催化完成的。如己糖激酶催化腺苷三磷酸的磷酸基团转移至葡萄糖，使葡萄糖磷酸化而活化；乳酸脱氢酶可催化乳酸脱氢转变成丙酮酸；DNA聚合酶参与DNA的复制

和修复。

2．调节功能　在生物体正常的生命活动如代谢、生长、发育、分化、生殖等过程中，多肽和蛋白质激素起着极为重要的调节作用。如调节糖代谢的胰岛素（insulin），与生长和生殖有关的促甲状腺素（thyrotropin）、促生长素（somatotropin）、黄体生成素（luteinizing hormone，LH）和促卵泡激素（follicle stimulating hormone，FSH）等。重要的肽类激素包括促肾上腺皮质激素、抗利尿激素（antidiuretic hormone）、胰高血糖素（glucagon）和降钙素（calcitonin）。另外，许多激素的信号常常通过G蛋白（GTP结合蛋白质）介导。其他还有转录和翻译调控蛋白质，包括与DNA紧密结合的组蛋白及某些酸性蛋白质等。

3．运输功能　在生命活动过程中，许多小分子及离子的运输是由各种专一的蛋白质来完成的，它们携带小分子从一处到另一处，通过细胞膜，在血液循环中、不同组织间运载代谢物。如血红蛋白是转运氧和二氧化碳的工具；清蛋白可运输游离脂肪酸及胆红素等。

4．运动功能　从最低等的细菌鞭毛运动到高等动物的肌肉收缩都是通过蛋白质实现的，即某些蛋白质使细胞和器官具有收缩能力，可使其改变形状或运动。如骨骼肌收缩靠肌动蛋白（actin）和肌球蛋白（myosin），这两种蛋白质在非肌肉细胞中也存在。微管蛋白用于构建微管，微管的作用是与鞭毛及纤毛中的动力蛋白（dynein）协同推动细胞运动。

5．免疫和防御功能　生物体为了维持自身的生存而拥有多种类型的防御手段，其执行者大多数为蛋白质。例如抗体即是一类高度专一的蛋白质，它能识别和结合侵入生物体的外来物质，如异体蛋白质、病毒和细菌等。又如凝血酶与纤维蛋白原参与血液凝固，从而防止失血。

6．营养和储存功能　卵清蛋白和牛奶中的酪蛋白是提供氨基酸的储存蛋白质。在某些植物、细菌及动物组织中发现的铁蛋白可以储存铁。

7．机械支持和保护功能　许多蛋白质可形成“细丝”“薄片”或“缆绳”结构，具有机械支持及保护功能。肌腱和软骨的主要成分是胶原蛋白（collagen），它具有很高的抗张强度。韧带含有弹性蛋白（elastin），形成蛋白质“缆绳”，具有双向抗拉强度。头发、指甲和皮肤主要由坚韧的不溶性角蛋白（keratin）组成。蚕丝和蜘蛛网的主要成分是纤维蛋白（fibrin）。某些昆虫的翅膀具有近乎完美无缺的回弹特性，它由节肢弹性蛋白（resilin）构成。

8．其他功能　有些蛋白质的功能相当特异，如M-甜蛋白（monellin）是非洲的一种植物蛋白，很甜，可作为一种非脂肪性、非毒性的甜味剂。又如南极水域中的某些鱼类，其血液中含有抗冻蛋白质（antifreeze protein），可保护血液不被冻凝，使生物体在低温下得以生存，生命得以繁衍。还有蛋白质毒素，如蓖麻蛋白、白喉毒素、厌氧性肉毒梭菌毒素、蛇毒等，微量就可使高等动物产生强烈的毒性反应。

第二节　蛋白质的分子组成

一、蛋白质的元素组成

从各种动植物组织中提取的蛋白质，经元素分析可知其中各种元素的含量：碳50%～55%、氢6%～8%、氧19%～24%、氮13%～19%和硫0～4%。有些蛋白质还含有少量磷或硒以及金属元素铁、铜、锌、锰、钴、钼等，个别蛋白质还含有碘。

各种蛋白质的含氮量很接近，平均为16%，动植物组织中含氮物又以蛋白质为主，因此只要测定生物样品中的含氮量，就可以按下式推算出样品中的蛋白质大致含量。计算公式为：

$$\text{每克样品中含氮克数} \times 6.25 \times 100 = \text{每100克样品中的蛋白质含量}（g/100g）$$

二、蛋白质的基本结构单位——氨基酸

蛋白质受酸、碱或蛋白酶作用而水解成为其基本组成单位——氨基酸（amino acid）。无论是人体内的蛋白质，还是其他生物体所含的蛋白质，都主要由 20 种氨基酸构成，即这 20 种氨基酸是生物界通用的或是标准的氨基酸，亦称基本氨基酸。尽管基本氨基酸的种类有限，但组成蛋白质时，由于氨基酸的数目和连接顺序不同，因而可以组装成几乎无限种类的蛋白质。

（一）氨基酸的一般结构式

构成蛋白质的各种氨基酸，其化学结构式具有一个共同的特点，即在连接羧基的 α- 碳原子上还有一个氨基，故称 α- 氨基酸。α- 氨基酸的一般结构式可用下式表示：

$$H_2N-\underset{\displaystyle R}{\overset{\displaystyle COOH}{C_\alpha}}-H \quad \text{或写作} \quad H_3\overset{+}{N}-\underset{\displaystyle R}{\overset{\displaystyle COO^-}{C_\alpha}}-H$$

由上式可以看出，与 α- 碳原子相连的四个原子或基团各不相同（当 R 为 H 时除外），即氨基酸的 α- 碳原子是一个不对称碳原子，因此各氨基酸都存在 L 和 D 两种构型。组成蛋白质的氨基酸均为 L-α- 氨基酸（甘氨酸除外），而生物界中发现的 D- 型氨基酸大都存在于某些细菌产生的抗生素及个别植物的生物碱中。

（二）氨基酸的分类

组成蛋白质的氨基酸已发现 20 余种，但绝大多数蛋白质只由 20 种基本氨基酸组成（表 1-1）。对于 20 种基本氨基酸最常用的分类方法是按它们侧链 R 基团的极性分类，有四种主要类型：

1. 非极性 R 基氨基酸 这类氨基酸的特征是在水中溶解度小于极性 R 基氨基酸，包括四种带有脂肪烃侧链的氨基酸（丙氨酸、缬氨酸、亮氨酸和异亮氨酸）、两种含芳香环的氨基酸（苯丙氨酸和色氨酸）、一种含硫氨基酸（甲硫氨酸）和一种亚氨基酸（脯氨酸）。

2. 不带电荷的极性 R 基氨基酸 这类氨基酸的特征是比非极性 R 基氨基酸易溶于水，包括三种具有羟基的氨基酸（丝氨酸、苏氨酸和酪氨酸）、两种具有酰胺基的氨基酸（谷氨酰胺和天冬酰胺）、一种含有巯基的氨基酸（半胱氨酸）和 R 基团只有一个氢但仍能表现一定极性的甘氨酸。

3. 带正电荷的 R 基氨基酸 这类氨基酸的特征是在生理条件下分子带正电荷，是一类碱性氨基酸，包括在侧链含有 ε- 氨基的赖氨酸、含有带正电荷胍基的精氨酸和含有弱碱性咪唑基的组氨酸。

4. 带负电荷的 R 基氨基酸 这类氨基酸的特征是在生理条件下分子带负电荷，是一类酸性氨基酸，包括侧链含有羧基的天冬氨酸和谷氨酸。

表1-1 组成蛋白质的20种基本氨基酸

中英文名称	中英文缩写	结构式	等电点 pI	pK_1 α-COOH	pK_2 α-NH_2	pK_R R-基团
		非极性 R 基氨基酸				
丙氨酸 alanine	丙 Ala（A）	$H_3C-CH(\overset{+}{N}H_3)-COO^-$	6.02	2.34	9.69	
缬氨酸 valine	缬 Val（V）	$(H_3C)_2CH-CH(\overset{+}{N}H_3)-COO^-$	5.97	2.32	9.62	

续表

中英文名称	中英文缩写	结构式	等电点 pI	pK_1 α-COOH	pK_2 α-NH_2	pK_R R-基团
亮氨酸 leucine	亮 Leu（L）	$(H_3C)_2CH-CH_2-CH(^+NH_3)-COO^-$	5.98	2.36	9.60	
异亮氨酸 isoleucine	异亮 Ile（I）	$H_3C-CH_2(H_3C)CH-CH(^+NH_3)-COO^-$	6.02	2.36	9.68	
苯丙氨酸 phenylalanine	苯丙 Phe（F）	$C_6H_5-CH_2-CH(^+NH_3)-COO^-$	5.48	1.83	9.13	
色氨酸 tryptophane	色 Trp（W）	吲哚基$-CH_2-CH(^+NH_3)-COO^-$	5.89	2.38	9.39	
甲硫氨酸 methionine	甲硫 Met（M）	$CH_3-S-CH_2-CH_2-CH(^+NH_3)-COO^-$	5.75	2.28	9.21	
脯氨酸 proline	脯 Pro（P）	吡咯烷环（$^+NH_2$）$-COO^-$	6.48	1.99	10.96	
不带电荷的极性 R 基氨基酸						
丝氨酸 serine	丝 Ser（S）	$CH_2(OH)-CH(^+NH_3)-COO^-$	5.68	2.21	9.15	13.60
苏氨酸 threonine	苏 Thr（T）	$H_3C-CH(OH)-CH(^+NH_3)-COO^-$	5.60	2.11	9.62	13.60
酪氨酸 tyrosine	酪 Tyr（Y）	$HO-C_6H_4-CH_2-CH(^+NH_3)-COO^-$	5.66	2.20	9.11	10.07 苯酚羟基
谷氨酰胺 glutamine	谷胺 Gln（Q）	$H_2N-C(=O)-CH_2-CH_2-CH(^+NH_3)-COO^-$	5.65	2.17	9.13	
天冬酰胺 asparagine	天胺 Asn（N）	$H_2N-C(=O)-CH_2-CH(^+NH_3)-COO^-$	5.41	2.02	8.80	
半胱氨酸 cysteine	半胱 Cys（C）	$HS-CH_2-CH(^+NH_3)-COO^-$	5.07	1.96	10.28	8.18 巯基
甘氨酸 glycine	甘 Gly（G）	$H-CH(^+NH_3)-COO^-$	5.97	2.34	9.60	
带正电荷的 R 基氨基酸（碱性氨基酸）						
精氨酸 arginine	精 Arg（R）	$H-N(C(=^+NH_2)NH_2)-CH_2-CH_2-CH_2-CH(^+NH_3)-COO^-$	10.76	2.17	9.04	12.48 胍基

续表

中英文名称	中英文缩写	结构式	等电点 pI	pK_1 α-COOH	pK_2 $α-NH_2$	pK_R R-基团
赖氨酸 lysine	赖 Lys（K）	$CH_2—CH_2—CH_2—CH_2—CH(^+NH_3)—COO^-$，首个 CH_2 连 $^+NH_3$	9.74	2.18	8.95	10.53 ε- 氨基
组氨酸 histidine	组 His（H）	咪唑环（HN、N）$—CH_2—CH(^+NH_3)—COO^-$	7.59	1.82	9.17	6.00 咪唑基
带负电荷的 **R** 基氨基酸（酸性氨基酸）						
天冬氨酸 aspartic acid	天冬 Asp（D）	$^-OOC—CH_2—CH(^+NH_3)—COO^-$	2.98	2.09	9.60	3.86 β- 羧基
谷氨酸 glutamic acid	谷 Glu（E）	$^-OOC—CH_2—CH_2—CH(^+NH_3)—COO^-$	3.22	2.19	9.67	4.25 γ- 羧基

（三）特殊氨基酸

除 20 种基本氨基酸外，生物体中尚存在着多种特殊氨基酸，它们的来源不同，在生物体内或充当蛋白质和生物活性肽的重要成分，或独立发挥多种生物学作用。

1. 硒代半胱氨酸和吡咯赖氨酸 是生物体内组成蛋白质的第 21 和第 22 种基本氨基酸。

对于 20 种基本氨基酸的认识，从 1806 年发现第一个氨基酸——天冬酰胺开始，直到 1938 年发现最后一个氨基酸——苏氨酸，其间经历了漫长的一个多世纪，此后科学家们一直认为直接由遗传基因编码的氨基酸只有这 20 种。然而事实并非如此，1986 年发现了硒代半胱氨酸（selenocysteine，Sec），随后的研究证实它是直接由遗传密码指导合成，而非翻译后修饰所产生的，是组成蛋白质的第 21 种基本氨基酸，存在于生物体内 20 余种含硒蛋白质分子中，多数硒蛋白是氧化还原酶。2002 年，在一种古细菌中发现了第 22 种基本氨基酸——吡咯赖氨酸（pyrrolysine，Pyl），它在细菌甲烷合成过程中具有重要作用。科学家们推测这种氨基酸也可能存在于产甲烷菌以外的其他生物体中。

硒代半胱氨酸和吡咯赖氨酸均属于 L-α- 氨基酸。硒代半胱氨酸与半胱氨酸的区别在于硒元素取代了半胱氨酸中的硫元素，而吡咯赖氨酸则是赖氨酸的 ε- 氨基与（4R，5R）-4- 取代 - 吡咯啉 -5- 羧酸以酰胺键相连而形成的化合物。二者虽已证实属基本氨基酸，但目前发现其所存在的范围有限，有关其分类、理化性质、合成方式等尚待进一步研究确定。

上述两种新的基本氨基酸的发现具有重要意义，启发人们重新审视以前所认识到的一些概念和现象，同时也激励科学家们去寻找更多的基本氨基酸。

2. 非基本氨基酸 除上述直接由遗传基因编码的基本氨基酸以外，生物体内尚存在多种非基本氨基酸，包括蛋白质分子中的氨基酸衍生物、不构成蛋白质的生物活性氨基酸等。

蛋白质分子中的氨基酸衍生物，如羟脯氨酸、羟赖氨酸、羧基谷氨酸、磷酸丝氨酸、乙酰赖氨酸等，它们一般是肽链合成后通过对基本氨基酸残基专一修饰而成的，这些修饰包括某种小的化学基团简单加合到某些氨基酸的侧链基团上，如羟基化、甲基化、乙酰化、羧基化和磷酸化等，或者其他一些更为精细的加工。这些氨基酸的加工修饰对蛋白质行使功能是非常重要的。

不构成蛋白质的生物活性氨基酸，顾名思义即是不构成多肽的氨基酸残基，而具有独立的功能，常作为体内代谢过程中间物等，如瓜氨酸、鸟氨酸。此外还存在多种 D- 氨基酸，作为细菌多肽的组成部分，存在于细菌细胞壁或细菌产生的抗生素中。

迄今为止已发现了大约 300 种不同的氨基酸，它们并不都用来构成蛋白质，而是发挥多种功能，并且某些种类之间可经化学反应而互相转化，这是大自然合理利用现成的材料达到新目的的一个例子。不过这 300 种左右的氨基酸中，大部分的生物学功能尚不清楚，有待于深入研究。

（四）氨基酸的理化性质

氨基酸的 α-COOH、α-NH_2 及各种侧链 R 基团可以进行多种化学反应，以下着重讨论几个生物化学中广泛应用的鉴定和测定氨基酸的重要反应。

1．两性解离及等电点　所有氨基酸都含有碱性的氨基（或亚氨基）和酸性的羧基，因而能在酸性溶液中与质子（H^+）结合而呈阳离子（NH_3^+）；也能在碱性溶液中与 OH^- 结合，失去质子而变成阴离子（COO^-）。所以它们是一种两性电解质，具有两性解离的特性。氨基酸的解离方式取决于其所处环境的酸碱度。在某一 pH 值条件下，氨基酸解离成阳离子及阴离子的程度和趋势相等，净电荷数为零，成为兼性离子（zwitterion），它在电场中既不移向负极，也不移向正极。此时，氨基酸所处环境的 pH 值称为该氨基酸的等电点（isoelectric point，pI）。

$$\begin{array}{ccccc} & & \text{R—CH—COOH} \\ & & | \\ & & NH_2 \\ & & \updownarrow \\ \text{R—CH—COOH} & \xleftarrow{H^+} & \text{R—CH—COO}^- & \xrightarrow{OH^-} & \text{R—CH—COO}^- \\ | & & | & & | \\ NH_3^+ & & NH_3^+ & & NH_2 \end{array}$$

阳离子　　　　氨基酸的兼性离子　　　　阴离子
pH<pI　　　　pH=pI　　　　pH>pI

等电点的计算：R 为非极性基团或虽为极性基团，但并不解离，氨基酸的等电点是由 α-COOH 和 α-NH_2 的解离常数的负对数 pK_1 和 pK_2 来决定的。pI 计算方法为：

$$pI=1/2\ (pK_1+pK_2)$$

如甘氨酸 $pK_{—COOH}$=2.34，$pK_{—NH_2}$=9.60，故 pI=1/2×(2.34+9.60)=5.97。

酸性和碱性氨基酸的 R 基团上均有可解离的极性基团，其等电点由 α-COOH、α-NH_2 及 R 基团的解离情况共同决定。

如天冬氨酸的 pI 为：pI=1/2（pK_1+pK_R）=1/2×(2.09+3.86)=2.98。

而赖氨酸的 pI 为：pI=1/2（pK_2+pK_R）=1/2×(8.95+10.53)=9.74。

各种氨基酸的解离常数常通过实验测得，它们的 pI、pK_1、pK_2 及 pK_R 见表 1-1。需要说明的是，Cys 的—SH 和 Tyr 的酚羟基具有弱酸性，在 pH=7 时，Cys 的—SH 大约解离 8%；Tyr 苯环上的—OH 大约解离 0.01%。Cys 的 pI 按酸性氨基酸计算，Tyr 的解离程度较小，pI 按 R 为极性非解离情况计算。

2．紫外吸收性质　芳香族氨基酸色氨酸、酪氨酸分子内含有共轭双键，在 280nm 波长附近具有最大的光吸收峰（图 1-1）。由于大多数蛋白质均含有酪氨酸、色氨酸残基，所以测定蛋白质溶液 280nm 波长处的吸光度，是分析溶液中蛋白质含量的一种最快速简便的方法。

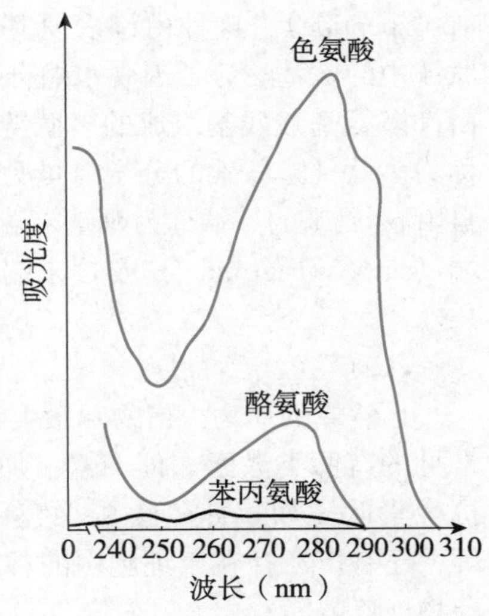

图 1-1　芳香族氨基酸的紫外吸收

3．茚三酮反应　该反应是检测和测定氨基酸和蛋白质的重要反应（图 1-2）。氨基酸与茚三酮（ninhydrin）的水合物共同加热，氨基酸可被氧化分解，生成醛、氨及二氧化碳，茚三酮水合物则被还原。在弱酸性溶液中，茚三酮的还原产物可与氨基酸加热分解产生的氨及另一分子还原茚三酮缩合，生成蓝紫色化合物，其最大吸收峰在 570nm 波长处（λ_{max} = 570nm）。在一定的反应条件下，产生的蓝紫色化合物颜色的深浅（溶液中的光吸收度）与氨基酸浓度成正比，因此可作为氨基酸的定量分析方法，该反应的灵敏度为 1μg。因为凡具有氨基、能放出氨的化合物几乎都有此反应，故此法也广泛适用于多肽与蛋白质的定性及定量分析。但脯氨酸和羟脯氨酸与茚三酮反应呈黄色（λ_{max} = 440nm）；天冬酰胺与茚三酮反应生成棕色产物，同样具有定量、定性意义。

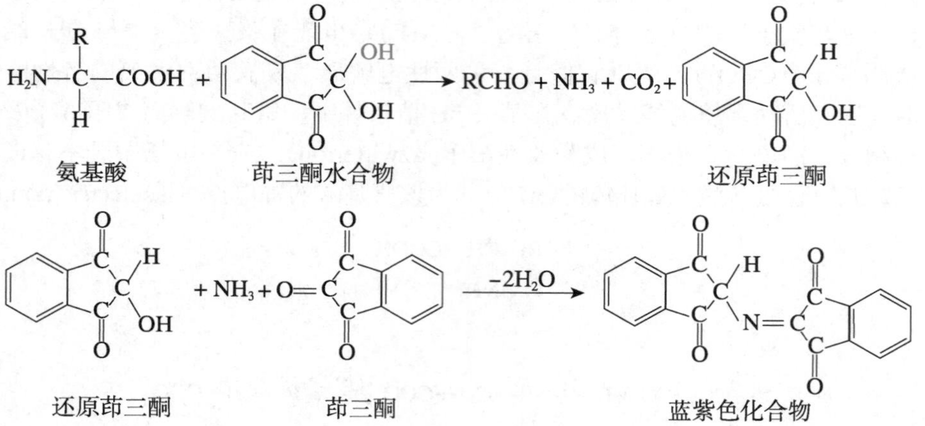

氨基酸 + 茚三酮水合物 → $RCHO + NH_3 + CO_2$ + 还原茚三酮

还原茚三酮 + NH_3 + 茚三酮 $\xrightarrow{-2H_2O}$ 蓝紫色化合物

图 1-2 氨基酸的茚三酮反应

三、肽键和多肽链

（一）氨基酸的成肽反应

两分子氨基酸可由一个分子中的 α- 氨基与另一个分子中的 α- 羧基脱水缩合成为最简单的肽，即二肽（dipeptide）。在这两个氨基酸之间形成的酰胺键（—CO—NH—）称为肽键（peptide bond）。二肽分子的两端仍有自由的氨基和羧基，故能同样以肽键与另一分子氨基酸缩合成为三肽，三肽可再与氨基酸缩合依次生成四肽、五肽等。一般来说，由 20 ～ 30 个以内氨基酸连成的肽称为寡肽（oligopeptide）。而由比其更多的氨基酸连接而成的肽称为多肽（polypeptide）。这种由许多氨基酸相互连接形成的长链称为多肽链（polypeptide chain）。多肽链中的氨基酸分子因脱水缩合而使基团稍有残缺，称为氨基酸残基（residue）。蛋白质就是由许多氨基酸残基组成的多肽链，通常将分子量在 10kDa 以上的称为蛋白质，10kDa 以下的称为多肽（胰岛素的分子量虽为 5733Da，但习惯称为蛋白质）。多肽链具有方向性，其中有自由 α- 氨基的一端称为氨基末端（amino-terminal）或 N 末端；有自由 α- 羧基的一端称羧基末端（carboxyl-terminal）或 C 末端。为短肽命名时，按照惯例从 N 末端开始，指向 C 末端（图 1-3）。

（二）生物活性肽

自然界的动物、植物和微生物中存在某些小肽或寡肽，它们有着各种重要的生物学活性。常见的有肽类激素如催产素、加压素等，与神经传导等有关的神经肽如 P 物质、脑啡肽等，抗生素肽类如短杆菌肽 S、短杆菌肽 A、缬氨霉素（valinomycin）及博来霉素（bleomycin）等，还有广泛存在于细胞中的谷胱甘肽（GSH）（表 1-2）。通过重组 DNA 技术还可得到肽类药物、疫苗等。

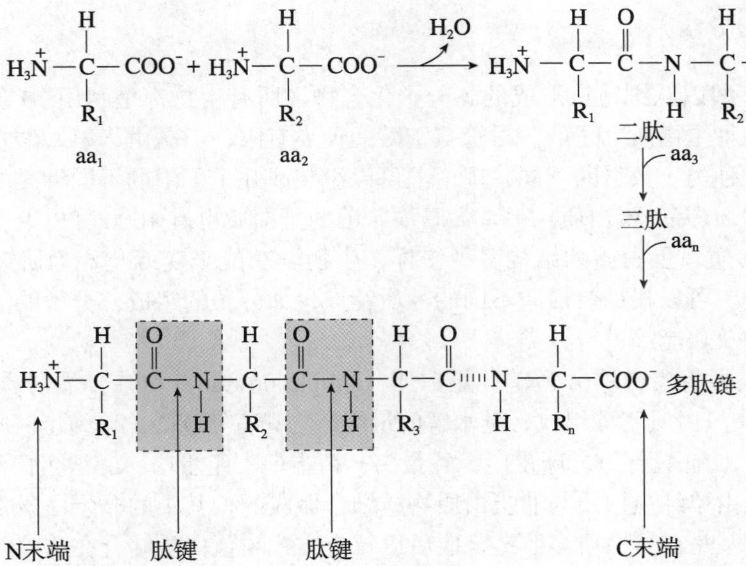

$$H_3\overset{+}{N}-\underset{R_1}{\overset{H}{C}}-COO^- + H_3\overset{+}{N}-\underset{R_2}{\overset{H}{C}}-COO^- \xrightarrow{-H_2O} H_3\overset{+}{N}-\underset{R_1}{\overset{H}{C}}-\overset{O}{\overset{\|}{C}}-\underset{H}{N}-\underset{R_2}{\overset{H}{C}}-COO^-$$

aa_1　aa_2　二肽 $\xrightarrow{aa_3}$ 三肽 $\xrightarrow{aa_n}$

$$H_3\overset{+}{N}-\underset{R_1}{\overset{H}{C}}-\overset{O}{\overset{\|}{C}}-\underset{H}{N}-\underset{R_2}{\overset{H}{C}}-\overset{O}{\overset{\|}{C}}-\underset{H}{N}-\underset{R_3}{\overset{H}{C}}-\overset{O}{\overset{\|}{C}}\cdots\underset{H}{N}-\underset{R_n}{\overset{H}{C}}-COO^-$$ 多肽链

N末端　肽键　肽键　C末端

图 1-3　肽与肽键

表1-2　几种生物活性肽的序列及功能

名称	氨基酸序列		来源与生物学作用
催产素（oxytocin）	CYIQNCPLG（C1–C6 之间 S—S）	（9 肽）	神经垂体分泌 刺激子宫收缩
抗利尿激素（vasopressin）	CYFQNCPRG（C1–C6 之间 S—S）	（9 肽）	神经垂体分泌 使肾保水
胰高血糖素（牛）（glucagon）	HSQGTFTSDYSLYLD— SRRAQDFVQWLMDT	（29 肽）	胰腺分泌，参与调节葡萄糖代谢
缓激肽（牛）（bradykinin）	RPPGFSPFR	（9 肽）	抑制组织的炎症反应，降低平滑肌张力
促甲状腺激素释放因子（thyrotropin-releasing factor）	*pyroGlu-His-Pro （焦谷氨酰组氨酰脯氨酸）	（3 肽）	在下丘脑形成，刺激腺垂体释放甲状腺激素
胃泌素（人）（gastrin）	*pyroGlu · GPWLEEEE EAYGWMDF	（17 肽）	胃黏膜内 G 细胞分泌，引起壁细胞分泌酸
血管紧张素Ⅱ（马）（angiotensin Ⅱ）	DRVYIHPF	（8 肽）	刺激肾上腺释放醛固酮
P 物质（P substance）	RPKPQFFGLM	（10 肽）	神经递质
脑啡肽（enkephalin）	1．YGGFM 2．YGGFL	（5 肽）	在中枢神经系统生成，抑制痛觉
短杆菌肽 S（gramicidin S）	**dFL → Orn → VP → dFL → Orn → PV →（回到 dFL）	（环 10 肽）	细菌产生，抗生素
谷胱甘肽（glutathion）	δ-ECG	（3 肽）	动、植物细胞，参与氧化还原反应

*pyroGlu-：焦谷氨酸；**dF：D 型苯丙氨酸；Orn：鸟氨酸

四、蛋白质的分类

蛋白质是由氨基酸以肽键连接形成的高分子化合物，所有生物都是利用20余种基本氨基酸作为构件组装成各种蛋白质分子的。尽管氨基酸的种类有限，但是由于氨基酸在蛋白质中连接的次序以及氨基酸种类、数目的不同，理论上可以组装成几乎无限的不同种类的蛋白质。例如人体内就含有大约30万种蛋白质；一个大肠埃希菌的蛋白质也有1000种以上。整个生物界有 10^{10} ~ 10^{12} 种蛋白质。蛋白质的结构多种多样，生物学功能千变万化，为研究方便，有必要对蛋白质进行分类。可以根据蛋白质不同的性质特点，如分子的组成、分子的溶解性质、分子的形状或空间结构及功能等进行分类。

根据分子的组成可将蛋白质分为单纯蛋白质（simple protein）和结合蛋白质（conjugated protein）。单纯蛋白质只由氨基酸组成，其水解的最终产物只有氨基酸。单纯蛋白质按其溶解性质不同可分为清蛋白（或白蛋白）、球蛋白、谷蛋白、精蛋白、组蛋白、醇溶蛋白和硬蛋白等。

结合蛋白质则是由单纯蛋白质与非蛋白质物质结合而成的，其中的非蛋白质物质称为该结合蛋白质的辅基。辅基是在蛋白质多肽链合成后以特定方式与蛋白质结合在一起的。结合蛋白质可按其辅基的不同分为核蛋白、色蛋白、糖蛋白、磷蛋白、脂蛋白和金属蛋白等（表1-3）。

表1-3 结合蛋白质

分 类	辅 基	举 例
核蛋白（nucleoprotein）	核酸	病毒，DNA结合蛋白
色蛋白（chromoprotein）	色素	血红蛋白，细胞色素类，琥珀酸脱氢酶
糖蛋白与蛋白聚糖（glycoprotein and proteoglycan）	糖类	免疫球蛋白G，黏蛋白，蛋白聚糖，胶原蛋白，弹性蛋白
磷蛋白（phosphoprotein）	磷酸	酪蛋白，卵黄蛋白
脂蛋白（lipoprotein）	脂类	β-脂蛋白
金属蛋白（metalloprotein）	金属离子	铁蛋白（Fe），血浆铜蓝蛋白（Cu），钙调蛋白（Ca），醇脱氢酶（Zn）

按照分子形状或空间结构的不同，可将蛋白质分为纤维状蛋白质和球状蛋白质两大类。纤维状蛋白质分子很不对称，其分子长轴/短轴长度＞10，溶解性差别较大，例如肌肉的结构蛋白质和血纤维蛋白原可溶于水，而角蛋白、丝心蛋白则不溶于水。球状蛋白质的溶解性较好，其分子形状接近球形，分子长轴/短轴长度＜10，空间结构比纤维状蛋白质更复杂，生物体内的蛋白质多属于这一类。

若按蛋白质的功能可分为酶蛋白、调节蛋白质、运输蛋白质等（详见本章第一节）。

值得一提的是，随着对蛋白质、多肽结构和功能认识的深入，20世纪80年代以后出现了一种新的分类方法——“家族”分类法。蛋白质的特定模体（motif）或结构域（domain）常与其某种生物学功能相关，根据结构与功能的关系，常将具有相同或类似模体或结构域的蛋白质归为一大类、一类或一组，分别称为超家族（super family）、家族（family）或亚家族（subfamily），例如螺旋-环-螺旋超家族、锌指结构蛋白质、PDZ结构域蛋白质等。这种分类方法包含了蛋白质的结构和功能两方面的特性，是目前对多肽、蛋白质进行分类的新趋势，在当前的蛋白质数据库中很常用。

第三节　蛋白质的分子结构

蛋白质作为生物大分子，结构比较复杂，为了研究的方便，1952 年丹麦科学家 Linderstrom Lang 建议将蛋白质复杂的分子结构分成 4 个层次，即一级、二级、三级和四级结构。蛋白质的一级结构又称为初级结构或基本结构，蛋白质的二、三、四级结构统称为空间结构、高级结构或空间构象。并非所有蛋白质都有四级结构，由一条肽链形成的蛋白质只有一、二和三级结构，由两条以上肽链形成的蛋白质才可能有四级结构。

一、蛋白质的一级结构

蛋白质多肽链上各种氨基酸从 N 端至 C 端的排列顺序称为蛋白质的一级结构（primary structure），不涉及蛋白质分子的立体结构，肽键是其基本化学键，有些尚含有二硫键，后者由两个半胱氨酸的巯基（—SH）脱氢氧化而生成。

英国化学家 Frederick Sanger 于 1953 年首先测定了胰岛素的一级结构。胰岛素是胰岛 β 细胞分泌的一种激素，分子量 5733Da，由 51 个氨基酸残基组成 A 和 B 两条肽链，A 链有 21 个氨基酸残基，B 链有 30 个氨基酸残基，两条链通过两个链间的二硫键相连，另外在 A 链的第 6 和第 11 位半胱氨酸残基间还形成了一个链内二硫键，使 A 链部分环合（图 1-4）。

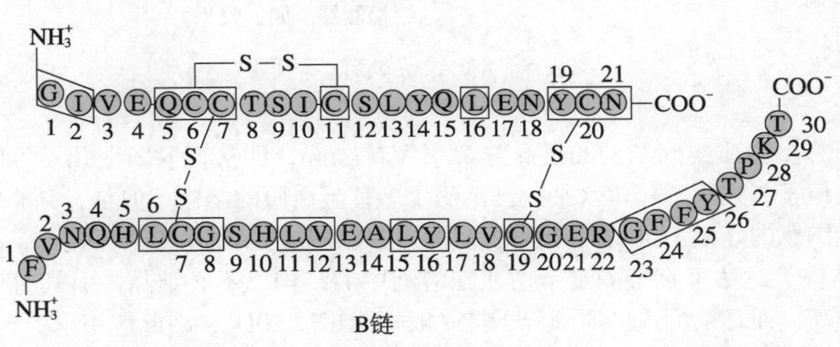

图 1-4　胰岛素的一级结构

□内为保守序列

蛋白质的一级结构是其生物学活性及特异空间结构的基础。各种蛋白质之间的差别是由其氨基酸的组成、数目以及在蛋白质多肽链中的排列顺序决定的。其实每种蛋白质都有相同的多肽链骨架，但是从多肽链骨架伸出的侧链 R 基团却是不同的，氨基酸排列顺序的差别即是侧链 R 基团的差别。每种蛋白质多肽链侧链 R 基团的性质和顺序对于这一种蛋白质是特异的，体现在 R 基团有不同的大小、带不同的电荷、对水的亲和力也不相同，因而能够形成不同的空间结构。所以说蛋白质分子中氨基酸的排列顺序决定其空间结构。

二、蛋白质的空间结构

蛋白质分子多肽链并非呈线性伸展，而是在三维空间折叠和盘曲，构成特有的空间构象（conformation）。蛋白质特定的空间结构是其发挥各种生物学功能的结构基础。例如，血红蛋白肽链的特有折叠方式决定其运送氧的功能；核糖核酸酶具有的特定结构决定了它能与核糖核酸结合，并使之降解。

构象与构型（configuration）的概念不同。构型的改变需有共价键的断裂与生成，从而形成立体异构中原子或基团在空间的新取向；而构象的改变则不然，只涉及单键的旋转和非共价键的改变。

（一）空间结构的研究方法——晶体 X 射线衍射法

晶体 X 射线衍射法（X-ray diffraction）是一种测量蛋白质分子中原子和基团三维排列的方法，利用此法测定蛋白质的结构，结果比较可靠。X 射线是波长范围 0.01 ~ 10nm 的电磁波，用于结构分析的单色 X 射线的波长仅为 0.1 ~ 1nm，相当于分子中原子之间的距离，故足以分辨并确定蛋白质分子内每个原子的位置。事实上，晶体 X 射线衍射法不能直接测定单个分子结构，只能测定晶体中原子重复出现的周期性结构。该分析系统主要由三部分组成：X 射线源、蛋白质晶体和检测器（图 1-5）。一细束 X 射线打到蛋白质晶体上，有一部分直接穿过晶体，其余的向不同方向衍射。X 线片可以接受衍射光束，感光乳剂的发黑程度与衍射光束的密度成比例。经计算机可绘制三维电子密度图。例如一个肌红蛋白的衍射图有 25000 个斑点，通过对这些斑点的位置、强度进行计算，可探明其空间结构。

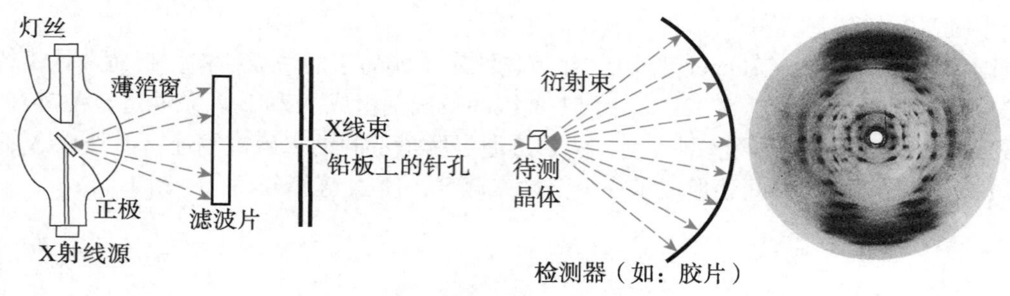

图 1-5　X 射线晶体衍射示意图

目前，研究蛋白质空间结构的最高分辨率为 0.14nm，即从衍射图上几乎可以辨认出除氢原子外的所有原子。在原子分辨水平上已阐明了多种蛋白质的结构。但是，并非所有纯化蛋白质都能制备成满意的能供三维结构分析的晶体。近年建立的多维核磁共振技术，也已用于测定蛋白质三维结构。此法可直接测定蛋白质在溶液中的结构，不必结晶。但其对样品的需要量大，纯度要求高，而且被测蛋白质的分子量一般不能超过 20Da，因此应用也受到很大限制。

由于蛋白质空间结构的基础是一级结构，近年来根据蛋白质的氨基酸排列顺序预测其三维空间结构受到科学家的关注。预测蛋白质空间结构的方法主要有两类：第一类方法是采用分子力学、分子动力学的方法，根据物理化学的基本原理，从理论上计算蛋白质分子的空间结构；第二类方法是通过对已知空间结构的蛋白质进行分析，找出一级结构与空间结构的关系，总结出规律，用于新的蛋白质空间结构的预测。蛋白质结构预测的目的是利用已知的一级结构来构建出蛋白质的空间结构模型，从而进行蛋白质结构与功能关系研究。

（二）蛋白质的二级结构

蛋白质的二级结构（secondary structure）是指蛋白质分子中某一段肽链的局部空间结构，即该段肽链主链骨架原子的相对空间位置，并不涉及氨基酸残基侧链的结构。在所有已测定空间结构的蛋白质中均有二级结构的存在，主要形式包括：α 螺旋、β 折叠和 β 转角等。

1．肽单元　20 世纪 30 年代末，Linus Pauling 和 Robert Corey 开始应用 X 射线晶体衍射法研究氨基酸和二肽、三肽的精细结构，其目的是获得蛋白质构件单元的标准键长和键角，从而推导蛋白质的结构。他们的重要发现是：①肽键（—CO—NH—）中的四个原子和与之相邻的两个 α- 碳原子（C_α）位于同一刚性平面（rigid plane），构成一个肽单元（peptide unit）（图 1-6a）；②肽键上—NH—的 H 与—C═O 的 O，它们的方向几乎总是相反；③肽单元中的 C—N

键不能自由旋转，因为它们有部分双键性质（图 1-6b），其键长为 0.132nm，这个长度介于 C—N 单键长 0.149nm 和 C═N 双键长 0.127nm 之间。相反，C_α 与羰基碳原子及 C_α 与氮原子之间的连结（C_α—CO—NH—C_α）均为纯粹单键，因而这些键在刚性肽单元的两边有很大的自由旋转度。C_α—C 单键旋转的角度用 ψ 表示，C_α—N 单键旋转的角度用 φ 表示。不论 ψ 还是 φ，从 N 末端看去，顺时针旋转用"+"号表示，逆时针旋转用"−"号表示。它们的旋转角度决定肽平面之间的相对位置，若肽链完全伸展，则 ψ 和 φ 均为 180°（图 1-6c）。

绝大多数肽单元连续的 C_α 原子处于连结它们的肽链的相反方向，称为反式肽单元（*trans*-peptide unit，图 1-6a）。由于空间干扰的原因，少部分可形成顺式肽单元（*cis*-peptide unit，图 1-6d），蛋白质中脯氨酸残基有时形成顺式肽单元。由于顺式肽单元肽键能量高，故不如反式肽单元稳定。

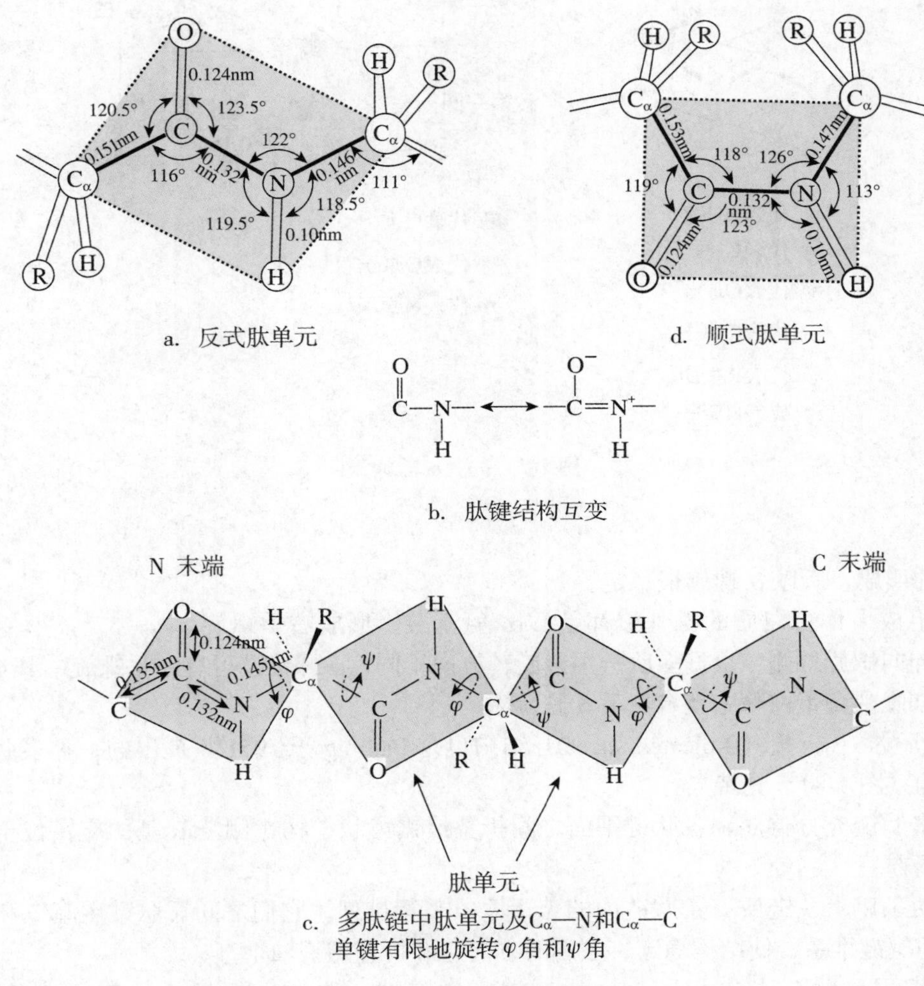

图 1-6　肽单元

2. α 螺旋结构　1951 年，Pauling 和 Corey 根据多肽链骨架中刚性肽平面及其他可以旋转的原子推测了多肽结构，认为最简单的排列方式是螺旋结构，称为 α 螺旋（α-helix）（图 1-7）。其特点如下：

（1）多肽链主链围绕中心轴有规律地螺旋式上升，每隔 3.6 个氨基酸残基螺旋上升一圈，每个氨基酸残基向上移动 0.15nm，故螺距为 0.54nm。

（2）第一个肽平面羰基（—CO）上的氧与第四个肽平面亚氨基（—NH—）上的氢形成氢键。氢键的方向与螺旋长轴基本平行。氢键是一种很弱的次级键，但由于主链上所有肽键都参

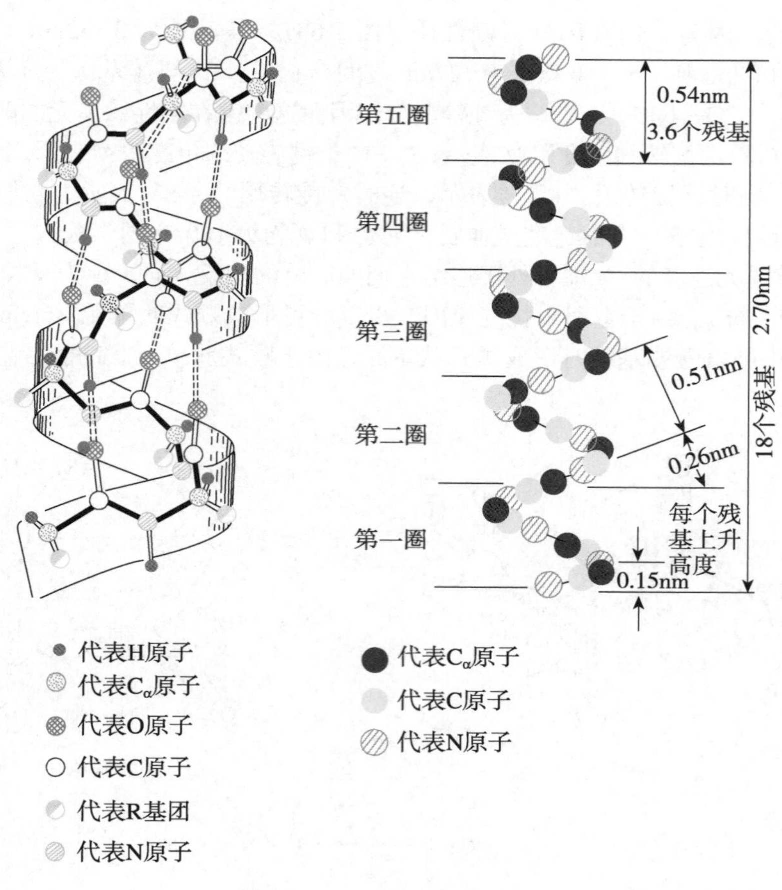

图 1-7 右手 α 螺旋

与了氢键的形成，所以 α 螺旋很稳定。

（3）组成人体蛋白质的氨基酸都是 L-α- 氨基酸，形成右手螺旋，φ=–57°，ψ=–47°。侧链 R 基团伸向螺旋外侧。根据多肽链主链旋转方向不同，α 螺旋也可有左手螺旋，其 φ=+57°，ψ=+47°，如嗜热菌蛋白酶中就有左手 α 螺旋。

3. β 折叠 β 折叠（β-pleated sheets）结构也是 Pauling 于 1951 年提出的一种多肽主链规律性的结构（图 1-8）。其特点有：

（1）多肽链充分伸展，各肽键平面之间折叠成锯齿状结构，侧链 R 基团交错位于锯齿状结构的上下方。

（2）两条以上肽链或一条肽链内的若干肽段平行排列，它们之间靠肽键羰基氧和亚氨基氢形成链间氢键维系，使结构稳定。氢键的方向与 β 折叠的长轴垂直。

（3）若两条肽链走向相同，均从 N 端指向 C 端，称顺平行折叠，其两残基间距为 0.65nm。反之，两条肽链走向相反，一条从 N 端指向 C 端，另一条从 C 端指向 N 端，称反平行折叠，两残基间距为 0.70nm。由一条肽链折返形成的 β 折叠为反平行方式，反平行较顺平行折叠更加稳定。

β 折叠一般与结构蛋白质的空间结构有关，但在有些球状蛋白质的空间结构中也存在。如天然丝心蛋白中就同时具有 β 折叠和 α 螺旋，溶菌酶、羧肽酶等球状蛋白质中也都存在 β 折叠结构。

4. 蛋白质的非重复二级结构 与纤维蛋白不同，球蛋白分子中规律的二级结构——α 螺旋和 β 折叠平均占整个分子的一半，在这两种结构中连续的氨基酸残基具有单一重复的结构。

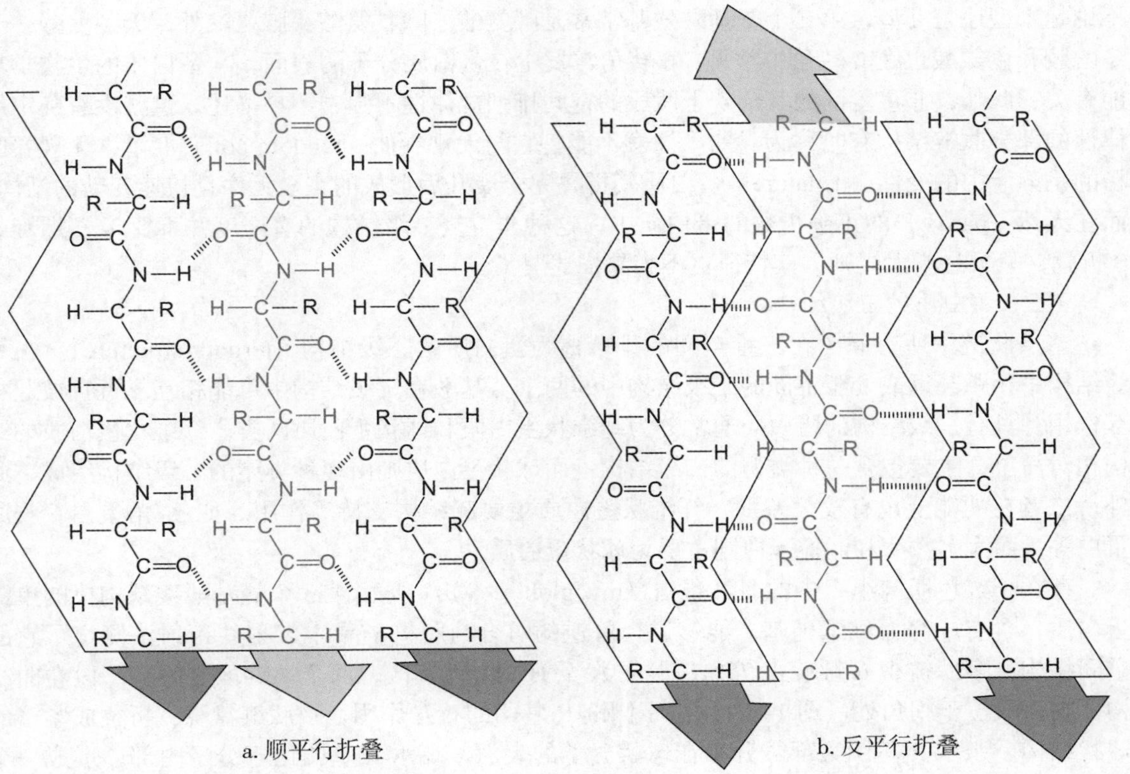

a. 顺平行折叠　　b. 反平行折叠

图 1-8　β 折叠结构

除此之外，球蛋白还含有一些非重复的区域，人们曾将这些区域认为是随机的、无序的结构，实际上这些区域是一些稳定的、有序的结构。这些非重复区可以连接二级结构和改变肽链折叠的方向，使得蛋白质最终呈现球形。蛋白质分子中的这种不规则性的非重复二级结构或独特结构也是蛋白质结构的重要部分。

在非重复区的某些部位，多肽链主链常常会出现 180° 的回折，该回折部分称为 β 转角（β-bend，β-turn）。有两种类型的 β 转角，它们都是由 4 个连续的氨基酸残基组成的，第 1 个残基的羰基氧与第 4 个残基的亚氨基氢形成氢键。β 转角 4 个连续的氨基酸残基构成 3 个连续的肽单元。若中间肽单元的氧原子与侧链 R_2、R_3 呈反式位置，则称Ⅰ型；若氧原子与 R_2、R_3 呈顺式，则称Ⅱ型（图 1-9）。只有当 R_3 = H，即第 3 个氨基酸残基为甘氨酸时，Ⅱ型才存在。

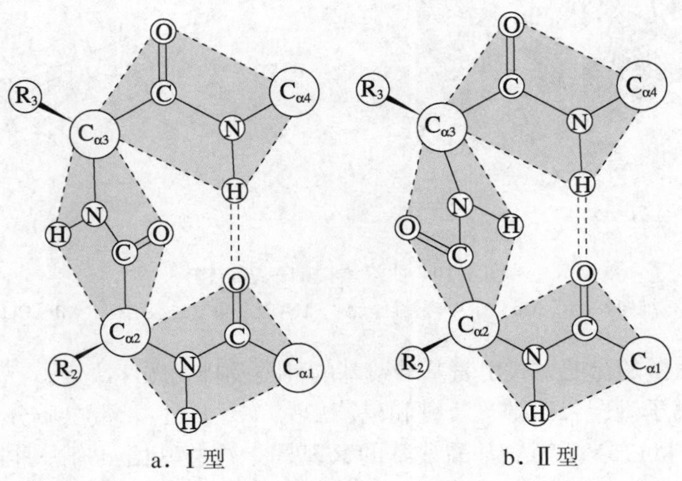

a. Ⅰ型　　b. Ⅱ型

图 1-9　β 转角

不论是Ⅰ型还是Ⅱ型，第 2 个氨基酸残基常常是脯氨酸。除甘氨酸、脯氨酸外，天冬氨酸、天冬酰胺和色氨酸也在 β 转角中常见。β 转角常发生在蛋白质分子的表面，与蛋白质的生物学功能有关。此外，非重复区的其余若干肽段的空间排列规律性不强，不易描述，这些没有确定规律性的部分肽链结构有时称为卷曲。注意不能将它与无规卷曲（random coil）混淆，无规卷曲指的是溶液中的变性（denature）蛋白质其折叠完全展开后形成的完全无序且快速变动的结构；而在天然（native）的正确折叠的蛋白质中，这种非重复二级结构的有序度并不亚于 α 螺旋或 β 折叠，只不过不太规则，其特征更不容易描述罢了。

（三）蛋白质的三级结构

整条肽链中所有原子在三维空间的排布称为蛋白质的三级结构（tertiary structure）。在一级结构中相距甚远或处于不同的二级结构中的两个氨基酸在三级结构中可能相互靠近且彼此相互作用。具有三级结构的蛋白质通常分为纤维状蛋白质和球状蛋白质两类。纤维状蛋白质的结构相对简单，主要包含一种类型的二级结构；而球状蛋白质则由多种类型的二级结构组成。此外，二者在功能上也有较大差别，纤维状蛋白质主要起结构支持等作用，如 α- 角蛋白、胶原蛋白等，而大多数酶和调控蛋白则主要为球状蛋白质。

存在于红色肌肉组织中的肌红蛋白（myoglobin，Mb）是由 153 个氨基酸残基构成的单链蛋白质，含有一个血红素辅基，能够进行可逆的氧合与脱氧。晶体 X 射线衍射法测定了它的空间结构：多肽链中 α 螺旋占 75%，形成 A 至 H 8 个螺旋区，两个螺旋区之间有一段卷曲结构，脯氨酸位于拐角处（图 1-10）。由于侧链 R 基团的相互作用，多肽链盘绕、折叠成紧密的球状结构。亲水 R 基团大部分分布在球状分子的表面，疏水 R 基团位于分子内部，形成一个疏水“口袋”。血红素位于“口袋”中，它的 Fe 原子与 F_8 组氨酸以配位键相连。Mb 的空间结构与血红蛋白（hemoglobin，Hb）的一条 β 链的空间结构基本相同。但 Hb 是由 2 条 α 肽链和 2 条 β 肽链（$\alpha_2\beta_2$）组成的，α 肽链的 141 个氨基酸残基构成 7 个螺旋区（没有 D 区），β 肽链的 146 个氨基酸残基构成 8 个螺旋区。4 条肽链分别在三维空间盘曲折叠，各自形成紧密的球状结构，即每一条肽链均形成独立的三级结构。

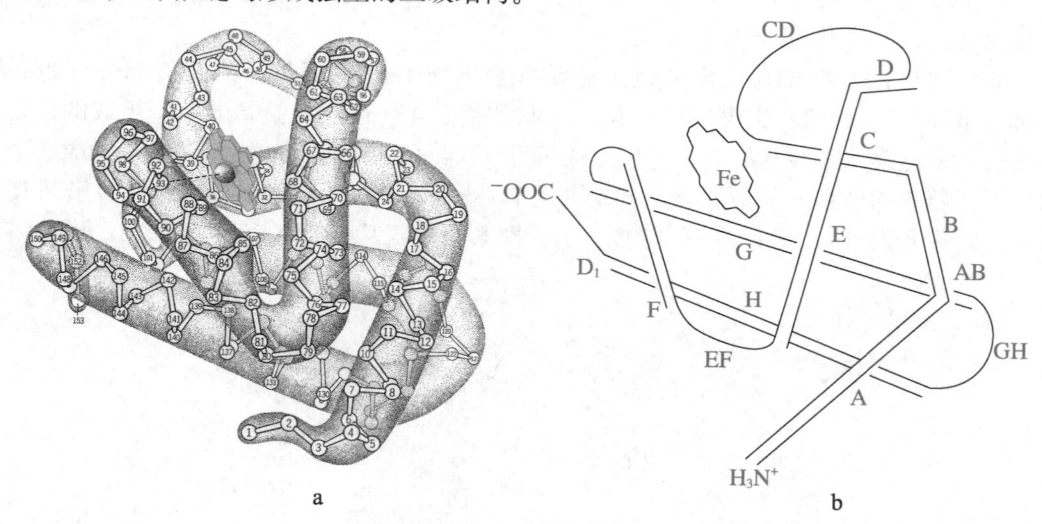

图 1-10 肌红蛋白的三级结构

a．肌红蛋白的三维构象；b．Mb 的 8 个螺旋区（A → H）及非重复二级结构（AB、CD、EF、GH）

三级结构中多肽链的盘曲方式由氨基酸残基的种类及排列顺序决定。三级结构的形成和稳定主要靠疏水键、离子键、二硫键、氢键和范德华力（图 1-11）。蛋白质分子中含有许多疏水基团，如 Leu、Ile、Phe、Val 等氨基酸残基的 R 基团。这些基团具有一种避开水相、聚合而藏于蛋白质分子内部的自然趋势，这种结合力称为疏水键，它是维持蛋白质三级结构的最主要的稳定力量；酸性和碱性氨基酸的 R 基团可以带电荷，正负电荷互相吸引形成离子键；邻近的两个半胱氨酸则可以二硫键结合；其他基团可通过氢键及范德华力结合，尽管结合力很弱，但数量颇多，也可以维持三级结构的稳定。

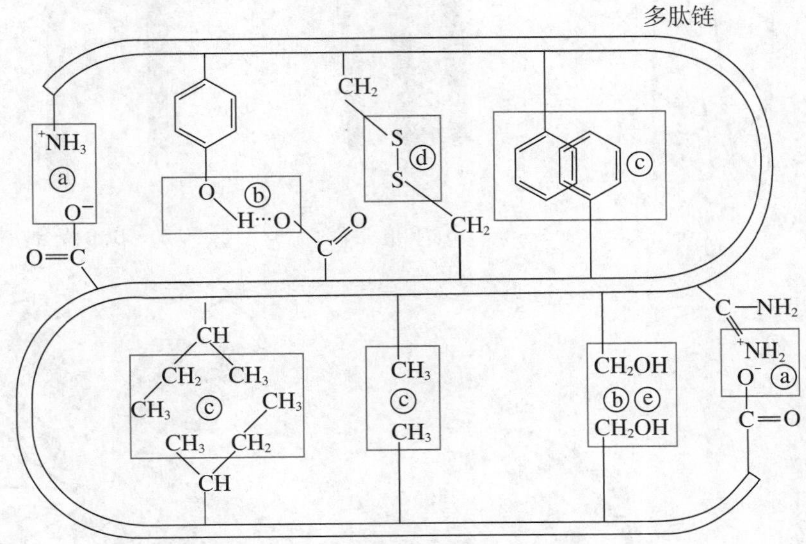

图 1-11　稳定蛋白质结构的各种化学键

a．离子键（盐键）；b．氢键；c．疏水键；d．二硫键；e．范德华力

结构模体（structural motif）是 2 个或 2 个以上具有二级结构的肽段在空间上相互接近而形成的一个特殊的空间结构，也称蛋白质的超二级结构。有的模体结构相对简单，在其所在蛋白质分子中仅占很小一部分。常见的结构模体形式如 α 螺旋组合（αα）、β 折叠组合（βββ）和 α 螺旋 -β 折叠组合（α/β）等（图 1-12a、b、c）。有的结构模体复杂一些，可由小的模体形成大的模体。如 α- 溶血素（α-hemolysin）上的多个 β 折叠形成 β 筒（β-barrel）的筒状结构（图 1-12d）。多个 βαβ 模体也可形成 α/β 筒状结构（α/β barrel）（图 1-12e）。

常见的结构模体形式还有锌指（zinc finger）、亮氨酸拉链（leucine zipper）和螺旋 - 环 - 螺旋（helix-loop-helix）结构。

锌指由 1 个 α 螺旋和 1 对反向 β 折叠组成，形似手指，具有结合锌离子的功能。在多数锌指的两端分别有 2 个 Cys 残基和 2 个 His 残基，此 4 个保守的氨基酸残基在空间上形成一个洞穴，恰好容纳一个 Zn^{2+}，使锌指结构得以稳定，而它的 α 螺旋适合与 DNA 双螺旋的大沟结合（图 1-13a）。锌指模体经常出现在 DNA 或 RNA 结合蛋白质的结构域中，一个蛋白质可以有多个锌指模体，如非洲蟾蜍的 DNA 结合蛋白质有 37 个锌指模体。有的模体结构较为复杂，由大量蛋白质片段结合在一起而形成，甚至有的模体包含整个蛋白质分子。值得注意的是，模体是一种折叠方式，并非介于二级结构和三级结构之间的结构层次。

亮氨酸拉链由伸展的氨基酸组成，每 7 个氨基酸中的第 7 个氨基酸是亮氨酸，亮氨酸是疏水性氨基酸，排列在螺旋的一侧，所有带电荷的氨基酸残基排在另一侧。当 2 个蛋白质分子平行排列时，亮氨酸之间相互作用形成二聚体，形成“拉链”。在“拉链”式的蛋白质分子中，亮氨酸以外带电荷的氨基酸形式同 DNA 结合。亮氨酸拉链结构常出现于真核生物 DNA 结合蛋白的 C 端，它们往往是和癌基因表达调控功能有关。这类蛋白质的主要代表为转录因子 Jun、Fos、Myc、增强子结合蛋白 C/EBP 等（图 1-13b）。

结构域（structural domain）由 Jane Richardson 于 1981 年提出，是多肽链中稳定存在且相对独立，在空间上可以明显区别的局部区域。较大蛋白质分子中的结构域具有独立的三维结构，在蛋白质被蛋白酶水解时也可被单独分离。但在具有多个结构域的蛋白质分子中，结构域

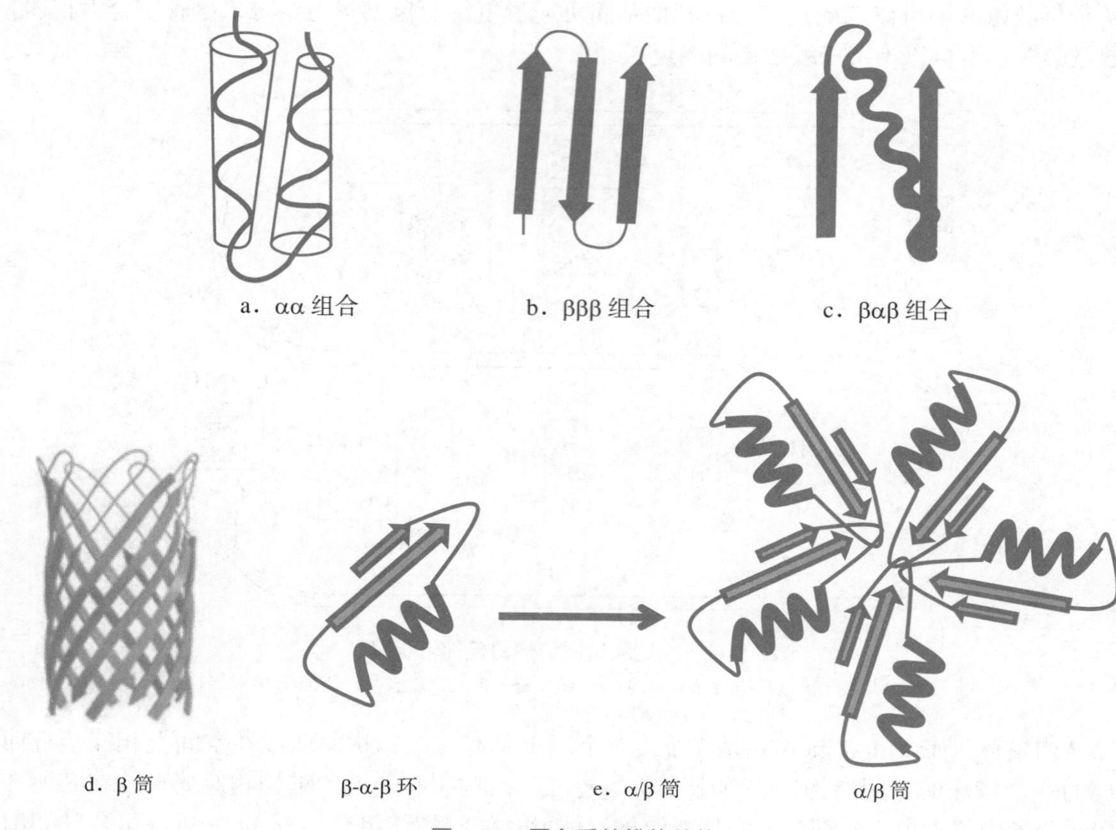

图 1-12 蛋白质的模体结构

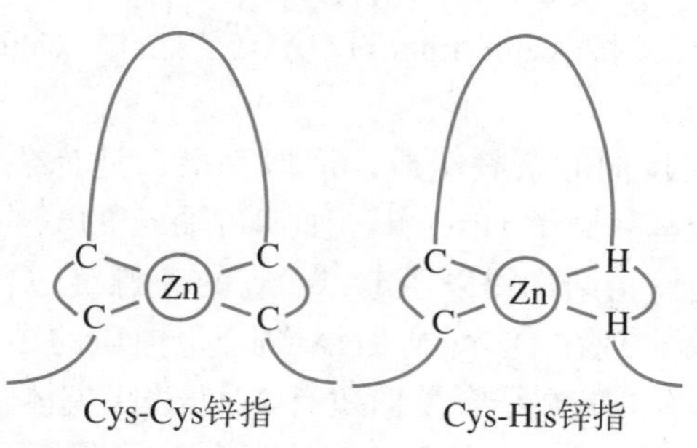

a

C/EBP --DKNSNEYRVRRERNNIAVRKSRDKA------T QQKVLE L TSDNDR L RKRVEQ L SRELDT L RG—

Jun --SQERIKAERKRMRNRIAASKCRKRK------L EEKV KT L KAQNSE L ASTANM L TEQVAQ L KQ—

Fos --EERRRIRRIRRERNKMAAAKCRNRR------L QAETDQ L EDKKSA L QTEIAN L LKEKEK L EF--

b

图 1-13 锌指模体（a）和亮氨酸拉链（b）

之间的广泛接触使单个结构域很难与蛋白质其他部分分离，结构域与分子整体以共价键相连，这是它与蛋白质亚基结构的区别。一般每个结构域由 100 ～ 300 个氨基酸残基组成，各有独特的空间结构，并承担不同的生物学功能。

不同结构域的功能往往不同，蛋白质分子中的几个结构域有的相同，有的不同，而不同蛋白质分子中的各结构域也可以相似。如乳酸脱氢酶、3- 磷酸甘油醛脱氢酶、苹果酸脱氢酶等均属以 NAD^+ 为辅酶的脱氢酶类，它们各自由 2 个不同的结构域组成，但它们与 NAD^+ 结合的结构域结构则基本相同。

（四）蛋白质的四级结构

许多有生物活性的蛋白质由两条或多条肽链构成，肽链与肽链之间并不是通过共价键相连，而是由非共价键维系。每条肽链都具有各自的一级、二级、三级结构。这种蛋白质的每条肽链形成的相对独立的三级结构被称为一个亚基（subunit）。由亚基构成的蛋白质称为寡聚蛋白质。寡聚蛋白质中亚基的立体排布、亚基之间的相互关系称为蛋白质的四级结构（quaternary structure）。分子量 55kDa 以上的蛋白质几乎都具有四级结构，具有四级结构的蛋白质其亚基单独存在时一般没有生物学活性，只有完整的四级结构寡聚体才有生物学活性。如血红蛋白（Hb）是由 4 个两种不同的亚基组成，这两种亚基的三级结构颇为相似，都呈四面体形式。4 个四面体通过 8 个离子键相互结合，构成 Hb 的四级结构（图 1-14a），具有运输 O_2 和 CO_2 的功能。实验证明：它的任何一个亚基单独存在都无此功能，可见蛋白质的四级结构非常重要。寡聚蛋白质的亚基可以相同也可以不同，例如，过氧化氢酶由 4 个相同的亚基组成，而天冬氨酸氨甲酰基转移酶由 12 个亚基组成，其中有 6 个催化亚基和 6 个调节亚基（图 1-14b）。

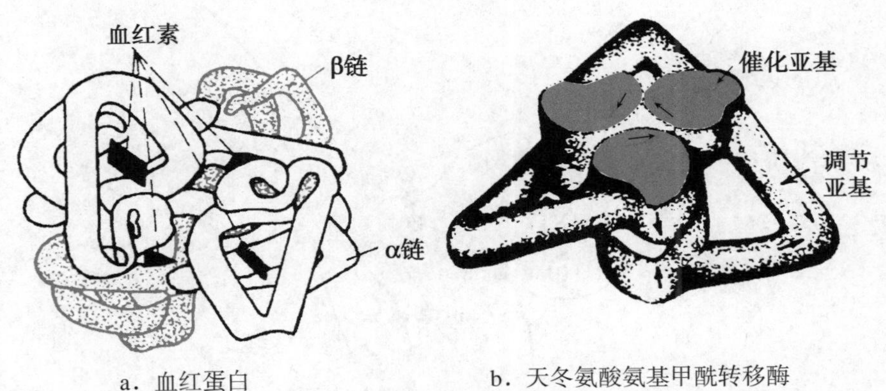

a．血红蛋白　　b．天冬氨酸氨基甲酰转移酶

图 1-14　蛋白质的四级结构示意图

第四节　蛋白质结构与功能的关系

蛋白质的分子结构纷纭万象，其功能亦多种多样。每种蛋白质都执行着特异的生物学功能，而这些功能又都与其特异的一级结构和空间结构密切联系。研究蛋白质结构与功能的关系是生物化学要解决的重要问题。

一、蛋白质一级结构与功能的关系

（一）蛋白质的一级结构是空间结构的基础

20 世纪 60 年代，C. Anfinsen 以牛胰核糖核酸酶 A（RNase A）为对象，研究了二硫键的还原和重新氧化，发现特定三级结构是以氨基酸序列为基础的。RNase A 是由 124 个氨基酸残基组成的一条多肽链，其依靠分子中 8 个半胱氨酸的巯基形成 4 个二硫键，从而成为具有一定空间结构的蛋白质，它的结晶已被测定。

在天然 RNase A 溶液中加入适量变性剂尿素和还原剂 β- 巯基乙醇，使蛋白质空间结构被破坏，酶即变性失去活性。再将尿素和 β- 巯基乙醇经透析除去，酶活性及其他一系列性质可恢复到与天然酶一致。若不经透析除去尿素，而是直接将还原状态 RNase A 中 8 个巯基全部重新氧化成二硫键，其产物的酶活性仅恢复 1%。经实验，原来重新氧化形成的二硫键的位置与天然酶中的二硫键位置不同，产物是随机产生的“杂乱”RNase A。再于无变性剂的“杂乱”产物水溶液中加入痕量 β- 巯基乙醇，“杂乱”产物经 10h 又逐渐恢复了天然酶的活性（图 1-15）。8 个巯基随机组合形成二硫键可有 105 种方式，有活性的 RNase A 只是其中的一种。痕量的 β- 巯基乙醇仅可加速随机组合形成的二硫键打开重排，重排后的二硫键位置之所以选择了有活性的天然酶中的方式，则是由肽链中氨基酸排列顺序决定的。可见一级结构是空间结构形成的基础。

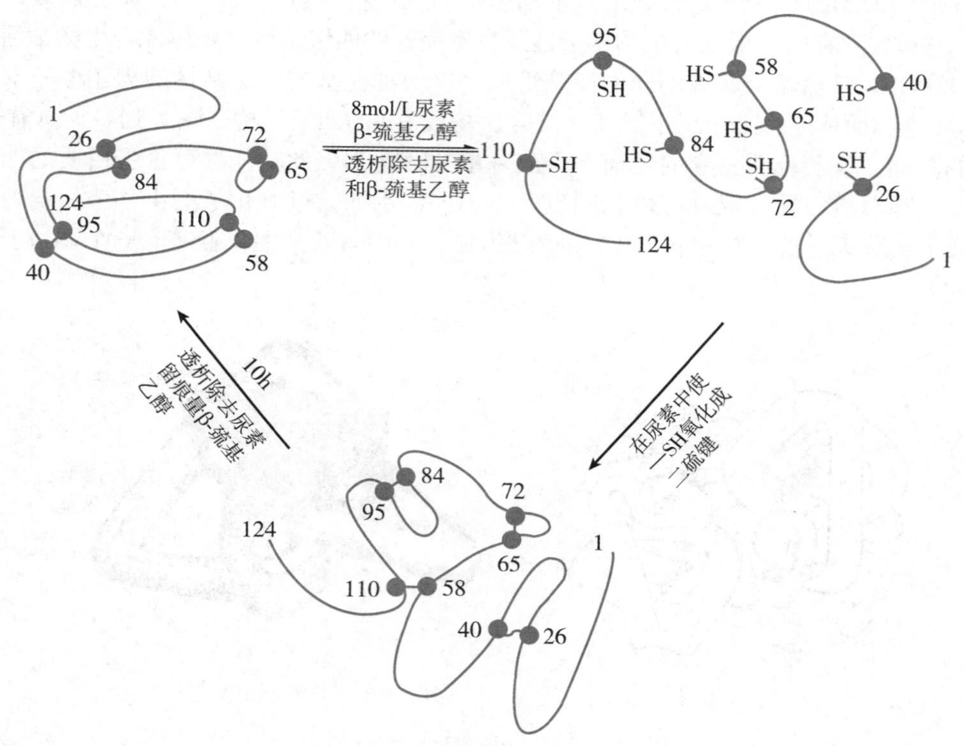

图 1-15　RNase A 的空间结构与功能的关系

从以上对天然蛋白质变性与复性的分析研究所得出的“一级结构决定高级结构”这一规律，还需从合成途径来检验与证实。人工合成胰岛素的成功说明：一条只包含氨基酸种类和排列顺序信息的小分子多肽链，在特定条件下，可自动地形成具有正确的空间结构的天然胰岛素。这就从另一个角度证明了一级结构决定高级结构这一规律的正确性。然而，一级结构并不是决定蛋白质空间结构的唯一因素。细胞中大多数天然蛋白质的折叠都不能自动完成，其准确折叠和组装尚需要其他蛋白质参与（详见第 12 章）。

（二）蛋白质一级结构的种属差异

对于不同种属来源的同种蛋白质进行一级结构测定和比较，发现存在种属差异。来源于不同哺乳类动物的胰岛素，都具有 A、B 两条链，且连接方式相似，都具有调节糖代谢的功能，X 射线晶体衍射证明其空间结构也很相似。但是仔细比较分析其一级结构，发现它们在氨基酸组成上有些差异。在 51 个氨基酸残基中，A 链的 10 个（1、2、5 ~ 7、11、16、19 ~ 21）残基及 B 链的 12 个（6 ~ 8、11、12、15、16、19、23 ~ 26）残基为不同来源的胰岛素所共有（图 1-4），属保守序列。而 A 链第 8 ~ 10、B 链第 30 位残基为易变序列。在分析了胰岛素的空间结构之后，发现这 22 个保守残基对于维持胰岛素的空间结构非常重要。例如，3 个二硫键的连结方式未变；其他保守残基大多属于非极性侧链氨基酸，也处于稳定空间结构的重要位置。而其他易变或可变残基（B 链 1 ~ 3、27 ~ 30）则一般处于胰岛素的“活性部位”之外，对维持活性并不重要，可能与免疫活性有关。

另一个研究蛋白质一级结构的种属差异与功能关系的有意义的例子就是细胞色素 C。人的细胞色素 C 是由 104 个氨基酸残基组成的单链蛋白质，以共价键与其血红素辅基相连。不同来源的细胞色素 C 功能相同，都参与线粒体呼吸链的组成，并在细胞色素还原酶和细胞色素氧化酶之间传递电子。现已测定了 60 多种不同种属来源的细胞色素 C 的一级结构（表 1-4），其中有的氨基酸残基易变，有的属于保守替换（conservative substitution）（如 Arg → Lys，因都带正电荷），还有 27 个氨基酸残基不变。此 27 个残基是维持细胞色素 C 的生物活性所必需的。如第 14 和 17 位的两个半胱氨酸、18 位的组氨酸、80 位的甲硫氨酸等直接与血红素相连；3 个脯氨酸（30、71、76 位）和 5 个甘氨酸（29、34、45、77、84 位）处在肽链的拐弯处；还有酪氨酸（67、74 位）、色氨酸（59 位）围绕血红素形成疏水区；带电荷的赖氨酸、精氨酸多分布于分子表面，它们都处于不变位置。总之，27 个保守氨基酸残基是保证结合血红素、识别与结合细胞色素氧化酶和细胞色素还原酶、维持分子结构和传递电子所必需的。

表1-4　人细胞色素C的氨基酸序列

人细胞色素C的氨基酸序列
[G] DVEK [G] KKI [F] IMK [C] SQ [CH] T VEKGG KH [K] T [GP] N [L] H [G] LFG [R] K T [G]
QAP [G] YS [Y] TA [AN] KNKGII [W] GEDTL ME [YL] E [N] [PKKYIPGTKM] I [F] V [G] IK [K]
KE E [R] ADL IAYLK KATNE

□内为保守序列（35/50 种）

另外，不同种属来源的细胞色素 C，其分子中氨基酸残基数目不同。对 30 种不同原核生物细胞色素 C 的一级结构的分析发现，其氨基酸残基的数目为 82 ~ 143 个；而真核生物的细胞色素 C 氨基酸残基数目差别较小，为 103 ~ 112 个。同时发现，不同来源的细胞色素 C 亲缘关系越远的其氨基酸残基种类差别越大，如马与酵母有 48 个残基不同，鸭和鸡仅有 2 个不同，鸡和火鸡的则完全相同，马、猪、牛、羊的也完全相同。

总之，蛋白质特定的结构执行特定的功能。比较种属来源不同而功能相同的蛋白质的一级结构，可能发现某些差异，但与功能相关的结构却总是相同的。若一级结构改变，蛋白质的功能可能发生很大的变化。

（三）蛋白质的一级结构与分子病

人类有很多种分子病已被查明是由于某种蛋白质缺乏或异常所导致的（表 1-5）。这些异常的蛋白质与正常蛋白质相比可能仅有一个氨基酸发生改变。如镰状细胞贫血（sickle cell anemia），就是患者的血红蛋白（HbS）与正常人的血红蛋白（HbA）在 β 链的第 6 位有一个氨基酸之差：

N →

HbA Val - His - Leu - Thr - Pro - Glu - Glu - Lys…

HbS Val - His - Leu - Thr - Pro - Val - Glu - Lys…

1 2 3 4 5 6 7 8

HbA 的 β 链第 6 位为谷氨酸，而患者 HbS 的 β 链第 6 位换成了缬氨酸，导致在低氧分压下，脱氧 HbS 分子容易发生聚合作用，生成的双链聚合物再凝聚成长的螺旋纤维，这些不溶的聚合物使红细胞变形，即红细胞从正常的双凹盘状变为镰刀状。镰刀状红细胞不能像正常细胞那样通过毛细血管，可能发生堵塞，引起导致永久性组织损伤甚至死亡的氧隔绝。同时，镰刀状红细胞易破裂，导致红细胞减少，产生溶血性贫血。

首次发现镰状细胞贫血是在 1904 年，对于它的病因研究花费了 40 多年的时间，于 1949 年才确定是血红蛋白内氨基酸替换的结果。首先获得这种替换线索的是著名美国化学家 L.Pauling。由于该类疾病是由遗传基因的突变引起的，故称之为分子病（molecular disease）。现在已知几乎所有遗传病都与正常蛋白质的分子结构改变有关，即都是分子病。

表1-5 分子病举例

病　症	受影响的蛋白质
Lesch Nyhan 综合征	次黄嘌呤鸟嘌呤磷酸核糖转移酶
免疫缺陷病	嘌呤核苷磷酸化酶
ADA 缺陷病	腺苷酸脱氨酶
Gaucher 病	葡萄糖脑苷脂酶
痛风	磷酸核糖焦磷酸合成酶
维生素 D 依赖性佝偻病	25（OH）-D_3-1- 羟化酶
家族性高胆固醇血症	低密度脂蛋白受体
泰 - 萨克斯病（Tay-Sachs 病）	氨基己糖苷酶 A
镰状细胞贫血	血红蛋白
同型半胱氨酸尿症	胱硫醚合成酶
白化病	酪氨酸酶
蚕豆病	葡糖 -6- 磷酸脱氢酶
肝豆状核变性	血浆蛋白
苯丙酮尿症	苯丙氨酸羟化酶

二、蛋白质的空间结构与功能的关系

用晶体 X 射线衍射法研究蛋白质大分子空间结构与功能关系的结果已有很多。球状蛋白质——血红蛋白（hemoglobin）、肌红蛋白和细胞色素等，其血红素辅基都可与氧可逆性结合。这类蛋白质与氧结合时空间结构的变化有共同之处，现以血红蛋白为例加以介绍。

血红蛋白 A（hemoglobin A，HbA）是由 4 个亚基即 $\alpha_2\beta_2$ 组成的寡聚蛋白质，每个亚基的三级结构与肌红蛋白（Mb）（图 1-12）相似，中间有一个疏水“口袋”，亚铁血红素位于“口袋”中间，血红素上的 Fe^{2+} 能够与氧进行可逆性结合。Hb 亚基间有许多氢键与离子键（图 1-16），使 4 个亚基紧密结合在一起形成亲水的球状蛋白质，球状 Hb 中间形成一个“中心空穴”（central cavity）。未结合 O_2 时，Hb 的 α_1/β_1 和 α_2/β_2 呈对角排列，处于一种紧凑状态，称为紧张态（tense state，T 态），T 态的 Hb 与 O_2 的亲和力小。当其结合 O_2 时，伴随与 O_2 的结合 4 个亚基羧基末端之间的离子键断裂，同时，这些变化也引起 Hb 的二级、三级和四级结构改变。一对 α_2/β_2 相对于另一对 α_1/β_1 之间旋转 15°（图 1-17）。这使 α_1/β_1 之间发生变化，即未结合 O_2 时，α_1 42 位 Tyr 与 β_2 99 位 Asp 以氢键相连，此氢键对维持 T 态很重要，起着“开关”作用。当结合 O_2 时，上述氢键断裂，在 α_1、β_2 亚基间，α_1 94 位 Asp 与 β_2 102 位 Asn 残基间形成氢键（图 1-18），使束缚紧密的 T 态改变为易与 O_2 结合的松弛态（relaxed state，R 态）（图 1-19）。第一个 O_2 先与 α 亚基结合，然后是 β 亚基。这是由于 β 亚基 E 螺旋区 11 位 Val 妨碍 O_2 与 Fe^{2+} 接近，而 α 亚基三级结构与 β 亚基稍有区别，α 亚基无 D 螺旋区，其“口袋”相对 β 亚基也宽敞一些。当第一个 O_2 与 Hb 结合成氧合血红蛋白（HbO_2）后，整个分子发生构象改变，犹如松开了整个 Hb 分子构象的扳机，导致第二、第三和第四个 O_2 很快结合。这种带 O_2 的 Hb 亚基协助不带 O_2 亚基结合氧的现象，称为协同效应（cooperative effect），是指一个亚基与其配体结合后影响该寡聚体中另一个亚基与配体的结合能力；如果是促进作用称为正协同效应，反之为负协同效应。O_2 与 Hb 结合后引起 Hb 的构象变化，这种蛋白质分子在表现功能的过程中，一个配体与特定部位的结合会使蛋白质分子发生构象改变，进而影响蛋白质分子的功能，称为别构效应（allosteric effect），通常都需要寡聚蛋白质亚基间的相互作用。小分子的 O_2 称为别构剂或效应剂（effector），Hb 则称为别构蛋白质（allosteric protein）。别构作用在酶活性的调节中也很常见，存在许多重要的别构酶，例如具有 6 个催化亚基和 6 个调节亚基的天冬氨酸氨基甲酰转移酶即是一个与代谢调节有关的别构酶（详见第九章）。别构酶与它们的底物结合、Hb 与 O_2 结合均呈特征性“S”形曲线（图 1-20）。

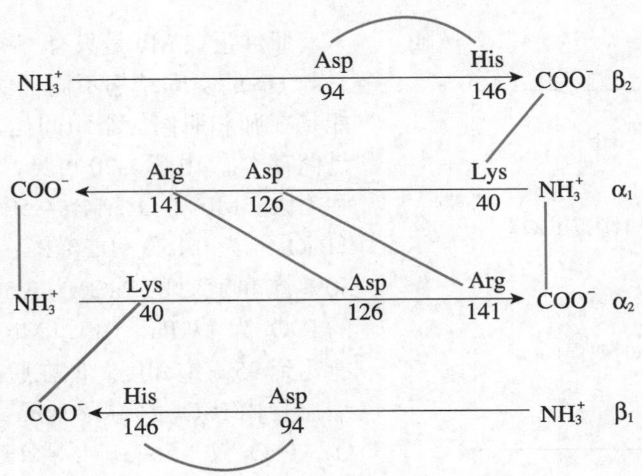

图 1-16　脱氧 Hb 亚基间和亚基内的离子键

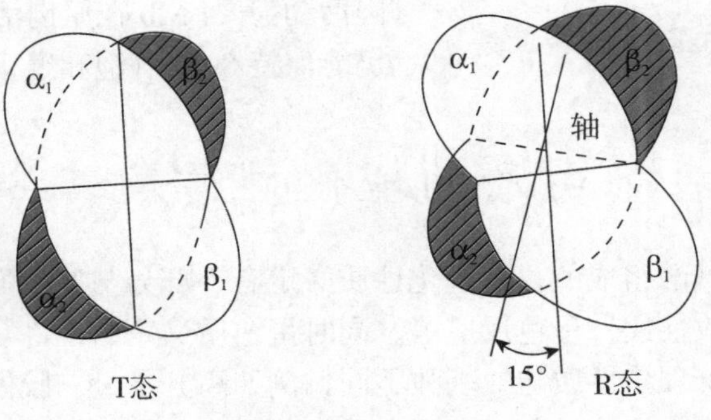

图 1-17　Hb T 态与 R 态互变

α_1亚基 酪[42] 天[94] 天酰[102] 天[99] β_2亚基 T态

$+O_2$ $-O_2$

α_1亚基 酪[42] 天[94] 天酰[102] 天[99] β_2亚基 R态

图 1-18　氧合作用引起 α_1/β_2 间氢键位置改变

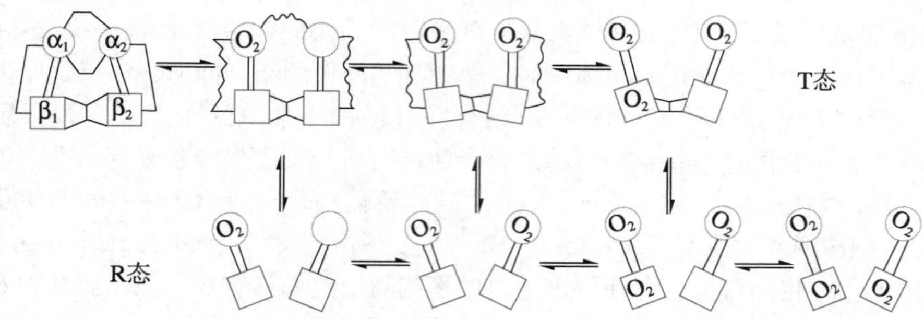

图 1-19　Hb 氧合与脱氧构象转换示意图

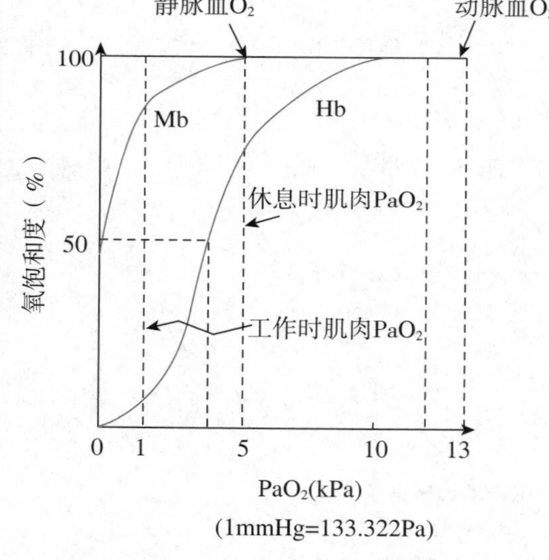

图 1-20　肌红蛋白与血红蛋白的氧合曲线

朊病毒

肌红蛋白 Mb 是只有三级结构的单链蛋白质，它与 Hb 的空间结构不同，功能也不同。Hb 的功能是在肺和肌肉等组织间运输 O_2，而 Mb 则主要是储存 O_2。由图 1-20 可见，Mb 比 Hb 对 O_2 的亲和力大。Mb 和 O_2 结合达 50% 饱和度时的氧分压（PaO_2）为 0.15 ～ 0.30kPa；而 Hb 与 O_2 结合达 50% 饱和度时的 PaO_2 为 3.5kPa。动脉血和肺部的 PaO_2 为 13kPa，Hb 和 Mb 在肺部和动脉血都能达到 95% 饱和度。但在肌肉组织中，休息时毛细血管内 PaO_2 大约为 5kPa，肌肉工作时因消耗 O_2，PaO_2 仅 1.5kPa。尽管 Hb 在肌肉休息时的氧饱和度能达到 75%，但肌肉活动时，Hb 的氧饱和度仅达 10%，因此，它可以有效地释放 O_2，供肌肉活动需要。Mb 在肌肉活动即 PaO_2 为 1.5kPa 时，仍能保持 80% 氧饱和度，不释放 O_2 而贮存 O_2。

第五节　蛋白质的理化性质及其分离纯化

蛋白质既然是由氨基酸组成的，其理化性质必定有一部分与氨基酸相同或相关，例如两性解离及等电点、紫外吸收性质、呈色反应等。同时蛋白质又是由许许多多氨基酸组成的高分子化合物，也必定有一部分理化性质与氨基酸不同，例如高分子量、胶体性质、沉淀、变性和凝固等。认识蛋白质在溶液中的性质，对于蛋白质的分离、纯化以及结构与功能的研究等都极为重要。

一、蛋白质的两性解离性质

（一）两性解离及等电点

蛋白质由氨基酸组成，其分子末端有自由的 α-NH_3^+ 和 α-COO^-；蛋白质分子中氨基酸残基侧链也含有可解离的基团，如赖氨酸的 ε-NH_3^+、精氨酸的胍基、组氨酸的咪唑基、谷氨酸的 γ-COO^- 和天冬氨酸的 β-COO^- 等。这些基团在一定 pH 条件下的溶液中可以结合或释放 H^+，这就是蛋白质两性解离的基础。在酸性溶液中，蛋白质解离成阳离子；在碱性溶液中，蛋白质解离成阴离子。在某一 pH 条件下的溶液中，蛋白质解离成阴阳离子的趋势相等，净电荷数为零，即成兼性离子。此时溶液的 pH 称为蛋白质的等电点（isoelectric point，pI）。

$$P\begin{cases}NH_3^+\\COOH\end{cases} \underset{+H^+}{\overset{+OH^-}{\rightleftharpoons}} P\begin{cases}NH_3^+\\COO^-\end{cases} \underset{+H^+}{\overset{+OH^-}{\rightleftharpoons}} P\begin{cases}NH_2\\COO^-\end{cases}$$

蛋白质阳离子　　蛋白质兼性离子（等电点）　　蛋白质阴离子

人体内各种蛋白质的等电点不同，但大多数接近于 5.0。所以在体液 pH 7.4 环境下，大多数蛋白质解离成阴离子。少数蛋白质含碱性氨基酸较多，因而其分子中含有较多自由氨基，故其等电点偏于碱性，此类蛋白质称碱性蛋白质，例如鱼精蛋白和细胞色素 C 等。也有少数蛋白质含酸性氨基酸较多，其分子也因之含有较多的羧基，故其等电点偏于酸性，此类蛋白质称为酸性蛋白质，例如丝蛋白和胃蛋白酶等。在等电点，蛋白质为兼性离子，带有相等的正、负电荷，成为中性微粒，故不稳定而易于沉淀。

（二）等电点沉淀法分离提取蛋白质

可以利用蛋白质在其等电点附近溶解度最小、容易沉淀析出的特性以及各种蛋白质等电点的差异，从一混合蛋白质溶液中分离出不同的蛋白质。例如，利用猪胰腺组织提取胰岛素（pI=5.30 ~ 5.35），可先调节组织匀浆的 pH 呈碱性，使碱性杂蛋白质沉淀析出；再调节 pH 至酸性，使酸性杂蛋白质沉淀；然后再调节含有胰岛素的上清液的 pH 至 5.3，得到的蛋白质沉淀即是胰岛素的粗制品。

（三）蛋白质的电泳分离和分子量测定

带电颗粒在电场中泳动的现象称为电泳（electrophoresis）。目前电泳技术已成为分离蛋白质及其他带电颗粒的一种重要技术。带电颗粒在电场中泳动的速度主要取决于所带电荷的性质、数目、颗粒的大小和形状等因素。可用下式表示：

$$\upsilon = EZ/Mf$$

式中：υ 为泳动速度；E 为电场强度；Z 为颗粒所带净电荷；f 为摩擦系数；M 为颗粒的质量。

一般来说，在同一电场强度下，颗粒所带净电荷越多、分子量越小及为球状分子，泳动速度越快，反之则慢。由于各种蛋白质的等电点不同、分子量不同，在同一 pH 缓冲液中带电荷多少不同，在电场中的泳动方向和速度也不相同，这样就可将蛋白质混合液中各种蛋白质彼此分开。若将蛋白质混合液点在浸润有缓冲液的固体支持物上进行电泳，不同的组分形成几个区带，称为区带电泳。支持物有多种，例如滤纸、醋酸纤维素薄膜、聚丙烯酰胺凝胶和琼脂糖凝胶等。不同的支持物其电泳分辨率不同，如正常人血清蛋白质在醋酸纤维素薄膜上电泳可分为清蛋白、α_1- 球蛋白、α_2- 球蛋白、β- 球蛋白和 γ- 球蛋白 5 种组分，而用聚丙烯酰胺凝胶电泳

（polyacrylamide gel electrophoresis，PAGE）则可分出 30 多种组分。

PAGE 不仅分辨率高，还可用于样品的纯度鉴定和分子量测定。SDS-PAGE 是实验室常用的测定蛋白质分子量的方法。SDS（十二烷基硫酸钠）是一种阴离子去垢剂，它能破坏活性蛋白质中的非共价键从而使蛋白质变性。SDS 和变性蛋白质结合形成的复合物带有大量负电荷，使蛋白质分子间电荷差异消失。由于聚丙烯酰胺凝胶具有分子筛的功能，所以较小的多肽链比较大的多肽链泳动快。大多数肽链的迁移率和它们相应分子量的对数成直线比例关系，若以已知分子量的一组蛋白质作标准，在同样条件下对未知蛋白质进行电泳，就可推算出未知蛋白质的分子量（图 1-21）。

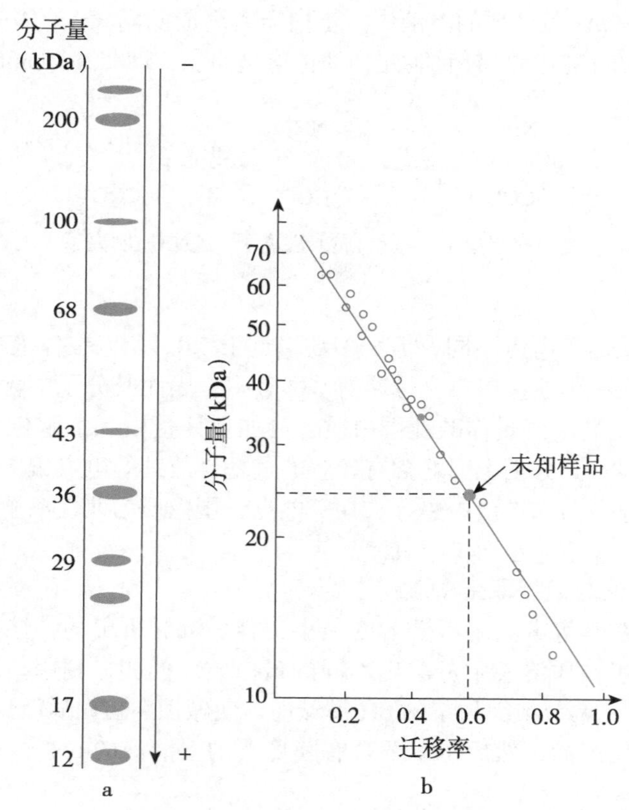

图 1-21 SDS-PAGE 测定蛋白质分子量

a．未知蛋白质和标准蛋白质电泳图谱；b．蛋白质分子量（对数坐标）与迁移率关系曲线图

（四）蛋白质的离子交换层析

离子交换层析（ion exchange chromatography）是利用蛋白质两性解离和等电点的特性分离蛋白质的一种技术。此技术需利用阴离子和阳离子交换剂。分离蛋白质常用的阳离子交换剂有弱酸型羧甲基纤维素（CM 纤维素），在 pH 7.0 时带有稳定的负电荷，可与蛋白质的阳离子结合。分离蛋白质常用的阴离子交换剂有弱碱型二乙基氨乙基纤维素（DEAE 纤维素），在 pH 7.0 时带有稳定的正电荷，可与蛋白质的阴离子结合。当被分离的蛋白质溶液流经离子交换层析柱时，带有相反电荷的蛋白质可因静电吸引力而吸附于柱内，随后又可被带同样性质电荷的离子所置换而被洗脱。由于蛋白质的等电点不同，在某一 pH 时所带电荷多少不同，与离子交换剂结合的紧密程度也不同，所以用一系列 pH 递增或递减的缓冲液或者高离子强度的洗脱液洗脱，可以降低蛋白质与离子交换剂的亲和力，将不同的蛋白质逐步由层析柱上洗脱下来。

二、蛋白质的高分子性质

（一）蛋白质亲水胶体的稳定因素

蛋白质的分子量颇大，介于 1 万 ~ 100 万 Da，其分子的大小已达到胶体颗粒的大小（1 ~ 100nm）。又因为蛋白质分子表面多为亲水基团，故具有亲水胶体的特性，其分子表面有多层水分子包围，一般每克蛋白质可结合 0.3 ~ 0.5g 水，形成水化膜。水化膜是维持蛋白质胶体稳定的重要因素之一。蛋白质胶粒可因本身的解离而带有电荷，这是胶体稳定的第二种因素。若去掉这两个稳定因素，蛋白质就极易从溶液中沉淀析出（图 1-22）。

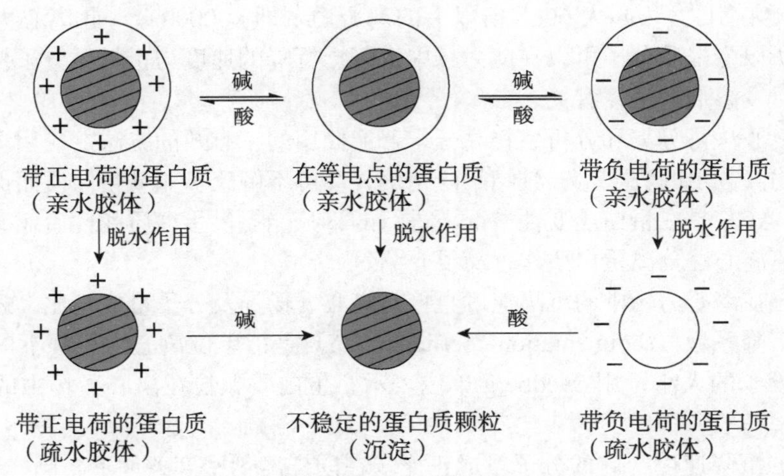

图 1-22　蛋白质胶体颗粒的沉淀

+ 和 – 分别代表正、负电荷；颗粒外层代表水化膜

（二）透析与超滤法分离纯化蛋白质

利用蛋白质的高分子性质可将它与小分子物质分开，也可以将大小不同的蛋白质分离。

蛋白质胶体的颗粒很大，不能透过半透膜。半透膜的特点是只允许小分子通过，而大分子物质不能通过，如各种生物膜及人工制造的火棉胶、玻璃纸、塑料薄膜等，可用来做成透析袋，把含有小分子杂质的蛋白质溶液放于袋内，将袋置于流动的水或缓冲液中，小分子杂质从袋中透出，大分子蛋白质留于袋内，蛋白质得以纯化，称为透析法（dialysis）。透析法常用于除去以盐析法纯化的蛋白质中带有的大量中性盐及以密度梯度离心法纯化蛋白质混入的氯化铯、蔗糖等小分子物质。

超滤法（ultrafiltration）是利用一种压力活性膜，在外界推动力（压力）作用下截留水中分子量相对较高的大分子蛋白质，而小分子物质颗粒和溶剂透过膜的分离过程。可选择不同孔径的超滤膜以截留不同分子量的蛋白质。此法的优点是在选择的分子量范围内进行分离，没有相态变化，有利于防止变性，并且可以在短时间内进行大体积稀溶液的浓缩。由于制膜技术和超滤装置的不断发展和改进，此技术逐渐向简便、快速、大容量和多用途方面发展，可应用于各种高分子溶液的脱盐、浓缩、分离和纯化等。

（三）蛋白质的沉降与超速离心分离

蛋白质溶液具有许多高分子溶液的性质，其中扩散慢、易沉降性质可用于蛋白质的超速离心分离。

将一种溶质放在可使其溶解的溶剂中，溶质分子便会向溶剂的各个方向移动，最终达到在溶剂中均匀分布，这种现象称为分子扩散。扩散力来自溶质和溶剂分子的相互碰撞，即布朗运动。分子运动的快慢与分子大小、形状有关。蛋白质分子颗粒大、分子形状基本不对称，故较一般小分子晶体扩散慢。溶质分子同时还受重力的作用，若重力大于扩散力，分子颗粒就可沉降。但一般情况下，蛋白质分子在溶液中的扩散力大于重力，如分子量 50kDa 的蛋白质，在室温下布朗运动的能量比受重力下沉的能量大 200 倍，故不致沉降，通过自由扩散基本能够达到均匀分布，因而称之为蛋白质（真）溶液。但若将蛋白质溶液放在强大的离心力场中，蛋白质颗粒就会沉降，这与真溶液（如 NaCl 等）的性质又有所不同。各种蛋白质沉降所需的离心力场不同，分子量小的，所需离心力大；分子量大的，所需离心力小，故可用超速离心法分离蛋白质以及测定其分子量。

每分钟转速（revolutions per minute，r/min，rpm）60000 以上者称为超速离心。超速离心机可以产生比地心引力（*g*）大 60 万倍以上的离心力（即 600000*g*）。此离心力超过蛋白质分子的扩散力，所以蛋白质分子可以在此力场中沉降。沉降的速度与蛋白质分子量的大小、分子的形状和密度以及溶剂的密度有关。

目前超速离心法是分离和分析生物高分子普遍使用的、有效的方法。应用沉降平衡技术测定蛋白质等生物高分子的分子量，其结果既精确，又可不解聚多亚基蛋白质而保留其活性。相比之下，SDS-PAGE 是在蛋白质变性情况下进行的，只能提供蛋白质变性后亚基的分子量。

以下对超速离心法分离蛋白质作一简要介绍。

蛋白质颗粒在离心力场中的沉降速度直接与离心力场强及分子量成正比，还与颗粒及溶剂的性质有关。沉降系数（sedimentation coefficient，*S*）是指单位离心力场强下的沉降速度，常用来表示沉降分子的大小，用 Svedberg 单位表示。蛋白质颗粒在离心力场中的沉降行为具有如下特点：

（1）颗粒的沉降速度与它的分子量成正比，在同样溶剂密度条件下，同样形状的蛋白质，$M_r=200\times10^3$ 的蛋白质移动速度是 $M_r=100\times10^3$ 的移动速度的 2 倍。

（2）密集的颗粒比疏松颗粒移动快，因为密集颗粒的反向浮力小。

（3）分子形状可影响黏滞阻力。若分子量相同，紧密颗粒的摩擦系数小于伸展颗粒者。这犹如一个跳伞者应用有缺陷未张开的伞比用功能好、张开的降落伞下降得快得多。

（4）沉降速度依赖于溶剂的密度（ρ）。当 $\upsilon\rho<1$ 时，颗粒下沉；$\upsilon\rho>1$ 时，颗粒上浮；当 $\upsilon\rho=1$ 时，颗粒不动。

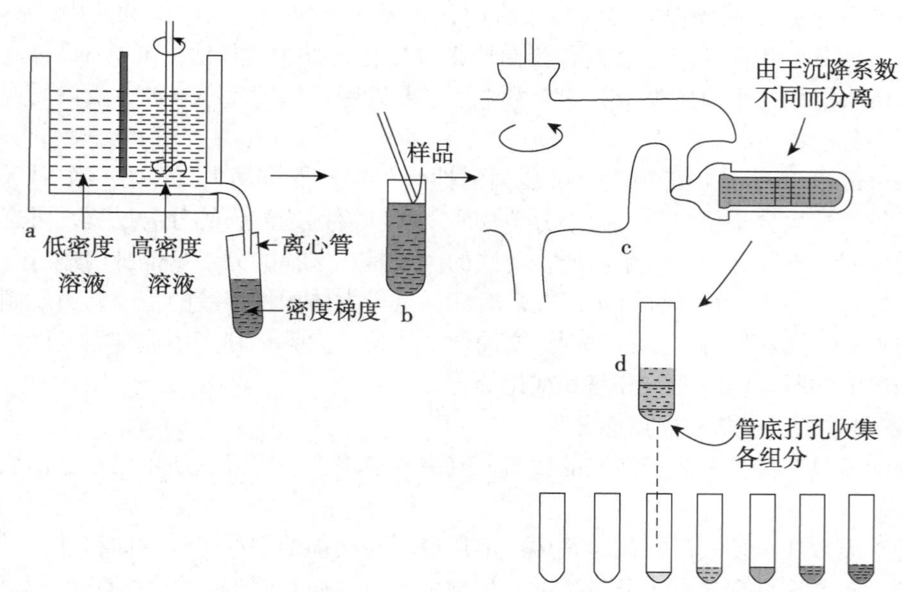

图 1-23 密度梯度离心步骤示意图

a. 形成密度梯度；b. 将样品置于密度梯度管液面上；c. 离心；d. 收集样品

如何将不同沉降系数的蛋白质分离呢？图 1-23 简要表示出密度梯度离心或称区带离心的 4 个步骤。首先制备有连续密度梯度的蔗糖或氯化铯（CsCl）溶液，装入离心管时从管底到管口密度渐小；再将待分离的蛋白质混合液加在最上层；然后将离心管放入离心机角转头并以一定速度离心一定时间，不同沉降系数的蛋白质即停留在密度与之相同的区带处，在沉降最快的蛋白质到达管底之前停止离心；用一定的方法如管底打孔等，将不同的蛋白质区带取出，即可分离得到不同沉降系数的蛋白质。

（四）凝胶过滤法分离纯化蛋白质

凝胶过滤（gel filtration）又称分子筛层析。该方法与离子交换层析是目前层析法中应用最广的分离纯化蛋白质的方法。它是依据蛋白质分子量大小进行分离的技术。层析柱内填充物是带有小孔的颗粒（一般由葡聚糖制成），将蛋白质溶液加入柱的顶部后，小分子物质进入颗粒的孔内，向下流动的路径加长，移动缓慢；大分子物质不能进入孔内，通过颗粒的空隙向下流动，移动速率较快，通过层析柱的时间较短。根据蛋白质流出层析柱的时间不同，可将溶液中各组分按分子量的不同进行分离（图 1-24）。

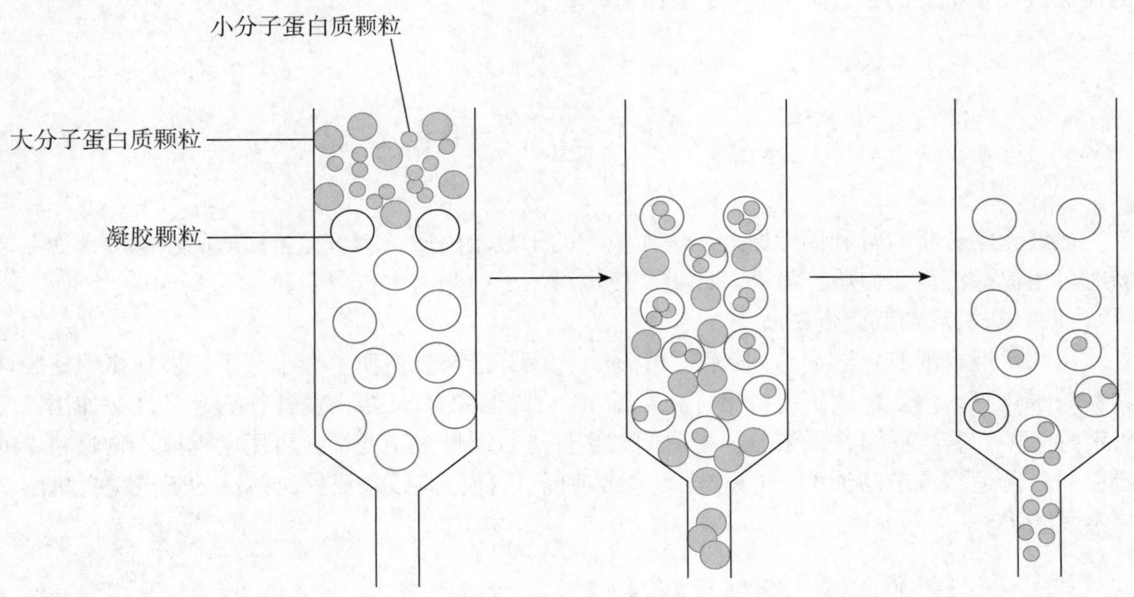

图 1-24　凝胶过滤分离蛋白质

三、蛋白质的沉淀

蛋白质从溶液中析出的现象，称为沉淀（precipitation）。沉淀蛋白质的方法有以下几种。

（一）盐析

在蛋白质溶液中若加大量中性盐，蛋白质胶体的水化膜即被破坏，其所带电荷也被中和，蛋白质胶体因失去这两种稳定因素而沉淀。此种沉淀过程称为盐析（salting out）。盐析蛋白质常用的中性盐有硫酸铵、硫酸钠和氯化钠等。盐析时若溶液的 pH 在蛋白质的等电点则效果最好。各种蛋白质分子的颗粒大小、亲水程度不同，故盐析所需的盐浓度也不一样，若调节盐析所用的盐浓度，常可将溶液中的几种混合蛋白质分离。此种盐析分离称为分段盐析。例如，在人血清中加入硫酸铵达到半饱和，球蛋白（globulins）即可沉淀析出；继续加硫酸铵达到饱和，清蛋白（albumin）才可沉淀析出。因此，硫酸铵分段盐析可用于患者血清蛋白质的清 / 球蛋白（A/G）比值测定。盐析沉淀的蛋白质通常不发生变性，故此法常用于天然蛋白质的分离，但是沉淀的蛋白质中混有大量中性盐，必须经透析、超滤等方法除去。

（二）重金属盐沉淀蛋白质

重金属离子如 Ag^+、Hg^{2+}、Cu^{2+}、Pb^{2+} 等（用 M^+ 代表），可与呈负电状态的蛋白质结合，形成不溶性蛋白质盐沉淀。沉淀的条件以 pH 稍大于蛋白质的 pI 为宜。

$$P\begin{matrix}COO^-\\NH_3^+\end{matrix}\xrightarrow{OH^-}P\begin{matrix}COO^-\\NH_2\end{matrix}\xrightarrow{M^+}P\begin{matrix}COOM\\NH_2\end{matrix}\downarrow$$

临床上利用蛋白质与重金属盐结合形成不溶性沉淀这一性质，抢救重金属盐中毒患者。给患者口服大量酪蛋白、清蛋白等，然后再用催吐剂将与蛋白质结合的重金属盐呕吐出来以解毒。

（三）生物碱试剂与某些酸沉淀蛋白质

能沉淀各类生物碱的化学试剂称为生物碱试剂，如苦味酸、鞣酸、钨酸等；还有某些酸，如三氯醋酸、磺基水杨酸、硝酸等（用 X^- 代表），均可与呈正电状态的蛋白质结合成不溶性的盐而沉淀。沉淀的条件是 pH 小于蛋白质的 pI。

$$P\begin{matrix}COO^-\\NH_3^+\end{matrix}\xrightarrow{H^+}P\begin{matrix}COOH\\NH_3^+\end{matrix}\xrightarrow{X^-}P\begin{matrix}COOM\\NH_3^+X^-\end{matrix}\downarrow$$

血液化学分析时常利用此原理除去血液中的干扰蛋白质，制备无蛋白质的血滤液，如测血糖时可用钨酸沉淀蛋白质。另外，此类反应也可用于检测尿中蛋白质。

（四）有机溶剂沉淀蛋白质

可与水混合的有机溶剂，如乙醇、甲醇、丙酮等能与蛋白质争夺水分子，破坏蛋白质胶体颗粒的水化膜，使蛋白质沉淀析出。在常温下，有机溶剂沉淀蛋白质往往引起变性，如用乙醇可消毒灭菌。若在低温、低浓度、短时间则变性进行缓慢或不变性，可用于提取生物材料中的蛋白质，若适当调节溶液的 pH 和离子强度，则可以使分离效果更好。该法的优点是有机溶剂易蒸发除去。

四、蛋白质的变性、絮凝及凝固

蛋白质的结构决定了它的性质和功能，在某些物理或化学因素作用下，蛋白质的空间结构破坏（但不包括肽链的断裂等一级结构变化），导致蛋白质若干理化性质的改变、生物学活性的丧失，这种现象称为蛋白质的变性作用（denaturation）。

使蛋白质变性的因素有很多，如高温、高压、紫外线、X 线、超声波、剧烈震荡与搅拌等物理因素，强酸、强碱、重金属盐、有机溶剂、浓尿素和十二烷基硫酸钠（SDS）等化学因素。球状蛋白质变性后的明显改变是溶解度降低；本来在等电点时能溶于水的蛋白质经过变性就不再溶于原来的水溶液。蛋白质变性后，其他理化性质的改变，如结晶能力丧失、黏度增加、呈色性增强和易被蛋白酶水解等，与蛋白质的空间结构被破坏、结构松散、分子伸长、分子的不对称性增加以及氨基酸残基侧链外露等密切相关。结构的破坏必然导致生物学功能的丧失，如酶失去催化活性、激素不能调节代谢反应、抗体不能与抗原结合等。但生物学活性的丧失并不一定完全是变性的结果，如蛋白质肽链水解断裂去除辅基（Hb 失去血红素）及抑制剂的存在，均可导致失活。

大多数蛋白质变性时其空间结构破坏严重，不能恢复，称为不可逆变性。但有些蛋白质在变性后，除去变性因素仍可恢复其活性，称为可逆变性。例如，核糖核酸酶经尿素和β- 巯基乙醇作用变性后，再透析去除尿素和β- 巯基乙醇，又可恢复其酶活性。又如，被强碱变性的胃蛋白酶也可在一定条件下恢复其酶活性；被稀盐酸变性的 Hb 也可在弱碱性溶液中变回天然 Hb。但在 100℃变性的胃蛋白酶和 Hb 就不能复性。

蛋白质被强酸或强碱变性后，仍能溶于强酸或强碱溶液中。若将此强酸或强碱溶液的 pH 调至等电点，则变性蛋白质立即结成絮状的不溶解物，这种现象称为变性蛋白质的絮凝作用（flocculation）。絮凝作用所生成的絮状物仍能再溶于强酸或强碱中。如再加热，则絮状物变为比较坚固的凝块，此凝块不易再溶于强酸或强碱中，这种现象称为蛋白质的凝固作用（protein coagulation）。鸡蛋煮熟后本来流动的蛋清变成了固体状，豆浆中加少量氯化镁即可变成豆腐，都是蛋白质凝固的典型例子。

了解变性理论有重要的实际意义：一方面注意低温保存生物活性蛋白质，避免其变性失活；另一方面可利用变性因素消毒灭菌。

五、蛋白质的呈色反应

蛋白质由氨基酸组成，氨基酸的呈色反应性质必然会在蛋白质高分子上表现出来。因此蛋白质也能呈多种颜色反应。此外，蛋白质还能产生阳性双缩脲反应（biuret reaction）。因为将尿素直接加热时，放出氨，并产生双缩脲：

$$2H_2N-\overset{\displaystyle O}{\overset{\|}{C}}-NH_2 \xrightarrow{\text{加热}} H_2N-\overset{\displaystyle O}{\overset{\|}{C}}-\underset{\displaystyle H}{N}-\overset{\displaystyle O}{\overset{\|}{C}}-NH_2 + NH_3$$

尿素　　　双缩脲　　　氨

双缩脲在稀 NaOH 溶液中与稀 $CuSO_4$ 溶液共热时呈现紫色或红色，而取名为双缩脲反应。蛋白质和多肽中均有两个以上肽键，与双缩脲结构相似，也能发生这一呈色反应。而氨基酸无此反应，故此法还可用以检测蛋白质的水解程度。蛋白质水解越完全，则溶液颜色越浅。

第六节　蛋白质的一级结构测定

1953 年，生物化学有两项主要的划时代发现：一是科学家 Watson 和 Crick 推断 DNA 双螺旋结构，并提出这是 DNA 准确复制的结构基础；二是 Sanger 测出了胰岛素多肽链中氨基酸的排列顺序。这些成就暗示 DNA 的核苷酸序列与蛋白质的氨基酸序列是以某种方式相互联系的。此后刚好 10 年就揭示出核苷酸密码子决定蛋白质分子中的氨基酸序列（见第十二章）这一事实。

随后，蛋白质一级结构测定有两项技术改革，一项是 1967 年 Edman 介绍的"N 端氨基酸残基以 PTH 氨基酸衍生物形式自动连续切除和鉴定"；另一项是由 Sanger、Maxam 及 Gilbert 介绍的"快速 DNA 序列分析技术"，即由 DNA 序列推导出蛋白质的氨基酸序列。

一、样品的纯度要求

每种蛋白质都有其特定的氨基酸排列顺序。因此，用于序列分析的蛋白质应是分子大小均一、电泳时呈现一条带、比活性恒定、能够结晶等具有一定纯度的样品，一般杂蛋白质不应超过 5%。另外，还需用 SDS-PAGE 等方法测定蛋白质的分子量。这是氨基酸组成分析的需要，也可由此估计测序的工作量。一般分子量的误差在 10% 以内即可。

二、氨基酸组成分析

分析每条肽链中氨基酸的种类和数目是序列分析中不可缺少的一环，这个信息对于以后的分析步骤常常很有价值；它本身也很有用处。因为每种蛋白质的氨基酸组成都不相同，它可作为不同蛋白质的一种印迹。例如，可用于帮助鉴定不同实验室分离提取的是否是同一种蛋白质。

然而，目前还没有单独使用哪一种方法就能使肽链完全水解而所有氨基酸又都不受破坏，只能使用酸、碱和酶等多种方法将肽链完全水解。水解后得到的氨基酸混合物可用电泳、离子交换层析法和反相高效液相层析法（reversed phase high performance liquid chromatography，RP-HPLC）分离、鉴定，即可得知多肽链中氨基酸的种类和含量。可用每摩尔或每 100g 蛋白质中某种氨基酸残基的摩尔数表示。现在可利用氨基酸组成自动分析仪，在几个小时之内用几毫克样品即可得出结果（图 1-25a）。

三、多肽链的末端分析和序列测定

被测蛋白质有几条肽链？如果未经化学因素断链，肽链也不是环状的，则每条肽链只有一个 N 端和一个 C 端。显然，每分子蛋白质所含 N 端氨基酸残基数目应与它的肽链数目相等。通过末端残基的确定可估计蛋白质中的肽链数目。

（一）N 端分析和序列测定

1．2,4- 二硝基氟苯（DNFB）法 DNFB 试剂能在温和条件下（室温，pH 8 ～ 9）与蛋白质或多肽的自由 α-NH_2 发生反应，生成黄色的 2,4- 二硝基苯（DNP）衍生物，即 DNP- 蛋白质或 DNP- 多肽（图 1-25b）。经 6mol/L HCl 水解后，肽链中的所有肽键均被切断，生成自由氨基酸；唯有自由的 α-NH_2 和 DNFB 之间形成的键对酸稳定，不被水解。分离并鉴定 DNP- 氨基酸衍生物即可知道 N 端是哪种氨基酸。

2．丹磺酰氯法 二甲氨萘磺酰氯（丹磺酰氯，DNS-Cl）与 DNFB 相似，能够专一地与蛋白质的 N 端的 α-NH_2 连接，并对酸稳定。可在酸性条件下用乙酸乙酯抽提并予以鉴定。由于 DNS-Cl 是一种强荧光试剂，DNS- 氨基酸在紫外光激发下产生黄色荧光，可进行荧光测定，灵敏度比 DNFB 法高 100 倍。与 DNS-Cl 相似，丹伯磺酰氯（Dabsyl-Cl）也可用于标记 N 端残基，Dabsyl 氨基酸衍生物有很浓的颜色，也提供很高的灵敏度。以上方法破坏多肽链，因而仅限于确定 N 端残基。

3．Edman 降解法 为了测出整个多肽链的序列，Edman 设计了一种化学方法——Edman 降解法（Edman degradation）。该法标记并仅水解释放多肽链 N 端残基，留下仅少了 1 个 N 端氨基酸残基的完整肽链（图 1-25c）。标记 N 端残基所用试剂是苯异硫氰酸（phenylisothiocyanate，PITC），在 pH 9.0 ～ 9.5 弱碱性条件下，它与肽链 N 端自由 α-NH_2 偶联，生成苯氨基硫甲酰肽，即 PTC- 多肽。PTC- 多肽在酸性介质中环化裂解并转化生成稳定的乙内酰苯硫脲氨基酸（phenylthiohydantoin amino acid，PTH-aa）和少了 N 端残基的剩余多肽。PTH-aa 生成后，用乙酸乙酯抽提分离，并可用多种方法加以鉴定，即可知 N 端是哪种氨基酸。肽链中新的 N 端残基露出后又可被 PITC 标记，经重复环化裂解、转化、分离、鉴定等同样的过程，一直到测定出整个多肽链的氨基酸排列顺序。若精心安排每一步反应，此法可分析具有 40 个氨基酸残基的多肽。

由此可见，Edman 降解法不仅可用以测定 N 端残基，更有意义的是从 N 端开始逐一地把氨基酸残基切割下来，从而构成了蛋白质序列分析的基础。目前使用的氨基酸序列分析仪（sequenator）自动以适当的比例混合试剂、分离鉴定产物和记录结果，不仅大大节约了时间和劳力，而且方法灵敏，常常用不足微克的蛋白质样品就足够测定其完整的氨基酸序列。

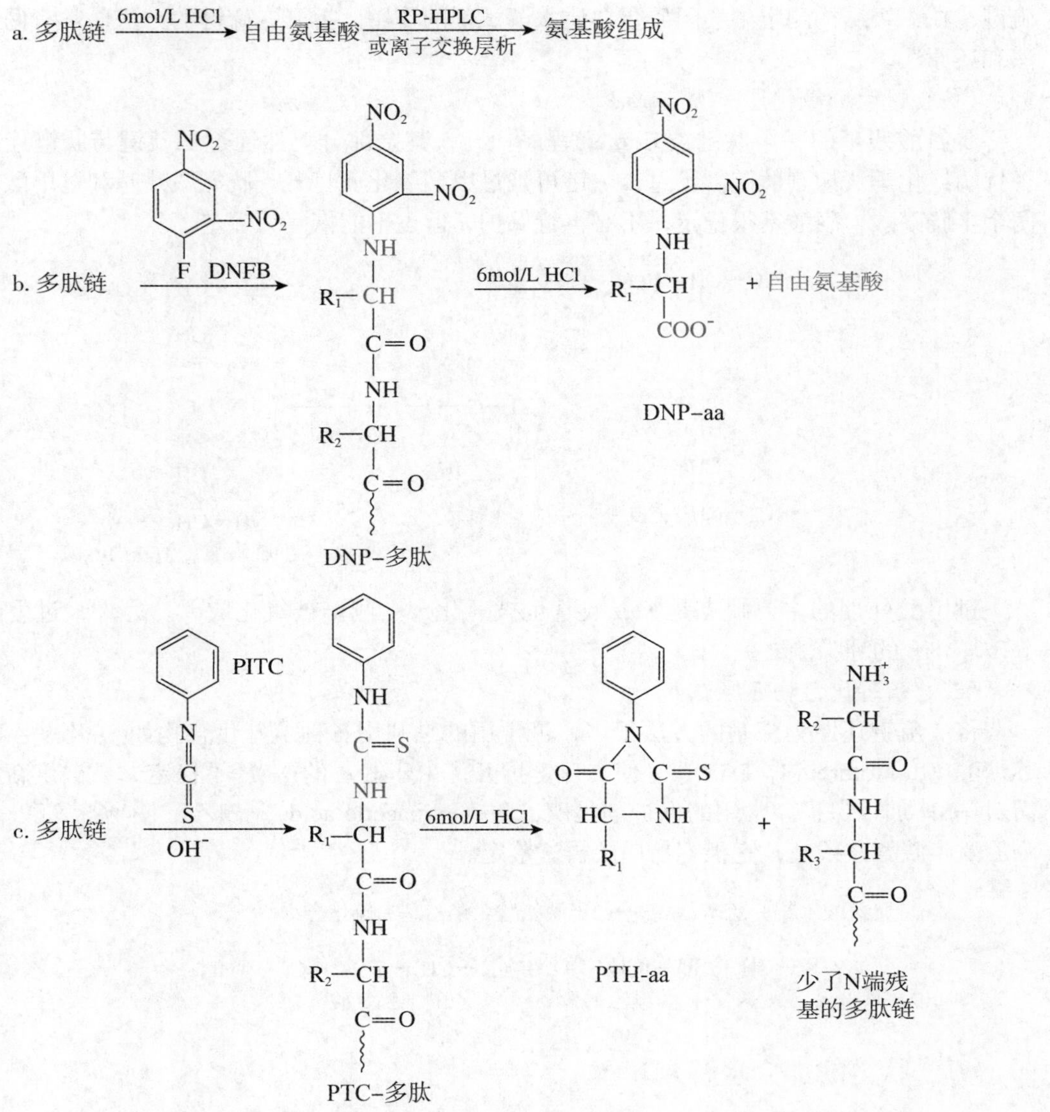

a. 多肽链 $\xrightarrow{6mol/L\ HCl}$ 自由氨基酸 $\xrightarrow[\text{或离子交换层析}]{RP\text{-}HPLC}$ 氨基酸组成

b. 多肽链 $\xrightarrow{\text{DNFB}}$ DNP–多肽 $\xrightarrow{6mol/L\ HCl}$ DNP–aa ＋自由氨基酸

c. 多肽链 $\xrightarrow[OH^-]{\text{PITC}}$ PTC–多肽 $\xrightarrow{6mol/L\ HCl}$ PTH-aa ＋ 少了N端残基的多肽链

图 1-25　多肽链的序列分析步骤

a．测定多肽链中氨基酸的种类和含量；b．确定多肽链 N 端残基；c．Edman 降解法分析程序

（二）C 端测定

羧基肽酶（carboxypeptidase）水解法常用于 C 端测定。已发现的羧基肽酶有 A、B、C 和 Y 四种，它们都可以从多肽链的 C 端将氨基酸依次水解下来，但各自的专一性不同。羧基肽酶 A 对 C 端为芳香族氨基酸（Phe、Tyr、Trp）和侧链较大的脂肪族氨基酸（Val、Leu、Ile）有较强的亲和力；对 C 端是碱性氨基酸（Arg、Lys）和亚氨基酸（Pro、Hyp）者无作用；对 C 端为其他氨基酸残基形成的肽键也能水解。羧基肽酶 B 能够水解 C 端的 Lys 和 Arg，不作用于 Pro。如果一个肽段 C 端是 Pro，则羧基肽酶 A、B 都不起作用。然而羧基肽酶 C 却能水解 C 端的 Pro，而对其他氨基酸的水解速度较慢。近来发现羧基肽酶 Y 能切断各种氨基酸在 C 端的肽键，它是一种最适用的羧基肽酶。

四、二硫键的拆开

许多蛋白质是由两条以上肽链通过非共价键缔合或被二硫键连接，应先用变性剂如尿素、盐酸胍、SDS 等将非共价键打开，再拆开链间二硫键使肽链分开；倘若不拆开链间和链内二硫键，在一级结构测定中会阻碍蛋白质水解试剂的作用。拆开二硫键的方法通常有两类：氧化法和还原法。

（一）过甲酸氧化法

胱氨酸残基的一个肽键被 Edman 程序切开，其余部分仍然通过二硫键与肽链连接，这会干扰酶或化学法切割肽链。不过二硫键可被过甲酸氧化而打开。胱氨酸残基和过甲酸反应生成两个半胱磺酸，磺酸基很稳定，不必再行保护，但也不能恢复为巯基了。

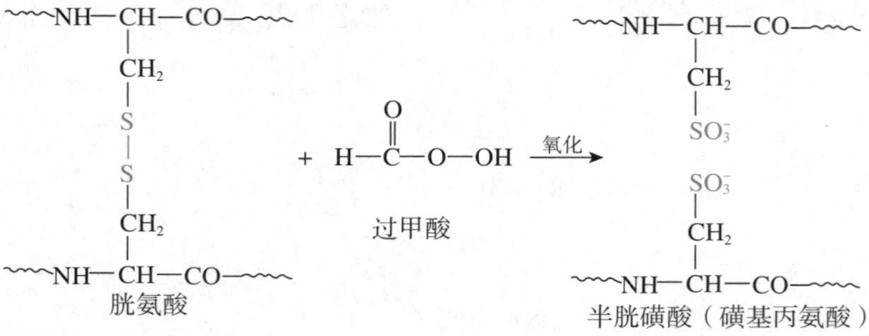

~~~NH—CH—CO~~~
　　　|
　　CH_2
　　　|
　　　S
　　　|
　　　S　　　　+　H—C(=O)—O—OH　—氧化→
　　　|
　　CH_2
　　　|
~~~NH—CH—CO~~~

胱氨酸　　　　过甲酸

~~~NH—CH—CO~~~
　　　|
　　CH_2
　　　|
　　SO_3^-

　　SO_3^-
　　　|
　　CH_2
　　　|
~~~NH—CH—CO~~~

半胱磺酸（磺基丙氨酸）

过甲酸处理的主要缺点是 Met 残基也被氧化，其侧链被氧化成砜。另外，过甲酸还可部分破坏 Trp 的吲哚侧链。

（二）巯基化合物还原法

将二硫键还原为巯基的方法很多，最常用的是利用各种巯基化合物如 β- 巯基乙醇、二硫苏糖醇（dithiothreitol，DTT）等使二硫键拆开。由于 Cys 的—SH 不稳定，易被重新氧化，故需对—SH 加以保护。常用的保护剂是碘乙酸（iodoacetic acid）。碘乙酸使半胱氨酸—SH 转变为乙酰半胱氨酸残基，它很容易用层析法鉴定。

胱氨酸 + 2β－巯基乙醇 ⟶ 2半胱氨酸 + 羟乙基二硫化合物

$$R-CH_2-SH + ICH_2COO^- \longrightarrow R-CH_2-S-CH_2COO^- + HI$$

Cys　　碘乙酸　　乙酰半胱氨酸

五、肽链的部分水解

测定氨基酸序列总的准确度随着肽链长度的增加而降低，尤其是肽链的长度在 50 个残基以上时更是这样。所以必须将很长的肽链切割成适合于作序列分析的足够小的片段。在打开链间、链内所有二硫键后，可通过酶法和化学法将每条肽链切成一套特异片段；分离、纯化每个片段；用 Edman 程序测定出每一片段的序列；最后排列这些片段在原来蛋白质中的位置并安排二硫键的位置。

自然界中有许多蛋白质内切酶，它们对底物有很强的专一性，对底物切点附近的氨基酸序列有很严格的要求，这种蛋白酶被称为位点专一性蛋白酶或限制性蛋白酶。用于肽链部分水解的蛋白酶和化学试剂见表 1-6。

表1-6　肽链裂解位点专一性蛋白酶及化学试剂

裂解剂	识别序列及裂解位点*
胰蛋白酶（trypsin）	Lys、Arg（C）
胰凝乳蛋白酶（chymotrypsin）	Phe、Tyr、Trp（C）
弹性蛋白酶（elastase）	Ala、Gly、Ser、Val（C）
激肽释放酶（kallikrein）	Pro-Phe-Arg（C）

续表

裂解剂	识别序列及裂解位点*
胃蛋白酶（pepsin）	Phe、Trp、Tyr（N）
凝血酶（thrombin）	Leu-Val-Pro-Arg（C）
金黄色葡萄球菌 V_8 蛋白酶（V_8 protease）	Asp、Glu（C）
	Glu-X（X 为疏水氨基酸）
	Glu-Lys（抵抗水解）
梭菌蛋白酶（clostripain）	Arg（C）
脯氨酸蛋白酶（proline-protease）	Pro（C）
天冬氨酸 -*N*- 蛋白酶（Asp-*N*-protease）	Asp、Glu（N）
下颌下腺蛋白酶（submaxillary protease）	Arg（C）
溴化氰（CNBr，cyanogen bromide）	Met（C）
80% 甲酸（formic acid）	Asp-Pro
羟胺（hydroxylamine）	Asn-Gly
邻亚碘酰苯（*o*-iodosobenzene）	Trp-X

*（C）、（N）分别为肽链中所指氨基酸的羧基端和氨基端

由表 1-6 可见裂解剂各自水解肽链中毗邻的特殊氨基酸残基，具有高度特异性。例如，胰蛋白酶仅催化水解肽链中 Lys 或 Arg 残基羧基端的肽键，而不管肽链的长度和氨基酸的序列如何。因此，一个肽链被胰蛋白酶水解产生几个小肽段可以从氨基酸组成分析中 Lys 和 Arg 的总数预知（图 1-26）。假如一个肽链有 5 个 Lys 和（或）Arg 残基，用胰蛋白酶水解将产生 6 个小肽段，这些小肽段除一个外，都有一个 C 端 Lys 或 Arg。又如化学试剂溴化氰（CNBr）是一种高效、特异的肽链裂解剂，作用于肽链中 Met 的羧基端肽键。由于蛋白质分子中的 Met 一般较少，故裂解后的肽段较长、数目较少；结合胰蛋白酶水解结果共同分析，就比较容易获得各肽段间的相互连接关系。

六、完整多肽链顺序的确定

当多肽链用两种以上方法分别裂解成几组肽段，并测定了每一个肽段的氨基酸排列顺序后，可用肽段重叠法确定整个肽链的氨基酸排列顺序（图 1-26）。如图 1-26 所示，找出两种裂解法产生的重叠序列（overlapping sequence），即从一组裂解片段中得到了另一组肽段的正确顺序。其中 C-3 可称关键性肽段。另外，N 端也已知晓，这些信息就足以确定整个多肽链的序列。如果用两种裂解方法找不出关键性重叠肽段，就需用第 3 种甚至第 4 种方法裂解肽链，直到找出必需的重叠肽段。

先测出蛋白质片段的序列，再将片段放于适当位置；氨基酸用单字母缩写符号；二硫键的位置只可能在两个 Cys 之间。

七、二硫键的定位

氨基酸序列分析完成后，还需另加确定二硫键位置的实验步骤。方法是：另取一份蛋白质样品，用同样的酶（如胰蛋白酶）水解，但不要预先拆开二硫键。肽段被分离后进行电泳，与先拆开二硫键再进行电泳的结果对比，原来的两个肽段将会消失而出现一个新的、大的片段。那两个消失的肽段代表在完整多肽链中被二硫键连接的区域。

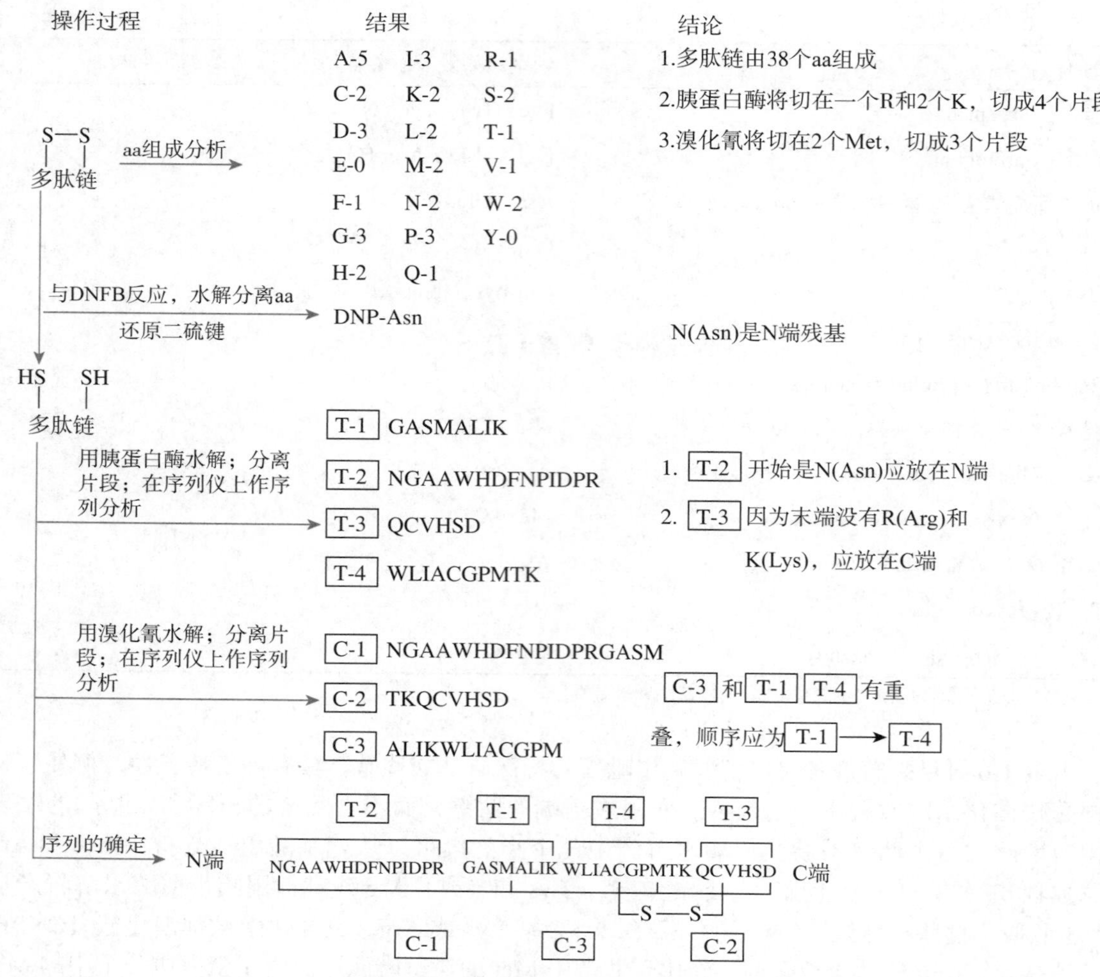

图 1-26　多肽链序列分析结果处理

先测出蛋白质片段的序列，再将片段放于适当位置；氨基酸用单字母缩写符号；二硫键的位置只可能在两个 Cys 之间

除了采用上述实验手段测定蛋白质的一级结构，还可由 DNA 序列推演氨基酸顺序。基于快速 DNA 序列分析的开展、遗传密码的阐明和基因克隆技术的迅速发展，人们可以从基因序列直接推导出蛋白质的氨基酸序列，而且比化学测序法要快，现已成为常用的蛋白质一级结构测定法。近年来，又发展了串联质谱（tandem mass spectrometry，tandem-MS）技术测定蛋白质序列的方法，该方法具有样品用量少、速度快和自动化操作等优点，已受到人们的关注。

小结

蛋白质是生命的物质基础，它不仅在生物体内含量丰富，而且具有多种多样的生物学功能。蛋白质可分为单纯蛋白质和结合蛋白质两大类。单纯蛋白质完全水解后生成 α-氨基酸；结合蛋白质则是由单纯蛋白质与一种非蛋白质的辅基组成。

α-氨基酸是蛋白质的基本组成单位，目前发现由遗传基因编码的氨基酸除常见的 20 种基本氨基酸之外，还发现了 2 种新的基本氨基酸——硒代半胱氨酸和吡咯赖氨酸。氨基酸在同一分子上含有碱性的氨基和酸性的羧基，故能与酸类或碱类物质结合成盐。在酸性环境中，氨基酸与 H^+ 结合而呈阳离子；在碱性环境中，氨基酸与 OH^- 结合失去质子而成为阴离子，所以它是一种两性电解质。在 pH 为等电点的环境中，它解离成阳离子和阴离子的趋势相等，称为兼性离子。氨基酸的等电点主要由 α-NH_2 和 α-COOH 的解离常数决定；若侧链 R 基团可以解离，则由 α-NH_2、α-COOH 和 R 基团解离情况共同决定。芳香族氨基酸在波长 280nm 处有最大吸收峰，据此可测定溶液中的蛋白质含量。氨基酸可与茚三酮、2,4- 二硝基氟苯、丹磺酰氯、丹伯磺酰氯等呈颜色或荧光反应，据此可对蛋白质进行定性、定量鉴定。

氨基酸可借肽键连接成多肽。自然界中有多种活性肽，如肽类激素、肽类抗生素、与神经传导有关的肽类、参与氧化还原反应的谷胱甘肽，还有通过生物工程得到的肽类疫苗、肽类药物以及人工合成的生物活性肽。

蛋白质的分子结构十分复杂，可概括为一级、二级、三级及四级结构。一级结构是指肽链中的氨基酸排列顺序。目前可以应用 Edman 降解法和从 DNA 序列推断出蛋白质的一级结构。二级结构包括 α 螺旋、β 折叠、β 转角和卷曲等，主要以氢键维系。二级结构还常常以某种方式形成聚集体，称为超二级结构。较大蛋白质往往有承担不同生物学功能的结构域。结构模体是蛋白质分子中具有特征性氨基酸序列和特定功能的结构，例如锌指模体就经常出现在 DNA 结合蛋白质的结构域中。三级结构包括蛋白质主链和侧链在内的空间排布。四级结构是指蛋白质亚基之间的缔合。三级结构主要靠次级键维系，四级结构主要靠非共价键维系。空间结构的研究方法是用晶体 X 射线衍射法。

蛋白质的结构与功能关系密切。蛋白质的一级结构决定其空间结构，空间结构相似就有相似的生物学功能。一级结构是生物学功能的基础，很多生物活性蛋白质或肽（如激素）首先合成无活性的前体，经过相应的结构改变才能表现出活性。不同种属来源的同种蛋白质一级结构会有某些差异，但与生理功能密切相关的氨基酸序列不会改变。若一级结构改变造成蛋白质的功能障碍引起的疾病，称为分子病。用晶体 X 射线衍射法研究蛋白质的空间结构与功能的关系已相当深入，尤其是 Hb 和 Mb 的携氧功能与空间结构的关系，已有比较具体的解释。

蛋白质由氨基酸构成，一部分性质与氨基酸相同，如两性解离和等电点、某些呈色反应等。但蛋白质是由氨基酸借肽键构成的高分子化合物，又有不同于氨基酸的性质，如胶体性质、易沉降、不易透过半透膜、变性、沉淀、凝固等。根据蛋白质的两性解离特性和在等电点易沉淀的性质，可以用电泳法、等电点沉淀法、离子交换层析法、盐析法分离纯化蛋白质；根据蛋白质分子大、不易透过半透膜的特点，可用透析和超滤法去除蛋白质中的小分子杂质；利用不同蛋白质分子量不同可用凝胶过滤法对蛋白质进行分离纯化；利用超速离心法既能分离纯化蛋白质，又能测定蛋白质的分子量，用沉降系数表示蛋白质分子的大小。超速离心法是目前分离和分析生物高分子普遍应用的方法。

蛋白质的一级结构分析一般先作氨基酸组成分析，再作 N 端和 C 端鉴定；将链间、链内二硫键拆开；选择适当的酶或化学试剂将多肽链部分水解，使肽段大小适合于 Edman 降解法的应用；每一小肽段的序列分析完成后，用肽段重叠法确定完整多肽链顺序；最后可用电泳法确定二硫键的位置。由 DNA 序列推断蛋白质序列有快速的优点，可与化学法在一级结构分析中同时使用，互相取长补短。

思考题

1．为什么通过测定人体摄入食物中的含氮量和排泄物中的含氮量可以间接了解摄入食物和排泄物中的蛋白质含量？前提是什么？实验中如何通过含氮量计算蛋白质含量？

2．试根据天冬氨酸和谷氨酸的结构分析它们为什么在生理条件下带负电荷。

3．为什么茚三酮反应既可以用于氨基酸的定性定量分析，又可以用于多肽与蛋白质的定性定量分析？其原理是什么？

4．根据蛋白结构与功能的关系解释什么是蛋白质超家族、家族和亚家族。

5．什么是蛋白质分子的一、二、三、四级结构？如何理解蛋白质的一级结构、空间结构与功能的关系？

6．什么是超二级结构、结构域和模体？试比较三者的相同点与不同点。

7．蛋白质的理化性质有哪些？蛋白质的分离纯化方法有哪几种？每种分离纯化方法是基于蛋白质的什么理化性质？

8．举例说明什么是蛋白质的别构效应。

9．何为蛋白质变性？变性方法有哪些？变性蛋白质有何特征？试举出 3 ～ 5 个日常生活中蛋白质变性的例子。

10．变性的蛋白质一定沉淀吗？为什么？

（裴晋红）

第2章 核酸的结构与功能

第一节 概 述

生物界的核酸有两大类，即脱氧核糖核酸（deoxyribonucleic acid，DNA）和核糖核酸（ribonucleic acid，RNA）。这两类核酸在生物体的生命活动全过程中都起着极其重要的作用。DNA 存在于细胞核和线粒体内，携带着决定个体基因型的遗传信息。RNA 存在于细胞质和细胞核内，参与遗传信息的表达。在某些病毒中，RNA 也可以作为遗传信息的携带者。不论是DNA 还是 RNA，其功能的发挥都与结构密切相关。核酸在执行生物功能时，总是伴随有结构和构象的变化，核酸结构和构象的微小差异与变化都可能影响遗传信息的传递和生物体的生命活动。

遗传信息携带者的发现

第二节 核酸的分子组成

组成核酸的主要元素有 C、H、O、N、P 等。其中 P 的含量比较恒定，为 9% ～ 10%。因此可以通过测定核酸样品中 P 的含量对核酸进行定量分析。

一、核酸的基本组成单位——核苷酸

核酸的基本组成单位是核苷酸（nucleotide）。组成 DNA 的核苷酸是脱氧核糖核苷酸（deoxyribonucleotide），组成 RNA 的核苷酸是核糖核苷酸（ribonucleotide）。核酸由多个核苷酸连接而成，因此又称为多核苷酸（polynucleotide）。核酸水解后产生核苷酸，核苷酸水解后产生核苷（nucleoside）及磷酸。核苷再进一步水解，产生戊糖（pentose）和碱基（base）。

1．碱基 核酸分子中的碱基均为含氮杂环化合物，分为嘌呤（purine）和嘧啶（pyrimidine）。组成 DNA 的碱基有腺嘌呤（adenine，A）、鸟嘌呤（guanine，G）、胞嘧啶（cytosine，C）和胸腺嘧啶（thymine，T）。RNA 分子中的嘌呤与 DNA 相同，但是嘧啶中主要为尿嘧啶（uracil，U）和胞嘧啶，而没有胸腺嘧啶。碱基的结构式及原子顺序见图 2-1。除上述碱基外，核酸分子中还含有少量其他碱基，称为稀有碱基（rare base）（图 2-2）。稀有碱基含量虽少，但却有着重要的生物学意义。DNA 中的稀有碱基多数是常规碱基的甲基化产物（如 5- 甲基胞嘧啶、7- 甲基鸟嘌呤），某些病毒 DNA 含有羟甲基化碱基（如 5- 羟甲基胞嘧啶），它们具有保护遗传信息和调节基因表达的作用。RNA 特别是转运 RNA（tRNA）中含有较多的稀有碱基（如 5，6- 二氢尿嘧啶、假尿嘧啶核苷等）。

核酸中碱基的酮基或氨基均连接在氮原子邻位的碳原子上，可以发生酮式 - 烯醇式或氨基 - 亚氨基间的结构互变（图 2-3）。这种互变异构可以引起 DNA 结构的变化，在基因突变和生物进化中具有重要意义。

2．戊糖 核酸中的戊糖有核糖（ribose）和脱氧核糖（deoxyribose）两种，均为 β- 呋喃型环状结构。为了与含氮碱基中的碳原子相区别，戊糖中碳原子顺序以 1′ ～ 5′ 表示。RNA 中的戊糖为 β-D- 核糖；在 DNA 分子的戊糖中，与第 2 位碳原子（C-2′）相连的羟基上缺少一个

氧原子，为 β-D-2′- 脱氧核糖（图 2-4）。

嘌呤
鸟嘌呤
腺嘌呤
嘧啶
胞嘧啶
胸腺嘧啶
尿嘧啶

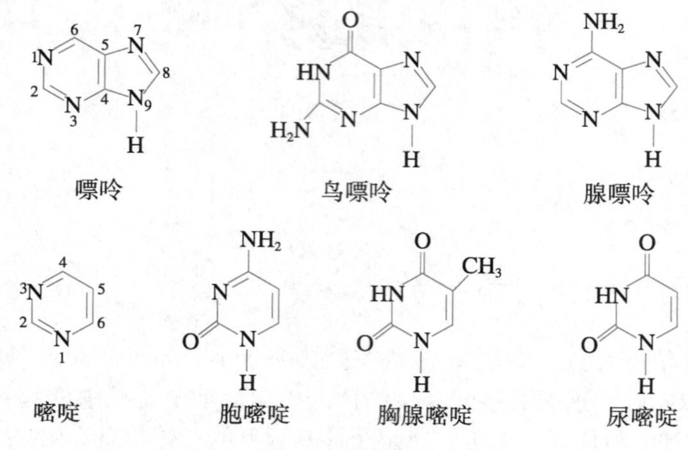

图 2-1 碱基结构式

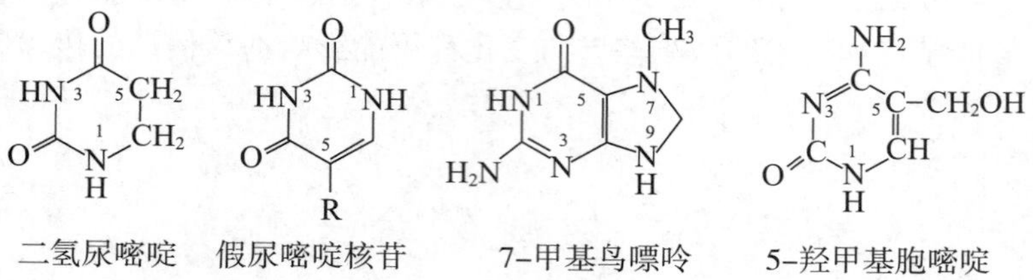

二氢尿嘧啶
假尿嘧啶核苷
7–甲基鸟嘌呤
5–羟甲基胞嘧啶

图 2-2 稀有碱基结构式

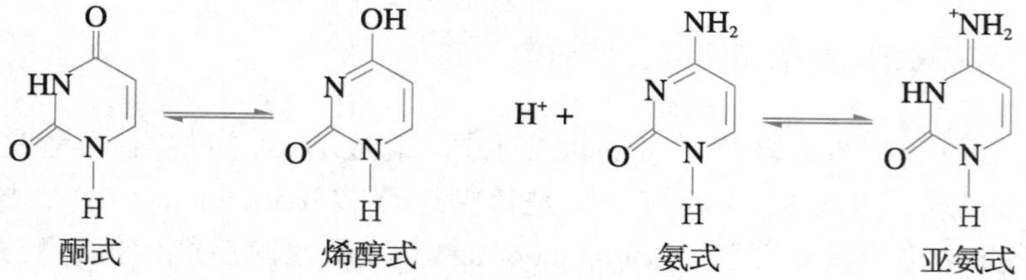

酮式
烯醇式
氨式
亚氨式

图 2-3 碱基的互变异构

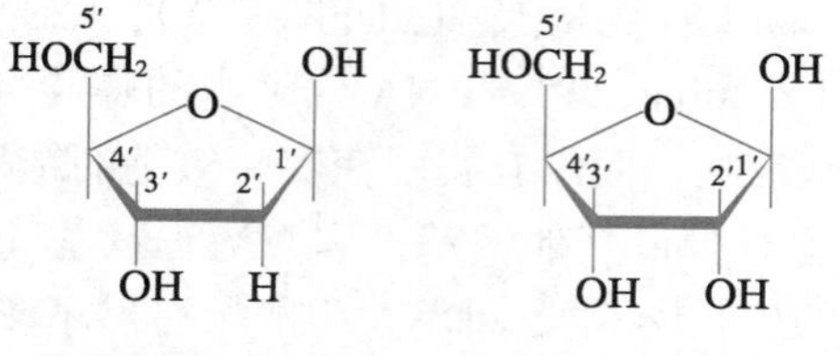

图 2-4 构成 DNA（左）和 RNA（右）的戊糖的结构式

3．核苷 核苷是核苷酸水解的中间产物，由戊糖的第 1 位碳原子（C-1′）上的羟基和嘧啶的第 1 位氮原子（N-1）或嘌呤的第 9 位氮原子（N-9）上的氢缩合脱水，以糖苷键相连构成核苷或脱氧核苷（图 2-5）。

4．核苷酸 核苷酸是核酸的基本构成单位。核苷中戊糖分子的第 5 位碳原子（C-5′）上的羟基与一个磷酸分子缩合脱水形成磷酸酯键，生成核苷酸，即核苷一磷酸（nucleoside monophosphate，NMP）。这一个磷酸分子（5′- 磷酸）还可以与另一个磷酸分子以酸酐的方式缩合成核苷二磷酸（nucleoside diphosphate，NDP），再结合一分子磷酸则生成核苷三磷酸（nucleoside

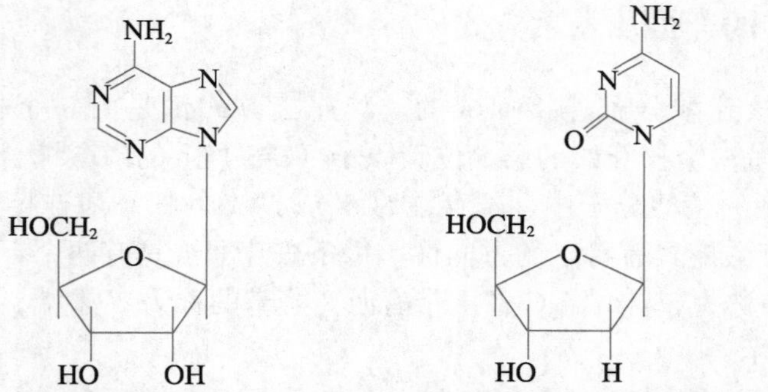

腺嘌呤核苷（腺苷） 胞嘧啶脱氧核苷（脱氧胞苷）

图 2-5 核苷的结构式

triphosphate，NTP）（图 2-6）。核苷酸还有环化形式，主要是 3′, 5′- 环腺苷酸（adenosine 3′, 5′-cyclic monophosphate，cAMP）和 3′, 5′- 环鸟苷酸（guanosine 3′, 5′-cyclic monophosphate，cGMP），它们在细胞内代谢调节和跨细胞膜信号转导中具有十分重要的作用（图 2-7）。

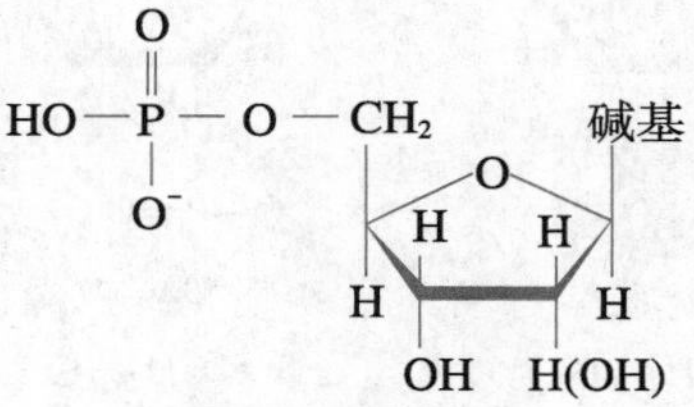

核苷一磷酸

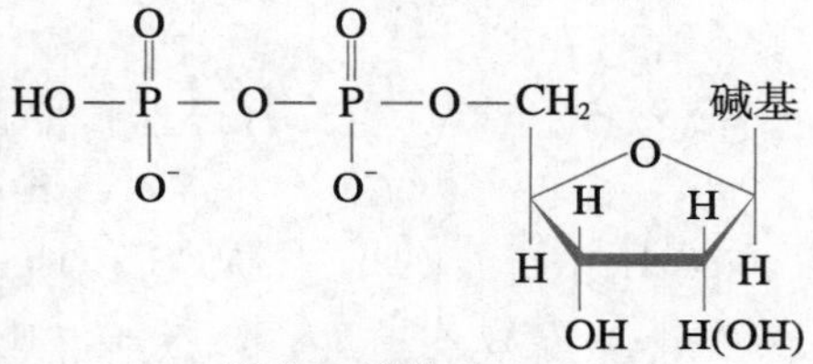

核苷二磷酸

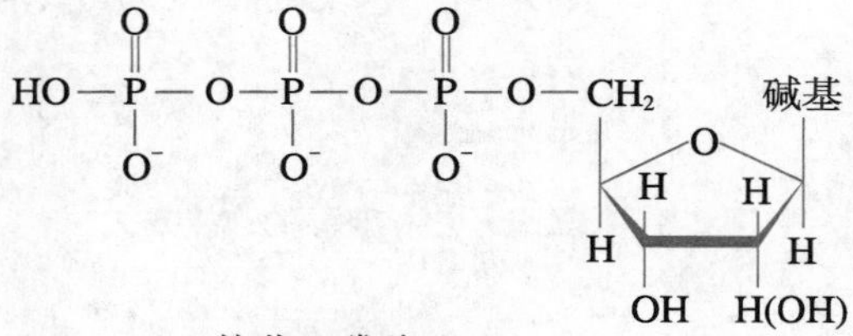

核苷三磷酸

图 2-6 核苷酸的结构式

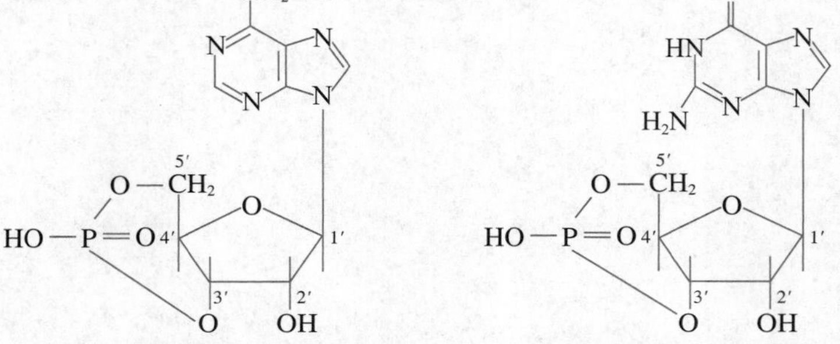

3′, 5′-环腺苷酸（cAMP） 3′, 5′-环鸟苷酸（cGMP）

图 2-7 环核苷酸的结构式

二、多核苷酸的连接及表示方式

核酸是由许多核苷酸分子连接而成的，其连接方式都是由一个核苷酸第3位碳原子（C-3′）上的羟基与另一个核苷酸的第5位碳原子（C-5′）上的磷酸缩合形成3′,5′-磷酸二酯键（图2-8）。在常见的核酸分子中，不存在5′-5′或3′-3′的核苷酸连接方式。这一连接方式决定了核酸的多核苷酸链具有特定的方向性，每条核苷酸链具有两个不同的末端，戊糖C-5′上带有游离磷酸基的称为5′末端，C-3′上带有游离羟基的称为3′末端，多核苷酸链的方向以5′→3′或3′→5′表示。

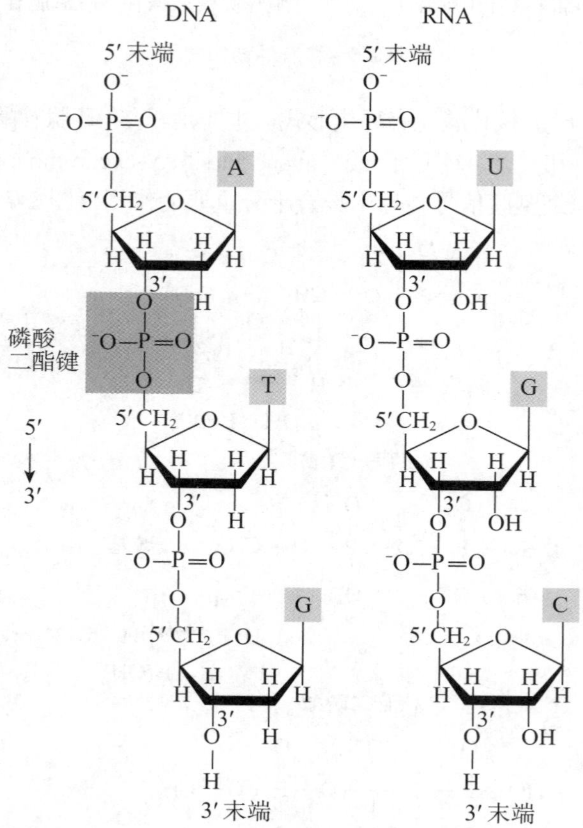

图2-8 核酸分子中核苷酸的连接方式

多核苷酸链的表示方式有多种（图2-9）。由于核酸分子中除了两个末端及碱基排列顺序不同外，戊糖和磷酸都是相同的，因此，在表示核酸分子时，只需注明其5′末端和3′末端以及碱基顺序。如未注明5′末端和3′末端，碱基顺序的书写方式一般为由左向右，左侧是5′末端，右侧是3′末端。

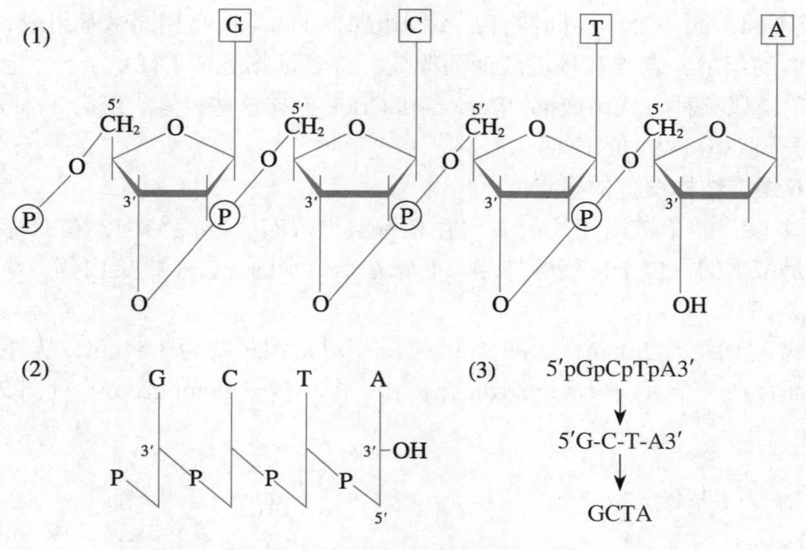

图 2-9　DNA 多核苷酸链的一个片段及其缩写法

第三节　核酸的分子结构

与蛋白质一样，在研究核酸时，通常将其结构分为一、二和三级结构。核酸的一级结构是指核酸分子的核苷酸序列；核酸的二级结构是指核酸中规则、稳定的局部空间结构；核酸的三级结构是指在二级结构的基础上进一步形成的超级结构，也称为高级结构。

一、核酸的一级结构

核酸的一级结构是构成 DNA 或 RNA 的核苷酸自 5′ 端至 3′ 端的排列顺序，称为核苷酸序列。由于四种核苷酸间的差异主要是碱基的不同，四种不同碱基的顺序也就代表了核苷酸的顺序，因此，核苷酸序列又称为碱基序列。

大多数生物（除 RNA 病毒以外）的遗传信息都储存在 DNA 分子中。这些信息以特定的核苷酸排列顺序作为载体储存于 DNA 分子，如果核苷酸排列顺序发生变化，它的生物学含义将会改变。DNA 分子主要携带两类遗传信息。一类是有功能活性的 DNA 序列携带的信息，这些信息能够通过转录过程而转变成 RNA（如 mRNA、tRNA、rRNA 等）的序列，其中信使 RNA（mRNA）的序列中又含有蛋白质多肽链的氨基酸序列信息。另一类信息为调控信息，这是一些特定的 DNA 区段，能够被各种蛋白质分子特异性识别和结合并调控基因表达。这些特定的 DNA 区段在以后的章节中将会介绍，如各种顺式作用元件等。

DNA 的甲基化

二、DNA 的空间结构与功能

DNA 的所有原子在三维空间具有确定的相对位置关系，称为 DNA 的空间结构（spatial structure）。DNA 的空间结构又分为二级结构和高级结构。

（一）DNA 的二级结构——双螺旋结构

1．DNA 双螺旋结构的研究基础　20 世纪中期，科学家们就已经发现 DNA 在不同菌种之间的转移可以将遗传信息从一个菌种转移到另一个菌种，证实了 DNA 是遗传信息的载体。Erwin Chargaff 等人采用层析和紫外吸收分析等技术分析了 DNA 分子的碱基成分，提出了 DNA 分子中 4 种碱基组成的 Chargaff 规则：①腺嘌呤与胸腺嘧啶的摩尔数相等，而鸟嘌呤与胞嘧啶的摩尔数相等；② DNA 的碱基组成有种属差异，但没有组织差异，即不同生物种属的

DNA 碱基组成不同，同一个体不同器官、不同组织的 DNA 具有相同碱基组成；③ DNA 的碱基组成不随个体的年龄、营养和环境改变而改变。许多证据表明 DNA 分子一定是由两条或更多条多核苷酸单链以某种方式组成的，Watson 和 Crick 根据这些线索，综合了前人的研究成果，提出了 DNA 分子双螺旋结构的模型。

2．DNA 双螺旋结构模型的要点

（1）两条多核苷酸单链以相反的方向互相缠绕形成右手螺旋结构，在双螺旋结构中，脱氧核糖与磷酸是亲水的，位于螺旋的外侧，而碱基是疏水的，位于螺旋内侧，碱基平面与螺旋长轴垂直（图 2-10）。

（2）螺旋链的直径为 2.0nm，每圈含 10 个碱基对，螺距约为 3.54nm，从外观上看，DNA 双螺旋分子表面存在一个大沟（major groove）和一个小沟（minor groove）（图 2-10）。

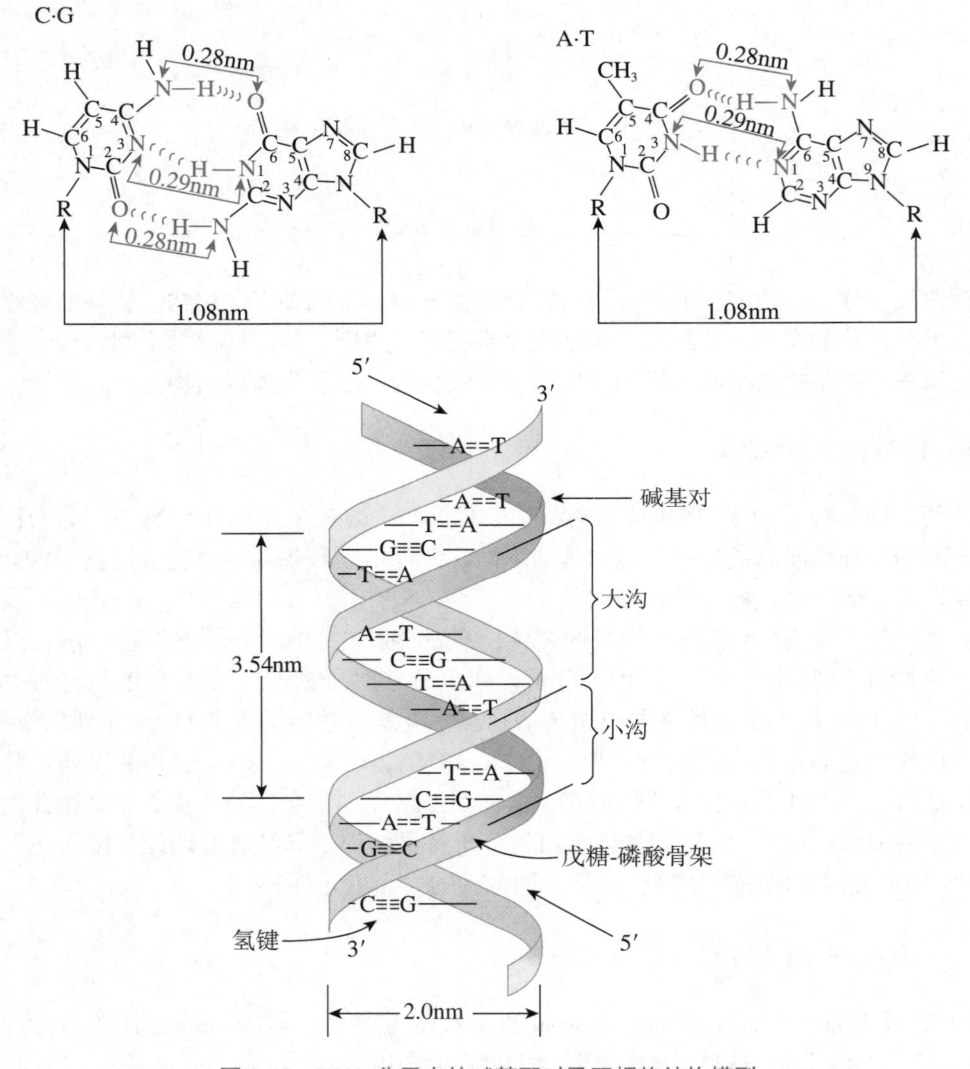

图 2-10 DNA 分子中的碱基配对及双螺旋结构模型

R 代表戊糖

（3）由疏水作用造成的碱基堆积力（base stacking force）和两条链间由于碱基配对形成的氢键是保持螺旋结构稳定性的主要作用力，A 与 T 配对形成 2 个氢键，G 与 C 配对形成 3 个氢键（图 2-10）。

两条多核苷酸单链通过碱基配对（base pairing）形成氢键，这不仅是保持双螺旋结构稳定的主要作用力，更重要的是其生物学含义。由于几何形状等原因，A 只能与 T 配对，G 只能与 C 配对，这种配对原则称为碱基互补配对。Erwin Chargaff 的研究结果也完全支持这一结论，即 A 与 T、G 与 C 的含量比值在不同生物中几乎都是 1∶1。这就意味着在 DNA 复制过程中，以预先存在的 DNA 链作为模板就可以得到一条与其完全互补的子链，由此可以保证遗传信息的准确传递。

3．DNA 双螺旋结构具有多样性　Watson 和 Crick 的 DNA 双螺旋结构称为 B 型 DNA，是细胞内 DNA 存在的主要形式。当测定条件改变，尤其是湿度改变时，B 型 DNA 双螺旋结构会发生一些变化。例如，A 型 DNA 双螺旋结构直径为 2.3nm，每个螺旋含 11 个碱基对，其高度约为 0.26nm（表 2-1）。DNA 双螺旋结构的其他构象变化还包括 C 和 D 型等。

表2-1　DNA双螺旋结构的主要参数

类型	每个螺旋所含的碱基对数	碱基高度	直径	戊糖构象
A	11	0.26 nm	2.3 nm	C3 内型
B	10	3.54 nm	2.0 nm	C2 内型
C	9.33	0.33 nm	1.9 nm	C3 外型
D	8.5	0.30 nm		
Z	12	0.37 nm	1.8 nm	外型

在自然界原核生物和真核生物基因组中还发现了左手双螺旋 DNA，其分子螺旋的方向与右手双螺旋 DNA 的方向相反，称为 Z 型双螺旋。左手双螺旋 DNA 可能参与基因表达的调控，但其确切的生物学功能尚待研究。

DNA 双螺旋结构不同构象的意义并不在于其螺旋直径及高度的变化，关键是由于这些变化而引起的表面结构的改变（图 2-11），进而影响其生物学功能。B 型 DNA 双螺旋的表面并

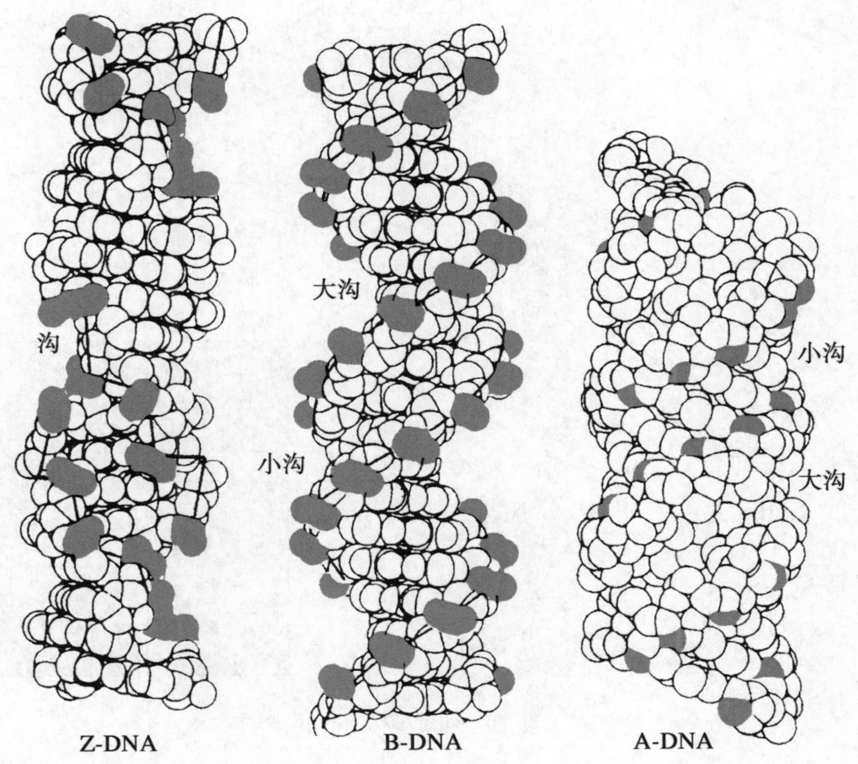

图 2-11　A 型、B 型、Z 型 DNA 结构示意图

不是完全平滑的，而是沿其长轴有两个不同大小的沟。其中一个相对较深、较宽，称为大沟；另外一个相对较浅、较窄，称为小沟。A 型双螺旋也有两个沟，其中大沟更深，小沟更浅但较宽。Z 型双螺旋则仅呈现一个很窄、很深的沟。DNA 双螺旋的这种表面结构有助于 DNA 结合蛋白识别并结合特定的 DNA 序列。而这种表面结构的变化对于基因组 DNA 与特异性 DNA 结合蛋白质的相互作用具有重要的意义。

4. DNA 的多链螺旋结构 DNA 双螺旋结构中的核苷酸除了 A/T、G/C 之间的氢键外，还能形成一些附加氢键，如另一个 T 与 A/T 碱基对的 A 之间，可形成额外的 2 个氢键，使得这 3 个碱基形成了 T*A/T 配对；在酸性溶液中，胞嘧啶的 N-3 可以质子化，质子化的胞嘧啶与 G/C 碱基对的 G 又可以形成 2 个氢键，3 个碱基形成了 C^+*G/C 的配对。这种氢键是 K. Hoogsteen 在 1963 年发现的，因此称为 Hoogsteen 氢键。Hoogsteen 氢键的形成并不破坏 Watson-Crick 氢键，这样 DNA 分子就可以形成 C≡G*C^+ 或 T=A/T 的三链结构（图 2-12）。

真核生物染色体 DNA 的末端的结构称为端粒。端粒结构常呈 GT 序列的数十次乃至数百次的重复，重复序列中的鸟嘌呤之间通过 Hoogsteen 氢键形成特殊的四链结构（图 2-12）。

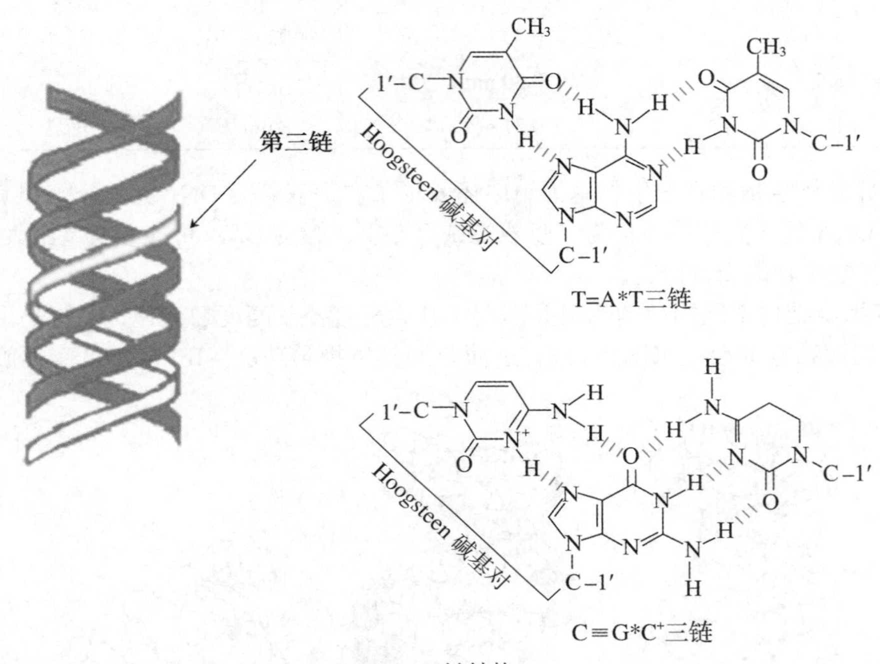

a．三链结构

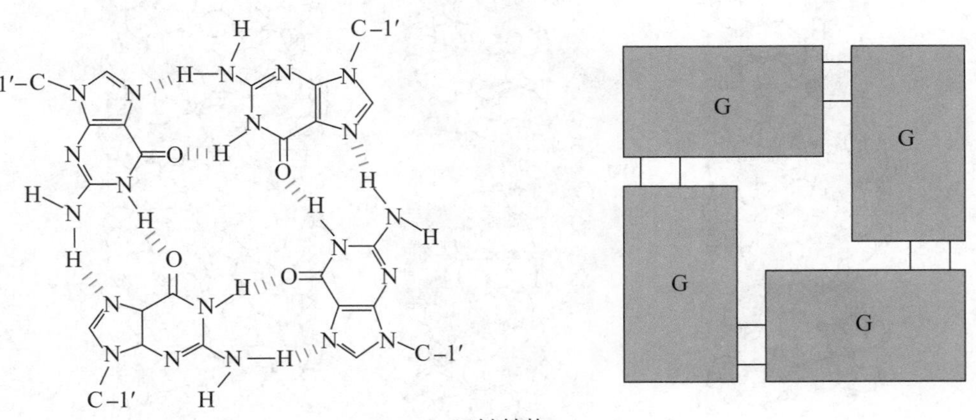

b．四链结构

图 2-12 DNA 的多链螺旋结构

在生物体内，不同构象的DNA在功能上可能是有所差异的，与其基因表达和调控是相适应的。

（二）**DNA 的高级结构——超螺旋结构**

DNA是长度十分可观的生物大分子，如人体细胞中46条染色体的总长度约1.7m。因此，DNA的长度要求其必须进一步折叠成为更致密的结构才能够存在于细胞核内。DNA在细胞内以双螺旋为结构基础进一步旋转折叠形成超螺旋结构，称为DNA的高级结构。盘旋方向与DNA双螺旋方向相同为正超螺旋（positive supercoil）；盘旋方向与DNA双螺旋方向相反则为负超螺旋（negative supercoil）。自然界的闭合双链DNA主要是以负超螺旋形式存在。

原核生物的DNA大多数是以共价闭合的双链环状形式存在于细胞内，闭环的DNA都以超螺旋的形式存在，如细菌质粒、一些病毒、线粒体的DNA等。线性DNA分子或环状DNA分子中一条链有缺口时均不能形成超螺旋结构（图2-13）。

真核生物DNA与蛋白质形成的复合物以非常致密的形式存在于细胞核内，基本结构单位是核小体（nucleosome）。核小体由DNA和5种组蛋白共同构成，核小体中的5种组蛋白包括：H1、H2A、H2B、H3和H4。H2A、H2B、H3和H4各两分子构成八聚体的核心蛋白，双链DNA缠绕在这一核心蛋白上形成核小体的核心颗粒，核小体的核心颗粒之间再由DNA（约60bp）和组蛋白H1构成的连接区相连形成串珠样的结构（图2-14）。

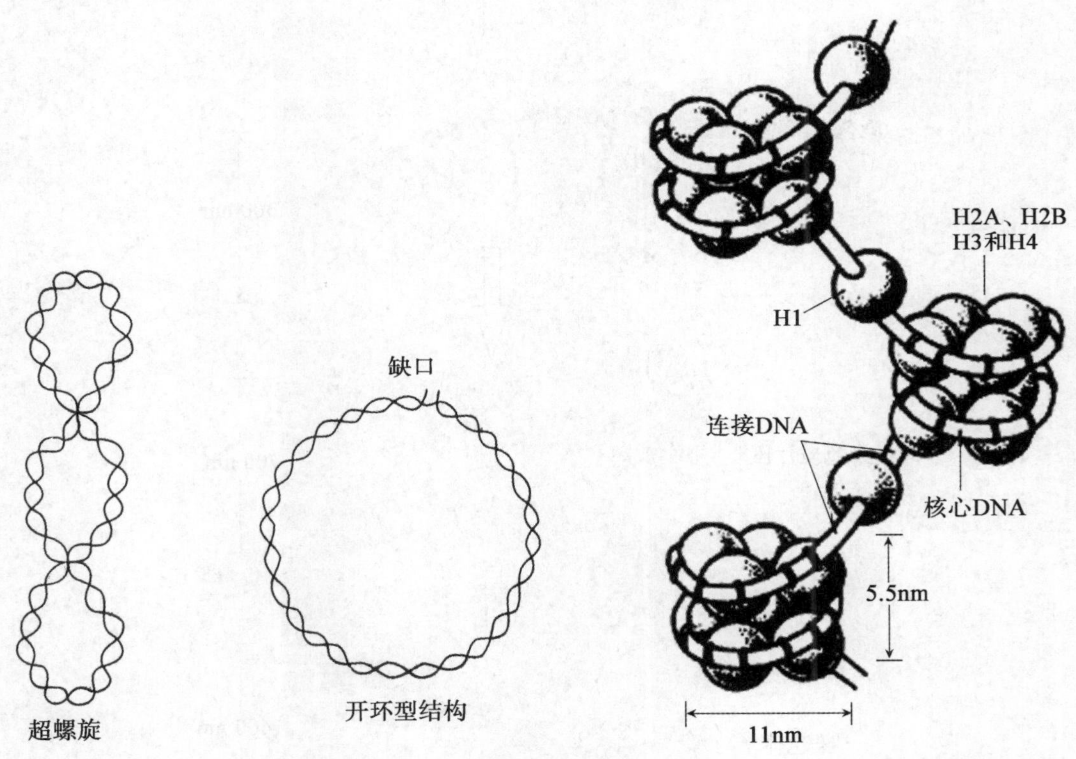

图 2-13　环状 DNA 的超螺旋及开环结构

图 2-14　真核生物核小体结构

串珠样结构中的每个核小体重复单位的DNA长度约200bp。双螺旋DNA组成核小体，长度被压缩至1/7～1/6，核小体进一步折叠卷曲，形成外径30nm、内径为10nm的中空状螺线管（每圈6个核小体），这一过程使DNA的体积又压缩至1/40，染色质纤维空管进一步卷曲折叠形成直径为400nm的超螺线管，再进一步折叠、包装即为染色质和染色体（图2-15）。

超螺旋可能有两方面的生物学意义：①超螺旋DNA比松弛型DNA更紧密，使DNA分子体积变得更小，对其在细胞的包装过程更为有利；②超螺旋能影响双螺旋的解链程序，因而影响 DNA 分子与其他分子（如蛋白质）之间的相互作用。

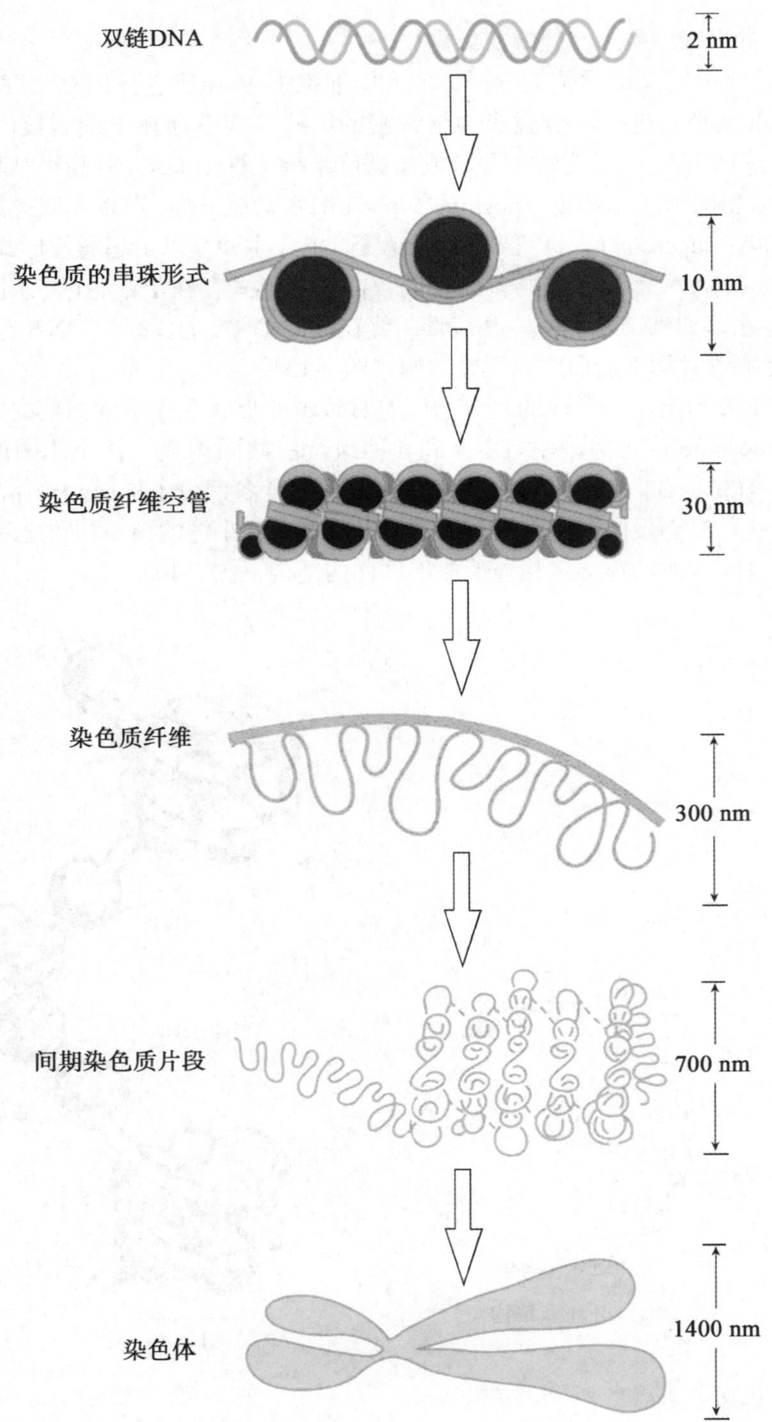

图 2-15 DNA 被压缩成染色体示意图

三、RNA 的结构和功能

RNA 的化学结构与 DNA 类似，也是由 4 种基本的核苷酸以 3′, 5′- 磷酸二酯键连接形成的长链。与 DNA 的不同之处是 RNA 中的戊糖是核糖而不是脱氧核糖，碱基中没有胸腺嘧啶（T）而代之以尿嘧啶（U）。RNA 分子也遵循碱基配对原则，G 与 C 配对，由于没有 T 的存在，U 取代 T 与 A 配对。RNA 分子通常是单链结构，因此 A 与 U、C 与 G 比例不一定等于 1∶1。然而有时 RNA 分子可以形成发夹结构，在这些结构中 RNA 可以形成双链，双链之间的碱基按照 A—U、C—G 的原则配对（图 2-16）。在 RNA 的发夹结构中，有时可以发生不完全碱基配对，G 有时也可以与 U 配对，但是这种配对不如 G 与 C 配对紧密。

DNA 是遗传信息的储存体，功能较为单一。RNA 则不同，依其结构和功能不同通常分为信使 RNA（mRNA）、核糖体 RNA（rRNA）和转运 RNA（tRNA）三种类型。真核细胞中还含有核内不均一 RNA（heterogeneous nuclear RNA，hnRNA，不均一核 RNA）和核小 RNA（snRNA）等。

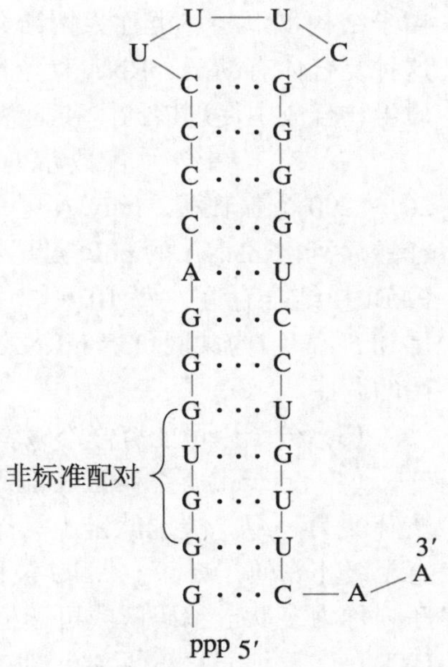

U—U
U　C
C···G
C···G
C···G
C···G
A···U
G···C
G···C
G···U
U···G
G···U
G···U
G···C—A—A 3′
ppp 5′
非标准配对

图 2-16　RNA 的发夹结构

（一）信使 **RNA**

遗传信息从 DNA 分子被抄录至 RNA 分子的过程称为转录（transcription）。从 DNA 分子转录的 RNA 分子中，有一类可作为蛋白质生物合成的模板，称为信使 RNA（messenger RNA，mRNA）。真核生物 mRNA 的初级产物比成熟 mRNA 大得多，而且其分子大小不一，因此被称为核内不均一 RNA（hnRNA）。hnRNA 在细胞核内存在时间较短，经过剪接编辑加工成为成熟的 mRNA，并转移到细胞质中。

mRNA 占细胞 RNA 总量的 1% ～ 5%。mRNA 种类很多，哺乳类动物细胞总计有几万种不同的 mRNA。mRNA 的分子大小变异非常大，小到几百个核苷酸，大到近 2 万个核苷酸。mRNA 一般都不稳定，代谢活跃，更新迅速，寿命较短。原核生物和真核生物的 mRNA 结构不完全一样。

1．真核生物 mRNA 结构的特点

（1）5′ 末端有帽子（cap）结构：所谓帽子结构就是 5′ 末端第 1 个核苷酸都是甲基化鸟嘌呤核苷酸，它以 5′ 末端磷酸三酯键与第 2 个核苷酸的 5′ 末端相连，而不是通常的 3′，5′- 磷酸二酯键（图 2-17）。帽子结构中的核苷酸大多数为 7- 甲基鸟苷（m^7G），但也有少量的 2，2，7- 三甲基鸟苷（$m_3{}^{2,2,7}G$）或 $m_2{}^{2,7}G$。在第 2 和第 3 个核苷酸的核糖第 2 位羟基上有时也有甲基化。因此通常帽子结构可见 3 种类型，即帽子 0 型 m^7G（5′）ppp（5′）Np、帽子 1 型 m^7G（5′）ppp（5′）NmpNp 和帽子 2 型 m^7G（5′）ppp（5′）NmpNmpNp，其中 N 指核苷酸。mRNA 的

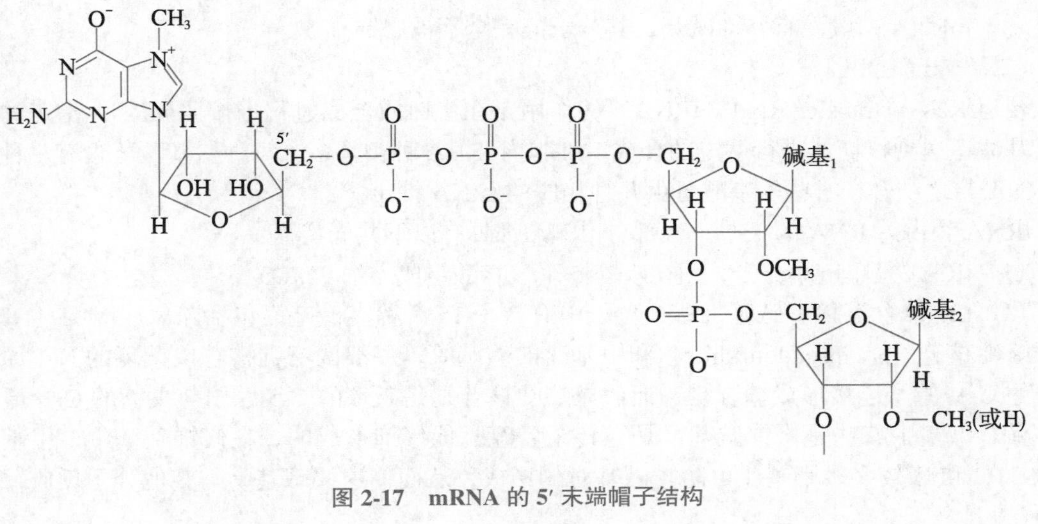

O^-　CH_3　N　N^+　H_2N　N　N　H　H　5′　CH_2—O—P—O—P—O—P—O—CH_2　O　碱基$_1$
OH　HO　O^-　O^-　O^-　H　H　H　O　H　H
O　OCH_3
O═P—O—CH_2　O　碱基$_2$
O^-　H　H　H
O　O—CH_3(或H)

图 2-17　mRNA 的 5′ 末端帽子结构

帽子结构可以与一类称为帽结合蛋白质（cap-binding protein，CBP）的分子结合形成复合体，这种复合体有助于mRNA稳定性的维持，协助mRNA从细胞核向细胞质的转运，以及在蛋白质生物合成中促进核糖体和翻译起始因子的结合，在翻译中起重要作用。

（2）3′末端绝大多数带有多聚腺苷酸尾（3′polyadenylate tail，poly A tail），其长度为20～200个腺苷酸。poly A尾是以无模板的方式添加的，因为在基因的3′末端并没有多聚腺苷酸序列。mRNA的poly A尾在细胞内与poly（A）结合蛋白质［poly（A)-binding protein，PABP］结合存在，每10～20个腺苷酸结合一个PABP单体。目前认为，mRNA 3′-多聚A尾和5′-帽结构共同负责mRNA从细胞核向细胞质的转运、维持mRNA的稳定性以及翻译起始的调控。

（3）分子中可能有修饰碱基，主要是甲基化，如m^6A。

（4）分子中有编码区与非编码区。从mRNA分子5′末端起的第一个AUG开始，每3个核苷酸为一组，决定肽链上一个氨基酸，称为三联体密码（triplet code）或密码子（codon），直至终止密码子结束。AUG被称为起始密码子。位于起始密码子和终止密码子之间的核苷酸序列称为多肽链编码区或可读框（open reading frame，ORF）。非翻译区（untranslated region，UTR）位于编码区的两端，即5′末端和3′末端。真核mRNA 5′UTR的长度在不同的mRNA中差别很大。5′非翻译区有翻译起始信号。有些mRNA 3′末端UTR中含有丰富的AU序列，这些mRNA的寿命都很短。因此推测3′末端UTR中丰富的AU序列可能与mRNA的不稳定性有关（图2-18）。

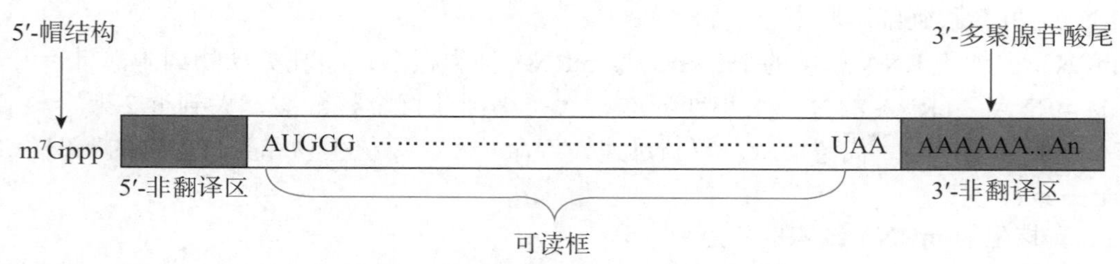

图2-18 真核生物mRNA的一级结构

2．原核生物mRNA结构的特点

（1）原核生物mRNA往往是多顺反子，即每分子mRNA带有编码几种蛋白质的遗传信息（来自几个结构基因）。在编码区的序列之间有间隔序列，间隔序列中含有核糖体识别、结合部位。在5′末端和3′末端也有非翻译区。

（2）mRNA 5′末端无帽子结构。

（3）mRNA一般没有修饰碱基，其分子链完全不被修饰。

（二）转运RNA

转运RNA（transfer RNA，tRNA）的作用是在蛋白质合成过程中按照mRNA指定的顺序将氨基酸运送到核糖体进行肽链的合成。细胞内tRNA种类很多，每种氨基酸至少有一种相应的tRNA与之结合，有些氨基酸可由几种相应的tRNA携带。

tRNA约占总RNA的15%，大部分tRNA都具有以下共同特征：

（1）tRNA是单链小分子，由74～95个核苷酸组成（约25kDa）。

（2）tRNA含有稀有碱基，每个分子中有7～15个稀有碱基，包括二氢尿嘧啶（DHU）、假尿嘧啶核苷（ψ，pseudouridine）和甲基化的碱基等，一般的嘧啶核苷以杂环的N-1原子与戊糖的C-1′原子连接形成糖苷键，而假尿嘧啶核苷则是杂环的C-5原子与戊糖的C-1′原子相连。稀有碱基中有些是修饰碱基，是在转录后经酶促修饰形成的。在修饰碱基中，甲基化的A、U、C和G较多。甲基化可防止碱基对的形成，从而使这些碱基易与其他分子反应；甲基化也使 tRNA 分子有部分疏水性，在与氨酰 tRNA 合成酶及核糖体反应时比较重要。

（3）tRNA 的 5′ 末端总是磷酸化，5′ 末端核苷酸往往是 pG。

（4）tRNA 的 3′ 末端是 CpCpAOH 序列，这一序列是 tRNA 结合和转运任何氨基酸而生成氨酰 tRNA 时必不可少的。激活的氨基酸连接于此 3′ 末端羟基上。

（5）tRNA 分子中约半数的碱基通过链内碱基配对互相结合，形成双螺旋，从而构成 tRNA 的二级结构，形状类似于三叶草，含 4 个环和 4 个臂（图 2-19a）。其中二氢尿嘧啶环（DHU 环）、D 臂及可变环的碱基数目在不同的 tRNA 分子中有变化，其他一般不变。在 tRNA 第 54 ～ 56 位是 TψC，因而这部分形成的环叫 TψC 环，该处在 tRNA 与 5S rRNA 的结合及维持 tRNA 高级结构中起重要作用。真核生物的起始 tRNA 第 54 ～ 57 位碱基是 AψCG 或 AUCG，而不是通常的 TψCG。氨基酸接受臂由 tRNA 分子的 5′ 末端和 3′ 末端构成，包含 7 个碱基对和 3′ 末端的 4 个核苷酸单链区。单链区中最末端的保守序列 CCA（OH）可结合氨基酸。反密码子环由 7 ～ 9 个核苷酸组成，其中中间 3 个碱基构成反密码子（anticodon）。

（6）tRNA 的三级结构是倒 L 型（图 2-19b）。一端是 CCA 末端结合氨基酸部位，另一端为反密码子环；DHU 环和 TψC 环在 L 的拐角上。维持三级结构的力，除了与 DNA 双螺旋结构维持力相同的碱基堆积力和氢键外，还有碱基的非标准配对（如 AA、GG 或 AC 配对）及核糖 -2′- 羟基与其他基团形成的氢键。

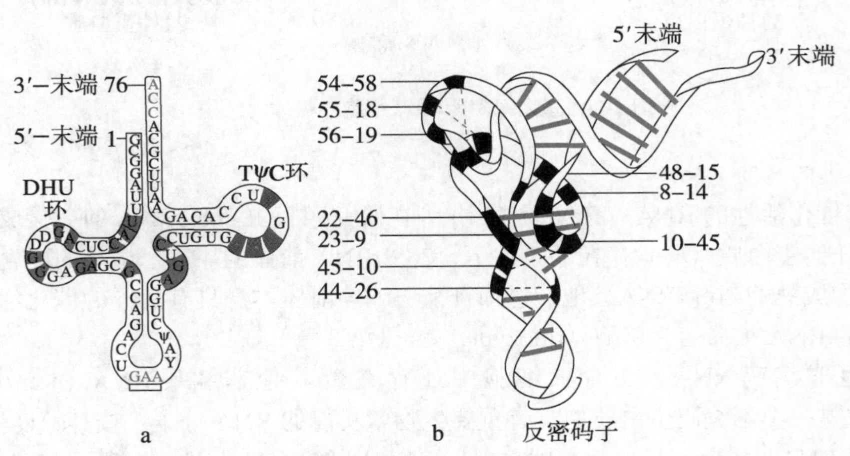

图 2-19　tRNA 的二级及三级结构

tRNA 分子某些部位的核苷酸序列非常保守，如 CCA（OH）、TψC、二氢尿嘧啶以及反密码子两侧的核苷酸等。这些保守序列位于 tRNA 的二级结构中的单链区，它们参与 tRNA 立体结构的形成及与其他 RNA、蛋白质的相互作用。

（三）核糖体 RNA

核糖体 RNA（ribosomal RNA，rRNA）是细胞内含量最丰富的 RNA，占细胞总 RNA 的 80% 以上。它们与核糖体蛋白质共同构成核糖体（ribosome），核糖体是蛋白质合成的场所。

各种原核细胞核糖体的性质及特点极为相似。大肠埃希菌核糖体的分子量约为 2700kDa，直径约为 20nm，沉降系数为 70S，由 50S 和 30S 两个大、小亚基组成。真核细胞的核糖体较原核细胞核糖体大得多。真核细胞核糖体的沉降系数为 80S，也是由大、小两个亚基构成。40S 小亚基含 18S rRNA 及 30 多种蛋白质，60S 大亚基含 3 种 rRNA（28S，5.8S，5S）以及大约 50 种蛋白质。核糖体的这些 rRNA 以及蛋白质折叠成特定的结构，并具有许多短的双螺旋区域（图 2-20）。

在蛋白质生物合成中，各种 RNA 本身并无单独执行功能的本领，必须与蛋白质结合后才能发挥作用。核糖体的功能是在蛋白质合成中起装配机的作用。在此装配过程中，mRNA 或

tRNA 都必须与核糖体中相应的 rRNA 进行适当的结合，氨基酸才能有序地鱼贯而入，肽链合成才能启动和延伸。

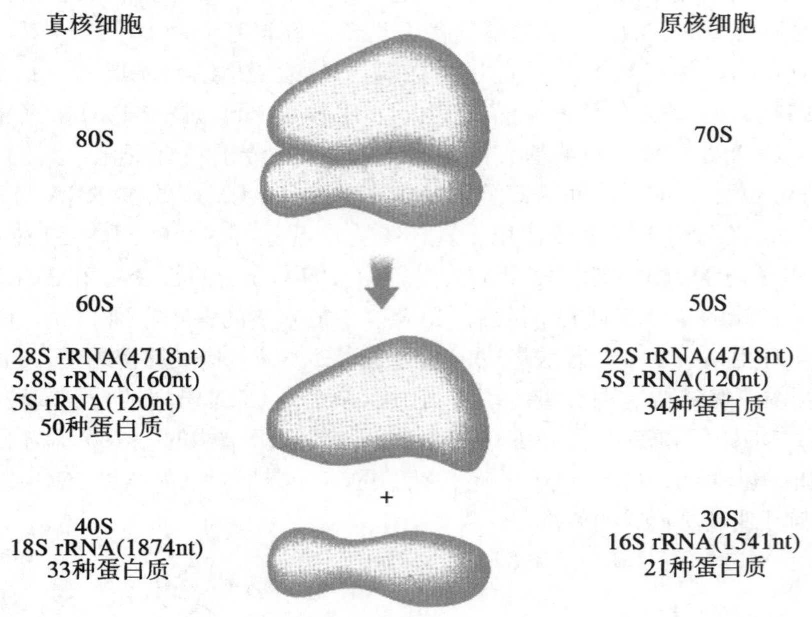

图 2-20 真核细胞和原核细胞核糖体的结构

（四）细胞内其他 RNA

1．具有催化活性的 RNA Thomas Cech 等在研究四膜虫 26S rRNA 的剪接成熟过程中发现，在没有任何蛋白质（酶）存在的条件下，26S rRNA 前体的 414 个碱基的内含子也可以被剪切掉而成为成熟的 26S rRNA。他们进而证实 rRNA 前体本身具有酶样的催化活性，这种具有催化活性的 RNA 被命名为核酶（ribozyme，详见第 3 章）。

2．其他非编码 RNA 在真核细胞中还存在着其他非编码 RNA（non-coding RNA，ncRNA）。这是一类不编码蛋白质但具有重要生物学功能的 RNA 分子。按其长度可分为两类：长链非编码 RNA（long non-coding RNA，lncRNA）和短链（小）非编码 RNA（small non-coding RNA，sncRNA）。通常将大于 200 个核苷酸的非编码 RNA 称为 lncRNA，而短链非编码 RNA 一般小于 200 个核苷酸。

lncRNA 位于细胞核或细胞质内，在结构上类似于 mRNA，但序列中不存在可读框，多数由 RNA 聚合酶Ⅱ转录并经可变剪切形成，通常被多聚腺苷酸化。与编码 RNA 相比，lncRNAs 序列保守性差，但其分子内部含有一些相对高度保守的区段，这些相对保守的结构区段发挥其广泛的生物学功能。lncRNA 可在多级水平即转录起始、转录后及表观遗传水平调控基因的表达，参与细胞分化、器官形成、胚胎发育、物质代谢等重要生命活动以及某些疾病（如肿瘤、神经系统疾病等）的发生和发展过程。

细胞核内和胞质内有一组小分子 RNA，称为核小 RNA（small nuclear RNA，snRNA）和质内小 RNA（small cytoplasmic RNA，scRNA）。这些 RNA 通常与多种特异的蛋白质结合在一起，形成核小核蛋白颗粒（small nuclear ribonucleoprotein particle，snRNP）和质内小核蛋白颗粒（small cytoplasmic ribonucleoprotein particle，scRNP）。不同的真核生物中同源 snRNA 的序列高度保守。由于序列中尿嘧啶含量较高，因此又用 U 命名，称为 U-RNA。U1、U2、U4、U5 和 U6 位于核质内，以 snRNP 的形式和其他蛋白质因子一起参与 mRNA 的剪接、加工。U16 和 U24 主要存在于核仁，又称为核仁小 RNA（small nucleolar RNA，snoRNA），仅

70 ~ 100 个核苷酸，与 rRNA 前体的甲基化修饰有关。scRNA 是一组功能比较复杂的小分子 RNA，存在于细胞质中，参与形成信号识别颗粒，引导含有信号肽的蛋白质进入内质网定位合成。

还有一些非编码 RNA 被称为微小 RNA（microRNA，miRNA）和小干扰 RNA（small interfering RNA，siRNA）。miRNA 是一大家族小分子非编码单链 RNA，长度为 20 ~ 25 个碱基，由一段具有发夹结构、长度为 70 ~ 90 个碱基的单链 miRNA 前体（pre-miRNA）经 Dicer 酶剪切后形成。成熟的 miRNA 与其他蛋白质一起组成 RNA 诱导的沉默复合体（RNA-induced silencing complex，RISC），通过与其靶 mRNA 分子的 3′ 末端非翻译区（3′UTR）互补匹配，抑制该 mRNA 分子的翻译。在 miRNA 中有一类与肿瘤相关的 miRNA 称为肿瘤微小 RNA（oncomir，oncomiR），长度约 22 个核苷酸。oncomir 可以靶向作用于特异的 mRNA，抑制其翻译蛋白质的过程。不同类型的 oncomir 已经在多种人类癌症中被发现。一些 oncomir 的基因是癌基因，该基因过表达可导致肿瘤的形成；另一些 oncomir 的基因为抑癌基因，其表达下调时，促进肿瘤的生长。siRNA 是细胞内一类双链 RNA（double-stranded RNA，dsRNA），在特定情况下通过一定的酶切机制，转变为具有特定长度（21 ~ 23 个碱基）和特定序列的小片段 RNA。双链 siRNA 参与 RISC 的组成，与特异的靶 mRNA 完全互补结合，导致靶 mRNA 降解，阻断翻译过程。这种由 siRNA 介导的基因表达抑制作用被称为 RNA 干扰（RNA interference，RNAi）。

miRNA 与 siRNA 具有许多相同之处，但也有明显的区别。这些异同概括于表 2-2。

表2-2　miRNA与siRNA的比较

特点	miRNA	siRNA
前体	内源性发夹环结构的转录产物	内源或外源双链 RNA 诱导产生
结构	22nt 左右单链分子	22nt 左右双链分子
加工酶	Dicer 或类似 Dicer 的酶复合体	Dicer
功能	抑制翻译	降解 mRNA
作用位点	mRNA 的 3′-UTR	mRNA 的任何部位
靶 mRNA 结合	不需完全互补	需完全互补
生物学效应	调控分化发育过程	抑制转座子活性和病毒感染

第四节　核酸的理化性质

核酸作为生物大分子具有一些特殊的理化性质，这些理化性质被广泛用于基础研究和疾病诊断。

一、核酸的一般理化性质

核酸为多元酸，具有较强的酸性，在酸性条件下比较稳定，而在碱性条件下容易降解。核酸属于生物大分子，已知最小的核酸分子如 tRNA，其分子量也在 25kDa 以上。线性高分子 DNA 的黏度极大，在机械力的作用下容易发生断裂。因此在提取完整的基因组 DNA 时，具有一定的难度，一是提取的 DNA 不容易完全溶解，二是 DNA 容易发生断裂。而 RNA 分子远小于 DNA，黏度也比较小。但由于 RNA 酶的广泛存在，在提取时 RNA 极易发生降解。

二、紫外吸收

核酸所含的嘌呤和嘧啶分子中都有共轭双键，使核酸分子在 250 ～ 280nm 紫外波段有光吸收，其最大吸收峰在 260nm 处（图 2-21）。这个性质可用于核酸的定量测定。核酸在 260nm 的吸光度（absorbance）表示为 A_{260} 值。当 A_{260}=1.0 时，溶液中所含的核酸量对单链 DNA、双链 DNA、寡核苷酸以及 RNA 均有所不同。例如，A_{260}=1.0 相当于 50μg 双链 DNA、40μg RNA、33μg 单链 DNA。根据 260nm 和 280nm 吸光度的比值（A_{260}/A_{280}），可以判断核酸样品的纯度，纯 DNA 样品 A_{260}/A_{280} 应为 1.8，而纯 RNA 样品 A_{260}/A_{280} 应为 2.0。

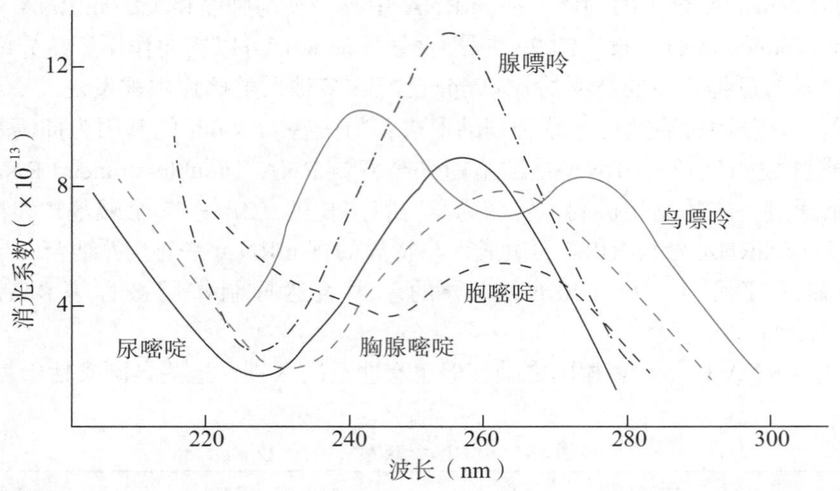

图 2-21 各种碱基的紫外吸收光谱

三、变性、复性和杂交

DNA 双链碱基之间形成氢键，相互配对而连接在一起。氢键是一种弱键，能量较低，容易受到破坏而使 DNA 双链分开。氢键的形成是自由能降低的过程，可以自发生成。局部分开的碱基对又可以重新形成氢键，使其恢复双螺旋结构。这使得 DNA 在生理条件下能够迅速分开和再形成，从而保证 DNA 生物学功能的行使。

（一）变性

DNA 双螺旋的稳定靠碱基堆积力和氢键的相互作用共同维持。如果因为某种因素破坏了这两种非共价键，导致 DNA 两条链完全解离（图 2-22），称为变性（denaturation）。导致变性的因素有温度过高、盐浓度过低及酸或碱过强等。DNA 变性是二级结构的破坏、双螺旋解体的过程，碱基对之间的氢键断开，碱基堆积力遭到破坏，但不伴随共价键的断裂，核苷酸序列没有发生改变，这有别于 DNA 一级结构破坏引起的 DNA 降解过程。

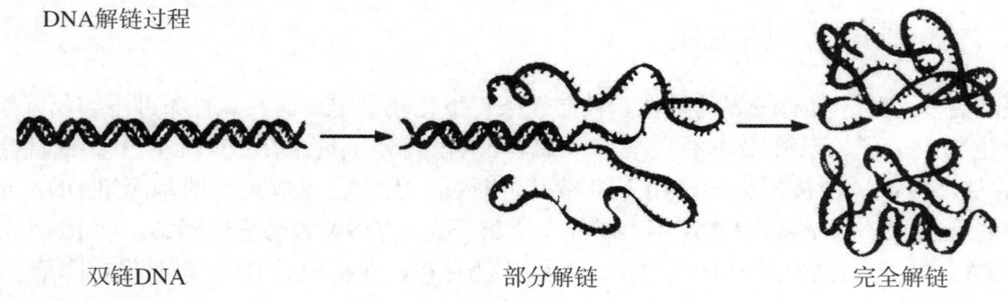

图 2-22 DNA 解链过程

DNA 变性常伴随一些物理性质的改变，如黏度降低，浮力、密度增加，尤其重要的是吸光度的改变。DNA 由双螺旋变为单链的过程中，有更多的共轭双键得以暴露，使得 DNA 在 260nm 处的吸光度增加，这种现象称为增色效应（hyperchromic effect）（图 2-23）。增色效应是检测 DNA 变性的一个最常用的指标。

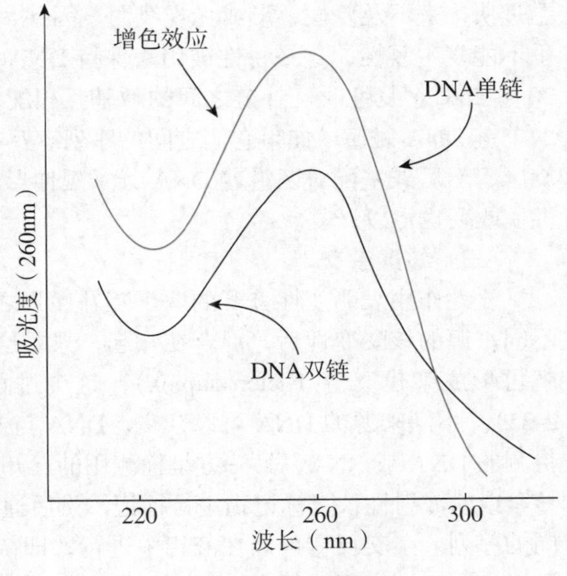

图 2-23　增色效应

加热是实验室使 DNA 变性的常用方法之一，DNA 的变性从开始解链到完全解链，是在一个相当狭窄的温度范围内完成的。在解链过程中，260nm 吸光度的变化达到最大变化值的一半时所对应的温度称为 DNA 的解链温度，或称熔解温度（melting temperature），用 T_m 表示（图 2-24）。当温度达到熔解温度时，DNA 分子内 50% 的双螺旋结构被破坏。T_m 值与 DNA 的碱基组成和变性条件有关。DNA 分子的 GC 含量越高，T_m 值也越大。T_m 值还与 DNA 分子的长度有关，DNA 分子越长，T_m 值越大。此外，溶液离子浓度增高也可以使 T_m 值增大。

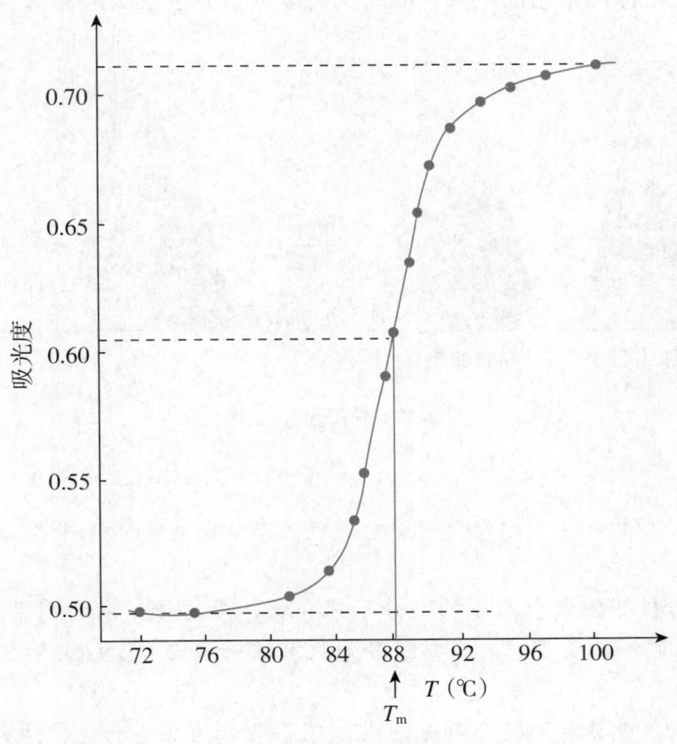

图 2-24　核酸的解链曲线

（二）复性

DNA 的变性是一个可逆过程，在适宜条件下，两条解离的 DNA 互补链再次互补结合形成双螺旋，这个过程称为复性（renaturation）。复性导致 A_{260} 减小，这一现象称为减色效应（hypochromic effect）。热变性的 DNA 经过缓慢降温后可复性，这一过程称为退火（annealing）。复性过程的发生主要与温度、盐浓度以及两条链之间碱基互补的程度有关。降温过快，来不及复性，形成无规线团，因此，将热变性的DNA迅速降温到4℃以下，DNA几乎不能发生复性，这一特性被用来保持DNA的变性状态。DNA最适的复性温度一般比 T_m 低20～25℃。复性时互补链之间的碱基互相配对，这个过程可以分为两个阶段。首先，溶液中的单链DNA碰撞，如果它们之间的序列有互补关系，两条链经GC、AT配对，产生短的双螺旋区，然后碱基配对区沿着DNA分子延伸形成双链DNA分子。DNA复性后，由变性引起的性质改变也得以恢复。

（三）核酸杂交

复性作用表明变性分开的两个互补序列之间的反应。复性的分子基础是碱基配对。因此，不同来源的核酸变性后，混合在一起，只要这些核酸分子含有可以形成碱基互补配对的序列，就可形成杂化双链（heteroduplex），这个过程称为核酸杂交（nucleic acid hybridization）（图2-25）。不同来源的DNA可以杂交，DNA与RNA以及RNA之间也可以杂交。杂交的一方是待测的DNA或RNA，另一方是检测用的已知序列的核酸片段，称为探针。探针通常用放射性核素或非放射性核素标记物进行标记，然后通过杂交反应就可以确定待测核酸是否含有与之相同的序列。杂交反应可以在液相中进行，即待测样品和探针都在溶液中（称为液相杂交）；也可以是一方固定于固相支持物上，另一方在溶液中（称为固相杂交）。滤膜杂交是固相杂交的一种，是将待测核酸分子结合到不同的滤膜上，然后同存在于液相中的标记探针进行杂交。待测核酸样品可以直接点在滤膜上（称为斑点杂交）；也可以先将核酸样品经琼脂糖凝胶电泳分离，再通过印迹技术将核酸从凝胶中按原来的位置和顺序转移到滤膜上。这样可以比较准确地保持待测核酸片段在电泳图谱中的位置，同时又可以进行分子量测定。

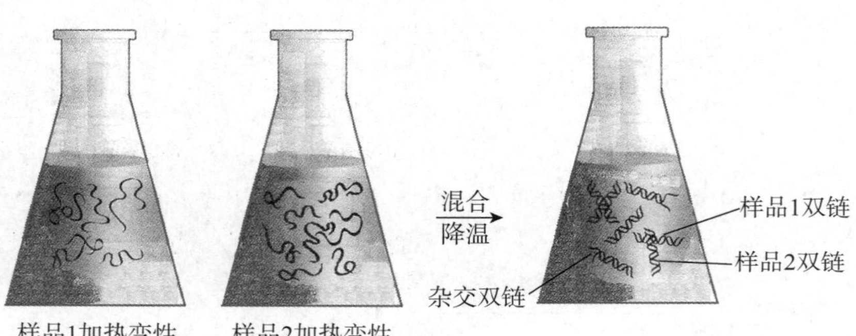

图2-25 核酸分子杂交

小结

核酸是一类由核苷酸聚合而成的大分子化合物，是遗传信息的携带者。根据组成核酸的核苷酸中戊糖的不同类型，可将核酸分为脱氧核糖核酸（DNA）和核糖核酸（RNA）两大类。

核苷酸由碱基、戊糖和磷酸三部分组成。碱基又分为嘌呤和嘧啶两大类。DNA分子中一般含有G、C、T、A四种碱基，而RNA分子中含有G、C、U、A四种碱基。核苷酸之间以3′，5′-磷酸二酯键相连。

双螺旋结构是DNA的二级结构。双螺旋的两条链方向相反，其骨架由戊糖和磷酸基构成。两条链之间的碱基互补配对，是遗传信息可靠传递、DNA半保留复制的基础。

RNA有核糖体RNA、信使RNA、转运RNA、核内不均一RNA、小分子RNA等多种类型，它们均与遗传信息的表达有关。rRNA是蛋白质合成场所——核糖体的组成部分；mRNA 作为蛋白质合成的模板，决定合成的蛋白质的氨基酸序列；tRNA 识别遗传密码子，将正确的氨基酸运送到核糖体上；核内不均一 RNA 是 mRNA 的前体，含有内含子；其他非编码 RNA 则具有种类、结构和功能的多样性，是基因表达调控中必不可少的分子。

DNA 在某些条件下可以发生双螺旋结构的破坏，两条链解开，即发生变性。50% 的 DNA 双链解离时的温度称为 DNA 的解链温度（T_m）。在适当的条件下，两条 DNA 互补单链可重新形成 DNA 双链，称为复性。不同来源的变性核酸一起复性，只要满足碱基配对关系，就可形成 DNA-DNA、RNA-RNA 或 DNA-RNA 的杂化双链，即核酸杂交。

思考题

1．比较 RNA 和 DNA 在结构上的异同点。
2．简述 DNA 双螺旋结构模式的要点及其与 DNA 生物学功能的关系。
3．简述 RNA 的种类及其生物学作用。
4．简述 tRNA 分子结构的特点。
5．比较 hnRNA 与 mRNA 在结构上的异同点。
6．小分子非编码 RNA 包括哪些？
7．什么是解链温度？影响解链温度的因素有哪些？
8．简述核酸杂交的基本原理。

（周晓慧）

第3章 酶

第一节 概 述

生物体内的新陈代谢是由一系列复杂而有序的化学反应完成的，生命存在的基本条件之一就是能够有选择地、有效地进行化学反应。这些化学反应在体外进行时需要高温、高压、强酸、强碱等剧烈的因素；而在生物体内温和的环境下，几乎所有的反应都需要催化剂的作用，这些催化剂被称为生物催化剂。生物体内催化各种代谢反应最主要的生物催化剂是酶（enzyme）。

酶的研究历史已有150多年。随着近些年生产实践和科学研究的发展，发现了一些新的生物催化剂，如核酶（ribozyme）和抗体酶（abzyme）等，人工合成的生物催化剂（如模拟酶和人工酶等）也相继问世，极大地丰富了原有生物催化剂的概念。

传统意义上的天然酶仍是机体内物质代谢最重要的生物催化剂，生命活动离不开酶。酶的存在及其活性的调节，是生物体能够进行物质代谢和生命活动的必要条件，也是许多疾病治疗的基础。

一、酶的概念

一般意义上的酶是指由活细胞产生，对其特异底物具有高度催化效率的蛋白质。通常将酶所催化的化学反应称为酶促反应（enzymatic reaction）。在酶促反应中，被酶催化发生化学变化的物质称为底物（substrate），反应后生成的物质称为产物（product）。

二、酶的存在形式

生物体内酶以多种形式发挥作用，包括单体酶、寡聚酶、多酶复合物以及多功能酶等。有些酶只由一条多肽链组成，这类酶称为单体酶（monomeric enzyme），如核糖核酸酶、溶菌酶等。而有些酶是由多个相同或不同的亚基组成，称为寡聚酶（oligomeric enzyme），如蛋白激酶A、乳酸脱氢酶等。生物体代谢途径是由许多酶连续催化完成的，这些催化不同化学反应，但功能相关、彼此嵌合在一起的酶，称为多酶复合物（multienzyme complex）或多酶体系（multienzyme system）。例如催化丙酮酸脱氢脱羧反应的丙酮酸脱氢酶复合物就是由3种酶及5种辅酶组成的多酶复合物。组成多酶复合物的酶往往是由不同基因编码而来。此外，有些酶在进化过程中由于基因融合，多种催化功能相关的酶融合成一条多肽链，这类酶称为多功能酶（multifunctional enzyme），一个多功能酶可以有多个酶的活性中心，分别催化不同的化学反应，增大反应效率。如哺乳动物参与脂肪酸合成代谢的脂肪酸合酶，即是7种具有不同催化功能的酶融合在一条多肽链中形成的多功能酶。

第二节 酶的分子结构

一、酶的分子组成

化学本质是蛋白质的天然酶，根据其分子组成可分为单纯酶和结合酶两大类。

（一）单纯酶

单纯酶（simple enzyme）是指分子组成中仅含有蛋白质的酶，如脲酶、核糖核酸酶、一些消化酶和淀粉酶等。该类酶仅由氨基酸按一定排列顺序组成，没有非蛋白质成分。

（二）结合酶

结合酶（conjugated enzyme）是指除了蛋白质部分外，还含有非蛋白质部分的酶。其中，蛋白质部分称为酶蛋白（apoenzyme），非蛋白质部分称为辅因子（cofactor），酶蛋白与辅因子结合后所形成的复合物称为全酶（holoenzyme）。结合酶在催化化学反应时，只有全酶具有催化作用，酶蛋白和辅因子各自单独存在时，均无催化活性。酶蛋白的主要功能是决定酶促反应的特异性及其催化机制，多数辅因子的主要功能是决定反应的性质与类型。

结合酶的辅因子被称为辅酶（coenzyme）或辅基（prosthetic group），主要是一些小分子有机化合物和金属离子等，以金属离子最为常见。辅酶结构中常含有某种 B 族维生素的衍生物或卟啉物质等小分子有机化合物，在酶促反应中起着传递某些化学基团、电子或原子的作用。虽然体内结合酶很广泛，但辅酶的种类却有限，通常一种辅酶可与多种不同的酶蛋白结合，形成多种特异性的酶，以催化不同的化学反应。例如，B 族维生素尼克酰胺所构成的辅酶 Ⅰ（NAD^+，尼克酰胺腺嘌呤二核苷酸）可作为 L- 乳酸脱氢酶、醇脱氢酶、L- 谷氨酸脱氢酶等多种脱氢酶的辅酶，其结合不同的酶蛋白组分，从而形成发挥不同催化作用的特异性结合酶。有些辅酶或金属离子与酶蛋白牢固结合，甚至与酶蛋白共价结合，被称为辅基。辅基不能用透析等简单的物理方法除去，在反应中不能离开酶蛋白，如 FAD、FMN 及生物素等。小分子有机化合物组成的辅酶的种类及作用见表 3-1。

表3-1 小分子有机化合物组成的辅酶的种类及作用

辅酶或辅基	缩写名	转移基团	所含维生素成分
焦磷酸硫胺素	TPP	羰基	维生素 B_1
黄素腺嘌呤二核苷酸	FAD	氢原子	维生素 B_2
黄素单核苷酸	FMN	氢原子	维生素 B_2
辅酶Ⅰ / 辅酶Ⅱ	NAD^+/$NADP^+$	H^+、电子	尼克酰胺
辅酶 A	CoASH	酰基	泛酸
磷酸吡哆醛		氨基	维生素 B_6
辅酶 B_{12}		氢原子、烷基	维生素 B_{12}
生物素		CO_2	生物素
四氢叶酸	FH_4	一碳单位	叶酸
硫辛酸		酰基	硫辛酸
辅酶 Q	CoQ	氢原子	辅酶 Q

以金属离子为辅因子的酶有两类。一类是金属离子与酶结合紧密，在纯化过程中金属离子一直与酶蛋白结合，多称为金属酶（metalloenzyme），如羧基肽酶含 Zn^{2+}、固氮酶含 Mo^{3+} 等。

另一类为金属活化酶（metal activated enzyme），需加入金属离子方具有酶活性，金属离子与酶蛋白结合不牢固，纯化过程中易丢失，如各种激酶催化反应必须有 Mg^{2+} 的存在等。金属离子大多参与构成结合酶的辅基，如 Zn^{2+} 为糜蛋白酶的辅基、K^+ 为丙酮酸激酶的辅基等。它们在酶促反应中所起的作用有如下几方面：①维持酶分子的活性构象——金属离子与酶蛋白结合成活性构象的复合物后，才具有催化作用。如谷氨酰胺合成酶需二价的金属离子方能有稳定的活性构象。②传递电子——酶催化的氧化还原反应中，金属离子通过它本身的电子得失而传递电子，如各种细胞色素中的 Fe^{3+}/ Fe^{2+} 与 Cu^{2+}/ Cu^+。③在酶与底物之间以及底物与底物之间起桥梁作用——金属离子带有较多正电荷，能同时与两个或多个配基结合，使底物反应趋于定向；另外，金属离子也是将酶与底物连接起来的中介离子，如各种激酶依赖 Mg^{2+} 与 ATP 结合，再发挥作用。④利用离子的电荷影响酶的活性——中和电荷，降低反应中静电排斥作用等。

二、酶的活性中心

（一）必需基团

酶是具有一定空间构象的大分子物质，虽然酶分子中有大量不同氨基酸残基的化学基团，但其中只有一小部分基团与酶的催化活性直接相关。将酶分子中与酶活性密切相关的化学基团称为必需基团（essential group）。常见的必需基团有组氨酸残基的咪唑基、丝氨酸残基的羟基、半胱氨酸残基的巯基及谷氨酸残基的 γ- 羧基等。

（二）酶的活性中心

某些必需基团在一级结构上可能相隔甚远，但在空间结构上十分接近，构成特定的具有三维结构的区域，能够特异地结合底物并催化底物转变为产物，这一区域称为酶的活性中心（active center）或活性部位（active site）。必需基团有的位于活性中心内，有的位于活性中心外。活性中心内的必需基团分为结合基团（binding group）和催化基团（catalytic group）。其中结合基团的作用是识别底物并与之专一性结合，形成酶 - 底物复合物，决定酶的专一性；催化基团负责催化底物键的断裂和形成新键，使底物发生化学反应转变为产物。在结合酶中，辅基与辅酶也常参与活性中心的组成。

例如，羧肽酶（carboxypeptidase，CP）是一类肽链端水解酶，作用于肽链的游离羧基末端，释放单个氨基酸，酶活性与锌离子有关。生物体内羧肽酶可分为 A、B、C 及 Y 四类，其中羧肽酶 A 水解由芳香族或中性脂肪族氨基酸形成的羧基末端，如酪氨酸、苯丙氨酸、丙氨酸等。其反应式如下：

$$-NH-CHR-CO-NH-CH(CH_2C_6H_4OH)-COO^- + H_2O \xrightarrow{\text{羧肽酶}} -NH-CHR-COO^- + {}^+H_3N-CH(CH_2C_6H_4OH)-COO^-$$

如图 3-1 所示，羧肽酶 A 活性中心主要是由 Arg[145]、Tyr[248] 以及 Zn^{2+}、His[196]、Glu[72]、His[69] 所组成的特定狭小的空间结构，结合底物并催化底物释放游离的羧基末端氨基酸。当底物多肽链进入羧肽酶 A 活性中心部位时，Arg[145] 的侧链移动，与带负电的羧基端生成离子键，底物的疏水残基落入活性中心疏水口袋中。在羧肽酶 A 的催化部位，Zn^{2+} 与 His[196]、Glu[72] 及 His[69] 结合，再逐步完成肽链羧基末端氨基酸的水解。

酶活性中心对维持酶的活性至关重要，当酶蛋白变性时，活性中心被破坏，酶的催化活性也因此而丧失。

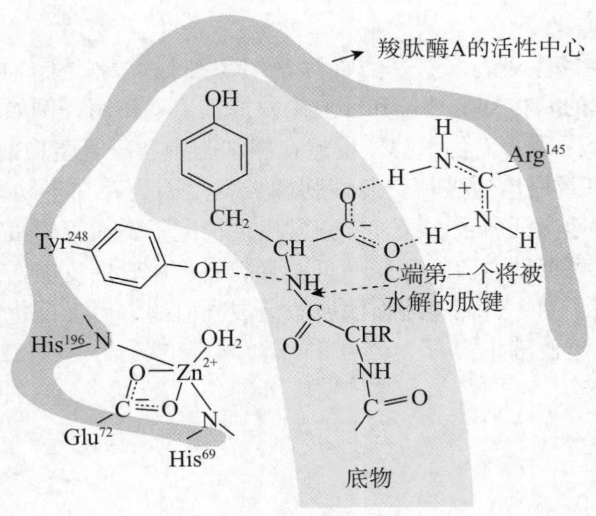

图 3-1　羧肽酶 A 的活性中心

酶活性中心以外的必需基团虽然不直接参与催化作用，但却为维持酶活性中心的空间构象所必需。酶分子中除活性中心以外的其他结构也有重要的作用，它不仅是维系活性中心三维结构的骨架，有的还具有调节区，使酶活性可受某些因子的正、负调控。

三、酶原与酶原的激活

（一）酶原及酶原激活的概念

多数酶合成时即具活性，但有少部分酶在细胞内初合成时并无活性，这类无活性的酶的前体，称为酶原（proenzyme，亦称 zymogen）。当酶原到达特定部位和在特定环境时，在蛋白酶等的作用下，经过一定的加工剪切，肽链重新盘绕折叠，蛋白质空间构象改变，形成或暴露酶的活性中心。这种由无活性的酶前体转变成有活性的酶的过程称为酶原激活。例如，胰腺α细胞合成的胰凝乳蛋白酶原并无蛋白水解酶的活性，但当它被分泌进入小肠后，在胰蛋白酶等因素的作用下，Arg^{15} 与 Ile^{16} 之间的肽键断裂，生成具有活性的π- 胰凝乳蛋白酶，但性质极其不稳定。通过进一步自身激活，中间切除两段二肽（14 ～ 15 及 147 ～ 148），形成三条肽段（1 ～ 13，16 ～ 146 及 149 ～ 245），重新折叠盘绕成有活性的α- 胰凝乳蛋白酶，这是因为将催化基团 Ser^{195}、His^{57} 及 Asp^{102} 等集中靠拢，形成了活性中心（图 3-2）。

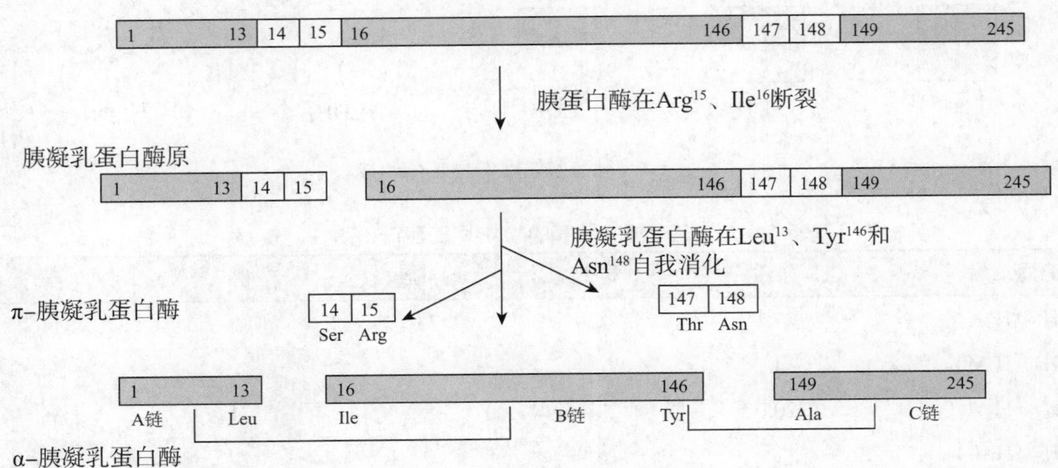

图 3-2　胰凝乳蛋白酶原的激活过程

（二）酶原激活的意义

酶原激活具有重要的生理意义，一方面保证组织细胞本身的蛋白质不致因酶的催化而破坏，另一方面保证合成的酶在特定部位和环境中发挥其生理作用。例如胰腺合成胰凝乳蛋白酶是为了帮助肠中食物蛋白质的消化水解。设想在胰细胞中胰凝乳蛋白酶刚合成时就具有活性，则将使胰腺本身的组织蛋白均遭破坏。急性胰腺炎就是因为存在于胰腺中的胰凝乳蛋白酶原及胰蛋白酶原等被异常地激活所致。又如，正常生理情况下，血管内虽有凝血酶原，但不被激活，不发生血液凝固，可保证血流畅通。一旦血管破裂，血管内皮损伤暴露的胶原纤维所含的负电荷，活化了凝血因子Ⅻ，进而将凝血酶原激活成凝血酶，后者催化纤维蛋白原转变成纤维蛋白，产生血凝块以防出血不止。

四、同工酶

（一）同工酶的概念

在体内并非所有具有相同催化作用的酶都是同一种蛋白质。在不同器官中，甚至在同一细胞内，也常常含有几种分子结构不同、理化性质迥异但却可催化相同化学反应的酶。将这类催化相同化学反应，但酶蛋白的分子结构、理化性质和免疫学特性各不相同的一组酶称为同工酶（isozyme）。

同工酶存在于同一种属的不同个体、同一个体的不同组织、同一细胞的不同亚细胞结构或细胞的不同发育阶段。同工酶的存在使不同组织和生命发育的不同阶段同工酶基因表达得到精细调节，合成亚基的种类和数量也不同，以形成不同的同工酶谱。

例如，乳酸脱氢酶（lactate dehydrogenase，LDH）主要参与糖代谢，催化乳酸生成丙酮酸，或可逆性催化丙酮酸生成乳酸。LDH 同工酶是由 4 个亚基组成的蛋白质。亚基有两种基本类型。一种主要分布在心肌中，称 H 亚基；另一种则分布于骨骼肌及肝中，称 M 亚基。存在于心肌中的 LDH 主要由 4 个 H 亚基构成 LDH_1，LDH_1 对乳酸的亲和力大，适合于有氧环境，可以从血液中获取乳酸作为心肌的能源；存在于骨骼肌及肝中者则主要由 4 个 M 亚基构成 LDH_5（M_4），LDH_5 对丙酮酸的亲和力大，肌肉可以在无氧条件下还原丙酮酸，将其生成乳酸释放入血。其他不同的组织中所存在的 LDH，其 H 亚基及 M 亚基的组成比例各有不同，可组成 LDH_1（H_4）、LDH_2（H_3M）、LDH_3（H_2M_2）、LDH_4（HM_3）及 LDH_5（M_4）五种 LDH 同工酶（图 3-3）。这一次序也是它们向电泳正极泳动速度递减的顺序，可借以鉴别这五种同工酶。这五种同工酶在各器官中的分布和含量不同，各组织器官都有其各自特定的分布酶谱（表 3-2）。

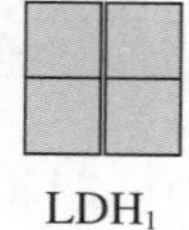
LDH_1

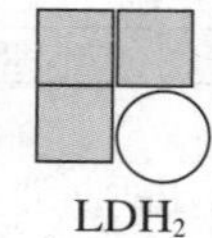
LDH_2

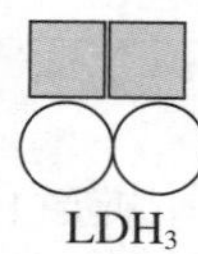
LDH_3

LDH_4

LDH_5

图 3-3 乳酸脱氢酶的同工酶组成

表3-2 人体各个组织器官的LDH同工酶谱（活性，%）

LDH同工酶	血清	骨骼肌	心肌	肝	肺
LDH_1（H_4）	27.1	0	73	2	14
LDH_2（H_3M）	34.7	0	24	4	34
LDH_3（H_2M_2）	20.9	5	3	11	35
LDH_4（HM_3）	11.7	16	0	27	5
LDH_5（M_4）	5.7	79	0	56	12

（二）同工酶测定的临床意义

当组织细胞病变时，该组织细胞特异的同工酶可释放入血。血清同工酶活性和同工酶谱分析有助于对疾病的诊断。肌酸激酶（creatine kinase，CK）是由 M 型和 B 型亚基组成的二聚体酶，有三种同工酶，为 CK_1、CK_2 和 CK_3，分别主要存在于脑、心肌和骨骼肌中。心肌梗死 3 ~ 6h 后，血清中 CK_2 活性升高，24h 达到高峰，3 天才恢复至正常水平。所以，血清肌酸激酶同工酶谱分析是早期诊断心肌梗死的可靠生化指标。心肌也富含 LDH_1，当急性心肌梗死或心肌细胞损伤 24h 后，才发现血清 LDH_1 活性增高，所以其诊断敏感性不如 CK_2，但其酶活性增高在血清中维持时间较长。另外，心肌梗死 12h 后，血清天冬氨酸转氨酶（aspartate transaminase，AST）活性也出现明显增高（图 3-4），此酶将在第 7 章详细介绍。

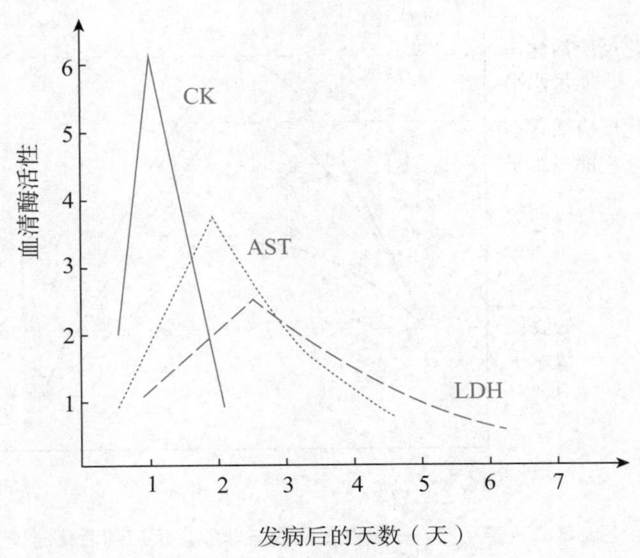

图 3-4 心肌梗死后血清中肌酸激酶、天冬氨酸转氨酶以及乳酸脱氢活性变化

第三节 酶促反应的特点

酶作为一类生物催化剂，既遵守一般催化剂的共同规律，又有其独特的特点。

一、酶与一般催化剂的共性

酶只能催化热力学上允许进行的反应，在反应前后酶的质和量也不会发生变化。酶的作用只能使反应到达平衡点的速度加快，即加速反应进程，而不能改变反应的平衡点。这些都是酶与一般催化剂的相同之处。

二、酶的催化特点

（一）高效催化性

酶可将反应速率提高 10^5 ~ 10^{17} 倍。碳酸酐酶可催化 H_2CO_3 分解生成 H_2O 和 CO_2，其加速反应的数量级可达 10^7（表 3-3）。一般来说，酶的催化效率可以用转换数（turnover number）来表示，酶的转换数是指酶被底物饱和条件下，每个酶分子每秒钟可催化底物转变为产物的分子数。碳酸酐酶的转化数可以达到 4×10^5/s。酶之所以具有高效催化性，是通过降低反应所需的活化能（activation energy）实现的。

任何热力学允许的化学反应均有自由能的改变。如图 3-5 所示，在反应体系中，底物处于基态，所含自由能平均水平较低，很难发生反应。只有将底物转化为高能的中间产物，即过渡态（transition state）时，才有可能发生化学反应，而过渡态中间产物比基态底物高出的能量即为活化能。酶能够比一般催化剂更有效地降低反应的活化能。当酶活性中心以次级键（氢键、离子键及疏水键）与底物结合时，酶与底物结合形成了过渡态中间产物酶 - 底物复合物（enzyme-substrate complex，ES），释放出能量（即结合能），每形成 1 个次级键，可以释放 4 ～ 30kJ/mol 的能量，该能量可以抵消部分活化能，这是酶促反应降低活化能的主要能量来源。通过降低活化能，更多的底物分子可以进入过渡态，从而提高反应速率。

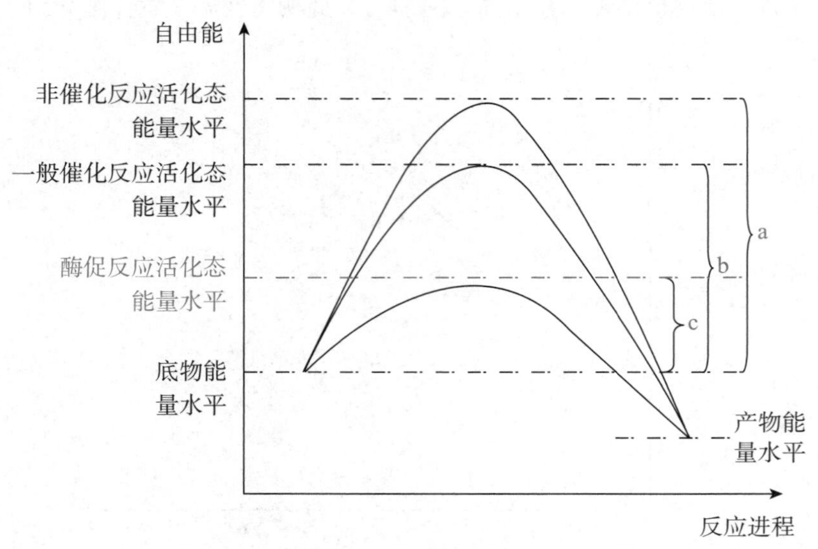

图 3-5 酶促反应、一般催化反应与非催化反应的活化能

表3-3 酶提高反应速率的数量级

酶	反应速率提高数量级
碳酸酐酶	10^7
磷酸葡萄糖变位酶	10^{12}
琥珀酰辅酶 A 转移酶	10^{13}
脲酶	10^{14}

（二）高度特异性

与一般催化剂不同，酶对其所催化的底物具有严格的选择性。一种酶只作用于一种或一类化合物，进行特定的化学反应，生成特定的产物，这种现象称为酶的特异性（specificity）。根据酶对底物结构要求的严格程度不同，酶的特异性可大致分为以下三种类型：

1．绝对特异性 有的酶只能作用于特定结构的底物，进行一种专一的反应，生成一种特定结构的产物，称之为绝对特异性（absolute specificity）。如脲酶只能催化尿素水解为 CO_2 和 NH_3。

2．相对特异性 相对特异性（relative specificity）是指某种酶可作用于一类化合物或一种化学键，如磷酸酶能催化一般的磷酸酯的酯键水解，无论是甘油磷酸酯、葡萄糖磷酸酯，还是酚磷酸酯，其水解速度当然会有所差别；蔗糖酶对蔗糖和棉子糖中的同一种糖苷键都具有水解作用。

3．立体异构特异性 立体异构特异性（stereospecificity）是指酶对底物的立体异构体具有严格的选择性，只能与立体异构体中的一种类型发生反应。例如，延胡索酸酶只能对反 - 丁烯二酸（延胡索酸）发挥作用生成苹果酸，对顺 - 丁烯二酸则无作用。所以，延胡索酸酶为具有立体异构特异性的酶。又如，体内代谢氨基酸的酶，绝大多数均只能作用于 L- 氨基酸，而不能作用于 D- 氨基酸。

（三）可调节性

酶的活性和含量受代谢物或激素的调节。例如，ATP 可别构激活糖原合酶，而 AMP 可别构抑制糖原合酶，胰高血糖素可以抑制糖原合酶的活性。酶蛋白的合成可以被诱导或阻遏，从而影响体内酶的含量，例如糖皮质激素对磷酸烯醇式丙酮酸羧激酶的诱导作用、胆固醇对羟甲基戊二酰辅酶 A 的阻遏作用等。机体通过对酶活性和含量的调节来调控体内的代谢，进而适应内外环境的变化。

（四）不稳定性

酶蛋白在某些物理（如高温、紫外光）和化学因素（如强酸、强碱）的作用下极易发生变性而失去催化活性，故很不稳定。这与酶的温和的反应环境（常温、常压、pH 接近中性）相适应。

第四节　酶促反应的机制

酶通过促进底物形成过渡态来提高反应速率，但以何种方式实现其高效催化，迄今尚未完全阐明。不同的酶，其催化作用的机制是各不相同的，可能分别受一种或几种因素的影响。

一、诱导契合学说

研究发现，酶在与底物结合前，酶分子的构象与其所催化的底物结构并非完全吻合。与底物分子结合时，酶与底物的结构相互诱导、相互形变、相互适应，进而使酶活性中心与底物紧密结合，这就是诱导契合（induced-fit）学说（图 3-6）。换句话说，酶分子的构象与底物的结构原来并不完全吻合，只有当底物与酶接近时，结构上才相互诱导适应，更紧密地多点结合，此时酶与底物均有形变。同时，酶在底物的诱导下，其活性中心进一步形成，并与底物受催化攻击的部位密切靠近，易于反应。这种诱导契合作用，还可使底物处于不稳定的过渡态，易受酶的催化攻击。

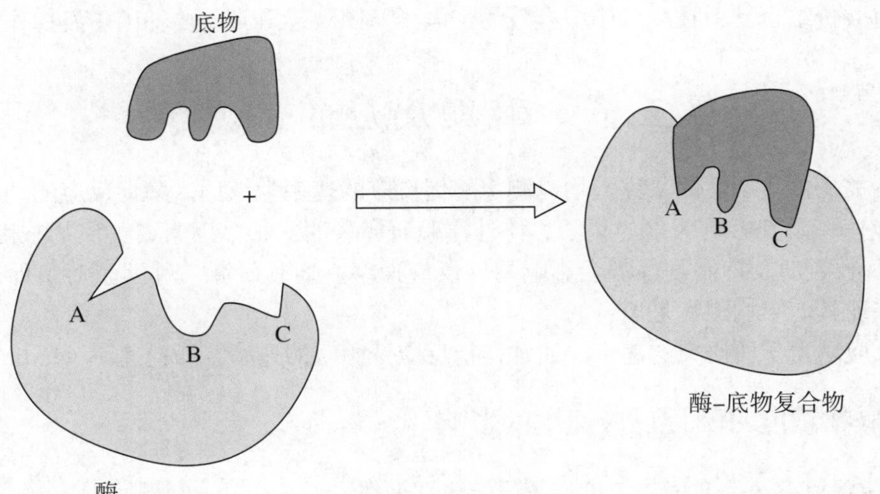

图 3-6　酶与底物的诱导契合模型

在设计酶的抑制剂时，最有效的与酶有高度亲和力的抑制剂，莫过于过渡态类似物（transition state analog），这为药物设计，包括解毒剂的设计开辟了一个新的方向。

二、邻近效应及定向排列

在溶液中，通常底物之间碰撞到一起的机会较少，分子之间必须接触后才能进行反应，而进行反应又需要有一定的接触时间，常常反应还来不及进行，底物又匆匆分开了。但在酶的帮助下，底物可聚集到酶分子的表面，使底物的局部浓度得到极大提高。结合在酶表面上的底物分子有充裕的时间进行反应，这就是邻近效应（approximation）。邻近效应实际上是将分子间的反应变成类似于分子内的反应，催化效率提高。底物与酶结合时，其受催化攻击的部位定向地对准酶的活性中心，使酶的活性中心易于诱导底物分子中的电子轨道按有利于反应的方式排列，这被称为定向排列（orientation）。正确的定向排列在游离的反应物之间很难形成，而当反应体系由分子间反应变成分子内反应时，这种定向排列便可以形成，因此提高了催化效率。

三、表面效应

酶的活性中心疏水性氨基酸较丰富，常形成疏水性“口袋”。底物与酶的结合，消除了周围大量水分子对底物和酶的功能基团的干扰性吸引或排斥，阻碍了底物与水的结合，导致底物分子去溶剂化（desolvation），防止水化膜的形成，这种现象称为表面效应（surface effect）。

四、多元催化作用

1．一般酸碱催化作用（general acid-base catalysis） 酶分子中含有多种功能基团，其解离常数不同，解离程度不一。同种功能基团在不同微环境下解离程度也会发生变化。酶活性中心上的基团有些是酸性基团（质子供体），有些是碱性基团（质子受体），它们参与质子的转移，进而提高反应速率。一般的催化剂进行催化反应时，通常只限于一种解离状态。

2．亲核催化（nucleophilic catalysis）和亲电子催化（electrophilic catalysis） 酶活性中心的某些基团如巯基酶的Cys—OH、胆碱酯酶的Ser—OH等，均属于亲核基团，其释放出的电子在攻击过渡态底物上正电性的基团或原子时会形成瞬时共价键，此时底物被激活，更易转变为产物，这种催化作用称为亲核催化。在亲核催化过程中有瞬时共价键的形成，因此也同时表现出共价催化（covalent catalysis）。亲电子催化即酶活性中心的亲电子基团与含电子的过渡态底物瞬时共价结合。但在酶分子中有效的亲电子基团缺乏，常需要辅因子发挥作用。

第五节 酶促反应的动力学

一切有关酶催化活性的研究，均以测定酶促反应的速率为依据。酶促反应的动力学就是研究酶促反应速率及其影响因素的科学。体外实验研究表明：很多因素，如底物浓度、酶浓度、pH、温度、激活剂及抑制剂等都会影响酶促反应速率。通常研究一种因素对酶促反应速率影响时，要保证其他影响因素是恒定的。

酶促反应动力学所研究的速率，通常是指反应开始时的速率，即初速率（initial velocity）。

一、底物浓度对酶促反应速率的影响

（一）酶促反应速率对底物浓度作图呈矩形双曲线

底物浓度是影响酶促反应速率最主要的因素。在其他影响因素不变的条件下，大多数酶的反应速率（V）对底物浓度（[S]）作图呈矩形双曲线（图3-7）。

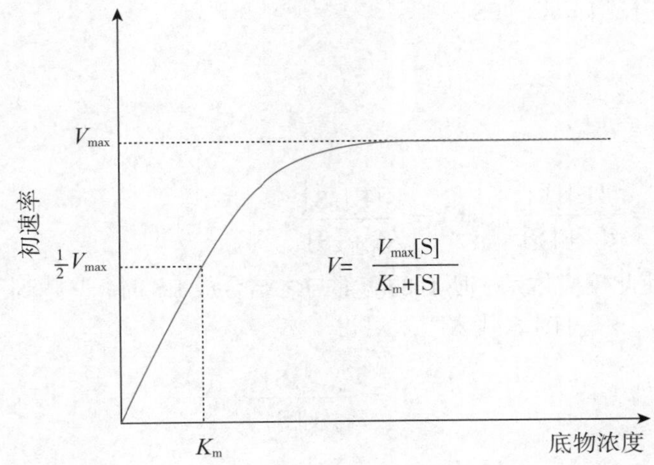

图 3-7　底物浓度对酶促反应速率的影响

如图 3-7 所示，当［S］很低时，V 随［S］的增大呈正比例增大，呈现一级反应，这是曲线的第一段；随着［S］的增大，V 增大的幅度趋缓，呈混合级反应，此即曲线的第二段；[S] 增大到一定程度，V 不再随［S］的增大而增大，达到了最大值，称为最大反应速率（maximum velocity，V_{max}），此时呈零级反应，此为曲线的平坦段，即第三段。

上述现象可以用中间产物学说来解释，该学说由 Henri 和 Wurtz 在 1903 年提出。该学说认为：当酶催化某一化学反应时，酶首先和底物结合，形成酶 - 底物复合物，之后再转化为产物，同时释放出酶。

$$E + S \underset{k_{-1}}{\overset{k_1}{\rightleftharpoons}} ES \xrightarrow{k_2} E + P$$

式中 k_1 为 ES 生成的反应速率常数，k_{-1} 和 k_2 分别代表了 ES 分解为 E + S 和 E + P 的反应速率常数。

（二）酶促反应速率对底物浓度的关系可用米氏方程表示

1913 年，L. Michaelis 和 M. Menten 根据中间产物学说推导出了一个方程式，以此方程式作图所得到的曲线与通过实验测定所作出的图形完全相同，进一步证明了中间产物学说的正确性。其推导过程如下：

假设在反应初速率的条件下，反应产物 P 的浓度很低，因此由 E + P 逆向生成 ES 的过程可忽略不计，故上述反应的速率为：

$$V = k_2\,[ES]$$

鉴于反应过程中不断地有 ES 生成和分解，通过实验测得在反应一段时间内，[ES] 是保持不变的，即 ES 生成和分解的速率相等，该反应状态为稳态。当酶促反应趋于稳态时，ES 的生成速率 = ES 的分解速率。

ES 生成速率 = k_1（[E] − [ES]）[S]

ES 分解速率 = k_{-1} [ES] + k_2 [ES]

因此：k_1（[E] − [ES]）·[S] = k_{-1} [ES] + k_2 [ES]

进一步推导出：$\frac{([E]-[ES])[S]}{[ES]}=\frac{k_{-1}+k_2}{k_1}$

设 $K_m=\frac{k_{-1}+k_2}{k_1}$

则 $[E][S]-[ES][S]=K_m[ES]$

$$[ES]=\frac{[E][S]}{K_m+[S]}$$

因 $V=k_2[ES]$

代入上式得：$\frac{V}{k_2}=\frac{[E][S]}{K_m+[S]}$，即 $V=\frac{k_2[E][S]}{K_m+[S]}$

当［S］达到能使此反应体系中所有的酶都与之结合成 ES 时，V 达到了最大速率 V_{max}，此时［E］=［ES］，即 $V_{max}=k_2[E]$，代入上式可得

$$V=\frac{V_{max}\cdot[S]}{K_m+[S]}$$

此方程即 Michaelis-Menten 方程（Michaelis-Menten equation，米氏方程）。该方程描述了底物浓度与酶促反应速率之间的关系。

方程中的 K_m 被称为米氏常数（Michaelis constant），表示在特定酶浓度条件下，反应速率达到最大反应速率一半（$V_{max}/2$）时的底物浓度（图 3-7）。

（三）米氏方程动力学参数的意义与求取

米氏方程中 K_m 和 V_{max} 是酶的动力学参数，对评价酶的特性具有重要意义。

1．米氏常数（K_m）的意义

（1）K_m 是酶的特征性常数，与酶的结构有关，而与酶的浓度无关。K_m 随底物、反应温度、环境 pH 及离子强度的差异而改变。不同的酶其 K_m 不同，针对不同底物的同一种酶或同一底物的不同的酶，其 K_m 也不相同（表 3-4）。

K_m 改变引起的生理效应

表3-4 某些酶的 K_m 值

酶	底物	K_m（mmol/L）
过氧化氢酶	H_2O_2	25
己糖激酶（脑）	ATP	0.4
	D- 葡萄糖	0.05
	D- 果糖	1.5
碳酸酐酶	H_2CO_3	9
糜蛋白酶	甘氨酰酪氨酰甘氨酸	108
β- 半乳糖酐酶	D- 乳糖	4.0

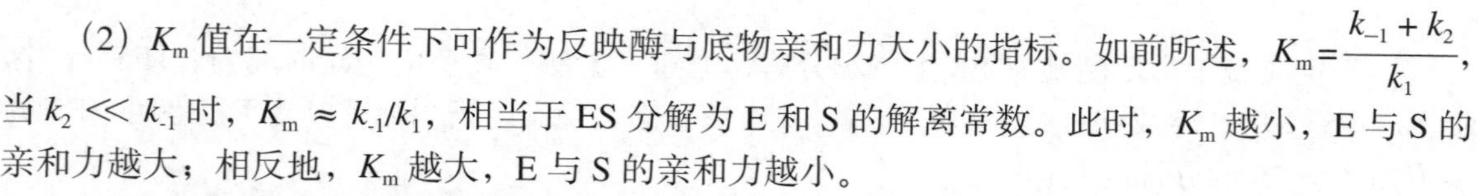

（2）K_m 值在一定条件下可作为反映酶与底物亲和力大小的指标。如前所述，$K_m=\frac{k_{-1}+k_2}{k_1}$，当 $k_2 \ll k_{-1}$ 时，$K_m \approx k_{-1}/k_1$，相当于 ES 分解为 E 和 S 的解离常数。此时，K_m 越小，E 与 S 的亲和力越大；相反地，K_m 越大，E 与 S 的亲和力越小。

例如，两种葡萄糖代谢酶，己糖激酶的 K_m 是 0.1mmol/L，而葡萄糖激酶的 K_m 是 5mmol/L。己糖激酶相比葡萄糖激酶，其与葡萄糖的亲和力更大。

2．V_{max} 的意义 当全部的 E 均与 S 结合形成 ES 时，V 即为 V_{max}。因此，V_{max} 是 E 被 S 完全饱和时的反应速率。

3．米氏方程与矩形双曲线的一致性 当［S］远大于 K_m 时，米氏方程中的 K_m 可忽略不计，则 $V \approx V_{max}$，即反应速率等于最大反应速率。当［S］远小于 K_m 时，米氏方程分母中的［S］可忽略不计，则 $V \approx \frac{V_{max}[S]}{K_m}$。而 V_{max} 及 K_m 均为常数，所以，反应速率与底物浓度

成正比。

4．K_m 及 V_{max} 的求取　从图 3-7 中可见，该曲线系双曲线，很难从图中求得确切的 V，因而也不易确定 K_m 值。Lineweaver 和 Burk 将米氏方程作双倒数变换处理，得下式：

$$\frac{1}{V}=\frac{K_m}{V_{max}}\cdot\frac{1}{[S]}+\frac{1}{V_{max}}$$

以 $1/V$ 对 $1/[S]$ 作图，可得到 Lineweaver-Burk 双倒数曲线图（图 3-8）。从纵轴截距 $1/V_{max}$ 及横轴相交处的 $-1/K_m$，可准确求得 V_{max} 及 K_m。

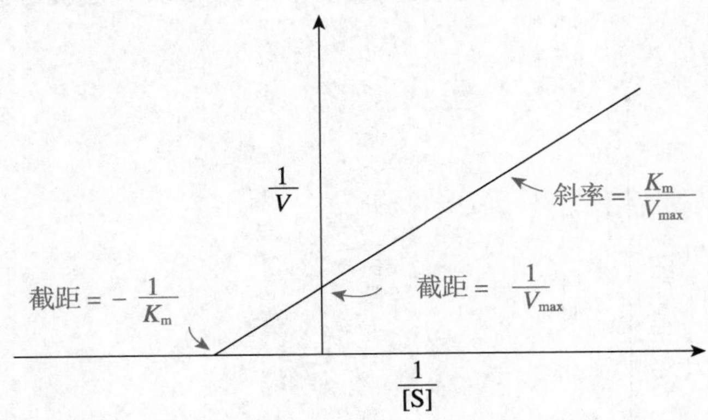

图 3-8　Lineweaver-Burk 双倒数作图法

二、酶浓度对酶促反应速率的影响

在酶促反应体系中，当底物的浓度足够大，即酶全部被底物饱和时，反应速率与酶浓度成正比（图 3-9）。$V_{max}=k_2[E]$，代入米氏方程可得：

$$V=\frac{k_2[E][S]}{K_m+[S]}$$

式中 k_2、K_m 均为常数，底物浓度固定时，V 与 [E] 成正比（图 3-9）。

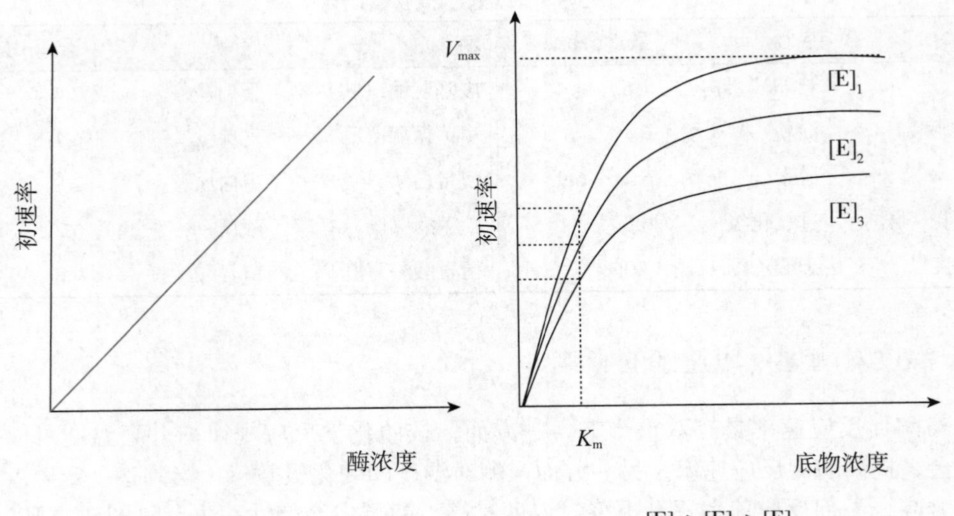

图 3-9　酶浓度对酶促反应速率的影响

三、pH 对酶促反应速率的影响

酶是蛋白质，具有两性解离性质，其活性受所在环境 pH 的影响。在不同 pH 条件下，酶蛋白中可解离基团的解离状态不同，尤其是活性中心的一些必需基团的解离状态有所差异。此外，pH 也会影响酶的特异底物的解离状态、某些辅因子的解离状态以及酶活性中心的结构，进而影响酶的活性。酶分子中各必需基团通常在特定的解离状态时，才最容易结合底物或使酶发挥最大活性。酶催化活性最高时反应体系的 pH 称为酶的最适 pH（optimum pH）。人体内多种酶的最适 pH 多在 6.5 ~ 8.0，近于中性。少数酶例外，如溶酶体酶的最适 pH 多为酸性，胃蛋白酶的最适 pH 为 1.6，碱性磷酸酶的最适 pH 为 8.9（图 3-10）。几种常见酶的最适 pH 列于表 3-5。

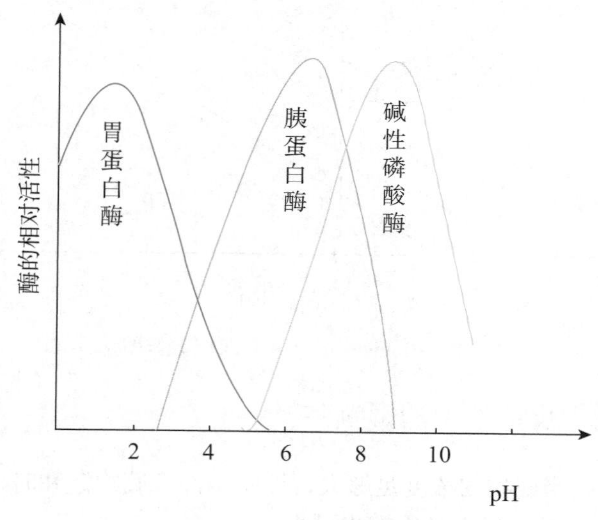

图 3-10 pH 对三种酶活性的影响

酶的最适 pH 与缓冲液的种类、浓度以及酶纯度等相关。酶在高于或低于最适 pH 的溶液中活性下降，当缓冲液 pH 远离酶的最适 pH 时，酶会发生变性失活。

表3-5 常见酶的最适pH

酶	底物	最适pH	酶	底物	最适pH
胃蛋白酶	鸡卵清蛋白	1.6	羧基肽酶（胰）	蛋白质	7.4
淀粉酶（唾液）	淀粉	6.8	麦芽糖酶（肠）	麦芽糖	6.1
脲酶	尿素	6.4 ~ 6.9	胰蛋白酶	蛋白质	7.8
过氧化氢酶（肝）	过氧化氢	6.8	蔗糖酶（肠）	蔗糖	6.2
脂肪酶（胰）	丁酸乙酯	7.0	精氨酸酶（肝）	精氨酸	9.8

四、温度对酶促反应速率的影响

温度对酶促反应速率具有双重影响。一方面，按照化学反应规律，升高温度可以增加分子碰撞机会，提高酶促反应速率。另一方面，酶对温度的变化极敏感，当到达一定温度后，随着温度的升高，酶促反应速率逐渐下降；温度过高，酶蛋白会变性而失活（图 3-11）。酶促反应速率最大时的反应体系温度，称为酶的最适温度（optimum temperature）。温血动物组织中，酶的最适温度一般在 37 ~ 40℃，仅有极少数的酶能耐稍高的温度，大多数酶加热到 60℃即变性失活，而 80℃时变性不可逆。嗜热杆菌（*Taq*）DNA 聚合酶则例外，其酶促反应的最适温度为 72℃。因其特殊的最适温度，常作为工具酶用在基因工程研究方面。而酶的最适温度与酶促反应进行的时间有关。若酶反应进行的时间很短暂，则其最适温度可能比反应进行时间较长者偏高些。

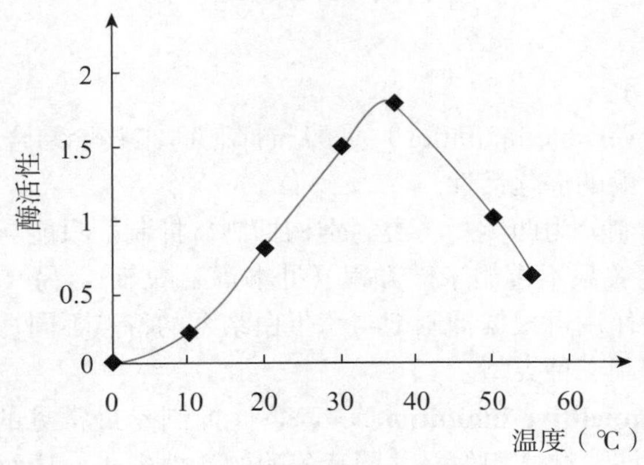

图 3-11 温度对唾液淀粉酶活性的影响

五、抑制剂对酶促反应速率的影响

酶的抑制剂（inhibitor，I）是与酶结合使酶催化活性降低或丧失，而不引起酶蛋白变性的一类化合物。根据抑制剂与酶是否共价结合，酶的抑制作用分为不可逆性抑制与可逆性抑制两类。

（一）不可逆性抑制作用

有些抑制剂通常与酶活性中心以共价键牢固结合，不能用透析、超滤等方法将其除去，这种抑制作用称为不可逆性抑制作用（irreversible inhibition）。最常见的不可逆性抑制剂是基团特异性抑制剂，该类抑制剂常与酶分子中特异的基团共价结合。

酶活性中心催化基团是丝氨酸残基上含羟基（—OH）的一类酶，称为羟基酶，如胆碱酯酶和丝氨酸蛋白酶等。有机磷化合物能够专一性地与胆碱酯酶活性中心丝氨酸残基上的—OH 共价结合，使胆碱酯酶失活。胆碱酯酶的失活导致乙酰胆碱堆积，引起迷走神经高度持续兴奋的中毒状态，患者可出现恶心、呕吐、多汗、瞳孔缩小等一系列症状。有机磷农药中毒可采用胆碱酯酶复活剂解磷定，置换出失活的酶，从而达到治疗目的。

$$\mathrm{RO-\overset{\overset{\displaystyle O}{\|}}{\underset{\underset{\displaystyle OR}{|}}{P}}-X + HO-丝-酶 \longrightarrow RO-\overset{\overset{\displaystyle O}{\|}}{\underset{\underset{\displaystyle OR}{|}}{P}}-O-酶 + HX}$$

半胱氨酸残基上的巯基（—SH）是许多酶的必需基团。重金属离子（Hg^{2+}、Ag^{+}、Pb^{2+} 等）以及砷化物（As^{3+}）等可与巯基酶分子中的—SH 结合，使之失活。例如，含 As^{3+} 的化学毒气路易士气能够与巯基酶分子中的—SH 共价结合，从而抑制体内巯基酶的活性。

$$\mathrm{Cl_2As-CH{=}CHCl + 酶(SH)_2 \longrightarrow 酶(S)_2As-CH{=}CHCl + 2HCl}$$

二巯基丙醇（British anti-Lewisite，BAL）富含—SH，与重金属离子及砷化物具有更大亲和力，能将失活的巯基酶恢复活性。

鬼伞菌素与乙醇代谢

$$\text{酶}\langle^{S}_{S}\rangle As-CH=CHCl + \begin{matrix} CH_2SH \\ | \\ CHSH \\ | \\ CH_2OH \end{matrix} \longrightarrow \text{酶}\langle^{SH}_{SH} + \begin{matrix} CH_2-S \\ | \\ CH-S \\ | \\ CH_2OH \end{matrix}\rangle As-CH=CHCl$$

（失活的酶）　　　　（复活的酶）

（二）可逆性抑制作用

可逆性抑制作用（reversible inhibition）是酶与抑制剂非共价结合，可以采用透析、超滤等方法除去抑制剂而恢复酶的催化活性。

一般来说，可逆性抑制分为两类。一类为别构抑制，抑制剂只能与别构酶结合而抑制其活性，反应速率与底物浓度关系不遵循米氏方程（见本章第六节）；另一类可逆性抑制作用则遵循米氏方程，该类型抑制作用可根据抑制剂与酶蛋白结合的特点不同，分为竞争性抑制、非竞争性抑制以及反竞争性抑制三种类型。

1．竞争性抑制（competitive inhibition） 竞争性抑制是最常见的一种可逆性抑制作用。有些抑制剂（I）和底物（S）结构相似，共同竞争酶的活性中心，从而影响酶与底物的正常结合。这种抑制作用称为竞争性抑制（图 3-12），其抑制程度取决于底物及抑制剂的相对浓度及抑制剂与酶的相对亲和力。

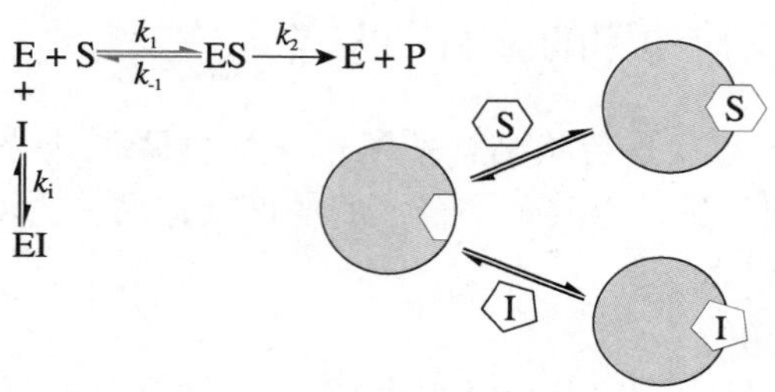

图 3-12　竞争性抑制剂与酶的结合

在图 3-12 反应式中，k_i 为 EI 的解离常数。有竞争性抑制剂存在时的米氏方程为：

$$V=\frac{V_{max}[S]}{K_m\left(1+\frac{[I]}{k_i}\right)+[S]}$$

两边同取倒数，以 $1/V$ 对 $1/[S]$ 作图，与无抑制剂存在的情况相比，竞争性抑制函数图像的斜率增大，纵轴截距不变，横轴截距（表观 K_m）增大，见图 3-13，即最大反应速率不变，而酶与底物的亲和力下降。

在竞争性抑制过程中，若相对增加底物的浓度，则底物占竞争优势，抑制作用可以降低，甚至解除，这是竞争性抑制的特点。例如琥珀酸脱氢酶可催化琥珀酸的脱氢反应，与琥珀酸结构类似的丙二酸可与琥珀酸脱氢酶活性中心结合，但却不能发生脱氢反应，丙二酸为琥珀酸脱氢酶的竞争性抑制剂。

酶促反应的竞争性抑制作用早已应用于临床实践。很多抗生素就是微生物中某种酶的竞争性抑制剂。例如，磺胺类药物是细菌二氢叶酸合酶的竞争性抑制剂。对磺胺类药物敏感的细菌不能直接利用环境中的叶酸，必须以对氨基苯甲酸等为底物，在菌体二氢叶酸合酶催化下合成二氢叶酸。二氢叶酸是四氢叶酸的前体，四氢叶酸是核酸合成过程中所需的一碳单位的必需载体。而磺胺类药物的化学结构与对氨基苯甲酸相似，因而能竞争二氢叶酸合酶的活性中心，抑

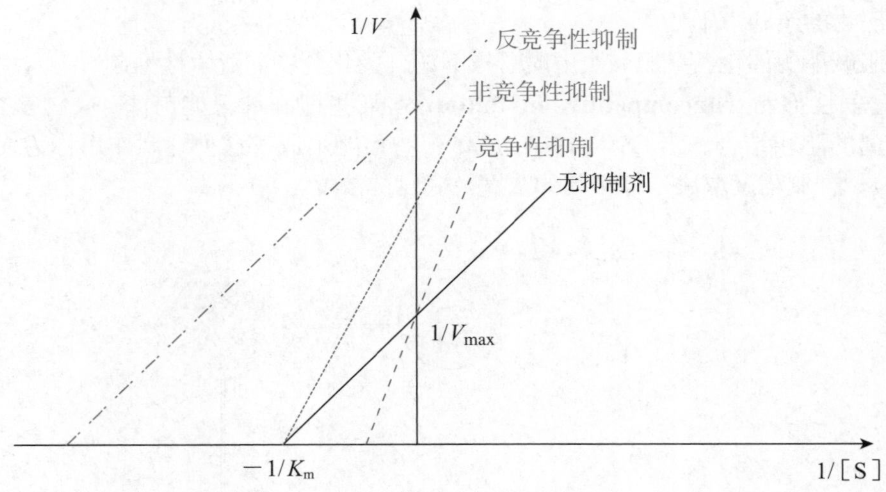

图 3-13 各种抑制剂对底物浓度与酶促反应速率的影响

制细菌内二氢叶酸的合成，从而达到抑菌目的。而人体可以直接利用食物来源的叶酸，故体内核酸合成不会受磺胺类药物的干扰。另外，一些抗肿瘤药物，如甲氨蝶呤、氟尿嘧啶、巯嘌呤等都是核酸合成的某些酶的竞争性抑制剂，分别通过抑制四氢叶酸、脱氧胸苷酸、嘌呤核苷酸的合成来发挥抗肿瘤作用。

2．非竞争性抑制（non-competitive inhibition） 某些抑制剂的结合位点在酶活性中心以外的某一部位，两者与酶的结合不存在竞争关系，非竞争性抑制剂既可与酶 - 底物复合物相结合，也可与游离酶结合，但形成酶 - 底物 - 抑制剂复合物（ESI）时产物不能生成。这种抑制作用称为非竞争性抑制（图 3-14），抑制程度取决于抑制剂的浓度。

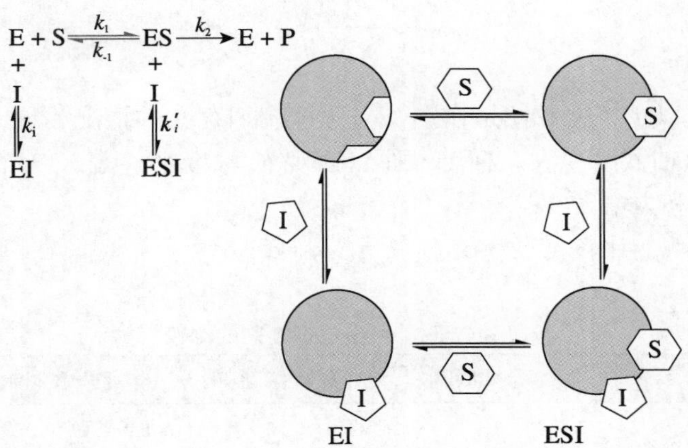

图 3-14 非竞争性抑制剂与酶的结合

在有非竞争性抑制剂存在时，米氏方程为：

$$V=\frac{[S]\left[\dfrac{V_{max}}{\left(1+\dfrac{[I]}{k_i}\right)}\right]}{K_m+[S]}$$

两边同取倒数，以 1/V 对 1/［S］作图，与无抑制剂存在的情况相比，非竞争性抑制函数图像的斜率增大，纵轴截距变大，横轴截距（表观 K_m）不变（图 3-13），即最大反应速率减小，而酶与底物的亲和力不变。

例如，胆碱酯酶催化乙酰胆碱水解时可被 NHR_3^+ 类化合物非竞争性抑制。

3．反竞争性抑制（uncompetitive inhibition） 某些抑制剂只能与酶-底物复合物结合，而不能与游离的酶相结合。当ES与I结合后，产物不能生成。这种抑制作用称为反竞争性抑制（图3-15），抑制程度取决于抑制剂的浓度及底物的浓度。

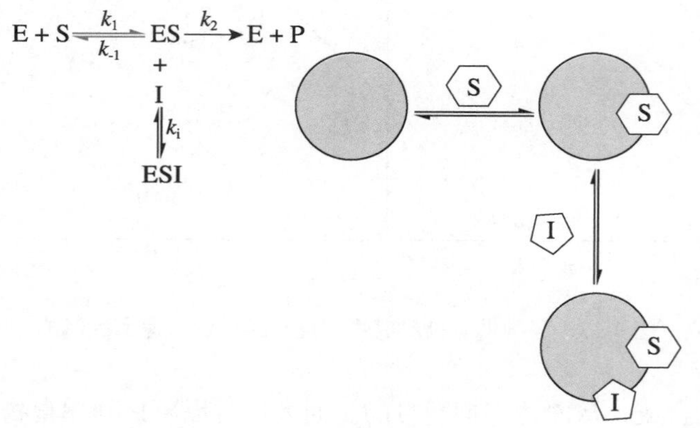

图3-15 反竞争性抑制剂与酶的结合

在有反竞争性抑制剂存在时，米氏方程为：

$$V=\frac{[S]\left[\dfrac{V_{max}}{\left(1+\dfrac{[I]}{k_i}\right)}\right]}{\dfrac{K_m}{\left(1+\dfrac{[I]}{k_i}\right)}+[S]}$$

两边同取倒数，以 $1/V$ 对 $1/[S]$ 作图，与无抑制剂存在的情况相比，反竞争性抑制函数图像的斜率不变，纵轴截距变大，横轴截距（表观 K_m）减小（图3-13），即最大反应速率减小，而酶与底物的亲和力增大。

三种可逆性抑制剂的比较见表3-6。

表3-6 三种可逆性抑制剂的比较

作用特点		无抑制剂	竞争性抑制剂	非竞争性抑制剂	反竞争性抑制剂
I的结合物质			E	E、ES	ES
酶促动力学特点	表观 K_m	K_m	增大	不变	减小
	V_{max}	V_{max}	不变	降低	降低
双倒数作图	横轴截距	$-1/K_m$	增大	不变	减小
	纵轴截距	$1/V_{max}$	不变	增大	增大
	斜率	K_m/V_{max}	增大	增大	不变

六、激活剂对酶促反应速率的影响

有些物质能增强酶的活性，称为酶的激活剂（activator）。激活剂大多为金属离子，如

Mg^{2+}、K^+、Mn^{2+} 等；少数为阴离子，如 Cl^- 能增强唾液淀粉酶的活性，胆汁酸盐能增强胰脂肪酶的活性等。其激活作用的机制，有的可能是激活剂与酶及底物结合成复合物而起促进作用；有的可能参与酶的活性中心的构成等。有些激活剂是酶具备活性所必需的，称为酶的必需激活剂，例如 Mg^{2+} 是激酶的必需激活剂。

第六节 酶活性的调节

对酶的调节包括酶活性的调节与酶量的调节。酶活性的调节是通过改变酶的结构，使已有酶的活性发生变化，由此调节代谢。这类调节方式效应快，分秒之间即发生作用，但不持久，故又称为快速调节。酶量的调节则通过改变酶的生成与降解速度以改变酶的总活性。在哺乳类动物中，此方式产生效应比酶的活性调节慢，需几小时至数天，但较为持久，所以又称为慢速调节（详见第9章）。

细胞内的物质代谢途径往往是由多个连续的酶促反应组成的。在多个酶催化的代谢途径中，会有一个或几个酶活性易于受外界刺激而改变活性，进而对整条代谢途径的反应速率产生重大影响。这些因环境因素的作用表现出催化活性变化，进而调整代谢途径反应速率的酶，统称为关键酶（key enzyme），亦称调节酶（regulatory enzyme）。这些酶常是催化不可逆反应的酶，催化代谢途径分叉点代谢反应的酶，或是催化代谢途径中限速反应的酶。这些酶分子一般具有明显的活性部位和调节部位。

在代谢途径各反应中，关键酶所催化的反应具有下述特点：①反应速率最慢，它的活性决定了整个代谢途径的总速率；②常催化单向反应或非平衡反应，因此其活性决定整个代谢途径的方向；③酶活性除受底物控制外，还受多种代谢物或效应剂的调节。关键酶一般可分为别构酶和化学修饰调节酶。

一、别构酶

（一）别构酶与别构效应剂

细胞内有些酶活性中心以外的某个部位可与一些代谢物分子可逆性结合，引起酶的空间构象发生改变，进而影响酶的催化活性。这些通过构象改变而影响其活性的酶称为别构酶（allosteric enzyme）。别构酶常由多亚基组成多聚体，各亚基之间以非共价键相连。能引起酶发生此种构象改变的代谢物分子称为别构效应剂（allosteric effector），其中由于别构调节导致酶催化活性升高的物质称为别构激活剂，反之称为别构抑制剂。别构效应剂通常是代谢途径的终产物或中间产物，也可以是酶的底物。别构效应剂与酶结合的部位称为调节部位（regulatory site）。有的酶的调节部位与催化部位在同一亚基，有的则分别存在于不同亚基，分别称为调节亚基和催化亚基。

别构酶受别构效应剂的调节，调控整个代谢途径的反应速率。在多数情况下，别构酶作为关键酶常出现在代谢途径的关键调节点上。当产物堆积时，它们可作为别构效应剂以抑制上游的别构酶；别构酶也可接受产物匮乏的信号刺激而被激活。别构效应剂与酶的结合属于非共价结合，以适应快速调节的需要。

（二）别构酶分子各亚基之间的协同作用

由于别构酶的各亚基之间次级键维系稳定，因此别构酶某一亚基构象的改变可以引发其他亚基的构象变化。别构效应剂与酶的调节亚基结合后，会引起此亚基发生构象变化，进而影响相邻亚基的构象改变，从而影响酶的催化活性，发生协同效应（cooperative effect）。如果后续亚基的构象变化使酶对此效应剂的亲和力增加，此协同效应为正协同效应；反之，为负协同效应。不同别构酶其调节物分子也不相同。有的别构酶的别构效应剂就是底物分子，酶分子上有两个以上底物分子结合部位，这种由底物分子作为别构效应剂所产生的协同作用称为同种协同效应。反之，别构效应剂为其他代谢物分子所产生的协同效应称为异种协同效应。其中，异种协同效应为别构调节中最常见的现象。

（三）别构酶的动力学特征

1．别构酶的反应初速率与底物浓度的关系不服从米氏方程 如果底物为别构效应剂，正协同效应的别构酶反应速率对底物浓度的关系呈S形曲线（图3-16）。S形曲线表明，酶分子上一个功能位点的活性影响另一个功能位点的活性，显示协同效应的存在。底物一旦与酶结合，导致酶分子构象改变，这种构象改变大大提高了酶对后续的底物分子的亲和力。结果底物浓度发生微小变化，导致酶促反应速率极大地改变。别构激活剂可以使曲线左移，别构抑制剂使曲线右移。

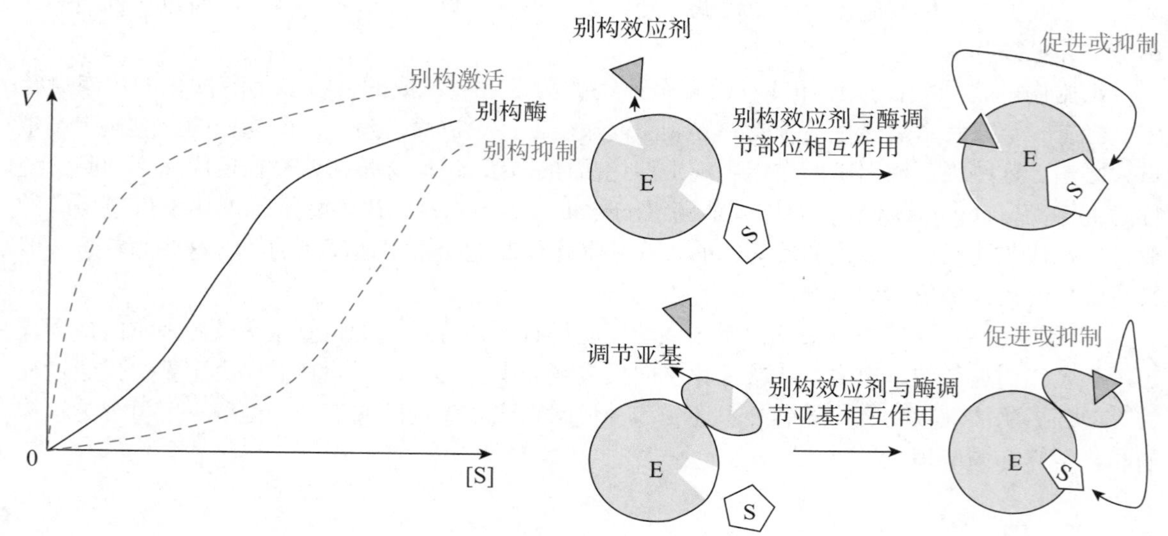

图3-16 别构酶的底物浓度作用曲线及作用机制

2. 别构酶反应速率与底物浓度关系呈S形曲线的机制 S形曲线乃是各亚基间协同效应的反应。为了解释别构酶协同效应机制，曾提出多种别构酶分子模型，其中最重要的有两种。其一是齐变模型（concerted model或symmetry model，WMC model），这是用别构酶构象改变来解释协同效应的最早的模型。按WMC模型，构成酶的诸亚基只呈现一种构象，或具活性或无活性；当结合别构效应剂后，无活性的酶构象转变为有活性的酶构象。这样，随着别构效应剂的增多，具有活性的酶也随之增多，因而反应越来越快。反之，若别构效应剂为抑制性的，则使有活性的酶转变成无活性的酶，反应将越来越慢（图3-17）。其二是序变模型（sequential model，KNF model）。按KNF模型，构成酶的诸亚基中，活性构象和无活性构象可同时并存，而有别于WMC模型中酶分子各亚基或是全为活性形式，或是全为无活性形式的“全或无”格局。在KNF模型中，当一个亚基结合别构效应剂时，可诱导其邻近的亚基不同程度地转变成活性形式。例如，由4个亚基组成的酶，当其中1个亚基结合了别构效应剂后，可顺序诱导邻近的亚基也成为活性形式，分别形成含1个、2个、3个甚至4个活性亚基的酶分子。当所有

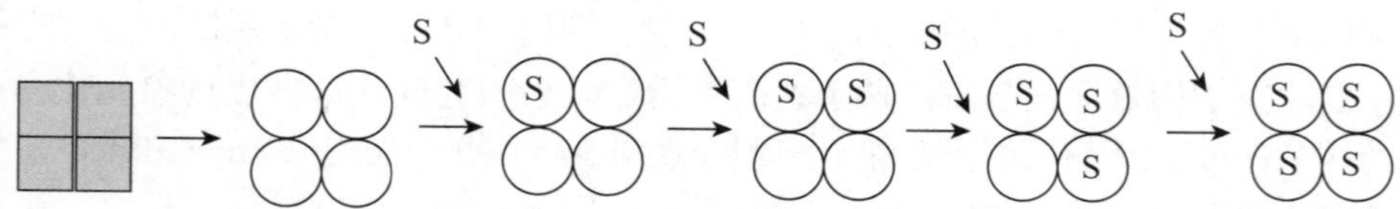

图3-17 别构酶的齐变模型

的酶分子中的亚基全变成活性形式后，酶的活性达到最大（图 3-18）。

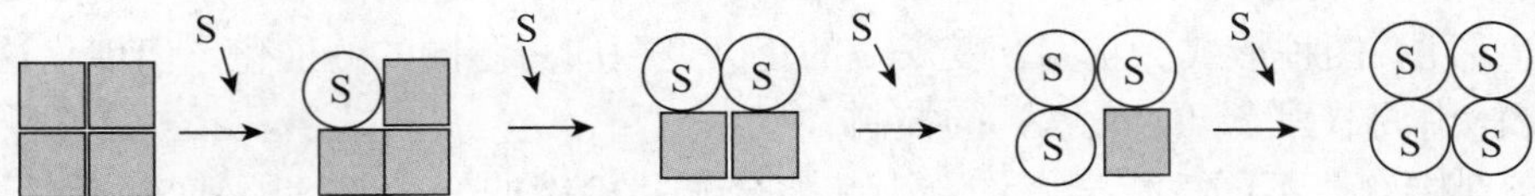

图 3-18　别构酶的序变模型

二、化学修饰调节酶

调节酶的化学修饰是体内快速调节酶活性的另一种重要方式，为高等生物体内所特有，是激素发挥作用的基础。

（一）化学修饰的概念及机制

一种酶肽链上的某些基团在其他酶的催化下发生可逆的共价修饰（covalent modification），从而引起酶活性发生改变，这种调节称为酶的化学修饰（chemical modification）。酶的化学修饰主要有磷酸化与去磷酸、乙酰化与去乙酰、甲基化与去甲基、腺苷化与去腺苷及—SH 与—S—S—的互变等，其中磷酸化与去磷酸在代谢调节中最为多见。

磷酸化是酶的化学修饰调节的常见方式。酶蛋白分子中丝氨酸、苏氨酸及酪氨酸的羟基是磷酸化修饰的位点。酶蛋白的磷酸化是在蛋白质激酶（protein kinase）催化下，由 ATP 提供磷酸基及能量完成的，而去磷酸则是由蛋白质磷酸酶（protein phosphatase）催化的水解反应。磷酸化与去磷酸反应均不可逆（图 3-19）。

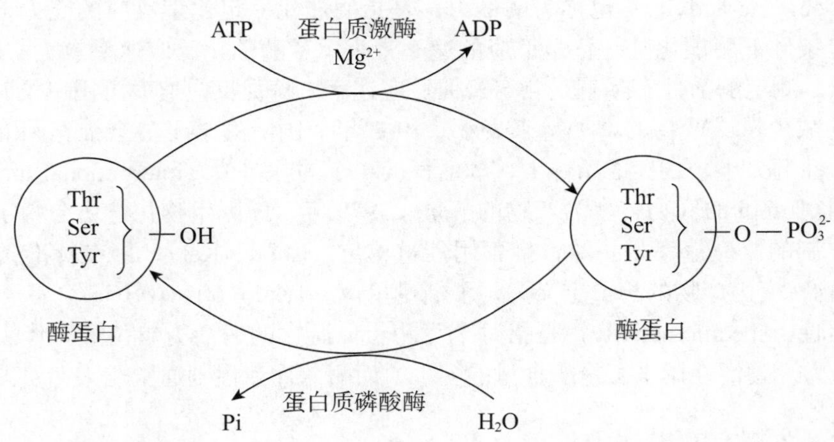

图 3-19　酶的磷酸化与去磷酸

例如，糖原分解与合成的调节酶——糖原磷酸化酶和糖原合酶。肝糖原磷酸化酶有磷酸化和去磷酸两种形式。当该酶 14 位丝氨酸被磷酸化时，活性很低的磷酸化酶（称为磷酸化酶 b）就转变为活性强的磷酸型磷酸化酶（称为磷酸化酶 a）。这种磷酸化过程由磷酸化酶 b 激酶催化。磷酸化酶 b 激酶也有两种形式。去磷酸的磷酸化酶 b 激酶没有活性。在依赖 cAMP 的蛋白激酶作用下转变为具有活性的磷酸型磷酸化酶 b 激酶。其去磷酸由磷蛋白磷酸酶 -1 催化。糖原合酶的活性同样受磷酸化和去磷酸的化学修饰，方式与磷酸化酶相似，但效果不同，磷酸化酶磷酸化后有活性，而糖原合酶磷酸化后活性降低。这种精细的调节，避免了由于分解、合成两个途径同时进行造成的 ATP 浪费。

（二）化学修饰的特点

（1）除黄嘌呤氧化（脱氢）酶外，属于这类调节方式的酶都有无活性（或低活性）和有活性（或高活性）两种形式。它们互变反应的正、逆两向由不同的酶催化，而催化这种互变反应的酶又受体内调节因素（如激素）的控制。

（2）与别构调节不同，化学修饰会引起酶分子共价键的变化，且因其是酶促反应，故有放大效应。只要催化量的调节因素存在，就可通过加速这种酶促反应，使大量的另一种酶发生化学修饰，因此其催化效率常较别构调节高。

（3）磷酸化与去磷酸是最常见的酶促化学修饰反应，一般是耗能的。如 1 分子亚基发生磷酸化反应通常需要 1 分子 ATP，但比酶蛋白的合成所消耗的 ATP 要少得多，且作用迅速，又有放大效应，因此是体内调节酶活性较经济有效的方式。

应当指出，别构调节与化学修饰调节只是调节酶活性的两种不同方式，而对某一具体酶而言，它可同时受这两种方式的调节。例如糖原合酶既可受葡糖 -6- 磷酸的别构激活，又可在磷蛋白磷酸酶作用下去磷酸而被激活。

第七节 酶活性的测定

一、酶活性及酶比活性

通常在生物组织中，酶蛋白的含量极微小，很难直接测定；更何况在生物组织（或体液）中，酶蛋白又多与其他蛋白质共存，因此，酶含量主要通过酶活性大小来衡量。

酶活性（enzyme activity）也称为酶活力，是指酶催化一定化学反应的能力。酶活力的大小可用在一定条件下酶催化某一化学反应的速率来表示，酶催化反应速率愈大，酶活性愈高，反之活性愈低。测定酶活性实际就是测定酶促反应速率。酶促反应速率可用单位时间内、单位体积中底物的减少量或产物的增加量来表示。1963 年，国际酶学委员会推荐用酶的活性单位统一表示酶活性的大小。在标准条件下，酶活性的 1 个国际单位（international unit，IU）为在 1min 内能催化 1μmol 的底物转变为产物的酶量。1979 年，国际生物化学协会为了使酶活性单位与国际单位制的反应速率相一致，推荐用催量单位（Katal，Kat），即在标准条件下，1s 内催化 1mol 底物转变为产物的酶量定义为 1 个催量单位。$1\text{Kat} = 60 \times 10^6\text{IU}$。

酶的比活性（specific activity）是指每毫克酶蛋白所含的酶活力单位数，代表单位质量蛋白质的催化能力。酶活性用来衡量酶含量的多少，而酶的比活性则通常用来衡量酶的纯度。

二、酶活性测定的最适条件

所谓规定的实验条件，是指影响酶促反应速率的各种因素（除酶活性待测外）均需恒定，如底物的种类和浓度，反应体系的 pH、温度、缓冲液的种类和浓度，辅因子，激活剂或抑制剂等。通常要求：①底物要有足够量，一般相当于 20 ~ 100 倍 K_m，但并不是越高越好。有时过高浓度的底物反会对酶有抑制作用，这是因为同一酶分子上同时结合几个底物分子，使酶分子中的诸多必需基团不能针对一个底物分子进行催化攻击。②最适 pH 的确定。最适 pH 可随底物的种类和所用缓冲液的种类不同而有所不同。③最适温度随反应的时间而定。若待测酶的活性低，含量少，必须延长保温时间，方有足够量的产物可被检测，温度应适当低些；反之，则可适当升高其温度。④缓冲液的种类和浓度均可对酶活性有所影响，因为缓冲液中的正、负离子可影响活性中心的解离状态，有的缓冲盐类或对酶活性有一定的抑制作用；或能结合产物而加速反应的进行。⑤辅因子或辅酶是某些酶表现活性的必要条件。⑥有的酶可受激活剂的激活而增强其活性者，需在反应体系中加入之。⑦有的酶对反应体系中存在的微量抑制剂极为敏感，为避免其抑制作用，必须小心除去或避免抑制剂的污染。⑧反应的终止。当反应体系温育一定时间后，可加酶的抑制剂以终止反应，或加热使酶灭活，然后测定其产物的生成量，或底物的消耗量，以求得酶促反应速率。

三、酶活性测定方法

单位时间内底物的减少量或产物的增加量的检测手段主要取决于这些底物或产物的理化性质。目前，主要有三种方法进行检测，分别是：直接测定法、间接测定法和酶偶联测定法。

（一）直接测定法

直接测定法（direct assay）是指对参与酶促反应的底物或产物的含量变化进行直接检测，不需任何辅助反应即可测定反应物或底物的浓度。主要采用分光光度法进行检测。如还原型（Fe^{2+}）细胞色素C在波长550nm处有明显吸收峰，而氧化型（Fe^{3+}）细胞色素C则没有该吸收峰，所以催化细胞色素C发生氧化反应的细胞色素氧化酶的活性测定，可以直接检测在波长550nm处还原型细胞色素C的减少过程，即可直接测出细胞色素氧化酶的酶活性。

（二）间接测定法

间接测定法（indirect assay）利用非酶辅助反应对底物或产物的变化进行间接检测。有些酶促反应的底物或产物不能直接进行检测，必须增加一些辅助试剂来达到检测的目的。如加入某种染料，通过呈色反应来间接测定酶的活性。例如，二氢乳清酸脱氢酶催化二氢乳清酸脱氢生成乳清酸，同时，辅酶泛醌接受氢还原成泛醇。在此反应中，底物和产物均不能直接测定，但加入另外一种还原剂染料，如2,6-二氯酚靛酚，此染料氧化型为亮蓝色，在610nm处有最大吸收峰。反应生成物泛醇可以定量地将2,6-二氯酚靛酚还原，通过吸光度下降便可以间接测定二氢乳清酸脱氢酶的活性。

（三）酶偶联测定法

1．酶偶联测定法的原理　许多酶促反应的底物或产物虽然不能直接检测，但可以与另外的酶偶联，偶联的酶利用上一个酶催化的产物为底物，以此类推，最后一个反应后的产物可以直接测定，这种间接测定酶活力的方法称为酶偶联测定法（enzyme coupled assay）。该测定方法需要在反应体系中加入一个或几个工具酶，将待测酶生成的某一产物转化为新的可直接测定的产物，当加入酶的反应速率与待测酶反应速率达到平衡时，可以用最后一个指示酶的反应速率来代表待测酶的活性。

$$A \xrightarrow{Ex} B \xrightarrow{Ea} C \xrightarrow{Ei} P$$

式中A为底物，B、C为中间产物，P为产物（必须能够直接测定），Ex为待测酶，Ea、Ei都为工具酶。按照工具酶作用的不同，Ea又称为辅助酶，Ei又称为指示酶，C生成P的反应称为指示反应。

2．酶偶联反应常用的指示酶

（1）脱氢酶：不少脱氢酶所催化的反应需要NAD^+/NADH或$NADP^+$/NADPH作辅酶，其中，NADH及NADPH在340nm处有吸收峰，而其氧化型（NAD^+及$NADP^+$）则无此吸收峰；因而可利用340nm处吸光度的变化，检测这类脱氢酶所催化的氧化还原反应（$A + NADH + H^+ \rightarrow AH_2 + NAD^+$）；利用脱氢酶的辅酶在340nm有吸收峰的特性，还可将脱氢酶反应与其他酶促反应偶联起来，以检测后者的酶活性。例如，为检测己糖激酶活性，可采用下列偶联反应：

$$\text{葡萄糖} + ATP \xrightarrow{\text{己糖激酶}} \text{葡糖-6-磷酸} + ADP$$

$$\text{葡糖-6-磷酸} + NADP^+ \xrightarrow{\text{葡糖-6-磷酸脱氢酶}} \text{6-磷酸葡萄糖酸} + NADPH$$

上式中，已糖激酶为待测酶，而葡糖-6-磷酸脱氢酶则作为指示酶，与辅酶 $NADP^+$、底物葡萄糖及 ATP 一起加至反应体系中。若待测酶（已糖激酶）活性高，则生成的葡糖-6-磷酸亦多，经葡糖-6-磷酸脱氢酶及 $NADP^+$ 催化生成的 NADPH 也相应增多，340nm 处的吸光度也就越高，成正比关系。通过检测 340nm 处吸光度的改变以检测酶活性，无需加入呈色试剂使产物显色，而且可以连续追踪监测反应过程，在酶活性测定中是一种十分有效的方法。

（2）过氧化物酶：过氧化物酶（peroxidase，POD）可催化过氧化氢与某些物质反应，例如与 4-氨基安替比林（4-AAP）和酚反应，将其氧化为有色物质，该反应（称为 Trinder 反应）方程式如下：

$$2H_2O_2 + \text{4-AAP} + \text{酚} \xrightarrow{POD} \text{醌亚胺（红色）} + 4H_2O$$

甘油氧化酶、尿酸酶（属于氧化酶类）等都可以将各自的底物氧化为过氧化氢，因此都可以与过氧化物酶偶联，通过 Trinder 反应加以定量测定。蛋白质印记试验中很多抗体则采用过氧化物酶标记，来进行抗原抗体结合的定量分析。

（3）荧光素酶：自然界中能够以荧光素为底物发出荧光的酶，统称为荧光素酶（luciferase）。荧光素或荧光素酶不是特定的分子，而是对于所有能够产生荧光的底物和其相应酶的统称，不同的荧光素酶催化不同的荧光素产生发光反应。在相应化学反应中，荧光的产生一般来自于荧光素的氧化，有些情况下反应体系中需要腺苷三磷酸（ATP）的参与，而且钙离子的存在常常可以进一步加速反应。

$$\text{荧光素} + ATP \xrightarrow{\text{荧光素酶}} \text{荧光素化腺苷酸} + PPi$$

$$\text{荧光素化腺苷酸} + O_2 \longrightarrow \text{氧荧光素} + AMP + \text{荧光}$$

荧光素酶常常可以作为“报告蛋白质”被用于分子生物学研究中，例如，在转染过荧光素酶质粒的细胞中检测特定启动子的转录情况或用于探测细胞内的 ATP 的水平，这一技术被称为报告基因检测法或荧光素酶检测法（luciferase assay）。

第八节 酶的命名与分类

一、酶的习惯命名原则

酶的习惯命名法：①绝大多数的酶是依据其所催化的底物命名，在底物的英文名词上加上尾缀 ase，作为酶的名称。如分解脂肪的酶，称脂肪酶（lipase）；水解蔗糖的酶，称蔗糖酶（sucrase）。②有些酶则是根据其所催化的反应类型或方式命名，例如，转氨酶（transaminase）系将氨基从一个化合物转移到另一个化合物上去的一类酶；脱氢酶（dehydrogenase）系催化脱氢反应的酶。③也有些酶是根据上述两项原则综合命名的，如将丙氨酸上的氨基转移到 α-酮戊二酸上去的酶，称丙氨酸转氨酶（alanine transaminase），此酶亦称谷丙转氨酶（GPT）。④在上述命名的基础上，有时还加上酶的来源或酶的其他特点。例如胃蛋白酶及胰蛋白酶，指出这两种蛋白水解酶的来源；碱性磷酸酶（alkaline phosphatase）及酸性磷酸酶（acid phosphatase）则指出这两种酶在催化反应时所要求的酸碱度。

但习惯命名法常常一酶数名，或从酶的名称上难以看出它所催化的反应类型和性质，以至无法区分催化同一类型反应的不同的酶。例如，过氧化氢酶的另一习惯名为触酶（catalase），从酶的名称看，不知其是对何种底物起何种反应。又如蔗糖酶又名转化酶（invertase），转化什么也未指明。淀粉酶（amylase）究竟是催化合成反应还是分解反应也不清楚等。为避免混乱，必须进行科学分类命名，因现在已发现的酶达 2000 多种，新的酶还在不断发现，根据习惯命名原则很难一致。

二、酶的系统命名原则

国际生物化学协会（International Union of Biochemistry，IUB）制订了统一的系统命名原则，共区分为 6 大类，即氧化还原酶类（oxidoreductases）、转移酶类（transferases）、水解酶类（hydrolases）、裂合酶类（lyases）、异构酶类（isomerases）、连接酶类（ligases）。在每一大类下，又分为若干亚类及亚亚类，并给予每种酶以特定的名称和编号（表 3-7、表 3-8）。

表3-7　酶的国际系统分类简介

类别	催化反应类型	亚类	亚亚类
1．氧化还原酶类	氢或电子转移	1．作用于—OH（醇） 2．作用于—CHO/—C=O 3．作用于—CH_2—CH_2—	受氢体为：1．NAD^+/$NADP^+$ 2．细胞色素 3．分子氧
2．转移酶类	基团转移反应	1．转移甲基、羟甲基 2．转移醛 / 酮基 3．含氮基团	含氮基团成分：1．氨基 2．胍基 3．氧亚氨基
3．水解酶类	水解反应	1．作用于酯键 2．作用于糖苷键	1．羧酸酯
4．裂合酶类	一分为二或合二为一	1．作用于 C—C 键 2．作用于 C—O 键 3．作用于 C—N 键	1．羧基 2．醛基
5．异构酶类	同分异构体的相互转化	1．消旋易向 2．顺反异构	
6．连接酶类	伴有高能磷酸键的水解而形成共价键	1．形成 C—O 键 2．形成 C—S 键	

表3-8　酶的国际系统命名举例

类别	酶名称（1）推荐名 （2）系统名	催化反应	编号
1．氧化还原酶类 亚类 1（作用于—OH） 亚亚类 1（NAD^+ 受氢） 编号 27	（1）乳酸脱氢酶 （2）L- 乳酸：NAD^+ 氧化还原酶	L- 乳酸 + NAD^+ $\rightleftharpoons$ 丙酮酸 + NADH + H^+	EC 1.1.1.27
2．转移酶类 亚类 6（含氮基团） 亚亚类 1（氨基） 编号 2	（1）谷丙转氨酶 （2）L- 丙氨酸：α - 酮戊二酸转氨酶	L- 丙氨酸 +α- 酮戊二酸 $\rightleftharpoons$ 丙酮酸 +L- 谷氨酸	EC 2.6.1.2
3．水解酶类 亚类 2（α- 糖苷酶） 亚亚类 1 编号 23	（1）β- 半乳糖苷酶 （2）β-D- 半乳糖苷：半乳糖水解酶	β-D- 半乳糖苷 + H_2O $\rightleftharpoons$ 醇 + D- 半乳糖	EC 3.2.1.23

续表

类别	酶名称（1）推荐名 （2）系统名	催化反应	编号
4．裂合酶 亚类 1（C—C 键） 亚亚类 2 编号 13	（1）二磷酸果糖醛缩酶 （2）果糖 -1，6- 二磷酸：3- 磷酸甘油醛裂合酶	果糖 -1，6- 二磷酸 ⇌ 磷酸二羟丙酮 + 3- 磷酸甘油醛	EC 4.1.2.13
5．异构酶类 亚类 2（顺反异构） 亚亚类 1 编号 3	（1）视黄醛异构酶 （2）全反视黄醛顺反异构酶	全反视黄醛 ⇌ 顺视黄醛	EC 5.2.1.3
6．连接酶类 亚类 3（C—N 键） 亚亚类 1 编号 2	（1）谷氨酰胺合成酶 （2）L- 谷氨酰：氨连接酶（形成 ADP）	L- 谷氨酸 + ATP + NH_3 ⇌ L- 谷氨酰胺 + ADP+H_3PO_4	EC 6.3.1.2

国际系统命名原则包括所参与的底物及反应类型，若底物有两个，则需将两个底物均写上，中间用冒号隔开。如 L- 乳酸：NAD^+ 氧化还原酶。并赋予每个酶以专有的编号，包括属于第几大类、第几亚类、第几亚亚类及在该亚亚类中的编号。编号由 4 个数字组成，前面以 EC（Enzyme Commission）开头。如上述 L- 乳酸：NAD^+ 氧化还原酶属于第 1 大类、第 1 亚类、第 1 亚亚类，在第 1 亚亚类中的编号为 27，故此酶的专有编号为 EC 1.1.1.27。这种命名和编号是相当严谨的，没有“同名同姓”，而且从酶的名称中就直观地知道其所催化的是何种底物、属于何种反应类型。其缺点是名称过长且烦琐，多数学者还是喜欢沿用习惯命名。为此，国际生物化学协会变通地选用一种公认的习惯命名作为推荐名，如 L- 乳酸：NAD^+ 氧化还原酶的推荐名为 L- 乳酸脱氢酶。

在酶命名和翻译上有些地方容易混淆，需注意，如“synthetase”为“合成酶”（反应需要 ATP 参加，属于连接酶类），而“synthase”为“合酶”（反应不需 ATP 参加，属于裂合酶类）；“phosphatase”为“磷酸酶”（H_2O 参与水解磷酸基团），而“phosphorylase”为“磷酸化酶”（无机磷参与产生磷酸化产物）；“dehydrogenase”为“脱氢酶”（在氧化还原反应中需 NAD^+/FAD 作为电子受体），“oxidase”为“氧化酶”（O_2 是受体，氧原子不掺入底物中），“oxygenase”为“加氧酶”（1 或 2 个氧原子掺入底物中）。

第九节 其他具有催化作用的生物分子

一、核酶

（一）核酶的概念

1981 年，Cech T. R. 在研究四膜虫的 rRNA 剪接时发现，rRNA 的剪接不需要任何蛋白质的参与，这说明该过程是由非蛋白质类酶催化完成的，后来证明 RNA 有自身催化作用。人们将具有催化活性的 RNA 统称为核酶（ribozyme），又称催化性 RNA。例如在生物体内蛋白质生物合成中的肽酰转移酶就是核酶（见第 12 章）。由于核酶有内切酶活性，切割位点高度特异，因此，可以用来切割特定的基因转录产物。只要设计时使核酶的配对区域碱基与靶 RNA 有合适的配对，就能进行特异切割，从而破坏 mRNA，抑制基因表达。这为基因功能研究、病毒感染和肿瘤的治疗提供了一个可行的途径。

核酶的发现

（二）核酶的分类

1．按作用方式分类　核酶的作用方式可分成剪切反应和剪接反应，故核酶也可分类为相应的剪切型核酶和剪接型核酶。

2．按结构和来源分类　根据结构和来源不同，可将核酶分为小分子核酶和大分子核酶。其中小分子核酶分为锤头型核酶（hammerhead ribozyme）、发夹型核酶（hairpin ribozyme）、人丁型肝炎病毒核酶（hepatitis delta virus ribozyme）和脉孢菌VS核酶（Varkud Satellite ribozyme）四类；大分子核酶分为组Ⅰ内含子、组Ⅱ内含子及RNA酶P核酶。

（三）核酶的结构

1．核酶的一级结构　核酶分子大小可以不同，如锤头型核酶L19 RNA是从6400个核苷酸的四膜虫大核rRNA逐步剪接而来，由395个核苷酸组成；而用于分解猴免疫缺陷病毒所人工合成的核酶总长度仅为76个核苷酸；烟草环斑病毒卫星RNA负链属发夹型核酶，由351个核苷酸组成；人丁型肝炎病毒RNA是目前已知唯一自然感染人体细胞且具有核酶活性的动物病毒，其RNA长约1.7kbp，是动物病毒中最小的核酸分子，人丁型肝炎病毒核酶切割活性的最短序列为84个核苷酸。

2．核酶的二级结构　锤头型、发夹型、人丁型肝炎病毒和脉孢菌VS四类核酶的二级结构均已经清楚，图3-20显示这四种核酶的二级结构。

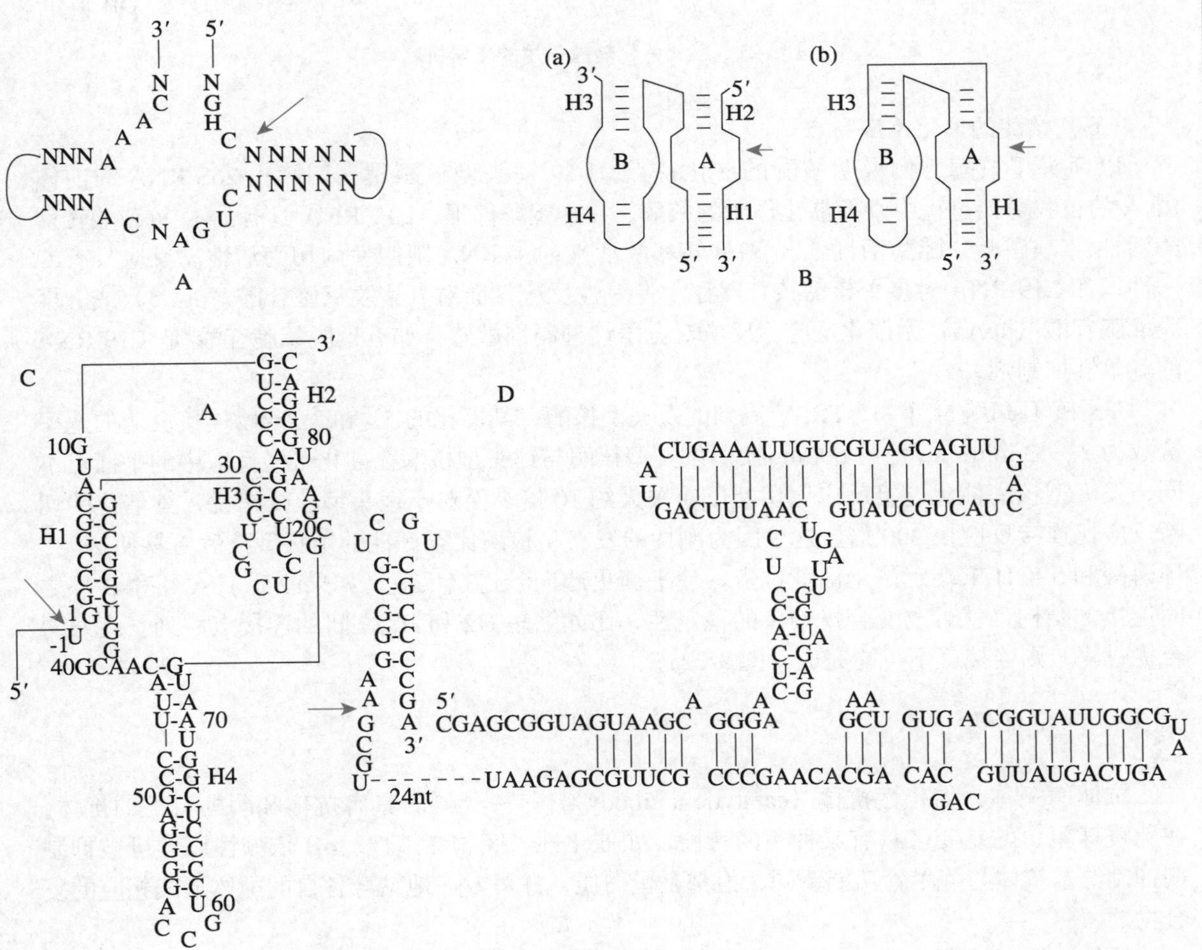

图3-20　几种类型的核酶

A．锤头型核酶；B．发夹型核酶，（a）分子间发夹型核酶，（b）分子内发夹型核酶；C．HDV核酶的基因链；D．脉孢菌VS核酶。图中箭头表示催化断裂部位

（四）核酶的催化机制

目前发现，所有核酶催化都遵循同一化学反应，即通过转酯作用，内切RNA使其断裂。其机制是核糖2′-OH中氧原子亲核攻击邻近的磷酸，产生三角形金字塔形过渡态（图3-21）。5′O—P键断裂后产生带有5′-OH和2′, 3′-环磷酸末端的两个RNA片段。连接反应可简单看成切断反应的逆过程，由5′-OH的氧原子作亲核攻击。

一些核酶以金属离子作为Lewis酸在质子转移中起酸碱催化作用。然而发夹型核酶的催化反应不需要金属离子参加反应，说明发夹型核酶是以直接的方式催化反应。

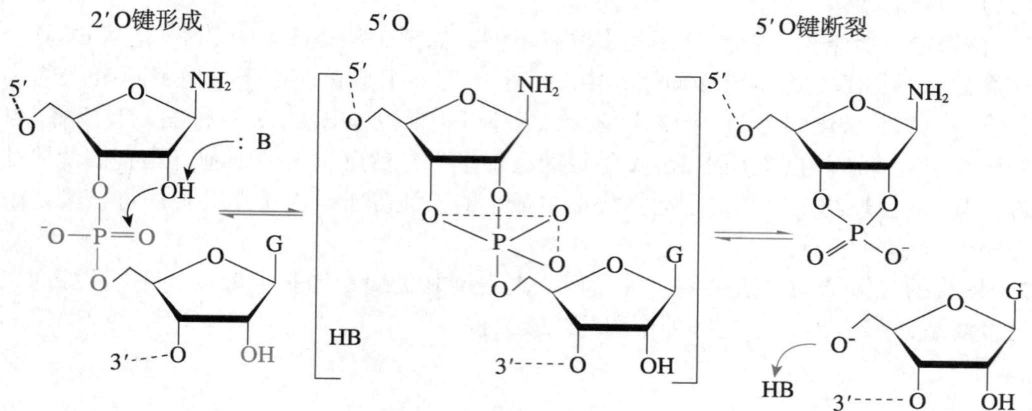

图3-21 核酶催化转酯作用的化学机制

（五）核酶的催化反应特点

以锤头型核酶为例说明核酶的催化特点。L19锤头型核酶是在四膜虫26S RNA的前体RNA的自我剪接过程中发挥催化作用的核酶。在一定条件下，L19 RNA具有：① 核苷酸转移酶活性；② 磷酸二酯酶活性；③ 磷酸转移酶活性；④ RNA限制性内切酶活性。反应具有专一性，如L19 RNA对多聚核糖核苷酸显示专一性反应，而对五聚脱氧胞苷酸（dpC5）或五聚脱氧腺苷酸（dpA5）无催化反应。反应对竞争性抑制剂敏感，如五聚脱氧胞苷酸 是L19 RNA的竞争性抑制剂。

从烟草环斑病毒（–）sTRSV得到的发夹型核酶，其催化的5′-和3′-产物连接反应的速率常数为2～3/min，K_m约为60μmol/L。发夹型核酶与锤头型核酶在催化可逆反应中的平衡点不同，发夹型核酶催化连接反应比切断反应快大约10倍，而对于锤头型核酶来说，其催化的切断反应比连接反应快200倍。这是因为刚性的发夹型核酶比柔韧性的锤头型核酶更易使2′, 3′-环磷酸和5′-OH末端定位于活性位点，使平衡更趋向于连接反应。如果改变了A环和B环之间连接的结构，就可改变合拢构象的稳定性，比如缩短H2和H3之间的连接点序列长度妨碍合拢过程，则连接就不可能完成（图3-22）。

二、抗体酶

抗体酶的发展过程

抗体酶又称为催化性抗体（catalytic antibody），是一类同时具有抗体和酶的特性的抗体。在免疫球蛋白的易变区具有某种酶的特性，如催化性、底物专一性、pH依赖性以及可被抑制剂抑制等。抗体与酶尽管功能不同，但都是蛋白质，并可专一地结合各自的配体形成相应的复合物。

抗体与酶在结合配体方面的差别是：抗体专一结合的是稳定的、低能级的分子；酶专一结合的是具有活化的、高能级的过渡态结构分子。若能找到抗过渡态的抗体，并加到该反应体系中，就可观察到抗体对应的催化效应。1969年，有人尝试利用免疫系统制造特异的、高亲和

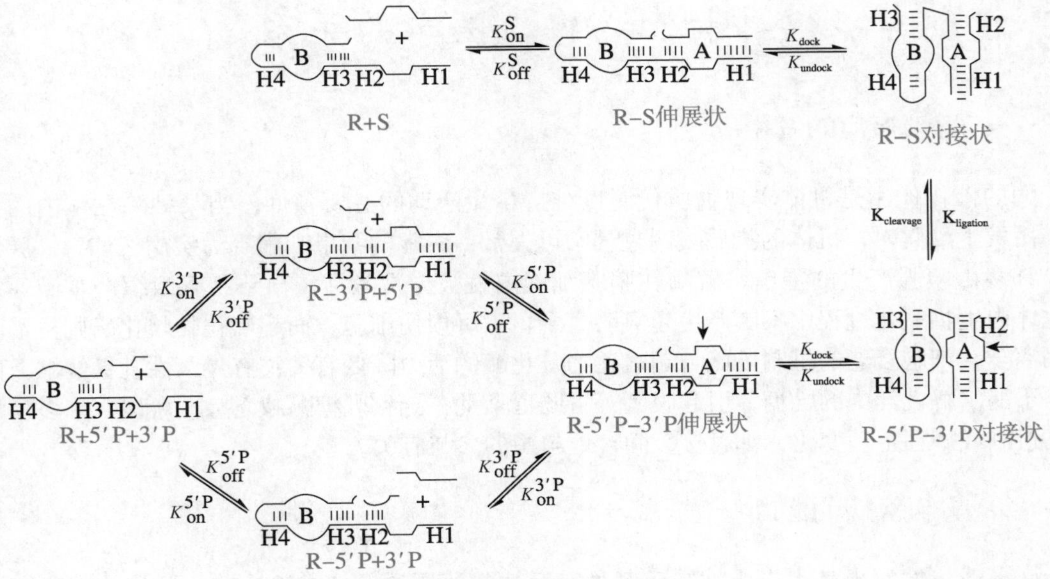

图 3-22　发夹型核酶催化的动力学机制

力、具有催化功能的免疫球蛋白，即抗体酶。现在已经在许多情况下，发现了这种具有催化作用的抗体亚类，如在自体免疫性疾病，正常人和动物、底物的免疫反应，底物类似物的免疫反应，抗酶表型抗体，抗过渡态类似物抗体，呼吸系统疾病抗体的轻链（L），多发性骨髓瘤中等。

三、其他生物催化剂

现在可以通过化学合成的方法合成一些非蛋白质、非核酸的生物催化剂，这些生物催化剂的结构比蛋白质酶的结构简单得多，可以模拟酶对底物的结合和催化过程，既可以达到酶催化的高效率，又可克服酶的不稳定性，这样的生物催化剂称模拟酶（mimic enzyme）。如利用环糊精已成功地模拟了谷胱甘肽过氧化物酶、胰凝乳蛋白酶、核糖核酸酶、氨基转移酶、碳酸酐酶等。其中对胰凝乳蛋白酶的模拟，其活性已接近天然胰凝乳蛋白酶。

在一些研究中合成的 EDTA·Fe（Ⅱ）· X 可以像探针一样与单链 DNA 的任意区域进行结合并切割 DNA，有人将其称为探针酶。其中 X 为探针，能与 DNA 结合。探针酶与限制性内切酶相比，其特点是切割位点不够精确，但有较大的灵活性，可在任意选定的位置切割 DNA。可以期望探针酶破坏致病基因（病毒 RNA 和 DNA，癌基因等），用于治疗疾病。

人工合成的具有催化活性的蛋白质或多肽，称为人工酶（artificial enzyme）。例如，Steward 等使用酪氨酸乙酯作为胰凝乳蛋白酶的底物，用计算机模拟胰凝乳蛋白酶的活性部位，构建出一种由 73 个氨基酸残基组成的多肽，此多肽具有底物专一性以及对胰凝乳蛋白酶抑制剂的敏感性，对烷基酯的水解活力为天然胰凝乳蛋白酶的 1%。

Schultz 将一小段人工合成的含 14 个核苷酸的多核苷酸（5′TTCGCGGTGGTGGC3′）的 3′端，经化学方法连接到 RNA 酶的 Cys^{116} 上去，改造成 RNA 限制性内切酶，它只能水解与上述多核苷酸碱基配对的 RNA。将这种连有多核苷酸的 RNA 酶称为杂交酶（hybrizyme）。

用基因工程技术生产的酶称为克隆酶。用于医药或工业上的青霉素 G 酰化酶、α- 淀粉酶、尿激酶原、凝乳酶、组织型纤溶酶原激活剂等都已用此法工业生产。用基因定位突变技术修饰天然酶基因，然后用基因工程技术生产该突变基因的酶，称为突变酶。例如，运用蛋白质工程技术将枯草杆菌蛋白酶的 Asp^{99} 和 Glu^{156} 替换成 Lys 之后，产生了活性很高的枯草杆菌突变蛋白酶。

第十节 酶与医学的关系

一、酶与疾病的发生

酶的催化作用是机体实现物质代谢以维持生命活动的必要条件。当某种酶在体内的生成或作用发生障碍时，机体的物质代谢过程常可失常，失常的结果则表现为疾病。如急性胰腺炎时，许多由胰腺产生的蛋白水解酶在胰腺细胞内就被异常激活，导致胰腺组织严重破坏；又如，体内生物氧化过程中不断产生超氧阴离子，它可损伤细胞，而超氧化物歧化酶则可消除超氧阴离子，细胞衰老的机制可能与超氧化物歧化酶的活力降低有关；有先天性乳糖酶缺乏的婴儿，不能水解乳汁中的乳糖，引起腹泻等胃肠道紊乱，导致乳糖酶缺乏症。所以，许多疾病的发病机制或病理生理变化，都直接、间接地与酶的参与有关。

二、酶与疾病的诊断

许多遗传性疾患是由先天性缺乏某种有活性的酶所致，故在出生前，可从羊水或绒毛膜中，检出该酶的缺陷或其基因表达的缺失，从而可采取早期流产，防患于未然。

当某些器官组织发生病变时，由于细胞的坏死或破损，或细胞膜通透性增高，可使原存在于细胞内的某些酶进入体液中，使体液中该酶的含量增高。通过对血、尿等体液和分泌液中某些酶活性的测定，可以反映某些组织器官的病损情况，而有助于疾病的诊断。血中某些酶活性的增高还可见于：①细胞的转换率增加，或细胞的增殖增快。当恶性肿瘤疯狂增长时，其标志酶的释出也增多，如前列腺癌患者，将会大量释出其标志酶——酸性磷酸酶。②酶的合成或诱导增加。如胆道堵塞时，胆汁反流，可诱导肝合成大量碱性磷酸酶。肝中的γ- 谷氨酰转移酶可被巴比妥盐类（一类镇静催眠药）或酒精等诱导而生成增加。③酶的清除降低，或分泌受阻等。血清中酶的清除，主要通过受体介导的内吞作用。如肝细胞上存在以半乳糖苷基为末端的糖蛋白受体，它可结合循环中末端含半乳糖苷基的糖蛋白；来自小肠的碱性磷酸酶属于这类糖蛋白，因而可被清除。在肝硬化时，具有此类受体的细胞减少，血中碱性磷酸酶的活性增高。肿瘤标志性碱性磷酸酶的末端糖基为唾液酸（而非半乳糖苷基），故不被上述机制所清除，其在血中存在的持续时间长，活性高。所以，临床上通过测定血中一些酶的活性以诊断某些疾病，具有重要的诊断价值。

三、酶与疾病的治疗

1．替代治疗 因消化腺分泌不足所致的消化不良，可补充胃蛋白酶、胰蛋白酶、胰脂肪酶及胰淀粉酶等以助消化。中药助消化药鸡内金，系鸡胃黏膜，含丰富的活力极强的胃蛋白酶。因某些酶的基因缺陷所致的先天性代谢障碍，正在试用相应酶的替代疗法，如以脂质体包裹酶以引入体内，或设法引入该酶的基因。

2．抗菌治疗 凡能抑制或阻断细菌重要代谢途径中的酶活性，即可达到抑菌或杀菌的目的。如磺胺类药物，可竞争性抑制细菌中的二氢叶酸合酶，使细菌的核酸代谢障碍而阻遏其生长、繁殖。氯霉素因抑制某些细菌的肽酰转移酶活性，而抑制其蛋白质的生物合成。某些对青霉素耐药的细菌，是因为该菌生成一种能水解青霉素的β- 内酰胺酶。新设计的青霉素衍生物具有不被该酶水解的结构特点，如头孢西丁，其被β- 内酰胺酶分解的速度只有青霉素 V 的十万分之一。

3．抗癌治疗 肿瘤细胞有其独特的代谢方式，若能阻断相应的酶活性，就可达到遏制肿瘤细胞生长的目的。L-Asn 是某些肿瘤细胞的必需氨基酸，若给予能水解 L-Asn 的左旋天冬酰胺酶，则肿瘤细胞将因其必需的营养素被剥夺而趋于死亡。又如甲氨蝶呤可抑制肿瘤细胞的二氢叶酸还原酶，使肿瘤细胞的核酸代谢受阻而抑制其生长、繁殖。

4．对症治疗 如菠萝蛋白酶等可用于溶解及清除炎症渗出物，消除组织水肿，溶解纤维蛋白血凝块。链激酶及尿激酶可溶解血栓，多用于心、脑血管栓塞的治疗。DNA酶可水解呼吸道黏稠分泌液中的DNA，使痰液变稀，易于引流咳出。

5．调整代谢，纠正紊乱 如抑郁症系由于脑中兴奋性神经递质（如儿茶酚胺）与抑制性神经递质的不平衡所致，给予单胺氧化酶抑制剂，可减少儿茶酚胺类的代谢灭活，提高突触中的儿茶酚胺含量而抗抑郁，这是许多抗抑郁药的设计依据。

6．核酶与抗体酶的临床应用 核酶的临床治疗比较适用于一些病毒感染性疾病，如艾滋病和肝炎等。一些病毒如人免疫缺陷病毒，突变率很高，用免疫方法就比较困难。但有一些区域，如启动子、剪接信号区（splicing-signal sequences）或包装信号区（packaging-singal sequences）的序列较为保守，针对该序列的靶核酶（targeting ribozyme）可以扩大抗病毒亚型的作用，减少突变体的逃避。在乙型肝炎的治疗上，已设计了针对HBV前RNA和编码HBV表面抗原、聚合酶以及X蛋白质mRNA的发夹型核酶，这些核酶由载体带入肝细胞后可抑制HBV达83%。此外，核酶的研究应用也涉及丙型肝炎病毒、流感病毒、小鼠肝炎病毒、烟草环斑病毒和人乳头瘤病毒等。不仅仅是病毒感染性疾病，只要是RNA表达异常均可考虑用核酶打靶，如肿瘤。例如用抗bcl-2 mRNA核酶治疗前列腺癌，可能成为基因治疗的非常有效的途径。抗体酶的设计生产可用于临床疾病的治疗，一个长远的目标是获得能抗肿瘤和细菌的抗体酶，现在已经有动物实验用特异的抗体酶治疗小鼠的狼疮。

四、酶在医药学中的其他用途

酶在医药学上的应用是极其广泛的。例如药物设计中寻找某些酶的特异抑制剂或激活剂，如抗代谢物。又如，用化学方法将酶交联在惰性物质表面，构成固相酶，用处很大。如对于慢性肾衰竭患者，含氮废物如尿素不能从肾中滤出，需要进行人工透析以清除血中的含氮废物，若在透析管上存在固相化的脲酶，则流经透析管的血液易于将尿素清除，这是因为尿素经脲酶作用后生成的氨和CO_2透过透析管的速度，远比尿素的透过速度为快。又如，临床实验室检验中常用酶作为工具，以分析血液中的某些可受该酶作用的物质的含量。例如将葡萄糖氧化酶固定在玻璃电极上，可测定血中葡萄糖的含量，称为酶电极。将不同的酶固定在不同的酶电极上，可分别测定许多不同的物质。

小结

生物体内绝大多数化学反应都是由生物催化剂催化的，酶是最主要的生物催化剂，酶的化学本质为蛋白质。

按分子组成不同，酶分为单纯酶和结合酶两类。单纯酶是仅由氨基酸残基组成的蛋白质；结合酶中除含有蛋白质部分外，还含有辅因子。酶蛋白决定酶促反应的特异性；辅因子参与酶的活性中心，决定酶促反应的类型和性质。辅因子包括金属离子或小分子有机化合物，小分子有机物或金属有机物称为辅酶，辅酶或金属离子与酶蛋白结合牢固的称为辅基。许多B族维生素参与辅酶或辅基分子的组成。酶分子中一些在一级结构上可能相距很远的必需基团，在空间结构上彼此靠近，组成具有特定空间结构的区域，能与底物特异地结合并将底物转化为产物，这一区域称为酶的活性中心。体内有些酶以无活性的酶原形式存在，只有在需要发挥作用时才转化为有活性的酶，该过程为酶原激活。同工酶是指催化的化学反应相同，酶蛋白的分子结构、理化性质以及免疫学性质不同的一组酶，是由不同基因或等位基因编码的多肽链，或同一基因转录生成的不同 mRNA 翻译的不同多肽链组成的蛋白质。同工酶在不同的组织与细胞中具有不同的代谢特点。

酶促反应具有高效性、特异性、可调节性和不稳定性。其催化机制是酶与底物诱导契合形成酶 - 底物复合物，通过邻近效应、定向排列、多元催化及表面效应等使酶发挥高效催化作用。

酶促反应动力学研究影响酶促反应速率的各种因素，包括底物浓度、酶浓度、温度、pH、抑制剂和激活剂等。底物浓度对反应速率的影响可用米氏方程表示：

$$V = V_{max}[S]/(K_m + [S])$$

其中，K_m 为米氏常数，等于反应速率为最大速率一半时的底物浓度，具有重要意义。V_{max} 和 K_m 可用米氏方程的双倒数作图来求取。酶促反应在最适 pH 和最适温度时活性最高，但它们不是酶的特征性常数，受许多因素的影响。酶的抑制作用包括不可逆性抑制与可逆性抑制两种。可逆性抑制中，竞争性抑制作用的表观 K_m 增大，V_{max} 不变；非竞争性抑制作用的表观 K_m 不变，V_{max} 减小；反竞争性抑制作用的表观 K_m 和 V_{max} 均减小。

机体内对酶的活性与含量的调节是调节代谢的重要途径之一。酶活性的调节包括别构调节和化学修饰调节。别构酶是与一些效应剂可逆地结合，通过改变酶的构象而影响酶活性的酶。多亚基的别构酶具有协同效应，是体内快速调节酶活性的重要方式。一种酶肽链上的某些基团在其他酶的催化下发生可逆的共价修饰，从而引起酶活性发生改变，这种调节称为酶的化学修饰调节。酶的化学修饰中，磷酸化与脱磷酸在代谢调节中最为多见。

酶活性是衡量酶催化活力的尺度，在标准条件下以单位时间内底物的消耗量或产物的生成量来表示。酶的比活性是指每毫克酶蛋白所含的酶活力单位数，通常用来衡量酶的纯度。酶活性测定可以采用直接测定法、间接测定法和酶偶联测定法进行检测。

酶可分为 6 大类，分别是氧化还原酶类、转移酶类、水解酶类、裂合酶类、异构酶类和连接酶类。酶的名称包括系统名称和推荐名称。按酶的系统名称，每一个酶均有四部分数字的编号。

核酶也称为催化性 RNA，化学本质为 RNA。现在也可以通过化学合成方法合成一些非蛋白质、非核酸类的生物催化剂。

酶与医学的关系十分密切。许多疾病的发生、发展与酶的异常或酶受到抑制有关。机体内某些疾病可通过血清酶的测定予以反映。许多药物可通过作用于细菌或人体内的某些酶以达到治疗目的。酶可以作为诊断试剂和药物对某些疾病进行诊断与治疗。

思考题

1. 简述酶活性中心的结构特点及其与功能的相关性。
2. 以乳酸脱氢酶（LDH）为例，说明同工酶的生理及病理意义。
3. 举例说明酶原与酶原激活的意义。
4. 阐述磺胺药抗菌作用的基本原理。
5. 酶的不可逆性抑制剂与可逆性抑制剂有何区别？可逆性抑制作用特点分别是什么？
6. 在底物浓度一定时，欲使酶促反应速率最快，对其他影响因素有何要求？
7. 如何判断某种酶是否属于别构酶？
8. 酶活性与酶的比活性有何区别？

（窦 烨）

第二篇

代谢及其调节

第4章 糖代谢

第一节 概 述

糖是自然界存在的一大类有机化合物，其化学本质是多羟基醛或多羟基酮及其衍生物或多聚物。绝大多数生物体内均含有糖，其中以植物体内含量最多，占其干重的85% ~ 95%。糖约占人体干重的2%。体内所有组织细胞都可利用葡萄糖，在糖代谢中，糖的运输、贮存、分解供能与转变均以葡萄糖为中心。

一、糖的生理功能

（一）氧化供能

糖最主要的生理功能是提供生命活动所需要的能量。正常情况下，人体50% ~ 70%的能量靠糖提供。1mol葡萄糖完全氧化为二氧化碳和水可释放能量2840kJ（679kcal），其中约34%转变为ATP，以供各种生理活动所需能量。虽然脂肪、蛋白质也能供能，但人体优先利用糖供能。

（二）转变成其他非糖含碳物质

糖是机体重要的碳源，它的中间产物可转变成其他非糖含碳物质，如营养非必需氨基酸、脂质和核苷等，它们在体内具有重要的生理功能。

（三）构成组织细胞的重要结构成分及活性物质

体内重要的生物大分子如核酸、糖蛋白、蛋白聚糖和糖脂等均含有糖。核糖或脱氧核糖是DNA和RNA的组成成分，参与遗传信息的贮存与传递；糖蛋白的功能多样，寡糖链不但能影响蛋白质部分的构象、聚合及降解，还参与糖蛋白的相互识别和结合等；蛋白聚糖主要作为结构成分，分布于软骨、结缔组织、角膜等基质内，也参与构成关节的滑液、眼玻璃体的胶状物，分别起润滑作用和透光作用；糖脂是细胞膜的组分。除此之外，糖还参与构成体内某些重要的生物活性物质，如激素、酶、免疫球蛋白、血型物质和血浆蛋白等。

二、糖的消化吸收

人体摄入的糖类物质主要有植物淀粉、动物糖原、蔗糖、麦芽糖、乳糖和葡萄糖等。食物中的单糖可以直接被吸收，但食物中的糖以淀粉及纤维素为主。淀粉分子中的葡萄糖通过α-1,4-糖苷键及α-1,6-糖苷键相连，纤维素分子中的葡萄糖通过β-糖苷键相连。多糖必须经过消化道中各种酶的作用，水解成葡萄糖等单糖后才能被吸收入体内，这个水解过程称为消化。人体内无β-糖苷酶，故不能消化食物中的纤维素，但后者有促进肠蠕动等作用，为人类健康所必需。

淀粉的消化从口腔开始，唾液中含有α-淀粉酶（α-amylase），催化淀粉分子中的α-1,4-糖苷键水解，将淀粉水解为麦芽糖、麦芽三糖及含分支的异麦芽糖和α-极限糊精。食物在口腔中停留的时间很短，食糜进入胃后，胃酸逐渐渗入食糜内，使唾液淀粉酶失去活性，故淀粉在胃中基本无消化。因此，淀粉消化主要在小肠内进行。在肠腔中有胰腺分泌的α-胰淀粉酶，小肠黏膜上皮细胞刷状缘含有α-极限糊精酶、异麦芽糖酶、α-葡萄糖苷酶及各种二糖酶（乳糖酶、蔗糖酶和麦芽糖酶），其中α-极限糊精酶、异麦芽糖酶可水解α-1，4-糖苷键和α-1，6-糖苷键，这些酶能使相应的糖水解为葡萄糖、果糖和半乳糖。有些成人缺乏乳糖酶，在食用牛奶后发生乳糖消化障碍，可引起腹胀、腹泻等症状，此时停止食用牛奶，或改食酸奶，能防止其发生。

单糖在小肠被吸收，经门静脉入肝。虽然各种单糖均可被吸收，但其吸收速度不同。若葡萄糖吸收率为 100，单糖吸收率顺序如下：

D-半乳糖 > D-葡萄糖 > D-果糖 > D-甘露糖 > L-木酮糖 > L-阿拉伯糖
（110） （100） （43） （19） （15） （6）

这种吸收率的差别表明，除了简单扩散外，主要依赖于耗能的特定载体转运的主动吸收，在这个过程中同时伴有 Na^+ 的转运。这类葡萄糖载体被称为 Na^+ 依赖型葡萄糖转运蛋白（sodium-dependent glucose transporter，SGLT），它们主要存在于小肠黏膜和肾小管上皮细胞，以主动转运方式逆浓度梯度转运葡萄糖。葡萄糖等与 Na^+ 分别结合在转运蛋白的不同部位，形成葡萄糖-Na^+-转运蛋白复合物（图 4-1）。由于肠腔内钠离子浓度高于细胞内浓度而形成钠离子浓度梯度，使葡萄糖-Na^+-转运蛋白复合物顺钠离子浓度梯度差转运入细胞内，葡萄糖随之由细胞扩散入血液，而钠被 ATP 供给能量的 Na^+ 泵泵出细胞，K^+ 则进入细胞，使细胞内外离子浓度达到平衡。人体中已发现的葡萄糖转运蛋白（glucose transporter，GLUT）有 12 种，分别在不同的组织细胞中发挥转运葡萄糖的作用，且不同组织中的 GLUT 分布不同，生物功能不同，决定了各组织葡萄糖代谢有差异。现已明确功能的为 GLUT1 ~ GLUT5。GLUT1 和 GLUT3 是细胞基本的葡萄糖转运蛋白，广泛分布于全身各组织中。GLUT2 主要分布于肝细胞和胰岛β细胞中，因与葡萄糖亲和力较低，故而肝细胞能在餐后血液葡萄糖浓度较高时摄取过量葡萄糖，同时调节胰岛素分泌。而 GLUT4 主要分布于脂肪及肌组织中，依赖胰岛素调节摄取葡萄糖，耐力训练可增加肌组织细胞膜上 GLUT4 数量。GLUT5 主要分布于小肠，为转运果糖进入细胞的重要载体。转运蛋白对单糖分子结构有选择性，要求单糖为 C-2 上有自由羟基的吡喃型单糖，故半乳糖、葡萄糖等能与载体蛋白结合而被迅速吸收，而果糖、甘露糖等不能与载体蛋白结合，所以吸收速度较低。糖尿病患者要严格控制主食摄入量，尤其是葡萄糖的摄入量，并少摄入动物性脂肪，多进食蔬菜和豆制品，以防止血糖浓度过度升高。

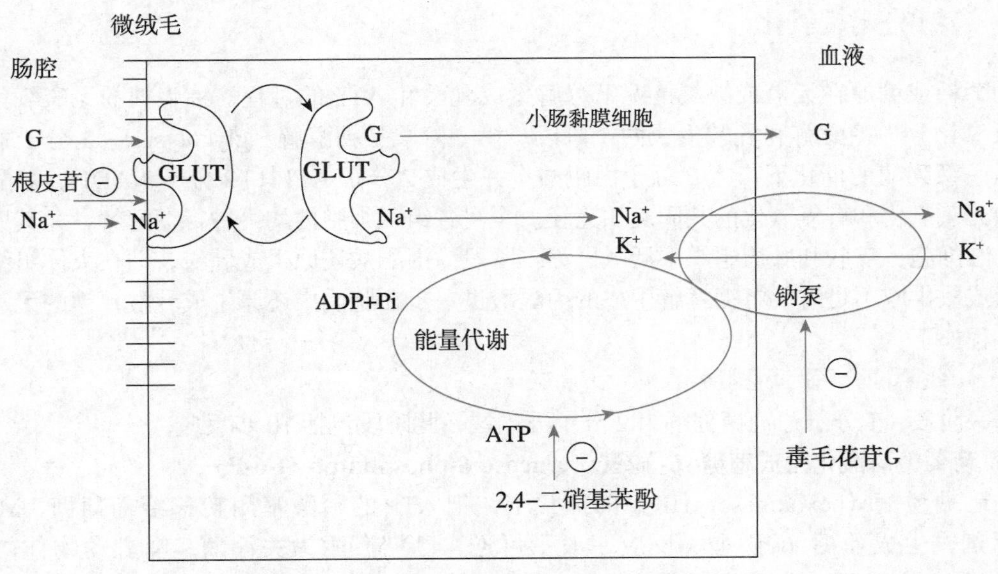

图 4-1　小肠中葡萄糖主动吸收示意图
G 指葡萄糖

三、糖代谢概况

糖代谢主要是指葡萄糖在体内的一系列复杂的化学变化。在不同的生理条件下，葡萄糖在组织细胞内代谢的途径也不同。供氧充足时葡萄糖进行有氧氧化，缺氧时进行无氧氧化。此外，葡萄糖还可通过磷酸戊糖途径及糖醛酸途径代谢。体内血糖充足时，肝、肌肉等组织可以把葡萄糖合成糖原储存，反之则进行糖原分解。有些非糖物质如乳酸、丙酮酸、生糖氨基酸等能经糖异生转变成葡萄糖或糖原。糖代谢的概况见图 4-2。

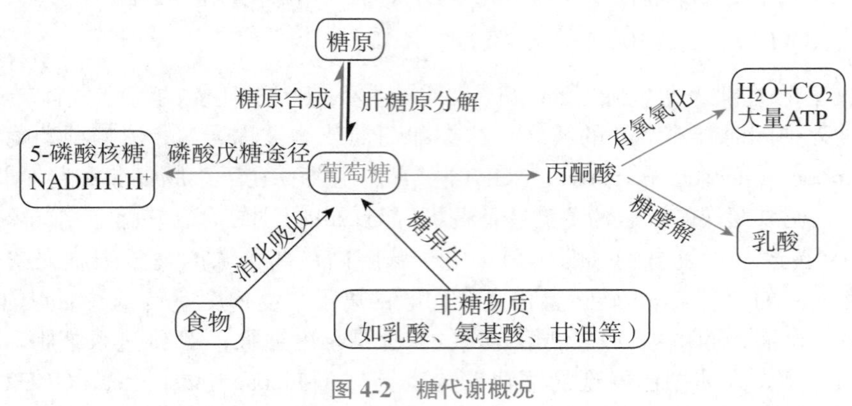

图 4-2 糖代谢概况

第二节 糖的分解代谢

体内糖的分解代谢方式根据其反应条件和反应途径的不同可分为四种：①在有氧时进行糖的有氧氧化，是供能的主要途径，1mol 葡萄糖经有氧氧化生成二氧化碳和水，并生成 32 或 30mol ATP；②在氧供应不足时进行糖的无氧氧化，提供部分急需的能量，同时也是少数组织如红细胞等生理情况下的供能途径；③通过磷酸戊糖途径，提供有重要生理功能的磷酸核糖和 $NADPH+H^+$；④糖醛酸途径，主要在肝内进行，提供尿苷二磷酸葡糖醛酸（uridine diphosphate glucuronic acid，UDPGA），它是蛋白多糖的重要成分和生物转化中最重要的结合剂。

一、糖的无氧氧化

葡萄糖或糖原在无氧或缺氧情况下分解生成乳酸和 ATP 的过程，称为糖的无氧氧化。糖的无氧氧化分为糖酵解和乳酸生成两个阶段。第一阶段是糖酵解（glycolysis）。1 分子葡萄糖在胞质一系列酶的催化下产生 2 分子丙酮酸，并生成 2 分子 ATP 和 2 分子 NADH。糖酵解是葡萄糖无氧氧化和有氧氧化的共同起始途径。全身各组织细胞内均可进行糖酵解，尤其以肌肉组织、红细胞、皮肤和肿瘤组织中活跃。第二阶段为丙酮酸还原生成乳酸，即在人体组织不能利用氧或氧供应不足时，将糖酵解生成的丙酮酸进一步在胞质中还原生成乳酸。糖的无氧氧化反应过程如下：

（一）葡萄糖分解为丙酮酸

第一阶段：1 分子葡萄糖分解为 2 分子丙酮酸，此阶段包括 10 步反应。

1．葡萄糖磷酸化生成葡糖 -6- 磷酸（glucose-6-phosphate，G-6-P）

在己糖激酶（hexokinase，HK）的催化下，把 ATP 的磷酸基团转移给葡萄糖，Mg^{2+} 作为激活剂，生成葡糖 -6- 磷酸。反应一般不可逆，己糖激酶为关键酶。哺乳动物体内已发现四种己糖激酶同工酶，分别称为 Ⅰ ~ Ⅳ 型。肝细胞中存在的是Ⅳ型，也称为葡糖激酶（glucokinase，GK）。它对葡萄糖的亲和力很低，K_m 值为 10mmol/L。其他己糖激酶的 K_m 值约为 0.1mmol/L，可催化果糖和半乳糖的磷酸化。GK 的另一个特点是受激素调控。这些特点使葡糖激酶在维持血糖水平中起重要的生理作用。

ATP　己糖激酶或葡糖激酶（肝）　ADP　Mg^{2+}

葡萄糖　　葡糖-6-磷酸

2．果糖 -6- 磷酸（fructose-6-phosphate，F-6-P）的生成

这是由磷酸己糖异构酶（phosphohexoisomerase）催化的醛糖与酮糖的异构反应，反应是可逆的，需 Mg^{2+} 参加。

磷酸己糖异构酶　Mg^{2+}

葡糖 -6- 磷酸　　果糖 -6- 磷酸

3．果糖 -6- 磷酸磷酸化生成果糖 -1, 6- 二磷酸（1, 6-fructose-bisphosphate，F-1, 6-BP 或 FBP）

这是糖酵解途径中第二次磷酸化反应，在关键酶磷酸果糖激酶 -1（phosphofructokinase-1，PFK-1）的催化下，同样需要 ATP 和 Mg^{2+} 参加，生成果糖 -1, 6- 二磷酸。该反应也是不可逆的。

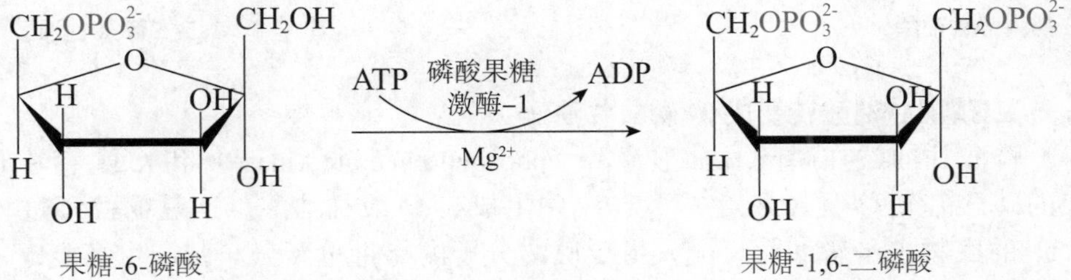

体内还有磷酸果糖激酶 -2（PFK-2），催化果糖 -6- 磷酸的 C-2 磷酸化，生成果糖 -2, 6- 二磷酸，它不是糖酵解途径的中间产物，但在糖酵解的调控上有重要作用（详见糖无氧氧化的调节）。

4．果糖 -1, 6- 二磷酸裂解为 2 分子磷酸丙糖

在醛缩酶催化下，1 分子果糖 -1, 6- 二磷酸裂解为 1 分子 3- 磷酸甘油醛和 1 分子磷酸二羟丙酮，反应是可逆的。

醛缩酶

果糖-1,6-二磷酸　　磷酸二羟丙酮　　3-磷酸甘油醛

5．3- 磷酸甘油醛和磷酸二羟丙酮可互相转变

3- 磷酸甘油醛与磷酸二羟丙酮是同分异构体，在磷酸丙糖异构酶的催化下可相互转变。当 3- 磷酸甘油醛在下一步反应中被消耗时，磷酸二羟丙酮迅速转变成 3- 磷酸甘油醛，继续进行反应，故相当于 1 分子果糖 -1, 6- 二磷酸裂解为 2 分子的 3- 磷酸甘油醛。其他己糖如果糖、半乳糖和甘露糖等也可以转变成 3- 磷酸甘油醛。

$CH_2OPO_3^{2-}$ | C＝O | CH_2OH ⇌（磷酸丙糖异构酶） CHO | HC—OH | $CH_2OPO_3^{2-}$

磷酸二羟丙酮　　　　3–磷酸甘油醛

6．3- 磷酸甘油醛氧化为 1, 3- 二磷酸甘油酸

这步反应由 3- 磷酸甘油醛脱氢酶（glyceraldehyde-3-phosphate dehydrogenase）催化，以 NAD^+ 为辅酶接受氢和电子生成 $NADH+H^+$，这是糖酵解中唯一的一次脱氢反应。参加反应的还有无机磷酸，此步反应可逆。3- 磷酸甘油醛的醛基氧化脱氢为羧基，即与磷酸形成混合酸酐，此酸酐的水解自由能很高。1, 3- 二磷酸甘油酸的能量可转移给 ADP 生成 ATP。

CHO | HC—OH | $CH_2OPO_3^{2-}$ ⇌（3–磷酸甘油醛脱氢酶；NAD^+ → $NADH^++H^+$；Pi） O＝C—O~PO_3^{2-} | HC—OH | $CH_2OPO_3^{2-}$

3–磷酸甘油醛　　　　1,3–二磷酸甘油酸

7．1, 3- 二磷酸甘油酸转变成 3- 磷酸甘油酸

1, 3- 二磷酸甘油酸在磷酸甘油酸激酶（phosphoglycerate kinase）和 Mg^{2+} 存在时，其混合酸酐上的磷酸基转移至 ADP 生成 ATP，并生成 3- 磷酸甘油酸。这是糖酵解过程中第一个产生 ATP 的底物水平磷酸化反应。由于底物分子内能量重新分布，产生高能键，此底物分子中的高能磷酸键直接转移给 ADP 生成 ATP 的过程称为底物水平磷酸化（substrate level phosphorylation）。这是体内产生 ATP 的次要方式，不需要氧。

O＝C—O ~ PO_3^{2-} | HC—OH | $CH_2OPO_3^{2-}$ ⇌（磷酸甘油酸激酶；ADP → ATP；Mg^{2+}） COO^- | HC—OH | $CH_2OPO_3^{2-}$

1,3–二磷酸甘油酸　　　　3–磷酸甘油酸

8．3- 磷酸甘油酸转变为 2- 磷酸甘油酸

这步反应由磷酸甘油酸变位酶（phosphoglycerate mutase）催化，磷酸基团在甘油酸 C-2 和 C-3 上可逆转移，Mg^{2+} 是必需的离子。

$$\begin{array}{c}COO^-\\|\\HC-OH\\|\\CH_2OPO_3^{2-}\end{array} \underset{Mg^{2+}}{\overset{\text{磷酸甘油酸变位酶}}{\rightleftharpoons}} \begin{array}{c}COO^-\\|\\HCOPO_3^{2-}\\|\\CH_2-OH\end{array}$$

3-磷酸甘油酸　　　　2-磷酸甘油酸

9．2-磷酸甘油酸转变为磷酸烯醇式丙酮酸

烯醇化酶（enolase）催化2-磷酸甘油酸脱水生成磷酸烯醇式丙酮酸（phosphoenolpyruvate，PEP）。此步反应引起分子内部的能量重新分布，形成含有一个高能磷酸键的磷酸烯醇式丙酮酸。

$$\begin{array}{c}COO^-\\|\\HC-O-PO_3^{2-}\\|\\CH_2-OH\end{array} \overset{\text{烯醇化酶}}{\rightleftharpoons} \begin{array}{c}COO^-\\|\\C-O\sim PO_3^{2-}\\\|\\CH_2\end{array} + H_2O$$

2-磷酸甘油酸　　　　磷酸烯醇式丙酮酸

10．丙酮酸的生成

由丙酮酸激酶（pyruvate kinase，PK）催化磷酸烯醇式丙酮酸的高能磷酸键转移到ADP上，生成烯醇式丙酮酸和ATP。但烯醇式丙酮酸迅速非酶促转变成为酮式丙酮酸。反应需要K^+和二价阳离子（Mg^{2+}或Mn^{2+}）参与，生理条件下该反应不可逆，丙酮酸激酶为催化这一反应的关键酶。这是糖酵解中第二次底物水平磷酸化生成ATP。

$$\begin{array}{c}COO^-\\|\\C-O\sim PO_3^{2-}\\\|\\CH_2\end{array} \xrightarrow[K^+、Mg^{2+}]{ADP \curvearrowright ATP \text{ 丙酮酸激酶}} \begin{array}{c}COO^-\\|\\C=O\\|\\CH_3\end{array}$$

磷酸烯醇式丙酮酸　　　　丙酮酸

糖酵解的前5步反应有两次活化反应，共消耗2分子ATP，其特点是耗能和碳链断裂；后5步反应特点是产能，2分子的3-磷酸甘油醛转变为2分子的丙酮酸，通过底物水平磷酸化，共生成4分子ATP。

（二）丙酮酸还原为乳酸

乳酸脱氢酶（lactate dehydrogenase，LDH）催化丙酮酸还原为乳酸，供氢体$NADH+H^+$来自第6步3-磷酸甘油醛脱下的氢，这步反应可逆。故无氧氧化过程中虽然有氧化还原反应，但不需要氧。

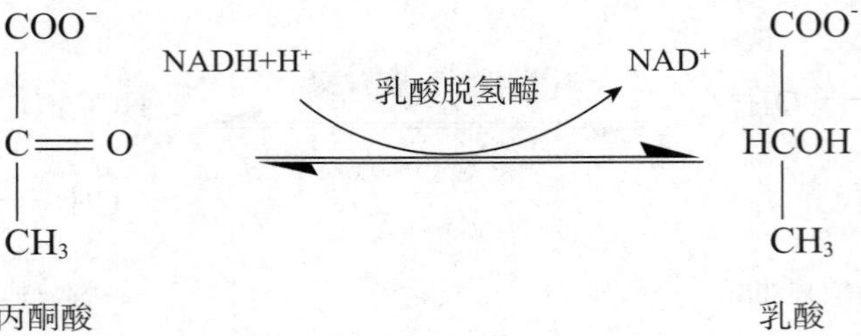

糖无氧氧化的全部反应见图 4-3。

糖无氧氧化的基本过程

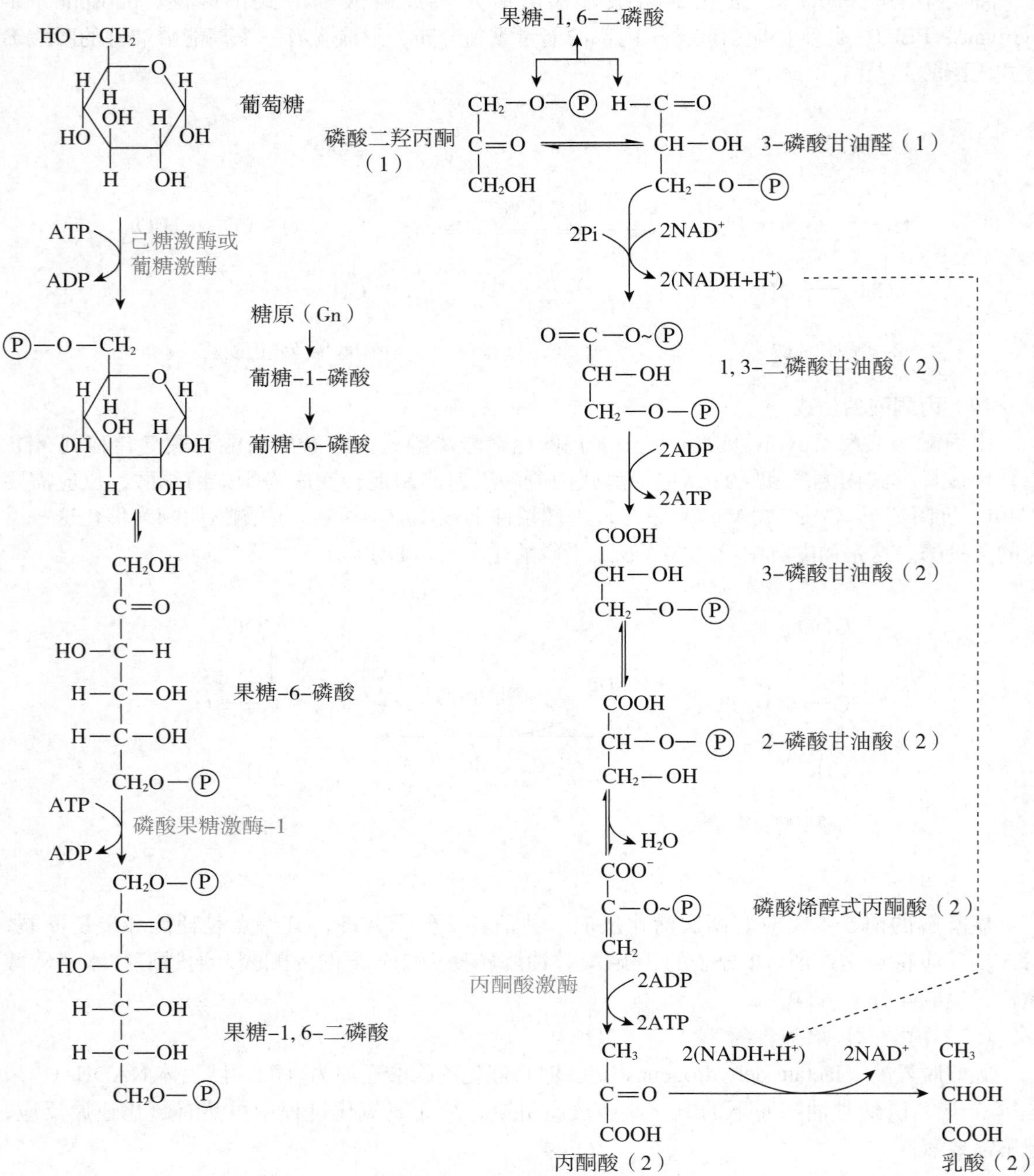

葡萄糖

ATP 己糖激酶或葡糖激酶 ADP

糖原（Gn）

葡糖-1-磷酸

葡糖-6-磷酸

果糖-6-磷酸

ATP 磷酸果糖激酶-1 ADP

果糖-1, 6-二磷酸

果糖-1, 6-二磷酸

磷酸二羟丙酮（1）

3-磷酸甘油醛（1）

2Pi 2NAD⁺ 2(NADH+H⁺)

1, 3-二磷酸甘油酸（2）

2ADP 2ATP

3-磷酸甘油酸（2）

2-磷酸甘油酸（2）

H_2O

磷酸烯醇式丙酮酸（2）

丙酮酸激酶 2ADP 2ATP

丙酮酸（2）

2(NADH+H⁺) 2NAD⁺

乳酸（2）

图 4-3 糖酵解的代谢途径

括号内数字代表参与和生成的摩尔数

糖无氧氧化的特点：

①糖无氧氧化的起始物是葡萄糖或糖原，终产物是乳酸和少量 ATP，每分子葡萄糖经过糖酵解净生成 2 分子 ATP，见表 4-1。若从糖原开始，每个葡萄糖净生成 3 分子 ATP。

表4-1　糖酵解过程中ATP的生成

反应	生成ATP数
葡萄糖 ⟶ 葡糖 -6- 磷酸	−1
果糖 -6- 磷酸 ⟶ 果糖 -1, 6- 二磷酸	−1
2 × 1, 3- 二磷酸甘油酸 ⟶ 2 × 3- 磷酸甘油酸	2 × 1
2 × 磷酸烯醇式丙酮酸 ⟶ 2 × 烯醇式丙酮酸	2 × 1
净生成	2

②反应在细胞质中进行。

③在糖酵解途径中，除了已糖激酶、磷酸果糖激酶 -1 和丙酮酸激酶催化的反应不可逆外，其他反应均可逆。这 3 个酶均是糖酵解途径的关键酶，其中磷酸果糖激酶 -1 的 K_m 值最大，催化效率最低，催化糖酵解中的限速反应。

葡萄糖以外的已糖经转变为磷酸化衍生物也可以进入糖酵解过程。果糖存在于水果中，也可由蔗糖水解而来。在肌肉和肾中，果糖在已糖激酶催化下，同样需 Mg^{2+} 激活，消耗 ATP，生成果糖 -6- 磷酸，进入糖酵解过程。但在肝中，果糖在肝的果糖激酶催化下，在 C-1 上磷酸化，反应也需要 Mg^{2+}，生成果糖 -1- 磷酸，随后在果糖 -1- 磷酸醛缩酶的催化下，裂解为磷酸二羟丙酮和甘油醛。甘油醛再在甘油醛激酶催化下（也需要 ATP 和 Mg^{2+} 参与），生成 3- 磷酸甘油醛，进入糖酵解过程。

其他糖在体内的代谢

（三）糖无氧氧化的调节

代谢途径中的关键酶在细胞内起着控制代谢通路的阀门作用。酶活性受别构效应剂和激素的调节，根据生理功能的需要而随时改变，影响整个代谢途径的速度与方向。

1．磷酸果糖激酶 -1　该酶是一个四聚体，活性受多种别构效应剂调节。ATP 和柠檬酸等是该酶的别构抑制剂，而 AMP、ADP、果糖 -1, 6- 二磷酸和果糖 -2, 6- 二磷酸等则是别构激活剂。果糖 -1, 6- 二磷酸是该酶的反应产物，是少见的产物性正反馈调节剂，有利于糖的分解。果糖 -2,6- 二磷酸是磷酸果糖激酶 -1 最强的别构激活剂，它的合成与分解见图 4-4。研究发现，磷酸果糖激酶 -2 是既具有激酶活性，又具有其对应磷酸酶活性的双功能酶。此酶可在胰高血糖素作用下，通过 cAMP- 蛋白激酶 A 系统磷酸化，磷酸化后的磷酸果糖激酶 -2 活性降低，而其对应的磷酸酶活性升高。磷蛋白磷酸酶将其脱磷酸后，酶活性变化则相反。

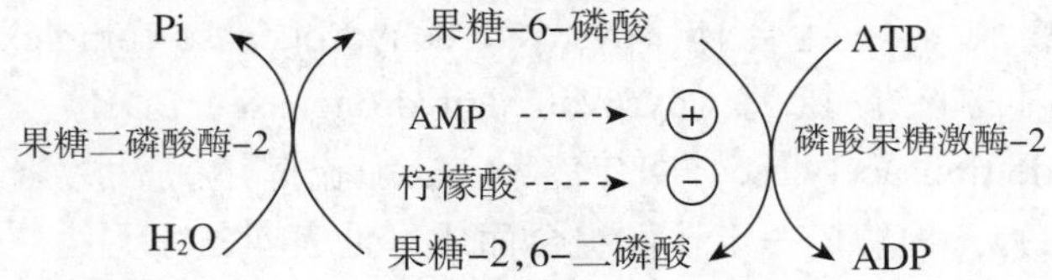

图 4-4　果糖 -2, 6- 二磷酸的合成与分解

2．丙酮酸激酶　该酶是第二个重要的调节点。果糖 -1, 6- 二磷酸是其别构激活剂，而 ATP、丙氨酸、乙酰 CoA 和长链脂肪酸是其别构抑制剂。胰高血糖素可通过 cAMP 抑制此酶活性。

3．已糖激酶　该酶有 4 种同工酶，在脂肪、脑和肌肉组织中的已糖激酶与底物亲和力较高，其活性受葡糖-6-磷酸的负反馈调节。肝内为葡糖激酶，对底物的亲和力低，而且分子上无结合葡糖-6-磷酸的别构位点，故其活性不受葡糖-6-磷酸浓度的调节。当葡糖-6-磷酸浓度很高时，肝细胞内的葡糖激酶未被抑制，从而保证葡萄糖在肝内将葡糖-6-磷酸转变为糖原贮存或合成其他非糖物质，以降低血糖浓度，具有生理意义。胰岛素可诱导葡糖激酶基因的转录，促进酶的合成，故在肝细胞损伤或糖尿病时，此酶活性降低，影响葡萄糖磷酸化，进而影响糖的氧化分解与糖原合成，使血糖浓度升高。

（四）糖无氧氧化的生理意义

1．迅速提供能量 正常生理情况下，人体主要靠有氧氧化供能。但当氧供应不足，如剧烈运动、心肺疾患、呼吸受阻时，需靠无氧氧化提供一部分急需的能量，这对肌肉收缩极为重要。如机体缺氧时间较长，可造成酵解产物乳酸堆积，可能引起代谢性酸中毒。

2．红细胞供能的主要方式 成熟红细胞由于没有线粒体，故以无氧氧化为其唯一供能途径。2,3-二磷酸甘油酸（2,3-BPG）对于调节红细胞的携氧功能具有重要意义。

3．某些组织生理情况下的供能途径 少数组织即使在氧供应充足的情况下，仍然主要进行无氧氧化，如视网膜、肾髓质和皮肤等。神经、肿瘤细胞中无氧氧化活跃。

二、糖的有氧氧化

葡萄糖或糖原在有氧的条件下，彻底氧化成二氧化碳和水并产生ATP的过程称为有氧氧化（aerobic oxidation）。有氧氧化是糖氧化分解供能的主要方式，绝大多数细胞都通过它获得能量。

（一）糖有氧氧化的反应过程

有氧氧化可分为三个阶段，见图4-5。第一阶段，葡萄糖或糖原分解为丙酮酸，即糖酵解。与无氧氧化的糖酵解阶段不同之处仅是3-磷酸甘油醛脱氢产生的NADH+H^+在有氧条件下，不再交给丙酮酸使其还原为乳酸，而是经呼吸链氧化生成水并放出能量。第二阶段，丙酮酸氧化脱羧生成乙酰CoA。第三阶段，三羧酸循环及氧化磷酸化生成二氧化碳和水，并放出能量。氧化磷酸化将在第6章中述及，下面主要介绍丙酮酸的氧化脱羧和三羧酸循环。

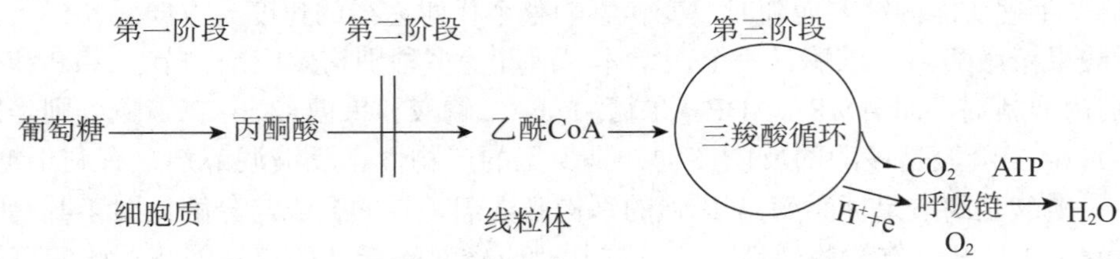

图4-5 有氧氧化的三个阶段

1．丙酮酸氧化脱羧生成乙酰CoA

此反应由丙酮酸脱氢酶复合体（pyruvate dehydrogenase complex）催化。在真核细胞中，该复合体由丙酮酸脱氢酶（pyruvate dehydrogenase，PDH）、二氢硫辛酰胺转乙酰酶（dihydrolipoamide transacetylase，DLT）和二氢硫辛酰胺脱氢酶（dihydrolipoamide dehydrogenase，DLDH）三种酶按一定比例组合而成，见表4-2。

表4-2 丙酮酸脱氢酶复合体的组成

酶	辅酶（所含维生素）
丙酮酸脱氢酶	TPP（维生素 B_1）
二氢硫辛酰胺转乙酰酶	硫辛酸、HSCoA（泛酸）
二氢硫辛酰胺脱氢酶	FAD（维生素 B_2）、NAD^+（维生素 PP）

这三种酶在复合体中的组合比例随生物体的不同而异。在哺乳类动物中，酶复合体由60个二氢硫辛酰胺转乙酰酶组成核心，周围排列着12个丙酮酸脱氢酶和6个二氢硫辛酰胺脱氢酶，并有硫胺素焦磷酸（thiamine pyrophosphate，TPP）、硫辛酸、FAD、NAD^+和CoASH 5种辅酶参与反应。其中硫辛酸是带有二硫键的8碳羧酸。通过与转乙酰酶的赖氨酸ε-氨基相连，形成与酶结合的硫辛酰胺而成为酶的柔性长臂，可将乙酰基从酶复合体的一个活性部位转到另一个活性部位。丙酮酸脱氢酶复合体催化的反应如图4-6所示，其总反应如下：

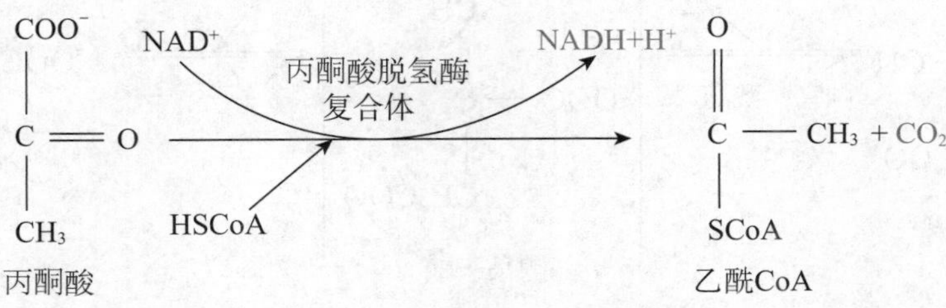

图4-6 丙酮酸脱氢酶复合体的作用机制

反应分5步进行，但中间产物并不从酶复合体上脱下，可使各步反应迅速完成。因无游离的中间产物，整个反应是不可逆的。

第1步，PDH分子上TPP噻唑环的活泼C原子与丙酮酸上酮基反应产生CO_2，同时形成羟乙基TPP。

第2步，TPP上的羟乙基和2个电子被转移至DLT上的氧化型硫辛酸，形成乙酰还原型硫辛酸。

第3步，乙酰基从DLT上转移至CoASH，形成乙酰CoA，离开酶复合体。

第4步，DLT上的二氢硫辛酸把氢转移至DLDH的FAD，又恢复为氧化型硫辛酸。

最后一步，DLDH上的$FADH_2$脱氢交与NAD^+生成$NADH+H^+$。

从这一阶段的反应可以看到多种维生素参与辅酶的组成，进而催化反应。故需要通过饮食或药物补充维生素，使代谢正常进行。

2．乙酰CoA经三羧酸循环彻底氧化

从乙酰CoA与草酰乙酸缩合生成含有3个羧基的柠檬酸开始，经过一系列反应，最终仍生成草酰乙酸而构成循环，故称为三羧酸循环（tricarboxylic acid cycle，TAC，或称为TCA cycle或TCA循环）或柠檬酸循环（citric acid cycle）。由于最早由Krebs提出，故此循环又称为Krebs循环。三羧酸循环在线粒体中进行，包括8步酶促反应。

（1）柠檬酸的生成：由柠檬酸合酶（citrate synthase）催化乙酰CoA与草酰乙酸缩合成柠檬酸，此反应不可逆，柠檬酸合酶为关键酶。在此反应中乙酰CoA上的甲基C与草酰乙酸的酰基C连接为柠檬酰CoA，后者迅速水解释放出柠檬酸和CoASH。这样大的负值自由能改变对循环的进行很重要，因为在生理条件下，草酰乙酸浓度虽然很低，但柠檬酰CoA的不可逆水解推动柠檬酸合成。

$$\underset{\text{乙酰CoA}}{H_3C-\overset{\overset{\displaystyle O}{\|}}{C}\sim SCoA}+\underset{\text{草酰乙酸}}{\begin{array}{c}O=C-COO^-\\|\\CH_2\\|\\COO^-\end{array}}+H_2O\xrightarrow{\text{柠檬酸合酶}}\underset{\text{柠檬酸}}{\begin{array}{c}CH_2COO^-\\|\\HO-C-COO^-\\|\\CH_2COO^-\end{array}}+CoASH$$

（2）异柠檬酸的生成：柠檬酸与异柠檬酸是同分异构体。在顺乌头酸酶的催化下，柠檬酸先脱水生成顺乌头酸，后者再水化成异柠檬酸，反应结果使 C-3 上的羟基转移到 C-2 上，此反应可逆。

$$\underset{\text{柠檬酸}}{^{-}OOC-C(OH)(CH_2COO^-)-CH_2-COO^-} \underset{\text{顺乌头酸酶}}{\overset{H_2O}{\rightleftharpoons}} \left[\underset{\text{顺乌头酸}}{^{-}OOC-C(CH_2COO^-)=CH-COO^-}\right] \underset{\text{顺乌头酸酶}}{\overset{H_2O}{\rightleftharpoons}} \underset{\text{异柠檬酸}}{COO^--CH(OH)-CH(COO^-)-CH_2COO^-}$$

（3）异柠檬酸氧化脱羧：在异柠檬酸脱氢酶（isocitrate dehydrogenase）催化下，异柠檬酸氧化脱羧转变为α- 酮戊二酸，脱下的氢由 NAD^+ 接受生成 $NADH+H^+$。此反应不可逆，异柠檬酸脱氢酶是关键酶，催化三羧酸循环中的限速步骤。

$$\underset{\text{异柠檬酸}}{COO^--CH(OH)-CH(COO^-)-CH_2COO^-} \xrightarrow[Mg^{2+}\qquad\qquad CO_2]{NAD^+\ \ \text{异柠檬酸脱氢酶}\ \ NADH+H^+} \underset{\alpha-\text{酮戊二酸}}{COO^--C(=O)-CH_2-CH_2COO^-}$$

（4）α- 酮戊二酸氧化脱羧：在 α- 酮戊二酸脱氢酶复合体（α-ketoglutarate dehydrogenase complex）的催化下，α- 酮戊二酸氧化脱羧生成琥珀酰 CoA、CO_2 和 $NADH+H^+$。其反应过程和机制与丙酮酸氧化脱羧反应类似，酶复合体也由 3 个酶组成，有 5 步反应，所需辅因子相同。该酶复合体为关键酶，催化的反应不可逆，这是 TCA 循环反应中的第二次氧化脱羧。

$$\underset{\alpha-\text{酮戊二酸}}{COO^--C(=O)-CH_2-CH_2COO^-} \xrightarrow[HSCoA\qquad\qquad CO_2]{NAD^+\ \ \alpha-\text{酮戊二酸脱氢酶复合体}\ \ NADH+H^+} \underset{\text{琥珀酰CoA}}{O=C\sim SCoA-CH_2-CH_2COO^-}$$

（5）琥珀酰 CoA 转变为琥珀酸：在此反应中，琥珀酰 CoA 的硫酯键断开，释放出的能量用于合成 GTP 的磷酸酐键，催化此反应的酶是琥珀酰 CoA 合成酶（succinyl-CoA synthetase），又称为琥珀酸硫激酶，反应是可逆的。这是三羧酸循环中唯一经底物水平磷酸化生成的高能化合物，生成的 GTP 再将其高能磷酸键转给 ADP 生成 ATP。

$$\underset{\text{琥珀酰CoA}}{O{=}C{\sim}SCoA{-}CH_2{-}CH_2COO^-} \xrightleftharpoons[\quad \text{GDP+Pi} \rightarrow \text{GTP};\ \rightarrow \text{HSCoA}\quad]{\text{琥珀酰CoA合成酶（琥珀酸硫激酶）}} \underset{\text{琥珀酸}}{COO^-{-}CH_2{-}CH_2COO^-}$$

$$\text{GTP} + \text{ADP} \xrightleftharpoons{\text{核苷二磷酸激酶}} \text{ATP} + \text{GDP}$$

（6）琥珀酸脱氢生成延胡索酸：由琥珀酸脱氢酶（succinate dehydrogenase）催化，脱下的氢由 FAD 接受生成 $FADH_2$。该酶结合在线粒体内膜上，是三羧酸循环中唯一与内膜结合的酶。其辅酶是 FAD，还含有铁硫中心，来自琥珀酸的电子通过 FAD 和铁硫中心，经电子传递链被氧化，只能生成 1.5 分子 ATP（详见第 6 章）。丙二酸与琥珀酸脱氢酶的底物琥珀酸结构相似，是此酶的竞争性抑制剂。

$$\underset{\text{琥珀酸}}{COO^-{-}CH_2{-}CH_2COO^-} \xrightleftharpoons[\text{FAD} \rightarrow FADH_2]{\text{琥珀酸脱氢酶}} \underset{\text{延胡索酸}}{COO^-{-}CH{=}CHCOO^-}$$

（7）延胡索酸水合形成苹果酸：延胡索酸酶（fumarase）催化延胡索酸可逆地转变为 L-苹果酸。它只能催化具有反式双键的延胡索酸发生反应，对于顺丁烯二酸（马来酸）则无催化作用，因而是具有立体异构特异性的酶。

$$\underset{\text{延胡索酸}}{COO^-{-}CH{=}CHCOO^-} + H_2O \xrightleftharpoons{\text{延胡索酸酶}} \underset{\text{L-苹果酸}}{COO^-{-}CH(OH){-}CH_2COO^-}$$

（8）草酰乙酸的再生：苹果酸在苹果酸脱氢酶（malate dehydrogenase）的催化下生成草酰乙酸，脱下的氢由 NAD^+ 接受生成 $NADH+H^+$。在细胞内草酰乙酸不断地被用于柠檬酸的合成，故这一可逆反应向生成草酰乙酸的方向进行。再生的草酰乙酸可再一次进入三羧酸循环。

$$\underset{\text{L-苹果酸}}{COO^-{-}CH(OH){-}CH_2COO^-} \xrightleftharpoons[NAD^+ \rightarrow NADH+H^+]{\text{苹果酸脱氢酶}} \underset{\text{草酰乙酸}}{O{=}C(COOH){-}CH_2{-}COOH}$$

三羧酸循环总反应过程可归纳如图 4-7。

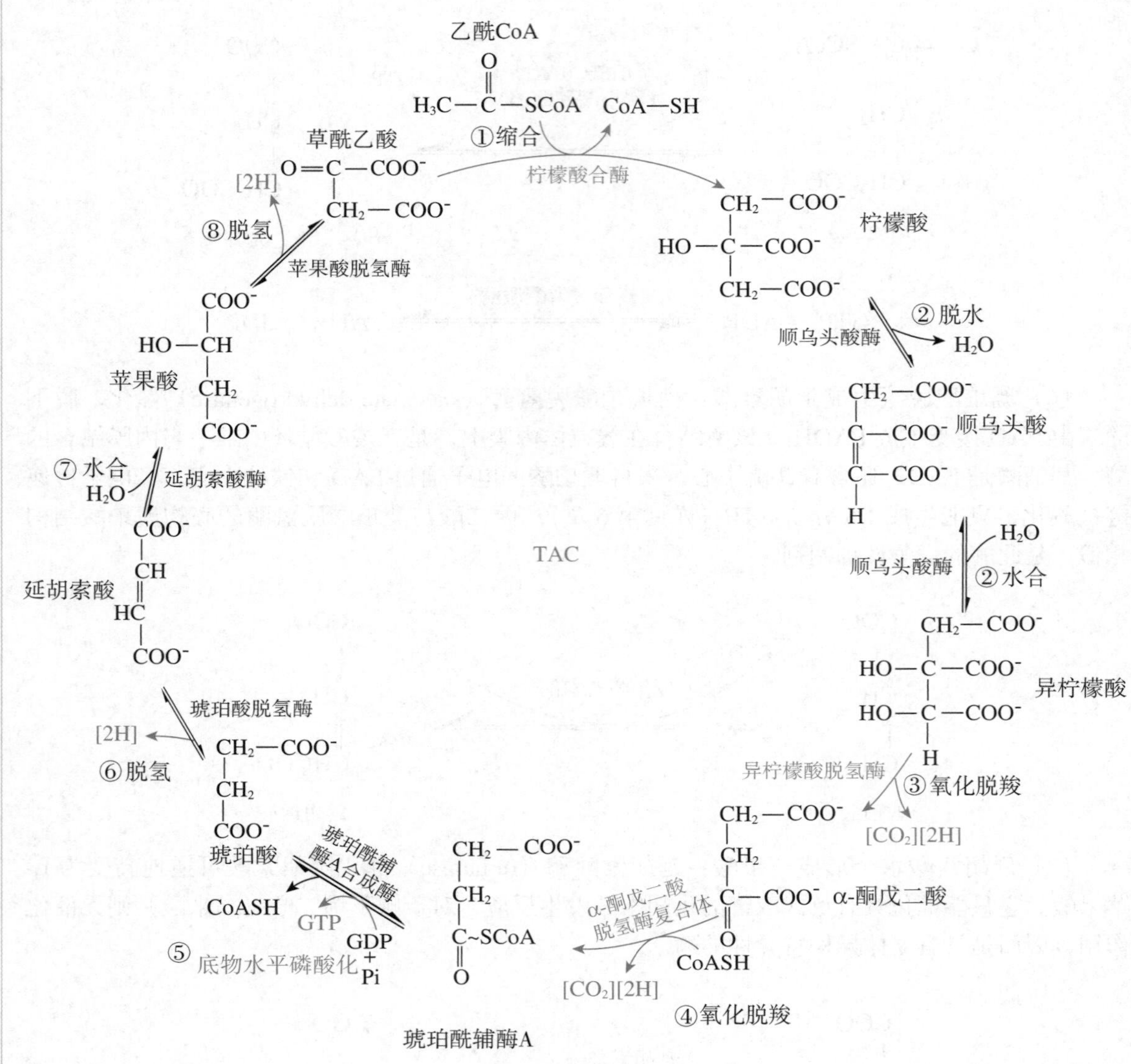

图 4-7 三羧酸循环

三羧酸循环过程特点可总结如下：

①三羧酸循环一周，1 分子乙酰 CoA 通过脱氢，经呼吸链传递，与氧生成水，并放出能量（见第 6 章生物氧化），通过脱羧，生成 2 分子 CO_2。尽管用 ^{14}C 标记乙酰 CoA 的实验发现，CO_2 的碳原子来自草酰乙酸，而不是乙酰 CoA，但这是由于中间反应过程中碳原子置换所致。

②整个三羧酸循环不可逆，在线粒体中进行。三个关键酶或调节酶柠檬酸合酶、异柠檬酸脱氢酶和 α- 酮戊二酸脱氢酶复合体催化三步不可逆反应，其中异柠檬酸脱氢酶催化三羧酸循环中的限速步骤。

③三羧酸循环中有 4 次脱氢反应，其中 3 次以 NAD^+ 为受氢体，生成的每分子 NADH + H^+ 经呼吸链氧化产生 2.5 分子 ATP，1 次以 FAD 为受氢体，生成的 $FADH_2$ 经呼吸链可生成 1.5 分子 ATP，加上底物水平磷酸化生成的一个高能磷酸键（GTP），1 分子乙酰 CoA 经三羧酸循环氧化产生 10 分子 ATP（$3 \times 2.5 + 1 \times 1.5 + 1=10$）。

④三羧酸循环的中间产物必须不断更新和补充。从理论上讲，三羧酸循环中间产物可以循

环使用而无量的变化，但这是一种动态平衡，这些中间产物随时都有参与其他代谢反应而被消耗的可能性，也随时都有从其他代谢反应生成的可能性。

在一般情况下，草酰乙酸主要来自糖代谢的中间产物丙酮酸的羧化反应，其次可通过苹果酸脱氢或天冬氨酸转氨基生成。这就是临床上常见到糖代谢异常使丙酮酸来源减少，进而使羧化而来的草酰乙酸减少，累及脂肪和蛋白质分解代谢产生的乙酰 CoA 不能进入三羧酸循环彻底氧化的原因。

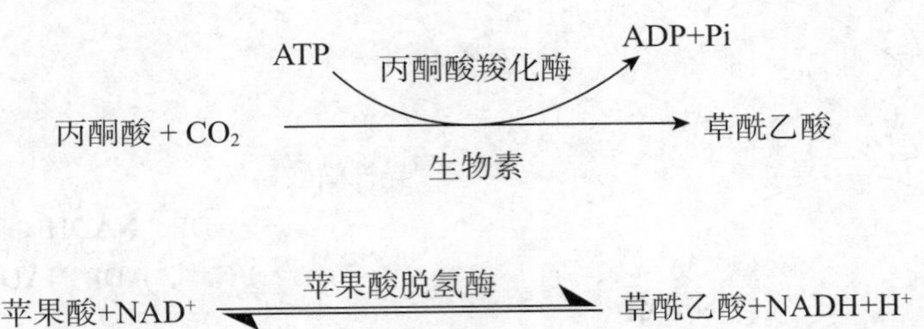

苹果酸+NAD^+ $\xrightleftharpoons{\text{苹果酸脱氢酶}}$ 草酰乙酸+NADH+H^+

（二）糖有氧氧化的调节

糖有氧氧化是机体获得能量的主要方式，机体对能量的需求量变动很大，因此有氧氧化的速度和方向必须受到严格的调控。有氧氧化的几个阶段中，糖酵解途径的调节前面已叙述，这里主要叙述丙酮酸脱氢酶复合体的调节和三羧酸循环的调节。

1．丙酮酸脱氢酶复合体的调节 通过别构调节和共价修饰两种方式进行快速调节。丙酮酸脱氢酶复合体的反应产物乙酰 CoA、NADH+H^+、ATP 及长链脂肪酸是其别构抑制剂，而 CoASH、NAD^+、ADP 是其别构激活剂。另外，胰岛素和 Ca^{2+} 可促进丙酮酸脱氢酶的去磷酸化作用，使酶转变为活性形式，通过共价修饰，加速丙酮酸氧化（图 4-8）。

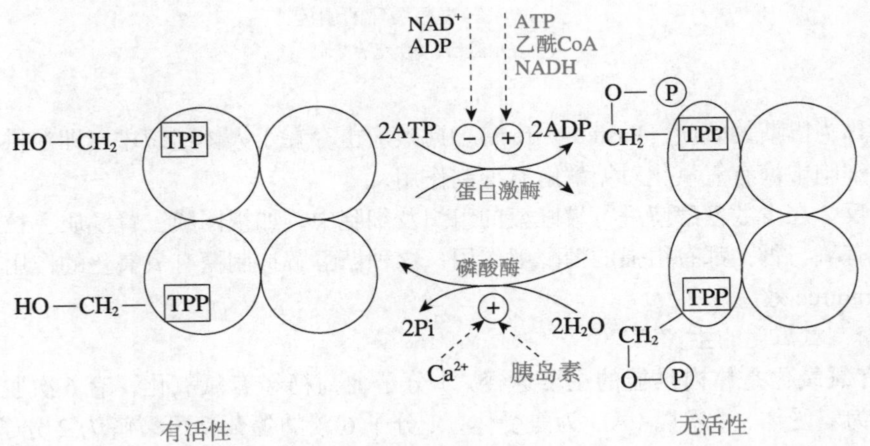

图 4-8 丙酮酸脱氢酶复合体的调节

⊕表示激活；⊖表示抑制

2．三羧酸循环的调节 三羧酸循环的速率受多种因素调控。关键酶催化的反应产物如柠檬酸、NADH+H^+、ATP、琥珀酰 CoA 或脂肪分解产物长链脂肪酰 CoA 是其别构抑制剂，反之其底物如 ADP 和 Ca^{2+} 是别构激活剂。另外，氧化磷酸化的速率对三羧酸循环的运转也起着非常重要的作用。三羧酸循环 4 次脱氢产生的 NADH+H^+ 或 $FADH_2$ 经氧化磷酸化生成 H_2O 和 ATP，才能使脱氢反应继续进行。三羧酸循环的调控见图 4-9。

3．糖有氧氧化和糖酵解途径之间存在互相制约的调节 法国科学家 Pasteur 发现酵母菌在无氧时可进行生醇发酵，而将其转移至有氧环境，生醇发酵即被抑制，这种有氧氧化抑制生醇

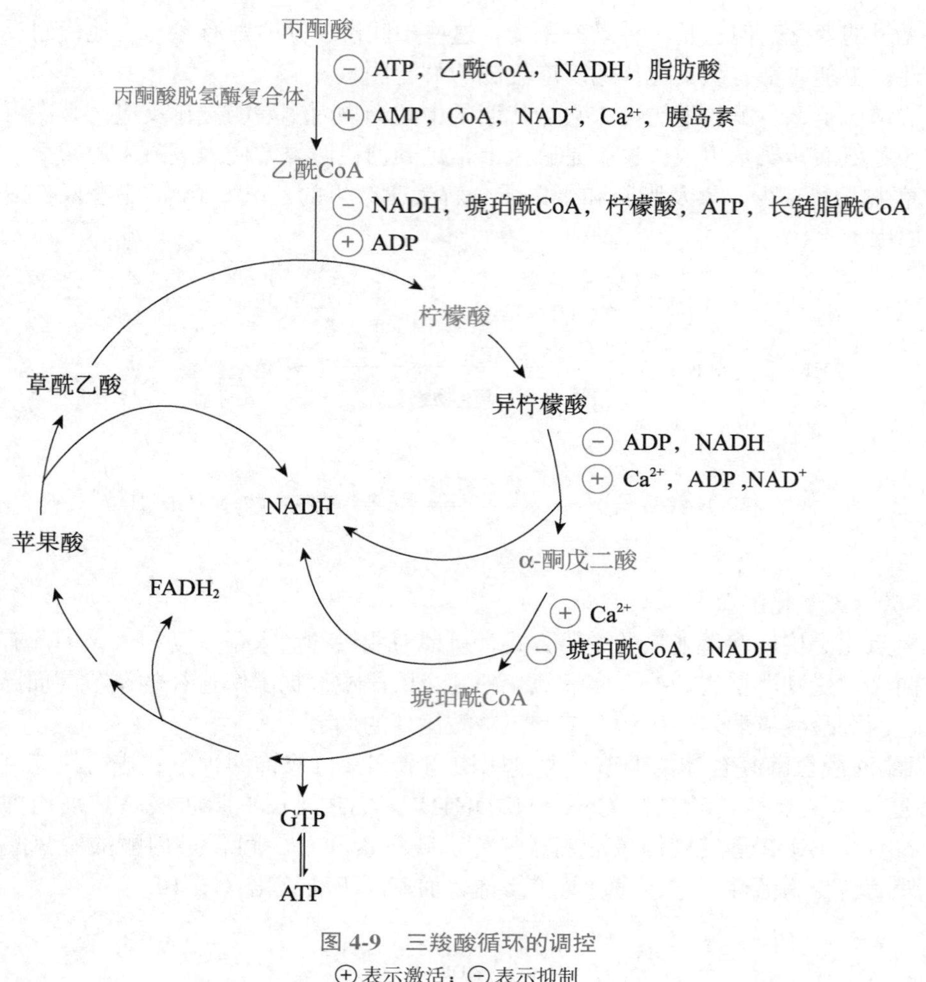

图 4-9 三羧酸循环的调控

⊕表示激活；⊖表示抑制

发酵的现象称为巴斯德效应（Pasteur effect）。此效应也存在于人体组织中，即在供氧充足的条件下，组织细胞中糖有氧氧化对糖酵解有抑制作用。

与此相反，在少数糖酵解进行较旺盛的组织及细胞中，如视网膜、肾髓质、粒细胞、癌细胞等，不论有氧与否，都有很强的糖酵解作用，这种糖酵解抑制糖有氧氧化的作用称为反巴斯德效应或 Crabtree 效应。

（三）糖有氧氧化的生理意义

1．糖有氧氧化是体内供能的主要途径 1 分子葡萄糖经有氧氧化，有 6 次脱氢，其中 5 次以 NAD$^+$ 为氢受体，1 次以 FAD 为氢受体，1 分子 6 碳的葡萄糖可裂解为 2 分子磷酸丙糖，再加上第一阶段同糖酵解一样，通过底物水平磷酸化净生成 2 分子 ATP，故糖的有氧氧化净生成 32 或 30 分子 ATP（表 4-3）。

表4-3　葡萄糖有氧氧化生成的ATP

反应	辅酶	生成ATP数
第一阶段		
葡萄糖 ⟶ 葡糖 -6- 磷酸		–1
果糖 -6- 磷酸 ⟶ 果糖 -1, 6- 二磷酸		–1
2 × 3- 磷酸甘油醛 ⟶ 2 × 1, 3- 二磷酸甘油酸	NAD^+	2 × 2.5（或 2 × 1.5）①
2 × 1, 3- 二磷酸甘油酸 ⟶ 2 × 3- 磷酸甘油酸		2 × 1
2 × 磷酸烯醇式丙酮酸 ⟶ 2 × 烯醇式丙酮酸		2 × 1
第二阶段		
2 × 丙酮酸 ⟶ 2 × 乙酰 CoA	NAD^+	2 × 2.5
第三阶段		
2 × 异柠檬酸 ⟶ 2 × α - 酮戊二酸	NAD^+	2 × 2.5
2 × α - 酮戊二酸 ⟶ 2 × 琥珀酰 CoA	NAD^+	2 × 2.5
2 × 琥珀酰 CoA ⟶ 2 × 琥珀酸		2 × 1
2 × 琥珀酸 ⟶ 2 × 延胡索酸	FAD	2 × 1.5
2 × 苹果酸 ⟶ 2 × 草酰乙酸	NAD^+	2 × 2.5
总计		32（30）

①在细胞质中糖酵解产生的 NADH + H^+，如果经苹果酸 - 天冬氨酸穿梭作用进入线粒体氧化，1 分子 NADH + H^+ 产生 2.5 个 ATP，若经甘油磷酸穿梭作用，则产生 1.5 个 ATP（参见第 6 章）

2．三羧酸循环是糖、脂肪、氨基酸分解代谢的共同途径　三大营养物质糖、脂肪和蛋白质在代谢过程中均可转变成乙酰 CoA 或三羧酸循环的中间产物如草酰乙酸、α- 酮戊二酸等，最后经三羧酸循环和氧化磷酸化，彻底氧化为 CO_2 和 H_2O，并生成大量 ATP。

3．三羧酸循环是糖、脂肪和氨基酸代谢联系的枢纽　糖分解代谢产生的丙酮酸、草酰乙酸等均可通过联合脱氨基作用逆行反应（见第 7 章氨基酸代谢），分别转变成丙氨酸和天冬氨酸；同样，这些氨基酸也可脱氨基转变成相应的 α- 酮酸。脂肪分解产生甘油和脂肪酸，前者在甘油磷酸激酶的催化下，生成 α- 磷酸甘油，脱氢氧化为磷酸二羟丙酮，后者可降解为乙酰 CoA，进而进入三羧酸循环彻底氧化，故三羧酸循环是糖、脂肪、氨基酸代谢联系的枢纽。

糖无氧氧化和有氧氧化的异同点

4．三羧酸循环提供生物合成的前体　三羧酸循环中的某些成分可用于合成其他物质，例如琥珀酰 CoA 可用于血红素的合成，草酰乙酸通过糖异生转变为葡萄糖，乙酰 CoA 可用于合成脂肪酸和胆固醇。

三、磷酸戊糖途径

细胞内绝大部分葡萄糖的分解代谢是通过有氧氧化生成 ATP 而供能的，这是葡萄糖分解代谢的主要途径。磷酸戊糖途径（pentose phosphate pathway）或称葡糖酸磷酸支路（phosphogluconate shunt）是另一个重要途径。葡萄糖经此途径生成的磷酸核糖和 NADPH + H^+ 有重要意义。

（一）磷酸戊糖途径的反应过程

磷酸戊糖途径在细胞质中进行，反应过程被人为地分为两个阶段。第一个阶段是脱氢氧化反应生成磷酸戊糖和 NADPH + H^+；第二阶段则是一系列的基团转移反应，最终生成果糖 -6- 磷酸和 3- 磷酸甘油醛。

1．磷酸戊糖和 NADPH + H^+ 的生成　1 分子葡糖 -6- 磷酸在葡糖 -6- 磷酸脱氢酶和 6- 磷酸葡糖酸脱氢酶的作用下，经过 2 次脱氢、1 次脱羧，生成核酮糖 -5- 磷酸及 2 分子 NADPH+H^+

和 1 分子 CO_2。核酮糖 -5- 磷酸在异构酶的作用下转变为核糖 -5- 磷酸，也可在差向异构酶的作用下转变为木酮糖 -5- 磷酸。葡糖 -6- 磷酸脱氢酶是磷酸戊糖途径的关键酶。本途径的速率由 $NADPH + H^+/NADP^+$ 含量比例调控，比值大，则反馈抑制此途径。$NADPH + H^+$ 对葡糖 -6- 磷酸脱氢酶有强烈的抑制作用，故磷酸戊糖途径的速率取决于对 $NADPH + H^+$ 的需求。

葡糖-6-磷酸 —（$NADP^+$ → $NADPH+H^+$；葡糖-6-磷酸脱氢酶）→ 葡酸-6-磷酸内酯 —（H_2O；内酯酶）→ 6-磷酸葡糖酸 —（$NADP^+$ → $NADPH+H^+$，CO_2；6-磷酸葡糖酸脱氢酶）→ 核酮糖-5-磷酸 ⇌（异构酶）核糖-5-磷酸

2．基团转移反应 第一阶段生成的核糖 -5- 磷酸是合成核苷酸的原料，部分磷酸核糖通过一系列基团转移反应，进行酮基和醛基的转换，产生含 3 碳、4 碳、5 碳、6 碳及 7 碳的多种糖的中间产物，最终都转变为果糖 -6- 磷酸和 3- 磷酸甘油醛。它们可转变为葡糖 -6- 磷酸继续进行磷酸戊糖途径代谢，也可以进入糖的有氧氧化或糖酵解继续氧化分解（图 4-10）。

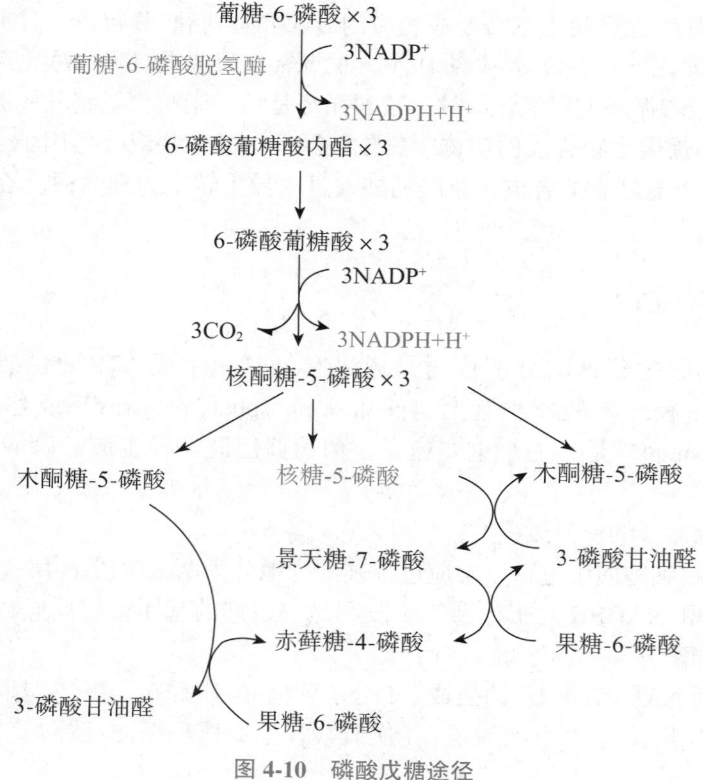

图 4-10 磷酸戊糖途径

（二）磷酸戊糖途径的生理意义

1. 为核酸的生物合成提供核糖 核糖是核酸的基本组成成分，体内的核糖主要通过磷酸戊糖途径获得。葡萄糖既可经葡糖-6-磷酸脱氢，脱羧氧化反应生成磷酸核糖，又可通过糖酵解途径的中间产物3-磷酸甘油醛和果糖-6-磷酸经过前述的基团转移反应而生成磷酸核糖。肌肉组织中缺乏葡糖-6-磷酸脱氢酶，磷酸核糖靠基团转移反应生成。

2. 提供 $NADPH+H^+$，作为供氢体参与多种代谢反应 $NADPH+H^+$ 与 $NADH+H^+$ 不同，前者携带的氢作为供氢体参与多种代谢反应，发挥不同的功能，而不是主要通过呼吸链传递生成ATP。

（1）作为供氢体参与胆固醇、脂肪酸、皮质激素和性激素等的生物合成。

（2）$NADPH+H^+$ 是单加氧酶系（羟化反应）的供氢体，因而与药物、毒物和某些激素等的生物转化有关（详见第19章肝的生物化学）。

（3）$NADPH+H^+$ 用于维持还原型谷胱甘肽（glutathione，GSH）的量。GSH是一个三肽，2分子GSH可脱氢氧化成为1分子氧化型谷胱甘肽（GSSG），而后者可在谷胱甘肽还原酶的催化下，被 $NADPH+H^+$ 重新还原为还原型谷胱甘肽。这对维持细胞中还原型GSH的正常含量，从而保护含巯基的蛋白质或酶免受氧化剂的损害起重要作用，并可保护红细胞膜的完整性，因为还原型谷胱甘肽是体内重要的抗氧化剂。蚕豆病患者因缺乏葡糖-6-磷酸脱氢酶，不能经磷酸戊糖途径得到充足的 $NADPH+H^+$ 用于维持GSH的量，故红细胞易破裂，发生溶血性贫血。

四、糖醛酸途径

糖醛酸途径（glucuronate pathway）也是葡萄糖分解代谢的另一种途径，主要在肝进行，但仅占很小部分。葡萄糖经葡糖醛酸转变为木酮糖-5-磷酸后与磷酸戊糖途径相衔接。

从葡糖-6-磷酸开始，先生成尿苷二磷酸葡萄糖（UDPG），经UDPG脱氢酶（NAD^+）催化氧化为尿苷二磷酸葡糖醛酸（uridine diphosphate glucuronic acid，UDPGA），再在酶的作用下生成葡糖醛酸，后者代谢生成木酮糖-5-磷酸进入磷酸戊糖途径代谢（图4-11）。在大鼠等非灵长类动物体内，葡糖醛酸还可还原为L-古洛糖酸，再进一步合成维生素C。灵长类动物和豚鼠体内缺乏此完整酶系（古洛糖酸内酯氧化酶），故不能合成维生素C，必须由食物供给。

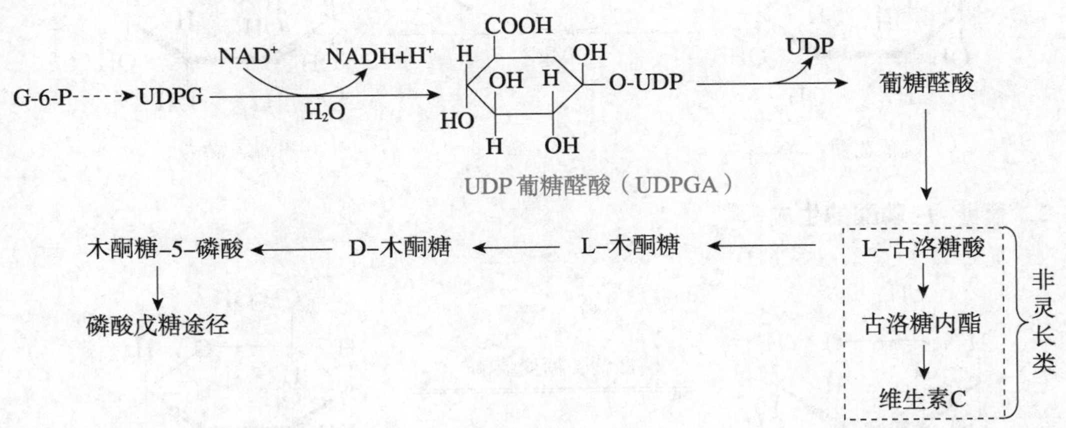

图4-11 糖醛酸途径

对人类而言，糖醛酸途径的主要生理意义是生成活化的尿苷二磷酸葡糖醛酸（UDPGA）。它是硫酸软骨素、透明质酸、肝素等蛋白聚糖的重要组分。在这些蛋白聚糖的生物合成过程中，UDPGA 为葡糖醛酸的供体。UDPGA 还是生物转化中（见第 19 章）最重要的结合剂，可与许多代谢产物（胆红素、类固醇等）、药物和毒物等结合，促进其排泄。糖醛酸途径生成的 $NADH+H^+$ 是红细胞内高铁血红蛋白还原系统中还原剂的重要来源。

第三节 糖原的合成与分解

体内由葡萄糖合成糖原（glycogen）的过程称为糖原合成（glycogenesis），肝糖原分解为葡萄糖的过程称为糖原分解（glycogenolysis）。糖原是动物体内贮存糖的形式。糖原主要储存在肝、肌肉组织，肝糖原约占肝重的 5%，总量约 100g；肌糖原占肌肉重量的 1% ~ 2%，总量约为 300g；肾糖原含量极少（主要参与肾的酸碱平衡调节）。人体糖原总量约为 400g，如仅靠糖原供能，只能消耗 8 ~ 12h。肝糖原的主要作用是维持空腹血糖浓度的恒定，供全身利用；而肌糖原的分解则提供肌肉本身收缩所需的能量。

糖原与植物淀粉结构相似，是由 α-1, 4- 糖苷键（直链）与 α-1, 6- 糖苷键（分支处）连接形成的大分子葡萄糖聚合物。糖原分子量在 100 万 ~ 1000 万，故糖原是具有高度分支的不均一分子。糖原分支结构不仅增加了糖原的水溶性，有利于贮存，也增加了非还原端数目，糖原合成及分解均是从非还原端开始的，因而增加了糖原合成与分解时的作用点。糖原以不溶性颗粒贮存于细胞质中，糖原颗粒上结合有参与糖原代谢的酶。糖原分子合成与分解的过程，实际是使糖原分子变大与变小的过程。

一、糖原的合成

（一）糖原合成的部位

肝、肌肉组织和肾都能合成糖原，前两者的含量最高。

（二）糖原合成过程

糖原合成过程包括以下 4 步反应。

1. 葡萄糖磷酸化

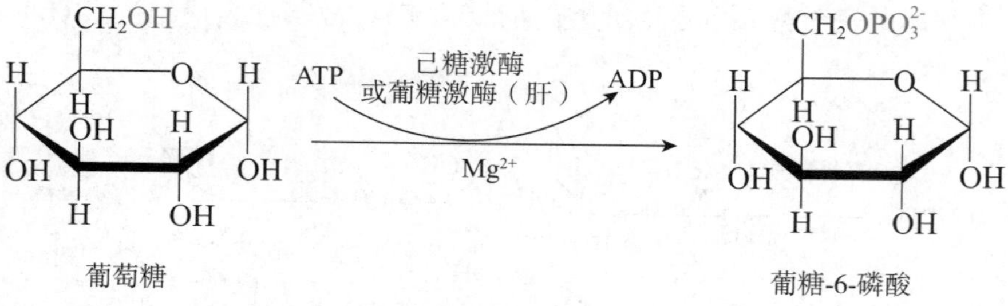

2. 葡糖 -1- 磷酸的生成

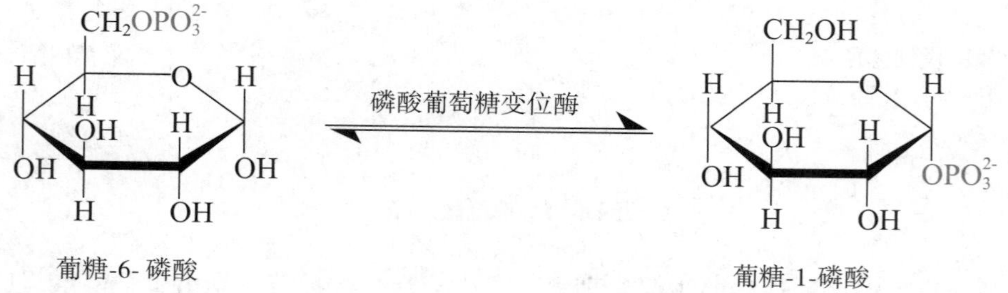

3．尿苷二磷酸葡萄糖的生成　此反应在 UDPG 焦磷酸化酶的催化下进行，反应是可逆的，但由于细胞内焦磷酸化酶分布广，活性强，极易将焦磷酸分解为 2 分子磷酸，使反应主要向右进行。这一过程消耗的 UTP 可由 ATP 和 UDP 通过转磷酸基团生成，故糖原生成是耗能过程。糖原分子上每增加 1 分子葡萄糖，需消耗 2 分子 ATP。UDPG 可看成是“活性葡萄糖”，在体内作为葡萄糖供体。

葡糖-1-磷酸 + UTP $\xrightleftharpoons{\text{UDPG焦磷酸化酶}}$ 尿苷二磷酸葡萄糖 + PPi

（葡糖-1-磷酸：CH_2OH，H，O，H，H，OH，H，OH，O—Ⓟ，H，OH；尿苷二磷酸葡萄糖：CH_2OH，H，O，H，H，OH，H，OH，O—Ⓟ~Ⓟ—尿苷，H，OH）

4．糖链的生成　糖原引物是指原有细胞内的较小糖原分子。游离的葡萄糖不能作为 UDPG 的葡萄糖基的接受体。上述反应可在糖原合酶（glycogen synthase）的作用下反复进行，使糖链不断地延长，但不能形成分支。当链长增至超过 11 个葡萄糖残基时，分支酶就将长约 6 个葡萄糖残基的寡糖链转移至另一段糖链上，将 α-1, 4- 糖苷键转变为 α-1, 6- 糖苷键，从而形成糖原分子的分支（图 4-12）。在糖原合酶和分支酶的交替作用下，糖原分子变长，分支变多，分子变大。糖原合成过程的关键酶是糖原合酶。糖原合成时需要 K^+，每合成 1g 糖原需要 K^+ 0.15mmol，用此原理在条件较差的农村抢救急性肾衰竭无尿期患者时，可静脉注射胰岛素和葡萄糖液以促进糖原的合成，使部分血 K^+ 转移至细胞中，可紧急降低血 K^+ 浓度，防止患者因血 K^+ 浓度过高、心脏停搏而死亡。

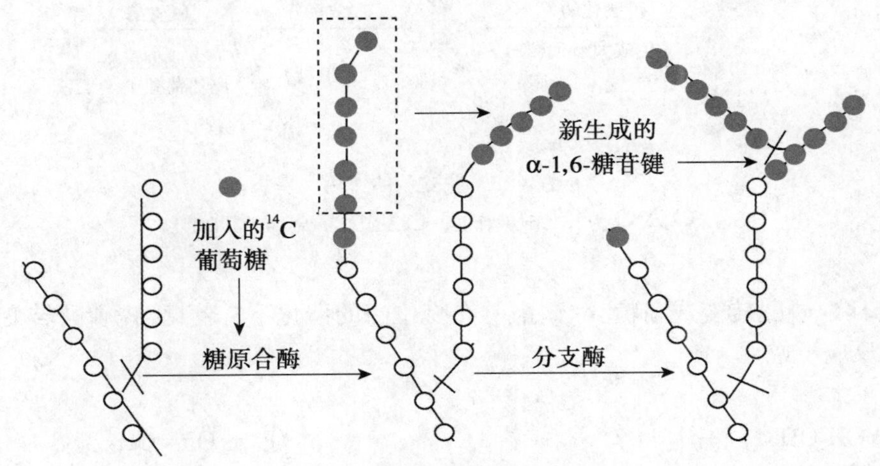

图 4-12　分支酶的作用

○╳○ 为 α-1, 6- 糖苷键；○—○ 为 α-1, 4- 糖苷键

在糖原合成过程中作为引物的第一个糖原分子从何而来，过去一直不太清楚。近来人们在糖原分子的核心发现了一种名为糖原蛋白（glycogenin）的糖基转移酶，它可对其自身进行共价修饰，将 UDPG 分子的 C-1 结合到糖原蛋白分子的酪氨酸残基上，从而使它糖基化。这个结合上去的葡萄糖分子即成为糖原合成时的引物。

二、糖原的分解

（一）糖原分解的部位及特点

肝糖原能直接分解成葡萄糖以补充血糖，但因肌肉中缺乏葡糖-6-磷酸酶，肌糖原分解生成的葡糖-6-磷酸不能直接分解补充血糖，只能通过酵解生成乳酸以利用。糖原分解与糖原合成是由不同的酶催化的两个方向相反而又保持相互联系的反应途径。

（二）糖原分解的过程

1. 糖原分解为葡糖-1-磷酸 从糖原分子的非还原端开始，经糖原磷酸化酶（glycogen phosphorylase）催化，分解出1个葡萄糖基，生成1分子葡糖-1-磷酸。

$$\text{糖原}（G_n）+ H_3PO_4 \xrightarrow{\text{糖原磷酸化酶}} \text{糖原}（G_{n-1}）+ \text{葡糖-1-磷酸}$$

糖原磷酸化酶是糖原分解的关键酶，该酶只能水解α-1,4-糖苷键，而对α-1,6-糖苷键无作用。当糖链上的肝糖原葡萄糖基逐个磷酸化至离开分支点约4个葡萄糖基时，由脱支酶将3个葡萄糖基转移到邻近糖链的末端，仍以α-1,4-糖苷键连接。剩下1个以α-1,6-糖苷键与糖链形成分支的葡萄糖基被脱支酶水解成游离葡萄糖（图4-13）。糖原在磷酸化酶与脱支酶的交替作用下分解，分子越变越小。

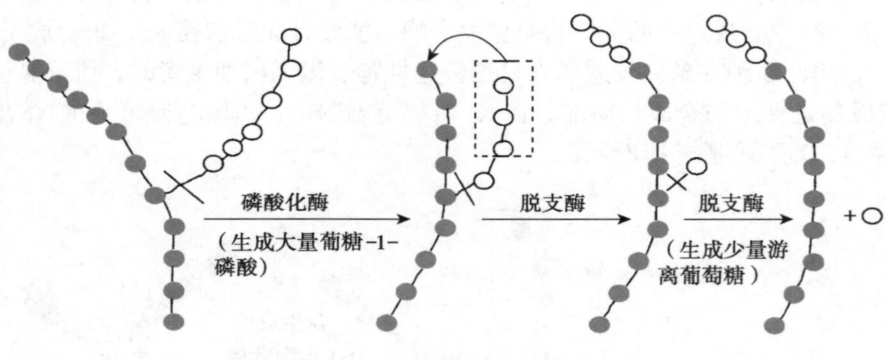

图4-13 脱支酶的作用

○╱○为α-1,6-糖苷键；○—○为α-1,4-糖苷键

2. 葡糖-1-磷酸转变成葡糖-6-磷酸 在变位酶的催化下，葡糖-1-磷酸转变成葡糖-6-磷酸，此步反应可逆。

$$\text{葡糖-1-磷酸} \xrightleftharpoons{\text{磷酸葡萄糖变位酶}} \text{葡糖-6-磷酸}$$

3. 葡糖-6-磷酸转变为葡萄糖 在葡糖-6-磷酸酶催化下，加水，脱磷酸，转变为葡萄糖。葡糖-6-磷酸酶仅存在于肝中，而不存在于肌肉中，所以只有肝糖原可直接补充血糖。

$$\text{葡糖-6-磷酸} + H_2O \xrightarrow{\text{葡糖-6-磷酸酶}} \text{葡萄糖} + Pi$$

糖原合成及分解代谢途径可归纳为图 4-14。

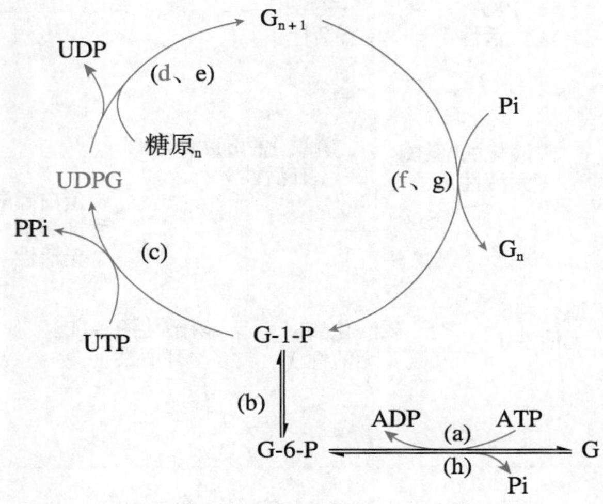

图 4-14 糖原的合成与分解

(a) 己糖激酶或葡糖激酶（肝）；(b) 磷酸葡萄糖变位酶；(c) UDPG 焦磷酸化酶；(d) 糖原合酶；(e) 分支酶；(f) 磷酸化酶；(g) 脱支酶；(h) 葡糖-6-磷酸酶（肝）

糖原贮积症

三、糖原合成与分解的调节

糖原的合成与分解不是简单的可逆反应，而是分别通过两条途径进行，这样便于进行精细的调节。糖原合成与分解的生理性调节主要靠胰岛素和胰高血糖素。前者抑制糖原分解，促进糖原合成。后者可诱导生成 cAMP，促进糖原分解。肾上腺素也可通过 cAMP 促进糖原分解，但可能仅在应激状态下发挥作用。肌糖原与肝糖原代谢调节略有不同，肝主要受胰高血糖素的调节，而肌肉主要受肾上腺素调节。糖原合成和分解代谢的关键酶分别是糖原合酶和糖原磷酸化酶，这两种酶都存在有活性和无活性两种形式。机体通过激素介导的蛋白激酶 A 使两种酶都磷酸化，但活性表现不同，即磷酸化的糖原合酶处于无活性状态，而磷酸化的糖原磷酸化酶处于活性状态，从而调节糖原合成和分解的速率，以适应机体的需要。糖原合酶和糖原磷酸化酶活性均有共价修饰和别构调节两种快速调节方式，以前者为主。

（一）共价修饰

糖原合酶和糖原磷酸化酶的共价修饰均受激素的调节。例如饥饿时，血糖含量下降，可使胰高血糖素和肾上腺素分泌增加，激活腺苷酸环化酶（adenylate cyclase，AC），使 ATP 转变为 cAMP，cAMP 再激活蛋白激酶 A。蛋白激酶 A 既催化有活性的糖原合酶 a 磷酸化后转变为无活性的糖原合酶 b，使糖原合成减少；又通过磷酸化激活磷酸化酶 b 激酶，再催化无活性的磷酸化酶 b 磷酸化后转变为有活性的磷酸化酶 a，促进糖原分解，使血糖浓度上升，从而维持血糖浓度恒定。另外，蛋白激酶 A 还催化磷蛋白磷酸酶抑制剂（胞内的一种蛋白质）磷酸化后转变为其活性形式，活性形式的抑制剂与磷蛋白磷酸酶结合后，可抑制酶活性，这与糖原合酶及糖原磷酸化酶的调节相协调。糖原合成与分解的共价修饰归纳如图 4-15。

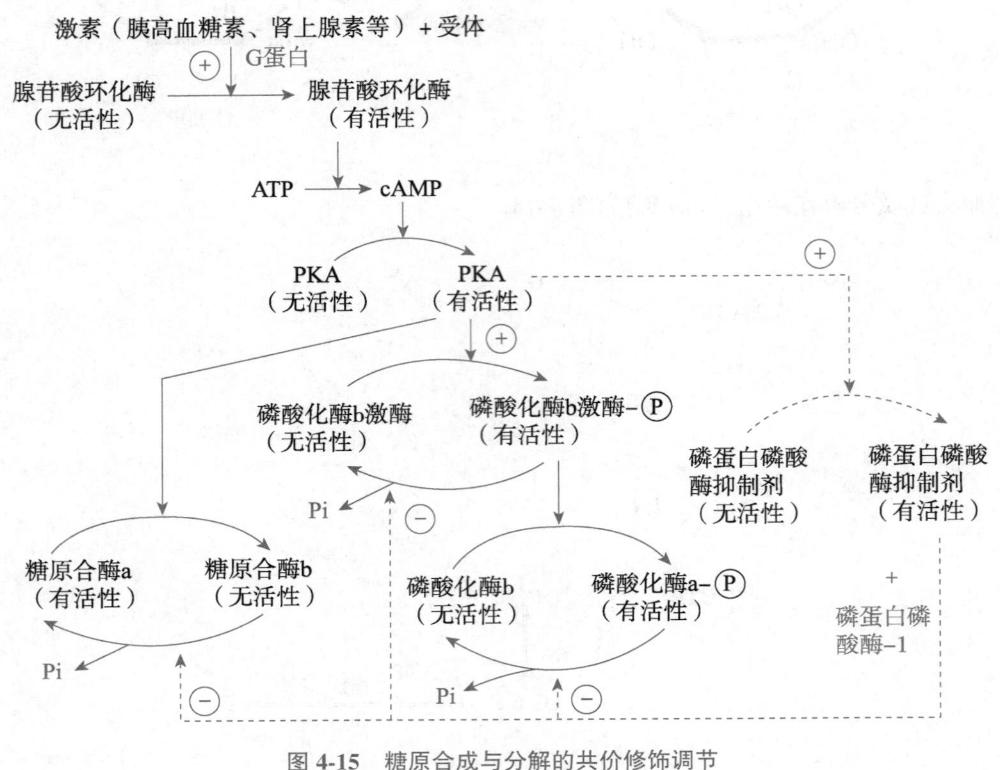

图 4-15 糖原合成与分解的共价修饰调节
⊕表示激活；⊖表示抑制

Ca^{2+} 浓度的升高可引起肌糖原分解增加。当神经冲动使细胞质内 Ca^{2+} 浓度升高时，因为磷酸化酶 b 激酶 δ 亚基就是钙调蛋白，Ca^{2+} 与其结合，即可激活磷酸化酶 b 激酶，促进磷酸化酶 b 磷酸化为磷酸化酶 a，加速糖原分解。这样在神经冲动引起肌肉收缩的同时，也加速糖原的分解，使肌肉获得收缩所需要的能量。

（二）别构调节

产物葡萄糖、ATP 是糖原磷酸化酶的别构抑制剂，而 AMP 则是糖原磷酸化酶的别构激活剂。葡糖 -6- 磷酸和 ATP 是糖原合酶的别构激活剂，使无活性的糖原合酶 b 别构为有活性的糖原合酶 a，糖原合成增加。

第四节 糖 异 生

体内糖原的储备有限，正常成人每小时可由肝释放出葡萄糖 210mg/kg 体重，如果不补充，8 ~ 12h 肝糖原即被耗尽，此后如继续禁食，则主要靠糖异生维持血糖浓度恒定。非糖物质（乳酸、甘油、生糖氨基酸等）转变为葡萄糖或糖原的过程，称为糖异生（gluconeogenesis）。糖异生进行的主要场所是肝，而肾在正常情况下糖异生能力只有肝的 1/10。长期饥饿时，肾糖异生的能力会大大增强。

一、糖异生途径

糖异生途径与糖酵解的多数反应是共有的可逆反应，但糖异生途径不完全是糖酵解的逆反应。糖酵解途径中的 3 个关键酶——己糖激酶、磷酸果糖激酶 -1 催化的 2 步不可逆反应，只要以另外的酶催化即能绕过所产生的“能障”；而丙酮酸激酶催化的不可逆反应，由于丙酮酸羧化酶只存在于线粒体内，因此，胞质中的丙酮酸必须进入线粒体，才能羧化生成草酰乙酸，以及其产物再回到胞质，均需通过线粒体膜所产生的“膜障”。在另外的 4 个关键酶（表 4-4）催化下，即可绕过这 3 步不可逆反应，使非糖物质顺利转变为葡萄糖，这个过程就是糖异生途径。

表4-4　糖酵解和糖异生之间相对应的酶

糖酵解关键酶	糖异生关键酶
己糖激酶（肝中为葡糖激酶）	葡糖 -6- 磷酸酶
磷酸果糖激酶 -1	果糖 -1, 6- 二磷酸酶
丙酮酸激酶	丙酮酸羧化酶 磷酸烯醇式丙酮酸羧激酶

（一）丙酮酸经丙酮酸羧化支路转变为磷酸烯醇式丙酮酸

此步骤由 2 步反应组成。在线粒体中，丙酮酸在以生物素为辅酶的丙酮酸羧化酶（pyruvate carboxylase）的催化下，并在 CO_2 和 ATP 存在时，羧化为草酰乙酸。通过苹果酸穿梭作用，草酰乙酸从线粒体转移到细胞质，在磷酸烯醇式丙酮酸羧激酶（phosphoenolpyruvate carboxykinase）催化下，由 GTP 供能，脱羧生成磷酸烯醇式丙酮酸。上述 2 步反应共消耗 2 分子 ATP。

COOH
C＝O
CH_3
丙酮酸
CO_2　ATP　ADP+Pi
丙酮酸羧化酶
（线粒体）
O＝C—COOH
CH_2
COOH
草酰乙酸
GTP
磷酸烯醇式丙酮酸羧激酶
（细胞质）
GDP
CO_2
COOH
C—O ~ PO_3H_2
CH_2
磷酸烯醇式丙酮酸

（二）果糖 -1, 6- 二磷酸转变为果糖 -6- 磷酸

H_2O → Pi
果糖-1,6-二磷酸酶

果糖-1,6-二磷酸　　　　果糖-6-磷酸

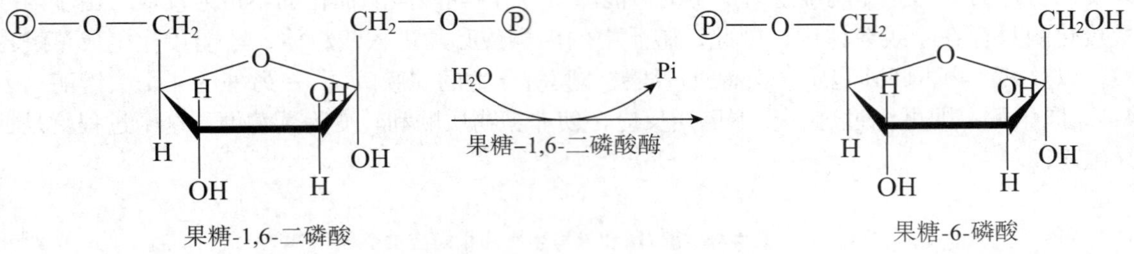

这是糖异生途径的第 2 个不可逆反应，在果糖 -1, 6- 二磷酸酶的催化下，果糖 -1, 6- 二磷酸转变为果糖 -6- 磷酸。

（三）葡糖 -6- 磷酸水解为葡萄糖

H_2O → Pi
葡糖-6-磷酸酶

葡糖-6-磷酸　　　　葡萄糖

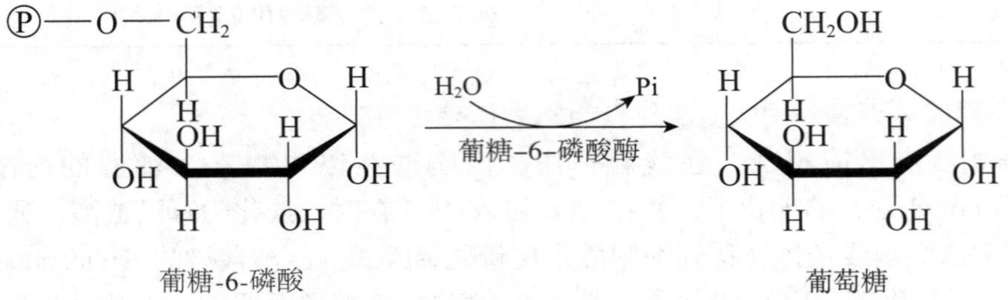

此步反应与糖原分解的最后一步相同，在肝（肾）中存在的葡糖 -6- 磷酸酶催化下，葡糖 -6- 磷酸水解为葡萄糖。

在以上 3 个反应过程中，底物互变分别由不同的酶催化其单向反应，这种互变循环被称为底物循环（substrate cycle）。糖异生的原料为乳酸、甘油及生糖氨基酸等。乳酸可脱氢生成丙酮酸；甘油先磷酸化为 α- 磷酸甘油，再脱氢生成磷酸二羟丙酮；丙氨酸等生糖氨基酸通过联合脱氨基作用的逆行反应（见第 7 章氨基酸代谢）转变成丙酮酸或草酰乙酸。然后三者均可通过糖异生转变为糖，故糖异生是体内维持血糖浓度的最重要途径。糖异生途径可归纳如图 4-16。

二、糖异生的调节

糖异生的 4 个关键酶，即丙酮酸羧化酶、磷酸烯醇式丙酮酸羧激酶、果糖 -1, 6- 二磷酸酶及葡糖 -6- 磷酸酶受多种别构效应剂及激素的调节。同时糖酵解与糖异生是方向相反的两条代谢途径，促进糖异生的别构剂或激素，必然抑制糖酵解，以达到最大生理效应。

（一）别构剂的调节

许多代谢的底物或产物都是别构剂，参与别构调节，详见图 4-17。

1．ATP 和柠檬酸促进糖异生作用　ATP 和柠檬酸是磷酸果糖激酶 -1 的别构抑制剂，是果糖 -1, 6- 二磷酸酶的别构激活剂，促进糖异生作用；ADP、AMP 和果糖 -2, 6- 二磷酸（F-2, 6-BP）是果糖 -1, 6- 二磷酸酶的别构抑制剂，抑制糖异生作用。目前认为果糖 -2, 6- 二磷酸的水平是肝内调节糖的分解或糖异生反应方向的主要信号，ATP/AMP 含量比值也是一个重要调节因素。

2．乙酰 CoA 促进糖异生作用　脂肪酸大量氧化时，线粒体内乙酰 CoA 堆积，并释放 ATP。乙酰 CoA 是丙酮酸羧化酶的别构激活剂，促进糖异生；它又能反馈性抑制丙酮酸脱氢酶复合体的活性。

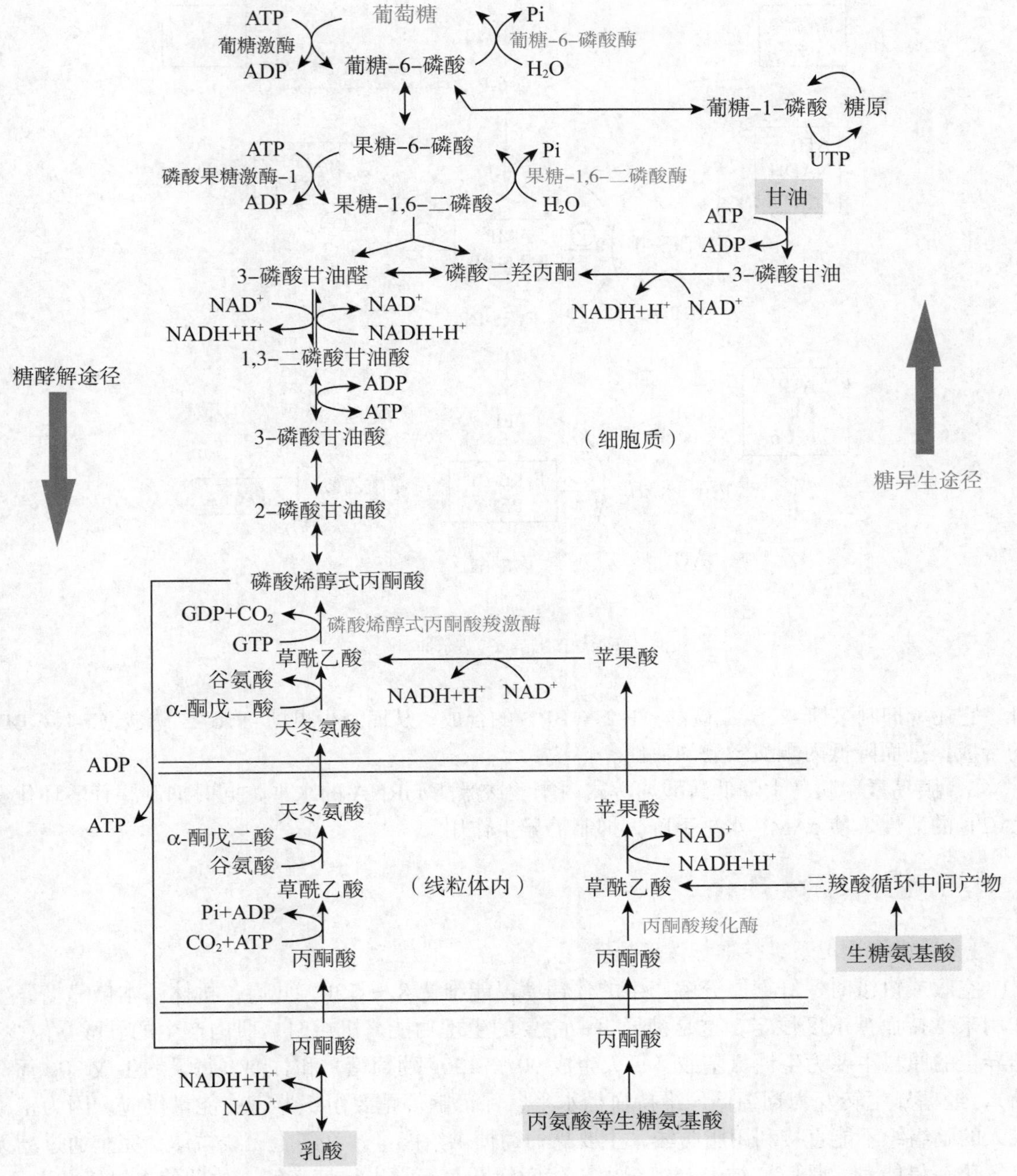

图 4-16　糖异生途径

（二）激素调节

激素诱导合成糖异生的关键酶，并通过 cAMP 介导的酶的共价修饰作用改变酶的活性，使糖异生与酵解两条途径得以协调，从而满足机体的生理需要。

1．糖皮质激素　糖皮质激素是重要的调节糖异生的激素，既可诱导肝内糖异生的 4 个关键酶的合成，又能促进肝外组织蛋白质分解为氨基酸，通过增加糖异生原料来促进糖异生作用。

2．肾上腺素和胰高血糖素　这两种激素均可激活肝细胞膜上的腺苷酸环化酶（AC），使 cAMP 水平提高，进而提高磷酸烯醇式丙酮酸羧激酶活性，促进糖异生。另外它们促进脂肪分解为甘油和脂肪酸，而甘油是糖异生的原料，脂肪酸氧化产生的乙酰 CoA 也可促进糖异生作用。胰高血糖素能诱导磷酸烯醇式丙酮酸羧激酶基因的表达，增加酶的合成，促进糖异生。此

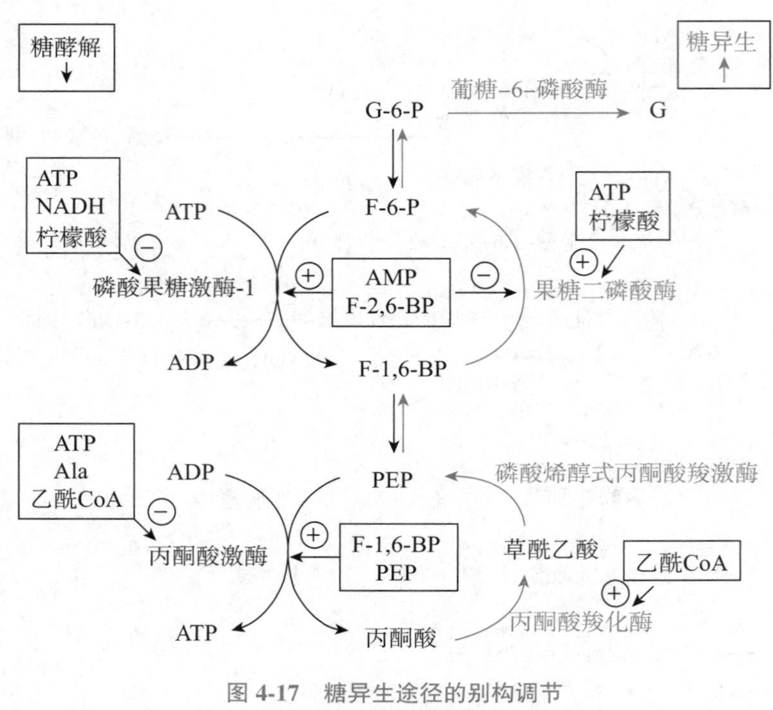

图 4-17 糖异生途径的别构调节

⊕表示激活；⊖表示抑制

外，它还可抑制果糖-2,6-二磷酸（F-2,6-BP）的合成，从而减少果糖-1,6-二磷酸（F-1,6-BP）的合成，进而降低丙酮酸激酶的活性。

3. 胰岛素 胰岛素降低磷酸烯醇式丙酮酸羧激酶 mRNA 的水平，同时抑制腺苷酸环化酶（AC）的活性，使 cAMP 水平下降，抑制糖异生作用。

三、糖异生的生理意义

（一）饥饿情况下维持血糖浓度恒定

空腹或饥饿时，肝糖原分解产生的葡萄糖仅能维持 8 ～ 12h，此后，机体基本依靠糖异生作用来维持血糖浓度恒定，这是糖异生最主要的生理功能。饥饿时，肌肉产生的乳酸量较少，糖异生的原料主要为生糖氨基酸（每天生成 90 ～ 120g 葡萄糖）和甘油（每天约生成 20g 葡萄糖），经糖异生转变为葡萄糖，维持血糖水平，保证脑等重要组织器官的能量供应。因为正常成人的脑组织不能直接利用脂肪酸，主要靠葡萄糖供给能量。红细胞无线粒体，完全通过糖无氧氧化获得能量。骨髓、神经等组织由于代谢活跃，经常进行糖酵解，故即使在饥饿状况下，机体也需要消耗一定量的糖，以维持生命活动。

（二）回收乳酸，补充肝糖原

当肌肉在缺氧或剧烈运动时，肌糖原经无氧氧化产生大量乳酸，但由于肌肉组织内无葡糖-6-磷酸酶，不能进行糖异生作用，所以乳酸经细胞膜弥散入血液后再入肝，在肝内异生为葡萄糖。葡萄糖释放入血液后又可被肌肉摄取，这就构成了一个循环，称为乳酸循环（lactic acid cycle），也称为 Cori 循环（Cori cycle）（图 4-18）。乳酸循环的形成是由于肝和肌肉组织中酶的特点所致。乳酸循环的生理意义是防止和改善乳酸堆积引起的酸中毒及乳酸的再利用。乳酸循环是耗能的过程。糖异生也是肝补充或恢复肝糖原储备的重要途径，这在饥饿后进食更为重要。长期以来人们认为，进食后肝糖原储备丰富是肝直接利用葡萄糖合成糖原的结果。但后来的放射性核素标记等实验结果表明，摄入的葡萄糖先分解为丙酮酸、乳酸等三碳化合物，后者再异生为糖原。生成糖原的这条途径称为三碳途径或者间接途径，而葡萄糖经 UDPG 合成糖原的过程称为直接途径。

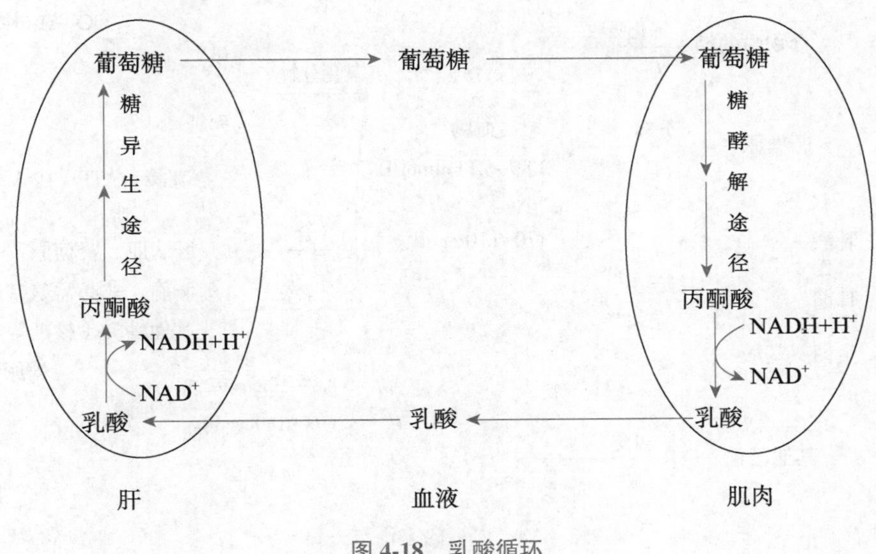

图 4-18　乳酸循环

（三）调节酸碱平衡

长期饥饿时，肾糖异生增强，可促进肾小管细胞分泌氨，使 NH_3 与 H^+ 生成 NH_4^+ 排出体外，这有利于肾的排 H^+ 保 Na^+；另外乳酸经糖异生作用转变为糖，可防止乳酸堆积引起的代谢性酸中毒，这些均对维持机体酸碱平衡有一定意义。

第五节　血糖及其调节

一、血糖的来源与去路

血液中的葡萄糖称为血糖（blood sugar）。血糖是糖的运输形式，可供各组织器官利用。正常人空腹时血糖浓度较为稳定。临床测定的血糖值因所用方法而异：用葡萄糖氧化酶法，正常人空腹血糖浓度为 3.89 ～ 6.11mmol/L（70 ～ 110mg/dl），而用 Folin- 吴宪法则为 4.44 ～ 6.67mmol/L（80 ～ 120mg/dl）。血糖浓度保持相对恒定具有重要的生理意义，特别是对脑和红细胞，它们在生理条件下，主要靠血糖供能。如果血糖过低，会出现脑功能障碍，甚至出现低血糖昏迷。

血液中葡萄糖的实际浓度是由其来源和去路两方面的动态平衡所决定的（图 4-19）。

二、血糖浓度的调节

正常情况下，血糖浓度的相对恒定依赖于血糖来源与去路的平衡，这种平衡需要体内多种因素的协同调节。

（一）神经系统水平的调节

神经系统对血糖的调节属于整体调节，通过对各种促激素或激素分泌的调节，进而影响各代谢中的酶活性或酶含量而完成调节作用。如脑垂体可分泌促肾上腺皮质激素等促激素。情绪激动时，交感神经兴奋，肾上腺素分泌增加，促进肝糖原分解、肌糖原酵解和糖异生作用，使血糖升高；当处于静息状态时，迷走神经兴奋，胰岛素分泌增加，血糖水平降低。

（二）激素水平的调节

调节血糖的激素有两大类。一类是降血糖激素，即胰岛素（insulin）；另一类是升血糖激

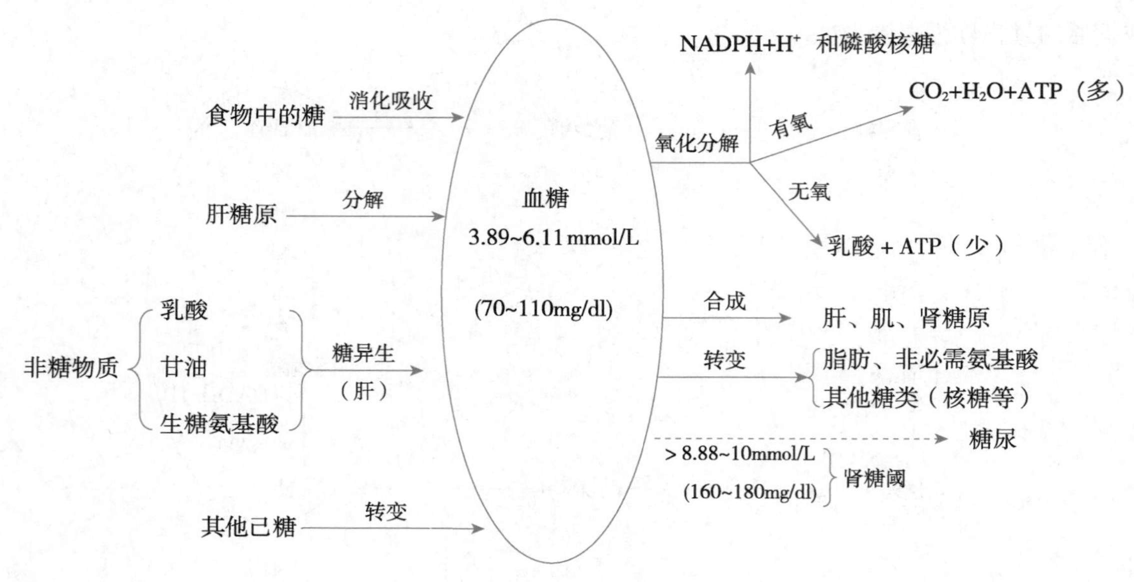

图 4-19 血糖的来源与去路

素，有肾上腺素、胰高血糖素（glucagon）、糖皮质激素和生长激素等。这两类激素的作用相互对抗、相互制约，它们通过调节糖原生成和分解、糖氧化分解、糖异生等途径的关键酶的活性或含量来调节血糖浓度恒定。各种激素调节糖代谢的机制列于表 4-5。

表4-5 激素对血糖浓度的影响

激素	作用机制
降血糖激素	
胰岛素	1．促进肌肉、脂肪细胞摄取葡萄糖 2．诱导糖酵解的 3 个关键酶合成，通过激活丙酮酸脱氢酶复合体来促进糖的氧化分解 3．通过增强磷酸二酯酶活性，降低 cAMP 水平，从而使糖原合酶活性增加，磷酸化酶活性下降，加速糖原合成，抑制糖原分解 4．通过抑制糖异生作用的磷酸烯醇式丙酮酸羧激酶合成及促进氨基酸进入肌组织合成蛋白质，减少糖异生的原料以抑制糖异生 5．减少脂肪动员，促进糖转变为脂肪
胰岛素样生长因子	在结构上与胰岛素相似，具有类似于胰岛素的代谢作用和促生长作用
升血糖激素	
胰高血糖素	1．通过细胞膜受体激活依赖 cAMP 的蛋白激酶 A，从而抑制糖原合酶和激活磷酸化酶，使糖原合成下降，促进肝糖原分解 2．通过减少磷酸果糖激酶 -1 的别构激活剂 F-2, 6-BP 的合成量来抑制糖酵解 3．通过促进磷酸烯醇式丙酮酸羧激酶合成和使 F-2, 6-BP 的合成量减少来减轻对果糖 -1, 6- 二磷酸酶的抑制作用以促进糖异生 4．加速脂肪动员，进而促进糖异生
肾上腺素	1．通过细胞膜受体激活依赖 cAMP 的蛋白激酶 A，促进肝糖原分解、肌糖原酵解 2．促进糖异生
糖皮质激素	1．抑制肝外组织摄取和利用葡萄糖 2．促进蛋白质和脂肪分解为糖异生原料，促进糖异生（只有糖皮质激素存在时，其他促进脂肪动员的激素才能发挥最大的效果）
生长激素	1．早期有胰岛素样作用 2．晚期有抗胰岛素作用

（三）器官水平的调节

肝是体内调节血糖浓度的主要器官。肝通过肝糖原的生成、分解和糖异生作用维持血糖浓度恒定。

三、耐糖现象

正常人食糖后血糖浓度仅暂时升高，经体内调节血糖机制的作用，约2h内即可恢复到正常水平，此现象称为耐糖现象。机体处理摄入葡萄糖的能力称为葡萄糖耐量，它反映机体调节糖代谢的能力，临床上常用口服葡萄糖耐量试验（oral glucose tolerance test，OGTT）鉴定机体利用葡萄糖的能力。常用方法是先测定受试者清晨空腹血糖浓度，然后一次进食75g葡萄糖（或按每千克体重1.5 ～ 1.75g葡萄糖）。进食后隔0.5h、1h、2h和3h再分别测血糖一次。以时间为横坐标，血糖浓度为纵坐标绘成的曲线称为糖耐量曲线（图4-20）。

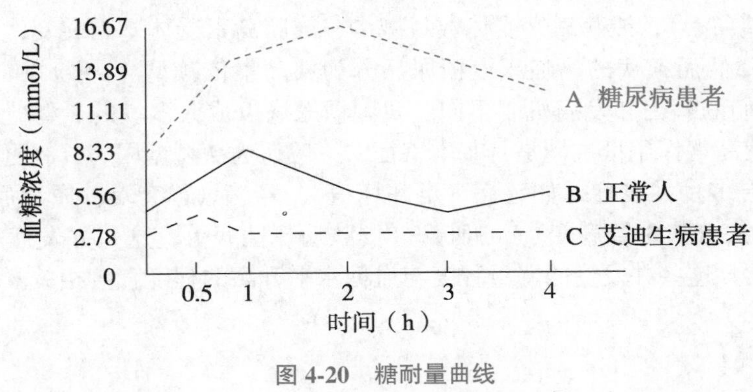

图4-20 糖耐量曲线

正常人的糖耐量曲线特点是：空腹血糖浓度正常；食糖后血糖浓度升高，1h内达高峰，但不超过肾糖阈（8.88 ～ 10mmol/L或160 ～ 180mg/dl）；此后血糖浓度迅速降低，在2h之内降至正常水平。

糖尿病患者胰岛素分泌不足，或机体对胰岛素的敏感性下降。其糖耐量曲线常表现为：①空腹血糖浓度较正常值高；②进食糖后血糖水平迅速升高，并可超过肾糖阈；③在2h内不能恢复至正常空腹血糖水平。其中食糖后2h的血糖水平变化是最重要的判断指标。

艾迪生病患者由于肾上腺皮质功能低下，其糖耐量曲线表现为：空腹血糖浓度低于正常值；进食糖后血糖浓度升高不明显；短时间即恢复至原有低血糖水平。

四、糖代谢紊乱

神经系统疾患，内分泌失调，肝、肾功能障碍及某些酶的遗传缺陷等，均可影响血糖浓度的调节或引起糖代谢障碍，导致高血糖、糖尿病或低血糖等代谢异常。

（一）低血糖

非糖尿病者空腹血糖低于2.80mmol/L（50mg/dl）称为低血糖（hypoglycemia）。脑组织对低血糖极为敏感，低血糖时可出现头晕、心悸、出冷汗等虚脱症状。如果血糖持续下降至低于2.53mmol/L（45mg/dl），可出现昏迷，称为低血糖休克。如不能及时给患者静脉滴注葡萄糖，可导致死亡。

引起低血糖的病因有：①胰性因素（胰岛β细胞器质性病变，如β细胞肿瘤可导致胰岛素分泌过多，胰岛α细胞功能低下等）；②内分泌异常（垂体功能低下、肾上腺皮质功能减退，使糖皮质激素分泌不足等）；③肝性因素（肝癌、糖原贮积症）；④饥饿或因病不能进食时间过长、治疗时使用胰岛素过量和持续的剧烈体力活动等均可引起低血糖；⑤肿瘤（胃癌等）。

（二）高血糖及糖尿病

空腹血糖浓度持续超过 7.22mmol/L（130mg/dl）时称为高血糖（hyperglycemia）。当血糖浓度超过肾糖阈时，即超过了肾小管的重吸收能力，葡萄糖从尿中排出，则可出现尿糖。正常人偶尔也可出现高血糖和尿糖，如进食大量糖或情绪激动时交感神经兴奋，引起肾上腺素分泌增加等，均可导致一过性高血糖，甚至尿糖，分别称为饮食性糖尿和情感性糖尿，但这只是暂时的，且空腹血糖浓度正常，属于生理性的。病理性高血糖及糖尿多见于下列两种情况：

1．肾性糖尿 由于肾疾患导致肾小管重吸收葡萄糖能力下降，即使血糖浓度不高，也因肾糖阈下降出现尿糖，称为肾性糖尿，如慢性肾炎、肾病综合征等。妊娠期妇女有时也会有暂时性肾糖阈降低，出现肾性糖尿，但血糖浓度与糖耐量曲线正常。

2．糖尿病 以持续性高血糖和糖尿为主要症状，特别是空腹血糖和糖耐量曲线异常的疾病主要是糖尿病（diabetes mellitus）。糖尿病是因胰岛素相对或绝对缺乏，或胰岛素分子结构异常（称为变异胰岛素），或胰岛素受体数目减少，或胰岛素受体基因突变，或胰岛素受体与胰岛素的亲和力降低而致病的。临床上糖尿病分为胰岛素依赖型（1 型）和非胰岛素依赖型（2 型）两型，它们的病因和发病机制不同。我国糖尿病以成人多发的 2 型糖尿病为主，胰岛细胞功能缺陷和胰岛素作用抵抗性是其基本特征。一般认为 2 型糖尿病具有更强的遗传性。

糖尿病的发病机制、治疗及并发症

糖尿病常伴有多种并发症，如足病（足部坏疽）、肾病（肾衰竭、尿毒症）、眼病（视物模糊、失明）、脑病（脑血管病变）、心脏病、皮肤病、性病等，这些并发症是导致糖尿病患者死亡的主要因素，这些并发症的严重程度与血糖水平升高的程度直接相关。

小结

糖是人体主要的能量来源，也是构成机体结构物质的重要组成成分。食物中可被消化的糖主要是淀粉。它经过消化道中一系列酶的消化作用，最终水解为葡萄糖，在小肠被吸收后经门静脉入血。葡萄糖的吸收是依赖特定载体转运的、主动的耗能过程。

糖的分解代谢途径主要有糖酵解、有氧氧化和磷酸戊糖途径等。葡萄糖或糖原在无氧或缺氧情况下分解生成乳酸和 ATP 的过程称为糖酵解。糖酵解全部反应均在细胞质中进行，其代谢反应可分为两个阶段。在第一阶段，由 1 分子葡萄糖转变为 2 分子丙酮酸。在第二阶段，丙酮酸在乳酸脱氢酶催化下，接受 3- 磷酸甘油醛脱下的氢，还原为乳酸。故糖酵解中虽然有氧化还原反应，但不需要氧。葡萄糖以外的己糖，如果糖和半乳糖等，均可转变为磷酸化衍生物而进入糖酵解途径。糖酵解的关键酶是磷酸果糖激酶 -1、丙酮酸激酶和己糖激酶（肝中为葡萄糖激酶）。磷酸果糖激酶 -1 是最重要的关键酶。这 3 个酶催化的反应不可逆，并受别构剂和激素的调节。糖酵解的生理意义是提供一部分急需的能量，是某些组织细胞（如成熟红细胞）生理条件下的主要供能途径。1mol 葡萄糖（或糖原的葡萄糖单位）经酵解可净生成 2mol（或 3mol）ATP。

葡萄糖或糖原在有氧条件下，彻底氧化生成 CO_2 和 H_2O，并产生大量 ATP 的过程，称为糖的有氧氧化。它是体内糖氧化供能的主要方式，在细胞质和线粒体中进行。包括三个阶段：第一阶段为葡萄糖经糖酵解途径分解为丙酮酸，在细胞质中进行；第二阶段为丙酮酸进入线粒体生成乙酰 CoA，此过程由 3 种酶和 5 种辅酶或辅基（TPP、CoASH、二氢硫辛酸、FAD 和 NAD^+）组成的关键酶——丙酮酸脱氢酶复合体催化；第三阶段是乙酰 CoA 进入三羧酸循环彻底氧化生成 CO_2、H_2O 以及 ATP。1 分子乙酰 CoA 携带的 1 个乙酰基经三羧酸循环运转一周，通过 2 次脱羧、4 次脱氢而消耗，产生 10 分子 ATP。三羧酸循环既是糖、脂肪和蛋白质彻底氧化供能的共同途径，又是三者相互转变、相互联系的枢纽。1mol 葡萄糖经有氧氧化可产生 30 或 32mol ATP。糖有氧氧化的关键酶除了与糖酵解相同的 3 个酶外，还有丙酮酸脱氢酶复合体、柠檬酸合酶、异柠檬酸脱氢酶和 α- 酮戊二酸脱氢酶复合体，其中异柠檬酸脱氢酶是最重要的关键酶。丙酮酸脱氢酶复合体通过别构调节和共价修饰两种方式进行快速调节。三羧酸循环的速率受多种因素调控，如 ATP/AMP、NADH + H^+/NAD^+ 含量比值通过别构调节来调控有氧氧化速率；胰岛素、Ca^{2+} 通过促进糖氧化分解对三羧酸循环运转也起重要作用。在氧供应充足的条件下，糖有氧氧化对糖酵解的抑制作用称为巴斯德效应。

磷酸戊糖途径在细胞质中进行，关键酶是葡糖 -6- 磷酸脱氢酶，如先天缺乏此酶，可患蚕豆病。磷酸戊糖途径的生理意义是提供 NADPH + H^+ 和磷酸核糖，前者作为供氢体参与多种代谢反应，后者是合成核苷酸的重要原料。糖醛酸途径主要在肝中进行，生成的 UDPGA 是蛋白聚糖的重要成分和生物转化中最重要的结合剂。

由单糖合成糖原的过程称为糖原合成。肝糖原的生成途径有直接途径（由葡萄糖经 UDPG 合成糖原）和间接途径（由三碳化合物经糖异生合成糖原）。糖原是体内糖的储存形式，主要贮存在肝和肌肉中。糖原合成过程中，每增加 1 个葡萄糖单位需消耗 2 分子 ATP。UDPG 为葡萄糖的活性供体，因此，糖原合成需 UTP 参与。肝糖原分解为葡萄糖的过程称为糖原分解，因为肌肉中缺乏葡糖 -6- 磷酸酶，故肌糖原不能直接分解为葡萄糖。糖原生成与分解的关键酶分别为糖原合酶和糖原磷酸化酶，二者均通过激素介导的蛋白激酶 A 使酶磷酸化，通过共价修饰和别构效应调节酶的活性。

非糖物质（乳酸、甘油、生糖氨基酸等）转变为葡萄糖或糖原的过程称为糖异生。肝是糖异生的主要场所，其次是肾。糖异生的途径与糖酵解途径是方向相反的两条代谢途径，通过 3 个底物循环进行有效的协调，即糖酵解中 3 个关键酶催化的不可逆反应分别由糖异生的 4 个关键酶——丙酮酸羧化酶、磷酸烯醇式丙酮酸羧激酶、果糖 -1, 6- 二磷酸酶和葡糖 -6- 磷酸酶催化。糖异生最主要的生理意义是在饥饿时维持血糖浓度的相对恒定，其次是回收乳酸、补充肝糖原和参与酸碱平衡调节。

血液中的葡萄糖称为血糖，是糖的运输形式。正常成人空腹血糖浓度为 3.89 ～ 6.11mmol/L（70 ～ 110mg/dl）。血糖的主要来源是食物糖的消化吸收，其次是肝糖原分解、糖异生、肌糖原酵解间接补充血糖和由其他己糖转变而来。血糖的主要去路是氧化分解供能，其次是合成肝、肌、肾糖原，转变为脂肪、某些氨基酸和其他糖类。血糖浓度超过肾糖阈时可出现尿糖。

机体通过神经、激素、器官水平调节血糖浓度相对恒定。胰岛素是唯一的降血糖激素，而胰高血糖素、肾上腺素、糖皮质激素和生长激素是升血糖激素。肝通过肝糖原的合成、分解和糖异生作用在器官水平维持血糖浓度恒定。

正常人食糖后血糖浓度仅暂时升高，经体内调节血糖机制，约 2h 内即可恢复到正常水平，此现象称为耐糖现象。人体处理所给予葡萄糖的能力称为糖耐量。通过糖耐量曲线的测定可判断机体有无糖代谢紊乱，主要是高血糖和低血糖。空腹血糖低于 2.80mmol/L（50mg/dl）称为低血糖；空腹血糖浓度持续超过 7.22mmol/L（130mg/dl）时称为高血糖。糖尿病是最常见的糖代谢紊乱疾病。

思考题

1．试述血糖的来源与去路以及相关激素是如何调节血糖浓度维持相对恒定的。

2．试列表比较糖酵解与有氧氧化进行的部位、反应条件、关键酶、终产物、ATP 生成数量与方式及其生理意义。

3．三羧酸循环的特点及生理意义是什么？

4．B 族维生素在糖代谢中有哪些重要作用？

5．机体是如何调节糖原的生成与分解使其满足生理需要的？

6．乳酸通过哪些主要反应过程和糖异生转变为葡萄糖？

7．糖尿病时出现以下现象的生化机制是什么？

①高血糖与糖尿；②酮血症、酮尿症与代谢性酸中毒（学完第 5 章脂质代谢后回答）。

8．谷氨酸是如何彻底氧化成 CO_2 和 H_2O，并释放能量的？

（江兴林）

第5章 脂质代谢

第一节 概　述

一、脂质的概念与组成

脂质（lipids）包括脂肪（fat）和类脂（lipoid），这类物质的共同特征是不溶于水，而易溶于乙醚、氯仿、苯等脂溶性溶剂。脂质不仅参与机体的物质和能量代谢，而且广泛地参与机体代谢的调节。脂质代谢与机体许多疾病的发生和发展密切相关，因此成为基础医学和临床医学广泛关注的重要内容之一。

脂肪又称三酰甘油（triacylglycerol，TG），还称甘油三酯；类脂主要包括磷脂（phospholipid，PL）、糖脂（glycolipid）、胆固醇（cholesterol）及胆固醇酯（cholesterol ester）等。

二、脂质的生理功能

机体内的脂质种类多、分布广，具有多种重要的生理功能，主要表现在：

1．供能和储能　首先，三酰甘油是机体重要的供能物质，每克三酰甘油在体内完全氧化分解释放的能量约为氧化同等质量糖类或蛋白质的2倍。其次，三酰甘油是机体最有效的储能形式，它是疏水性物质，储存时不需携带水，所占体积小，相同体积的三酰甘油彻底氧化所释放的能量是糖原的8倍。再次，三酰甘油主要分布在皮下、肠系膜、大网膜及脏器周围的脂肪组织（脂库）内，其中皮下三酰甘油可以起到抵御寒冷的作用，脏器周围脂肪可在有外力作用时起到缓冲作用。

2．维持生物膜的正常结构与功能　生物膜是阻隔极性小分子和离子的重要屏障，它主要由一些两性的脂质物质所构成，如磷脂、糖脂和胆固醇，其中以磷脂最多。磷脂分子具有亲水端和疏水端，在水溶液中可聚集成脂质双层，是生物膜的基础结构；而胆固醇的环戊烷多氢菲环使胆固醇的结构更具刚性，控制了细胞膜的流动性。

3．脂肪组织是内分泌器官　随着脂肪源性的瘦蛋白、脂联素和抵抗素等相继被发现，脂肪组织的分泌功能备受关注。目前认为，脂肪组织已不仅是供能和储能物质的聚集部位，还是一个具有内分泌、自分泌和旁分泌功能的器官。瘦蛋白是由脂肪组织中的脂肪细胞合成和分泌的一种肽类激素，具有广泛的生物学功能。瘦蛋白通过作用于下丘脑等组织的瘦蛋白受体调节机体的摄食欲望和能量平衡，其结构和功能异常是产生肥胖的重要原因之一。

4．脂质是机体众多信号分子的前体　磷脂酰肌醇的第4、5位羟基被磷酸化后生成的磷脂酰肌醇-4，5-二磷酸是构成细胞膜的重要磷脂，可在细胞外信号的刺激下水解为肌醇-1，4，5-三磷酸和二酰甘油，二者均可作为第二信使在胞内传递细胞信号；前列腺素、血栓素和白三烯是二十碳多不饱和脂肪酸的衍生物，它们通过旁分泌的方式，参与机体炎症、免疫、过敏、血栓的形成和溶解等许多生理和病理过程；胆固醇可以转化为维生素D_3和类固醇激素，在生长发育和物质代谢等方面有重要作用。

5．其他功能 胆固醇在肝转化生成胆汁酸，在脂质消化吸收中具有不可替代的重要作用；脂质化合物是脂溶性维生素的消化、吸收和转运所必需的；肺表面活性物质和血小板活化因子均是特殊的磷脂酰胆碱，前者缺乏可导致呼吸窘迫综合征，而后者则具有很强的致炎作用。

第二节 脂质的消化与吸收

一、脂质的消化

普通膳食中的脂质以三酰甘油为主，约占 90%，其次是少量的磷脂、胆固醇和胆固醇酯等。

脂质的消化主要在小肠上段，该处有胆汁和胰液的流入。脂质不溶于水，不能和消化酶充分接触。肝细胞分泌的胆汁中含有胆汁酸盐，有较强的乳化作用，可明显地降低脂-水界面（lipid-water interface）的表面张力，将三酰甘油及胆固醇酯等乳化成细小的微团（micelles），增加了脂质与消化酶的接触面积，有利于脂肪和类脂的消化吸收。消化脂质的酶主要来自胰液，胰液中含有胰脂酶（pancreatic lipase）、磷脂酶 A_2（phospholipase A_2）、胆固醇酯酶（cholesterol esterase）和辅脂肪酶（colipase）等消化酶。胰脂酶能够特异地水解三酰甘油的第 1、3 位酯键，生成 2-单酰甘油及 2 分子脂肪酸；辅脂肪酶本身不具有脂酶的活性，但可以将胰脂酶锚定在乳化微团的脂-水界面，使胰脂酶与三酰甘油充分接触，是胰脂酶消化三酰甘油必不可少的辅因子；磷脂酶 A_2 可特异水解磷脂的第 2 位酯键，生成溶血磷脂（lysophosphatide）和脂肪酸；胆固醇酯酶水解胆固醇酯生成胆固醇和脂肪酸。

溶血磷脂、胆固醇可协助胆汁酸盐将膳食中的脂质乳化成体积更小、极性更大的混合微团，这种微团更容易被小肠黏膜细胞吸收。

二、脂质的吸收

脂质及其消化产物主要在十二指肠下段及空肠上段吸收。膳食中的脂质中有少量由短链（2 ～ 6 个碳原子）和中链（6 ～ 12 个碳原子）脂肪酸构成的三酰甘油，它们经胆汁酸乳化后可直接被小肠黏膜细胞吸收，然后被细胞内脂肪酶水解为脂肪酸和甘油，通过门静脉入肝，进入血循环。

膳食中的脂质在小肠内的消化产物 2-单酰甘油、溶血磷脂、胆固醇及长链（12 ～ 26 个碳原子）脂肪酸等被吸收进入小肠黏膜细胞后，再次重新合成三酰甘油、磷脂和胆固醇酯，它们同肠黏膜细胞合成的载脂蛋白 B-48、C、A-Ⅰ、A-Ⅳ等组成乳糜微粒，被腹腔的淋巴管收集后经胸导管进入血液循环。

第三节 三酰甘油的代谢

三酰甘油由甘油和 3 分子脂肪酸组成，是甘油的脂肪酸酯，又称脂肪，是体内含量最丰富的脂质物质，占体重的 10% ～ 20%。

一、脂肪酸的化学

对于不同结构和不同来源的三酰甘油，其物理性质、代谢及生理功能的区别是由其所含脂肪酸的不同而决定的。脂肪酸是含有羧基的有机烃类化合物，机体内天然存在的脂肪酸多是含有偶数碳原子且仅含有一个羧基的直链脂肪酸（表 5-1）。

表5-1 常见脂肪酸的命名、分类和主要来源

习惯命名	系统命名	ω族	主要来源
月桂酸	12 ∶ 0		动物和植物食物
豆蔻酸	14 ∶ 0		动物和植物食物
棕榈酸	16 ∶ 0		动物和植物食物
硬脂酸	18 ∶ 0		动物和植物食物
花生酸	20 ∶ 0		动物和植物食物
棕榈油酸	16 ∶ $1\Delta^{9}$	ω-7	动物和植物食物
油酸	18 ∶ $1\Delta^{9}$	ω-9	动物和植物食物
亚油酸	18 ∶ $2\Delta^{9,12}$	ω-6	大豆、花生等植物油
α- 亚麻酸	18 ∶ $3\Delta^{9,12,15}$	ω-3	芝麻、胡桃等油脂
γ- 亚麻酸	18 ∶ $3\Delta^{6,9,12}$	ω-6	芝麻、胡桃等油脂
花生四烯酸	20 ∶ $4\Delta^{5,8,11,14}$	ω-6	花生等植物油
EPA	20 ∶ $5\Delta^{5,8,11,14,17}$	ω-3	深海鱼类，人乳
DPA	22 ∶ $5\Delta^{7,10,13,16,19}$	ω-3	深海鱼类，人乳
DHA	22 ∶ $6\Delta^{4,7,10,13,16,19}$	ω-3	深海鱼类，人乳

（一）脂肪酸的分类

脂肪酸主要有以下 2 种分类方法。

1．根据脂肪酸所含碳原子数目多少分类 分为短链（2 ~ 6 个碳原子）、中链（6 ~ 12 个碳原子）及长链（12 ~ 26 个碳原子）脂肪酸。

2．根据有无双键分类 分为饱和脂肪酸（saturated fatty acid）和不饱和脂肪酸（unsaturated fatty acid）。在不饱和脂肪酸中，根据分子中所含双键的数目不同而分为单不饱和脂肪酸和多不饱和脂肪酸。又可以根据双键的构型分为顺式和反式脂肪酸，天然存在的不饱和脂肪酸多为顺式，顺式脂肪酸经氢化或高温加热可以产生反式脂肪酸。研究显示反式脂肪酸具有升高血清总胆固醇和低密度脂蛋白胆固醇，降低高密度脂蛋白胆固醇，诱发动脉粥样硬化的危险，因此应该大力提倡减少摄入或忌食反式脂肪酸。

（二）脂肪酸的命名

通常可采用习惯命名法和系统命名法对脂肪酸进行命名。在系统命名法中，应先说明所含碳原子数目，再指明不饱和双键的位置和数目。脂肪酸中碳原子的位置有多种不同的表示方法：第一种是 Δ 编码体系，从脂肪酸的羧基碳开始计算碳原子的顺序；第二种是把邻近羧基碳的碳原子标记为 α 碳原子，向甲基碳方向顺序标记为 β 和 γ 碳原子等；第三种是 ω 编码体系，把甲基碳原子标记为 ω-1 碳原子，向羧基碳方向顺序标记为 ω-2 和 ω-3 碳原子等。以亚油酸的命名为例，依据 Δ 编码体系，其表示为 18 ∶ 2 $\Delta^{9,12}$；依据 ω 编码体系，亚油酸归属为 ω-6 脂肪酸。在人体内相同 ω 族的不饱和脂肪酸是可以相互转化的，而不同 ω 族的不饱和脂肪酸不可以相互转化，换言之 ω-3 和 ω-6 族不饱和脂肪酸不仅不能互相转化，而且也都不能从 ω-7 和 ω-9 族不饱和脂肪酸转化生成。

（三）脂肪酸的来源

机体内脂肪酸的来源有两条途径：一是自身合成，二是从食物中摄取。根据来源的不同，可以将脂肪酸分为营养非必需脂肪酸（non-nutritional essential fatty acid）和营养必需脂肪酸（nutritional essential fatty acid）两大类。营养非必需脂肪酸既可以从膳食摄入，也可以自身合成，而营养必需脂肪酸机体不能自身合成，只能从膳食中获得。这些机体需要但是自身不能合

成、必须由膳食摄入的脂肪酸被称为营养必需脂肪酸。常见的人体营养必需脂肪酸有亚油酸、亚麻酸、花生四烯酸等。

二、脂肪动员

三酰甘油在体内发生分解代谢，为机体提供生命所需能量。分解代谢的第一步称为脂肪动员（fat mobilization），是指储存在脂肪组织中的脂肪在各种脂肪酶作用下被水解为游离脂肪酸和甘油，水解产物释放入血并被机体组织利用的过程。在脂肪动员的过程中，由三酰甘油脂肪酶所催化的三酰甘油水解为二酰甘油和脂肪酸的反应是脂肪动员的限速反应。三酰甘油脂肪酶也因此被称为脂肪动员的关键酶，它是一种可进行共价修饰调节的酶，受多种激素的调节，所以又称为激素敏感脂肪酶（hormone sensitive lipase，HSL）。肾上腺素、胰高血糖素和促肾上腺皮质激素等能增强三酰甘油脂肪酶的活性，因此被称为促脂解素（lipotropic hormone）；胰岛素和前列腺素等能抑制脂肪动员，因此被称为抗脂解激素（anti-lipolytic hormone）。当禁食、饥饿或处于兴奋状态时，促脂解素分泌增加，脂解作用加强；而进食后胰岛素分泌增加，脂解作用降低。通过激素对各种物质代谢的不同影响，机体物质代谢协调进行，适应机体的状况和需求。

脂肪动员生成的甘油可在血液中游离运输，主要被运输到肝，经甘油激酶催化生成 3- 磷酸甘油，然后进入糖酵解途径氧化分解或异生成糖。肾、肠等组织细胞中也含有甘油激酶，可以利用甘油；脂肪组织和骨骼肌缺乏甘油激酶，不能利用甘油。脂肪动员生成的游离脂肪酸释放入血，与清蛋白结合形成脂肪酸 - 清蛋白复合物，随血液循环运输至心、肝、骨骼肌等各组织进一步分解利用。

三、脂肪酸的分解代谢

脂肪酸是机体主要的供能物质之一。当机体糖供应不足时，三酰甘油分解生成脂肪酸。在氧供应充足的条件下，脂肪酸可在体内氧化分解成 CO_2 和 H_2O，释放出大量能量，以 ATP 形式供机体利用。各器官中以肝和肌肉反应最为活跃，但脑、神经组织及红细胞等不能直接分解利用脂肪酸。大多数脂肪酸，特别是长链脂肪酸的氧化分解代谢可分为活化、转移、β 氧化和 ATP 生成四个阶段。

（一）脂肪酸的活化

脂肪酸在氧化分解前需消耗 ATP 进行活化，形成脂酰辅酶 A（脂酰 CoA）。催化该反应的酶是位于内质网和线粒体外膜的脂酰辅酶 A 合成酶（acyl CoA synthetase），又称硫激酶（thiokinase），故脂肪酸的活化过程发生在细胞质中。这也是脂肪酸氧化分解代谢中唯一消耗 ATP 的反应。

$$H_3C—(CH_2)_n—COOH + ATP + HSCoA \xrightarrow{\text{脂酰辅酶 A 合成酶}} H_3C—(CH_2)_n—CO \sim SCoA + AMP + PPi$$

反应产物焦磷酸（PPi）的迅速分解可以阻止逆向反应的进行，从而促进活化反应进行完全。活化反应虽然仅 1 分子 ATP 参与反应，但是由于其产物是 AMP，故实际上消耗了 2 分子高能磷酸键。

（二）脂酰 CoA 转移进入线粒体

脂酰 CoA 是在细胞质中形成的，催化其进一步代谢的酶系统却存在于线粒体基质。短链或中长链的脂酰 CoA（10 个碳原子以下）能渗透通过线粒体内膜，但长链脂酰 CoA 不能穿越线粒体内膜，需要特定物质的介导来完成其转运，该物质就是肉碱（carnitine），即 L-3- 羟基 -4- 三甲氨基丁酸。在线粒体内膜的两侧分别存在有肉碱脂酰转移酶 Ⅰ 和肉碱脂酰转移酶

Ⅱ，二者为同工酶。位于外侧的肉碱脂酰转移酶Ⅰ催化脂酰 CoA 转变为脂酰肉碱，脂酰肉碱借助线粒体内膜上的载体（肉碱 - 脂酰肉碱转位酶）转运到线粒体基质，位于内膜上的肉碱脂酰转移酶Ⅱ催化其重新转变为脂酰 CoA，同时释放出肉碱。肉碱可借助肉碱 - 脂酰肉碱转位酶的转运重回内膜外侧，这就完成了脂酰 CoA 的转移，如图 5-1 所示。

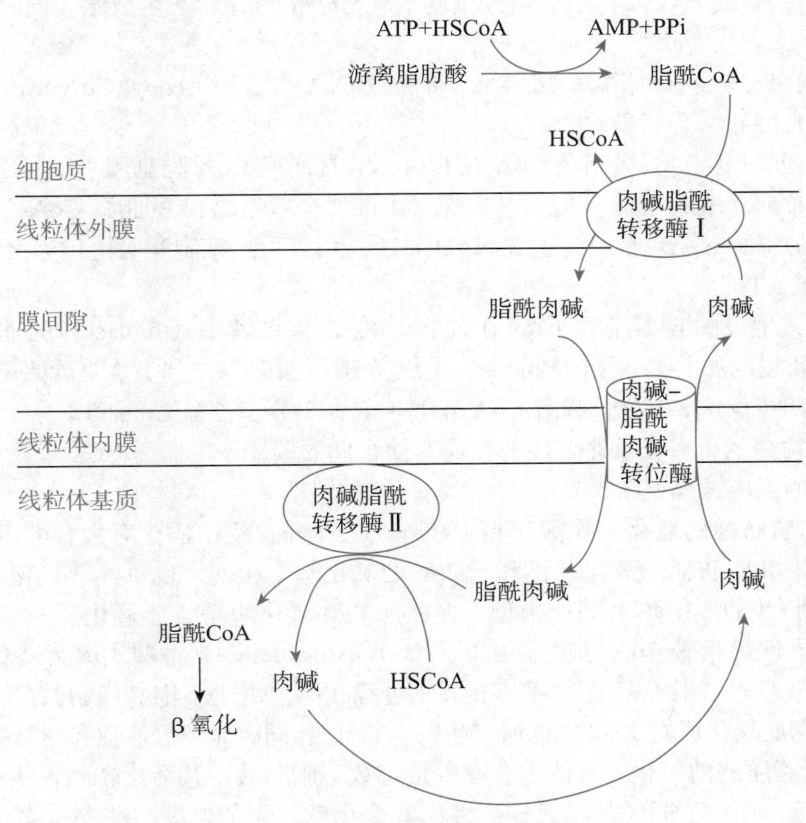

图 5-1 脂酰 CoA 转移进入线粒体的过程

脂酰 CoA 转移进线粒体是脂肪酸氧化的限速步骤，其中肉碱脂酰转移酶Ⅰ是脂肪酸分解代谢的关键酶，受脂肪酸合成中间产物——丙二酰 CoA 的抑制。胰岛素可诱导丙二酰 CoA 浓度增加，进而抑制肉碱脂酰转移酶Ⅰ。另外肉碱脂酰转移酶Ⅱ也受胰岛素抑制。当饥饿或禁食时，胰岛素分泌减少，肉碱脂酰转移酶Ⅰ、Ⅱ的活性增高，长链脂肪酸进入线粒体氧化加快，脂肪酸的氧化会增强。

（三）脂肪酸的 β 氧化

德国化学家 Knoop 在 1904 年设计了一个实验来研究体内脂肪酸的氧化，以不被机体分解的苯基标记脂肪酸的 ω- 甲基，再用带标记的脂肪酸喂养犬并检测其尿中的代谢产物。实验表明，若饲喂带标记的奇数碳脂肪酸，不论脂肪酸碳链长短，尿液代谢物中均有苯甲酸；若饲喂带标记的偶数碳脂肪酸，尿液代谢物中均有苯乙酸。据此 Knoop 提出脂肪酸在体内的氧化分解是从羧基端 β 碳原子开始的，每次断裂 2 个碳原子，以乙酰 CoA 的形式释放。由于脂肪酸氧化过程的各步反应均发生在脂酰基羧基端的 β 碳原子上，故称脂肪酸 β 氧化（β-oxidation of fatty acid）。后来该学说得到了酶学和同位素示踪技术证明，到 20 世纪 50 年代已基本阐明了具体的各步酶促反应。

当脂酰 CoA 进入线粒体基质后，在脂肪酸 β 氧化酶系的有序催化下进行氧化分解，由于体内脂肪酸的组成和结构各不相同，其氧化分解过程也各有差异。

1．偶数碳饱和脂肪酸的氧化 分子含有偶数碳原子的饱和脂肪酸的主要氧化方式是α-β碳原子间的裂解和β碳原子的氧化。具体的反应包括脱氢、加水、再脱氢和硫解四步反应。

（1）脱氢：脂酰 CoA 在脂酰 CoA 脱氢酶（acyl CoA dehydrogenase）的催化下，其烃链的α、β位碳原子各脱去一个氢原子，生成反式 Δ^2- 烯脂酰 CoA，而脱下的 2 个氢原子由该酶的辅基 FAD 接受，生成 $FADH_2$。后者可经细胞氧化呼吸链传递给氧生成水，同时生成 1.5 分子 ATP。

（2）加水：反式 Δ^2- 烯脂酰 CoA 在 Δ^2- 烯脂酰 CoA 水合酶（enoyl CoA hydratase）的催化下，加水生成 L（+）-β- 羟脂酰 CoA。

（3）再脱氢：L（+）-β- 羟脂酰 CoA 在 L（+）-β- 羟脂酰 CoA 脱氢酶［L（+）-β-hydroxyacyl CoA dehydr-ogenase］的催化下，脱去β碳原子上的 2 个氢生成β- 酮脂酰 CoA，而脱下的 2 个氢原子由该酶的辅酶 NAD^+ 接受，生成 $NADH+H^+$。后者可经细胞呼吸链传递给氧生成水，同时生成 2.5 分子 ATP。

（4）硫解：生成的β- 酮脂酰 CoA 在β- 酮脂酰 CoA 硫解酶（thiolase）的催化下，α-β碳原子间的烃链断裂，加上 1 分子的辅酶 A，生成 1 分子乙酰 CoA 和少 2 个碳原子的脂酰 CoA。

经过上述四步反应，1 分子脂酰 CoA 分解生成为 1 分子乙酰 CoA 和 1 分子比原来少了 2 个碳原子的脂酰 CoA。后者重复上述的反应，使含偶数碳原子的脂酰 CoA 最终全部转化成乙酰 CoA。具体的反应过程见图 5-2。

2．不饱和脂肪酸的氧化 除饱和脂肪酸外，人体和食物中还含有大量的不饱和脂肪酸。在线粒体内不饱和脂肪酸的氧化与饱和脂肪酸的氧化基本相同，也可循β氧化进行。但由于天然不饱和脂肪酸的双键均为顺式构型，而脂肪酸β氧化酶系只能氧化反式不饱和脂肪酸，因此，需要特异性烯脂酰 CoA 顺反异构酶（*cis-trans* isomerase）将顺式烯脂酰 CoA 转变成反式构型的烯脂酰 CoA。其余氧化过程与β氧化过程相同。由于不饱和脂肪酸的还原程度较饱和脂肪酸低，彻底氧化成 CO_2 和 H_2O 时产生的 ATP 比相同碳原子数的饱和脂肪酸少。

3．奇数碳脂肪酸的氧化 人体内存在少量奇数碳脂肪酸，其活化转移入线粒体后也可循β氧化方式进行。唯一不同的是经过连续多次β氧化后，除了生成乙酰 CoA 外，最终还会生成 1 分子丙酰 CoA。丙酰 CoA 首先经过丙酰 CoA 羧化酶催化生成甲基丙二酰 CoA，然后在甲基丙二酰 CoA 变位酶的作用下经过分子内重排转变成琥珀酰 CoA，后者或进入三羧酸循环氧化分解，或经草酰乙酸异生成糖。

（四）脂肪酸β氧化中 ATP 的生成

脂肪酸β氧化产生的还原当量经氧化磷酸化生成 ATP。以饱和的软脂酸（16 碳饱和脂肪酸）为例，其活化为软脂酰 CoA 转移入线粒体后，经 7 轮β氧化循环，产生 7 分子的 $FADH_2$、7 分子的 $NADH + H^+$ 和 8 分子的乙酰 CoA。前二者经呼吸链生成 28 分子（$1.5 \times 7 + 2.5 \times 7=28$）ATP，后者经三羧酸循环和呼吸链可产生 80 分子（$10 \times 8 = 80$）ATP。软脂酸完全氧化可生成 108 分子 ATP，除去其活化消耗的 2 分子 ATP，净生成 106 分子 ATP，约占软脂酸氧化释放总能量的 40%；其余 60% 的能量以热能形式释放用于维持体温，热效率高达 40%。软脂酸分子量为 256，葡萄糖分子量为 180，单位质量软脂酸与葡萄糖产生的 ATP 数的比值为 2.33 ∶ 1（106/256 ∶ 32/180），这是脂肪有效供能和作为储能物质的重要原因。

（五）脂肪酸氧化的其他方式

脂肪酸的其他氧化方式主要指脂肪酸的α氧化（α-oxidation）和ω氧化（ω-oxidation）。

脂肪酸的α氧化发生在脂肪酸α碳原子上，先由α- 羟化酶催化生成α- 羟脂酸，再由脱羧酶催化脱去 1 分子 CO_2，生成少了 1 个碳原子的脂肪酸。α氧化主要在脑和肝细胞的过氧化物酶体中进行。脂肪酸α氧化对生物体内奇数碳脂肪酸的形成、3- 甲基支链脂肪酸的降解、α- 羟脂酸的降解起着重要的作用。一些长链脂肪酸在 O_2 和 Fe^{2+} 存在的情况下，以维生素 C 或四

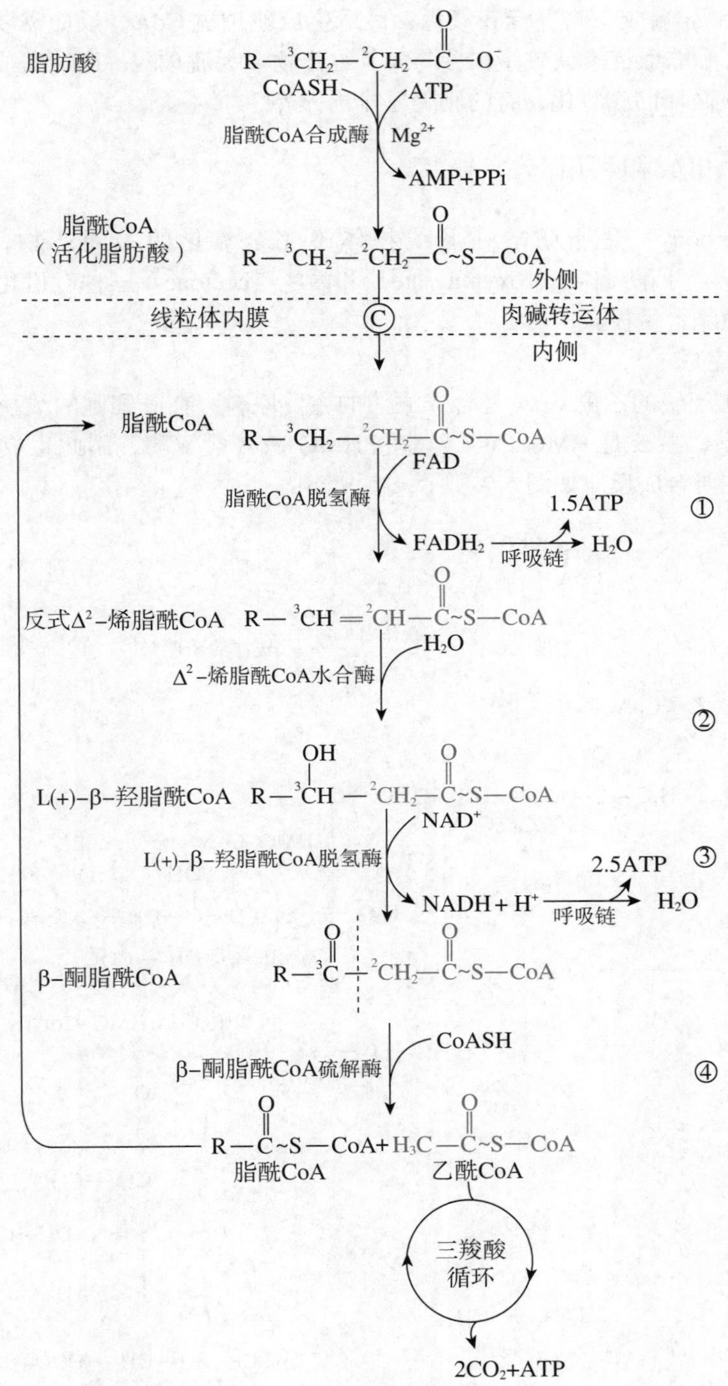

图 5-2　脂肪酸的 β 氧化

氢叶酸为供氢体，经 α 氧化生成 α- 羟脂酸。α- 羟脂酸既可作为脑苷脂和硫脂的重要成分，又可继续氧化脱羧生成奇数碳脂肪酸。植烷酸（3- 甲基支链脂肪酸，由食物中的植醇转变而来）经 α 氧化脱去 1 分子 CO_2 生成降植烷酸，再通过 β 氧化分解。先天性的 α- 羟化酶缺乏则不能氧化植烷酸等支链脂肪酸，造成其在组织和血液中的蓄积，引起雷夫叙姆病（植烷酸贮积症，Refsum disease），表现为色素膜视网膜炎、末梢神经炎及小脑运动失调等神经症状。

ω 氧化是脂肪酸的一种次要氧化方式，在肝内质网中发生，主要是对一些中短链脂肪酸（8 ~ 12 个碳）进行加工改造。在单加氧酶催化下，脂肪酸 ω- 碳被氧化形成 α, ω- 二羧酸，然

后可同时从 α 端和 ω 端或一侧进行 β 氧化，最后生成琥珀酰 CoA。反应需要 NADPH 与分子氧、细胞色素 P_{450} 和非血红素铁硫蛋白参与，其终产物多为琥珀酸、已二酸或辛二酸。这些产物有的可经三羧酸循环彻底氧化，有的则随尿排出体外。

四、酮体的生成和利用

酮体（ketone body）是脂肪酸在肝线粒体不完全氧化的中间产物，包括乙酰乙酸（acetoacetate）、β- 羟丁酸（β-hydroxybutyrate）和丙酮（acetone）三种有机化合物。其中前二者是主要成分，丙酮含量极微。

（一）酮体的生成

脂肪酸 β 氧化产生的乙酰 CoA 是合成酮体的主要原料。在肝细胞的线粒体内含有催化合成酮体反应的酶系，主要是 HMG-CoA 合酶和 HMG-CoA 裂解酶，因此生成酮体是肝细胞特有的功能。酮体主要合成反应如图 5-3 所示。

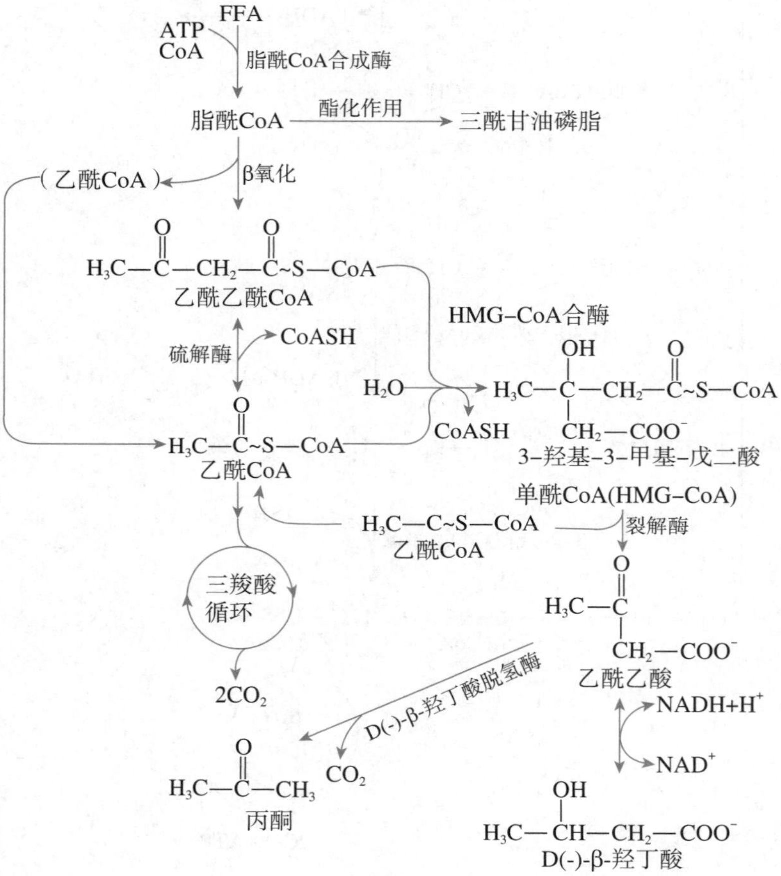

FFA
ATP
CoA
脂酰CoA合成酶
脂酰CoA
酯化作用
三酰甘油磷脂
(乙酰CoA)
β氧化
$H_3C-\overset{O}{\overset{\|}{C}}-CH_2-\overset{O}{\overset{\|}{C}}\sim S-CoA$
乙酰乙酰CoA
硫解酶
CoASH
HMG-CoA合酶
H_2O
CoASH
$H_3C-\overset{OH}{\overset{|}{C}}(CH_2-COO^-)-CH_2-\overset{O}{\overset{\|}{C}}\sim S-CoA$
3-羟基-3-甲基-戊二酸单酰CoA(HMG-CoA)
$H_3C-\overset{O}{\overset{\|}{C}}\sim S-CoA$
乙酰CoA
$H_3C-C\sim S-CoA$
乙酰CoA
裂解酶
三羧酸循环
$2CO_2$
$H_3C-\overset{O}{\overset{\|}{C}}-CH_2-COO^-$
乙酰乙酸
$NADH+H^+$
NAD^+
D(-)-β-羟丁酸脱氢酶
CO_2
$H_3C-\overset{O}{\overset{\|}{C}}-CH_3$
丙酮
$H_3C-\overset{OH}{\overset{|}{CH}}-CH_2-COO^-$
D(-)-β-羟丁酸

图 5-3　酮体的生成

1．乙酰乙酰 CoA 的生成　2 分子的乙酰 CoA 在硫解酶的作用下缩合成乙酰乙酰 CoA，并释放出 1 分子的 CoASH。

2．HMG-CoA 的生成　乙酰乙酰 CoA 再与 1 分子的乙酰 CoA 缩合，生成 D-3- 羟基 -3- 甲基戊二酸单酰 CoA（D-3-hydroxy-3-methyl glutaryl-CoA，HMG-CoA），催化此反应的酶为 HMG-CoA 合酶（HMG-CoA synthase）。

3．乙酰乙酸的生成　HMG-CoA 在裂解酶（lyase）的催化下裂解生成乙酰乙酸和 1 分子的乙酰 CoA。

4．β- 羟丁酸和丙酮的生成　乙酰乙酸在线粒体内膜 D(−)-β- 羟丁酸脱氢酶的催化下被还原生成 β- 羟丁酸，还原所需要的氢由 NADH + H^+ 提供。一般情况下 β- 羟丁酸含量最高，约占酮体总量的 70%。部分乙酰乙酸可自发地脱羧生成少量丙酮。

（二）酮体的利用

由于肝细胞氧化酮体的酶活性很低，酮体生成后很快透出肝细胞膜，随血液输送到肝外组织进行氧化，所以酮体是肝内生成、肝外利用。心、肾、脑和骨骼肌等肝外组织含有利用酮体的酶系。β- 羟丁酸首先脱氢生成乙酰乙酸。乙酰乙酸在琥珀酰 CoA 转硫酶或乙酰乙酸硫激酶的催化下，重新转变为乙酰乙酰 CoA，进而在硫解酶的催化下裂解生成乙酰 CoA。产物乙酰 CoA 经三羧酸循环可彻底氧化成 CO_2 和 H_2O，并生成 ATP。丙酮的代谢活性极低，一般可经肾随尿排出。血液中酮体浓度升高时，其中的丙酮也可经肺呼出，因此重症酮血症患者呼出的气体中可有丙酮的特殊气味。在正常的情况下，酮体的肝内生成与肝外利用协调平衡，所以血液中酮体维持在正常较低水平。

（三）酮体生成的生理意义

酮体是肝特有的脂肪酸代谢中间产物，它们一方面保存了脂肪酸 3/4 以上的能量；另一方面，其分子小、溶于水，能够透过血脑屏障、毛细血管壁及线粒体内膜，是肝向肝外组织输送脂肪酸能量的一种有效形式。在饥饿或糖供能不足时，脂肪动员加强，所产生的脂肪酸转变为乙酰 CoA 氧化供能，以减少葡萄糖和蛋白质的消耗，维持血糖浓度的恒定。肝同时将脂肪酸分解转化成酮体，以替代葡萄糖为脑组织提供能量保障，确保大脑功能正常。脑组织不能从葡萄糖获得足够能量的情况下，所需能量的 75% 是由酮体提供的，这对生命的维系和健康的恢复具有积极意义。

在生理条件下，酮体的合成往往低于酮体的利用，血液中的酮体水平很低，浓度不超过 0.2mmol/L，通过尿液排出的酮体总量不超过 1mg/d。饥饿、妊娠中毒症、糖尿病以及高脂低糖膳食人群肝酮体的生成超过肝外酮体的利用，可造成血液中酮体水平升高。如严重糖尿病等糖代谢异常情况下，葡萄糖得不到有效利用，脂肪动员而来的脂肪酸被转化成大量酮体。酮体在血液中的蓄积超过正常浓度则称酮血症（ketonemia）；此时如尿中可检测出酮体，则称为酮尿症（ketonuria）。酮体中的乙酰乙酸和 β- 羟丁酸均是较强的酸，在体内蓄积会造成血液 pH 下降，由此引起的酸中毒称为酮症酸中毒（ketoacidosis）。严重的酮症酸中毒可威胁患者的生命，在因糖尿病等代谢性疾病以及胃肠道手术不能进食患者的治疗中具有特别重要的意义。由于酮血症起因是糖供能不足（如饥饿）或糖利用障碍（如糖尿病），在临床处理酮症酸中毒时不仅要及时纠正酸中毒，更要注意建立和恢复机体的正常糖代谢。

五、脂肪酸的合成

当糖供能充足时，人体内能够进行脂肪酸生物合成储存能量。但机体合成脂肪酸的能力是有限的，例如人体及哺乳动物不能向脂肪酸加入超过 Δ^9 的双键，所以有些人体需要的脂肪酸自身不能合成，只能通过食物获得，称为营养必需脂肪酸；而能够自身合成的脂肪酸即非营养必需脂肪酸。人体内非营养必需脂肪酸的种类很多，当合成时都是先走一条共同的途径——生成 16 碳的软脂酸，再由软脂酸通过改变链的长短或添加不饱和键等方式转化成其他各种各样的非营养必需脂肪酸。

（一）合成部位

脂肪酸的合成主要是在细胞质中进行的。肝、肾、脑、乳腺和脂肪组织均可合成脂肪酸，但肝是机体合成脂肪酸最主要的场所，脂肪组织是脂肪酸的储存场所。

（二）合成原料及来源

脂肪酸合成的原料包括乙酰 CoA、NADPH + H^+、ATP、HCO_3^-、生物素及 Mn^{2+} 等辅因子。

1．乙酰 CoA 的来源 乙酰 CoA 是合成脂肪酸的主要原料，也是体内合成脂肪酸时碳原子的唯一来源，主要来自葡萄糖的分解代谢。因为糖代谢产生的乙酰 CoA 位于线粒体内，而脂肪酸合成的相关酶类定位在细胞质中，且线粒体内膜为选择透过性膜，所以线粒体内的乙酰 CoA 需通过特殊的机制转移到细胞质中，这个过程称为柠檬酸 - 丙酮酸循环（citrate pyruvate cycle），具体过程如图 5-4 所示。

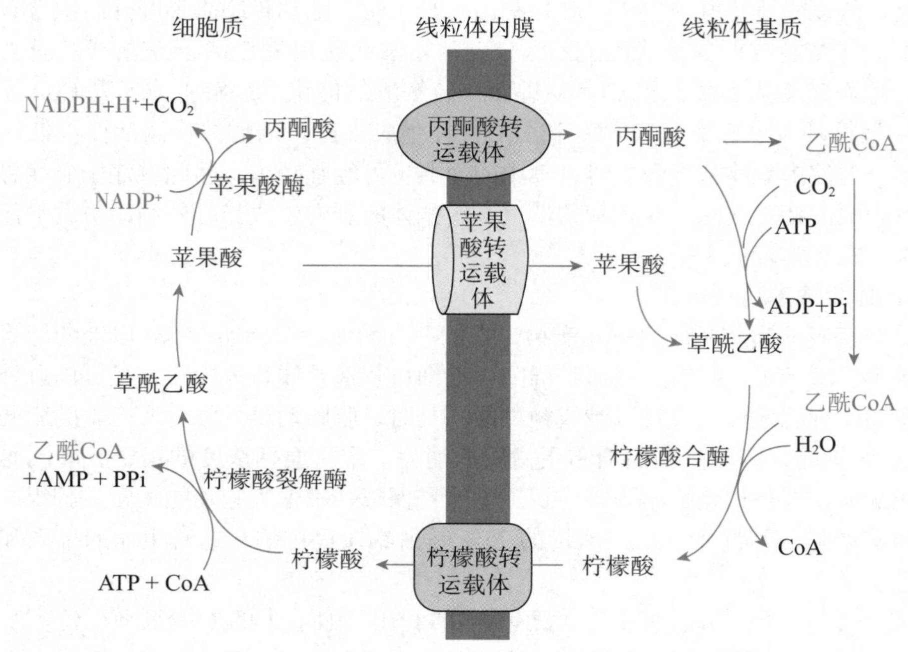

图 5-4 柠檬酸 - 丙酮酸循环

（1）在线粒体内乙酰 CoA 首先与草酰乙酸缩合生成柠檬酸，在相应的载体介导下后者可进入细胞质。

（2）在细胞质中柠檬酸裂解酶作用下，柠檬酸重又裂解产生乙酰 CoA 和草酰乙酸。

（3）乙酰 CoA 可用于脂肪酸的合成，草酰乙酸则需返回线粒体补充合成柠檬酸的消耗。草酰乙酸也不能自由通过线粒体内膜，其首先在苹果酸脱氢酶作用下被还原为苹果酸，接着再在苹果酸酶的催化下氧化脱羧，生成可穿透线粒体内膜的丙酮酸，后一反应的受氢体为 $NADP^+$。

（4）返回线粒体的丙酮酸可重新羧化为草酰乙酸，再参与乙酰 CoA 的转运。

柠檬酸 - 丙酮酸循环不仅完成了乙酰 CoA 从线粒体到细胞质的转运，而且使细胞质内的 $NADP^+$ 转变为 $NADPH + H^+$，为脂肪酸的合成提供了供氢体。循环每运转一次，消耗 2 分子 ATP，将 1 分子乙酰 CoA 从线粒体中带入细胞质，并为机体提供 1 分子 $NADPH + H^+$，以补充合成反应的需要。正是通过乙酰 CoA 这一重要的中间代谢物，体内的三大营养物质的相互转化才成为可能。

2．$NADPH + H^+$ 的来源 脂肪酸的合成过程中有多次加氢还原反应，所需氢是以 $NADPH + H^+$ 的形式提供的。合成所需的 $NADPH + H^+$ 有两个来源：主要来源是葡萄糖的磷酸戊糖途径，另外通过柠檬酸 - 丙酮酸循环转运乙酰 CoA 过程中也可提供少量 $NADPH + H^+$。

（三）合成反应及催化酶系

机体内脂肪酸的合成是一个相当复杂的过程，虽然合成脂肪酸的所有碳原子均来源于乙酰 CoA，但仅有 1 分子乙酰 CoA 直接参与合成反应，其余的乙酰 CoA 需先羧化为丙二酸单酰 CoA 后才能进入脂肪酸的合成途径。

1．丙二酸单酰 CoA 的合成　乙酰 CoA 在羧化酶的催化下不可逆地生成丙二酸单酰 CoA，反应如下：

$$CH_3CO \sim SCoA + HCO_3^- + ATP \xrightarrow{\text{乙酰 CoA 羧化酶}} HOOCCH_2CO \sim SCoA + ADP + Pi$$

乙酰 CoA 羧化酶（carboxylase）存在于细胞质中，其辅基是生物素，在反应过程中起到携带和转移羧基的作用。该酶是脂肪酸合成的关键酶，既是别构酶，受到别构效应剂的调节，又受磷酸化、去磷酸化的共价修饰调节。

2．软脂酸的合成　软脂酸的合成是由脂肪酸合酶催化完成的。不同进化程度的生物，脂肪酸合酶的组成和结构不同。在低等生物大肠埃希菌中，脂肪酸合酶是一个由 7 种不同功能的酶与酰基载体蛋白（acyl carrier protein，ACP）聚合形成的多酶复合体。在高等哺乳动物中，这 7 种酶（β- 酮脂酰合酶、乙酰转移酶、丙二酸单酰转移酶、β- 酮脂酰还原酶、β- 羟脂酰脱水酶、烯脂酰还原酶和硫酯酶）和酰基载体蛋白融合到一条多肽链中，属于多功能酶。人体的脂肪酸合酶由这样 2 条相同肽链首尾相连形成二聚体，当两个亚基结合形成二聚体时酶才具有活性，当二聚体解聚成 2 个独立的亚基时酶则失去催化功能。

无论高等还是低等生物，脂肪酸合酶中的 ACP 均以 4′- 磷酸泛酰氨基乙硫醇为辅基，其末端巯基可与脂酰基结合形成硫酯键。酶系中的 β- 酮脂酰合酶分子中含有半胱氨酸残基，其中的巯基也能携带脂酰基。在相应的转移酶催化下，乙酰 CoA 和丙二酸单酰 CoA 分别形成硫酯键而结合在 β- 酮脂酰合酶和 ACP 的巯基上，完成酶和底物的结合。

结合在脂肪酸合酶上的乙酰 CoA 和丙二酸单酰 CoA 依次进行缩合、还原、脱水和再还原等步骤，形成与 ACP 相连的丁酰基。中间产物丁酰基从 ACP 上转移到 β- 酮脂酰合酶的巯基上，空出的 ACP 再结合 1 分子丙二酸单酰 CoA，开始下一轮循环。每轮循环延长 2 个碳原子，7 轮循环后 ACP 上生成含 16 个碳原子的软脂酰碳链。在硫酯酶的催化下，软脂酰 -ACP 的硫酯键水解断裂，将软脂酸从酶复合体中释放出来。软脂酸的合成反应如下：

$$7\,CH_3CO \sim SCoA + 7\,CO_2 + 7\,ATP \longrightarrow 7\,HOOCCH_2CO \sim SCoA + 7\,ADP + 7\,Pi$$

$$CH_3CO \sim SCoA + 7\,HOOCCH_2CO \sim SCoA + 14\,NADPH + 14\,H^+ \longrightarrow$$

$$CH_3(CH_2)_{14}COOH + 7\,CO_2 + 14\,NADP^+ + 8\,HSCoA + 6\,H_2O$$

（四）软脂酸转化为其他非必需脂肪酸

1．脂肪酸碳链长度的变化　16 碳以上长链脂肪酸的合成是以软脂酸为前体，在滑面内质网或线粒体中的脂肪酸碳链延长酶系的催化下完成的。滑面内质网脂肪酸延长以丙二酸单酰 CoA 为二碳单位的供体，而线粒体脂肪酸延长以乙酰 CoA 为二碳单位的供体。通过这种方式不仅可以合成硬脂酸，也可合成碳链更长的 24 或 26 碳脂肪酸。短链脂肪酸可由软脂酸发生 β 氧化使碳链缩短生成。

2．不饱和脂肪酸的合成　脂肪酸的去饱和过程是一个脱氢过程，需要有黄素蛋白和细胞色素 b_5 等线粒体外电子传递系统参与。哺乳动物在滑面内质网脂肪酸去饱和酶的作用下可以合成一些不饱和脂肪酸，但该酶只能在 Δ^9 与羧基碳之间催化形成双键，而不能在 Δ^9 与末端甲基之间形成双键，因此有些不饱和脂肪酸自身是不能合成的，如前所述称为营养必需脂肪酸。传统的营养必需脂肪酸多是指亚油酸（18 ∶ $2\Delta^{9,12}$，属于 ω-6 脂肪酸）、α- 亚麻酸（18 ∶ $3\Delta^{9,12,15}$，属于 ω-3 脂肪酸）和花生四烯酸（20 ∶ $4\Delta^{5,8,11,14}$，属于 ω-6 脂肪酸）三类。实际上这种营养必需脂肪酸的组成是不全面的，应该认定所有的 ω-3 脂肪酸和 ω-6 脂肪酸均是营养必需脂肪酸。这样近年来备受关注和推崇的 EPA（20 ∶ $5\Delta^{5,8,11,14,17}$）、DPA（22 ∶ $5\Delta^{7,10,13,16,19}$）和 DHA（22 ∶ $6\Delta^{4,7,10,13,16,19}$）也应该归属为营养必需脂肪酸的范畴。植物组织和一些以浮游生物为食的深海鱼类含有较多的EPA、DPA和DHA，人体可以通过食用植物油或深海鱼油等食物而获得这些营养必需脂肪酸。

六、甘油的来源

当三酰甘油进行合成代谢时，所需要的甘油有以下两种来源。①从糖代谢生成：糖分解代谢产生的磷酸二羟丙酮在细胞质中3-磷酸甘油脱氢酶催化下，还原为3-磷酸甘油。此反应普遍存在于人体内各组织，是3-磷酸甘油的主要来源。②细胞内甘油再利用：内源或外源性三酰甘油分解产生的甘油，在肝、肾、哺乳期乳腺及小肠黏膜所富含的甘油激酶的催化下，活化形成3-磷酸甘油。

七、三酰甘油的合成

（一）合成的部位及原料

三酰甘油合成的主要器官是肝、小肠和脂肪组织。肝的合成能力最强，但不能储存三酰甘油，其合成的三酰甘油与载脂蛋白B-100、载脂蛋白C及磷脂、胆固醇等组装成极低密度脂蛋白（VLDL），经血液循环向肝外组织输出。若磷脂合成不足或载脂蛋白合成障碍，三酰甘油就会在肝细胞中聚集，导致脂肪肝的形成。脂肪组织既能合成又能贮存三酰甘油。小肠主要以外源性脂质物质的降解产物为原料合成三酰甘油，以乳糜微粒形式分泌入血。

三酰甘油合成的原料是磷酸甘油和脂酰CoA，它们分别是甘油和脂肪酸的活性形式，主要来源于糖代谢。三酰甘油中3个脂肪酸可以是相同的，也可以是不同的，但在一般情况下三酰甘油的C-2常为多不饱和脂肪酸——花生四烯酸。

（二）合成的途径

肝和脂肪组织细胞通过二酰甘油途径（diacyl glycerol pathway）合成三酰甘油，小肠黏膜细胞通过单酰甘油途径（monoacylglycerol pathway）合成三酰甘油。

1．二酰甘油途径 糖酵解中间代谢产物磷酸二羟丙酮经磷酸甘油脱氢酶催化还原生成α-磷酸甘油，后者在酰基转移酶（acyl transferase）的催化下与2分子脂酰CoA反应生成3-磷酸-1,2-二酰甘油，即磷脂酸（图5-5），它是合成甘油酯类的共同前体。磷脂酸在磷脂酸磷酸酶的作用下，水解释放出无机磷酸并转变为二酰甘油。二酰甘油与脂酰CoA反应，在酰基转移酶的催化下生成三酰甘油。反应过程因为中间产物二酰甘油而得名。

2．单酰甘油途径 利用消化吸收产物2-单酰甘油，在肠黏膜细胞内质网单酰甘油酰基转移酶的催化下与另1个脂酰CoA反应生成1,2-二酰甘油，并进而合成三酰甘油。

（三）三酰甘油合成与临床的关系

机体脂肪的含量可受遗传、性别、年龄、饮食、职业、疾病、运动和生活方式等多种因素的影响。机体由于脂肪堆积所导致的体重增加称为肥胖。判断人体体重是否正常最常使用的方法有两种：一是简易计算方法，标准体重（kg）= 身高（cm）−110，大于标准体重25%为肥胖，低于标准体重15%为消瘦。二是使用体重指数（body mass index，BMI）表示，BMI = 体重（kg）/ 身高^2（m^2）。如果BMI < 24，视为正常；如果BMI介于24 ~ 26，就视为超重；如果BMI > 26，则可诊断为肥胖。世界卫生组织全球BMI监测数据库的资料显示，各国居民的BMI在近几十年呈逐年增长趋势，超重和肥胖率也呈持续上升势头。我国的情况也大致相同，特别是近30年来随着人们膳食结构的改变、体力活动的减少和生活方式的改变等，人群中超重和肥胖的发生率不断地升高，这种状况在儿童尤为突出。中国居民营养调查显示，超重和肥胖率分别由1992年的12.8%和3.3%，增加至2012年的30.1%和11.9%［《中国居民营养与慢性病状况报告（2015）》］。在我国，超重和肥胖已影响4亿人，肥胖不仅影响形象，更为

葡萄糖
糖酵解
CH_2OH
$C=O$
$CH_2-O-PO_3^{2-}$
磷酸二羟丙酮
CH_2OH
$CHOH$
CH_2OH
甘油
ATP
甘油激酶
ADP
NADH+H$^+$
甘油3-磷酸脱氢酶
NAD$^+$
CH_2OH
$CHOH$
$CH_2-O-PO_3^{2-}$
L-甘油3-磷酸酯
酰基转移酶
$R_1-CO-S\text{-}CoA$
CoA-SH
R_1-COO^-
ATP
酰基辅酶A合成酶
AMP+PPi
CoA-SH
酰基转移酶
$R_2-CO-S\text{-}CoA$
CoA-SH
R_2-COO^-
ATP
酰基辅酶A合成酶
AMP+PPi
CoA-SH
$CH_2-O-CO-R_1$
$R_1-CO-OCH$
$CH_2-O-PO_3^{2-}$
磷脂酸

图 5-5　三酰甘油的合成

重要的是它是多种疾病的危险因子，因此肥胖已经成为我国和世界当前重要的公共卫生问题之一。膳食营养和体力活动是影响 BMI 的核心因素，因此食不过量和天天运动就是预防和治疗大多数肥胖的最为重要的关键措施和有效途径。依据《中国居民膳食指南（2016）》，建议每人每天烹调油用量不超过 30g，尽量少食用动物油。烹调油也应多样化，应经常更换种类，食用多种植物油。此外零食要适量。

肥胖与瘦蛋白

八、三酰甘油代谢的调节

（一）饱食和饥饿时激素的调节

1．饱食状况下　糖供能充足时，血糖水平升高，胰岛素分泌增强。胰岛素是抗脂解激素，抑制激素敏感性脂肪酶的活性，脂肪动员水平下降，血中游离脂肪酸浓度降低，肉碱脂酰转移酶Ⅰ活性减弱，脂肪酸β氧化减弱，酮体生成减少。与此同时，胰岛素增加软脂酸合成酶系和三酰甘油合成酶系的活性，利用糖代谢产生的甘油和乙酰 CoA 合成脂肪酸和三酰甘油。

2．饥饿状况下 糖供能不足时，胰岛素分泌下降，胰高血糖素分泌增加。胰高血糖素是脂解激素，激活激素敏感性脂肪酶的活性，促进脂肪动员，血中游离脂肪酸浓度升高，肉碱脂酰转移酶 I 活性增强，β 氧化增强，酮体生成增多。

（二）关键酶的调控作用

1．乙酰 CoA 羧化酶的调节 乙酰 CoA 羧化酶是脂肪酸合成的关键酶，影响该酶活性的主要有别构调节和化学修饰调节。

乙酰 CoA 羧化酶有两种存在形式，一种是无活性的单体，另一种是有活性的多聚体。柠檬酸、异柠檬酸作为别构激活剂，可使乙酰 CoA 羧化酶由无活性的单体聚合成有活性的多聚体。而软脂酰 CoA 和其他长链脂酰 CoA 作为其别构抑制剂，使乙酰 CoA 羧化酶由多聚体解聚成无活性的单体。柠檬酸水平的升高是机体葡萄糖供能充足、乙酰 CoA 和 ATP 较为丰富的结果，故糖供能充足时软脂酸和三酰甘油合成增加。软脂酰 CoA 水平的升高，意味着葡萄糖供能不足和脂肪动员增强，此时脂质合成受抑制。

乙酰 CoA 羧化酶也受磷酸化、去磷酸化的调节。如胰岛素可通过促进酶蛋白的脱磷酸化而增强乙酰 CoA 羧化酶的活性，从而促进脂质合成；而胰高血糖素和肾上腺素等则可通过促进酶蛋白的磷酸化抑制乙酰 CoA 羧化酶的活性，抑制脂质合成。

2．肉碱脂酰转移酶 I 的调节 糖代谢旺盛时，产生的乙酰 CoA 和柠檬酸通过别构调节激活乙酰 CoA 羧化酶，促进丙二酰 CoA 的生物合成。丙二酰 CoA 能竞争性抑制肉碱脂酰转移酶 I，阻止长链脂酰 CoA 进入线粒体，使脂肪酸 β 氧化水平降低，酮体生成减少。

第四节 磷脂的代谢

一、磷脂的组成与分类

磷脂（phospholipid，PL）是含有磷酸的脂质的总称，机体中主要有两大类磷脂：一类是以甘油为骨架的甘油磷脂（glycerophosphatide），另一类是以鞘氨醇（sphingosine）为骨架的鞘磷脂（sphingomyelin）。甘油磷脂是体内含量最多、分布最广的磷脂，鞘磷脂主要分布在脑和神经髓鞘中，本节主要介绍甘油磷脂的代谢。

甘油磷脂以甘油为骨架，甘油的 C-1 位和 C-2 位羟基上各结合 1 分子脂肪酸。通常 C-1 位上多为饱和脂肪酸，而 C-2 位上多为不饱和脂肪酸，以花生四烯酸为最多见，C-3 位羟基与磷酸基团结合，磷酸基再与不同的取代基团（X 基团）结合构成不同的甘油磷脂。根据取代基团的不同，常见的甘油磷脂可分为磷脂酰胆碱（phosphatidylcholine，PC，俗称卵磷脂）、磷脂酰乙醇胺（phosphatidylethanolamine，PE，俗称脑磷脂）、磷脂酰丝氨酸（phosphatidyl serine，PS）、磷脂酰肌醇（phosphatidyl inositol，PI）、磷脂酰甘油（phosphatidyl glycerol，PG）和双磷脂酰甘油（diphosphatidyl glycerol，俗称心磷脂）等，其结构见图 5-6。其中，磷脂酸的 X 不是基团，而是 H，它是最简单的甘油磷脂。

二、甘油磷脂的代谢

甘油磷脂 C-1、C-2 位上的脂肪酸是疏水性的非极性基团，C-3 位上的磷酸含氮基团或羟基是亲水性的。这样的结构特点使甘油磷脂成为双极性化合物，既能与极性基团结合又能与非极性基团结合，作为水溶性蛋白质和非极性脂质之间的结构桥梁，因而甘油磷脂是细胞膜、核膜、线粒体膜及血浆脂蛋白的重要结构成分，对维持细胞和细胞器的正常形态与功能起着重要作用。

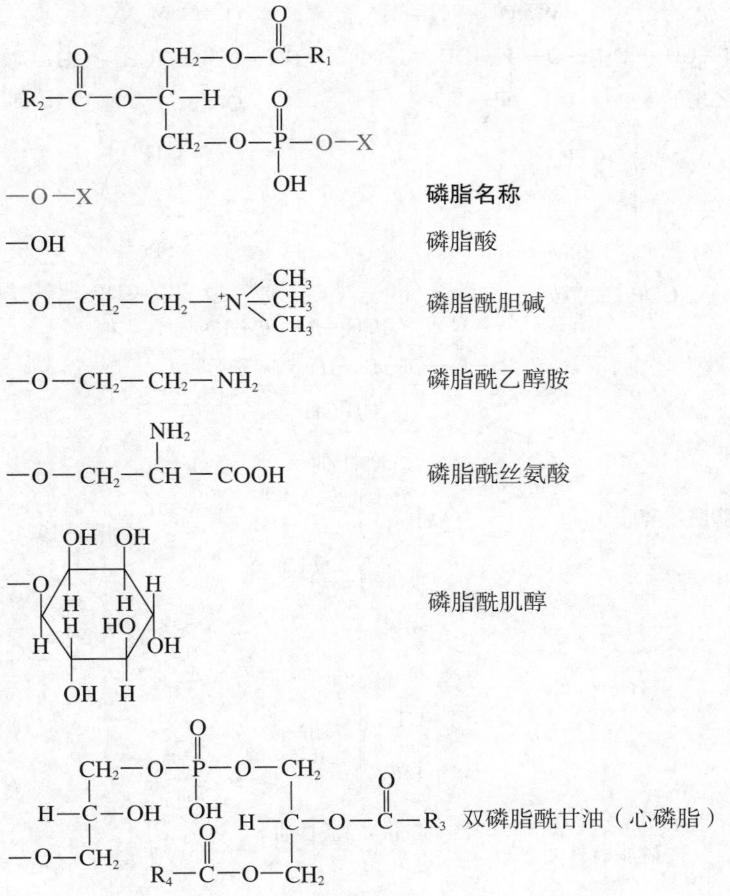

$-O-X$	磷脂名称
$-OH$	磷脂酸
$-O-CH_2-CH_2-{}^{+}N(CH_3)_3$	磷脂酰胆碱
$-O-CH_2-CH_2-NH_2$	磷脂酰乙醇胺
$-O-CH_2-CH(NH_2)-COOH$	磷脂酰丝氨酸
$-O-$肌醇	磷脂酰肌醇
	双磷脂酰甘油（心磷脂）

图 5-6　常见甘油磷脂的结构

（一）甘油磷脂的合成代谢

人体几乎所有组织细胞的内质网均含有合成甘油磷脂的酶系，但以肝的合成最为活跃，其次是肾和肠。肝不仅合成自身组织更新需要的磷脂，还将磷脂组成血浆脂蛋白向肝外组织运输。

合成甘油磷脂的原料主要包括磷酸甘油、脂肪酸、胆碱、乙醇胺、丝氨酸和肌醇等物质，还需要 ATP、胞苷三磷酸（cytidine triphosphate，CTP）等能源物质的参与。其中，磷酸甘油和脂肪酸主要来源于糖代谢，但由于其 C-2 位的多不饱和脂肪酸为必需脂肪酸，必须从植物油中摄取。胆碱和乙醇胺可由食物中摄取，也可在体内由丝氨酸合成，丝氨酸经丝氨酸脱羧酶催化脱羧即生成乙醇胺，乙醇胺再由 SAM 提供甲基，经甲基化而生成胆碱。ATP 主要用于提供合成磷脂所需的能量，CTP 则主要用于甘油磷脂合成过程中中间产物的活化。

甘油磷脂的合成虽有不同的途径，但都具有共同的特征：首先二酰甘油是甘油磷脂合成的共同前体，其次甘油磷脂的合成过程需要 CTP 的参与。根据被 CTP 活化的部分不同可分为两种不同的合成途径：一种途径称为二酰甘油途径，磷脂酰胆碱和磷脂酰乙醇胺经此途径合成，该途径中磷酸胆碱或磷酸乙醇胺首先被 CTP 活化生成 CDP- 胆碱或 CDP- 乙醇胺后，再与二酰甘油反应最终合成甘油磷脂；另一途径称为 CDP- 二酰甘油途径，磷脂酰肌醇、磷脂酰丝氨酸和心磷脂经此途径合成，该途径是二酰甘油首先被 CTP 活化，生成 CDP- 二酰甘油后，再与肌醇、丝氨酸或磷脂酰甘油等反应，最终合成磷脂。甘油磷脂的合成反应见图 5-7。

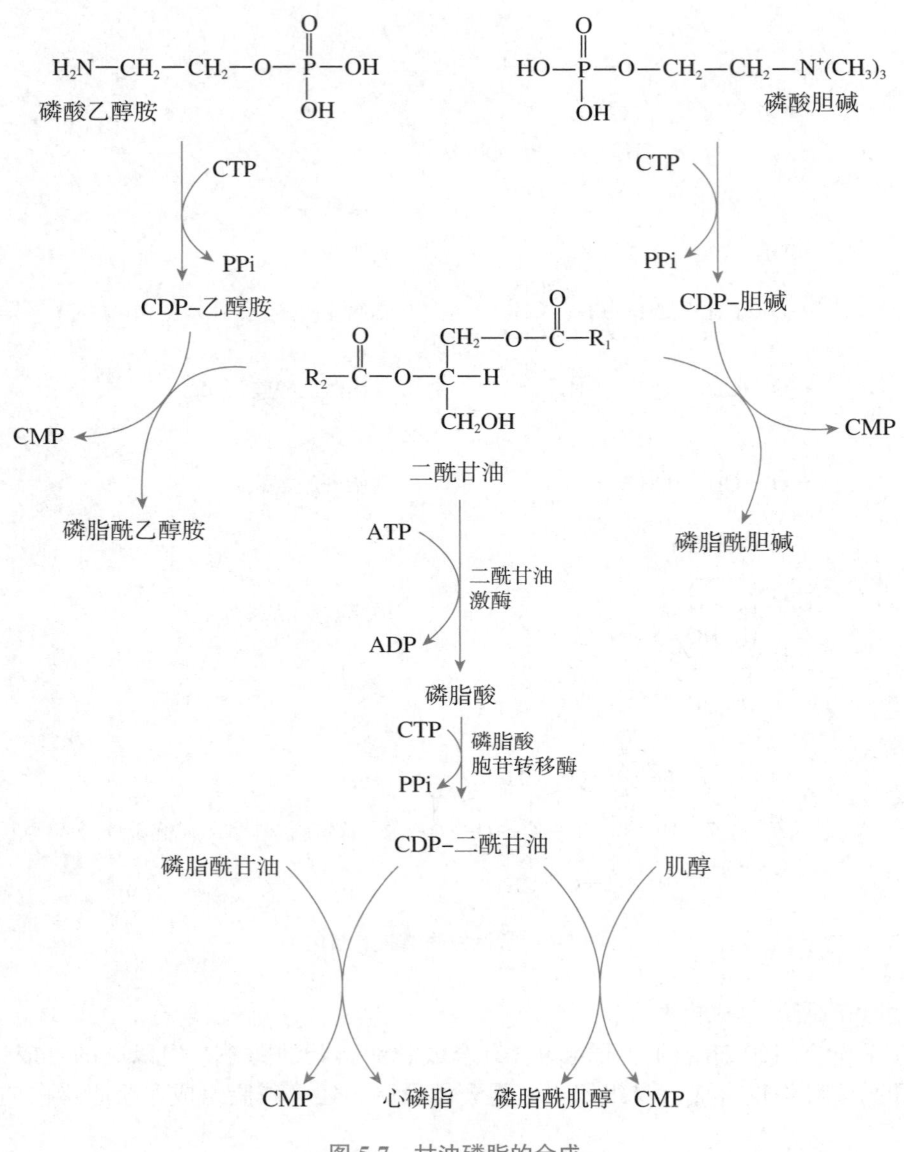

图 5-7 甘油磷脂的合成

（二）甘油磷脂的分解代谢

甘油磷脂的分解代谢主要是由体内存在的磷脂酶（phosphatidase）催化的水解过程。这些磷脂酶因其水解的化学键特异性不同，可分为磷脂酶 A_1、A_2、B_1、B_2、C 和 D 等。

磷脂酶 A 的底物是甘油磷脂，特异性水解甘油磷脂 C-1 和 C-2 位酯键，水解 C-1 位酯键的是磷脂酶 A_1，水解 C-2 位酯键的是磷脂酶 A_2。甘油磷脂经磷脂酶 A_1 或 A_2 水解脱去一个脂酰基后的产物，是一类具较强表面活性的物质，可溶解红细胞膜，引起溶血，故称为溶血磷脂。

磷脂酶 B 的底物是溶血磷脂，即磷脂酶 A 催化反应的产物，特异性水解溶血磷脂中的 C-1 或 C-2 位酯键。

磷脂酶 C 特异性地作用于甘油磷脂分子中的 C-3 位磷酸酯键，水解产物包括二酰甘油和磷酸胆碱、磷酸乙醇胺或磷酸肌醇等。一些激素可通过膜受体调节细胞膜上磷脂酶 C 的活性，进而控制细胞内二酰甘油和三磷酸肌醇等第二信使的水平而影响细胞内的代谢。

磷脂酶 D 特异性地作用于有机基团与磷酸间的磷酸酯键，水解生成磷脂酸和相应的有机化合物。

各种磷脂酶催化作用部位见图 5-8。

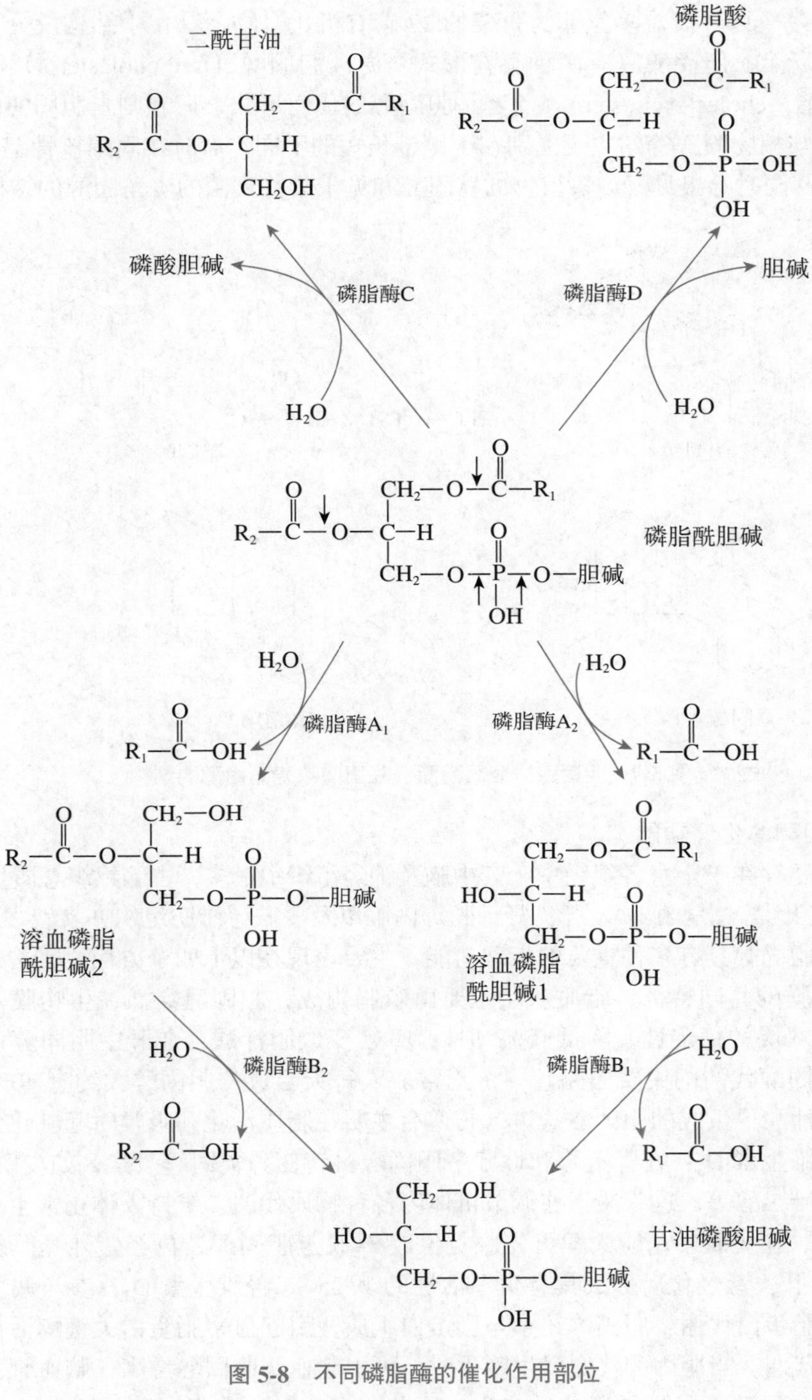

二酰甘油

磷脂酸

磷酸胆碱

磷脂酶C

磷脂酶D

胆碱

H_2O

H_2O

磷脂酰胆碱

H_2O

H_2O

磷脂酶A_1

磷脂酶A_2

$R_1—COOH$

$R_1—COOH$

溶血磷脂酰胆碱2

溶血磷脂酰胆碱1

H_2O

磷脂酶B_2

磷脂酶B_1

H_2O

$R_2—COOH$

$R_1—COOH$

甘油磷酸胆碱

图 5-8 不同磷脂酶的催化作用部位

第五节 胆固醇的代谢

胆固醇（cholesterol）是具有环戊烷多氢菲烃核及一个羟基的固醇类化合物，因最早在动物胆石中分离出，故称为胆固醇。胆固醇是机体多种重要生理活性物质的前体，高胆固醇血症与动脉粥样硬化和心、脑血管等疾病的发病密切相关。

一、胆固醇的结构与生理功能

（一）胆固醇的结构

胆固醇是一个以环戊烷多氢菲为骨架的 27 碳有机化合物，其化学结构及分子中碳原子的编号如图 5-9 所示。胆固醇具有两种存在形式：游离胆固醇（free cholesterol）和酯化胆固醇（又称胆固醇酯，cholesteryl ester），前者是胆固醇的代谢形式，后者则是胆固醇的储存和运输形式。胆固醇与植物固醇等的主要区别在于侧链长短的不同，有时在固醇核骨架上也可有一定的差别。图 5-9 同时给出见于许多植物的豆固醇和见于某些真菌的麦角固醇的结构以资比较。

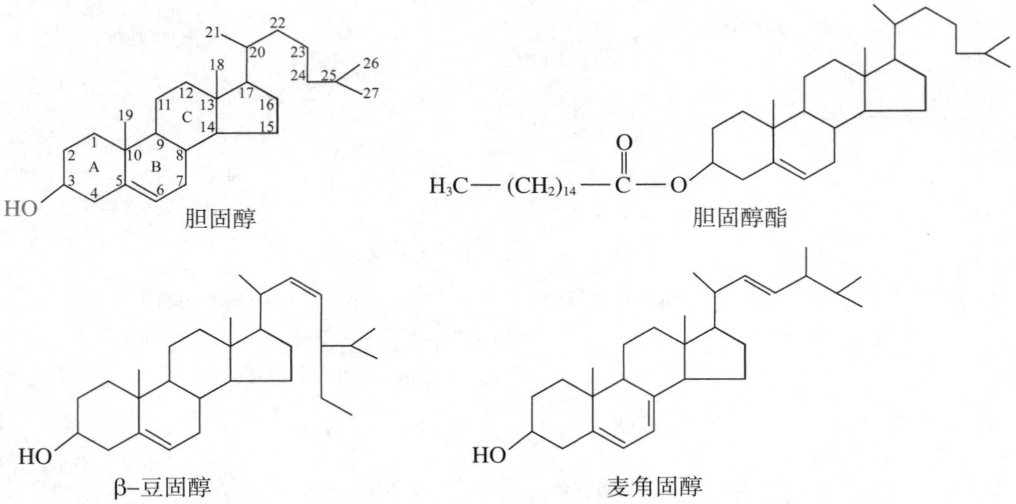

图 5-9　胆固醇、胆固醇酯、豆固醇和麦角固醇的结构

（二）胆固醇的生理功能

胆固醇广泛存在于全身各组织中，其中脑及神经组织中最多，占脑组织总质量的 2% 左右，其总量占全身胆固醇总量的 1/4。肝、肾、肠等内脏以及皮肤、脂肪组织亦含较多的胆固醇。

机体内的胆固醇具有多种重要的生理功能，主要表现在以下四个方面。①构成生物膜：脂质双层是生物膜的共同特征。脂质双层主要由磷脂构成，胆固醇穿插在生物膜磷脂之间，可以加强膜脂质双层的稳定性，降低其流动性。②转变成胆汁酸：在肝中胆固醇可以转变成胆汁酸，这是胆固醇代谢的主要去路，一个正常成人每天合成的胆固醇大约有 40% 在肝中转化为胆汁酸，胆汁酸再生成的胆汁酸盐进入肠道后主要在脂质消化和吸收时起乳化作用。③合成类固醇激素及维生素 D_3：在肾上腺和性腺中胆固醇可转变为类固醇激素，如皮质醇、醛固酮、睾酮、孕酮、雌二醇等，这些激素在调节机体内各种物质代谢、维持人体正常生理功能方面具有重要的作用。在皮肤中，胆固醇可先脱氢生成 7- 脱氢胆固醇，再经紫外光照射转变为维生素 D_3。后者在肝、肾羟化后形成具有生理活性的 1,25- 二羟维生素 D_3，参与调节体内的钙磷代谢。④调节脂蛋白代谢：胆固醇还参与脂蛋白组成，引起血浆脂蛋白关键酶活性的改变，调节血浆脂蛋白代谢。当胆固醇代谢发生障碍时，可引起血浆胆固醇增高，脑血管、冠状动脉及周围血管病变，导致动脉粥样硬化的产生。因此，探索和研究胆固醇代谢与这些疾病间的关系，已成为当今医学研究的重要问题。

二、胆固醇的外源性摄取和影响因素

胆固醇的来源有两种，即食物的消化吸收（外源性）和体内合成（内源性）。

（一）胆固醇外源摄取

外源性胆固醇来自动物性食物，如动物内脏、蛋黄、奶油及肉类等，正常成人每天摄入胆固醇0.3 ~ 0.5g，多数为游离胆固醇，少数为胆固醇酯。虽然外源性摄取是胆固醇的重要来源之一，但机体的健康维系和生存并不依赖外源性的胆固醇，目前尚无因机体胆固醇摄入不足而产生任何临床症状的病例报告。食物中的胆固醇酯经胰腺胆固醇酯酶的作用水解为游离胆固醇，游离的胆固醇与脂肪和磷脂共同经胆汁酸的乳化形成微团被小肠黏膜细胞吸收。

（二）影响胆固醇吸收的因素

影响机体胆固醇吸收的因素是多元的。首先，机体胆固醇的吸收有明显的个体差异，提示有遗传因素的存在；其次，下述的一些环境因素也可以影响机体胆固醇的吸收。

1．膳食中胆固醇的含量 食物中胆固醇不能完全被吸收，通常的吸收率为30%左右。膳食中胆固醇量越多，肠道吸收率越低，但吸收总量仍有所增加。一般情况下伴随外源性摄取的减少，机体多有代偿性内源性合成增强。基于上述认识，对高胆固醇血症患者，低胆固醇摄入的饮食治疗是必要的，但其疗效也是有限的，多需要适当的药物治疗。

2．植物固醇 植物固醇本身不能被吸收，但其可通过竞争性地抑制胆固醇在微团中的位置来抑制胆固醇的吸收，因此增加膳食中植物固醇的含量有助于降低胆固醇的吸收，但一些学者提出植物固醇需较大量才能产生一定效果，故就其实际应用价值而言说法尚不统一。

3．胆汁酸盐 胆汁酸盐既有促进脂质的乳化和增强胰胆固醇酯酶活性等作用，又有利于混合微团的形成。因此凡是能够减少或消除胆汁酸盐的物质均可减少胆固醇的吸收，例如膳食中的纤维素、果胶等。

4．膳食中脂肪的质和量 食物中的脂肪能增加胆固醇的吸收。首先，脂肪可以促进胆汁的分泌，有利于胆固醇酯的水解和吸收；其次，脂肪的水解产物脂肪酸可为游离胆固醇的重新酯化提供必要的脂酰基，有利于乳糜微粒的形成。脂肪对胆固醇吸收的影响与脂肪酸的饱和度关系密切，一些研究资料显示，增加膳食中多不饱和脂肪酸的含量或提高不饱和脂肪酸与饱和脂肪酸含量的比值能有效地降低血胆固醇的水平，作用机制尚不完全清楚。

5．药物及其他 一些药物可以影响胆固醇的吸收，如依折麦布可通过选择性抑制小肠胆固醇的吸收而降低血液胆固醇的水平。作为阴离子交换树脂的考来烯胺，能与胆汁酸盐结合，形成不能再发挥作用和难以重吸收的复合物，能有效地减少胆固醇的吸收和胆汁酸的肠肝循环。肠道细菌能使胆固醇还原为不易被吸收的粪固醇，因此临床长期应用广谱抗生素的患者常能增加胆固醇的吸收，这在高胆固醇血症患者治疗时应给予应有的关注。

三、胆固醇的内源性合成和调节

一般情况下内源性合成是机体胆固醇最主要的来源，约占机体内胆固醇总量的2/3。

（一）合成原料

胆固醇合成的原料主要是乙酰CoA和NADPH + H^+、ATP。乙酰CoA主要来自葡萄糖代谢，和脂肪酸合成相似，糖代谢产生的乙酰CoA全部在线粒体中，需经柠檬酸-丙酮酸循环从线粒体转移至细胞质，才能作为合成胆固醇的原料。NADPH + H^+是胆固醇合成所需还原性氢的供体，主要来自磷酸戊糖途径。ATP是胆固醇合成的能量保证，大多来自线粒体中糖的有氧氧化。糖是胆固醇合成原料的主要来源，故高糖饮食的人也可能出现血浆胆固醇增高的现象。

（二）合成部位

成人机体每天合成胆固醇1.0 ~ 1.5 g。肝的合成能力最强，占70% ~ 80%；小肠的合成能力次之，合成量占10%，但是脑组织和成熟红细胞不能合成胆固醇。肝合成的胆固醇除在肝内被利用及代谢外，还可参与组成脂蛋白，进入血液被输送到肝外各组织。在细胞水平，胆固醇的合成发生在胞质和内质网。

（三）合成反应

胆固醇合成过程比较复杂，有近 30 步反应，整个过程可概括为 3 个阶段（图 5-10）。

1．第一阶段——甲羟戊酸的生成 此阶段发生在胞质中，2 分子乙酰 CoA 缩合成乙酰乙酰 CoA，后者再与 1 分子乙酰 CoA 合成为 HMG-CoA。后者经 HMG-CoA 还原酶（HMG-CoA reductase）催化，生成甲羟戊酸（mevalonic acid，MVA）。上述反应中的 HMG-CoA 还原酶是胆固醇合成的限速酶和关键酶。

2．第二阶段——鲨烯的生成 MVA 先经磷酸化，再脱羧、异构而成为活性极强的 5 碳焦磷酸化合物，然后 3 分子 5 碳焦磷酸化合物缩合成 15 碳的焦磷酸法尼酯，2 分子 15 碳焦磷酸法尼酯再缩合成 30 碳的多烯烃——鲨烯。

3．第三阶段——胆固醇的合成 鲨烯以固醇载体蛋白为载体进入内质网，经鲨烯单加氧酶、鲨烯环化酶等催化环化成羊毛固醇，再经过一系列氧化、脱羧和还原等反应，形成 27 碳的胆固醇。

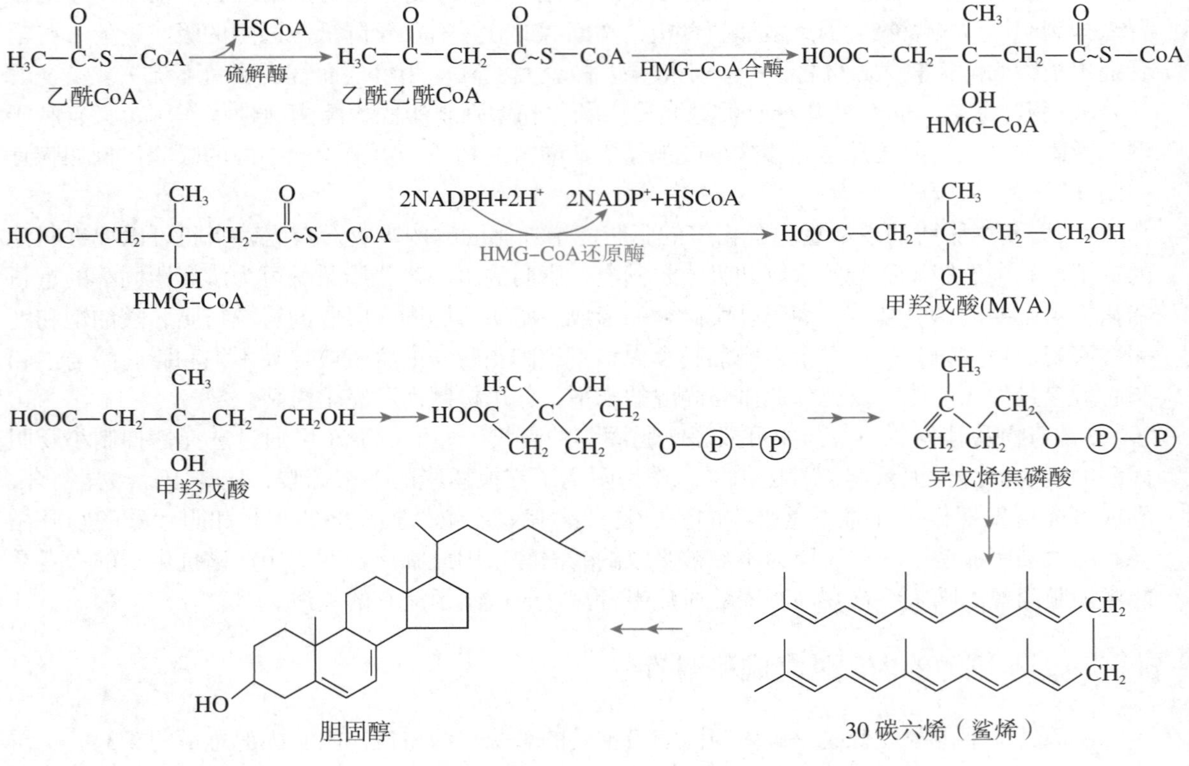

图 5-10 胆固醇的生物合成

（四）合成调节

HMG-CoA 还原酶是胆固醇合成途径中的关键酶，其活性的调节主要涉及两方面，即竞争性抑制和化学修饰。该酶活性的调节不仅是机体胆固醇合成代谢调节中的关键所在，而且也是调血脂药物作用的中心环节，近年来广泛应用于临床的他汀类调节血脂药物，正是通过竞争性抑制该酶的活性，从而达到减少胆固醇合成和降低机体血胆固醇水平的目的。

1．竞争性抑制 1987 年，世界上第一个 HMG-CoA 还原酶抑制剂洛伐他汀问世，引起了医药学界的极大关注，被认为是调血脂药物研究的新进展。这类药物通过对细胞内胆固醇合成关键酶的竞争性抑制，减少胆固醇的合成，增强细胞 LDL 受体的表达，从而达到降低血液中总胆固醇和 LDL 胆固醇水平的目的，这种作用使动脉粥样硬化和冠心病形成的危险大大减少。所有的他汀类药物均与 HMG-CoA 结构相似，彼此的差别仅是环的闭合和（或）取代基的不同。依据酶反应动力学的研究，影响竞争性抑制剂作用的因素有两个，即抑制剂的浓度和它们与酶的亲和力。他汀类药物的共同特征是均与 HMG-CoA 还原酶有较高的亲和力，能有效地与酶活性中心结合，从而抑制机体胆固醇的合成和降低血胆固醇水平。环的闭合与否及取代基的差别是它们服用剂量、疗效高低和副作用大小不同的根本原因。进一步发现高效、低毒和廉价的他汀类药物无疑是调血脂药物研究发展的方向。

2．化学修饰　HMG-CoA 还原酶的化学修饰是该酶第 871 位丝氨酸的磷酸化和去磷酸化。经相应蛋白激酶催化磷酸化后该酶是无活性形式，而经磷蛋白磷酸酶催化去磷酸化后则是其活性形式。一些激素正是通过信号转导系统调节蛋白激酶或磷蛋白磷酸酶的活性而影响和调控细胞内的胆固醇合成。实验证实，胰岛素能促进该酶的去磷酸作用，故可增加胆固醇的合成。甲状腺激素虽能增加 HMG-CoA 还原酶的合成和活性，但更能促进胆固醇在肝转化为胆汁酸。由于后一作用明显强于前者，故甲状腺功能亢进患者血清胆固醇水平多表现为降低。

他汀类调血脂药

四、胆固醇的酯化

胆固醇酯化是胆固醇吸收转运的重要步骤，在细胞内和血浆中的游离胆固醇都可以被酯化成胆固醇酯，但不同的部位催化胆固醇酯化的酶及其反应过程不同。催化胆固醇酯化的酶主要有两种，一种是血浆中的磷脂酰胆碱：胆固醇酰基转移酶（LCAT），ApoA-I 是其激活剂。LCAT 由肝实质细胞合成后分泌入血，故肝实质细胞有病变或损伤时，可使 LCAT 活性降低，引起血浆胆固醇酯含量下降。LCAT 在 HDL 的代谢和胆固醇的逆向转运中发挥重要作用。另一种是胞质中的脂酰 CoA：胆固醇酰基转移酶（acyl CoA-cholesterol acyltransferase，ACAT），细胞内胆固醇水平是该酶活性的重要调节因子。ACAT 在调节细胞内胆固醇的合成和平衡中发挥重要作用。血浆和细胞质中的酯化胆固醇均可在胆固醇酯酶的催化下水解为游离胆固醇和脂肪酸。胆固醇的酯化和胆固醇酯的水解反应见图 5-11。

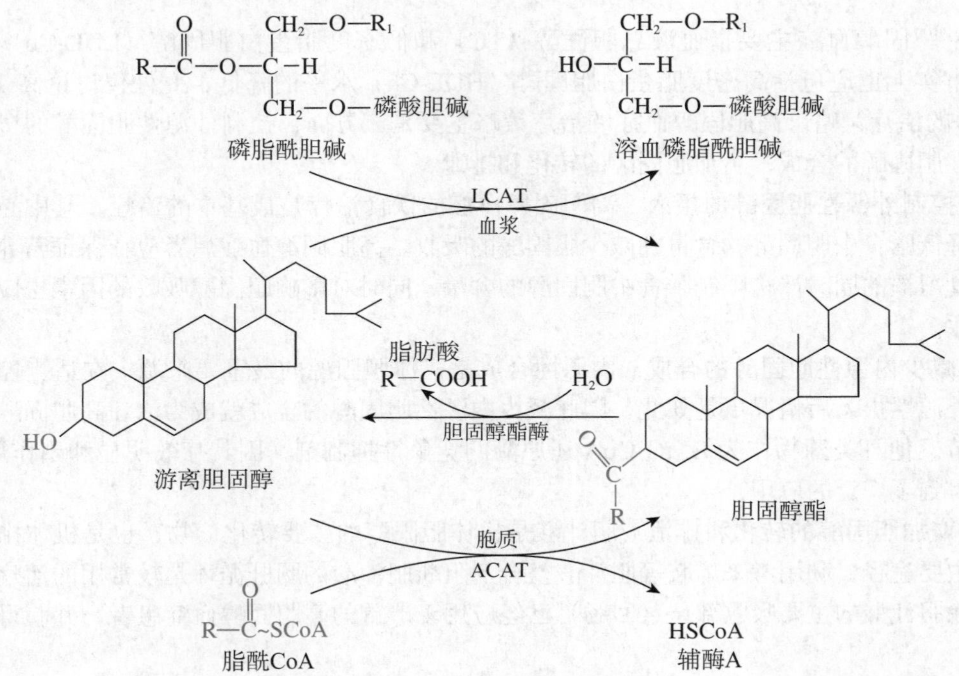

图 5-11　胆固醇的酯化和胆固醇酯的水解

五、胆固醇的转化与排泄

无论是外源性摄入还是内源性合成的胆固醇，在体内均不能被彻底氧化分解，它们只能以胆固醇原型或转化产物的形式排出体外。胆固醇的转化产物不仅是其主要的排泄形式，更为重要的是它们还具有重要的生理功能。胆固醇的转化产物包括维生素 D_3、类固醇激素和胆汁酸。其中有关胆汁酸的内容详见第 19 章。

（一）胆汁酸

胆固醇在肝中转化成胆汁酸是胆固醇在体内代谢的主要去路。正常成人每天合成 1.0 ~ 1.5g 胆固醇，其中约 2/5（0.4 ~ 0.6 g）在肝中转变成为胆汁酸，随胆汁排入肠道。

（二）维生素 D_3

人皮肤细胞内的胆固醇经 7- 脱氢酶催化生成 7- 脱氢胆固醇，后者在紫外线的作用下可转变为维生素 D_3（又称胆钙化醇）。胆钙化醇是无生理活性的，它们需经肝、肾的代谢转化才能生成有生理活性的 1，25-（OH）$_2$-D_3。1，25-（OH）$_2$-D_3 具有显著的调节钙、磷代谢的活性，人体每日可合成 200 ~ 400IU 维生素 D_3，所以只要充分接受阳光照射，基本上可以满足生理需要。

（三）类固醇激素

人体所有的类固醇激素均由胆固醇转化产生。

类固醇激素依其合成部位可分为肾上腺皮质激素和性激素。肾上腺皮质激素是由肾上腺皮质合成的，主要包括醛固酮、皮质醇、皮质酮及雄激素等。合成时，首先合成类固醇激素的共同前体孕烯醇酮，该过程发生在线粒体中，在肾上腺皮质铁氧还原蛋白和肾上腺皮质铁氧还原蛋白还原酶的作用下，胆固醇转化为二羟胆固醇，该化合物在二羟胆固醇碳链酶的作用下，转化为孕烯醇酮。孕烯醇酮进一步转化为各种类固醇类激素。性激素主要是由性腺合成的，包括睾酮、雌激素和孕酮等。主要类固醇激素的结构特征见图 5-12。

类固醇激素对机体具有重要的作用，肾上腺皮质激素对糖、脂肪、蛋白质及水盐代谢均具有调节作用。性激素主要作用在于促进性器官的发育、生殖细胞的形成和第二性征的出现。

六、异常胆固醇血症的治疗策略

异常胆固醇血症主要指血液总胆固醇（TC）和低密度脂蛋白胆固醇（LDL-Ch）水平的升高，事实上也应包括高密度脂蛋白胆固醇（HDL-Ch）水平的降低，此处仅讨论高 TC 和高 LDL-Ch 的治疗策略。高胆固醇血症的治疗策略主要是三方面：控制外源性胆固醇的摄入，减少内源性胆固醇的合成，增加胆固醇的转化和排泄。

1．控制外源性胆固醇的摄入 高胆固醇血症的饮食治疗是最基本的治疗，其中心内容是尽可能降低膳食中胆固醇的含量和减少胆固醇的吸收。高胆固醇血症患者应在保证营养价值和照顾饮食习惯的同时严格限制膳食中胆固醇的含量，同时对影响胆固醇吸收的因素也应给予必要的关注。

2．减少内源性胆固醇的合成 内源性合成是机体胆固醇的最重要来源，在适当控制了胆固醇的外源性摄入后情况更是如此，因此减少内源性胆固醇的合成就成为治疗高胆固醇血症的中心环节。他汀类药物作为 HMG-CoA 还原酶的竞争性抑制剂，因其疗效明显和副作用较少，近年来得到了广泛的应用。

3．增加胆固醇的转化和排泄 胆汁酸是机体胆固醇的主要转化产物，也是机体排出胆汁固醇的主要途径，利用考来烯胺等胆汁酸螯合剂阻断胆汁酸的肠肝循环是较常用的治疗措施之一。切除胆汁酸的主要吸收部位（回肠）已经应用于严重的高胆固醇血症患者，并获得了一定的疗效。

少数严重的高胆固醇血症患者还可使用血浆交换法和血浆去除法等治疗措施。它们利用体

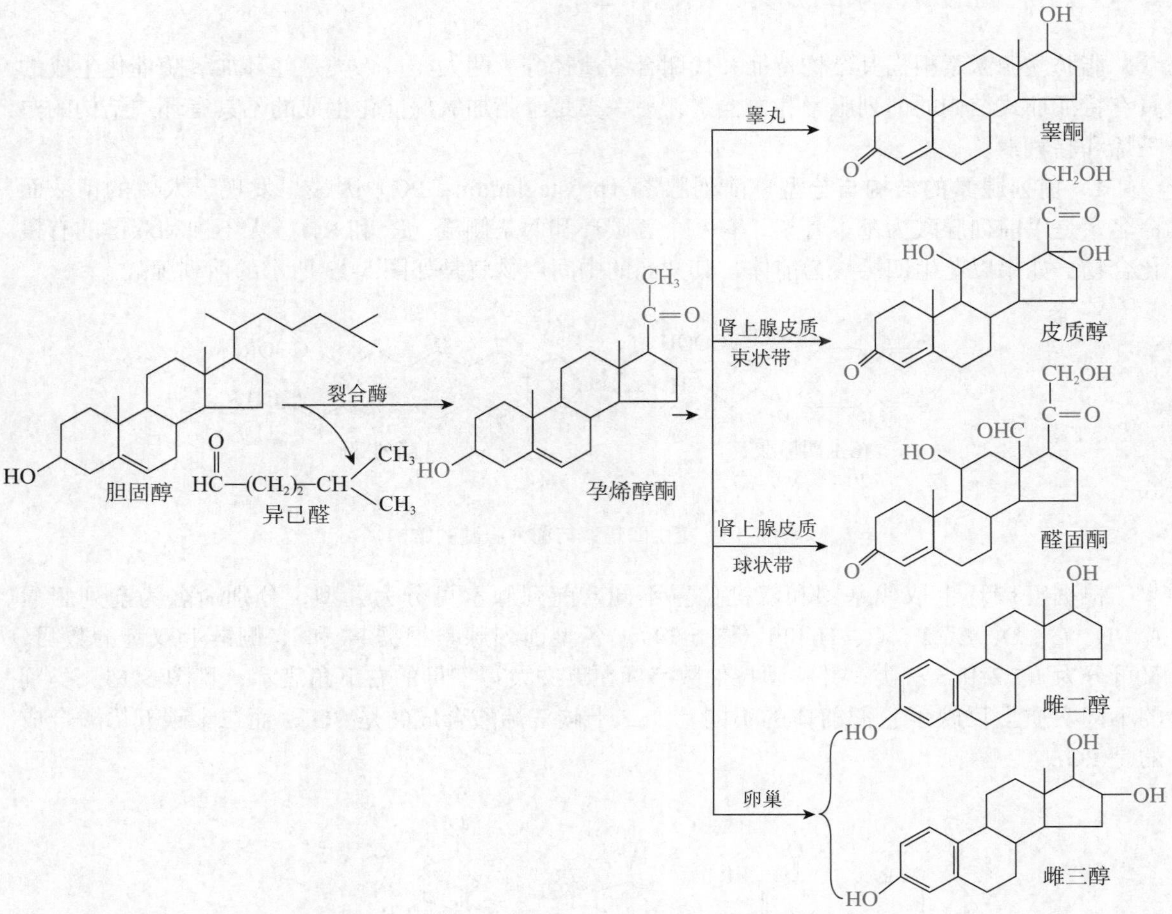

胆固醇　裂合酶　异己醛　孕烯醇酮

睾丸　睾酮

肾上腺皮质 束状带　皮质醇

肾上腺皮质 球状带　醛固酮

卵巢　雌二醇　雌三醇

图 5-12　主要类固醇激素的合成和结构特征

外循环设备直接去除血液中富含胆固醇的 LDL，以达到清除机体胆固醇的目的。肝移植也已应用于 LDL 受体缺陷患者的高胆固醇血症的治疗。

第六节　脂肪酸源激素的代谢

前列腺素、血栓素、白三烯和脂氧素等虽然同样具有激素的特征，但均既不属于蛋白质多肽激素，也不属于类固醇激素，它们的前体主要是二十碳不饱和脂肪酸——花生四烯酸，因此又被称为二十碳烷酸衍生物或者类二十烷酸，但也可由更长的二十二碳五烯酸（docosapentaenoic acid，DPA）和二十二碳六烯酸（docosahexaenoic acid，DHA）等多不饱和脂肪酸衍生，因此称它们为脂肪酸源激素更为合理和准确。上述脂肪酸源激素具有重要的生理功能，参与了几乎所有机体和细胞的代谢活动，且与炎症、免疫、过敏、血栓的形成和溶解等重要病理生理过程相关，在调节细胞代谢中也有重要作用。

对脂肪酸源激素结构、功能和代谢的深入研究不仅为许多疾病的发病机制提供了分子理论基础，而且该类激素的调节也已经成为相关疾病有效预防和治疗的靶点和途径。前列腺素、血栓素、白三烯和脂氧素均不是单一化合物，而是具有共同结构特征的一类化合物，表现出结构的多样性和功能的复杂性。

一、脂肪酸源激素的分类、结构和命名

脂肪酸源激素根据其结构特征和代谢合成途径分为两大类，一类是经环加氧酶催化生成的具有特征环式结构的前列腺素和血栓素，另一类是经脂加氧酶催化生成的不具有环式结构的白三烯和脂氧素。

1．前列腺素的结构与分型 前列腺素（prostaglandin，PG）因最早发现于人体的精液而命名，是以前列腺酸为基本骨架，有一个五碳环和两条侧链（R_1 和 R_2），无不饱和双键的有机化合物。如果以花生四烯酸为前体，其共同的中间产物就是如图 5-13 所示的前列腺酸。

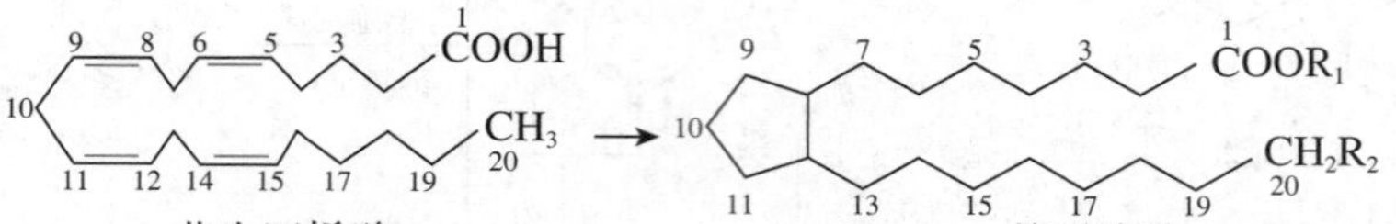

COOH
CH₃
COOR₁
CH₂R₂

花生四烯酸（20：4 $\Delta^{5,8,11,14}$）　　前列腺酸

图 5-13　花生四烯酸与前列腺酸的结构

根据五碳环上取代基团和双键位置不同，前列腺素可分为九型，分别命名为前列腺素 A、B、C、D、E、F、G、H 和 I（图 5-14）。各型前列腺素根据 R_1 和 R_2 侧链上双键的数目，又可分为 1、2 和 3 三类，并将阿拉伯数字标在英文大写字母的右下角表示，见图 5-15。类别的不同实质上反映了它们前体的不同，如二十碳三烯酸合成的是 PG_1，而二十碳五烯酸合成的是 PG_3。

A型
B型
C型
D型
E型
F型
G型
H型
I型
COOH
OOH
OH

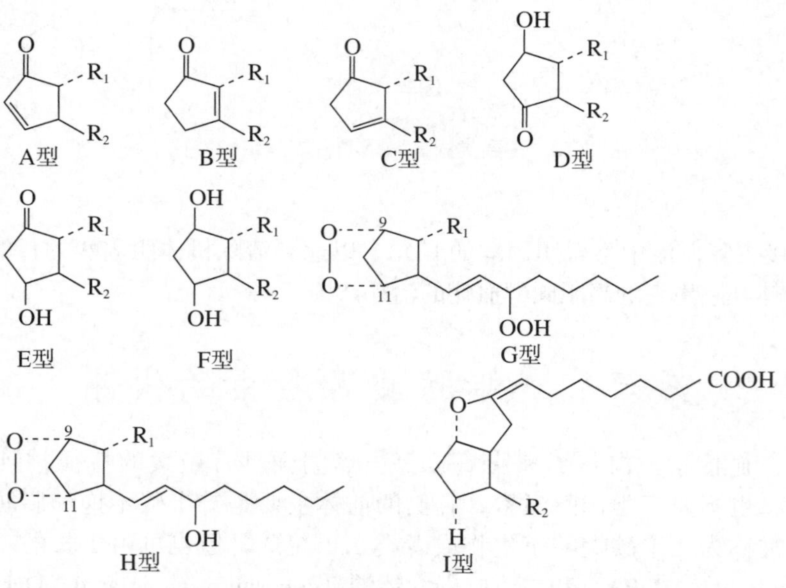

图 5-14　前列腺素的分型

2．血栓素的结构与分型 血小板产生的血栓素 A_2（TXA_2）也是二十碳多不饱和脂肪酸衍生物，与前列腺素不同的是五碳环被一环醚结构的六元环（噁烷环）所取代。血栓素可以分为 A 型和 B 型，A 型和 B 型的区别在于六元环上是否存在一个含氧的四元环，B 型是 A 型水化的产物。血栓素同样依据两个侧链中双键的数目分为 1、2 和 3 三类，它们的结构如图 5-16 所示。与前列腺素相同，血栓素的分类同样也反映了它们合成前体的差别。

3．白三烯的结构与分型 白三烯（leukotriene，LT）是由 Samuelson 和 Borgreat 等人在

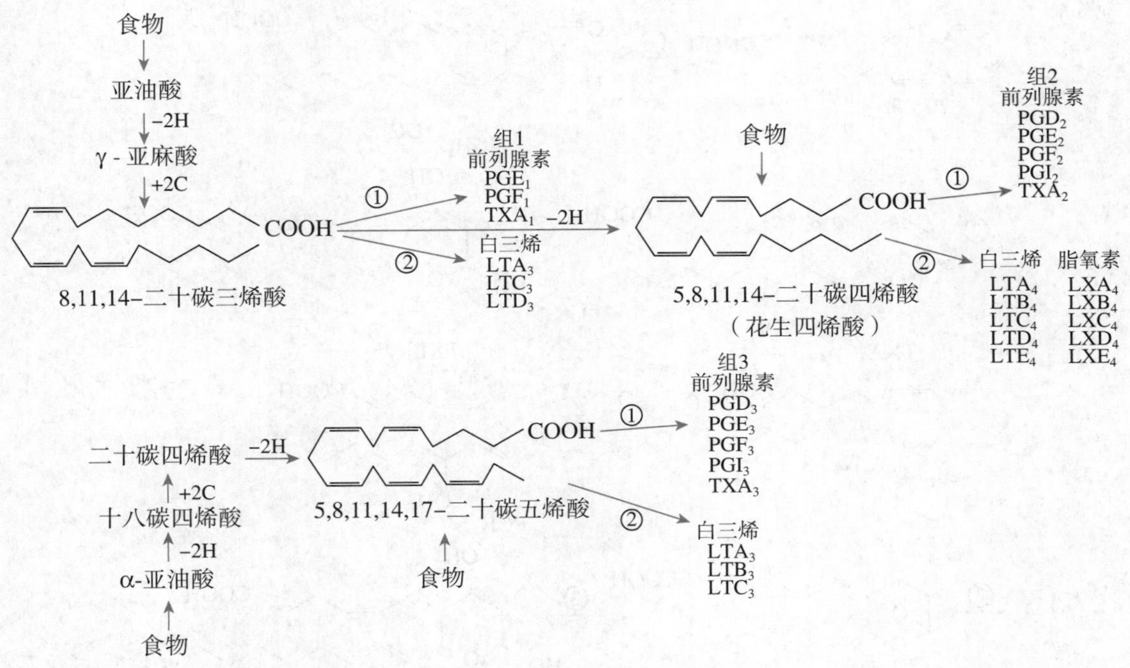

图 5-15　脂肪酸源激素分类与合成前体的关系

1979 年从人白细胞中分离获得的一类二十碳不饱和脂肪酸，不含前列腺酸骨架，因其具有三个共轭双键而得名。根据脂肪酸侧链主要是 C-6 位碳原子上取代基团的不同，白三烯可分为 A、B、C、D 和 E 五型，参见图 5-16；根据分子中双键的数目可分为 3、4 和 5 三类。与前列腺素和血栓素相同，这种分类也反映了它们合成前体的不同，见图 5-15。

4．脂氧素的结构与分型　脂氧素（lipoxin，LX）又名三羟二十碳四烯酸，是由 Sherhan 等于 1984 年在人的白细胞中发现的，也不具有任何形式的环形结构。与白三烯不同的是，脂氧素含有四个共轭双键。根据共轭双键和羟基取代位置的不同，脂氧素也可分为 A、B、C、D 和 E 五型，其中 A 型脂氧素的结构参见图 5-17。

二、脂肪酸源激素的合成

1．前列腺素和血栓素的合成　前列腺素的合成前体是多不饱和脂肪酸，特别是花生四烯酸。该脂肪酸主要存在于细胞膜的甘油磷脂中，是甘油磷脂上甘油第 2 位的主要脂肪酸组成成分。当细胞受到外界刺激时，在能激活磷脂酶 A_2 的因素，如在血管紧张素Ⅱ、缓激肽、肾上腺素、凝血酶及某些抗原 - 抗体复合物或一些病理因子作用下，细胞膜磷脂酶 A_2 被激活，催化水解磷脂释放出花生四烯酸，花生四烯酸在环加氧酶作用下生成前列腺素、血栓素，在脂加氧酶作用下生成白三烯；相反，糖皮质激素和吲哚美辛等药物由于能抑制磷脂酶 A_2 的活性而减少花生四烯酸的释放，故能减少前列腺素的合成。

花生四烯酸合成前列腺素的第一步反应是在前列腺素 H 合酶（prostaglandin H synthase，PGHS）催化下环化、加氧，该步为限速反应（图 5-18）。催化该反应的 PGHS 具有环加氧酶（cyclooxygenase）和过氧化物酶（peroxidase）活性。花生四烯酸在环加氧酶催化下导入 2 分子氧生成前列腺素 G_2（PGG_2），其中 1 分子加在花生四烯酸的 C-9 和 C-11 上，使之发生环氧化；另 1 分子则加在 C-15 上并形成 15- 羟内过氧化物。PGG_2 不稳定，在过氧化物酶的催化下进一步转化为前列腺素 H_2（PGH_2）。PGH_2 不仅是合成各种前列腺素的共同中间体，同时也是合成血栓素的前体。PGH_2 的合成及进一步的转化见图 5-18。PGH_2 在不同异构酶的催化

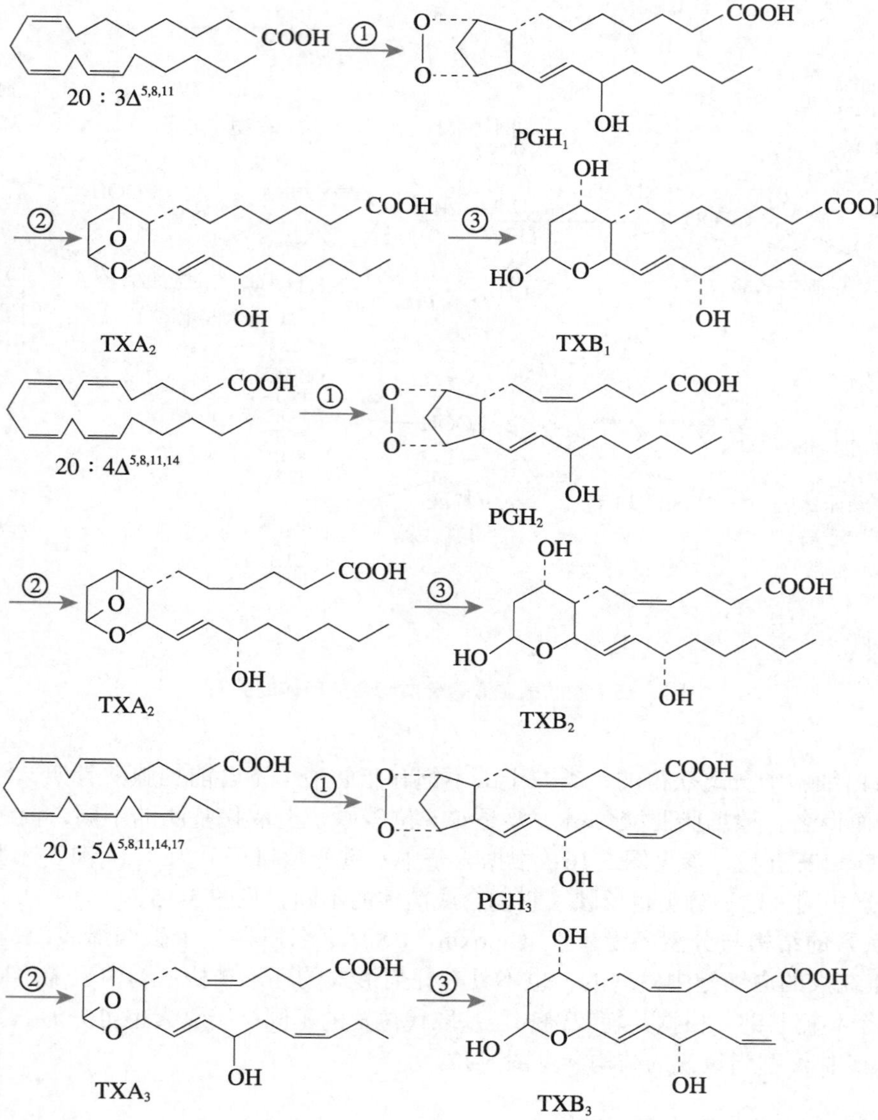

图 5-16 血栓素的合成代谢与分型及其分类与合成前体的关系

①环加氧酶；②血栓素合酶；③水化酶

下可分别生成 PGD_2 和 PGE_2，在还原酶催化下则生成 PGF_2，在前列环素合酶（prostacyclin synthase）的催化下生成前列环素（PGI_2），在血栓素合酶（thromboxane synthase）的催化下则生成血栓素 A_2（TXA_2）。TXA_2 很不稳定，半衰期仅约 30s，迅速水化转变为活性较低但稳定的血栓素 B_2（TXB_2）。阿司匹林可以通过促进酶活性中心丝氨酸（Ser^{530}）的乙酰化抑制环加氧酶的活性而减少前列腺素的合成，大多数的非甾体抗炎药物如吲哚美辛和布洛芬等结构与花生四烯酸有一定的相似性，可以竞争性抑制 PGHS 的活性，而减少前列腺素的合成，进而制止炎症组织痛觉神经冲动的形成，并且抑制白细胞的趋化性及溶酶体酶的释放，发挥镇痛抗炎的作用。

如上所述，PGH_2 是合成各种前列腺素和血栓素的共同中间体，在不同细胞所具不同酶的催化下可生成不同的前列腺素。一般每一种类型的细胞只能合成一种前列腺素，如在动脉内皮细胞由于具有前列环素合酶（prostacyclin synthase）而合成 PGI_2，在脑细胞由于前列腺素 D 合酶（prostaglandin D synthase）的存在而合成 PGD_2，在血小板由于血栓素合酶（thromboxane

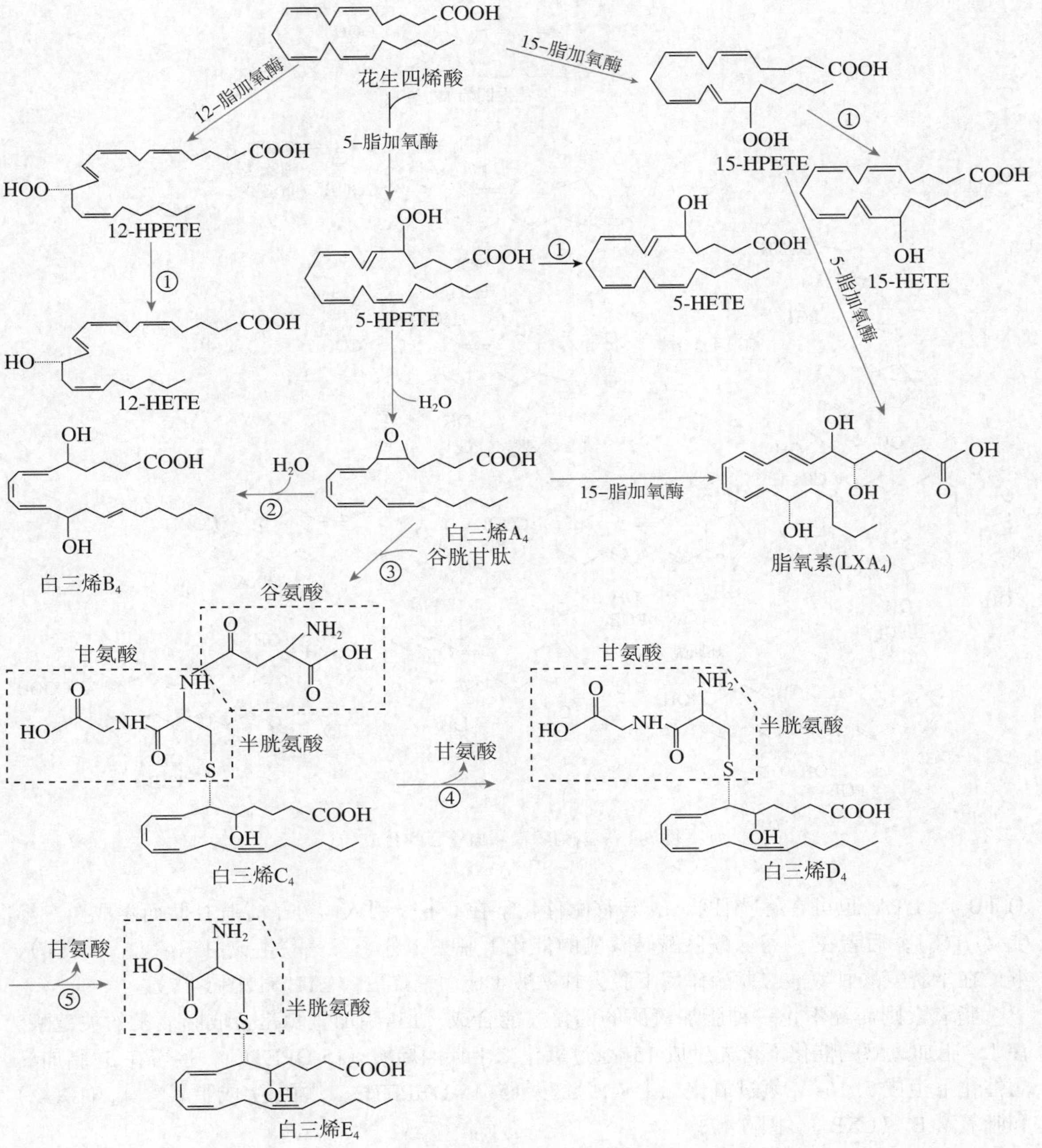

图 5-17　白三烯的分型及白三烯与脂氧素的生物合成

①过氧化物酶；②环氧水化酶；③谷胱甘肽 -S- 转移酶；④ γ- 谷底酰肽转移酶；⑤半胱氨酰甘氨酸二肽酶

synthase）的存在而合成血栓素。由于各种不同类型的细胞具有不同的酶，因而可催化 PGH_2 生成不同的前列腺素和血栓素，并显示各不相同的生物学功能。

2．白三烯和脂氧素的合成　白三烯和脂氧素是多不饱和脂肪酸，是花生四烯酸经脂加氧酶途径生成的。机体内有 5- 脂加氧酶、12- 脂加氧酶和 15- 脂加氧酶三种不同的加氧酶在不同的部位催化加氧。白三烯是经 5- 脂加氧酶途径合成的，5- 脂加氧酶是其合成的关键酶。白三烯的生物合成见图 5-17。花生四烯酸在 5- 脂加氧酶的催化下，首先生成 5- 氢过氧化二十碳四烯酸（5-HPETE），接着在 C-5 脱去 1 分子水生成白三烯 A_4（LTA_4）。LTA_4 在环氧水化酶的催化下，C-5 和 C-6 位上不稳定的环氧键断裂，并在 C-12 位加水脱氢导入羟基，生成白三烯 B_4

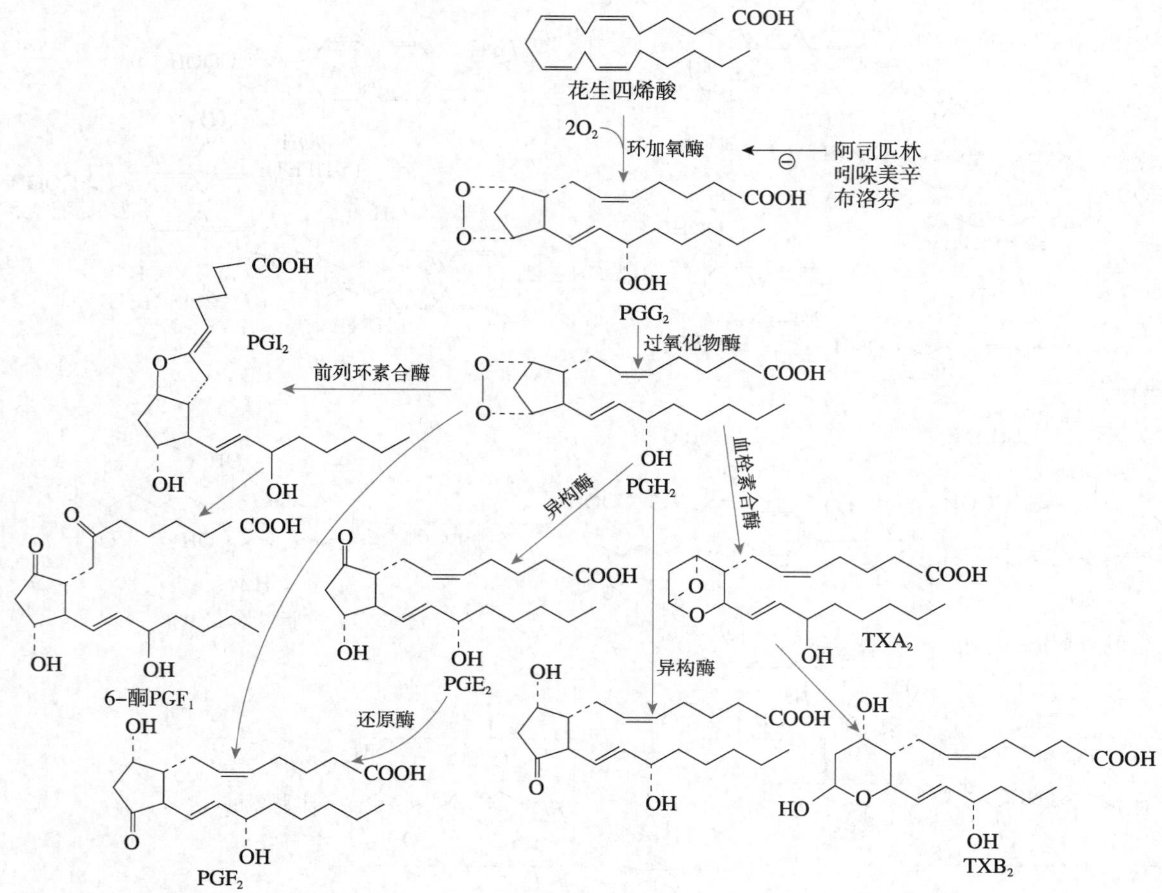

花生四烯酸
$2O_2$ 环加氧酶 ⊖ 阿司匹林 吲哚美辛 布洛芬
PGG_2
过氧化物酶
前列环素合酶 PGI_2
PGH_2
异构酶
血栓素合酶
6-酮PGF_1
PGE_2
TXA_2
还原酶
异构酶
PGF_2
TXB_2

图 5-18 前列腺素和血栓素的合成

（LTB_4）。LTA_4 也可在谷胱甘肽 -S- 转移酶催化下在 C-6 位引入 1 分子谷胱甘肽而生成白三烯 C_4（LTC_4）。后者在 γ- 谷氨酰肽酰转移酶的催化下脱去 1 分子谷氨酸生成白三烯 D_4（LTD_4），继而在半胱氨酸甘氨酸二肽酶作用下脱去甘氨酸生成白三烯 E_4（LTE_4）（图 5-17）。

脂氧素则需经不止一种脂加氧酶的催化才能合成，15- 脂加氧酶是合成脂氧素的关键酶。在 15- 脂加氧酶的催化下首先生成 15- 氢过氧化二十碳四烯酸（15-HPETE），接着在 5- 脂加氧酶催化下生成 5, 15- 二氢过氧化二十碳四烯酸（5, 15-DHPETE），顺序生成脂氧素 A_4（LXA_4）和脂氧素 B_4（LXB_4）（图 5-17）。

三、脂肪酸源激素的生理功能

1．前列腺素和血栓素的生理功能和临床应用 前列腺素和血栓素的特点为细胞内水平低（一般仅为 10^{-11} mol/L）、体内分解代谢迅速（一般半衰期仅为 30s 至数分钟）和生理作用极强。由于水平低和分解迅速，故其只能作用于合成细胞周围的区域，发挥调节细胞功能的作用。前列腺素和血栓素的功能是多方面的，可影响心血管、呼吸、消化、神经和生殖等全身组织系统，也可作用于炎症、过敏和免疫等多种生理和病理过程。例如，血管内的溶血和凝血甚至血栓形成与血中 TXA_2 和 PGI_2 的平衡密切相关。血管内皮细胞合成的 PGI_2 不仅可以扩张冠状动脉血管，而且是体内活性最强的血小板聚集抑制剂，可以通过多条途径抑制血小板聚集和黏附。然而血小板合成的 TXA_2 作用正相反，具有收缩冠状动脉、促进血小板聚集、促进凝血和血栓形成的功能。二者的此消彼长在冠心病的发生和发展中具有重要作用，同时也成为防治冠心病的重要靶点。鉴于 PGI_2 和 TXA_2 在凝血和血栓形成进而在冠心病发病危险及治疗效果评估中的重要作用，二者含量比值（PGI_2/TXA_2）的测定已经被引入临床检验。临床上，治疗心血管疾病的多种药物以前列腺素与血栓素的合成途径为靶点。例如，阿司匹林促使环加氧酶活性中心部位的丝氨酸（Ser^{530}）残基发生不可逆的乙酰化而显著抑制环加氧酶活性，进而影响前列腺素和血栓素前体的生成，故服用小剂量肠溶阿司匹林预防冠心病已经被国内外许多临床医师所推荐和应用。当然，阿司匹林部分拮抗纤维蛋白原溶解导致的血小板激活和抑制组织型纤溶酶原激活因子（t-PA）的释放也是其应用的重要药理学基础。

早在 20 世纪中期，科学家们就注意到居住在格陵兰岛上的爱斯基摩人冠心病的发病率和死亡率都较低，同时显示有较低的血小板聚集能力且出血时间延长。科学家们把这一现象归因于当地居民较多食用富含 ω-3 脂肪酸鱼类的结果。高纬度深海鱼类含有较丰富的 ω-3 脂肪酸，主要是二十碳五烯酸（EPA）和少量二十二碳六烯酸（DHA）。EPA 经环加氧酶作用生成的是 PGI_3 和 TXA_3。生成的 PGI_3 和 TXA_3 又可抑制花生四烯酸从膜磷脂的释放，进一步减少了 PGI_2 和 TXA_2 的合成。实验证实 PGI_3 和 PGI_2 具有相同的抗血小板聚集的作用，而 TXA_3 则无 TXA_2 所具有的促进血小板聚集的功能，因而其综合效果是不利于凝血而有利于防止血栓形成，见表 5-2。该项流行病学的调查结果也为使用 ω-3 脂肪酸防治冠心病奠定了基础，服用富含二十碳五烯酸和二十二碳六烯酸等 ω-3 脂肪酸的食物和相关药物在冠心病防治中也备受推崇和关注。此外，ω-3 脂肪酸降低血三酰甘油和胆固醇特别是低密度脂蛋白胆固醇的功能也是其重要的药理作用之一。

表5-2　前列腺素和血栓素的合成部位及对血小板聚集作用的影响

前列腺素和血栓素	合成部位	血小板聚合作用
TXA_2	血小板	促进
PGI_2	血管内皮细胞	抑制
TXA_3	血小板	无
PGI_3	血管内皮细胞	抑制

2．白三烯和脂氧素的生理功能和临床应用　白三烯和脂氧素作为局部激素，功能也是多方面的，在炎症、过敏和免疫反应中的作用尤为突出。现已证实过敏反应的慢反应物质（slow reacting substance of anaphylaxis，SRS-A）是 LTC_4、LTD_4 和 LTE_4 的混合物。这种混合物使人冠状动脉和支气管平滑肌收缩的作用比组胺及前列腺素强 100 ~ 1000 倍，而且缓慢和持久，具有“慢反应”的特性。LTB_4 能调节白细胞的功能，促进其游走和趋化作用，刺激腺苷酸环化酶，诱发多形核白细胞中颗粒脱落，促使溶酶体释放水解酶类，促进炎症、过敏反应的发展。IgE 与肥大细胞表面受体结合，可促进肥大细胞释放 LTC_4、LTD_4 和 LTE_4，后三者引起支气管及胃肠平滑肌剧烈收缩，LTD_4 还可使毛细血管通透性增加，LTB_4 使中性和嗜酸性粒细胞游走，引起炎症细胞的浸润。

前列腺素和白三烯均是重要的炎性介质。糖皮质激素能有效地抑制磷脂酶 A_2 的活性，减少花生四烯酸的释放，导致炎性介质前列腺素和白三烯的合成减少，这是糖皮质激素具有抗炎作用的重要原因之一。

脂氧素是体内最重要的内源性脂质抗炎介质之一，广泛参与多种疾病的病理生理过程，在炎症调控及免疫调节等方面的作用已得到广泛的关注，尤其是在炎症消退机制的研究中。近年证实，LXA_4 和 LXB_4 对血管平滑肌有舒张作用，且 LXA_4 可通过激活蛋白激酶 C 调节细胞代谢，作用强于二酰甘油。

第七节 血浆脂蛋白

一、血脂

血浆中的脂质统称为血脂。血脂主要包括三酰甘油、各类磷脂、胆固醇和胆固醇酯以及游离脂肪酸。血脂总量并不多，只占体内总脂质的极少部分，但由于外源性和内源性脂质物质都需经过血液转运于各组织之间，因此血脂的含量在一定程度上反映了体内各组织器官的脂质代谢情况，对血脂的检测有利于疾病的诊断和对一些疾病易患性的评估，因此血脂测定广泛地应用于临床检验。血脂含量不及血糖稳定，受年龄、性别、饮食等因素的影响，波动范围较大，空腹状态下个体血脂水平相对稳定，临床血脂检测常在禁食 12 ～ 14h 后抽血化验，这样才能可靠地反映血脂水平。正常成人空腹血脂水平见表 5-3。

表5-3 正常成人空腹血脂的组成及含量

组成	血浆含量		空腹时主要来源
	mg/dl	mmol/L	
总脂	400 ～ 700（500）		
三酰甘油	10 ～ 150（100）	0.11 ～ 1.69（1.13）	肝
总胆固醇	100 ～ 250（200）	2.59 ～ 6.47（5.17）	肝
胆固醇酯	70 ～ 200（145）	1.81 ～ 5.17（3.75）	
游离胆固醇	40 ～ 70（55）	1.02 ～ 1.81（1.42）	
总磷脂	150 ～ 250（200）	48.44 ～ 80.73（64.58）	肝
卵磷脂	50 ～ 200（100）	16.1 ～ 64.6（32.3）	
鞘磷脂	50 ～ 130（70）	16.1 ～ 42.0（22.6）	
脑磷脂	15 ～ 35（20）	4.8 ～ 13.0（6.4）	
游离脂肪酸	5 ～ 20（15）		脂肪组织

注：括号内为均值

1．血脂的来源 有两种来源：①食物中的脂质经消化吸收进入血液（外源性）；②脂库中三酰甘油动员释放的脂质及体内合成的脂质（内源性）。

2．血脂的主要去路 包括四个方面：①氧化分解；②构成生物膜；③进入脂库储存；④转变为其他物质。

血浆脂质种类不一，结构和功能各异，但其共同的物理性质是难溶于水，在水中应呈乳浊液，但正常人血脂含量达500mg/dl，血浆却仍清澈透明，说明血脂在血浆中不是以自由状态存在的。事实上，血脂在血浆中与蛋白质结合形成血浆脂蛋白（lipoprotein），呈颗粒状亲水复合体，是血脂在血浆中的存在及运输形式。血浆脂蛋白中的蛋白质部分称为载脂蛋白（apolipoprotein，Apo）。

二、血浆脂蛋白的分类

各种血浆脂蛋白所含脂质及蛋白质不同，故其理化性质（密度、颗粒大小、表面电荷、电泳速率及免疫性）也不同，利用不同的技术和方法可将血浆脂蛋白分为若干类，目前应用最为广泛的是超速离心法和电泳法。

（一）超速离心法

超速离心法的分类基础是血浆脂蛋白分子密度的差别。各种脂蛋白具有不同的化学组成，由于脂质和蛋白质密度的不同和组成比例的差异，使得不同脂蛋白具有独特的密度。由于蛋白质的密度比脂质大，故血浆脂蛋白的密度随蛋白质组成比例的增加而升高，所含蛋白质越多，密度越大。根据血浆脂蛋白在特定密度溶液中超速离心时漂浮或沉降的行为，可将血浆脂蛋白进行分离和分类。通常用漂浮率 S_f 表示其上浮情况。血浆脂蛋白在 26℃、密度为 1.063g/ml 的盐溶液中，每达因克离心力作用下，每秒上浮 10 ～ 13cm 即为 $1S_f$ 单位。

$$1S_f = 10 \sim 13\text{cm}\cdot\text{s}^{-1}\cdot\text{dyn}^{-1}\cdot\text{g}^{-1}\ (26℃)$$

S 是为纪念分析超速离心机的创始人 Svedberg，下标 f 是 flotation 的缩写，表示漂浮。

依据在上述溶液中的行为，血浆脂蛋白可分为四大类：密度小于 0.95g/ml 的乳糜微粒（chylomicron，CM）、密度介于 0.95 ～ 1.006g/ml 的极低密度脂蛋白（very low density lipoprotein，VLDL）、密度介于 1.006 ～ 1.063g/ml 的低密度脂蛋白（low density lipoprotein，LDL），以及密度介于 1.063 ～ 1.210g/ml 的高密度脂蛋白（high density lipoprotein，HDL）。

（二）电泳法

电泳法的分类基础是脂蛋白分子在电场中迁移率的差别。在一定的条件下，它主要取决于脂蛋白分子的电荷 / 质量比值。在常见的以琼脂糖凝胶为支持介质的电泳中，根据电泳迁移率从小到大，血浆脂蛋白依次可以分为乳糜微粒、β- 脂蛋白（β-lipoprotein）、前 β- 脂蛋白（pre-β-lipoprotein）和 α- 脂蛋白（α-lipoprotein）。参照在相同条件下的血清球蛋白的迁移率，乳糜微粒留在原点基本不动、β- 脂蛋白位于 β- 球蛋白的位置、前 β- 脂蛋白位于 α_2- 球蛋白的位置、α- 脂蛋白位于 α_1- 球蛋白的位置。不同的电泳支持介质和电泳条件下，血浆脂蛋白可产生不同的分离效果（图 5-19）。

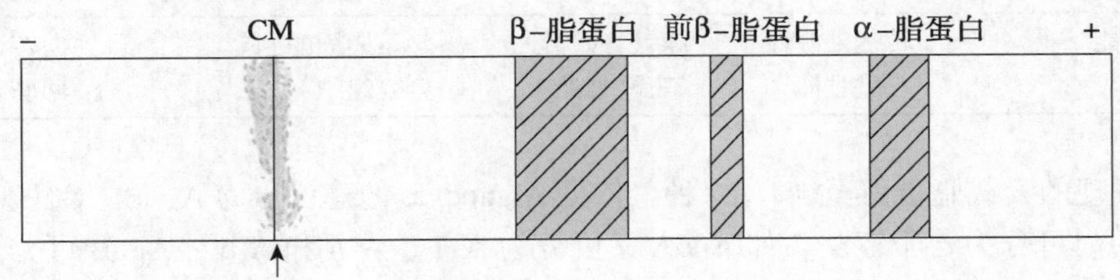

图 5-19　血浆脂蛋白琼脂糖凝胶电泳示意图

缓冲液 pH=8.6，↑表示血浆加样位置

两种不同分类方法下，四类血浆脂蛋白的对应关系及其组成、性质和主要生理功能见表 5-4。除上述四类主要脂蛋白外，有的分类还包括了中密度脂蛋白（intermediate density lipoprotein，IDL），它是 VLDL 在血浆中的代谢产物，其组成及密度介于 VLDL 及 LDL 之间，其密度为 1.006 ～ 1.019g/ml。HDL 分子在代谢过程中的蛋白质与脂质成分发生变化，据此可将 HDL 再分为 HDL_1、HDL_2 与 HDL_3。HDL_1 在高胆固醇膳食时才出现；正常人血浆中主要含 HDL_2 和 HDL_3，前者密度较低，为成熟的 HDL，后者密度稍高，为新生的 HDL，这是由于 HDL_3 分子中蛋白质成分含量高。由于超速离心法和电泳法分离血浆脂蛋白所依据的物理参数不同，其所分离脂蛋白的排列顺序有所差异是完全合理和正常的。

三、血浆脂蛋白的组成

所有的血浆脂蛋白均由脂质和载脂蛋白组成。脂质主要包括三酰甘油、磷脂、胆固醇和胆固醇酯。如表 5-4 各所示，各种脂蛋白虽然均含有上述脂质，但含量和比例差别巨大。如 CM

中脂质含量可高达98%～99%，而HDL中脂质含量仅为45%～55%。不同脂蛋白间脂质组成主要是量的不同。不同脂蛋白间载脂蛋白不仅有量的不同，更具有明显的质的差异，正是载脂蛋白组成的差异导致不同脂蛋白代谢途径和生理功能的不同。

表5-4 各类血浆脂蛋白的组成、性质和主要生理功能

分类	超速离心法 电泳法	CM CM	VLDL 前β-脂蛋白	LDL β-脂蛋白	HDL α-脂蛋白
物理性质	密度	＜0.95	0.95～1.006	1.006～1.063	1.063～1.210
	颗粒大小(nm)	90～1000	30～90	20～30	7.5～10
	S_f值	＞400	20～400	0～20	沉降
	电泳位置	原点	α_2-球蛋白	β-球蛋白	α_1-球蛋白
化学组成（%）	蛋白质	1～2	5～10	20～25	45～55
	脂质	98～99	90～95	75～80	45～55
	三酰甘油	84～88	50～54	8～10	6～8
	磷脂	8	16～20	20～24	21～23
	总胆固醇	4	20～22	43～47	18～20
	游离型	1	6～8	6～10	4
	酯化型	3	12～16	37～39	15
主要载脂蛋白		B-48 A-Ⅰ C、E	B-100 C-Ⅱ E	B-100	A-Ⅰ A-Ⅱ C-Ⅰ
合成部位		小肠	肝	在血中由VLDL转化	肝、肠
主要生理功能		转运外源性三酰甘油	转运内源性三酰甘油	转运胆固醇到全身组织	逆向转运胆固醇回肝

目前发现的人载脂蛋白至少有20种。依据Alaupovic的建议分为A、B、C、D和E等几大类，有的尚可分为若干亚类。如ApoA又可分为A-Ⅰ、A-Ⅱ和A-Ⅳ；ApoB可分为B-48和B-100；ApoC可分为C-Ⅰ、C-Ⅱ和C-Ⅲ，而C-Ⅲ又可进一步根据蛋白质翻译后的修饰，主要是所含唾液酸的数目，再分为C-Ⅲ0、C-Ⅲ1和C-Ⅲ2；ApoE根据其一级结构和等电点的不同也可分为E-2、E-3和E-4，不同ApoE异构体（isoform）与受体结合活性有明显的差别。绝大多数载脂蛋白的一级结构已经阐明。广泛的研究显示，载脂蛋白是决定脂蛋白结构、功能和代谢的核心组分，它们的功能是多方面的，至少包括：

1．载脂蛋白能够结合和转运脂质，稳定脂蛋白的结构 人体血液中的蛋白质数以百计，但多数不具有结合和转运脂质的功能。作为脂蛋白结构成分的载脂蛋白之所以能结合和转运脂质，是因为它们多具有双性α螺旋（amphipathic α-helix）结构，在载脂蛋白的氨基酸排列顺序中，每间隔2～3个氨基酸残基，通常出现一个带极性侧链的氨基酸残基。当这种多肽链形成α螺旋时，极性氨基酸残基集中在α螺旋一侧形成极性（亲水）侧面，非极性氨基酸残基集中在另一侧形成非极性（疏水）侧面，即形成所谓双性α螺旋结构。这种双性α螺旋结构在载脂蛋白结合和转运脂质以及构成和稳定脂蛋白结构上起重要作用。亲水的极性面可与水溶剂及磷脂或胆固醇极性区结合，构成脂蛋白的亲水面；疏水的非极性面可与非极性的脂质结合，构成脂蛋白的疏水核心区。这种结构有利于载脂蛋白结合脂质，稳定脂蛋白的结构，完成其结合和转运脂质的功能。不同的血浆脂蛋白中包含一种或多种载脂蛋白，但多以某

一种为主，且各种载脂蛋白之间维持一定比例。如：① HDL 中主要含 ApoA- Ⅰ和 ApoA- Ⅱ；② LDL 中绝大部分是 ApoB-100，还含有少量的 ApoE（< 5%）；③ VLDL 除含有 ApoB-100 外，还含有 ApoC- Ⅰ、C- Ⅱ、C- Ⅲ及 ApoE；④ CM 由多种载脂蛋白组成，但不含 ApoB-100 及 ApoD（表 5-5）。

2．载脂蛋白是许多脂蛋白代谢关键酶的调控因子　已知 ApoA-Ⅰ是磷脂酰胆碱 - 胆固醇酰基转移酶（lecithin-cholesterol acyltransferase，LCAT）的激活因子；ApoC-Ⅱ是脂蛋白脂肪酶（lipoprotein lipase，LPL）的激活因子；而 ApoC- Ⅲ则可能是 LPL 的抑制因子等（表 5-5）。脂蛋白进行代谢时，脂质多是载脂蛋白所调节的关键酶的底物，因此载脂蛋白可以有效地调节相关酶类的活性，调控脂蛋白的代谢。

3．载脂蛋白是其所在脂蛋白被相应受体识别和结合的信号　ApoA-Ⅰ、ApoB-100 和 ApoE 分别是 HDL 受体、LDL 受体和乳糜微粒残粒受体识别结合的信号与标志。受体介导的代谢途径是脂蛋白代谢的最主要途径，在这个意义上，载脂蛋白影响并决定着脂蛋白的代谢。配体（载脂蛋白）和受体的结构变异均有可能造成脂蛋白代谢异常，这已在临床医学得到广泛的证实，如由于 LDL 受体结构功能缺陷导致的家族性高胆固醇血症等。人体主要的载脂蛋白的性质和功能见表 5-5。

表5-5　主要的人载脂蛋白的性质和功能

载脂蛋白	氨基酸残基数	分子量	主要来源	主要功能
A-Ⅰ	243	28.3kDa	肝、肠	LCAT 激活剂
A-Ⅱ	154	17.5kDa	肝、肠	LCAT 抑制剂
B-48	2152	260kDa	肠	促进 CM 的合成
B-100	4536	513kDa	肝	LDL 受体的配体
C-Ⅰ	57	6630Da	肝	?
C-Ⅱ	78	8837Da	肝	LPL 激活剂
C-Ⅲ	79	9532Da	肝	LPL 抑制剂
E	299	34.1kDa	肝	乳糜微粒残粒受体配体

四、血浆脂蛋白的结构

各类血浆脂蛋白的结构虽然存在着若干差异，但也有共同的基本特征。除新生的 HDL 为圆盘状外，脂蛋白的结构一般为球状结构，可分为两部分，即极性（亲水）的表面和非极性（疏水）的核心，非极性（疏水）的核心是以疏水的三酰甘油和胆固醇酯构成，在 CM 和 VLDL 主要是三酰甘油，在 LDL 和 HDL 则主要是胆固醇酯；极性（亲水）的表面是包绕脂质核心的单层外壳，外壳主要由两性脂质（磷脂和游离胆固醇）和载脂蛋白组成。依据物质相似相溶原理，外壳中的两性脂质的排列与质膜相似，以其非极性部分向内与脂质核心相互作用，以其极性部分向外与水溶液相互作用。绝大多数的载脂蛋白具有双性 α 螺旋结构。它们以双性 α 螺旋的非极性面向内与脂质核相互作用，而以双性 α 螺旋的极性面向外与水溶液相互作用。载脂蛋白的双性 α 螺旋有利于脂蛋白的结构稳定和生理功能的发挥。载脂蛋白可分为两类：一类是镶嵌于外壳并结合紧密的内在载脂蛋白，在血液运输和代谢过程中从不脱离脂蛋白分子，如 VLDL 和 LDL 中的 ApoB-100；另一类是与外壳结合较松散的外在载脂蛋白，在血液运输和代谢过程中可在不同脂蛋白之间穿梭，促进脂蛋白的成熟和代谢，如 ApoE 和 ApoC。脂蛋白的基本结构见图 5-20。

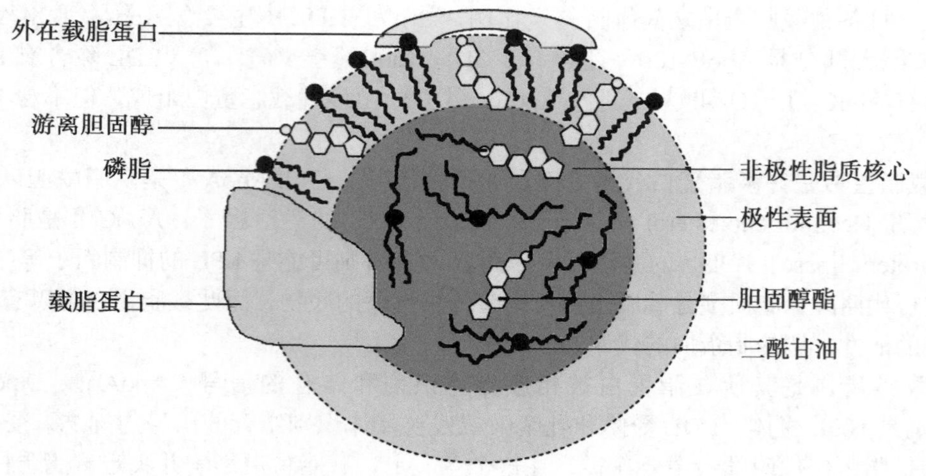

图 5-20 血浆脂蛋白的结构示意图

五、血浆脂蛋白的代谢

血浆脂蛋白的代谢是一个相当复杂的生化过程，它不仅涉及脂蛋白分子本身，同时也涉及许多脂蛋白分子以外的因素，如参与脂蛋白代谢的酶类和脂蛋白受体等。此外各类血浆脂蛋白的代谢也不是彼此孤立的，而是互相关联的，如脂蛋白之间载脂蛋白和脂质成分的穿梭和交换。有关血浆脂蛋白的代谢研究虽然已经取得了巨大的进展，但仍然有不少问题需要进一步阐明。

（一）乳糜微粒的代谢

CM 是小肠黏膜细胞合成的，它是机体转运外源性三酰甘油及胆固醇的主要形式。小肠黏膜细胞将膳食中吸收摄取的脂肪的消化产物再酯化成的三酰甘油、磷脂和胆固醇与细胞核糖体合成的 ApoB-48 等组装成新生的 CM，其中也含有少量的 ApoA-Ⅰ和 ApoA-Ⅱ。小肠黏膜细胞合成并分泌的新生 CM 经淋巴系统进入血液循环。

CM 在血液循环中主要经历了两个方面的变化。一方面，它从 HDL 获得转运来的 ApoE 和 ApoC，特别是 ApoC-Ⅱ，转变为成熟的 CM。这种成熟的 CM 分子上的 ApoC-Ⅱ可激活脂蛋白脂肪酶（LPL），催化 CM 中三酰甘油水解为甘油（glycerol）和游离脂肪酸（free fatty acid，FFA）。LPL 是人体中重要的脂解酶，主要存在于心、肌肉和脂肪组织等与脂肪的储存、利用和代谢有关的组织的毛细血管内皮细胞外表面上。另一方面，随着 LPL 的脂解作用和三酰甘油的水解、释放，CM 颗粒明显变小，胆固醇和胆固醇酯的含量相对增加，颗粒密度也有所增加，其外层的 ApoA 和 ApoC 离开 CM 转移回到 HDL，而 ApoE 和 ApoB-48 仍保留在 CM，形成以含胆固醇酯为主的乳糜微粒残粒（chylomicron remnant）。乳糜微粒残粒可通过其所含的 ApoE 被肝细胞表面的乳糜微粒残粒受体（又称 ApoE 受体）结合并介导其被肝细胞吞噬，与细胞溶酶体融合，载脂蛋白被水解为氨基酸，胆固醇酯分解为胆固醇和脂肪酸，进而被肝细胞利用或分解，完成最终代谢。由此可见，CM 代谢的主要功能就是将外源性三酰甘油转运至心、肌肉和脂肪组织等肝外组织利用，同时将食物中外源性胆固醇转运至肝进行转化。

血液中的 CM 代谢迅速，半衰期不足 0.5h。因此正常人空腹过夜后血液中不含有 CM，若在空腹血液中存有明显的 CM，则表示有血浆脂蛋白代谢异常。脂蛋白脂肪酶结构和功能异常或 ApoC-Ⅱ结构和功能缺陷可能是严重乳糜微粒血症最常见的原因。CM 的代谢如图 5-21 所示。

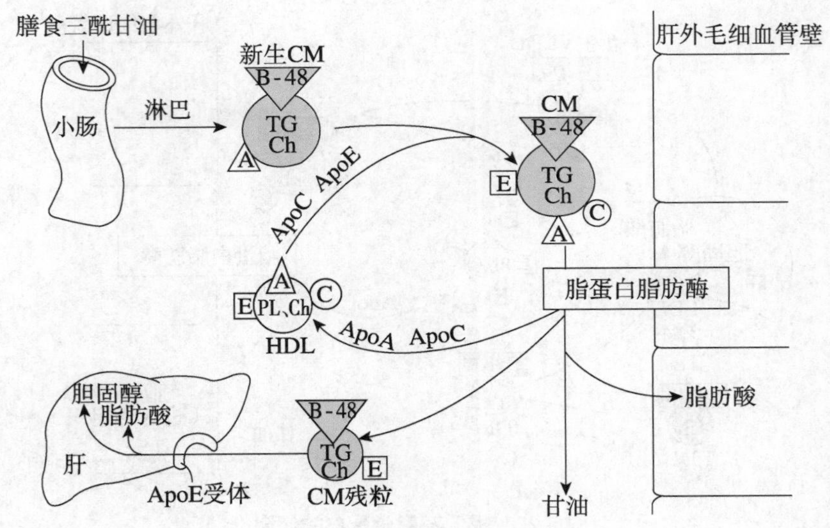

图 5-21　乳糜微粒的代谢

A：载脂蛋白 A；B-48：载脂蛋白 B-48；C：载脂蛋白 C；E：载脂蛋白 E；CM：乳糜微粒；TG：三酰甘油；PL：磷脂；Ch：胆固醇和胆固醇酯；HDL：高密度脂蛋白

（二）极低密度脂蛋白的代谢

新生的 VLDL 在肝内合成，是机体转运内源性三酰甘油和胆固醇的主要形式。肝生成的三酰甘油主要原料源于葡萄糖，部分来自乳糜微粒残粒及脂肪动员产生的游离脂肪酸的酯化。肝细胞利用自身合成的 ApoB-100 及 ApoE 与三酰甘油、磷脂和胆固醇组装成新生的 VLDL，并直接分泌入血液循环。

VLDL 在血液中的经历与 CM 十分相似。VLDL 分泌入血后，接受来自 HDL 的 ApoC 和 ApoE，特别是 ApoC-Ⅱ，由 ApoC-Ⅱ激活 LPL，催化三酰甘油水解，产物被肝外组织利用。随着三酰甘油的水解，VLDL 颗粒体积变小，同时载脂蛋白、磷脂和胆固醇的含量相对增加，颗粒密度加大，由 VLDL 转变为 IDL。一部分 IDL 通过 ApoE 介导的受体代谢途径为肝细胞摄取和利用。而未被肝细胞摄取的 IDL 进一步受 LPL 的作用，转变为密度更大且仅含一个 ApoB-100 分子的 LDL。因此 IDL 既是 VLDL 的中间代谢物，又是 LDL 的前体。换言之，LDL 是在血液中由 VLDL 转变产生的。在 VLDL 经 IDL 转变为 LDL 的复杂过程中，ApoE 发挥了十分重要的作用，特别是与 ApoE 异构体的受体结合活性关系密切。如果 ApoE 与受体结合活性低，就有可能造成 IDL 在血液中的蓄积，形成Ⅲ型高脂蛋白血症。VLDL 所含的 ApoE 与受体结合活性低下或完全缺失，是Ⅲ型高脂蛋白血症的生化基础。在 ApoE 的三种主要异构体中，ApoE-2 与受体的结合活性只相当于 ApoE-4 和 ApoE-3 的 1% ~ 2%，过往的研究发现，Ⅲ型高脂蛋白血症患者几乎均为 ApoE-2 的纯合子。VLDL 在血液中的半衰期为 6 ~ 12h。正常人的空腹血含有 VLDL，其浓度与血液的三酰甘油的水平呈明显的正相关。VLDL 的代谢如图 5-22 所示。

肝作为 VLDL 的合成器官，在脂肪的代谢中具有重要而独特的作用。肝细胞中三酰甘油由于代谢迅速，因此含量有限。如果三酰甘油供应增加，如高脂膳食、饥饿或糖尿病等所致脂肪动员增强，或者肝细胞载脂蛋白、磷脂及 VLDL 的合成障碍，肝炎等所致肝功能损伤及胆碱缺乏等，均可能导致脂肪在肝中蓄积，形成脂肪肝。长时间的脂肪过度蓄积将损害肝细胞的功能，形成脂肪肝性肝炎。

CM 和 VLDL 因为三酰甘油含量丰富被统称为富含三酰甘油的脂蛋白（triglyceride-rich lipoprotein），其水平决定了血液中三酰甘油的水平。血脂异常已经成为我国居民的一个重要的

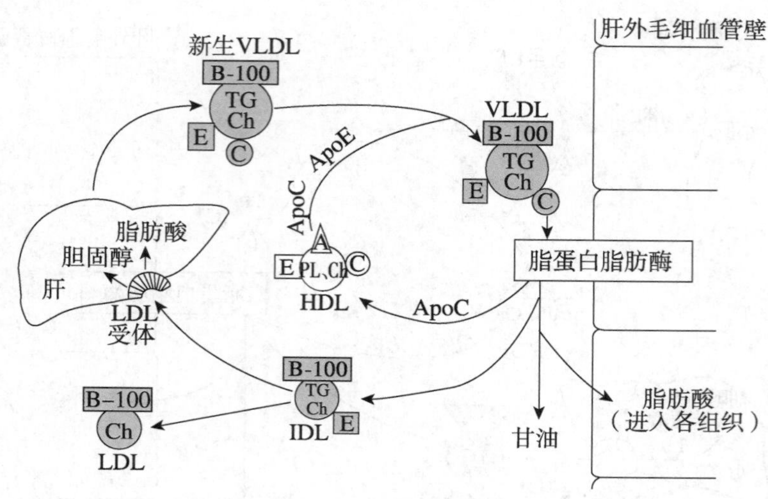

图 5-22 极低密度脂蛋白的代谢

公共卫生问题，据估计目前我国成人血脂异常率为 18.6%，绝对人数可达 1.9 亿。由于我国居民膳食结构特点等原因，人群中的血脂异常以高三酰甘油血症为最多。脂蛋白脂肪酶是富含三酰甘油脂蛋白的关键酶，载脂蛋白 C-Ⅲ可以抑制 LPL 的活性，它们共同构成影响富含三酰甘油脂蛋白的主要因素。调控这些蛋白质的表达就成为治疗高三酰甘油血症的一个重要靶点和可行途径。苯氧芳酸类调血脂药如吉非贝齐（诺衡）和苯扎贝特（必降脂）等是核因子过氧化物酶体增殖物激活受体（peroxisome proliferator-activated receptor，PPAR）的激活剂，通过激活 PPARα 增强 LPL、ApoA-Ⅰ和 A-Ⅱ的表达，同时抑制 ApoC-Ⅲ基因的表达，因此该类药物不但可以降低血液三酰甘油水平，同时还有利于提升 HDL-Ch 的水平，成为临床治疗高三酰甘油血症的重点药物之一。

PPAR 与血脂调整

（三）低密度脂蛋白的代谢

如上所述，LDL 是在血液中由 VLDL 经 IDL 转化而来的，LDL 中的主要脂质是胆固醇及胆固醇酯，载脂蛋白为 ApoB-100。它是机体转运肝合成的内源性胆固醇到全身组织的主要运输形式。虽然全身组织细胞几乎均能合成胆固醇，但多数仍不同程度地需要肝合成的胆固醇供给和补充。LDL 在血浆中的半衰期为 2 ～ 4 天，因此是血液中胆固醇最主要的存在形式，血液中总胆固醇水平的升高绝大多数是由于 LDL 的升高造成的。LDL 水平升高可促进动脉内皮细胞下的胆固醇酯堆积而加重动脉粥样硬化，因此 LDL 被认为是致动脉粥样硬化的危险因子。

受体介导途径是 LDL 代谢的最主要途径。在正常情况下，大约 2/3 的 LDL 通过此途径降解，其余 1/3 则主要通过巨噬细胞等非受体介导途径清除。LDL 受体能特异地识别和结合脂蛋白中的 ApoB-100，因此又称为 ApoB-100 受体。全身组织细胞几乎均具有 LDL 受体，但以肝细胞最为丰富。肝约含全身 LDL 受体总数的 3/4，因此肝是降解 LDL 最主要的器官。此外，以胆固醇为原料合成类固醇激素的器官和组织如肾上腺、卵巢和睾丸等摄取和降解 LDL 的能力也较强。血液中 LDL 的水平在很大程度上依赖于 LDL 受体结构与功能的正常。

LDL 受体由 839 个氨基酸残基组成，本质属糖蛋白，可分为 5 个结构域。Brown 与 Goldstein 在研究胆固醇的代谢调节过程中发现了细胞表面的 LDL 受体，并发现 LDL 受体控制细胞对 LDL 的摄取，从而保持血液 LDL 浓度正常，防止胆固醇在动脉血管壁的沉积。这一研究成果是对胆固醇代谢调节研究的伟大贡献，Brown 与 Goldstein 因此共同获得 1985 年的诺贝尔生理学或医学奖。这些研究为相关疾病（如冠心病）的预防和治疗提供了崭新的手段。在 LDL 代谢过程中，通过 LDL 受体介导将 LDL 吞入细胞内并与溶酶体融合，胆固醇酯被溶酶体中的相关酶类催化水解为游离胆固醇及脂肪酸。这种游离的胆固醇既可参与细胞生物膜的构成，还可在不同的组织参与类固醇激素、胆汁酸和维生素 D_3 的合成，并且还通过启动下列三个反应有效地调节细胞内的胆固醇代谢（图 5-23）。

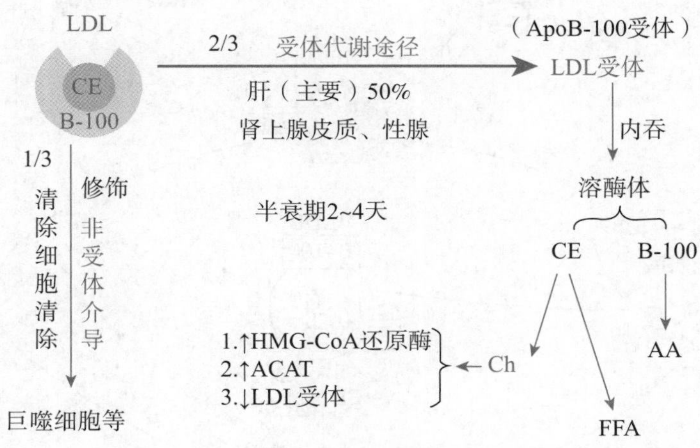

图 5-23　LDL 受体代谢及细胞胆固醇调节

（1）通过反馈调节抑制细胞内质网 HMG-CoA 还原酶的活性，降低细胞内源性胆固醇的合成。

（2）激活细胞内脂酰 CoA- 胆固醇酰基转移酶（acyl CoA-cholesterol acyltransferase，ACAT）的活性，使游离胆固醇重新酯化为其储存形式胆固醇酯，并储存于细胞质中备用，当细胞需要时，由胆固醇酯酶重新水解为游离胆固醇供细胞代谢的需要。

（3）在转录水平抑制细胞 LDL 受体蛋白质的合成，减少细胞对 LDL 的结合和内吞，从而降低细胞通过内吞 LDL 对细胞外胆固醇的摄取和利用。

（四）高密度脂蛋白的代谢

HDL 主要是在肝合成的，小肠也能少量合成，HDL 的主要功能是参与胆固醇的逆向转运（cholesterol reverse transport），即将肝外组织细胞中的胆固醇通过血液循环转运到肝，在肝中转化为胆汁酸后排出体外。

新生的 HDL 呈圆盘状，载脂蛋白种类多样且含量高，包括 ApoA、ApoC、ApoD 和 ApoE 等，其中以 ApoA 为主，脂质则以磷脂为主。其中的 ApoA-Ⅰ是磷脂酰胆碱 - 胆固醇酰基转移酶（LCAT）的激活因子，而磷脂中的主要成分磷脂酰胆碱则是该酶的主要底物之一。LCAT 是由肝合成后分泌入血的。在 LCAT 的催化下，HDL 表面磷脂酰胆碱第 2 位上的脂酰基被转移到游离胆固醇的第 3 位羟基上，前者形成溶血磷脂酰胆碱并结合于血浆白蛋白，而后者则由游离胆固醇转化为胆固醇酯，因其失去极性而移入 HDL 的非极性脂质核心（图 5-24），由此形成 HDL 和外周组织间游离胆固醇的浓度梯度，并促进外周组织游离胆固醇向 HDL 流动。随着 LCAT 的反复作用，进入 HDL 内部的胆固醇酯逐步增加，使磷脂双层伸展分离，新生的圆盘状 HDL 逐渐转变为成熟的球状 HDL。首先形成的是密度较大、颗粒较小的 HDL_3，随着胆固醇含量的增加，颗粒变大，密度变小，逐步转变为 HDL_2。在此过程中，胆固醇酯转移蛋白（cholesteryl ester transfer protein，CETP）也参与并促进胆固醇逆向转运。当周围组织细胞膜的游离胆固醇与 HDL 结合后，被 LCAT 酯化成胆固醇酯，移入 HDL 核心，并可通过 CETP 转移给 VLDL、LDL，再被肝的 LDL 及 VLDL 受体摄取入肝细胞，至此，完成了胆固醇从周围组织细胞经 HDL 转运到肝细胞的过程。由于 LCAT 的高活性，正常人血液中很少见到圆盘状的新生 HDL，但在遗传性 LCAT 活性低或完全缺失的患者中，HDL 则主要以圆盘状的形式存在，说明了 LCAT 在 HDL 成熟和胆固醇逆向转运中的作用。

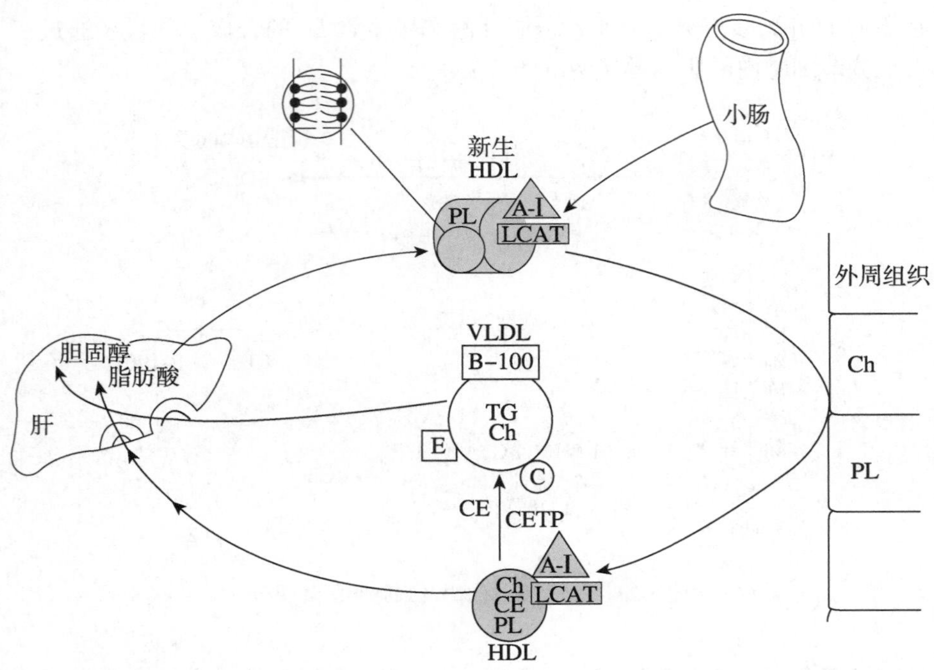

图 5-24　高密度脂蛋白的代谢

成熟的 HDL 可被肝细胞的 ApoA-Ⅰ受体结合和摄取，完成了胆固醇由肝外向肝的转运。与 LDL 转运胆固醇的方向相反，HDL 是将胆固醇由肝外组织运回肝，因此称为胆固醇的逆向转运。胆固醇的这种双向转运既保证了全身组织对胆固醇的需要，又避免了过量胆固醇在外周组织的蓄积和致病作用，具有重要的生理意义。血液中 LDL 和 HDL 的水平常用胆固醇含量表示，分别称为 LDL-Ch 和 HDL-Ch。HDL-Ch 水平越高，反映机体逆向转运胆固醇的能力越强，动脉血管壁等外周组织胆固醇蓄积的可能性越小。这就合理地解释了流行病学调查和临床医学研究的重要发现：HDL-Ch 的水平与动脉粥样硬化的发病率呈明显的负相关。基于上述的认识和理解，HDL 被认为是抗动脉粥样硬化因子。LDL-Ch 和 HDL-Ch 的含量比值（LDL-Ch/HDL-Ch）称为动脉粥样硬化指数（atherosclerosis index，AI），它反映了机体对动脉粥样硬化的易患性，一些学者认为其临床判断价值优于单纯的总胆固醇测定。LDL-Ch 和 HDL-Ch 的测定已经广泛地应用于临床检验。

除上述功能外，HDL 的重要功能还包括作为 ApoE 和 ApoC 的储存库。ApoE 和 ApoC 不断地穿梭于 CM、VLDL 和 HDL 之间，这不仅有利于激活 LPL，促进脂蛋白中三酰甘油的水解，而且也有利于这些脂蛋白的进一步代谢，特别是在肝细胞受体介导的结合和摄取中发挥了关键的作用。由此可见，各类脂蛋白的代谢并不是彼此孤立的，而是相互联系和相互促进的，它们都是若干个循环的组成部分，彼此协调配合，共同完成血浆脂质转运和代谢的复杂过程。

六、血脂测定与血脂异常

血脂的组成和水平可以在一定程度上反映机体脂质代谢的状况，并且有助于疾病的预判和诊断。机体脂质代谢研究的深入与血脂测定技术和方法的发展是相互促进的，20 世纪 50 年代，人们逐渐认识到血脂水平与动脉粥样硬化之间的密切关系，建立和改进了胆固醇和三酰甘油的测定方法，在此基础上提出了高脂血症（hyperlipidemia）的命名，脂质代谢异常可引起血脂水平改变，若血脂浓度高于正常值上限，即可称为高脂血症。高脂血症分为高胆固醇血症、高三酰甘油血症和高胆固醇合并高三酰甘油血症三大类。20 世纪 60 年代后，人们进一步认识到血液中的脂质不是游离存在的，它们是以可溶性生物大分子复合体即血浆脂蛋白的形式运输和代谢的，血脂的异常必然反映为血浆脂蛋白的异常，提出了高脂蛋白血症（hyperlipoproteinemia）的命名。随着高密度脂蛋白抗动脉粥样硬化功能的发现，人们认识到不仅高脂蛋白血症具有临床意义，低高密度脂蛋白血症也具有重要临床意义。其后又发现了其他种类的低脂蛋白血症、无脂蛋白血症等众多脂质代谢性疾病。至此，人们逐渐认识到脂质代谢异常不仅可表现为一种或几种血浆脂蛋白的升高，同样也可表现为它们的降低或缺如。基于上述认识，使用“异常脂蛋白血症”（dyslipoproteinemia）代替“高脂蛋白血症”更为全面和合理，相应的药理学也将降血脂药易名为调血脂药。

血脂测定的项目是相当复杂的，可以分为一般测定和特殊测定。目前临床普遍应用的血脂测定项目为总胆固醇（TC）、三酰甘油（TG）、低密度脂蛋白胆固醇（LDL-Ch）和高密度脂蛋白胆固醇（HDL-Ch）四项。一些学者认为在低密度脂蛋白和高密度脂蛋白水平的测定中，特定载脂蛋白的测定可能优于其所含胆固醇的测定，因此建议和补充了 ApoA-Ⅰ和 ApoB-100 的测定。但是，在医疗资源有限的情况下，ApoA-Ⅰ和 ApoB-100 的测定价值有待商榷。一方面 LDL-Ch 与 ApoB-100、HDL-Ch 与 ApoA-Ⅰ测定结果之间存在高度的相关性，另一方面载脂蛋白的测定无论精确性还是准确性均低于脂质测定。

血脂水平测定结果不存在所谓的正常值，只存在相对的参考值。影响血脂水平的因素是多元的，既包括遗传因素，也包括膳食和生活方式等环境因素，此外与血脂水平相关的疾病在不同的国家和民族发病率也有很大的不同。基于上述原因，不仅不同的民族和国家可以有不同的血脂测定参考值，而且同一民族和国家的血脂参考值也不是固定不变的。血脂参考值的确定是一项复杂的系统工程，包含了流行病学、基础医学和临床医学等众多学科的研究成果。2016 年我国专家学者进一步修订了 2007 版《中国成人血脂异常防治指南》，并制订了新的中国成人血脂水平分层标准，见表 5-6。

表5-6　成人血脂水平分层标准

分层	TC [mmol/L（mg/dl）]	LDL-C [mmol/L（mg/dl）]	HDL-C [mmol/L（mg/dl）]	非-HDL-C [mmol/L（mg/dl）]	TG [mmol/L（mg/dl）]
理想水平		< 2.6（100）		< 3.4（130）	
合适水平	< 5.2（200）	< 3.4（130）		< 4.1（160）	< 1.7（150）
边缘升高	≥ 5.2（200）且 < 6.2（240）	≥ 3.4（130）且 < 4.1（160）		≥ 4.1（160）且 < 4.9（190）	≥ 1.7（150）且 < 2.3（200）
升高	≥ 6.2（240）	≥ 4.1（160）		≥ 4.9（190）	≥ 2.3（200）
降低			< 1.0（40）		

TC：总胆固醇；LDL-C：低密度脂蛋白胆固醇；HDL-C：高密度脂蛋白胆固醇；非 -HDL-C：非高密度脂蛋白胆固醇；TG：三酰甘油。摘自《中国成人血脂异常防治指南（2016 年修订版）》，中国循环杂志，2016,31（10）：937

脂质主要分为脂肪和类脂两大类，其共同特征是不溶于水，而易溶于有机溶剂。脂肪又称三酰甘油，是机体有效的供能和储能物质，脂肪组织是机体的内分泌器官；类脂包括胆固醇及其酯、磷脂及糖脂等，是生物膜的重要组分，参与细胞识别及信息传递。

正常人脂质的消化和吸收主要在小肠上段。多种胰脂肪酶的催化和胆汁酸盐的乳化是脂质消化吸收的重要环节，在其作用下三酰甘油被水解为 2- 单酰甘油和脂肪酸，磷脂被水解为溶血磷脂和脂肪酸，胆固醇酯被水解为胆固醇和脂肪酸。消化产物主要在空肠被吸收，由中、短链脂肪酸构成的三酰甘油直接经肠黏膜细胞吸收水解后进入门静脉，而长链脂肪酸、2- 单酰甘油、溶血磷脂、胆固醇等则在小肠黏膜上皮细胞内重新合成三酰甘油、磷脂、胆固醇酯，与多种载脂蛋白形成乳糜微粒，经淋巴系统进入血液循环。

三酰甘油由甘油和 3 分子脂肪酸组成，是甘油的脂肪酸酯。三酰甘油合成的主要器官是肝、小肠和脂肪组织，其中肝的合成能力最强。肝和脂肪组织细胞通过二酰甘油途径合成三酰甘油，小肠黏膜细胞通过单酰甘油途径合成三酰甘油。三酰甘油的合成受到激素以及代谢关键酶的影响。

当糖供能充足时，人体利用乙酰 CoA 作为原料合成脂肪酸储存能量。糖代谢生成的乙酰 CoA 通过柠檬酸 - 丙酮酸循环出线粒体，羧化生成丙二酸单酰 CoA。在胞质中脂肪酸合酶的催化下，由 $NADPH+H^+$ 供氢，依次进行缩合、还原、脱水和再还原等步骤，循环 7 次合成 16 碳软脂酸。软脂酸经过碳链长度的变化、不饱和键的生成等过程转化为其他营养非必需脂肪酸。脂肪酸合成的关键酶是乙酰 CoA 羧化酶，可受别构调节和共价修饰调节。

当糖供应不足时，三酰甘油通过脂肪动员生成甘油和游离的脂肪酸。甘油进入糖代谢途径代谢。脂肪酸在胞质中活化后进入线粒体发生 β 氧化，每轮循环经历脱氢、加水、再脱氢和硫解四步反应，碳链减少两个碳原子，最终产物为乙酰 CoA。部分乙酰 CoA 彻底氧化释放大量能量，部分乙酰 CoA 在肝细胞转化为酮体，经血液运输到肝外组织利用。

磷脂包括甘油磷脂和鞘磷脂两大类，人体以甘油磷脂为主，甘油磷脂的合成有二酰甘油合成途径和 CDP- 二酰甘油合成途径。甘油磷脂的降解需要磷脂酶，根据其水解化学键特异性的不同，可以分为磷脂酶 A、B、C、D。

胆固醇是以环戊烷多氢菲为骨架的有机化合物，主要生理功能有：构成生物膜、转变成胆汁酸、合成类固醇激素及维生素 D_3、调节脂蛋白代谢。体内胆固醇的来源有外源性摄取和内源性合成。HMG-CoA 还原酶是胆固醇合成的限速酶。机体的胆固醇以两种形式存在：游离胆固醇为活性代谢形式；酯化胆固醇为储存运输形式，胆固醇酯化血浆中由磷脂酰胆碱：胆固醇酰基转移酶（LCAT）催化，胞质中由脂酰 CoA：胆固醇酰基转移酶（ACAT）催化，胆固醇在体内主要转化为胆汁酸、类固醇激素、维生素 D_3 等重要化合物。

前列腺素、血栓素、白三烯和脂氧素统称为类二十烷酸，其前体都是花生四烯酸等多不饱和脂肪酸，因此均属于脂肪酸源激素。该类激素为局部激素（局部分泌，局部起作用），与细胞表面受体结合后，参与了几乎所有机体和细胞的代谢，如炎症、免疫、过敏、血栓的形成和溶解等许多生理和病理过程。有关其结构、功能和代谢的深入研究不仅为许多疾病的发病机制提供了分子理论基础，而且这些激素水平的调节也已经成为与其相关疾病有效预防和治疗的靶点和途径。

血浆中的脂质与蛋白质组成的可溶性生物大分子称为血浆脂蛋白，脂蛋白是脂质在血液中的运输和代谢形式。根据脂蛋白的颗粒密度及电泳迁移率，利用超速离心法和电泳法可将脂蛋白分为四大类：乳糜微粒、极低密度脂蛋白（前 β- 脂蛋白）、低密度脂蛋白（β- 脂蛋白）和高密度脂蛋白（α- 脂蛋白）。CM 主要转运外源性三酰甘油及胆固醇，VLDL 主要转运内源性三酰甘油，LDL 主要将肝合成的内源性胆固醇转运至肝外组织，而 HDL 则参与胆固醇的逆向转运。脂蛋白的代谢过程中，载脂蛋白发挥核心作用。

思考题

1．简述脂质的组成和重要生理功能。

2．试比较脂肪酸降解和合成途径的重要区别。

3．试述软脂酸的氧化分解过程及能量的生成情况。

4．何谓酮体？根据所学酮体代谢的生化知识，讨论临床酮症酸中毒产生的可能原因和应采取的治疗措施。

5．你认为血脂测定应包括哪几项？如何评价其临床意义？

6．根据所学的胆固醇代谢知识，试讨论治疗高胆固醇血症应采取的措施和其生化基础。

7．脂肪酸源激素主要包括哪些激素？试简述其结构特点和主要生理功能。

8．阐述血浆脂蛋白的主要分类，不同脂蛋白的化学组成特点、代谢途径和主要的生理功能。

9．为何说载脂蛋白是决定脂蛋白结构、功能和代谢的核心组分？

（谢书阳）

第6章 生物氧化

第一节 概 述

一切生物都必须依靠能量来维持生存，而生物体所需的能量大都来自体内糖、脂肪、蛋白质等有机物的氧化。糖、脂肪、蛋白质在生物体内经加氧、脱氢、失电子的方式被氧化，这些物质彻底氧化生成 CO_2 和 H_2O。这一过程的完成首先要经过分解代谢，在不同的分解代谢过程中，通过有机酸的脱羧基反应生成 CO_2，通过代谢物的脱氢反应和辅酶 NAD^+ 或 FAD 的还原反应，产生 $NADH + H^+$ 或 $FADH_2$。这些携带着氢离子和电子的还原型辅酶，再将氢离子和电子传递给氧，最终生成水。这一系列的反应过程伴随着能量的释放，其中一部分能量以底物水平磷酸化和氧化磷酸化的方式转化到 ATP 分子中，供机体肌肉收缩、物质转运、化学合成等各种生命活动的需要。

一、生物氧化的概念和意义

人们把物质在生物体内氧化分解生成 CO_2 和 H_2O 并释放能量的过程称为生物氧化（biological oxidation）。生物氧化本质上是需氧细胞呼吸作用中的一系列氧化还原反应，所以又称为组织呼吸或细胞呼吸。生物氧化遵循氧化还原反应的一般规律，物质通常是以加氧、脱氢、失去电子的方式被氧化的。线粒体内进行的生物氧化是机体产生 ATP 的主要途径。微粒体和过氧化物酶体中进行的生物氧化则与机体内代谢物、药物及毒物的清除、排泄有关。

二、生物氧化的特点

生物体内的氧化和体外燃烧在化学本质上虽然生成的终产物都是 CO_2 和 H_2O，释放的总能量也完全相同，但二者所进行的方式却大不相同。生物氧化的特点是在体温及近中性 pH 环境中通过酶的催化使有机物分子发生一系列化学反应，同时逐步释放能量，有相当一部分能量驱动 ADP 磷酸化生成 ATP，从而将能量储存在 ATP 分子中，以供机体生理、生化活动之需。一部分以热能的形式散发用来维持体温，因此不会因温度突然上升而损害机体。人体内 CO_2 的生成并不是物质中所含的碳原子和氧直接化合的结果，而是物质代谢生成的中间产物有机酸经过脱羧基（decarboxylation）反应生成的。催化氧化还原反应的酶类可分为直接利用氧为受氢体的氧化酶、催化底物脱氢而又不以氧为受氢体的不需氧脱氢酶及其他酶类共三大类。可见生物氧化有其独特的进行方式，生物氧化的特点可简单归纳如表 6-1 所列。

表6-1 生物氧化的特点

内容	特点
生物氧化反应条件	酶催化，体温、近中性 pH 环境，逐步释放能量
生物氧化方式	脱氢、失电子、加氧
CO_2 生成的方式	脱羧基

续表

内容	特点
生物氧化场所	线粒体、微粒体、过氧化物酶体等
能量的形式	ATP、热能
H_2O 的生成方式	主要是通过 NADH 氧化呼吸链、$FADH_2$ 氧化呼吸链

第二节　线粒体氧化体系

线粒体（mitochondria）是需氧细胞内糖、脂肪、蛋白质进行生物氧化过程中氧化还原反应的主要场所。在物质氧化为 CO_2 和 H_2O 的过程中，代谢物脱氢、氢（$FADH_2$ 和 $NADH + H^+$）通过电子传递彻底氧化生成水并释放能量主要在线粒体内进行。伴随着氧化过程释放的能量，有相当一部分以 ATP 的形式储存起来维持细胞的生命活动。因而线粒体是生物体从营养物中获取能量的主要场所，故将线粒体比作细胞的“动力工厂”。

一、呼吸链的组成及其作用

代谢物脱下的成对氢原子（2H）以还原当量形式（$NADH + H^+$、$FADH_2$）存在，经一系列有序排列于线粒体内膜上的酶和辅酶复合体的催化，逐步将电子传递给分子氧。$NADH + H^+$ 或 $FADH_2$ 上的一对氢给出 2e 被氧化为 $2H^+$，氧则获得 2e 被还原为 O^{2-}，最终 $2H^+$ 和 O^{2-} 结合生成水。在传递电子的过程中释放的能量驱动 ADP 和无机磷酸结合形成 ATP。这一系列有序排列于线粒体内膜上的起传递氢或电子作用的酶和辅酶称为电子传递链（electron transfer chain）。传递氢的酶或辅酶被称为递氢体，传递电子的酶或辅酶被称为递电子体。由于递氢的过程中也需要递电子（$2H^+ + 2e$），所以递氢体同时又是递电子体。电子传递链催化进行的一系列连锁反应与细胞摄取氧的呼吸过程有关，故又称为呼吸链（respiratory chain）。

呼吸链主要由位于线粒体内膜上的酶复合体Ⅰ、Ⅱ、Ⅲ、Ⅳ四种复合物组成。每个复合体都是由多种酶和辅酶组成的，它们镶嵌于线粒体内膜上，并按照一定顺序排列（表 6-2）。复合体通过电子的传递实现能量的转换，驱动 ADP 磷酸化生成 ATP。而电子传递过程的本质是由电势能转变为化学能的过程，电子传递所释放的电化学势能驱动 H^+ 由线粒体基质侧转移到线粒体内外膜的膜间隙，从而形成线粒体内膜两侧的 H^+ 浓度梯度差，当 H^+ 顺浓度跨越线粒体内膜回流时，驱动 ATP 的生成。用去垢剂温和处理线粒体内膜，分离得到四种仍具有传递电子功能的复合体，证明了这一事实。但是，缺少了脂溶性小分子化合物泛醌（ubiquinone）和水溶性球状蛋白细胞色素 c（cytochrome c，Cyt c），将电子传递给分子氧是不能实现的。因此，呼吸链应该包括：四种酶复合体、泛醌和 Cyt c。下面将分别叙述呼吸链各组成成分的氧化还原作用和相应的电子传递过程。

表6-2　组成呼吸链的复合体

名称	分子量（kDa）	多肽链数	辅基
复合体Ⅰ（NADH- 泛醌还原酶）	850	43	FMN，Fe-S
复合体Ⅱ（琥珀酸 - 泛醌还原酶）	140	4	FAD，Fe-S
复合体Ⅲ（泛醌 - 细胞色素 c 还原酶）	250	11	血红素 b_L，b_H，c_1，Fe-S
复合体Ⅳ（细胞色素 c 氧化酶）	160	13	血红素 a，血红素 a_3，Cu_A，Cu_B

（一）复合体Ⅰ

复合体Ⅰ又称为NADH-泛醌还原酶或NADH脱氢酶。复合体Ⅰ是一个巨大的复合物，整个复合体嵌在线粒体内膜上，其$NADH+H^+$结合面朝向线粒体基质，这样就能与基质内经脱氢酶催化产生的$NADH+H^+$相互作用。复合体Ⅰ由黄素蛋白、铁硫蛋白等蛋白质及其辅基组成，辅基主要有黄素单核苷酸和Fe-S辅基。$NADH+H^+$脱下的氢经复合体Ⅰ中的FMN、铁硫蛋白传递给泛醌，与此同时伴有质子从线粒体内膜基质侧泵到膜间隙。

现已发现烟酰胺腺嘌呤二核苷酸（nicotinamide adenine dinucleotide，NAD^+）或称辅酶Ⅰ（coenzyme Ⅰ，Co Ⅰ）为100多种脱氢酶的辅酶（图6-1）。

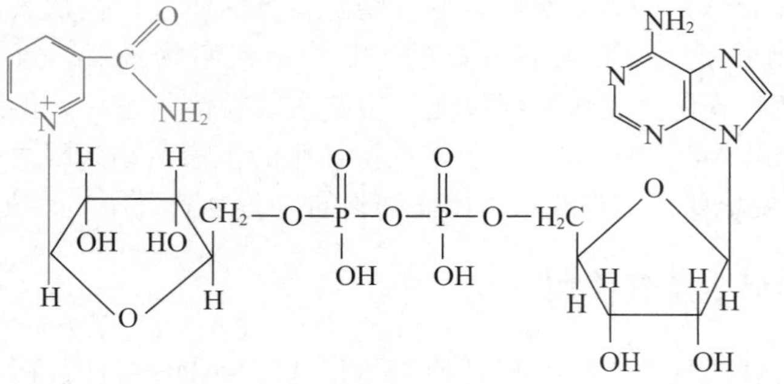

图6-1 NAD^+结构

NAD^+的主要功能是接受从底物上脱下的2H（$2H^+ + 2e$），然后传递给黄素蛋白辅基FMN。在生理pH条件下，烟酰胺中的氮（吡啶氮）为五价氮，它能可逆地接受电子而成为三价氮，与氮对位的碳也较活泼，能可逆地加氢还原，故可将NAD^+视为递氢体。反应时，NAD^+中的烟酰胺部分可接受1个氢原子和1个电子，尚有1个质子（H^+）留在介质中（图6-2）。

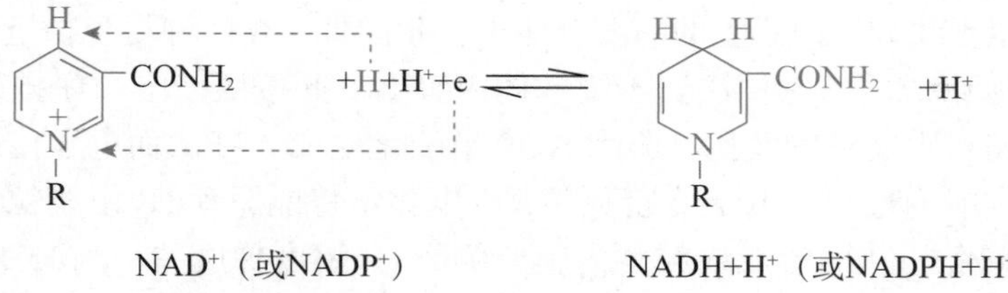

NAD^+（或$NADP^+$）　　$NADH+H^+$（或$NADPH+H^+$）

图6-2 NAD^+的加氢和NADH的脱氢反应

此外，尚有不少脱氢酶的辅酶为烟酰胺腺嘌呤二核苷酸磷酸（nicotinamide adenine dinucleotide phosphate，$NADP^+$），或称辅酶Ⅱ（coenzyme Ⅱ，Co Ⅱ）。当此类酶催化底物脱氢后，其辅酶被还原为$NADPH + H^+$，它必须经吡啶核苷酸转氢酶（pyridine nucleotide transhydrogenase）的作用将还原当量转移给NAD^+（图6-3），然后再经呼吸链传递。$NADPH + H^+$一般为合成代谢或羟化反应提供氢。

$$NADPH+H^+ + NAD^+ \xrightleftharpoons{\text{吡啶核苷酸转氢酶}} NADP^+ + NADH + H^+$$

图6-3 NADPH还原当量转移给NAD^+

黄素蛋白（flavoprotein，FP）种类很多，其辅基有两种，即黄素单核苷酸（flavin mononucleotide，FMN）和黄素腺嘌呤二核苷酸（flavin adenine dinucleotide，FAD），两者均含有核黄素（图6-4）。FMN、FAD分子异咯嗪环上的第1及第10位氮原子与活泼的双键连接，这两个氮原子可反复接受或释放氢，进行可逆的脱氢或加氢反应，是递氢体（图 6-5）。

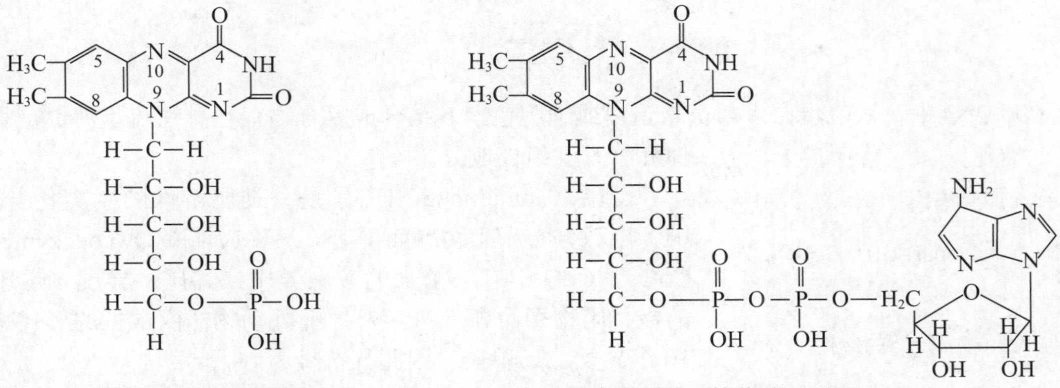

黄素单核苷酸（FMN）　　黄素腺嘌呤二核苷酸（FAD）

图 6-4　FMN、FAD 结构

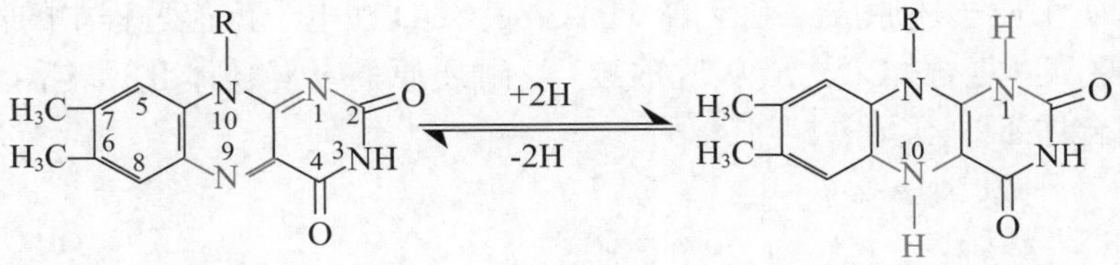

氧化型FMN或FAD　　还原型FMN或FAD

图 6-5　FMN 或 FAD 的加氢及 $FMNH_2$ 或 $FADH_2$ 脱氢反应

黄素蛋白可催化底物脱氢，脱下的氢可被该酶的辅基 FMN 或 FAD 接受。NADH- 泛醌还原酶是黄素蛋白的一种，它将氢由 NADH+H^+ 转移到酶的辅基 FMN 上，使 FMN 还原为 $FMNH_2$。

铁硫簇（iron-sulfur center，Fe-S，又称铁硫中心）是铁硫蛋白（iron-sulfur protein）的辅基，Fe-S 与蛋白质结合为铁硫蛋白。Fe-S 是 NADH- 泛醌还原酶的第二种辅基。铁硫簇含有等量的铁原子与硫原子，有几种不同的类型（图 6-6）：①有的只含有一个铁原子 FeS，Fe 离子与 4 个半胱氨酸残基的 S 原子相连；②有的含有两个铁原子和两个无机硫原子 Fe_2S_2，其中每个铁原子还与两个半胱氨酸残基的 S 原子相连；③有的含有四个铁原子和四个无机硫原子 Fe_4S_4，其中每个铁原子还与半胱氨酸残基的 S 原子相连。

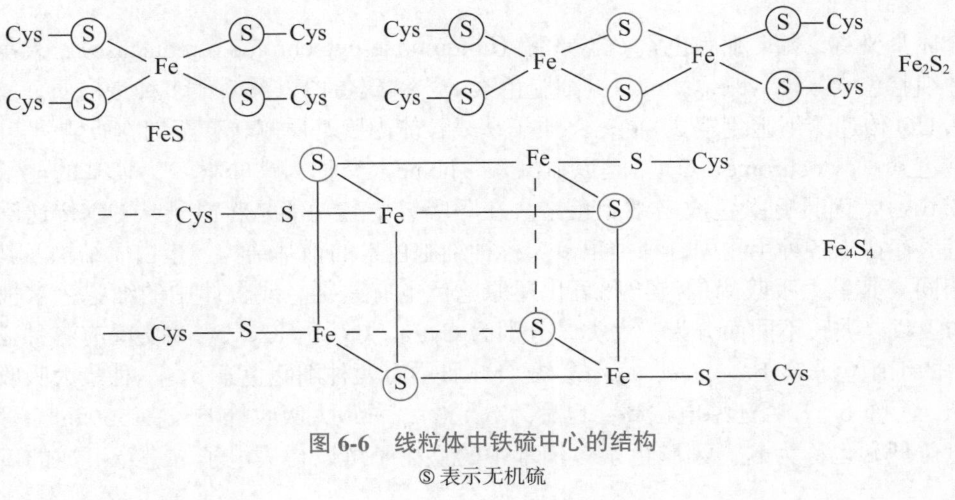

图 6-6　线粒体中铁硫中心的结构

Ⓢ表示无机硫

铁硫蛋白分子中的一个铁原子能可逆地进行氧化还原反应，每次只能传递一个电子，为单电子传递体。

$$Fe^{3+} \underset{-e}{\overset{+e}{\rightleftharpoons}} Fe^{2+}$$

在呼吸链中，铁硫蛋白多与黄素蛋白或细胞色素 b 结合成复合物存在。铁硫蛋白也是复合体Ⅱ、Ⅲ的组成成分。

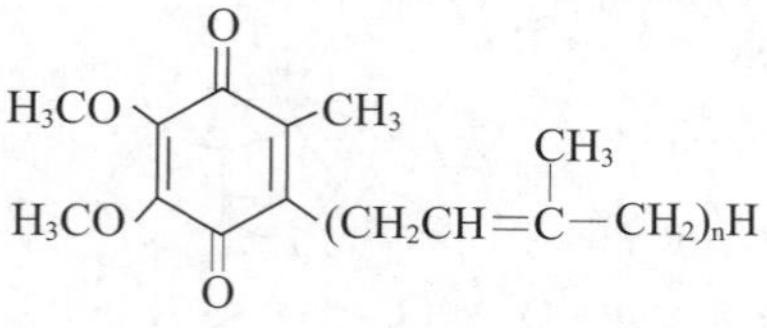

图 6-7 泛醌的结构

泛醌（ubiquinone，UQ）是一类脂溶性的醌类化合物，因为广泛分布于生物界而得名，又称为辅酶 Q（coenzyme Q，CoQ）。CoQ 中有一个长的多聚异戊二烯尾，异戊二烯单位的数目因物种而异（图 6-7）。哺乳动物体内常见的形式是含 10 个异戊二烯单位，因此其符号为 Q_{10}。

多聚异戊二烯尾使 UQ 的非极性很强，使它在线粒体内膜的碳氢相中迅速扩散。UQ 为脂溶性，分子较小，是呼吸链中唯一不与蛋白质紧密结合的递氢体。其分子的苯醌结构能可逆地加氢而还原形成对苯二酚衍生物。还原时泛醌先接受 1 个电子和 1 个质子还原成半醌，再接受 1 个电子和 1 个质子还原成二氢泛醌（图 6-8）。UQ 在电子传递过程中的作用是将电子从 NADH- 泛醌还原酶（复合体Ⅰ）或从琥珀酸 - 泛醌还原酶（复合体Ⅱ）转移到泛醌 - 细胞色素 c 还原酶（复合体Ⅲ）上。

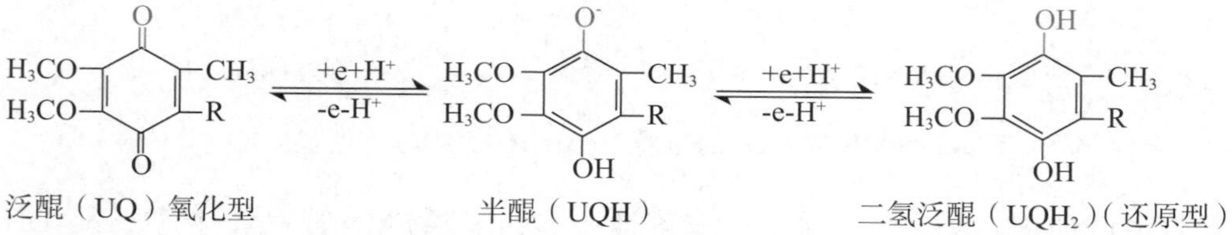

泛醌（UQ）氧化型　　半醌（UQH）　　二氢泛醌（UQH_2）（还原型）

图 6-8 泛醌的加氢和脱氢反应

（二）复合体Ⅱ

复合体Ⅱ又称为琥珀酸 - 泛醌还原酶，人复合体Ⅱ中含有以 FAD 为辅基的黄素蛋白、铁硫蛋白和细胞色素 b。以 FAD 为辅基的琥珀酸脱氢酶、脂酰辅酶 A 脱氢酶、α- 磷酸甘油脱氢酶等催化相应底物脱氢后，使 FAD 还原为 $FADH_2$。电子的传递顺序是：$FADH_2$ 传递电子到铁硫中心，然后传递给泛醌。该过程传递电子释放的自由能较小，不足以将 H^+ 泵出线粒体内膜，因此复合体Ⅱ没有 H^+ 泵的功能。

（三）复合体Ⅲ

复合体Ⅲ又称泛醌 - 细胞色素 c 还原酶（ubiquinone-cytochrome c reductase）。人复合体Ⅲ含有两种细胞色素 b（Cyt b_{562}，b_{566}）、细胞色素 c_1、铁硫蛋白以及其他多种蛋白质。复合体Ⅲ将电子从 UQ 传递给细胞色素 c，同时将质子从线粒体内膜基质侧转移至细胞质侧。

细胞色素（cytochrome，Cyt）是以血红素（heme，又称为铁卟啉）为辅基的电子传递蛋白质（图 6-9），因具有颜色故名细胞色素。在呼吸链中其功能是将电子从 UQ 传递到氧。细胞色素广泛存在于各种生物中，种类很多。各种细胞色素的辅基结构、蛋白质结构及其连接方式均不相同，其最大吸收峰的波长和氧化还原电位也有差别。线粒体中的细胞色素根据其吸收光谱的吸收峰波长不同而分为三大类，分别为 Cyt a、Cyt b、Cyt c，每类又有各种亚类。在呼吸链中的细胞色素有 b、c_1、c、a、a_3。复合体Ⅲ中有两种细胞色素 b，一种最大吸收峰波长在 562nm，写作 b_{562}，因还原电位高，也称为 b_H；另一种最大吸收峰波长在 566nm，写作 b_{566}，因还原电位低，也称为 b_L。细胞色素各辅基中的铁离子可以得失电子，进行可逆的氧化还原反应，因此起到传递电子的作用，为单电子传递体。

细胞色素 c 是呼吸链唯一的水溶性球状蛋白，分子量较小，与线粒体内膜结合疏松，不包含在上述复合体中，是除 UQ 外另一个可在线粒体内膜外侧移动的递电子体，从复合体Ⅲ中的 Cyt c_1 获得电子传递给复合体Ⅳ。

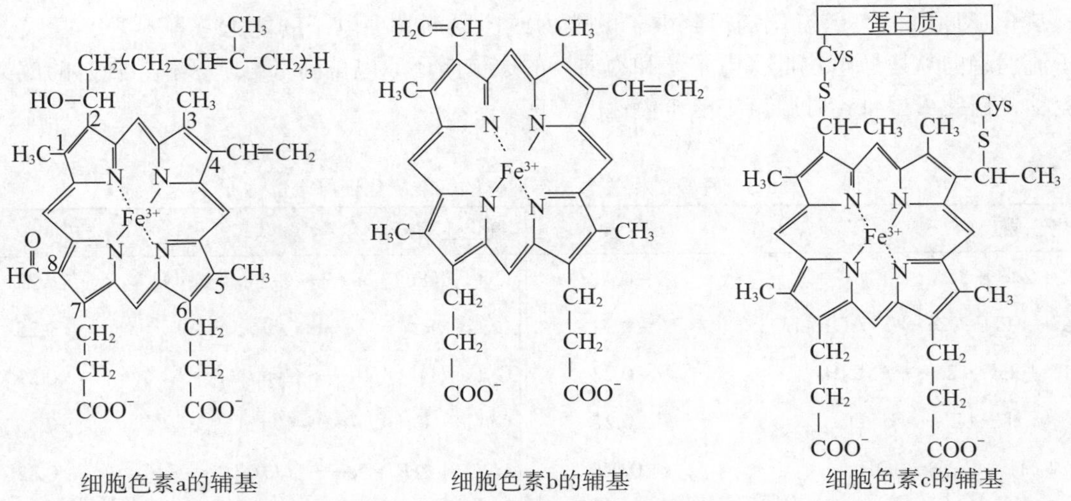

细胞色素a的辅基　　细胞色素b的辅基　　细胞色素c的辅基

图 6-9　细胞色素 a、b、c 的辅基

（四）复合体Ⅳ

复合体Ⅳ又称为细胞色素 c 氧化酶（cytochrome c oxidase）。人复合体Ⅳ包含 13 个亚基、2 个辅基 Cyt a 和 Cyt a_3、2 个 Cu 离子位点 Cu_A 和 Cu_B。其中亚基Ⅰ～Ⅲ是电子传递的功能性亚基，由线粒体基因编码，其他 10 个亚基起调节作用。Cyt a 与 Cyt a_3 很难分开，组成一复合体，细胞色素 a_3 和 Cu_B 定位接近，形成 1 个 Fe-Cu 中心。此外，亚基Ⅱ通过 2 个半胱氨酸残基稳定结合 2 个 Cu 离子，形成类似 Fe_2S_2 铁硫中心的结构，称为 Cu_A；亚基Ⅰ结合 1 个 Cu 离子，称为 Cu_B。复合体Ⅳ的功能是将电子从 Cyt c 通过复合体Ⅳ传递到氧，同时引起质子从线粒体内膜基质侧向细胞质侧移动。复合体Ⅳ中有 4 个氧化还原中心：Cyt a、Cyt a_3、Cu_B、Cu_A。电子传递顺序如下：

$$\text{还原型 Cyt c} \rightarrow Cu_A \rightarrow \text{Cyt a} \rightarrow \text{Cyt } a_3\text{-}Cu_B \rightarrow O_2$$

底物氧化后脱下的氢，通过以上呼吸链组成成分将电子传递到氧（图 6-10），从而激活了氧，氢由于给出电子被氧化而激活形成 H^+，最终被激活的氢和氧结合成水。

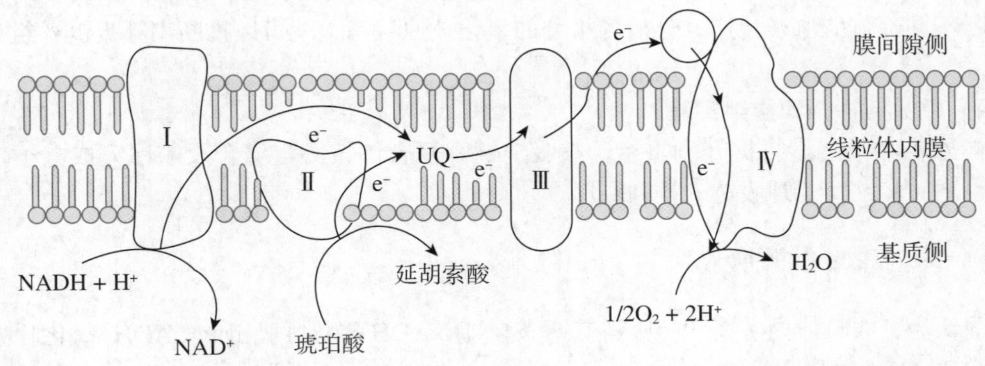

图 6-10　呼吸链四个复合体传递顺序示意图

二、呼吸链中各组分的排列顺序

在呼吸链中，各种电子传递体是按一定顺序排列的，呼吸链各组分的排列顺序由下列实验确定。

（一）呼吸链各组分的标准氧化还原电位测定实验

氧化还原电位表示氧化剂得到电子的能力或还原剂失去电子的能力（表 6-3），呼吸链中电子流动趋向从还原电位低（电子亲和力弱）的成员向还原电位高（电子亲和力强）的成员方向流动，据此可以推论呼吸链中电子传递的方向。

表6-3 呼吸链相关电子传递体的标准氧化还原电位

氧化还原反应	$E^\ominus$（V）	氧化还原反应	$E^\ominus$（V）
$2H^+ + 2e \rightarrow 2H$	–0.41	Cyt c_1（Fe^{3+}）+ e → Cyt c_1（Fe^{2+}）	0.22
$NAD^+ + 2H^+ + 2e \rightarrow NADH+H^+$	–0.32	Cyt c（Fe^{3+}）+ e → Cyt c（Fe^{2+}）	0.25
$FMN + 2H^+ + 2e \rightarrow FMNH_2$	–0.22	Cyt a（Fe^{3+}）+ e → Cyt a（Fe^{2+}）	0.29
$FAD + 2H^+ + 2e \rightarrow FADH_2$	–0.22	Cyt a_3（Fe^{3+}）+ e → Cyt a_3（Fe^{2+}）	0.35
$UQ + 2H^+ + 2e \rightarrow UQH_2$	0.06	$1/2O_2 + 2H^+ + 2e \rightarrow H_2O$	0.82
Cyt b（Fe^{3+}）+ e → Cyt b（Fe^{2+}）	0.077		

$E^\ominus$ 表示在 pH=7.0，25℃，1mol/L 反应物浓度测得的标准氧化还原电位

（二）呼吸链各组分特有的吸收光谱测定实验

呼吸链不少组分有特殊的吸收光谱，而且得失电子后光谱发生改变，如 NAD^+ 因含腺苷酸，故在 260nm 处有一吸收峰，而还原成 $NADH+H^+$ 后，在 340nm 处可出现一个新的吸收峰；FAD 和 FMN 在 370nm 和 450nm 波长有吸收峰，但当接受氢还原后，则 450nm 处吸收峰消失；再如各种细胞色素，在还原状态时各具有一种特殊吸收光谱，氧化后则消失。因此可利用这种特殊性通过分光光度法来观察各组分的氧化还原状态。将分离得到的完整线粒体置于无氧（电子受体）、有过量底物（电子供体）存在的条件下，使呼吸链各组分全部处于还原状态，然后缓慢给氧，观察各组分被氧化的顺序。最接近氧的组分，首先供出电子被氧化，其次被氧化的为倒数第二个组分，依此类推，这样获得的排列顺序与按标准氧化还原电位得到的顺序完全一致，更进一步确定了呼吸链各组分的排列顺序。

（三）呼吸链抑制剂阻断实验

呼吸链某些组分的电子传递可被一些特异的抑制剂阻断，结果在阻断部位之前的电子传递体处于还原状态，而在阻断部位之后的电子传递体则呈氧化状态。因此，采用不同的抑制剂，阻断不同部位的电子传递，分析各组分的氧化还原状态，就可以推断出呼吸链各组分的排列顺序。

（四）呼吸链拆开和重组实验

在体外将呼吸链进行拆开和重组，呼吸链四个复合体按一定组合及顺序完成电子传递过程，这也进一步证实了呼吸链的排列顺序。

三、体内重要的呼吸链

目前认为，线粒体内主要的呼吸链有两条，即 NADH 氧化呼吸链和 $FADH_2$ 氧化呼吸链。

（一）NADH 氧化呼吸链

以 NADH 为氢和电子的供体，经复合体Ⅰ开始，最终传递电子到氧生成 H_2O 的途径称为

NADH 氧化呼吸链。因为生物氧化过程中绝大多数脱氢酶都是以 NAD^+ 为辅酶，所以 NADH 氧化呼吸链是体内最常见的一条呼吸链。其电子传递顺序是：

$$NADH + H^+ \rightarrow 复合体Ⅰ \rightarrow CoQ \rightarrow 复合体Ⅲ \rightarrow Cyt\ c \rightarrow 复合体Ⅳ \rightarrow O_2$$

体内多种代谢物如苹果酸、异柠檬酸等在相应酶的催化下，脱下 2H，交给 NAD^+ 生成 $NADH + H^+$，$NADH + H^+$ 经复合体Ⅰ将 2H 传递给 UQ 形成 UQH_2，UQH_2 在复合体Ⅲ作用下脱下 2H，其中 $2H^+$ 游离于介质中，而 2e 则通过一系列细胞色素体系中金属离子的氧化还原反应，并沿着 $b \rightarrow c_1 \rightarrow c \rightarrow aa_3 \rightarrow O_2$ 顺序逐步传递给氧生成氧离子（O^{2-}），后者与介质中的 $2H^+$ 结合生成水。每 2H 通过此呼吸链氧化生成水时，所释放的能量可以生成 2.5 分子 ATP。

（二）**$FADH_2$ 氧化呼吸链**

底物脱下的氢交给 FAD，使 FAD 还原为 $FADH_2$，以 $FADH_2$ 为氢和电子的供体，经复合体Ⅱ开始，最终传递电子到氧生成 H_2O 的途径称为 $FADH_2$ 氧化呼吸链。此呼吸链最早发现于琥珀酸生成 $FADH_2$ 参与的电子传递，因此又称为琥珀酸氧化呼吸链。其电子传递顺序是：

$$琥珀酸 \rightarrow 复合体Ⅱ \rightarrow CoQ \rightarrow 复合体Ⅲ \rightarrow Cyt\ c \rightarrow 复合体Ⅳ \rightarrow O_2$$

琥珀酸脱氢酶、脂酰辅酶 A 脱氢酶和 α- 磷酸甘油脱氢酶催化底物脱下的氢均通过此呼吸链氧化。每 2H 经此呼吸链氧化生成水时，所释放的能量可以生成 1.5 分子 ATP。

第三节　ATP 的生成、利用和储存

一、ATP 的重要性

在机体的能量代谢中，ATP 作为能量载体分子，是机体各种生理活动的直接能量供应者。生物体不能直接利用糖、脂肪、蛋白质等营养物质的化学能，需要将它们氧化分解转变成可利用的能量形式，如 ATP 等高能磷酸化合物的化学能。ATP 几乎是所有组织细胞能直接利用的最主要的高能化合物，在机体能量代谢中处于中心地位。

不同化学物质水解时释放的自由能各不相同。生物体内，普通的磷酸化合物水解时释放的标准自由能（$\Delta G^{\ominus}$）为 −8 ～ −12kJ/mol，而 ATP 中的磷酸酐键水解时，释放的 $\Delta G^{\ominus}$ 为 −30.5 kJ/mol（−7.3kcal/mol）。在生物化学中，把水解时释出的自由能大于 −20.9kJ/mol 的化合物称为高能化合物，而含有磷酸基的高能化合物被称为高能磷酸化合物，其水解时释放能量较多的磷酸酯键称为高能磷酸键（energy-rich phosphate bond），以～Ⓟ表示。因为一个化合物水解时释放的自由能多少取决于这个化合物整个分子的结构以及反应体系的情况，而不是由哪个特殊化学键的断裂所致。实际上，高能磷酸键水解释放的能量是底物在转变成产物的过程中，产物的自由能远低于底物的自由能，因而释放较多的自由能。但是，为了方便解释一些生物化学反应，高能磷酸化合物或高能磷酸键仍被生物化学界广泛采用。在生物体内还有一类高能键，由酰基和硫醇基构成，称为高能硫酯键。常见的高能化合物归纳见表 6-4。

表6-4 高能化合物及其种类

类型	通式	举例	$\Delta G^{\ominus}$（kJ/mol）
酸酐类（焦磷酸化合物）	R—O—Ⓟ~Ⓟ~Ⓟ R—O—Ⓟ~Ⓟ	ATP、GTP 等 ADP、GDP 等	–30.5
烯醇磷酸	CH_2 ‖ R—C—O ~Ⓟ	磷酸烯醇式丙酮酸	–60.9
混合酐（酰基磷酸）	O ‖ R—C—O ~Ⓟ	1,3- 二磷酸甘油酸	–61.9
磷酸胍类	NH ‖ R—C—NH ~Ⓟ	磷酸肌酸	–43.9
高能硫酯类	RCO ~ SCoA	乙酰辅酶 A	–34.3

二、ATP 的生成

体内 ATP 的生成方式有两种，即底物水平磷酸化和氧化磷酸化。氧化磷酸化是体内 ATP 生成的最主要的方式。

（一）底物水平磷酸化

代谢物在氧化分解过程中，有少数反应因脱氢或脱水而引起分子内部能量重新分布产生高能键，直接将代谢物分子中的高能键转移给 ADP（或 GDP）生成 ATP（或 GTP）的反应称为底物水平磷酸化（substrate level phosphorylation）。糖代谢一章中提到过三个底物水平磷酸化反应：

$$1,3\text{-二磷酸甘油酸} + ADP \xrightleftharpoons{\text{磷酸甘油酸激酶}} 3\text{-磷酸甘油酸} + ATP$$

$$\text{磷酸烯醇式丙酮酸} + ADP \xrightarrow{\text{丙酮酸激酶}} \text{烯醇式丙酮酸} + ATP$$

$$\text{琥珀酰辅酶 A} + GDP + H_3PO_4 \xrightleftharpoons{\text{琥珀酰辅酶 A 合成酶}} \text{琥珀酸} + GTP + CoA$$

（二）氧化磷酸化

氧化磷酸化又称为电子传递水平磷酸化。在生物氧化过程中，代谢物脱下的氢经呼吸链氧化生成水的同时，所释放出的能量驱动 ADP 磷酸化生成 ATP，这种氧化与磷酸化相偶联的过程称为氧化磷酸化（oxidative phosphorylation）。氧化是放能反应，而 ADP 磷酸化生成 ATP 是吸能反应，所以体内的吸能反应与放能反应总是偶联进行的（图 6-11）。这种方式生成的 ATP 约占 ATP 生成总量的 80%，是维持生命活动所需能量的主要来源。

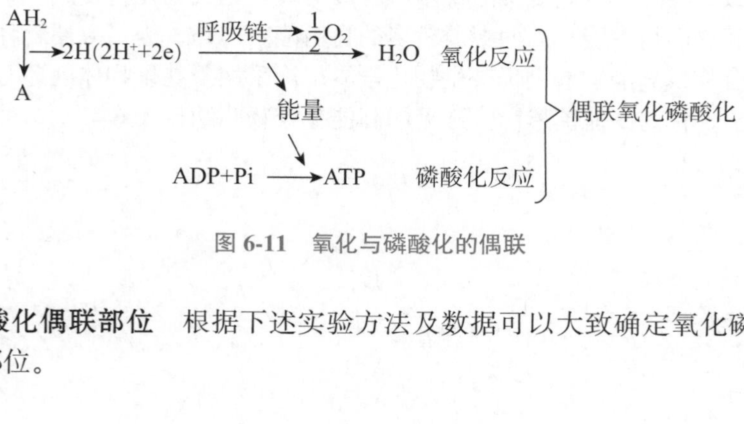

图 6-11 氧化与磷酸化的偶联

1．氧化磷酸化偶联部位 根据下述实验方法及数据可以大致确定氧化磷酸化偶联部位，即 ATP 的生成部位。

（1）P/O 比值：通常情况下，一对电子通过氧化呼吸链传递给 1 个氧原子生成 1 分子 H_2O，其释放的能量使 ADP 磷酸化合成 ATP。将底物、ADP、H_3PO_4、Mg^{2+} 和分离得到的较完整的线粒体在模拟细胞内液的环境中于密闭小室内相互作用。发现在消耗氧气的同时，也消耗磷酸，测得氧气和磷酸（或 ADP）的消耗量，即可计算出 P/O 比值。P/O 比值（P/O ratio）是指物质氧化时，每消耗 1/2mol O_2（1mol 氧原子）所消耗的无机磷的摩尔数（或 ADP 摩尔数），即生成 ATP 的摩尔数。由于无机磷酸的消耗伴随 ATP 的生成（ADP + H_3PO_4 → ATP）因此，从 P/O 比值可以了解物质氧化时每消耗 1/2mol O_2 所生成 ATP 的摩尔数。通过测定几种物质氧化时的 P/O 比值，可大致推测出偶联部位（表 6-5）。已知 β- 羟丁酸的氧化是通过 NADH 呼吸链，测得 P/O 比值接近于 2.5。琥珀酸氧化时经 FAD、CoQ 到 O_2，测得 P/O 比值接近于 1.5，因此表明在 NAD^+ 与 UQ 之间存在偶联部位。抗坏血酸经 Cyt c 进入呼吸链，P/O 比值接近于 1，而还原型 Cyt c 经 Cyt aa_3 被氧化，P/O 比值也接近 1，表明在 aa_3 到氧之间存在偶联部位。β- 羟丁酸、琥珀酸和还原型 Cyt c 氧化时 P/O 比值的比较表明，在 UQ 与 Cyt c 之间存在另一偶联部位。经实验证实，一对电子经 NADH 呼吸链传递，P/O 比值约为 2.5，生成 2.5 分子的 ATP；一对电子经 $FADH_2$ 呼吸链传递，P/O 比值约为 1.5，生成 1.5 分子的 ATP。

表6-5　线粒体离体实验测得的一些底物的P/O比值

底物	呼吸链的组成	P/O比值	生成ATP数
β- 羟丁酸	NAD^+ → FMN → UQ → Cyt → O_2	2.4 ~ 2.8	2.5
琥珀酸	FAD → UQ → Cyt → O_2	1.7	1.5
抗坏血酸	Cyt c → Cyt aa_3 → O_2	0.88	0.5
细胞色素 c（Fe^{2+}）	Cyt aa_3 → O_2	0.61 ~ 0.68	0.5

（2）自由能变化：生物化学中，通常将 pH = 7.0 时的标准自由能称为生物体内的标准自由能（$\Delta G^\ominus$）。在氧化还原反应或电子传递反应中，自由能变化和电位变化（$\Delta E^\ominus$）之间的关系如下：

$$\Delta G^\ominus = -nF\,\Delta E^\ominus$$

n 为传递电子数；F 为法拉第常数，F = 96.5 kJ/(mol · V)，现已知每产生 1mol ATP，需要能量 30.5 kJ（或 7.3 kcal），根据以上公式计算电子传递链有三处较大的自由能变化（图 6-12）：

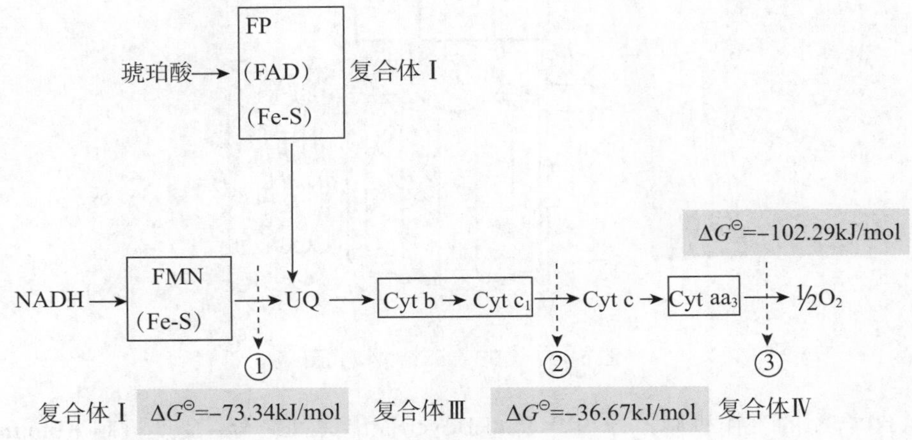

图 6-12　氧化磷酸化偶联部位

部位①在 NADH 和 CoQ 之间：$\Delta E^{\ominus} = 0.38V$，相应 $\Delta G^{\ominus} = -73.34kJ/mol$。

部位②在 CoQ 和 Cyt c 之间：$\Delta E^{\ominus} = 0.19V$，相应 $\Delta G^{\ominus} = -36.67kJ/mol$。

部位③在 Cyt aa_3 和 O_2 之间：$\Delta E^{\ominus} = 0.53V$，相应 $\Delta G^{\ominus} = -102.29kJ/mol$。

电子传递链的其他部位释放出的能量不足以合成一个 ATP，故以热能形式散发。

2．氧化磷酸化偶联机制 关于氧化磷酸化的机制主要有三种假说，包括构象偶联假说、化学偶联假说和化学渗透假说。目前被普遍接受的是化学渗透假说（chemiosmotic hypothesis），该假说是 1961 年由英国生物化学家 Peter Mitchell 提出的。他于 1978 年获诺贝尔化学奖。其基本要点是：电子经呼吸链传递时将质子（H^+）从线粒体内膜基质侧转运到细胞质侧，而线粒体内膜不允许质子自由回流，因此产生膜内外两侧电化学梯度（H^+ 浓度梯度和跨膜电位差），外面的 pH 比里面的低 1.4 个单位，膜电势为 0.14V，外正内负，以此储存能量。当质子顺梯度回流到基质时驱动 ADP 与 H_3PO_4 生成 ATP，由转移的质子数可以计算出呼吸链生成的 ATP 数。传递 1 对电子时，复合体Ⅰ、Ⅲ、Ⅳ分别由线粒体内膜基质侧向细胞质侧泵出 4、4、2 个质子。而每生成 1 个 ATP 需要 4 个质子通过 ATP 合酶返回线粒体基质。在复合体Ⅰ、Ⅲ、Ⅳ处分别生成 1、1、0.5 个 ATP。所以 NADH 氧化呼吸链每传递 2H，生成 2.5 分子 ATP；$FADH_2$ 氧化呼吸链每传递 2H，生成 1.5 分子 ATP。

3．ATP 合酶

（1）ATP 合酶的组成及功能：ATP 合酶（ATP synthase）又称复合体Ⅴ，位于线粒体内膜基质面和嵴的表面（图 6-13）。用生物化学技术分离得到的 ATP 合酶主要由疏水的 F_o 部分和亲水的 F_1 部分组成。其中 F_o 是抗生素寡霉素（oligomycin）结合的部位，寡霉素与 F_o 结合后可抑制 ATP 和酶活性。F_1 代表第一个被鉴定的与氧化磷酸化有关的因子，为线粒体内膜的基质侧颗粒状突起，由 $\alpha_3\beta_3\gamma\delta\varepsilon$ 亚基组成，其功能是催化生成 ATP。催化部位在 β 亚基，但 β 亚基必须与 α 亚基结合才有活性。F_o 镶嵌在线粒体内膜中，由 $ab_2c_{8\text{-}15}$ 亚基组成，形成跨内膜质子通道。当质子顺梯度经 F_o 回流时，F_1 催化 ADP 和磷酸化生成 ATP。

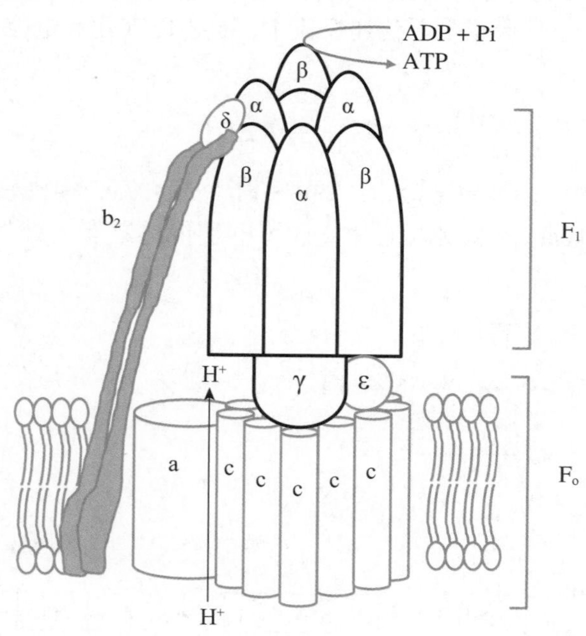

图 6-13 ATP 合酶结构模式图

（2）ATP 合酶的工作机制：1979 年 Paul Boyer 提出一种结合 - 变换机制（binding-change mechanism）。ATP 合酶 β 亚基有 3 种构象（图 6-14）：第一种是“O”状态，即是开放型，对底物的亲和力极低，这种状态可释放合成的 ATP。第二种状态是“L”形式，即疏松型，可疏松结合 ADP 和 H_3PO_4，无催化活性。第三种是“T”形式，即紧密型，与底物结合紧密，并有催化活性。活性中心催化 ADP 和 H_3PO_4 生成 ATP，但与产物 ATP 结合紧密，不能释放。所有 ATP 合酶的作用是由质子动力所驱动的。H^+ 回流释放能量主要是促进合成的 ATP 从 β 亚基活性中心上释放，而 ADP 和 H_3PO_4 在活性中心生成 ATP 不是主要耗能阶段。由于 F_o、F_1 亚基复合体中 γεc 亚基利用 H^+ 回流能量驱动旋转，影响周围 3 组 α、β 亚基分别处于 L、T、O 三种构象，并周期性反复变构，不断结合 ADP 和 H_3PO_4 生成 ATP 并释放。

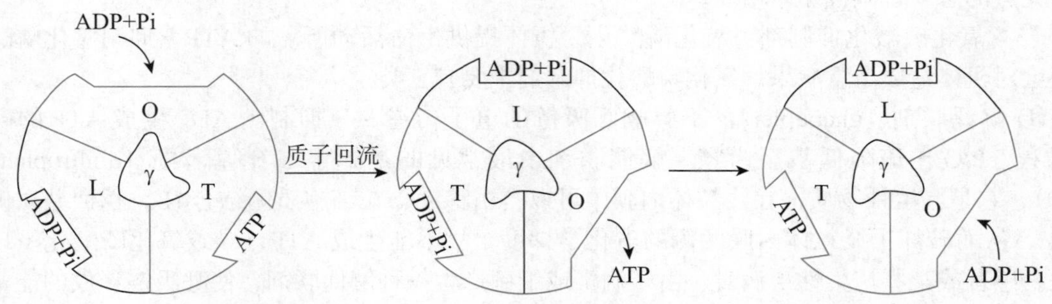

图 6-14 ATP 合酶的工作机制

4. 影响氧化磷酸化的因素

（1）ADP 和 ATP 浓度的调节：氧化磷酸化速度主要受机体对能量需求的影响。细胞需要能量时，ATP 分解为 ADP 和 H_3PO_4。若细胞内 ATP 缺乏，ADP 增加，ADP/ATP 比值增大，氧化磷酸化速率加快。反之，ATP 充足，ADP/ATP 比值减小，使氧化磷酸化速度减慢。这种 ADP 作为关键物质对氧化磷酸化的调节作用称为呼吸控制（respiratory control）。呼吸控制的定量表示法是测定有 ADP 存在时氧的利用速度和没有 ADP 时氧的利用速度的比值。完整的线粒体其呼吸控制值可高达 10 以上，而受损伤或衰老的线粒体此值可能低于 1，这就意味着，电子传递速度和 ATP 的形成已失去偶联或很少偶联。因此，呼吸控制值也可以作为鉴定分离线粒体完整性和氧化磷酸化偶联状况的指标，比值越高，线粒体完整性越好，氧化和磷酸化偶联状态越好。

对氧化磷酸化的调节作用可使 ATP 的生成速度适应生理需要，合理利用并节约能量。正常生理情况下，氧化磷酸化的速率主要受 ADP 的调节，可通过测定离体肝线粒体悬液中氧消耗的速度而观察到（图 6-15）。

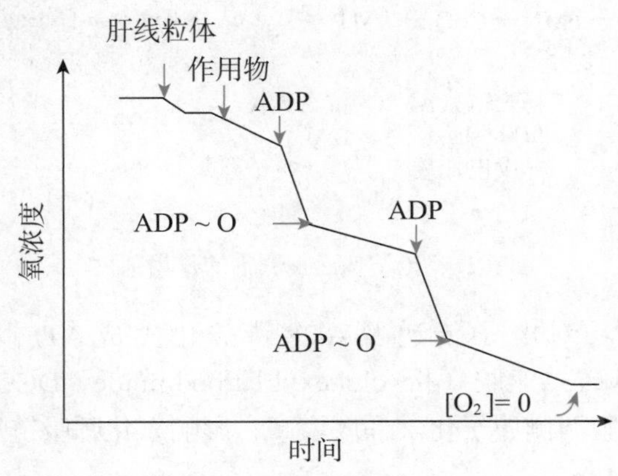

图 6-15 ADP 对氧化磷酸化的调节

向离体肝线粒体悬液中加入底物（电子供体）时氧耗量变化不大，这时加入ADP后则氧消耗量迅速增加，电子传递快速进行，ATP合成增多；在一定时间内当所加的ADP全部转变为ATP时，则氧消耗量减慢，电子传递速度降到没加ADP以前的速度。再向体系中加入ADP又可促进氧化磷酸化，直到底物或氧耗尽为止。

（2）激素的调节：甲状腺激素可活化许多组织细胞膜上的Na^+-K^+-ATP酶，使ATP加速分解为ADP和H_3PO_4，ADP增加促进氧化磷酸化。由于ATP的合成和分解速度均增加，另外甲状腺激素（T_3）还可使解偶联蛋白基因表达增加，因而引起耗氧和产热均增加。所以甲状腺功能亢进的患者基础代谢率增高。

（3）氧化磷酸化抑制剂：氧化磷酸化为机体提供生命活动所需的ATP，抑制氧化磷酸化无疑会对机体造成严重后果。氧化磷酸化抑制剂主要有三类：

① 解偶联剂（uncoupler）：不影响呼吸链的电子传递，只抑制由ADP生成ATP的磷酸化过程，P/O比值降低甚至为零。解偶联剂中最常见的是2，4-二硝基苯酚（dinitrophenol，DNP），它是脂溶性物质，在线粒体内膜中可以自由移动，在细胞质侧结合H^+，返回基质侧释出H^+，从而破坏了线粒体内膜两侧的电化学梯度，故不能生成ATP，导致氧化磷酸化呈现解偶联。感冒或某些传染性疾病时，由于病毒或细菌产生一种解偶联剂，使呼吸链释放的能量较多地以热能的形式散发，使体温升高。

氧化磷酸化的解偶联作用可发生于新生儿的棕色脂肪组织，其线粒体内膜上有解偶联蛋白1（uncoupling protein 1，UCP1）。它是由2个32kDa的亚基组成的二聚体蛋白质，具有质子通道的功能。线粒体内膜两侧的H^+顺浓度梯度经解偶联蛋白回流到基质，破坏了膜两侧的质子梯度，质子经此通道回流所产生的电化学势能不能驱动ATP的生成，而是以热能的形式释放。新生儿可通过这种机制产热，维持体温。

② 电子传递抑制剂：可分别抑制呼吸链中的不同环节，使底物氧化过程（电子传递）受阻，则偶联的磷酸化也无法进行（图6-16）。常见的电子传递抑制剂有鱼藤酮（rotenone）、粉蝶霉素A（piericidin A）、异戊巴比妥（amobarbital）等，它们与复合体Ⅰ中的铁硫蛋白结合，从而阻断电子传递。抗霉素A（antimycin A）、二巯丙醇（dimercaptopropanol，BAL）抑制复合体Ⅲ中Cyt b与Cyt c_1间的电子传递。CN^-、叠氮化合物（N_3^-）与复合体Ⅳ氧化型Cyt a_3紧密结合，CO与还原型Cyt a_3结合，所以CN^-、N_3^-、CO均可阻止细胞色素氧化酶和氧之间的电子传递。建筑装饰材料中含有N和C，遇到火灾高温可形成HCN，加上燃烧不完全的CO，会抑制呼吸链电子传递，导致人员迅速死亡。

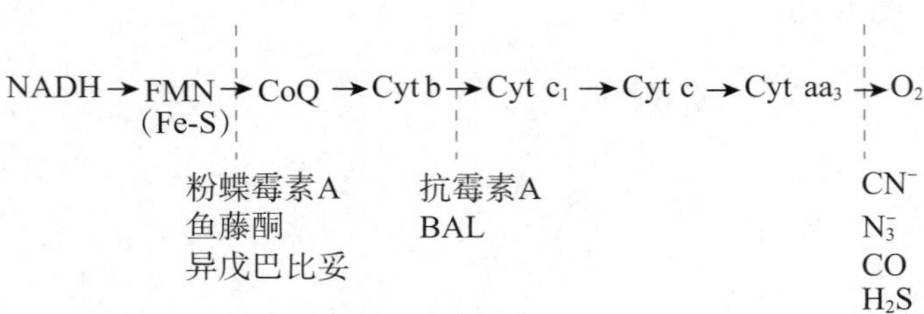

图6-16 电子传递抑制剂的作用部位

③ ATP合酶抑制剂：对电子传递及ADP磷酸化生成ATP均有抑制作用。寡霉素（oligomycin）和二环己基碳二亚胺（dicyclohexyl carbodiimide，DCCP）可阻止H^+从F_o质子通道回流。由于线粒体内膜两侧质子化学梯度增高，影响氧化呼吸链质子泵的功能，继而抑制电子传递及磷酸化过程。

（4）线粒体DNA突变对氧化磷酸化的影响：有13种参与氧化磷酸化蛋白质的亚基是由线粒体DNA（mitochondrial DNA，mtDNA）编码的。它们是复合体Ⅰ、Ⅲ、Ⅳ和ATP合酶的组成成分。另外，mtDNA 还编码 22 个 tRNA 和 2 个 rRNA。mtDNA 为裸露环状双链结构，没有组蛋白保护，线粒体内也没有完善的 DNA 修复系统，所以氧自由基等因素容易损伤 mtDNA，使 mtDNA 发生突变。mtDNA 突变率比细胞核 DNA 高 10 倍以上。mtDNA 突变影响氧化磷酸化，使 ATP 合成减少而导致疾病，耗能较多的器官更容易发生功能障碍。mtDNA 突变与聋哑、盲、老年性痴呆、肌无力、糖尿病、帕金森病等的发生相关。随年龄增长，mtDNA 突变积累，病情加重。每个卵细胞中有数十万个 mtDNA 分子，每个精细胞中只有几百个 mtDNA 分子，受精卵 mtDNA 主要来自卵细胞，因此卵细胞对 mtDNA 影响大，mtDNA 病以母系遗传较多。

三、ATP 的储存和利用

糖、脂肪、蛋白质在分解代谢过程中释放的能量大约有 40% 以化学能的形式储存在 ATP 分子中。ATP 在能量代谢中起核心作用，ATP 是体内最重要的高能磷酸化合物，是细胞可以直接利用的能量形式。ATP 是生物体能量转移的关键物质，它直接参与细胞中各种能量代谢的转移，可接受代谢反应释出的能量，亦可供给代谢需要的能量。ATP 分子中有两个高能磷酸键，在体外 pH 7.0、25℃标准状态下，每摩尔 ATP 水解为 ADP 和 H_3PO_4，$\Delta G^{\ominus}$ 为 −30.5kJ/mol。在生理条件下，受 pH、离子强度、2 价金属离子以及反应物浓度的影响，人体内 ATP 水解时的 $\Delta G^{\ominus}$ 为 −51.6 kJ/mol（12kcal/mol）。释放的能量供肌肉收缩、生物合成、离子转运、信息传递等生命活动之需。

ATP 是肌肉收缩的直接能源，但其浓度很低，每千克肌肉内的含量以 mmol 计，当肌肉急剧收缩时，ATP 的消耗速度可高达 6mmol/(kg·s)，远远超过营养物氧化时生成 ATP 的速度。这时肌肉收缩的能源就依赖于磷酸肌酸（creatine phosphate）。磷酸肌酸是肌肉和脑组织中能量的贮存形式，肌酸在肌酸激酶（creatine kinase，CK）的作用下，由 ATP 提供能量转变成磷酸肌酸，当肌肉收缩时 ATP 不足，磷酸肌酸的～Ⓟ又可转移给 ADP，使 ADP 重新生成 ATP，供机体需要（图 6-17）。

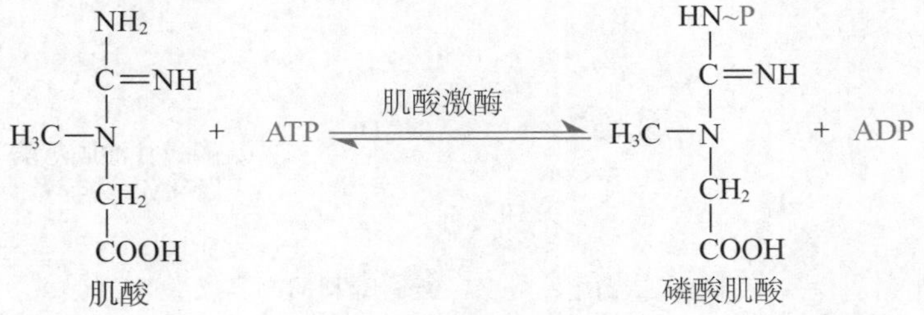

$$\underset{\text{肌酸}}{H_3C-N(CH_2COOH)-C(=NH)NH_2} + ATP \xrightleftharpoons{\text{肌酸激酶}} \underset{\text{磷酸肌酸}}{H_3C-N(CH_2COOH)-C(=NH)NH\sim P} + ADP$$

图 6-17　磷酸肌酸的生成

心肌与骨骼肌不同，心肌是持续性节律性收缩与舒张，在细胞结构上，线粒体丰富，它几乎占细胞总体积的 1/2，而且能直接利用葡萄糖、游离脂肪酸和酮体为燃料，经氧化磷酸化产生 ATP，供心肌利用。心肌既不能大量贮存脂肪和糖原，也不能贮存很多的磷酸肌酸，因此，一旦心血管受阻导致缺氧，则极易造成心肌坏死，即心肌梗死。

糖、脂肪、蛋白质的生物合成除需要 ATP 外，还需要其他核苷三磷酸，如糖原合成需 UTP，磷脂合成需要 CTP，蛋白质合成需要 GTP。这些核苷三磷酸的生成和补充，不能从物质氧化过程中直接生成，而主要来源于 ATP。由核苷单磷酸激酶（nucleoside monophosphate kinase）和核苷二磷酸激酶（nucleoside diphosphate kinase）催化磷酸基转移，生成相应核苷三磷酸，参与各种物质代谢，包括用以合成核酸。

$$\text{NMP}\xrightarrow[\text{ATP}\quad\text{ADP}]{\text{核苷单磷酸激酶}}\text{NDP}\xrightarrow[\text{ATP}\quad\text{ADP}]{\text{核苷二磷酸激酶}}\text{NTP}$$

体内 ATP 的转移、储存和利用的关系总结见图 6-18。

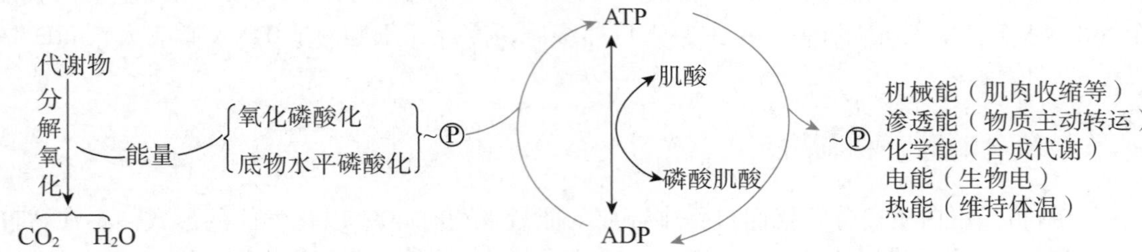

图 6-18 **ATP** 的生成、储存和利用

四、线粒体内膜对物质的转运

（一）胞质中 NADH 的氧化

线粒体内生成的 NADH 可直接参加氧化磷酸化过程，但胞质中生成的 NADH 不能自由通过线粒体内膜，故线粒体外 NADH 所携带的 2H 必须通过某种转运机制才能进入线粒体进行氧化磷酸化，这种转运机制主要有 α- 磷酸甘油穿梭和苹果酸 - 天冬氨酸穿梭。

1．α- 磷酸甘油穿梭（glycerol α-phosphate shuttle） α- 磷酸甘油穿梭主要存在于脑和骨骼肌中。线粒体外 $NADH+H^+$ 在胞质中的 α- 磷酸甘油脱氢酶催化下，使磷酸二羟丙酮还原成 α- 磷酸甘油，后者进入线粒体，再经位于线粒体内膜近胞质侧的 α- 磷酸甘油脱氢酶（辅基 FAD）催化下氧化生成磷酸二羟丙酮，FAD 接受氢生成 $FADH_2$（图 6-19）。磷酸二羟基丙酮可穿出线粒体至胞质，继续进行穿梭作用。$FADH_2$ 则进入 $FADH_2$ 氧化呼吸链，生成 1.5 分子 ATP。

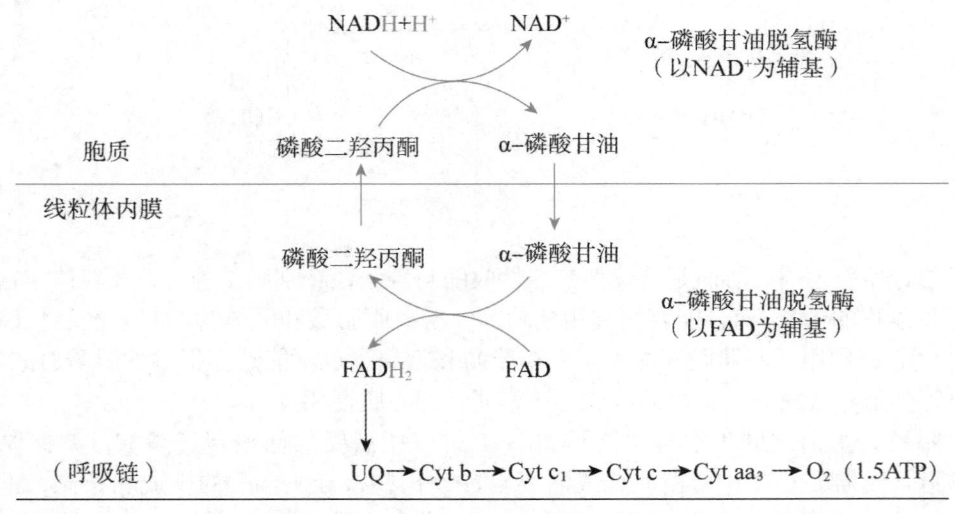

图 6-19 α- 磷酸甘油穿梭作用

2．苹果酸 - 天冬氨酸穿梭（malate-aspartate shuttle） 苹果酸 - 天冬氨酸穿梭主要存在于肝和心肌中。胞质中的 $NADH+H^+$ 在苹果酸脱氢酶催化下使草酰乙酸还原为苹果酸，后者通过

线粒体内膜上的转运蛋白进入线粒体，又在线粒体内苹果酸脱氢酶的作用下重新生成草酰乙酸和 NADH + H^+。NADH + H^+ 进入 NADH 氧化呼吸链，生成 2.5 分子 ATP。草酰乙酸不能穿过线粒体内膜，于是在谷草转氨酶催化下，与谷氨酸进行转氨基作用，生成天冬氨酸和 α- 酮戊二酸，由转运蛋白转运至细胞质再进行转氨基作用生成草酰乙酸和谷氨酸，继续进行穿梭（图 6-20）。

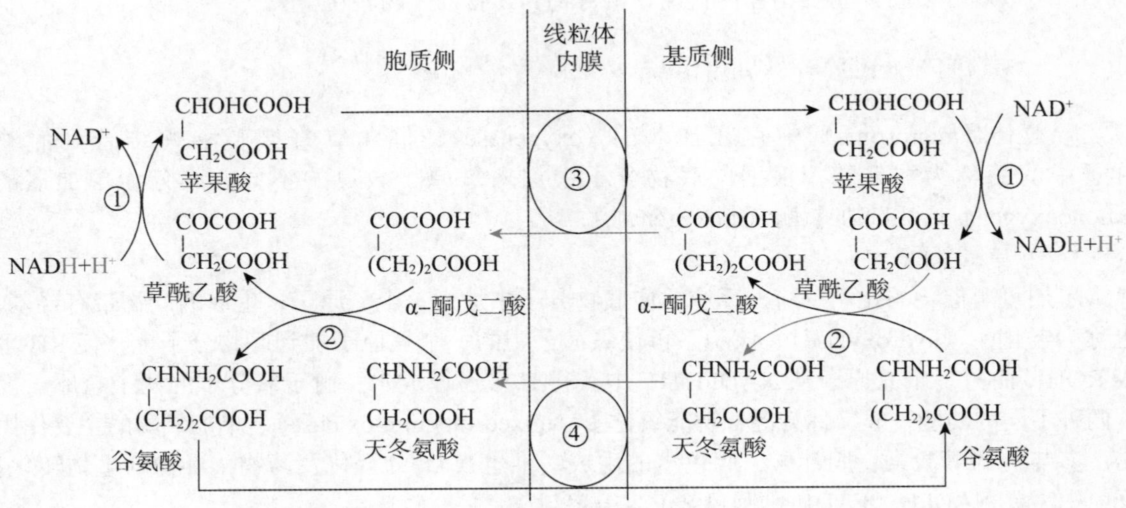

图 6-20　苹果酸 - 天冬氨酸穿梭作用

（二）ADP 和 ATP 的转运

线粒体内膜含有 ATP-ADP 易位酶（ATP-ADP translocase），又称为腺苷易位酶。由两个分子量为 30kDa 的亚基组成，含有一个腺苷酸结合位点，催化线粒体生成的 ATP 转运到内膜胞质侧，同时将胞质侧的 ADP 和 $H_2PO_4^-$ 转运到基质（图 6-21）。

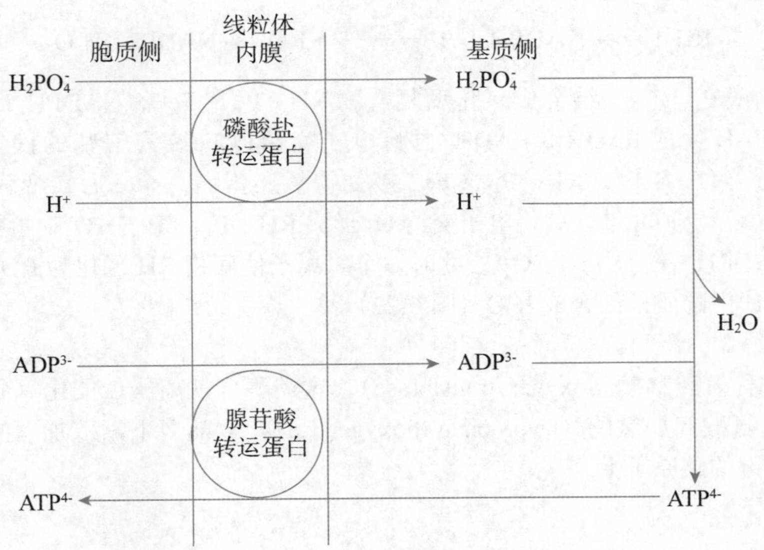

图 6-21　ATP、ADP、H_3PO_4 的转运

第四节 非线粒体氧化体系

线粒体氧化体系是高等生物的主要氧化体系，此外还有在微粒体、过氧化物酶体以及细胞其他部位存在的氧化体系。这些线粒体以外的氧化体系统称为非线粒体氧化体系，该体系参与呼吸链以外的氧化作用，如自由基清除、H_2O_2 的代谢等。这些氧化体系不伴有 ATP 的生成（氧化不偶联磷酸化），主要与体内代谢物、毒物和药物的生物转化有关。

一、微粒体氧化体系（加氧酶系）

微粒体（microsome）中存在加氧酶（oxygenase），催化氧直接转移并结合到底物分子中的酶称为加氧酶，根据向底物分子中加入氧原子数目的不同，又分为单加氧酶（monooxygenase）和双加氧酶（dioxygenase）。

（一）单加氧酶

单加氧酶催化的化学反应，反应时向底物分子中加入一个氧原子，生成的产物带有羟基，也称为羟化酶（hydroxylase）。该酶系可使氧分子中的一个氧原子加到底物分子上，使 RH 生成 ROH；而另一个氧原子从 $NADPH+H^+$ 中获得 H 被还原成水。由于氧分子的两个氧原子发挥两种不同的功能，故又称为混合功能氧化酶（mixed function oxidase）。单加氧酶的主要作用是：参与类固醇激素、胆汁酸、胆色素的生成，维生素 D_3 的羟化及药物、毒物的生物转化。反应中需要 NADPH、FAD、细胞色素 P_{450} 等参与。

细胞色素 P_{450}（cytochrome P_{450}，Cyt P_{450}）属于细胞色素 b 类，通过辅酶血红素中 Fe 离子进行单电子传递。还原型 P_{450} 与 CO 结合的产物在 450nm 波长处有最大吸收峰，故名细胞色素 P_{450}。细胞色素 P_{450} 在生物体内广泛分布，哺乳动物 Cyt P_{450} 分属 10 个基因家族。人细胞色素 P_{450} 有 100 多种同工酶，对被羟基化的底物各有其特异性。它的作用类似于 Cyt aa_3，也是处于电子传递链的终端部位，能与氧直接反应。

单加氧酶催化的反应过程如下：

$$RH + O_2 + NADPH + H^+ \xrightarrow{\text{单加氧酶}} ROH + NADP^+ + H_2O$$

底物与氧化型 $P_{450} \cdot Fe^{3+}$ 结合成氧化型复合物 $RH \cdot P_{450} \cdot Fe^{3+}$，$NADPH + H^+$ 将电子交给黄素蛋白辅基 FAD 生成 $FADH_2$，$FADH_2$ 再将电子交给以 Fe-S 为辅基的铁氧还蛋白，使 2 $(Fe_2S_2)^{3+}$ 还原为 2 $(Fe_2S_2)^{2+}$，$RH \cdot P_{450} \cdot Fe^{3+}$ 接受铁氧还蛋白一个 e 后转变为还原型复合物 $RH \cdot P_{450} \cdot Fe^{2+}$，后者与 O_2 结合后将电子交给 O_2 形成 $RH \cdot P_{450} \cdot Fe^{3+} \cdot O_2^-$，再接受铁氧还蛋白的第二个 e，形成 $RH \cdot P_{450} \cdot Fe^{3+} \cdot O_2^{2-}$。此时一个氧离子使底物 RH 羟化为 ROH，另一个氧离子与来自 NADPH 中的质子结合成 H_2O（图 6-22）。

（二）双加氧酶

双加氧酶亦称氧转移酶（oxygen transferase），这类酶含铁离子，催化氧分子直接加到底物分子上，如色氨酸双加氧酶（tryptophan dioxygenase）、β- 胡萝卜素双加氧酶催化 2 个氧原子加到底物带双键的碳原子上。

基本反应如下：

$$A + O_2 \xrightarrow{\text{双加氧酶}} AO_2$$

二、活性氧清除体系

生物氧化过程中 O_2 必须接受细胞色素氧化酶传递的 4 个电子被彻底还原，最后生成 H_2O。

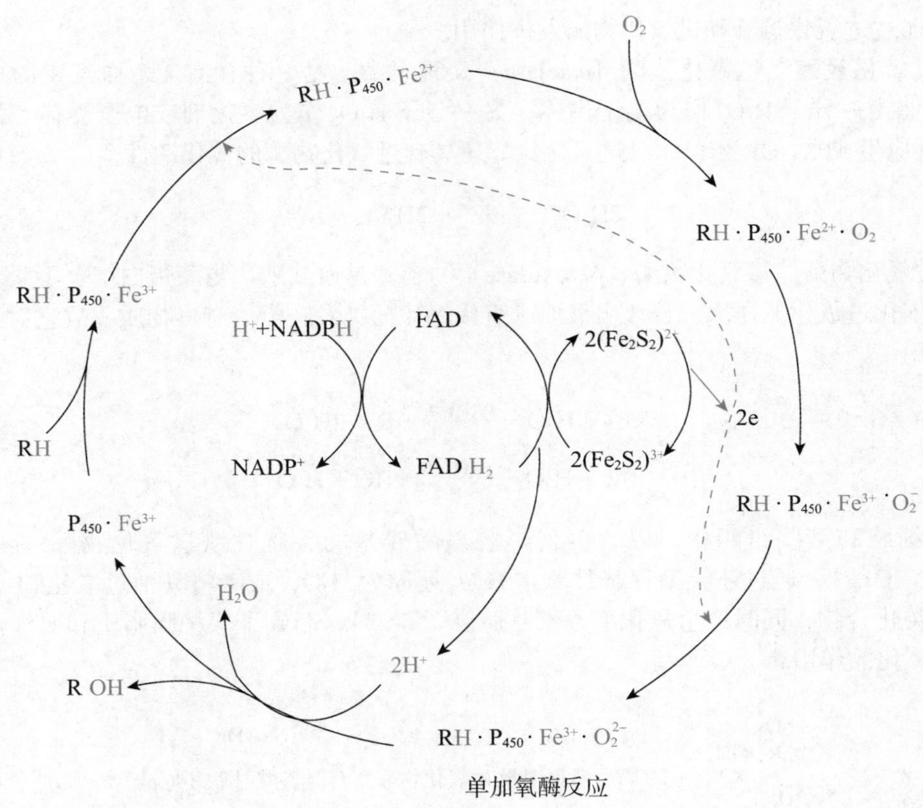

图 6-22 微粒体细胞色素 P_{450} 单加氧酶反应机制

但是有的时候产生一些部分还原的氧的形式。O_2 得到 1 个电子生成超氧阴离子（superoxide anion，${}^{\cdot}O_2^-$），接受 2 个电子生成过氧化氢（hydrogen peroxide，H_2O_2），接受 3 个电子生成 H_2O_2 和羟基自由基（hydroxyl free radical，${}^{\cdot}OH$）。${}^{\cdot}O_2^-$、H_2O_2、${}^{\cdot}OH$ 这些未被完全还原的氧分子，其氧化能力远大于 O_2，统称为活性氧簇，又称反应活性氧类（reactive oxygen species，ROS）。其中 ${}^{\cdot}O_2^-$ 和 ${}^{\cdot}OH$ 称为自由基。H_2O_2 不是自由基，但是可以转变成羟自由基。线粒体的呼吸链是机体产生 ROS 的主要部位，呼吸链在传递电子的过程中，部分从各复合体漏出的电子直接传递给 O_2，产生了不完全还原的氧，这些分子就是反应活性氧类，也可看作线粒体氧化呼吸链的“副产物”。

正常情况下，物质在细胞线粒体、胞质、过氧化物酶体代谢可生成活性氧，细菌感染、组织缺氧等病理情况，辐射、服用药物、吸入烟雾等外源因素也可导致细胞产生活性氧。

H_2O_2 在体内有一定的生理作用，如中性粒细胞产生的 H_2O_2 可用于杀死吞噬的细菌，甲状腺中产生的 H_2O_2 可使酪氨酸碘化生成甲状腺激素。但对于大多数组织来说，活性氧则会对细胞有毒性作用。活性氧反应性极强，羟自由基是其中最强的氧化剂，也是最活跃的诱变剂。活性氧使 DNA 氧化、修饰甚至断裂，破坏核酸结构；氧化某些具有重要生理作用的含巯基的酶和蛋白质，使之丧失活性；还可以将生物膜的磷脂分子中高度不饱和脂肪酸氧化成脂质过氧化物，造成生物膜损伤，引起严重后果。如红细胞膜损伤就容易发生溶血，线粒体膜损伤则能量代谢受阻。脂质过氧化物与蛋白质结合成复合物进入溶酶体后不易被酶分解或排出，就可能形成一种棕色的称为脂褐素（lipofuscin）的色素颗粒，这与组织的老化有关。机体含有多种清除活性氧的酶将它们及时处理和利用。

（一）过氧化物酶体氧化体系

过氧化物酶体是一种特殊的细胞器，存在于动物组织的肝、肾、中性粒细胞中。过氧化物酶体主要通过过氧化氢酶和过氧化物酶发挥作用。

1. 过氧化氢酶 过氧化氢酶（catalase）又称触酶，是一种含有4个血红素的血红素蛋白。它可催化一分子H_2O_2作为电子供体，另一分子H_2O_2作为氧化剂或电子受体。催化两分子H_2O_2反应生成水，并放出O_2。过氧化氢酶还具有过氧化物酶的催化活性。

$$2H_2O_2 \xrightarrow{\text{过氧化氢酶}} 2H_2O + O_2$$

2. 过氧化物酶 过氧化物酶（peroxidase）的辅基是血红素，与酶蛋白结合不紧密。过氧化物酶类催化过氧化氢还原，释放出氧原子直接氧化酚类及胺类等有毒物质，故它对机体有双重保护作用。

$$RH_2 + H_2O_2 \xrightarrow{\text{过氧化物酶}} R + 2H_2O$$

或者

$$R + H_2O_2 \xrightarrow{\text{过氧化物酶}} RO + H_2O$$

在红细胞和某些组织中，以含硒代半胱氨酸残基的谷胱甘肽过氧化物酶（glutathione peroxidase，GPx），通过还原型谷胱甘肽将H_2O_2还原为H_2O，或者将其他过氧化物（ROOH）转变为醇类化合物，同时产生氧化型谷胱甘肽（图6-23），起到了保护膜脂质和血红蛋白免受过氧化物氧化的作用。

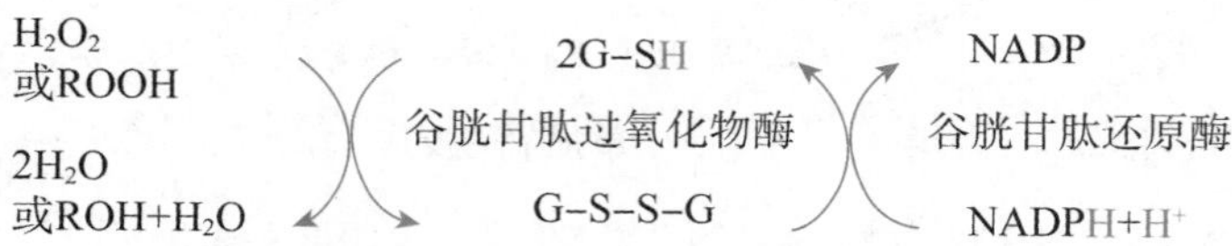

图6-23 谷胱甘肽过氧化物酶作用机制

（二）超氧化物歧化酶

超氧化物歧化酶（superoxide dismutase，SOD）是1969年Fridovich发现的一种普遍存在于生物体内的酶。该酶存在于所有重要的需氧组织中，它是人体防御内、外环境中超氧离子对人体侵害的重要的酶。SOD半衰期极短，广泛存在于各组织中，在胞质中，该酶由2个相似的亚基组成，以Cu^{2+}、Zn^{2+}为辅基，称为CuZn-SOD；原核细胞和真核细胞线粒体中的酶相似，均以Mn^{2+}为辅基，称为Mn-SOD；在原核细胞中还有以Fe^{2+}为辅基的Fe-SOD。它们是同工酶，均能催化超氧离子的氧化还原，生成H_2O_2与分子氧。

$$2 \cdot O_2^- + 2H^+ \xrightarrow{\text{SOD}} H_2O_2 + O_2$$

反应过程中，1分子超氧阴离子还原成H_2O_2，另一分子则氧化成O_2，故名歧化。如果SOD活性下降或含量减少，会引起O_2^-堆积，使机体免疫力降低，诱发多种疾病（如癌、动脉粥样硬化等）。所以及时补充SOD，可避免或减轻疾病。研究证明，SOD对肿瘤的生长有抑制作用，SOD亦可减少动物因缺血所造成的心肌区域性梗死的范围和程度。除了酶对自由基的清除作用外，许多抗氧化剂如维生素E、维生素C、谷胱甘肽、β-胡萝卜素、不饱和脂肪酸等都有清除自由基的作用。因此它们的医疗保健功能越来越受到人们的重视。

小结

物质在生物体内进行氧化称为生物氧化。生物氧化在细胞的线粒体内外均可进行，但氧化过程及意义不同。线粒体内生物氧化产生CO_2和水，同时释放能量，约40%的能量生成ATP以供生命活动之需。由于消耗氧，产生CO_2，所以也称为组织呼吸或细胞呼吸。生物氧化不同于体外燃烧，它是在酶的催化下、体温、近于中性 pH 环境中逐步释放能量，二氧化碳通过有机酸的脱羧基作用生成。

生物氧化过程中，递氢体或递电子体按一定顺序排列在线粒体内膜上，组成电子传递链，该传递链进行的一系列连锁反应与细胞摄取氧的呼吸过程有关，故又称为呼吸链。呼吸链包含四个复合体，即复合体Ⅰ——NADH- 泛醌还原酶、复合体Ⅱ——琥珀酸 - 泛醌还原酶、复合体Ⅲ——泛醌 - 细胞色素 c 还原酶、复合体Ⅳ——细胞色素氧化酶。另外还有两种不包含在这些复合体中的组分——CoQ 和 Cyt c。

体内重要的呼吸链有两条，即 NADH 氧化呼吸链和 $FADH_2$ 氧化呼吸链。这两条呼吸链各组分的排列顺序如下：

琥珀酸
↓
FAD
（Fe-S）
↓
NADH → FMN → CoQ → Cyt b → Cyt c_1 → Cyt c → Cyt aa_3 → $1/2O_2$
（Fe-S）

ATP 几乎是生物组织细胞内能够直接利用的唯一能源，体内 ATP 的生成方式有两种，即底物水平磷酸化和氧化磷酸化。代谢物在氧化分解过程中，有少数反应因脱氢或脱水而引起分子内部能量重新分布，产生高能键，直接将代谢物分子中的高能键转移给 ADP（或 GDP）生成 ATP（或 GTP）的反应称为底物水平磷酸化。代谢物脱下的氢经电子传递链传递给氧生成水，同时逐步释放能量，使 ADP 磷酸化生成 ATP 称为氧化磷酸化。通过测定不同底物经呼吸链氧化的 P/O 比值及呼吸链各组分间电位差与自由能变化，可知在 NADH-CoQ 之间、CoQ-Cyt c 之间、Cyt aa_3-O_2 之间存在偶联部位，NADH 氧化呼吸链生成 2.5 分子 ATP，$FADH_2$ 氧化呼吸链生成 1.5 分子 ATP。化学渗透假说是目前被普遍接受的氧化磷酸化机制学说。该假说认为电子经呼吸链传递时，可将 H^+ 从线粒体膜的基质侧泵到内膜外侧，产生跨膜的质子电化学梯度储存能量，当质子顺梯度经 ATP 合酶 F_o 回流时，F_1 催化 ADP 和 Pi 生成并释放 ATP。

氧化磷酸化受许多因素的影响：① ADP 浓度和 ADP/ATP 比值。当 ADP 浓度升高或 ATP 浓度降低时，氧化磷酸化加速；反之氧化磷酸化减慢。②甲状腺激素促进 ATP 的合成与分解。③解偶联剂和电子传递抑制剂。解偶联剂可使氧化与磷酸化脱节，以致氧化过程照常进行但不能生成 ATP。电子传递抑制剂抑制呼吸链的不同部位，使氧化磷酸化无法进行。生物体内能量的转化、储存和利用都以 ATP 为中心，在肌肉和脑组织中，磷酸肌酸可作为能源的储存形式。

线粒体外 NADH+H^+ 所携带的 2H 通过 α- 磷酸甘油穿梭和苹果酸 - 天冬氨酸穿梭进入线粒体内进行氧化磷酸化。除线粒体外，体内还有非线粒体氧化体系，如微粒体、过氧化物酶体等，其特点是不伴有氧化磷酸化，不能生成 ATP，主要参与体内代谢物、药物和毒物的生物转化。

思考题

1．何谓生物氧化？生物氧化与体外氧化有何异同？
2．常见的呼吸链抑制剂有哪些？ CO 中毒可以导致呼吸停止，其作用机制是什么？

3．线粒体外的 NADH 如何进行氧化磷酸化?

4．生物体内，经呼吸链传递氢和电子的过程中，能量是如何转化的？ ATP 合酶在生成 ATP 过程中发挥了什么作用?

5．影响氧化磷酸化的因素有哪些?

6．生物体内 ATP 的生成、贮存和利用是如何运行的?

（王海生）

第7章 氨基酸代谢

第一节 概 述

氨基酸具有重要的生理功能，不仅是组成蛋白质的基本单位，也是机体许多重要活性物质的前体或来源，这些生物活性物质参与各种物质的代谢过程。氨基酸在体内的物质代谢及能量代谢中具有重要意义，与机体正常功能的发挥密切相关，因此氨基酸代谢障碍也常伴随其他代谢改变。一些疾病常伴有氨基酸代谢的障碍，氨基酸代谢过程中的酶先天缺乏也是氨基酸代谢障碍的重要原因。

第二节 蛋白质的营养和氨基酸的生理作用

蛋白质是生命的物质基础，维持细胞、组织的生长、更新、修补以及催化、运输、代谢调节等均需要蛋白质参与。此外，蛋白质可以分解成其基本组成单位氨基酸，氨基酸在体内也可以作为能源物质氧化分解释放能量，或转变成其他重要物质。因此，提供足够食物蛋白质对正常代谢和各种生命活动的进行是十分重要的。对于生长发育的儿童和康复期的患者，供给足量、优质的蛋白质尤为重要。

一、氮平衡

机体内蛋白质代谢的概况可根据氮平衡（nitrogen balance）实验来确定。如前所述，蛋白质的含氮量平均为16%。食物中的含氮物质绝大部分是蛋白质。因此测定食物的含氮量可以估算出其所含蛋白质的量。蛋白质在体内分解代谢所产生的含氮物质主要由尿、粪排出。测定尿与粪中的含氮量（排出氮）及摄入食物的含氮量（摄入氮），可以反映人体蛋白质的代谢概况。

1．氮的总平衡 摄入氮 = 排出氮，反映正常成人的蛋白质代谢情况，即氮的“收支”平衡。

2．氮的正平衡 摄入氮＞排出氮，反映了摄入的部分氨基酸用于体内蛋白质合成。儿童、孕妇及恢复期患者属于此种情况。

3．氮的负平衡 摄入氮＜排出氮，见于蛋白质摄入量不足或过量降解，例如饥饿或消耗性疾病患者。

二、蛋白质的生理需要量

根据氮平衡实验计算，在不进食蛋白质时，成人每日最低分解约 20g 蛋白质。由于食物蛋白质与人体蛋白质组成的差异，不可能全部被利用，故成人每日需要 30 ～ 50g 蛋白质。为了长期保持总氮平衡，仍需增量才能满足要求，因此，中国营养学会推荐成人每日蛋白质需要量为 80g。

三、蛋白质的营养价值

在营养方面，不仅要注意膳食蛋白质的量，还必须注意蛋白质的质。由于各种蛋白质所含氨基酸的种类和数量不同，因此它们的质不同。有的蛋白质含有体内所需要的各种氨基酸，并且含量充足，此种蛋白质的营养价值（nutrition value）高；有的蛋白质缺乏体内所需要的某种氨基酸，或含量不足，则其营养价值较低。

人体内有 9 种氨基酸不能自身合成或合成不够，这些体内需要而又不能自身合成，必须由食物供应的氨基酸，称为营养必需氨基酸（nutritionally essential amino acid）。它们是赖氨酸、色氨酸、缬氨酸、亮氨酸、异亮氨酸、苏氨酸、甲硫氨酸、苯丙氨酸和组氨酸（表 7-1）。其余 11 种氨基酸在体内可以合成，不一定需要由食物供应，称为营养非必需氨基酸（nutritionally non-essential amino acid）。精氨酸虽能在人体内合成，但合成量不多，因此可将精氨酸视为营养半必需氨基酸。在营养非必需氨基酸中，有的氨基酸在某些特定条件下或者特殊时期（如儿童生长期）很重要，但自身合成的量不能满足需要，称为“条件必需”氨基酸（conditionally essential amino acid），包括精氨酸、半胱氨酸、谷氨酰胺、甘氨酸、脯氨酸和酪氨酸。一般来说，营养价值高的蛋白质含有营养必需氨基酸的种类多且数量足，营养价值低的则反之。由于动物性蛋白质所含营养必需氨基酸的种类和比例与人体所需的相近，故其营养价值高。营养价值较低的几种蛋白质混合食用，则营养必需氨基酸可以互相补充，从而提高营养价值，称为食物蛋白质的互补作用。例如，谷类蛋白质含赖氨酸较少而含色氨酸较多，豆类蛋白质含赖氨酸较多而含色氨酸较少，两者混合食用可提高营养价值。某些疾病情况下，为保证氨基酸的需要，可进行混合氨基酸输液。

表7-1 人体营养必需和非必需氨基酸

营养必需氨基酸	营养非必需氨基酸
赖氨酸	丙氨酸
色氨酸	天冬酰胺
缬氨酸	天冬氨酸
亮氨酸	谷氨酸
异亮氨酸	丝氨酸
苏氨酸	精氨酸*
甲硫氨酸	酪氨酸*
苯丙氨酸	半胱氨酸*
组氨酸	谷氨酰胺*
	甘氨酸*
	脯氨酸*

*在儿童生长期等某些情况下是必需的

四、氨基酸的生理功能

氨基酸是蛋白质的基本组成单位，所以它的重要生理功能之一是合成蛋白质，以满足机体生长发育及组织修复更新的需要。酶及肽类激素的半衰期都很短，其补充更新也需用氨基酸。氨基酸还是合成许多有重要生理作用的含氮化合物，如核酸、烟酰胺、儿茶酚胺类激素、甲状腺激素及一些神经递质的重要原料（表 7-2）。某些氨基酸在体内还起着一些独特的作用，如甘氨酸参与生物转化作用，丙氨酸及谷氨酰胺担负组织间氨的转运。

此外，多余的氨基酸可以转变成糖类或脂类，亦可氧化供能。氨基酸在机体不同状态下的供能是不同的，在机体蛋白质处于正常合成和降解情况下，蛋白质可以分解释放少量氨基酸；当食物蛋白质丰富并超过机体需要时，过多的氨基酸被代谢而不会被贮存；当处于饥饿或不能控制的糖尿病时，体内蛋白质则降解生成氨基酸用于供能，这些氨基酸并不直接氧化供能，而是转变成为葡萄糖或酮体进入能量代谢。

表7-2　以氨基酸为原料合成的重要生物分子

氨基酸	合成的含氮化合物
甘氨酸	胆汁酸、卟啉环、嘌呤、磷酸肌酸等
酪氨酸	肾上腺素、甲状腺激素、黑色素等
谷氨酸	γ- 氨基丁酸
谷氨酰胺	核苷酸
色氨酸	烟酸、5- 羟色胺
半胱氨酸	牛磺酸、谷胱甘肽等
甲硫氨酸	磷酸肌酸、胆碱等含甲基化合物
天冬氨酸	核苷酸
精氨酸	磷酸肌酸

五、氨基酸的来源

体内氨基酸的主要来源有食物供应、体内合成及组织蛋白质分解三种，其中以食物供应最为重要。脱落的肠上皮细胞及消化液都含有蛋白质，也被消化成氨基酸并被吸收入体内。机体除自食物中得到氨基酸外，体内每天也可合成一定数量的氨基酸，这种作用主要在肝中进行。

组织中的蛋白质经常不断地更新，因此，机体氨基酸的来源亦包括由体内蛋白质降解所产生的氨基酸。正常成年动物的组织蛋白质的分解速度和合成速度相等。这种状态称为组织蛋白质的动态平衡，也称为蛋白质转换（protein turnover）。人体每日更新体内蛋白质总量的 1% ~ 2%，其中主要是肌肉蛋白，而 70% ~ 80% 释放的氨基酸被重新利用来合成蛋白质，剩下的 20% ~ 25% 被降解。虽然对组织蛋白质分解的生化过程尚不清楚，但它们经常不断地分解及更新是事实。参与机体代谢的氨基酸约有 2/3 来自组织蛋白质的分解，1/3 来自食物。

六、氨基酸的代谢概况

自消化道吸收入体内的氨基酸和内源性氨基酸（包括体内合成的及组织蛋白质分解的）统称为氨基酸代谢库（amino acid metabolic pool）或氨基酸库（amino acid pool）。体内所有组织都自氨基酸库摄取氨基酸以满足它的需要。以单位质量计算，肝摄取量最大，其次是肾，肌肉最少。单位质量的肌肉摄取氨基酸的数量不到肝摄取量的一半，但人体质量的 40% 是肌肉，因此被肌肉摄取的氨基酸总量最多。

氨基酸进入组织后则依照需要参加该组织的代谢作用，不同组织的代谢作用当然不尽相同。合成蛋白质是氨基酸的主要代谢去路，正常成人体内约有 75% 的氨基酸用于合成蛋白质，其余的参与许多含氮化合物的合成（表 7-2）。氨基酸的去路还有其本身的分解，代谢途径主要是先经脱氨基作用，生成氨及相应的 α- 酮酸，另有一小部分可经脱羧基作用形成二氧化碳及胺类。α- 酮酸可以转变成糖类或脂类，用来再合成营养非必需氨基酸，亦可进入三羧酸循环氧化成水及二氧化碳并供应能量（图 7-1）。每克氨基酸完全氧化生成 4kcal（16.736kJ）的能量，成年人所需能量平均 15% 来自氨基酸。

在其他组织产生的过多的氨则运输到肝并被转变成尿素（urea）自尿排出。还有部分氨可被重新利用，是合成含氮化合物的原料。谷氨酸和谷氨酰胺在氨基酸氮的代谢中是一个汇集点，在肝细胞，多数氨基酸的氨基可以转给 α- 酮戊二酸形成谷氨酸，谷氨酸接着进入线粒体释放 NH_3。在大多数其他组织产生的氨，可以通过谷氨酰胺的形式进入肝，然后到线粒体代谢。在大多数组织，谷氨酸和谷氨酰胺的含量比其他氨基酸要高。在骨骼肌，氨基酸的氨基则与丙酮酸结合形成丙氨酸运输到肝进行代谢。

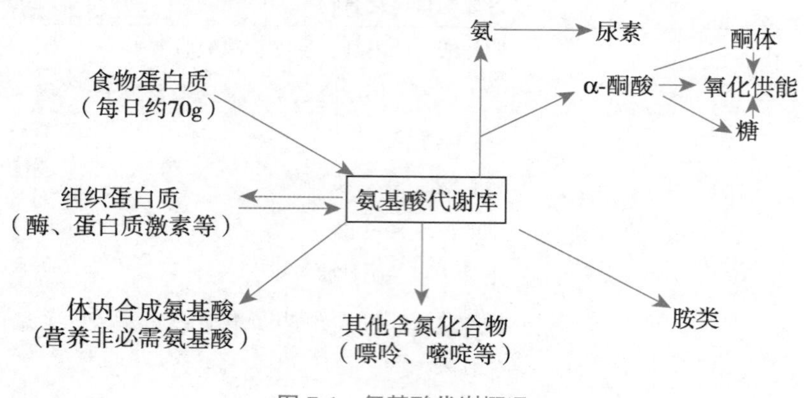

图 7-1 氨基酸代谢概况

第三节 蛋白质的消化、吸收及腐败

蛋白质是具有高度种属特异性的大分子化合物，不易被吸收，若未经消化而直接进入体内，常会引起过敏反应。蛋白质的消化作用主要在小肠中进行，由多种蛋白水解酶催化，将其水解成以氨基酸为主的消化产物，然后再吸收、利用。在人类，大多数动物球状蛋白质可以在胃肠道被水解成氨基酸，但一些纤维状蛋白质如角蛋白则只能被部分降解。

一、胃中的消化作用

胃主细胞分泌的胃蛋白酶原（pepsinogen）是人胃液中仅有的蛋白水解酶（proteolytic enzyme，protease 或 proteinase）的酶原。在正常胃液（gastric juice）中（pH 1 ~ 1.5），胃蛋白酶原经 H^+ 激活，生成胃蛋白酶（pepsin）。胃蛋白酶亦可催化这种转变，称为自身激活作用（autocatalysis）。胃蛋白酶可水解由苯丙氨酸、酪氨酸及亮氨酸残基构成的肽键，在肽链的内部水解蛋白质，生成大小不等的、较小的多肽。有时也可产生自由的酪氨酸或苯丙氨酸。从肽链内部水解蛋白质的蛋白水解酶，称为内肽酶（endopeptidase）。

婴儿胃内有凝乳酶（rennin），最适 pH 为 4，主要作用于奶中的酪蛋白，使其转变成可溶的副酪蛋白，再与钙结合成副酪蛋白钙后进一步被胃蛋白酶消化。

二、小肠中的消化作用

蛋白质在胃液作用下进行消化，但是仍然很不完全。在小肠中，除有由小肠黏膜细胞分泌的消化液之外，还有胰液。它们的共同作用可更完全地将蛋白质水解为氨基酸，所以小肠是消化蛋白质的主要场所。

小肠液中的蛋白水解酶有肠激酶（enterokinase）、氨肽酶（aminopeptidase）及二肽酶（dipeptidase）。胰液中有关蛋白质消化的酶是胰蛋白酶原（trypsinogen）、糜蛋白酶原

(chymotrypsinogen)、弹性蛋白酶原（proelastase)、羧肽酶原 A 及 B（procarboxypeptidase A and B）。消化液中蛋白酶类都以酶原形式存在，以免自身组织被破坏。酶原一旦分泌到肠腔，就必须转变为有活性的蛋白酶。肠激酶本身是一种蛋白水解酶，肠激酶被胆汁激活后，水解各种酶原，使之激活成为相应的有活性的酶。这种转变从胰蛋白酶原开始，激活的肠激酶特异地作用于胰蛋白酶原，自其 N 端水解出一分子六肽而生成有活性的胰蛋白酶（trypsin)。胰蛋白酶自身的激活作用较弱，但它可迅速有力地把胰液中其他四种酶原都激活为有活性的酶。下图说明这种作用：

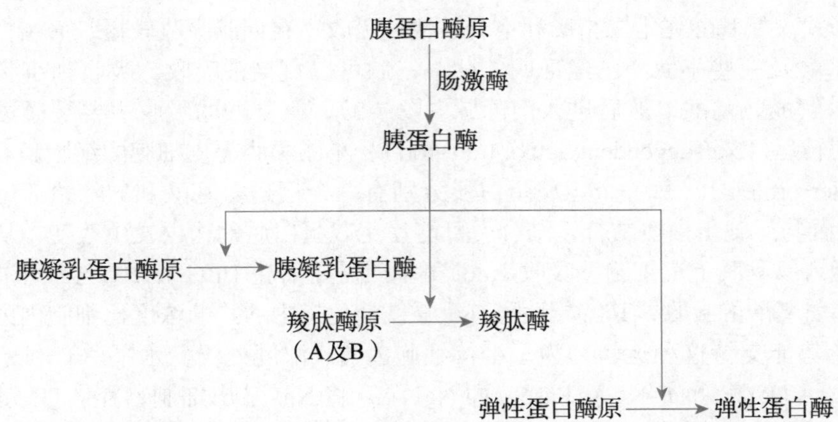

胰蛋白酶、糜蛋白酶（chymotrypsin）及弹性蛋白酶（elastase）都是内肽酶。图 7-2 说明了它们的特异性。羧肽酶（carboxypeptidase）及氨肽酶分别自肽链的 C 端及 N 端开始作用，每次水解掉一个氨基酸。因为它们的作用是自肽链之最外端开始，所以称为外肽酶(exopeptidase)。

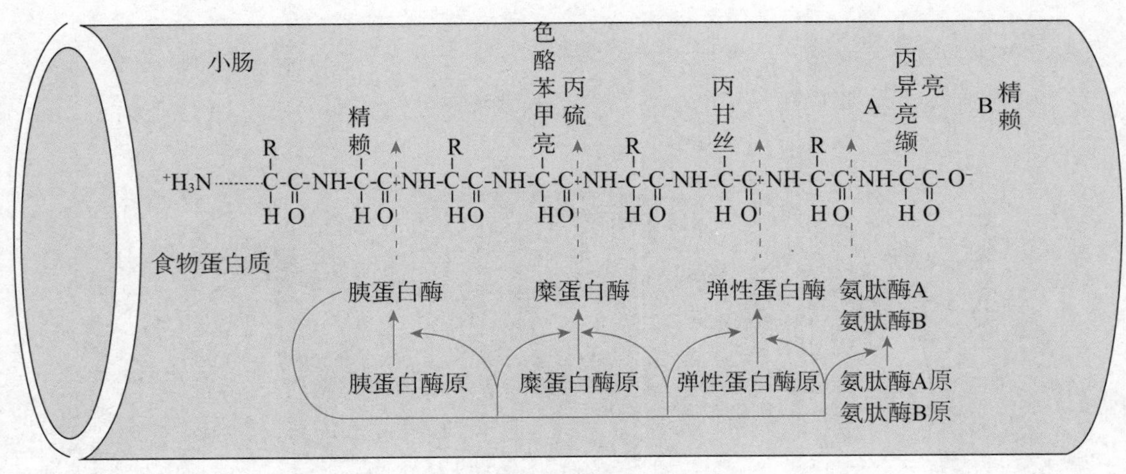

图 7-2　胰液蛋白水解酶作用示意图

蛋白质在上述各种外肽酶及内肽酶的协同作用下，被水解成氨基酸及二肽。小肠分泌的二肽酶类可水解二肽成氨基酸。所以，蛋白质的主要消化产物是氨基酸。图 7-2 说明各种蛋白质水解酶类的协同作用情况。一般正常成人食物中蛋白质的 95% 可被完全水解。

胰液中的弹性蛋白酶对大多数蛋白质都有作用，但它对弹性蛋白（elastin）的作用最快。胰液中还含有胶原酶（collagenase)，特异地作用于胶原，能消化食物中的胶原纤维。

总之，蛋白质的消化虽然在胃中有胃蛋白酶的作用，但胰液及小肠液中有多种内肽酶及外肽酶，因此蛋白质的消化场所以小肠为主。外肽酶自肽链的两端水解蛋白质，每次释放 1 分子氨基酸；内肽酶则自肽链内部水解，生成较小的多肽，为外肽酶提供更多的作用点。内肽酶的特异性不同，所以它们的作用位点及其多少各不相同；二肽酶可水解二肽为氨基酸。在上述各类酶的共同作用下，蛋白质被水解成自由氨基酸及一些小肽，然后在小肠内被吸收入体内。

三、氨基酸的吸收

氨基酸主要通过运载蛋白转运系统（carrier protein transport system）被吸收，这是氨基酸吸收的主要形式。氨基酸在十二指肠和空肠被快速吸收，在回肠吸收较慢。而蛋白质的消化产物主要是氨基酸及一些小肽，已经证明二肽、三肽可以直接被吸收，吸收到小肠上皮细胞内以后，再被水解成氨基酸，然后进入门静脉（图 7-3）。氨基酸的吸收主要是通过主动耗能的钠依赖性主动转运（Na^+-dependent active transport），小肠黏膜上皮细胞的细胞膜有氨基酸运载蛋白质（carrier protein），每一个运载蛋白质分别有一个运送氨基酸和 Na^+ 的部位，氨基酸及 Na^+ 在不同位置与运载蛋白质结合，结合后可能使运载蛋白质的构象发生改变，从而把氨基酸及 Na^+ 都转运入肠黏膜上皮细胞。吸收 1mol 氨基酸需要消耗 1mol ATP。运载蛋白质至少有 7 种，负责不同氨基酸的吸收，其特异性可有重叠。消化道中 Na^+ 的浓度比细胞内的浓度高。离子梯度形成的势能支持这种运转。为了维持细胞内 Na^+ 浓度处于低水平，有利于氨基酸的吸收，需 Na^+-K^+-ATP 酶（Na^+-K^+-ATPase，即 Na^+ 泵）将 Na^+ 泵出细胞，而 ATP 分解释放的能量维持了细胞内、外 Na^+ 浓度梯度，支持氨基酸的吸收。肾小管对氨基酸的重吸收也是由这种方式进行的。

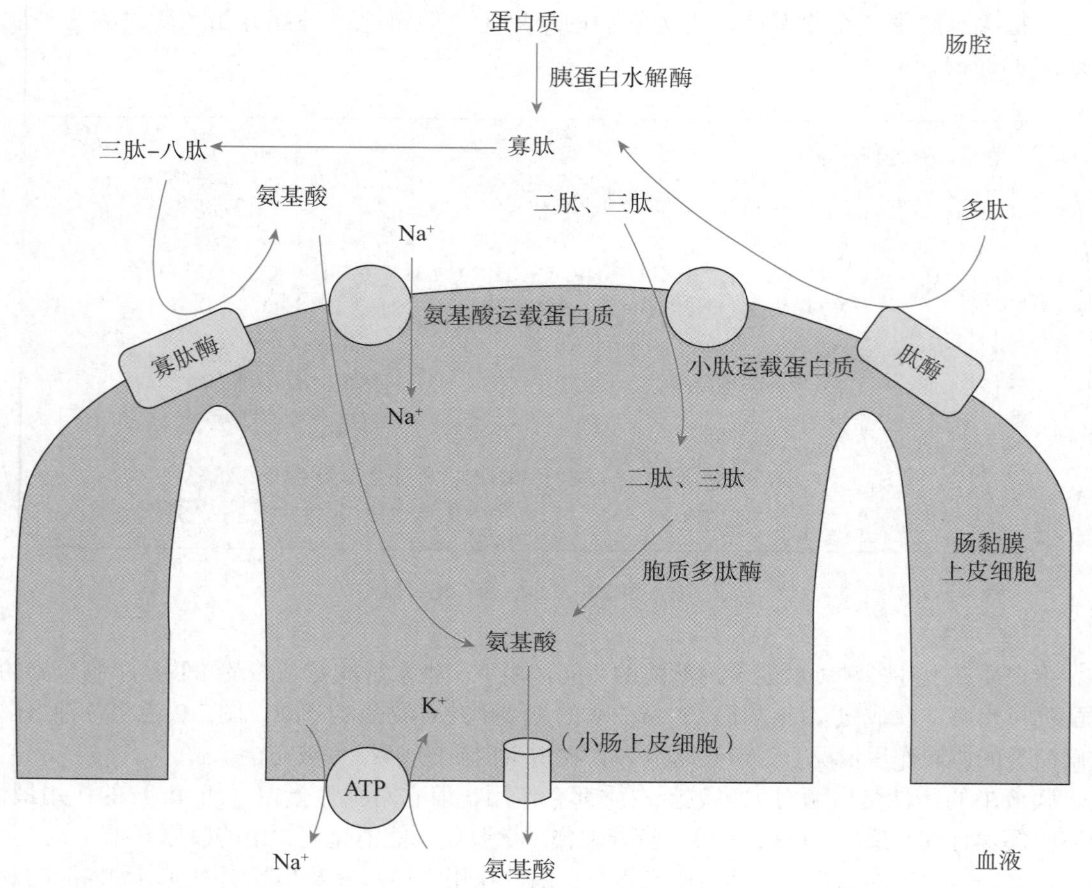

图 7-3 氨基酸的消化吸收

四、蛋白质的腐败作用

食物中的蛋白质，平均有 95% 被消化、吸收。未被吸收的氨基酸及未被消化的蛋白质，在大肠下部受肠道细菌的分解，称为腐败（putrefaction）作用。腐败作用实际上就是肠道细菌对这部分氨基酸及蛋白质的代谢作用。腐败作用的产物有些是有一定营养价值的，一般认为人体内维生素 K 主要来自肠道细菌的腐败作用，但其他大多数腐败产物对人体是有害的。这些有害的产物主要有胺类（amine）、酚类（phenol）、吲哚（indole）及硫化氢等。本部分只讨论它们的生成，它们在体内的转化将在第十九章“肝的生物化学”中介绍。

肠道细菌对氨基酸的作用可有两种主要方式，即脱羧（decarboxylation）作用及脱氨基（deamination）作用。其他如氧化、还原、水解等当然亦能进行。这些反应都是由肠道细菌分泌的酶所催化的。以丙氨酸为例，它经脱氨基作用产生氨及丙酸，若经脱羧作用则生成二氧化碳及乙胺。酪氨酸经上述几种方式进行分解，可产生许多化合物，如酪胺、对甲酚、对羟苯甲酸、苯酚等（结构式见下）。因为氨基酸的碳骨架各不相同，其腐败产物亦不相同。例如，半胱氨酸的腐败产物有硫化氢、甲烷、甲硫醇、乙硫醇等，色氨酸产生色胺、甲基吲哚、吲哚等，尸胺及腐胺是赖氨酸的腐败产物，组胺则来自组氨酸。

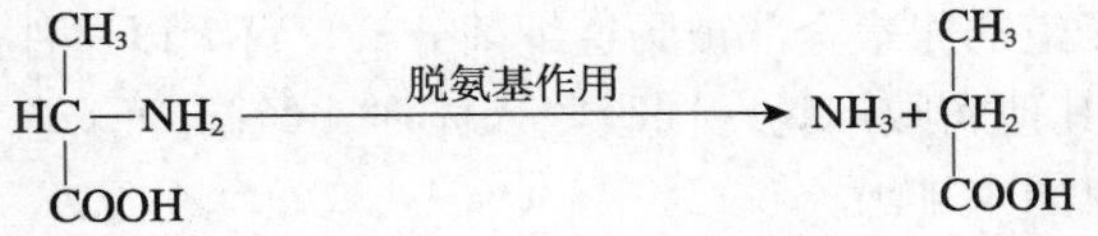

$$\underset{\text{丙氨酸}}{CH_3-CH(NH_2)-COOH} \xrightarrow{\text{脱氨基作用}} NH_3 + \underset{\text{丙酸}}{CH_3-CH_2-COOH}$$

$$CH_3-CH(NH_2)-COOH \xrightarrow{\text{脱羧基作用}} CO_2 + \underset{\text{乙胺}}{CH_3-CH_2-NH_2}$$

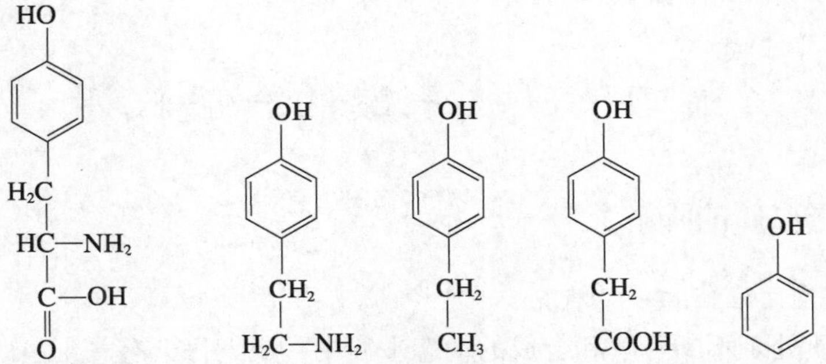

酪氨酸：$HO-C_6H_4-CH_2-CH(NH_2)-C(=O)-OH$

酪胺：$HO-C_6H_4-CH_2-H_2C-NH_2$

苯乙酚：$HO-C_6H_4-CH_2-CH_3$

对羟苯乙酸：$HO-C_6H_4-CH_2-COOH$

苯酚：C_6H_5-OH

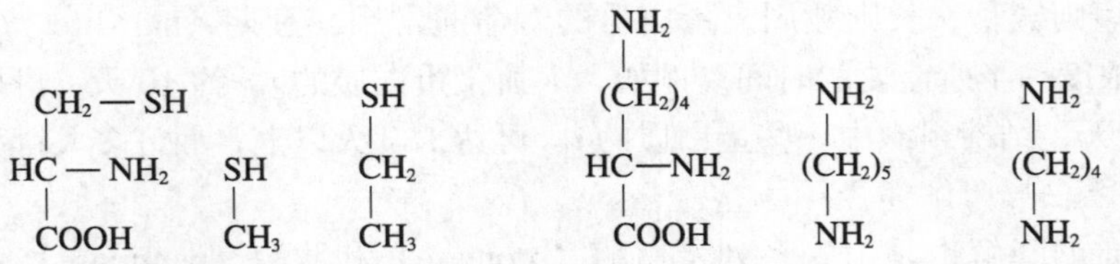

半胱氨酸：$HS-CH_2-CH(NH_2)-COOH$

甲硫醇：CH_3-SH

乙硫醇：CH_3-CH_2-SH

赖氨酸：$NH_2-(CH_2)_4-CH(NH_2)-COOH$

尸胺：$NH_2-(CH_2)_5-NH_2$

腐胺：$NH_2-(CH_2)_4-NH_2$

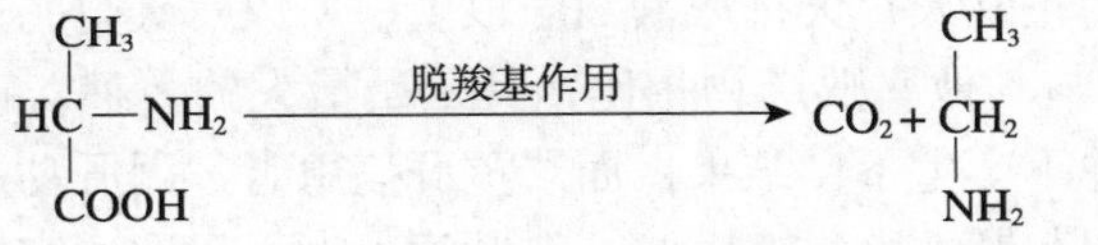

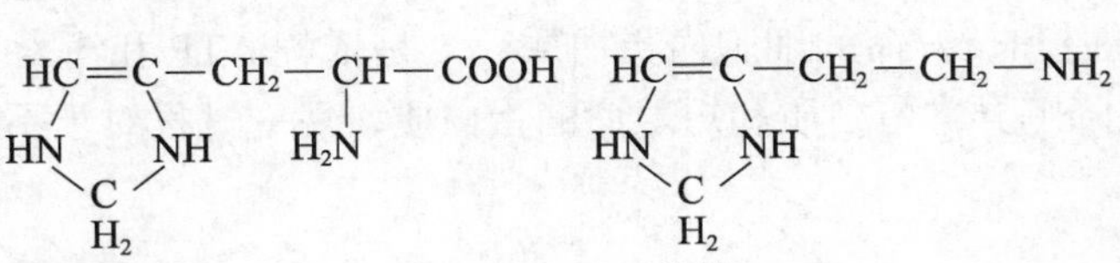

组氨酸：$HC=C(-CH_2-CH(NH_2)-COOH)$，环：$HN-CH_2-NH$

组胺：$HC=C(-CH_2-CH_2-NH_2)$，环：$HN-CH_2-NH$

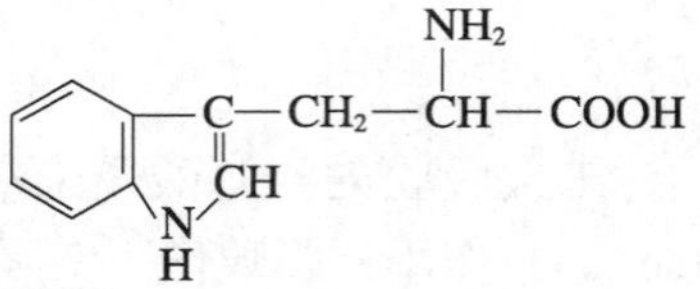

色氨酸 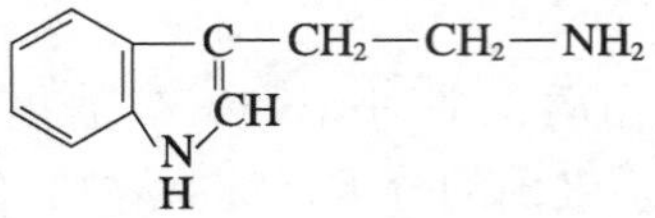　　色胺

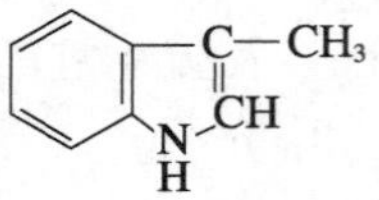

甲基吲哚 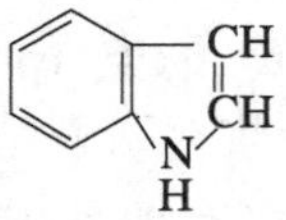　　吲哚

五、氨的生成

肠道中氨的来源有两种。一是未被吸收的氨基酸在肠道细菌的作用下脱去氨基生成氨。上述苯酚、吲哚及硫化氢的产生过程，都伴有氨的生成。二是血液中的尿素可渗入肠道，受肠道细菌尿素酶的作用，水解成氨并被吸收入体内。平均每天有 7g 尿素渗入肠道，而粪便中几乎不含有尿素，所以渗入肠道的尿素全部被肠道细菌分解，每天以这种循环方式进入体内的氨约有 4g。这样形成的氨和其他腐败产物一同吸收入体内，经门静脉进入肝，在肝都被解毒为溶于水的物质，然后经肾自尿中排出。

自肠道吸收入体内的氨，是血氨的重要来源之一。正常人将吸收入体内的氨在肝合成尿素而排出。食用普通膳食的正常人每天排尿素 20g 以上，所以每天自肠道进入体内的氨相当于每天排出尿素总量的 1/4，与其他腐败产物相比，其量是最大的一种。正常人能妥善处理自肠道进入体内的大量的氨，并不产生不良结果，而严重肝病患者，因肝功能不正常，不能及时处理吸收入体内的氨，常可引起肝性脑病。因此，对肝病患者，采取适宜措施，力求减少肠道中氨的产生及体内的吸收，是非常必要的。

第四节　氨基酸的一般代谢

一、体内蛋白质的降解

（一）体内蛋白质降解的一般情况

人体内蛋白质处于不断降解和合成的动态平衡中，成人每天有总蛋白质的 1% ～ 2% 被降解（degradation）。组织蛋白质的更新速度，因种类不同而差异甚大，因此，不同蛋白质的寿命差异很大，短则数秒，长则数周。蛋白质的寿命通常用半衰期（half-life，$t_{1/2}$）表示，即蛋白质降解其原浓度一半所需要的时间。例如，人血浆蛋白质的 $t_{1/2}$ 约 10 天，肝中大部分蛋白质的 $t_{1/2}$ 为 1 ～ 8 天，结缔组织中一些蛋白质的 $t_{1/2}$ 可达 180 天以上，而许多关键酶的 $t_{1/2}$ 均很短。

（二）体内蛋白质降解途径

体内蛋白质的降解也是由一系列蛋白酶（protease）和肽酶（peptidase）完成的。真核细胞中蛋白质的降解有两条途径：一是不依赖 ATP 的过程，在溶酶体内进行，主要降解细胞外来源的蛋白质、膜蛋白和长寿命的细胞内蛋白质；二是依赖 ATP 和泛素（ubiquitin）的过程，在胞质中进行，主要降解异常蛋白质和短寿命的蛋白质，后一过程对于不含溶酶体的红细胞尤为重要。

泛素是一种分子量为 8.5×10^3（含 76 个氨基酸残基）的小分子蛋白质，由于普遍存在于真核细胞中而得名，其一级结构高度保守。酵母泛素与人体泛素比较，只有 3 个氨基酸的差别。泛素化是降解体内蛋白质的主要途径，特别是降解错误折叠的蛋白质和短寿命的关键酶等，该途径涉及细胞周期（周期蛋白降解）、DNA 修复、NF-κB 激活、病毒感染以及许多其他重要的生理和病理过程。在蛋白酶体降解蛋白质的过程中，泛素对各种蛋白质的标记起关键作用。在泛素化蛋白质降解过程中，泛素通过三步反应与被降解的蛋白质形成共价连接，从而使后者激活，反应需要 ATP 参加。参与反应的三个酶是泛素激活酶、泛素结合酶和泛素 - 蛋白连接酶，其中结合酶有不同的类型，连接酶也有 500 多种。一个泛素分子一旦与靶蛋白质结合，其他的泛素分子即结合上来，形成多聚泛素化 - 靶蛋白质复合体，至少有 4 个泛素分子参与反应（图 7-4）。去泛素化酶可以使泛素与靶蛋白质分离，并重新利用。多聚泛素化的蛋白质进入 26S 蛋白酶体被降解。蛋白酶体是一个大的桶状结构，由 20S 核心颗粒和 19S 调节颗粒组成，19S 调节颗粒位于 20S 核心颗粒的上、下两侧。20S 核心颗粒是由 4 个堆积环形成的中空结构，每个环由 7 个亚基组成（图 7-5）。泛素化的蛋白质首先被 19S 调节颗粒（帽状结构）识别，19S 帽状结构使折叠的靶蛋白质舒展开，并被输入 20S 核心颗粒，20S 核心颗粒中有至少 3 个蛋白酶可以降解靶蛋白质，靶蛋白质在蛋白酶体核心区被降解成小的肽段，然后出蛋白酶体。

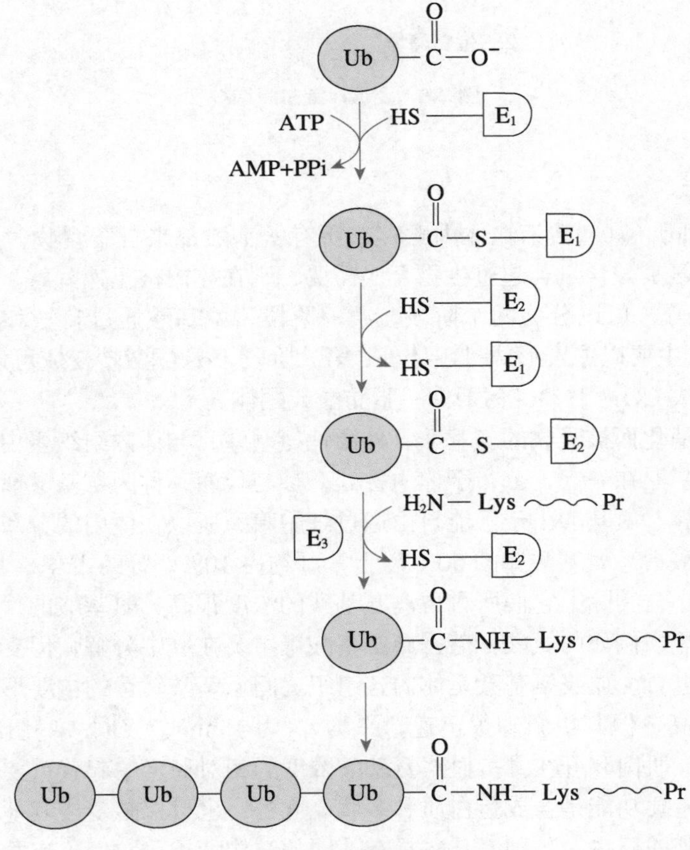

图 7-4　蛋白质降解的泛素化反应

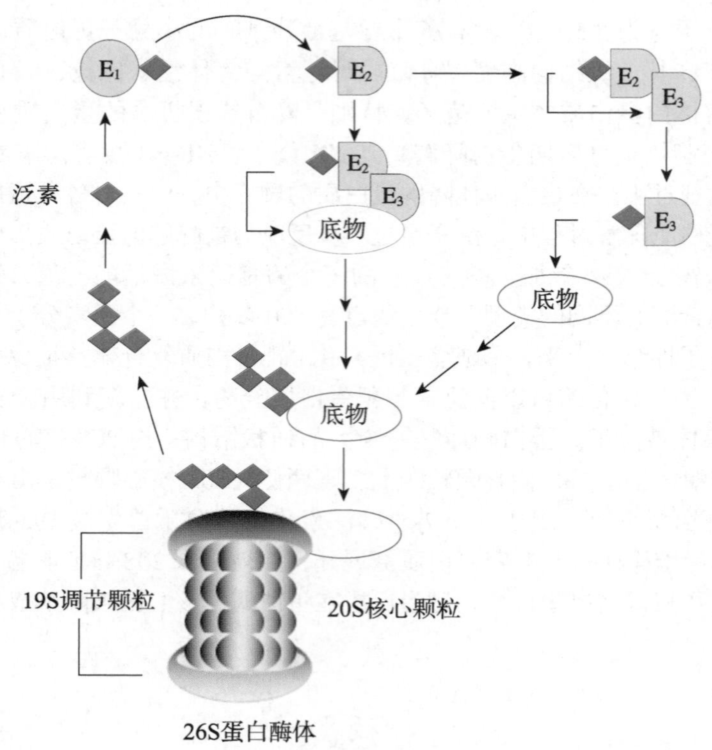

图 7-5 泛素 - 蛋白酶系统

（三）氨基酸库

与脂肪和糖不同，氨基酸不在体内贮存，所有氨基酸都来自于食物、体内从头合成或体内蛋白质的降解，氨基酸含量若超过生物合成需要，则在体内被迅速降解。氨基酸分解是体内氮整体代谢的一部分，可以分为两个阶段。第一阶段，氨基酸通过转氨和氧化脱氨，生成氨和α- 酮酸，氨随之主要以尿素形式排出体外；第二阶段，α- 酮酸转变成可以产能的中间产物，这些产物随后转变成 CO_2、H_2O、葡萄糖、脂肪酸或酮体。

食物蛋白质经消化而被吸收的氨基酸（外源性氨基酸）与体内组织蛋白质降解产生的氨基酸（内源性氨基酸）混在一起，分布于体内各处，参与代谢，称为氨基酸库。氨基酸库通常以游离氨基酸总量计算。氨基酸由于不能自由通过细胞膜，所以在体内的分布也是不均匀的。例如，肌肉中的氨基酸占总氨基酸库的 50% 以上，肝约占 10%，肾约占 4%，血浆占 1% ～ 6%。由于肝、肾体积较小，实际上它们所含游离氨基酸的浓度很高，氨基酸的代谢也很旺盛。消化吸收的大多数氨基酸，例如丙氨酸、芳香族氨基酸等主要在肝中分解，但支链氨基酸的分解代谢主要在骨骼肌中进行。血浆氨基酸是体内各组织之间氨基酸转运的主要形式，虽然正常人血浆氨基酸浓度并不高，但其更新却很迅速，平均 $t_{1/2}$ 为 15min，表明一些组织器官不断向血浆释放和摄取氨基酸，肌肉和肝在维持血浆氨基酸浓度的相对稳定中起着重要作用。

体内氨基酸的主要功能是合成蛋白质和多肽，此外，也可以转变成其他某些含氮物质。正常人尿中排出的氨基酸极少。各种氨基酸具有共同的结构特点，它们也有共同的代谢途径，从量上讲氨基酸的分解代谢是以脱氨基作用为主的。然而氨基酸脱羧作用的产物胺类，多具有重要的生理作用，从这个意义来看，脱羧作用亦是氨基酸的重要代谢途径。另外，不同的氨基酸由于结构的差异，各有其代谢方式。

氨基酸脱氨基作用在大多数组织中都可以进行，而把氨转变成尿素只能在肝进行。这就需要及时将各种组织中生成的有毒的氨运向肝，以便能限制组织及血氨含量的变化在安全范围以内。体内氨基酸的来源、去路及脱氨基产物见图 7-6。本节讨论的中心内容是氨基酸分解代谢的一般规律，氨基酸分解代谢的第一步即脱氨基作用，氨基酸脱去氨基生成氨及相应的 α- 酮酸，而生成的氨及相应的 α- 酮酸如何进一步代谢，将在下一节讨论。

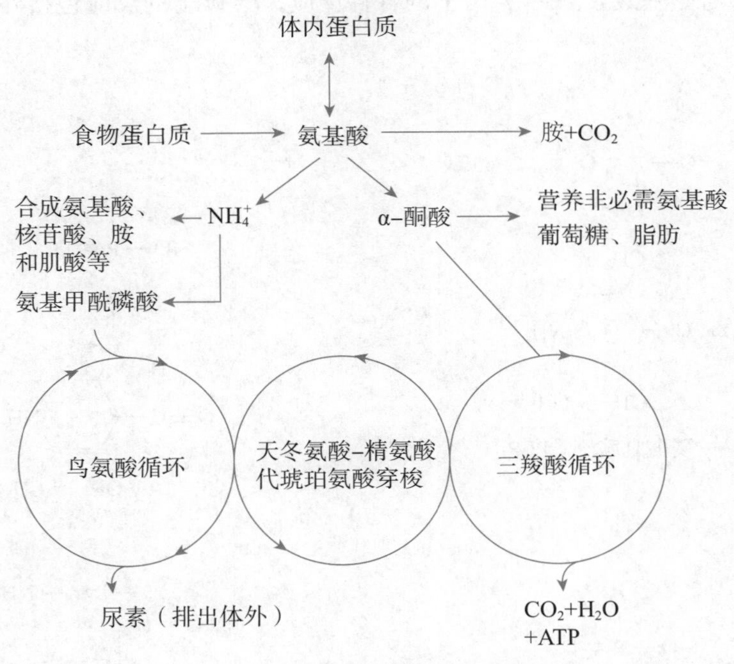

图 7-6　氨基酸的来源、去路及脱氨基产物

二、氨基酸的脱氨基作用

除了少数氨基酸可被直接氧化脱氨基外，多数氨基酸需要通过转氨基和 L- 谷氨酸氧化脱氨基作用进行脱氨基代谢。

（一）转氨基作用和转氨酶

1. 转氨基作用　转氨基作用（transamination）是在转氨酶的催化下，可逆地把氨基酸（氨基供体）的氨基转移给 α- 酮酸（氨基受体）。反应的结果是氨基酸脱去其氨基，转变成相应的 α- 酮酸，而作为受体的 α- 酮酸则因接受氨基而转变成其相应的另一种氨基酸。由于反应的实质是氨基的转移，所以该反应被命名为转氨基作用。

2. 转氨酶及其辅基　转氨酶（transaminase）亦称氨基转移酶（aminotransferase），广泛分布于几乎所有的组织中，其中以肝及心肌含量最丰富。转氨基作用的平衡常数接近 1.0，所以反应是完全可逆的。转氨基作用不仅可促进氨基酸的脱氨基作用，亦可自 α- 酮酸合成相应的氨基酸，这是机体合成营养非必需氨基酸的重要途径。除赖氨酸和苏氨酸外，所有组织蛋白质中的 L- 氨基酸都可经其转氨酶的催化进行转氨基作用。能参加转氨基作用的氨基酸不少，但作为氨基受体的 α- 酮酸只有丙酮酸、α- 酮戊二酸及草酰乙酸三种。最重要的转氨酶是丙氨酸转氨酶（alanine transaminase，ALT）[又称谷丙转氨酶（glutamate-pyruvate transaminase，GPT）] 及天冬氨酸转氨酶（aspartate transaminase，AST）[又称谷草转氨酶（glutamate-oxaloacetate transaminase，GOT）]。下式说明 ALT 及 AST 催化的反应：

$$\text{谷氨酸+丙酮酸} \underset{}{\overset{ALT}{\rightleftharpoons}} \text{α-酮戊二酸+丙氨酸}$$

$$\text{谷氨酸+草酰乙酸} \underset{}{\overset{AST}{\rightleftharpoons}} \text{α-酮戊二酸+天冬氨酸}$$

所有转氨酶催化反应时都必须有辅基，即维生素 B_6 的磷酸酯——磷酸吡哆醛（pyridoxal phosphate，PLP）或磷酸吡哆胺参加。在转氨酶的催化下，通过磷酸吡哆醛和磷酸吡哆胺的相互转变，起到传递氨基的作用，PLP 通过 Schiff 碱与酶蛋白的赖氨酸残基的 ε- 氨基共价连接（图 7-7）。PLP 参与氨基酸 α、β、γ- 碳上的各种反应，α- 碳上的反应包括外消旋作用、脱羧基和转氨基反应。

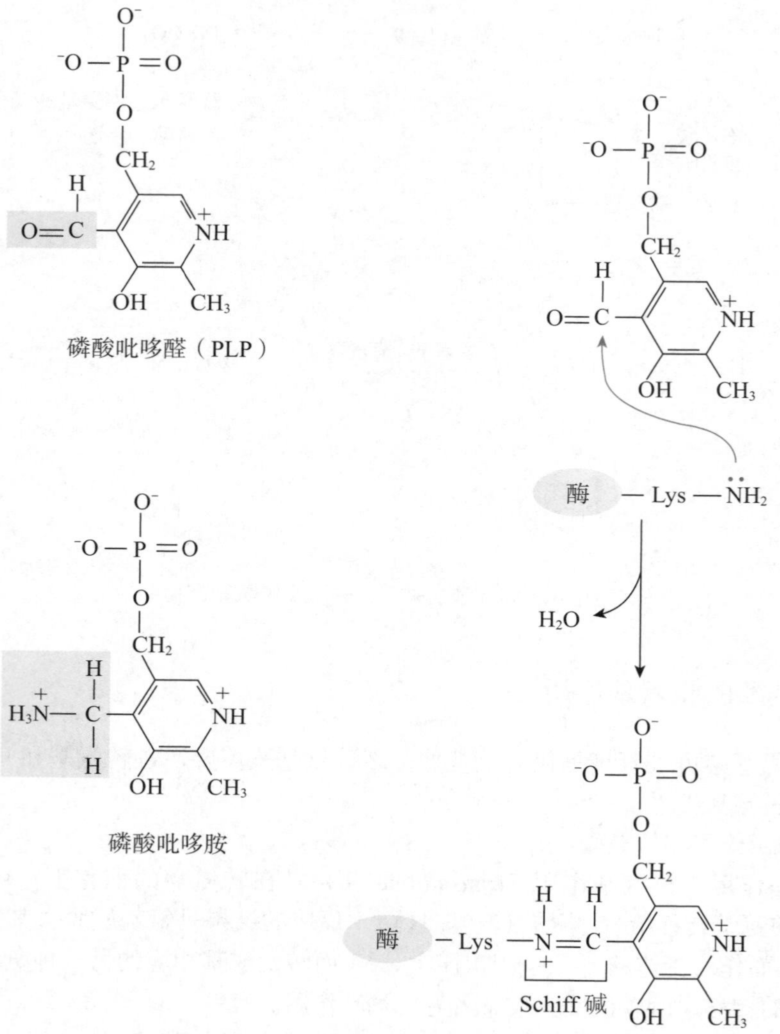

磷酸吡哆醛（PLP）

磷酸吡哆胺

图 7-7 转氨酶的辅基磷酸吡哆醛

3．转氨酶的作用机制 转氨酶通过位于其活性中心的赖氨酸残基的 ε- 氨基和磷酸吡哆醛的醛基结合生成 Schiff 碱（图 7-8）。转氨基作用进行时，酶的底物氨基酸替代转氨酶分子中的赖氨酸残基生成新的 Schiff 碱。新生成的 Schiff 碱经分子内部再组合及水解作用，生成磷酸吡哆胺及相应的 α- 酮酸。经转氨酶的作用，磷酸吡哆胺以相同方式，把氨基酸脱下来的氨基传递给 α- 酮戊二酸。α- 酮戊二酸接受氨基形成谷氨酸，而磷酸吡哆胺失去氨基重新生成磷酸吡哆醛。总的结果是原来的氨基酸脱去氨基转变成相应的 α- 酮酸，α- 酮戊二酸接受氨基形成谷氨酸，而磷酸吡哆醛在其中起转运氨基的作用。

4．转氨酶的应用意义 人体各组织中转氨酶的含量差别很大（表 7-3）。转氨酶只分布于细胞内，正常人血清中含量甚微，但若因疾病造成组织细胞破损或细胞膜通透性有所改变，细

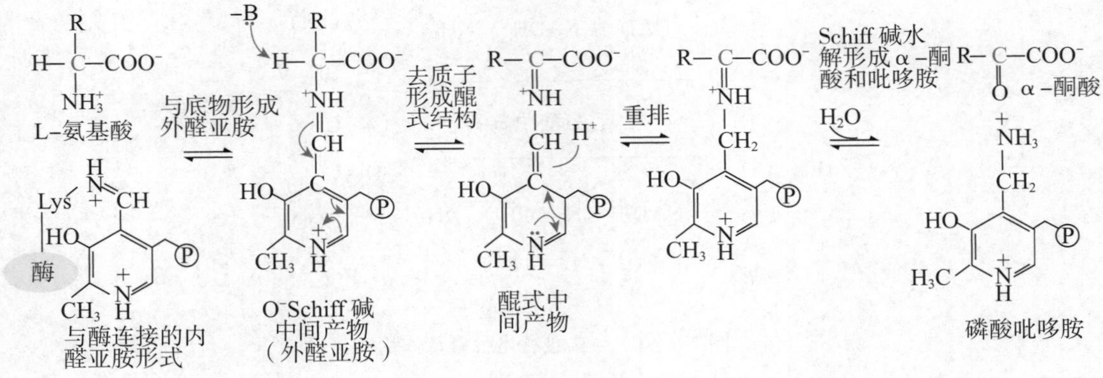

图 7-8　磷酸吡哆醛（胺）在转氨基中的作用

胞中的转氨酶将释放到血液中，血清转氨酶的活性升高。例如心肌梗死患者血清 AST 异常升高；肝病，如传染性肝炎患者，可引起血清 AST 及 ALT 升高。这种改变常作为疾病的诊断和预后的指标之一。

表7-3　正常成人各组织中AST及ALT活性

组织	AST（单位/克湿组织）	ALT（单位/克湿组织）	组织	AST（单位/克湿组织）	ALT（单位/克湿组织）
心	156000	7100	胰	28000	2000
肝	142000	44000	脾	14000	1200
骨骼肌	99000	4800	肺	10000	700
肾	9100	19000	血清	20	16

（二）L- 谷氨酸氧化脱氨基作用

肝及肾含有 L- 氨基酸氧化酶（L-amino acid oxidase），L- 氨基酸氧化酶属于黄酶类，其辅基是 FMN 或 FAD。它对丝氨酸、苏氨酸及二羧基氨基酸等都无作用，对其他 L- 氨基酸虽有作用，但作用亦很缓慢。体内广泛分布着活性很强的 D- 氨基酸氧化酶（D-amino acid oxidase），D- 氨基酸氧化酶亦属于黄酶类，辅基是 FAD，但体内几乎没有 D- 氨基酸的存在，其生理意义目前不清。所以，氨基酸氧化酶催化的氧化脱氨基作用（oxidative deamination）不是氨基酸的主要脱氨基方式。

哺乳类动物的大多数组织如肝、肾和脑等广泛存在 L- 谷氨酸脱氢酶（L-glutamate dehydrogenase），此酶活性较强，是一种不需氧的脱氢酶，催化 L- 谷氨酸氧化脱氨生成 α- 酮戊二酸。L- 谷氨酸脱氢酶是一个具有 6 个相同亚基的别构酶，受 ADP 正调控和 GTP 的负调控。如果该酶的 GTP 结合位点突变使酶活性持续增高，则可引起一种称为高血胰岛素 - 高血氨综合征（hyperinsulinism-hyperammonemia syndrome）的遗传性疾病，特点是血氨升高和低血糖。在哺乳动物，L- 谷氨酸脱氢酶存在于肝细胞线粒体基质，是体内唯一既可以利用 NAD^+，也可以利用 $NADP^+$ 作为辅酶的酶（图 7-9）。NAD^+ 主要参与氧化脱氨基反应，而 $NADP^+$ 主要参与氨基还原反应。L- 谷氨酸脱氢酶所催化的反应是可逆的，因生成的氨在体内迅速被处理，所以反应趋向于脱氨基作用。由于它分布广，活力强，尤其是和转氨酶有协同作用，几乎可催化所有氨基酸的脱氨基作用。所以，它在氨基酸脱氨基作用中具有特殊的重要意义。

$$\begin{array}{c} COO^- \\ | \\ CH_2 \\ | \\ CH_2 \\ | \\ H_3\overset{+}{N}-CH \\ | \\ COO^- \end{array} \underset{NADP^+ \quad NADPH \quad NH_3}{\overset{NAD^+ \quad NADH \quad NH_3}{\rightleftharpoons}} \begin{array}{c} COO^- \\ | \\ CH_2 \\ | \\ CH_2 \\ | \\ O=C \\ | \\ COO^- \end{array}$$

L-谷氨酸脱氢酶

谷氨酸 α-酮戊二酸

图 7-9 L- 谷氨酸氧化脱氨基作用

（三）联合脱氨基作用

L7-2a

肝外组织氨基酸的脱氨基作用

转氨酶催化的转氨基作用，只是把氨基酸分子中的氨基转移给 α- 酮戊二酸（或丙酮酸及草酰乙酸），这并没有达到脱氨基的目的。若是转氨酶和谷氨酸脱氢酶协同作用，即转氨基作用和谷氨酸的氧化脱氨基作用偶联进行，就可达到把氨基酸转变成氨及相应的 α- 酮酸的目的（图 7-10）。因此，联合脱氨基是体内的主要脱氨基方式，这种脱氨基作用主要在肝、肾等组织中进行。

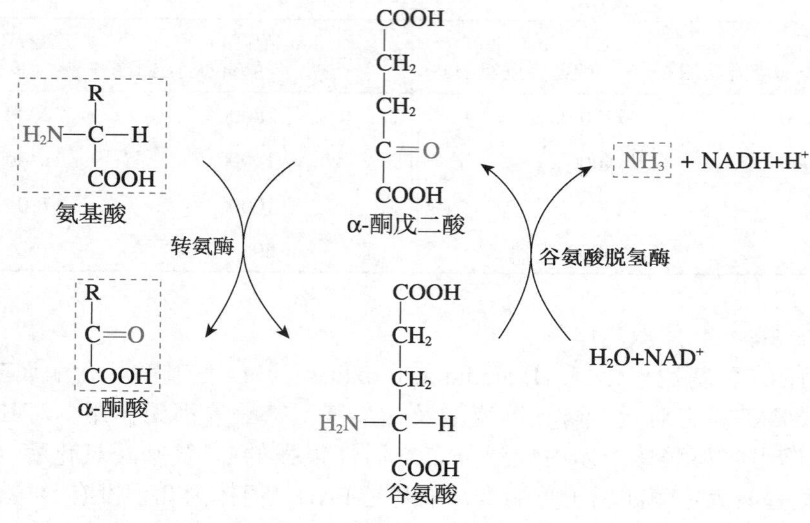

图 7-10 联合脱氨基作用

三、α- 酮酸的代谢

脱氨基作用生成的 α- 酮酸在体内的代谢途径主要有三条：一可经转氨基作用的逆反应再合成为氨基酸；二可转变成糖类或脂质；三可通过三羧酸循环氧化生成二氧化碳及水并提供能量。转氨基作用形成氨基酸见前文，不再赘述，这里只讲述 α- 酮酸怎样转变成糖类、脂质或完全氧化。

早期营养学的研究明确证实氨基酸可以转变成糖类及脂肪。例如，分别用各种氨基酸饲养人工糖尿病犬，有些氨基酸可增加尿中葡萄糖的排泄量，有的增加尿中酮体的排泄量，也有些氨基酸既增加葡萄糖又增加酮体的排泄量。根据这种性质可以将氨基酸分为三大类，即生糖氨基酸（glucogenic amino acid）、生酮氨基酸（ketogenic amino acid）及生酮兼生糖氨基酸（ketogenic and glucogenic amino acid）（表 7-4）。

表7-4　氨基酸生糖及生酮性质的分类

类别	氨基酸
生糖氨基酸	甘氨酸、丝氨酸、缬氨酸、组氨酸、精氨酸、半胱氨酸、脯氨酸、羟脯氨酸、丙氨酸、谷氨酸、谷氨酰胺、天冬氨酸、天冬酰胺、甲硫氨酸
生酮氨基酸	亮氨酸、赖氨酸
生酮兼生糖氨基酸	异亮氨酸、苯丙氨酸、酪氨酸、苏氨酸、色氨酸

用含放射性核素的氨基酸做实验证明营养学研究的结果是正确的，那么氨基酸如何转变成葡萄糖或酮体？很明显，氨基酸在转变之前必先脱去氨基而成为其碳骨架的 α- 酮酸，α- 酮酸再经代谢转变，最后生成葡萄糖或酮体。各种氨基酸的碳骨架差异很大，其分解代谢途径当然各不相同，有关这些代谢作用的详细过程，将在个别氨基酸代谢一节中讨论，本节只述及 α- 酮酸代谢的基本方式或总的轮廓。各种氨基酸的碳骨架分解代谢途径虽然悬殊甚大，但最后都汇总为三羧酸循环中有限的几个中间产物，有的生成乙酰辅酶 A，有的转变成 α- 酮戊二酸等。以丙氨酸为例，脱去氨基后生成丙酮酸，丙酮酸的代谢去向就是丙氨酸碳骨架的代谢通路，丙酮酸可通过糖异生转变成葡萄糖，所以丙氨酸就是生糖氨基酸，这同时也说明了丙氨酸和葡萄糖相互转变的途径。亮氨酸的碳骨架经一系列代谢反应，最后转变成乙酰乙酰辅酶 A 或乙酰辅酶 A，两者都可合成酮体，这就说明它是生酮氨基酸，也指出其 α- 酮酸生成酮体或完全氧化的通路，图 7-11 说明了这种关系。

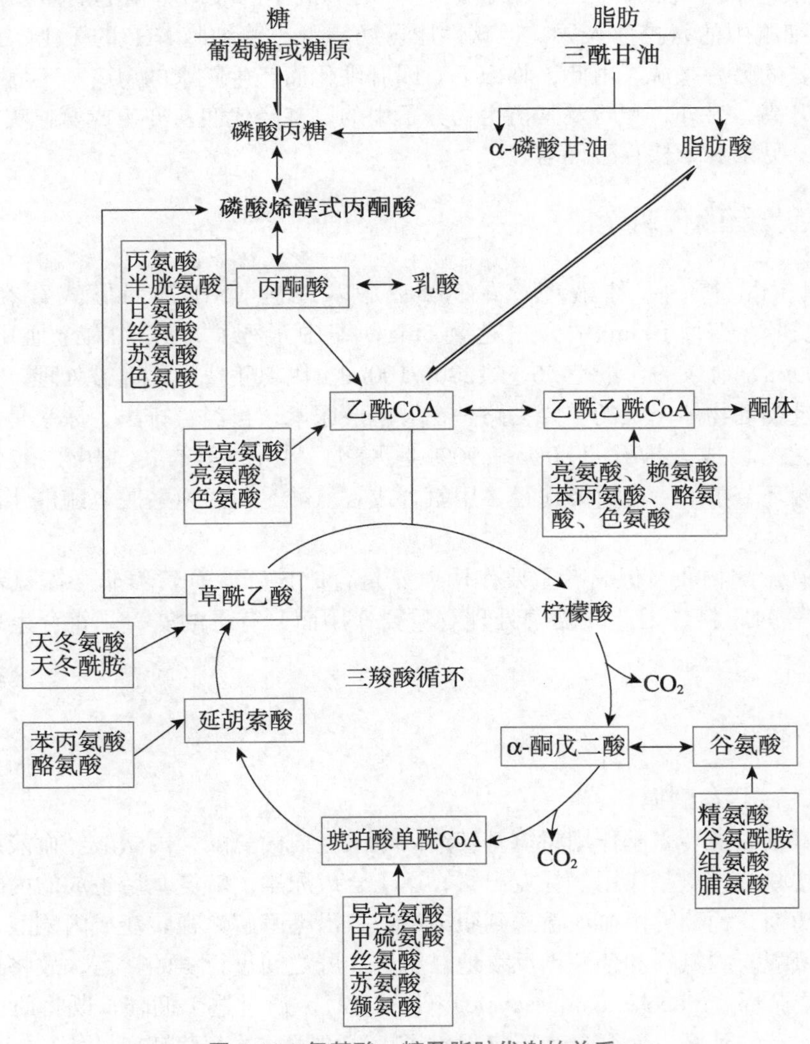

图 7-11　氨基酸、糖及脂肪代谢的关系

由于转氨基作用是可逆的反应，因此图 7-11 也说明了一些氨基酸是怎样合成的。由此可见，三羧酸循环是代谢的总枢纽，通过它对糖、脂肪及氨基酸的完全氧化或相互转变，成为密切相关的完整代谢体系。

第五节 氨的代谢

一、氨的来源

体内氨来源有外源性的及体内代谢产生的两种。外源性氨是自消化道吸收入体内的，是体内氨的一个重要来源（本章第四节）。NH_3 比 NH_4^+ 易于穿过细胞膜而被吸收，在碱性环境中，NH_4^+ 偏向于转变成 NH_3，因此肠道偏碱性时，氨的吸收加强。临床上对高血氨患者采用弱酸性透析液做结肠透析，而禁止用碱性肥皂水灌肠，以减少对氨的吸收。

氨基酸的主要分解代谢方式是脱去氨基生成氨，这是体内代谢作用产生氨的主要途径；一些氨基酸的酰胺基（天冬酰胺及谷氨酰胺）经水解，亦可产生氨。如肾小管上皮细胞分泌的氨主要来自谷氨酰胺，谷氨酰胺在谷氨酰胺酶的催化下水解成谷氨酸和 NH_3，这部分氨分泌到肾小管腔中，主要与尿中的 H^+ 结合成 NH_4^+，以铵盐的形式由尿排出体外，肾用泌氨的方法降低肾小管腔中尿液的 pH，以增进 H^+ 的排泄，这对调节机体的酸碱平衡起着重要作用。酸性尿有利于肾小管细胞中的氨扩散入尿，但碱性尿可妨碍肾小管细胞 NH_3 的分泌，此时氨被吸收入血，成为血氨的另一来源。由此，临床上对因肝硬化而产生腹水的患者，不宜使用碱性利尿药，以免血氨升高。另外，嘌呤及其衍生物分子中的氨基经代谢，亦生成氨，嘧啶类的最终代谢产物亦有氨（见第 8 章核苷酸代谢）。

二、血氨及氨的代谢途径

正常生理 pH 范围内，体液中氨的 98.5% 是以铵盐（NH_4^+）的形式存在的。氨的毒性很强，家兔血液若每 100ml 中含量达到 5mg，即中毒死亡。正常人全血中氨的含量是 75 ～ 196μg/100ml，血浆的含量是 56 ～ 120μg/100ml。因氨生成后迅速被处理，正常人不超出这个范围。哺乳类动物体内氨的主要去路是在肝合成尿素，再经肾排出，尿素是氨基酸的主要最终代谢产物之一，成人排氮的 80% ～ 90% 是尿素。另外，氨与 α- 酮戊二酸反应转变成谷氨酸亦是氨代谢环节中的一个重要途径，用氨合成谷氨酸是由谷氨酸脱氢酶催化的，主要在肝中进行。

氨虽然是有毒的物质，但尚有重要作用。氨是合成核苷酸、营养非必需氨基酸及许多重要含氮化合物等的原料。因此，妥善处理有重要作用而又有毒的氨，是符合生理需要而又必要的。

三、氨的转运

（一）葡萄糖 - 丙氨酸循环

肌肉中的氨基酸经转氨基作用将氨基转给丙酮酸生成丙氨酸，丙氨酸经血液运到肝，在肝中，丙氨酸通过联合脱氨基作用，释放出氨，用于合成尿素。转氨基后生成的丙酮酸可经糖异生途径生成葡萄糖，葡萄糖由血液输送到肌肉组织，沿糖酵解途径转变成丙酮酸，后者再接受氨基而生成丙氨酸。丙氨酸和葡萄糖反复地在肌肉和肝之间进行氨的转运，故将这一途径称为葡萄糖 - 丙氨酸循环（glucose-alanine cycle）（图 7-12）。通过这个循环，既将肌肉中的氨以无毒的丙氨酸形式运输到肝，而肝又为肌肉提供了生成丙酮酸的葡萄糖。另外，该循环的进行将糖异生的能量消耗负担强加给了肝，而不是肌肉，使得肌肉中的 ATP 用于肌肉收缩，这一点与乳酸循环是一致的。

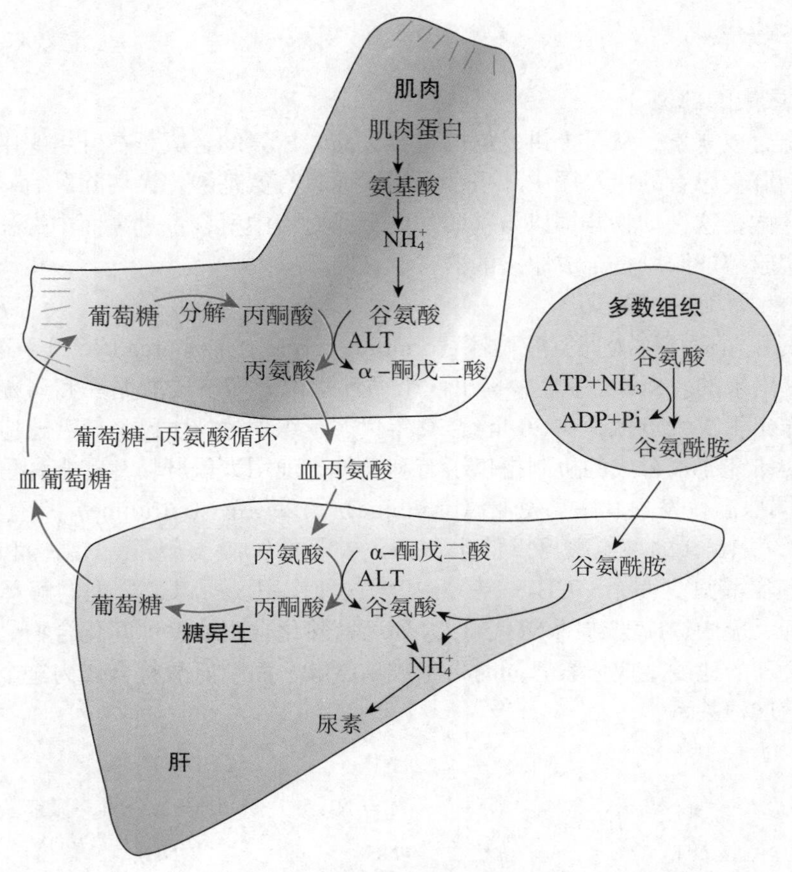

图 7-12　葡萄糖 - 丙氨酸循环

（二）谷氨酰胺的生成及分解

催化合成谷氨酰胺的酶是谷氨酰胺合成酶（glutamine synthetase），分布于脑、心及肌肉等组织中（图 7-13），谷氨酰胺合成酶的活性受其反应产物的反馈性抑制，而被 α- 酮戊二酸所促进。

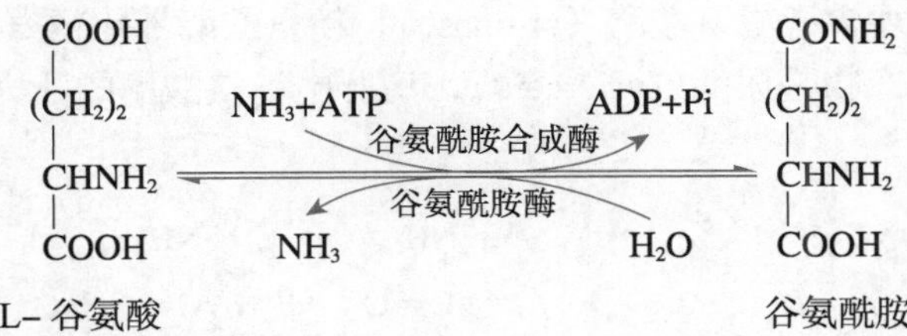

图 7-13　谷氨酰胺的生成及分解

谷氨酰胺合成所需的能量由 ATP 供应，是不可逆反应。谷氨酰胺的分解由谷氨酰胺酶（glutaminase）催化，该酶主要分布于肾、肝及小肠等组织器官中。谷氨酰胺的生成对维持组织中氨的浓度起着重要作用。中枢神经对氨非常敏感，氨在中枢神经生成后，立即被转变成谷氨酰胺，这对氨浓集或防止浓度过高都有一定意义。在组织中生成的谷氨酰胺可及时经血液运向肝、肾、小肠等组织器官，以便利用。在肾中，谷氨酰胺释放出氨，可以中和肾小管腔的

H^+，以铵盐的形式随尿排出，同时促进机体排泄多余的酸。所以，可以认为谷氨酰胺是氨的解毒产物，也是氨的储存及运输的形式。

四、尿素的生成

（一）合成尿素的部位

把多余的氨合成尿素，从量上讲是氨的主要去路，尿素的合成是在肝组织中进行的，临床上发现急性重型肝炎患者的血及尿中几乎都无尿素而只有氨基酸。犬切除肝后，其血液及尿中尿素的含量亦甚微，这种动物若饲以氨基酸，则会因血液中氨含量过高而中毒死亡。因此，临床观察及动物实验都证明肝是合成尿素的器官。

（二）尿素合成假说的提出

合成尿素的代谢途径称为鸟氨酸循环（ornithine cycle，亦称 urea cycle），这是 20 世纪 30 年代初 Krebs 提出来的。Krebs 一生中提出两个循环学说，即三羧酸循环和鸟氨酸循环，为生物化学的发展作出了重大贡献。在 20 世纪 30 年代，组织切片技术已经较普遍应用于中间代谢的研究，这就为研究尿素合成的机制提供了有利条件。他用大鼠肝切片和多种可能有关的代谢物及 NH_4^+ 盐共同保温，发现其中鸟氨酸（ornithine）及瓜氨酸（citrulline）都有催化 NH_4^+ 盐合成尿素的作用。每 1mol 的鸟氨酸可以催化 30mol 尿素的合成。赖氨酸的结构和鸟氨酸非常近似（鸟氨酸比赖氨酸只少一个—CH_2—基），却无这种作用。所以最合理的解释应当是，在合成尿素的一系列反应中，应当包括 NH_3、CO_2 和鸟氨酸化合生成一中间化合物，这个中间化合物在肝中能以合理的速度生成尿素，同时再生成鸟氨酸，而精氨酸符合作为这个中间化合物的要求。下式表示这种关系：

$$\underset{\text{鸟氨酸}}{H_2N-(CH_2)_3-CH(NH_2)-COOH} + 2NH_3 + CO_2 \longrightarrow \underset{\text{精氨酸}}{H_2N-C(=NH)-NH-(CH_2)_3-CH(NH_2)-COOH} \longrightarrow \underset{\text{尿素}}{O=C(NH_2)-NH_2} + \underset{\text{鸟氨酸}}{H_2N-(CH_2)_3-CH(NH_2)-COOH}$$

上述两个反应的结果是鸟氨酸催化 NH_3 和 CO_2 化合生成尿素，这个假说说明鸟氨酸在合成尿素时起着催化作用，还符合前人有关尿素合成的发现，即只有以尿素为主要氮代谢最终产物的哺乳类动物，肝中才含有精氨酸酶（arginase），精氨酸酶催化精氨酸水解生成尿素及鸟氨酸。鸟类氮代谢的最终产物是尿酸（uric acid），鸟肝中精氨酸酶的活力只有哺乳类动物的 1% 或更低。

$$\underset{\text{鸟氨酸}}{H_2N-(CH_2)_3-CH(NH_2)-COOH} \qquad \underset{\text{瓜氨酸}}{H_2N-C(=O)-NH-(CH_2)_3-CH(NH_2)-COOH} \qquad \underset{\text{精氨酸}}{H_2N-C(=NH)-NH-(CH_2)_3-CH(NH_2)-COOH}$$

若以上述假说为基础，则有必要假定瓜氨酸是鸟氨酸转变为精氨酸的中间物（比较这三种化合物的结构），瓜氨酸和鸟氨酸相同，都具有催化 NH_4^+ 合成尿素的作用。另外，用大量鸟氨

酸和大鼠肝切片及 NH_4^+ 盐共同保温，可观察到瓜氨酸的浓集。总结以上，可提出肝中合成尿素的鸟氨酸循环假说（图 7-14）。

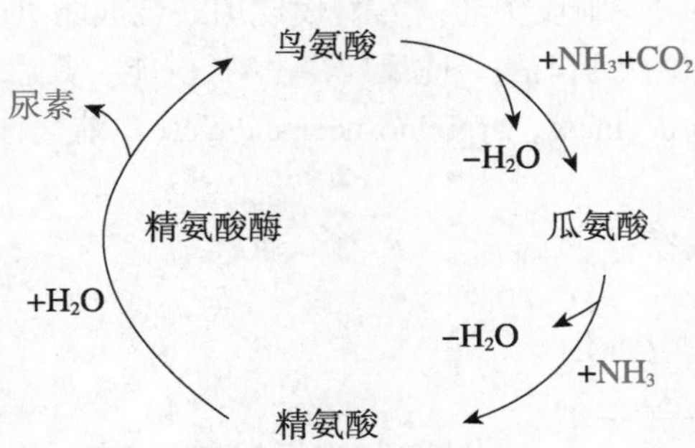

图 7-14　尿素合成的鸟氨酸循环

（三）鸟氨酸循环的详细步骤

鸟氨酸循环学说虽然有足够而又令人信服的证据，但是很难想象相当稳定的 CO_2 可以在生理条件下直接和鸟氨酸化合。研究表明鸟氨酸循环的具体过程远比上述过程复杂，详细步骤可分为以下四步：

1．氨基甲酰磷酸的合成　在 Mg^{2+}、ATP 及 *N*-乙酰谷氨酸（*N*-acetyl glutamatic acid，AGA）存在时，氨与 CO_2 可在氨基甲酰磷酸合成酶Ⅰ（carbamoyl phosphate synthetase-Ⅰ，CPS-Ⅰ）的催化下，合成氨基甲酰磷酸。

$$CO_2 + NH_3 + H_2O + 2ATP \xrightarrow[N\text{-乙酰谷氨酸，}Mg^{2+}]{\text{氨基甲酰磷酸合成酶 I}} H_2N-\overset{\overset{\displaystyle O}{\|}}{C}-O\sim PO_3^{2-} + 2ADP + Pi$$

$$H_3C\underset{\underset{\displaystyle O}{\|}}{C}-NH-\overset{\overset{\displaystyle COOH}{|}}{\underset{\underset{\displaystyle \underset{\displaystyle COOH}{|}}{(CH_2)_2}}{\underset{|}{CH}}}$$

N-乙酰谷氨酸（AGA）

此反应不可逆，消耗 2 分子 ATP。CPS-Ⅰ是别构酶，AGA 是此酶的别构激活剂，AGA 的确切作用尚不清楚，可能是使酶的构象改变，暴露了酶分子中的某些巯基，从而增加了酶与 ATP 的亲和力，CPS-Ⅰ和 AGA 都存在于肝线粒体中。此反应的产物氨基甲酰磷酸是高能化合物，性质活泼，在酶的催化下易与鸟氨酸反应生成瓜氨酸。膳食中蛋白质含量高，则肝中 CPS-Ⅰ的活性和 AGA 的含量都增加，这和调节尿素合成有关。正常状况下，CPS-Ⅰ的活性与 AGA 的浓度成正比。

2．瓜氨酸的合成　在鸟氨酸氨基甲酰转移酶（ornithine carbamoyl transferase，OCT）的催化下，氨基甲酰磷酸与鸟氨酸缩合成瓜氨酸。

$$\underset{\text{鸟氨酸}}{\begin{matrix} NH_2 \\ | \\ (CH_2)_3 \\ | \\ CH-NH_2 \\ | \\ COOH \end{matrix}} + \underset{\text{氨基甲酰磷酸}}{\begin{matrix} NH_2 \\ | \\ C=O \\ | \\ O\sim PO_3^{2-} \end{matrix}} \xrightarrow{\text{鸟氨酸氨基甲酰转移酶}} \underset{\text{瓜氨酸}}{\begin{matrix} NH_2 \\ | \\ C=O \\ | \\ NH \\ | \\ (CH_2)_3 \\ | \\ CH-NH_2 \\ | \\ COOH \end{matrix}} + H_3PO_4$$

此反应不可逆，OCT 也存在于肝细胞的线粒体中，并通常与 CPS-Ⅰ结合成酶的复合体。

3．精氨酸的合成　由瓜氨酸转变成精氨酸的反应分两步进行。首先，瓜氨酸在线粒体合成后，即被转运到线粒体外，在胞质中经精氨酸代琥珀酸合成酶（argininosuccinate synthetase）催化，与天冬氨酸生成精氨酸代琥珀酸，此反应由 ATP 供能。其后，精氨酸代琥珀酸再经精氨酸代琥珀酸裂合酶（argininosuccinase，argininosuccinate lyase）催化，裂解成精氨酸和延胡索酸。

$$\underset{\text{瓜氨酸}}{\boxed{NH_2-C{=}O}-NH-(CH_2)_3-CH(NH_2)-COOH} + \underset{\text{天冬氨酸}}{H_2N-CH(COOH)-CH_2-COOH} \xrightarrow[\text{ATP}\ \to\ \text{AMP + PPi}]{\text{精氨酸代琥珀酸合成酶，}Mg^{2+}} \underset{\text{精氨酸代琥珀酸}}{NH_2-C(=N-CH(COOH)-CH_2-COOH)-NH-(CH_2)_3-CH(NH_2)-COOH}$$

$$\xrightarrow{\text{精氨酸代琥珀酸裂合酶}} \underset{\text{精氨酸}}{\boxed{NH_2-C{=}NH}-NH-(CH_2)_3-CH(NH_2)-COOH} + \underset{\text{延胡索酸}}{COOH-CH{=}CH-COOH}$$

在上述反应过程中，天冬氨酸起着供给氨基的作用。天冬氨酸又可由草酰乙酸与谷氨酸经转氨基作用生成，而谷氨酸的氨基又可来自体内多种氨基酸。由此可见，多种氨基酸的氨基也可通过转变成天冬氨酸的形式参与尿素合成（图 7-15）。从此图还可看出，精氨酸代琥珀酸裂解产生的延胡索酸可经过线粒体三羧酸循环的中间步骤转变成草酰乙酸，后者与谷氨酸进行转氨基反应，又重新生成天冬氨酸，因此将此过程称为三羧酸循环的天冬氨酸 - 精氨酸代琥珀酸穿梭（aspartate-argininosuccinate shuttle）。由此，通过天冬氨酸 - 精氨酸代琥珀酸穿梭，可使鸟氨酸循环与三羧酸循环联系起来。

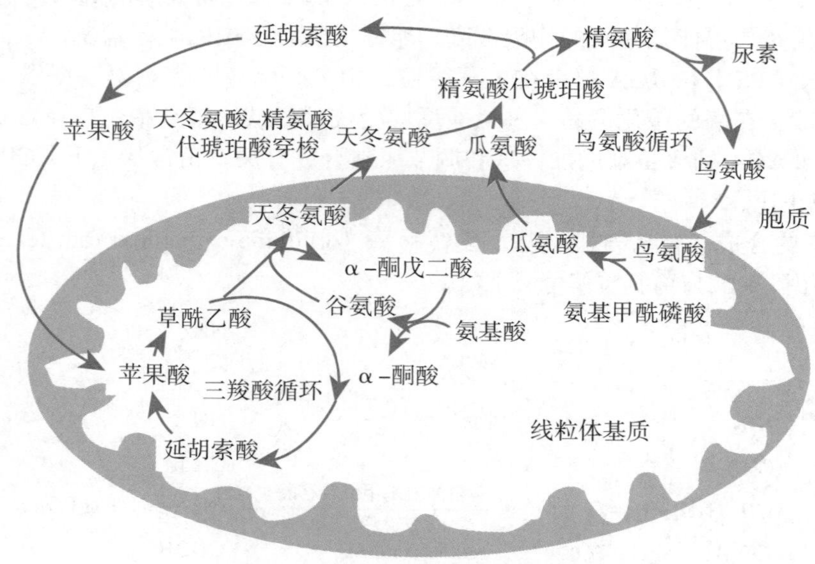

图 7-15　鸟氨酸循环和三羧酸循环的联系

4．精氨酸水解生成尿素　在胞质中，精氨酸受精氨酸酶的作用，水解生成尿素和鸟氨酸，鸟氨酸通过线粒体内膜上运载体的转运再进入线粒体，并参与瓜氨酸的合成，如此反复，完成尿素循环。

$$
\begin{array}{l}
NH_2 \\
| \\
C{=}NH \\
| \\
NH \\
| \\
(CH_2)_3 \\
| \\
CH{-}NH_2 \\
| \\
COOH \\
\text{精氨酸}
\end{array}
+ H_2O \xrightarrow{\text{精氨酸酶}}
\begin{array}{l}
NH_2 \\
| \\
C{=}O \\
| \\
NH_2 \\
\text{尿素}
\end{array}
+
\begin{array}{l}
NH_2 \\
| \\
(CH_2)_3 \\
| \\
CH{-}NH_2 \\
| \\
COOH \\
\text{鸟氨酸}
\end{array}
$$

氨除了主要以尿素形式排出外，还可与谷氨酸反应生成谷氨酰胺，在肾小管上皮细胞中通过谷氨酰胺酶的作用水解成氨和谷氨酸，前者由尿排出，后者被肾小管上皮细胞重吸收而进一步利用。

除此之外，氨还可以通过还原性加氨的方式固定在 α- 酮戊二酸上生成谷氨酸；谷氨酸的氨基又可以通过转氨基作用，转移给其他 α- 酮酸，生成相应的氨基酸，从而合成某些营养非必需氨基酸。

（四）尿素合成的调节

正常情况下，机体通过合适的速度合成尿素，以保证及时、充分地解除氨中毒。尿素合成的速度可受多种因素的调节：

1．食物蛋白质的影响　高蛋白质膳食时，尿素的合成速度加快，排出的含氮物中尿素约占 90%；反之，低蛋白质膳食时，尿素合成速度减慢，尿素排出量可低于含氮物排泄量的 60%。

2．CPS-Ⅰ的调节　氨基甲酰磷酸的生成是尿素合成的重要步骤。如前所述，AGA 是 CPS-Ⅰ的别构激活剂，它由乙酰辅酶 A 和谷氨酸通过 AGA 合酶（*N*-acetylglutamate synthase）催化生成。精氨酸是 AGA 合酶的激活剂，因此，富蛋白质饮食既可增加 AGA 合酶底物谷氨酸，也可增加激活剂精氨酸，导致尿素生成加速。

3．尿素合成酶系的调节　参与尿素合成的酶系中每种酶的相对活性相差很大，其中精氨酸代琥珀酸合成酶的活性最低，是尿素合成的调节酶，可调节尿素的合成速度（表 7-5）。

表7-5　正常人肝尿素合成酶的相对活性

酶	相对活性
氨基甲酰磷酸合成酶	4.5
鸟氨酸氨基甲酰转移酶	163.0
精氨酸代琥珀酸合成酶	1.0
精氨酸代琥珀酸裂合酶	3.3
精氨酸酶	149.0

（五）高氨血症和氨中毒

正常生理情况下，血氨浓度处于较低的水平，血氨的来源与去路保持动态平衡，氨在肝中合成尿素是维持这种平衡的关键。因此，当肝功能严重损伤时，尿素合成发生障碍，血氨浓度升高可达 1000μmol/L，称为高氨血症（hyperammonemia）。一般认为，氨进入脑组织，可与脑中的 α- 酮戊二酸结合生成谷氨酸，氨再与谷氨酸进一步结合生成谷氨酰胺，脑中氨的增加可以使脑细胞中的α-酮戊二酸减少，导致三羧酸循环减弱，从而使脑组织中ATP生成减少，引起大脑功能障碍。催化这两步反应的酶分别是谷氨酸脱氢酶和谷氨酰胺合成酶，这两个酶在脑组织含量很高，其中谷氨酰胺合成酶催化的反应更为重要。人类氨中毒的特点是嗜睡伴有脑水肿和颅压增加，以及脑细胞ATP缺乏。其机制可能是高血氨导致谷氨酰胺合成增加，谷氨酰胺作为溶质使脑星状胶质细胞渗透压增加，使得水进入细胞，导致脑水肿和昏迷。同时，谷氨酸转变成谷氨酰胺后使得谷氨酸减少，谷氨酸和其衍生物γ-氨基丁酸是重要的神经递质，它们的减少又进一步加重大脑对氨的敏感性。尿素合成酶的遗传性缺陷也可导致高氨血症。

尿素循环障碍的主要症状

高氨血症主要分为两种类型：

1．获得性高氨血症 在成人主要由肝病引起，如病毒性肝炎、缺血、中毒。由酒精中毒、肝炎或胆道阻塞引起肝硬化后形成侧支循环，门脉血分流绕过肝直接进入体循环，血氨不被肝解毒而导致血氨升高。

2．先天性高氨血症 由尿素循环中5个酶先天缺陷引起，发病率为1/30000。鸟氨酸氨基甲酰转移酶缺陷最为常见，主要影响男性，临床表现为智力发育障碍，治疗包括限制蛋白质饮食，服用苯丁酸。苯丁酸在体内转变成苯乙酸后与谷氨酸共价结合形成苯乙酰谷氨酸，后者经尿排出体外。

第六节 个别氨基酸代谢

前面论述了氨基酸代谢的一般过程。但是，有些氨基酸还有特殊的代谢途径，并具有重要的生理意义。本节首先介绍某些氨基酸的另一些代谢方式，例如氨基酸的脱羧基作用和一碳单位的代谢，然后介绍含硫氨基酸、芳香族氨基酸及支链氨基酸的代谢。

一、氨基酸的脱羧基作用

体内部分氨基酸也可进行脱羧基作用生成相应的胺。催化这些反应的是氨基酸脱羧酶（decarboxylase）。例如，组氨酸脱羧基生成组胺，谷氨酸脱羧基生成γ-氨基丁酸等；也有的氨基酸先经过羟化等变化后再脱羧基而生成胺。氨基酸脱羧酶的辅基也是磷酸吡哆醛。胺类含量虽然不高，但具有重要的生理功能。另外，体内广泛存在着胺氧化酶（amine oxidase），能将胺氧化成为相应的醛类，再进一步氧化成羧酸，从而避免胺类在体内蓄积。胺氧化酶属于黄素蛋白酶，在肝中活性最强。

下面列举几种氨基酸脱羧基产生的重要胺类物质。

（一）γ-氨基丁酸

谷氨酸脱羧基生成γ-氨基丁酸（γ-aminobutyric acid，GABA），催化此反应的酶是谷氨酸脱羧酶，此酶在脑、肾组织中活性很高，所以脑中GABA的含量较多。GABA是抑制性神经递质，对中枢神经有抑制作用。

$$\begin{array}{c} COOH \\ | \\ (CH_2)_2 \\ | \\ CH—NH_2 \\ | \\ COOH \\ \text{谷氨酸} \end{array} \xrightarrow{\text{L-谷氨酸脱羧酶}} \begin{array}{c} COOH \\ | \\ (CH_2)_2 \\ | \\ CH_2—NH_2 \\ \\ \\ \text{γ-氨基丁酸} \end{array}$$

（二）牛磺酸

体内牛磺酸由半胱氨酸代谢转变而来，半胱氨酸首先氧化成磺酸丙氨酸，再脱去羧基生成牛磺酸，牛磺酸是结合胆汁酸的组成成分。此外，活性硫酸根（见含硫氨基酸的代谢）转移也可产生牛磺酸。现已发现脑组织中含有较多的牛磺酸，表明它可能具有更为重要的生理功能。

$$\underset{\text{L-半胱氨酸}}{\begin{array}{l}CH_2SH\\ |\\ CH-NH_2\\ |\\ COOH\end{array}} \xrightarrow{3[O]} \underset{\text{磺酸丙氨酸}}{\begin{array}{l}CH_2SO_3H\\ |\\ CH-NH_2\\ |\\ COOH\end{array}} \xrightarrow{\text{磺酸丙氨酸脱羧酶}} \underset{\text{牛磺酸}}{\begin{array}{l}CH_2SO_3H + CO_2\\ |\\ CH_2NH_2\end{array}}$$

（三）组胺

组氨酸通过组氨酸脱羧酶催化生成组胺（histamine），组胺在体内分布广泛，乳腺、肺、肝、肌肉及胃黏膜中组胺含量较高，主要存在于肥大细胞中。

$$\underset{\text{L-组氨酸}}{\text{咪唑环}-CH_2CH(NH_2)COOH} \xrightarrow[\;CO_2\;]{\text{组氨酸脱羧酶}} \underset{\text{组胺}}{\text{咪唑环}-CH_2CH_2NH_2}$$

组胺是一种强烈的血管舒张剂，并能增加毛细血管的通透性，创伤性休克或炎症病变部位有组胺的释放。组胺还可以刺激胃蛋白酶及胃酸的分泌，常被作为研究胃活动的物质。

（四）5- 羟色胺

色氨酸首先通过色氨酸羟化酶的作用生成 5- 羟色氨酸，再经脱羧酶作用生成 5- 羟色胺（5-hydroxytryptamine，5-HT）。

$$\underset{\text{色氨酸}}{\text{吲哚环}-CH_2-CH(NH_2)-COOH} \xrightarrow{\text{色氨酸羟化酶}} \underset{\text{5-羟色氨酸}}{HO-\text{吲哚环}-CH_2-CH(NH_2)-COOH} \xrightarrow{\text{5-羟色氨酸脱羧酶}} \underset{\text{5-羟色胺}}{HO-\text{吲哚环}-CH_2-CH_2NH_2}$$

5- 羟色胺分布于神经组织，以及胃、肠、血小板及乳腺细胞中。脑内的 5- 羟色胺可作为神经递质，具有抑制作用；而在外周组织，5- 羟色胺有收缩血管的作用。

经单胺氧化酶作用，5- 羟色胺可以生成 5- 羟色醛，进一步氧化而成 5- 羟吲哚乙酸，类癌患者尿中 5- 羟吲哚乙酸的排出量明显升高。

（五）多胺

某些氨基酸的脱羧基作用可以产生多胺（polyamine）类物质。例如，鸟氨酸脱羧基生成腐胺，然后再转变成亚精胺（spermidine）和精胺（spermine）（图 7-16）。

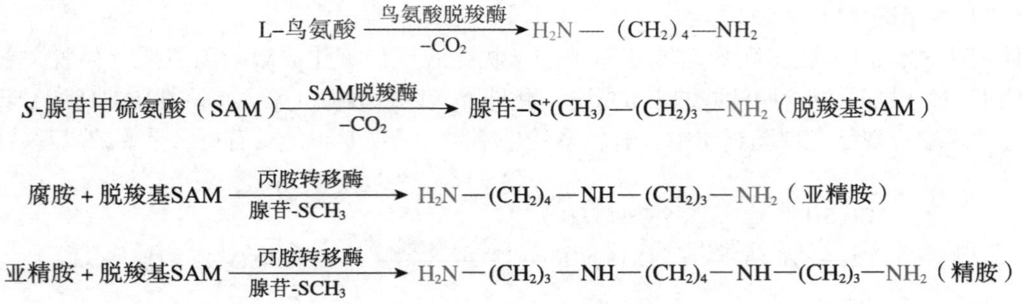

$$\text{L-鸟氨酸} \xrightarrow[-CO_2]{\text{鸟氨酸脱羧酶}} H_2N—(CH_2)_4—NH_2$$

$$S\text{-腺苷甲硫氨酸（SAM）} \xrightarrow[-CO_2]{\text{SAM脱羧酶}} \text{腺苷}-S^+(CH_3)—(CH_2)_3—NH_2\text{（脱羧基SAM）}$$

$$\text{腐胺+脱羧基SAM} \xrightarrow[\text{腺苷-}SCH_3]{\text{丙胺转移酶}} H_2N—(CH_2)_4—NH—(CH_2)_3—NH_2\text{（亚精胺）}$$

$$\text{亚精胺+脱羧基SAM} \xrightarrow[\text{腺苷-}SCH_3]{\text{丙胺转移酶}} H_2N—(CH_2)_3—NH—(CH_2)_4—NH—(CH_2)_3—NH_2\text{（精胺）}$$

图 7-16 多胺的生成

亚精胺与精胺是调节细胞生长的重要物质，凡生长旺盛的组织（如胚胎、再生肝、生长激素作用的细胞及肿瘤组织等），作为多胺合成调节酶的鸟氨酸脱羧酶（ornithine decarboxylase）的活性均较强，多胺的含量也较高。多胺促进细胞增殖的机制可能与其稳定细胞结构、与核酸分子结合并增强核酸与蛋白质合成有关，目前临床上利用测定肿瘤患者血、尿中多胺含量作为观察病情的指标之一。

二、一碳单位的代谢

某些氨基酸在分解代谢过程中可以产生含有一个碳原子的基团，称为一碳单位（one carbon unit），但是 CO_2 不属于一碳单位。体内的一碳单位有甲基（$—CH_3$，methyl）、亚甲基（$—CH_2—$，methylene）、次甲基（—CH，methenyl）、甲酰基（—CHO，formyl）及亚氨甲基（—CH=NH，formimino）等。一碳单位不能游离存在，常与四氢叶酸（tetrahydrofolic acid，FH_4，THFA）结合而转运及参加代谢，因此四氢叶酸是一碳单位的载体（图 7-17）。

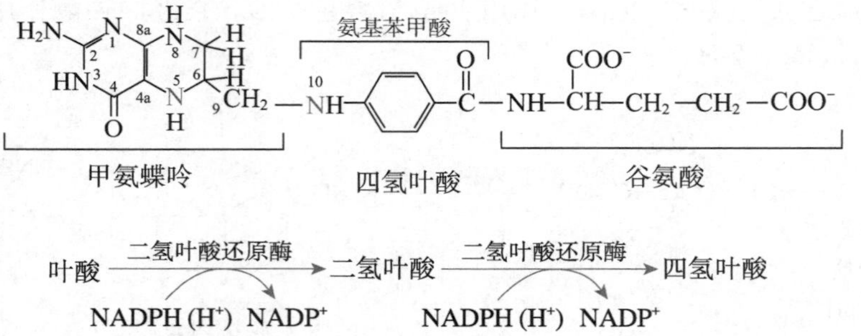

氨基苯甲酸

甲氨蝶呤　　四氢叶酸　　谷氨酸

$$\text{叶酸} \xrightarrow[\text{NADPH}(H^+)\ \ \text{NADP}^+]{\text{二氢叶酸还原酶}} \text{二氢叶酸} \xrightarrow[\text{NADPH}(H^+)\ \ \text{NADP}^+]{\text{二氢叶酸还原酶}} \text{四氢叶酸}$$

图 7-17 四氢叶酸的生成

（一）一碳单位与四氢叶酸

体内含一个碳的物质的转运涉及三种辅因子，其中生物素转运 CO_2，*S*-腺苷甲硫氨酸转运甲基，而四氢叶酸是一碳单位的运载体。哺乳类动物体内，四氢叶酸可由叶酸经二氢叶酸还原酶（dihydrofolate reductase）催化，通过两步还原反应而生成（图 7-17），一碳单位通常结合在 FH_4 分子的 N-5、N-10 位上（图 7-18）。

（二）一碳单位与氨基酸代谢

一碳单位主要来源于丝氨酸，丝氨酸在羟甲基转移酶催化下生成 N^5, N^{10}-CH_2-FH_4 和甘氨酸，另外，甘氨酸、组氨酸和色氨酸代谢也可产生一碳单位（图 7-19）。苏氨酸代谢转变成 2-氨基 -3- 酮丁酸，再转变成甘氨酸，理论上讲也是一碳单位的来源，但在哺乳动物意义不大。

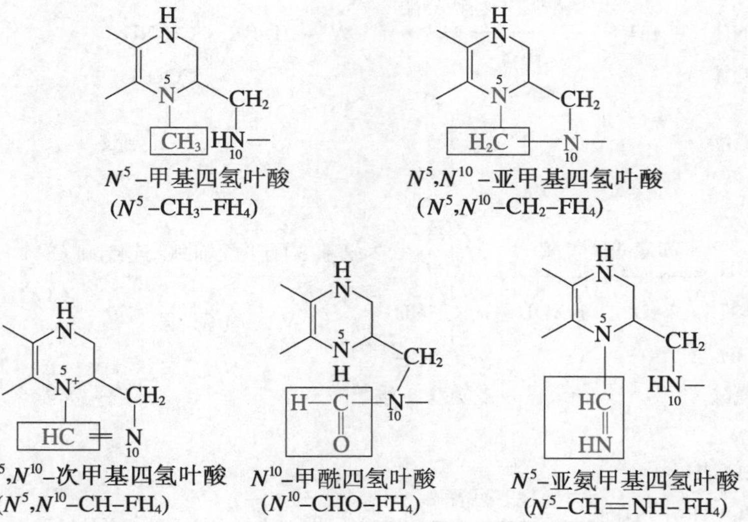

N^5-甲基四氢叶酸 (N^5-CH_3-FH_4)

N^5,N^{10}-亚甲基四氢叶酸 (N^5,N^{10}-CH_2-FH_4)

N^5,N^{10}-次甲基四氢叶酸 (N^5,N^{10}-CH-FH_4)

N^{10}-甲酰四氢叶酸 (N^{10}-CHO-FH_4)

N^5-亚氨甲基四氢叶酸 (N^5-CH＝NH-FH_4)

图 7-18　一碳单位与四氢叶酸

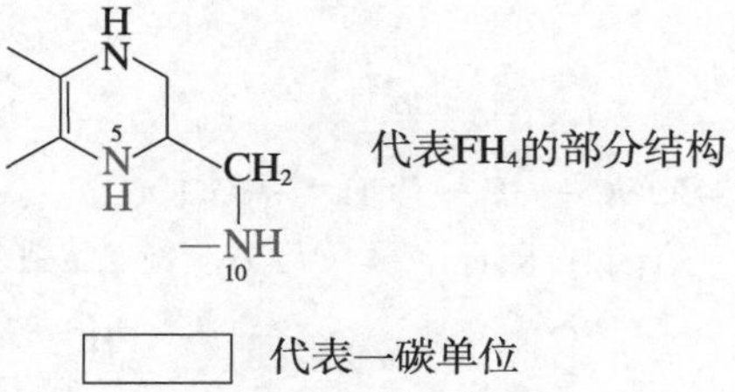

代表FH_4的部分结构

代表一碳单位

（三）一碳单位的相互转变

各种不同形式一碳单位中碳原子的氧化状态不同，在适当条件下，它们可以通过氧化还原反应而彼此转变（图 7-20），但是，在这些转化反应中，N^5- 甲基四氢叶酸的生成是不可逆的。

（四）一碳单位的生理功能

一碳单位的主要生理功能是作为合成嘌呤及嘧啶的原料，故在核酸生物合成中占有重要地位。例如，N^{10}-CHO-FH_4 与 N^5, N^{10} = CH-FH_4 分别提供嘌呤合成时 C-2 与 C-8 的来源，N^5, N^{10}-CH_2-FH_4 提供脱氧胸苷酸（dTMP）合成时甲基的来源（见第 8 章）。由此可见，与乙酰辅酶 A（二碳化合物）在联系糖、脂质、氨基酸代谢中所起的枢纽作用相类似，一碳单位将氨基酸与核酸代谢密切联系起来。磺胺药及某些抗恶性肿瘤药如甲氨蝶呤（methotrexate，MTX）等也正是分别通过干扰细菌及恶性肿瘤细胞的叶酸、四氢叶酸合成而影响一碳单位代谢与核酸合成，从而发挥其药理作用。另外，一碳单位代谢障碍可造成某些病理情况，例如巨幼细胞贫血等。

三、含硫氨基酸的代谢

体内的含硫氨基酸有三种，即甲硫氨酸、半胱氨酸和胱氨酸。这三种氨基酸的代谢是相互联系的，甲硫氨酸可以转变为半胱氨酸和胱氨酸，半胱氨酸和胱氨酸也可以互变，但后两者不能变为甲硫氨酸，所以甲硫氨酸是营养必需氨基酸。

（一）甲硫氨酸的代谢

1．甲硫氨酸与转甲基作用　甲硫氨酸分子中含有 *S*- 甲基，通过各种转甲基作用可以生成多种含甲基的重要生理活性物质，如肾上腺素、肌酸、肉碱等。但是，甲硫氨酸在转甲基之

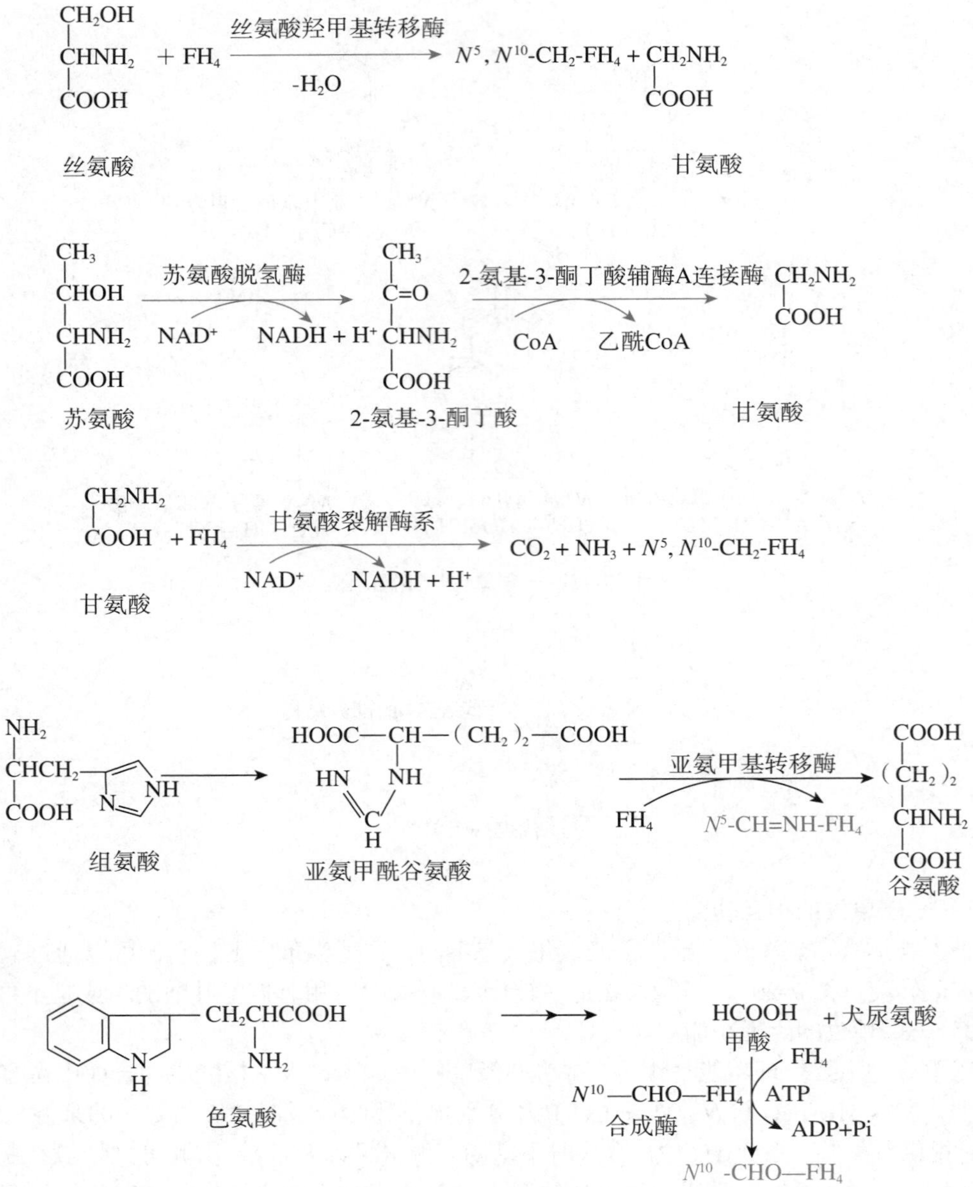

$$\begin{array}{l} CH_2OH \\ | \\ CHNH_2 \\ | \\ COOH \end{array} + FH_4 \xrightarrow[-H_2O]{\text{丝氨酸羟甲基转移酶}} N^5, N^{10}\text{-}CH_2\text{-}FH_4 + \begin{array}{l} CH_2NH_2 \\ | \\ COOH \end{array}$$

丝氨酸 甘氨酸

$$\begin{array}{l} CH_3 \\ | \\ CHOH \\ | \\ CHNH_2 \\ | \\ COOH \end{array} \xrightarrow[NAD^+ \rightarrow NADH + H^+]{\text{苏氨酸脱氢酶}} \begin{array}{l} CH_3 \\ | \\ C{=}O \\ | \\ CHNH_2 \\ | \\ COOH \end{array} \xrightarrow[CoA \rightarrow \text{乙酰CoA}]{\text{2-氨基-3-酮丁酸辅酶A连接酶}} \begin{array}{l} CH_2NH_2 \\ | \\ COOH \end{array}$$

苏氨酸 2-氨基-3-酮丁酸 甘氨酸

$$\begin{array}{l} CH_2NH_2 \\ | \\ COOH \end{array} + FH_4 \xrightarrow[NAD^+ \rightarrow NADH + H^+]{\text{甘氨酸裂解酶系}} CO_2 + NH_3 + N^5, N^{10}\text{-}CH_2\text{-}FH_4$$

甘氨酸

组氨酸 → 亚氨甲酰谷氨酸（$HOOC—CH—(CH_2)_2—COOH$，HN、NH、C、H）$\xrightarrow[FH_4 \rightarrow N^5\text{-}CH{=}NH\text{-}FH_4]{\text{亚氨甲基转移酶}}$ 谷氨酸（$COOH—(CH_2)_2—CHNH_2—COOH$）

色氨酸（$CH_2CHCOOH$，NH_2）→→ HCOOH（甲酸）+ 犬尿氨酸

$HCOOH + FH_4 \xrightarrow[ATP \rightarrow ADP+Pi]{N^{10}—CHO—FH_4\ \text{合成酶}} N^{10}\text{-}CHO—FH_4$

图 7-19 一碳单位的来源

前，首先必须与 ATP 作用，生成 *S*- 腺苷甲硫氨酸（*S*-adenosyl methionine，SAM）（图 7-21）。此反应由甲硫氨酸腺苷转移酶催化。SAM 中的甲基称为活性甲基，SAM 称为活性甲硫氨酸。

SAM 上带正电荷的硫原子使甲基很不稳定，容易受到亲核物质的攻击，其甲基的活性是 $N^5\text{-}CH_3\text{-}FH_4$ 上甲基活性的 1000 倍。SAM 在甲基转移酶（methyl transferase）的作用下，可将甲基转移至另一种物质，使其甲基化（methylation），因此 SAM 是重要的烷化剂。而 SAM 即变成 *S*- 腺苷同型半胱氨酸，后者进一步脱去腺苷，生成同型半胱氨酸（homocysteine，亦称高半胱氨酸）。

据统计，体内有 50 多种物质需要 SAM 提供甲基，生成甲基化合物。甲基化是重要的代谢反应，具有广泛的生理意义（包括 DNA 与 RNA 的甲基化），而 SAM 则是体内最重要的甲基直接供体（表 7-6）。

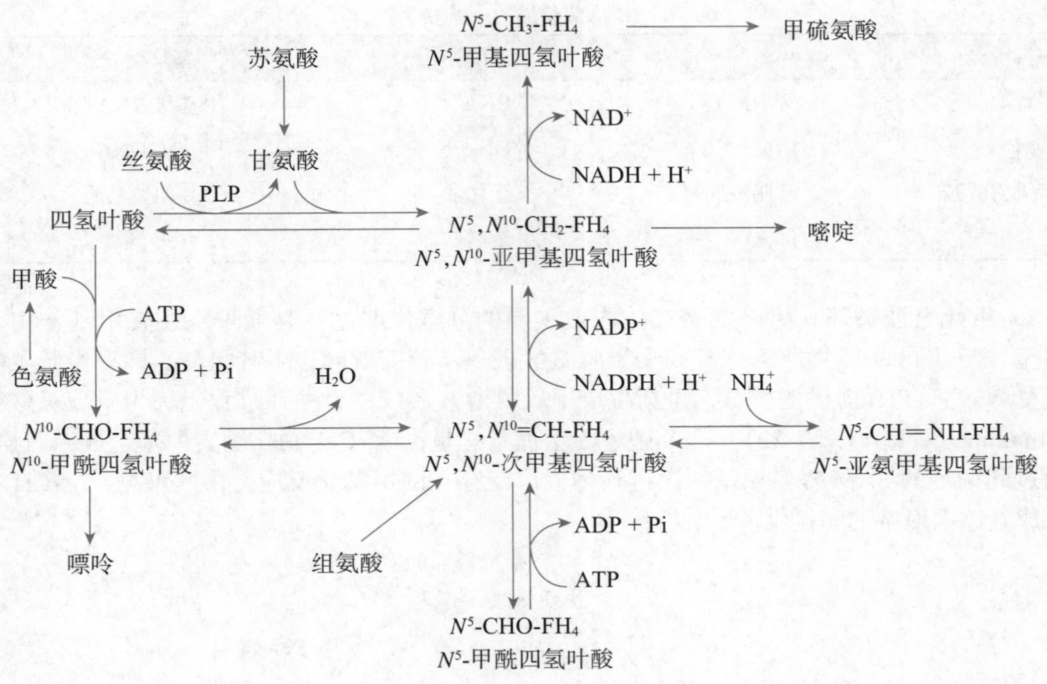

图 7-20　一碳单位的生成和相互转变

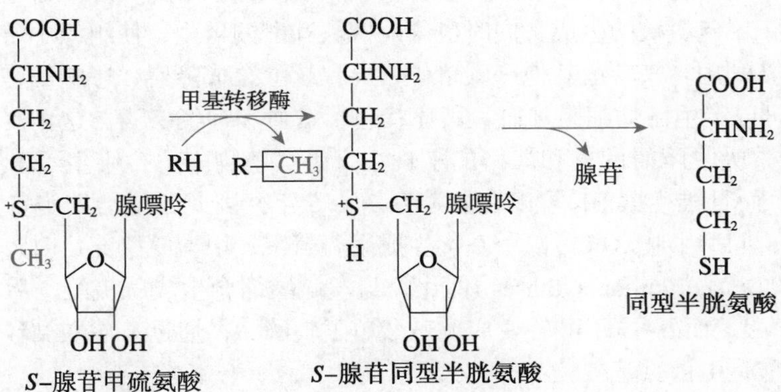

图 7-21　甲硫氨酸的代谢

RH 代表接受甲基的物质

表7-6 由SAM参加的一些转甲基作用

甲基接受体	甲基化合物	甲基接受体	甲基化合物
去甲肾上腺素	肾上腺素	RNA	甲基化 RNA
胍乙酸	肌酸	DNA	甲基化 DNA
磷脂酰乙醇胺	磷脂酰胆碱	蛋白质	甲基化蛋白质
γ- 氨基丁酸	肉碱	烟酰胺	*N*- 甲基烟酰胺

2．甲硫氨酸循环 甲硫氨酸在体内最主要的分解代谢途径是通过上述转甲基作用而提供甲基，与此同时产生的 *S*- 腺苷同型半胱氨酸进一步转变成同型半胱氨酸。同型半胱氨酸可以接受 N^5-CH_3-FH_4 提供的甲基，重新生成甲硫氨酸，形成一个循环过程，称为甲硫氨酸循环（methionine cycle）（图 7-22）。这个循环的生理意义是由 N^5-CH_3-FH_4 供给甲基合成甲硫氨酸，再通过此循环的 SAM 提供甲基，以进行体内广泛存在的甲基化反应。由此可见，N^5-CH_3-FH_4 可看成是体内甲基的间接供体。

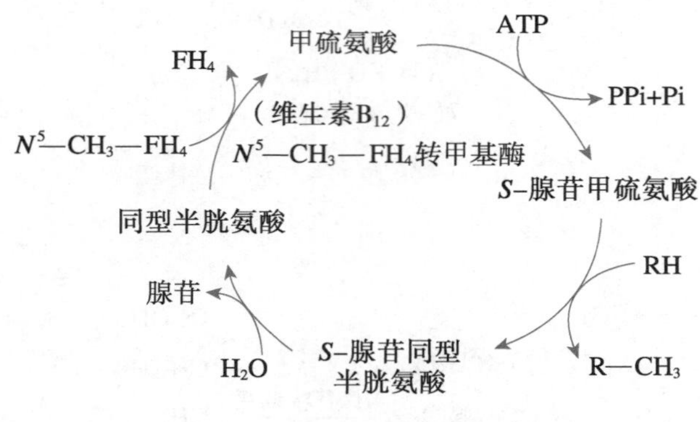

图 7-22 甲硫氨酸循环

尽管通过甲硫氨酸循环可以生成甲硫氨酸，但体内不能合成同型半胱氨酸，它只能由甲硫氨酸转变而来，所以实际上体内仍然不能合成甲硫氨酸，必须由食物供给。

值得注意的是，由 N^5-CH_3-FH_4 提供甲基使同型半胱氨酸转变成甲硫氨酸的反应，是目前已知体内能利用 N^5-CH_3-FH_4 的唯一反应。催化此反应的 N^5- 甲基四氢叶酸甲基转移酶，又称甲硫氨酸合酶（methionine synthase），其辅酶是维生素 B_{12}，它参与甲基的转移。这个反应是哺乳动物体内唯一有维生素 B_{12} 参与的反应，维生素 B_{12} 缺乏时，N^5-CH_3-FH_4 上的甲基不能转移。这不仅不利于甲硫氨酸的生成，同时也影响四氢叶酸的再生，使组织中游离的四氢叶酸含量减少，不能重新利用它来转运其他一碳单位，导致核酸合成障碍，影响细胞分裂。因此，维生素 B_{12} 不足时可以产生巨幼细胞贫血，其症状包括贫血和神经疾病。这种贫血并不常见，仅发生于肠道维生素吸收障碍的人和严格的素食主义者（植物中不含维生素 B_{12}）。人体维生素 B_{12} 需要量很少，而且维生素 B_{12} 可以在肝贮存 3 ～ 5 年，因此，巨幼细胞贫血进展缓慢。在甲硫氨酸缺乏时，同型半胱氨酸可以甲基化生成甲硫氨酸。甲硫氨酸充足时，同型半胱氨酸可通过胱硫醚合酶（cystathionine sythase）催化，与丝氨酸缩合生成胱硫醚，后者进一步生成半胱氨酸和 α- 酮丁酸，而 α- 酮丁酸转变成琥珀酸单酰辅酶 A，通过三羧酸循环，可以生成葡萄糖，所以甲硫氨酸是生糖氨基酸。

目前认为，同型半胱氨酸对于血管疾病具有重要的病理意义，可能是动脉粥样硬化发病的独立危险因子，血浆同型半胱氨酸增加与冠状动脉疾病的严重程度成正相关。叶酸、维生素 B_{12} 和维生素 B_6 参与同型半胱氨酸的代谢，如果食物有充足的叶酸、维生素 B_{12} 和维生素 B_6，则可降低循环中同型半胱氨酸含量。虽然现在还不清楚降低同型半胱氨酸的治疗方法是否可以减少心脏病发病率，但对于血管疾病高危患者还是有益的。例如，对行冠脉血管成形术的患者用这些维生素进行治疗降低同型半胱氨酸后，可以明显延缓病程进展，防止再度梗死。同样的效果也可在同型半胱氨酸尿症患者中见到，同型半胱氨酸尿症是由于胱硫醚合酶先天缺乏，特点是血清同型半胱氨酸水平增高，这种患者常伴有血管疾病，通常死于心肌梗死、脑卒中或肺栓塞。

3．肌酸的合成　肌酸（creatine）和磷酸肌酸（creatine phosphate）是能量储存、利用的重要化合物。肌酸以甘氨酸为骨架，由精氨酸提供脒基、*S*- 腺苷甲硫氨酸供给甲基而合成（图 7-23）。肝是合成肌酸的主要器官。在肌酸激酶［creatine kinase，也称肌酸磷酸激酶（creatine phosphokinase，CPK）］催化下，肌酸转变成磷酸肌酸，并储存 ATP 的高能磷酸键，磷酸肌酸在心肌、骨骼肌及脑中含量丰富。

肌酸激酶由两种亚基组成，即 M 亚基（肌型）与 B 亚基（脑型）。有三种同工酶：MM 型、MB 型及 BB 型。它们在体内各组织中的分布不同，MM 型主要分布在骨骼肌，MB 型主要在心肌，BB 型主要在脑。心肌梗死时，血中 MB 型肌酸激酶活性增高，可作为辅助诊断的指标之一。

肌酸和磷酸肌酸代谢的终产物是肌酸酐（creatinine）。肌酸酐主要在肌肉中通过磷酸肌酸的非酶促反应生成。正常成人每日尿中肌酸酐的排出量恒定。肾严重病变时，肌酸酐排泄受阻，血中肌酸酐浓度升高。

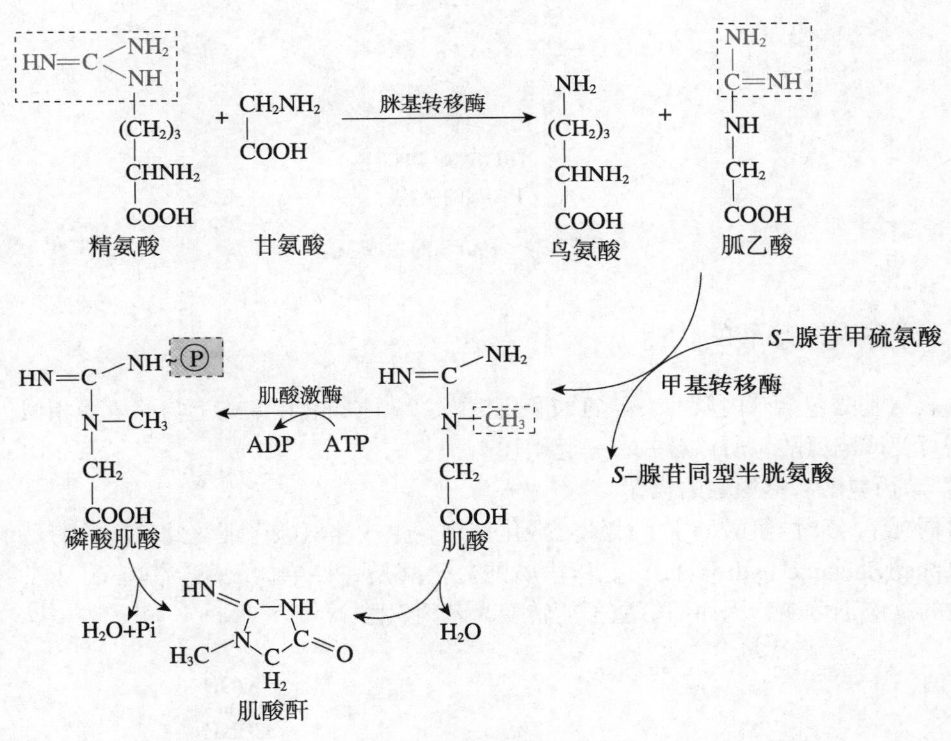

图 7-23　肌酸的代谢

（二）半胱氨酸与胱氨酸的代谢

1．半胱氨酸与胱氨酸的互变　半胱氨酸含有巯基（—SH），胱氨酸含有二硫键（—S—S—），二者可以相互转变。

$$\begin{array}{c}CH_2SH\\ |\\ CHNH_2\\ |\\ COOH\end{array} \underset{+2H}{\overset{-2H}{\rightleftharpoons}} \begin{array}{ccc}CH_2-S-S-CH_2\\ |\qquad\qquad\quad |\\ CHNH_2\qquad CHNH_2\\ |\qquad\qquad\quad |\\ COOH\qquad\ \ COOH\end{array}$$

半胱氨酸　　　　胱氨酸

蛋白质中两个半胱氨酸残基之间形成的二硫键对维持蛋白质的结构具有重要作用。体内许多重要酶的活性均与其分子中半胱氨酸残基上巯基的存在直接有关，故有巯基酶之称。有些毒物，如芥子气、重金属盐等，能与酶分子的巯基结合而抑制酶活性，从而发挥其毒性作用。二巯丙醇可以使结合的巯基恢复原来状态，所以有解毒作用。体内存在的还原型谷胱甘肽能保护酶分子上的巯基，因而有重要的生理功能。

2．硫酸根的代谢 含硫氨基酸氧化分解均可以产生硫酸根，半胱氨酸是体内硫酸根的主要来源。例如，半胱氨酸直接脱去巯基和氨基，生成丙酮酸、NH_3 和 H_2S，后者再经氧化而生成 H_2SO_4。体内的硫酸根一部分以无机盐形式随尿排出，另一部分则经 ATP 活化成活性硫酸根，即3′- 磷酸腺苷 -5′- 磷酸硫酸（3′-phospho-adenosine-5′-phosphosulfate，PAPS），反应过程见图 7-24。

PAPS 的性质比较活泼，可使某些物质形成硫酸酯。例如，类固醇激素可形成硫酸酯而被灭活，一些外源性酚类化合物也可以形成硫酸酯而排出体外，这些反应在肝生物转化作用中有重要意义。此外，PAPS 还可参与硫酸角质素及硫酸软骨素等分子中硫酸化氨基糖的合成。上述反应称为转硫酸基作用，由硫酸转移酶催化。

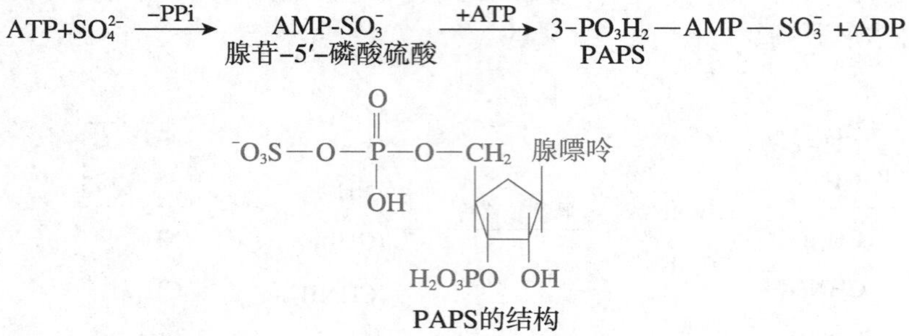

$$ATP+SO_4^{2-} \xrightarrow{-PPi} \underset{\text{腺苷-5'-磷酸硫酸}}{AMP\text{-}SO_3^-} \xrightarrow{+ATP} \underset{\text{PAPS}}{3\text{-}PO_3H_2-AMP-SO_3^-} + ADP$$

$^-O_3S—O—P(=O)(OH)—O—CH_2$ 腺嘌呤

H_2O_3PO OH

PAPS的结构

图 7-24 PAPS 的生成

四、芳香族氨基酸的代谢

芳香族氨基酸包括苯丙氨酸、酪氨酸和色氨酸。苯丙氨酸在结构上与酪氨酸相似，在体内苯丙氨酸可变成酪氨酸，所以合并在一起叙述。

（一）苯丙氨酸和酪氨酸的代谢

正常情况下，苯丙氨酸的主要代谢是羟化作用，生成酪氨酸。催化此反应的酶是苯丙氨酸羟化酶（phenylalanine hydroxylase）。苯丙氨酸羟化酶是一种单加氧酶，其辅酶是四氢生物蝶呤，催化的反应不可逆，因而酪氨酸不能转变为苯丙氨酸。

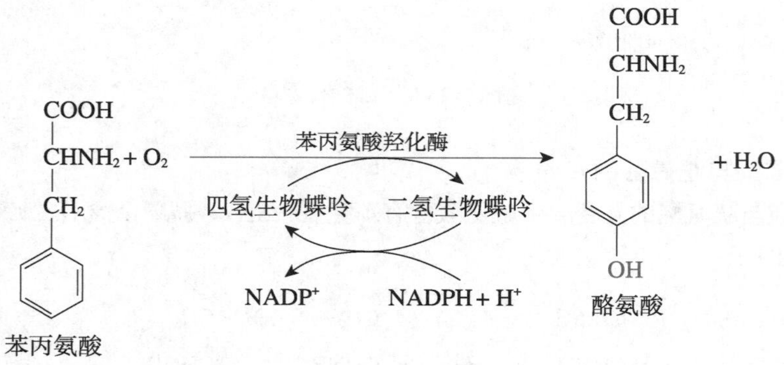

苯丙氨酸（COOH—CHNH₂—CH₂—C₆H₅）$+ O_2$ —苯丙氨酸羟化酶（四氢生物蝶呤 → 二氢生物蝶呤；NADPH + H^+ → $NADP^+$）→ 酪氨酸（COOH—CHNH₂—CH₂—C₆H₄—OH）$+ H_2O$

1．儿茶酚胺与黑色素的合成　酪氨酸的进一步代谢与合成某些神经递质、激素及黑色素有关。酪氨酸经酪氨酸羟化酶作用，生成 3, 4- 二羟苯丙氨酸（3, 4-dihydroxyphenyalanine, dopa，多巴）。与苯丙氨酸羟化酶相似，此酶也是以四氢生物蝶呤为辅酶的单加氧酶。通过多巴脱羧酶的作用，多巴转变成多巴胺（dopamine）。多巴胺是脑中的一种神经递质，帕金森病（Parkinson disease）患者多巴胺生成减少。在肾上腺髓质中，多巴胺侧链的 β 碳原子可再被羟化，生成去甲肾上腺素（norepinephrine），后者经 *N*- 甲基转移酶催化，由活性甲硫氨酸提供甲基，转变成肾上腺素（epinephrine）（图 7-25）。多巴胺、去甲肾上腺素、肾上腺素统称为儿茶酚胺（catecholamine），即含邻苯二酚的胺类。酪氨酸羟化酶是儿茶酚胺合成的关键酶，受终产物的反馈调节。

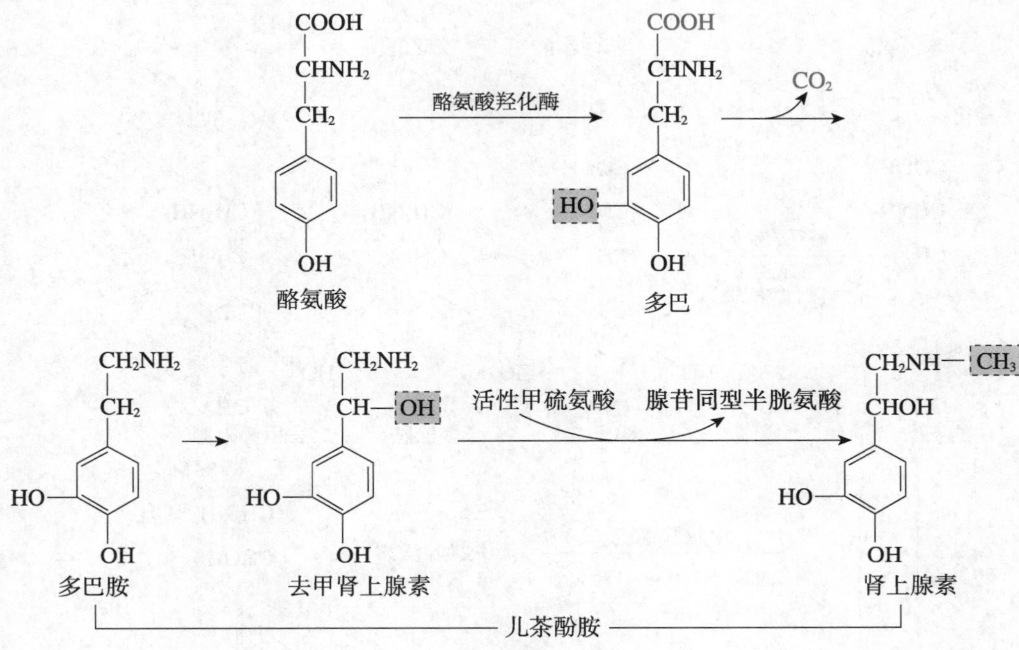

图 7-25　儿茶酚胺的合成

酪氨酸代谢的另一条途径是合成黑色素（melanin）。在黑色素细胞中酪氨酸酶（tyrosinase）的催化下，酪氨酸羟化生成多巴，后者经氧化、脱羧等反应转变成吲哚 -5, 6- 醌。黑色素即是吲哚醌的聚合物。人体缺乏酪氨酸酶，黑色素合成障碍，皮肤、毛发等发白，称为白化病（albinism）。

2．酪氨酸的分解代谢　除上述代谢途径外，酪氨酸还可在酪氨酸转氨酶的催化下，生成对羟苯丙酮酸，后者经尿黑酸等中间产物进一步转变成延胡索酸和乙酰乙酸，二者分别参与糖和脂肪酸代谢。因此，苯丙氨酸和酪氨酸是生酮兼生糖氨基酸。

3．苯丙酮尿症（phenylketonuria，PKU）　由先天性缺乏苯丙氨酸羟化酶引起，是最常见的先天性氨基酸代谢疾病，发病率为 1 : 11000，特点是高血苯丙氨酸、神经发育障碍和低色素。正常情况下苯丙氨酸代谢的主要途径是转变成酪氨酸，当苯丙氨酸羟化酶先天性缺陷时，苯丙氨酸不能转变成酪氨酸，体内的苯丙氨酸蓄积，并可经转氨基作用生成苯丙酮酸，后者进一步转变成苯乙酸等衍生物。此时，尿中出现大量苯丙酮酸等代谢产物，因此称为苯丙酮尿症。苯丙氨酸羟化酶以四氢生物蝶呤（BH_4）为辅酶。高苯丙氨酸血症的原因不同，临床处理也不同。例如，少部分 PKU 是由于二氢蝶呤（BH_2）还原酶或 BH_2 合成酶缺乏引起，造成 BH_4 合成减少，苯丙氨酸不能羟化为酪氨酸，间接提高了苯丙氨酸浓度。酪氨酸羟化酶和色氨酸羟化酶也需要以 BH_4 为辅酶，用以合成神经递质 5- 羟色胺和儿茶酚胺，BH_4 减少导致这些神经递质减少，因此单纯限制苯丙氨酸摄入并不能逆转中枢神经系统的改变。补充 BH_4 或 3,4-二羟苯丙氨酸和 5- 羟色胺可以在一定程度上改善这种类型高苯丙氨酸血症的临床症状。苯丙酮酸的蓄积对中枢神经系统有毒性，故患儿的智力发育障碍。对此种患儿的治疗原则是早期发现，并适当控制膳食中的苯丙氨酸含量。苯丙氨酸和酪氨酸的代谢过程见图 7-26。

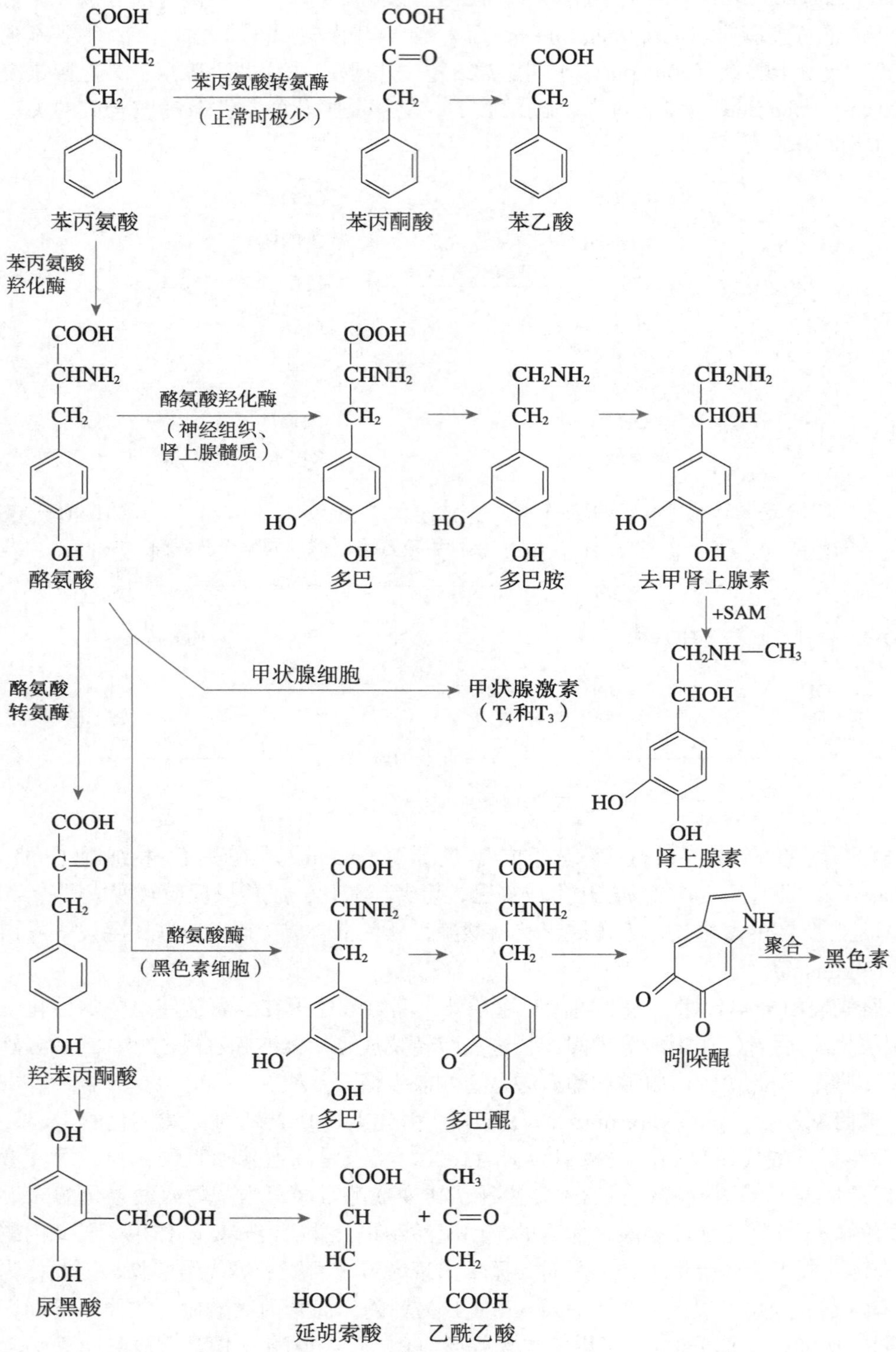

苯丙氨酸 —苯丙氨酸转氨酶（正常时极少）→ 苯丙酮酸 → 苯乙酸

苯丙氨酸 —苯丙氨酸羟化酶→ 酪氨酸

酪氨酸 —酪氨酸羟化酶（神经组织、肾上腺髓质）→ 多巴 → 多巴胺 → 去甲肾上腺素 —+SAM→ 肾上腺素

酪氨酸 —甲状腺细胞→ 甲状腺激素（T_4和T_3）

酪氨酸 —酪氨酸酶（黑色素细胞）→ 多巴 → 多巴醌 → 吲哚醌 —聚合→ 黑色素

酪氨酸 —酪氨酸转氨酶→ 羟苯丙酮酸 → 尿黑酸 → 延胡索酸 + 乙酰乙酸

图 7-26 苯丙氨酸和酪氨酸的代谢

（二）色氨酸的代谢

色氨酸除生成 5- 羟色胺外，本身还可分解代谢。在肝中，色氨酸通过色氨酸加氧酶（tryptophane oxygenase），又称吡咯酶（pyrrolase）的作用，生成甲酰犬尿氨酸。色氨酸加氧酶是一个铁卟啉金属蛋白质，在肝可被肾上腺皮质激素和色氨酸诱导生成，可被烟酸衍生物，包括 NADPH 反馈抑制。甲酰犬尿氨酸水解脱去甲酰基生成犬尿氨酸，该反应由犬尿氨酸甲酰酶催化。犬尿氨酸羟化生成 3-L- 羟基犬尿氨酸，进一步在犬尿氨酸酶参与下生成羟氨苯甲酸，这个酶需要磷酸吡哆醛做辅酶，因此，当维生素 B_6 缺乏时，3-L- 羟基犬尿氨酸脱氨生成黄尿酸。因此在色氨酸负荷实验时排出黄尿酸可诊断维生素 B_6 缺乏。色氨酸分解还产生甲酸，后者可参与一碳单位代谢。另外，色氨酸分解可产生丙酮酸与乙酰乙酰辅酶 A，所以色氨酸是一种生酮兼生糖氨基酸。此外，色氨酸分解还可产生烟酸，这是体内合成维生素的特例，但其合成量甚少，不能满足机体的需要。

五、支链氨基酸的代谢

支链氨基酸包括亮氨酸、异亮氨酸和缬氨酸，它们都是营养必需氨基酸，主要在肝外组织分解。这三种氨基酸分解代谢的开始阶段基本相同，即首先经转氨基作用，由支链 α- 酮酸脱氢酶复合体催化，生成各自相应的 α- 酮酸，其后分别进行代谢。这个脱氢酶复合体由脱羧酶、酰基转移酶和二氢硫辛酸脱氢酶组成，与丙酮酸脱氢酶复合体相似。经过若干步骤，缬氨酸分解产生琥珀酸单酰辅酶 A，亮氨酸产生乙酰辅酶 A 及乙酰乙酰辅酶 A，异亮氨酸产生乙酰辅酶 A 及琥珀酸单酰辅酶 A。所以，这三种氨基酸分别是生糖氨基酸、生酮氨基酸及生酮兼生糖氨基酸。虽然多数氨基酸在肝进行分解代谢，但支链氨基酸的分解代谢主要在骨骼肌、脂肪、肾和脑组织中进行，这是由于肝外组织有支链 α- 酮酸脱氢酶复合体，而肝中缺乏，支链 α- 酮酸脱氢酶复合体缺乏导致枫糖尿症（支链酮酸尿症）。肝中的支链氨基酸通过血液转运到肌肉等组织代谢。

硒代半胱氨酸

综上所述，各种氨基酸除了作为合成蛋白质的原料外，还可以转变成其他多种含氮的生理活性物质，表 7-7 列举了这些重要的化合物。表 7-8 列出的是一些可以影响氨基酸代谢的遗传性疾病。

表7-7　氨基酸衍生的重要含氮化合物

化合物	生理功能	氨基酸前体
嘌呤碱	含氮碱基、核酸成分	天冬氨酸、谷氨酰胺、甘氨酸
嘧啶碱	含氮碱基、核酸成分	天冬氨酸
卟啉化合物	血红素、细胞色素	甘氨酸
肌酸、磷酸肌酸	能量贮存	甘氨酸、精氨酸、甲硫氨酸
烟酸	维生素	色氨酸
多巴胺、肾上腺素、去甲肾上腺素	神经递质、激素	苯丙氨酸、酪氨酸
甲状腺激素	激素	酪氨酸
黑色素	皮肤色素	苯丙氨酸、酪氨酸
5- 羟色胺	血管收缩剂、神经递质	色氨酸
组胺	血管舒张剂	组氨酸
γ- 氨基丁酸	神经递质	谷氨酸
精胺、亚精胺	细胞增殖促进剂	甲硫氨酸、精（鸟）氨酸

表7-8 影响氨基酸代谢的遗传性疾病

疾病	发病率（每10万人）	影响环节	缺陷酶	症状和影响
白化病	< 3	黑色素合成	酪氨酸酶	缺乏色素，白头发，粉红皮肤
尿黑酸尿症	< 0.4	酪氨酸降解	尿黑酸 1,2- 双加氧酶	尿色发黑，迟发性关节炎
精氨酸血症	< 0.5	尿素合成	精氨酸酶	智力发育障碍
精氨酸代琥珀酸血症	< 1.5	尿素合成	精氨酸代琥珀酸合成酶	呕吐，惊厥
氨基甲酰磷酸合成酶Ⅰ缺乏症	< 0.5	尿素合成	氨基甲酰磷酸合成酶Ⅰ	昏睡，惊厥，早夭
同型半胱氨酸血症	< 0.5	甲硫氨酸降解	胱硫醚合酶	骨、智力发育障碍
枫糖尿症	< 0.4	亮氨酸、异亮氨酸和缬氨酸降解	支链 α- 酮酸脱氢酶复合体	呕吐，惊厥，智力发育障碍，早夭
甲基丙二酸血症	< 0.5	丙酰 CoA 转变为琥珀酰 CoA	甲基丙二酸变位酶	呕吐，惊厥，智力发育障碍，早夭
苯丙酮尿症	< 8	苯丙酮酸转变为酪氨酸	苯丙酮酸羟化酶	新生儿呕吐，智力发育障碍

小结

氨基酸具有重要的生理功能，除主要作为合成蛋白质的原料外，还可以转变成核苷酸、某些激素、神经递质等含氮物质。人体内氨基酸主要来自食物蛋白质的消化吸收。各种蛋白质由于所含氨基酸的种类和数量不同，其营养价值也不相同。体内不能合成而必须由食物供给的氨基酸，称为营养必需氨基酸，营养必需氨基酸共有9种。食物蛋白质的消化主要在小肠中进行，由各种蛋白水解酶的协同作用完成。水解生成的氨基酸及二肽即可被吸收。载体蛋白是氨基酸吸收、转运的主要方式。未被消化的蛋白质和氨基酸在大肠下段的肠菌作用下还可发生腐败作用。

外源性与内源性氨基酸共同构成“氨基酸库”，参与体内代谢。氨基酸通过脱氨基作用，生成氨及相应的 α- 酮酸，这是氨基酸的主要分解途径。转氨基与 L- 谷氨酸氧化脱氨基的联合脱氨基作用，是体内大多数氨基酸脱氨基的主要方式。由于这个过程可逆，因此也是体内合成营养非必需氨基酸的重要途径。

α- 酮酸是氨基酸的碳骨架，除部分可用于再合成氨基酸外，其余的可经过不同代谢途径，生成丙酮酸或三羧酸循环中的某一中间产物，如草酰乙酸、延胡索酸、琥珀酸单酰辅酶 A、α- 酮戊二酸等，通过它们可以转变成糖，也可继续氧化，最终生成二氧化碳、水及能量。有些氨基酸还可转变成乙酰辅酶 A 而生成脂类物质。由此可见，在体内，氨基酸、糖及脂肪代谢有着广泛的联系。

氨是有毒物质。体内的氨通过葡萄糖 - 丙氨酸循环、谷氨酰胺等形式转运到肝，大部分经鸟氨酸循环合成尿素，排出体外。尿素合成是一个重要的代谢过程，受到多种因素的调节，肝功能严重损伤时，可产生高氨血症和肝性脑病。体内小部分氨在肾以铵盐形式随尿排出。

胺类物质在体内也有重要的生理作用，如 γ- 氨基丁酸、组胺、5- 羟色胺、牛磺酸、多胺等，它们都是氨基酸脱羧基的产物，故脱羧基作用也是氨基酸的重要代谢途径。

某些氨基酸在分解代谢过程中可以产生含有一个碳原子的基团，称为一碳单位，包含甲基、亚甲基、次甲基、甲酰基、亚氨甲基等。四氢叶酸是一碳单位的运载体，在其代谢中起着重要作用。一碳单位的主要功能是作为合成嘌呤和嘧啶核苷酸的原料，是联系氨基酸与核酸代谢的枢纽。

含硫氨基酸有甲硫氨酸和半胱氨酸。甲硫氨酸的主要功能是通过甲硫氨酸循环，提供活性甲基（SAM），此外，还可参与肌酸等的代谢。半胱氨酸的自由巯基和许多酶的活性有关，半胱氨酸可转变成牛磺酸，后者是胆汁酸盐的成分。含硫氨基酸分子中的硫在体内最后可转变成 H_2SO_4，部分以钠盐形式自尿中排出，其余转变成活性硫酸根（PAPS）。

苯丙氨酸和酪氨酸是两种重要的芳香族氨基酸。苯丙氨酸经羟化作用生成酪氨酸。后者参与儿茶酚胺、黑色素等的代谢。苯丙酮尿症、白化病等遗传病与苯丙氨酸或酪氨酸的代谢异常有关。

思考题

1．谷氨酸在体内如何转变成尿素、CO_2 和水？
2．简述天冬氨酸在体内转变成葡萄糖的主要代谢途径。
3．试述鸟氨酸循环、葡萄糖 - 丙氨酸循环、甲硫氨酸循环的生理意义。
4．试述叶酸、维生素 B_{12} 缺乏产生巨幼细胞贫血的生化机制。
5．说明高氨血症导致昏迷的生化基础。
6．举例说明肝是尿素合成主要器官的实验依据。
7．说明苯丙酮尿症与白化病发生的生化基础。
8．为什么对高氨血症患者禁用碱性肥皂水灌肠且不宜用碱性利尿剂？
9．肌肉和肝的氨基酸分解代谢有何异同？

（王秀宏）

第8章 核苷酸代谢

第一节 概 述

核苷酸具有多种生物学功能：①作为构成核酸的基本结构单位，这是核苷酸的最主要功能；②参与能量代谢，是体内高能化合物形式，ATP是细胞的主要能量形式，GTP亦参与提供能量；③活化中间代谢物质，如UDP-葡萄糖与CDP-二酰甘油分别是合成糖原与磷脂的活性前体，*S*-腺苷甲硫氨酸是活性甲基的载体；④参与辅酶组成，如腺苷酸可作为多种辅酶（NAD^+，$NADP^+$，FAD，辅酶A）的组成部分；⑤参与代谢调节，核苷酸衍生物cAMP是多种激素的第二信使，cGMP亦参与代谢调节过程；⑥ATP作为磷酸基团的供体参与蛋白质的磷酸化修饰，如糖原合酶的磷酸化等。

核酸酶的分类及功能

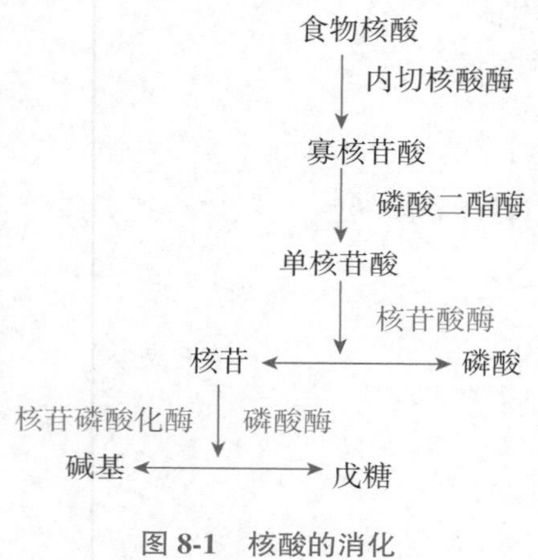

图8-1 核酸的消化

在人体内，食物中核酸的消化以及细胞内核酸的降解由核酸酶（nuclease）催化。

食物中的核酸主要是在小肠中进行消化。首先由内切核酸酶（endonuclease）切割核酸内部磷酸二酯键生成寡核苷酸（oligonucleotide），然后非特异性外切核酸酶（exonuclease）（如磷酸二酯酶，phosphodiesterase）切割寡核苷酸末端磷酸二酯键生成单核苷酸，核苷酸酶（nucleotidase）进一步水解单核苷酸生成磷酸和相应的核苷。核苷可以被吸收或者继续降解生成碱基和戊糖（图8-1）。分解产生的戊糖被吸收而参与体内的戊糖代谢，大部分嘌呤和嘧啶碱基则在小肠黏膜细胞进一步被分解而排出体外。因此，食物来源的嘌呤和嘧啶碱基很少被机体利用。

第二节 核苷酸的合成

核苷酸不是营养必需物质，主要由机体细胞自身合成。机体可利用氨基酸、一碳单位和CO_2等小分子物质从头合成核苷酸，也可以直接利用碱基或核苷补救合成核苷酸，但从头合成是体内合成核苷酸的主要途径。

一、嘌呤核苷酸的合成

体内嘌呤核苷酸的生物合成有两条途径：①从头合成（de novo synthesis），即利用磷酸核糖、氨基酸和一碳单位等简单物质合成嘌呤核苷酸；②补救合成（salvage synthesis），是通过嘌呤碱基的磷酸核糖化或者嘌呤核苷的磷酸化生成嘌呤核苷酸。

（一）嘌呤核苷酸的从头合成

几乎所有的生命形式均能够从头合成嘌呤核苷酸。以放射性核素标记的小分子化合物饲养实验动物，并鉴定低分子量的嘌呤前体，然后对排泄的尿酸进行结晶，通过选择性的化学降解方法测定不同前体物被标记的位置，最终确定了嘌呤环不同原子的来源（图 8-2）。

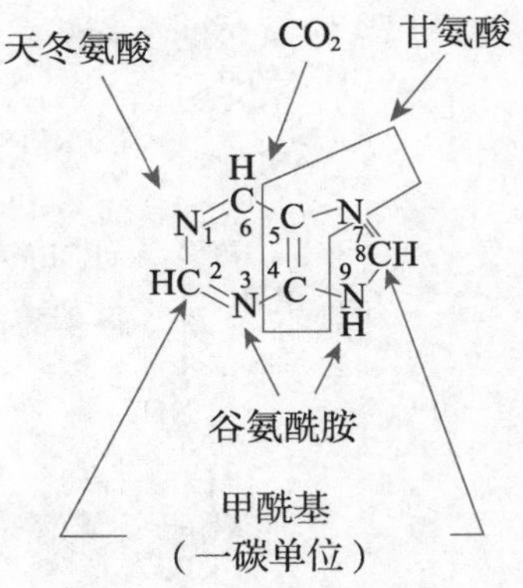

图 8-2　嘌呤环碳与氮原子来源

组成嘌呤环的各种原子的来源：甘氨酸提供嘌呤环上第 4、5 位碳原子与第 7 位氮原子，天冬氨酸提供第 1 位氮原子，第 3 位与第 9 位氮原子来自谷氨酰胺，一碳单位提供第 2 位与第 8 位碳原子，第 6 位碳原子由二氧化碳提供。

嘌呤核苷酸从头合成在胞质中进行，反应步骤比较复杂。首先合成次黄苷（肌苷）一磷酸（次黄嘌呤核苷酸，inosine monophosphate，IMP），然后 IMP 再转变成为腺苷一磷酸（腺苷酸，adenosine monophosphate，AMP）和鸟苷一磷酸（鸟苷酸，guanosine monophosphate，GMP），最后 AMP 和 GMP 转变为 ADP 和 GDP，并进一步转化为 ATP 和 GTP。

1．IMP 的合成　IMP 的合成经历 11 步反应完成（图 8-3）：

（1）磷酸核糖焦磷酸合成酶（phosphoribosyl pyrophosphate synthetase，PRPP synthetase）催化 ATP 的 β-γ- 焦磷酸基团转移到核糖 -5- 磷酸的第 1 位碳原子上，生成磷酸核糖焦磷酸（phosphoribosyl pyrophosphate，PRPP）。

（2）磷酸核糖酰胺转移酶（phosphoribosyl amidotransferase）催化谷氨酰胺的酰胺基取代 PRPP 核糖上的第 1 位碳原子的焦磷酸，生成核糖胺 -5- 磷酸（phosphoribosylamine，PRA）。

（3）甘氨酸分子全部加入到 PRA 中，生成甘氨酰胺核苷酸（glycinamide ribonucleotide，GAR），反应过程由 ATP 提供能量。

（4）GAR 上甘氨酸残基的 α- 氨基经甲酰化反应生成甲酰甘氨酰胺核苷酸（formyl-GAR，FGAR），甲酰基的供体是 N^{10}- 甲酰四氢叶酸。

（5）谷氨酰胺提供酰胺氮取代 FGAR 的氧生成甲酰甘氨脒核苷酸（formylglycinamidine ribonucleotide，FGAM），反应过程由 ATP 供能。

（6）氨基咪唑核苷酸合成酶催化 FGAM 脱水环化生成 5- 氨基咪唑核苷酸（aminoimidazole ribonucleotide，AIR）。

（7）羧化酶催化 1 分子 CO_2 连接到 AIR 的咪唑环上，生成 5- 氨基咪唑 -4- 羧酸核苷酸（CAIR）。

（8）天冬氨酸借助氨基与 CAIR 的羧基缩合生成 5- 氨基咪唑 -4- 琥珀酸甲酰胺核苷酸（SAICAR），反应过程由 ATP 供能。

（9）SAICAR 脱掉 1 分子延胡索酸裂解成为 5- 氨基咪唑 -4- 甲酰胺核苷酸（AICAR）。

（10）N^{10}- 甲酰四氢叶酸提供甲酰基生成 5- 甲酰胺基咪唑 -4- 甲酰胺核苷酸（FAICAR）。

（11）FAICAR 脱水环化生成 IMP。

在上述合成过程中，第 1 步反应生成的 PRPP 除了是从头合成嘌呤核苷酸的第一个重要中间物外，也是嘌呤核苷酸补救合成、嘧啶核苷酸生物合成途径所需核糖 -5- 磷酸的供体。该步反应是嘌呤核苷酸合成的调节位点，催化该反应的 PRPP 合成酶的缺陷与嘌呤代谢异常相关。第 2 步反应是从头合成嘌呤核苷酸系列反应中的关键步骤（committed step），催化该反应的磷酸核糖酰胺转移酶是关键酶。该步反应也是嘌呤核苷酸合成的调节位点。

2．AMP 和 GMP 的生成　IMP 是从头合成途径的中间产物，IMP 生成后，通路进入分支阶段，分别生成 AMP 和 GMP（图 8-4）。

（1）由 GTP 提供能量，腺苷酸代琥珀酸合成酶（adenylosuccinate synthetase）催化天冬氨酸与 IMP 加合生成中间产物腺苷酸代琥珀酸，然后腺苷酸代琥珀酸裂解酶（adenylosuccinate lyase）催化腺苷酸代琥珀酸释放出延胡索酸，伴随生成腺苷酸。以上两步反应的总结果是天

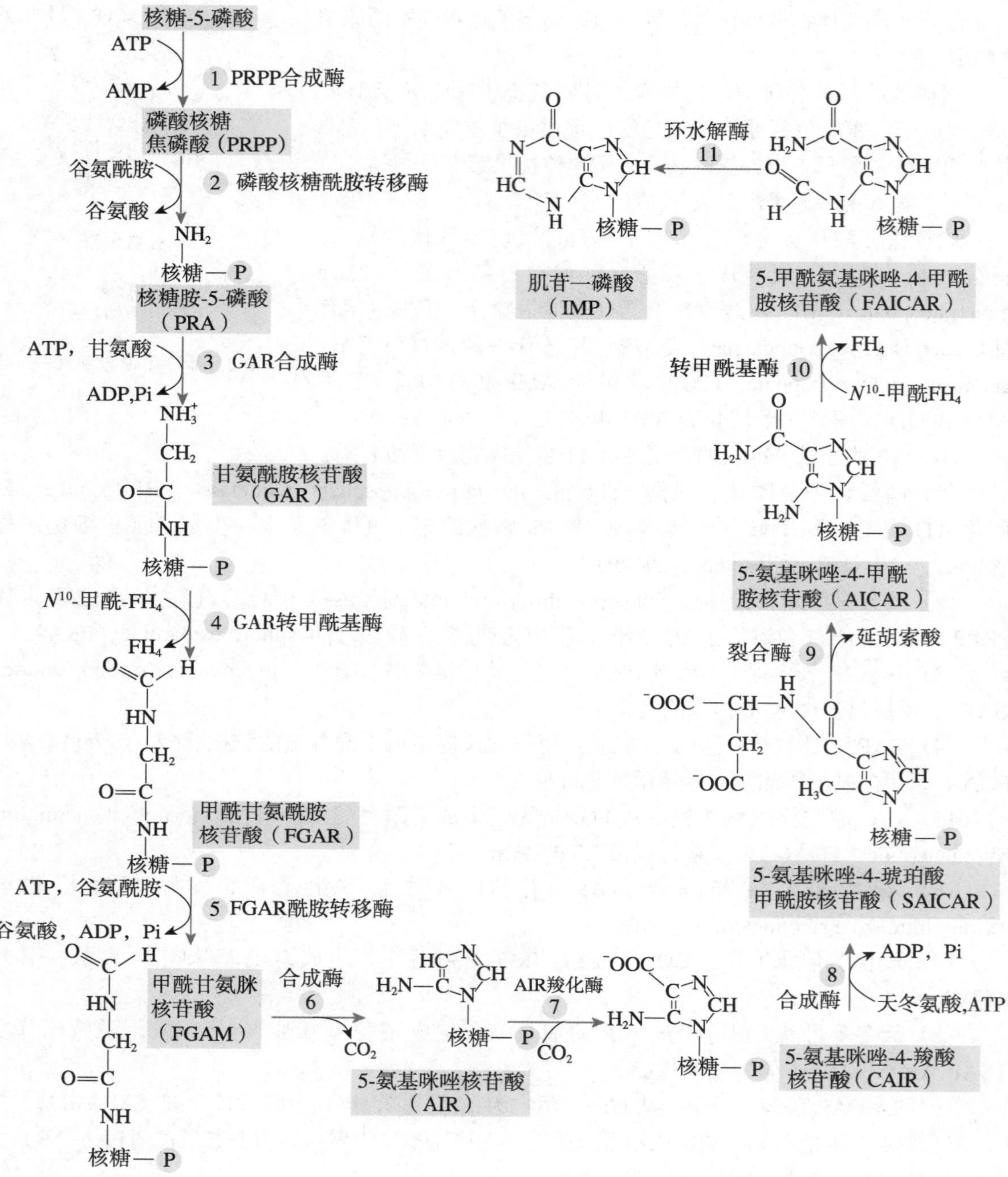

图 8-3 由核糖 -5- 磷酸从头合成 IMP

冬氨酸提供的氨基取代了 IMP 第 6 位碳的羰基氧生成 AMP（图 8-4，反应 1、2）。

（2）由 NAD^+ 为受氢体，IMP 脱氢酶催化 IMP 生成黄苷一磷酸（黄嘌呤核苷酸，xanthosine monophosphate，XMP）。在 ATP 的存在下，鸟苷酸合成酶催化谷氨酰胺的酰胺基取代 XMP 中第 2 位碳的羰基氧生成 GMP（图 8-4，反应 3、4）。

值得注意的是，在 IMP 向 AMP 转化的反应过程中，用于促进天冬氨酸与 IMP 加合的能量供体不是 ATP，而是 GTP，GTP 浓度的升高有利于合成反应向 AMP 的方向进行。同样，由于 IMP 转化为 GMP 的过程依赖 ATP，因此，ATP 能够促进 GMP 的合成。这种交叉促进的方式在保证两种嘌呤核苷酸平衡生成中有着重要的意义。

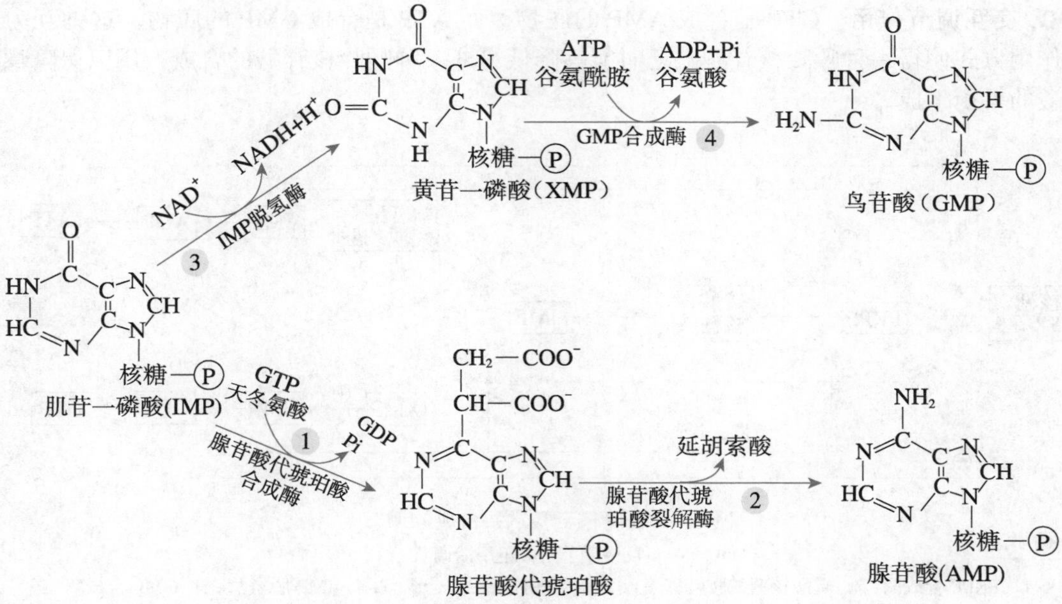

图 8-4　IMP 分支生成 AMP 与 GMP

3．ATP 与 GTP 的生成　由特异性鸟苷酸激酶催化 ATP 磷酰基转移至 GMP，生成 GDP，GDP 在非特异性核苷二磷酸激酶（nucleoside diphosphate kinase）的催化下消耗 1 分子 ATP 生成 GTP（图 8-5 A）。

ADP 的生成也是由特异性腺苷酸激酶催化完成的。由于反应可逆，特异性腺苷酸激酶可以催化 2 分子 ADP 生成 ATP（图 8-5 B）。体内 ADP 向 ATP 的转化主要是通过氧化磷酸化的过程产生，也可以通过糖酵解和三羧酸循环过程中的底物水平磷酸化生成。

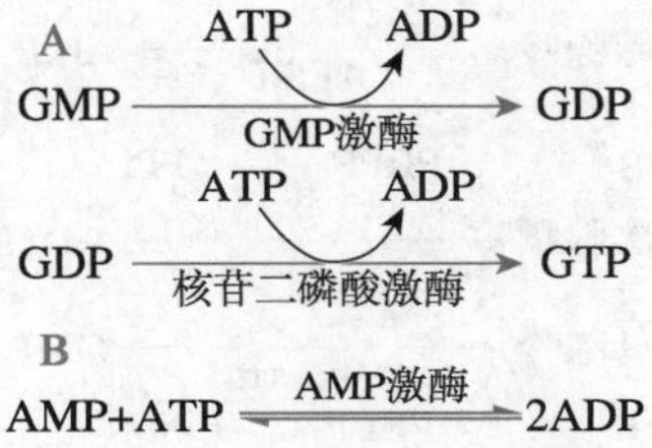

A

$$GMP \xrightarrow[\text{GMP激酶}]{ATP \rightarrow ADP} GDP$$

$$GDP \xrightarrow[\text{核苷二磷酸激酶}]{ATP \rightarrow ADP} GTP$$

B

$$AMP+ATP \underset{}{\overset{\text{AMP激酶}}{\rightleftharpoons}} 2ADP$$

图 8-5　鸟苷二磷酸、鸟苷三磷酸与腺苷二磷酸的生成

嘌呤核苷酸的从头合成过程中，嘌呤环是在磷酸核糖分子上逐步合成的，而不是先合成嘌呤碱基再与磷酸核糖结合，这与嘧啶核苷酸合成过程不同，是嘌呤核苷酸从头合成的重要特点。

肝是体内从头合成嘌呤核苷酸的主要器官。细胞内核苷酸代谢池非常小，是 DNA 合成所需量的 1%，甚至更少。因此，在核酸合成中，细胞必须不断合成核苷酸，核苷酸合成的快慢会限制 DNA 复制和转录的速度，抑制核苷酸合成的化合物可以作为临床上抗肿瘤的药物。

（二）嘌呤核苷酸从头合成的调节

嘌呤核苷酸的从头合成主要受到反馈调节（图 8-6）。被调节的酶分别为：① PRPP 合成酶；②磷酸核糖酰胺转移酶；③腺苷酸代琥珀酸合成酶；④ IMP 脱氢酶；⑤ GMP 合成酶。

1．PRPP 合成酶　PRPP 合成酶是一种别构酶，IMP、GMP 与 AMP 是其别构抑制剂，而核糖 -5- 磷酸是别构激活剂。PRPP 还是合成嘌呤核苷酸与嘧啶核苷酸的前体物质，因此 PRPP 合成酶同时受其他多条代谢途径产物的调节。

2．磷酸核糖酰胺转移酶　磷酸核糖酰胺转移酶受到 AMP、GMP 与 IMP 的反馈抑制，而 PRPP 是其别构激活剂。

3．腺苷酸代琥珀酸合成酶和 IMP 脱氢酶　AMP 抑制腺苷酸代琥珀酸合成酶的活性，阻止 IMP 向腺苷酸代琥珀酸的转化。同样，GMP 抑制 IMP 脱氢酶的活性，调节 IMP 向 XMP 的转化。

4．交互调节作用　GTP是合成AMP的底物，而ATP是合成GMP的底物，这种互为底物的作用方式使得一种嘌呤核苷酸缺乏时能够降低另外一种嘌呤核苷酸的合成，用以保障嘌呤核苷酸的平衡生成。

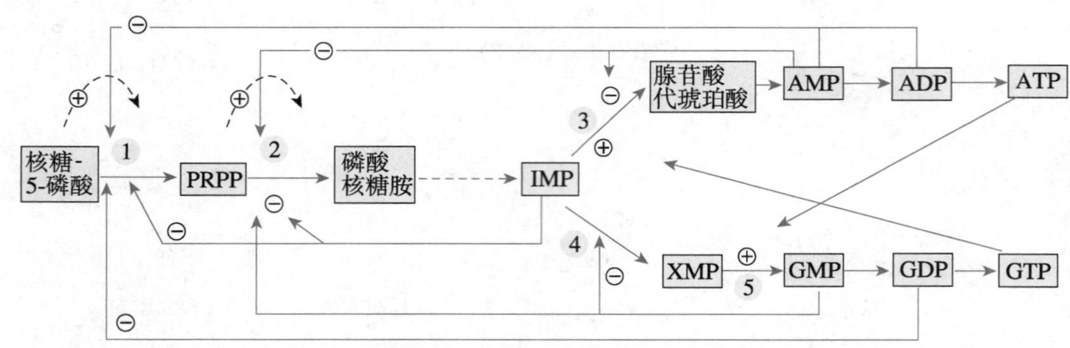

图8-6　嘌呤核苷酸从头合成的调节

⊖负反馈调节；⊕正反馈调节

1．PRPP合成酶；2．磷酸核糖酰胺转移酶；3．腺苷酸代琥珀酸合成酶；4．IMP脱氢酶；5．GMP合成酶

（三）嘌呤核苷酸的补救合成

嘌呤核苷酸补救合成是嘌呤碱基、嘌呤核苷以及脱氧嘌呤核苷重新合成嘌呤核苷酸的反应过程。体内存在两种类型的补救反应：①依赖PRPP的嘌呤磷酸核糖化补救反应；②在ATP存在时，由激酶直接催化嘌呤核苷的磷酸化补救生成嘌呤核苷酸。

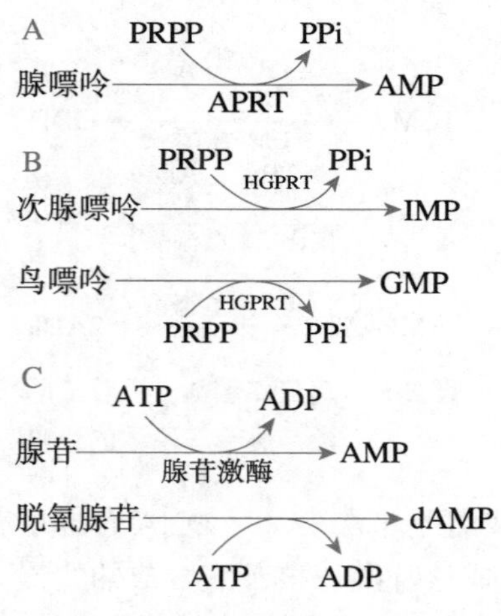

图8-7　补救合成嘌呤核苷酸

在第一种补救反应中，由PRPP提供核糖-5-磷酸，腺嘌呤磷酸核糖转移酶（adenine phosphoribosyl transferase，APRT）催化腺嘌呤补救生成AMP（图8-7A）；次黄嘌呤-鸟嘌呤磷酸核糖转移酶（hypoxanthine-guanine phosphoribosyl transferase，HGPRT）催化次黄嘌呤、鸟嘌呤分别生成GMP与IMP（图8-7 B及图8-23）。

在第二种补救反应中，由特异性腺苷激酶（adenosine kinase）催化ATP的磷酸基团转移到腺苷或者脱氧腺苷，分别生成AMP或者dAMP（图8-7 C及图8-23）。

嘌呤核苷酸补救合成的生理意义：一方面可以节省从头合成时所消耗的能量和原料；另一方面，体内某些组织器官，由于缺乏从头合成嘌呤核苷酸的酶系，只能通过补救合成途径合成嘌呤核苷酸。例如，在正常条件下，脑中HGPRT的含量较其他组织高，而磷酸核糖酰胺转移酶含量很低，这样脑组织主要依赖补救合成提供嘌呤核苷酸。研究表明，由于HGPRT完全缺乏引起的痛风症伴随严重的神经系统障碍，可能与脑组织不能补救合成嘌呤核苷酸密切相关。

肝是嘌呤核苷酸合成的主要器官，并且可以为那些不能进行从头合成的组织提供补救合成的原料。例如，红细胞与白细胞不能合成PRA，完全依赖外源性嘌呤补救合成嘌呤核苷酸。

（四）嘌呤核苷酸的抗代谢物

嘌呤核苷酸的各类抗代谢物以竞争性抑制的方式干扰或阻断嘌呤核苷酸的合成，从而进一步影响核酸与蛋白质的合成。嘌呤核苷酸抗代谢物包括以下类型：①叶酸类似物；②嘌呤类似物；③谷氨酰胺类似物。这三类物质分别在从头合成的不同部位阻断嘌呤核苷酸的合成过程，由此抑制快速生长细胞的核酸合成，起到抗肿瘤作用。

1．叶酸类似物　叶酸类似物有甲氧苄啶（trimethoprim）、氨蝶呤（aminopterin）与甲氨蝶呤（methotrexate，MTX），以竞争性抑制二氢叶酸还原酶的方式阻断四氢叶酸的生成，最终干扰嘌呤核苷酸的合成。甲氧苄啶与原核生物二氢叶酸还原酶有较高的亲和力，被广泛地用于抗细菌与原虫的治疗。氨蝶呤与甲氨蝶呤广泛应用于多种肿瘤的治疗（图 8-8）。

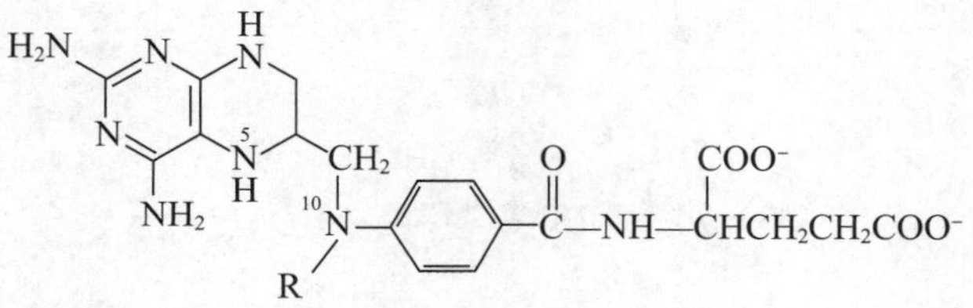

图 8-8 叶酸类似物

氨蝶呤：R=H；甲氨蝶呤：$R=CH_3$

2．嘌呤类似物 嘌呤类似物包括 6- 巯基嘌呤（6-MP）、6- 巯基鸟嘌呤、8- 氮杂鸟嘌呤等，临床上较多应用 6- 巯基嘌呤（图 8-9）。6- 巯基嘌呤的结构与次黄嘌呤相似，通过竞争性抑制的方式干扰嘌呤核苷酸的合成。6- 巯基嘌呤可以经磷酸核糖化转变为 6- 巯基嘌呤核苷酸，该产物竞争性抑制 IMP 向 AMP 与 XMP 转化的过程（图 8-4）；6- 巯基嘌呤也可以通过反馈抑制磷酸核糖酰胺转移酶的活性干扰嘌呤核苷酸的从头合成（图 8-6，酶 2）。其次，6- 巯基嘌呤通过抑制嘌呤核苷酸补救合成途径中 HGPRT 的活性，阻滞 IMP 与 GMP 的补救反应（图 8-7B 与图 8-22）。

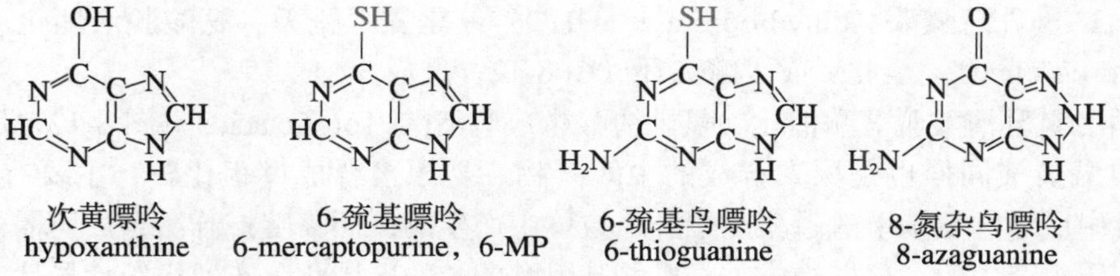

次黄嘌呤 hypoxanthine　6-巯基嘌呤 6-mercaptopurine，6-MP　6-巯基鸟嘌呤 6-thioguanine　8-氮杂鸟嘌呤 8-azaguanine

图 8-9 次黄嘌呤类似物的结构

3．谷氨酰胺类似物 谷氨酰胺作为氮的供体在嘌呤核苷酸生物合成过程中参与两步提供酰胺氮的反应（图 8-3，反应 2、5），与谷氨酰胺结构类似的 6- 重氮 -5- 氧正亮氨酸与氮杂丝氨酸以竞争性抑制的方式干扰从头合成过程中谷氨酰胺参与的反应过程（图 8-10）。

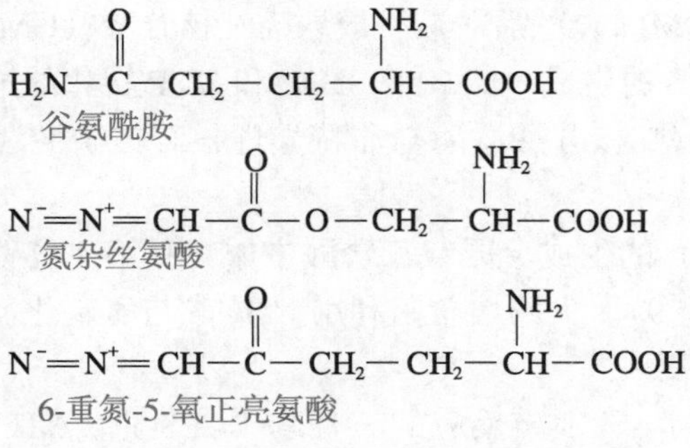

$$H_2N-\overset{O}{\overset{\|}{C}}-CH_2-CH_2-\overset{NH_2}{\overset{|}{CH}}-COOH$$

谷氨酰胺

$$N^-=N^+=CH-\overset{O}{\overset{\|}{C}}-O-CH_2-\overset{NH_2}{\overset{|}{CH}}-COOH$$

氮杂丝氨酸

$$N^-=N^+=CH-\overset{O}{\overset{\|}{C}}-CH_2-CH_2-\overset{NH_2}{\overset{|}{CH}}-COOH$$

6-重氮-5-氧正亮氨酸

图 8-10 谷氨酰胺类似物

二、嘧啶核苷酸的合成

与嘌呤核苷酸合成一样，嘧啶核苷酸合成也有从头合成和补救合成两条途径。

（一）嘧啶核苷酸的从头合成

从头合成嘧啶环的前体物是氨基甲酰磷酸（carbamoyl phosphate）与天冬氨酸（图 8-11）。

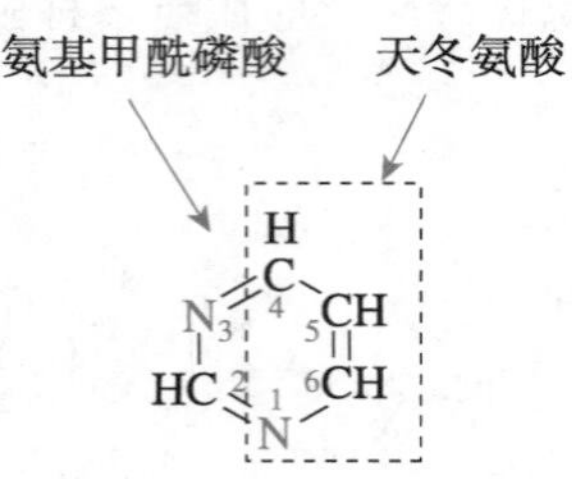

图 8-11 嘧啶环原子的来源

C-2 与 N-3 来源于氨基甲酰磷酸，天冬氨酸提供其他原子

嘧啶核苷酸与嘌呤核苷酸的从头合成有两点不同：一是首先进行嘧啶环的合成，然后再完成磷酸核糖部分的转移生成嘧啶核苷酸；二是嘧啶合成路径不进行分支，经过一系列反应直接生成尿苷三磷酸（UTP），尿苷三磷酸是胞苷三磷酸（CTP）合成的前体。

1．嘧啶环的形成 嘧啶环比嘌呤环的结构简单，经过 4 步完成：

（1）由氨基甲酰磷酸合成酶Ⅱ（carbamoyl phosphate synthetase-Ⅱ，CPS-Ⅱ）催化谷氨酰胺与 CO_2 合成氨基甲酰磷酸，反应在胞质内进行（图 8-12，反应 1）。

（2）由天冬氨酸氨基甲酰转移酶（aspartate transcarbamoylase，ATC）催化天冬氨酸与氨基甲酰磷酸生成氨甲酰天冬氨酸（图 8-12，反应 2）。

（3）由二氢乳清酸酶（dihydroorotase，DHO）催化氨甲酰天冬氨酸脱水环化形成二氢乳清酸（dihydroorotate），至此形成了嘧啶环（图 8-12，反应 3）。

（4）由二氢乳清酸脱氢酶催化二氢乳清酸生成乳清酸（orotic acid）（图 8-12，反应 4）。

氨基甲酰磷酸同样也是尿素合成的中间产物。与尿素合成过程比较，主要有两点不同：①尿素合成中所需的氨基甲酰磷酸是在肝线粒体中产生的，而嘧啶核苷酸合成所需的氨基甲酰磷酸是在胞质中产生的，这样构成了合成氨基甲酰磷酸的区域化分布及组织特异性；②尿素合成中所需的氨基甲酰磷酸是由 CPS-Ⅰ催化生成，氮的供体是 NH_3，*N*-乙酰谷氨酸是其别构激活剂，而嘧啶核苷酸合成所需的氨基甲酰磷酸是由 CPS-Ⅱ催化生成，氮的供体是谷氨酰胺，*N*-乙酰谷氨酸不能调节该酶的活性。

2．嘧啶核苷酸的生成 以 PRPP 为磷酸核糖的供体，乳清酸磷酸核糖转移酶（orotate phosphoribosyl transferase）催化乳清酸与 PRPP 反应生成乳清苷一磷酸（乳清酸核苷酸，orotidine monophosphate，OMP），然后脱羧生成尿嘧啶核苷酸（UMP）（图 8-12，反应 5、6）。

3．尿苷三磷酸（UTP）的生成 UMP 向 UDP 和 UTP 转化的过程与嘌呤核苷酸的转化方式相同，分别由特异性尿嘧啶核苷酸激酶与非特异性核苷二磷酸激酶催化完成（图 8-12，反应 7、8）。

4．胞苷三磷酸（CTP）的生成 尿苷三磷酸中尿嘧啶第 4 位碳的羰基氧被氨基取代生成胞苷三磷酸（图 8-12，反应 9）。大肠埃希菌利用 NH_4^+ 参与氨基化反应，而哺乳动物中谷氨酰胺的酰胺基是氨的供体。

在真核细胞中，催化第 1 ～ 3 步反应的三种酶（CPS-Ⅱ，ATC，DHO）以一条多肽链具有 3 种不同催化活性的多功能酶的形式存在。催化第 5 ～ 6 步反应的乳清酸磷酸核糖转移酶和乳清酸核苷酸脱羧酶也是位于同一条多肽链上的多功能酶。这种多功能酶存在的意义在于：共同连接在一起的多功能酶保证了各种酶之间功能的协调完成，反应底物由一个催化位点到下一个位点的流水线排列方式使得副反应减少到最小，最大程度地发挥了催化效益，更有利于以均匀的速度合成嘧啶核苷酸。

多功能酶是如何被发现的?

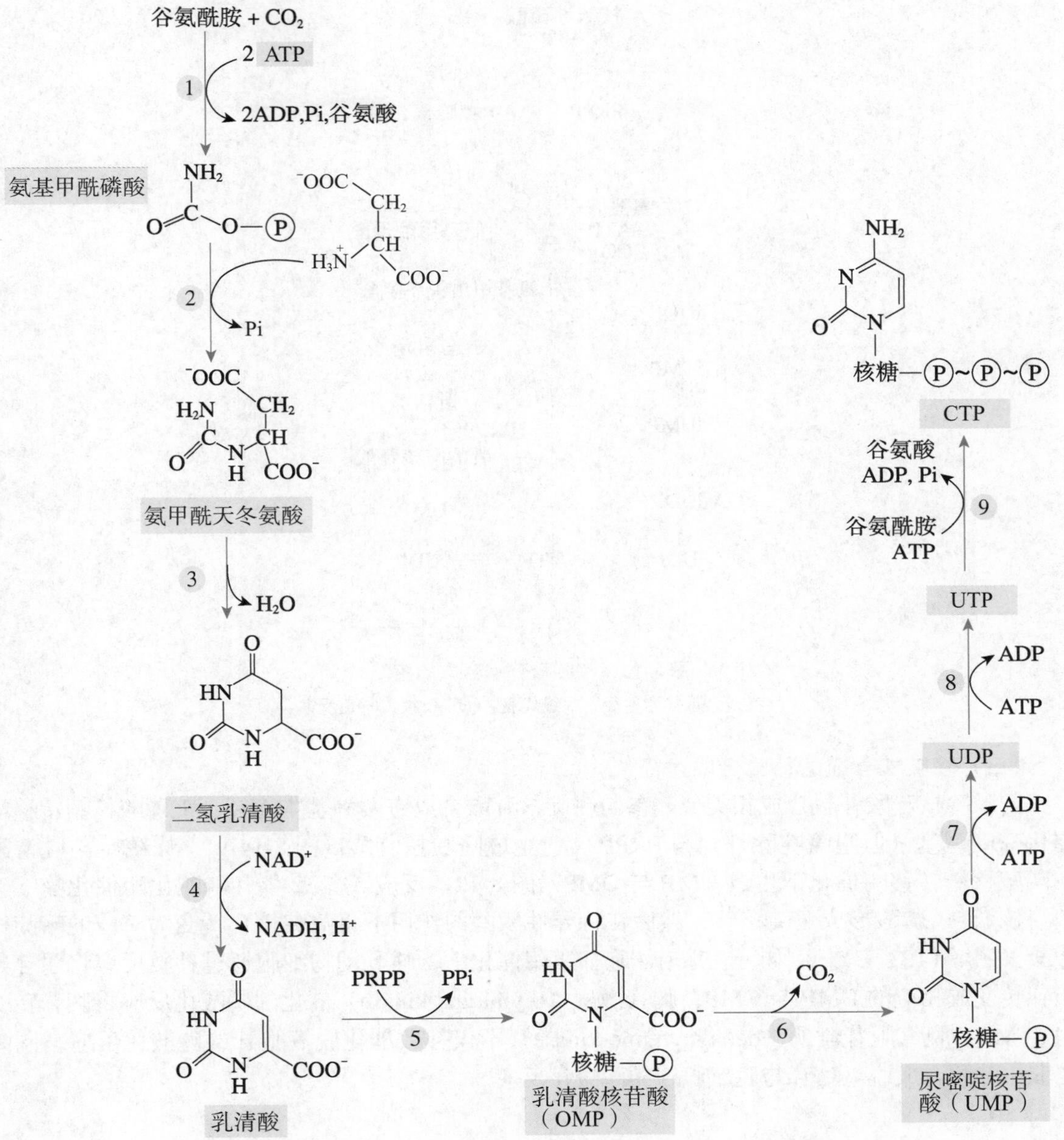

图 8-12　嘧啶核苷酸的合成

①氨基甲酰磷酸合成酶Ⅱ；②天冬氨酸氨基甲酰转移酶；③二氢乳清酸酶；④二氢乳清酸脱氢酶；⑤乳清酸磷酸核糖转移酶；⑥乳清酸核苷酸脱羧酶；⑦ UMP 激酶；⑧核苷二磷酸激酶；⑨ CTP 合成酶

（二）嘧啶核苷酸从头合成的调节

嘧啶核苷酸的从头合成主要受到反馈调节。在细菌中，天冬氨酸氨基甲酰转移酶是关键酶，CTP 负反馈抑制其活性，但是 ATP 激活此酶的活性。在哺乳动物细胞中，氨基甲酰磷酸合成酶Ⅱ则是关键酶，UTP 和嘌呤核苷酸负反馈调节其活性，而 PRPP 提高此酶的活性（图 8-13）。

PRPP 合成酶催化生成的 PRPP 是合成嘌呤核苷酸与嘧啶核苷酸共同的前体物质，嘌呤核苷酸与嘧啶核苷酸都可以反馈抑制 PRPP 合成酶的活性，形成对两类核苷酸合成过程的协同调节。

另外，多功能酶的协同表达也是调节嘧啶核苷酸从头合成的重要方式。

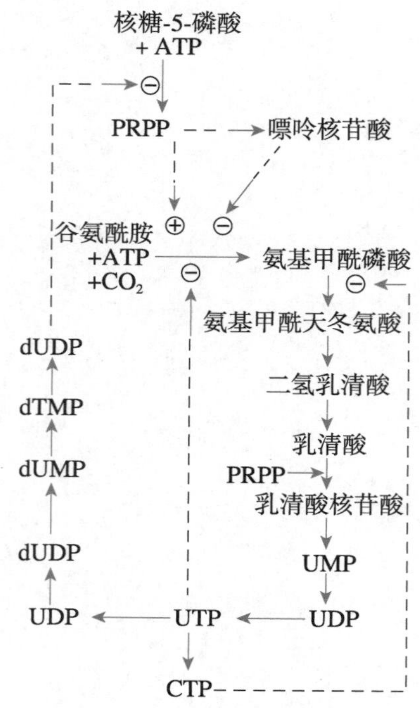

图 8-13 嘧啶核苷酸合成的控制

实线表示代谢途径，虚线代表：⊕正反馈；⊖负反馈

（三）嘧啶核苷酸的补救合成途径

与嘌呤核苷酸补救合成相类似，参与嘧啶核苷酸合成有两种基本途径：①磷酸核糖转移酶催化嘧啶碱基（但胞嘧啶除外）与 PRPP 反应生成嘧啶核苷酸（图 8-14A）。尿嘧啶与乳清酸在磷酸核糖转移酶催化下生成 UMP 与 OMP（图 8-12，反应 5）。②核苷磷酸化酶催化嘧啶碱基与核糖 -1- 磷酸形成嘧啶核苷，然后在特异性激酶的作用下将嘧啶核苷转变为对应的嘧啶核苷酸（图 8-14B、C）。例如，在尿苷 / 胞苷激酶催化下，哺乳动物细胞通过补救反应将尿苷与胞苷转变成相应的 UMP 与 CMP，胸苷激酶（thymidine kinase）催化的磷酸化反应将胸苷转变为 dTMP。脱氧胞苷激酶（deoxycytidine kinase）不仅补救催化脱氧胞苷的磷酸化反应，同时也催化补救合成脱氧鸟苷与脱氧腺苷的磷酸化反应。

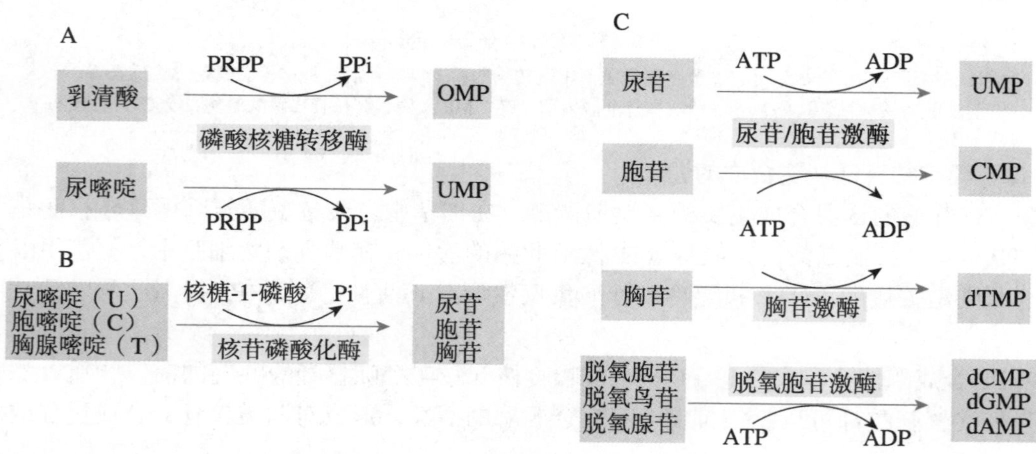

图 8-14 嘧啶核苷酸的补救合成

（四）脱氧核糖核苷酸的生成

在化学结构上，DNA 由脱氧核糖核苷酸组成，组成 DNA 的嘧啶核苷酸为胸腺嘧啶核苷酸，不同于 RNA 中的尿嘧啶核苷酸。下面介绍脱氧核糖核苷酸与胸腺嘧啶核苷酸的生成。

1．脱氧核糖核苷酸的生成　脱氧核糖核苷酸是在核糖核苷二磷酸水平上，由核糖核苷酸还原酶（ribonucleotide reductase）催化生成的（图 8-15）。核糖核苷酸还原酶催化四种核糖核苷二磷酸（ADP，GDP，UDP，CDP）转变成为对应的脱氧核糖核苷二磷酸（dADP，dGDP，dUDP，dCDP）。然后，由激酶催化四种脱氧核糖核苷二磷酸的磷酸化反应，进一步生成脱氧核糖核苷三磷酸（图 8-16）。

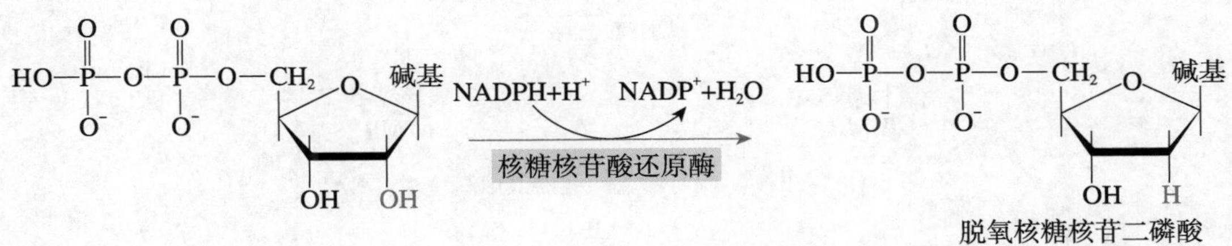

图 8-15　核糖核苷二磷酸还原生成脱氧核糖核苷二磷酸

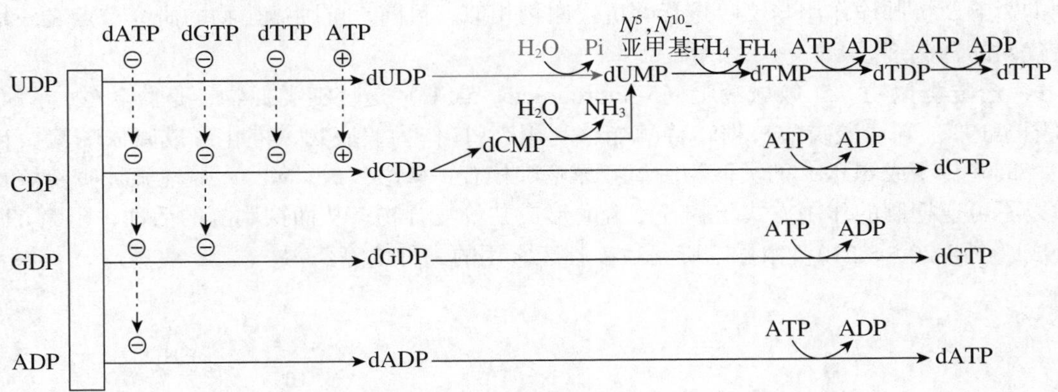

图 8-16　脱氧核糖核苷三磷酸的生成和核糖核苷酸还原酶的别构调节

核糖核苷酸还原酶催化的反应过程比较复杂。当核糖核苷二磷酸的核糖部分 2′- 羟基被还原生成相应的脱氧核糖核苷二磷酸时，需要一对氢原子，这对氢原子由 NADPH + H⁺ 提供。核糖核苷酸还原酶不直接接受 NADPH + H⁺ 的氢，还需要通过硫氧化还原蛋白（thioredoxin）或者谷氧化还原蛋白（glutaredoxin）作为氢载体完成（图 8-17）。

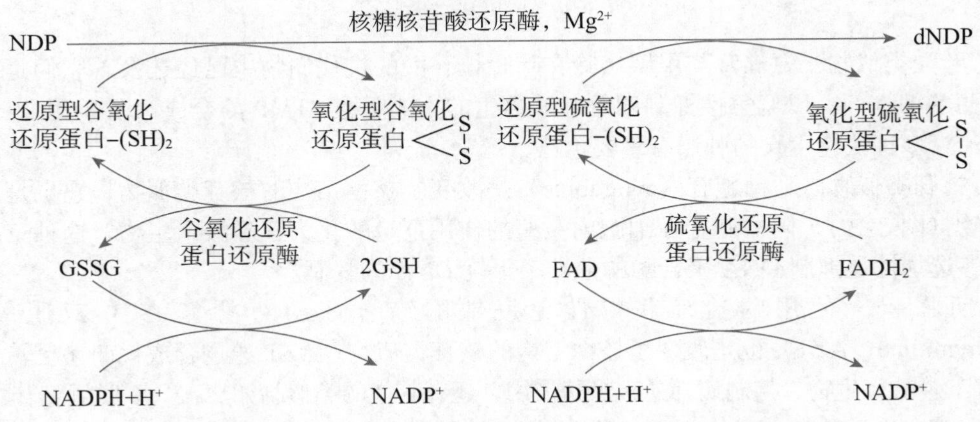

图 8-17　核糖核苷酸还原酶复合体氢的传递

核糖核苷酸还原酶是一种别构酶，由 R1 与 R2 两个亚基组成。受 dATP、dGTP、dTTP、ATP 的别构调节，由此保证用于 DNA 合成的各种脱氧核糖核苷酸的均衡生成。

2．脱氧胸腺嘧啶核苷酸的生成 脱氧胸腺嘧啶核苷酸（dTMP 或 TMP）是由脱氧尿嘧啶核苷酸（dUMP）经甲基化生成的。dUDP 水解生成 dUMP，或者 dCMP 脱氨基生成 dUMP，然后胸苷酸合酶（thymidylate synthase）催化 dUMP 甲基化形成 dTMP，dTMP 在激酶的催化下生成 dTTP。反应过程中甲基的供体是 N^5,N^{10}- 亚甲四氢叶酸（图 8-18）。

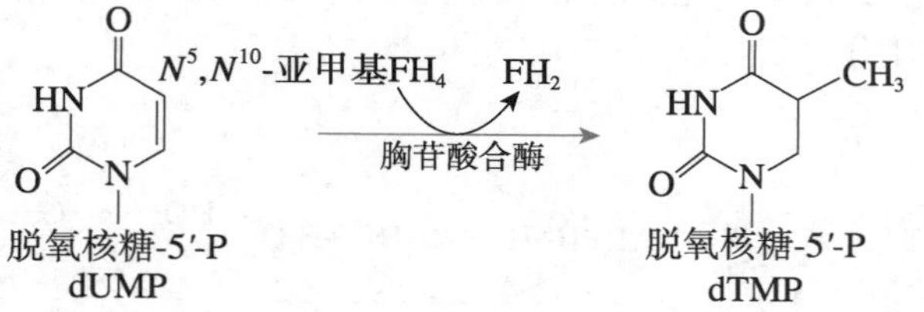

图 8-18　N^5,N^{10}- 亚甲四氢叶酸提供甲基生成 dTMP

（五）嘧啶核苷酸的抗代谢物

与嘌呤核苷酸一样，嘧啶核苷酸的抗代谢物是一些嘧啶、氨基酸或叶酸的类似物，它们对代谢的影响及抗肿瘤作用与嘌呤核苷酸抗代谢物相似。目前，抗肿瘤药物的研究重点之一是胸苷酸代谢的抑制剂。

1．嘧啶类似物 5- 氟尿嘧啶（5-fluorouracil，5-FU）是嘧啶类似物，是胸苷酸合酶抑制剂（图 8-19）。乳清酸磷酸核糖转移酶能够利用 5-FU 作为假底物，催化形成氟尿嘧啶核苷一磷酸，最终转变成 dUMP 的类似物脱氧氟尿嘧啶核苷一磷酸（FdUMP）。脱氧氟尿嘧啶核苷一磷酸以不可逆抑制的作用方式与胸苷酸合酶形成共价复合物，从而抑制酶的活性，阻断 dTMP 的合成（图 8-20、8-21）。氟尿嘧啶是目前临床常用的一种抗癌药物。

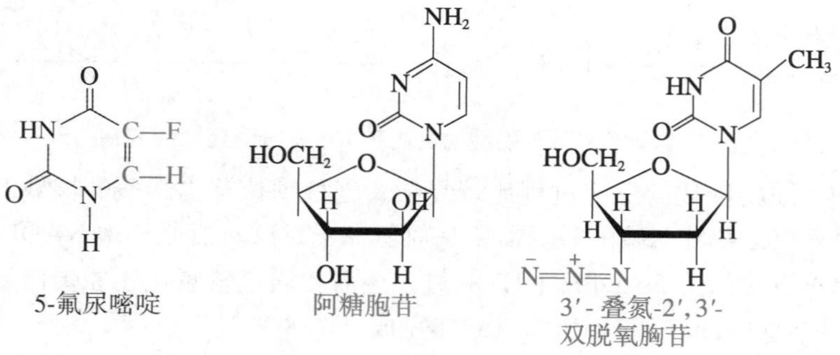

图 8-19　嘧啶核苷类似物

2．叶酸类似物 氨蝶呤与甲氨蝶呤在嘌呤核苷酸的抗代谢物中已经述及，它们是二氢叶酸还原酶的抑制剂，以竞争性抑制四氢叶酸再生的方式阻止 dTMP 的合成（图 8-20）。这两种药物对治疗多种快速生长的肿瘤有重要价值。

3．核苷类似物 阿糖胞苷（cytarabine）是改变了核糖结构的核苷类似物，它也是重要的抗癌药物（图 8-19）。阿糖胞苷在细胞内激酶的作用下磷酸化为三磷酸衍生物，这种三磷酸衍生物能够选择性地抑制 DNA 聚合酶的活性，干扰 DNA 的复制。

早期临床上使用的治疗获得性免疫缺陷综合征的 3′- 叠氮 -2′,3′- 双脱氧胸苷（azidothymidine，AZT）也是改变了核糖结构的核苷类似物。AZT 通过合成代谢途径转变为相应的 5′- 三磷酸衍生物，抑制病毒逆转录酶作用。还有其他的类似物如 2′, 3′- 双脱氧胞苷、2′, 3′- 双脱氧肌苷（次黄苷）等，它们在细胞内首先转变为相应的三磷酸衍生物，然后加入到 DNA 分子中。由于这类衍生物缺少 3′-OH 末端，通过阻止复制链延长的方式干扰病毒的复制。

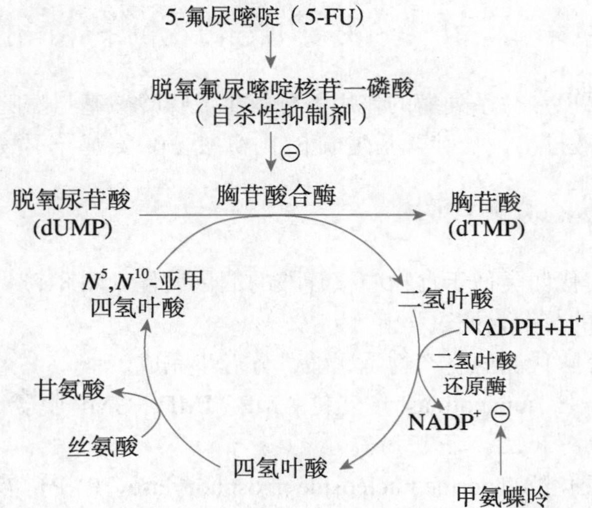

图 8-20 胸苷酸合酶与二氢叶酸还原酶抑制剂的作用机制

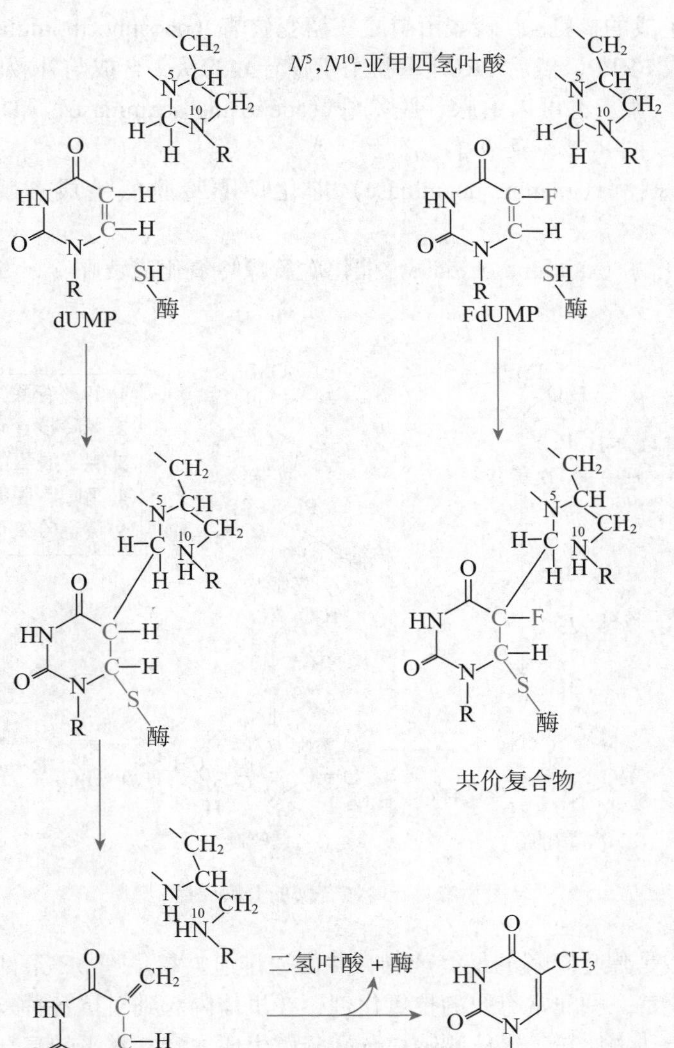

N^5,N^{10}-亚甲四氢叶酸

dUMP

FdUMP

共价复合物

二氢叶酸 + 酶

dTMP

图 8-21 脱氧氟尿嘧啶核苷一磷酸抑制胸苷酸合酶的机制

第三节　核苷酸的分解代谢

机体内的核苷酸可以在一系列酶的作用下分解生成嘌呤碱基与嘧啶碱基，嘌呤碱基氧化为尿酸（uric acid）由尿液排出，嘧啶碱基生成 β- 丙氨酸、β- 氨基异丁酸、CO_2 与 NH_3。

一、嘌呤核苷酸的分解代谢

体内核苷酸的分解代谢类似于食物中核苷酸的消化过程（图 8-1）。

（一）嘌呤核苷酸的分解代谢过程

人体嘌呤核苷酸分解代谢的终产物是尿酸，分五步完成。

（1）5′- 核苷酸酶（5′-nucleotidase）催化 AMP、IMP、GMP 脱磷酸，分别生成腺苷、肌苷（次黄苷）和鸟苷（图 8-22，反应 1）。

（2）嘌呤核苷磷酸化酶（purine nucleoside phosphorylase，PNP）催化腺苷等糖苷键的磷酸解反应，释放出核糖 -1- 磷酸与嘌呤碱，后者分别为腺嘌呤、次黄嘌呤、鸟嘌呤（图 8-22，反应 2）。

上述反应伴随生成的核糖 -1- 磷酸由磷酸核糖变位酶（phosphoribomutase）异构为核糖 -5- 磷酸，可再用于合成 PRPP，然后 PRPP 重新用于核苷酸的从头合成与补救合成。

（3）与此同时，腺苷也可以由腺苷脱氨酶（adenosine deaminase，ADA）催化脱氨反应，生成肌苷（次黄苷）（图 8-22，反应 3）。

腺苷脱氨酶

（4）鸟嘌呤脱氨酶（guanine deaminase）催化鸟嘌呤脱氨生成黄嘌呤（xanthine）（图 8-22，反应 4）。

（5）黄嘌呤氧化酶（xanthine oxidase）催化次黄嘌呤氧化成黄嘌呤，并进一步氧化成尿酸（图 8-22，反应 5）。

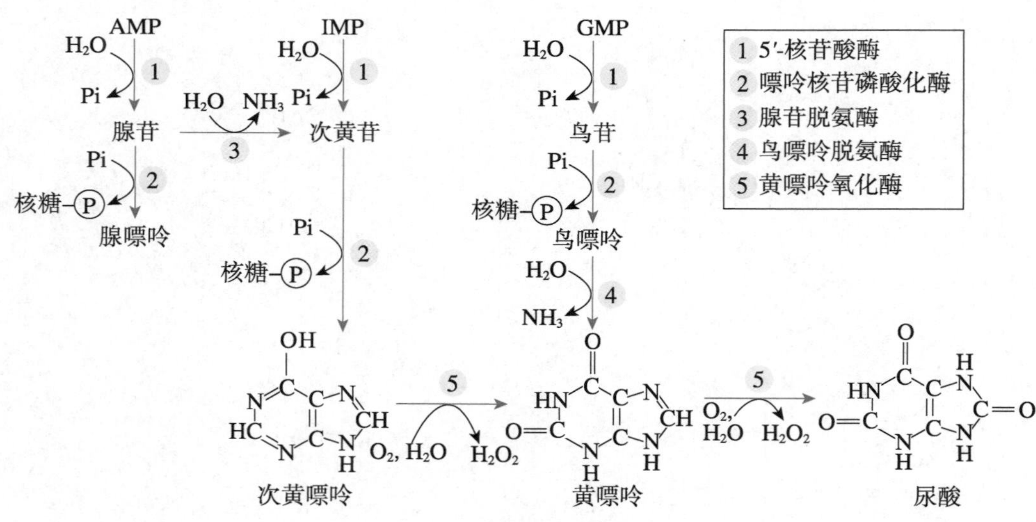

图 8-22　嘌呤核苷酸的分解代谢

在人体内，尿酸是嘌呤降解的最终产物，并由尿排泄。在生理 pH 条件下尿酸主要以尿酸盐形式存在。尿酸盐是一种非常有效的抗氧化剂，在机体内起到对抗各种自由基、保护细胞的作用。与其他灵长类动物比较，人体嘌呤核苷酸降解生成尿酸盐水平较高。这种代谢特性可能对延长人类寿命、减小癌症发生率发挥一定作用。

（二）嘌呤代谢障碍疾病

1. 痛风（gout）　痛风是指患者血中尿酸含量升高，尿酸盐从血液中析出，以尿酸盐结晶的形式沉淀于关节、软组织及肾等处，导致痛风性关节炎、尿路结石及肾病。痛风的急性发作表现为受害者就寝时正常，午夜后剧烈疼痛使得患者突然惊醒；疼痛部位集中出现在脚趾、踝关节与脚背部位；初起伴随寒战、颤抖、低热；逐渐增强的疼痛使患者辗转不安，彻夜不眠。急性痛风性关节炎经反复发作可形成慢性痛风性关节炎。痛风形成的原因尚不完全清楚，可能与嘌呤核苷酸补救合成和从头合成途径中一些酶的缺失有关。

HGPRT 不完全缺乏是形成痛风的主要原因之一。HGPRT 不完全缺乏导致 GMP 与 IMP 补救合成减少，并伴随 PRPP 浓度的明显升高（图 8-23）。在正常情况下，磷酸核糖胺的形成速率依赖于 PRPP 的含量。PRPP 的浓度升高将增加嘌呤核苷酸的从头合成速率。同时，过多的 PRPP 的存在将干扰核苷酸对磷酸核糖酰胺转移酶的反馈抑制，加速磷酸核糖胺的生成（图 8-6），也进一步增加嘌呤核苷酸的从头合成速率，最终表现为嘌呤核苷酸过度生成。当然，其降解生成的尿酸量也相应增加。

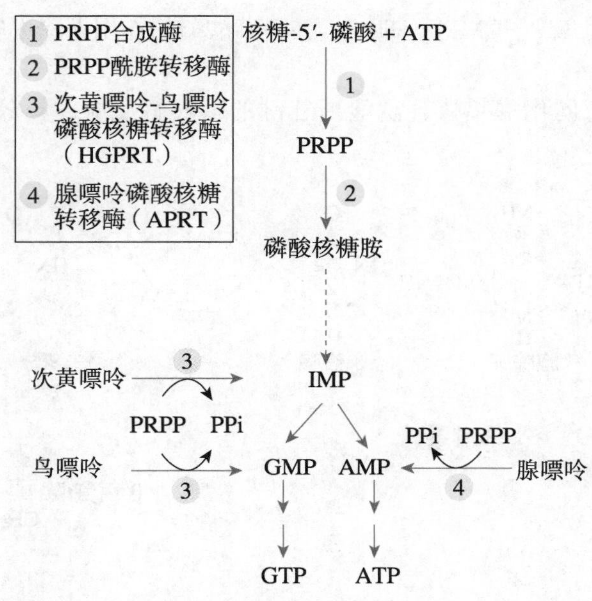

图 8-23　痛风发病的生化基础

酶缺陷导致高尿酸血症 / 痛风以及嘌呤核苷酸从头合成速率增加的生化基础

编码 PRPP 合成酶基因突变也是形成痛风的原因之一。变异后的合成酶出现酶动力学改变，最大反应速率（V_{max}）增加，米氏常数（K_m）降低或者与反馈抑制剂的亲和力下降，每一种情形都提高嘌呤核苷酸合成速率，因此，其降解生成的尿酸量也相应增加。

在临床上广泛应用别嘌醇（allopurinol）治疗痛风。别嘌醇是一种次黄嘌呤的类似物，结构特征为 N-7 与 C-8 位置的交换（图 8-24）。黄嘌呤氧化酶催化别嘌呤醇发生羟基化反应生成别嘌呤二醇，该产物与黄嘌呤氧化酶活性位点紧密结合，抑制酶的活性，黄嘌呤氧化酶失活，次黄嘌呤不能氧化成黄嘌呤和继续氧化生成尿酸。同时，别嘌醇与 PRPP 进行磷酸核糖化反应生成的别嘌醇核苷酸，抑制 PRPP 向磷酸核糖胺的转化过程，消耗 PRPP 也导致了嘌呤核苷酸从头合成速率的降低。

2．Lesch-Nyhan 综合征　Lesch-Nyhan 综合征是指由于 HGPRT 完全缺乏，引起以强迫性自毁行为为典型临床特征的一种疾病。该病患儿临床表现为自毁行为，对他人有攻击性，智力发育缺陷，同时伴有高尿酸血症，引起早期肾结石，逐渐出现痛风症状。

编码 HGPRT 的基因突变，HGPRT 完全缺乏，嘌呤核苷酸补救合成途径不能进行，引起主要依赖补救合成的 IMP 与 GMP 的脑发育障碍，同时由于 IMP 与 GMP 含量下降，PRPP 含

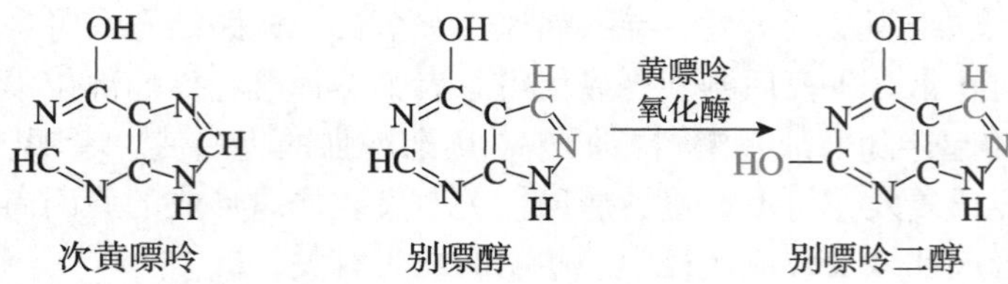

图 8-24 别嘌醇作用机制

腺苷脱氨酶与嘌呤核苷磷酸化酶缺乏导致复合性免疫缺陷综合征

量增加，嘌呤核苷酸从头合成速率升高，尿酸过度生成。

二、嘧啶核苷酸的分解代谢

（一）嘧啶核苷酸的分解代谢过程

（1）嘧啶核苷酸（UMP、CMP、dTMP）在核苷酸酶的作用下除去磷酸生成嘧啶核苷（图 8-25，反应 1）。

（2）核苷磷酸化酶催化嘧啶核苷磷酸糖苷键的磷酸解反应，释放磷酸核糖与嘧啶碱基（图 8-25，反应 2）。

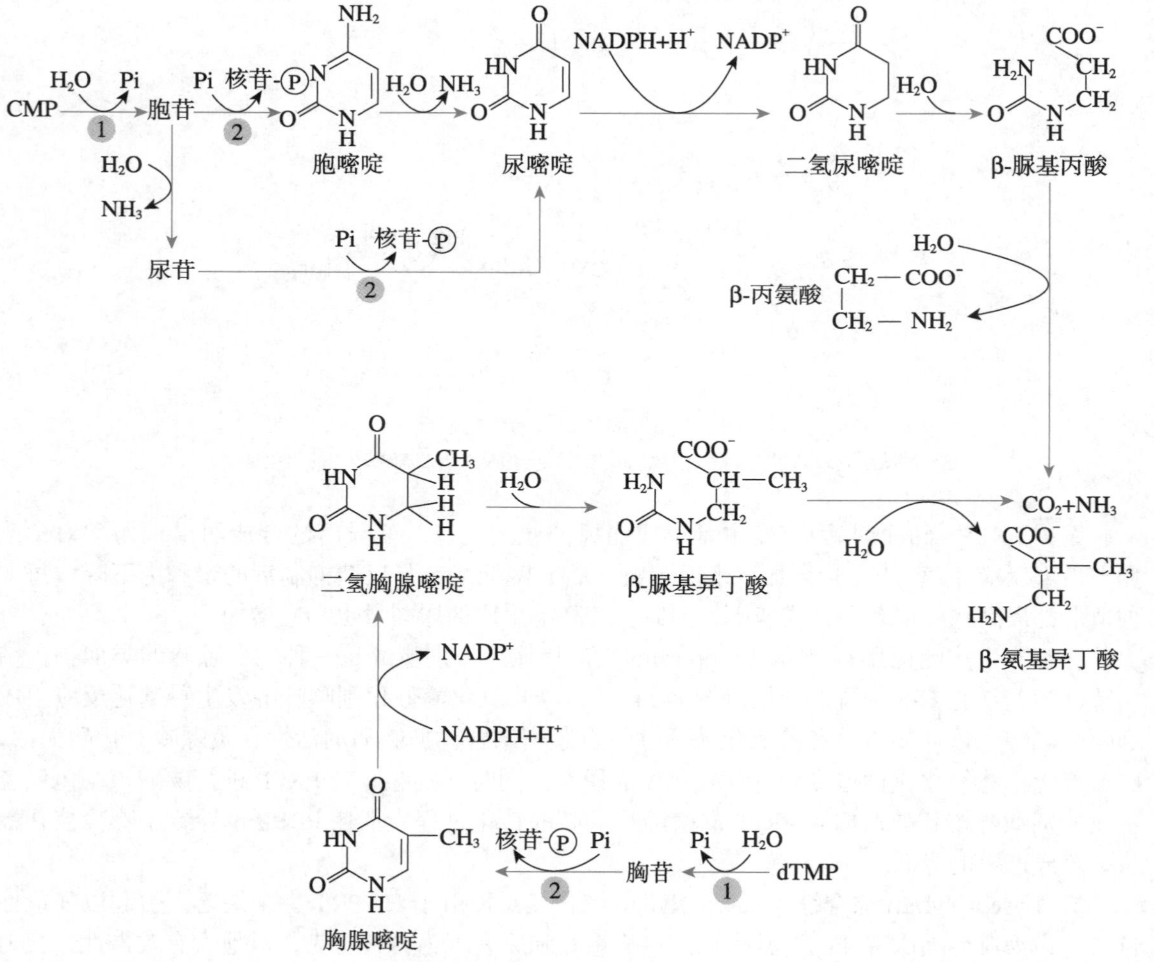

图 8-25 嘧啶核苷酸的分解代谢

① 5′- 核苷酸酶；②核苷磷酸化酶

(3) 胞嘧啶脱氨基转变成尿嘧啶，然后还原成为二氢尿嘧啶，水解开环后分解成为β- 丙氨酸、CO_2、NH_3。

(4) 胸腺嘧啶降解成为β- 氨基异丁酸、CO_2、NH_3。

与其他哺乳动物相似，人体可以经转氨基反应将β- 氨基异丁酸转变为甲基丙二酸半醛，然后形成琥珀酰 CoA，此产物可参与三羧酸循环而彻底氧化，而生成的 NH_3 经转氨基作用与谷氨酸结合生成谷氨酰胺，在肝合成尿素。

（二）嘧啶代谢物生成过多的原因

与嘌呤碱的分解产生尿酸不同，嘧啶代谢的最终产物是高度水溶性的物质，嘧啶过度生成几乎不导致明显的临床异常表现。某些病理过程和药物的治疗可能引起嘧啶核苷酸代谢物生成过多，排出量增多。例如，高尿酸血症患者伴随 PRPP 过度生成，促进嘧啶核苷酸的生成，引起嘧啶核苷酸分解代谢产物量增加；在使用别嘌醇治疗痛风时，别嘌醇能与天然底物乳清酸竞争结合磷酸核糖，生成别嘌呤醇核苷酸，别嘌呤醇核苷酸抑制乳清酸核苷酸脱羧酶的活性，导致乳清酸聚积、排泄增加；合成尿素过程中氨基甲酰磷酸利用不足，会促进嘧啶核苷酸生物合成，分解代谢产物增多；白血病患者接受 X 线放射治疗增加 DNA 破坏，导致嘧啶核苷酸分解代谢速率增强、β- 氨基异丁酸排出量增多。

小结

核苷酸是构成核酸的基本单位，同时也参与多种代谢过程。核苷酸不是营养必需物质，主要通过细胞自身合成。体内存在从头合成与补救合成两条核苷酸合成途径。

嘌呤核苷酸从头合成的主要原料包括：PRPP、氨基酸（Gln，Asp，Gly）、一碳单位和 CO_2。在从头合成过程中，先合成 IMP，然后进一步分别合成 AMP 和 GMP。从头合成过程受到精确的反馈调节。嘌呤核苷酸补救合成利用嘌呤碱基、嘌呤核苷和嘌呤脱氧核苷转变成为单核苷酸。

嘧啶核苷酸从头合成的主要原料包括：PRPP、氨基酸（Gln，Asp）和 CO_2。嘧啶核苷酸的从头合成与嘌呤核苷酸的从头合成过程有明显的不同。机体首先合成嘧啶环，然后由 PRPP 提供磷酸核糖部分生成嘧啶核苷酸。

脱氧核糖核苷酸是在核糖核苷酸还原酶催化下，由相应的核糖核苷二磷酸还原生成。脱氧胸苷酸是在胸苷酸合酶催化下，由 dUMP 甲基化形成。

嘌呤核苷酸的抗代谢物为嘌呤、氨基酸或叶酸的类似物，嘧啶核苷酸的抗代谢物为嘧啶、氨基酸或叶酸的类似物。这些抗代谢物以竞争性抑制的方式干扰或阻断核苷酸的合成，从而进一步阻止核酸与蛋白质的合成，被广泛用于抗肿瘤的治疗中。

在人体，嘌呤核苷酸最终降解成为尿酸，黄嘌呤氧化酶是该分解过程的关键酶。痛风是一种由于嘌呤代谢异常导致尿酸生成过多引起的疾病。在临床上，别嘌醇用于治疗痛风。别嘌醇以抑制嘌呤碱的降解和降低从头合成速率的作用方式调节嘌呤代谢。

嘧啶核苷酸分解代谢的终产物为高度水溶性的 CO_2、NH_3 及β- 氨基酸。过度生成嘧啶代谢产物无异常临床表现。

思考题

1．根据本书所学内容，归纳出核苷酸的生理生化功能。

2．解释痛风发生的生化机制以及别嘌醇的治疗机制。

3．简述 5-FU、6-MP、甲氨蝶呤以及氮杂丝氨酸等药物的抗癌作用机制。

4．简述嘌呤核苷酸和嘧啶核苷酸从头合成的主要原料、关键酶，以及二者的主要差别。

5．用 ^{15}N 标记 Gln 的酰胺氮喂养鸽子后，其体内含 ^{15}N 的化合物有哪些？

6．简述脱氧核糖核苷酸的合成途径及主要生成方式。

（张春晶　李淑艳）

物质代谢的相互联系与调节

第9章

第一节 概 述

人体内的物质代谢多样化，涉及生物大分子物质（如糖、脂质、蛋白质和核酸）、小分子物质（如维生素、血红素、胆汁酸和胆红素等）、无机盐、钙/磷离子和微量元素等。机体内各种物质代谢并不是孤立反应，多种物质代谢在同一时间内并联进行，彼此间协调互作，供求制衡，以确保细胞乃至组织器官的正常功能。通常，单细胞水平的物质代谢主要涉及糖、脂质、氨基酸和核苷酸的合成与分解代谢，几乎所有的细胞个体都参与其中，且遵循核心的代谢通路（metabolic pathway）。在细胞层次上，物质代谢通路反应总是受到酶促反应的诸多调节，如底物的有效性、酶的活性及含量、别构效应、磷酸化/去磷酸化以及其他的共价修饰等，即细胞水平代谢调节。

三大营养物质（糖、脂质和蛋白质）是机体的主要能量物质，虽然代谢通路、反应定位、组织器官的代谢偏好等各不相同，但都有共同的中间代谢物——乙酰 CoA，参与三羧酸循环和氧化磷酸化，释放能量并均以 ATP 形式储存。生命活动依赖于物质代谢，食物中的糖类、脂肪及蛋白质，经消化吸收进入人体后，进行分解代谢以供能，或合成体内的细胞结构成分，这些物质亦在不断地进行新陈代谢，且井然有序。机体内有一整套精细的代谢调节机制，致使各种代谢总是处于动态平衡。为了全面了解个体的代谢通路及其调节意义，必须考虑这些代谢通路在整个机体的整合与调节作用。

细胞分化和分工是多细胞生物个体的一个重要特征，内分泌细胞及内分泌器官通过激素水平调节代谢，致使物质代谢调节更为精细复杂。同时，人体各种激素信号的整合和协调作用不仅调节不同组织的代谢过程，还驱动每个器官的功能调节，以及物质代谢的相互联系、相互转变、相互制约，实现机体的整体水平代谢调节。如果这些代谢之间的协调关系受到破坏，便会发生代谢紊乱，甚至引起疾病。目前，相关科学研究发现，机体的内/外环境变化、神经内分泌改变、细胞分子信号转导、功能酶的结构变化、基因转录表达、代谢通路和能量代谢变化等，整合在一起形成了复杂的代谢调控网络。随着转录物组学（transcriptomics）、蛋白质组学（proteomics）和代谢物组学（metabonomics）的深入研究，将会更加系统地认识分子、细胞、组织和器官等层次上的各种物质代谢特点和整合关系，以及其与内外环境的变化规律。

第二节 物质代谢的相互联系

一、物质代谢的特点

1．代谢途径的整体性 各类物质在体内代谢时并非各不相关，走各自的代谢通路，而是常常利用或共享同一代谢通路，或分享部分代谢通路。物质间可互相转变，彼此制约，构成整体。

2．代谢的可调节性 物质代谢速度控制及选择哪条代谢通路，取决于机体生理状态的需要，同时伴随神经、激素及反馈调节等机制进行精确调控。

3．共同的代谢池 无论是来自体外还是体内的物质，在进行中间代谢时，不分彼此，参与到共同的代谢池中去。

4．物质的动态平衡 体内的各种组成成分总是在不断更新。虽然体内的物质面临着多条代谢通路，或分解或合成，但它们总是能获得适时的补充，维持动态平衡。

5．共同的能量载体 机体的各种代谢过程，无论以直接还是间接方式，均离不开能量的参与。ATP 作为机体可直接利用的能量载体，将物质代谢与生命活动紧密相连。

二、物质代谢的联系

1．糖、脂质和蛋白质三大营养物质参与能量代谢 乙酰 CoA 是三大营养物质共同的中间代谢物，三羧酸循环和氧化磷酸化是糖、脂质和蛋白质彻底分解的共同代谢途径。在能量供应上，三大营养物质可以相互代替，并相互制约。通常而言，糖是机体的主要供能物质；脂肪是机体储能的主要形式；而蛋白质是组成细胞的重要物质，通常并无多余的储存。由于糖、脂肪、蛋白质分解代谢有共同的终末途径，所以任何一种供能物质的代谢占优势，常能抑制和节约其他供能物质的降解。例如脂肪酸代谢旺盛，生成的 ATP 增多（ATP/ADP 比值增高），可别构抑制糖分解代谢中的调节酶——磷酸果糖激酶 -1（PFK-1），从而抑制糖的分解代谢。相反，若非糖供能物质供应不足，体内能量匮乏，ADP 积存增多，则可别构激活磷酸果糖激酶 -1，以加速体内糖的分解代谢。

2．糖、脂类、氨基酸和核酸的相互联系 体内糖、脂质、蛋白质和核酸等的代谢不是彼此独立，而是相互关联的。它们通过共同的中间代谢物，即两种代谢途径交汇时的中间产物，将三羧酸循环和氧化磷酸化等联成整体。三种营养物质之间互相转变，当一种物质代谢障碍时，可引起其他物质代谢的紊乱，如糖尿病时糖代谢的障碍，可引起脂代谢、蛋白质代谢甚至水及电解质代谢的紊乱。

（1）糖代谢与脂代谢的相互联系：当摄入的糖量超过体内能量消耗时，除合成少量糖原储存在肝及肌肉组织外，生成的柠檬酸及 ATP 可别构激活乙酰 CoA 羧化酶，使由糖代谢产生的乙酰 CoA 羧化生成丙二酸单酰 CoA，进而合成脂肪酸以至脂肪，即糖可以转变为脂肪。所以，摄取不含脂肪的高糖膳食同样可以使人肥胖及血脂（三酰甘油）升高。而脂肪绝大部分不能在体内转变为糖，这是因为丙酮酸转变成乙酰 CoA 这步反应是不可逆的，故脂肪酸分解生成的乙酰 CoA 不能转变为丙酮酸。尽管脂肪动员产物之一甘油可以在肝、肾、肠等组织中的甘油激酶作用下转变为磷酸甘油，进而转变成糖，但其量和脂肪中大量分解生成的脂肪酸相比是微不足道的。此外，脂肪分解代谢的强度及顺利进行还依赖于糖代谢的正常进行。当饥饿或糖供给不足或代谢障碍时，可引起脂肪大量动员，脂肪酸进入肝，β 氧化生成的酮体量增加；还由于糖的不足，致使草酰乙酸相对不足，由脂肪酸分解生成的过量酮体不能及时通过三羧酸循环氧化，造成血酮体升高，产生高酮血症。

（2）糖代谢与氨基酸代谢的相互联系：体内蛋白质中的 20 种氨基酸，除生酮氨基酸（亮氨酸、赖氨酸）外，都可通过转氨基或脱氨作用，生成相应的 α- 酮酸。这些 α- 酮酸可通过三羧酸循环及氧化磷酸化生成 CO_2 和 H_2O 并释放出能量，也可转变成某些中间代谢物如丙酮酸，经糖异生途径转变为糖。同时，糖代谢的一些中间产物也可氨基化生成某些营养非必需氨基酸。但是苏氨酸、亮氨酸、缬氨酸、赖氨酸、异亮氨酸、色氨酸、苯丙氨酸、甲硫氨酸和组氨酸 9 种氨基酸不能由糖中间代谢物转变而来，必须由食物供给，因此称为营养必需氨基酸。由此可见，20 种氨基酸除亮氨酸及赖氨酸外，均可转变为糖，而糖代谢中间代谢物仅能在体内转变成 11 种营养非必需氨基酸，其余 9 种营养必需氨基酸必须从食物中摄取。

（3）脂肪代谢与氨基酸代谢的相互联系：无论生糖氨基酸、生酮氨基酸还是生酮兼生糖氨基酸（异亮氨酸、苯丙氨酸、色氨酸、酪氨酸、苏氨酸），分解后均生成乙酰 CoA，后者经还原缩合反应可合成脂肪酸，进而合成脂肪，即蛋白质可以转变为脂肪。乙酰 CoA 也可合成胆固醇以满足机体的需要。此外，某些氨基酸也可作为合成磷脂的原料，但脂质不能转变为氨基酸，仅脂肪的甘油部分可循糖异生途径生成糖，再转变为某些营养非必需氨基酸。

（4）核苷酸代谢与氨基酸代谢、糖代谢的相互联系：氨基酸是体内合成核苷酸的重要原料，如嘌呤的合成需甘氨酸、天冬氨酸、谷氨酰胺及一碳单位，嘧啶的合成需天冬氨酸、谷氨酰胺及一碳单位为原料。合成核苷酸所需的磷酸核糖由糖代谢中的磷酸戊糖途径提供。

3．三羧酸循环的核心枢纽地位　三羧酸循环不仅是糖、脂肪和氨基酸分解代谢的最终共同途径，其中的许多中间产物还可以分别转化成糖、脂肪和氨基酸。因此三羧酸循环是联系糖、脂肪和氨基酸代谢的纽带。通过一些枢纽性中间产物如乙酰 CoA，可以联系及沟通几条不同的代谢通路（图 9-1）。值得注意的是，糖、脂肪和氨基酸之间并非可以无条件地互变，

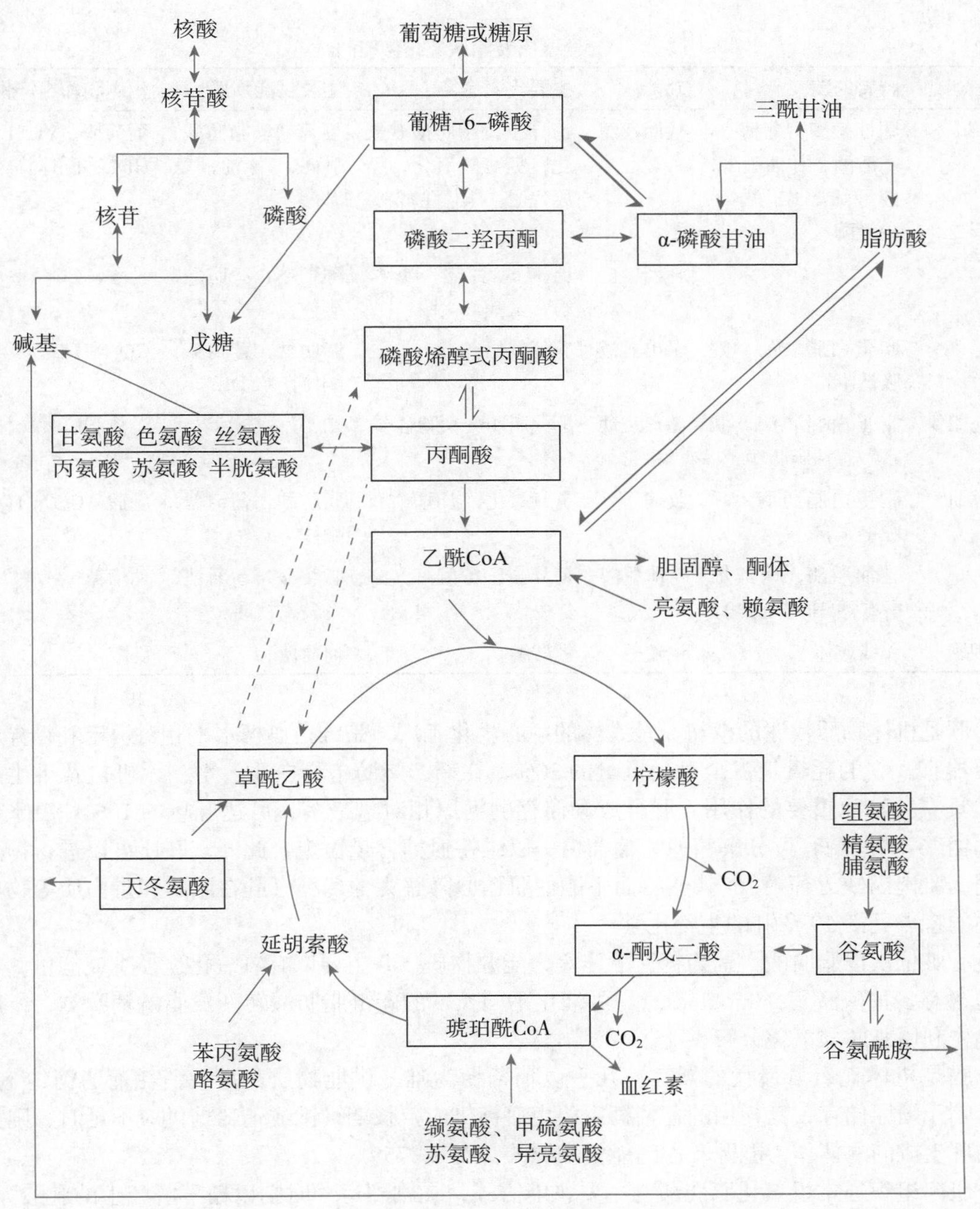

图 9-1　糖、脂肪、氨基酸、核苷酸代谢途径联系图

某些代谢反应是不可逆的，或缺乏转变所需的酶，因而该类物质之间是不能互相转变的。如体内乙酰 CoA 不能转变成丙酮酸，偶数碳原子脂肪酸不能转化为糖或氨基酸。

三、组织与器官的物质代谢及联系

机体各组织和器官，由于细胞内酶的组成（或含量不同）、细胞分化（或结构不同）与功能差异，致使代谢既有共同之处，又各具特点。同时，体内各组织和器官的代谢并非孤立进行，而是相互联系，将机体构成一整体，其中以肝为调节和联系全身代谢的枢纽。如乳酸循环将肌肉、肝代谢联系起来；又如脂肪组织分解脂肪产生的甘油运至肝，可生成糖；大量脂肪酸可在肝中生成酮体，酮体又可成为肝外组织很好的能源物质。重要器官及组织氧化供能的特点见表 9-1。

Reye 综合征

表9-1 重要器官及组织氧化供能的特点

器官组织	特有的酶	功能	主要代谢途径	主要供能物质	代谢和输出产物
肝	葡糖激酶，葡糖 -6- 磷酸酶，甘油激酶，磷酸烯醇式丙酮酸羧激酶	代谢枢纽	糖异生，脂肪酸 β 氧化，糖有氧氧化，糖原代谢，酮体生成等	葡萄糖，脂肪酸，乳酸，甘油，氨基酸	葡萄糖，VLDL，HDL，酮体等
脑		神经中枢	糖有氧氧化，糖酵解，氨基酸代谢	葡萄糖，脂肪酸，酮体，氨基酸等	乳酸，CO_2，H_2O
心	脂蛋白脂肪酶，呼吸链丰富	泵出血液	有氧氧化	脂肪酸，葡萄糖，酮体，VLDL	CO_2，H_2O
脂肪组织	脂蛋白脂肪酶，激素敏感性脂肪酶	储存及动员脂肪	酯化脂肪酸，脂解	VLDL，CM	游离脂肪酸，甘油
骨骼肌	脂蛋白脂肪酶，呼吸链丰富	收缩	有氧氧化，糖酵解	脂肪酸，葡萄糖，酮体	乳酸，CO_2，H_2O
肾	甘油激酶，磷酸烯醇式丙酮酸羧激酶	排泄尿液	糖异生，糖酵解，酮体生成	脂肪酸，葡萄糖，乳酸，甘油	葡萄糖
红细胞	无线粒体	运输氧	糖酵解	葡萄糖	乳酸

肝是机体物质代谢的枢纽，是人体的中心生化工厂，是维持血糖水平相对恒定和糖异生的重要器官。它的耗氧量占全身耗氧量的 20%，在糖、脂肪、蛋白质、水、无机盐及维生素代谢中具有独特而重要的作用。肝合成和储存的糖原相对量最多，可达肝重的 10%；由于肝含有葡糖 -6- 磷酸酶，可分解糖原为葡萄糖，以维持血糖含量恒定；此外，肝还可以进行糖异生作用。肌肉因缺乏葡糖 -6- 磷酸酶而不能使肌糖原降解为葡萄糖（肝在脂肪和蛋白质等物质代谢中的特点见第 19 章肝的生物化学）。

心脏依次以脂肪酸、葡萄糖、酮体等为能源物质，并主要以有氧氧化途径生成能量。心肌细胞含有多种硫激酶（thiokinase），可催化不同长度的碳链脂肪酸转变成脂酰辅酶 A，所以心脏优先利用脂肪酸氧化分解供能。

脑是机体耗氧量最大的器官，几乎以葡萄糖为唯一供能物质，每天消耗葡萄糖约 100g，由于脑无糖原储存，其耗用的葡萄糖主要由血糖供应。长期饥饿或葡萄糖供应不足时，则主要利用肝生成的酮体作为能源，占脑能量来源的 25% ~ 75%。

肌肉组织通常以氧化脂肪酸为主要供能方式，在剧烈运动时则以糖酵解产生的乳酸为主，实现快速供能。由于肌肉缺乏葡糖 -6- 磷酸酶，肌糖原不能直接分解补充血糖，因此乳酸循环是整合肝糖异生与肌肉糖酵解途径的重要机制。

成熟红细胞的能量只能来自葡萄糖的酵解途径。由于红细胞没有线粒体，不能进行糖的有氧氧化，也不能利用脂肪酸及其他非糖物质。

脂肪组织是合成及储存脂肪的重要组织。机体膳食摄入的脂肪和糖，除部分氧化供能外，其余均以脂肪形式储存。饥饿时，在激素敏感性三酰甘油脂肪酶的作用下，脂肪动员过程将脂肪分解成甘油和脂肪酸进入血液循环。脂肪酸在肝内生成酮体，供肝外组织利用，以补充能源物质的消耗。

肾也可进行糖异生和生成酮体，它是除肝外可进行这两种代谢的器官。在正常情况下，肾生成的糖量仅占肝糖异生的 10%，而饥饿 5 ~ 6 周后肾异生的葡萄糖几乎与肝生成的量相等。

蛋白质营养不良

第三节　物质代谢的调节

物质代谢是生物的重要特征，也是生物进化过程中逐步形成的一种适应能力，进化程度愈高的生物其代谢调节方式愈复杂。高等动物的代谢调节可分三级水平，即细胞水平代谢调节、激素水平代谢调节和以中枢神经为主导的整体水平代谢调节。细胞水平代谢调节是基础，是对单细胞生物内代谢物浓度的变化、酶活性和酶量的原始调节。激素水平代谢调节，可以协调细胞、组织以及器官之间的代谢，是较为复杂的生物才具有的。人等哺乳类高等生物，则出现了更复杂、更高级的由细胞内酶、激素以及神经系统共同构成的综合调节网络，即所谓的整体水平代谢调节。激素及整体水平代谢调节是通过细胞水平代谢调节来实现的，因此细胞水平代谢调节是主要的。

一、细胞水平代谢调节

细胞水平代谢调节实质上就是对细胞内酶的调节。酶的调节包括酶结构的调节与酶量的调节。酶结构的调节是通过改变酶的结构，使已有酶的活性发生变化，由此调节代谢。这类调节方式效应快，分秒之间即发生作用，但不持久，故又称为快速调节。酶量的调节则通过改变酶的生成与降解速度以改变酶的总活性。在哺乳类动物中，此方式产生效应比酶的结构调节慢，需几小时至数天，但较为持久，所以又称为慢速调节。

酶在细胞内的分布是区域化的。细胞内催化同一代谢途径的酶通常组成多酶体系。同一多酶体系的酶，又多集中存在于一定的亚细胞结构中，如糖酵解、糖原合成、脂肪酸合成等酶系在胞质，而三羧酸循环、脂肪酸 β 氧化、呼吸链的相关酶集中在线粒体，核酸合成的酶则在细胞核内（表 9-2）。区域化不仅可避免代谢途径之间相互干扰，还有利于调节因素对不同代谢途径的特异性调节。

表9-2　细胞内分布的多酶体系

多酶体系	分布	多酶体系	分布
核酸合成	细胞核	尿素合成	线粒体及细胞质
糖酵解	细胞质	血红素合成	线粒体及细胞质
磷酸戊糖途径	细胞质	三羧酸循环	线粒体
糖原合成	细胞质	氧化磷酸化	线粒体
脂肪酸合成	细胞质	脂肪酸氧化	线粒体
蛋白质合成	内质网及细胞质	水解酶	溶酶体
胆固醇合成	内质网及细胞质	嘌呤从头合成	细胞质

在各个代谢途径中，有些酶是调节关键步骤的关键酶（key enzyme）（表 9-3）。这些酶通常是催化不可逆反应的酶，或是催化代谢途径分叉点代谢反应的酶，或是催化代谢途径中限速反应的酶。关键酶也称为调节酶（regulatory enzyme），是指对代谢途径的反应速率起调节作用的酶。它们的分子一般具有明显的活性部位和调节部位。位于一个或多个代谢途径内的一个关键部位的酶，它的活性可因与调节剂的结合而改变。关键酶有调节代谢反应的功能，一般可分为别构酶和化学修饰调节酶。

表9-3 物质代谢途径的关键酶

代谢途径	关键酶	代谢途径	关键酶
糖原分解	磷酸化酶	脂肪酸分解	肉碱脂酰转移酶 I
糖原合成	糖原合酶	脂肪酸合成	乙酰 CoA 羧化酶
糖酵解	磷酸果糖激酶、己糖激酶、丙酮酸激酶	胆固醇合成	HMG-CoA 还原酶
糖有氧氧化	丙酮酸脱氢酶系、柠檬酸合酶、异柠檬酸脱氢酶	嘌呤核苷酸合成	PRPP 合成酶、酰胺转移酶
糖异生	丙酮酸羧化酶、磷酸烯醇式丙酮酸羧激酶、果糖二磷酸酶	嘧啶核苷酸合成	天冬氨酸氨基甲酰转移酶、氨基甲酰磷酸合成酶Ⅱ、PRPP 合成酶

在代谢途径各反应中，关键酶所催化的反应具有下述特点：①反应速率最慢，它的活性决定了整个代谢途径的总速率；②常催化单向反应或非平衡反应，因此其活性决定整个代谢途径的方向；③酶活性除受底物控制外，还受多种代谢物或效应剂的调节。

（一）酶结构的调节

1. 酶的别构调节 酶的别构调节是细胞内最原始、最基本的酶活性调节方式，在单细胞生物普遍存在。一些小分子别构效应剂（如代谢产物）与酶分子的非催化部位或亚基结合后，引起酶分子空间构象变化，从而使酶的活性发生改变。代谢途径中的关键酶大多是别构酶，其别构效应剂可以是酶体系的终产物或其他小分子代谢物。某些代谢途径中的别构酶及其别构效应剂列于表 9-4。

表9-4 代谢途径中的别构酶及其别构效应剂

酶系	别构激活剂	别构抑制剂
糖分解与氧化		
糖原磷酸化酶	AMP、Pi、G-1-P	ATP、葡萄糖、葡糖 -6- 磷酸
己糖激酶	—	葡糖 -6- 磷酸
磷酸果糖激酶	AMP、ADP、Pi、果糖二磷酸	ATP、柠檬酸
丙酮酸激酶	果糖二磷酸、丙氨酸	ATP、乙酰 CoA
柠檬酸合酶	AMP、ADP	ATP、NADH、长链脂肪酰 CoA
异柠檬酸脱氢酶	AMP、ADP	ATP
糖异生与糖原合成		
丙酮酸羧激酶	ATP、乙酰 CoA	AMP
果糖 -1,6- 二磷酸酶	ATP	AMP、果糖 -6- 磷酸、果糖 -2,6- 二磷酸
糖原合酶	葡糖 -6- 磷酸	—
脂肪酸合成		
乙酰 CoA 羧化酶	柠檬酸、异柠檬酸	长链脂肪酰 CoA

别构调节是细胞水平代谢调节中一种较常见的快速调节方式。代谢途径终产物常可使催化该途径起始反应的酶受到抑制，即反馈抑制（feedback inhibition），而这类抑制多为别构抑制。这是因为代谢产物的过量生成，不仅是一种浪费，而且对机体有害。例如长链脂肪酰 CoA 可反馈抑制乙酰 CoA 羧化酶，从而抑制脂肪酸的合成，这样可使代谢物的生成不致过多。别构调节还可使能量得以有效利用，不致浪费。例如 ATP 可别构抑制磷酸果糖激酶 -1、丙酮酸激酶及柠檬酸合酶，从而阻断糖酵解、有氧氧化及三羧酸循环，使 ATP 的生成不致过多。此外，别构调节还可使不同代谢途径相互协调，例如柠檬酸既可别构抑制磷酸果糖激酶，又可别构激活乙酰 CoA 羧化酶，使多余的乙酰 CoA 合成脂肪酸。

2．酶的化学修饰调节　高等生物体内广泛存在着酶的化学修饰调节，酶的化学修饰也是体内快速调节酶活性的一种重要方式。化学修饰是指酶与其他化学基团发生可逆的共价连接，酶因此发生活性改变。酶的化学修饰主要有磷酸化与去磷酸、乙酰化与去乙酰、甲基化与去甲基、腺苷化与去腺苷以及巯基（—SH）与二硫键（—S—S—）的互变等，其中磷酸化与去磷酸在代谢调节中最为多见（表 9-5）。

表9-5　酶促化学修饰对酶活性的调节

酶	化学修饰类型	酶活性改变
糖原磷酸化酶	磷酸化 / 去磷酸	激活 / 抑制
磷酸化酶 b 激酶	磷酸化 / 去磷酸	激活 / 抑制
糖原合酶	磷酸化 / 去磷酸	抑制 / 激活
丙酮酸脱羧酶	磷酸化 / 去磷酸	抑制 / 激活
磷酸果糖激酶	磷酸化 / 去磷酸	抑制 / 激活
丙酮酸脱氢酶	磷酸化 / 去磷酸	抑制 / 激活
HMG-CoA 还原酶	磷酸化 / 去磷酸	抑制 / 激活
HMG-CoA 还原酶激酶	磷酸化 / 去磷酸	激活 / 抑制
乙酰 CoA 羧化酶	磷酸化 / 去磷酸	抑制 / 激活
脂肪细胞三酰甘油脂肪酶	磷酸化 / 去磷酸	激活 / 抑制
黄嘌呤氧化（脱氢）酶	—SH/—S—S—	脱氢酶 / 氧化酶

例如细胞内某些酶蛋白的丝氨酸、苏氨酸或酪氨酸残基的羟基可以被上游蛋白激酶催化发生磷酸化，致使该酶的活性发生改变。如果该修饰酶的下游底物还是蛋白激酶，则下游蛋白激酶也可被进一步磷酸化而发生活性改变。如此导致酶的级联放大效应则是细胞信号转导的分子基础。此外，磷酸化酶的去磷酸作用则是由蛋白质磷酸酶（protein phosphatase）催化的水解反应。

在某一代谢途径，别构调节和化学修饰调节作用可以同时存在。例如在糖原合成与分解调节中，无活性的蛋白激酶 A 的调节亚基与别构效应剂 cAMP 非共价结合后，别构转变成有活性的蛋白激酶 A。有活性的蛋白激酶 A 又进一步催化下游糖原合酶和磷酸化酶 b 激酶发生磷酸化共价修饰，由此引起酶的级联放大效应，促进了糖原分解和抑制糖原合成，结果是血糖水平升高（见第 4 章糖代谢）。此外，对于某一具体酶，可以受到别构调节，同时也可以受到化学修饰调节，例如糖原合酶受到葡糖 -6- 磷酸的别构激活，也可同时受到蛋白质磷酸酶的去磷酸作用而被激活。

（二）酶量的调节

酶量的调节包括对酶的合成与降解的调节。

1．酶蛋白合成的调节 酶蛋白的合成包括酶的诱导（induction）与阻遏（repression）。诱导使酶的生成增多、增快；阻遏则使酶的生成减少、减慢。但体内也存在一些酶，其浓度在任何时间、任何条件下基本不变，称之为组成型酶（constitutive enzyme），如甘油醛-3-磷酸脱氢酶（glyceraldehyde 3-phosphate dehydrogenase，GAPDH）和磷酸甘油酸激酶（phosphoglycerate kinase，PGK1），常作为基因表达差异研究的内参照（internal control）。

某些小分子物质，如代谢物（常是酶的底物）、激素和药物等对酶有诱导作用，使酶蛋白合成增加，由此使酶量增多，该酶催化的代谢反应速率随之加快。例如单加氧酶系易被诱导，苯巴比妥等催眠药久服引起耐药，因苯巴比妥不仅可使单加氧酶系合成增加，还可诱导葡糖醛酸转移酶的生成，使肝对苯巴比妥的生物转化能力增强。

通常，酶的阻遏由代谢物引起，代谢途径产生的小分子终产物常对关键酶进行反馈阻遏。如HMG-CoA还原酶是胆固醇合成中的关键酶，肝中该酶可被胆固醇反馈阻遏。血胆固醇升高不反馈抑制肠黏膜胆固醇的合成，因而食物胆固醇吸收进入体内，或体内合成的胆固醇对肠黏膜胆固醇的合成都影响不大。食物胆固醇增加则相对吸收多，使血胆固醇升高。

2．酶蛋白降解的调节 酶蛋白的降解速度也能调节细胞内酶的含量。细胞内溶酶体蛋白水解酶影响酶蛋白的降解。此外，细胞内由多种水解酶组成的蛋白酶体可降解与泛素结合的蛋白酶。蛋白酶体是细胞中存在的一种26S蛋白水解酶的复合物。泛素是进化上高度保守的蛋白质，由76个氨基酸残基构成。泛素诱导细胞周期蛋白降解在细胞周期的调节中起重要作用。

二、激素水平代谢调节

激素水平代谢调节是通过激素的代谢信号来控制体内物质代谢，也是高等动物体内代谢调节的重要方式。不同激素作用于不同组织产生不同的生物效应，表现出较高的组织特异性和效应特异性，这是激素作用的一个重要特点。激素（hormone）是一类由特殊的细胞合成并分泌的化学物质，它随血液循环分布于全身，作用于特定的组织或细胞［称为靶组织（target tissue）或靶细胞（target cell）］，指导细胞物质代谢沿着一定的方向进行。对于每一个细胞来说，激素是外源性调控信号，而对于机体整体而言，它仍然属于内环境的一部分。

激素之所以能对特定的组织或细胞发挥作用，是由于组织或细胞存在特异识别和结合相应的激素受体（hormone receptor）。按激素受体在细胞的部位不同，可将激素分为两大类：细胞膜受体激素和胞内受体激素。细胞膜受体是存在于细胞表面质膜上的跨膜糖蛋白，膜受体激素包括胰岛素、肾上腺素、胰高血糖素、生长激素、促性腺激素、促甲状腺激素和甲状旁腺激素等蛋白质类激素，生长因子等肽类及肾上腺素等儿茶酚胺类激素。这些亲水的激素难以越过脂质双层构成的细胞表面质膜传递信号，而是作为第一信使与相应的靶细胞膜受体结合后，通过跨膜传递将所携带的信息传递到细胞内，然后通过第二信使及信号蛋白质的级联放大产生生物效应。胞内受体激素包括类固醇激素、甲状腺激素、1,25-$(OH)_2$-维生素D_3及视黄酸等脂溶性激素。这些激素可透过脂质双层细胞膜进入细胞，它们的受体大多数位于细胞核内，激素与胞质中受体结合后再进入核内或与核内特异性受体结合，引起受体构象改变，然后与DNA的特定序列即激素反应元件（hormone response element，HRE）结合，调节相应的基因转录，进而影响蛋白质或酶的合成，从而对细胞代谢进行调节（见第16章细胞信号转导），常见激素类型及其作用方式见表9-6。

表9-6　参与代谢调节的常见激素类型

激素类型	举例	合成来源	作用方式
蛋白质类激素	胰岛素、胰高血糖素	激素原的酶水解加工	细胞膜受体、第二信使作用
儿茶酚胺类激素	肾上腺素、去甲肾上腺素	酪氨酸的衍生物	
脂肪酸源激素	前列腺素、血栓素、白三烯	花生四烯酸衍生物	
类固醇类激素	睾酮、雌二醇、孕酮	胆固醇的生物转化	细胞核受体 基因转录调节
维生素 D	1,25-$(OH)_2$- 维生素 D_3	胆固醇的生物转化	
类维生素 A	视黄醇、视黄酸、视黄醛	维生素 A 活性产物	
一氧化氮	NO	精氨酸 + O_2 氧化生成	细胞质受体 第二信使 cGMP

三、整体水平代谢调节

为适应内、外环境变化，人体接受相应刺激后，将其转换成各种信息，通过神经体液途径将代谢过程适当调整，以保持内环境的相对恒定。这种整体调节在饥饿及应激状态时表现得尤为明显。在整体调节中，神经系统的主导作用十分重要。神经系统可通过协调各内分泌腺的功能状态间接调节代谢，也可以直接影响器官、组织的代谢。

在饱食情况下，血糖浓度升高，刺激胰岛 β 细胞分泌胰岛素，胰岛素促进肝合成糖原以及将糖转变为脂肪，抑制糖异生；胰岛素还促进肌肉和脂肪组织的细胞膜对葡萄糖的通透性，使血糖容易进入细胞，并被氧化利用，从而使血糖浓度回落。过低的血糖又可刺激间脑的糖中枢，通过交感神经刺激肾上腺素分泌，使血糖浓度有所回升。在神经系统的协调下，通过激素的交互作用，达到血糖浓度的相对恒定。早期饥饿时，血糖浓度有下降趋势，这时肾上腺素和胰高血糖素的调节占优势，促进肝糖原分解和肝糖异生，在短期内维持血糖浓度的恒定，以保证脑组织和红细胞等重要组织对葡萄糖的需求。若饥饿时间继续延长，则肝糖原被消耗殆尽，这时糖皮质激素也参与发挥调节作用，促进肝外组织蛋白质分解为氨基酸，便于肝利用氨基酸、乳酸和甘油等物质生成葡萄糖，这在一定程度上维持了血糖浓度的恒定；这时，脂肪动员也加强，分解为甘油和脂肪酸，肝将脂肪酸分解生成酮体，酮体在此时是脑组织和肌肉等器官重要的能量物质。图 9-2、图 9-3 和图 9-4 示意饱食、早期饥饿和饥饿情况下机体的代谢调节过程。

应激（stress）是人体受到创伤、剧痛、冻伤、中毒、严重感染等强烈刺激时所作出的一系列反应的总称。在应激状态下，交感神经兴奋，肾上腺素分泌增多，血胰高血糖素和生长激素水平增加，胰岛素分泌减少，引起一系列代谢改变，如血糖升高，这对保证脑、红细胞的供能有重要意义；脂肪动员加强，血浆脂肪酸升高，成为骨骼肌、肾等组织的主要能量来源；蛋白质分解加强，尿素生成及尿氮排出增加，呈负氮平衡。总之，应激时机体代谢特点是分解代谢增强，合成代谢受到抑制，以满足机体在紧张状态下对能量的需求。

妊娠期糖尿病

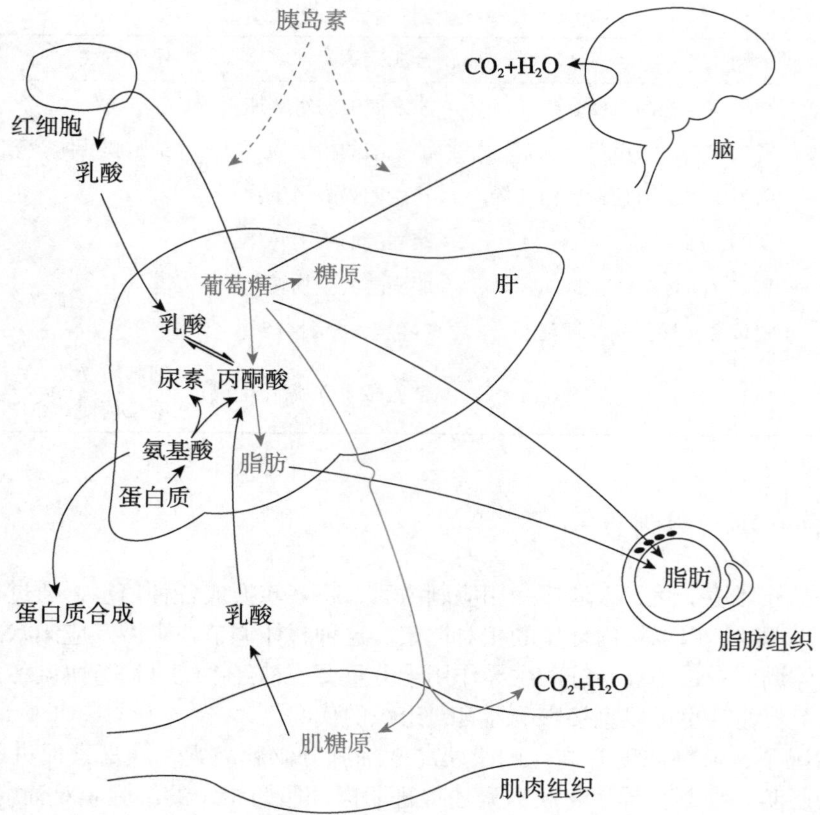

图 9-2 饱食情况下机体主要组织间代谢关系

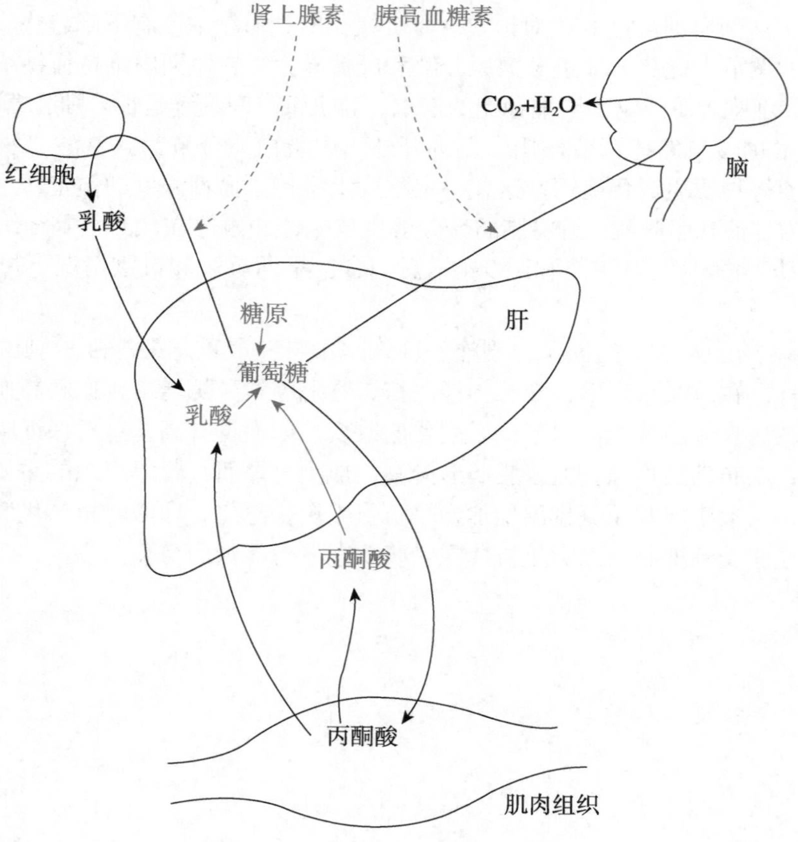

图 9-3 早期饥饿情况下机体主要组织间代谢关系

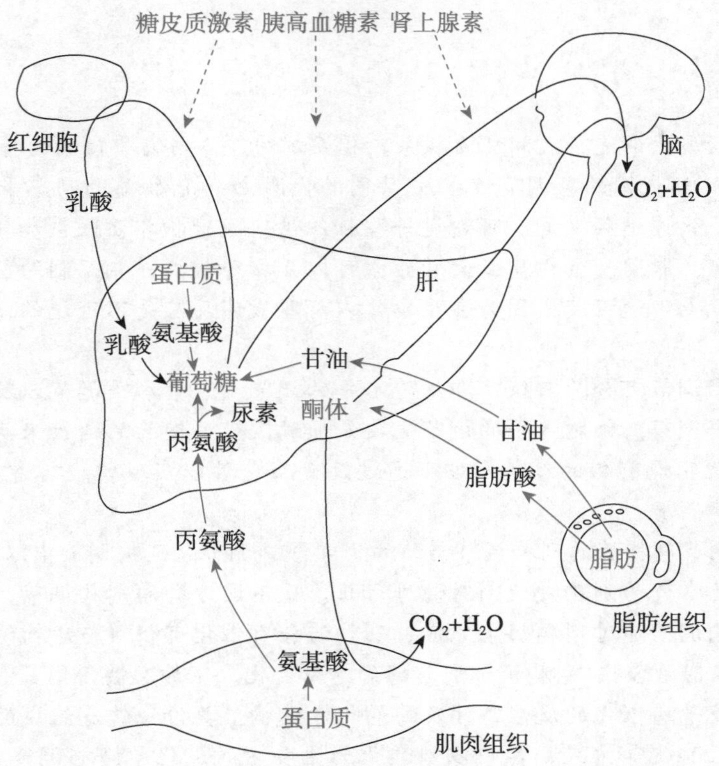

图 9-4　饥饿情况下机体主要组织间代谢关系

第四节　物质代谢调节异常与疾病

从神经系统、激素到细胞内的酶，代谢调节各个环节只要有所异常，都可引起疾病。胰岛 β 细胞功能减退，胰岛素分泌不足，可引起糖尿病。受体异常也可以导致疾病。例如某些胰岛素抵抗的糖尿病患者的血胰岛素浓度正常，但有受体数量减少、受体与胰岛素亲和力降低现象。个别胰岛素抵抗的糖尿病患者是由于其受体 β 链的酪氨酸激酶区发生了突变，丧失了激酶活性所致。某些先天性甲状腺功能减退患者，是因其甲状腺细胞表面受体对促甲状腺激素的敏感性低于正常。甲状腺激素分泌过多可引起能量代谢紊乱等甲状腺功能亢进的症状。有些代谢性疾病是由于先天性缺乏某种酶引起的。例如，黑色素是毛发、皮肤等组织的色素，由酪氨酸氧化生成。酪氨酸在酪氨酸酶催化下，首先转变成二羟苯丙氨酸，二羟苯丙氨酸继续氧化，最后聚合为黑色素。白化病患者的黑色素细胞中缺乏酪氨酸酶，致使黑色素不能生成。

代谢调节的有关知识不仅有助于理解疾病的发病机制，且可用以治疗疾病。例如，某些乳腺癌的生长依赖雌激素。他莫昔芬（tamoxifen）是一种人工合成的雌激素类似物，可竞争性地与雌激素受体结合。雌激素受体如与他莫昔芬结合，即丧失其转录因子活性。因此，他莫昔芬常在乳腺癌术后或化疗后用作辅助治疗，以抑制癌细胞生长，延长患者寿命。

肥胖是一种由多种因素引起的食欲和能量调节紊乱性疾病，与遗传、环境、膳食、体力活动等有关，其发病过程复杂，可继发多种疾病，危害严重。肥胖者常表现为胰岛素分泌异常、功能紊乱和糖脂代谢异常。正常人体通过神经、内分泌系统的复杂调节，使食欲、进食和能量平衡，进而调节体重，这涉及胃、肝、胰腺、脂肪组织及消化道分泌的多种激素。肥胖的诊断可有不同方法，常用的标准是体重指数（body mass index，BMI），BMI = 体重（kg）/ 身高的平方（m^2），如体重超过标准体重的 20% 或体重指数＞ 28 即为肥胖。

脂质代谢紊乱与肾病

小结

体内各种物质代谢途径之间相互联系，相互制约。体内物质代谢的特点是：① 代谢途径的整体性；② 代谢的可调节性；③ 共同的代谢池；④ 物质的动态平衡；⑤ 共同的能量载体。各条代谢途径之间，可通过一些枢纽性中间产物相互联系和转变。从能量供应的角度看，糖、脂肪、蛋白质三大营养素可以互相替代，并相互制约。但这三大营养素之间也不能无条件地互变，因为在生物体内有些代谢反应是不可逆的，或缺乏转变所需的酶。

物质的代谢调节可分为三级，即细胞水平的调节、激素水平调节以及中枢神经系统主导的整体水平调节。细胞水平的调节主要是通过改变关键酶的活性来实现的。酶的调节，既可通过改变现有酶的结构，亦可通过改变酶含量以实现之。前者属于快速调节，后者为慢速调节。

酶结构的调节包括酶的别构调节与酶的化学修饰调节。别构调节中以反馈调节多见。底物与代谢产物常作为别构效应剂对酶进行正、反不同方向的别构调节，引起代谢的方向性变化。别构调节通过别构酶来完成。别构酶含有催化部位（与底物结合）与调节部位（与别构效应剂结合）。别构调节引起酶的构象变化，不涉及共价键及组成的变化。酶的化学修饰调节是酶催化的反应，涉及酶的化学结构、共价修饰及组成的变化，有磷酸化、甲基化、乙酰化等方式，其中以磷酸化为主要方式。化学修饰调节具有放大效应，以调节代谢强度为主。别构调节与化学修饰调节相辅相成，其作用不可截然划分。

激素水平的调节通过其受体进行。根据受体所在位置不同，激素分为细胞膜受体激素与胞内受体激素。激素与靶细胞的特异性受体结合，通过信息传递途径，最终对靶蛋白质（或酶）进行别构调节或化学修饰调节，从而调节细胞代谢。

神经系统可通过协调内分泌腺的活动间接调节代谢，也可以直接对器官组织代谢施加影响，以进行整体水平调节，从而适应饱食、空腹、饥饿、营养过剩、应激等状态，使体内代谢处于相对稳定状态。

物质代谢调节各个环节的异常都可引起疾病。

思考题

1．酶的别构调节与化学修饰调节的异同是什么？
2．请举例说明物质代谢调节障碍与疾病的关系。
3．肝、肾、骨骼肌和大脑的物质和能量代谢有何特点？
4．长期饥饿时，机体糖及脂质代谢各有哪些特点？
5．严重饥饿（2 ~ 7 天以后）糖异生作用下降时，会发生哪些代谢和激素的变化？
6．糖、脂质和蛋白质在机体内是否可以相互转变？

（朱德锐　王　嵘）

第三篇

分子生物学基础

第10章 DNA合成与修复

第一节 概 述

自从1869年F. Miescher首次从细胞核中发现了DNA后，直至1944年O. T. Avery等才通过肺炎双球菌转化实验向人们首先报告了DNA携带遗传信息。随后，又有多种实验从不同角度支持以上结论。诸如发现同种属生物细胞DNA的含量是恒定的，它既不因外界环境或营养、代谢的变化而改变，也不随生物体的成长发育、衰老而改变。而不同种属生物细胞内的DNA含量不同。

在生物界，单细胞生物依靠细胞分裂增殖繁衍后代；高等生物从一个受精卵分裂、增殖、分化，发育为一个生物体，每个体细胞的DNA均与受精卵的DNA相同。所以DNA是生物遗传的物质基础。生物体的全部遗传信息编码在DNA分子上，表现为特定的核苷酸排列顺序。DNA的生物合成主要包括以下三种情况：① DNA复制（replication）。当细胞增殖时，双链DNA分别作为模板指导子代DNA的新链合成，亲代DNA的遗传信息便准确地传至子代。这种以DNA为模板指导的DNA合成称为DNA复制。② DNA修复（repair）合成。当DNA序列中出现局部损伤或错误时，去除异常序列后进行DNA局部合成以弥补缺损，称为DNA修复合成。③ 逆转录（reverse transcription）。某些RNA病毒侵入宿主细胞后，以其自身RNA为模板指导DNA的合成。因这与生物遗传中心法则中"转录"的信息流向相反，故称之为逆转录。

DNA是生物遗传物质基础的证明——肺炎双球菌转化实验

第二节 DNA的复制

1953年，J. D. Watson和F. H. C. Crick提出的DNA双螺旋学说不仅阐明了DNA的结构，并为探讨一个DNA分子如何复制成两个相同结构的DNA分子以及DNA如何传递生物遗传信息提供了科学依据。这也为现代分子生物学的发展起到了关键性的奠基作用，因此，两位科学家于1962年荣获诺贝尔生理学或医学奖。

DNA复制是指以母链DNA为模板合成子链DNA的过程。任何细胞在分裂、增殖前，首先是其染色体DNA进行复制合成，然后出现细胞分裂，这时复制的DNA会平均分配到两个子代细胞中去，同时将亲代的全部遗传信息传递给子代。

一、DNA复制的特点

（一）半保留复制

1. 半保留复制的概念 大量实验证明，DNA合成时，亲代双链DNA解链为单链，并以各单链为模板（template），以4种dNTP为原料，在DNA聚合酶作用下，按碱基互补原则（A-T、C-G）合成新的DNA链，新链与模板链互补，二者构成子代DNA。如此合成的子代细胞的DNA，一条单链为亲代模板，另一条为与之互补的新链，两个子细胞的DNA与亲代的完全相同，故称之为DNA的半保留复制（semiconservative replication）。

2．DNA 半保留复制的证明 关于 DNA 复制方式的设想，在 DNA 双螺旋模型确立后，即推测并提出三种可能的 DNA 复制方式：全保留式、半保留式和混合式的复制（图 10-1）。1958 年 M. Messelson 和 S. W. Stahl 巧妙地设计并进行了如下实验：首先应用放射性核素标记的 ^{15}N-NH_4Cl 为唯一氮源的培养液培养大肠埃希菌。传代 15 次以上，使菌体内包括 DNA 在内的所有含氮组分均含 ^{15}N，而不是 ^{14}N。然后将这些菌转移至普通的 NH_4Cl 为唯一氮源的培养液中继续培养。实验中，分别从完全的 ^{15}N-DNA 菌中和在 ^{14}N- 基质中刚好培养一代、两代及继续传代后的菌液中取样，提取 DNA，进行 CsCl 密度梯度离心。其结果如图 10-2 所示。以上充分证明了 DNA 的复制方式为半保留复制。

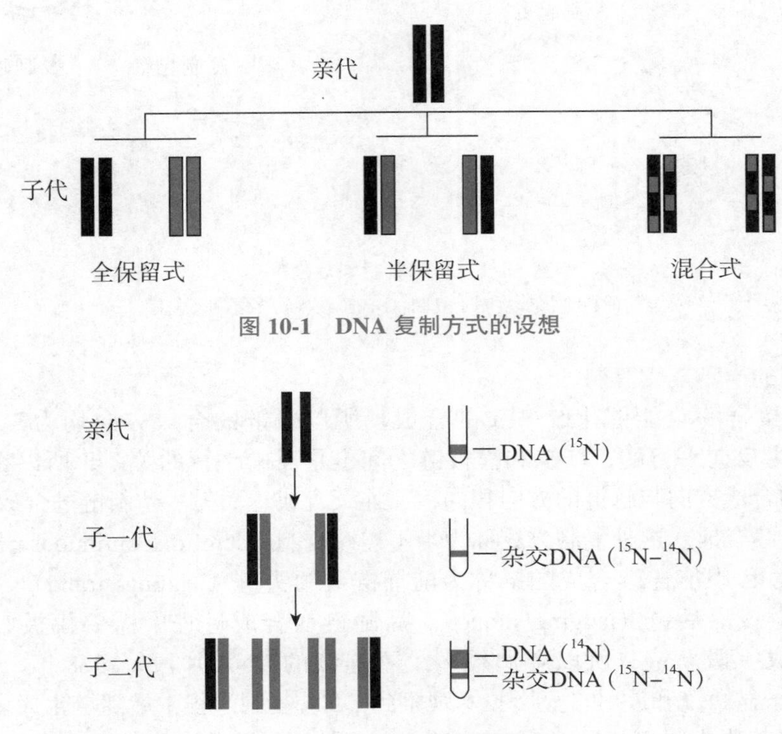

图 10-1 DNA 复制方式的设想

图 10-2 DNA 半保留复制的证明

3．半保留复制的意义 DNA 的半保留复制见于细胞分裂增殖，如在人体内的受精卵细胞、造血细胞的分裂增殖，成长发育中的组织细胞增殖，以及组织水平的损伤修复等。半保留复制的意义主要在于它维护了种系遗传的高保真性。由于 DNA 分子中两条链的碱基互补，走向相反，所以以其中一条链为模板合成的新链与原互补链完全相同。可见子代 DNA 确实保留了亲代 DNA 的遗传信息，而且这些信息可通过转录、翻译，即基因表达（gene expression）来决定蛋白质的结构、功能，并通过蛋白质表现出细胞乃至生物体各自的形态、功能、特性，即表现出遗传的相对保守性。即使如此，在生物界也普遍存在着遗传的变异现象。良性的变异使物种进化，不良的变异使物种退化，甚至促进死亡。由此可见，遗传的保守性是物种稳定性的分子基础，但不是绝对的。

（二）**DNA 复制的固定起始位点和双向复制**

复制是从 DNA 分子上的某一特定位点开始，这一位点称为复制起点（replication origin）。含有一个复制起点的完整 DNA 分子或 DNA 分子上的某段区域被看作一个独立的复制单元，称为复制子（replicon）。原核生物基因组 DNA 为环状，只有一个复制起点，因此为单复制子生物。真核生物基因组复杂、庞大，有多个复制起点，具有多个复制子（图 10-3）。

DNA 双链从复制起点向两个方向解链，因此复制沿两个方向同时进行，称为双向复制

(bidirectional replication)(图 10-3)。解开的两条单链模板和尚未解旋的 DNA 双链模板形成了 Y 形的叉状结构，称为复制叉（replication fork）(图 10-4)。

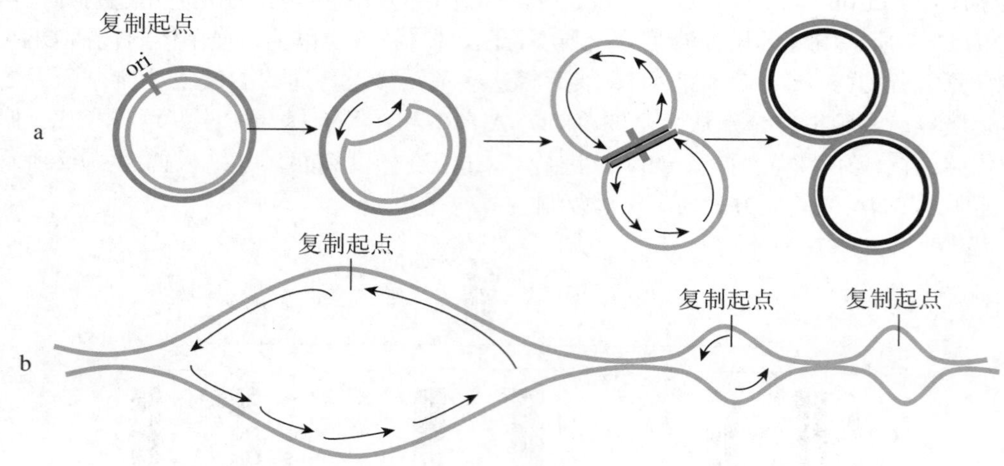

图 10-3 双向复制和复制起点

a．原核生物单复制子复制；b．真核生物多复制子复制

(三) DNA 的半不连续复制

由于 DNA 聚合酶只能催化 5' → 3' 的合成，所以新链的合成方向均为 5' → 3'。而模板 DNA 的两条链为反向平行的，新链和模板链之间也是反向平行的关系，所以在 DNA 复制过程中一条新链的合成方向与解链的方向相同，能连续合成；而另一条新链的合成方向与解链方向相反，不能连续合成。这种复制方式称为半不连续复制（semi-discontinuous replication）。

DNA 复制过程中能连续合成的链称为前导链或领头链（leading strand），不能连续合成的链称为后随链或滞后链（lagging strand）。后随链在合成过程中需要模板 DNA 解开足够的长度才能合成一段新链，所以会形成多个不连续的 DNA 片段。1968 年，日本学者 Reji Okazaki 利用电子显微镜和放射自显影技术观察到 DNA 复制过程中后随链生成多个 DNA 片段的现象，后人将其称为冈崎片段（Okazaki fragment）(图 10-4)。原核生物冈崎片段的长度为 1000 ～ 2000 核苷酸残基，而真核生物则只有 100 ～ 200 核苷酸残基。

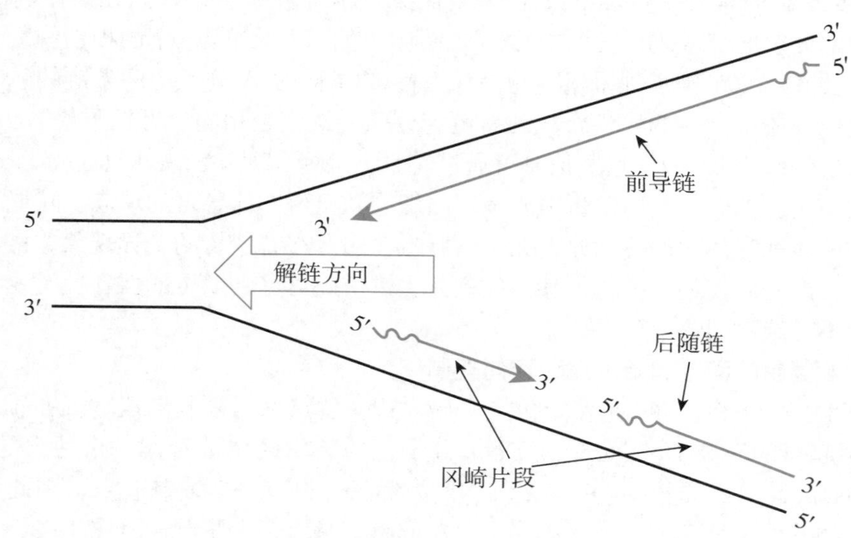

图 10-4 半不连续复制与复制叉

（四）**DNA 的高保真复制**

DNA 的复制具有高保真性，以保证遗传信息能准确无误地传递至子代。高保真性复制主要取决于以下三个方面：① DNA 复制时遵循严格的碱基配对规律；② DNA 聚合酶在复制中对底物碱基的严格选择性；③ DNA 聚合酶 3′ → 5′ 外切核酸酶活性的校对作用。

二、参与 DNA 复制的酶类及蛋白质因子

DNA 复制过程复杂，需多种酶及蛋白质因子参与，参与 DNA 复制的体系包括 DNA 模板、4 种 dNTP 底物（既作为原料又提供合成反应所需的能量）、RNA 引物、DNA 聚合酶及其他酶类与蛋白质因子和无机离子（如 Mg^{2+}、Mn^{2+}）。

（一）**DNA 聚合酶**

DNA 聚合酶全称为依赖 DNA 的 DNA 聚合酶或 DNA 指导的 DNA 聚合酶（DNA-dependent DNA polymerase，DDDP 或 DNA pol），现已发现多种 DNA pol，且原核细胞与真核细胞的不同。它们的共同作用是在 DNA 模板、引物、dNTP 存在的条件下，催化与模板互补的 DNA 新链合成，合成的方向为 5′ → 3′。

1．原核生物 DNA 聚合酶 原核生物 DNA 聚合酶主要有三种，按发现顺序分别为 DNA pol Ⅰ、pol Ⅱ和 pol Ⅲ（表 10-1）。

表10-1 *E. coli* 三种DNA聚合酶的比较

DNA pol	DNA pol Ⅰ	DNA pol Ⅱ	DNA pol Ⅲ
酶活性			
5′ → 3′ 聚合酶	+	+	+
3′ → 5′ 外切核酸酶	+	+	+
5′ → 3′ 外切核酸酶	+	−	−
构成（亚基数）	单体	7	18 ~ 20
分子量（kDa）	103	88	792
体外聚合速度（核苷酸 / 秒）	10 ~ 20	40	250 ~ 1000
分子数 / 细胞	400	40	10 ~ 20
主要功能	修复合成、去除引物、填补空缺	复制中的校对、DNA 修复	复制（新链延长）

1957 年，A. Kornberg 首先从大肠埃希菌（*E. coli*）中发现并分离了 DNA 聚合酶Ⅰ。随后，从大肠埃希菌变异株中发现 DNA pol Ⅰ基因缺陷的菌株虽不能表达出 DNA pol Ⅰ，却能合成 DNA，而且这类菌体对 X 线、紫外线非常敏感，易受损伤，常表现出由于对 DNA 损伤的修复能力下降而导致的突变率增加。由此推断菌体内存在 DNA pol Ⅰ以外的 DNA 聚合酶，进而从这类菌中陆续发现了 DNA pol Ⅱ和 DNA pol Ⅲ。

菌体内 DNA pol Ⅰ、pol Ⅱ、pol Ⅲ的分子数量比为 20 : 2 : 1，以 DNA pol Ⅰ最多。而 DNA pol Ⅲ活力最强，其比活力为 DNA pol Ⅰ的 40 倍以上，且聚合速度最快。DNA pol Ⅰ的作用应以对 DNA 损伤的修复合成为主。

原核生物 DNA 复制并不是由单一的 DNA pol 催化完成的，而是由超过 20 种不同的酶和蛋白质共同完成的，它们各自执行不同任务。

DNA pol Ⅰ的分子量约 103kDa，是由单一多肽链构成的多功能酶，酶分子的不同结构域分别具有 DNA 聚合酶、3′ → 5′ 外切核酸酶及 5′ → 3′ 外切核酸酶活性。DNA pol Ⅰ能催化

以DNA为模板的dNTP聚合反应，但反应速度远不及DNA pol Ⅲ（DNA pol Ⅰ 10～20核苷酸/秒，DNA pol Ⅲ 250～1000核苷酸/秒），而且合成的DNA片段短，链仅延伸约20个核苷酸后酶便从模板上脱落。在活细胞内，其真正的作用是辅助复制、修复合成DNA。即依赖5′→3′外切核酸酶活性去除复制中的引物，同时依赖DNA聚合酶活性从相邻DNA片段3′-OH引导片段延伸，或在DNA损伤修复中出现的空缺处合成DNA，起填补空缺的作用。该酶的3′→5′外切核酸酶活性则对片段延伸起着即时校对作用。该酶的5′→3′外切核酸酶既水解DNA新链合成中的5′端引物，又能对DNA分子的变异及损伤局部从5′端逐一外切水解，为修复做准备。以上对维护DNA的完整和准确复制起着重要的校对作用。

Klenow片段——DNA pol Ⅰ受某些特异的蛋白酶的有限水解，分为大小两个片段。近N端为小片段，36kDa（323个氨基酸残基），仅具有5′→3′外切核酸酶活性。近C端为大片段，又称Klenow片段（Klenow fragment），67kDa（604个氨基酸残基），具有DNA聚合酶和3′→5′外切核酸酶活性。Klenow片段是实验室合成DNA、进行分子生物学研究中常用的工具酶。

实验发现DNA pol Ⅱ仅在缺乏DNA pol Ⅲ和DNA pol Ⅰ的情况下催化DNA聚合，可能参与DNA损伤的应急修复。

DNA pol Ⅲ是原核细胞内复制过程中起主要作用的DNA聚合酶。全酶分子量为900kDa，由10种亚基（α, β, γ, δ, δ′, ε, θ, τ, χ, ψ）组成两个亚单位，聚合成不完全对称的二聚体（图10-5）。按功能分为4部分。①核心酶（α，ε，θ）：α亚基最大，具有聚合酶活性，ε有3′→5′外切核酸酶活性；②β亚基二聚体：具有使酶与模板DNA结合的“滑动钳”作用（去掉β二聚体，核心酶只能聚合10～50个核苷酸便从模板上脱落下来）；③γ复合物（γ, δ, δ′, χ, ψ）：通过水解ATP获能，介导β二聚体转移并结合到“DNA双螺旋引物”上；④τ亚基：起连接作用（图10-5，表10-2）。

表10-2 *E. coli* DNA聚合酶Ⅲ全酶的亚基

亚基	分子量（kDa）	功能	
α	129.9	5′→3′聚合酶	核心酶
ε	27.5	3′→5′外切核酸酶	
θ	8.6	稳定ε亚基	
β	40.6	滑动钳：连接DNA聚合酶Ⅲ与模板	
γ	47.5	ATP酶	γ复合物
δ	38.7	结合β亚基	
δ′	36.9	结合γ、δ亚基	
χ	16.6	结合单链结合蛋白	
Ψ	15.2	结合γ、χ亚基	
τ	71.1	聚合核心酶、结合γ复合物	

另外，在大肠埃希菌中还发现了DNA pol Ⅳ和DNA pol Ⅴ，可能参与DNA的修复合成。

2．真核生物的DNA聚合酶 真核生物的DNA聚合酶已发现的有5种，分别命名为α、β、γ、δ和ε。其各自的特性与功能列于表10-3。

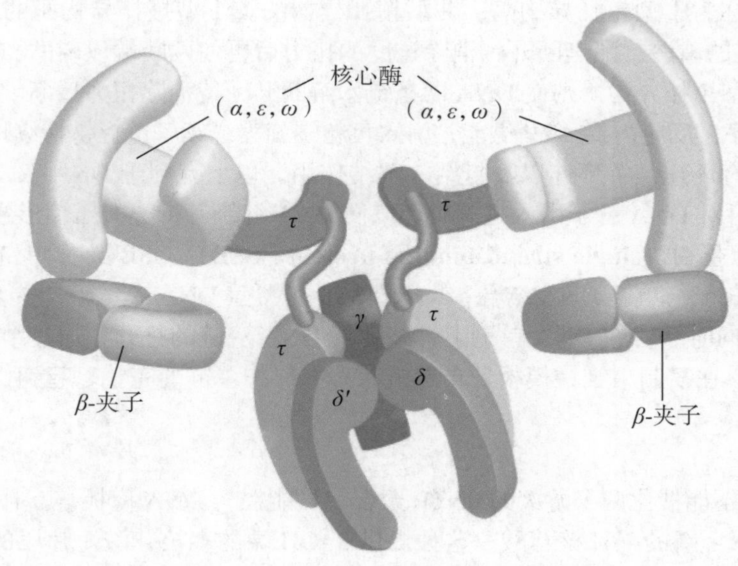

图 10-5　*E. coli* DNA 聚合酶Ⅲ全酶模型

表10-3　真核生物DNA聚合酶

DNA聚合酶	α	β	γ	δ	ε
酶活性					
5′ → 3′ 聚合酶	+	+	+	+	+
3′ → 5′ 外切核酸酶	-	+	+	+	+
5′ → 3′ 外切核酸酶	-	-	-	+	+
构成（亚基）	4	4	4	2	5
分子量（kDa）	300	36 ～ 38	160 ～ 300	170	250
细胞内定位	细胞核	细胞核	线粒体	细胞核	细胞核
主要功能	引发	修复	复制	复制	修复

真核生物中 DNA pol α 只能聚合延长几百个核苷酸，但能催化 RNA 链的合成，因此认为 DNA pol α 有引物酶活性，参与 DNA 链合成的引发；而 DNA pol δ 可催化合成 DNA 长链，是催化 DNA 链延长的主要酶（相当于原核生物 DNA pol Ⅲ），同时兼有外切核酸酶的即时校对（proof reading）作用和解螺旋酶活性；DNA pol γ 是线粒体 DNA 合成的聚合酶；DNA pol ε（相当于原核生物 DNA pol Ⅰ）和 DNA pol β（相当于原核生物 DNA pol Ⅱ）主要在 DNA 修复过程中起作用。

（二）DNA 解链和解旋酶类

双螺旋的 DNA 复制时必须首先打开双链，使隐藏在结构内部的碱基暴露出来，才具有指导核苷酸碱基正确配对的模板作用。参与 DNA 解链和解旋的有解旋酶和拓扑异构酶。

1．解旋酶（helicase）　这类酶有多种，利用 ATP 供能，作用于碱基间的氢键，使 DNA 双链打开成为两条单链。平均每打开一对碱基消耗 2 个 ATP。

2．拓扑异构酶（topoisomerase）　“拓扑”（topo）是几何学一名词的译音，意指物体或图像作弹性变形（如环形橡皮筋的放大、缩小、扭曲），而构成它的各点（或组分）彼此间的连接关系并未改变的性质。通常 DNA 双链沿中心轴适度旋绕，复制时的解链会导致邻近部位的过度旋绕，形成正超螺旋而不利于进一步解链。拓扑异构酶便是松解超螺旋的解旋酶。主要有两种类型，分别称为Ⅰ型拓扑异构酶、Ⅱ型拓扑异构酶。Ⅰ型拓扑异构酶的作用是使超螺旋处的DNA一条链的磷酸二酯键断开，消除过度的扭力后再使两断端以磷酸二酯键相连，反应不需要ATP；Ⅱ型拓扑异构酶则使DNA两条链水解断开，待消除扭力后断端连接，恢复原有核苷酸的连接顺序，反应需要ATP供能，引入负超螺旋为继续解链提供持续性的帮助。此外，拓扑异构酶还具有环连、解环连以及打结、解结作用。以上有利于DNA双链不断打开复制，在复制完成后又可对DNA分子引入超螺旋，以便DNA缠绕、折叠、压缩形成染色质。

3．单链结合蛋白（single strand binding protein，SSB） SSB又称单链DNA结合蛋白（原核生物）。SSB能与单链DNA结合，1分子SSB可覆盖DNA单链上7～8个核苷酸残基。一般有若干SSB同时结合在DNA单链上，并随着DNA双链的打开，通过结合、解离不断沿着复制方向移动，在复制中维持模板处于单链状态并保护单链的完整，起到稳定DNA单链模板的作用。

（三）引物酶

DNA聚合酶不能催化两个游离的dNTP聚合，只能在与DNA模板链互补的多核苷酸链的3′-OH端后逐一聚合新的互补核苷酸。这种提供3′-OH端的多核苷酸短片段的RNA称为引物（primer）。引物是在一种特殊的依赖DNA的RNA聚合酶作用下合成的，该酶不同于转录中的RNA聚合酶，故特称为引物酶（primase），亦称引发酶。引物酶以复制起点的DNA序列为模板，NTP为原料，催化合成5′→3′ RNA短片段，即引物（长十余至数十核苷酸），为DNA合成提供3′-OH；在体外实验中也可应用DNA短片段作引物。

（四）DNA连接酶

DNA连接酶（ligase）可连接DNA链3′-OH末端和相邻DNA链5′-P末端，使二者生成磷酸二酯键，从而把两段相邻的DNA链连接成一条完整的链。

所有多核苷酸链的合成方向均为5′→3′，DNA也不例外。由多个复制起点进行的DNA合成或在填补DNA空隙时的DNA合成，总会出现一个DNA片段的3′-OH与相邻片段5′-P间的缝隙。对此，连接酶特异催化二者之间形成3′,5′-磷酸二酯键。连接反应首先需要AMP结合连接酶，使酶激活。所需活性AMP在真核细胞由ATP提供，在原核细胞则由NAD^+提供（反应时连接酶先与ATP或NAD^+分子中的AMP结合，形成活化的“E-AMP”中间体，进而与一个DNA片段的5′-P末端相连，成为“E-AMP-5′-P-DNA”，然后再与另一DNA片段的3′-OH末端作用，在酶与AMP脱落的同时，两片段间以3′,5′-磷酸二酯键相连）。

实验证明，连接酶不能催化游离的单链DNA或RNA连接，只催化互补双链DNA中的单链缺口进行连接。若DNA的两条链都存在缺口，只要缺口两侧邻近，连接酶便可使之连接。因此，该酶不仅在DNA复制、修复、重组及剪接中起接合缺口作用，也是基因工程中不可缺少的工具酶之一。

催化3′,5′-磷酸二酯键生成的酶有连接酶、DNA聚合酶、RNA聚合酶、引物酶、逆转录酶及拓扑异构酶。它们的底物、作用各不相同（表10-4）。

表10-4 催化磷酸二酯键形成的酶

酶	底物	反应结果
连接酶	双链DNA中有缺口的单链片段	连接DNA片段为连续链
DNA pol	模板DNA + 引物 + dNTP	合成互补DNA链
RNA pol	模板DNA + NTP	合成RNA新链
引物酶	模板DNA + NTP	合成RNA引物
逆转录酶	模板RNA	合成cDNA
拓扑异构酶	复制时使超螺旋的DNA解旋	使复制中的DNA解开螺旋、连环，达到适度盘绕

三、DNA 复制过程

由于对 DNA 复制的研究多取材于原核细胞，故以原核生物为主介绍复制过程，至于真核生物的复制过程，仅对比介绍其特点。DNA 的复制是一复杂的连续过程，为便于了解，以下将它分为起始、延长和终止三个阶段。

（一）复制的起始

复制起始阶段中要进行双链 DNA 解链，展现模板并合成引物，为复制做准备。

1．DNA 解为单链　在复制起点，解旋酶耗能克服碱基对间的氢键，使 DNA 双链局部打开，由此形成的超螺旋则由Ⅰ型或Ⅱ型拓扑异构酶进行松解，以利进一步解链形成复制叉（图 10-7）。在解链的同时单链结合蛋白与打开的 DNA 单链结合，以稳定 DNA 单链，使模板碱基序列得以充分展现。

2．引物合成和引发体形成　在 DNA 复制起点解开的单链上，引物酶催化 NTP 聚合，形成与模板 DNA 链 3′ 端互补的 RNA 引物，引物合成的方向仍为 5′ → 3′，其 3′-OH 末端为复制提供聚合反应的起点。

引发体前体：生物细胞内引物的合成远非如此简单。复制起点有特定的核苷酸序列，例如 *E.coli* 的复制起点（ori C）跨度为 245bp，包括 3 组 13bp 串联的重复序列和 5 组 9bp 的反向重复序列，复制起点富含 A 和 T，因为 A 和 T 之间通过 2 个氢键连接，便于复制时解链（图 10-6）。在合成引物前，至少要有 6 种蛋白质因子构成复合体，不同原核生物体内的蛋白质因子略有差异。这种促进引物合成的蛋白质因子复合体称为引发体前体（preprimosome）。这些蛋白质因子在单链结合蛋白协助下依次与单链 DNA 结合生成中间复合物，促成复制前的引发过程。由于这些蛋白质因子与引发（priming）或 DNA 模板相关，故将其名称分别冠以 Pri- 或 Dna-，如 PriA、PriB、PriC，DnaA、DnaB、DnaC、DnaT 等。它们的作用分别是识别复制起点重复序列（DnaA）、结合 DNA（DnaB）等，总的作用是聚集 NTP、结合引物酶以及合成引物后与引物分离等。

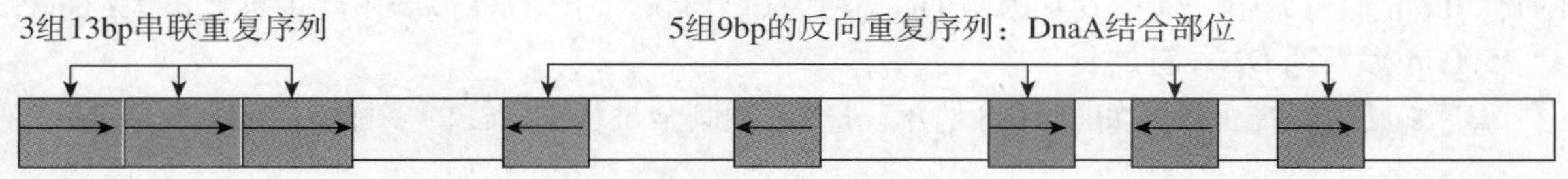

图 10-6　*E. coli* 复制起始位点

引发体：引发体前体与引物酶结合形成的复合物称为引发体（primosome），包含解旋酶、DnaC、引物酶和 DNA 复制起始区域。由此可见引物酶需多种蛋白质因子辅助才能发挥作用。

引物合成：由于模板 DNA 双链反向互补，故当两链分开形成复制叉时，前导链沿着模板以 5′ → 3′ 方向合成 RNA 引物。而后随链则只能在模板打开足够长度后，从模板 DNA 3′ 端合成引物，然后引导 5′ → 3′ 方向合成互补新链。随着复制叉的前移，需再打开足够长的一段距离后才能以相同的方式再次合成新的引物，引导又一个 DNA 片段的合成，所以在这条模板链上需间断地合成多个引物。

（二）DNA 链的延长

引物合成后，DNA 聚合酶（原核生物为 DNA pol Ⅲ，真核生物为 DNA pol δ 与 α）依赖模板将脱氧单核苷酸依次连接到引物 3′-OH，不断延长 DNA 新链。即 DDDP 催化 dNTP 中的 α- 磷酸基与引物或延长中的 DNA 新链的 3′-OH 缩合形成磷酸二酯键，新链的合成方向为 5′ → 3′。前导链连续合成，后随链不连续合成（图 10-7）。

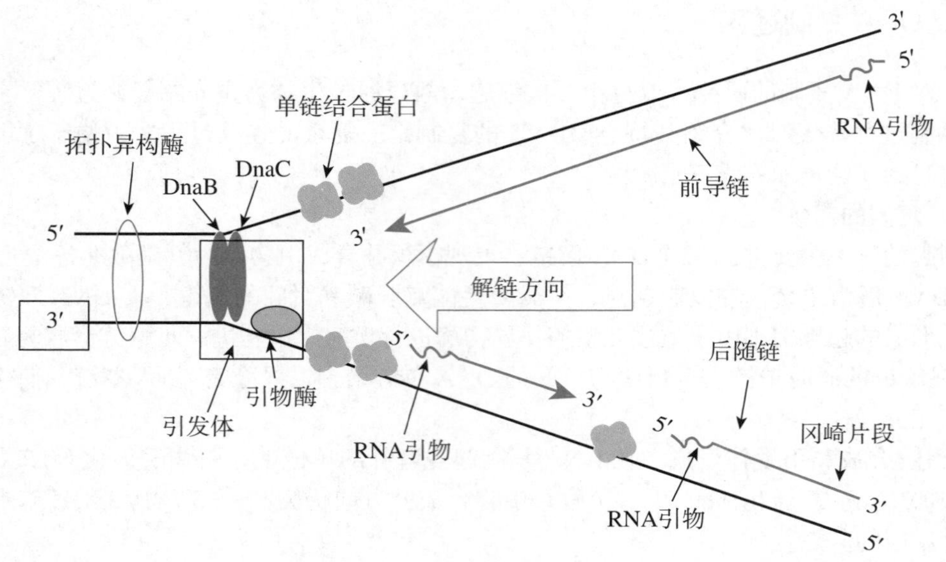

图 10-7 DNA 链的延长

（三）DNA 复制的终止

当 DNA 链延长至一定长度时，复制进入终止阶段：水解引物、填补空缺以及连接 DNA 片段。以上主要由 DNA pol Ⅰ 和连接酶催化完成。即 DNA pol Ⅰ 5′ → 3′ 外切核酸酶水解 RNA 引物，由此造成的空缺由 DNA pol Ⅰ 从一侧的 3′-OH 端催化 DNA 延伸，直至空缺另一侧的 5′-P 端点（图 10-8）。体外实验发现，DNA pol Ⅰ 的 5′ → 3′ 外切核酸酶与聚合酶活性相继并相伴起作用，结果是缺口沿着 DNA 5′ → 3′ 合成方向移动，故称这一反应现象为切口移位（nick translation）。最后由连接酶催化 DNA 两断端的 3′-OH 与 5′-P 之间以磷酸二酯键相连。

DNA 合成的速度很快，尤其是原核生物。以 *E. coli* 为例，当营养充足、生长条件适宜时，约每 20min 便可繁殖一代。其基因组 DNA 约为 3000kbp（千碱基对）。由此可推算出大约每秒有 2500bp 掺入到 DNA 链的延长中。

DNA 复制的终止过程如图 10-8 所示。DNA 复制全过程中所需的多种蛋白质列于表 10-5。

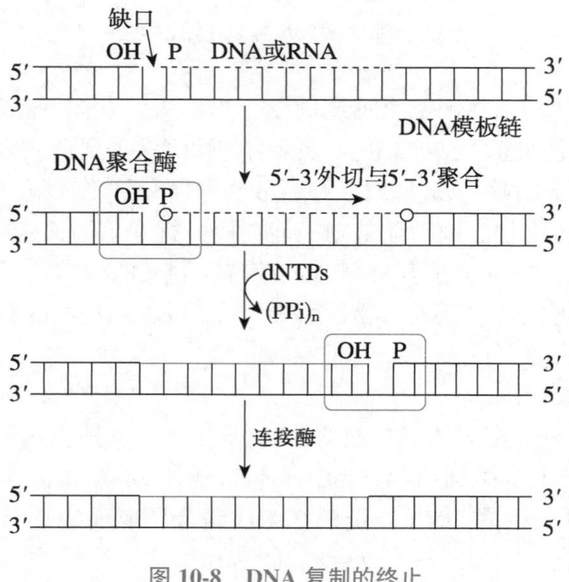

图 10-8 DNA 复制的终止

表10-5　*E. coli* DNA复制过程所需要的酶和蛋白质

酶和蛋白质	作用
拓扑异构酶	松解（理顺）DNA 超螺旋
解链酶（解旋酶）	解开 DNA 双链
单链结合蛋白	稳定已解开的 DNA 单链
引物酶	合成 RNA 引物
DNA 聚合酶Ⅲ	DNA 新链的延伸
DNA 聚合酶Ⅰ	填补 DNA 空隙、水解引物及校对
连接酶	连接 DNA 片段

真核 DNA 的复制与细胞周期密切相关。真核生物的典型细胞周期分为 4 期，即 G1 期（合成前期）、S 期（DNA 合成期）、G2 期（合成后期）及 M 期（有丝分裂期）。体内各种细胞的细胞周期长短差异悬殊，关键在于从 G1 期进入 S 期的时限，这又取决于多种因素的调节。在 S 期，细胞内的 dNTP 含量、DNA pol 活性以及 DNA 合成速率均达高峰。

真核生物的 DNA 复制过程大体与原核生物相同，但更复杂，其特点主要有：①真核生物 DNA 分子较原核生物大，DNA 聚合酶的催化速率远比原核生物慢；②真核生物的 DNA 不是裸露的，而是与组蛋白紧密结合，以染色质核小体的形式存在，复制过程中涉及核小体的分离与重新组装，因而减慢了复制叉行进的速度；③真核生物是多复制子复制，利用多个复制起点可提高整体复制速度；④真核生物的冈崎片段比原核生物的短得多，因此，引物合成的频率也相当高；⑤真核生物 DNA 复制与细胞周期（cell cycle）密切相关；⑥真核生物的复制终止具有特殊性；⑦真核生物端粒 DNA 复制是由端粒酶催化完成的（见本章第三节）。

（四）**DNA 的其他复制方式**

生物体内 DNA 的复制除上述方式以外还有其他复制方式，例如原核生物的滚环复制（图 10-9）。

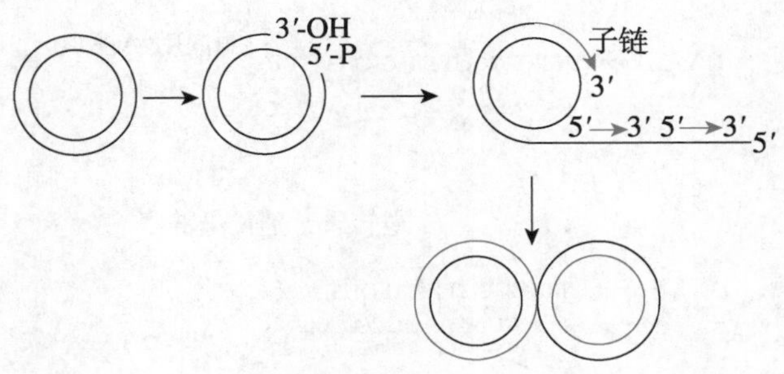

图 10-9　滚环复制

第三节　逆转录作用

逆转录（reverse transcription）作用是以 RNA 为模板在逆转录酶的作用下催化生成 DNA 的过程，生成的 DNA 称为互补 DNA（complementary DNA，cDNA），因其生物遗传信息流向与转录相反而得名。

一、逆转录作用与逆转录酶

逆转录作用是在研究某些 RNA 病毒侵入宿主细胞后发现的。这些病毒含有逆转录酶，依

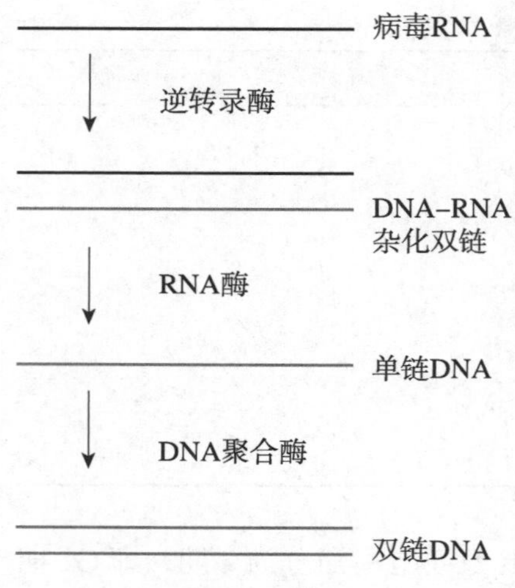

图 10-10　逆转录过程

靠宿主细胞的各种营养条件，以病毒 RNA 为模板，dNTP 为原料，在逆转录酶作用下，合成 DNA（图 10-10）。逆转录酶兼有三种酶的活性，催化逆转录的全过程，推测其分子结构中包括三种不同催化功能的结构域，即：①逆转录酶活性——以 RNA 为模板催化互补 DNA 的合成；② RNA 酶活性——催化“DNA-RNA”杂交链中的 RNA 水解，保留 DNA 链（称 DNA 第一链）；③ DNA 聚合酶活性——以 DNA 第一链为模板，dNTP 为原料，催化互补的 DNA 第二链合成。以上各链延伸方向均为 5′ → 3′，引物由病毒自身的一种 tRNA 代用。

病毒 RNA 经逆转录形成的双链 DNA，在宿主细胞内有如下作用：①可通过基因重组（gene recombination）插入到宿主基因组中，并随宿主细胞复制表达。这种在活细胞内的基因重组又称为整合（integration）。这可打乱宿主细胞遗传信息的正常秩序，甚至由此导致细胞恶性变。②以 DNA 为模板，转录生成大量病毒 RNA。③以 DNA 为模板，转录生成病毒 mRNA，进一步翻译生成若干种病毒蛋白，用以包装病毒，使之成为有感染力的病毒颗粒，扩大感染。

逆转录现象和逆转录酶的发现及其意义

二、端粒与端粒酶

端粒（telomere）是真核生物线性染色体两端的天然结构，呈膨大粒状，由染色体末端 DNA 与蛋白质组成。端粒 DNA 长约 10kbp，为简单的富含 G、C 的非编码重复序列。根据对多种生物端粒 DNA 测序发现，一般为 T_xG_y 与 A_xC_y，x、y 为 1 ～ 4。人的端粒是含 6 个碱基的重复序列（TTAGGG）$_n$。此处 DNA 双链不等长，3′ 端有一突出的单链，并弯折成发夹式结构（图 10-11）。

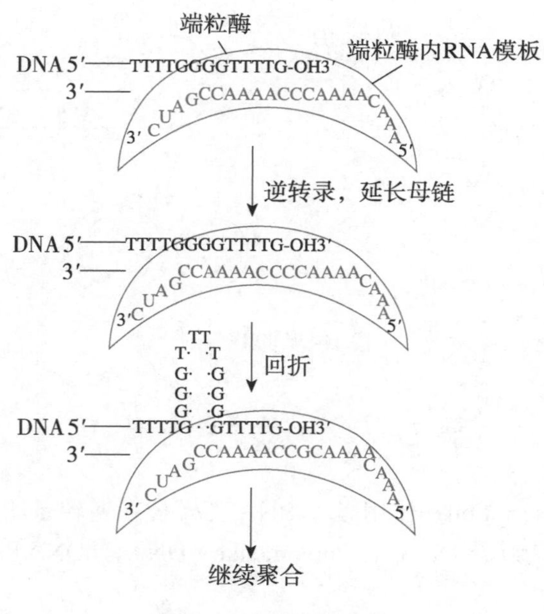

图 10-11　端粒的合成

线性 DNA 复制时，每条新链的 5′ 端因去掉引物后，任何一种 DNA 聚合酶都不能催化 3′ → 5′ DNA 的合成，无法填补此处空缺。因此，新合成的 DNA 链 5′ 端便缩短相当于一个引物的长度。此外，后随链的合成是不连续的，总是到 DNA 双链打开足够长的一段后，才能合成引物及引导合成 DNA 片段（冈崎片段）。因此，当复制叉到达染色体末端时，只有前导链能连续合成到模板链的 5′ 端，而不能保证后随链的最后一个冈崎片段的合成。故如此复制下去势必造成 DNA 不断缩短，乃至失去某些基因信息而不能生存。但实际情况不会如此严重。一方面，正常细胞在传代过程中，端粒处 DNA 有缩短趋势，人随着年龄增长端粒长度确实逐渐缩短；另一方面，端粒处还存在具有特殊复制功能的端粒酶（telomerase），它依逆转录机制可使该处 DNA 长度恢复。可见，端粒的重复序列结构和端粒酶对基因组起着双重保护作用。

端粒酶于 20 世纪 80 年代中期被发现，由 RNA 和蛋白质组成，二者均为酶活性所必需。端粒酶具有逆转录酶活性，RNA 起逆转录的模板作用。该 RNA 链含有与端粒重复序列 C_yA_x 相类似的序列。

端粒 T_xG_y 链的合成已明确，如图 10-11 所示：①端粒酶附着于端粒上，端粒 DNA 末端的 T_xG_y 为引物，端粒酶的 RNA 部分与引物互补，其余部分为模板；②在端粒酶的逆转录作用下，聚合延伸 DNA 链；③端粒处新合成的 DNA 链可回折为发夹状，于是牵动后面（3′ 端）的序列前移至 RNA 模板链前端，然后继续聚合延伸，直至达到足够长度为止。此合成过程因为类似于尺蠖的爬行，因此称为尺蠖模型（inchworm model），又称为爬行模型。端粒 AC 链的合成尚不完全明了，但上述富含 TG 的序列可回折为发夹状，为合成互补的 AC 链提供了带有 3′-OH 的引物，于是可继续 5′ → 3′ 合成富含 AC 的 DNA 链。

研究发现，随着细胞分裂次数增多、年龄增长，端粒的 DNA 长度会逐渐短缩，甚至消失，这使染色体的稳定性随之下降。由此认为，细胞水平的老化与端粒酶活性降低有关。在对肿瘤的研究中发现某些肿瘤的端粒比正常细胞显著缩短，以至发生变异或融合现象。在另一些肿瘤细胞中，端粒酶活性反而高于正常，使肿瘤细胞能无限分裂增殖不死。目前，端粒、端粒酶方面的研究方兴未艾，现已将端粒长度作为细胞衰老的一个标志；将端粒酶作为诊断某些肿瘤的标志酶之一；将端粒酶作为筛选肿瘤化疗药物的一种工具，并加以应用研究。

第四节　DNA 损伤的修复

DNA 分子正常序列与结构的完整性是生物物种遗传信息正常传递及生存的决定性因素。在生物进化过程中，DNA 复制的偶然差错可引起 DNA 局部碱基变异；另外，许多环境因素如放射线、化学诱变剂等可导致 DNA 出现组成或结构的变化，称为 DNA 变异（variation），也可称为 DNA 突变（mutation）。其中对生物体有益的变异能使生物进化，有害的变异则使 DNA 损伤（DNA damage）。生物体对损伤的 DNA 具有一定的修复能力，即 DNA 损伤的修复。如 DNA 损伤严重或 DNA 修复合成能力下降，损伤的 DNA 有可能通过复制和基因表达使机体表现出不同的疾病，甚至引起死亡。所以 DNA 的修复合成对生物体的正常生命活动至关重要。

一、DNA 损伤

（一）DNA 损伤的因素

1．自发性突变

（1）DNA 的不稳定性：DNA 尽管经过复杂的折叠（真核染色体 DNA 尚有组蛋白保护），但其结构仍存在不稳定性，易发生突变，如碱基的改变或失去碱基等。

（2）复制错误：DNA 复制过程中，尽管原核生物的 DNA pol Ⅲ、pol Ⅰ和真核生物的 DNA pol δ 均有 3′ → 5′ 外切核酸酶活性，可切除复制过程中错配的核苷酸，但仍有可能出现错配核苷酸掺入。其概率虽仅为 10^{-9}，但负面作用却不容低估。

2．环境中的理化、生物因素

（1）物理因素：物理因素主要有宇宙射线、紫外线（ultraviolet，UV）等辐射。强力辐射线可使DNA断裂、部分丢失等；紫外线可使DNA链上两相邻的嘧啶碱基共价结合，生成以环丁基相连的嘧啶二聚体，如TT二聚体；紫外线还可造成DNA嘌呤碱基脱落（UV使嘌呤碱基与脱氧核糖间的糖苷键断裂）以及脱氨基反应（如胞嘧啶脱氨基生成尿嘧啶），导致碱基变异。

（2）化学因素：化学因素中，诱变剂种类繁多，已检出6万余种。诸如亚硝酸盐、烷化剂等，涉及多种化工产品、工业及机动车排放的废气、废水、农药、食品添加剂，甚至药品。许多抗肿瘤药物（如烷化剂、丝裂霉素、顺铂）是通过诱导DNA损伤而阻断DNA的复制或转录，从而达到抗肿瘤目的。

（3）生物因素：生物因素主要指病毒以及病毒的毒素或其代谢产物对DNA的损伤。

（二）DNA损伤的形式与危害

DNA损伤的形式主要有：①DNA链的断裂与局部缺失；②形成嘧啶二聚体（如TT、CC、CT）；③单个或数个碱基的错配、缺失或插入；④DNA片段的移位、重排等。其危害有：在嘧啶二聚体处，复制、转录均不能继续进行；碱基错配又称点突变（point mutation），发生于基因编码区的突变可导致蛋白质合成错误，甚至造成致命性损伤；碱基的缺失或插入容易造成移码突变，表达异常蛋白质。

二、DNA损伤的修复

（一）DNA修复的类型

DNA损伤的修复方式主要有以下4种类型：直接修复（director repair）、切除修复（excision repair）、重组修复（recombination repair）和SOS修复。其中以切除修复为主。

1．直接修复 直接修复是一种简单的DNA损伤修复方式，包括光修复、单链断裂的直接修复和烷基化碱基的直接修复等。光修复是在单细胞生物中发现的一种针对嘧啶二聚体的直接修复机制，需要光复活酶参与。该酶广泛存在于生物界，但人类缺乏。300 ~ 400nm的可见光使光复活酶激活，进而催化嘧啶二聚体解聚。

2．切除修复 切除修复是细胞内最主要的修复类型，分为碱基切除修复和核苷酸切除修复。

（1）碱基切除修复过程可分为4步：①依赖特异的DNA糖基化酶识别DNA受损伤的碱基，并通过水解糖苷键而去除受损碱基，形成无碱基（AP）位点；②由特异的内切核酸酶自5′端切开磷酸二酯键，去除无碱基的磷酸核糖；③由DNA pol Ⅰ催化3′端引导DNA合成；④连接酶连接缺口，完成修复。

（2）核苷酸切除修复一般发生在DNA损伤导致双螺旋较大范围变形，其修复过程也分为4步，但与碱基切除修复不同：①特异的内切核酸酶识别DNA损伤结构；②于损伤的5′端和3′端分别水解磷酸二酯键，切除10余个核苷酸（*E. coli*和人类的酶系统及切除核苷酸数目不同）；③由DNA pol催化3′端引导DNA合成；④连接酶连接缺口，完成修复（图10-12）。

3．重组修复 当DNA分子损伤范围较大，尚未完全修复即已开始复制时，由于损伤的局部不能起模板作用，于是造成复制的新链DNA出现空缺。这需要以重组蛋白A（recombinant protein A，RecA）为主的多种蛋白质参与修复。RecA具有识别DNA双链中一条链上的空隙并使DNA分子发生单链交换的作用，即先将与损伤处互补的正常母链段移至新链缺口处，进行重组，形成完整新链。然后，再由DNA pol Ⅰ和连接酶完成修复（图10-13）。这样，亲代的损伤不至于传给子代。

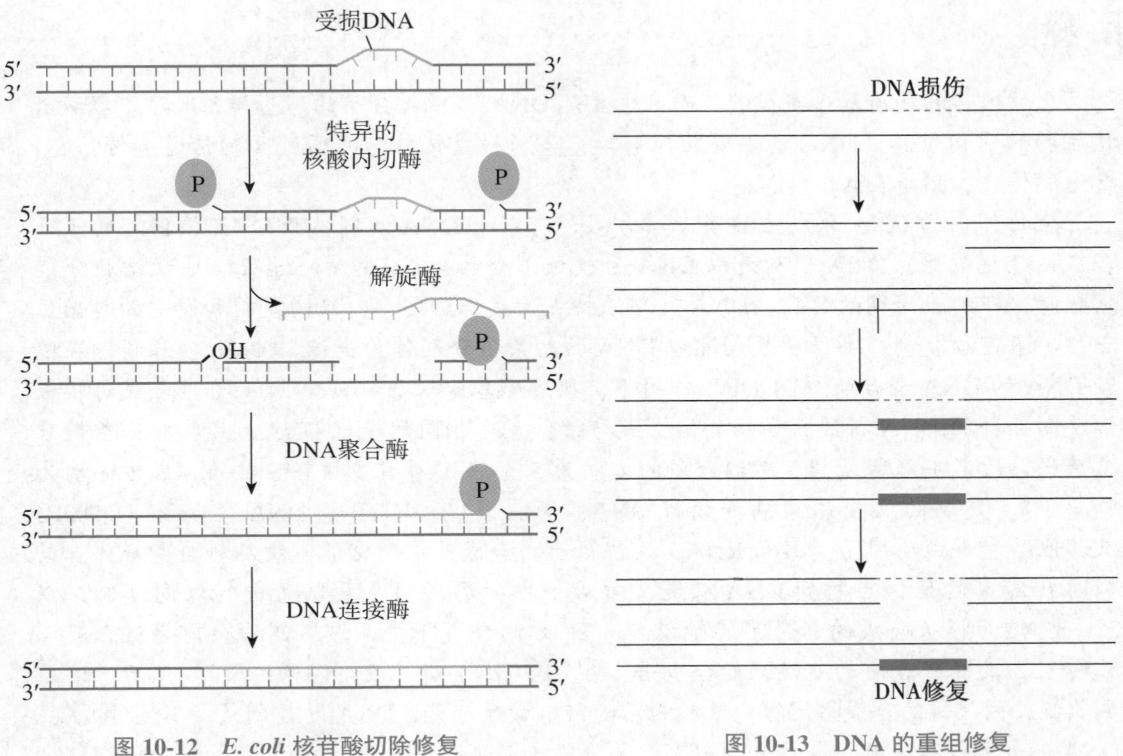

图 10-12 *E. coli* 核苷酸切除修复

图 10-13 DNA 的重组修复

4．SOS 修复 SOS（save our ship/soul）是国际海难的紧急呼救信号，在此意为“应急修复”。这是当 DNA 损伤广泛，甚至同时发生多处严重损伤，难以继续复制时，应急产生的一系列修复反应。包括前述的切除与重组修复在内，有多种酶和蛋白质参与。该修复特点为快而粗糙。由于损伤造成 DNA 双链不完整，导致碱基互补的依据不全，故修复后遗留错误的概率大，突变的概率也大。

（二）DNA 修复的意义

DNA 修复的意义是纠正突变的基因，恢复基因的原有结构和功能。DNA 损伤后修复不全是导致基因突变乃至癌变的重要因素。如人群中有少数人受阳光紫外线照射发生着色性干皮病，而且容易发展为皮肤癌。这是患者对紫外线损伤的 DNA 修复系统有缺陷所致。由于 DNA 修复系统缺陷引起的疾病举例列于表 10-6。

表10-6 DNA修复系统缺陷导致的几种疾病

病名	敏感因素	症状	可能导致的恶性病
着色性干皮病	UV	皮肤干燥，萎缩，角质化着色	多发性色素瘤，皮肤癌
共济失调毛细血管扩张症	γ 射线	共济失调毛细血管扩张，免疫力下降	淋巴瘤
Bloom 综合征	烷化剂，光	面部毛细血管扩张	白血病，淋巴瘤
Cockayne 综合征	UV	侏儒，视网膜萎缩，早衰，耳聋	三体性染色体畸变
范科尼贫血	交联剂	各类血细胞发育不全、减少	白血病

小结

生物遗传的物质基础是核酸，而且主要是DNA。DNA分子的碱基排列顺序中蕴藏着该生物的遗传信息。DNA的主要功能有二：①保存遗传信息并通过复制传递遗传信息；②通过转录和翻译表达遗传信息。

生物体内的DNA合成主要有三种方式，即：①DNA复制；②DNA损伤后的修复合成；③逆转录。DNA复制是以DNA为模板，全面合成DNA的过程，见于细胞分裂增殖时，即细胞周期的S期。DNA复制的特点为半保留复制、双向复制和固定的起始位点、半不连续复制。半保留复制即以DNA的两条链分别作为模板，dNTP为原料，在依赖DNA的DNA聚合酶（DDDP）作用下，按照碱基配对原则（A-T，C-G）合成与模板链反向互补的DNA新链。如此加倍生成与亲代完全相同的子代DNA，且其中一条链来自亲代，故名半保留复制。新链合成的方向为5′→3′（所有多核苷酸链的合成方向均为5′→3′）。复制的反应体系包括模板DNA、原料（4种dNTP）、DNA聚合酶（DDDP）及其他酶和蛋白质因子、引物RNA、无机离子。合成反应所需能量由原料自身提供。复制时在固定起始位点打开DNA双链，向两个方向形成两个复制叉进行双向复制，以3′→5′链为模板合成的新链可连续以5′→3′方向合成下去，该新链称为前导链。而以5′→3′链为模板合成的新链只能合成若干5′→3′DNA短片段（冈崎片段），然后再连接成长链，因该链的合成略迟缓，故称为后随链。由此可见，DNA的复制是半不连续复制。DNA的复制过程复杂，大体分为以下三个阶段：①起始阶段——解链、解旋、合成引物。解链（解链酶催化）、解旋（拓扑异构酶催化）以暴露模板的碱基序列；RNA引物的合成（引物酶及多种蛋白质参与），为DNA聚合做准备。②延长阶段——是引物引导下的DNA聚合过程。原核生物主要由DNA pol Ⅲ催化，真核生物主要由DNA pol δ、α催化，在引物3′-OH后合成DNA链（后随链则先合成冈崎片段）。③终止阶段——去除引物、填补空缺、连接片段。由DNA pol Ⅰ的外切核酸酶活性切除引物。由此造成的片段间空缺由DNA pol Ⅰ的聚合酶活性催化片段从3′-OH开始沿5′→3′方向延伸至相邻片段的5′-P处，最后由连接酶使两片段间以3′→5′磷酸二酯键相连，形成DNA长链，完成复制。复制的高保真性主要取决于以下三个方面：DNA双链严格的碱基配对和DNA聚合酶对底物核苷酸碱基的严格选择性；3′→5′外切核酸酶活性的校对作用；对DNA损伤的修复机制。

逆转录即以RNA为模板合成DNA的过程，见于某些RNA病毒。这类病毒带有逆转录酶，侵入宿主细胞后，首先以病毒RNA为模板，宿主的dNTP为原料，在逆转录酶作用下合成与RNA反向互补的DNA链，然后水解RNA-DNA杂化链中的RNA，仅留DNA单链，最后再以该单链为模板合成与之互补的DNA第二链。逆转录酶兼有三种酶活性，即逆转录酶、RNA酶以及DNA聚合酶，可见该酶参与以上整个过程。逆转录生成的病毒DNA双链有以下作用：①克隆病毒，即经转录生成大量病毒RNA，再经翻译产生病毒蛋白质用来包装病毒，使病毒增殖，扩大感染；②整合到宿主基因组DNA中，这可能打乱宿主正常遗传信息，成为宿主生存的隐患。

真核生物体内的逆转录见于端粒酶的作用。端粒是真核生物线性染色体两端的天然结构，呈膨大粒状，由染色体末端DNA与蛋白质组成。线性DNA复制后，两条DNA新链5′端一旦去除引物，空缺处则不能按常规弥补。于是随着DNA复制次数增加，DNA末端便会短缩。端粒酶具有弥补DNA末端的作用。该酶是由RNA与蛋白质组成的一种逆转录酶。其中的RNA起逆转录模板作用，它与DNA末端重复序列可互补，因此，在端粒酶作用下，可逆转录合成端粒处短缺的DNA序列。端粒的重复序列和端粒酶的作用对维护染色体 DNA 的稳定性起着重要作用。

多种理化因素可造成 DNA 损伤，DNA 复制中自发性偶然保留的差错（概率为 10^{-9}）也可造成 DNA 损伤。损伤类型主要有嘧啶二聚体，DNA 断裂以及碱基丢失、变异、移位等。生物体对 DNA 损伤的修复方式主要有 4 种——直接修复、切除修复、重组修复以及 SOS 修复。其中以切除修复最为重要。切除修复又分为碱基切除修复和核苷酸切除修复。核苷酸切除修复的基本过程为：首先由内切核酸酶识别损伤部位，并从损伤的 5′ 端前方切开 DNA 链，继而外切核酸酶以 5′ → 3′ 消化损伤的 DNA 序列。与此同时，DNA pol Ⅰ从切口 3′ 端引导聚合，最后连接酶连接片段完成修复。

思考题

1. DNA 的半保留复制是如何被证明的？
2. 试比较原核生物与真核生物 DNA pol 的种类、生物学作用及其特性的异同。
3. DNA 复制的高保真性主要取决于哪些因素？
4. DNA 复制体系包括哪些物质？各有何主要功能？
5. 真核生物 DNA 复制有何特点？
6. 能催化核苷酸之间形成磷酸二酯键的酶有哪些？试比较这些酶的底物、产物各有何不同。（提示：DNA 聚合酶、RNA 聚合酶、引物酶、连接酶及逆转录酶）
7. UV 导致的 DNA 损伤常见的是哪种？如何修复？

（翟　静）

第11章 RNA 合成

第一节 概 述

RNA 与 DNA 一样，在生命活动中发挥着重要作用。目前已知，RNA 是唯一一类既可以贮存并传递遗传信息，又有催化功能的生物大分子。RNA 与蛋白质共同承担着基因表达及调控功能。RNA 分子通常以单链形式存在，在链内还可通过碱基配对形成局部双链二级结构或更高级结构，其结构的复杂性、多样性与其功能多样性密切相关。

RNA 合成是遗传信息表达的重要内容。贮存于 DNA 分子中的遗传信息经由 RNA 传递至蛋白质。mRNA、tRNA 和 rRNA 是参与蛋白质合成的三类主要 RNA。此外还有一些 RNA 具有调节或催化功能，或者是前述三类 RNA 的前体分子。

以 DNA 为模板合成 RNA 的过程称为转录（transcription），这是生物体内合成 RNA 的主要方式。通过转录，遗传信息从染色体的贮存状态转送至细胞质，从功能上衔接了 DNA 和蛋白质这两种生物大分子。转录是基因表达调控的重要环节，对转录过程的调节可以导致蛋白质合成速率的改变，并由此引发一系列细胞功能变化。因此，理解转录机制对于认识许多生物学现象和医学问题具有重要意义。

生物界还存在以 RNA 为模板合成 RNA 的方式，称 RNA 复制（RNA replication），常见于病毒，是除逆转录病毒外的 RNA 病毒在宿主细胞合成 RNA 的方式。

几乎所有真核生物的初级转录物（transcript）都要经过加工（processing），才能成为有活性的成熟 RNA 分子。原核生物的 mRNA 初级转录物无需加工就可作为翻译的模板，而 rRNA 和 tRNA 的初级转录物则需要进行加工。本章将着重介绍转录作用及 RNA 前体的加工过程。

第二节 转录体系

一、转录作用及其特点

转录作用是指 DNA 指导的 RNA 合成过程。反应以 DNA 为模板，以 ATP、GTP、CTP 及 UTP（简称 NTP）为原料，在 RNA 聚合酶的催化下，各核苷三磷酸以 3′,5′- 磷酸二酯键相连。合成反应的方向为 5′ → 3′。反应体系中还有 Mg^{2+}、Mn^{2+} 等金属离子。与 DNA 合成不同的是，转录过程不需要引物参与。

与 DNA 复制类似，转录产物的 RNA 序列也是依据碱基互补配对原则由模板 DNA 序列决定的，即 T-A、C-G，但如果 DNA 模板上出现了 A，对应 RNA 链上则是 U，即在 RNA 分子中由 U 代替 T 与模板 DNA 的 A 互补。

DNA 复制时 DNA 双链均作为模板，而转录时只有其中的一条 DNA 链作为模板，此 DNA 链称为模板链（template strand）；与模板链互补的另一条链，不作为转录的模板，称为非模板链（nontemplate strand）。非模板链的序列与转录物 RNA 的序列基本相同（仅 T 代替 U），由于转录物 mRNA 对基因表达产物有编码功能，非模板链也由此命名为编码链（coding strand）（图 11-1）。

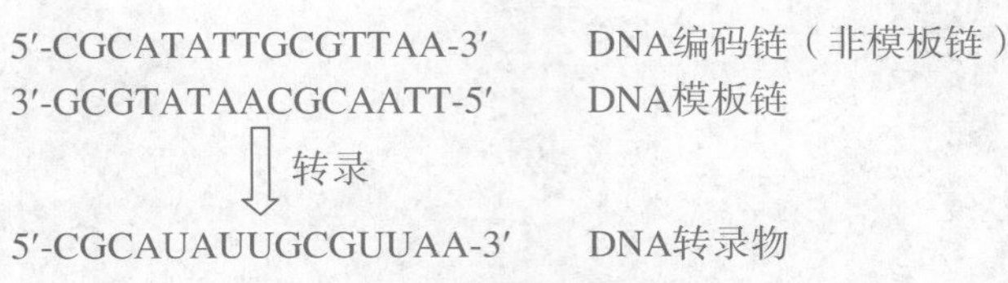

图 11-1　模板链和编码链

转录和复制过程有很多相似之处，但又有各自特点，二者异同见表 11-1。

表11-1　复制和转录的异同

		复制	转录
相同点		1．以 DNA 为模板 2．需要依赖 DNA 的聚合酶 3．聚合反应遵循碱基互补配对原则 4．聚合反应生成 3′, 5′- 磷酸二酯键 5．新链延伸方向均为 5′ → 3′	
不同点	原料	dNTP	NTP
	模板	DNA 两条链均可作模板	DNA 的一条链为模板
	聚合酶	DNA 聚合酶	RNA 聚合酶
	引物	需要	不需要
	碱基配对	T-A，C-G	A-U，T-A，C-G
	产物	DNA	RNA

在同一 DNA 分子中，不同基因的模板链并不固定。对同一条 DNA 单链而言，在某个基因区段可作为模板链，而在另一个基因区段则可能是编码链。例如，在腺病毒基因组（3.6×10^4bp）中，大多数蛋白质以一条 DNA 链为模板，少数蛋白质则以另一条互补的 DNA 链为模板（图 11-2）。

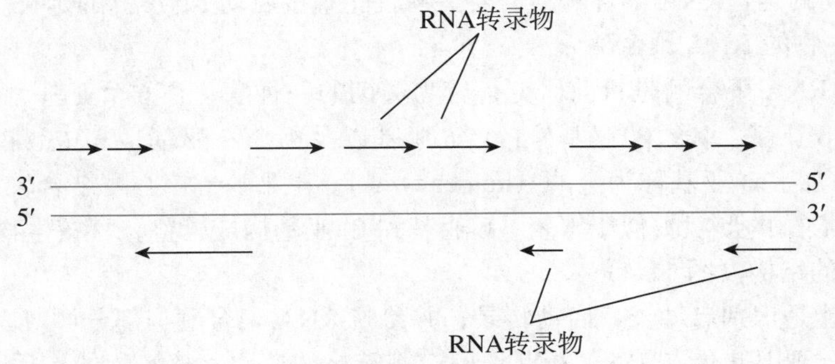

图 11-2　在同一 DNA 分子中，不同基因的模板链并不固定

转录开始时，RNA 聚合酶结合于基因的特定部位，在此附近 DNA 双链打开，形成一转录泡（transcription bubble），进行核苷酸的聚合反应。随着 RNA 聚合酶在 DNA 模板链上向着转录方向移动，核苷酸的聚合反应持续进行（图 11-3）。

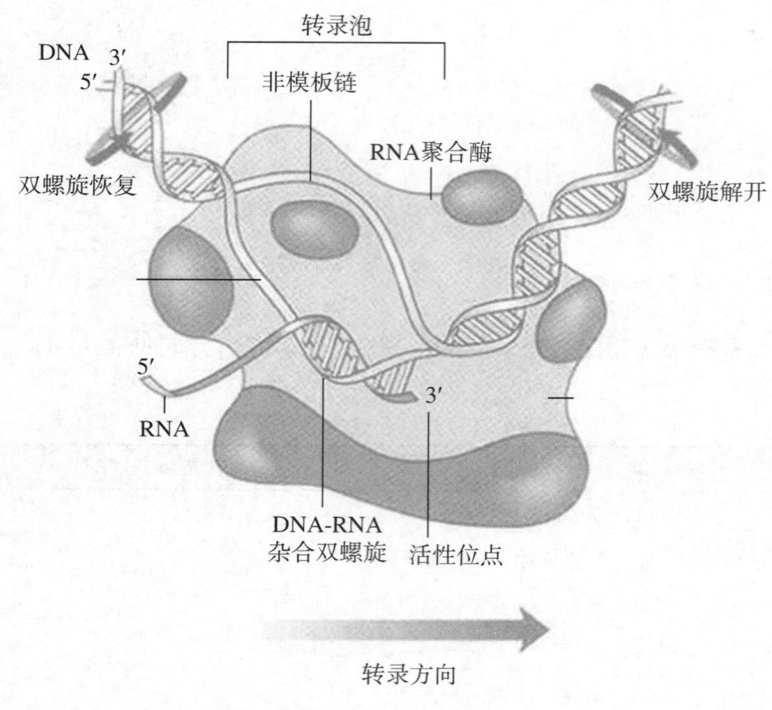

图 11-3 转录示意图

二、RNA 聚合酶

RNA 合成的化学机制与 DNA 聚合酶催化 DNA 合成相似。催化 RNA 合成的酶是 RNA 聚合酶（RNA polymerase，RNA pol），也称依赖 DNA 的 RNA 聚合酶（DNA-dependent RNA polymerase）。RNA 聚合酶通过在新生 RNA 的 3′-OH 端加入核苷酸延长 RNA 链，从 5′ → 3′ 方向合成 RNA，总的反应可表示为：

$$\underset{\text{RNA}}{(\text{NMP})_n} + \text{NTP} \rightarrow \underset{\text{延长的 RNA}}{(\text{NMP})_{n+1}} + \text{PPi}$$

该反应以 DNA 为模板，以 ATP、GTP、UTP 和 CTP 为原料，需要 Mg^{2+} 和 Mn^{2+} 作为辅基。与 DNA 复制不同的是，RNA 聚合酶不需要引物就能直接启动 RNA 链的延长。

（一）原核生物的 RNA 聚合酶

大肠埃希菌 RNA 聚合酶是目前研究得较为透彻的一种酶，含 6 个亚基，分别是 2 个相同的 α 亚基、1 个 β 亚基、1 个 β′ 亚基、1 个 ω 亚基以及 1 个 σ 亚基，其中 $\alpha_2\beta\beta'\omega$ 称为核心酶（core enzyme），加上 σ 亚基称为全酶（holoenzyme）。σ 亚基与核心酶结合较为疏松，很容易从全酶分离。核心酶的形状类似于蟹螯，β 亚基和 β′ 亚基构成蟹螯。真核生物 RNA 聚合酶的核心酶也有类似的结构（图 11-4）。

σ 亚基的功能是识别启动子，启动转录，并参与 RNA 聚合酶与部分调节因子的相互作用。在某些情况下，σ 亚基也能与 DNA 相互作用控制转录的速率。核心酶的作用是延长 RNA 链，其中 α 亚基参与转录速率的调控；β 亚基的主要功能是结合底物 NTP，催化聚合反应；β′ 亚基的功能是与 DNA 模板结合，解开双螺旋；ω 亚基的作用是促进 RNA 聚合酶的组装并稳定之（表 11-2）。

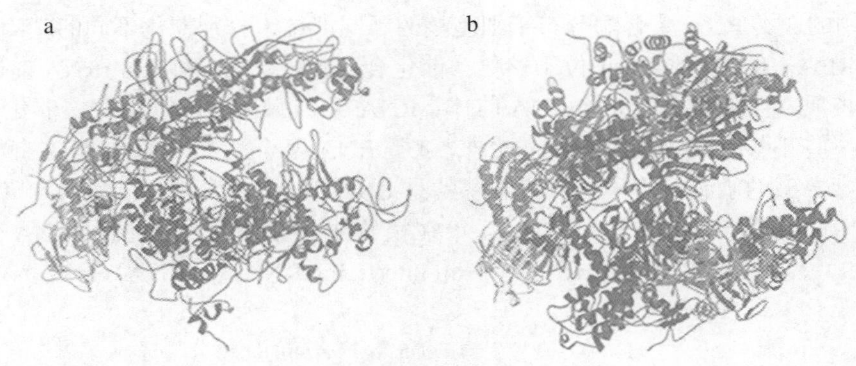

图 11-4　RNA 聚合酶核心酶的晶体结构示意图

a．水生嗜热菌（原核生物）；b．酿酒酵母（真核生物）

表11-2　原核生物RNA聚合酶各亚基的功能

亚基	分子量	亚基数	功能
s	70263	1	识别启动子；控制转录速率
α	36512	2	调控转录速率
b	150618	1	催化聚合反应
b′	155613	1	解开 DNA 双螺旋
w	11000	1	促进 RNA 聚合酶的组装并稳定之

原核生物 RNA 聚合酶的活性可以被某些药物如利福霉素特异性抑制，利福霉素与 RNA 聚合酶的 β 亚基结合而影响其活性，临床上将此药作为抗结核分枝杆菌药物。

转录的错误发生率为 10^{-5} ～ 10^{-4}，比染色体 DNA 复制的错误发生率（10^{-10} ～ 10^{-9}）要高很多。因为单个基因可以转录产生许多 RNA 拷贝，并且 RNA 最终要被降解和替换，所以转录产生的错误 RNA 远没有复制所产生的错误 DNA 对细胞的影响大。实际上，RNA 聚合酶也有一定的校对功能，可以将转录过程中错误加入的核苷酸切除。

其他原核生物的 RNA 聚合酶与大肠埃希菌的 RNA 聚合酶在结构和功能上相似，能催化 mRNA、tRNA 和 rRNA 的合成。

（二）真核生物的 RNA 聚合酶

真核生物的转录机制比原核生物更为复杂。真核生物的细胞核内主要有 3 类 RNA 聚合酶，分别命名为 RNA 聚合酶Ⅰ、Ⅱ和Ⅲ（RNA pol Ⅰ，Ⅱ and Ⅲ），其结构远比原核生物复杂，每类 RNA 聚合酶都各自有十几个亚基。例如 RNA 聚合酶Ⅱ至少含 12 个亚基，最大的亚基称为 RPB1，分子量为 2.4×10^5，与大肠埃希菌 RNA 聚合酶的 β′ 亚基具有高度同源性。第二大亚基 RPB2 的分子量为 1.4×10^5，与大肠埃希菌 RNA 聚合酶的 β 亚基有同源性。虽然 RNA 聚合酶各亚基的具体作用尚未完全阐明，但是，每一种亚基对真核生物 RNA 聚合酶发挥正常功能都是必需的。

RNA 聚合酶Ⅱ最大亚基的羧基末端有一段由 7 个氨基酸残基（Tyr-Ser-Pro-Thr-Ser-Pro-Ser）构成的重复序列，称为羧基末端结构域（carboxyl-terminal domain，CTD）。所有真核生物的 RNA 聚合酶Ⅱ都具有 CTD 结构，只是 7 氨基酸序列的重复程度不同，如酵母 RNA 聚合酶Ⅱ的 CTD 有 27 个重复序列，其中 18 个与上述 7 氨基酸序列完全一致。哺乳动物 RNA 聚合酶Ⅱ的 CTD 有 52 个重复序列，其中 21 个与上述 7 氨基酸序列完全一致。转录起始阶段，RNA 聚合酶Ⅱ的 CTD 处于非磷酸化状态，当 RNA 聚合酶Ⅱ启动转录进入延长阶段后，CTD 的多个 Ser 和一些 Tyr 残基被磷酸化。

真核生物的3类RNA聚合酶分布于细胞核的不同部位，分别催化不同的基因转录，合成不同种类的RNA。RNA聚合酶Ⅰ位于核仁，催化合成18S、5.8S和28S rRNA前体；RNA聚合酶Ⅱ位于核质，主要催化合成mRNA前体；RNA聚合酶Ⅲ也位于核质，催化合成tRNA、5S rRNA和一些小核RNA（snRNA）。此外，3类RNA聚合酶对一种毒蕈含有的环八肽毒素——α-鹅膏蕈碱的敏感性也不同。最敏感的是RNA聚合酶Ⅱ，其次是RNA聚合酶Ⅲ，最不敏感的是RNA聚合酶Ⅰ（表11-3）。近年在植物中还发现了另外两种RNA聚合酶，即RNA pol Ⅳ和Ⅴ，它们催化小干扰RNA（small interfering RNAs，siRNA）合成。

表11-3 真核生物三种RNA聚合酶的比较

	RNA pol Ⅰ	RNA pol Ⅱ	RNA pol Ⅲ
定位	核仁	核质	核质
转录产物	45S rRNA（5.8S，18S，28S rRNA前体）	hnRNA（mRNA前体） lncRNA piRNA miRNA	tRNA 5S rRNA snRNA
对α-鹅膏蕈碱的敏感性	耐受	极敏感	中度敏感

三、启动子及终止子

RNA聚合酶通过识别并结合基因的启动子而启动基因转录。DNA模板链上开始转录的部位称转录起始点（transcription start site），通常标记为+1。从转录起始点开始顺转录方向的区域称为下游（downstream），核苷酸序号以正数表示，如+2、+3、+4等；与起始点反方向的区域称为上游（upstream），核苷酸序号以负数表示，如–1、–2、–3等。

（一）启动子

启动子（promoter）是指在转录开始时，RNA聚合酶与模板DNA分子结合的特定部位，一般位于转录起始点的上游，只有真核生物RNA聚合酶Ⅲ的启动子位于转录起始点的下游序列中。启动子在转录调节中发挥重要作用。每一个基因均有自己特异的启动子。

大肠埃希菌含有σ^{70}亚基的RNA聚合酶最为常见，其识别、结合的启动子通常包含两段6bp的共有序列（consensus sequence），分别位于–35位和–10位，因此，被命名为–35区和–10区，两者以17 ~ 19bp非特异序列间隔。–35区的共有序列是（5′）TTGACA（3′），RNA聚合酶的σ亚基能识别此区并使核心酶与启动子结合，故–35区是RNA聚合酶的识别部位。–10区的共有序列是（5′）TATAAT（3′），又称Pribnow盒（Pribnow box），是RNA聚合酶的结合部位。转录起始时，RNA聚合酶与DNA在此处结合并将DNA双链打开，形成开放转录复合体（图11-5a）。

有些基因的启动子还存在其他种类的共有序列，如rRNA编码基因启动子含有上游启动子元件（upstream promoter element，UP element），可增强RNA聚合酶与DNA的结合（图11-5b）。有些启动子缺乏–35区，而以–10区上游的“extended-10”元件取代（图11-5c）。还有些启动子共有序列存在于–10区的下游，称为识别器（discriminator），它与RNA聚合酶相互作用的强度影响转录起始复合物的稳定性（图11-5d）。

真核生物RNA聚合酶有多种类型，它们识别的启动子也各有特点。RNA聚合酶Ⅱ识别的核心启动子位于转录起始点附近，长度为40 ~ 60bp。核心启动子包括TFⅡB识别元件（TFⅡB recognition element，BRE）、TATA盒（TATA box）、起始子（initiator，Inr）以及转录起始点下游的一些元件，如下游启动子元件（downstream promoter element，DPE）、下游

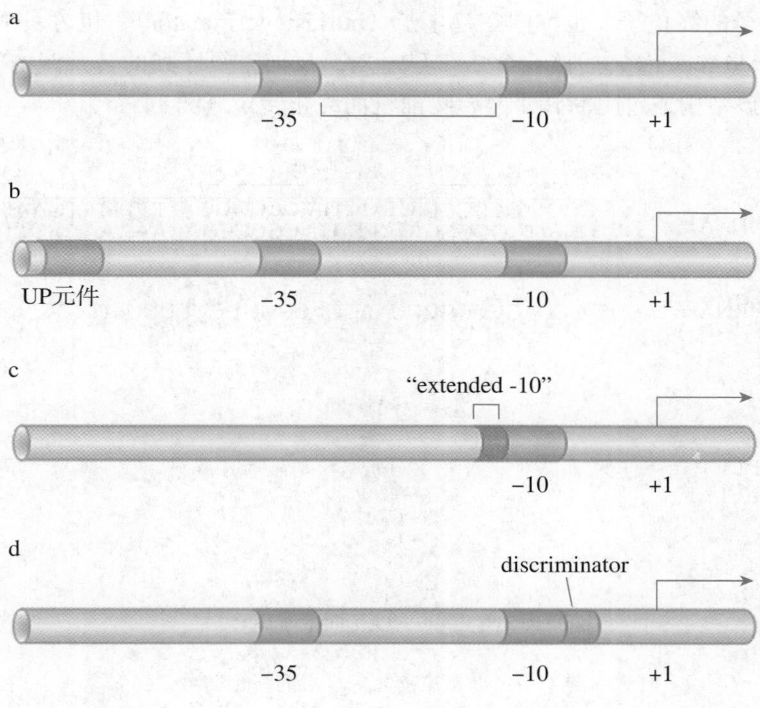

图 11-5 原核生物启动子

核心元件（downstream core element，DCE）等。多数基因的核心启动子包括 Inr、TATA 盒、DPE 和 DCE 等。TATA 盒通常与 DCE 共存于同一启动子，但不与 DPE 共存（图 11-6）。

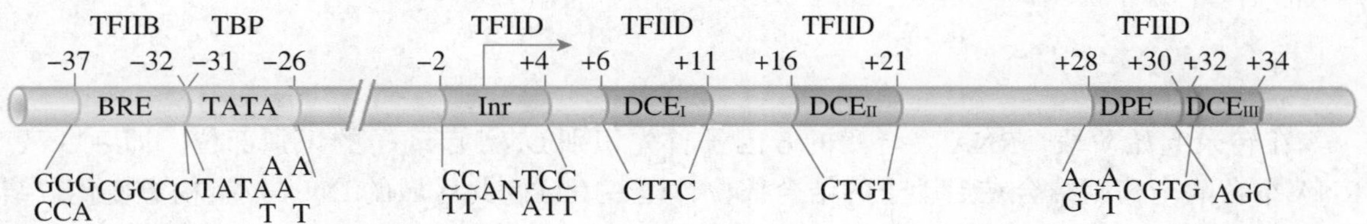

图 11-6 RNA 聚合酶Ⅱ识别的核心启动子

RNA 聚合酶Ⅱ启动转录时需要一些蛋白质辅助，才能形成有活性的转录复合体，这些蛋白质称为转录因子（transcription factor，TF）。所有 RNA 聚合酶Ⅱ启动转录都需要的转录因子称为通用转录因子（general transcription factor，GTF），包括 TFⅡA、TFⅡB、TFⅡD、TFⅡF、TFⅡH 等，它们与 RNA 聚合酶Ⅱ组成转录任何基因所需的基本转录结构，在生物进化过程中高度保守。

RNA 聚合酶Ⅰ和聚合酶Ⅲ参与转录起始复合体形成的过程与聚合酶Ⅱ在许多方面都很相似，它们也有各自特异的通用转录因子，识别各自特异的 DNA 调控元件。与 RNA 聚合酶Ⅱ不同的是，RNA 聚合酶Ⅰ和Ⅲ启动转录不需要水解 ATP，而聚合酶Ⅱ则需要水解 ATP。

（二）终止子

DNA 模板除了具有启动子外，也有终止转录的特殊部位，称为终止子（terminator）。原核生物基因转录终止的方式有两种，即依赖 ρ 因子的终止和不依赖 ρ 因子的终止。ρ 因子又称终止因子（termination factor），是一种含 6 个亚基的环状蛋白质，具有 ATP 酶活性，可通过水解 ATP 释放能量，使转录产物从复合体释放，从而终止转录。

不依赖 ρ 因子的终止子，也称内在终止子（intrinsic terminator），包含一个约 20bp 的反向重复序列（inverted repeat），后接 8 个 A-T 碱基对。反向重复序列的转录产物因自身碱基配对而呈发夹结构，该结构通过阻断转录复合物前进而终止转录（图 11-7）。

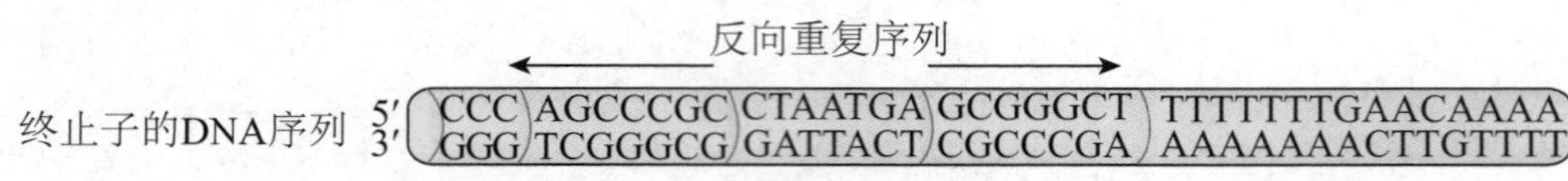

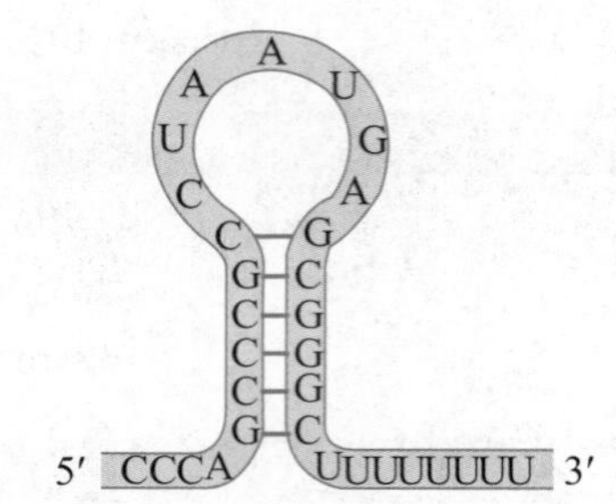

图 11-7 原核生物转录作用的终止信号

第三节 转录过程

转录过程可以分为三个阶段：起始（initiation）、延长（elongation）及终止（termination）。以下主要介绍了解较多的大肠埃希菌的转录过程。

一、转录起始阶段

在转录起始阶段，RNA 聚合酶的 σ 因子首先识别 DNA 启动子的识别部位，即 −35 区。RNA 聚合酶全酶则结合在启动子的结合部位，即 −10 区。此区域的 DNA 发生构象变化，结构变得较为松散，特别是结合了 RNA 聚合酶全酶的 Pribnow 盒附近，双链暂时打开约 13bp（从 −11 到 +2），暴露出 DNA 模板链，有利于 RNA 聚合酶进入转录泡，催化 RNA 聚合作用。

转录起始不需引物，两个与模板配对的相邻核苷酸，在 RNA 聚合酶催化下直接生成 3′, 5′- 磷酸二酯键即可相连，这是 RNA 聚合酶与 DNA 聚合酶作用的明显不同之处。转录产物的第一位核苷酸通常为 GTP 或 ATP，又以 GTP 更为常见。第一个磷酸二酯键生成后，σ 因子从模板及 RNA 聚合酶上脱落，核心酶沿着模板向下游移动，转录作用进入延长阶段。脱落下的 σ 因子可以再次与核心酶结合而循环使用。

原核生物 RNA 聚合酶在脱离启动子进入延长阶段前，合成并释放一系列长度小于 10 个核苷酸的转录物，称为流产性起始（abortive initiation）。转录物长度超过 10 个核苷酸才有可能进入延长阶段继续合成。目前尚不清楚 RNA 聚合酶脱离启动子前为何需经历流产性起始阶段。

真核生物的转录起始远比原核生物复杂，需要各种转录因子与顺式作用元件（cis-acting element）相互结合，同时转录因子之间也要相互识别、结合。例如，真核生物 mRNA 的转录起始，首先由 TF Ⅱ D 识别 TATA 盒。TF Ⅱ D 是一个多亚基复合物，其中与 TATA 盒结合的部分称为 TATA 盒结合蛋白（TATA-binding protein，TBP），其他亚基称为 TBP 相关因子（TBP-associated factors，TAFs）。有些 TAFs 识别 Inr、DPE 和 DCE 等启动子元件。TBP-DNA

复合物形成后，可募集其他转录因子和 RNA 聚合酶的加入，其加入顺序依次为 TFⅡA、TFⅡB、TFⅡF 和 RNA 聚合酶，然后是 TFⅡE 和 TFⅡH，最终形成转录前起始复合物（preinitiation complex，PIC）（图 11-8）。

TFⅡH 具有解旋酶（helicase）活性，能使转录起始点附近的 DNA 双螺旋解开，使闭合复合物转变为可转录的开放复合物。TFⅡH 还具有激酶活性，它的一个亚基能使 RNA 聚合酶Ⅱ的 CTD 磷酸化。CTD 磷酸化能使开放复合物的构象发生改变，启动转录。此外，CTD 磷酸化在转录延长期及转录后加工过程中也发挥重要作用。当 RNA 合成长度达 60 ～ 70 个核苷酸时，TFⅡE 和 TFⅡH 释放，RNA 聚合酶Ⅱ进入转录延长期。

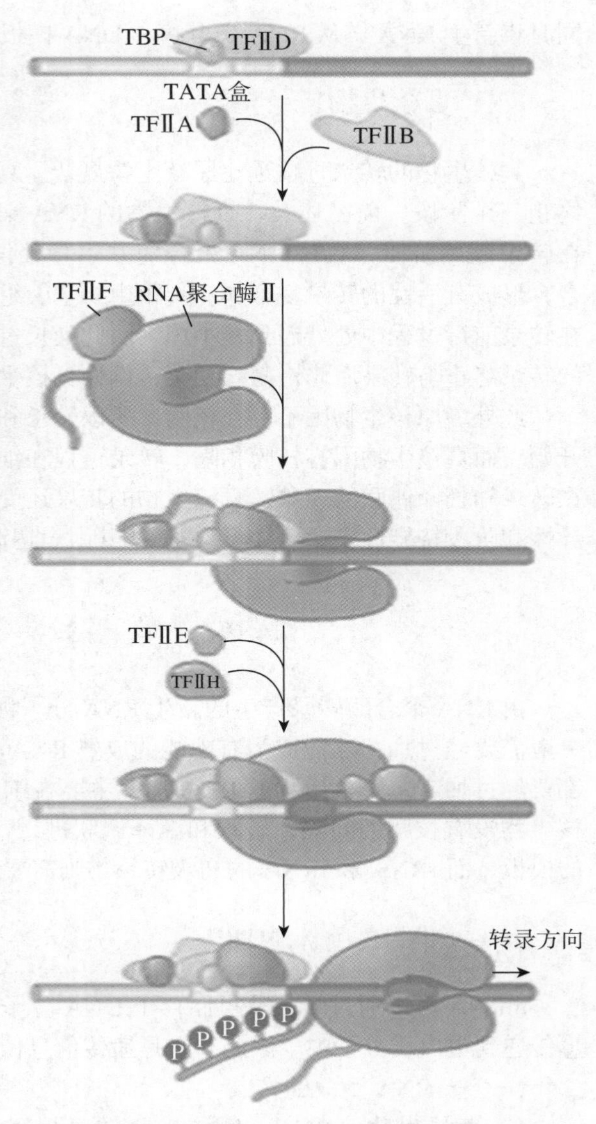

图 11-8 真核生物转录前起始复合物的形成

二、转录延长阶段

在原核生物转录起始阶段第一个磷酸二酯键形成后，σ 因子脱离 DNA 模板及 RNA 聚合酶。RNA 聚合酶的核心酶沿 DNA 模板向下游移动。与 DNA 模板链序列互补的核苷酸，按碱基互补配对规律逐一进入反应体系。在 RNA 聚合酶的催化下，相邻核苷酸以 3′, 5′- 磷酸二酯键相连，转录物 RNA 以 5′ → 3′ 方向逐步延长。

转录过程中，新合成的 RNA 链仅有 8 ～ 9 个核苷酸暂时与 DNA 模板链形成 DNA-RNA 杂化链，此结构中的 DNA 与 RNA 的结合并不紧密，RNA 链很容易脱离 DNA 模板链。RNA 链脱离后，DNA 模板链与编码链重新形成 DNA 双链分子。

在转录延长过程中，局部打开的 DNA 双链、RNA 聚合酶及新生 RNA 转录物局部形成了转录泡。随着 RNA 聚合酶的移动，转录泡也行进并贯穿于延长过程的始终（图 11-3）。

三、转录终止阶段

前已述及，原核生物转录有依赖 ρ 因子的终止和不依赖 ρ 因子的终止两种方式。当 RNA 聚合酶在延长阶段行进至终止子部位时，RNA 聚合酶就不再前行，聚合作用也即停止。由终止子中 GC 富集区组成的反向重复序列，在转录生成的 mRNA 中有相应的发卡结构。此发卡结构可阻碍 RNA 聚合酶的行进，由此停止 RNA 聚合作用（图 11-7）。终止子中还有 AT 富集区，其转录生成的 mRNA 3′ 端有多个 U 残基，在碱基配对中 U-A 配对最不稳定，致使新合成的 DNA 与 RNA 的杂化链解离，转录终止。

有些原核基因的转录终止需要 ρ 因子参与。ρ 因子在与单链 RNA 结合时具有 ATP 酶活性。当 RNA 聚合酶行进到转录终止部位时，ρ 因子与 RNA 链结合，使 RNA-DNA 的杂化链解离，

转录终止蛋白

同时将新生 RNA 链从 RNA 聚合酶和 DNA 模板上脱离下来，使转录终止。

四、真核生物转录特点

真核生物的转录过程远比原核生物复杂。真核生物的转录过程，同样可分为起始、延长和终止三个阶段。前已述及，真核生物的 RNA 聚合酶种类更多，与模板的结合模式更为复杂。在转录起始阶段，真核 RNA 聚合酶并不直接识别、结合转录模板，而是与多种转录因子结合，形成有活性的转录复合体。真核生物基因组 DNA 与组蛋白形成核小体结构，RNA 聚合酶在转录前行过程中处处遇到核小体，因此延长过程会出现核小体移位和解聚的现象。真核生物的转录终止与转录后修饰密切相关，例如真核生物 mRNA 的加尾修饰与转录终止同时进行。

此外，原核生物因不存在核膜，所以转录和翻译过程偶联，即转录未结束，翻译过程即已开始。而真核生物因有核膜相隔，转录过程在细胞核内进行，翻译过程在细胞质进行，并不存在转录和翻译偶联的现象。真核生物的转录还受复杂机制的调控，以确保各基因严格按组织特异性和阶段特异性表达（详见第 13 章基因表达调控）。

第四节 转录后的加工过程

由 RNA 聚合酶转录产生的新生 RNA 分子称为初级 RNA 转录物（primary RNA transcript），一般需要经过加工才能成为有功能的成熟 RNA 分子。在真核细胞中，几乎所有的初级转录物都要经过加工。真核生物的 RNA 加工主要在细胞核内进行，也有少数反应在胞质中进行。原核生物没有核膜的间隔，转录和翻译偶联进行，其 mRNA 初级转录物无需加工就可作为翻译的模板，而 rRNA 和 tRNA 的初级转录物则需要进行加工，才能成为有功能的成熟分子。

一、mRNA 前体的加工

mRNA 可以通过转录获得储存于 DNA 分子的遗传信息，又可以通过翻译将携带的遗传信息传递到蛋白质分子中。因此，它是遗传信息传递的中介物，具有重要的生物学意义。

（一）mRNA 生成的特点

1．原核生物 mRNA 原核生物转录生成的 mRNA 属于多顺反子 mRNA（polycistronic mRNA），即数个结构基因转录时利用共同的启动子及终止信号，转录生成的一条 mRNA 分子，可编码多种蛋白质（图 11-9a）。例如乳糖操纵子上的 *lacZ*、*lacY* 及 *lacA* 基因转录产物位于同一条 mRNA 上，可翻译生成 3 种酶，即 β- 半乳糖苷酶、透酶及乙酰转移酶。又如参与组氨酸合成的 10 种酶，它们的编码信息全在同一个 mRNA 分子上。原核生物 mRNA 的半衰期很短，例如大肠埃希菌的 mRNA 半衰期仅为几分钟。

2．真核生物 mRNA 与原核生物不同的是，真核基因转录生成单顺反子 mRNA（monocistronic mRNA），即一个 mRNA 分子只编码一条多肽链（图 11-9b）。

真核生物的结构基因中包含编码蛋白质的序列，称为外显子（exon）；外显子之间以非编码序列间隔，称为内含子（intron）。转录生成的 mRNA 前体中有来自外显子部分的序列，也有来自内含子部分的序列，在加工时需要对 mRNA 前体进行剪接，即切除内含子，连接相邻外显子。有些非编码序列，虽然不编码蛋白质，但转录后的序列依然出现于成熟 mRNA，称为非编码外显子（non-coding exon），如 mRNA 的 5′- 非编码区、3′- 非编码区、microRNA 编码基因等。

（二）真核生物 mRNA 前体的加工

真核生物 mRNA 的初级转录产物称为核内不均一 RNA（heterogeneous nuclear RNA,

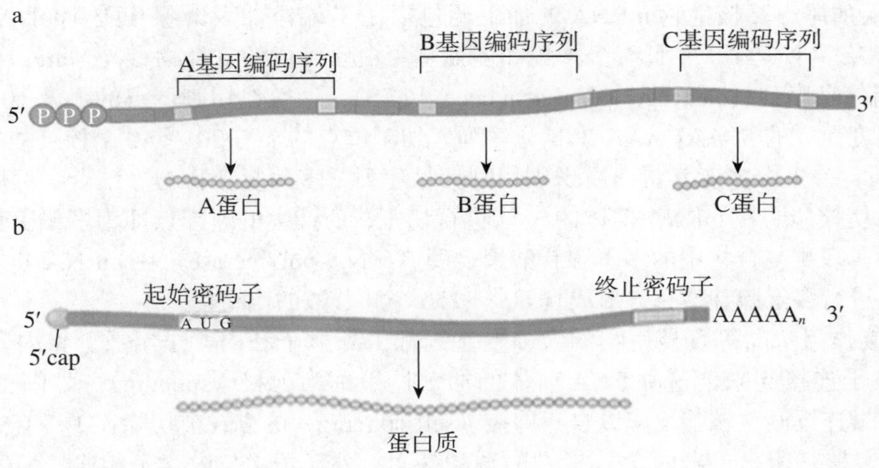

图 11-9　多顺反子与单顺反子 mRNA
a．多顺反子 mRNA；b．单顺反子 mRNA

hnRNA），需经过 5′ 端加帽、3′ 端加尾、剪去内含子并连接外显子、甲基化修饰以及核苷酸编辑等复杂的加工过程，才能成为成熟的 mRNA。

1．5′ 端加帽　大多数真核生物 mRNA 的 5′ 端有 7- 甲基鸟嘌呤的帽结构，即 5′ 端的核苷酸与 7- 甲基鸟嘌呤核苷通过不常见的 5′,5′- 三磷酸结构相连。5′ 帽结构的形成过程是：当新生 RNA 链的长度达 20 ~ 30 个核苷酸时，首先由 RNA 三磷酸酶移去 RNA 链 5′ 端第一个核苷酸的 γ- 磷酸基，然后由鸟苷转移酶催化 GMP（GTP 水解产物）与 RNA 5′ 端的 β- 磷酸基相连，最后由 *S*- 腺苷甲硫氨酸提供甲基，使帽结构中 GMP 的鸟嘌呤 N^7 甲基化。通常与帽结构紧密相邻的第 1、2 位核苷酸的核糖 2′-O 也发生甲基化，这两步甲基化反应由不同的甲基转移酶催化完成（图 11-10）。5′ 帽结构可以保护 mRNA 免受核酸酶降解，并参与 mRNA 与核糖体的结合，启动蛋白质的合成。

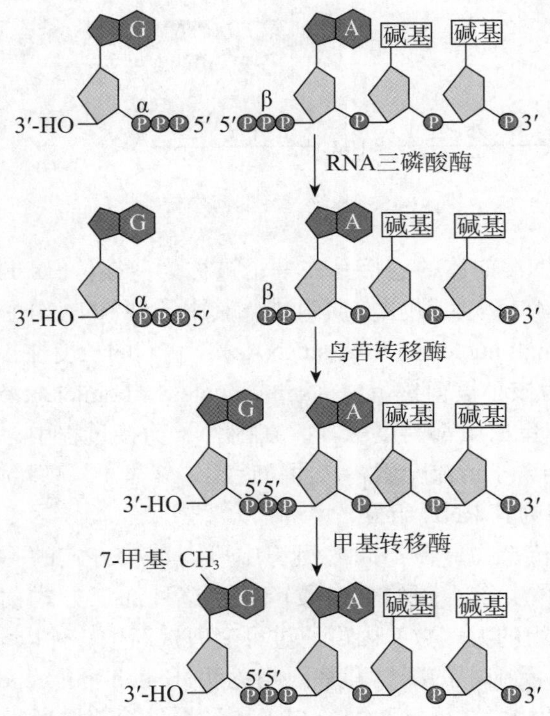

图 11-10　真核生物 mRNA 5′ 帽结构及加帽过程

2．3′ 端加尾 真核生物 mRNA 的加工还包括在 3′ 端添加多聚腺苷酸（polyA）尾结构，这一过程涉及多个步骤，并且有多种酶和多亚基蛋白质组成的复合物参与。mRNA 前体在 3′ 端含有切割信号序列（cleavage signal sequence，CSS）：一般在切割位点的上游 10 ~ 30 个核苷酸处有高度保守的 5′-AAUAAA-3′ 信号序列，切割位点的下游 20 ~ 40 个核苷酸处有富含 G 和 U 的序列。首先由多亚基蛋白质识别切割信号序列，多酶复合物与之结合；然后，多酶复合物中的内切核酸酶在 mRNA 前体的 3′ 端进行切割，所产生的断裂点即为多聚腺苷酸化的起始点。最后，多酶复合物中的多聚腺苷酸聚合酶（polyA polymerase）在 mRNA 断裂产生的游离 3′-OH 上进行多聚腺苷酸化，形成含 80 ~ 250 个腺苷酸的尾结构。

3．剪接作用 高等真核生物的大多数基因都由外显子和内含子组成。将内含子剪切除去，将外显子连接起来，这种 RNA 前体的加工过程称为剪接（splicing）。如图 11-11 所示，内含子可通过连续两次转酯反应以自我剪接（self-splicing）的方式被切除：①鸟苷或鸟苷酸的 3′-OH 作为亲核基团，攻击内含子 5′ 端的磷酸基团，外显子 1 与内含子相连接的磷酸二酯键断裂，鸟苷或鸟苷酸与内含子 5′ 端连接，这是第一次转酯反应。②已与内含子断开的外显子 1 的 3′-OH 作为亲核基团，使内含子与外显子 2 之间的磷酸二酯键断裂，同时外显子 1 和外显子 2 相连，完成第二次转酯反应。这类内含子存在于某些编码 mRNA、tRNA 和 rRNA 的基因中，其剪接过程并不需要蛋白质类的酶参与反应。

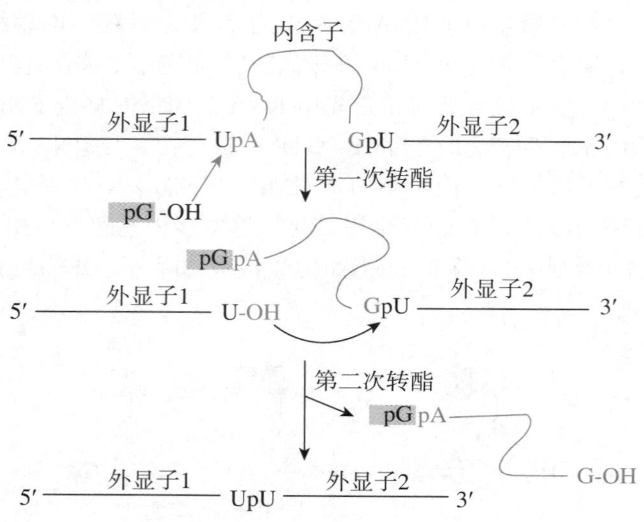

图 11-11 剪接过程的两次转酯反应

大多数真核生物 mRNA 前体的剪接是在一个被称为剪接体（spliceosome）的复合体中进行。该复合体由 5 种 RNA 及上百种蛋白质组成。其中 5 种 RNA 分别是 U1、U2、U4、U5 和 U6，统称为小核 RNA(small nuclear RNAs，snRNAs)，它们的长度在 100 ~ 200 个核苷酸之间，各自与多个蛋白质结合为核小核糖核蛋白（small nuclear ribonuclear proteins，snRNPs）。真核生物 snRNP 中的 RNA 和蛋白质都高度保守。在内含子剪接过程中，各种 snRNP 先后结合到 mRNA 前体分子上，使内含子形成套索，从而拉近相邻外显子。剪接体的组装需要 ATP 供能，剪接体中起催化作用的多为其 RNA 组分。

有些 mRNA 的初级转录物，在不同的组织中可因剪接方式的不同而产生具有不同遗传密码的 mRNA，从而翻译生成不同的蛋白质产物，这种加工方式称为可变剪接（alternative splicing）。哺乳动物基因组的大多数基因可通过可变剪接产生一种以上的蛋白质。例如甲状腺中的降钙素（calcitonin）及脑中的降钙素基因相关肽（calcitonin gene-related peptide，CGRP）就是来自同一个初级转录物。在甲状腺中，初级转录物进行剪接后，由外显子 1、2、3、4 连接而成的 mRNA，翻译产物为降钙素。而在脑中，经剪接作用由外显子 1、2、3、5、6 连接而成的 mRNA，翻译产物为 CGRP（图 11-12）。

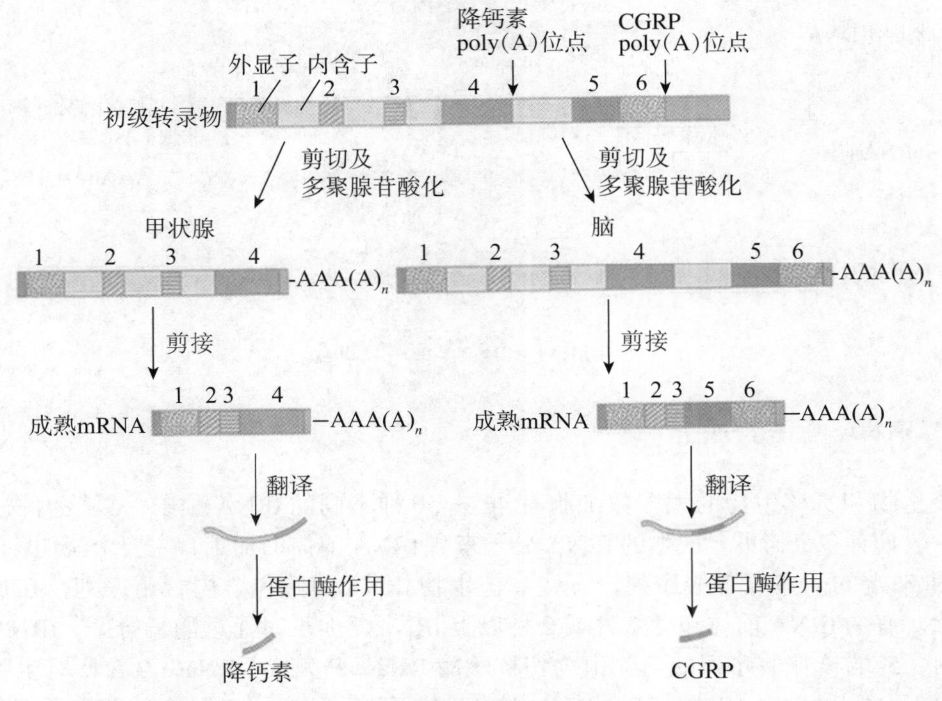

图 11-12 大鼠降钙素基因转录物的可变剪接

4．RNA 编辑 另有一种加工方式也可以改变 mRNA 初级转录物的序列，称为 RNA 编辑（RNA editing），包括单个碱基的插入、缺失或改变。常见的 RNA 编辑包括两种方式：特异位点的腺嘌呤（A）或胞嘧啶（C）的脱氨基，分别变为次黄嘌呤（I）和尿嘧啶（U）；向导 RNA（guide RNA）指导的尿苷插入或缺失。如此，经 RNA 编辑产生的 mRNA 模板，其携带的编码信息也就发生了改变。

哺乳动物的载脂蛋白 B（apolipoprotein B，Apo B）mRNA 就存在 C → U 转换。Apo B 有 Apo B-100（分子量为 511000kDa）和 Apo B-48（分子量 240000kDa）两种形式。Apo B-100 在肝内合成，Apo B-48 含有与 Apo B-100 完全相同的 N 端 2152 个氨基酸残基，在小肠合成。Apo B 基因在小肠转录生成 mRNA 前体后，第 26 个外显子上某位点的 C 经脱氨基反应变为 U，使得原来 2153 位上的谷氨酰胺密码子 CAA 变成了终止密码子 UAA，从而生成较短的 Apo B-48（图 11-13）。催化这一反应的脱氨酶仅存在于小肠，肝细胞不含此酶。

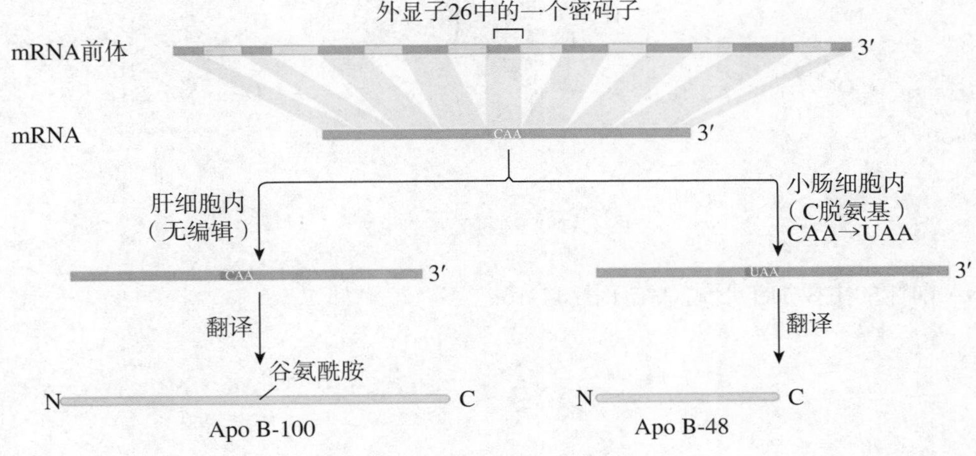

图 11-13 Apo B mRNA 编辑

mRNA 前体的加工过程可简单总结于图 11-14。

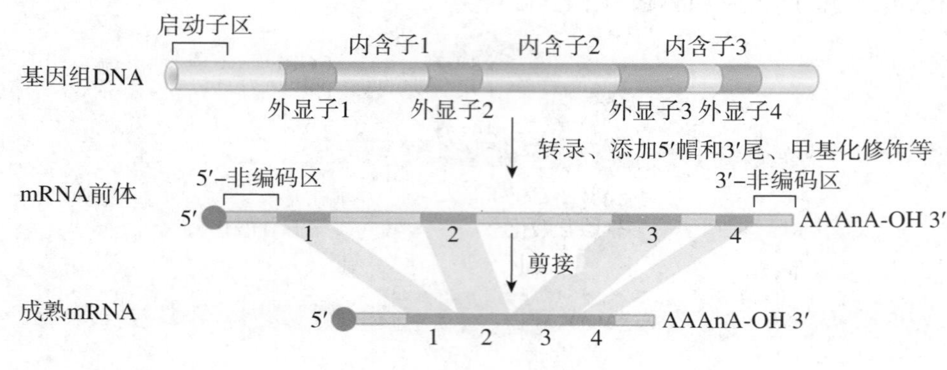

图 11-14 mRNA 前体的加工

二、tRNA 前体的加工

原核生物和真核生物的大多数细胞有 40 ～ 50 种不同的 tRNA 分子。真核生物 tRNA 编码基因一般具有多个拷贝。成熟的 tRNA 分子来自 tRNA 前体的加工，主要由酶切除 tRNA 前体 5′ 端和 3′ 端的一些核苷酸序列。有些真核生物 tRNA 前体包含内含子序列，在加工过程须被切除。有的 tRNA 前体包含 2 种或 2 种以上 tRNA，加工时通过酶切分开。tRNA 前体分子加工时，5′ 端核苷酸序列的切除由内切核酸酶 RNase P 完成。RNase P 在所有生物中广泛存在，由蛋白质和 RNA 组成，其中 RNA 组分为酶活性所必需，并且在细菌中无需蛋白质参与即可进行精确的加工，因此，RNase P 被看成是 RNA 具有催化活性的又一个例证，即核酶（ribozyme）。tRNA 前体的 3′ 端核苷酸序列由内切核酸酶 RNase D 等切除。

tRNA 前体加工的第二种形式是在 3′ 端添加 CCA 序列，该序列在有些细菌及所有真核生物的 tRNA 初级转录物中并不存在，而是在加工时添加。首先由 tRNA 核苷酸转移酶催化三个游离的核苷三磷酸缩合成 CCA 序列，然后添加于 tRNA 前体 3′ 端，此过程不依赖 DNA 或 RNA 模板。

tRNA 前体加工的第三种形式是将有些碱基修饰为稀有碱基，包括甲基化、脱氨基、还原反应等。例如，尿苷的核糖从 N-1 转至 C-5 位上，就变成了假尿苷，由异构酶催化；尿苷 C-5、C-6 之间的双键还原后变为双氢尿苷（图 11-15）。其他的稀有碱基还包括次黄嘌呤、胸腺嘧啶和甲基化鸟嘌呤等。

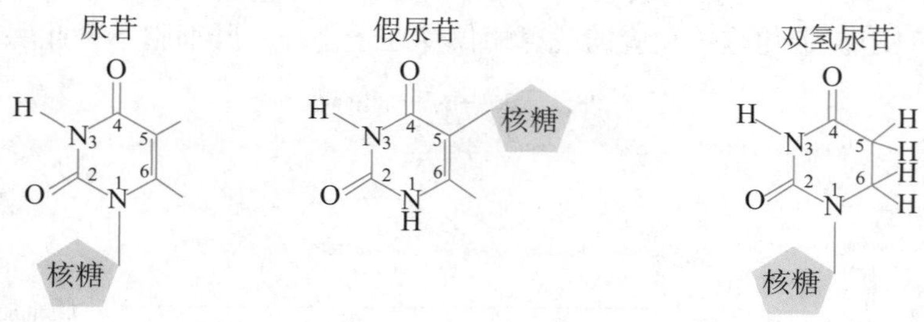

图 11-15 稀有碱基的生成

tRNA 前体的主要加工形式总结于图 11-16。

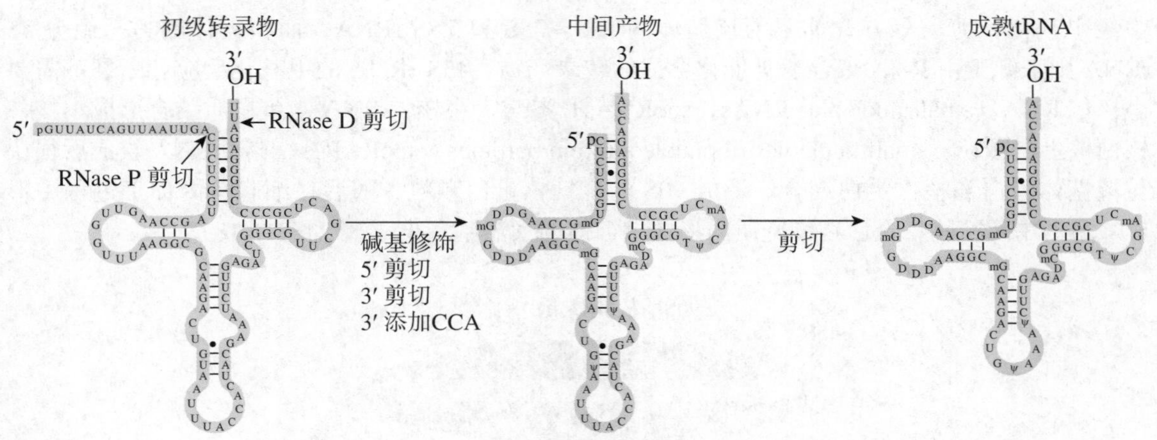

图 11-16　tRNA 前体加工的主要形式

三、rRNA 前体的加工

原核生物和真核生物的 rRNA 转录物也需要进行加工。在细菌中，16S、23S 和 5S rRNA 以及某些 tRNA 序列来源于约有 6500 个核苷酸的 30S rRNA 前体。30S rRNA 前体分子两端的序列以及 rRNA 之间的内含子序列在加工中被去除。大肠埃希菌的基因组有 7 个前核糖体 RNA 分子的基因拷贝，这些基因中编码 rRNA 的区域有相同序列，而内含子间隔区则不同。在 16S rRNA 和 23S rRNA 之间有 1 个或 2 个编码 tRNA 的序列，不同的 rRNA 前体分子所含的 tRNA 也不同。有些 rRNA 前体分子的 5S rRNA 的 3′ 端也有 tRNA 序列。30S rRNA 前体分子的加工可分为 3 个阶段：首先是一些特异核苷酸的甲基化，其中核糖 2′ 位羟基的甲基化最为常见；然后分别通过 RNase Ⅲ、RNase P 和 RNase E 的作用，产生 rRNA 和 tRNA 前体分子。最后通过各种特异的核酸酶作用，产生 16S、23S 和 5S rRNA 及 tRNA（图 11-17）。

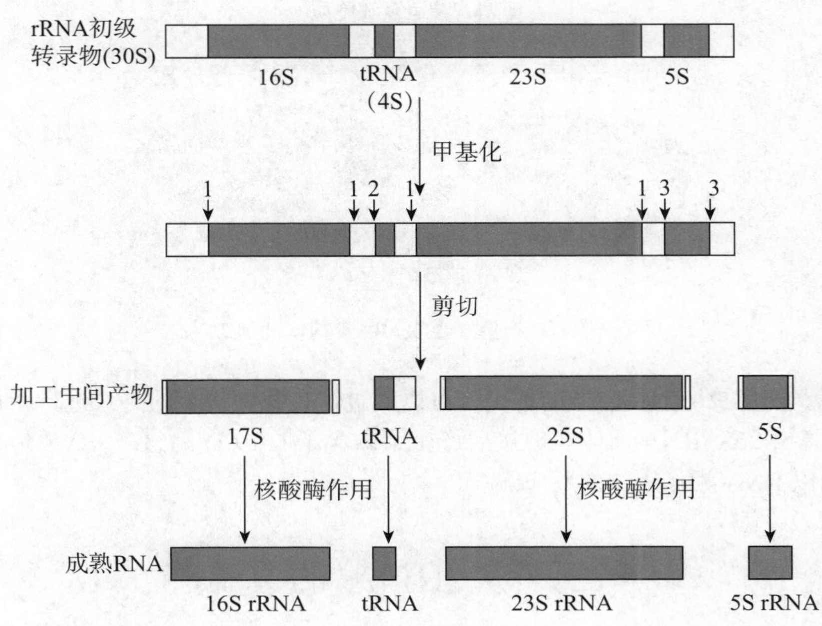

图 11-17　原核生物 rRNA 的加工

1．RNase Ⅲ 作用位点；2．RNase P 作用位点；3．RNase E 作用位点

真核生物 rRNA 基因的转录初级产物为 45S rRNA，由 RNA 聚合酶 Ⅰ 催化合成，在核仁

中经甲基化、剪切等方式加工为核糖体的18S、28S和5.8S rRNA；而核糖体的另一组分5S rRNA则来源于由RNA聚合酶Ⅲ催化合成的转录产物。45S rRNA的甲基化反应和断裂都需要小核仁RNA（small nucleolar RNAs，snoRNAs）参与，小核仁RNA与蛋白质结合形成小核仁核糖核蛋白颗粒（small nucleolar ribonucleoprotein particles，snoRNPs）。45S rRNA合成后很快与核糖体蛋白和核仁蛋白结合，形成90S前核糖核蛋白颗粒，随后在细胞核内加工过程中形成一系列中间产物，最后在细胞质内形成核糖体的大亚基和小亚基（图11-18）。

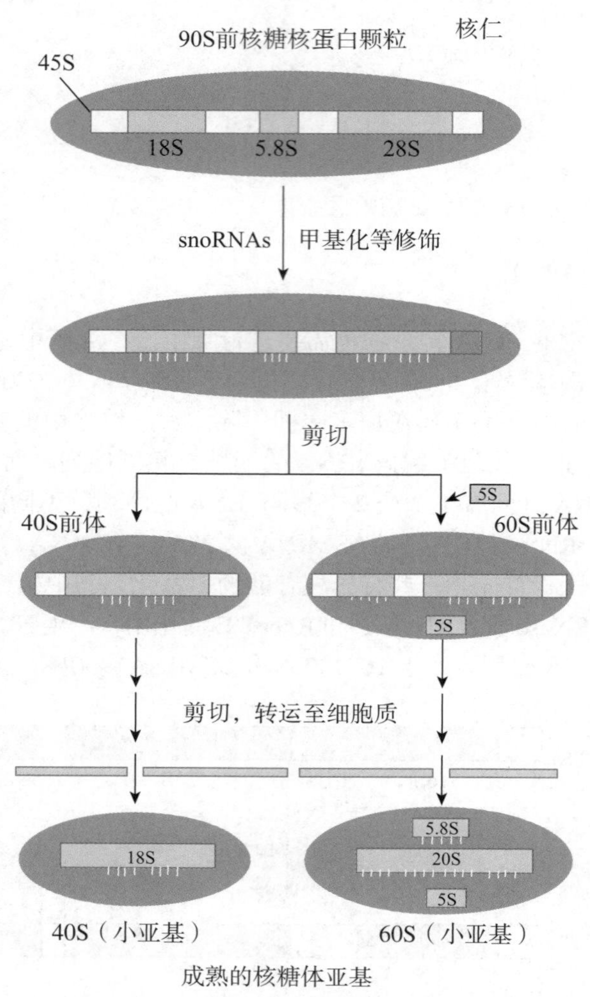

图11-18 真核生物rRNA前体的加工

研究发现，四膜虫rRNA前体的加工，可以通过“自我剪接”的方式进行，最终成为成熟的rRNA。四膜虫26S rRNA前体在剪接后产生了内含子L-19 IVS，L-19 IVS是一种核酶，它可以催化数种以RNA为作用物的反应。

第五节 RNA的复制

有些病毒或噬菌体具有RNA基因组，被称为RNA病毒，例如流感病毒、噬菌体f2、MS2、R17和Qβ等。某些RNA病毒的基因组RNA在病毒蛋白质的合成中具有mRNA的功能。病毒RNA进入宿主细胞后，还可进行复制，即在RNA指导的RNA聚合酶（RNA-directed RNA polymerase）或称RNA复制酶（RNA replicase）的催化下进行RNA合成反应。

大多数 RNA 噬菌体的 RNA 复制酶由 4 个亚基组成。其中只有 1 个分子量为 65000 的亚基，是病毒 RNA 复制酶基因的产物，其结构中具有复制酶的活性位点，其他 3 个亚基则由宿主细胞合成，它们分别是延长因子 Tu（分子量 30000）、Ts（分子量 45000）以及 S1（分子量 70000），可能起帮助 RNA 复制酶定位于病毒 RNA 的作用。

RNA 复制酶催化的合成反应是以 RNA 为模板，由 5′→3′ 方向进行 RNA 链的合成。反应机制与其他核酸模板指导的核酸合成反应相似。RNA 复制酶缺乏校对活性，因此 RNA 复制的错误率较高。RNA 复制酶只是特异地对病毒的 RNA 起作用，而宿主细胞 RNA 一般并不进行复制，这就可以解释在宿主细胞中虽含有多种类型的 RNA，但病毒 RNA 被优先进行复制。

小结

RNA 合成包括转录和 RNA 的复制。

转录是以 DNA 为模板，以 4 种核苷三磷酸（NTP）为原料，在 DNA 依赖的 RNA 聚合酶催化下，各 NMP 以 3′, 5′- 磷酸二酯键相连进行的聚合反应，聚合方向为 5′→3′。转录时只有 DNA 的一条链作为转录模板，称为模板链；与模板链互补的另一条链称为非模板链或编码链。转录体系除模板、NTP 和 RNA 聚合酶外，还包括多种蛋白质因子和无机离子，但不需要引物。转录过程可以分为起始、延长及终止三个阶段。

原核生物只有一种 RNA 聚合酶，催化 mRNA、tRNA 和 rRNA 的合成。大肠埃希菌 RNA 聚合酶的全酶由 σ 亚基与核心酶（含 $\alpha_2\beta\beta'\omega$ 亚基）组成。σ 亚基识别启动子，启动转录，并参与 RNA 聚合酶和部分调节因子的相互作用；核心酶的作用是延长 RNA 链。利福霉素可特异性抑制原核生物 RNA 聚合酶的活性，临床上用作抗结核分枝杆菌药物。

真核生物的 RNA 聚合酶有 RNA 聚合酶Ⅰ、Ⅱ和Ⅲ等种类，它们各自包含十几个亚基。RNA 聚合酶Ⅰ位于核仁，催化合成 18S、5.8S 和 28S rRNA 前体；RNA 聚合酶Ⅱ位于核质，催化合成 mRNA 前体；RNA 聚合酶Ⅲ也位于核质，催化合成 tRNA、5S rRNA 和一些小核 RNA。

RNA 聚合酶通过识别并结合基因的启动子而启动基因转录。启动子在转录调节中发挥重要作用。原核生物的启动子包括 −35 区、−10 区、UP 元件、“extended-10”以及识别器等。真核生物的启动子包括 TFⅡB 识别元件、TATA 盒、起始子以及转录起始点下游的 DPE、DCE 等。

真核 RNA 聚合酶Ⅱ启动转录时需要多种转录因子辅助。所有 RNA 聚合酶Ⅱ启动转录都需要的转录因子称为通用转录因子。RNA 聚合酶Ⅰ和聚合酶Ⅲ也有各自的通用转录因子，识别各自特异的 DNA 调控元件。

原核生物基因转录终止有依赖 ρ 因子和不依赖 ρ 因子两种方式。ρ 因子具有 ATP 酶活性，可通过水解 ATP 释放能量，使转录产物从复合体释放，从而终止转录。不依赖 ρ 因子的终止子转录后形成发夹结构，通过阻断转录复合体前进而终止转录。

RNA 的初级转录物一般需经过加工，才能成为有功能的成熟 RNA 分子。真核生物几乎所有的初级转录物都要经过加工；原核生物 mRNA 初级转录物一般无需加工即可作为翻译的模板，而 rRNA 和 tRNA 的初级转录物则需要进行加工。

真核细胞 mRNA 的初级转录物即核内不均一 RNA（hnRNA），需经过 5′ 端加帽、3′ 端加尾、剪接以及甲基化修饰等加工过程，才能成为成熟的 mRNA。有些 mRNA 的初级转录物，可通过可变剪接产生不同的 mRNA，从而翻译生成不同的蛋白质产物。RNA 编辑是另一种改变 mRNA 初级转录物序列的加工方式，包括单个碱基的插入、缺失或改变。

tRNA 前体的加工包括切除前体分子 5′端和 3′端的一些核苷酸序列、在 3′端添加 CCA 序列以及将有些碱基修饰为稀有碱基等。

原核生物 30S rRNA 前体分子经甲基化修饰及多种核酸酶作用等，产生成熟的 16S、23S 和 5S rRNA 及 tRNA。真核生物的 18S、28S、5.8S rRNA 来自 RNA 聚合酶Ⅰ的转录产物 45S rRNA，而 5S rRNA 则来源于 RNA 聚合酶Ⅲ的转录产物。有些病毒 RNA 可进行 RNA 复制，由 RNA 复制酶催化，反应机制与其他核酸模板指导的核酸合成反应相似。

思考题

1．在遗传信息流动中，转录作用有何重要意义？
2．DNA 复制和 RNA 转录过程有何异同？
3．DNA 聚合酶、RNA 聚合酶、逆转录酶及 RNA 复制酶有何异同？
4．启动子在转录时有何功能？原核生物和真核生物启动子的结构各有何特点？
5．各种 RNA 前体的加工方式主要有哪些？
6．为什么转录生成错误 RNA 远没有复制产生错误 DNA 对细胞的影响大？

（倪菊华）

第12章 蛋白质的生物合成

第一节 概 述

蛋白质的生物合成（protein biosynthesis）是指DNA结构基因中储存的遗传信息通过转录生成mRNA，再指导相应氨基酸序列的多肽链合成的过程。在这一过程中，多肽链上氨基酸的排列顺序是由mRNA链上3个为一组的核苷酸序列决定的，这一过程亦称为翻译（translation）。蛋白质的生物合成包括氨基酸的活化及其与专一tRNA的连接、肽链的合成（包括起始、延伸和终止）和新生肽链加工成为成熟的蛋白质三大步骤，其中核心环节是肽链的合成。

蛋白质生物合成是现代生物化学的重要内容。医学、农学及生物学中的一些重大课题，如肿瘤、病毒、免疫、遗传、抗菌药物等无不涉及蛋白质的生物合成。对蛋白质生物合成的深入研究，为揭示生命奥秘，解决某些医学“老、大、难”问题，提供了新的线索。

第二节 蛋白质生物合成体系

蛋白质的生物合成体系极为复杂，除了原料氨基酸之外，还包括mRNA、tRNA、核糖体、有关的酶、蛋白质因子、ATP及GTP等供能物质和必要的无机离子（图12-1）。如真核生物蛋白质生物合成过程就至少需要mRNA、tRNA、核糖体以及有关的酶和蛋白质因子等300余种生物大分子的协同作用。

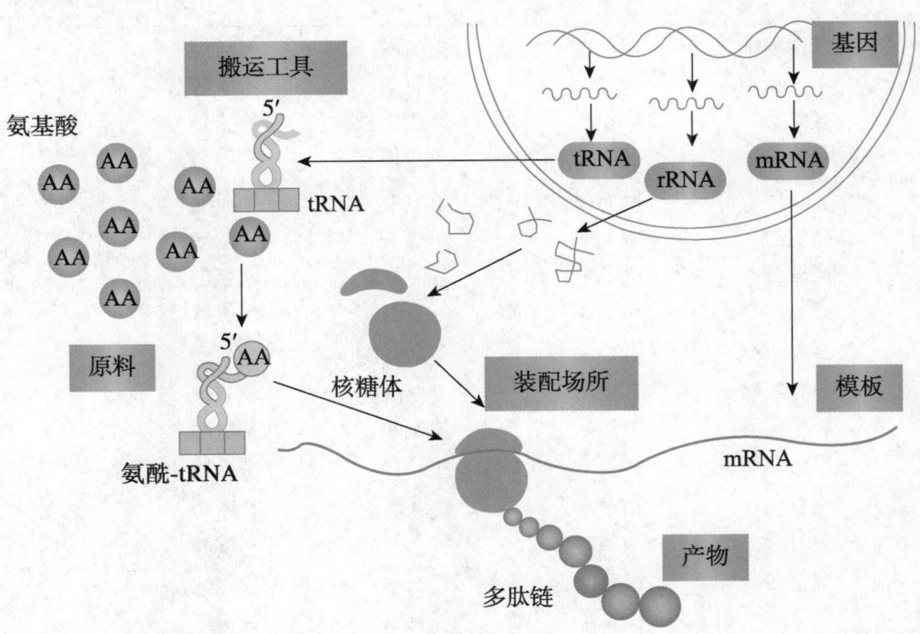

图12-1 蛋白质生物合成体系的主要组分

一、mRNA与遗传密码

1953年沃森（J. D. Watson）和克里克（F. Crick）提出DNA双螺旋模型时指出，DNA中的碱基配对原则，有可能与遗传物质的复制机制有关。自此，人们普遍接受了这样的概念，即遗传信息是用4种核苷酸构成的。可是DNA分子中的核苷酸只有4种，而蛋白质中的氨基酸却有20种。那么DNA如何得以承载蛋白质中氨基酸排列的遗传信息呢？1954年理论物理学家伽莫夫（G. Gamov）通过数学推算，认为在翻译时3个核苷酸决定1个氨基酸，并首次提出“遗传密码”的概念。

mRNA是蛋白质合成的模板，其分子结构由5′-非翻译区（5′-untranslated region，5′-UTR）、可读框（open reading frame，ORF）和3′-非翻译区（3′-untranslated region，3′-UTR）三部分构成。mRNA至少包含一个ORF。每条mRNA的ORF数量在原核细胞和真核细胞中是有区别的。真核细胞的mRNA几乎只有1个ORF，只能编码一条多肽链，称为单顺反子（monocistron）。而原核细胞的mRNA往往含有2个或2个以上ORF，因此，可编码多个多肽链，称为多顺反子（polycistron）。

在mRNA可读框内，每相邻的3个核苷酸组成一组，形成三联体，编码一种氨基酸，称为遗传密码（genetic code）或密码子（codon）。生物体内由3个核苷酸排列组合的密码子共有64个，其中只有61个密码子分别代表20种不同的氨基酸（表12-1）。AUG除可编码甲硫氨酸外，在mRNA 5′端出现的第一个AUG还代表肽链合成的启动信号，称为起始密码子（initiation codon）。原核生物的起始密码子还有少数为GUG和UUG。而UAA、UAG、UGA则不编码任何氨基酸，只作为肽链合成的终止信号，称为终止密码子（termination codon）。从mRNA 5′端起始密码子AUG到3′端终止密码子之间的核苷酸序列，各个三联体密码子连续排列编码一个蛋白质多肽链，称为可读框。可读框之外的核苷酸序列实际上并不组成密码子，因而称为非编码区，或称为非翻译区。

遗传密码的解读

表12-1 遗传密码

第一个核苷酸（5′）	第二个核苷酸				第三个核苷酸（3′）
	U	C	A	G	
U	苯丙氨酸	丝氨酸	酪氨酸	半胱氨酸	U
	苯丙氨酸	丝氨酸	酪氨酸	半胱氨酸	C
	亮氨酸	丝氨酸	终止信号	终止信号	A
	亮氨酸	丝氨酸	终止信号	色氨酸	G
C	亮氨酸	脯氨酸	组氨酸	精氨酸	U
	亮氨酸	脯氨酸	组氨酸	精氨酸	C
	亮氨酸	脯氨酸	谷氨酰胺	精氨酸	A
	亮氨酸	脯氨酸	谷氨酰胺	精氨酸	G
A	异亮氨酸	苏氨酸	天冬酰胺	丝氨酸	U
	异亮氨酸	苏氨酸	天冬酰胺	丝氨酸	C
	异亮氨酸	苏氨酸	赖氨酸	精氨酸	A
	甲硫氨酸*	苏氨酸	赖氨酸	精氨酸	G
G	缬氨酸	丙氨酸	天冬氨酸	甘氨酸	U
	缬氨酸	丙氨酸	天冬氨酸	甘氨酸	C
	缬氨酸	丙氨酸	谷氨酸	甘氨酸	A
	缬氨酸	丙氨酸	谷氨酸	甘氨酸	G

*位于mRNA起始部位的AUG为肽链合成的起始信号。作为起始信号的AUG具有特殊性，在细菌中此种密码子代表甲酰甲硫氨酸，在高等动物中则代表甲硫氨酸

遗传密码具有以下特点：

1．方向性　mRNA 中密码子的排列具有方向性，即起始密码子总是位于编码区 5′ 端，而终止密码子位于 3′ 端，每个密码子的 3 个核苷酸也是按照 5′ → 3′ 方向阅读，不能倒读。这种方向性决定了翻译过程从 5′ → 3′ 方向阅读密码子，也决定了多肽链合成的方向是从氨基端到羧基端。

2．连续性　连续性是指两个密码子之间没有任何核苷酸加以分隔，即密码子是无标点的。相邻的密码子彼此也不会共用相同的核苷酸，密码子之间没有交叉或重叠。翻译从起始密码子开始，按顺序由一个密码子挨着一个密码子地连续阅读，直到终止密码子为止。若在 mRNA 中插入或删去一个或两个碱基，就会导致后续密码子可读框的改变，产生异常的多肽链，称为移码突变（frame shift mutation）。

3．简并性　已知的 61 个密码子编码 20 种氨基酸。从遗传密码表可以看出，除了 Trp 和 Met 各有 1 个密码子外，其他 18 种氨基酸均有 2 个或多个密码子，称为密码子的简并性（degeneracy）（表 12-2）。比较编码同一氨基酸的几个密码子可以发现：各密码子 5′ 端的 2 个碱基一般不变，而第三个碱基可以不同，即密码子的特异性是由前 2 个碱基决定的。如脯氨酸的 4 个密码子（CCU、CCC、CCA、CCG），其 5′ 端的 2 个碱基相同，不同的是 3′ 端的碱基，这意味着第三位碱基的变动可以不影响正常的翻译。密码子的简并性和它的特殊排列，对于防止突变的影响、保证种属稳定性有一定意义。

表12-2　氨基酸对应的密码子数量

氨基酸	密码子数目	氨基酸	密码子数目
Met	1	Tyr	2
Trp	1	Ile	3
Asn	2	Ala	4
Asp	2	Val	4
Cys	2	Pro	4
Gln	2	Gly	4
Glu	2	Thr	4
Lys	2	Ser	6
His	2	Leu	6
Phe	2	Arg	6

4．摆动性　翻译过程中，氨基酸需要 tRNA 搬运至 mRNA 的对应位置，其中位置的正确与否依赖于 mRNA 上的密码子与 tRNA 上的反密码子的相互辨认。这种辨认主要由碱基互补配对决定，但有时密码子与反密码子的配对并不完全遵照碱基互补规律，尤其是密码子的第三位碱基与反密码子的第一位碱基配对时，即使不严格互补也能辨认配对，这种现象称为摆动性（wobble）（参见氨基酸的“搬运工具”——tRNA）。

5．通用性　从最简单的病毒、原核生物直至人类都使用着同一套遗传密码，因此遗传密码具有通用性（universal）。但近年研究发现，在哺乳动物线粒体的蛋白质合成体系中，除 AUG 外，AUA 和 AUU 也可用作起始密码子，其中 AUA 还可作为甲硫氨酸的密码子。UAG 不代表终止信号，而代表色氨酸；CUA、AUA 不代表亮氨酸，却分别代表苏氨酸和甲硫氨酸；AGA 与 AGG 不代表精氨酸，却代表终止信号。故密码子的通用性也有例外。

二、氨基酸的“搬运工具”—— tRNA

体内的20种氨基酸各有其特定的tRNA，而且一种氨基酸常对应数种tRNA。tRNA主要由4个功能区组成：① 3′端的CCA氨基酸结合位点；②氨酰-tRNA合成酶结合位点；③核糖体识别位点；④密码子识别部位，即反密码子位点（详见第2章）。在ATP和酶的存在下，tRNA可与特定的氨基酸结合，并通过其分子中的反密码子（anticodon）与mRNA上对应的密码子互补配对，将氨基酸准确地搬运至核糖体上mRNA的对应密码子处。

含硒蛋白质和tRNA[sel]

tRNA反密码子的第1个核苷酸（5′端核苷酸）与mRNA密码子的第3个核苷酸（3′端核苷酸）配对时，并不严格遵循碱基配对原则，除A-U、G-C配对外，还有U-G、I-C、I-A配对，此种配对方式称为摆动碱基配对（wobble base pair）（图12-2）。

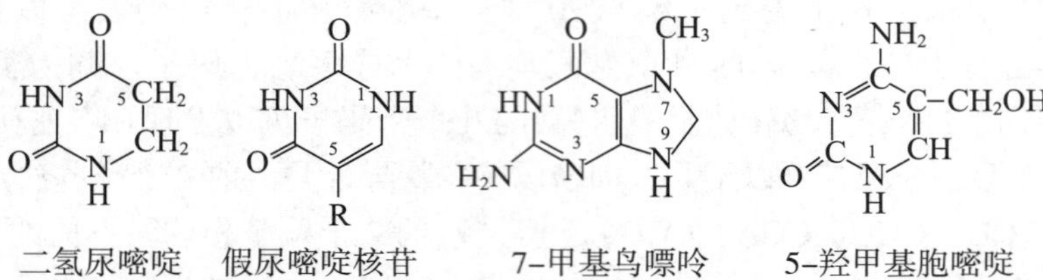

图12-2 密码子与反密码子的配对

三、肽链合成的“装配机”——核糖体

核糖体（ribosome）是蛋白质合成的场所，由rRNA和多种核糖体蛋白（ribosomal protein，RP）组成。核糖体的结构包括大小两个亚基，分别称为大亚基和小亚基（见第2章）。

核糖体的小亚基是一个扁平不对称的颗粒，外形类似哺乳类动物的胚胎，长轴上有一个凹陷的颈沟，将其分为头部和体部，分别占小亚基的1/3和2/3。颈部有1～2个突起，称为叶或平台。大亚基呈半对称性皇冠状或对称性肾状，由半球形主体和3个大小与形状不同的突起组成。中间的突起称为鼻，呈杆状；两侧的突起分别称为柄和脊。大、小亚基缔合时，其间形成一个腔，像隧道一样贯穿整个核糖体（图12-3）。蛋白质的合成就在腔内进行。

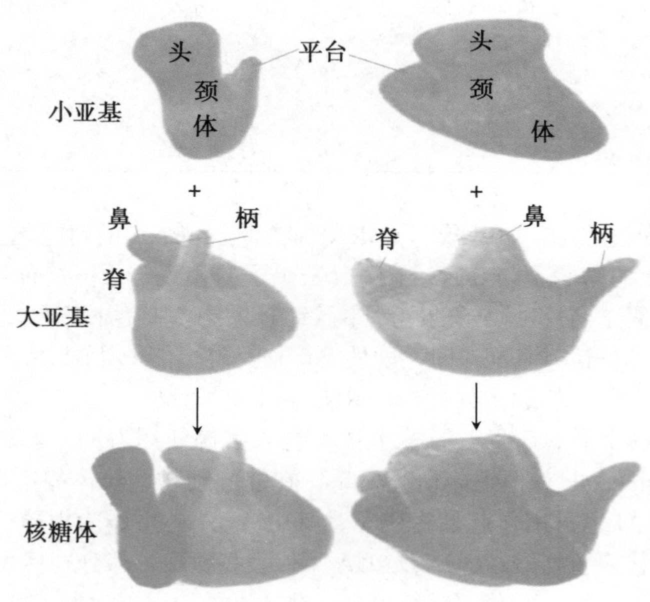

图12-3 核糖体的三维结构模式图

核糖体相当于“装配机”，能够促进 tRNA 所携带的氨基酸缩合成肽。其中，核糖体小亚基上包含有 mRNA 的结合位点，主要负责对模板 mRNA 进行序列特异性识别，如起始部位的识别、密码子与反密码子的相互作用等。大亚基主要负责肽键的形成、氨酰 -tRNA 和肽酰 -tRNA 的结合等（图 12-4）。核糖体的主要功能部位包括：

1．mRNA 结合部位　位于核糖体的小亚基上，负责对模板 mRNA 进行序列特异性识别与结合。原核生物中，mRNA 结合部位和 16S rRNA 的 3′ 端定位于小亚基（30S 亚基）与大亚基（50S 亚基）接触的平台区。起始因子也结合在此部位。

2．受位（acceptor site）或氨酰位（aminoacyl site，A-site，A 位）　A 位是氨酰 -tRNA 的结合部位，供携有氨基酸的 tRNA 附着。

3．给位（donor site）或肽酰位（peptidyl site，P-site，P 位）　P 位是肽酰 -tRNA 的结合部位，供携有新生肽链的 tRNA 及携有起始氨基酸的 tRNA 所附着。原核生物中，P 位与 A 位均由小亚基与大亚基的特异位点共同组成，位于小亚基平台区形成的裂缝处。

4．出口位（exit site，E-site，E 位）　E 位可与肽酰转移后空载的 tRNA 特异结合。在 A 位进入新的氨酰 -tRNA 后，E 位上空载的 tRNA 随之脱落。原核生物中，E 位主要位于大亚基中。

5．肽酰转移酶（peptidyl transferase）活性部位　位于中心突（鼻）和脊之间形成的沟中。可使附着于 P 位上的肽酰 -tRNA 转移到 A 位上，与 A 位 tRNA 所带的氨基酸缩合，形成肽键。新生肽链的出口正好位于肽酰转移酶的对面。大亚基与膜结合的部位距肽链出口非常近。

6．GTPase 位点　与肽酰 -tRNA 从 A 位转移到 P 位有关的转移酶（即延伸因子 EF-G）的结合位点。GTPase 中心由四分子的 L7/L12 组成，位于大亚基的指状突起，即柄上。核糖体大、小亚基结合后，结合有 mRNA 和 tRNA 的小亚基平台与含有 GTPase 和肽酰转移酶活性的大亚基表面非常靠近。

7．与蛋白质合成有关的其他起始因子、延长因子和终止因子的结合位点。

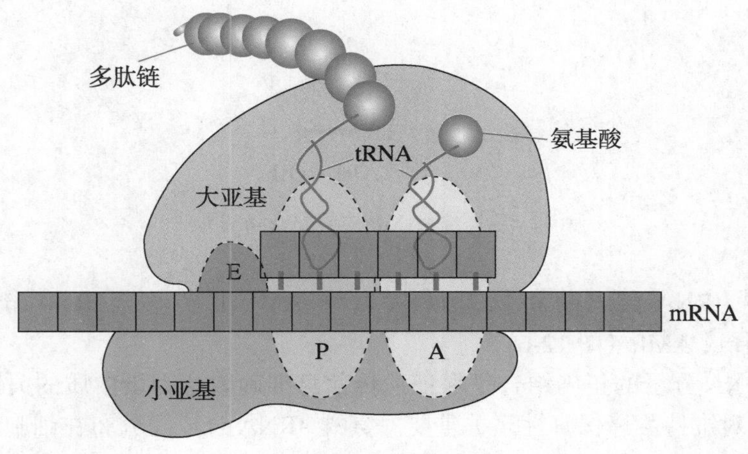

图 12-4　核糖体的主要功能位点

第三节　蛋白质的合成过程

蛋白质生物合成的反应步骤包括：①氨基酸的活化与转运；②肽链合成的起始；③肽链延长；④肽链合成的终止。其中，氨基酸的活化在细胞质中进行，而肽链合成的起始、延长和终止阶段均发生在核糖体上，并伴随核糖体大、小亚基的聚合和分离。因此，氨基酸活化后，在核糖体上缩合形成多肽链的过程形成一个循环，包括肽链合成的起始、延长、终止。此外，蛋白质合成后还需要加工修饰和定向运输。

一、氨基酸的活化与转运

氨基酸是蛋白质生物合成的基本原料。在蛋白质生物合成的第一阶段，20 种不同的氨基酸在氨酰 -tRNA 合成酶（aminoacyl-tRNA synthetase）催化下，其 α- 羧基与特异 tRNA 的 3′ 端 CCA-OH 发生酯化反应，生成氨酰 -tRNA。该反应为可逆反应，需要 Mg^{2+} 和 ATP 参与。其反应步骤如下：

$$\text{tRNA}+\text{氨基酸}+\text{ATP}\xrightleftharpoons{\text{氨酰-tRNA 合成酶}}\text{氨酰-tRNA}+\text{AMP}+\text{PPi}$$

氨酰 -tRNA 合成酶催化的氨基酸活化和转运过程分两步进行：

首先，在氨酰 -tRNA 合成酶催化下，ATP 分解为焦磷酸与 AMP，氨基酸与 AMP 及酶形成中间复合体（氨酰 -AMP-E 复合物）（图 12-5）。

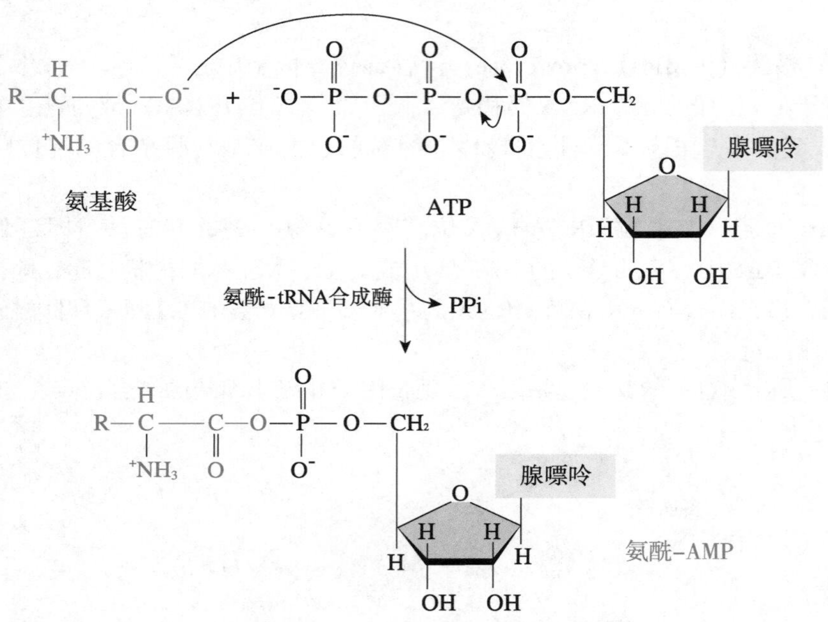

图 12-5　氨酰 -AMP 中间复合物的形成

然后，氨酰 -tRNA 合成酶将氨基酸从氨酰 -AMP 上转移至 tRNA 分子上，生成氨酰 -tRNA，同时释放 AMP（图 12-6）。

氨基酸与 tRNA 分子的正确结合是保证遗传信息准确表达为蛋白质的关键步骤之一，氨酰 -tRNA 合成酶对维持翻译保真性至关重要。氨酰 -tRNA 合成酶分布在细胞质中，对底物氨基酸和 tRNA 都具有高度特异性，既能识别特异的氨基酸，又能辨认特异的 tRNA 分子，从而保证某种氨基酸只能与携带该氨基酸的特异 tRNA 分子连接。这种对氨基酸和 tRNA 的高度特异性，是保证遗传信息准确翻译的要素之一。此外，氨酰 -tRNA 合成酶还具有校对活性，即酯酶活性。它能把错配的氨基酸水解下来，再换上与反密码子相对应的氨基酸。正是由于氨酰 -tRNA 合成酶具有上述两种性质，从而保证了蛋白质合成的错误率小于 10^{-4}（每掺入 10^4 个氨基酸出现 1 个错误）。

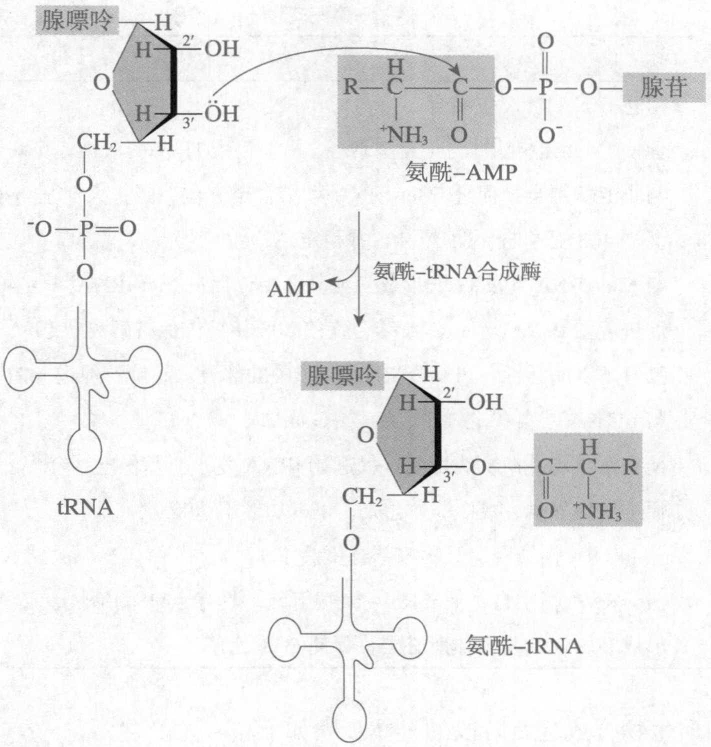

图 12-6　氨酰 -tRNA 的生成

二、肽链合成的起始

在蛋白质生物合成的起始阶段中，核糖体的大、小亚基，mRNA 与携带起始氨基酸的氨酰 -tRNA 共同构成起始复合体。这一过程需要一些称为起始因子（initiation factor，IF）的蛋白质以及 GTP 与 Mg^{2+} 的参与。

起始 tRNA 一般表示为 tRNA$_i^{Met}$，其中下标“i”代表起始 tRNA，上标“Met”表示该 tRNA 可携带甲硫氨酸。原核生物的起始 tRNA，携带甲酰甲硫氨酸后表示为 fMet-tRNA$_i^{fMet}$，其中“fMet”代表甲酰甲硫氨基酰（formylmethionyl）。而携带普通甲硫氨酸的 tRNA 表示为 tRNA^{Met}，携带甲硫氨酸后表示为 Met-tRNA^{Met}。

fMet-tRNA$_i^{fMet}$ 能与起始因子 IF2 反应，促使 fMet-tRNA$_i^{fMet}$ 与起始密码子结合；而 Met-tRNA^{Met} 只能与延长因子 Tu 反应。在原核细胞如大肠埃希菌中，已发现以 fMet-tRNA$_i^{fMet}$ 为底物的转甲酰酶。该甲酰基的存在，阻碍了 fMet 以 α-NH_2 与其他氨基酸形成肽键的可能性，故 fMet 必然位于肽链的 N 端。当肽链合成达 15 ~ 30 个氨基酸残基时，经甲硫氨酸肽酶的作用，N 端的 fMet 被水解。因此肽链合成后，70% 的肽链 N 端没有 fMet，而 N 端为 fMet 的仅占 30%。

原核生物和真核生物的起始因子分别用 IF 和 eIF 表示（表 12-3）。原核生物 IF3 结合于小亚基 E 位，阻止小亚基与大亚基的结合，并促进 fMet-tRNA$_i^{fMet}$ 结合至核糖体的 P 位。IF2 是 GTP 酶（结合和水解蛋白质），它与起始过程的三个主要成分（小亚基、IF1 和 fMet-tRNA$_i^{fMet}$）相互作用。通过与这些成分相互作用，IF2 催化 fMet-tRNA$_i^{fMet}$ 结合至小亚基，并阻止其他负载 tRNA 与小亚基结合。IF1 直接结合到小亚基 A 位，阻止 tRNA 过早与 A 位结合。

表12-3 参与核糖体循环的起始因子

	因子名称	功 能
原核生物	IF1	阻止 tRNA 与 A 位结合
	IF2	促使 fMet-$tRNA_i^{fMet}$ 与小亚基结合，并具有 GTP 酶的活性
	IF3	与小亚基结合；促进 fMet-$tRNA_i^{fMet}$ 结合至 P 位；阻止大亚基与小亚基结合
真核生物	eIF1	促进 40S 亚基与 mRNA 结合并稳定之
真核生物	eIF2	与 Met-$tRNA_i^{Met}$ 及 GTP 形成三元复合物，促进 Met-$tRNA_i^{Met}$ 与 40S 亚基结合
	eIF3	促进起始 tRNA 与 mRNA 结合，使 80S 核糖体保持解离状态
	eIF4A	具有解链酶活性，可解开 RNA 分子中的部分双螺旋，促进 mRNA 与 40S 亚基结合
	eIF4B	与 mRNA 结合并定位于起始 AUG 区域
	eIF4C	使 80S 核糖体解离为亚基，使起始 tRNA 与小亚基稳定结合
	eIF4D	促进甲硫氨酰 - 嘌呤霉素合成，正常功能不清楚
	eIF4E	与 mRNA 帽结合，又称帽结合蛋白 Ⅰ
	eIF4F	与 mRNA 帽结合，使 mRNA 5′ 端解旋，具有 ATP 酶活性，又称帽结合蛋白 Ⅱ
	eIF5	形成 80S 起始复合体所必需，促使 GTP 水解

原核生物蛋白质生物合成起始阶段的具体步骤如下：

1．起始三元复合物（trimer complex）的形成 小亚基首先与起始因子 IF3、IF1 结合，使核糖体大、小亚基分离，其中 IF1 结合于核糖体的 A 位，防止 tRNA 在起始阶段与 A 位结合。IF3 与小亚基 E 位结合，促进其与大亚基分离，并附着于 mRNA 的起始信号部位，形成 IF3- 小亚基 -mRNA 三元复合物（图 12-7）。IF3 与小亚基结合还可以提高 P 位对起始氨酰 -tRNA 的敏感性。

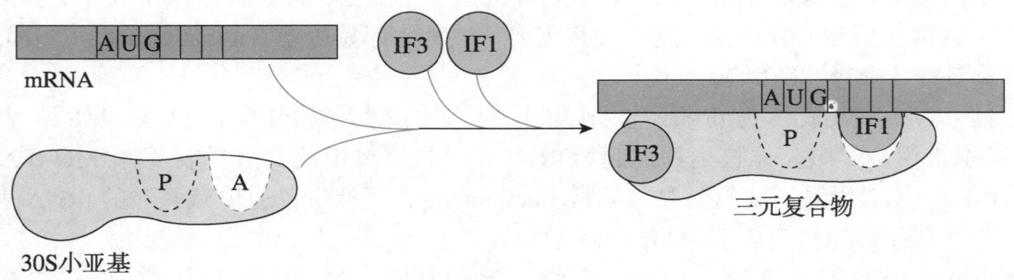

图 12-7 起始三元复合物的形成

2．mRNA 与小亚基定位结合 在 mRNA 起始密码子的上游 8 ～ 13 个核苷酸处，有一段 4 ～ 9 个核苷酸组成的富含嘌呤核苷酸的序列，以 AGGA 为核心，它可与核糖体小亚基中的 16S rRNA 3′ 端富含嘧啶的序列（UCCU）互补，因而有助于 mRNA 从起始密码子处开始指导翻译。mRNA 分子的这一序列特征由 J. Shine 和 L. Dalgarno 发现，故称为 SD 序列（Shine-Dalgarno sequence），也称核糖体结合位点（ribosomal binding site，RBS）（图 12-8）。真核生物的 mRNA 无 SD 序列，18S rRNA 3′ 端也无与 SD 序列互补的碱基序列，这也是真核生物与原核生物在起始机制上的重要差异。

3．起始氨酰 -tRNA（fMet-$tRNA_i^{fMet}$）准确定位在 P 位 原核生物核糖体有 3 个 tRNA 的结合部位：氨酰 -tRNA 的结合部位为 A 位，肽酰 - tRNA 的结合部位 P 位和排出卸载 tRNA 的部位为 E 位。大、小亚基都参与 A 位和 P 位形成。起始密码子 AUG 只有在 P 位才能与 fMet-$tRNA_i^{fMet}$ 结合。fMet-$tRNA_i^{fMet}$ 是唯一一个直接结合到 P 位上的氨酰 -tRNA。在此后延长

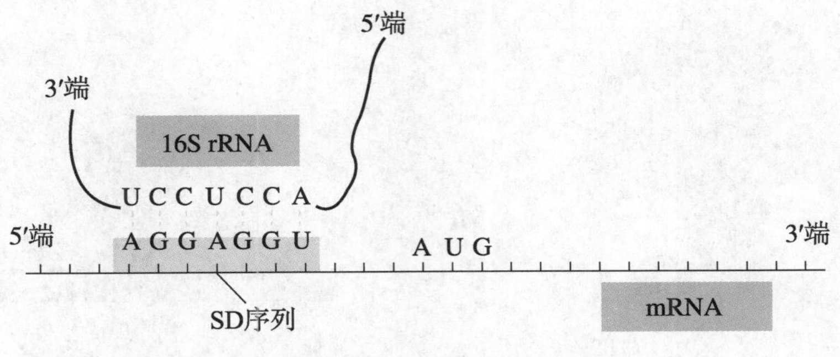

图 12-8　原核生物 mRNA 中的 SD 序列

过程中，所有进位的氨酰 -tRNA 均先与 A 位结合，然后到 P 位和 E 位。起始因子 IF1 结合在 A 位，阻止任何氨酰 -tRNA 在翻译起始阶段与该位结合。

在 IF2-GTP 的促进与 IF1 的辅助下，fMet-$tRNA_i^{fMet}$ 进入 P 位，其反密码子与 mRNA 的起始密码子互补配对，形成小亚基前起始复合体。小亚基前起始复合体由小亚基、mRNA、fMet-$tRNA_i^{fMet}$ 及 IF1、IF2、IF3 与 GTP 共同构成（图 12-9）。

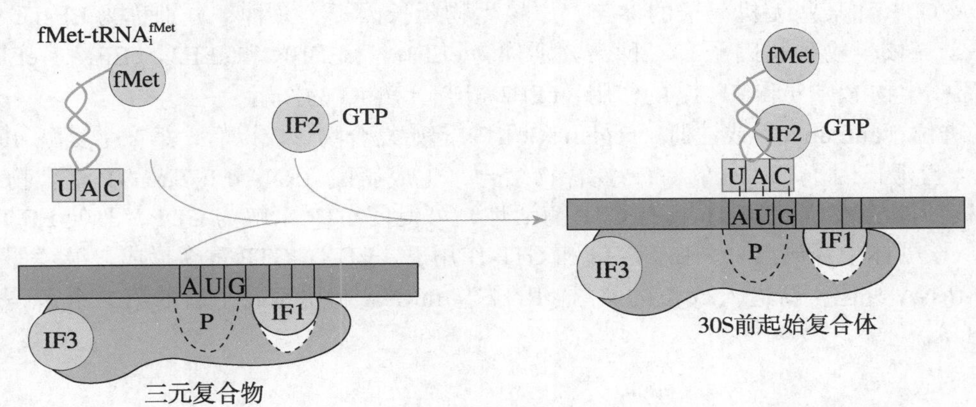

图 12-9　30S 前起始复合体的形成

fMet-$tRNA_i^{fMet}$ 能够准确定位于 P 位，至少有三个影响因素：① SD 序列与 16S rRNA 的相互作用；②起始密码子与 fMet-$tRNA_i^{fMet}$ 反密码子的相互作用；③ P 位和 fMet-$tRNA_i^{fMet}$ 的相互作用。

4．起始复合体（initiation complex）的形成　小亚基前起始复合体一经形成，IF3 即脱落，同时大亚基随之与前起始复合体结合，形成了大、小亚基，mRNA，fMet-$tRNA_i^{fMet}$ 及 IF1、IF2 与 GTP 共同构成的大、小亚基前起始复合体（preinitiation complex）。大亚基的结合激活了 IF2-GTP 的 GTP 酶活性，导致 GTP 水解释出 GDP 与磷酸。水解后的 IF2-GDP 与核糖体和 fMet-$tRNA_i^{fMet}$ 的亲和力降低，导致 IF2-GDP 和 IF1 脱落，形成了起始复合体（图 12-10），其 P 位有 fMet-$tRNA_i^{fMet}$，而 A 位是空的，可以结合负载 tRNA，为多肽链的合成做好了准备。

三、肽链的延长

肽链延长（elongation）过程是一个循环过程，每个循环包括进位、成肽、转位三个步骤。在此循环中，根据 mRNA 密码子的要求，新的氨基酸不断被相应的 tRNA 运至核糖体的 A 位，形成新的肽键。同时，核糖体相对于 mRNA 从 5′ 端向 3′ 端不断移位。每完成一个循环，肽链上即可增加一个氨基酸残基。

肽链延长阶段除了需要 mRNA、tRNA 和核糖体外，还需要延长因子（elongation factor，

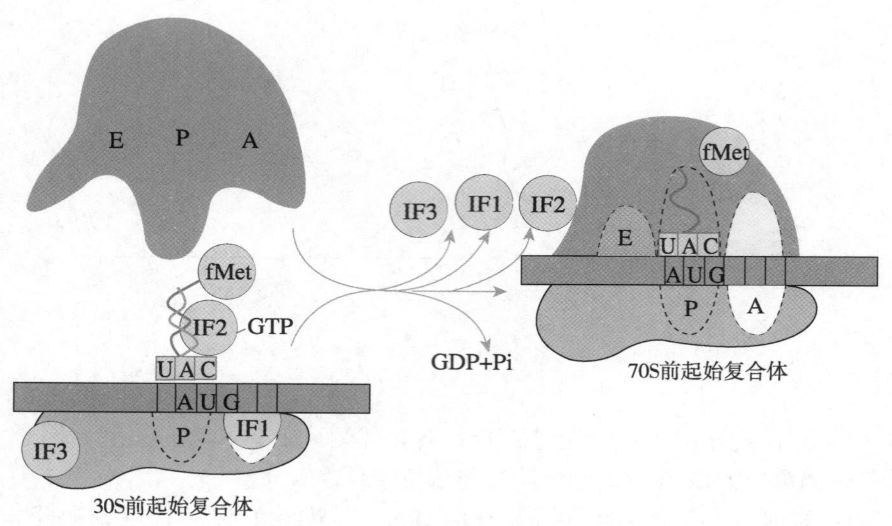

图 12-10 原核生物蛋白质合成的起始过程

EF）以及 GTP 和某些无机离子的参与。原核生物延长因子有三种，分别称为 EF-Tu、EF-Ts 和 EF-G；真核生物延长因子有三种，分别称为 eEF1α、eEF1βγ 和 eEF2。eEF1α、eEF1βγ 分别具有原核生物 EF-Tu 和 EF-Ts 的作用。eEF2 相当于 EF-G 的作用。

1．进位（entrance）或注册（registration） 起始复合物形成以后，第二个氨酰 -tRNA 首先与结合着延长因子 EF-Tu 的 GTP 复合物结合，生成氨酰 -tRNA-EF-Tu-GTP 复合物，然后结合到核糖体的 A 位。EF-Tu 具有 GTP 酶活性，可促使 GTP 水解为 GDP，驱使 EF-Tu-GDP 复合物从核糖体中释放出来。在 EF-Ts 和 GTP 作用下，EF-Tu-GTP 重新形成，继续催化下一个氨酰 -tRNA 进位。新进入 A 位的氨酰 -tRNA 与 mRNA 起始密码子后的第二个密码子结合（图 12-11）。

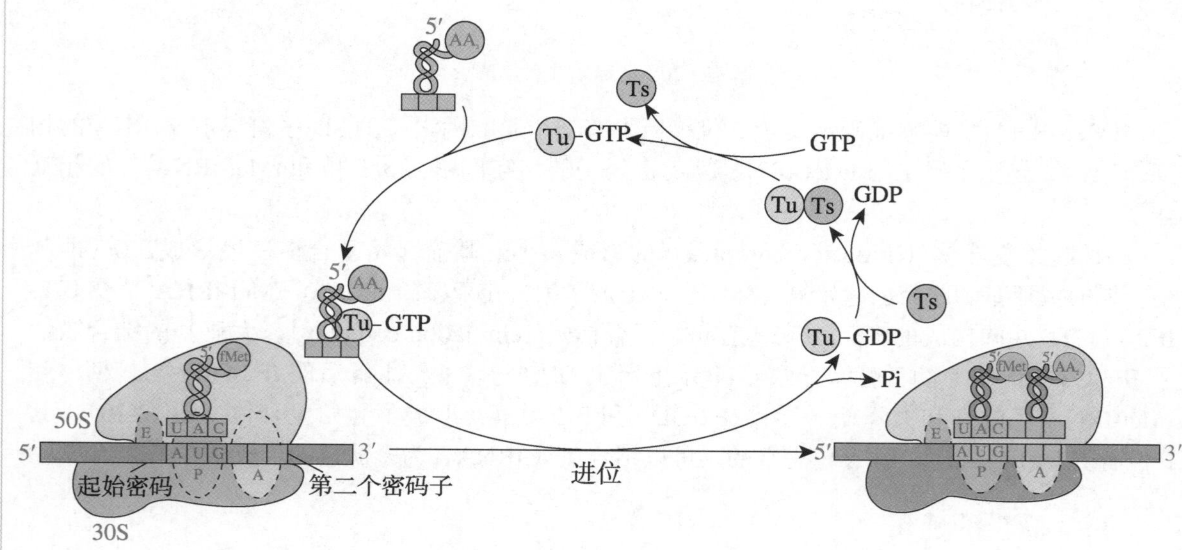

图 12-11 氨酰 -tRNA 进入核糖体的 A 位

核糖体利用三种不同机制对氨酰 -tRNA 的进位进行校对，促进翻译的高准确率：其一是小亚基 16S rRNA 存在两个相连的腺苷酸残基。这两个腺嘌呤与反密码子和密码子的前两个碱基之间分别正确配对所形成的小沟有紧密的相互作用。只有当反密码子和密码子正确配对时，

16S rRNA 的两个腺苷酸残基与小沟之间才能形成氢键，大大降低了正确配对的氨酰 -tRNA 从核糖体解离的速度。其二是 EF-Tu 的 GTP 酶活性。正确的碱基配对可以激活 GTP 酶活性，诱发 GTP 的水解和 EF-Tu 的释放。其三是 EF-Tu 释放后的校对机制。只有碱基配对正确的氨酰 -tRNA 在肽键形成过程中旋转进入正确位置，才能保持其与核糖体的结合。

2．成肽　氨酰 -tRNA 进位后，核糖体的 A 位和 P 位上各结合了一个氨酰 -tRNA（或 P 位结合肽酰 -tRNA），在肽酰转移酶（peptidyltransferase）的催化下，P 位上 tRNA 所携带的甲酰甲硫氨酰基（或肽酰基）转移给 A 位上新进入的氨酰 -tRNA 的氨基酸上，甲酰甲硫氨酰基的 α- 羧基与 A 位氨基酸的 α- 氨基形成肽键。此后，在 P 位上的 tRNA 成为卸载的 tRNA，而 A 位上的 tRNA 负载的是二肽酰基或多肽酰基（图 12-12）。

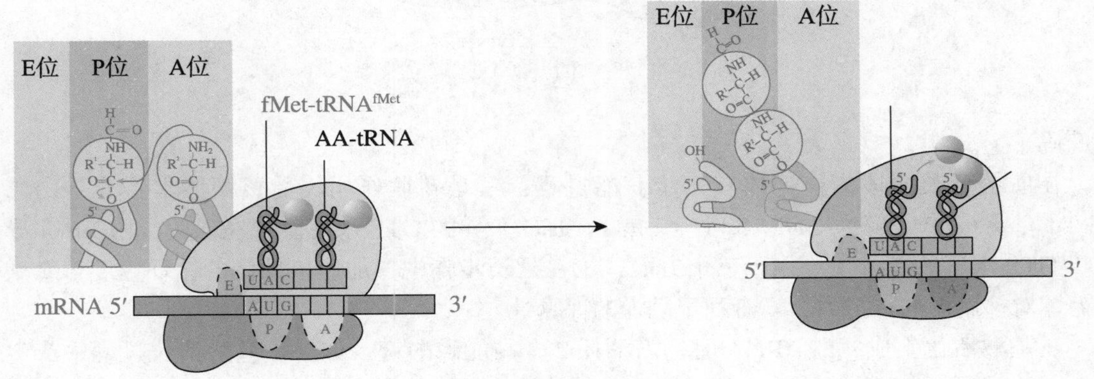

图 12-12　肽键的形成

肽酰转移酶位于原核生物核糖体 50S 大亚基，其 23S rRNA 在肽酰转移酶活性中起主要作用。在真核生物，肽酰转移酶则是核糖体 60S 大亚基的 28S rRNA。肽酰转移酶在化学本质上属于核酶。此步反应还需 Mg^{2+} 及 K^{+} 的存在。

3．移位及 tRNA 脱落　延长因子 EF-G 在结构上与 EF-Tu-tRNA 类似，可竞争结合核糖体的 A 位，替换肽酰 -tRNA。在 EF-G 和 GTP 的作用下，核糖体沿 mRNA 链向 3′ 端移动。每移动一次相当于一个密码子的距离，使得下一个密码子准确定位于 A 位。与此同时，原来处于 A 位点上的二肽酰 -tRNA 转移到 P 位，空出 A 位（图 12-13）。而 P 位上卸载的 tRNA 进入 E 位，随后从 E 位脱落（图 12-14）。

核糖体机械移动假说

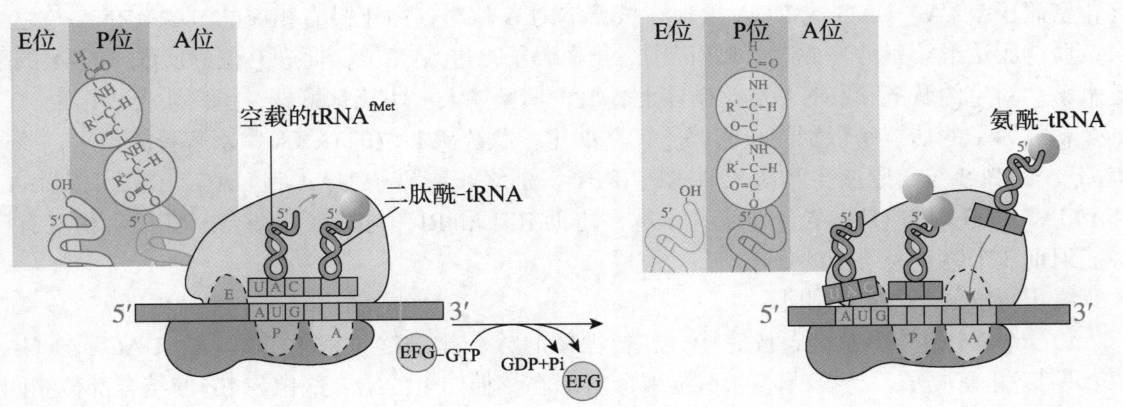

图 12-13　核糖体沿 mRNA 相对移位

依次重复上述的进位、成肽和移位脱落的循环步骤，每循环一次，肽链就延伸一个氨基酸残基。经过多次重复，肽链不断由 N 端向 C 端延长，直到核糖体的 A 位对应到了 mRNA 的终

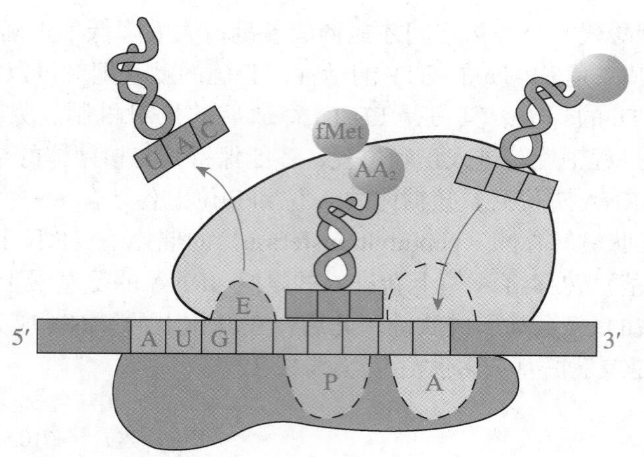

图 12-14 空载的 tRNA 从 E 位脱落

止密码子上。

在肽链延长阶段，核糖体有三步获能过程：一是转肽作用，受核糖体本身介导；二是 EF-Tu 介导 GTP 水解为 GDP 和 Pi；三是由 EF-G 介导的 GTP 水解。现在认为，由 EF 介导的两步 GTP 水解的能量主要用于三个方面：①在延长步骤中，加速核糖体的循环速度；②增强核糖体对抑制剂的抵抗力；③有利于翻译的保真性。

氨基酸活化生成氨酰 -tRNA 时，需消耗 2 个高能磷酸键。如果氨基酸活化过程中产生错误，水解错误的氨酰 -tRNA 也需要消耗 ATP。在进位和成肽阶段，共需要从 2 分子 GTP 获得能量，消耗 2 个高能磷酸键。所以在蛋白质合成过程中，每生成一个肽键，至少需要消耗 4 个高能磷酸键。

当肽链合成到一定长度时，在肽脱甲酰基酶（peptide deformylase）和一种对甲硫氨酸残基比较特异的氨肽酶（aminopeptidase）的依次作用下，氨基端的甲酰甲硫氨酰残基即从肽链上水解脱落。

四、肽链合成的终止

肽链合成的终止（termination）需要释放因子（release factor，RF）或称终止因子（termination factor）的参与。随着 mRNA 与核糖体相对移位，肽链不断延长。当肽链延伸至终止密码子 UAA、UAG 或 UGA 出现在核糖体的 A 位时，由于没有相应的氨酰 -tRNA 与之结合，肽链无法继续延伸。此时，RF 识别终止密码子，进入 A 位，促进 P 位的肽酰 -tRNA 的酯键水解。新生的肽链和 tRNA 从核糖体上释放，核糖体大、小亚基解聚，蛋白质合成结束。

释放因子的功能是识别终止密码子，并催化多肽链从 P 位的 tRNA 中水解释放出来，该过程需要 GTP 参与。原核生物有三种 RF：RF1 识别终止密码子 UAA 和 UAG；RF2 识别 UAA 和 UGA；RF3 则与 GTP 结合并使其水解，协助 RF1 和 RF2 与核糖体结合。真核生物仅有一种能识别 3 个终止密码子的 eRF。

终止阶段的基本过程如下：

1．mRNA 指导多肽链合成完毕，在核糖体的 A 位出现终止密码子 UAA、UAG 或 UGA。RF 识别终止密码子，与核糖体的 A 位结合。RF 在核糖体上的结合部位与 EF 的结合部位相同，可防止 EF 与 RF 同时结合于核糖体上而扰乱正常功能（图 12-15）。

2．RF 使核糖体 P 位上的肽酰转移酶构象改变，转变为酯酶，水解多肽链与 tRNA 之间的酯键，多肽链从核糖体、tRNA 从 P 位释放出来。

3．核糖体与 mRNA 分离，核糖体 P 位上的 tRNA 和 A 位上的 RF 脱落。在起始因子 IF3

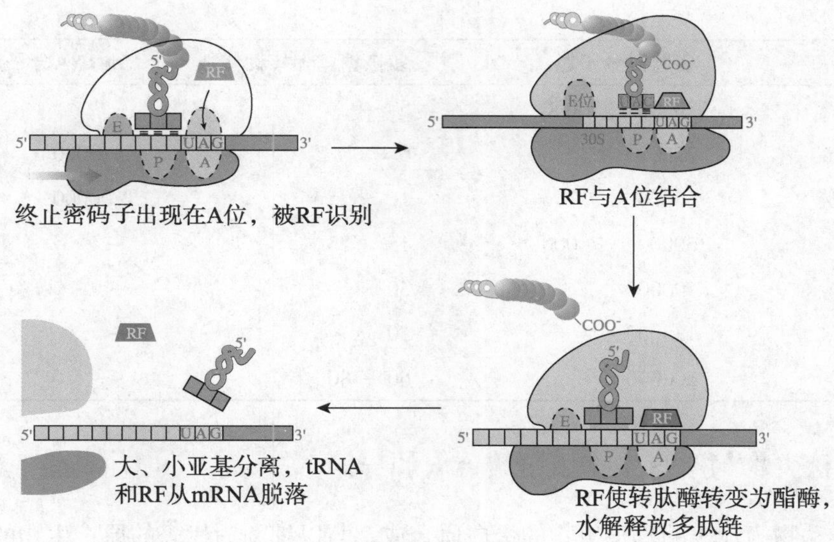

图 12-15　肽链的终止与释放

的作用下，核糖体解离为大、小亚基，重新进入核糖体再循环（ribosome recycling）。

细胞内蛋白质的合成往往并不是单个核糖体，而是多个核糖体聚在一起，与同一个 mRNA 相连，形成多聚核糖体（polyribosome，polysome）（图 12-16）。故在一条 mRNA 上可以同时合成多条同样的多肽链。多聚核糖体合成肽链的效率甚高，每一个核糖体每秒可翻译约 40 个密码子，即每秒可以合成相当于一个由 40 个左右氨基酸残基组成的、分子量约为 4000Da 的多肽链。

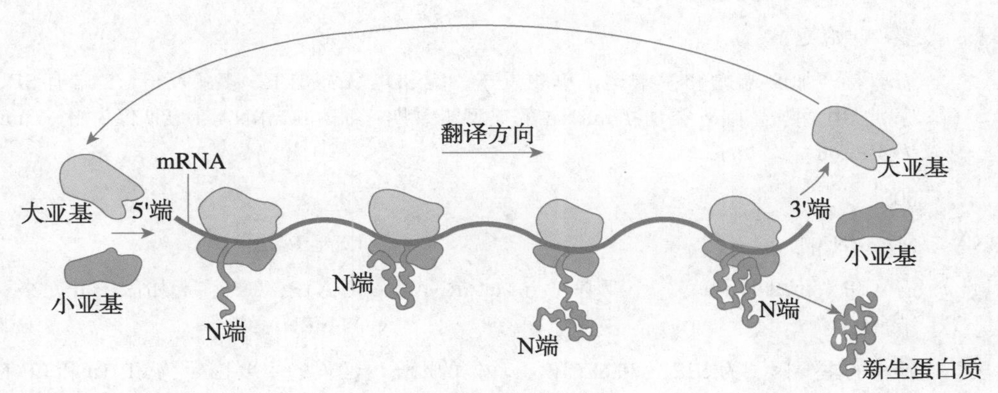

图 12-16　多聚核糖体

多聚核糖体中的核糖体数目，视其所附着的 mRNA 大小，可由数个到数十个不等。例如血红蛋白多肽链的 mRNA 分子较小，只能附着 5 ~ 6 个核糖体，而合成肌球蛋白肽链重链的 mRNA 较大，可以附着 60 ~ 80 个核糖体（表 12-4）。

核糖体给位与受位的确定

表12-4　多肽链分子量与多聚核糖体上核糖体数的关系

多肽链	多肽链分子量	多核糖体上核糖体数	mRNA分子量
珠蛋白	16500	5 ~ 6	170000 ~ 220000
肌红蛋白	17000	5 ~ 6	—
肌球蛋白轻链	17000	5 ~ 9	—

续表

多肽链	多肽链分子量	多核糖体上核糖体数	mRNA分子量
原肌球蛋白	30000 ～ 50000	5 ～ 9	–
免疫球蛋白轻链	22500	6 ～ 8	410000
免疫球蛋白重链	55000	16 ～ 25	700000
肌纤蛋白	60000 ～ 70000	15 ～ 25	–
原胶原	100000	30	–
β- 半乳糖苷酶	135000	50	–
肌球蛋白重链	200000	60 ～ 80	–

五、真核生物与原核生物蛋白质合成的异同

以哺乳类动物为代表的真核生物的蛋白质合成，与以细菌为代表的原核生物的蛋白质合成有很多共同点，但亦有差别，这些差别有些已应用于医药学方面（表 12-5）。

表12-5 真核生物与原核生物蛋白质生物合成的异同

	真核生物蛋白质合成	原核生物蛋白质合成
遗传密码	相同	相同
翻译体系	相似	相似
转录与翻译	不偶联，转录和翻译的间隔约 15min；mRNA 前体需加工，从细胞核运至细胞质	偶联
起始因子	多，起始复杂	少
mRNA	需剪接，加 5′ 端帽和 3′ 端尾，单顺反子，无 SD 序列，代谢慢，哺乳类动物 mRNA 的典型半衰期为 4 ～ 6h	无需加工，多顺反子，5′ 端有 SD 序列，细菌的 mRNA 半衰期仅为 1 ～ 3min
核糖体	80S	70S
起始 tRNA	Met-$tRNA_i^{Met}$	fMet-$tRNA_i^{fMet}$
起始阶段	需 ATP、起始因子 eIF，小亚基先与 Met-$tRNA_i^{Met}$ 结合	需 ATP、GTP、起始因子 IF，小亚基先与 mRNA 结合
延长阶段	延长的主要因子为 eEF1α 和 eEF1βγ，移位的因子为 eEF2，空载 tRNA 从 E 位释放	延长的主要因子为 EF-Tu 和 EF-Ts，移位因子为 EF-G，空载 tRNA 从 E 位释放
终止阶段	1 种 eRF 识别所有终止密码子	3 种 RF

六、翻译后的加工

刚从核糖体释放的新生多肽链一般没有蛋白质生物活性，多数需在合成进行中或合成后，经过一次或多次不同的翻译后加工过程才能逐步形成具有天然构象的功能蛋白质，并靶向运送至特定的亚细胞部位，发挥各自的生物学作用。蛋白质多肽链的主要加工形式包括：

1．氨基端和羧基端的修饰 在原核生物中几乎所有蛋白质都是从 *N*- 甲酰甲硫氨酸开始，真核生物从甲硫氨酸开始。当肽链合成达 15 ～ 30 个氨基酸残基时，脱甲酰基酶水解除去 N 端的甲酰基，然后氨肽酶再切除一个或多个 N 端氨基酸。因此原核生物肽链合成后，70% 的肽链 N 端没有 fMet。真核生物成熟的蛋白质分子，其 N 端也多数没有甲硫氨酸。去除 N 端甲

酰甲硫氨酸的基本步骤如下：

$$N\text{-}甲酰甲硫氨酰\text{-}肽 \xrightarrow{脱甲酰基酶} 甲酸 + 甲硫氨酰\text{-}肽$$

$$甲硫氨酰\text{-}肽 \xrightarrow{氨肽酶} 甲硫氨酸 + 肽$$

此外，在真核细胞中约有 50% 的蛋白质在翻译后会发生 N 端乙酰化。还有些蛋白质分子的羧基端也需要进行修饰。

2．氨基酸侧链的化学修饰　在特异性酶的催化下，蛋白质多肽链中的某些氨基酸侧链进行化学修饰，类型包括磷酸化、羟基化、糖基化、甲酰化等（图 12-17）。

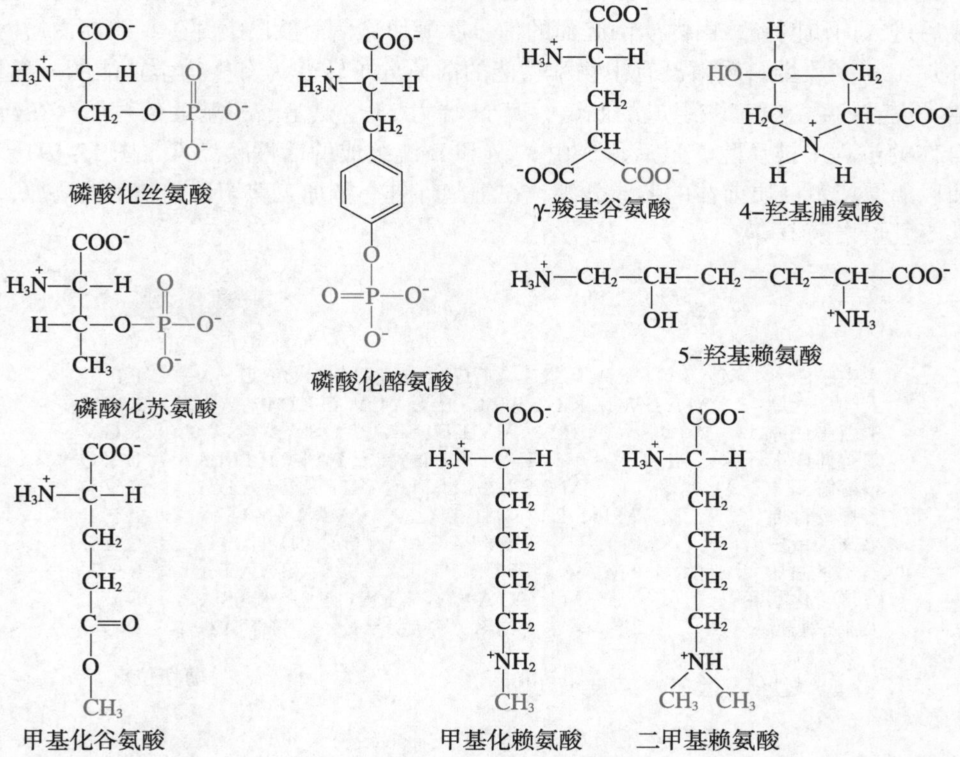

磷酸化丝氨酸　磷酸化酪氨酸　γ-羧基谷氨酸　4-羟基脯氨酸

磷酸化苏氨酸　5-羟基赖氨酸

甲基化谷氨酸　甲基化赖氨酸　二甲基赖氨酸

图 12-17　氨基酸的侧链修饰

（1）磷酸化修饰：某些蛋白质分子中的丝氨酸、苏氨酸、酪氨酸残基的羟基，在酶催化下被 ATP 磷酸化。磷酸化在酶的活性调节中有重要意义。

（2）羟基化修饰：胶原中羟脯氨酸和羟赖氨酸是脯氨酸和赖氨酸经羟化反应形成的。

（3）谷氨酸的羧化：在需要维生素 K 的酶的催化下，某些蛋白质（如凝血酶原等凝血因子）在谷氨酸残基上额外引入羧基。这些羧基与 Ca^{2+} 结合是启动凝血机制所必需的。

（4）甲基化修饰：一些肌细胞蛋白质和细胞色素 C 的赖氨酸残基需要甲基化，某些蛋白质中的一些谷氨酸残基的羧基也需要甲基化，以除去负电荷。

（5）糖基化修饰：游离的核糖体合成的多肽链一般不带糖链，膜结合的核糖体所合成的多肽链通常带有糖链。糖蛋白（glycoprotein）是一类含糖的结合蛋白，由蛋白质和糖两部分以共价键相连。糖蛋白中的糖链与多肽链之间的连接方式可分为 *N*- 连接和 *O*- 连接两种类型。*N*- 连接糖蛋白的寡糖链通过 *N*- 乙酰葡糖胺与多肽链中天冬酰胺残基的酰胺氮以 *N*- 糖苷键连接。*O*- 连接糖蛋白的寡糖链通过 *N*- 乙酰半乳糖胺与多肽链中丝氨酸或苏氨酸残基的羟基以 *O*- 糖苷键连接。

胶原蛋白的前体在细胞内合成后，需经羟化（肽链中的脯氨酸及赖氨酸残基分别转变为羟脯氨酸及羟赖氨酸残基）、三股肽链彼此聚合并带上糖链，转至细胞外并去除部分肽段后，才构成结缔组织中的胶原纤维。有些蛋白质前体还需加以脂类（如脂蛋白）或经乙酰化（如组蛋白）、甲基化等修饰。

3．二硫键的形成 一些蛋白质折叠成天然构象之后，在半胱氨酸残基间形成链内或链间二硫键，在稳定蛋白质空间构象、防止蛋白质变性和逐渐氧化中起着重要作用（见第 1 章）。

4．蛋白质前体的剪切 分泌性蛋白质（secretory protein）如清蛋白、免疫球蛋白、催乳素等，合成时带有一段称为信号肽（signal peptide）的肽段。信号肽由 15 ～ 30 个氨基酸残基构成，其氨基端为亲水区段，常为 1 ～ 7 个氨基酸残基；中心区以疏水氨基酸为主，由 15 ～ 19 个氨基酸残基构成，在分泌时起决定作用。信号肽的一级结构见图 12-18。分泌性蛋白质合成后进入内质网腔，由内质网腔面的信号肽酶切除信号肽段，并进一步在内质网和高尔基复合体加工。多数蛋白质由没有生物学功能的前体分子转变为有生物学功能的成熟蛋白质，如胰岛素原是由 84 个氨基酸组成的肽链，其 N 端为 23 个氨基酸残基的信号肽，在转运至高尔基复合体的过程中被切除，最后形成由 A 链和 B 链组成的活性胰岛素（图 12-19）。也有一些蛋白质以酶原或蛋白质前体的形式分泌，在细胞外进一步加工剪切，如胰蛋白酶原、胃蛋白酶原、胰凝乳蛋白酶原等。

N端碱性区　疏水核心区　C端加工区

		剪切位点
人生长激素	MATGSRTSLLLAFGLLCLPWLQEGSA	FPT
人胰岛素原	MALWMRLLPLLALLALWGPDPAAA	FVN
牛白蛋白原	MKWVTFISLLLFSSAYS	RGV
鼠抗体H链	MKVLSLLYLLTAIPHIMS	DVQ
鸡溶解酶	MRSLLILVLCFLPKLAALG	KVF
蜜蜂蜂毒原	MKFLVNVALVFMVVYISYIYA	APE
果蝇胶蛋白	MKLLVVAVIACMLIGFADPASG	CKD
玉米蛋白19	MAAKIFCLIMLLGLSASAATA	SIF
酵母转化酶	MLLOAFLFLLAGFAAKISA	SMT
人流感病毒A	MKAKLLVLLYAFVAG	DQI

碱性氨基酸　疏水氨基酸

图 12-18　信号肽的一级结构

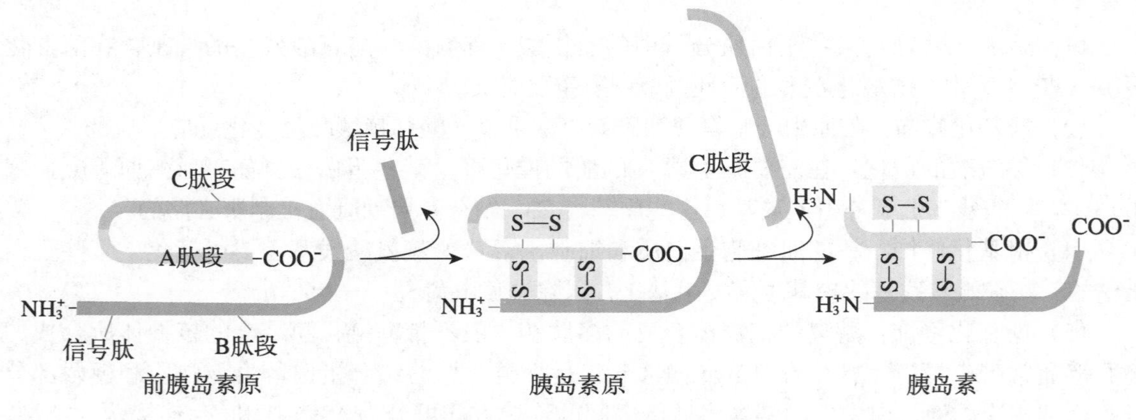

图 12-19　前胰岛素原的剪切加工

5．肽链中肽键水解产生多种功能肽 有些无活性的蛋白质前体可经蛋白酶水解，生成多种不同活性的蛋白质或多肽，如垂体产生的几种小肽激素来源于同一个大的蛋白质前体（图

12-20）。

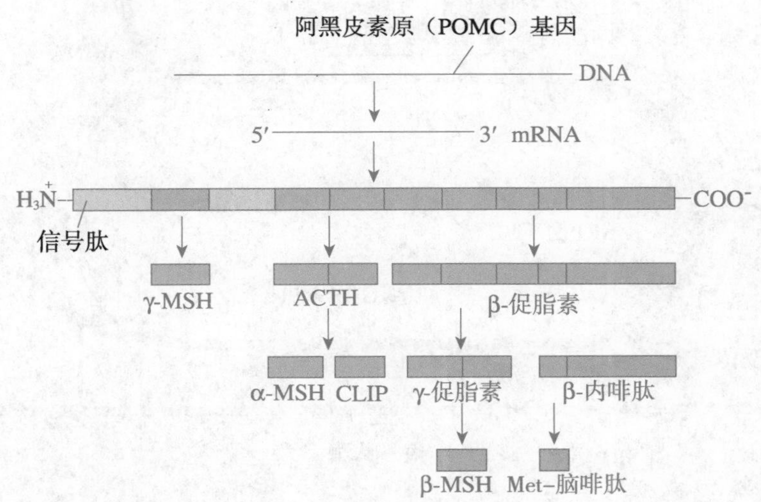

图 12-20　阿黑皮素原（proopiomelanocortin，POMC）的剪切加工

6．蛋白质的靶向输送　结合在粗面内质网的核糖体除合成分泌性蛋白质外，还合成一定比例的细胞固有蛋白质，其中主要是膜蛋白。它们进入内质网腔后，需要经过复杂机制，定向输送到最终发挥生物学功能的亚细胞间隔，这一过程称为蛋白质的靶向输送。

所有靶向输送的蛋白质在其一级结构中均存在分选信号，它们可引导蛋白质运送到细胞的特定部位，称为信号序列（signal sequence）。有的信号序列存在于肽链的 N 端，有的在 C 端，有的在肽链内部；有的输送完成后切除，有的保留（表 12-6）。当信号序列在核糖体中出现时，它便与信号识别颗粒（signal recognition particle，SRP）结合，并诱导 SRP 与 GTP 结合，防止多肽链延伸。核糖体 -SRP 复合物与内质网上的受体结合后，SRP 分离并重新进入循环，同时伴随着 GTP 水解，蛋白质合成重新开始；新生肽链进入内质网，信号肽在信号肽酶催化下被切除，核糖体亚基与 mRNA 分离并参与再循环（图 12-21）。

表12-6　靶向输送蛋白质的信号序列

细胞器蛋白质	信号序列
内质网腔蛋白质	N 端信号肽，C 端 KDEL 序列（-Lys-Asp-Glu-Leu-COO^-）
线粒体蛋白质	N 端 20 ～ 35 个氨基酸残基
核蛋白	核定位序列（-Pro-Pro-Lys-Lys-Lys-Arg-Lys-Val-，SV40T 抗原）
过氧化物酶体蛋白质	PST 序列（-Ser-Lys-Leu-）
溶酶体蛋白质	6- 磷酸甘露糖

7．多肽链的正确折叠及天然构象的形成　新生肽链只有正确折叠、形成空间构象才能实现其生物学功能（参见第 1 章）。体内蛋白质的折叠与肽链合成同步进行，新生肽链 N 端在核糖体上一出现，肽链的折叠即开始；随着序列的不断延伸，肽链逐步折叠，产生正确的二级结构、模体、结构域直至完整的空间构象。

细胞中大多数天然蛋白质的折叠都不能自动完成，多肽链准确折叠和组装需要两类蛋白质：折叠酶和分子伴侣。

折叠酶包括蛋白质二硫键异构酶（protein disulfide isomerase，PDI）和肽 - 脯氨酰顺反异构酶（peptide prolyl *cis-trans* isomerase，PPI）。蛋白质二硫键异构酶在内质网腔活性很高，

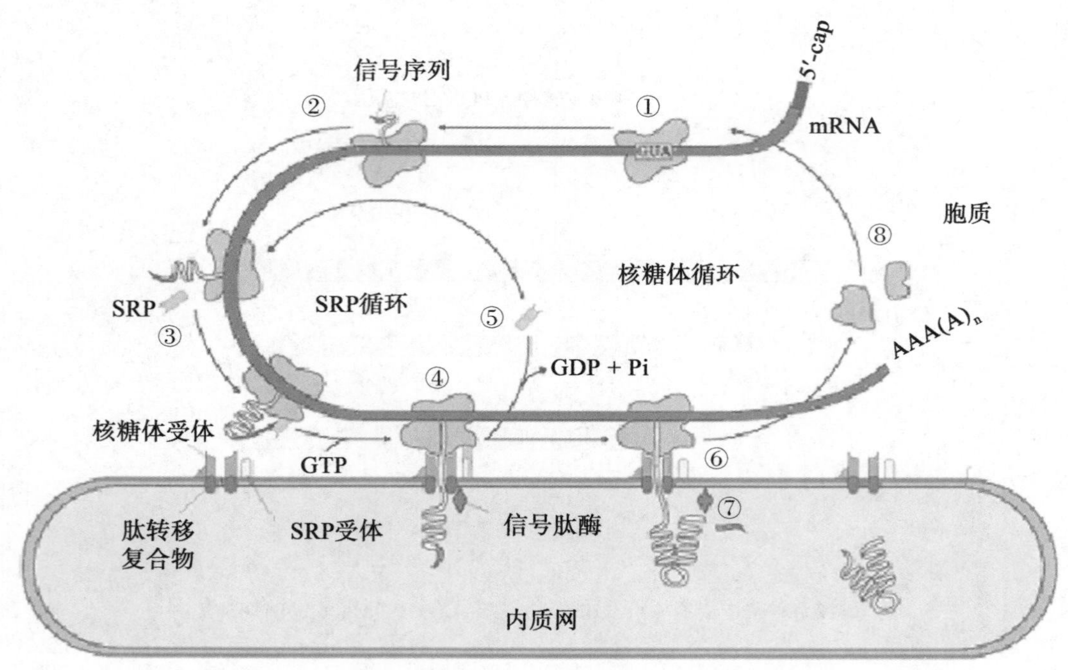

图 12-21 蛋白质的靶向运输

可以识别和水解错配的二硫键，重新形成正确的二硫键，辅助蛋白质形成热力学最稳定的天然构象。

多肽链中肽 - 脯氨酸间的肽键存在顺、反两种异构体，两者在空间构象上存在明显差别。肽 - 脯氨酰顺反异构酶是蛋白质三维构象形成的调节酶，可促进这两种顺、反异构体之间的转换。当肽链合成需形成顺式构型时，此酶可在各脯氨酸弯折处形成准确折叠。

分子伴侣（molecular chaperone）广泛存在于从细菌到人的细胞中，是蛋白质合成过程中形成空间结构的控制因子，在新生肽链的折叠和穿膜进入细胞器的转位过程中起关键作用。有些分子伴侣可以与未折叠的肽段（疏水部分）进行可逆的结合，防止肽链降解或侧链非特异聚集，辅助二硫键的正确形成；有些则可引导某些肽链正确折叠并集合多条肽链成为较大的结构。常见的分子伴侣包括热激蛋白质（heat shock protein，Hsp）和伴侣蛋白（chaperonin）。热激蛋白因在加热时可被诱导表达而得名。分子伴侣的作用机制如图 12-22。

8．辅基结合及亚基的聚合 结合蛋白除多肽链外，还含有各种辅基。故其蛋白质多肽链合成后，还需要通过一定的方式与特定的辅基结合。

寡聚蛋白质则由多个亚基组成，各个亚基相互聚合时所需要的信息，蕴藏在每条肽链的氨基酸序列之中，而且这种聚合过程往往又有一定的先后顺序，前一步聚合常可促进后一聚合步骤的进行。如成人血红蛋白 HbA 由两条 α 链、两条 β 链及 4 个血红素辅基组成。从多聚核糖体合成释放的游离 α 链可与尚未从多聚核糖体释放的 β 链相连，然后一起从多聚核糖体上脱落，再与线粒体内生成的两分子血红素结合，形成 αβ 二聚体。然后，两个 αβ 二聚体聚合形成完整的血红蛋白分子（图 12-23）。

蛋白质的自我剪接

蛋白质的自我剪接在原核生物和单细胞真核生物中均已发现。迄今已在 20 多种生物的近 30 种蛋白质分子中发现蛋白内含肽（intein），这些蛋白质大约有一半参与核酸代谢。蛋白内含肽常具有一定的生物活性，如内切核酸酶的活性。此外，许多蛋白内含肽插入至蛋白质高度保守区（如活性中心附近），一方面迫使蛋白质前体必须经过剪接才能成熟，另一方面有利于蛋白内含肽自我保护。

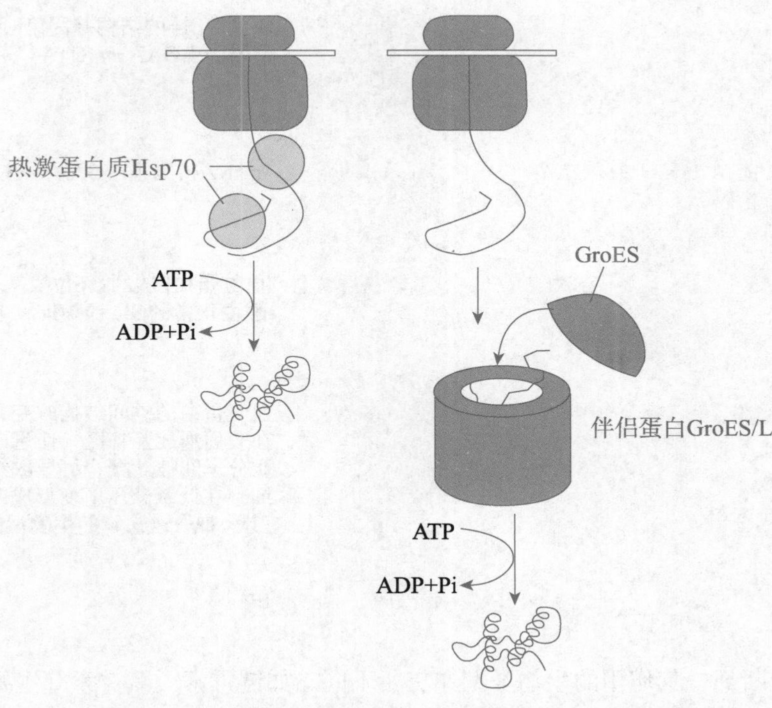

图 12-22　热激蛋白质及伴侣蛋白 GroES/L 的作用机制

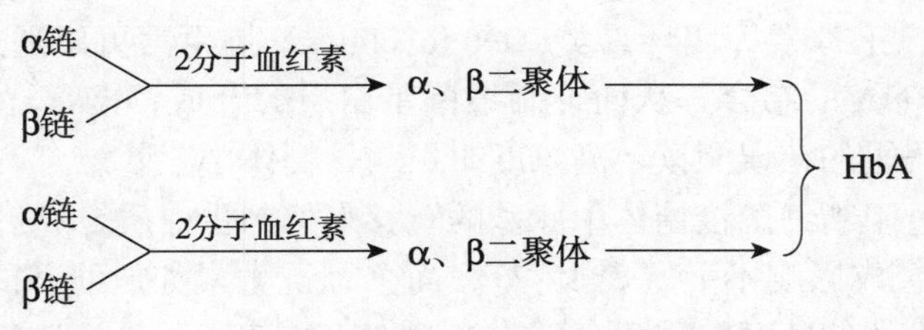

图 12-23　血红蛋白的辅基结合及亚基聚合过程

第四节　蛋白质生物合成与医学

一、分子病

蛋白质是遗传信息表达的终点站，其原始信息储藏在 DNA 分子中，故如果 DNA 分子的遗传信息发生改变，也可能影响细胞内 RNA 与蛋白质的生物合成，导致机体的某些结构异常与功能障碍。由于基因或 DNA 分子的缺陷，致使蛋白质合成出现异常，从而导致蛋白质的功能障碍，并出现相应的临床症状，这类遗传性疾病称为分子病（molecular disease）。该类病有些可随个体繁殖而传给后代。如镰状细胞贫血患者体内 β- 珠蛋白基因异常，其第 6 位密码子由 GAA 变为 GTA，致使合成的血红蛋白 β 链 N 端第 6 个氨基酸由谷氨酸突变为缬氨酸，患者的血红蛋白构象异常，在氧分压较低的情况下容易在红细胞中析出，使红细胞呈镰刀形状并极易破裂（图 12-24）。

二、蛋白质生物合成的阻断剂

蛋白质是生命活动的物质基础，故蛋白质的生物合成被阻断时，生命活动也会受到影响。

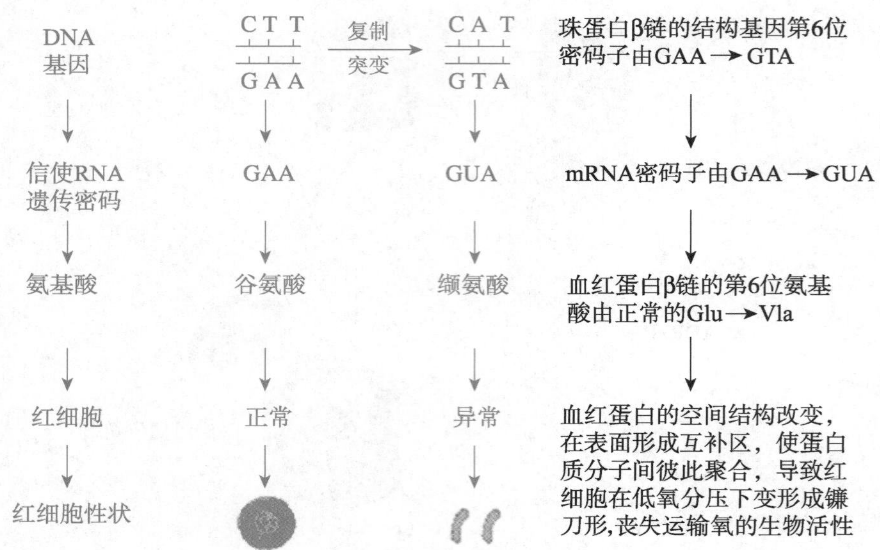

图 12-24 镰状细胞贫血的分子机制

不同的蛋白质阻断剂，其作用的生物类型亦有所不同。如链霉素、氯霉素等主要抑制细菌的蛋白质合成，临床上可用作抗菌药物；环已酰亚胺作用于哺乳类动物，对人体具有毒性。

（一）抗生素类阻断剂

四环素、金霉素、土霉素等四环素类（tetracyclines）抗生素可以通过与核糖体的 A 位特异结合而阻断氨酰 -tRNA 的结合，从而抑制细菌蛋白质的合成；链霉素是一种碱性三糖，低浓度时会造成细菌密码子的错误阅读，高浓度时可与核糖体小亚基结合，抑制蛋白质合成的起始；氯霉素则可以通过阻断细菌核糖体中肽基的转移来抑制蛋白质合成过程中肽链的延伸，但对真核生物蛋白质的合成影响不大（表 12-7）。而个别抗生素如放线菌酮（actidione）则可特异性抑制真核生物核糖体的肽酰转移酶，而不抑制细菌核糖体中的肽酰转移酶，因此对人体是一种毒物。此外，嘌呤霉素是由链霉菌产生的一种抑制性抗生素，其结构与氨酰 -tRNA 的结构类似，可竞争结合核糖体的 A 位，使肽链合成提前终止并脱落，因而对真核生物与原核生物的蛋白质合成都有抑制作用（图 12-25）。

表12-7 抗生素对蛋白质生物合成的抑制作用

抗生素	作用阶段	作用原理	主要用途
四环素、土霉素、金霉素	翻译起始	可与原核生物核糖体小亚基结合，抑制氨酰 -tRNA 与小亚基结合	抗菌药
链霉素、新霉素、巴龙霉素	翻译起始	结合原核生物核糖体小亚基，改变构象，引起读码错误	抗菌药
氯霉素、林可霉素、红霉素	肽链延长	结合原核生物核糖体大亚基，抑制转肽酶、阻断肽链延长	抗菌药
伊短菌素	翻译起始	结合原核生物、真核生物核糖体小亚基，阻碍翻译起始复合物的形成	抗病毒药
嘌呤霉素	肽链延长	与酪氨酰 -tRNA 结构类似，可与原核生物、真核生物核糖体 A 位结合，使肽酰 -tRNA 脱落	抗肿瘤药
放线菌酮	肽链延长	结合真核生物核糖体大亚基，抑制转肽酶、阻断肽链延长	医学研究
夫西地酸	肽链延长	抑制 EF-G，阻止转位	抗菌药
大观霉素	肽链延长	结合原核生物核糖体小亚基，阻止转位	抗菌药

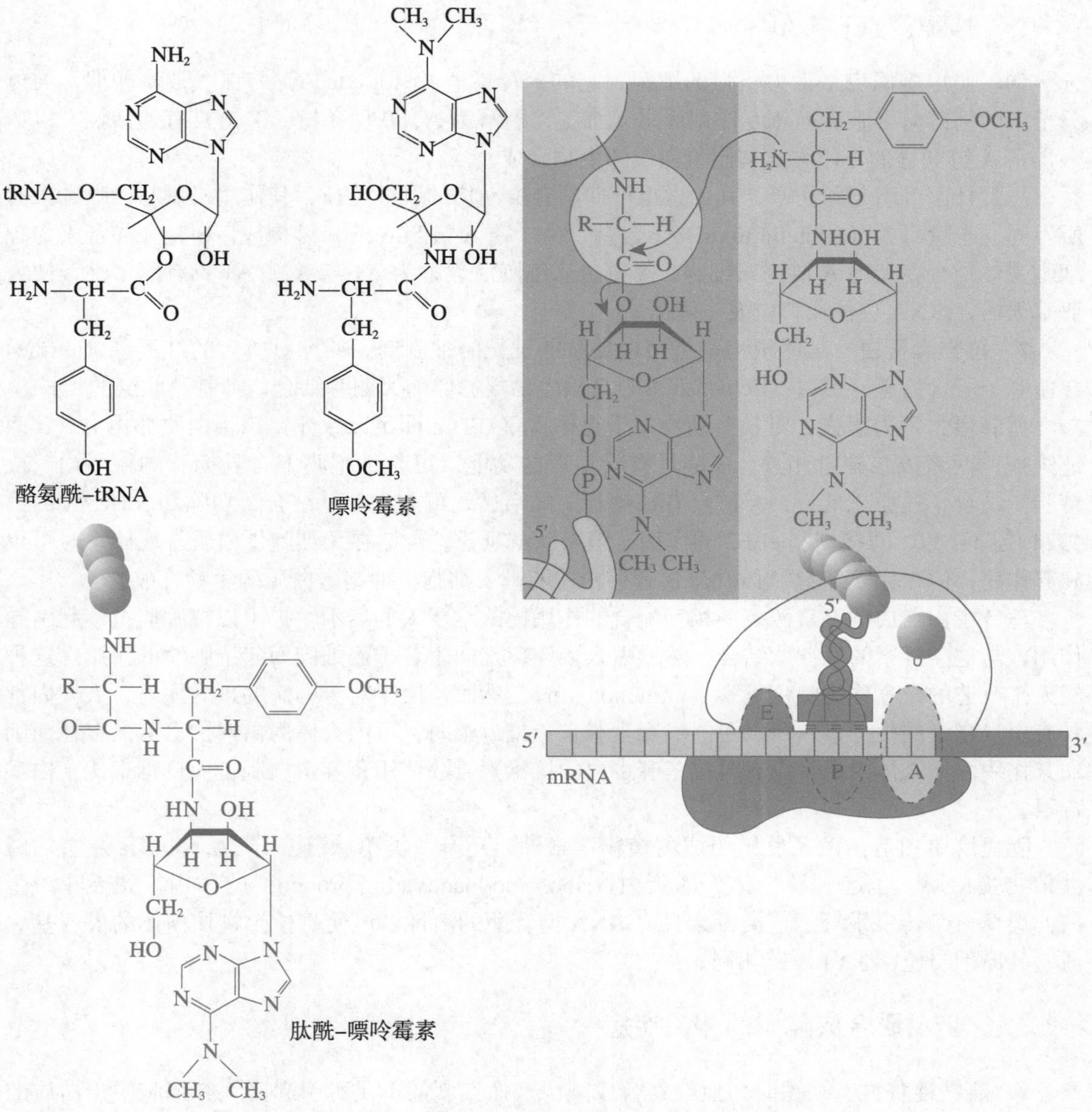

图 12-25　嘌呤霉素抑制蛋白质生物合成的分子机制

综上所述，某些抗生素除能抑制细菌的蛋白质合成外，亦有可能抑制哺乳类动物线粒体蛋白质的合成，或与其副作用有关。

（二）毒素蛋白

常见的抑制人体蛋白质生物合成的毒素蛋白包括细菌毒素与植物毒蛋白。

1．细菌毒素　细菌毒素与细菌的致病性密切相关，可以分为两种：外毒素（exotoxin）和内毒素（endotoxin）。菌体的外毒素大多是蛋白质，如白喉棒状杆菌、破伤风梭菌、肉毒梭菌等分泌的毒素。而菌体的内毒素是脂多糖和蛋白质的复合体，如赤痢杆菌、霍乱弧菌及铜绿假单胞菌等产生的毒素。

白喉毒素是白喉棒状杆菌产生的毒蛋白，由 A、B 两链组成。A 链有催化作用；B 链可与细胞表面特异受体结合，帮助 A 链进入细胞。进入胞质的 A 链可催化延长因子 eEF2 进行 ADP 糖基化修饰，生成 eEF2-ADP- 核糖衍生物，使 eEF2 失活，从而抑制真核生物的蛋白质合成。白喉毒素的毒性很大，对豚鼠、兔类甚至人类的致死剂量为每千克体重 50 ～ 100μg。

$$NAD^{+} + eEFT2（有活性）\xrightarrow{白喉毒素A链} eEFT2\text{-}核糖\text{-}ADP（无活性）+ 烟酰胺$$

铜绿假单胞菌也是毒力很强的细菌，它的外毒素 A（exotoxin A）与白喉毒素相似，通过分子中的糖链与细胞表面相互作用而进入细胞，裂解为 A、B 两条链。A 链具有酶活性，以白喉毒素 A 链同样的作用方式抑制蛋白质的生物合成。

志贺杆菌可引起肠伤寒，其毒素也可抑制脊椎动物的肽链延长，其作用机制与白喉毒素有所不同。志贺毒素（Shigella toxin）不含糖，由 1 条 A 链与 6 条 B 链构成。B 链介导毒素与靶细胞受体结合，帮助 A 链进入细胞。A 链进入细胞后裂解为 A1 与 A2。A1 具有酶活性，使大亚基灭活，tRNA 进位或移位发生障碍。

2．植物毒蛋白 某些植物毒蛋白也是肽链延长的抑制剂。如红豆所含的红豆碱（abrine）与蓖麻子所含的蓖麻蛋白（ricin）都可与真核生物核糖体的大亚基结合，抑制其肽链的延长。

蓖麻蛋白毒力很强，对某些动物每千克体重仅 0.1μg 即足以致死。该蛋白质亦由 A、B 两链组成，两者以二硫键相连。B 链具有凝集素的功能，可与细胞膜上含乳糖苷的糖蛋白（或糖脂）结合，还原二硫键；A 链具有核糖苷酶的活性，可与大亚基结合，切除 28S rRNA 的第 4324 位腺苷酸，间接抑制 eEF2 的作用，阻断肽链延长。A 链在无细胞蛋白质合成体系时可单独起作用，但在完整细胞中必须有 B 链存在才能进入细胞，抑制蛋白质的生物合成。

蓖麻蛋白与白喉毒素两条链相互配合的作用模式给予人们启示，提出以抗肿瘤抗体起引导作用，与这类毒素的毒性肽结合，然后引入人体，定向附着于癌细胞而起抗肿瘤的作用。这种经人工改造的毒素称为免疫毒素（immunotoxin）。然而，由于对传染病的预防注射，人体内常具有白喉毒素的抗毒素，所以用白喉毒素制备免疫毒素时，可因人体内白喉抗毒素的存在而削弱其作用。但人体内通常没有对抗蓖麻蛋白的抗毒素，故使用蓖麻蛋白制备免疫毒素优于白喉毒素。

除蓖麻蛋白等由两条肽链组成的植物毒素外，还有一类单肽链、分子量 30kDa 左右的碱性植物蛋白质，也起到核糖体灭活蛋白（ribosome-inactivating protein）的作用，如天花粉蛋白、皂草素、苦瓜素等。这类毒素具有 RNA 糖苷酶的活性，可使真核生物核糖体的大亚基失活，其原理与蓖麻蛋白 A 链相同。

三、蛋白质合成障碍的相关疾病

1．缺铁性贫血 缺铁时，血红素合成减少。血红素的不足可引起网织红细胞中蛋白质的合成障碍，其机制与磷酸化真核生物蛋白质合成的起始因子 eIF2 有关。

哺乳动物起始因子 eIF2 可与 GTP 及 Met-$tRNA_i^{Met}$ 组成三元复合物，然后与 40S 小亚基结合，形成 40S 前起始复合体。随后，GTP 水解为 GDP，40S 前起始复合体与 60S 大亚基缔合成 80S 起始复合体，并释放无活性的 GDP-eIF2。在鸟苷酸交换因子（guanyl nucleotide exchange factor，GEF）作用下，eIF2 上的 GDP 被 GTP 取代，成为有活性的 eIF2-GTP。

网织红细胞中缺乏血红素时，可激活 eIF2 蛋白激酶，催化 eIF2-GDP 中的蛋白质磷酸化。eIF2 被磷酸化后与 GEF 的亲和力大为增强，两者黏着，互不分离，妨碍 GEF 发挥催化作用，因而 eIF2-GDP 难以转变为 eIF2-GTP。由于网织红细胞所含 GEF 较少，所以只要有 30% 的 eIF2 被磷酸化，GEF 即失去活性，使包括血红蛋白在内的所有蛋白质合成完全停止，临床易出现贫血（图 12-26）。

2．脊髓灰质炎 脊髓灰质炎（小儿麻痹症）因脊髓灰质炎病毒感染引起，涉及一种翻译启动因子组分的降解。

脊髓灰质炎病毒曾造成千百万儿童的残障。现在人类已可用疫苗成功地控制脊髓灰质炎（小儿麻痹症）的发生。但脊髓灰质炎病毒感染细胞引起该病的致病机制，仍是一个有待回答

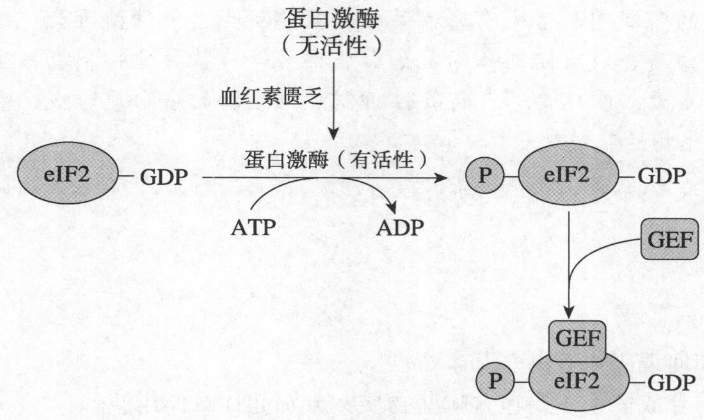

图 12-26　血红素匮乏抑制蛋白质合成的分子机制

的问题。研究发现，该病毒感染细胞后，能有效地抑制宿主细胞的蛋白质合成，这种抑制发生在翻译水平。进一步分析发现宿主细胞中的翻译起始因子 eIF4F 中的一个亚基（分子量为 220kDa）被降解。该起始因子在正常情况下可促使 mRNA 5′ 端解旋，以利于翻译的起始。真核细胞 mRNA 5′ 端带有帽结构；这些有“帽”mRNA 的翻译需要起始因子 eIF4F 的参与。脊髓灰质炎病毒属于 RNA 病毒，它的 mRNA 较特殊，无帽结构。因此不少学者认为该病毒感染细胞后，使帽结合蛋白失去作用，从而特异地抑制了宿主细胞的蛋白质合成。而病毒自身的 mRNA 无帽，其翻译起始不依赖于 eIF4F 的存在，仍可进行，使病毒能有效地利用宿主细胞的能量及蛋白质合成其结构而生存和繁殖。

小结

蛋白质的生物合成也称为翻译，其合成体系由氨基酸、mRNA、tRNA、核糖体、某些酶与蛋白质因子、供能物质（ATP、GTP）、无机离子（Mg^{2+}、K^{+}）等组成。mRNA 上每 3 个核苷酸一组，在蛋白质生物合成中代表某种特定的氨基酸或蛋白质合成的起始、终止信号，统称为遗传密码。密码子共有 64 个，除 UAA、UGA、UAG 代表终止信号外，其他 61 种密码子都代表相应的氨基酸，其中位于 mRNA 5′ 端的起始密码 AUG 不仅代表甲硫氨酸，而且代表翻译的起始信号。遗传密码的特点有方向性、连续性、简并性、摆动性、通用性等。核糖体是蛋白质合成的“装配机”，其主要功能部位包括 P 位、A 位、E 位、肽酰转移酶活性部位等。

蛋白质的生物合成过程包括氨基酸的活化与转运、起始复合体形成、肽链延长和肽链合成的终止。其中翻译的起始、肽链延长和终止步骤伴随核糖体大、小亚基的聚合与解聚。氨基酸的活化需要氨酰 -tRNA 合成酶催化，该酶决定特定的氨基酸只能与其相应的 tRNA 结合。起始步骤需要 GTP，形成由 mRNA、核糖体及起始氨酰 -tRNA 组成的起始复合体。延长阶段由进位、成肽、移位和 tRNA 脱落等步骤循环进行，使肽链不断由 N 端向 C 端延长。每循环一次，肽链延长一个氨基酸残基。在终止阶段，核糖体 A 位出现终止密码子，在终止因子作用下，肽酰转移酶转变为水解酶，将合成完毕的肽链和 tRNA 从核糖体上释放，核糖体大、小亚基解聚，重新投入循环。每生成一个肽键，至少需要消耗 4 个高能磷酸键。真核生物的蛋白质生物合成与原核生物基本相似，但体系及过程更为复杂。

很多蛋白质在肽链合成后，还需经过末端修饰、剪切、糖基化、加脂、磷酸化、羟化等加工修饰。

蛋白质合成的阻断剂与医学有密切关系，某些抗生素、细菌毒素、植物毒蛋白以及干扰素等都对蛋白质合成有阻断作用。如白喉毒素等可特异地抑制真核生物的蛋白质合成，氯霉素、链霉素、四环素等可特异性抑制原核生物的蛋白质合成，嘌呤霉素则可以抑制原核和真核生物的肽链延长。

思考题

1．遗传密码如何编码？有哪些基本特性？
2．蛋白质生物合成体系主要包含哪些物质？分别起什么作用？
3．蛋白质合成过程中，保证多肽链翻译准确性的机制有哪些？
4．简要说明蛋白质生物合成的过程。

（龙石银）

第13章 基因表达调控

第一节　概　述

基因表达调控是指生物体内通过特定的蛋白质-DNA、蛋白质-蛋白质之间的相互作用来控制细胞内基因是否表达或表达多少的过程及分子机制。除某些RNA病毒外，生物体内决定细胞特性的全部遗传信息都来自DNA，DNA的某一区段（如基因）可以转录成mRNA，并指导蛋白质的合成，这既是中心法则的核心，也是基因表达的过程。在1958年Francis Crick提出遗传信息传递的中心法则基础上，1961年法国科学家Francois Jacob和Jacques Monod通过对细菌和噬菌体的研究提出了关于基因表达调控的操纵子学说，从此开创了基因表达调控新领域。

基因表达调控是多细胞生物细胞分化、形态发生和个体发育的分子基础，也是了解生物体生命活动和功能多样性的理论基础。基因表达调控的目的是满足生物体自身发育的需求和适应环境的变化。这些调节过程都是在严格、有序的控制下进行的。基因表达过程的异常或失控往往会导致疾病的发生。基因表达调控不仅是现代分子生物学研究的主要方向之一，也是人们认识生命体不可或缺的重要内容，其所涉及的很多基本概念和原理也已成为一些分子生物学技术的基本原理。本章主要围绕一些基本概念和原理介绍基因表达调控的内容和相关新进展，并分别介绍原核生物和真核生物基因表达调控的特点。

第二节　基因表达及其调控的概念及特点

基因表达是一个过程，基因表达调控是对基因表达过程的控制，二者结合起来可以保证基因表达的有序、适度及有效。

一、基本概念

基因表达和基因表达调控具有不同的含义。

1. 基因表达　基因表达（gene expression）是指细胞将储存在DNA中的遗传信息（基因）经过转录和翻译转变为具有生物学活性分子（RNA或蛋白质）的过程（图13-1）。生物的中心法则就是蛋白质编码基因表达的主干流程，每个环节都涉及分子间的相互作用以及酶蛋白的催化反应。

2. 基因表达调控　基因表达调控（regulation of gene expression）指生物体为适应环境变化和维持自身生存、生长和发育的需要，调控基因的表达。不同生物的基因组含有不同数量的基因，而且基因表达的水平也不是固定不变的。在不同环境、不同生长阶段和发育时期，基因表达水平高低不同，多数情况只有一小部分基因处于表达活性状态。这依赖于机体内存在一套完整、精细、严密的基因表达调控机制，以适应环境、维持生长和发育的需要。基因表达调控大致经历基因激活、转录及翻译等过程，产生具有特定生物学功能的蛋白质分子，赋予细胞或个体一定形态表型和生物学功能。基因表达调控包括基因水平调控、转录水平调控、转录后水平调控、翻译水平调控、翻译后水平调控。基因水平调控可通过基因丢失、基因修饰、基因重

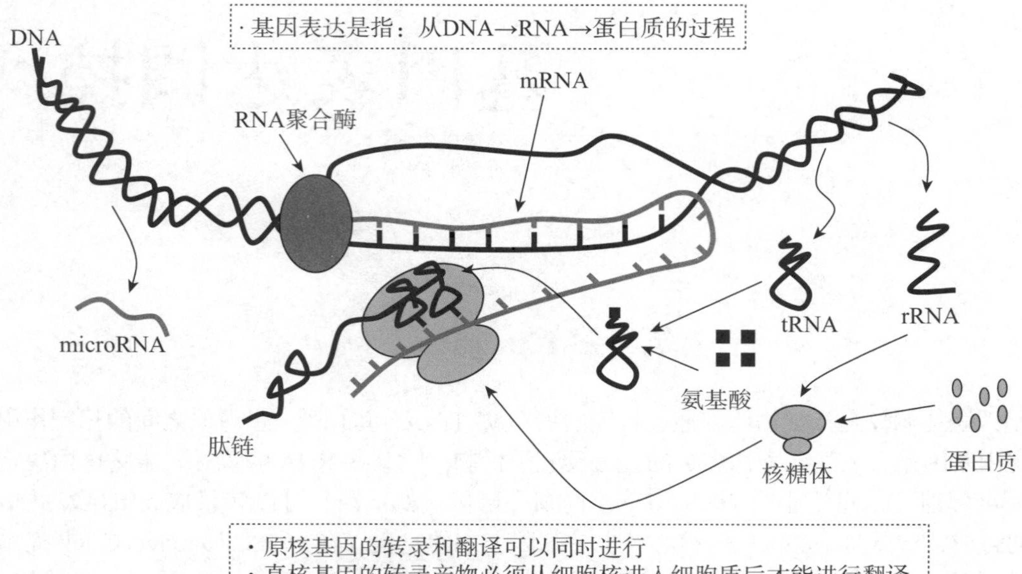

图 13-1 基因表达的基本过程

排、基因扩增、染色体结构变化等方式影响基因的表达；转录水平调控可通过控制 mRNA 的拷贝数来调节基因表达产物的量；转录后水平调控主要指真核生物的初转录产物经过加工成为成熟的 mRNA，包括加帽、加尾、甲基化修饰等；翻译水平调控是调节 mRNA 稳定性以及核糖体与 mRNA 结合效率；翻译后水平调控主要体现在蛋白质加工修饰环节。在 DNA 上的基因表达调控元件如启动子、增强子等可以直接影响基因表达的开启或关闭，使基因表达呈现出时间特异性、组织特异性，并受到环境影响，这些特性以组成性表达或适应性表达方式表现出来，从而保证生物体内的基因表达有序进行。

二、基因表达的特点和方式

生物体内储存在 DNA 上的遗传信息并不是同时释放出来的，而是根据生物体的需要有规律地表达释放。细菌基因组上大约有 4000 个基因，一般只有 5% ~ 10% 的基因处于活跃状态；人的基因组上有 3.5 万 ~ 4 万个基因，但在一个组织细胞中一般也只有一小部分基因处于表达状态，即使在功能活跃的肝细胞中也只有不超过 20% 的基因表达。

（一）基因表达的特性

所有生物的基因表达都具有严格的时间特异性和空间特异性。

1．基因表达的时间特异性 基因表达的时间特异性（temporal specificity）是指生物体内某一特定基因的表达严格按照一定的时间顺序发生。例如，噬菌体感染细菌后所呈现的规律性生活周期是特定基因在特定时期开启或关闭的结果。又如，人的肝细胞内编码甲胎蛋白（alpha-fetoprotein, AFP）的基因在胚胎时期活跃表达，合成大量的 AFP，成年后该基因表达水平降低，几乎测不到 AFP。但是，当肝细胞发生转化形成肝癌细胞时，AFP 的基因又重新被激活，合成大量 AFP。因此，成人血浆中 AFP 的水平可以作为肝癌早期诊断的一个重要指标。

多细胞生物从受精卵发育成为生物体，需要经历很多不同的发育阶段，每个阶段都有一些基因严格按特定的时间顺序开启和关闭，表现出与生物体生长、发育和分化相一致的时间特异性，从而逐步生成形态和功能各不相同的、协调有序的组织。多细胞生物基因表达的这种时间特异性又称为阶段特异性（stage specificity）。

2．基因表达的空间特异性 基因表达的空间特异性（spatial specificity）是指多细胞生物在个体生长、发育过程中，在不同组织细胞中特定基因表达的数量、强度和种类各不相同。这种基因伴随时间或阶段顺序所表现出来的空间特异性又称作细胞特异性（cell specificity）或组织特异性（tissue specificity）。如乳酸脱氢酶同工酶不同亚基的编码基因在不同组织器官表达程度的不同，使得不同组织中出现不同的同工酶谱（见第 3 章）。基因表达的空间特异性可以保证组织器官在发育、分化、成熟过程中能够适应其特殊的功能需要。例如，红细胞能高水平表达血红蛋白是因为其需要以此携带氧气并运送二氧化碳；肝细胞中编码鸟氨酸循环相关酶的基因表达水平高于其他组织细胞，从而使这些酶满足肝的特定功能。

（二）基因表达的基本方式

基因表达的基本方式有两种：组成性表达和适应性表达。

1．组成性表达　组成性表达（constitutive expression）是指生物体内一些基因的表达参与生命全过程，在生物体所有细胞中持续表达，产物对生命的组成和功能的体现是必需的，也称为基本基因表达。以组成性方式表达的基因被称作管家基因（housekeeping gene）。管家基因的表达只受细胞基因的启动子与 RNA 聚合酶相互作用的影响，不受环境和其他因素的影响，产物一般是细胞或生物体在整个生命过程中必不可少的。管家基因以一个相对恒定的速率持续表达，因此也成为检测基因表达水平时的参照标准，如细胞骨架蛋白质的编码基因、核糖体蛋白质基因以及三羧酸循环反应相关酶基因等均属于管家基因，其表达水平受环境因素的影响小，常作为基因表达水平的参照物。

2．适应性表达　适应性表达（adaptive expression）是指生物体内一些基因表达容易受环境因素影响，根据生长、发育及繁殖的需要，有规律地、选择性地适度表达。若环境信号刺激能激活相应的基因表达上调，称作诱导性表达（inducible expression），这类基因属可诱导基因（inducible gene）；若环境因素能下调或抑制基因的表达，称作阻遏性表达（repressible expression），这类基因属可阻遏基因（repressible gene）。例如，DNA 损伤时，DNA 修复酶基因表达可在体内被诱导激活，同时阻断 DNA 聚合酶编码基因的表达，使修复酶的表达量增加，促进 DNA 的损伤修复过程。又如，当培养基中色氨酸供应充足时，细菌依赖培养基中的色氨酸生存，无需自身合成，细菌体内与色氨酸合成有关酶的编码基因表达就会被阻遏。

诱导和阻遏是两种不同类型的适应性表达，在生物界普遍存在，也是生物体适应环境的基本途径，在原核生物和单细胞生物尤显突出和重要，因为它们生存的环境经常发生变化。可诱导或可阻遏基因除受基因启动子（或启动序列）与 RNA 聚合酶相互作用的控制外，尚受其他机制的调节，这类基因的调控序列通常含有针对特异刺激的反应元件。例如，在应激状态下，人体会在短时间内产生大量激素或细胞因子。

三、基因表达调控的多层次性和复杂性

基因表达调控体现在基因表达的全过程中，以便有序且适量表达相应基因产物。

原核生物基因表达的调控可以发生在基因激活、转录和翻译三个层次及 RNA、蛋白质的稳定性方面；真核生物基因表达调控层次更复杂，包括基因水平、转录水平、转录后水平、翻译水平和翻译后水平等。就整个基因表达调控而言，无论真核生物还是原核生物，对转录水平，尤其是转录起始水平的调节是最主要的调节方式，即转录起始是基因表达的最基本、最关键的控制点。

（一）转录起始的调控

转录起始是 RNA 聚合酶与 DNA 序列相互作用的结果。基因表达的转录起始调节与基因的结构及性质、细胞内存在的转录调节蛋白及生物个体或细胞所处的内、外环境均有关。原核生物的 RNA 聚合酶可以直接与 DNA 序列结合，而真核生物的 RNA 聚合酶需要转录调节蛋白（即转录因子）的帮助才能识别并结合 DNA 序列，可见，RNA 聚合酶与 DNA 序列之间的亲

和性是转录起始调控的关键环节。由于不同基因所使用的RNA聚合酶活性相似，DNA序列差异和真核生物辅助RNA聚合酶的转录因子就成为转录起始调控的重要对象。

（二）翻译起始的调控

翻译起始是核糖体与mRNA相互作用的结果。原核生物核糖体小亚基能直接识别mRNA上的核糖体结合位点，真核生物的核糖体需要有蛋白质复合物的帮助才能识别mRNA上的核糖体结合位点。可见，核糖体与mRNA序列之间的亲和性和可及性是翻译起始调控的关键环节。由于不同mRNA翻译时所用的核糖体是相似的，mRNA序列上的核糖体结合位点和mRNA局部结构等就成为翻译起始的调控要点。

（三）对转录或翻译产物的调控

基因的转录产物是mRNA，mRNA与核糖体相遇并结合才有机会翻译。原核生物没有细胞核，转录和翻译都在同一个细胞空间，相遇不难，由于mRNA半衰期短，因此mRNA的降解快慢就成为一种调节方式。真核生物有细胞核，转录和翻译分别在细胞核和细胞质中进行，mRNA必须从细胞核进入细胞质才有机会遇到核糖体，因此，mRNA的加工修饰及运输成为调节真核基因表达的一种方式。

mRNA的翻译产物是蛋白质，有功能的蛋白质不但需要完整的一级结构，而且很多蛋白质还需要正确折叠及修饰，真核生物的蛋白质一般还需要靶向输送和定位。因此，蛋白质的折叠、修饰及靶向输送成为调节基因表达的重要方式。

四、基因表达调控的生物学意义

基因表达调控是生物体适应环境及维持生长的重要分子机制，对于认识生命及疾病发病机制等有着广泛的生物学意义。

（一）适应环境、维持生长和增殖

生物体处在不断变化的内、外环境中，为了适应各种环境变化，生物体必须通过调整自身状态从而对内、外环境的变化做出适当的反应，这种适应性是通过调节生物体内基因表达的速率和产量实现的。

生物体的这种适应能力总是与某种或某些蛋白质分子的功能有关。细胞内功能蛋白质分子的有或无、多或少的变化则由编码这些蛋白质分子的基因表达与否、表达水平高低等状况决定。通过一定的基因表达调控机制，可使生物体表达出适应性的蛋白质分子，以适应环境，维持生长和增殖。例如，当环境中葡萄糖供应充足时，细菌中利用葡萄糖的酶的基因表达增强，利用其他糖类酶的基因关闭；当葡萄糖耗尽而有乳糖存在时，利用乳糖酶的基因则表达，此时细菌利用乳糖作为碳源，维持生长和增殖。高等动物体内更加普遍地存在适应性表达的方式。

（二）维持细胞分化与个体发育

多细胞生物在生长和发育的不同阶段对蛋白质种类和含量的要求不同，为了适应这种需求，多细胞生物体就需要对基因表达进行更加复杂、精细和完善的调控，其意义除了可使生物体更好地适应环境、维持生长和增殖外，还在于维持细胞分化和个体发育。高等哺乳类动物各组织、器官的发育、分化都是由一些特定基因控制的。当某种基因缺陷或表达异常时，则会出现相应组织或器官的发育异常，如人类的先天性心脏病、唇腭裂等。

第三节 原核生物的基因表达调控

原核生物（prokaryote）大多是单细胞生物，没有成形的细胞核，亚细胞结构及其基因组结构要比真核生物简单得多，单倍体基因组一般是一个闭合环状的双链DNA分子，存在于细胞中央的一个相对致密的区域，该区域称作类核（nucleoid），这种结构特征使原核生物基因的转录和翻译可以同时进行。另外，原核生物基因是连续的，通常几个功能相关的结构基因紧密地串联在一起，受同一个控制区调节，从而形成了原核生物基因组上特有的操纵子结构。操纵子（operon）是原核生物基因表达及调控的基本单位。以操纵子模型为单位在转录和翻译相关环节上的调控就成为原核生物基因表达调控的重要内容。

一、转录水平的调控

转录（transcription）是 RNA 聚合酶以 DNA 为模板合成 RNA 的过程。原核生物基因的基本转录单位是操纵子，转录水平调控主要围绕 RNA 聚合酶和操纵子的工作原理。

（一）转录调控的关键因素

原核生物基因的转录调控主要涉及转录调控序列和 RNA 聚合酶。

1. 转录调控序列　转录调控序列（transcription regulatory sequence）是指能影响 RNA 聚合酶转录活性的 DNA 序列。

原核生物的多数基因以操纵子为转录单位（transcription unit）。操纵子通常是由 2 个以上功能相关的结构基因串联在一起，共同受其上游的调控区调节。调控区是由启动子、操纵序列及其他调节序列成簇串联组成的转录调节序列。

启动子（promoter，P）是原核生物 RNA 聚合酶识别及结合的一段 DNA 序列，一般位于结构基因的上游，在 –10 和 –35 区域存在共有序列（consensus sequence），主要以序列本身影响 RNA 聚合酶的转录活性。例如，有些细菌的启动子在 –10 区域，通常是 TATAAT 序列，也称作 Pribnow box；在 –35 区域是 TTGACA 序列。这些序列之间的差异可通过辨认、结合 RNA 聚合酶调节基因的转录起始（图 13-2）。

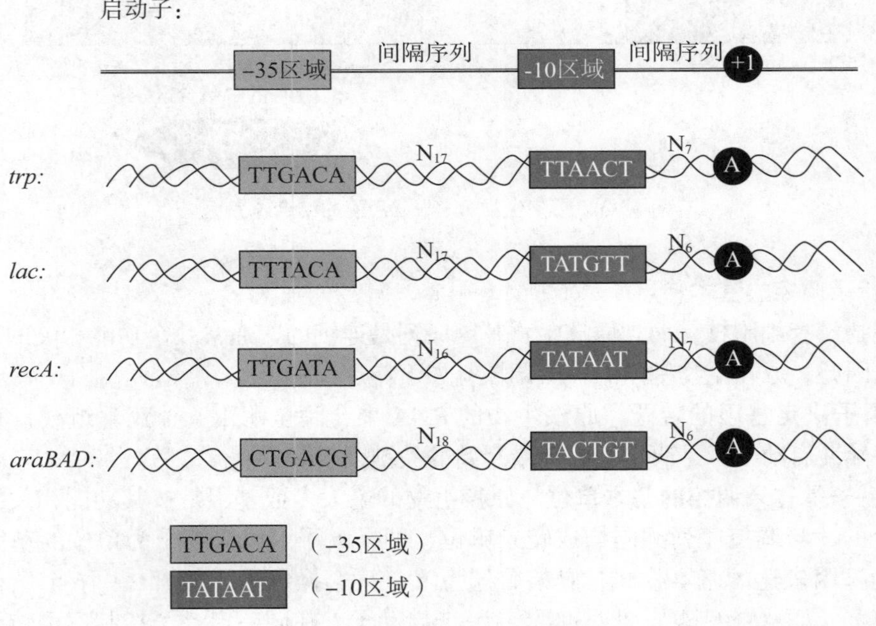

图 13-2　四种细菌启动子中的共有序列

trp：色氨酸操纵子；*lac*：乳糖操纵子；*recA*：组氨酸操纵子；*araBAD*：阿拉伯糖操纵子

操纵序列（operater，O）常与启动子 P 序列交错、重叠，它是原核阻遏蛋白的结合位点。当 O 序列上结合有阻遏蛋白时，会阻遏 RNA 聚合酶与 P 序列的结合，或使 RNA 聚合酶不能沿 DNA 向下游移动，阻遏转录，介导负性调节，所以可认为 O 序列是控制 RNA 聚合酶能否转录的“开关”。

有些操纵子含有其他调节序列，可影响RNA聚合酶的活性，如乳糖操纵子的分解代谢物基因活化蛋白质（catabolite gene activation protein，CAP）结合位点。在操纵子的上游常存在表达阻遏物的阻遏基因（repressor gene），阻遏物与O序列的结合与否，是影响O序列“开关”的调控因素。

2. RNA聚合酶 RNA聚合酶（RNA polymerase）是一种能以DNA为模板催化RNA合成的蛋白复合物。大肠埃希菌只有一种RNA聚合酶，其特点是：①6个亚基组成RNA聚合酶全酶：2个 亚基，其中α亚基决定被转录的基因，β亚基具有聚合酶活性，β′亚基与DNA模板结合，σ亚基辨认转录起始位点，ω亚基促进组装和稳定RNA聚合酶；②RNA聚合酶直接识别和结合启动子，所覆盖的序列范围一般为–40～+20区域，一旦其他蛋白质结合到这一区域，则可影响RNA聚合酶的活力。例如，RNA聚合酶结合区与阻遏蛋白结合区有部分重叠，则阻遏蛋白的结合可影响RNA聚合酶的结合（图13-3）。

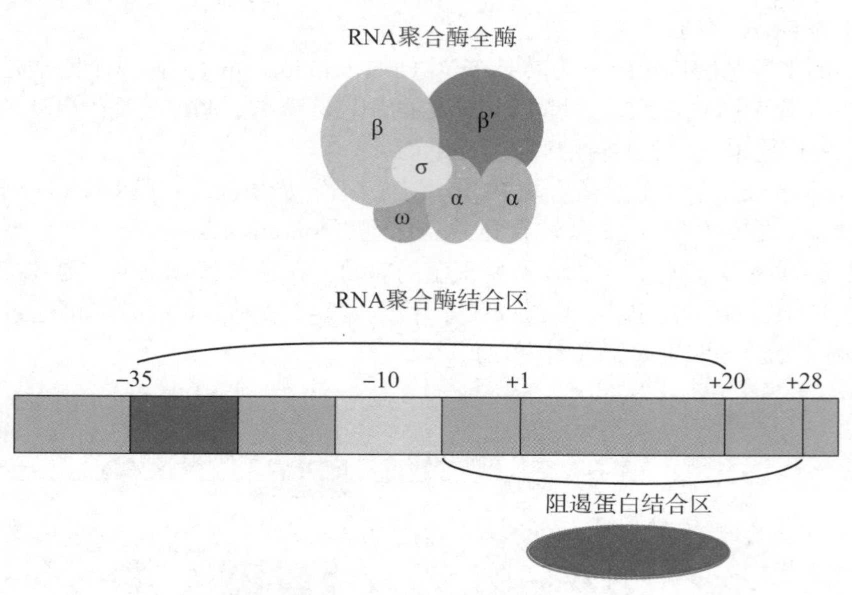

图13-3 原核生物RNA聚合酶的结合覆盖区

（二）转录调控的基本特点

原核生物没有细胞核，而且原核生物基因序列是连续的，通常几个功能相关的结构基因串联在一起，因此，原核生物基因的转录调控有如下特点：

1. σ因子决定基因的转录 原核生物的RNA聚合酶全酶由6个亚基组成，其中σ亚基负责识别特异性启动子，是决定基因转录起始的关键因素。

2. 操纵子是转录调控的基本单位 原核生物的绝大多数基因是按其功能相关性串联排列在染色体上的，与调控序列共同构成转录单位，即操纵子。以操纵子为单位的基因表达调控是原核生物基因表达的基本模式，具有普遍意义。一个操纵子一般含2～6个结构基因，有的含多达20个以上结构基因，但一般只有一个启动子，在同一启动子控制下可转录产生几个结构基因的串联转录产物，这种由几个结构基因串联在一起的转录产物被称作多顺反子RNA（polycistronic RNA）（图13-4）。

3. 阻遏调控是原核生物基因表达调控的基本原理 在很多原核生物基因的操纵子系统中都有阻遏元件，如对于乳糖操纵子中的操纵序列，阻遏蛋白可以特异地与操纵序列结合或解离，从而引起结构基因的阻遏或去阻遏，这种阻遏蛋白参与的基因开关调控是原核生物基因表达调控的重要机制。

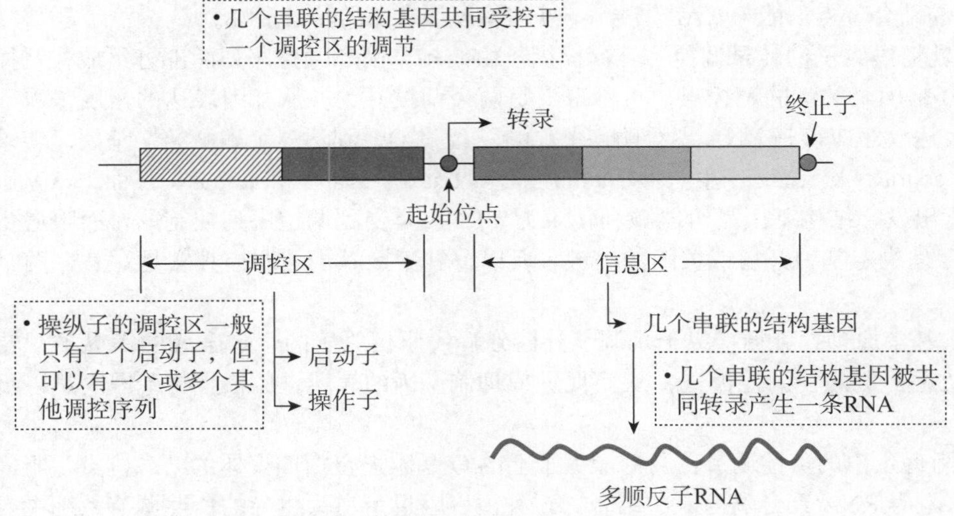

图 13-4　原核生物基因的操纵子结构

（三）操纵子的转录调控

原核生物基因表达调控的基本单位是操纵子，不同操纵子的工作原理各不相同，本文以乳糖操纵子为例进行介绍。

1．乳糖操纵子的基本结构　*E. coli* 的乳糖操纵子（Lac operon）由 5′ 端到 3′ 端依次为 CAP 结合位点、启动子 P 和操纵序列 O 形成的调控区及 *lac Z*、*lac Y* 和 *lac A* 三个结构基因组成（图 13-5），是目前应用最普遍的原核生物基因表达框架。

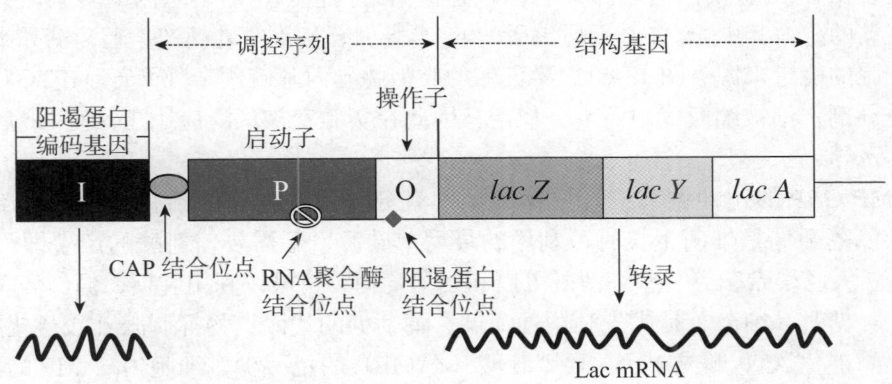

图 13-5　乳糖操纵子的结构模式图

（1）乳糖操纵子的结构基因：乳糖操纵子有三个结构基因 *lac Z*、*lac Y* 和 *lac A* 分别编码与利用乳糖有关的三种酶，其中 *lac Z* 基因编码 β- 半乳糖苷酶，*lac Y* 基因编码通透酶，*lac A* 基因编码半乳糖苷乙酰基转移酶，三种酶的作用使细菌开始利用乳糖作为能源物质。调控区调节控制三个结构基因共同转录产生一条多顺反子 mRNA（Lac mRNA）。但三个结构基因有各自独立的可读框（ORF），即从起始密码子（start codon）到终止密码子（stop codon）之间的一段编码序列。

（2）乳糖操纵子的调控序列：乳糖操纵子主要有启动子 P 和操纵序列 O 以及远端的阻遏基因（*lac I*）。启动子 P 位于操纵序列的上游，有 RNA 聚合酶识别和结合的位点；操纵序列

O 位于启动子的下游，部分序列与启动子重叠，有阻遏蛋白的结合位点；*lac I* 编码阻遏蛋白，可与 O 序列结合，控制基因的转录。此外，在启动子上游还有一个分解代谢物基因活化蛋白（CAP）的结合位点，能与 CAP 结合，促进 RNA 聚合酶的转录活性。

2．乳糖操纵子的转录调控 乳糖操纵子由结构基因和调控序列两部分组成，调控序列中的 P 和 O 是两个关键的调控点，可称得上是两个调控开关。从基因表达的角度来看，乳糖操纵子的表达顺序应该是 RNA 聚合酶与 P 结合，经过 O，到达三个串联结构基因，转录一条多顺反子 Lac mRNA，最终产生三种不同的蛋白质 Lac Z、Lac Y 和 Lac A。然而，从基因表达调控的角度出发，结构基因是否能顺利转录为 mRNA 是受到调控序列控制的，而阻遏蛋白是否与 O 结合是决定基因开启或关闭的关键。所以，乳糖操纵子的调控其实是对 P-O 两个开关的调节。

（1）基本原理：乳糖操纵子是调节乳糖分解代谢相关酶的生物合成的操纵子，转录调控主要涉及正、负两种调控模式，从而促进或抑制基因的表达。原核生物基因表达以负性调节为主。

1）阻遏蛋白的负性调节：乳糖操纵子上的 O 是阻遏蛋白四聚体的结合位点，阻遏蛋白与 O 结合可阻碍 RNA 聚合酶与 P 的结合。这种由以阻遏蛋白为主导的负性调节系统主要涉及阻遏蛋白、O 位点和别乳糖（allolactose）。别乳糖能结合在阻遏蛋白四聚体上，使阻遏蛋白发生构象变化，从而使阻遏蛋白从 O 上解离，可见，别乳糖在阻遏蛋白的负性调节系统中充当诱导剂的角色。①当环境（培养基）中没有乳糖时，*E.coli* 没有必要产生利用乳糖的酶，此时，lac 操纵子上游阻遏基因产物阻遏蛋白特异地与操纵序列 O 结合，阻碍 RNA 聚合酶与启动序列 P 结合，或 RNA 聚合酶不能沿 DNA 向前移动，此时操纵子被阻遏蛋白阻遏，处于关闭状态，结构基因不能表达出利用乳糖的三种酶，即负性调节。②当环境中有乳糖时，少量乳糖可被菌体内原先存在的少量通透酶催化、转运进入细胞，再经少数 β- 半乳糖苷酶催化，转变成异构体别乳糖，别乳糖与阻遏蛋白结合，使阻遏蛋白构象改变，不能与操纵序列 O 结合，操纵子去阻遏，RNA 聚合酶与启动序列 P 结合并移向结构基因，启动基因的转录，继而表达出三种利用乳糖的酶，其中 *lac Z* 基因所编码的 β- 半乳糖苷酶水解乳糖产生葡萄糖和半乳糖，使乳糖成为细胞的能量来源（图 13-6）。半乳糖的类似物异丙基硫代半乳糖苷（IPTG）是一种作用极强的诱导剂，不被细菌代谢而十分稳定，因此在实验室被广泛应用于具有 lac 启动子表达载体的表达诱导。

2）cAMP-CAP 的正性调节：乳糖操纵子中有分解代谢物基因活化蛋白 CAP 结合位点，位于 P 上游。葡萄糖是细菌生长时可利用的最简单碳源，不需要任何酶的产生即可为细菌提供能量，虽然大肠埃希菌等一些细菌既可以利用葡萄糖，也可以利用乳糖，但当环境中同时存在葡萄糖和乳糖时，细菌总是优先利用葡萄糖。葡萄糖的代谢产物抑制腺苷酸环化酶的活性，腺苷酸环化酶催化 ATP 形成 3′, 5′- 环腺苷酸（cAMP）的量减少，细胞内 cAMP 的浓度降低；反之，如果没有葡萄糖，细胞内的 cAMP 浓度升高。cAMP 的作用是通过与 CAP 结合形成 cAMP-CAP 复合物并结合到乳糖操纵子的 CAP 结合位点上，促进 RNA 聚合酶转录活性。可见，环境中葡萄糖的含量与 cAMP-CAP 对 RNA 聚合酶转录调控有关。①当环境中葡萄糖含量升高时，细胞内的 cAMP 含量降低，cAMP-CAP 复合物形成减少，不能通过结合 CAP 结合位点促进 RNA 聚合酶的转录活性。②当环境中葡萄糖含量降低时，葡萄糖的代谢产物减少，腺苷酸环化酶的活性增高，促进 ATP 形成 cAMP，cAMP-CAP 复合物增多，通过靶向 CAP 结合位点促进 RNA 聚合酶的转录活性。可见，葡萄糖的浓度与 cAMP 的浓度呈负相关。

3）阻遏蛋白和 CAP 共同参与的协同调控：乳糖操纵子受阻遏蛋白的负性调节和 CAP 的正性调节两种调节机制控制。当阻遏蛋白封闭转录时，CAP 对该系统不能发挥作用；但是，如果没有 CAP 存在来加强转录活性，即使阻遏蛋白从操纵序列上解聚，仍无转录活性。可见，在没有乳糖存在的情况下：

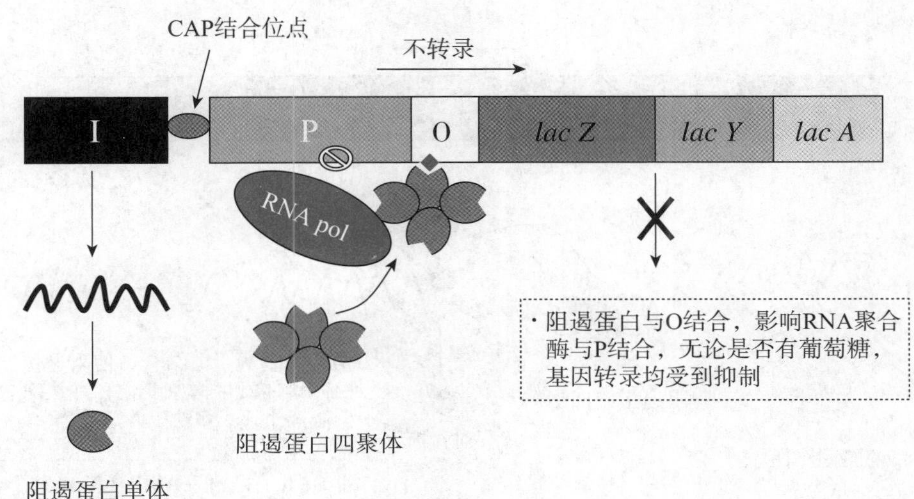

在有乳糖存在的情况下：

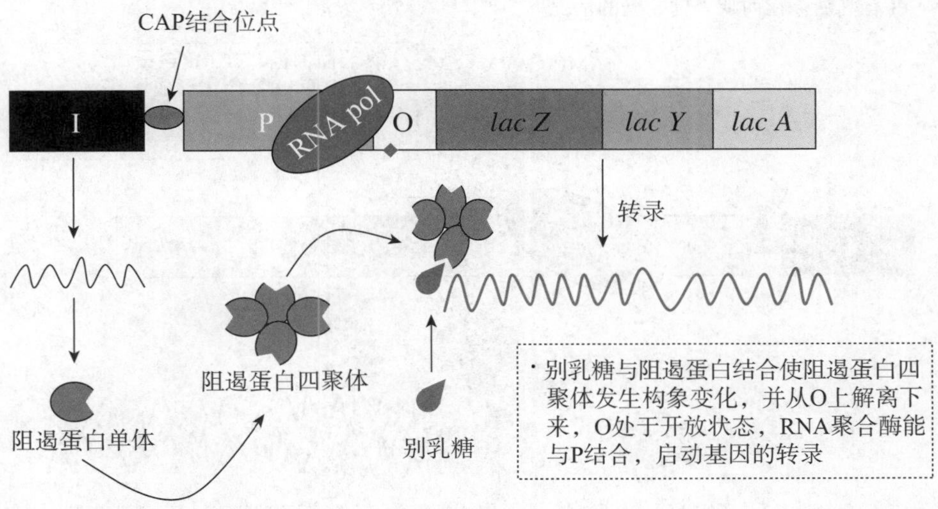

图 13-6　阻遏蛋白和别乳糖对乳糖操纵子的调节

lac 操纵子的开放既需要去除阻遏蛋白的负性调节，又要具有 CAP 的正性调节。两种机制相辅相成、互相协调、互相制约，以满足细菌对能量的需求。①在没有乳糖存在的情况下，不管葡萄糖存在与否，都不能启动基因的转录，因为阻遏蛋白与操纵序列 O 结合，关闭了 O 开关。只有当 O 处于开放状态时，RNA 聚合酶与 P 结合才能启动结构基因的转录，合成 Lac mRNA，所以，只要阻遏蛋白结合在 O 上，乳糖操纵子就处于关闭状态（图 13-6）。②在乳糖和葡萄糖共同存在时，阻遏蛋白与别乳糖结合，O 处于开放状态，但葡萄糖代谢产物抑制腺苷酸环化酶的活性，cAMP 处于低水平，cAMP-CAP 复合物形成受阻，不能发挥激活转录的作用，因此，只有很少量的 Lac mRNA 被合成（图 13-7A）。③在有乳糖而葡萄糖缺乏的情况下，阻遏蛋白与别乳糖结合，O 处于开放状态；葡萄糖缺乏，cAMP 含量增高，cAMP-CAP 复合物形成增多，结合到乳糖操纵子 CAP 结合位点，促进 RNA 聚合酶与 P 结合，合成大量的 Lac mRNA（图 13-7B）。

（2）乳糖操纵子转录调控原理的应用：乳糖操纵子是原核生物基因表达调控的典型代表，

在有乳糖和葡萄糖存在的情况下：

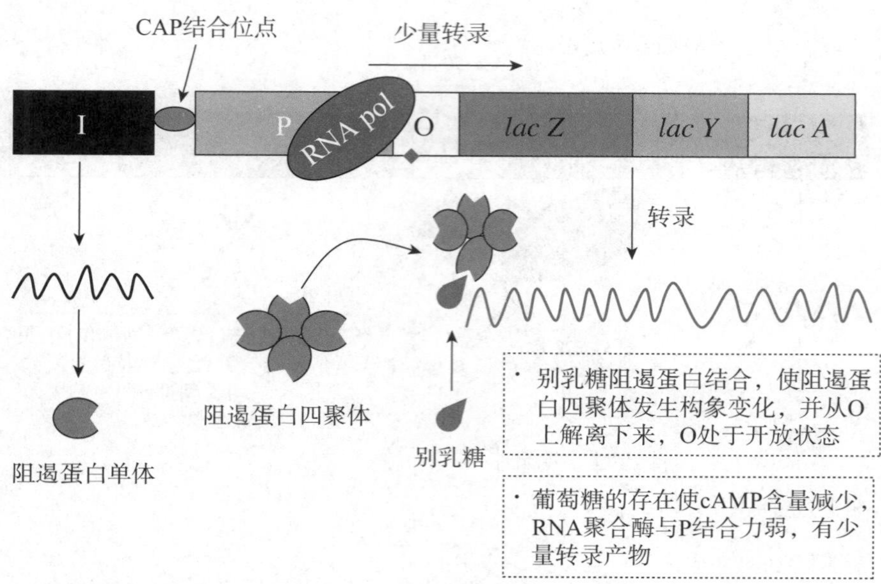

在有乳糖存在而缺乏葡萄糖的情况下：

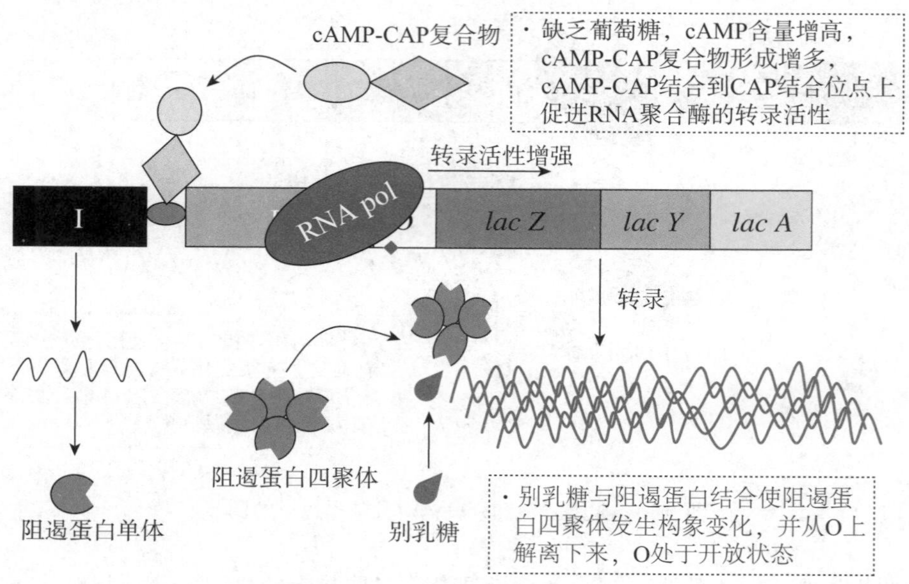

图 13-7 葡萄糖和乳糖对乳糖操纵子转录活性的影响

已经广泛用于基因工程中原核生物表达载体的构建，从而可以采用乳糖操纵子的基因表达调控原理对外源基因的表达进行诱导。

利用乳糖操纵子原理设计原核生物表达载体时，一般是将乳糖操纵子的调控序列如启动子和操纵序列构建到原核生物表达载体上，在其下游构建用于插入外源基因的酶切位点，相当于用外源基因替代乳糖操纵子的结构基因。利用这种表达系统时，乳糖或乳糖类似物异丙基巯基半乳糖就作为开启基因转录的诱导剂。

色氨酸操纵子的转录调控

二、翻译水平的调控

原核生物基因表达也可以在翻译水平上进行调控，具有调节作用的蛋白质（调节蛋白质）

与 mRNA 靶位点结合，从而阻止核糖体识别翻译起始位点，是一种阻断翻译的机制，RNA 分子也可作为阻遏物参与翻译水平的调控。另外，原核生物 mRNA 上的特殊序列如 SD 序列对翻译有直接影响。

（一）**SD 序列对翻译起始的影响**

原核生物基因表达的翻译起始是指 mRNA、起始氨酰 -tRNA 和核糖体三者结合形成翻译起始复合体的过程，其中核糖体与 mRNA 上游的 SD 序列结合是精确识别起始密码子的重要步骤。

SD 序列是位于 mRNA 的起始密码子 AUG 上游 8 ~ 13 个核苷酸处的一段由 4 ~ 9 个核苷酸组成的共有序列，核心序列 AGGA 可被核糖体小亚基特异性识别和结合，调控翻译起始。SD 序列的位置对蛋白质翻译效率影响很大，不同 mRNA 的 SD 序列与 AUG 之间的距离不同，序列长短有差异，对核糖体小亚基的结合能力及精确定位有影响，从而控制单位时间内翻译起始复合体的形成。原核生物采用这种机制在翻译水平控制蛋白质的表达水平。

（二）**反义 RNA 在翻译水平的调节作用**

反义 RNA（antisense RNA）是一类能与特定 mRNA 互补结合的小 RNA 分子，能通过位阻效应阻断 mRNA 的翻译过程。反义 RNA 的调控可通过与特定 mRNA 翻译起始部位的互补序列结合，阻断核糖体小亚基对起始密码子的识别或与 SD 序列的结合，从而抑制翻译的起始。

原核生物利用反义 RNA 原理调控基因表达的一个例子是渗透压调节基因 *ompR* 的表达调控。*ompR* 基因的产物 OmpR 蛋白质在不同渗透压条件下有不同的构象，分别作用于渗透压蛋白质 OmpF 和 OmpC 编码基因的调控区，低渗时 OmpF 合成增高，OmpC 合成受抑制；高渗时，OmpF 合成受抑制，OmpC 合成增高。这种调控是通过反义 RNA 实现的。当 *ompC* 基因转录时，在 *ompC* 基因的启动子上游有一个调节基因 *micF*，可以利用同一个启动子反方向转录一条反义 RNA，此反义 RNA 能与 *ompF* mRNA 的 5′ 端（包含 SD 序列和 AUG 附近序列）互补结合，从而抑制 *ompF* 的翻译（图 13-8）。

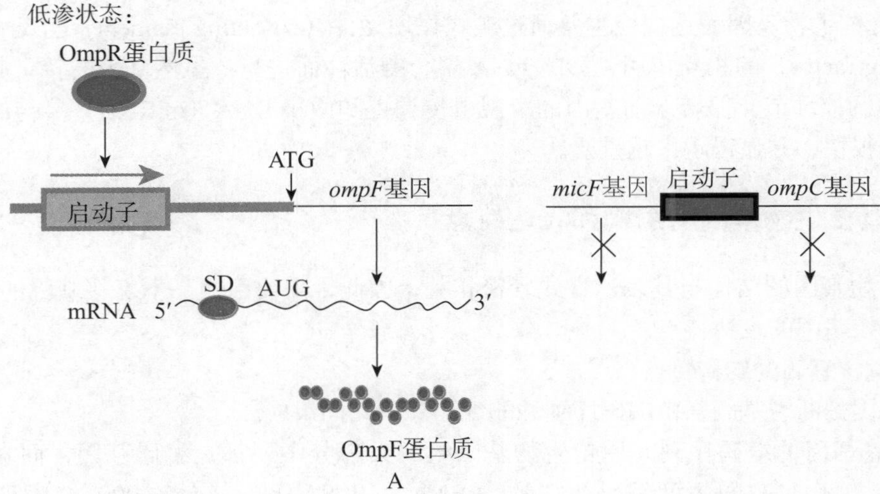

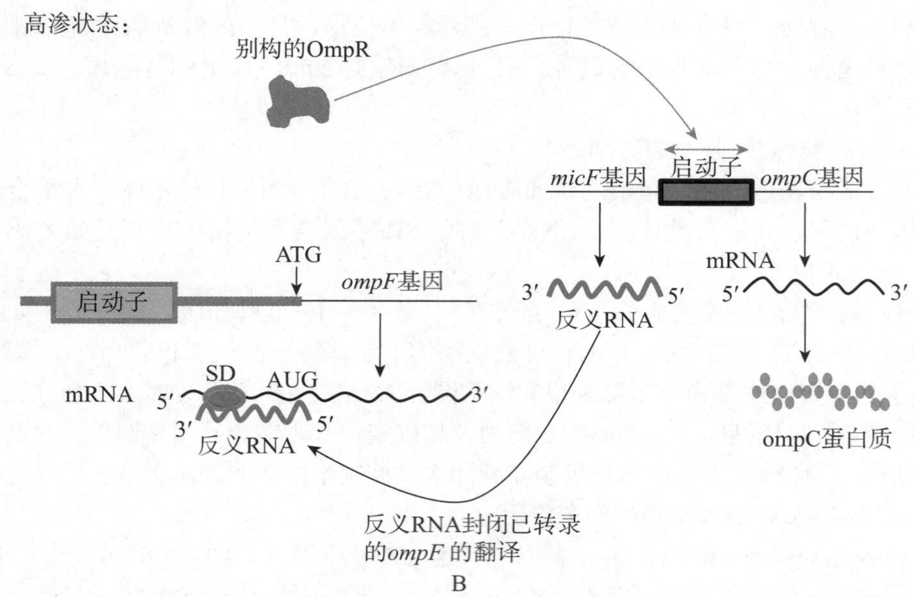

图 13-8 大肠埃希菌渗透压诱导的反义 RNA 调控

第四节 真核生物的基因表达调控

真核生物基因表达调控远比原核生物的基因表达调控复杂，一方面是因为真核生物的基因组结构庞大，哺乳类基因组的长度为 10^9bp，有 3 万～ 3.5 万个基因，真核生物染色体和基因本身的结构复杂；另一方面是真核生物细胞有细胞核，使转录和翻译在细胞内的不同空间进行。真核生物基因表达调控是在多级水平上进行的，包括基因水平调控、转录水平调控、转录后水平调控、翻译水平调控、翻译后水平调控，属于多级调控系统（multistage regulation system）。真核生物基因表达调控主要通过顺式作用元件（*cis*-acting element）与反式作用因子（*trans*-acting factor）的相互作用，影响 RNA 聚合酶活性而进行。虽然基因的转录起始仍然是非常重要的调控环节，但转录前基因的表观遗传调控和微小 RNA（miRNA）参与的转录后调控研究进展很快，并显得越来越重要。

一、真核生物基因的结构和表达特点

真核生物基因的结构与其表达方式紧密相关，因此，需要回顾一下真核基因的结构特点，便于理解真核基因的表达特点。

（一）真核基因的结构特点

真核基因是断裂基因，由编码序列和非编码序列共同组成。

1. 真核基因的编码序列 原核生物基因组的大部分序列都是编码基因，而真核生物基因组中只有 10% 左右的序列编码蛋白质、rRNA 和 tRNA 等，其余约 90% 的序列功能至今还不清楚。真核基因的编码序列（coding sequence）在基因组水平被非编码序列（non-coding sequence）间隔开来，呈不连续方式排列，因此，真核基因也称作断裂基因（split gene）。编码序列能体现在成熟 mRNA 序列中，因此属于外显子（exon）。但外显子与编码序列不等同，因为有些非编码序列也出现在 mRNA 序列中，如 mRNA 的 5′- 非编码区（5′-UTR）和 3′- 非编码区（3′-UTR）。因此，外显子是特指能出现在成熟 mRNA 序列中作为模板指导蛋白质翻译的序列。

2．真核基因的非编码序列　真核基因的非编码序列主要包括内含子、5′- 非编码区和 3′- 非编码区。内含子（intron）是指位于基因外显子之间的 DNA 序列，能体现在基因的初级转录产物中，在 mRNA 成熟过程中被剪切去除。内含子的存在增加了基因表达调控的复杂性。

3．真核基因的转录单位　真核基因的转录单位一般由一个结构基因及其调控序列组成。调控序列主要包括启动子（promoter）、增强子（enhancer）等顺式作用元件（图 13-9）。

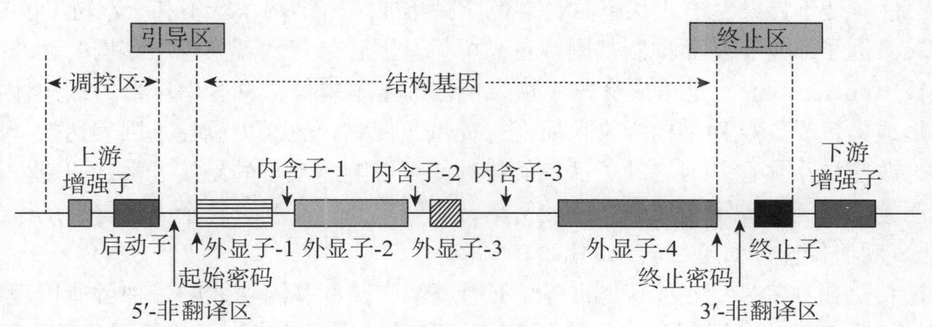

图 13-9　真核基因的结构特点

（二）真核基因的表达特点

真核生物有细胞核，因此，真核基因的转录和翻译在不同空间进行。

1．转录在细胞核中进行　真核基因的转录是在细胞核中进行的，使得转录和翻译过程表现出空间和时间上的差异。初级转录产物是从转录起始位点一直到终止位点之间的全部基因序列。不同基因的内含子和外显子数目各不相同，但 5′- 非翻译区和 3′- 非翻译区总是存在的，因此，真核基因的初级转录产物可以写成 5′- 非翻译区 - 外显子与内含子交替排列 -3′- 非翻译区。真核生物是一个结构基因转录生成一条 mRNA，即 mRNA 是单顺反子。

2．mRNA 需要剪接和运输　真核基因的初级转录产物是由内含子和外显子序列信息组成的，去掉内含子、连接外显子的过程称作 RNA 剪接（RNA splicing）。另外，真核生物 mRNA 的 3′ 端通常有多聚腺苷酸尾（polyA tail），5′ 端有帽结构，这种带有帽结构和去掉内含子的 mRNA 是成熟 mRNA，需要从细胞核运输到细胞质中才能作为合成蛋白质的模板。

3．翻译在细胞质中进行　真核生物 mRNA 的翻译是在细胞质中进行的，来自细胞核的成熟 mRNA 在核糖体的作用下翻译成蛋白质，再经过加工、折叠、运输及定位，最后生成有生物学活性的蛋白质。

综上，真核基因表达的过程历经 DNA 变构、RNA 合成、RNA 剪接及出核、蛋白质合成和加工修饰多个环节，各个环节相加才构成真核基因表达的全过程。

二、真核基因表达的基因水平调控

真核基因位于真核细胞染色体中，除了基因序列本身对基因表达有影响外，染色体结构和表观遗传改变都会影响基因的表达。

（一）基因重排和基因扩增对转录的影响

基因重排和基因扩增是通过改变 DNA 序列的排列顺序或数目而调节基因表达的两种机制。

1．基因重排　基因重排（gene rearrangement）是指在基因转录前 DNA 序列被重新排列的一种调控方式。如哺乳动物 B 淋巴细胞表达免疫球蛋白是在 DNA 水平上通过基因重排调控基因表达的一个典型例证。免疫球蛋白（Ig）的编码基因包含 V、D、J 三类片段，每类片段都有一种以上，在对抗原应答过程中，B 淋巴细胞先在 DNA 水平上通过删除和连接的方式选择 V、D、J 片段并组成新的编码基因，从而表达出针对抗原的特异性免疫球蛋白。

2．基因扩增 基因扩增（gene amplification）是通过增加基因在基因组上的数目达到增加基因表达量的一种调控方式。在许多肿瘤细胞中，癌基因采用基因扩增机制上调其表达量。

（二）染色质变构对基因转录的影响

真核细胞的染色质有两种状态，即活化状态和异染色质化状态。染色质活化时，基因组DNA和组蛋白的结合变松散，有利于转录因子接近，也利于双链DNA的解链，从而促进基因转录；染色体处于异染色质化状态时，染色质凝集成致密结构，既不利于双链DNA的解链，也不利于转录因子靠近，从而抑制基因转录。可见基因转录伴随着染色质结构的动态变化。

核小体（nucleosome）是组成真核生物染色体的基本单位，具有串珠形的核小体再经盘绕和浓缩后形成染色质，这种结构为染色质变构提供了便利，也成为调控基因表达的一种特殊方式。例如，改变核小体在基因启动子区域的排列就可影响启动子的易接近性。研究发现，核小体在易受调控的基因启动子区域分布比较密集，周转率高，有利于转录因子与启动子的结合。

（三）表观遗传修饰对基因转录的影响

表观遗传是指在DNA序列不变的情况下通过修饰改变基因功能的一种可遗传现象。表观遗传修饰包括对DNA的修饰（如DNA甲基化）和对组蛋白的修饰（如组蛋白乙酰化）。

1．DNA的甲基化修饰 DNA甲基化是最常见的表观修饰方式，一般甲基化程度越高，基因的转录活性越低。绝大多数甲基化修饰发生在CG序列中，哺乳动物细胞的基因组DNA中有2% ~ 7%的胞嘧啶在嘧啶环的5位碳原子（C-5）上有甲基化修饰。如果甲基化修饰发生在启动子序列中，转录因子或RNA聚合酶与启动子的亲和性就会受到影响，基因转录就受到抑制，这是一些基因在发育不同阶段被关闭的机制之一。

2．组蛋白的修饰 真核生物的染色质以核小体为基本单位，组蛋白的修饰可以直接影响核小体的结构，从而影响基因转录。研究发现，组蛋白在N端的修饰状态有一定规律性，这种规律被定义为组蛋白密码（histone code），可以预测组蛋白修饰能否为其他蛋白质创造结合位点。最常见的组蛋白修饰是乙酰化修饰和甲基化修饰。

3．印记基因 表观遗传修饰相当于在基因上打上印记，例如，来自双亲的等位基因，一个没有甲基化修饰，具有转录活性，另一个有甲基化修饰，处于沉默状态，从而调控等位基因的表达水平，这种通过修饰被打上标记的基因称作印记基因（imprinted gene）。印记基因在生物个体发育过程中扮演了重要角色，同时也可以解释环境因素影响基因表达的内在分子机制。

表观遗传学

综上，表观遗传现象使我们有理由认为，基因组上携带两类遗传信息，一类是DNA序列所提供的遗传信息，另一类是表观遗传信息，后者在不改变DNA序列的情况下提供了何时、何地、以何种方式启用序列遗传信息的指令。因此，表观遗传学（epigenetics）是揭示生命奥秘的另一个诱人领域，并将最终阐述多种复杂疾病的发病机制。

三、真核生物基因表达的转录水平调控

真核生物基因表达在转录水平上的调控是各级调控中最重要的一步，主要涉及三种因素的相互作用，即RNA聚合酶、顺式作用元件和反式作用因子。

1．RNA聚合酶 基因转录是RNA聚合酶催化RNA合成的过程，在转录过程中，RNA聚合酶与启动子的结合是基因转录起始的重要步骤。

（1）真核生物RNA聚合酶的特点：①能识别基因的启动子，但不能直接与启动子结合；②借助蛋白质复合物，通过蛋白质-蛋白质相互作用间接结合启动子而发挥转录活性。

（2）真核生物RNA聚合酶的类别：真核生物至少有三类RNA聚合酶——RNA聚合酶Ⅰ、RNA聚合酶Ⅱ和RNA聚合酶Ⅲ，其中RNA聚合酶Ⅱ负责转录能编码蛋白质的mRNA。相应地，有三类转录因子，分别配合三类RNA聚合酶。

2．顺式作用元件 顺式作用元件（*cis*-acting element）是指与相关基因同处一个DNA分

子上，能与转录因子结合，调控转录效率的 DNA 序列，如启动子、增强子和沉默子等。顺式作用元件可位于基因的 5′ 上游区、3′ 下游区或基因内部，位于 5′ 上游区占多数。真核基因的启动子及其上游元件也有一些核心序列，如 TATA 盒、CAAT 盒等，可直接影响 RNA 聚合酶和（或）转录因子的基因转录活性。

（1）启动子：启动子（promoter）是 RNA 聚合酶以及转录因子结合并启动基因转录的 DNA 序列，这段序列是精确有效转录所必需的顺式作用元件。真核生物Ⅱ类基因的启动子一般位于转录起始位点的上游，只能近距离（一般在 100bp 以内）起作用，有方向性。

Ⅱ类基因启动子的结构特点（图 13-10）：① TATA 盒。Ⅱ类基因的启动子一般在基因转录起始位点上游 –25 ~ –30bp 附近的 TATA 盒（TATA box），富含 AT 序列，其核心序列为 TATAAAA 或 TATATAT，负责确定基因转录的起始点。TATA 盒一旦缺失，可引起转录起始位点 1 ~ 2bp 的漂移。②上游启动子元件。在 TATA 盒上游 –30 ~ –110bp 附近的 CAAT 盒和 GC 盒是上游启动子元件（upstream promoter element，UPE），GC 盒（GGGCGG）和 CAAT 盒（GGCCAAT）与相应的转录因子结合，负责控制基因转录的频率和强度。

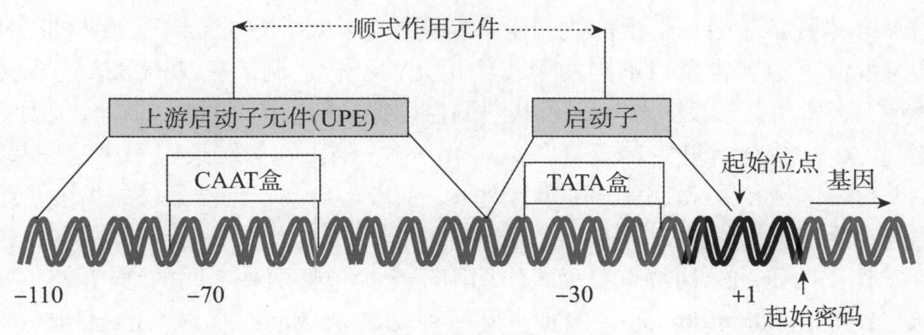

图 13-10　真核生物Ⅱ类基因的启动子

不同基因具有不同的上游启动子元件，其位置也不相同，因此可产生不同的调控作用。典型的启动子由 TATA 盒、CAAT 盒和（或）GC 盒组成，这类启动子通常只有一个转录起始位点及较高的转录活性。不含 TATA 盒但富含 GC 盒的启动子，一般有数个分离的转录起始位点；不含 TATA 盒也不含 GC 盒的启动子，一般有一个或多个转录起始位点，大多转录活性很低或无转录活性，只是在胚胎发育、组织分化或再生过程中发挥转录活性。

（2）增强子（enhancer）：增强子是指能增强启动子的转录活性，决定基因的时间、空间特异性表达的顺式作用元件，一般可增强基因的转录效率达 10 ~ 200 倍，甚至 600 ~ 1000 倍，其作用是通过与反式作用因子的相互作用实现的。

增强子通常为 100 ~ 200bp 的 DNA 短片段，其特点为：①位置灵活不固定。增强子可以位于基因的上游、下游或内含子的内部，距离目标基因可远可近。②无方向性但有相位性。增强子可以调控上游基因，也可以调控下游基因，将增强子方向倒置依然能活化靶基因转录。③有细胞或组织特异性但无基因特异性。增强子只在合适的细胞或组织中才能发挥作用，但增强子对基因没有偏倚和选择性。④本身没有转录活性。增强子只能增强启动子的转录活性，本身不具备转录活性，不能用增强子替代启动子。

增强子的基本核心元件常为 8 ~ 12bp，可以单拷贝或多拷贝串联形式存在，它们是特异的转录激活因子结合部位。作用机制可用环化学说加以解释，即增强子与细胞内的增强子因子（enhancer factor）（一种反式作用因子）结合，引起 DNA 变构折叠成环，从空间上靠近启动子，从而增强启动子的转录活性。

增强子 RNA

（3）沉默子（silencer）：沉默子是指通过与特异的转录因子结合后，对转录起阻抑作用的顺式作用元件，属于负性调节元件。沉默子的作用可不受序列方向的影响，也能远距离发挥作用。还有些 DNA 序列既可作为正性又可作为负性调节元件发挥顺式调节的作用，这取决于与其结合的转录因子的性质。真核基因转录起始的调节以正性调节为主。

3．反式作用因子（*trans*-acting factor） 反式作用因子是指能直接或间接与顺式作用元件识别、结合，激活另一基因的转录的蛋白质，大多数是 DNA 结合蛋白，有些不能直接与 DNA 结合，可通过蛋白质 - 蛋白质相互作用参与 DNA- 蛋白质复合物的形成来调节基因表达。

反式作用因子可以通过影响 RNA 聚合酶的活性调节基因转录，因此，基因在转录水平上的调控实际上是通过顺式作用元件和反式作用因子的相互作用实现的，顺式作用元件的各种核苷酸序列是反式作用因子的作用靶点。

（1）反式作用因子的分类：根据顺式作用元件的种类，反式作用因子可分为两类。一类是识别启动子 TATA 盒的反式作用因子，称为通用转录因子（general transcription factor，TF）或基本转录因子，相对应于 RNA 聚合酶Ⅰ、Ⅱ和Ⅲ的 TF，分别称为 TFⅠ、TFⅡ和 TFⅢ（见第 11 章）。另一类是识别上游启动子元件的反式作用因子，即特异转录因子（special transcription factors）。基本转录因子是促进 RNA 聚合酶与启动子结合、在启动子处组装形成转录前起始复合体所必需的一组蛋白质因子。在真核生物中，转录因子大多是蛋白质复合物，通过蛋白质 - 蛋白质相互作用与不同的顺式作用元件结合，调节靶基因的表达。大多数情况下，同一个基因通常由几个反式作用因子共同调控。特异转录因子能对基本转录因子起增效作用，如 SP1 与 GC 盒结合后可使转录效率提高 10 ～ 25 倍。特异转录因子决定该基因的时间、空间特异性表达，包括转录激活因子和抑制因子，前者与启动子近端元件或增强子结合，后者与沉默子结合，分别起活化和抑制转录的功能。

（2）反式作用因子的结构特点：反式作用因子至少包括两种不同的结构域，一种是 DNA 结合结构域（DNA binding domain，BD），另一种是转录激活结构域（transcription activation domain，AD）。有些反式作用因子可能只含有其中一种结构域，这种反式作用因子的活性依赖两个互补蛋白质共存于同一细胞，并互相结合得以实现。此外，很多转录因子还包含一个介导蛋白质 - 蛋白质相互作用的结构域，最常见的是二聚化结构域，二聚体的形成对它们行使功能具有重要意义。

1）DNA 结合结构域：DNA 结合结构域是反式作用因子与 DNA 结合的一段肽链，一般由 60 ～ 100 个氨基酸残基组成。DNA 结合结构域通常含有 1 个以上的结构模体，结构模体有四种常见形式。①锌指结构（zinc finger）。典型的 C_2H_2（C：Cys、H：His）锌指由 30 个氨基酸残基组成，可以折叠成手指状二级结构，其中有 2 个半胱氨酸（Cys）残基和 2 个组氨酸（His）残基分别位于正四面体的四个顶点，与四面体中心的锌离子配价结合，故名锌指。锌指可插入顺式作用元件的 DNA 大沟之中，结合启动子上游调控元件中的 GC 盒。②亮氨酸拉链。亮氨酸拉链（leucine zipper）是反式作用因子 DNA 结合区的一种结构模式，由可以形成 α 螺旋的 30 个氨基酸残基组成，N 端是以碱性带电荷氨基酸为主的 DNA 结合部位，呈亲水性；C 端是亮氨酸重复区，每隔 6 个氨基酸残基出现一个亮氨酸残基，呈疏水性。形成的 α 螺旋中一侧全是亮氨酸残基。两个具有亮氨酸拉链的反式作用因子可以通过亮氨酸残基的疏水作用相互结合形成同源或异源二聚体，二聚体的形成使两个亚基中的碱性区域互相靠拢，可与顺式作用元件的大沟结合。③螺旋 - 转角 - 螺旋。螺旋 - 转角 - 螺旋（helix-turn-helix，HTH）是研究得比较清楚的反式作用因子 DNA 结合区的一种结构模体，大约由 60 个氨基酸残基组成 2 个 α 螺旋和位于 2 个螺旋之间的 β 转角。两个螺旋具有不同的功能：靠近 N 端的螺旋能穿过双螺旋 DNA 的大沟，与 DNA 中磷酸戊糖骨架非特异性结合；靠近 C 端的螺旋能直接与靶 DNA 双螺旋大沟特异性结合。④螺旋 - 环 - 螺旋。螺旋 - 环 - 螺旋（helix-loop-helix，HLH）也是反式作用因子 DNA 结合区的一种结构模体，由 100 ～ 200 个氨基酸残基组成 2 个 α 螺旋，在 2 个螺旋之间是由长短不同的肽段组成的环状结构。

2）转录激活结构域：转录激活结构域是蛋白质 - 蛋白质相互作用的结构基础。在真核生物中，基因表达的转录调控通常以蛋白质复合体的方式为 RNA 聚合酶提供“脚手架”，因此，反式作用因子不一定都有 DNA 结合结构域，但应具备蛋白质相互作用结构域。转录激活结构域是为反式作用因子相互作用提供的作用靶点，一般由 30 ~ 100 个氨基酸残基组成，可分为三种类型：①酸性激活结构域（acidic activation domain），是含酸性氨基酸的保守序列，形成带负电荷的螺旋区；②富含谷氨酰胺结构域（glutamine-rich domain），在转录因子的 N 端有两个转录激活区，其中谷氨酰胺（Gln）残基含量达 25%，主要结合 GC 盒；③富含脯氨酸结构域（proline-rich domain）的脯氨酸残基达 20% ~ 30%，与转录的激活有关。

3）二聚体化结构域：有些转录因子在模板 DNA 链上形成同源或异源二聚体的能力决定了基因的表达与否。二聚化结构域的二聚化作用与亮氨酸拉链和 HLH 结构有关，可介导蛋白质 - 蛋白质相互作用。

(3) 反式作用因子的活化方式：反式作用因子有两类活化方式，一类是天然具有活性的活化方式，另一类是需要诱导的活化方式。能够诱导反式作用因子活化的因素包括热应激、病毒感染或生长因子刺激等，这些诱导因素可能通过修饰（如磷酸化修饰）或结合小分子配体，使原本不具有活性的蛋白质变成有活性的蛋白质。

绝大多数反式作用因子常通过蛋白质 - 蛋白质相互作用形成二聚体（dimer）或多聚体（polymer）之后才能与 DNA 序列结合。二聚体是反式作用因子结合 DNA 时最常见的分子结构，由两个不同分子组成的二聚体称作异源二聚体（heterodimer），由两个相同分子组成的二聚体称作同源二聚体（homodimer），异源二聚体通常比同源二聚体具有更强的 DNA 结合能力。可见，蛋白质 -DNA、蛋白质 - 蛋白质相互作用在基因表达调控中发挥着重要作用。

4. 转录调控中三种因素的相互作用　在真核生物中，基因表达的转录调控涉及 RNA 聚合酶、顺式作用元件（如启动子、增强子等）和反式作用因子的相互作用。例如，RNA 聚合酶Ⅱ与反式作用因子 TFⅡD、TFⅡB 及 TFⅡE 结合形成蛋白质复合物，然后 TFⅡD 与启动子 TATA 盒结合，TFⅡA 参与 TFⅡD 与 TATA 盒的结合，TFⅡB 帮助 RNA 聚合酶Ⅱ与启动子结合，最后由 TFⅡE 帮助 RNA 聚合酶Ⅱ起始基因的转录（图 13-11）。

真核基因表达转录水平调控是复杂的、多样的，不同顺式作用元件可产生多种类型的转录调控方式，多种转录因子也可结合相同或不同的顺式作用元件。特异的转录因子在结合 DNA 前一般需要通过蛋白质 - 蛋白质相互作用形成二聚体复合物。组成二聚体的单体不同，与 DNA 结合的能力就有可能不同，对转录激活过程所产生的效果就可能不一样，表现为正性调节和负性调节。

(1) 正性调节模式：有四种促进转录调控的模式。① DNA 成环靠近 RNA 聚合酶的结合位点，促进转录。例如，反式作用因子与增强子结合，然后利用 DNA 的柔韧性弯曲成环，使增强子区域与 RNA 聚合酶结合位点靠近，通过直接接触发挥正性调节作用。②反式作用因子使 DNA 变构。反式作用因子与顺式作用元件如增强子结合后，使 DNA 发生扭曲或弯折，从而有利于转录因子和 RNA 聚合酶的结合，促进转录的起始。③反式作用因子沿着 DNA 滑动。反式作用因子可以先结合到 DNA 的一个特异位点上，然后沿着 DNA 链滑动到另一个特异位点，影响基因的转录。④反式作用因子的连锁反应。一种反式作用因子与其顺式作用元件结合，可以促进另一种反式作用因子与邻近顺式作用元件结合，依此类推，顺序激活顺式作用元件，进而影响基因转录。

(2) 负性调节模式：有三种转录负性调节模式。①抑制性反式作用因子与活化性反式作用因子的 DNA 结合位点有部分重叠，通过竞争结合方式抑制基因转录。②抑制性反式作用因子和活化性反式作用因子分别与各自 DNA 结合位点结合，但两种蛋白质互相之间发生结合，

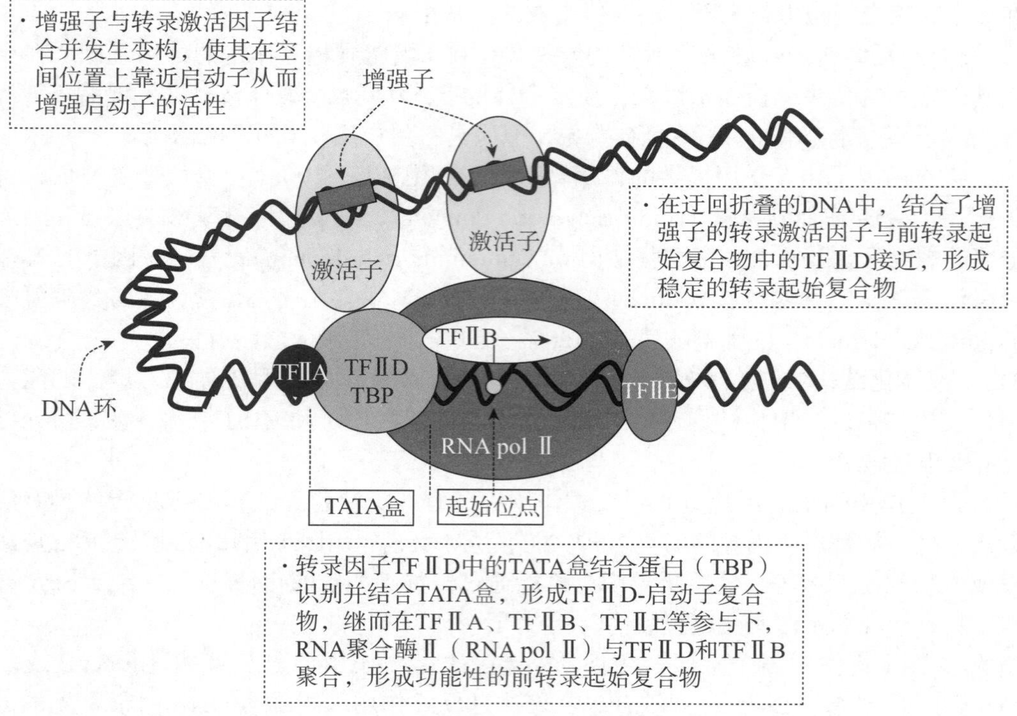

图 13-11 真核基因表达的转录调控中三种因素的相互作用

从而将活化性反式作用因子的活性位点遮蔽。③抑制性反式作用因子直接与转录因子结合，虽然转录因子能够结合启动子，但激活 RNA 聚合酶的活性被封闭，因此基因转录受抑。

四、真核基因表达的转录后水平调控

真核基因的初级转录产物有内含子序列，称作前体 mRNA（precursor mRNA，pre-mRNA）或核内不均一 RNA（heterogeneous nuclear RNA，hnRNA），从 hnRNA 到成熟 mRNA 再到作为翻译模板的过程需要经过一系列的剪接、加帽、加尾及运输，这些环节的影响因素均能调节基因的表达。

（一）RNA 剪接的调控作用

RNA 剪接（splicing）是指真核基因的初级转录产物移除内含子并重新拼接外显子的过程。RNA 剪接是特定蛋白质的序列特异性识别、切割和重新连接的过程，剪切位点具有一定的保守性：内含子 5′ 端的开头两个碱基是 GT，3′ 端的末尾两个碱基是 AG，被称作 GTAG 法则。

根据外显子的连接顺序形成两种剪接方式：组成型剪接和选择型剪接。①组成型剪接（constitutive splicing）：是指经剪切后的外显子按照编码蛋白质的顺序规范地拼接成为成熟 mRNA，使一个基因只生成一种成熟 mRNA，产生一种肽链；②选择型剪接（alternative splicing）：是指一个基因的转录产物经剪切后以不同组合方式将外显子拼接起来，结果产生一种以上成熟 mRNA，并指导合成一种以上的多肽链。选择型剪接一般是可诱导型基因根据细胞需要所采取的剪接方式。可见，一个基因经过剪切加工可能产生一种或一种以上的蛋白质。

最新研究发现，有些基因转录后生成的非编码 RNA 并不进入细胞质，而是滞留在细胞核内形成“核斑”。当细胞处于应激状态如病毒感染等时，这些滞留的非编码 RNA 就会被剪切，使具有编码蛋白质功能的那部分 mRNA 迅速转移到细胞质中作为蛋白质翻译的模板，从而避免耗费时间来制造新的 mRNA，这种方式能最迅速地对应激做出反应。

（二）前体 **mRNA** 的 5′ 端加帽

真核生物的 mRNA 在转录后要经过加帽（capping）反应，从而在 mRNA 的 5′ 端加上一个特殊结构，即 7- 甲基鸟苷三磷酸（详见第 11 章），这种帽结构有如下作用：①可以保护 mRNA 免受 5′- 外切核酸酶的降解，增加 mRNA 的稳定性；②可以为蛋白质合成提供识别标志，并促进蛋白质合成起始复合体的生成，从而提高翻译效率。mRNA 5′ 端甲基化的帽结构还可以参与 mRNA 从细胞核向细胞质的转运。

（三）前体 **mRNA** 的 3′ 端加尾

能与核糖体结合的大多数真核生物 mRNA 在 3′ 端都有一个多聚腺苷酸尾（polyA tail），这种 polyA 尾是转录后加上去的，加尾信号是 AAUAAA（详见第 11 章）。polyA 尾一方面能帮助 mRNA 从胞核进入胞质，另一方面还能稳定 mRNA，防止 3′- 外切核酸酶的水解。一般而言，3′ 端尾越长，翻译效率越高。在成熟的卵母细胞中还发现 3′-poly（A）尾结构可以促进翻译的开始。此外，3′ 端 poly（A）尾结构与 5′ 端帽结构的协同作用影响着翻译的启动。

（四）转录后水平的基因沉默

基因沉默（gene silencing）是指生物体内特定的基因为某种原因不表达或表达减少的现象。基因沉默是基因表达调控的一种重要方式，也是生物体的自我保护机制。目前研究较集中的是小分子 RNA，特别是非编码 RNA（noncoding RNA，ncRNA）引起的转录后基因沉默。

1．RNA 干扰　RNA 干扰（RNA interference，RNAi）是指利用小干扰 RNA（small interfering RNA，siRNA）介导 mRNA 降解的过程。siRNA 是一类长 20 ～ 25 个核苷酸的双链 RNA（double-stranded RNA，dsRNA），由 Dicer（由内切核酸酶和解旋酶等组成）加工而成。siRNA 参与 RNA 诱导的沉默复合物（RNA-induced silencing complex，RISC）的形成，RISC 通过 Dicer 的解旋酶活性将双链 RNA 变成两条互补的单链 RNA，然后单链 RNA 与互补的靶 mRNA 结合，Dicer 的内切核酸酶再将靶 RNA 分子切断，导致靶 mRNA 降解，阻断翻译过程，进而抑制相关基因的表达。

RNAi 是一种发生在转录后水平的由 siRNA 介导抑制基因表达的调控机制，是生物体固有的一种对抗外源基因侵害的自我保护现象。这种 siRNA 既可以是内源的，也可以是外源导入的，它以序列特异性地结合靶 mRNA 为主要特征进行基因表达调控。由此发展起来的 RNAi 技术则是将预先设计好的外源性双链 RNA 导入细胞后达到高效和特异性抑制靶 mRNA 表达的目的，因此它是研究功能基因组的有力工具，是基因敲除的补充手段。

2．微小 RNA　微小 RNA（microRNA，miRNA）是长度为 19 ～ 25 个核苷酸的非蛋白质编码的小 RNA 分子，可通过诱导 mRNA 降解或通过位阻效应干扰蛋白质的翻译。miRNA 广泛存在于真核生物中，miRNAs 由 RNA 聚合酶Ⅱ转录生成，其初始转录产物是具有 5′ 帽结构和 polyA 尾的局部发夹状结构，在细胞核内由 RNA 聚合酶Ⅲ、Drosha、DGCR8 及一个双链 RNA 结合蛋白构成的“微处理器（microprocessor）”复合物进行处理及加工。Drosha 从发夹结构的前体 miRNAs 中的一条链末端切下长约 11 核苷酸长度的片段，切割后的产物成为成熟 miRNA，3′ 端有 2 个碱基突出，5′ 端为磷酸基团。成熟 miRNA 转运到细胞质可与其他蛋白质一起形成 RISC（沉默体复合物），该复合物与其靶基因 mRNA 分子的 3′ 端非编码区域（3′-UTR）碱基不完全匹配，引起靶基因 mRNA 的降解或抑制 mRNA 的翻译来调控基因的转录后表达。miRNA 可直接调控人类 30% 的基因表达，目前已可通过人工合成 miRNA 特异性抑制基因表达，对疾病进程进行控制，如 miRNA 抑制病毒复制和肿瘤治疗。

siRNA 和 miRNA 在调控基因表达方面的差异：① siRNA 是针对 mRNA 编码区的双链小分子 RNA，一般由长双链 RNA 经核酸酶 Dicer 的切割而产生，解链后与靶 mRNA 通过序列互补结合，诱导 mRNA 的降解，从而调节基因的表达水平。② miRNA 是非编码的单链小分子RNA，可能是由较大的单链前体RNA经Dicer酶切后产生的，一般靶向mRNA的非翻译区，通过翻译抑制调控基因的表达。③Dicer酶对二者的加工过程不同，siRNA对称地来源于双链RNA的前体的两侧臂，而miRNA是不对称加工，仅剪切前体miRNA的一个侧臂，其他部分降解。④在作用位置上，siRNA可作用于mRNA的任何部位，而miRNA主要作用于靶基因3′-UTR。⑤在作用方式上，siRNA只能导致靶基因的降解，即为转录水平后调控，而miRNA可抑制靶基因的翻译，也可以导致靶基因降解，即在转录水平后和翻译水平起作用。

3．长链非编码RNA　长链非编码RNA（long noncoding RNA，lncRNA）是长度大于200个核苷酸的非编码RNA，是RNA聚合酶Ⅱ转录的副产物。近年研究表明，lncRNA参与了X染色体沉默、基因组印记、染色质修饰、转录激活、转录干扰、核内运输等多种重要的调控过程。在转录后水平，lncRNA与编码蛋白基因的转录物形成互补双链，既可干扰mRNA的剪切，形成不同的剪切形式，又可在Dicer酶的作用下产生内源性siRNA，引起转录体降解。

五、真核基因表达的翻译水平和翻译后水平调控

真核基因表达在翻译水平的调控表现在对翻译起始的调控上，主要是针对核糖体和mRNA的相互作用，有利于核糖体和mRNA结合的因素能促进翻译，妨碍核糖体与mRNA结合的因素能抑制翻译。

（一）翻译起始的调控

在翻译起始阶段，许多蛋白质因子都起着非常重要的作用，其中帽结合蛋白质（cap-binding protein，CBP）对核糖体与mRNA的结合起着关键的作用。真核生物的核糖体不能直接结合mRNA序列，CBP异源二聚体与成熟mRNA的5′端帽结构结合后，核糖体才能结合到mRNA上。然而，核糖体与mRNA结合并不意味着翻译的开始，机体还有另外的机制控制翻译的起始。

1．蛋白质合成速率下降　在真核生物翻译起始复合体的形成过程中（详见第12章），与GDP结合的翻译起始因子2（eukaryotic initiation factor-2，eIF2）从48S复合物上释放出来后处在失活的状态，它需要借助鸟苷酸交换因子（guanine nucleotide exchange factor，GEF）将GDP替换出来，再与新的GTP结合后成为活化的eIF2进入下一个循环。条件的变化会活化某些特殊蛋白质激酶，使得从48S复合物上释放出来的与GDP结合的eIF2被磷酸化。这个被磷酸化的eIF2将会紧密地与GEF结合在一起，不能释放出GDP。这样，eIF2将不会被循环利用，导致了蛋白质合成速度的迅速下降。

2．AUG旁侧序列对翻译起始的影响　翻译的起始位点是mRNA可读框中的第一个AUG，即起始密码子。研究发现，AUG旁侧序列与翻译起始效率有密切关系，一般脊椎动物和植物mRNA在AUG下游+4位是G，对核糖体有效识别AUG非常重要，是翻译起始所必需的，如ANNAUGG。

3．mRNA 5′-非翻译区对翻译起始的影响　mRNA 5′-非翻译区（5′-UTR）与翻译起始的关系非常密切，若5′-UTR富含GC序列，就容易形成环状结构，一旦AUG位于环结构中，核糖体就很难移动到AUG位置，从而抑制翻译起始；如果5′-UTR富含AT序列，不易环化，AUG暴露充分，就有利于翻译起始。

4．mRNA本身结构对翻译起始的影响　mRNA本身的分子结构也参与翻译起始的调控。mRNA分子一旦发现终止密码子提前出现（premature termination codon，PTC），就会启动降解机制，诱导异常转录产物的降解，从而避免截短型蛋白质的产生。这种PTC介导的mRNA降解机制需要外显子拼接复合体（exon junction complex，EJC）的帮助，因为真核生物在

mRNA 剪切和拼接过程中将一组 EJC 分子黏附在 RNA 分子上，如果基因发生突变，EJC 分子群就会出现在剪接后 mRNA 的错误位置上。位于 mRNA 错误位置上的 EJC 能诱导无义介导的 mRNA 降解（nonsense-mediated mRNA decay，NMD）途径，使 mRNA 降解。

（二）翻译后水平的调控

翻译后水平的调控主要是蛋白质本身的各种加工修饰及折叠剪切等。蛋白质的合成是核糖体沿着 mRNA 模板的密码子信息将一个个氨基酸连接起来形成的多肽链，虽然有的多肽链本身就具有生物学活性，但大多数多肽链需要加工处理后才具有生物学活性，比如氨基酸的糖基化、磷酸化、乙酰化等修饰及蛋白质的折叠等。信号肽对于蛋白质的定位非常重要，可以将蛋白质带到特定位置，然后被切掉，释放有活性的蛋白质。

小结

基因表达是指基因转录和翻译的过程。不同基因可能具有不同的表达方式，有些基因属于管家基因，因为这类基因的表达产物对生命的全过程都是必需的，它们通常采用比较恒定持续的组成性表达方式；有些基因的表达在不同条件下是可以受到调控的，表现为受环境因素的诱导或阻遏，这类基因采用的是适应性表达方式。基因表达调控主要是针对适应性表达的基因。

基因表达调控是在多级水平上影响蛋白质与 DNA 或 RNA 相互作用的复杂事件。对转录起始的调控是通过影响 RNA 聚合酶与基因调控序列相互作用实现的，对翻译起始的调控是通过影响核糖体与 mRNA 相互作用实现的。另外，凡能影响转录或翻译产物的加工、修饰及运输的因素均能调节基因的表达。

大多数原核基因的表达调控是通过操纵子机制实现的。乳糖操纵子是原核基因表达调控的典型代表，其调控关键是对 O 和 P 两个开关的控制，别乳糖是开放 O 开关的诱导剂，CAP 可以促进 RNA 聚合酶与 P 的结合，只有 O 和 P 开关同时开放，其下游的结构基因才能转录。原核基因的转录和翻译能同时进行，原核生物的核糖体能直接识别和结合 mRNA 的核糖体结合位点，SD 序列是大多数原核生物 mRNA AUG 上游的核糖体结合位点，其位置对蛋白质的翻译效率有影响。

真核基因转录激活受顺式作用元件和反式作用因子相互作用的调节。真核基因的顺式作用元件包括启动子、增强子等。启动子是决定 RNA 聚合酶转录起始位点的 DNA 序列，而增强子是能增强启动子转录活性的 DNA 序列。真核基因的顺式作用元件必须与反式作用因子相互作用才能发挥基因表达调控的作用。反式作用因子是指能与顺式作用元件直接或间接作用的蛋白质，一般有 DNA 结合结构域和转录激活结构域。所有基因的转录调控都涉及包括 RNA 聚合酶在内的转录起始复合体的形成。真核基因的表达还受染色质构象、表观遗传修饰、mRNA 加工运输及 miRNA 的调节。

思考题

1．解释结构基因和调节基因，叙述真核基因的结构特点。
2．解释基因表达的概念。举例说明基因表达的组织特异性和阶段特异性。
3．解释操纵子的基本结构特点。说明乳糖操纵子的工作原理。
4．解释顺式作用元件和反式作用因子的概念。举例说明二者之间相互作用的基本特点。

5．说明基因表达的多级调控特点。

6．说明 miRNA 在基因表达调控中的作用。

7．叙述表观遗传在基因表达调控中的作用。

（隋琳琳　孔　英）

第14章 基因与组学

第一节　概　述

从简单的病毒、细菌到高等的动植物细胞，决定 RNA 和蛋白质结构的信息以基因为基本单位贮存在 DNA（某些病毒为 RNA）分子中。生物体的生长、发育、衰老、死亡以及多种疾病的发生都与基因的结构和功能密切相关。基因和基因组的结构与功能研究是现代分子生物学的核心内容，可为认识生命及疾病的本质奠定基础。

一、基因的发展概述

1865 年，奥地利遗传学家 G. Mendel 通过豌豆杂交实验发现生物体的遗传性状是由“遗传因子”决定的。1909 年，丹麦生物学家 W. Johannsen 提出使用“gene”一词，用来指任何一种生物中控制遗传性状而其遗传规律又符合孟德尔定律的遗传因子。基因既是遗传的功能单位，能产生特定的表型效应，又是一个独立的结构单元。1944 年，美国生物化学家 O. Avery 通过肺炎双球菌转化实验证明遗传基因的本质是 DNA。1952 年，A. Hershey 和 M. Chase 利用病毒证实了 DNA 是遗传物质的携带者。G. W. Beadlle 和 E. L. Tatum 提出“一个基因一种酶”的假说，认为基因对性状的控制是通过基因控制酶的合成来实现的。1953 年，J. Watson 和 F. Crick 建立著名的 DNA 双螺旋结构模型，证实了基因就是 DNA 分子的一个区段，每个基因由成百上千个脱氧核苷酸组成。从 1961 年开始，M. Nirenberg 和 H. G. Khorana 等人发现基因是以核苷酸三联体为一组编码氨基酸的，至 1967 年破译了全部 64 个密码子，从而将核酸密码与蛋白质合成联系起来。J. Watson 和 F. Crick 等人提出了遗传信息从 DNA 传递至 RNA，再由 RNA 指导蛋白质合成的“中心法则”（central dogma）；1970 年，H. M. Temin 在劳斯肉瘤病毒中发现逆转录酶而进一步发展了“中心法则”。基因的化学本质和分子结构的确定具有划时代的意义，它为基因的复制、表达和调控等方面的研究奠定了基础，开创了分子遗传学的新纪元。20 世纪 90 年代以来，科学家对基因的认识随着遗传学、生物化学和分子生物学领域研究的不断深入而日趋完善，逐渐形成了基因的现代概念。不同领域对相关概念的解释不完全一致，但本质是相同的。

二、组学的发展概述

1920 年，德国科学家 H. Winkles 使用“genes”和“chromosomes”两个词组合“genome”用于描述生物的全部基因和染色体，认为生物体的全部遗传信息贮存于该生物体内 DNA（部分病毒是 RNA）序列中。不同生物体 DNA 贮存的遗传信息量的大小和复杂程度各不相同。

1985 年，美国科学家率先提出人类基因组计划（human genome project，HGP），并于 1989 年成立了国家人类基因组研究中心。1990 年，美国国会正式批准启动人类基因组计划，目的在于测定人类 24 条染色体（单倍体：22 条常染色体及 X 和 Y 性染色体）近 30 亿个碱基的精确序列，发现所有人类基因并确定其在染色体上的位置和核苷酸排列顺序，破译人类全部遗传信息。人类基因组计划与曼哈顿原子弹计划和阿波罗登月计划并称为 20 世纪三大科学工程。

在人类基因组计划执行期间，生命科学的研究开始从单纯的揭示基因组结构信息向基因功能诠释方向转变。与此同时，随着生命科学分析技术的进步尤其是转录、翻译水平实验技术的不断发展与完善，不仅极大地推动了功能基因组学的迅猛发展，更催生了以转录物组学、蛋白质组学和代谢物组学为代表的“组学”研究浪潮。

蛋白质组（proteome）的概念最早由澳大利亚麦考瑞大学学者 M. R. Wilkins 和 K. L. Williams 提出，词汇源于蛋白质（protein）和基因组（genome）两个词的杂合，即“一个细胞或一个组织基因组所表达的全部蛋白质”。随着微阵列技术大规模应用于基因表达水平的研究，转录物组学（transcriptomics）开始作为一门新学科在生物科学前沿领域广泛应用。代谢物组学（metabolomics）是继基因组学和蛋白质组学之后新近发展起来的一门学科，是系统生物学的重要组成部分。代谢物组学的概念来源于代谢物组，代谢物组是指某一生物或细胞在一特定生理时期内所有的低分子量代谢产物，代谢物组学则是对某一生物或细胞在一特定生理时期内所有低分子量代谢产物同时进行定性和定量分析的一门新学科。它是以组群指标分析为基础，以高通量检测和数据处理为手段，以信息建模与系统整合为目标的系统生物学的一个分支。基因组学和蛋白质组学分别从基因和蛋白质层面探寻生命的活动，而实际上细胞内许多生命活动是发生在代谢物层面的，如细胞信号释放、能量传递、细胞间通信等都是受代谢物调控的。基因与蛋白质的表达紧密相连，而代谢物则更多地反映了细胞所处的环境，这又与细胞的营养状态、药物和环境污染物的作用以及其他外界因素的影响密切相关。因此有人认为“基因组学和蛋白质组学告诉你什么可能会发生，而代谢物组学则告诉你什么确实发生了”。

有机体内脂质和糖类参与了大量的生命活动，具有非常重要的生理功能。脂质分子与多糖分子与其他化合物如蛋白质的相互作用，构成了复杂的代谢过程，对生物体疾病的发生、发展具有重要影响。随着技术的进步，人们会越来越多地关注脂质和糖类，脂质组学（lipidomics）和糖组学（glycomics）等概念相继被提出，但由于脂质分子和糖类分子结构与类型的多样性、复杂性，以及相应分析手段的滞后，阻碍了人们对其复杂的代谢网络和功能调控进行规模性、整体性的系统研究。值得注意的是，过去十多年间，科学家逐渐开始理解人体微生物的作用不止是帮助机体消化，它们对于全球的物质循环，乃至整个生态系统的稳定运转都起着举足轻重的作用。微生物组失衡与糖尿病等人类慢性疾病、区域性生态破坏、农业生产力下降以及影响气候变化的大气扰动等相关联。微生物组学（microbiome）的研究已经成为各国科学家及政府关注的焦点。继 2016 年美国提出“国家微生物组学计划”以来，我国也在积极推进“中国微生物组学计划”的发展与实施。

第二节　基因的结构特点与基因组

一、基因与基因的结构

（一）基因

基因（gene）是编码蛋白质或 RNA 分子的 DNA 序列，是细胞或生物个体遗传信息贮存和传递的基本结构单位，并作为基本功能单位决定遗传性状的表达。基因的化学本质是 DNA，极少数生物体如 RNA 病毒的遗传物质是 RNA、朊病毒的遗传物质是蛋白质。现代分子生物学将基因表述为核酸分子中贮存遗传信息的基本单位，是 RNA 和蛋白质等相关遗传信息的基本存在形式，即一个基因是 DNA 分子中具有特定核苷酸排列顺序的一个区段，它贮存了特定 RNA 或多肽链的序列信息及表达这些信息所需的全部核苷酸序列。

（二）基因的结构

1953 年，Watson 和 Crick 提出并建立 DNA 双螺旋结构模型，揭示了生物界遗传性状的奥秘。“基因”为 DNA 双螺旋分子中含有特定遗传信息的一段核苷酸序列。基因的功能通过 DNA 结构中所蕴含的两部分信息完成：一是可以表达为蛋白质或功能 RNA 的可转录序列，又称结构基因（structural gene）；二是为表达这些结构基因（合成 RNA）所需要的启动子、增强子等调控序列（regulatory sequence）（图 14-1）。

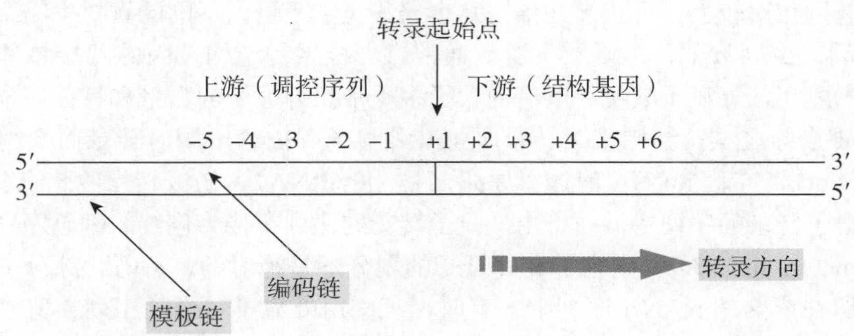

图 14-1　行使基因功能的基本结构

1．原核生物基因结构特点　原核生物基因是由多个功能相关的结构基因串联在一起，受同一调控序列调控而构成的一个多顺反子（polycistron）转录单位，即操纵子（operon）。这些串联排列的功能相关基因被同时转录，产生能编码多个功能相关蛋白质多肽链的 mRNA 序列，称为多顺反子 mRNA，使这些功能相关基因协同表达。

原核生物基因的编码信息是连续的，其结构基因中没有内含子，转录生成的 mRNA 无需被剪接加工而直接作为模板用于指导合成多肽链。

原核生物基因的调控序列中主要包括启动子（promoter）和转录终止信号，某些基因中尚有可被转录调节蛋白质（阻遏蛋白质或激活蛋白质）识别和结合的调控元件。启动子一般位于转录起始点的上游，不被转录，仅提供转录起始信号；启动子具有方向性和序列保守性，不同基因的启动子具有共有序列（consensus sequence），如大肠埃希菌基因的启动子序列的 −10 区即转录起始点上游第 10 碱基对区域和 −35 区：−10 区的共有序列是“TATAAT”，称为 Pribnow box，是 RNA 聚合酶的结合部位；−35 区的共有序列是“TTGACA”，是 RNA 聚合酶的识别区（图 14-2）。实际上，原核生物不同基因的启动子序列存在较大差异，其启动子序列越接近共有序列，则起始转录的作用越强，称为强启动子；反之为弱启动子。除启动子元件外，某些原核生物基因的调控序列中尚存在正性调控元件如正性调控蛋白质结合位点及负性调控元件如操纵基因（operator，O）。正性调控蛋白质可识别并结合正性调控元件而加快转录的启动；阻遏蛋白（repressor）则识别并结合操纵基因，经阻止 RNA 聚合酶结合或移动而抑制转录的起始。

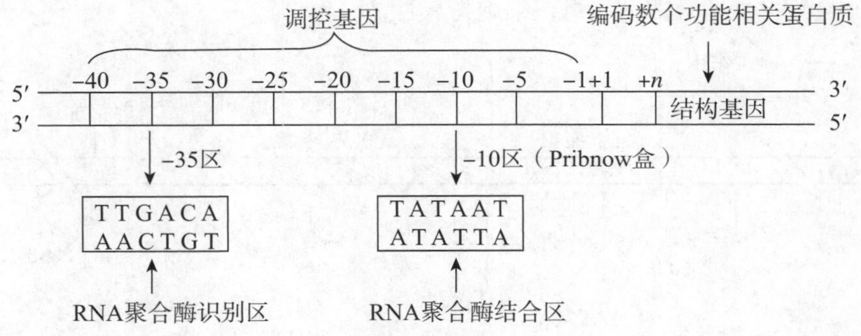

图 14-2　原核生物基因的基本结构

2．真核生物基因结构特点 真核生物基因由一个结构基因和与之相关的转录调控序列组成，为单顺反子（monocistron）转录单位；转录产生仅表达单条多肽链的 mRNA 序列，称为单顺反子 mRNA。真核生物的许多功能性蛋白质复合物由几条多肽链组成，因此需要多个基因协调表达。

真核生物结构基因的编码信息是不连续的，由编码氨基酸的序列即外显子和非编码序列即内含子相间排列组成，因而被称为割裂基因（split gene）。外显子的大小差别相对较小，而内含子的大小差别相对较大，可相差几倍、几十倍甚至上千倍。不同的真核生物结构基因中外显子的数量不同，少则数个，多则数十个。通常，真核生物结构基因的两端总是外显子，内含子插于外显子之间，外显子数量一般比内含子多 1 个。外显子的数量和特征是描述一个基因结构特征的重要指标之一。结构基因转录时将其外显子和内含子同时转录而产生初级转录物（primary transcript），亦称 mRNA 前体（原始名称为 hnRNA），初级转录物借剪接（splicing）机制去除由内含子转录的序列后，而将由外显子转录的序列拼接为连续的编码序列，最终形成成熟 mRNA（mature mRNA）。内含子和外显子的划分不是绝对的，有时，部分由内含子转录的序列会被保留在成熟的 mRNA 序列中；有时，某些由外显子转录的序列在剪接过程中也被去除；所以，选择性剪接可形成不同的 mRNA，翻译出不同的多肽链，从而导致一个基因编码几条多肽链。mRNA 的选择性剪接过程是真核生物基因表达调控的重要环节。虽然由内含子转录的序列在 mRNA 的剪接成熟过程中一般都被去除，但是内含子并不是无用的序列，其中含有许多调控结构基因表达的信息，如某些内含子序列包含增强子、沉默子等。低等真核生物基因的内含子分布差别很大，有的酵母的结构基因较少见内含子，有的则较常见。病毒的结构基因常与宿主基因的结构特征相似，感染细菌的病毒（噬菌体）的基因与细菌基因的结构特征相似，其结构基因是连续的。

真核生物基因的调控序列统称为顺式作用元件（cis-acting element），包括启动子、增强子、负性调节序列等。启动子是位于结构基因上游的一段非编码序列，与转录起始密切相关。启动子序列包含其位于转录起始点上游 25 ～ 30bp 处的核心元件 TATA 盒（TATA box）及其上游的 CAAT 盒和 GC 盒。增强子（enhancer）可位于转录起始点上游或下游，甚至可位于本基因之外或某些内含子序列中，是真核生物基因中非常重要的调控序列；增强子是通过启动子来增强邻近结构基因转录效率的调控序列，其作用与所在的位置和方向基本无关，且无种属特异性，对异源性启动子也能发挥调节作用，但有明显的组织细胞特异性。增强子中含有多个能被反式作用因子识别并结合的顺式作用元件，反式作用因子与这些元件结合后能够增强邻近结构基因的转录效率。增强子主要通过改变邻近 DNA 模板的螺旋结构，使其两侧范围内染色质结构变得疏松，为 RNA 聚合酶和反式作用因子提供一个可与顺式作用元件相互作用的结构而发挥作用（图 14-3）。

负性调节序列如沉默子（silencer）或称为抑制子是真核生物基因内可抑制基因转录的特定序列，当其结合一些反式作用因子时，对基因转录起阻遏作用，使基因表达沉默。其作用不受位置和方向的影响，其活性呈现组织细胞特异性。

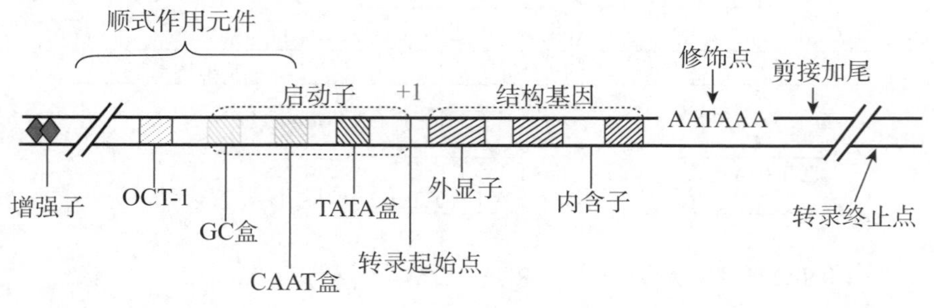

图 14-3 真核生物基因结构模式图

二、基因组

基因组（genome）是指一个物种的单倍体染色体数目及所包含的全部遗传物质。基因组细胞核 DNA（核基因组），也包含细胞器 DNA，如动物细胞的线粒体 DNA 或植物细胞的叶绿体 DNA。基因组中的基因只占其 DNA 序列的一部分，基因间存在间隔序列。病毒（包括噬菌体）、细菌以及真核生物基因组的结构、大小、组织形式及其所贮存的遗传信息量有巨大的差别。生物体的进化程度越高，其基因组越复杂。病毒基因组很小，结构简单，有的病毒基因组由 DNA 组成，有的由 RNA 组成。病毒基因组中蛋白质编码基因占基因组序列的 95%，原核生物基因组中的蛋白质编码区约占基因组 DNA 序列的 50%，人类基因组包含细胞核 DNA（22 条常染色体和 2 条性染色体）和线粒体 DNA 所携带的所有遗传信息，蛋白质编码区不超过基因组 DNA 序列的 2%。部分已测基因组的大小见表 14-1。

表14-1　部分生物体基因组大小

生物体种类	基因组大小（bp）
病毒 SV40	5.2×10^3
噬菌体 Φ-X174	5.4×10^3
噬菌体 λ	5×10^4
大肠埃希菌	4×10^6
酵母	2×10^7
拟南芥	1×10^8
水稻	3.8×10^8
玉米	5.4×10^9
秀丽隐杆线虫	8×10^7
阿米巴变形虫	6.7×10^{11}
黑腹果蝇	2×10^8
小白鼠	3×10^9
人	3×10^9

（一）病毒基因组结构特点

病毒是最简单的非细胞生物，具有特殊结构组成和与功能相适应的基因组。完整的病毒颗粒包括外壳蛋白和内部的基因组 DNA 或 RNA，有些病毒的外壳蛋白外面有一层由宿主细胞构成的被膜（envelope），被膜内含有病毒基因编码的糖蛋白。病毒的基因组很小，但不同的病毒之间基因组差异很大，如乙肝病毒（HBV）DNA 只有 3.2kbp，而痘病毒基因组达 300kbp 以上。病毒基因组除了 DNA 外，还可以由 RNA 组成，每种病毒只含有一种核酸。且病毒基因组 DNA 或 RNA 有单链也有双链，有闭合环状也有线性分子。此外，除逆转录病毒基因组有两个拷贝外，所有病毒基因组都是单倍体。

病毒基因组有连续的也有不连续的，不连续的基因组称为分段基因组，指病毒基因组是由数个不同的核酸分子组成，如常见的流感病毒基因组由 8 个节段组成。病毒基因有连续的和间断的两种，一般来说，感染细菌的病毒基因组基因为连续的，而感染真核生物的病毒基因组基因具有内含子，为间断的（图 14-4）。

病毒基因组的编码序列占基因组大小的 90% 以上，大部分病毒基因用于编码蛋白质。且病毒基因组 DNA 序列中功能相关的基因往往聚集存在于一个或特定几个部位上，形成一个功

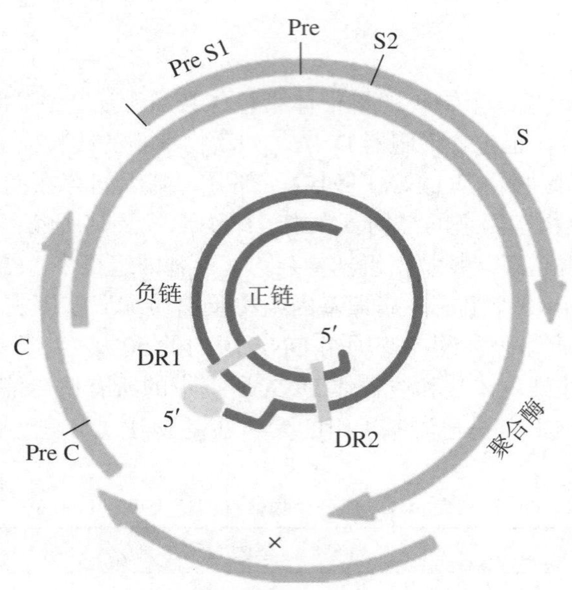

图 14-4 HBV 病毒的基因组结构

能单位或转录单元。值得注意的是，病毒基因组上存在大量重叠基因（overlapping gene）。重叠基因是指同一段 DNA 片段能够以两种或两种以上的阅读方式进行转录，从而编码两种或两种以上的多肽。重叠基因有利于病毒利用有限的基因序列编码较多的蛋白质，以满足病毒繁殖和执行不同功能的需要。

（二）原核生物基因组结构特点

细菌等原核生物基因组通常仅由一条环状双链 DNA 分子组成，小于真核生物基因组，且结构简单；虽与少量蛋白质结合，但主要以裸露的核酸形式存在，并不形成典型的染色体结构，只是习惯上仍称之为染色体。细菌染色体相对聚集而形成一个致密区域，经“类组蛋白”等蛋白质介导而附着于细菌细胞质膜内表面的某一点，染色体 DNA 被压缩成拟核（nucleoid）结构。拟核结构无核膜包裹，占据了细菌细胞内相当大的一部分空间（图 14-5）。细菌基因组只有一个复制起始位点，很少存在重复序列；非编码区很小，主要含调控序列。编码序列在基因组中所占的比例远大于真核生物基因组，但小于病毒基因组，有较完善的表达调控系统；其中的编码序列一般不重叠，除编码 rRNA 的基因是多拷贝外，蛋白质编码序列多为单拷贝基因；基因序列中无内含子，每一个转录产物有一个完整而连续的可读框（open reading frame，ORF），并以操纵子形式转录产生多顺反子 mRNA，然后分别翻译成各结构基因编码的多肽链。数个操纵子可以由一个共同的调节基因（regulatory gene），即调节子（regulon）所调控。此外，原核生物 DNA 分子中还具有多种功能识别区域，如复制起始区、复制终止区、转

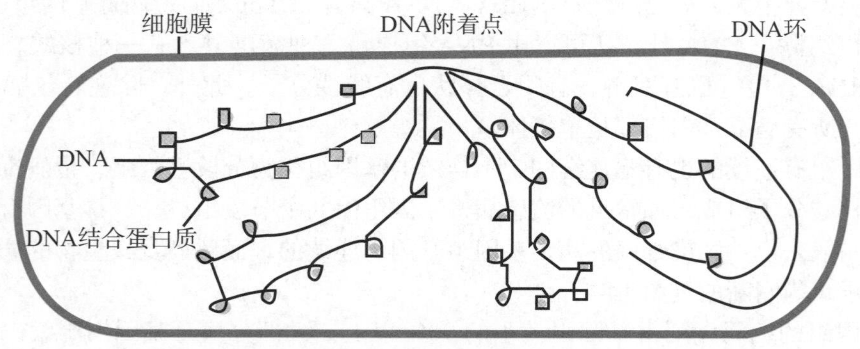

图 14-5 原核生物基因组拟核结构

录起始区及位于操纵子下游末端的转录终止序列等，这些区域往往存在反向重复序列等特殊序列。细菌基因组中还存在可移动的DNA序列，包括插入序列（insertion sequence，IS）和转座子（transposon）。在细菌细胞内还存在另一种遗传物质——质粒（plasmid），它是细菌染色体外的共价闭合环状DNA分子，能独立复制。质粒作为细菌基因组的一部分，增加了细菌基因组的遗传信息量。

（三）真核生物基因组结构特点

真核生物基因组结构庞大，基因信息的组织形式非常复杂，包括核基因组和线粒体或叶绿体基因组。核基因组含有巨大量的遗传信息，其DNA分子与组蛋白和非组蛋白结合，以高度折叠、紧密卷曲的方式存在于细胞核内。动物细胞的线粒体基因组是指线粒体中的遗传物质，基因组较小，是裸露的双链DNA分子，主要呈环状，但也有线性分子。

1．细胞核基因组结构特点

（1）核基因组：真核生物细胞有细胞核，核基因组DNA一般长达10^9bp以上，其线状DNA与组蛋白、非组蛋白结合组装成染色质（chromatin）或染色体（chromosome），外有核膜包裹。通常所说的真核生物基因组实际上主要指细胞核基因组。

细胞核DNA与蛋白质结合。核基因组DNA以其负电荷与带正电荷的碱性蛋白质——组蛋白（H1、H2A、H2B、H3和H4）结合并被有序压缩。组蛋白H2A、H2B、H3和H4各2分子形成八聚体，DNA分子环绕该八聚体核心而形成核小体（nucleosome），此为有序压缩的第一步，压缩效率为6～7倍；其次，核小体折叠呈锯齿状而形成直径为30 nm的纤维，将DNA压缩40倍；30nm纤维进一步盘绕形成辐射状环，继续将DNA压缩10^3～10^4倍。H1组蛋白则与DNA结合而稳定核小体并帮助形成更加紧密复杂的结构（图14-6）。

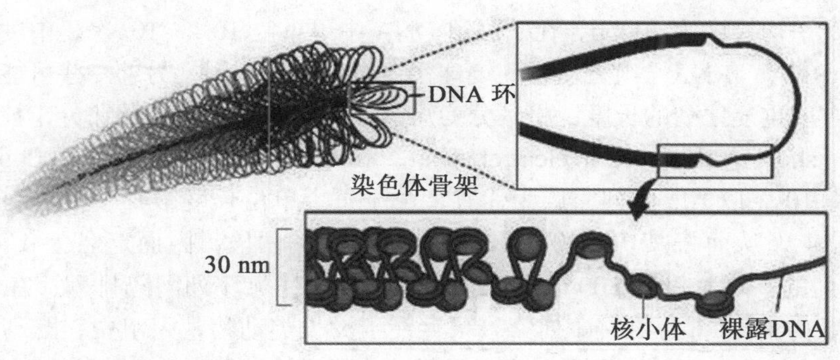

图14-6　真核生物细胞核基因组DNA有序压缩形成染色质

组蛋白的甲酰化、乙酰化、磷酸化、ADP-核糖化及泛素化等共价修饰影响染色质（细胞间期核中解螺旋染色体的形态表现）结构和基因的功能。在全部5种组蛋白中，只有H2A接受泛素化修饰，H3与H4被乙酰化修饰可激活或抑制基因转录。

染色质DNA结构中存在活化与非活化区域。染色质活化区域内的一些短核苷酸序列（100～300bp）构象的改变导致其对DNA酶Ⅰ（DNase Ⅰ）高度敏感。高度敏感区域通常位于活化基因的上游，是非组蛋白转录调节因子的结合区域。

（2）真核生物核基因组中存在重复序列：真核生物核基因组结构庞大，存在大量重复序列。其中，除编码组蛋白、免疫球蛋白的结构基因及rRNA、tRNA基因外，大部分都是非编码序列。其功能主要与基因组的结构、组织以及基因表达的调控有关。现已发现一些重复序列的特征与遗传病和肿瘤的发生有密切联系。

高度重复序列：高度重复序列（highly repetitive sequence）通常由2～300bp的短碱基序列组成，重复频率可达10^6。高度重复序列在基因组DNA中所占的比例呈种属差异，一般占

DNA 碱基对的 10% ~ 30%。高度重复序列包括两种类型：①反向重复序列（inverted repeat sequence），即两个序列相同的互补拷贝在同一 DNA 链上呈反向排列。有的重复序列之间存在一段间隔序列；有的重复序列反向串联在一起，中间没有间隔序列。反向重复序列通常不具有转录活性，是染色体的结构成分，散在分布于整个基因组中，常见于基因组调控区内，可能参与调控 DNA 的复制、转录；转座子中大都含有反向重复序列。②卫星 DNA（satellite DNA），即 DNA 分子中一类散在分布的重复序列呈串联排列。所有卫星 DNA 均由一短序列（2 ~ 70bp）串联排列几次、几十次而成。重复次数具有高度的个体特异性，故也被称为可变数目串联重复序列（variable number of tandem repeat，VNTR）。由 2 ~ 6 个核苷酸组成的串联重复序列称为微卫星 DNA（microsatellite DNA）或短串联重复序列（short tandem repeat，STR），可重复高达 50 次。微卫星 DNA 常在双链 DNA 的一条链中由 AC 构成，另一条 DNA 链对应为 TG 重复序列。除 AC 重复序列外，其他类型为 CG、AT 或 CA 重复序列。卫星 DNA 的多态性由其重复次数和重复单位的不同所决定。在任何基因座上，同一种微卫星 DNA 在两条染色体的重复数目完全不同，因此决定了特定微卫星拷贝数的杂合性（heterozygosity）。微卫星拷贝数的杂合性是一种遗传特征，通过聚合酶链反应（polymerase chain reaction，PCR）扩增 AC 重复序列已经成为建立基因连锁图谱的基本方法，通过测定微卫星标记的位置可确定染色体上致病基因的相对位置。由 6 ~ 12 个核苷酸组成的串联重复序列称为小卫星 DNA（minisatellite DNA）。存在于染色体末端的端粒 DNA 是一个小卫星 DNA 家族，主要由串联的核苷酸序列（TTAGGG）重复若干次而成，其总长度可达 10 ~ 15kbp。端粒在 DNA 复制、染色体末端保护以及控制细胞寿命等方面起重要作用，端粒的功能与重复序列长度直接相关。

中度重复序列：中度重复序列（moderately repetitive sequence）指单倍体基因组内少于 10^6 拷贝的重复序列，不成簇分布。不同的中度重复序列的长度和拷贝数差别较大，由几百至几千个碱基对组成，平均长度为 300bp。在基因组 DNA 中可重复 10^2 ~ 10^5 次。中度重复序列中有一部分是编码 rRNA、tRNA、组蛋白及免疫球蛋白等的结构基因，另外一些可能与基因表达调控有关。根据中度重复序列的长度，将其分为短散在分布核元件与长散在分布核元件：①短散在分布核元件（short interspersed nuclear element，SINE），其长度为 70 ~ 300bp，在基因组内拷贝数达 10^4 ~ 10^5。以 Alu 序列家族为代表，由于每个单位长度中有一个限制性内切核酸酶 *Alu* Ⅰ的酶切位点，从而将其切成长约 130bp 和 170bp 的两段，因而定名为 *Alu* 序列（或 *Alu* 家族）。*Alu* 序列的平均长度为 300bp（< 500bp），与单拷贝序列间隔排列，在每个单倍体基因组中的拷贝数为 10^5 左右。*Alu* 序列家族只存在于灵长类动物基因组中，既高度保守，又具有种属特异性。*Alu* 序列是人类基因组中含量最丰富的一种中度重复序列，人类 *Alu* 序列探针只能用于检测人类基因组序列。平均每 4 ~ 5kbp DNA 就有一个 *Alu* 序列。在已建立的人基因组文库中，90% 以上的克隆能与人 *Alu* 序列探针杂交。②长散在分布核元件（long interspersed nuclear element，LINE），哺乳动物基因组含 2 万 ~ 5 万拷贝的长度为 5 ~ 7kbp 的长散在分布核元件。以 *Kpn* Ⅰ序列家族为代表，用限制性内切核酸酶 *Kpn* Ⅰ消化人类基因组 DNA，可检测到 4 个不同长度的 DNA 片段，其长度分别为 1.2、1.5、1.8、1.9kbp，因而定名为 *Kpn* Ⅰ序列（或 *Kpn* Ⅰ家族）。*Kpn* Ⅰ序列比 *Alu* 序列更长，且不均一。*Kpn* Ⅰ重复序列之间的间隔距离大于 10kbp。中度重复序列比高度重复序列具有更高的种属特异性，用作探针可区分不同种属哺乳动物细胞的 DNA。中度重复序列可能参与初级转录体 mRNA 的加工和成熟而调控基因转录，其所具有的转座功能改变基因组的稳定性，如 *Alu* 序列插入导致的基因突变是多发性神经纤维瘤的直接原因。

单拷贝序列：单拷贝序列（unique sequence）又称非重复序列，基因组 DNA 序列中只有单一的拷贝或少数几个拷贝。一般由 800 ~ 10000bp 组成，多为结构基因，其两侧为间隔序列和散在分布的重复序列。

（3）真核生物核基因组中存在多基因家族和假基因：真核生物核基因组的最主要特点之一是常存在多基因家族和假基因。

多基因家族：多基因家族（multigene family）是由某一祖先基因经过重组和变异所产生的一组基因；它们的核苷酸序列高度同源、功能相似，可成簇地分布在同一染色体上，亦可成簇地分散在不同的染色体上，不同的家族成员编码一组功能密切相关的蛋白质。但多基因家族中不同基因的结构和功能均存在差异，这是真核生物基因表达及各种生理功能的精细调控的基础。人类珠蛋白基因簇包括 α- 珠蛋白基因簇和 β- 珠蛋白基因簇，其中均含有珠蛋白假基因（ψ），它们在两条染色体上成簇排列。α- 珠蛋白基因簇位于 16 号染色体短臂，其基因以 5′-ζ2-ψζ1-ψα2-ψα1-α2-α1-ψρ-θ1-3′ 顺序排列；β- 珠蛋白基因簇位于 11 号染色体短臂，其基因以 5′-ψβ-ε-Gγ-Aγ-ψβ1-δ-β-3′ 顺序排列。在个体发育的不同阶段表达不同的珠蛋白，组合成不同的血红蛋白以适应个体的功能需要（图 14-7）。

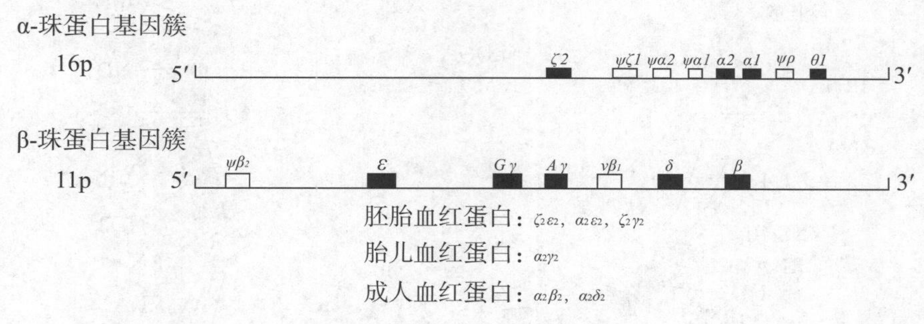

图 14-7　人类珠蛋白多基因家族

假基因：多基因家族中的某些成员原来可能是有功能的基因，在长期的进化过程中，由于被随机修饰，如缺失、易位或点突变等而改变了结构，成为无功能基因，它们不表达有活性的基因产物，这些基因称为假基因（pseudogene），用 ψ 表示。大多数真核生物基因组中都存在假基因，如珠蛋白多基因家族中存在 $\psi\zeta$、$\psi\alpha2$、$\psi\alpha1$、$\psi\rho$、$\psi\beta2$、$\psi\beta1$ 等假基因。

2．染色体重组　在同源染色体之间可发生等量信息交换，如果同源染色体具有不同等位基因，由此产生遗传基因连锁的差别（图 14-8）。同源染色体排列发生误差，可导致不等基因信息交换。除不等交换与转座机制影响基因的结构外，在同源与非同源染色体之间的相似序列可偶然进行配对，此种配对的发生意外地导致了变异体（variant）遍及一类重复序列家族，致使基因转变，使 DNA 家族重复序列得到匀化，此种情况称为基因转变（gene conversion）。处于 S 期的细胞含四倍体 DNA，每条姐妹染色单体经过半保留复制，包含相同的基因信息。基因交换可以在这些姐妹染色单体之间发生。

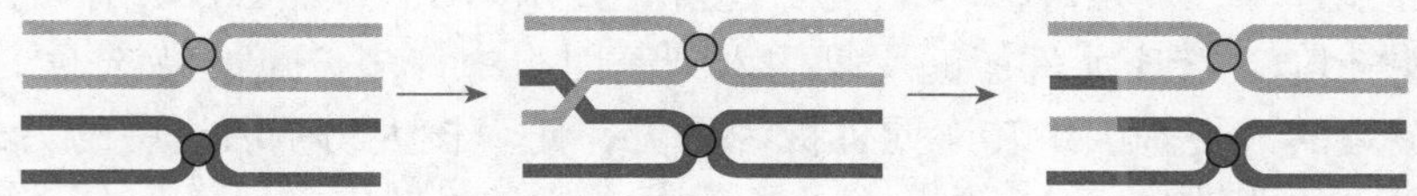

图 14-8　同源染色体的等量信息交换

3．线粒体 DNA　线粒体是动物细胞内的一种重要细胞器，是生物氧化的场所，一个细胞可拥有数百至上千个线粒体。线粒体 DNA（mitochondrial DNA，mtDNA）可以独立编码线粒体中的一些蛋白质，因此 mtDNA 是核外遗传物质。mtDNA 的结构与原核生物的 DNA 类似，是双链环状分子；线粒体基因的结构特点也与原核生物相似，无内含子，仅含少量的非转录序列。人类 mtDNA 全长 16569bp，包括一个被称为置换袢（displacement loop，D 环）的非编码区域，D 环区域主要包含转录调控元件。整个基因组含 37 个基因，其中 13 个基因编码呼吸链蛋白质的部分亚基，另有22个编码mt-tRNA的基因，2个编码mt-rRNA（16S和12S）的基因（图14-9）。线粒体编码基因所携带的遗传密码与标准遗传密码略有差别，如密码子AUA为起始密码子并编码甲硫氨酸，UGA编码色氨酸（Trp），AGA与AGG均为终止密码子。大约900种参与线粒体功能的不同蛋白质由核基因组编码，转录后经细胞质核糖体合成蛋白质，输入线粒体并组装成功能性蛋白质。

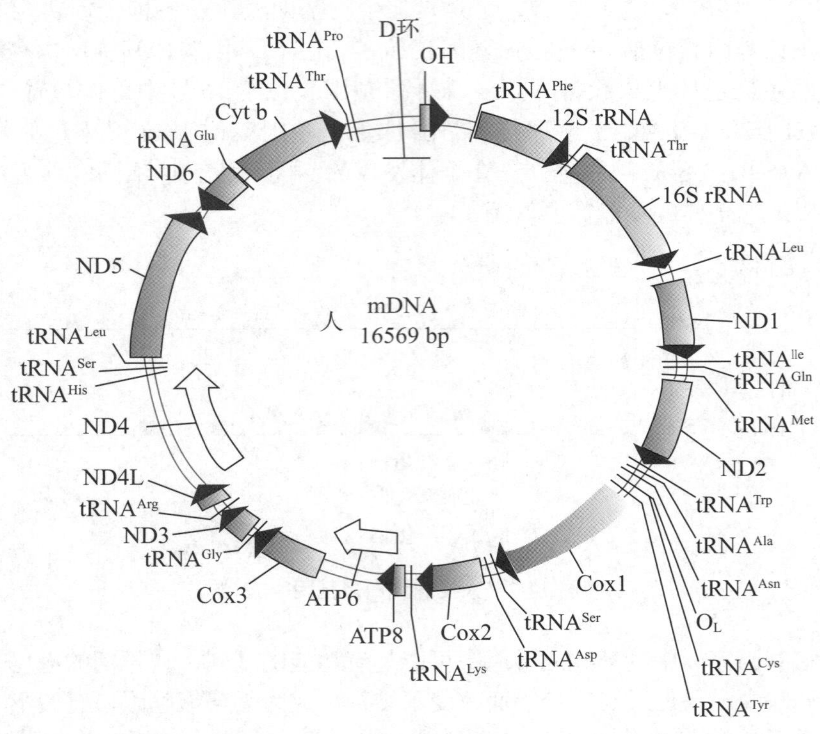

图14-9 人类线粒体基因组结构

人类卵细胞提供了其受精卵的全部线粒体基因组DNA，故线粒体基因突变所致疾病通常由母亲传给下一代全体成员，其遗传性状仅由女性传递。

（四）转座元件

转座元件（transposable element）又称为转座子或可移动的基因元件（mobile gene element），是指能够在一个DNA分子内部或两个DNA分子之间移动的DNA片段。转座元件的两端具有反向（或同向）重复序列，这个重复序列可能是转位酶的识别位点，转座元件的中间部分有编码转位酶的结构基因。在真核生物基因组中，编码序列在染色体中的位置比较固定，但有一些重复序列往往是可移动的。真核生物基因组中可移动元件的结构与原核生物基因组中的转座元件相似。转座元件能够反复插入到基因组中许多位点的特殊DNA序列中，通过DNA介导转座的人类基因组转座元件极为少见；而真核生物基因组中的另外一些转座元件与细菌DNA中的可转移成分不同，绝大多数通过逆转录转座（retrotransposition），即它们的RNA转录产物在细胞内转变成互补DNA（cDNA），然后在不同的染色体位置整合而进入基因组。

三、人类基因组计划

美国于1990年正式启动人类基因组计划，耗资30亿美元，在15年内完成。1997年，美国国立卫生研究院将国家人类基因组研究中心变更为国家人类基因组研究中心，成立了由美国、英国、日本、法国、德国和中国科学家组成的国际人类基因组测序协会。截至2005年，人类基因组计划的测序工作已经完成。人类基因组计划建立了完整的人类基因图谱，对研究复杂疾病基因的性状有重要的价值，必将推动后基因组学的发展；为认识生命的起源、生物进化、个体生长发育规律、种属之间及个体之间差异的原因、疾病产生的机制和诊治等奠定了坚实的科学基础，同时亦将对现代生物学技术、制药工业、社会经济等领域产生重要影响。

（一）人类基因组计划的研究内容

分布于 22 条常染色体和 2 条性染色体上的人类基因组 DNA 不能被直接测序，故必须首先将基因组进行分解，使之成为较易操作的小的结构区域，这个过程简称为作图（mapping）。根据使用的标志和研究手段的不同，人类基因组计划实际上要完成四张图谱即遗传图、物理图、转录图和序列图（图 14-10），最终确定人类基因组 DNA 序列所含 30 亿个核苷酸的排列顺序。

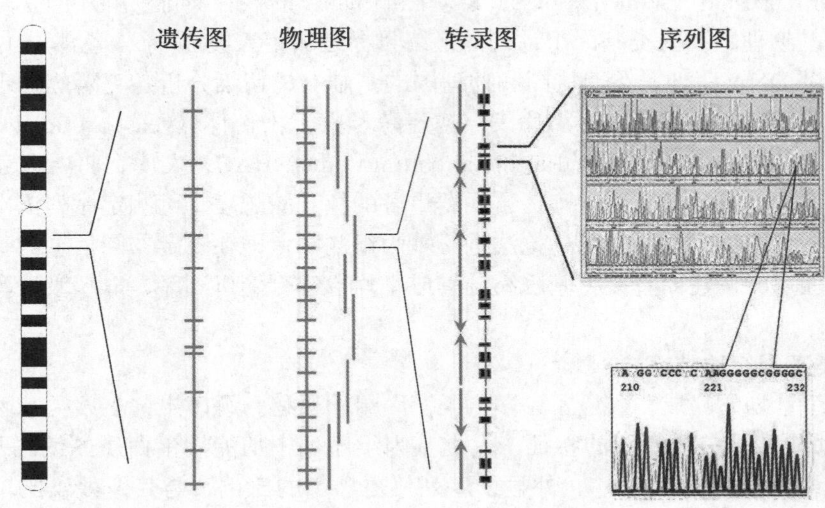

图 14-10　人类基因组计划完成的四张图谱

1．遗传图　遗传图（genetic map）又称连锁图（linkage map）。两个或更多的基因出现在同一染色体上共同遗传称“连锁”。连锁图是指基因根据重组频率在染色体上的线性排列或分布，即指以具有遗传多态性（在一个遗传位点上具有一个以上的等位基因，在群体中的出现频率皆高于 1%）标记为“路标”、以遗传学距离厘摩（centimorgan，cM）为“图距”的基因组图。人类基因组计划中所指的遗传作图（genetic mapping）是指确定连锁的遗传标志在一条染色体上的线性排列顺序。标志位点间的图距以 cM 为单位，即在减数分裂事件中两个位点之间进行交换、重组的百分率，1% 的重组率称为 1cM。在人类基因组的描述中，1cM 大约相当于 10^6bp。由于限制性片段长度多态性（restriction fragment length polymorphism，RFLP）、重复序列如微卫星 DNA 及单核苷酸多态性等遗传标志的应用，遗传制图已于 1994 年完成，确定了标志密度为 0.7cM 的线性遗传图。

2．物理图　物理图（physical map）是指标示各遗传标志之间物理距离的图谱。人类基因组计划中的物理图是指染色体上限制性内切核酸酶识别位点或序列标签位点（sequence tagged site，STS）等的位置图，即以 STS 为路标，以 DNA 实际长度即 bp、kbp、Mbp 为图距的基因组图谱。1cm 的遗传学距离大约相当于 1Mbp 的 DNA 物理距离。因限制性内切核酸酶在 DNA 链上的酶切位点是以特异的识别序列为基础的，核苷酸序列不同的 DNA，经酶切后就会产生不同长度的 DNA 片段，由此构成独特的酶切图谱。STS 是指染色体定位明确、可经 PCR 扩增的单拷贝序列。DNA 物理图是 DNA 分子的结构特征之一，旨在每间隔 100kbp 的距离确定一个 STS，构建能覆盖每条染色体的大片段 DNA 的克隆重叠群（contig），这些相连重叠群中的每个克隆片段都含有一个 STS，以此确定两个相邻 STS 间的物理联系。已经完成的人类基因组物理图涵盖了 40000 个以上的 STS，平均图距达 100kbp。

3．转录图 转录图（transcription map）又称 cDNA 图或表达序列图，是以表达序列标签（expression sequence tag，EST）为标志绘制的图谱。因为蛋白质决定了生物体的遗传性状和生命活动，而已知的所有蛋白质都是由 mRNA 序列中的遗传密码编码的。分离 mRNA 或将 mRNA 逆转录成 cDNA，就可获得大量的 EST。将这些 EST 片段进行染色体定位，最终绘制成一张可表达的基因图，即转录图。转录图包括了几乎所有基因表达的 mRNA 序列，可以依次了解不同基因在不同时间、不同组织的表达水平（基因的时空特异性表达）及生理、病理状态下基因表达的差异。来自不同组织或器官的 EST 可为基因的功能研究提供有价值的信息，并为基因的鉴定提供候选基因。

4．序列图 序列图（sequence map）即基因组 DNA 的核苷酸排列顺序图，是基因组在分子水平最详尽的物理图。人类基因组计划的最终目标是测定人类 24 条染色体上由 3×10^9 个核苷酸组成的全部 DNA 序列。在遗传图和物理图的基础上，精细分析各克隆的物理图谱（逐个克隆法），将其切割成易于操作的小片段，构建酵母人工染色体（yeast artificial chromosome，YAC）或细菌人工染色体（bacterial artificial chromosome，BAC）文库，将所有克隆逐个进行亚克隆测序而获取各片段的碱基序列，再根据重叠的核苷酸顺序将已测定序列依次排列，获得人类基因组的序列图谱；也可采用鸟枪法进行基因组测序，即在一定作图信息的基础上，绕过大片段连续克隆系的构建而直接将基因组分解成小片段进行随机测序，以超级计算机组装基因组核苷酸序列。

（二）人类基因组的特征

人类基因组计划的完成，破译了许多人类基因组的奥秘，解读出许多人类基因组的特征。

1．编码功能性蛋白质基因的特征 人类基因组序列中功能性蛋白质的编码基因为 1.9 万个，仅占基因组序列的 1% ～ 2%，外显子序列仅占极少的比例。与其他种属比较：①各种属间蛋白质编码基因的外显子大小相对比较恒定，但人类功能性蛋白质编码基因的数量更多，结构更复杂，承担着更为复杂的生物学功能；②人类蛋白质编码基因的内含子碱基数变化较大，内含子在人类基因序列中所占比例约为 24%。随着研究的深入，功能性蛋白质编码基因的数量可能增加。

2．转座子与单核苷酸多态性位点数量 人类基因组序列中大约有 100 个编码基因是经逆转录转座机制进入 DNA 结构的，目前此类基因的功能仍未明确。在非脊椎动物细胞内很少发现转座基因。人类基因组含有数量众多的单核苷酸多态性位点，为基因组作图提供了具有重要价值的信息。

3．其他 人类基因组序列的 50% 为重复序列，此为人类基因组计划的完成发挥了重要作用；重复序列可经转座子、假基因及片段复制等方式生成。人类基因组序列中基因家族种类特别丰富。人类基因组中至少有近 1/3 的基因具有选择性剪接结构，其剪接修饰频率明显高于低等生物基因的剪接修饰频率。人类不同染色体之间的基因数量、CpG 岛数量以及重组率均存在明显差别。例如，含最丰富基因染色体的基因数量是含稀少基因染色体的基因数量的 4 倍以上，产生此种差异的原因及意义仍不明确。

（三）人类基因组计划的意义

人类基因组计划实现了对人类基因组的破译和解读，对于认识各种基因的结构和功能、了解基因表达及调控方式、理解生物进化的基础、阐明所有生命活动的分子机制及促进相关学科的发展具有重要意义。

1．推动了生物技术进步 HGP 所获得的庞大的 DNA 序列信息，将对生物技术的研究提供指导性依据。HGP 的大规模运作也将推动生物技术的基础研究与应用研究并肩走向操作的规模化和自动化，这无疑会使生物技术在未来经济发展中占据越来越重要的位置。

2．促进了医学研究发展　随着人类基因组计划的完成，许多基因被确定为疾病相关候选基因，现已成功分离到亨廷顿病、杜氏肌营养不良、哮喘、乳腺癌等 70 多种遗传病或遗传相关疾病的致病基因。目前，多基因遗传病已成为疾病基因组学研究的重点；遗传性疾病的基因定位，尤其是对多基因复杂性状的基因位点将可以进行全基因组的定位扫描，使得确定致病基因的工作更为容易。例如肿瘤、高血压、糖尿病等都在吸引着众多的医学家和药物学家从分子水平突破对这些疾病的传统认识，从而改变诊治方式。HGP 使人类在了解致病机制和发现新药物方面迈出了至关重要的一步，为基因诊断及基因药物的开发提供了重要的理论基础和设计原则。

3．推动了模式生物基因组研究　人类基因组计划的实施带动了小鼠、秀丽隐杆线虫、果蝇、酵母、水稻、拟南芥等模式生物以及大肠埃希菌等 50 多种微生物全基因组破译和一些其他生物 DNA 图谱的绘制，模式生物的基因组研究又推动 HGP 向纵深发展，可为人类致病基因的研究提供有价值的参考。

4．促进了学科交叉与重组　HGP 的研究过程中诞生了许多新学科和新领域，其中包括以跨物种、跨群体的 DNA 序列比较为基础，利用模式生物与人类基因组之间编码序列的组成及结构上的同源性，研究物种起源、进化、基因功能演化、差异表达和定位、克隆人类致病基因的比较基因组学，以及蛋白质组学、医学基因组学、药物基因组学和生物信息学等。

5．创建了生物信息学　随着 HGP 实施过程中基因组信息的爆炸性增长和计算机科学及其技术的迅速发展，采用计算机进行基因组信息资料的获取、积累、组织、比较、解释及应用，从而创建和完善了生物信息学（bioinformatics），即用数学和信息学方法对生物信息进行贮存、检索和分析。由数据库、计算机网络和应用软件组成的生物信息应用体系是分析数量巨大的基因组信息的基础。美国、欧洲和日本建立了多生物基因组序列的大型数据库，这三大信息中心经网络连接不同国家、地区的基因组实验室，研究人员可使用多种不同分析系统对基因鉴定、蛋白质模体、调控元件、重复序列、核苷酸组成等进行全面系统分析。序列相似性比较是鉴别未知序列的强有力工具。BLAST（basic local alignment search tool）作为生物信息学领域的重要成员，具有 DNA、RNA、蛋白质序列分析以及序列相似性比对的功能，在基因组学及相关领域研究中发挥着引擎作用。生物信息学的发展将推动生命科学的巨大变革，加速揭示生命现象的本质，促进多学科快速发展。

6．引发了不容忽视的社会问题　HGP 的完成，从本质上触及生命的奥秘。基因专利已在世界范围内被广泛承认，从而拉开了一场国家研究机构与私营公司、发达国家之间及发达国家与发展中国家之间的“基因争夺战”的序幕。随着 HGP 的深入，如果某一个体的基因缺陷被泄密，该个体将可能因此而在升学、就业、保险等方面受到歧视。随着“生命天书”的解读，不同人种之间的基因差异可能成为“种族优越论”的依据而导致种族歧视，并可能被据此研制具有种族针对性的细菌或病毒等基因武器。

第三节　组学与医学

单纯某一方面研究无法诠释全部生物医学问题，人们越来越认识到从整体的角度出发去研究人类组织细胞结构、基因、蛋白及其分子间相互的作用，通过整体分析反映人体组织器官功能和代谢的状态，去探索人类疾病的发病机制是至关重要的。各种组学依托大数据的平台，有利于医学家从分子水平上发现疾病的发病机制，探索精准的和崭新的治疗模式。毫无疑问，各种组学及组学相关技术的不断进步，极大地促进了医学科学的蓬勃发展。

一、基因组学与医学

基因组学（genomics）是阐明整个基因组的结构、结构与功能的关系以及基因与基因之间的相互作用的科学。基因组学系统探讨基因的活动规律，从整体水平上研究一种组织或细胞在同一时间或同一条件下所表达基因的种类、数量、功能及在基因组中的定位，或同一细胞在不同状态下基因表达的差异。基因组学的主要研究内容主要包括结构基因组学（structural genomics）、功能基因组学（functional genomics）和比较基因组学（comparative genomics）。结构基因组学是以全基因组测序为目标，确定基因组的组织结构、基因组成及基因定位的基因组学的一个分支。它代表基因组分析的早期阶段，以建立具有高分辨率的生物体基因组的遗传图谱、物理图谱及转录图谱为主要内容，以及研究蛋白质组成和结构的学科。功能基因组学往往被称为后基因组学（postgenomics），它利用结构基因组所提供的信息和产物，发展和应用新的实验手段，通过在基因组或系统水平上全面分析基因的功能，使得生物学研究从对单一基因或蛋白质的研究转向对多个基因或蛋白质同时进行系统的研究。比较基因组学是基于基因组图谱和测序基础上，对已知的基因和基因组结构进行比较，来了解基因的功能、表达机制和物种进化的学科。利用模式生物基因组与人类基因组之间编码顺序上和结构上的同源性，克隆人类疾病基因，揭示基因功能和疾病分子机制，阐明物种进化关系，以及基因组的内在结构。

基因组学，特别是人类基因组计划的实施，使医学家对疾病有了新的认识。从疾病和健康的角度考虑，人类疾病大多直接或间接地与基因相关。基因组学目前已被广泛用于阐明疾病发病机制。将基因组学研究结果与基因定位克隆技术相结合，可将疾病的相关位点定位于某一染色体区域，然后根据该区域的基因、EST或模式生物所对应的同源区的已知基因等有关信息，直接进行基因突变筛查，从而有效地把疾病的表型与基因关联起来。该技术是发现和鉴定疾病基因的重要手段之一，而且它也不仅仅局限于遗传病研究，现在已更多地运用于肿瘤易感基因的克隆。单核苷酸多态性（single nucleotide polymorphism，SNP），是指在基因组上单个核苷酸的变异，包括转换、颠换、缺失和插入，而形成的遗传标记，其数量很多，多态性丰富。SNP位点的发生是疾病易感性的重要遗传学基础。疾病基因组学的研究将在全基因组SNP制图基础上，通过比较患者和对照人群之间SNP的差异，鉴定与疾病相关的SNP，从而彻底阐明各种疾病易感人群的遗传学背景。

此外，一系列基因组学相关技术，如DNA序列测定、转座子诱变技术、全基因组关联分析（genome-wide association study，GWAS）、连锁分析、生物芯片等，也已广泛应用于疾病的诊断治疗及致病机制研究中。镰状细胞贫血、β-珠蛋白生成障碍性贫血（β-地中海贫血）、脆性X综合征等基因突变疾病，猫叫综合征、神经性耳聋等染色体遗传病均通过基因组学技术手段明确了致病相关基因，为疾病的诊断和治疗提供了新的理论依据。

二、转录物组学与医学

转录物组（tanscriptome）指生命单元在某一生理条件下，细胞内所有转录产物的集合，包括信使RNA、核糖体RNA、转运RNA及非编码RNA。有些情况下也用来指所有的RNA，或者只是信使RNA。转录物组学（transcriptomics）是在整体水平上研究细胞编码基因转录情况及转录调控规律的学科领域。转录物组学主要阐明生物体或细胞在特定生理或病理状态下表达的所有种类的mRNA及其功能。目前，转录物组学的研究涉及基因转录区域、转录因子结合位点、染色质修饰位点以及DNA甲基化位点等。利用转录物组学的理论及技术研究疾病的转录物组信息，系统全面地阐明其基因表达调控规律，构建其基因调控网络，已经成为医学研究领域的热点。转录物组学不仅可应用于疾病的诊断，还可研究癌症的发生机制及寻找相应的肿瘤标志物。如自闭症是由一组不稳定的基因造成的一种多基因病变，通过比对正常人群和患者的转录物组的不同，筛选出与疾病相关的具有诊断意义的特异性表达差异。

单细胞转录物组分析以单个细胞为特定研究对象，提取单个细胞的 mRNA 进行逆转录生成 cDNA，预扩增放大后进行高通量测序分析，能揭示该细胞内整体水平的基因表达状态和基因结构信息，准确反映细胞间的异质性，深入了解其基因型和表型之间的相互关系。此外，单细胞转录物组还有助于研究基因表达调控网络，监控人类疾病进程，持续追踪肿瘤生理学和病理学的动态基因。单细胞转录物组学研究在发育生物学、基础医学、临床诊断和药物开发等领域都发挥重要作用。

三、蛋白质组学与医学

蛋白质组学（proteomics）是以细胞、组织或机体在特定时间和空间上表达的所有蛋白质即蛋白质组为研究对象，分析细胞内动态变化的蛋白质组成、表达水平与修饰状态，了解蛋白质之间的相互作用与联系，并在整体水平上研究蛋白质调控的活动规律的学科领域，故又称为全景式蛋白质表达谱（global protein expression profile）分析。蛋白质组学主要研究细胞内所有蛋白质的组成及其活动规律，包括表达蛋白质组学和功能蛋白质组学。表达蛋白质组学主要是研究比较不同来源的组织样品，如正常组织、肿瘤组织或肿瘤不同阶段的病理组织，通过电泳及质谱等技术发现不同样品蛋白表达量的差异。功能蛋白质组学主要是研究蛋白质 - 蛋白质或蛋白质 -DNA/RNA 之间的相互作用、蛋白质的转录后修饰等，功能蛋白质组学有助于了解在整体系统中蛋白质的相互作用网络及其在复杂的细胞信号通路中的作用（图 14-11）。

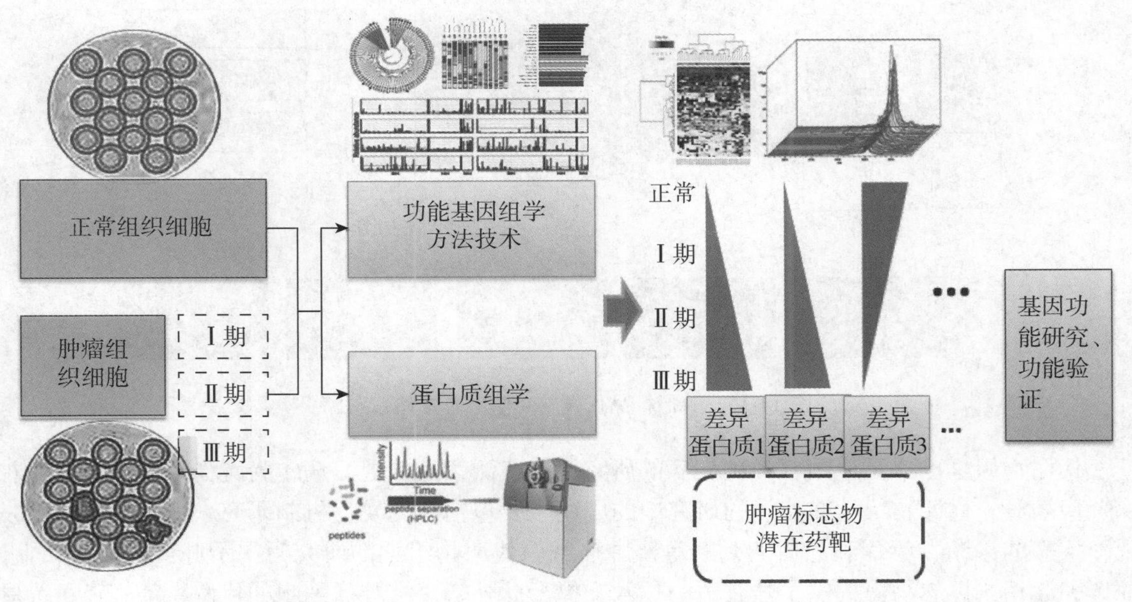

图 14-11　蛋白质组学在肿瘤细胞发病机制研究中的应用

蛋白质组学的研究能够全面、动态、定量地观察疾病，尤其是肿瘤在发生、发展过程中蛋白质种类和数量的变化，有助于寻找疾病相关的特异性标志物，探索疾病的发病机制与治疗途径，发现潜在的药物治疗特异靶点。近年对肝细胞肝癌的蛋白质组学及分子生物学研究发现，尿激酶型纤溶酶原激活是肝癌预后的一个不利因素，且该激活途径可作为肝癌治疗的潜在治疗靶点。此外，对人肝癌 HepG2 细胞的最新研究发现氧化还原酶在肿瘤细胞中较正常细胞下调约 58%，氧化还原酶可能是肝癌的新的预后标志。食管鳞状上皮细胞癌蛋白质组研究发现，食管鳞状上皮癌中 α- 辅肌动蛋白 4（ACTN4）和层粘连蛋白受体（67LR）的表达水平从肿瘤

Ⅰ期到Ⅲ期逐渐升高，且ACTN4的过表达与肿瘤的侵袭、转移有关，但67LR的过表达则与肿瘤组织的恶性程度有关。因此，这两种蛋白可以成为食管鳞状上皮细胞癌诊断和治疗的潜在靶点。此外，蛋白质组学在药物研发、中药现代化、高原医学以及遗传病发病机制研究等方面均发挥着重要的作用。蛋白质组学作为后基因组时代研究的一个重要内容，目前已广泛深入到生命科学、医学、药学等各个领域。蛋白质组学技术的不断发展为疾病尤其是肿瘤疾病的研究提供了新的研究思路，为阐明疾病的发病机制、发现疾病相关标志物及治疗靶标提供了强有力的技术支持。

四、代谢物组学与医学

代谢物组学（metabolomics）是测定一个生物或细胞中所有小分子（M_r < 1000Da）组成，描绘其动态变化规律，建立系统代谢图谱，并确定这些变化与生物过程的联系的学科领域。不同物种代谢物数量差异较大，植物的代谢物数量多达200000种，而动物只有约2500种，微生物只有约1500种。以肿瘤学研究为例，代谢物组学在疾病动物模型的确证、药物的筛选、药效及毒性检测、作用机制和临床评价等方面有着广泛的应用（图14-12）。

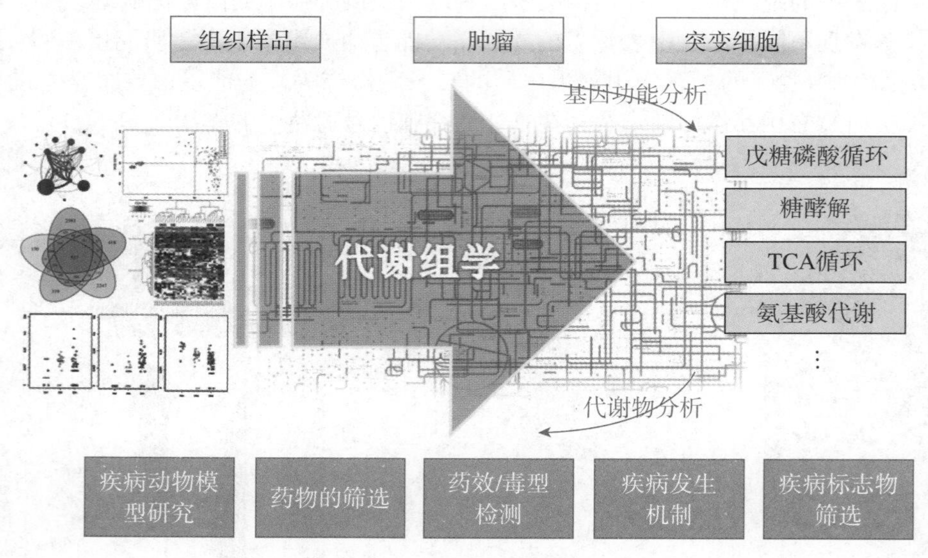

图14-12 肿瘤样品代谢物组学的基本研究策略

代谢物组学已广泛应用于各种疾病的研究，如代谢紊乱、冠心病、膀胱炎、高血压和精神系统疾病等。代谢物组学在疾病的研究中的应用主要包括疾病发生机制研究、病变标志物的发现、疾病的诊断、治疗和愈后的判断等。肿瘤细胞代谢物组学的研究为揭示肿瘤的发生机制、筛选肿瘤相关标志物等提供了强有力的技术支撑。此外，总结肿瘤细胞的代谢特征，还可为肿瘤的靶向治疗提供实验依据。生长迅速的恶性肿瘤细胞糖酵解率通常比正常组织高近200倍，一系列代谢物组学实验也发现氧化应激是遗传不稳定致癌的主要原因之一。因此，对氧化应激相关代谢产物的研究为新型肿瘤相关标志物的发现、肿瘤诊断与治疗提供了新的研究思路。此外，代谢物组学还广泛应用于病原体感染的诊断治疗方面。利用代谢物组学研究巨细胞病毒感染后各个时间段人胚肺成纤维细胞内代谢产物的变化，发现成纤维细胞内糖酵解、三羧酸循环、嘧啶核苷酸生物合成等代谢通路受到明显干扰。通过检测支原体污染后的人胰腺细胞的代谢改变，发现细胞精氨酸、嘌呤代谢及能量相关代谢发生显著改变。这些结果均表明代谢物组学在病原体感染的临床检测诊断中具有十分重要的意义。

五、其他组学与医学

（一）脂质组学与医学

脂质组学（lipidomics）是对生物样本中的脂质进行全面系统的分析，从而揭示其在生命活动和疾病中发挥的作用的学科领域。脂质组学的发展有利于促进脂质生物标志物的发现和疾病的诊断。多种代谢性疾病如糖尿病、阿尔茨海默病等的脂质组学相关研究已广泛开展。近期对脂质组学的研究发现，脂肪代谢酶 GPAM 和相应脂肪代谢改变对乳腺癌患者生存率和激素受体状态有影响。对卵巢癌细胞的脂质组学分析发现，卵巢癌中的硫脂成分异常升高。脂质组学从细胞脂代谢水平研究疾病、肿瘤的发生发展过程的变化规律，寻找疾病相关的脂质生物标记物，明确脂质分子在疾病发生过程中的作用。通过脂质组学与代谢物组学技术的整合运用并与其他组学之间相联系，对探索了解脂质分子在生物体中的作用具有重要的意义。

（二）糖组学与医学

糖组（glycome）指一个生物体或细胞中全部糖类的总和，包括简单的糖类和缀合的糖类。糖缀合物（糖蛋白和糖脂等）中的糖链部分有庞大的信息量。糖组学（glycomics）是研究所有糖类，特别是多聚糖和糖蛋白的结构和功能的学科领域。

（三）微生物组与医学

微生物组（microbiome）是指一个特定环境或者生态系统中全部微生物及其遗传信息，包括其细胞群体和数量、全部遗传物质（基因组），它涵盖微生物群及其全部遗传与生理功能，其内涵包括微生物与其环境和宿主的相互作用。人类基因组计划在 2003 年完成以后，许多科学家已经认识到解密人类基因组基因并不能完全掌握人类疾病与健康的关键问题，因为人类自身体内存在巨大数量的、与人体共生的微生物菌群，特别是肠道内存在 1000 多种共生微生物，其遗传信息的总和称“微生物组”，也可称为“元基因组”，它们所编码的基因有 100 万个以上，与人类的健康密切相关。2007 年底，美国国立卫生研究院宣布将投入 1 亿 1500 万美元正式启动“人类微生物组计划”。由美国主导的、多个欧洲国家及日本和中国等十几个国家参加的人类微生物组计划将使用新一代 DNA 测序仪进行人类微生物组 DNA 的测序工作，是人类基因组计划完成之后的一项规模更大的 DNA 测序计划，目标是通过绘制人体不同器官中微生物元基因组图谱，解析微生物菌群结构变化对人类健康的影响。如肠道微生物组（gut microbiome）主要是以肠道菌群（gut microbiota）为研究对象，研究人体肠道微生物如何影响人体健康和营养状况。越来越多的研究表明，肠道微生物生态及其与宿主间平衡的破坏可能导致多种疾病发生，如肥胖、营养不良和糖尿病等代谢性疾病，炎症性肠病和溃疡性结肠炎等慢性肠道感染性疾病，以及结肠癌和肝癌等恶性肿瘤。肠道微生物组学研究还发现，与癌旁正常黏膜上皮相比，结肠癌组织中梭杆菌属细菌含量明显升高。因此，在人类癌症诊治过程中，将癌症相关微生物作为重要的治疗因素，并采取对应治疗措施，有可能延缓或终止肿瘤的恶化进展。肠道微生物组学的研究无疑对监测、预防和治疗肠道疾病、肿瘤和其他系统性疾病具有重要意义。

小结

基因是遗传的功能单元，含有编码 RNA 和（或）多肽链的信息。基因组是细胞或生物体的一套完整单倍体遗传物质的总和。病毒基因组除了 DNA 外，还可以由 RNA 组成，每种病毒只含有一种核酸，且基因组结构类型有单链也有双链，有连续性和不连续性。病毒基因组上存在大量重叠基因。除逆转录病毒基因组有两个拷贝外，所有病毒基因组都是单倍体。原核生物基因组通常仅含一条环状双链 DNA 分子，结构简单，所含遗传信息较少，经蛋白质介导附着于细胞质膜内表面形成拟核。真核生物核基因组结构庞大，含有巨大遗传信息的线性DNA分子，与组蛋白和非组蛋白结合，以高度折叠、紧密卷曲的方式存在于细胞核内，含有较多重复序列、多基因家族及假基因。动物基因组包括细胞核基因组和线粒体基因组，植物基因组包括细胞核基因组和叶绿体基因组。人类线粒体DNA为环状双链结构，无内含子，人类卵细胞提供其受精卵的全部线粒体基因组DNA。

基因组学是以细胞或生物的基因组为研究对象，阐明整个基因组的结构、结构与功能的关系，以及基因与基因之间的相互作用的科学。从疾病和健康的角度考虑，人类疾病大多直接或间接地与基因相关，人类基因组计划的开展为疾病的基因诊断和基因治疗奠定了基础。人类基因组计划测定了人类24条染色体（22条常染色体和2条性染色体）所含的大约30亿个碱基的精确序列，详尽分析基因组DNA序列中的基因，并推动了转录物组学、蛋白质组学、代谢物组学及药物基因组学等许多前沿学科的发展。转录物组学是在整体水平上研究细胞编码基因转录情况及转录调控规律的科学。转录物组学主要阐明生物体或细胞在特定生理或病理状态下表达的所有种类的mRNA及其功能。蛋白质组学以细胞、组织或机体在特定时间和空间上表达的所有蛋白质即蛋白质组为研究对象，分析细胞内动态变化的蛋白质组成、表达水平与修饰状态，了解蛋白质之间的相互作用与联系，并在整体水平上研究蛋白质调控的活动规律。代谢物组学是测定一个生物或细胞中所有的小分子组成，描绘其动态变化规律，建立系统代谢图谱，并确定这些变化与生物过程的联系的科学。脂质组学是对生物样本中的脂质进行全面系统的分析，从而揭示其在生命活动和疾病中发挥的作用。糖组指单个个体的全部聚糖，糖组学则对糖组（主要针对糖蛋白）进行全面的分析研究，包括结构和功能的研究。微生物组是指一个特定环境或者生态系统中全部微生物及其遗传信息，包括其细胞群体和数量、全部遗传物质（基因组），它涵盖微生物群及其全部遗传与生理功能，其内涵包括微生物与其环境和宿主的相互作用。

思考题

1．试比较原核生物基因组和真核生物基因组的异同点。
2．试述真核生物基因组重复序列的特征。
3．试述人类基因组计划的研究内容和意义。
4．举例说明基因组学和蛋白质组学在医学研究中的作用。

（何海伦）

第15章 重组DNA技术

第一节 概 述

重组DNA技术是现代分子生物学发展的一个重要领域。1973年，Stanley和Cohen首次获得体外构建的DNA重组体。DNA重组技术的建立极大地促进了生命科学的发展并显现出广阔的应用前景。采用DNA重组技术，可以分离、鉴定某一特定基因，并且可以使这一基因在一定的受体细胞或宿主体内成功地表达具有生物学意义的蛋白质。20世纪90年代启动的人类基因组计划（HGP）已全面完成，我们现在所处的后基因组时代的主要任务是对基因的功能进行研究。重组DNA技术的迅速发展使人们主动改造生物体成为可能。由此，多种基因工程产品的相继获得大大推动了医药工业和农业的发展。转基因动植物和基因敲除（gene knockout）动物模型的成功建立是重组DNA技术发展的结果。该技术在生物制药、基因诊断与基因治疗、疾病相关基因功能研究等多个领域都得到广泛的应用。

重组DNA技术的长足发展得益于一系列分子生物学理论及技术的诞生。19世纪中叶，G. Mendel提出“遗传因子”假说；1910年，T. Morgan证明基因存在于染色体中；1944年，Avery等人证明DNA是遗传信息的载体；1953年，J. D. Watson和F.H. Crick提出DNA双螺旋结构模型；1961年，J. Monod和F. Jacob提出操纵子学说。这些核心理论的建立极大地推动了DNA重组相关技术的飞速发展。而重组DNA技术之所以能够得以实现，主要得益于限制性内切核酸酶（restriction endonuclease，RE）和DNA连接酶（DNA ligase）等工具酶的发现。

20世纪60年代末，Werner Alber等在大肠埃希菌中发现了可以降解外源DNA的酶，他们将其称为限制酶。1970年，Hamilton O. Smith的研究组报道了从流感嗜血杆菌中纯化的限制酶——Hind Ⅱ的特性，并指出这种特殊的酶对于被降解的DNA序列有高度选择性，因此命名为限制性内切核酸酶。1971年，Daniel Nathans用限制性内切核酸酶消化SV40病毒（猴病毒40）基因组DNA，获得了特异性片段，绘制了第一个SV40病毒基因组的“物理图”。这些工作奠定了限制性内切核酸酶作为基因工程技术的关键工具酶的基础，科学家们形象地将限制性内切核酸酶称为分子生物学的“手术刀”，三人也因此分享了1978年的诺贝尔生理学或医学奖。

1972年，美国斯坦福大学的Paul Berg等用限制性内切核酸酶EcoR Ⅰ从SV40切下一段DNA，同时将λ噬菌体进行切割，用DNA末端转移酶在DNA片段的末端进行加尾修饰后，利用Weiss等人发现的DNA连接酶在体外将SV40片段与λ噬菌体连接，然后将其导入细菌，制造出了第一个人工重组DNA。Paul Berg也为此获得了1980年的诺贝尔化学奖。

1974年，Stanley Cohen领导的研究组利用质粒代替λ噬菌体作为基因工程的载体，质粒载体带有的抗生素抗性基因可用于筛选阳性克隆。外源基因经质粒导入宿主细菌后不仅可以在其中进行自我复制扩增，而且可以转录为RNA。这一结果提示了利用细菌表达外源基因的可能性。

1982年，科学家们在美国冷泉港实验室举办了一次重组DNA技术讲座，并在此基础上出版了第一部全面介绍重组DNA相关技术的专著——*Molecular Cloning：A Laboratory Manual*

(《分子克隆实验指南》)。至此，重组 DNA 技术基本完成了其诞生和改进过程，成为一项实验室常规技术。

重组 DNA 技术在过去 30 多年中得到了迅猛发展，包括 DNA 序列测定方法的建立、核酸分子杂交技术的发展、聚合酶链反应（polymerase chain reaction，PCR）技术的建立以及转基因动物技术的建立和发展等。这些基因工程技术为了解疾病发生的分子机制提供了合理的方法，在人类疾病的诊断、治疗及疫苗开发等医学研究领域中得到了广泛的应用，并且极大地推动了这些领域的进一步发展。

基因工程的发现及重大发展历程

第二节 重组 DNA 技术相关概念和常用工具

一、重组 DNA 技术相关概念

（一）重组 DNA 技术

重组 DNA（recombinant DNA）技术，又称分子克隆（molecular cloning）或 DNA 克隆（DNA cloning）。克隆（clone）是遗传物质完全相同的分子、细胞或生物体副本或拷贝的集合。获取大量单一拷贝的过程称为克隆化（cloning）。DNA 克隆是在体外应用酶学方法将不同来源的 DNA 与载体连接成具有自我复制能力的 DNA 重组体，进而通过转化或转染宿主细胞，实现目的基因在宿主细胞中扩增、表达的方法。实现基因克隆所采用的方法及相关的工作统称为重组 DNA 技术（recombinant DNA technology），又称基因工程（genetic engineering）。

（二）目的基因

重组 DNA 的目的主要是获得足够量的特异基因，以对其结构、功能进行分析甚至改造，或为了获得特异基因表达产物（RNA、多肽或蛋白质）。这些人们所感兴趣的特异基因或 DNA 序列就是目的基因，或称为目的 DNA（target DNA）。目的基因主要有两种类型：cDNA 和基因组 DNA。cDNA 是在体外经逆转录合成，与 RNA（通常指 mRNA 或病毒 RNA）互补的 DNA 序列。基因组 DNA（genomic DNA）则是含有生物体整套遗传信息的 DNA 序列。在进行 DNA 克隆时，目的基因和载体连接构成重组体（recombinant）。相对于载体 DNA 而言，目的基因又被称为外源 DNA。

（三）载体

载体是指能够容纳外源 DNA 且具有自我复制能力的 DNA 分子。重组 DNA 技术中使用的载体按功能可分为克隆载体和表达载体两类。克隆载体（cloning vector）携带目的基因在宿主细胞中大量扩增。表达载体（expression vector）主要用于目的基因在宿主细胞中的表达。两种载体分工不同，在结构上的要求也略有差异。适用于重组 DNA 技术的理想载体应具备以下条件：①在宿主细胞中能够稳定地遗传；②自身含有复制子，可在宿主细胞中独立复制；③有合适的大小，既方便操作，又足以容纳外源 DNA 的插入；④带有遗传标志，便于重组子的筛选；⑤具有多个限制性酶切位点（多克隆位点）；⑥对于表达载体来说，还要求有能与宿主细胞相适应的启动子、增强子等调控元件。

（四）宿主细胞

宿主细胞（host cell）是重组体得以复制、扩增的场所。理想的宿主细胞应该具备以下性能：①有较强接纳外源 DNA 分子的能力；②具有限制性内切核酸酶缺陷，不易降解外源 DNA；③具有 DNA 重组缺陷，保持外源 DNA 在宿主细胞中的完整性；④不宜在非培养条件下生长，以保证安全。

二、常用载体

载体（vector）是指可以携带目的基因进入宿主细胞，进而实现扩增目的基因或表达有意义蛋白质的 DNA 分子。重组 DNA 技术中常用的载体包括质粒、噬菌体、黏粒、病毒、穿梭质粒和人工染色体等。

（一）质粒

质粒（plasmid）是天然存在于细菌染色体外的闭合环状双链 DNA 分子。质粒有以下特点：①分子量小，拷贝数高，能在宿主细胞内稳定存在；②具有独立的复制起始点（ori）；③带有一定的遗传学标志，如质粒携带的氨苄西林抗性基因（amp^r）可使宿主细胞在含有氨苄西林的培养基中存活，作为筛选标记；④具有一定数量的限制性内切核酸酶识别位点（多克隆位点）。

质粒有严紧型和松弛型两种。严紧型质粒在每个宿主细胞中只有 1 ~ 10 个拷贝，只能随着细菌染色体复制。而松弛型质粒拷贝数为 10 ~ 500，能独立于染色体而自主复制，因而用于基因工程的质粒多为松弛型质粒，是以天然细菌质粒的各种元件为基础重新组建的人工质粒。

常用质粒载体有 pBR322 和 pUC18（图 15-1）。pBR322 质粒带有氨苄西林抗性（amp^r）和四环素抗性（tet^r）两种遗传学标志。pUC18 质粒含有氨苄西林抗性基因和 *lac Z* 基因（编码 β- 半乳糖苷酶 α 链），具有双功能检测特性。

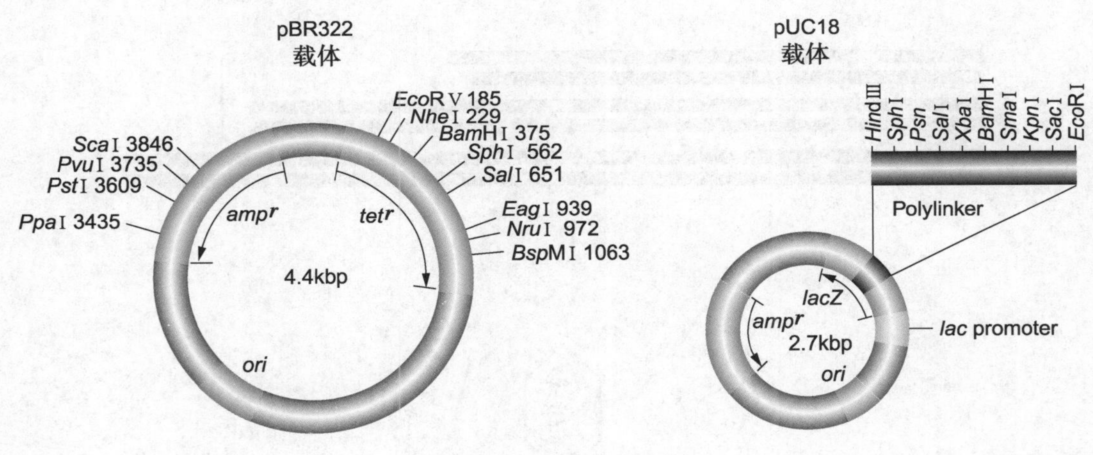

图 15-1　质粒载体

质粒一般只能容纳 10 kbp 以下的外源 DNA 片段，较长的外源 DNA 片段不稳定，难插入，转化效率低。

（二）噬菌体

噬菌体（phage）是特异感染细菌的病毒，其结构十分简单，基因组外包被着蛋白质衣壳。噬菌体按生活周期分为两种类型：溶菌型（lytic）和溶原型（lysogenic）。溶菌型噬菌体感染细菌后大量增殖，直至宿主裂解，噬菌体得以释放，继续感染其他细菌。溶原型噬菌体将自身基因组整合到细菌染色体中，伴随宿主的增殖而复制。常用噬菌体载体有 λ 噬菌体和 M13 噬菌体。

野生型 λ 噬菌体基因组大小为 48.5kbp，为线性 DNA 双链结构，两端分别带有 12bp 的单链突出末端（cos 位点）。进入大肠埃希菌后，通过黏性末端的连接而形成环状，支持溶菌和溶原两种生活周期。λ 噬菌体有大约 1/3 的基因组序列是非必需的，可以用于外源 DNA 的重组，常用的 λ 噬菌体有插入型和置换型两类，插入片段有一定大小限制。重组后的 λ 噬菌体

DNA 长度必须在野生型 DNA 的 75% ～ 105% 范围内（40 ～ 53kbp）才能被正确包装入衣壳，感染大肠埃希菌（图 15-2）。λ 噬菌体一直被作为构建基因组文库和 cDNA 文库的克隆载体，在分子生物学的发展中发挥了重要作用。野生型 M13 噬菌体为丝状单链结构。进入大肠埃希菌后，经过复制转变为双链复制型，复制得到的大量单链，包装成噬菌体颗粒排出。M13 噬菌体曾经被广泛用于单链外源 DNA 的克隆和制备单链 DNA 以进行 DNA 序列分析、体外定点突变和核酸杂交等。

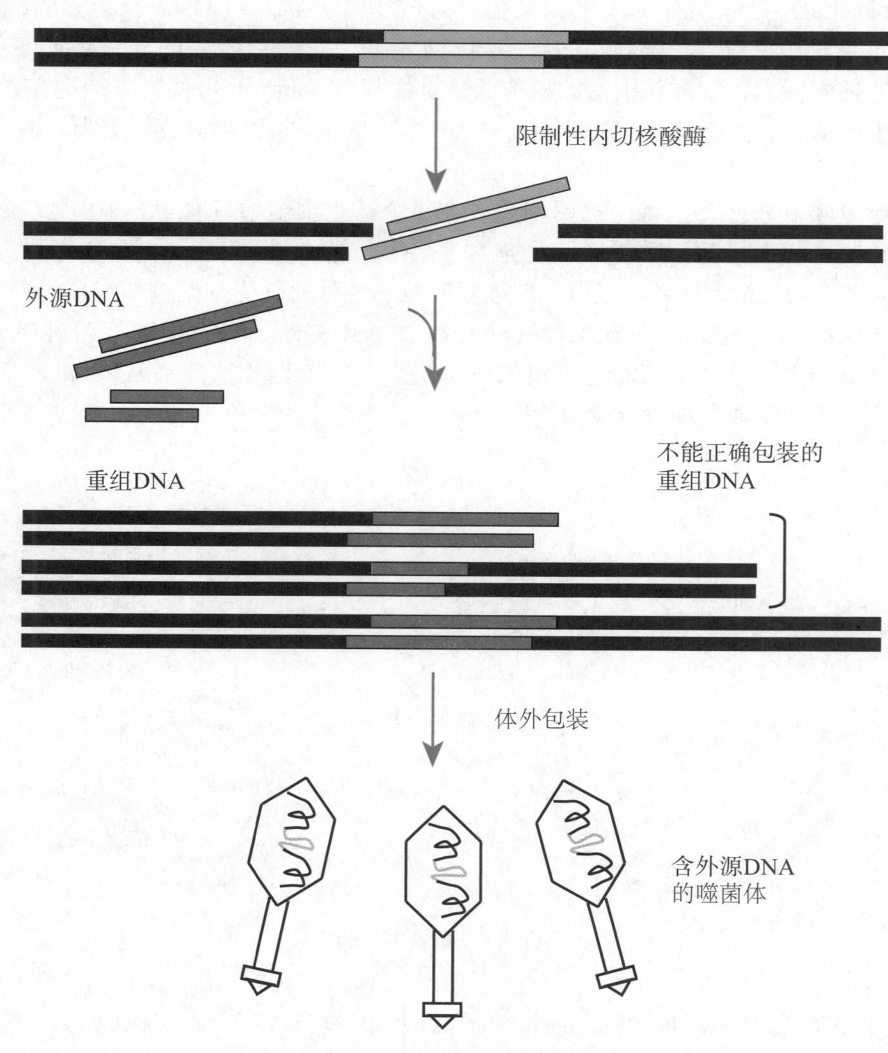

图 15-2 噬菌体克隆载体

（三）黏粒

黏粒（cosmid），又称柯斯质粒，是 λ 噬菌体 DNA 与细菌质粒的杂合体，可容纳高达 40kbp 的 DNA 片段。黏粒含有质粒的复制起始点、多个酶切位点、遗传学标志和 λ 噬菌体的 cos 位点，目的 DNA 可被包装入噬菌体蛋白质衣壳。黏粒生长时不形成噬菌斑，而是在选择性培养基上形成菌落。黏粒兼有 λ 噬菌体和质粒两方面的优点，它本身大小为 4 ～ 6 kbp，但能够携带较大的外源 DNA 片段，而且能被包装成为具有感染能力的噬菌体颗粒。黏粒主要用于真核细胞基因组文库的构建。

（四）病毒

在哺乳动物基因转移过程中，病毒（virus）载体是十分便利的工具。其中逆转录病毒

（retrovirus）和腺病毒（adenovirus）是两种最常用的哺乳动物病毒载体。

逆转录病毒是一类以单链 RNA 分子为基因组的包装病毒。感染后，病毒基因组逆转录成双链 DNA 整合到宿主基因组中并表达蛋白质。慢病毒（lentivirus）是一种常用的逆转录病毒，其基因组为 RNA。慢病毒基因进入细胞后，在细胞质中逆转录为 DNA，进入细胞核整合到基因组中。整合后的 DNA 转录成 mRNA，回到细胞质中，表达目的蛋白，或者产生小 RNA。慢病毒介导的基因表达或小 RNA 干扰作用持续且稳定，并随细胞基因组的分裂而分裂。

腺病毒包含二十面体包囊和线性双链 DNA 基因组，生活周期不像常规病毒那样整合到宿主的基因组中，而是以附加体的方式单独在宿主细胞核中复制。

腺相关病毒（adeno-associated virus，AAV）是一类细小病毒，基因组为单链 DNA，对分裂和非分裂的细胞均具有感染能力。在人类和小鼠中，AAV 感染可以介导外源基因发生低频率（不高于 2%）的定向整合。AAV 是一种高效、安全的体内及体外基因转导工具。与其他常用病毒工具载体相比，AAV 具有感染过程温和、免疫原性小以及长效稳定表达的特点，因此 AAV 主要用于定位注射和整体注射实验，在整体水平的研究中应用广泛。

（五）穿梭质粒

穿梭质粒（shuttle plasmid）是含有不止一个复制起始点的人工质粒，能携带插入序列在不同种类的宿主细胞中繁殖。

（六）人工染色体

人工染色体（artificial chromosome）是新型载体，容量高达 500kbp。目前常用的有酵母人工染色体（YAC）、细菌人工染色体（BAC）、噬菌体人工染色体（PAC）和哺乳动物人工染色体（MAC）。BAC 和 PAC 是用于真核生物大肠埃希菌内的人工染色体。由于不含着丝粒和端粒，它们并不是严格意义上的染色体。YAC 和 MAC 含有哺乳动物染色体的基本功能单位，如着丝粒、复制点和端粒，能稳定遗传，从而成为基因治疗和制备转基因动物的良好载体。

三、工具酶

重组 DNA 技术涉及 DNA 片段的切割、拼接、组合和修饰。酶是 DNA 重组的核心工具。常用的工具酶主要有以下几种：

（一）限制性内切核酸酶

限制性内切核酸酶（restriction endonuclease，RE），简称限制性内切酶或限制酶，是能识别 DNA 特异序列并在识别位点或其周围切割双链 DNA 的一类酶。限制性内切核酸酶主要存在于原核生物中，它与甲基化酶共同组成原核生物的限制 - 修饰体系（restriction-modification system），准确地限制外源 DNA 的进入，保护自身 DNA，维持着遗传稳定性。

1．限制性内切核酸酶的命名　限制性内切核酸酶采用属名与种名相结合的命名方法。第一个字母取自产生该酶的细菌属名的首字母，用大写斜体表示；第二、三个字母是该细菌种名的前两个字母，用小写斜体表示；第四个字母代表菌株。罗马数字代表来自同一菌株不同的编号，通常表示该酶发现的先后次序。例如：从流感嗜血杆菌 d 株（*Haemophilus influenzae d*）中先后发现 3 种限制性内切核酸酶，因而分别命名为 *Hind* Ⅰ、*Hind* Ⅱ和 *Hind* Ⅲ。

2．限制性内切核酸酶的分类　根据酶结构及与 DNA 作用的特异性，可将限制性内切核酸酶分为三类。Ⅰ与Ⅲ类限制性内切核酸酶都在识别位点附近切割 DNA，切割位点特异性较低，难以预测。重组 DNA 技术中最常用的是Ⅱ类限制性内切核酸酶，它能在 DNA 分子内部特异位点识别并切割双链 DNA 分子，其切割位点具有高特异性，因而具有较大实用价值。

3．限制性内切核酸酶的识别和切割位点　限制性内切核酸酶的识别位点通常是由 4 ～ 6 个碱基对形成的反向对称结构，即回文序列（palindromic sequence）。大多数酶进行错位切割，在 DNA 双链上产生单链突出的 5′ 黏性末端（cohesive end），如 *Bam*H Ⅰ；或产生 3′ 黏性末端，如 *Pst* Ⅰ；还有一些酶切割 DNA 双链得到平末端（blunt end），如 *Sma* Ⅰ。现列举某些限制性内切核酸酶于表 15-1。

表15-1 限制性内切核酸酶

名称	识别序列及切割位点	名称	识别序列及切割位点
切割后产生 5′ 黏性末端：		切割后产生 3′ 黏性末端：	
Bam H Ⅰ	5′···G▼GATCC···3′	*Apa* Ⅰ	5′···GGGCC▼C···3′
Eco R Ⅰ	5′···A▼AATTC···3′	*Pst* Ⅰ	5′···CTGCA▼G···3′
Hind Ⅲ	5′···A▼AGCTC···3′	切割后产生平末端：	
Hap Ⅱ	5′···C▼CGG···3′	*Sma* Ⅰ	5′···CCC▼GGG···3′
Cla Ⅰ	5′···AT▼CGAT···3′	*Eco* R Ⅴ	5′···GAT▼ATC···3′

来源不同但可识别和切割相同位点的限制性内切核酸酶称为同切点酶（isoschizomer），又称同裂酶（isoschizomerase）。同切点酶识别并进行相同的切割，形成相同的末端。由于来源不同，其酶切反应条件可能并不一致。另外有些限制性内切核酸酶虽然识别序列不同，但能产生相同的黏性末端，这样的酶互称为同尾酶（isocaudarner），所产生的相同黏性末端称为配伍末端（compatible end）。例如 *Bam*H Ⅰ和 *Bgl* Ⅱ在切割不同序列后可产生相同的 5′ 黏性末端，便于重组 DNA 分子连接反应的进行。

*Bam*H Ⅰ识别并切割 DNA 片段
5′···G▼G A T CC···3′
3′···C C T A G▲G···5′

*Bam*H Ⅰ切割产生的 5′ 黏性末端
5′···G
3′···C C T A G

Bgl Ⅱ识别并切割 DNA 片段
5′···A▼G A T CT···3′
3′···TC T A G▲A···5′

Bgl Ⅱ切割产生的 3′ 黏性末端
G A T C T···3′
A···5′

连接酶连接两者切割产生的配伍末端
5′···G G A T C T···3′
3′···C C T A G A···5′
*Bam*H Ⅰ和 *Bgl* Ⅱ水解 DNA 后连接形成新的序列

（二）**DNA 连接酶**

DNA 连接酶（DNA ligase）催化不同 DNA 分子通过 5′ 端磷酸基与 3′ 端羟基之间形成 3′, 5′- 磷酸二酯键的连接反应。原则上不同来源的 DNA 都能进行连接，这是 DNA 重组的基础。DNA 连接酶有大肠埃希菌 DNA 连接酶和 T4 噬菌体 DNA 连接酶两种，分别由 NAD^+ 和 ATP 提供能量。

（三）**DNA 聚合酶**

DNA 聚合酶（DNA polymerase）以游离的 3′-OH 为起始催化脱氧核苷酸的聚合反应。DNA 重组中使用的 DNA 聚合酶主要有 DNA 聚合酶Ⅰ、Klenow 片段、Taq DNA 聚合酶。

DNA 聚合酶Ⅰ具有 5′ → 3′ 聚合酶活性、5′ → 3′ 和 3′ → 5′ 外切核酸酶活性。DNA 聚合酶Ⅰ主要参与 DNA 修复过程。体内参与 DNA 复制过程的主要聚合酶是 DNA 聚合酶Ⅲ。

Klenow 片段是大肠埃希菌 DNA 聚合酶Ⅰ经枯草杆菌蛋白酶水解得到的较大片段。Klenow 片段具有完整的 5′ → 3′ 聚合酶活性和 3′ → 5′ 外切酶活性。主要用于 cDNA 第二链的合成和 DNA 测序等反应。Taq DNA 聚合酶从耐热菌 *T. aquaticus* 中分离得到，该酶在高温下仍保持高活性，最适反应温度为 75 ～ 80 ℃，主要用于聚合酶链反应（PCR）在体外扩增

DNA。

（四）逆转录酶

逆转录酶（reverse transcriptase）以 RNA 为模板合成 DNA，合成时需要 4 种脱氧核苷三磷酸底物及引物，合成方向为 5′ → 3′，广泛用于 cDNA 的合成过程。常用的逆转录酶有两种——禽类髓细胞瘤病毒逆转录酶和 Moloney 鼠白血病病毒逆转录酶，两者都具有 RNA 酶 H 活性，可以特异性降解 RNA-DNA 杂交分子中的 RNA 链。

（五）其他

在 DNA 重组过程中，还涉及其他许多工具酶的作用。简要介绍以下几种：

1．碱性磷酸酶　碱性磷酸酶（alkaline phosphatase）能除去 5′ 端的磷酸基，可防止载体自身环化，提高重组效率。

2．多核苷酸激酶　多核苷酸激酶（polynucleotide kinase）能在多核苷酸 5′-OH 处加入磷酸基团。

3．末端转移酶　末端脱氧核苷酸转移酶（terminal deoxynucleotidyl transferase，TdT），简称末端转移酶，能够在 DNA 片段的 3′-OH 上加入脱氧核苷酸，反应需 Mg^{2+} 参与，可用于探针标记以及在载体和目的基因片段上形成同聚物尾，便于连接。

第三节　重组 DNA 基本原理

重组 DNA 技术过程主要包括以下几个步骤：①目的基因的分离获取；②载体的选择和修饰；③ DNA 分子的体外重组；④重组 DNA 导入宿主细胞；⑤含有重组 DNA 宿主细胞的筛选与鉴定；⑥目的基因的表达（图 15-3）。

一、目的基因的分离获取

分离获取目的基因的主要方法有以下几种：

（一）化学合成法

如果核苷酸的序列已知，或基因产物的氨基酸序列已知，可推导出编码的核苷酸序列，则可用化学方法（DNA 合成仪）将这段 DNA 序列合成出来。目前化学合成的片段长度有限，较长的片段则需分段合成，然后用 DNA 连接酶连接。但是用这种方法制备目的基因，尤其较大 DNA 片段时，成本较高。

（二）从基因组文库钓取目的基因

基因组文库（genomic library）是包含某种细胞全部基因随机片段的重组 DNA 分子集合体。构建基因组文库，从中筛选鉴定出特定基因组 DNA 是获得目的基因的一种有效方法。构建文库过程中，首先分离得到基因组 DNA，然后经过适当的酶切反应，如 Sau3A 进行部分消化（控制消化时间和条件），对基因组 DNA 进行切割并分离纯化得到 15 ~ 40 kbp 的小片段；回收的 DNA 片段与适当载体连接；最后将所有重组体引入宿主细胞进行扩增，从而获得基因组 DNA 文库。使用时通过杂交筛选即可鉴定得到目的基因。理想的基因组文库，克隆与克隆之间应该有一定的重叠，以保证能够从文库中筛选得到完整的基因。

（三）从 cDNA 文库钓取目的基因

以某种细胞特定状态下全部 mRNA 为模板，逆转录合成 cDNA，继而复制成双链 cDNA，然后与适当载体连接得到的 cDNA 重组分子集合体称为 cDNA 文库（cDNA library）。构建 cDNA 文库并从中筛选出目的基因是获得全长 cDNA 片段的有效方法。不同种类及不同状态下的细胞含有不同的 mRNA，可以构建不同的 cDNA 文库。cDNA 文库比基因组文库小得多。也可以通过逆转录反应和聚合酶链反应，根据已知序列设计引物，直接获得 cDNA，而不必筛

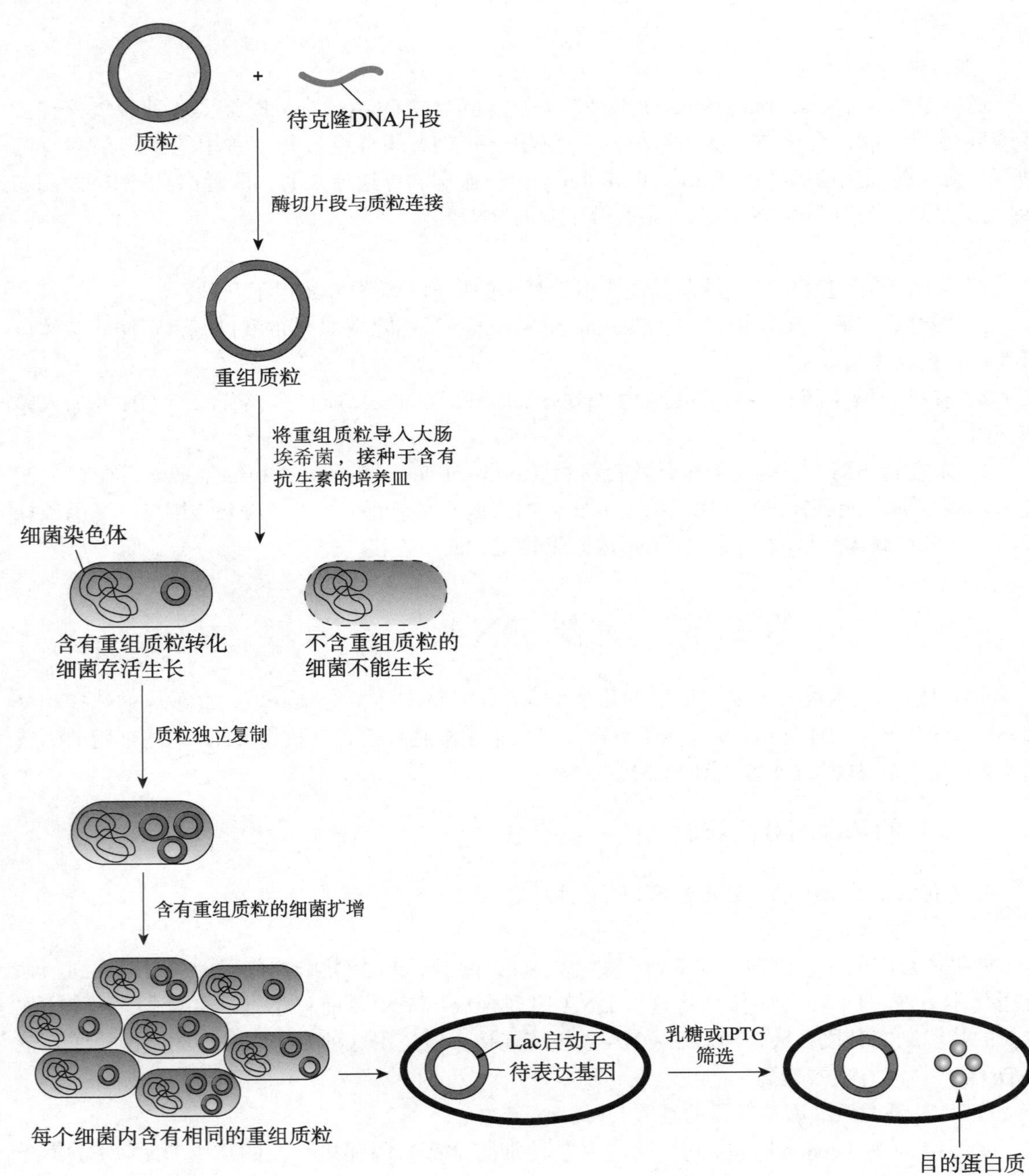

图 15-3　基因克隆步骤示意图

选 cDNA 文库。

（四）聚合酶链反应

聚合酶链反应（polymerase chain reaction，PCR）是一种在体外高效特异地扩增目的基因的方法。特异性扩增反应的前提是目的基因序列已知，可以通过在基因序列两端设计引物，在耐热 DNA 聚合酶（如 Taq DNA 酶）的催化下，使 DNA 分子变性 - 退火 - 延伸，循环反复进行，达到指数扩增的效果。对于未知序列，可以借助同源序列设计简并引物。美国国立生物技术信息中心的 GenBank 数据库为全世界科研人员免费提供海量核酸序列，使得 PCR 日益便捷，从而成为获得目的基因的首选方法。

二、载体的选择和修饰

载体的选择主要依据实验目的。如果构建重组体是为了使目的基因在宿主细胞中大量扩增、克隆或进行序列分析，则选择克隆载体。克隆载体的选择相对容易，一般只要求插入片段大小与载体容量相适应即可。

若构建重组体的目的是要表达特定的基因，则应该选择合适的表达载体。表达载体除了含有克隆载体的主要元件外，还要含有与宿主细胞相适应的启动子、核糖体结合位点和终止子等调控元件以及特殊的筛选标志。表达载体的选择相当复杂，基因表达产物的分离纯化策略、生物学特性以及载体的转化效率都应当纳入研究者的考虑之中。其中绿色荧光蛋白（green fluorescence protein，GFP）融合表达载体应用相当广泛，可通过荧光显微镜下观察的绿色荧光来显示目的蛋白质的分布以及动态表达水平。此外，标签蛋白质融合表达载体可以利用标签蛋白质抗体与融合蛋白质的相互作用，达到间接分离分析的目的。

当天然载体无法满足实验要求时，可以对其进行一定的修饰，实际上许多实用载体都是经人工修饰得来的，如黏粒、穿梭质粒和人工染色体等。

三、DNA 分子的体外重组

要使目的 DNA 片段在宿主细胞内扩增，则需要将目的基因与载体连接，即 DNA 分子的体外重组。不同来源的 DNA 分子可以通过限制性内切核酸酶切割和 DNA 连接酶的作用，在体外形成重组体分子。体外连接的常用方法有以下四种：

（一）黏性末端连接

带有相同黏性末端的 DNA 分子可通过碱基互补配对而退火，再通过磷酸二酯键连接形成 DNA 重组体。黏性末端连接效率比较高，是目前最常用的连接方式。为防止载体 DNA 两端黏性末端自身环化，可采用碱性磷酸酶处理酶切后的载体，去除其 5′ 端磷酸基团，也可采用双酶切的方法在载体两端产生不同黏性末端。

（二）平端连接

带有平端的 DNA 片段与载体一样可以在 DNA 连接酶的作用下连接，但是连接效率很低。为提高连接效率，可提高目的 DNA 片段、DNA 连接酶和相应辅因子的浓度。

（三）人工接头连接

某些限制性内切酶或机械力切割所得到的片段为平端，连接效率不太高。人工接头（linker）是含有特定限制性内切酶酶切位点的寡核苷酸片段。将人工接头与目的片段连接上后，用相应限制性内切核酸酶切割可产生黏性末端，方便连接。

（四）同聚物加尾连接

DNA 分子暴露的 3′-OH 末端是末端转移酶作用的良好底物，在该酶作用下可以将脱氧核苷酸逐一加到 3′-OH 末端上，生成某一脱氧核苷酸的同聚物尾（homopolymeric tail）。目的 DNA 片段与载体可通过互补的同聚物尾相连接。末端之间的空隙可在导入宿主细胞后自行修复。

四、重组 DNA 分子导入宿主细胞

目的 DNA 片段与载体体外连接成重组体后，需要将其导入宿主细胞中扩增。将重组体导入宿主细胞，常用方法有以下几种：

（一）转化

转化（transformation）是指将质粒或其他外源 DNA 导入宿主细胞，并使其获得新的表型的过程。转化常用的细胞是大肠埃希菌。大肠埃希菌经过一定的处理后，处于容易接受外源 DNA 的状态，称为感受态细胞（competent cell）。目前制备各种感受态细菌的最常用方法是

$CaCl_2$ 法。这一方法是通过钙离子使大肠埃希菌的细胞膜结构发生变化，通透性增加，从而使其具有摄取外源 DNA 的能力。

转化细菌的另一种方法是电穿孔（electroporation）法。将外源 DNA 与大肠埃希菌混合于电穿孔杯中，在高频电流的作用下，细胞壁出现许多微孔，使外源 DNA 进入大肠埃希菌细胞。

（二）转染

转染（transfection）指非病毒载体（一般为质粒）进入真核细胞（尤其是动物细胞）的过程。转染进入真核细胞的 DNA 可以被整合到宿主细胞基因组中，实现稳定转染（stable transfection）；也可以在染色体外存在，进行瞬时转染（transient transfection）。常用的细胞转染方法有磷酸钙共沉淀法、DEAE- 葡聚糖法、脂质体融合法、多聚赖氨酸法、显微注射法、电穿孔法等。此外，将噬菌体 DNA 直接导入感受态细菌的过程也称为转染。

（三）感染

感染（infection），也称转导（transduction），是指病毒载体介导外源基因整合入宿主细胞（尤其是细菌）的过程。

五、含有重组 DNA 宿主细胞的筛选与鉴定

外源基因导入宿主细胞后，需要筛选转化体，区分含有目的基因的重组子与空载体 / 非目的基因的重组子，继而达到对目标重组子的特异性扩增。DNA 重组体转化体的筛选鉴定方法如下：

（一）遗传学标志筛选法

绝大多数的载体上携带遗传学标志，赋予宿主细胞新的遗传学性状，从而利于重组子的筛选。

1．抗药性标志筛选 许多载体携带抗生素抗性基因，如氨苄西林抗性基因（amp^r）、四环素抗性基因（tet^r）、卡那霉素抗性基因（kan^r）。在宿主细胞不含抗生素抗性基因的情况下，只有转化细胞才能在含有相应抗生素的培养基上生长，从而实现筛选目的。

2．插入失活（insert inactivation） 当外源 DNA 插入遗传学标志基因片段中时，会导致遗传学标志基因失活。通过对比有或无抗生素培养时宿主细胞的生长情况，区分是否含有重组子。这种方法适用于含有两个以上遗传学标记的重组子的筛选。

3．营养缺陷型的互补筛选 当重组 DNA 分子与宿主细胞的营养缺陷互补时，可以利用营养缺陷宿主细胞对重组子进行筛选，这就是营养缺陷型的互补筛选，又称标志补救（marker rescue）。酵母咪唑甘油磷酸脱水酶基因（*his*）表达产物与酵母组氨酸合成有关。利用携带含有 *his* 基因的重组子可以使转化细胞在缺乏组氨酸的培养基上生长，筛选重组子。

4．α- 互补 有些质粒含有 β- 半乳糖苷酶部分基因（*lacZ*），可编码该酶的 α 链（N 端）。而突变型大肠埃希菌可以表达该酶的 ω 片段（C 端）。这种质粒转化突变型大肠埃希菌后，由于基因互补，可产生 β- 半乳糖苷酶，分解利用半乳糖，这就是 α- 互补（α-complementation）效应。在含有诱导剂 IPTG（异丙基硫代 -β-D- 半乳糖苷）和底物 X-gal（5- 溴 -4- 氯 -3- 吲哚 -β-D- 半乳糖苷）的培养基中，转化细胞由于表达了完整的 β- 半乳糖苷酶，可以分解底物 X-gal，形成蓝色菌落。而当外源基因插入 *lacZ* 基因区域后，会因插入失活不能合成完整的 β- 半乳糖苷酶，X-gal 不被分解，而导致白色菌落的产生（图 15-4）。这种蓝白菌落筛选是大肠埃希菌表达系统中极其重要的重组子筛选方法。

（二）核酸杂交筛选法

核酸杂交筛选法利用带有放射性核素或生物素标记的探针与目的 DNA 片段杂交，从各种重组菌落、cDNA 文库或基因组文库中准确筛选出目的基因。这种方法的使用前提是已知基因信息，从而可以设计杂交探针，而且得到的目的基因筛选结果与其表达与否无关。菌落核酸杂

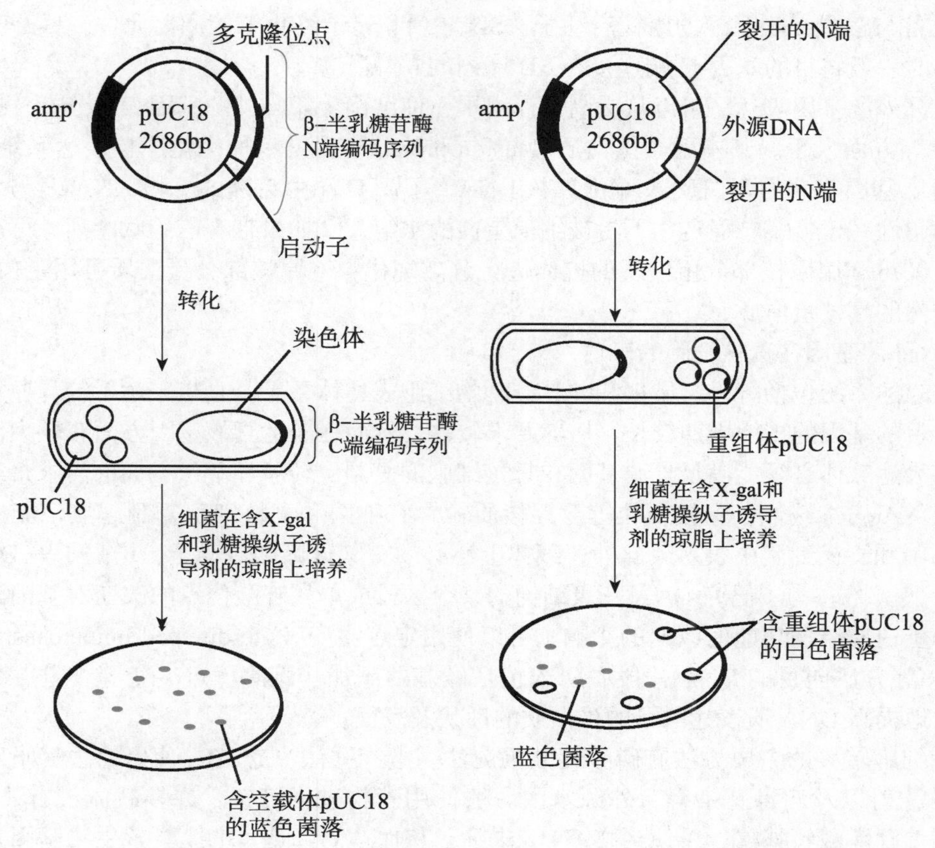

图 15-4　利用 α- 互补原理筛选重组体

交筛选过程如图 15-5 所示。

（三）PCR/DNA 序列测定

重组子中的目的基因可以通过 PCR 实现特异扩增而获得，继而进行 DNA 测序，得到目的基因序列的全部信息。而对于已知序列的基因，可以设计特异酶切位点，对扩增产物进行酶切鉴定，筛选出含有目的基因的克隆。

（四）外源基因表达产物鉴定

免疫学方法广泛用于外源基因表达产物的鉴定。当外源基因的表达产物已知时，可以使用相应的抗体，结合放射自显影、化学发光和各种显色反应来实现外源基因表达产物的鉴定。

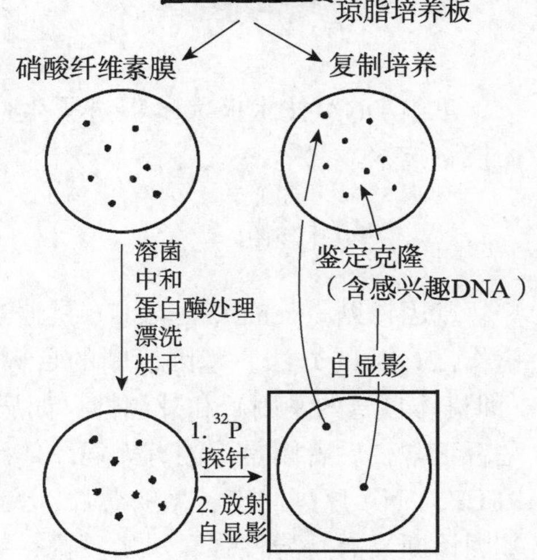

图 15-5　菌落核酸杂交筛选示意图

六、目的基因的表达

（一）外源基因在原核细胞的表达

大肠埃希菌是最常用的原核表达体系，其优点在于培养简单、迅速、经济。但是在表达真核基因时，会出现无法剪切内含子，无法正确折叠、修饰蛋白质而形成不溶性包涵体（inclusion body）的情况，给目的蛋白质的分离造成不便。

由于原核表达系统无法剪切内含子，因此来源于真核细胞的目的基因必须为 cDNA 片段。

载体需具备与宿主细胞匹配的原核启动子、SD 序列和转录终止子等调控元件。目的基因与载体在连接时一般将目的基因 5′ 端连接在 SD 序列的 3′ 端下游。

要提高外源基因表达，可以从提高翻译水平、使细菌生长与外源基因表达分开、提高蛋白质稳定性等方面入手。其中融合蛋白质（fusion protein）就是一种优化原核表达系统的手段，融合蛋白质基因表达的蛋白质 N 端由原核 DNA 编码，C 端由克隆的真核 DNA 编码。融合蛋白质的优越性在于：①较稳定，不易被细菌蛋白酶水解；②如果带有信号肽序列，可产生分泌型产物；③可利用原核部分蛋白质的抗体进行分离纯化；④原核部分蛋白质可用蛋白酶切除，释放出天然的真核蛋白质。

（二）外源基因在真核细胞的表达

真核表达系统包括酵母、昆虫和哺乳类动物细胞表达体系等。真核表达系统与原核表达系统相比，目的基因的扩增周期较长，培养要求较高，然而在表达真核基因方面有较大优越性。

真核表达载体必须能满足外源基因在真核细胞的复制、转录和翻译方面的需求，载体包括 RNA 和 DNA 病毒载体、穿梭质粒等。穿梭质粒含有细菌和真核细胞复制起点，能携带插入序列在细菌和真核细胞中表达。此外，载体上还必须有其他诸如启动子、增强子等 DNA 元件（顺式作用元件）。为了研究 DNA 一级结构的某个区段或单核苷酸位点的改变对基因表达调节和（或）蛋白质结构功能的改变的影响，可以使用定点突变（site-directed mutagenesis）技术。通过 PCR 等方法向目的 DNA 片段中引入包括碱基的添加、删除、点突变等。定点突变能迅速、高效地提高 DNA 所表达的目的蛋白质的性状及表征。

真核细胞转染的主要方法有磷酸钙共沉淀法、电穿孔法、DEAE- 葡聚糖法、脂质体融合法和显微注射以及病毒感染等。外源基因一般使用药物进行筛选。许多载体带有 neo^r 基因，编码氨基糖苷磷酸转移酶，可使药物 G418 失活，从而达到筛选目的。真核生物基因在真核细胞中表达时，表达产物对细胞本身影响不大，蛋白质也很少遭受宿主细胞的降解，可以持续表达，一般无需诱导。对宿主细胞持续培养后，可在细胞或上清液中直接得到表达产物，为目的蛋白质分离纯化提供了便利。

第四节 重组 DNA 技术在医学中的应用

重组 DNA 技术极大地促进了生命科学和医学的发展，是分子医学（molecular medicine）的核心技术。

一、基因诊断

基因诊断（gene diagnosis）是通过分析基因及其表达产物——DNA、RNA 和蛋白质对疾病作出诊断的方法。基因诊断的目标分子是 DNA、RNA 或者蛋白质。检测的基因有内源性（即机体自身的基因）和外源性（如病毒、细菌等）两类，前者主要分析基因结构或基因表达是否正常，后者则是检测有无病原体感染。基因诊断技术主要有核酸分子杂交、PCR、SSCP、RFLP、DNA 序列测定、生物芯片、蛋白质免疫印迹等，这些技术、方法可单独或者联合应用。基因诊断具有特异性强、灵敏度高、结果稳定等特点，是一种应用范围广、适应性强的快速、早期诊断技术。

基因诊断在临床上主要用于遗传病、感染性与传染性疾病、恶性肿瘤等的预测和诊断。另外，基因诊断还广泛应用于法医学中的亲子鉴定和个体识别等。

（一）遗传病的基因诊断

有关人类遗传病的信息可参考 NCBI 网站（http：//www.ncbi.nlm.nih.gov）的 OMIM（Online Mendelian Inheritance in Man）。OMIM 包含了所有已知的孟德尔遗传病和 12000 多个基因信息。

1．单基因遗传病　通过鉴定单个基因发生的突变或其结构和表达水平的改变来诊断特定疾病，尤其用于产前诊断和携带致病基因者的预防性检测。这些单基因遗传病主要包括珠蛋白生成障碍性贫血（地中海贫血）、甲型血友病、进行性肌营养不良、苯丙酮尿症等。

2．多基因遗传病　多基因遗传病的发生涉及多个基因和多因素的相互作用，诊断比较复杂，但基因诊断对该类疾病的诊断仍然有益，比如目前认为 *BRCA*1 和 *BRCA*2 基因突变与个体乳腺癌的发病有较大相关性。特别是对于有家族史的个体而言，预测性基因诊断结果更具指导意义。

（二）感染性与传染性疾病的基因诊断

感染性与传染性疾病都是由于人体感染了某种病原体而引发的疾病。通过基因诊断可直接检测人体组织中是否存在病原体的基因或基因表达产物，从而诊断出人体是否感染了某种病原体。

1．病毒性疾病的基因诊断　由于基因诊断方法无需病毒培养，具有安全、快速、敏感等优点，在病毒性疾病的临床诊断中得到了广泛运用。目前，基因诊断已能检测多种常见的病毒感染，如乙型肝炎病毒（hepatitis B virus，HBV）、丙型肝炎病毒（hepatitis C virus，HCV）、人类免疫缺陷病毒（human immunodeficiency virus，HIV）、人类乳头瘤病毒（human papillomavirus，HPV）等的感染。此外，基因诊断也能用于一些暴发性病毒感染的诊断和病情发展的监控，如 SARS 冠状病毒、埃博拉病毒和寨卡病毒等。

2．细菌性疾病的基因诊断　细菌是临床感染性疾病的主要病原微生物，由于抗生素药物的滥用，耐药性细菌感染已成为危害人类健康的重要因素。基因诊断在细菌分型、耐药性基因检测等方面都显示巨大的优势。目前，许多致病性细菌都能采用基因诊断法进行检测，如结核分枝杆菌、金黄色葡萄球菌、幽门螺杆菌等。

（三）恶性肿瘤的基因诊断

人类肿瘤的发病机制非常复杂，由于缺乏有效的早期诊断技术，临床确诊的肿瘤往往已到病程的中后期，此时临床治疗效果和预后均不佳。随着现代医学和分子生物学的发展，人们已经认识到在肿瘤发生的早期，甚至还未发生肿瘤病变时，人体细胞已有基因结构或表达的异常，并且这种异常贯穿了肿瘤发生发展的整个过程。因此可以通过基因诊断技术对恶性肿瘤进行早期诊断、分期分型、预后评估等。目前，作为肿瘤诊断标志物的基因或基因表达产物主要有以下类型：

1．原癌基因或抑癌基因　大多数人类肿瘤都已检测到癌基因或抑癌基因的缺失或点突变，这些改变可作为某些肿瘤的基因标志，如 *K-RAS*、*C-MYC*、*TP53* 等目前已用于结肠癌等恶性肿瘤的临床早期诊断。

2．肿瘤相关病毒　现代流行病学调查和分子生物学研究揭示病毒感染可以引起肿瘤。目前已经确定一些病毒与特定的肿瘤有关，如 EB 病毒与鼻咽癌、HPV 与宫颈癌、HBV 与肝癌等。因此，通过检测这些病毒基因可以为相关肿瘤的预防和诊断提供基础。

3．其他肿瘤标志　现代肿瘤学研究发现肿瘤的发生与基因异常扩增、细胞微卫星不稳定性以及染色体异常等均有密切关系，因此对于这些遗传变异的检测也可用于肿瘤的早期诊断和治疗指导。如肺鳞癌通常可见 *C-ERB-B1* 基因扩增，并且其与临床化疗的耐药性有关，因此 *C-ERB-B1* 基因扩增的检测可用于肺鳞癌的诊断和治疗指导。

（四）基因诊断在法医学中的应用

目前基因诊断在法医学中的应用，主要是采用基于短串联重复序列（short tandem repeat，STR）的 DNA 指纹技术进行个体认定，已成为亲子鉴定、个体识别、刑侦样品鉴定的重要技术手段。由于 STR 位点具有突变率低、扩增成功率高、电泳易分离、对检材的质和量要求低的特点，DNA 指纹技术进行 DNA 分型逐步被 PCR-STR 分型取代。PCR-STR 技术针对 STR

位点设计相应的PCR引物，对待测DNA样本进行PCR扩增和带型比较后即可判断结果。该方法快速、灵敏，可以对微量血痕、唾液、精液和毛发进行个体鉴定。

二、基因治疗

腺苷脱氨酶（adenosine deaminase，ADA）缺陷症的治愈宣告了基因治疗技术的诞生。基因治疗（gene therapy）是指通过基因转移技术，直接或间接地将目的基因导入患者靶器官或细胞，通过改变患者细胞的基因表达情况而实现治疗目的的新型治疗方法。进行基因治疗的前提是对该疾病的分子机制已有深刻认识。基因治疗基本策略有基因置换、基因添加、基因干预、自杀基因治疗和基因免疫治疗等。

基因治疗中使用的载体主要有逆转录病毒、腺病毒等。按导入基因的方法可将基因治疗分为间接体内疗法和直接体内疗法两种：①间接体内疗法，在体外将基因导入靶细胞，再将这种经基因修饰过的细胞回输到患者体内，使细胞表达该基因；②直接体内疗法，将外源基因直接导入体内有关组织器官，使其进入相应的细胞并表达。

基因治疗策略发展迅速，以下仅介绍近年来发展的几种技术：

1．RNA 干扰（RNA interference，RNAi） 通过双链RNA诱导特定基因的沉默。细胞中与该双链RNA具有同源序列的mRNA被特异性降解，从而抑制相关基因的表达。

2．反义 RNA（antisense RNA） 单链反义RNA与细胞中的mRNA特异结合而阻断其翻译。反义RNA作用于特异的mRNA分子，不改变被调节基因的结构。而且这段单链RNA最终较易在细胞中降解，不会残留。

3．三链 DNA（triple-strand DNA） 特定的脱氧寡核苷酸与双链DNA特异序列结合，形成三链DNA，可阻止基因转录和DNA复制。这种脱氧寡核苷酸也即三链形成脱氧寡核苷酸（triple helix-forming oligonucleotides，TFO），又称为反DNA。

基因治疗存在的问题有：①目的基因在受体中的表达不够稳定，表达时间短，导致其疗效低；②机体对携带目的基因的载体产生了免疫性，免疫系统的激活使得相同的治疗手段难以重复实现；③目前使用的逆转录病毒和腺病毒载体存在潜在安全隐患；④目前基因治疗对复杂多因素作用的多基因疾病仍未有突破。

三、疾病相关基因功能研究

疾病相关基因的功能研究目的是确定人类疾病发生、发展及转归的机制，进而研发新的诊断技术及治疗干预措施，进行药物开发。研究基因功能的手段主要有：

1．DNA 序列比对及功能诠释 采用生物信息学的方法，通过同源序列的比对，获得基因的生物学信息，从而推断其功能。

2．利用基因工程细胞研究基因功能 通过构建基因工程细胞，诱导特异基因的高表达，或者使用RNA干扰及反义RNA技术抑制特定基因在细胞中的表达，从而研究基因功能。

3．研究蛋白质相互作用 以重组DNA技术构建的酵母双杂交和噬菌体展示体系是高通量研究蛋白质相互作用的常用手段。研究蛋白质相互作用的技术还包括亲和层析、免疫共沉淀等。

4．借助基因修饰动物来研究基因功能 通过转基因技术或基因敲除技术建立特定的动物模型，研究目的基因功能。基因打靶（gene targeting）技术通过同源重组定向地从染色体上移除或移入特定基因。在动物（主要是小鼠）受精卵或胚胎干细胞中表达外源性基因、敲入（knockin）或敲除（knockout）基因，即可获得基因修饰动物品系。

将外源重组基因转染并整合到动物受体细胞基因组中，从而形成在体表达外源基因的动物，称为转基因动物。为了研究感兴趣的目的基因在动物或人体的生长发育过程中的作用，目的基因需要被导入并整合到受精卵基因组中。图 15-6 描述了转基因动物制备策略的常用方法。

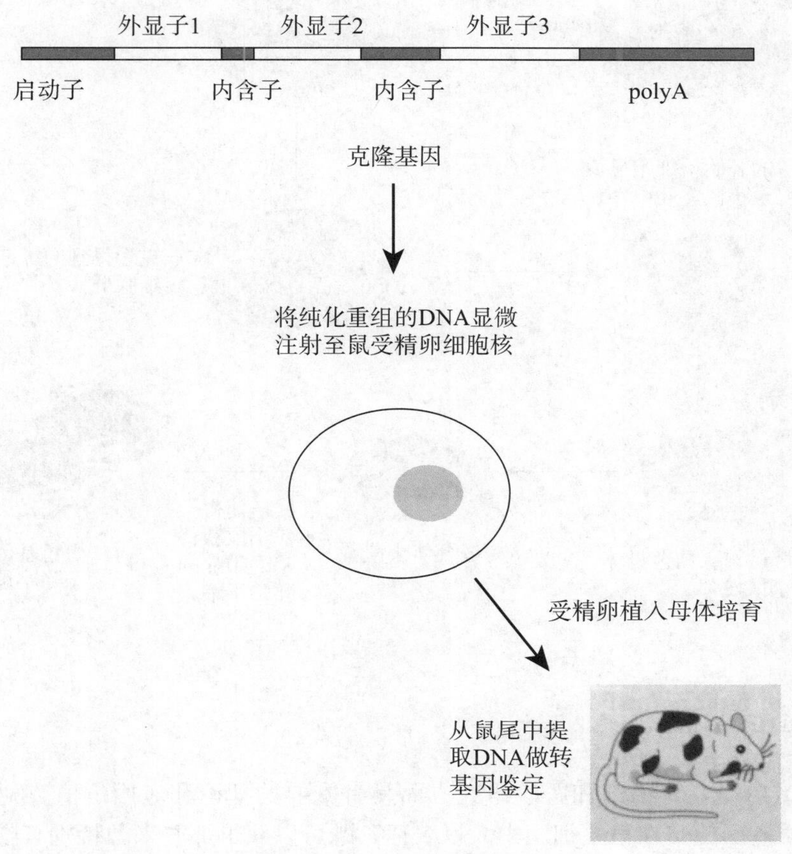

图 15-6 制备转基因小鼠的原理

为了得到选择性地敲除目的基因并使其在体内任何细胞中均不表达的动物，就需要用到基因敲除技术。基因敲除技术是 20 世纪 80 年代发展起来的，是建立在基因同源重组和胚胎干细胞技术基础上的一种分子生物学技术。胚胎干细胞（embryonic stem cell，ES）是从着床前胚胎分离出的内细胞团（inner cellmass，ICM）细胞，它具有向各种组织细胞分化的潜能，能在体外培养并保留发育的全能性。将 ES 在体外进行遗传操作后，重新植回小鼠胚胎，它能发育成胚胎的各种组织（图 15-7）。基因同源重组是指当外源 DNA 片段大且与宿主基因片段同源性强并互补结合时，结合区的任何部分都有与宿主的相应片段发生交换（即重组）的可能，这种重组称为同源重组。

然而，有些基因被完全敲除后会使表型分析受到很多限制，因此，条件性基因敲除（conditional gene knockout）技术应运而生。该技术可以更加明确地在时间和空间上操作基因靶位，敲除效果更加精确可靠，理论上可达到对任何基因在不同发育阶段和不同组织、器官的选择性敲除。

2013 年发现的 CRISPR/Cas9 技术，是继锌指核酸内切酶（ZFN）、类转录激活因子效应物核酸酶（TALEN）之后出现的第三代“基因组定点编辑技术”。CRISPR/ Cas9 利用一段小 RNA 来识别并剪切 DNA 以降解外来核酸分子。在向导 RNA（guide RNA，gRNA）和 Cas9 蛋白的参与下，待编辑的细胞基因组 DNA 将被看作病毒或外源 DNA，被精确剪切。凭借着成本低廉、操作方便、效率高等优点，CRISPR/Cas9 技术迅速风靡全球，成为基因功能研究的有力帮手。

CRISPR/Cas 系统——高效的基因编辑工具

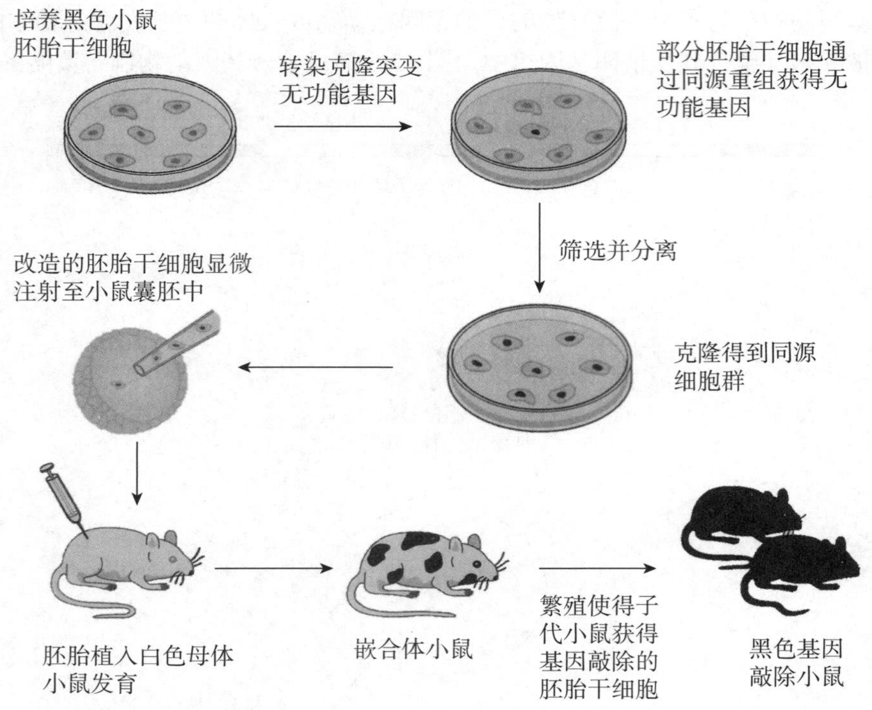

图 15-7 制备基因敲除小鼠的原理

四、基因工程药物和疫苗研发

生物活性蛋白质在生物学和医学研究方面具有重要的理论和应用价值。利用基因工程技术，克隆蛋白质基因使其在宿主细胞中大量表达，既可以获得那些来源特别有限的蛋白质，还可以获得自然界本不存在的一些蛋白质。基因工程技术在大量生产生物活性蛋白质和疫苗方面有着传统的生物提取法无法比拟的优越性，部分重组 DNA 医药产品如表 15-2。

1．基因工程亚单位疫苗 新一代乙肝疫苗是纯化了的基因工程表达抗原，该病毒颗粒亚单位既保留免疫原性，又能激活机体免疫系统，还剔除了病毒的潜在致病性，通过生产可以得到大量高纯度的疫苗。

2．肿瘤疫苗 利用肿瘤细胞或肿瘤抗原物质诱导机体产生特异性免疫反应，以增强机体的抗癌能力，阻止肿瘤的生长、扩散和复发，达到肿瘤特异性主动免疫治疗目的。

表15-2 基因工程医药产品

产品名称	功能及应用
组织胞浆素原激活剂	抗凝
血液因子Ⅷ	促进凝血
颗粒细胞 - 巨噬细胞集落	刺激白细胞生成
促红细胞生成素	刺激红细胞生成
白细胞介素	激活刺激各类白细胞
超氧化物歧化酶	抗组织损伤
胰岛素	治疗糖尿病
干扰素	抗病毒及某些肿瘤
单克隆抗体	临床或实验室诊断
乙肝疫苗	预防乙肝

小结

DNA 限制性内切核酸酶和 DNA 连接酶这两种主要工具酶的发现，促进了重组 DNA 技术即基因克隆研究领域的发展。完整的基因克隆过程包括：获取目的基因并进行必要的改造；选择和修饰克隆载体；将目的基因与载体连接获得含有目的基因的重组子；将重组子导入相应宿主细胞；筛选含有重组 DNA 的细胞并进行必要的鉴定；表达产物的分离、纯化等（见下表）。

重组DNA技术的步骤与说明

<table>
<tr><th colspan="2">基本过程</th><th>主要技术</th><th>说明</th></tr>
<tr><td rowspan="4">分</td><td rowspan="4">目的基因获取</td><td>化学合成</td><td>通过 DNA 合成仪合成目的基因</td></tr>
<tr><td>基因组 DNA 文库</td><td>用限制性内切酶切割染色体获取目的基因</td></tr>
<tr><td>cDNA 文库</td><td>以 mRNA 为模板合成互补 DNA</td></tr>
<tr><td>聚合酶链反应</td><td>设计引物，PCR 扩增获取目的基因</td></tr>
<tr><td>切</td><td>载体选择与构建</td><td colspan="2">根据实验的需要选择载体，酶切载体和目的基因</td></tr>
<tr><td rowspan="4">接</td><td rowspan="4">外源基因与
载体的连接</td><td>黏性末端连接</td><td>—</td></tr>
<tr><td>平端连接</td><td>—</td></tr>
<tr><td>同聚物加尾</td><td>黏性末端的一种特殊形式</td></tr>
<tr><td>人工接头连接</td><td>黏性末端的一种特殊形式</td></tr>
<tr><td>转</td><td>重组 DNA
导入受体菌</td><td colspan="2">根据重组时采用的载体性质不同，有转化、转染、感染等方式</td></tr>
<tr><td rowspan="2">筛</td><td rowspan="2">重组体的筛选</td><td>直接选择法</td><td>针对载体携带某种标志基因和目的基因而设计的方法。如抗药性标志选择、标志补救、核酸杂交法</td></tr>
<tr><td>间接选择法</td><td>利用特异抗体与目的基因表达产物相互作用进行筛选</td></tr>
<tr><td rowspan="2">表</td><td rowspan="2">克隆基因
的表达</td><td>原核表达体系</td><td>载体的条件：①选择标志；②强启动子；③翻译调控序列；④多克隆位点
优点：培养简单、迅速、经济、适合大规模生产
缺点：①不宜表达真核基因组 DNA；②不能加工表达的真核蛋白质；③表达的蛋白质常形成不溶性包涵体；④很难表达大量可溶性蛋白质</td></tr>
<tr><td>真核表达体系</td><td>优点：可表达克隆的 cDNA 及真核基因组 DNA、可适当修饰表达的蛋白质、表达产物可分区域积累
缺点：操作技术难、费时、昂贵</td></tr>
</table>

重组 DNA 技术是分子生物学的核心技术，在疾病相关基因的发现和功能研究、表达具有药用价值的蛋白质、基因诊断和基因治疗以及疾病的预防等方面具有广泛的应用价值。

思考题

1．设计原核系统表达胰岛素重组蛋白质的实验，简述其基本过程和可能用到的载体、工具酶。

2．如果在真核系统表达胰岛素重组蛋白质，其过程和可能用到的载体、工具酶与原核系统有何不同？

3．获取目的基因有哪些基本方法？

4．鉴定和筛选重组子有哪些方法？

5．总结思考重组 DNA 技术在医学中的可能应用及利弊。

（高国全）

第四篇

专题篇

第16章 细胞信号转导

第一节 概 述

生物与自然是一个和谐的整体，作为其中的一部分，生物体只有对自然界的信息和变化或刺激做出适当的反应，才能得以生存、繁殖、延续。单细胞生物作为由一个细胞组成的个体，对外界刺激能通过反馈调节，直接迅速地做出反应。随着生物进化，出现了多细胞生物，进而出现了多器官生物，各细胞、各器官间必须有方便、快捷的信息网络，才能彼此协调、默契配合，作为一个完善的整体，统一协调地发挥各自的功能，以适应外环境的变化。

在应对外界变化时，生物体内细胞间的相互识别、相互反应和相互作用称作细胞通讯（cell communication）。而针对外源性信息，生物体内所发生的各种分子活性的变化，引起细胞功能改变的过程称为信号转导（signal transduction），其最终目的是使机体在整体上对外界环境的变化做出最为适宜的反应。信号转导的实质就是机体内一部分细胞发出信号，另一部分细胞接收信号并将其转变为细胞功能上的变化过程。

阐明细胞信号转导的机制就意味着认清细胞在整个生命过程中的增殖、分化、代谢及死亡等诸方面的表现和调控方式，进而理解机体生长、发育和代谢的调控机制。从这个角度看，生命现象是信息在同一或不同时空传递的现象，生命的进化实质上就是信息系统的进化：一方面信息物质如核酸和蛋白质信息在不同世代间的传递维持了种族的延续；另一方面生物信息系统的存在使生物体得以适应其内外环境的变化，维持个体的生存。

细胞信号转导过程包括细胞接受外界信号刺激，信号分子跨膜转导入细胞内，在细胞内由级联反应将信号转导到细胞各个部分，最后产生各种应答效应。细胞信号转导具有如下基本特征。

一、信号转导具有高度的专一性和敏感性

信号转导具有高度的专一性和敏感性。专一性依赖于信号分子和受体之间严格的分子识别，例如酶 - 底物、抗原 - 抗体之间的识别与结合。与单细胞生物相比，多细胞生物的信号转导具有更高的特异性，这与某些受体分子或者信号途径仅存在于一些特定的细胞有关。例如，肝细胞缺乏促甲状腺素释放素受体，因此促甲状腺素释放素可以引发腺垂体细胞而非肝细胞的信号反应。尽管肝细胞和脂肪细胞都分布有肾上腺素受体，但肾上腺素在肝中调控糖原代谢，在脂肪细胞中调控三酰甘油分解代谢，这与肾上腺素敏感的糖原代谢酶类主要分布于肝细胞中有关。

信号转导的高度敏感性与三个因素有关：信号分子（配体）与受体的高度亲和力、信号分子（配体）和受体相互作用的协同效应以及信号转导的级联放大效应。亲和力的大小一般用解离常数 K_d 来衡量，通常在 10^{-7}mol/L 或者更低，这意味着受体可以识别低至纳摩尔浓度的信号分子。协同效应使得配体即使浓度变化很小，也可以引起受体活性较大的改变，例如 Hb 结合氧分子时的协同效应。受体传递细胞信号后，会逐级激活转导途径中的酶，称为酶的级联放大效应，在数毫秒内完成几个数量级的信号放大效应。

二、信号蛋白质的结构域具有模块化的特征

细胞的信号转导通常是由信号蛋白质和其他生物分子之间的复杂相互作用完成的。信号蛋白质或酶分子的模块化结构域，是执行信号转导过程中的蛋白质 - 蛋白质相互作用或催化功能的结构基础。模块化结构域在选择性激活信号途径的过程中发挥着关键作用，通过它们能够将目标蛋白质招募到激活的受体，并调节随后的信号复合体的组装。很多信号蛋白质结构中具有多个结构域，分别识别不同的信号蛋白质、细胞骨架或细胞质膜中的某些特定特征。例如蛋白质酪氨酸激酶是通过模块化的 Src 同源性结构域 2（src homology 2 domain，SH2）识别下游信号分子中磷酸化的酪氨酸基序而招募下游信号分子，这是信号转导中极为常见的蛋白质 - 蛋白质相互作用，并通过磷酸化或者脱磷酸化反应对其进行调节。信号蛋白质的模块化允许细胞混合或者匹配一组信号分子以创建不同功能或者不同细胞定位的多酶复合体。通过非酶促的衔接蛋白将几种级联反应的酶结合在一起，保证了它们能在特定的时间和特定的细胞定位进行反应。此外，很多蛋白质 - 蛋白质互相作用中所涉及的结构域处于内在无序状态，能够根据所结合的蛋白质分子进行不同的折叠，因此，某个信号蛋白质可能在不同的信号途径中具有不同功能。

三、受体的脱敏反应和适应性

受体脱敏是指受体被激活后会触发一个反馈调节而关闭受体或者将受体从细胞表面移除，因此当信号持续存在时，受体系统会变得不敏感并不再对信号产生反应。当刺激信号降落低于一定的阈值后，受体系统又重新恢复敏感性。例如人的视觉、嗅觉和味觉的转导，系统会通过受体脱敏而适应持续的信号刺激。

四、信号途径的交叉联系和整合性

细胞内的信号途径并不是各自独立存在的，不同的信号途径之间的交汇所产生的复杂的交叉联系能够维持细胞和有机体的稳态。而信号的整合性能够使系统在获得多个信号刺激时产生一个适宜细胞或有机体联合需求的统一反应。

五、信号途径具有局域化的特征

细胞信号转导最后一个值得注意的特征是信号转导系统往往局限在一个细胞内进行反应。信号系统的各个组分（包括受体、G 蛋白、蛋白质激酶等）往往被限定在一个特殊的亚细胞结构（如膜脂筏）中，在该细胞内即可完成对整个信号途径的调控，不会对距离较远的细胞产生影响。

第二节　生物膜的结构与细胞通讯

细胞是人体和其他生物体一切生命活动的基本单位。体内所有的生理功能和生化反应，都是在细胞及其基质的物质基础上进行的。生物膜的出现是生命物质由简单到复杂的长期演化过程中的一次飞跃，它使细胞能够既独立于环境而存在，又能通过生物膜与周围环境进行有选择的物质交换而维持生命活动。因此生物膜是一个具有特殊结构和功能的选择性通透膜，它的主要功能可归纳为：能量转换、物质转运、信息识别与传递。

一、生物膜的分子组成与基本结构

生物膜是细胞结构的基本形式，对细胞内很多生物大分子的有序反应和整个细胞的区域化

都提供了必需的结构基础，使各个细胞器和亚细胞结构既各自具有恒定、动态的内环境，又相互联系、相互制约，从而使整个细胞活动有条不紊、协调一致地进行。

生物膜的形成对于生物体能量的贮存及细胞通讯起着中心作用，物质转运、能量转换、激素和药物作用、细胞识别、肿瘤发生等都与生物膜有关。

（一）生物膜的分子组成

生物膜主要由蛋白质和极性脂质组成，少量的糖类以糖蛋白或糖脂形式存在。蛋白质和脂质的相对比例因不同的膜而不同，反映出膜生物学作用的广泛性。如神经元的髓鞘主要由脂质构成，表现为一种被动的电子绝缘体；而线粒体膜、叶绿体膜、细菌细胞膜上有许多酶催化的代谢过程发生，含有的蛋白质比脂质要多。

对各种膜性结构的化学分析表明：膜主要由脂质、蛋白质和糖类等物质组成。生物膜所具有的各种功能，在很大程度上决定于膜内所含的蛋白质。细胞膜蛋白质就其功能可分为以下几类：一类膜蛋白质横贯细胞膜，在一定条件下能选择性地使其识别的物质通过细胞膜，如通道蛋白质；一类膜蛋白质分布在细胞膜表面，能识别并结合细胞环境中特异的化学性物质，如受体；有一大类膜蛋白质属于膜内酶类，种类甚多；还有一类涉及免疫功能的膜蛋白质。总之，不同细胞都有其特有的膜蛋白质，这是决定细胞功能特异性的重要因素。一个进行着新陈代谢的活细胞，不断有各种各样的物质进出细胞，包括各种供能物质、合成新物质的原料、中间代谢产物、代谢终产物、维生素、氧和 CO_2 等，它们都与膜上特定的蛋白质有关。

（二）生物膜的基本结构

流动镶嵌模型（fluid mosaic model）是目前普遍认可的、针对生物膜结构提出的一种模型，最初 Singer 和 Nicolson 提出流动镶嵌模型时，认为细胞膜是一个均质的脂质环境，随后大量研究不断修正对细胞膜的认识。实际上细胞膜是一个动态的、非均一的复杂体系。在生理条件下，由于膜上不同脂质在不同温度下状态不同，有些脂质分子处于液晶态，另一些处于晶态，处于不同状态的脂质分子各自汇集而存在分相的现象，形成了膜脂流动性大小不一的微区（microdomain）。近年来，在动植物细胞膜的脂质双分子层中发现存在脂筏（lipid raft）微区和质膜陷窝（caveolae）区，对质膜的流动镶嵌模型是一个新的补充。

脂筏也称膜脂筏（membrane lipid raft），是流动的脂质双分子层中特殊性质的脂质分子和蛋白质聚集在一起形成的细胞膜表面微结构域，富含胆固醇、神经鞘磷脂和饱和脂肪酸磷脂。鞘磷脂具有较长的饱和脂肪酸链，与胆固醇的亲和力较高，两者能紧密相互作用，所以脂筏区域结构致密，类似有序液体，流动性较小。脂筏周围的环境主要由不饱和的磷脂构成，流动性较大，因此脂筏就像有序的竹筏漂浮于无序的磷脂海洋中。

脂筏是膜蛋白质的停泊平台，主要富含两类内在的膜蛋白质，一类是由两个共价连接的长链饱和脂肪酸（两个软脂酰基或者一个软脂酰基与一个十四碳酰基）锚定在膜上的蛋白质，另一类是糖磷脂酰肌醇锚定蛋白质（GPI anchored protein）。这些蛋白质的存在使得脂筏具有重要的功能，主要参与物质转运和细胞信号转导。

脂筏结构可以用原子力显微镜观察到，根据电镜下形态特征，脂筏可分为两类——平坦状脂筏和陷窝状脂筏，它们的直径都在 25 ~ 100nm。陷窝状脂筏实际上属于一种特化的脂筏结构。陷窝主要由陷窝蛋白（caveolin）结合胆固醇、鞘脂而成，陷窝蛋白为陷窝的主要骨架蛋白质，属于整合膜蛋白质。研究发现同一信号途径的膜受体和信号蛋白质被共同分割到一个脂筏内，通过陷窝蛋白与胆固醇结合，使得膜向内凹陷，形成穴样内陷，进而将外部信号转导入胞内。

与配体的结合是受体激活的起始步骤，从这个起始步骤开始，受体的功能就受到脂筏的影响。脂筏陷窝通过募集受体和下游的信号调节因子发挥信号募集平台作用，能改变整条信号途径的级联效应。目前大量的研究显示在陷窝状的脂筏结构中，其标志蛋白质陷窝蛋白与某些受体相互作用而影响受体的信号转导。

尽管关于脂筏在外部信号转导中的分子机制还不是很清楚，总的说来，脂筏最重要的特性是灵活可变地将某种蛋白质包含在其中或者排除在外，从而精细调控信号级联途径中膜蛋白质分子的活性，为本已复杂的由外部信号启动的信号转导过程增加了另外一个时空的维度。

二、生物膜的信号传递功能

信号传递是生物膜的一个重要功能，也就是细胞通讯。细胞通讯主要有以下三种方式。

（一）细胞间隙连接

细胞间隙连接（gap junction）是细胞间的直接通讯方式（图 16-1）。两个相邻细胞以连接子（connexon）相联系。连接子中央为直径 1.5nm 的亲水性孔道，允许分子量为 1500Da 以下的小分子物质如 Ca^{2+}、cAMP 通过，有助于相邻同型细胞对外界信号的协同反应，如可兴奋细胞的电偶联现象。

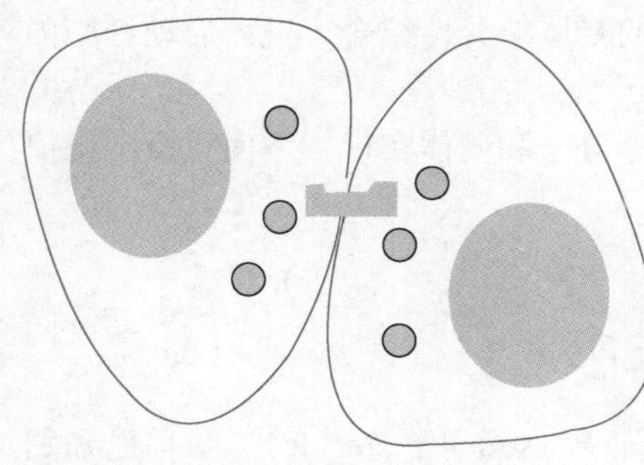

图 16-1　细胞间隙连接

连接子为一个多基因家族，现已发现 12 个成员。在肿瘤生长和创伤愈合等过程中都观察到某些类型连接子表达的变化。因此，连接子可能对细胞的生长、分化、定位及细胞形态的维持具有重要意义。

（二）膜表面分子接触通讯

膜表面分子接触通讯（contact signaling by plasma membrane bound molecules）也属于细胞间的直接通讯，是指细胞通过其表面信号分子与另一细胞表面的信号分子选择性地相互作用，最终产生细胞应答的过程（图 16-2）。与化学通讯所不同的是，信号分子（配体）位于细胞表面，属膜结合型直接的细胞通讯。

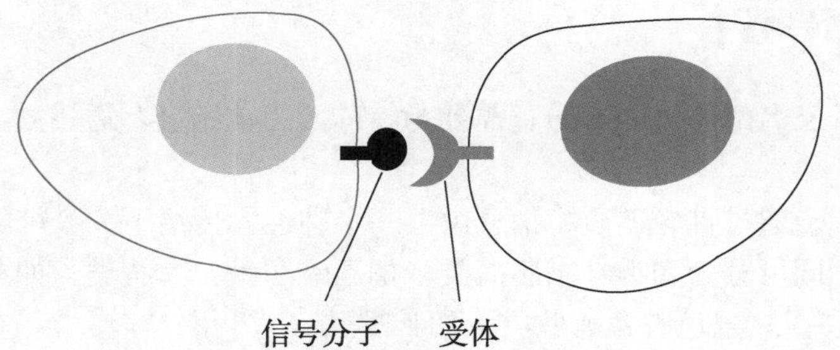

图 16-2　膜表面分子接触通讯

（三）化学通讯

化学通讯（chemical communication）是间接的细胞通讯（图 16-3），指细胞分泌一些化学物质（如激素）至细胞外，作为信号分子作用于靶细胞，调节其功能。根据化学信号分子作用的距离范围，化学通讯可分为以下 3 类：

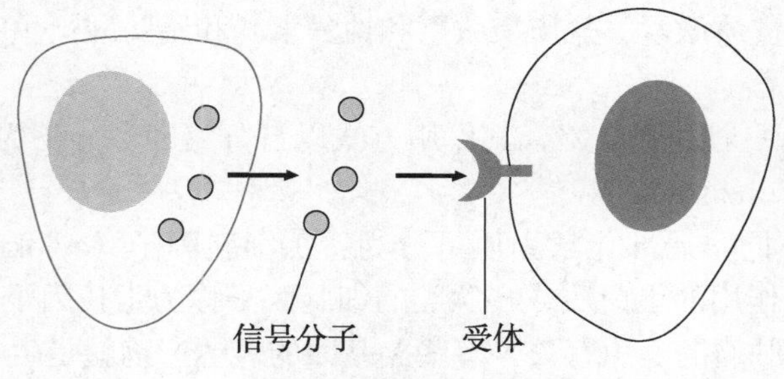

图 16-3　化学通讯

1．内分泌（endocrine） 内分泌细胞分泌的激素随血液循环输送至全身，作用于靶细胞。其特点是：①低浓度，仅为 10^{-12} ～ 10^{-8}mol/L；②全身性，随血液流经全身，但只能与特定的受体结合而发挥作用；③长时效，激素产生后经过漫长的运送过程才起作用，而且血流中微量的激素就足以维持长久的作用。

2．旁分泌（paracrine） 细胞分泌的信号分子通过扩散作用于邻近的细胞。信号分子包括：①各类细胞因子；②气体信号分子，如 NO。

3．自分泌（autocrine） 与上述两类不同的是，释放信号细胞和靶细胞为同类或同一细胞，常见于癌变细胞。如大肠癌细胞可自分泌产生促胃液素，介导调节 *C-MYC*、*C-FOS* 等癌基因表达，从而促进自身癌细胞的增殖。

在高等生物体内最主要的细胞通讯方式为化学通讯，其基本规律为：特定的细胞释放信号分子，信号分子经扩散或血液循环到达靶细胞后与靶细胞的受体特异性结合，进而启动细胞内信使系统，产生生物学效应。

尽管具体化学通讯的途径有所差异，但都需要依赖信号分子和受体实现。下面重点围绕信号分子、受体及几条主要信息传递途径介绍。

第三节 信号分子

在细胞间或细胞内进行信息传递的化学物质称为信号分子（signal molecule）。目前已知的生物体内信号分子有神经递质、激素、细胞因子等。根据化学性质可以将这些信号分子分为：①亲水性信号分子，包括蛋白质、肽类和氨基酸及其衍生物；②亲脂性信号分子，主要包括类固醇激素和脂肪酸衍生物；③气体信号分子，其主要代表是 CO 和 NO。

根据作用部位不同，信号分子可以分为细胞间信号分子和细胞内信号分子。

一、细胞间信号分子

细胞间信号分子又名配体（ligand），需要与特殊的受体结合，通过激活受体发挥作用。

（一）神经递质

神经系统信号传递

以旁分泌的方式，通过神经递质将信息由上一个神经元传给下一个神经元。

根据化学本质不同可分为四类：①胆碱类，如乙酰胆碱；②胺类，如儿茶酚胺类；③氨基酸类，如 γ- 氨基丁酸、5- 羟色胺；④肽类，如脑啡肽。

（二）激素

激素（hormone）多由特殊分化的细胞（内分泌腺）产生，在细胞外发挥作用，又称第一信使。

激素的作用方式一般以内分泌为主，通过血液循环将激素携带的信息传给远端的靶细胞。

激素根据化学性质不同可分为两类：①水溶性激素，主要为蛋白质、肽类（如生长因子、细胞因子、胰岛素等）和氨基酸及其衍生物（如儿茶酚胺类、甲状腺激素）；②脂溶性激素，为类固醇激素（包括糖皮质激素、盐皮质激素和性激素）和脂肪酸衍生物（如前列腺素）。

（三）局部化学介质

局部化学介质多由一般细胞分泌，其作用方式以自分泌和旁分泌为主，经扩散作用传播，又名旁分泌信号（paracrine signal）。

根据化学本质的不同，局部化学介质可分为：①细胞因子（cytokine），目前已鉴定的具有促进细胞生长、分化作用的蛋白质或多肽类的细胞因子称为生长因子（growth factor，GF）。生长因子的表达调控与肿瘤的发生有关，有些癌基因的表达产物就是生长因子或生长因子的受体。②气体分子，如 NO、CO，是目前备受关注的信号分子，对维持心血管系统处于恒定的舒张状态、调节血压、调节冠状动脉基础张力和心肌血流灌注有重要作用。

二、细胞内信号分子

细胞内信号分子是指细胞受第一信使刺激后产生的、在细胞内传递信息的化学分子，又称第二信使（second messenger）。目前已知的细胞内信号分子有：①无机离子，如 Ca^{2+}；②脂类衍生物，如 DAG、IP_3；③核苷酸类，如 cAMP、cGMP；④信号蛋白质分子，如 Ras 和底物酶（JAK、Raf）等。

第四节　受　体

受体（receptor）是指细胞中能识别信号分子，并与之特异结合引起相应生物效应的蛋白质。根据存在部位不同，可以将受体分为细胞膜受体和细胞内受体。

细胞膜受体接受的是不能通过生物膜的分子量较大的亲水性信号分子，而细胞内受体接受的则是可以通过生物膜的亲脂性信号分子和小分子的亲水性信号分子。

不管是何种受体，只有在识别特异的信号分子并与之结合后，才能被激活，引起相应的生物效应。受体与信号分子的结合具有以下特点：

1．高度亲和力　生物体内发挥作用的信号分子有效浓度都非常低（$\leqslant 10^{-7}$mol/L），受体与信号分子的这种高度亲和力保证了极低浓度的信号分子也能与受体结合引起生物效应。

2．高度专一性　不同的受体所识别和结合的信号分子不同，受体的这种选择性是由其结构不同所致，受体与信号分子这种高度特异的识别和结合保证了细胞间信息传递的精确性。

3．可逆性　信号分子与受体通过非共价键结合，其结合是可逆的，二者结合时引发生物效应，当完成信息传递后，二者解离，受体又恢复原有状态。

4．饱和性　信号分子与受体结合后产生的生物效应与二者结合量成正比，因此，信号分子与受体结合后产生的生物效应不仅取决于信号分子的数量，还与受体的数量及二者亲和力有关；由于受体的数量有限，故其作用有饱和现象。

一、细胞膜受体的种类、结构与功能

细胞膜受体接受的配体常为分子量较大的亲水性信号分子，根据功能域的不同和转换信号的方式差异，细胞膜受体主要分为离子通道型受体、G 蛋白偶联受体和酶偶联型受体。

（一）离子通道型受体

离子通道型受体主要存在于神经、肌肉等可兴奋细胞，其信号分子是神经递质，为环状结构的蛋白质，属于配体依赖性离子通道。离子通道型受体分为阳离子通道型受体（如乙酰胆碱、谷氨酸和 5- 羟色胺的受体）和阴离子通道型受体（如甘氨酸和 γ- 氨基丁酸的受体）。

离子通道型受体的作用规律为：当神经递质与受体结合后，受体变构，受体本身即为离子通道，激活后导致通道开放，形成膜内外的离子流动，引起膜电位变化，传递信息。

以乙酰胆碱的 N 型受体为例，该受体由 5 个亚基围成 Na^+ 离子通道，2 分子乙酰胆碱的结合可以使受体处于通道开放状态，然而这种开放状态的时限十分短暂，在几十毫微秒内又回到关闭状态。然后乙酰胆碱与之解离，受体则恢复到初始状态，做好重新接受配体的准备。

（二）G 蛋白偶联受体

G 蛋白偶联受体（G-protein coupled receptor，GPCR）由 7 个跨膜 α 螺旋组成，N 端在细胞膜外，C 端在膜内，胞质面第三个环与鸟苷酸结合蛋白（guanylate binding protein，G 蛋白）偶联（图 16-4）。

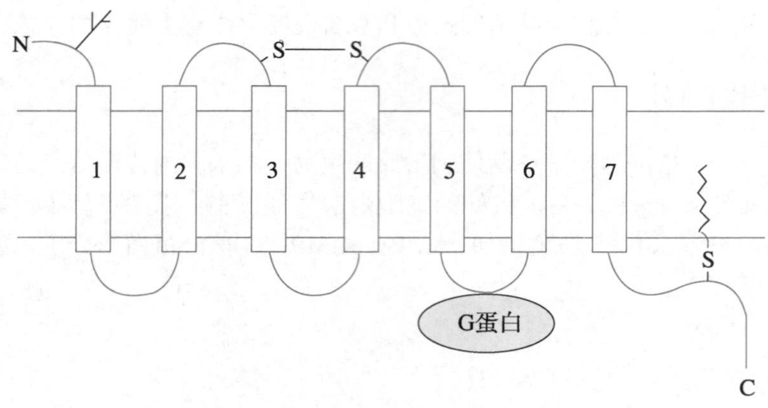

图 16-4 G 蛋白偶联受体的结构

人类基因组编码超过 1000 种的 G 蛋白偶联受体，大约 350 种可以识别激素、生长因子和其他内源性的配体，其他约 500 种作为嗅觉和味觉受体。此类受体激活别构后，不能直接将信息传入膜内，需通过中间物来介导方能实现信息传递，这个中间介导物即 G 蛋白。

人的 G 蛋白约 200 种，G 蛋白家族成员包括三聚体 G 蛋白（如 cAMP-PKA 途径中的 Gs）、低分子量 G 蛋白（如 Ras/MAPK 信号途径中的 Ras 蛋白）以及其他功能的 G 蛋白（如囊泡运输途径中的 ARF 和 Rab、细胞周期调控中的 Rho、蛋白合成中的起始和延长因子等）。尽管不同的 G 蛋白在结构、细胞内定位和功能上各不相同，但拥有一些共同特征，所有的 G 蛋白在受信号刺激后被激活，经短暂时间后，又可以进行自我失活，恰如一个内置定时器的二进制“分子开关”。

G 蛋白活化和失活的过程称为 G 蛋白循环（图 16-5）。以三聚体 G 蛋白为例，三聚体 G 蛋白以 α、β、γ 亚基三聚体的形式存在于细胞质膜内侧，其中发挥激活作用的主要是 α 亚基。当 G 蛋白处于三聚体状态时无活性，此时 α 亚基结合 GDP；信号刺激受体后，G 蛋白活化，α 亚基与 GDP 亲和力下降，GDP 被 GTP 所取代，α 亚基与 βγ 亚基解聚，α-GTP 成为活化的 α 亚基，活化的 α 亚基将作用于下游的各种效应分子，进一步传递信号；α 亚基具有 GTP 酶活性，水解 GTP 生成 GDP，α-GDP 再与 βγ 亚基重新聚合形成三聚体，G 蛋白失活。

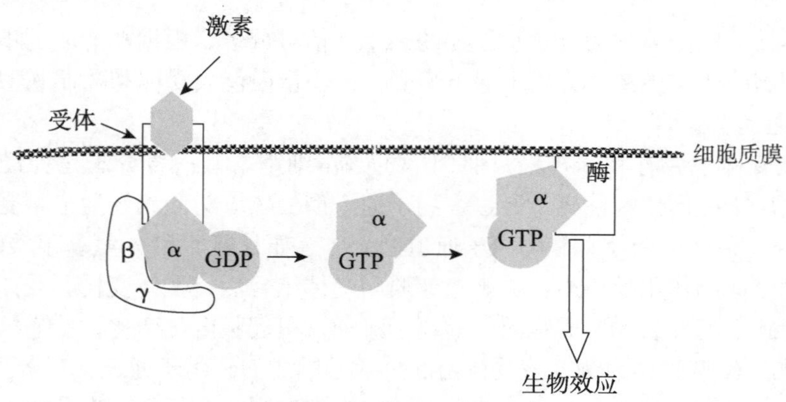

图 16-5 G 蛋白的作用

不同 G 蛋白活化和失活的开关机制相同。G 蛋白与 GTP 结合后，分子构象改变，并暴露出两个重要的区域“开关 1”（switch 1）和“开关 2”（switch 2），这两个区域能够识别并结合特异的下游蛋白分子。决定 G 蛋白构象的关键因素是 GTP 的 γ- 磷酸与 G 蛋白中 P 环（P-loop）的结合。对于 Ras 蛋白，GTP 的 γ- 磷酸中的氧原子分别与 P 环中的 Lys、开关 1 中

的 Thr^{35} 和开关 2 中的 Gly^{60} 以氢键相连。这些氢键像弹簧一样把下游靶蛋白质固定在 G 蛋白的活性位置（图 16-6）。一旦 GTP 水解，氢键断裂，多肽链松弛，开关 1 和开关 2 被重新掩藏，G 蛋白则失活，信号传递被关闭。此外，GTP 中鸟嘌呤的氧与 Ala^{146} 之间氢键的形成决定了 G 蛋白只能识别 GTP 而不是 ATP。

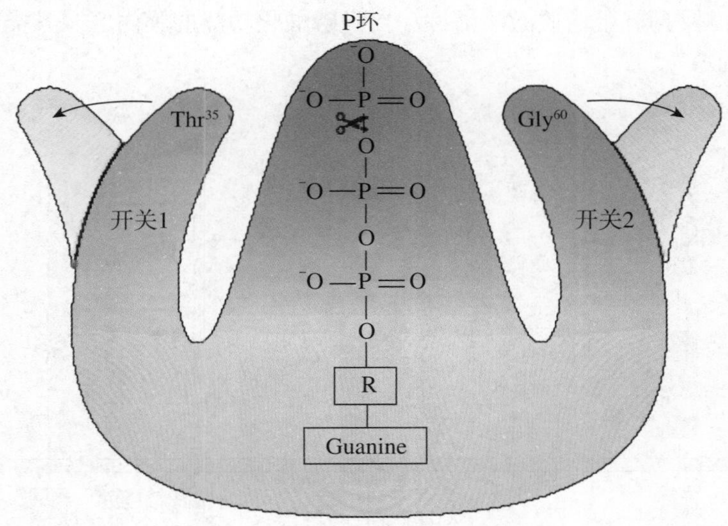

图 16-6　G 蛋白对 GTP 的识别和结合

G 蛋白机制的发现

由于 G 蛋白的种类不同，G 蛋白可以作用于不同的效应分子，G_α 蛋白的种类、其作用的效应分子及所调节的细胞内信使见表 16-1。

表16-1　G蛋白及其效应分子

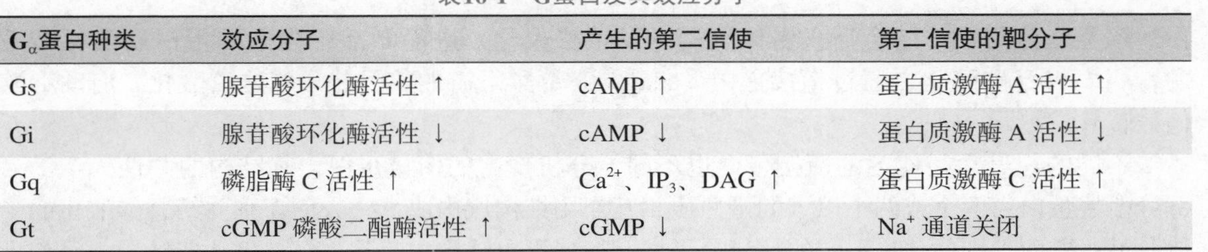

G_α蛋白种类	效应分子	产生的第二信使	第二信使的靶分子
Gs	腺苷酸环化酶活性 ↑	cAMP ↑	蛋白质激酶 A 活性 ↑
Gi	腺苷酸环化酶活性 ↓	cAMP ↓	蛋白质激酶 A 活性 ↓
Gq	磷脂酶 C 活性 ↑	Ca^{2+}、IP_3、DAG ↑	蛋白质激酶 C 活性 ↑
Gt	cGMP 磷酸二酯酶活性 ↑	cGMP ↓	Na^+ 通道关闭

许多报道已指出 G 蛋白存在于脂筏中，不同 G 蛋白的亚型在脂筏中的含量都很丰富，但是不同亚型在脂筏中聚集的程度有差异。脂筏能在空间上组织特定的 G 蛋白，通过协助或者阻碍 G 蛋白与相应受体和下游效应物的相互作用，起到增强或破坏信号转导的作用。

除了作为信号分子的组织中心，脂筏还参与调控受体内吞途径。目前已经发现某些 G 蛋白偶联受体的内化是通过两种不同形态的脂筏介导的。脂筏对受体的转运涉及以下三种不同的机制：陷窝蛋白介导的受体内吞、平坦状脂筏介导的受体内吞、受体在细胞膜表面脂筏与脂筏以外区域的侧向转运。

（三）酶偶联型受体

酶偶联型受体（enzyme linked receptors）分为两类：①受体本身具有激酶活性，如肽类生长因子（EGF、PDGF、CSF 等）受体；②受体本身没有酶活性，但可以连接非受体的激酶，如细胞因子受体超家族。

这类受体的共同点是：①通常为单次跨膜蛋白质；②接受配体后发生二聚化而激活，启动其下游信号转导。

已知的酶偶联型受体至少有6类：①酪氨酸激酶型受体；②酪氨酸激酶结合型受体；③鸟苷酸环化酶型受体；④丝氨酸/苏氨酸激酶型受体；⑤酪氨酸磷酸酶型受体；⑥组氨酸激酶连接型受体（与细菌的趋化性有关）。下面对前三种受体做简要介绍。

1．酪氨酸激酶型受体（tyrosine kinase receptor，TKR） 是催化型的跨膜糖蛋白，本身具有酪氨酸激酶（tyrosine kinase，TK）活性。其结构包括与配体结合的胞外域、由疏水氨基酸构成的跨膜区以及具有蛋白质激酶活性和自身磷酸化功能的膜内区。各类含TK结构域受体的结构模式见图16-7。

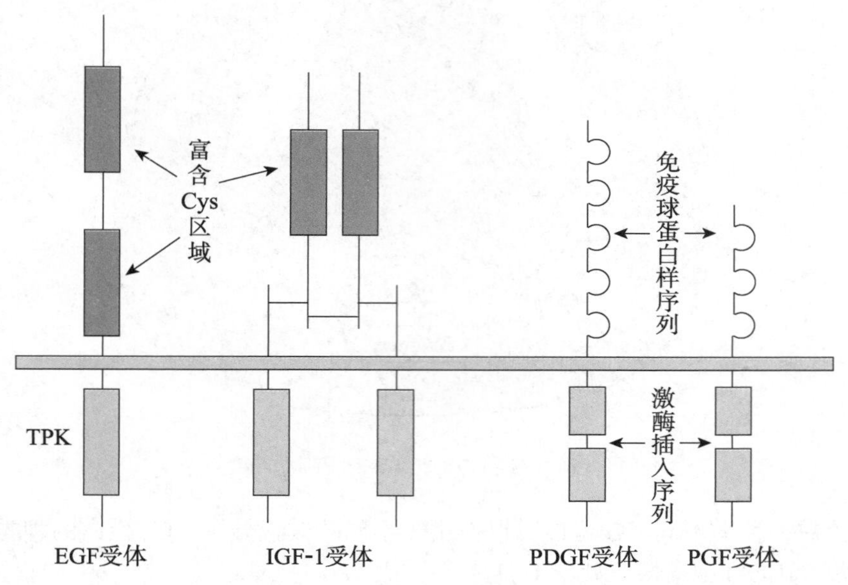

图16-7 各类含TK结构域受体的结构模式

该类受体与配体结合后，受体别构，发生二聚化，进而激活胞内区的蛋白质酪氨酸激酶，引发自身磷酸化，通过衔接蛋白（adaptin）募集下游的信号分子使之磷酸化，启动下游信号转导。

不同的信号途径使用的衔接蛋白也不同。分析现有的衔接蛋白，其结构的共性为：①大部分衔接蛋白由两个或两个以上的蛋白质相互作用结构域构成，一方面识别并结合磷酸化的受体，另一方面识别并募集下游的信号分子；②衔接蛋白结构中几乎不含其他功能结构。目前已经确认的蛋白质相互作用结构域超过40种，表16-2为几种主要的蛋白质相互作用结构域及其识别和结合的模体（motif）。

表16-2 蛋白质相互作用结构域的种类及其识别的模体

蛋白质相互作用结构域	识别的模体	作用
SH2结构域	磷酸化的酪氨酸	介导信号分子与含磷酸酪氨酸的蛋白质分子的结合
SH3结构域	富含脯氨酸的模体	介导信号分子与富含脯氨酸的蛋白质分子的结合
PH结构域	磷脂类分子或一些蛋白质分子（如PKC和G蛋白的βγ亚基）	其功能尚未完全确定
PTB结构域	含磷酸酪氨酸的模体	介导信号分子与含磷酸酪氨酸的蛋白质分子的结合，其结合模体与SH2结构域有差别

SH2结构域：src homology 2 domain；SH3结构域：src homology 3 domain；PH结构域：pleckstrin homology domain；PTB结构域：protein tyrosine binding domain

2．酪氨酸激酶结合型受体（tyrosine kinase associated receptors） 其配体多为细胞因子，这类受体又名细胞因子受体超家族。

酪氨酸激酶结合型受体的结构为单次跨膜蛋白质，本身不具有 TK 活性，但与配体结合后发生二聚化而激活，通过连接并激活胞内蛋白质酪氨酸激酶（如 JAK），启动下游信号转导。

3．鸟苷酸环化酶（guanylate cyclase，GC）型受体 为具有 GC 活性的蛋白质，是催化型受体。分为膜受体和可溶性受体。膜受体存在于心血管组织细胞，为具有 GC 活性的单次跨膜糖蛋白，多由同源四聚体组成，胞外区是配体结合部位，胞内区为鸟苷酸环化酶催化功能域。可溶性受体存在于脑、肺、肝、肾等组织，为具有 GC 活性的胞质内可溶性蛋白质，由 α 和 β 的异二聚体组成。

该类受体与配体结合后，受体别构发生二聚化或四聚化，进而激活胞内区的鸟苷酸环化酶，产生第二信使，启动下游信号转导。

二、细胞内受体的结构与功能

细胞内受体分布于胞质或核内，其配体为亲脂性信号分子和小分子的亲水性信号分子。细胞内受体的本质多为转录因子，其结构包括激素结合域、DNA 结合域和转录激活域。受体与配体结合后被激活，在核内启动信号转导并影响基因转录。这类受配体调控、属于转录因子超家族的细胞内受体统称为核受体（nuclear receptor）。核受体按其功能可分为：①类固醇激素受体家族，包括糖皮质激素、盐皮质激素、性激素受体等。类固醇激素受体位于胞质或核内，未与配体结合前与热激蛋白质（heat shock protein，Hsp）结合形成复合物，处于非活化状态，阻止受体向细胞核的移动及其与 DNA 的结合。配体（激素）与受体结合后，受体构象发生变化，Hsp 与受体解离，暴露出受体核内转移部位及 DNA 结合部位，激活的受体二聚化并转移入核，与 DNA 上的激素反应元件（hormone response element，HRE）相结合或与其他转录因子相互作用，增强或抑制靶基因转录。②非类固醇激素受体家族，包括甲状腺激素、维生素 D 和维甲酸受体等。此类受体位于胞质或核内，不与 Hsp 结合，多以同源或异源二聚体的形式与 DNA 或其他蛋白质结合，配体入核与受体结合后，激活受体并经 HRE 调节基因转录。③孤儿受体（orphan receptor），其在结构上与受体非常类似，因没有或未发现其特异性配体，故得名。常见于核受体家族。孤儿受体可能作为组成性转录因子而参与激素的生物学作用。

第五节　主要的信息传递途径

根据信号分子作用的受体不同，生物体内信息传递的方式可分为细胞膜受体介导的信息传递途径（跨膜信息传导）和细胞内受体介导的信息传递途径。

一、细胞膜受体介导的信息传递途径

细胞膜受体介导的信息传递途径的基本规律为：激素与受体结合后使受体变构，通过第二信使激活效应蛋白质或直接激活效应蛋白质，产生生物效应。该途径的关键点可以概括为：

1．配体 通过这条途径发挥作用的配体为不能通过生物膜的分子量较大的亲水性信号分子，如蛋白质类、肽类、儿茶酚胺类和各种细胞因子。

2．膜受体 主要为 G 蛋白偶联受体和酶偶联型受体。

3．第二信使 受体激活后介导产生细胞内的第二信使，主要有 cAMP、cGMP、IP_3、Ca^{2+}、DAG 等。

4．效应蛋白质 发挥作用的效应蛋白质均为蛋白质激酶（protein kinase，PK），可以产

生化学修饰的级联反应（cascade），使生物效应逐级放大。主要的蛋白质激酶有依赖 cAMP 的蛋白质激酶 A（protein kinase A，PKA）、依赖 cGMP 的蛋白质激酶 G（protein kinase G，PKG）、Ca^{2+}/钙调蛋白依赖性蛋白质激酶、依赖 DAG 和 Ca^{2+} 的蛋白质激酶 C（protein kinase C，PKC）、蛋白质酪氨酸激酶等。

蛋白质激酶是一类磷酸转移酶，其作用是将 ATP 的 γ- 磷酸基转移到底物特定的氨基酸残基上，使蛋白质磷酸化。蛋白质激酶主要可分为两类（表 16-3）。蛋白质激酶在信号转导中的主要作用有两个方面：① 通过磷酸化调节蛋白质的活性。绝大多数信号途径可逆激活的共同机制是通过相关蛋白质的磷酸化和去磷酸化实现的，有些蛋白质在磷酸化后具有活性，有些则在去磷酸化后具有活性。② 通过蛋白质的逐级磷酸化，使信号逐级放大，引起细胞内显著的效应。

表16-3 人蛋白质激酶的种类及磷酸化部位

名称	磷酸化部位（基团）
蛋白质丝氨酸 / 苏氨酸激酶	丝氨酸 / 苏氨酸羟基
蛋白质酪氨酸激酶	酪氨酸的酚羟基

蛋白质激酶信号的衰减是由蛋白质磷酸酶（protein phosphatase）完成的，蛋白质磷酸酶是催化磷酸化的蛋白质分子发生去磷酸化反应的一类酶分子。它们与蛋白质激酶相对应存在，共同构成了磷酸化与去磷酸化这一重要的蛋白质活性的开关系统。

5．生物效应 引发的生物效应主要表现为影响细胞内的物质代谢、影响基因表达的调控、影响膜的通透性等。

（一）G 蛋白偶联受体介导的信息传递途径

G 蛋白偶联受体介导的信息传递途径的基本规律为：配体与受体结合后，通过 G 蛋白介导，激活膜内侧的酶，由该酶产生第二信使，第二信使接着激活效应蛋白质（蛋白质激酶），蛋白质激酶使下游的蛋白质逐级磷酸化，使信号逐级放大，引起细胞内显著的效应。

根据第二信使和效应蛋白质的不同，G 蛋白偶联受体介导的信息传递途径可分为以下两种方式：

1．cAMP-PKA 途径

（1）信号转导途径的系统组成

①配体：通过这条途径发挥作用的激素有肾上腺素、胰高血糖素、甲状旁腺素、前列腺素、多巴胺、5-HT、促肾上腺皮质激素、促肾上腺皮质激素释放激素、黄体生成素等。

②受体：该途径的受体为 G 蛋白偶联受体，属于 7 次跨膜的受体。

③转导体：该途径中的转导体是 G 蛋白，它作用于腺苷酸环化酶、使其活性升高的 Gs。Gs 的 α 亚基结合 GTP 时，其具有活性，可以激活下游信号分子。

④腺苷酸环化酶（adenylate cyclase，AC）：AC 是一种膜结合蛋白，其活性部位位于细胞膜的胞质面。活化的 Gs_{α}-GTP 可以刺激 AC 催化 ATP 生成 cAMP。一旦 Gs_{α}-GTP 中的 GTP 被水解为 GDP，引起 Gs_{α} 与 AC 解离，导致 AC 失活。

⑤第二信使为 cAMP，是下游效应蛋白质的激活剂，由腺苷酸环化酶催化产生，经磷酸二酯酶降解，以保持 cAMP 的动态平衡（图 16-8）。

⑥效应蛋白质及其作用：该途径的效应蛋白质为 cAMP 依赖性蛋白质激酶 A（cAMP-dependent protein kinase），也称为蛋白质激酶 A（PKA）。它由两个催化亚基和两个调节亚基组成。在没有 cAMP 时，以四聚体的钝化复合体形式存在。当 cAMP 与调节亚基结合后，引起调节亚基构象改变，使调节亚基和催化亚基解离，释放出催化亚基。活化的 PKA 催化亚基

可使细胞内某些蛋白质的丝氨酸或苏氨酸残基磷酸化，改变这些蛋白质的活性，进而影响下游相关基因的表达。

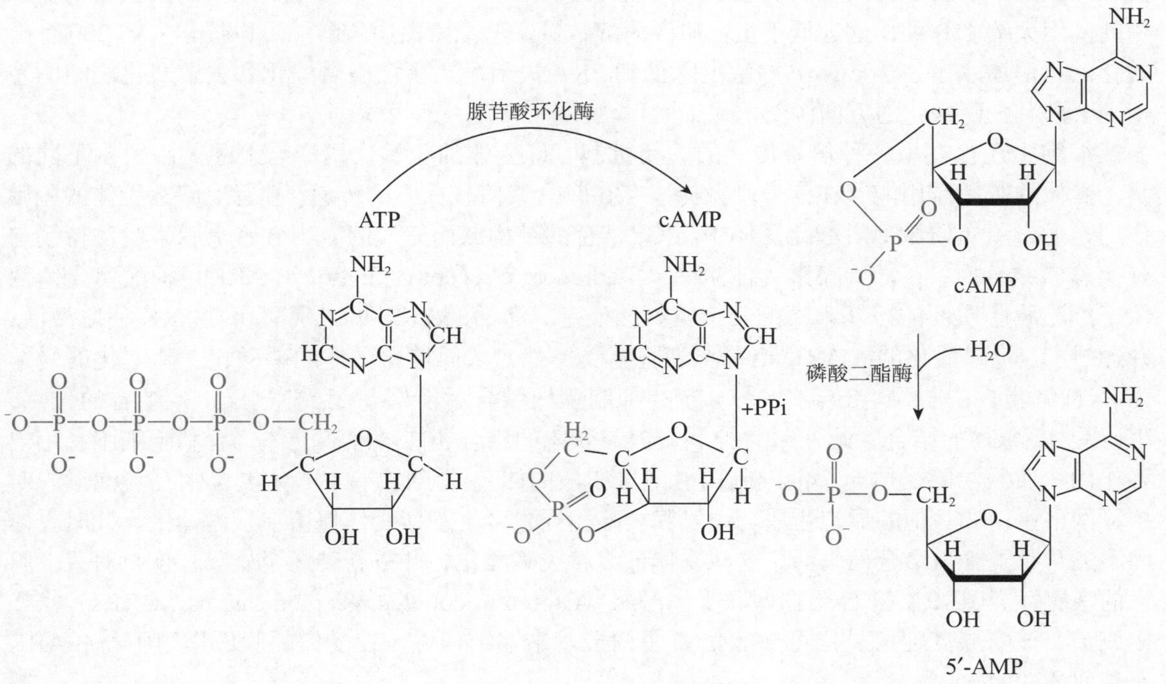

图 16-8　cAMP 的生成与降解

（2）信号转导途径的基本过程

在此以肾上腺素为例，介绍 cAMP-PKA 途径的基本过程：①常见的肾上腺素受体有 4 种，包括 α_1、α_2、β_1 和 β_2 受体，这些受体分布于不同的组织中，对肾上腺素的反应也不同。其中 β_1 和 β_2 受体具有非常相似的机制，统称为 β 受体。分布在肝、肌肉和脂肪组织的 β 肾上腺素受体，参与调节糖和脂类的代谢。肾上腺素与 β 受体结合后，受体别构，激活膜内侧的 Gs 蛋白。②活化的 Gs 蛋白的 α 亚基进一步激活膜内侧的腺苷酸环化酶。③腺苷酸环化酶可催化细胞内 ATP 生成 cAMP，cAMP 作为第二信使与 PKA 的调节亚基结合，使调节亚基和催化亚基解离，释放出催化亚基。④活化的 PKA 催化亚基可以磷酸化磷酸化酶 b 激酶使之激活，活化的磷酸化酶 b 激酶进一步磷酸化糖原磷酸化酶 b，使细胞内糖原磷酸化酶活性增高，糖原分解为葡萄糖，血糖升高。

研究表明 cAMP-PKA 途径的起始阶段受到脂筏的调节，许多信号蛋白质（包括产生第二信使的腺苷酸环化酶）位于脂筏中，如 β 肾上腺素受体、G 蛋白、腺苷酸环化酶以及 PKA 被隔离在同一脂筏中，它们集合在一起提供了一个非常完整的信号单位。这种隔离具有重要的生理意义，当膜被环糊精处理后，胆固醇被去除，脂筏随即瓦解，信号途径也被破坏。由此可见脂筏结构在信号传递中具有重要作用。

信号传导系统随着激素或其他刺激的终止而被关闭，关闭信号的机制是所有信号途径所通用的。以 β 肾上腺素受体途径为例，介绍几种关闭信号的机制。①激素浓度的回落，当肾上腺素在血液中的浓度低于受体的 K_d 时，激素与受体分离，受体失活不再激活下游的 Gs，信号途径被终止。② Gs_α-GTP 中的 GTP 被水解为 GDP，Gs_α 亚基与 $Gs_{\beta\gamma}$ 亚基结合，Gs 失活，不能刺激 AC 催化生成 cAMP。Gs 失活的速度依赖于其 GTPase 的活性，单独的 Gs_α 亚基 GTPase 活性很弱，而 GTP 酶激活蛋白质（GTPase activator proteins，GAPs）可以强烈地激活其 GTPase 活性，加速 Gs 的失活，GAPs 另外还接受其他因素的调控，从而对 β 肾上腺素受体途径提供了精细的调控机制。③磷酸二酯酶对 cAMP 的降解。此外，在信号途径的末端，蛋白质磷酸酶水解磷酸化的蛋白质也是关闭信号途径的一个反应。人类基因组中编码蛋白质磷酸酶的基因大约 150 种，远远低于蛋白质激酶的数量，一个蛋白质磷酸酶可以催化大约 200 个磷酸化的蛋白质水解。当 cAMP 的浓度降低和 PKA 失活后，蛋白质磷酸化和去磷酸化之间的平衡则会向着去磷酸化的方向倾斜。

细胞中还存在另一种信号传递的关闭机制，即受体的脱敏作用。与上述关闭机制不同的是，受体的脱敏作用能够在信号刺激持续存在时衰减信号反应的传递。β 肾上腺素受体的脱敏作用是通过蛋白质激酶磷酸化受体中与 Gs 结合的结构域而完成的。当 β 肾上腺素受体持续与肾上腺素结合时，β 肾上腺素受体激酶（β-adrenergic receptor kinase，β-ARK）磷酸化受体内位于细胞膜胞质面的羧基末端的几个丝氨酸残基。激活的 PKA 可以磷酸化 β-ARK 使之激活，并通过 $G_{\beta\gamma}$ 将磷酸化的 β-ARK 招募至细胞膜受体处，从而催化受体的磷酸化。磷酸化的受体为 β- 抑制蛋白提供结合位点，受体与 β- 抑制蛋白结合后能够封闭受体上与 Gs 结合的位点，阻碍受体和 Gs 的结合。此外，β- 抑制蛋白与受体的结合还能够隔离受体，有利于细胞利用内吞作用从质膜清除受体至小的细胞内囊泡（如核内体）。阻抑蛋白 - 受体复合物在囊泡形成时招募网格蛋白和其他的囊泡蛋白，引发膜内陷，导致肾上腺素受体保留在核内体中。此时受体因不能与肾上腺素结合而失活。这些受体最终将脱磷酸化，并重新转运至质膜，恢复对肾上腺素的敏感性。β-ARK 是 G 蛋白偶联受体激酶（G protein-coupled receptor kinases，GRKs）家族中成员，该家族其他成员均可磷酸化 G 蛋白羧基末端结构域，在受体的脱敏作用中与 β-ARK 有相似的功能。

2．IP_3/DAG-PKC 途径

（1）信号转导途径的系统组成

①配体：通过这条途径发挥作用的激素有去甲肾上腺素、促甲状腺激素释放激素、抗利尿激素、血管紧张素Ⅱ、乙酰胆碱等。

②受体：该途径的受体为 G 蛋白偶联受体。

③转导体：该途径的转导体为 Gq，可以作用于磷脂酶 C，使其活性升高。

④磷脂酶 C（phospholipase C，PLC）：PLC 为磷脂酰肌醇特异的磷脂酶，可将磷脂酰肌醇 -4,5- 二磷酸（phosphatidyl inositol-4,5-biphosphate，PIP_2）分解为第二信使——二酰甘油（diacylglycerol，DAG）和肌醇三磷酸（inositol triphosphate，IP_3）。

⑤第二信使为 IP_3、Ca^{2+}、DAG。DAG 和 Ca^{2+} 是 PKC 的激活剂。IP_3 是 Ca^{2+} 通道的激活剂，一方面作用于内质网的 IP_3 受体，使钙通道开放，贮存于内质网的 Ca^{2+} 释入胞质，使胞质中的 Ca^{2+} 升高；另一方面 IP_3 还能作用于细胞膜的钙通道，引起细胞外 Ca^{2+} 内流，也使胞质中的 Ca^{2+} 升高；IP_3 很快被磷脂酶水解为肌醇，肌醇与 CDP-DAG 重新合成磷脂酰肌醇，再磷酸化成 PIP_2，以备再次信息传递。升高的 Ca^{2+} 与钙调蛋白（calmodulin，CaM）结合后激活下游的效应蛋白质——Ca^{2+}/ 钙调蛋白依赖性蛋白质激酶（Ca^{2+}/calmodulin-dependent protein kinase，Ca^{2+}/CaM-PK）。

⑥效应蛋白质及其作用：该途径的效应蛋白质为 PKC、CaM-PK，其生物效应是使下游蛋白质中的丝氨酸 / 苏氨酸磷酸化，调节代谢或影响基因表达。

（2）信号转导途径的基本过程

①受体与激素结合后别构，激活 G 蛋白，通过 Gq 介导激活膜内侧的 PLC；② PLC 可催化 PIP_2 水解产生 IP_3 和 DAG，IP_3 和 DAG 作为第二信使继续发挥信号转导作用；③ IP_3 作为 Ca^{2+} 通道的激活剂，引起内质网和细胞膜的钙通道开放，使胞质中的 Ca^{2+} 升高，进而激活下游的效应蛋白质——CaM 激酶，通过级联反应，产生逐级放大效应；④ DAG 在 Ca^{2+} 协助下

引起 PKC 持久的活化，PKC 能磷酸化下游靶蛋白，引发广泛的生物效应。PKC 有几种同工酶，分布在不同的组织，催化下游靶蛋白质，包括细胞支架蛋白质、酶、核蛋白等，具有广泛的生物学功能，如神经、免疫功能、细胞分裂的调节等。

脂筏在 Ca^{2+} 信号转导中的时空调节作用已被大量研究所证实，破坏脂筏会减缓激动剂诱导的钙波传播。脂筏还可以通过多种方式影响离子通道类的信号效应物：调控离子通道在细胞膜表面的定位、影响 G 蛋白与离子通道的偶联以及改变通道对配体的亲和力。

（二）酶偶联型受体介导的信息传递途径

1．受体型酪氨酸激酶途径　受体型酪氨酸激酶（RTK）途径的基本规律为：配体与受体结合后，受体本身即为效应蛋白质，具有蛋白质酪氨酸激酶活性，经过细胞内的许多转换步骤，产生级联放大效应。

（1）信号转导途径的系统组成

①配体：通过这条途径发挥作用的配体有胰岛素、肽类生长因子，如表皮生长因子（epidermal growth factor，EGF）、血小板源生长因子（platelet-derived growth factor，PDGF）、胰岛素样生长因子（insulin-like growth factors，IGF）、神经生长因子（nerve growth factor，NGF）、成纤维细胞生长因子（fibroblast growth factor，FGF）、血管内皮生长因子（vascular endothelial growth factor，VEGF）和 ephrins 等。

②受体：该途径的受体为典型的 RTK 型受体，激活后即可发挥效应蛋白质的作用。

③效应蛋白质及其作用：该途径的效应蛋白质为 RTK 受体及其下游的蛋白质激酶，通过多种途径逐级磷酸化细胞内某些蛋白质，进一步影响相关基因的表达。在此将主要介绍 Ras-MAPK 途径和 PI3K-Akt 途径。

（2）信号转导途径的基本过程

RTK-Ras-MAPK 途径：EGF 是一种具有促进创伤后表皮愈合作用的多肽，其受体为典型的 RTK 受体，该途径的信号转导过程如图 16-9 所示：① EGF 与受体结合后，引起受体构象的改变，形成二聚体，激活胞内区的酪氨酸激酶活性，发生自身磷酸化。②磷酸化的 EGF 受体通过其特异的衔接蛋白质——生长因子结合蛋白质（growth factor binding protein，Grb2），募集鸟苷酸交换因子（guanine nucleotide exchange factor，GEF），如 SOS（son of sevenless）而磷酸化 Ras。衔接蛋白质 Grb2 分子中含有 SH2 和 SH3 结构域，Grb2 通过 SH2 结构域结合磷酸化的 RTK，通过 SH3 结构域结合 SOS，将 SOS 招募至生长因子受体复合物中。Ras 是一种低分子量 G 蛋白，分子量大约 20 kDa，与三聚体的 G 蛋白不同的是，Ras 只有一条多肽链，Ras 同样结合 GTP 时为活性状态，而结合 GDP 时为失活状态。SOS 为 Ras 的正调节因子，促进 Ras 蛋白释放 GDP、结合 GTP。③活化的 Ras 可磷酸化下游分子 Raf，使之活化，Raf 属于 MAPKK 激酶（MAPKK kinase，MAPKKK）。④ Raf 作为级联反应的第一分子，可磷酸化 MEK，MEK 属于

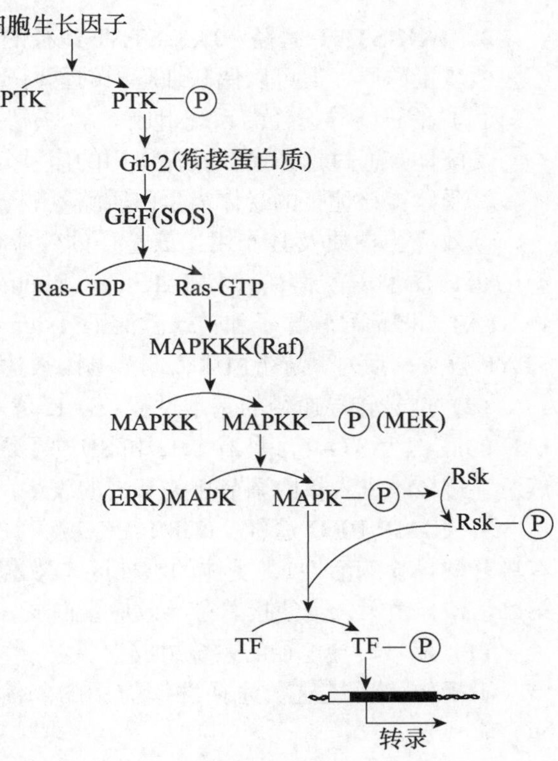

图 16-9　RTK-Ras-MAPK 途径

MAPK 激酶（MAPK kinase，MAPKK）。⑤活化的 MEK 再作用于 ERK（extracellular-signal regulated protein kinase），ERK1 为有丝分裂原活化蛋白质激酶（mitogen- activated protein kinase，MAPK），属丝氨酸 / 苏氨酸残基激酶。⑥活化的 MAPK 进入细胞核，可使许多转录因子活化，影响靶基因的表达，调节细胞生长和分化。

RTK-PI3K-Akt 途径：EGF 受体胞内段有多个酪氨酸磷酸化位点，除了招募衔接蛋白质 Grb2 之外，还可以招募磷脂酰肌醇 -3- 激酶（PI3K），其信号转导程序如图 16-10 所示：① PI3K 的 SH2 结构域结合受体磷酸化的酪氨酸，PI3K 随之被激活。② PI3K 可以催化膜脂质 PIP_2 磷酸化生成 PIP_3。③蛋白质激酶 B（PKB）通过与 PIP_3 结合而锚定在质膜上，并被蛋白质激酶 PDK1 磷酸化而激活。PKB 也称为 Akt，是原癌基因 AKT 的产物。④活化的 Akt 可以磷酸化下游多种靶蛋白质，是一种丝氨酸 / 苏氨酸残基激酶。调控的下游蛋白质涉及细胞代谢调节、细胞生长等多种效应。

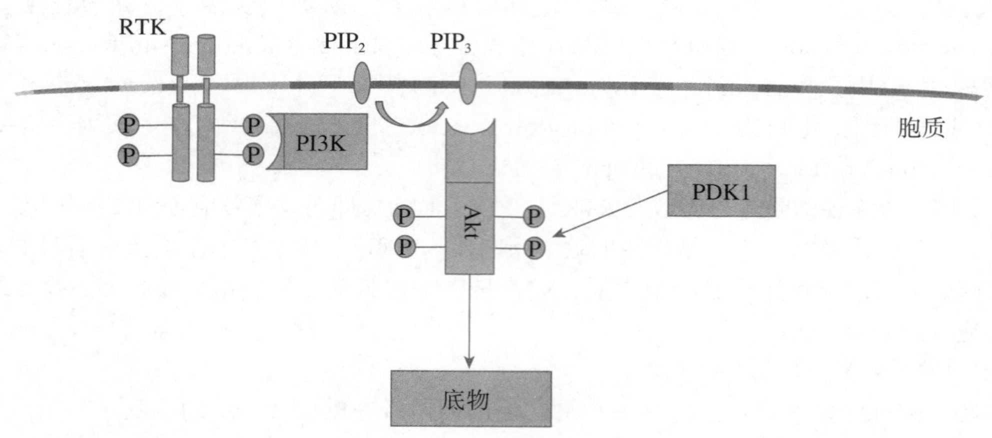

图 16-10 RTK-PI3K-Akt 途径

2．JAK-STAT 途径 JAK-STAT 途径的基本规律为：激素与受体结合后，受体本身虽然不是效应蛋白质，但可以偶联细胞内的蛋白质酪氨酸激酶，使其活化而产生级联放大效应。

（1）信号转导途径的系统组成

①配体：通过这条途径发挥作用的信号分子为干扰素、白介素（IL-2、6）等细胞因子。

②受体：该途径的受体为蛋白质酪氨酸激酶结合型受体。

③效应蛋白质及其作用：该途径的效应蛋白质为细胞内的蛋白质酪氨酸激酶，为非受体型的蛋白质酪氨酸激酶，如 JAK（just another kinase 或 janus kinase）。活化的 JAK 激活其底物 STAT，即信号转导子和转录激活子（signal transducer and activator of transcription，STAT），STAT 激活一系列下游蛋白质，调节基因表达。

（2）信号转导途径的基本过程：JAK 是一类非受体型酪氨酸激酶家族，已发现四个成员。JAK 的底物为 STAT，具有 SH2 和 SH3 两类结构域。STAT 被 JAK 磷酸化后发生二聚体化，然后穿过核膜进入核内调节相关基因的表达，这条信号途径称为 JAK-STAT 途径（图 16-11）。

3．cGMP-PKG 途径 cGMP-PKG 途径的基本规律为：配体与受体结合后（受体本身具有鸟苷酸环化酶活性），受体的胞外区与激素结合后变构，激活胞内区的鸟苷酸环化酶，产生第二信使，由第二信使接着激活效应蛋白质，引起细胞内显著的效应。

（1）信号转导途径的系统组成

①配体：通过这条途径发挥作用的配体有心房钠尿肽（atrial natriuretic peptide，ANP）、NO 等。

②受体：该途径的受体为鸟苷酸环化酶型受体。

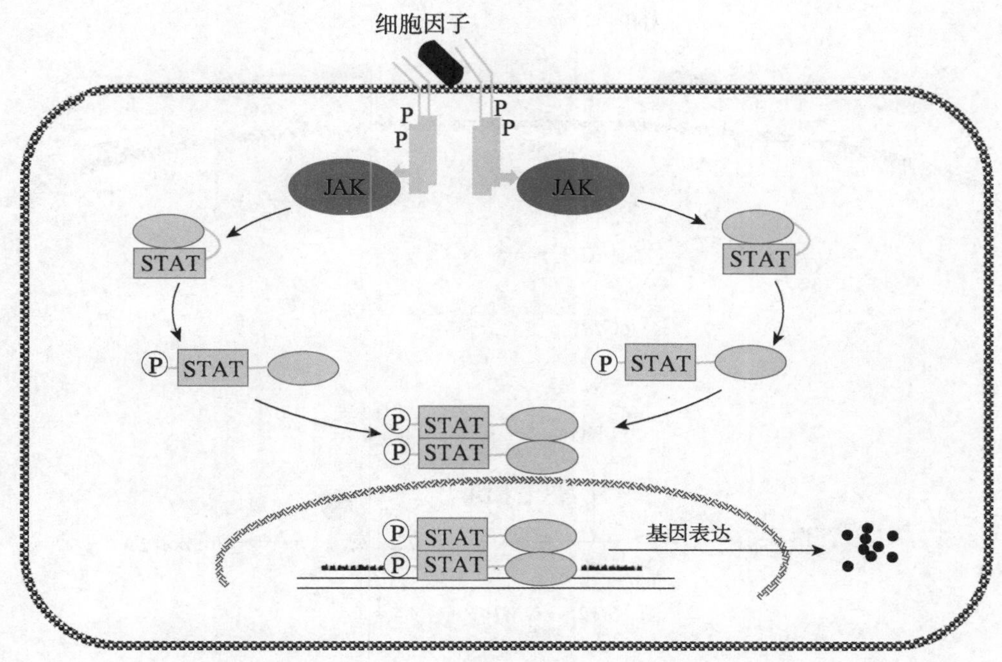

图 16-11　JAK-STAT 途径

③鸟苷酸环化酶（guanylate cyclase，GC）可以催化 GTP 生成 cGMP。

④第二信使为 cGMP，由鸟苷酸环化酶催化产生，由磷酸二酯酶降解，二者共同保持 cGMP 的动态平衡。

⑤效应蛋白质及其作用：该途径的效应蛋白质为蛋白质激酶 G，即 cGMP 依赖的蛋白质激酶，为含调节区和催化区的一条肽链，当调节区与 cGMP 结合后，酶蛋白变构，催化区表现出催化活性，可使细胞内某些蛋白质的丝氨酸 / 苏氨酸残基磷酸化，进而影响相关基因的表达。

（2）信号转导途径的基本过程：心房钠尿肽为心房分泌的调节血压的激素，可作用于血管平滑肌和肾小管。其信号转导过程如图 16-12 所示：心房钠尿肽与受体结合后，受体别构，进而激活受体胞内区的鸟苷酸环化酶，活化的鸟苷酸环化酶可以催化 GTP 生成 cGMP，cGMP 作为第二信使进一步激活蛋白激酶 G，活化的 PKG 可使细胞内某些蛋白质的丝氨酸或苏氨酸残基磷酸化，改变这些蛋白质的活性，调节相关基因的表达。ANP 经血液循环运送至肾后，升高的 cGMP 可以促进肾对水和 Na^+ 的排出。ANP 与血管平滑肌上鸟苷酸环化酶型受体结合后，引起血管舒张，血压降低。

小肠上皮细胞质膜上的鸟苷酸环化酶受体可以被鸟苷肽（guanylin）激活，调节小肠 Cl^- 分泌。此外，大肠埃希菌 *Escherichia coli* 和某些革兰氏阴性菌产生的耐热性内毒素也可激活小肠上皮细胞的鸟苷酸环化酶受体，升高的 cGMP 促进小肠 Cl^- 分泌，抑制小肠对水的再吸收，导致腹泻。

4．核因子 κB（nuclear factor κB，NF-κB）途径　静息状态下，NF-κB 蛋白质二聚体与 NF-κB 抑制蛋白（inhibitor of NF-κB，IκB）结合成三聚体而滞留于胞质。胞外刺激如肿瘤坏死因子（tumor necrosis factor，TNF）、白介素 -1（interleukin-1，IL-1）等促炎细胞因子，可以激活 IκB 激酶（IκB kinase，IKK），活化的 IKK 可使细胞内 IκB 磷酸化后被泛素化途径降解，从而释放出 NF-κB。激活的 NF-κB 以二聚体进入胞核发挥功能，调节多种细胞因子、免疫应激基因的表达（图 16-13）。该途径与免疫反应、应激反应、炎症的发生及细胞凋亡有关。病毒感染、佛波酯、活性氧中间体、PKA、PKC 等可直接激活 NF-κB 系统。

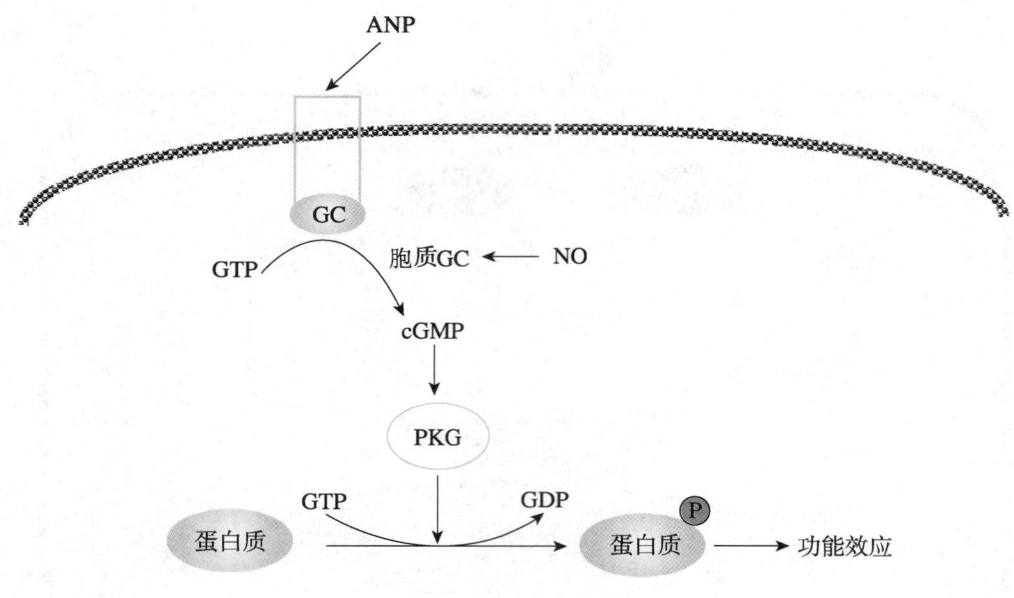

图 16-12 cGMP-PKG 途径

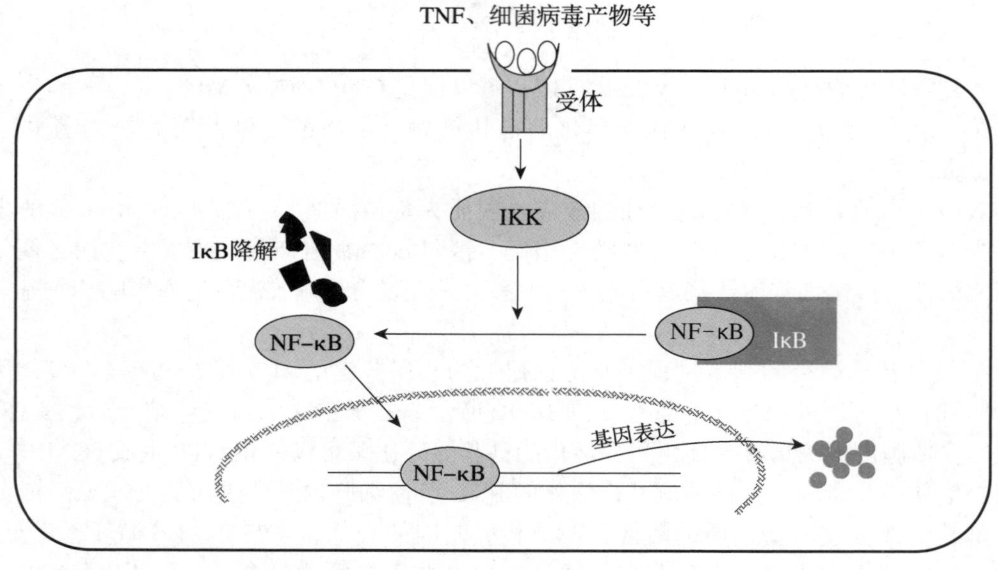

图 16-13 NF-κB 途径

5. **TGF-β 途径** 转化生长因子 β（transforming growth factor，TGF-β）途径的基本规律为：配体与受体结合后，受体本身即为效应蛋白质，具有丝氨酸 / 苏氨酸蛋白激酶活性，经过许多细胞内的转换步骤，产生级联放大效应。

TGF-β 途径由以下系统组成：

（1）配体：通过这条途径发挥作用的配体有 TGF-β、活化素、骨形态蛋白质等。

（2）受体：该途径的受体包括转化生长因子 β 受体Ⅰ（TβR Ⅰ）和Ⅱ（TβR Ⅱ），为丝氨酸 / 苏氨酸蛋白质激酶型受体。

（3）效应蛋白质及其作用：该途径的效应蛋白质为激酶型受体和其下游的转录因子 Smad 家族。

TGF-β 参与调节增殖、分化、迁移、凋亡等多种细胞反应。当 TGF-β 与受体结合后，受体别构形成二聚体，激活受体胞内区的丝氨酸 / 苏氨酸蛋白质激酶，活化的受体进而磷酸化受体型的 Smad（R-Smad），激活的受体型的 Smad 与 Co-Smad 结合形成活化的转录因子进入细胞核，调节相应的基因表达（图 16-14）。

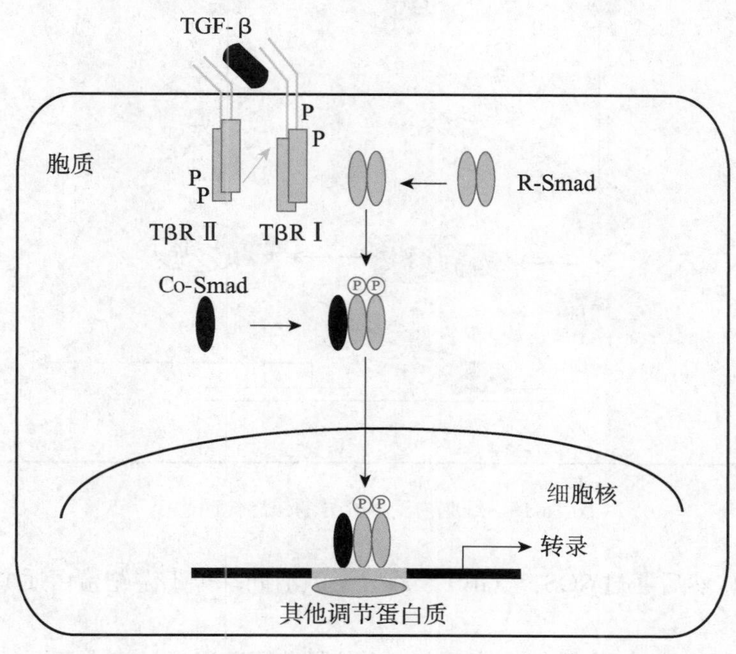

图 16-14　TGF-β 途径

二、细胞内受体介导的信息传递途径

细胞内受体介导的信息传递途径由两部分组成：

1．激素　目前已知通过这条途径发挥作用的主要激素有类固醇激素（糖皮质激素、盐皮质激素、性激素）、维生素 D、维甲酸和甲状腺激素。

2．受体　该途径的受体为胞内受体，是已知最大的一类转录因子家族，可分为核内受体和胞质内受体，例如糖皮质激素的受体位于胞质，而维甲酸和甲状腺激素的受体位于核内。

以糖皮质激素的受体为例，在没有激素作用时，受体与热激蛋白质形成无活性复合物，阻止了受体向细胞核的移动及其与 DNA 的结合。当激素与受体结合后，受体构象发生变化，与热激蛋白解聚，暴露出受体核内转移部位及 DNA 结合部位。激素 - 受体复合物向核内转移，作为转录因子结合于 DNA 上的激素反应元件，调节基因表达（图 16-15）。

三、信息传递途径间的交互联系

前面按照纵向脉络讨论了不同的细胞信号转导途径，表面看它们是通过各自独立的途径发挥信息传递作用。实际上，细胞内的各种信号转导途径存在着很多横向的交互作用，在不同的信号途径之间存在交汇点，从而保证了不同途径间信号交流的协同效应，同时也实现了细胞内信号转导的精密调节，使得细胞内的信号转导机制变得异常复杂。

气体信息分子——一氧化氮（NO）的信息传递途径

信号转导途径间的交互联系首先体现在不同的信号途径通过交汇点相互协同或制约，共同作用于同一效应物，发挥促进或抑制作用。例如 PI3K 是一个可被各种不同刺激物活化的酶，胰岛素、EGF 和细胞黏附于细胞外基质均可使之活化。G 蛋白偶联受体、生长因子受体和整合素各自接受不同的细胞外信号刺激，但当信号传至胞内后，都可在一定蛋白质形成磷酸酪氨酸

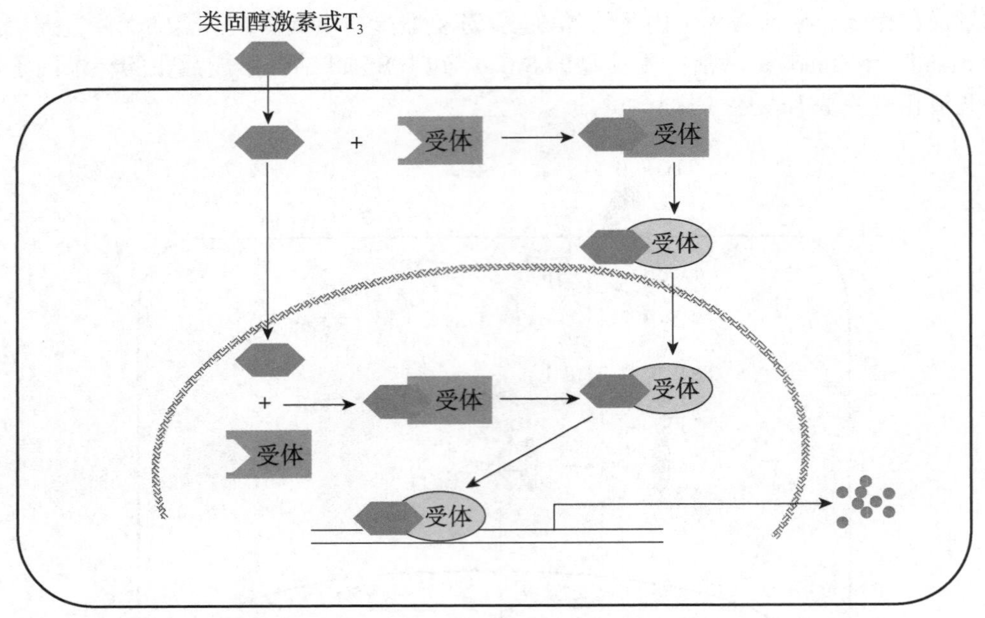

图 16-15 细胞内受体介导的信息传递途径

位点，借助 Grb2，然后通过 SOS 等 GEF 家族分子激活同一个下游靶蛋白质 Ras，传至 MAPK 的级联反应系统。

信号转导途径间的交互联系其次体现在一个信号分子可以激活许多不同的效应物，引起细胞内的多种应答。例如，EGF、PDGF 等生长因子与其特异性 RTK 结合后产生的信号至少可通过 PLCγ、PI3K、Ras 三条不同的途径传递。由于这三条途径的信号分子进入细胞核后活化不同的基因转录系统，因此造成同一细胞可对一种信号刺激产生多种不同的反应。

第六节 信号转导与疾病

生物体内信号转导过程中任何环节的异常都能引起细胞代谢和功能的紊乱。信号分子、受体及其相关分子的含量和结构的异常可导致疾病。例如临床导致糖尿病的原因至少有三种：胰岛 β 细胞功能减退，胰岛素分泌不足；胰岛素受体的数量减少；胰岛素受体结构异常导致受体与胰岛素的亲和力降低或受体功能丧失。甲状腺激素分泌过多可引起以能量代谢紊乱为主要表现的甲状腺功能亢进，而甲状腺细胞表面受体对促甲状腺激素的敏感性降低则是某些先天性甲状腺功能减退的原因。

在肝细胞及肝外组织的细胞膜表面广泛存在着低密度脂蛋白（LDL）受体，它能与血浆中富含胆固醇的 LDL 颗粒相结合，并经过受体介导的内吞作用进入细胞。人 LDL 受体为 160kDa 的糖蛋白，由 839 个氨基酸残基组成，其编码基因位于 19 号染色体上。家族性高胆固醇血症（familial hypercholesterolemia，FH）是由于基因突变引起的 LDL 受体缺陷症，为常染色体显性遗传。目前发现 LDL 受体有 150 多种突变。因 LDL 受体数量减少或功能异常，其对血浆 LDL 的清除能力降低，患者出生后血浆 LDL 含量即高于正常，发生动脉粥样硬化的危险性也显著升高。纯合子 FH 系编码 LDL 受体的等位基因均有缺陷，发病率约 1/100 万，早发动脉粥样硬化，在儿童期即可出现冠状动脉狭窄和心绞痛，常在 20 岁前就因严重的动脉粥样硬化而过早死亡，杂合子 FH 为编码 LDL 受体等位基因的单个基因突变所致，发病率约为 1/500，患者 LDL 受体量为正常人的一半，血浆 LDL 含量为正常人的 2 ~ 3 倍，患者多于 40 ~ 50 岁发生冠心病。

多数肿瘤的发生与瘤细胞过度表达生长因子样物质或生长因子样受体及相关的信号转导分子有关，从而导致了细胞生长失控、分化异常。肿瘤发生发展的机制常涉及多种单次跨膜受体信号转导途径的异常，许多癌基因或抑癌基因的编码产物都是这类信号转导途径的关键分子，尤其是各种蛋白质酪氨酸激酶，与肿瘤发生密切相关。如 MAPK 信号转导途径控制着细胞的增殖、分化和凋亡等过程，可以将此信号转导途径作为靶点，干预肿瘤的进程，是目前肿瘤治疗的策略之一。

信息传递途径的任何干扰亦可诱发严重的细胞功能异常：霍乱所引起的严重的水、电解质紊乱是由霍乱弧菌分泌的霍乱毒素所致，霍乱毒素可催化小肠上皮的 Gs 蛋白的 α 亚基 ADP 核糖化后，丧失 GTP 酶活性，不能水解 GTP，使与 GTP 结合的 Gs 蛋白的 α 亚基处于持续活化状态，持久激活下游的腺苷酸环化酶，小肠上皮细胞内 cAMP 大为升高，将 Cl^-、HCO_3^- 与水分子不断分泌入肠腔，造成严重脱水和电解质紊乱。破伤风毒素和百日咳毒素也是通过作用于 G 蛋白而导致受累细胞功能异常的。由于不同的毒素在细胞膜上的受体不同，故这些毒素作用于不同的细胞引起不同的症状。与霍乱毒素产生的修饰作用相反，百日咳毒素的修饰导致 G 蛋白与它相结合的受体分离，使信号阻滞。此外，已经证实 G 蛋白基因突变可以导致一些遗传性疾病，如色盲、色素性视网膜炎、家族性促肾上腺皮质激素抗性综合征、先天性甲状腺功能减退或功能亢进等。假性甲状旁腺功能减退症（pseudohypoparathgroidism，PHP）是由于靶器官对甲状旁腺激素（parathyroid hormone，PTH）的反应性降低而引起的遗传性疾病。PTH 受体与 Gs 偶联，PHP1A 型的发病机制是编码 Gs_α 等位基因的单个基因突变，患者 Gs_α mRNA 可比正常人降低 50%，导致 PTH 受体与腺苷酸环化酶之间信号转导脱偶联。

随着对受体、信息转导途径与疾病关系的研究不断深入，人们逐渐认识到针对受体水平和受体后信号转导的异常环节进行疾病治疗的重要性及可行性，并提出了抗信号转导治疗（antisignal transduction therapy）的概念，即通过一些化学物质或反义核苷酸等，针对信息途径中的异常环节来阻断不正常的信息传递，达到治疗疾病的目的。例如 PKC 参与调节多种细胞功能，能被佛波酯和其他促癌剂激活，也可被某些抗癌物抑制，因此 PKC 的特异性抑制剂（如 calphostin C）不仅可作为研究其生物效应的工具，而且也是潜在的肿瘤化疗药物。蛋白质酪氨酸激酶是大多数生长因子的受体，可促进细胞增殖。该激酶抑制剂木黄酮（genistein）对细胞的生长、分化有抑制作用。虽然至今抗信号转导治疗尚未完全用于临床，但有关的研究已证明，寻找更为特异的 PTK 抑制剂进行抗信号转导治疗有望成为相关疾病临床治疗的有效手段（表 16-4）。

表16-4　与人肿瘤发生相关的信号分子

蛋白质类型	癌基因	产物性质
分泌蛋白质	*SIS*	c-SIS 是 PDGF B 链，生长因子
	KS/HST	KS/HST 与 FGF 有关，生长因子
	WN1	WNT 与 wingless 有关，生长因子
	IN2	INT2 与 FGF 有关，生长因子
跨膜蛋白质	*ERBB*	c-ERBB 是 EGF 受体激酶，生长因子受体
	NEU	NEW（ERBB2）是 EGF 样受体激酶，生长因子受体
	KIT	c-KIT 是受体激酶，生长因子受体
	FMS	c-FMS 是 CSF- Ⅰ受体激酶，生长因子受体
	MAS	MAS 是血管紧张素受体，生长因子受体

续表

蛋白质类型	癌基因	产物性质
连膜蛋白质	*RAS*	c-RAS 是 GTP 结合蛋白质
	GSP，*GIP*	GSP/GIP 是 Gas 和 Gai
	SRC	SRC 是酪氨酸激酶
胞质蛋白质	*ABL*	c-ABL 是胞质酪氨酸激酶
	FPS	c-FPS 是胞质酪氨酸激酶
	RAF	c-RAF 是胞质丝氨酸 / 苏氨酸激酶
	MOS	c-MOS 是胞质丝氨酸 / 苏氨酸激酶
	CRK	CRK 是 SH2/SH3 调节子
	VAV	VAV 是 SH2 调节子
核内蛋白质	*MYC*	c-MYC 是 HLH 蛋白质，转录因子
	MYB	c-MYB 是转录因子
	FOS	c-FOS 亮氨酸拉链蛋白质，转录因子
	JUN	c-JUN 亮氨酸拉链蛋白质，转录因子
	REL	c-REL 属 NF-κB 家族，转录因子
	ERBA	c-ERBA 甲状腺激素受体，转录因子

小结

在应对外界变化时，生物体内细胞间的相互识别、相互反应和相互作用称作细胞通讯。而针对外源性信息，生物体内所发生的各种分子活性的变化，引起细胞功能改变的过程称为信号转导，其最终目的是使机体在整体上对外界环境的变化做出最为适宜的反应。细胞信号转导过程包括细胞接受外界信号刺激，信号分子跨膜转导入细胞内，在细胞内由级联反应将信号转导到细胞各个部分，最后产生各种应答效应。细胞信号转导具有一些基本特征。由生物膜介导的物质转运和细胞通讯是生物与环境共处的基本功能，不同状态下、不同细胞内的物质转运和细胞通讯的方式不同。细胞通讯的三种方式中，化学通讯是最主要的方式，在这个过程中，生物体内发生各种分子活性的变化，而最终引起细胞功能的改变。这种信息传递是依赖信号分子和受体实现的，其基本规律为特定的细胞释放信号分子，信号分子经扩散或血液循环到达靶细胞后，与靶细胞的受体特异性结合，启动细胞内信使系统，产生生物学效应。

目前已知的生物体内信号分子有神经递质、激素、细胞因子等。根据化学性质可以将这些信号分子分为亲水性信号分子和亲脂性信号分子。细胞中能识别信号分子，并与之特异结合引起相应生物学效应的蛋白质称为受体。根据存在部分不同，受体可以分为细胞膜受体和细胞内受体。细胞膜受体可接受不能通过生物膜的分子量较大的亲水性信号分子，而细胞内受体接受的则是可以通过生物膜的亲脂性信号分子和小分子的亲水性信号分子。

生物体内主要的信息传递途径分为细胞膜受体介导的信息传递途径和细胞内受体介导的信息传递途径。细胞膜受体介导的信息传递途径的基本规律为：配体与受体结合后使受体别构，通过第二信使激活效应蛋白质或直接激活效应蛋白质，产生生物学效应。根据膜受体的不同，细胞膜受体介导的信息传递途径分为G蛋白偶联受体介导的信息传递途径和酶偶联型受体介导的信息传递途径。其中 G 蛋白偶联受体介导的信息传递途径的基本规律为：激素与受体结合后，通过 G 蛋白介导，激活膜内侧的酶，由该酶产生第二信使，第二信使接着激活蛋白质激酶，蛋白质激酶使下游的蛋白质逐级磷酸化，使信号逐级放大，引起细胞内显著的效应。根据第二信使和效应蛋白质的不同，分为 cAMP-PKA 途径和 IP_3/DAG-PKC 途径。酶偶联型受体介导的信息传递途径重点介绍了以下 5 条：①受体型 PTK 途径——受体本身即为效应蛋白质，具有蛋白质酪氨酸激酶活性，经过细胞内许多的转换步骤，产生级联放大效应，其典型代表为表皮生长因子作用的 PTK-Ras-MAPK 途径和 RTK-PI3K-Akt 途径。② JAK-STAT 途径的受体本身虽然不是效应蛋白质，但可以偶联细胞内的蛋白质酪氨酸激酶 JAK，活化的 JAK 激活其底物 STAT，STAT 二聚化后入核调节基因表达。③ cGMP-PKG 途径的受体本身具有鸟苷酸环化酶活性，激活后产生第二信使，由第二信使接着激活效应蛋白质，引起细胞内显著的效应。④核因子 κB 途径——胞外刺激通过激活 IκB 激酶（IKK），使细胞内 IκB 磷酸化后降解，从而激活 NF-κB；后者以二聚体进入胞核发挥功能，调节多种细胞因子、免疫应激基因的表达。⑤ TGF-β 途径的受体本身即为效应蛋白质，具有丝氨酸 / 苏氨酸蛋白质激酶活性，可以磷酸化其下游的转录因子 Smad 家族，调节基因表达。

能通过生物膜的亲脂性信号分子和小分子的亲水性信号分子，通过细胞内受体介导的信息传递途径发挥作用：在没有激素作用时，此类受体与热激蛋白质形成无活性复合物，阻止了受体向细胞核的移动及其与 DNA 的结合。当激素与受体结合后，受体构象发生变化，与热激蛋白质解聚，入核作为转录因子结合于 DNA，调节基因表达。

思考题

1．胰岛素能够调控基因表达、糖原代谢和葡萄糖转运，请阐述胰岛素发挥这些调控作用时涉及的信号转导过程。

2．阐述沙丁胺醇（β_2 受体激动剂）治疗哮喘所涉及的信号转导过程。试推导出这种药物可能有的副作用。如何设计一个更好的药物以减少这些副作用的发生？

3．以雌激素为例，阐述核受体在细胞信号转导和基因表达调控中的作用。

（马　佳）

第17章 癌基因与抑癌基因

第一节 概 述

细胞的生长和增殖是细胞最基本而又最重要的行为，它同时也是一个受许多因素精细调控的复杂过程。原癌基因（proto-oncogene）的表达产物一般具有促进细胞生长和增殖的作用，是一种正调节信号；而抑癌基因（tumor suppressor gene）的表达产物则抑制细胞的生长和增殖，为负调节信号。原癌基因和抑癌基因作为细胞生长和增殖的调控基因，在功能上相互拮抗、相互协调，对维持细胞的正常生长和增殖状态至关重要。一旦调节失去平衡，如原癌基因被激活转变为癌基因（oncogene）和（或）抑癌基因缺失及突变，则可能引起肿瘤发生。

肿瘤的发生是一个多阶段逐步演变的过程，细胞通过一系列进行性改变而向恶性方向发展。在这一过程中，常积累多种基因改变，其中既有原癌基因的激活和高表达，也有抑癌基因、DNA 修复基因及凋亡基因的失活，还涉及大量细胞周期调节基因功能的改变（图 17-1）。这一过程可由于先天遗传缺陷而较早发生，也可由于后天的各种环境因素作用导致体细胞基因突变而在生命较晚时期发生。

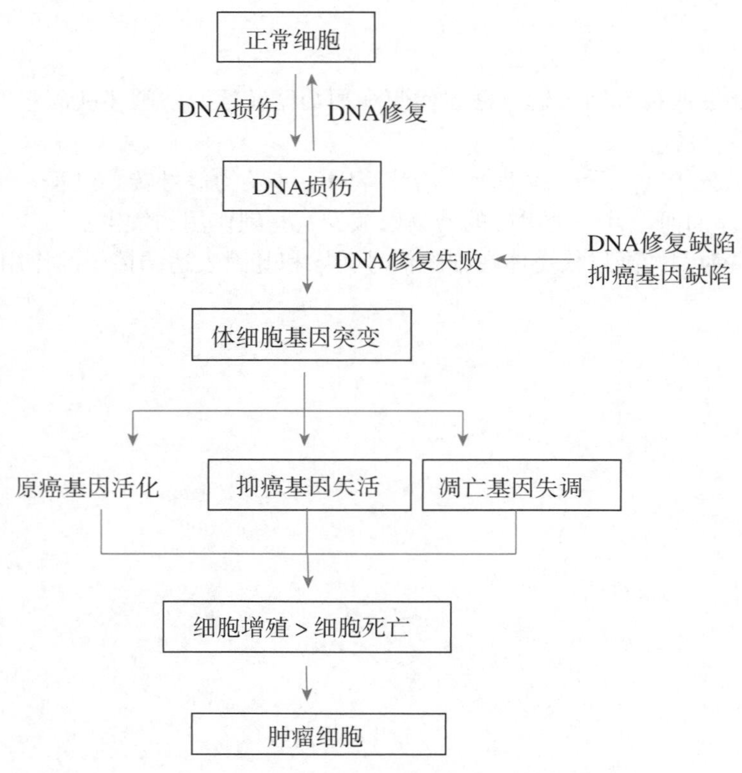

图 17-1　促进正常细胞向肿瘤细胞转化的因素

原癌基因和抑癌基因均是细胞正常基因的成分，在细胞增殖、分化、凋亡的调节中发挥着重要的生理功能。因此，原癌基因和抑癌基因的异常不仅与肿瘤的发生发展密切相关，而且与非肿瘤疾病也密切相关。例如，许多原癌基因在心血管疾病（如原发性高血压、动脉粥样硬化）、自身免疫性疾病（如类风湿关节炎）甚至创伤组织修复（如受损肝组织的再生）等疾病过程中均异常表达。因此，深入研究原癌基因和抑癌基因的功能以及与疾病的关系，不但可以从细胞和分子水平重新认识疾病的发病机制，还可以找到真正的药物作用靶点，开发出新的早期诊断方法和有效的治疗药物。

本章主要介绍癌基因和抑癌基因的基本概念、部分原癌基因的表达产物生长因子的作用机制，并阐述它们在肿瘤异常生长和增殖中的作用及机制。

第二节　原癌基因与癌基因

一、原癌基因和癌基因的概念

癌基因的概念最早来自 RNA 病毒——Rous 肉瘤病毒（Rous sarcoma virus，RSV）中的基因 *src*，*src* 可使正常细胞发生恶性转化。后来发现它是正常细胞编码关键性调控蛋白质的基因。习惯上，将肿瘤病毒中所含的致癌基因称为病毒癌基因（virus oncogene，v-onc），而将生物正常细胞基因组中的癌基因称为原癌基因（proto-oncogene，pro-onc）或细胞癌基因（cellular oncogene，c-onc）。

原癌基因是细胞的正常基因，其编码的蛋白质对维持细胞的正常生长、分化和凋亡起重要的调节作用。原癌基因一般处于相对静止或低水平的稳定表达状态。当受到致癌因素，如化学致癌剂（烷化剂和多环芳烃类等）、物理辐射和病毒感染等作用后，原癌基因被激活为癌基因（oncogene），其表达产物的数量、结构和功能异常改变，导致细胞增殖、分化异常。

二、原癌基因的分类与功能

目前已经发现百余种原癌基因，所编码的产物大多是参与多种信号转导途径级联传递的分子。根据原癌基因表达产物的功能和生物化学特性，可将其分为 6 类。

1．表达生长因子类的原癌基因　包括 *SIS*、*HST*、*FGF-5*、*INT-1* 和 *INT-2* 等。例如，癌基因 *SIS* 编码的蛋白质产物与血小板源生长因子（PDGF）的 B 链结构相似，其所形成的二聚体也可与细胞膜表面的 PDGF 受体结合而引起受体异常激活。肿瘤细胞常大量产生和分泌多种生长因子，并作为一种持续刺激生长和增殖的自身信号。例如，卵巢癌的转化生长因子 -α（TGF-α）的合成和分泌量均异常增加。此自分泌作用为生长因子的一种作用模式。

2．表达生长因子受体类的原癌基因　原癌基因所表达的跨膜生长因子受体类，包括酪氨酸蛋白质激酶型受体（receptor tyrosine protein kinases，TPKs）和非酪氨酸蛋白激酶型受体两种。表达酪氨酸蛋白质激酶型受体的原癌基因有 *ERBB*、*SAM*、*FMS*、*TRK* 和 *MET* 等。表达非酪氨酸蛋白质激酶型受体的原癌基因有 *MPL* 和 *MAS* 等。非酪氨酸蛋白质激酶型受体本身虽然不具有酪氨酸蛋白质激酶活性，但与特异性的生长因子配体结合后，可再与细胞内可溶性的酪氨酸蛋白质激酶结合，通过后者使底物磷酸化。肿瘤细胞中的生长因子类受体可由于过表达及基因突变引起的激酶活性增加，而处于一种非配体依赖性激活状态，将生长信号在细胞内反复传递，使细胞发生恶性转化。

3．表达细胞内酪氨酸蛋白质激酶类的原癌基因　包括 *ABL*、*SRC*、*FYN*、*SYN*、*LCK*、*REL* 等。人 *SRC* 位于染色体 20q11.23，转录产物为 4.0kbp、分子量约为 60kDa，即 $p60^{src}$。*SRC* 在大多

数细胞和组织中的表达水平较低，而在肿瘤中呈过表达及酶活性升高，使细胞恶性转化。

4. 表达丝氨酸/苏氨酸蛋白质激酶类的原癌基因 其产物包括转化生长因子 TGF-β 受体和细胞内丝氨酸/苏氨酸蛋白质激酶，例如 *RAF*、*MOS*、*ROS*、*COT* 及 *PIM*-1 等。TGF-β 受体介导的信号通路对细胞的生长、分化和免疫功能都有重要的调节作用。RAF 蛋白质是 ERK1/2 信号通路中的重要分子，其上游分子是 RAS，RAF 可以使下游蛋白质分子的丝氨酸/苏氨酸磷酸化而被激活，该通路与细胞增殖有关。

5. 表达 G 蛋白类的原癌基因 例如 *RAS* 家族（*H-RAS*、*K-RAS*、*N-RAS*），它们表达的功能性产物是小 G 蛋白。小 G 蛋白与 G 蛋白 α 链的功能类似，也是一种 GTP 酶，具有结合和水解 GTP 的作用。一些肿瘤发生时 *RAS* 突变，突变的 *RAS* 基因产物仍具有结合 GTP 的能力，但失去水解 GTP 的酶活性。因此，它使所介导的下游信号转导途径过度激活。

6. 表达核内转录因子的原癌基因 细胞外生长信号经跨膜及细胞内的级联传递，最终引起核内转录因子活化，启动生长相关的基因转录。许多原癌基因的编码产物是与基因调控序列结合的反式作用因子，其表达产物定位于细胞核。这些原癌基因主要包括 *FOS* 家族、*JUN* 家族、*MYC* 家族、*MYB* 家族、*NFκB* 家族等。在细胞受到生长信号刺激后，这些核内转录因子可迅速表达，并上调其他靶基因的表达，促进细胞生长和增殖。人 *C-MYC* 位于染色体 8q24.21，由 3 个外显子和 2 个内含子组成，仅第 2 个外显子和第 3 个外显子编码含 439 个氨基酸的 C-MYC 蛋白质。C-MYC 突变见于多种肿瘤。

三、原癌基因产物

原癌基因的表达产物在细胞生长分化中起重要作用，有许多原癌基因的表达产物是生长因子（growth factor）。生长因子是一类由细胞分泌，对细胞生长、增殖和分化起调节作用的多肽类分子。生长因子作为细胞外的信号分子参与了多种生理和病理过程，如胚胎发育、血管生成、创伤修复、免疫调节及纤维增生性疾病和肿瘤等。丽塔·蒙塔尔西尼（Rita Levi-Montalcini）和斯坦利·科恩（Stanley Cohen）分别因对神经生长因子和表皮生长因子的研究工作，而获得了 1986 年的诺贝尔生理学或医学奖。目前已经发现了数十种不同组织来源的生长因子（表 17-1）。

表17-1 人体内常见的生长因子

生长因子	组织来源	主要功能
表皮生长因子（epidermal growth factor，EGF）	颌下腺、肾	促进表皮和上皮细胞生长
神经生长因子（nerve growth factor，NGF）	颌下腺、神经元	营养交感神经和神经元
促红细胞生成素（erythropoietin，EPO）	肾	促进红细胞成熟和增殖
肝细胞生长因子（hepatocyte growth factor，HGF）	肝	促进肝细胞生长、上皮细胞生长和迁移
胰岛素样生长因子（insulin-like growth factor，IGF-1，IGF-2）	胎盘、胎肝、血浆	具有胰岛素样作用
血小板衍生生长因子（platelet-derived growth factor，PDGF）	血小板、血管、胶质细胞	促进间质形成及胶质细胞和血管内皮细胞生长
转化生长因子 α（TGF-α）	肿瘤细胞、转化细胞、胎盘	类似于 EGF
转化生长因子 β（TGF-β）	血小板	对细胞生长起促进（或抑制）作用
血管内皮生长因子（vascular endothelial growth factor，VEGF）	平滑肌、肿瘤	促进血管内皮细胞生长及血管生成

同一种生长因子可对多种细胞的生长和分化起调节作用。因此，一些生长因子的生物学功能可相互叠加、协同或拮抗。

（一）生长因子的作用机制

与其他胞外信号分子一样，根据作用的距离范围，生长因子的作用模式有内分泌（endocrine）、旁分泌（paracrine）和自分泌（autocrine）三种。内分泌作用是指少数生长因子由细胞分泌后，经血液运送至其他远端靶组织发挥作用。旁分泌作用是生长因子分泌后，不经血液运送，直接作用于分泌细胞邻近的其他靶细胞。自分泌作用则是生长因子被细胞合成和分泌后，又反过来对自身起作用。生长因子发挥作用以旁分泌和自分泌为主。原癌基因编码的生长因子，常通过自分泌作用引起肿瘤细胞自身的增殖信号转导途径持续激活。

生长因子作为细胞外信号分子（第一信使），通过与细胞质膜受体结合，将其信号跨膜传入细胞内，并通过细胞内信号分子的级联传递将信号传至核内或直接作用于 DNA 顺式作用元件，启动与细胞增殖与分化有关的基因，实现细胞功能的调节。各种生长因子介导的信号转导途径包括酪氨酸蛋白质激酶（TPK）、Ras/MAPK、PI3K、PLC、PKA、JAK/STAT 和 NF-κB 途径等。有些生长因子介导的信号转导途径间还相互交叉和相互作用，由此形成复杂的信号转导网络，对细胞的功能起精确的调节作用。

（二）生长因子与疾病

生长因子对维持机体正常的生理功能非常重要，其表达受到严格的时间特异性和空间特异性调控。生长因子的表达水平、结构和功能异常与很多疾病密切相关。原癌基因的表达产物有许多是生长因子，如 EGF、PDGF 和 VEGF 等。在正常情况下，它们对维持细胞的生长与分化起十分重要的作用。当原癌基因被激活后，其产生表达产物的“质”和“量”的异常可导致细胞生长、增殖和凋亡失控，并引起肿瘤。以下通过 EGF 和 PDGF 及其相应受体 EGFR 和 PDGFR，说明生长因子的主要功能及与肿瘤的相关性。

1．EGF　EGF 基因位于人染色体 4q25，mRNA 为 4.8kbp，所合成的 EGF 前体分子（含 1217 个氨基酸）经剪切后产生含 53 个氨基酸的活性肽，分子量为 6.2kDa。EGF 分子中的 3 对二硫键，对其空间结构形成及生物活性起重要作用（图 17-2）。

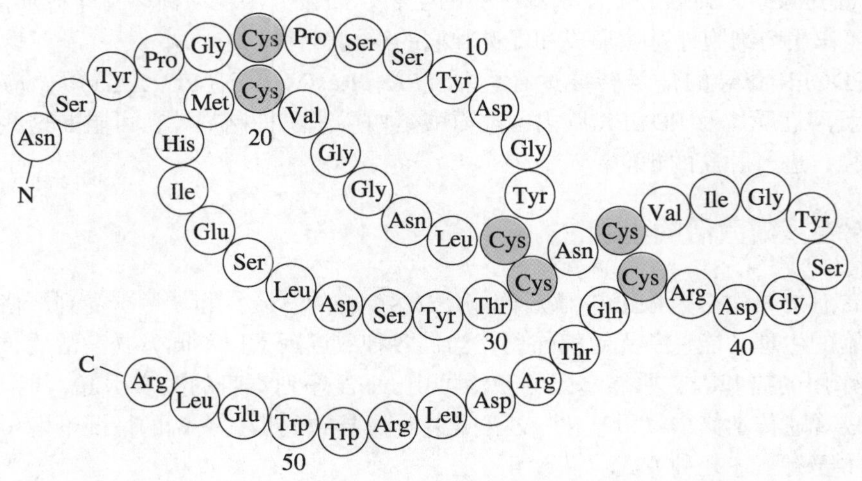

图 17-2　EGF 的一级结构及空间结构

EGF 的主要功能是促进表皮和上皮细胞生长和分化，如胚胎发育、器官分化和成熟等。EGF 缺乏的小鼠因多种脏器发育障碍而在出生后短期内死亡。向在体外培养的多种细胞中加入 EGF，都可明显促进细胞的生长。

EGF 通过 EGF 受体（EGFR，ErbB-1 或 HER-1）发挥作用，其他生长因子受体家族成员还有 ErbB-2（HER-2 或 Neu）、ErbB-3（HER-3）和 ErbB-4（HER-4）。EGFR 为跨膜糖蛋白，由 *C-ERBB*-1 基因编码，分子量为 170kDa，去 *N*- 连接糖链的 EGFR 分子量为 140kDa。EGF 与 EGFR 结合后，使 EGFR 发生二聚化和磷酸化而被激活。EGF/EGFR 所介导的下游信号转导途径包括 Ras/MAPK、PI3K/Akt 和 PLC/PKC 途径等，具有广泛的促进细胞生长和增殖及血管生成等作用。

乳腺癌、非小细胞肺癌、直肠癌等都有 EGF、EGFR 和 HER-2 的基因过表达和突变，并与肿瘤的转移、复发及对放疗和化疗的敏感性有关。实验表明，过表达 EGFR 或 ErbB-2 可使体外培养的小鼠 NIH-3T3 成纤维细胞转化，但 EGFR 引起的转化需要外源性加入 EGF，而 ErbB-2 引起的转化则不必加入。EGFR 胞外区的基因突变可形成三种缺失突变体（EGFRv Ⅰ，EGFRv Ⅱ，EGFRv Ⅲ），以 EGFRv Ⅲ最常见。缺失突变体虽失去了配体结合区，但还保持酪氨酸蛋白质激酶活性，仍具有刺激细胞过度增殖的信号效应。EGFR 胞内区的基因突变主要发生在编码酪氨酸激酶的前 4 个外显子（18，19，20，21），以外显子 19 的缺失性突变及 L858R 的点突变更为常见。

EGFR 和 HER-2 与肿瘤的分子靶向治疗

2．PDGF PDGF 是由 2 条多肽链通过二硫键连接形成的二聚体，主要包括三种类型——PDGF-AA、PDGF-BB 和 PDGF-AB。编码 A 链和 B 链的基因分别位于第 7 号和第 22 号染色体，产物的分子量为 16kDa 和 14kDa。每条多肽链含 4 个反向平行的 β 片层，通过 3 对二硫键形成可结合和激活 PDGFR 的核心结构域。血浆内 PDGF 含量较低，半衰期短，一般为几分钟。

PDGF 与靶细胞膜上特异的 PDGF 受体（PDGFR）结合。PDGFR 为酪氨酸蛋白质激酶型受体，有 PDGFR-α 和 PDGFR-β 两种。仅 PDGF-BB 与 PDGFR-β 特异结合，另两种与 PDGFR-α 结合。PDGF-A/PDGFR-α 主要促进间质细胞和成纤维细胞增殖，而 PDGF-B/PDGFR-β 则主要与血管内皮细胞等的增殖有关。PDGF-B 还可促进血管内皮细胞合成和分泌 VEGF，PDGF-B 敲除小鼠有血管生成障碍。

PDGF 和（或）PDGFR 异常，可引起纤维增生性疾病（肺纤维化、多发性硬化等）、血管增生性疾病（动脉硬化、肺动脉高压等）及肿瘤。肿瘤细胞过度合成和分泌的 PDGF 通过旁分泌作用促进乳腺癌、肺癌等上皮来源肿瘤的生长；而自分泌性激活多见于胶质瘤和肉瘤等。PDGF 的致癌作用与细胞外基质形成和促进肿瘤的浸润转移有关。

PDGF/PDGFR 介导的信号转导途径包括 TPK、Ras/MAPK、PI3K/Akt 等。应用 PDGF 拮抗剂、重组可溶性受体及 PDGFR 胞内区酪氨酸蛋白质激酶抑制剂等，可阻断这些异常激活的信号转导途径，进行肿瘤的靶向治疗。

四、原癌基因激活的机制

细胞中含有的原癌基因在正常情况下，所表达产物的“质”和“量”受到严格的调控，它们可维持细胞的生理功能，并无致癌作用；当被各种致癌因素以不同方式激活后，则转变成具有细胞转化作用的癌基因。原癌基因的激活可由 DNA 序列本身的改变引起；也可在 DNA 序列正常，但表观遗传学修饰（甲基化、乙酰化）异常导致的表达失调的情况下发生。原癌基因激活的机制主要有下述几种方式。

（一）点突变

在致癌因素的作用下，原癌基因编码序列上的单个碱基缺失或插入或被置换，称为点突变（point mutation）。突变可使基因所编码的氨基酸发生改变，而导致表达蛋白质的结构和功能异常。对常见的结肠癌、乳腺癌、胰腺癌等实体肿瘤的基因组测序结果显示：平均每种肿瘤中有 30 ~ 60 种基因突变。其中，95% 的突变为单个碱基置换，并且以错义突变率最高，约占 90%。现已经发现，多种肿瘤细胞中有 *RAS* 基因的点突变，突变位置可为第 12、13 和 61 位密码子等。其中，较常见的是第 12 位密码子突变，由正常的 GGC（编码甘氨酸）突变为 GTC（编码缬氨酸）。氨基酸的替换使 GTP 酶活性丧失，利用体外基因定点突变改变该密码子进行其他氨基酸替换，也可使 GTP 酶活性在不同程度上降低或丧失。

（二）获得启动子和增强子

在原癌基因序列上插入外源性启动子和增强子，使原癌基因表达水平异常增加，是病毒致癌的一个常见方式。逆转录病毒感染后，其所含有的具有启动子和增强子作用的长末端重复序列（long terminal repeat，LTR）通过与细胞基因组的整合，可插入到某些原癌基因附近，使该基因过度表达，导致肿瘤的发生（图 17-3）。例如，禽类白细胞增生病毒（avian leukocytosis virus，ALV）前病毒的 LTR 整合到宿主细胞的 *C-MYC* 基因的上游，会使 *C-MYC* 癌基因过度表达。

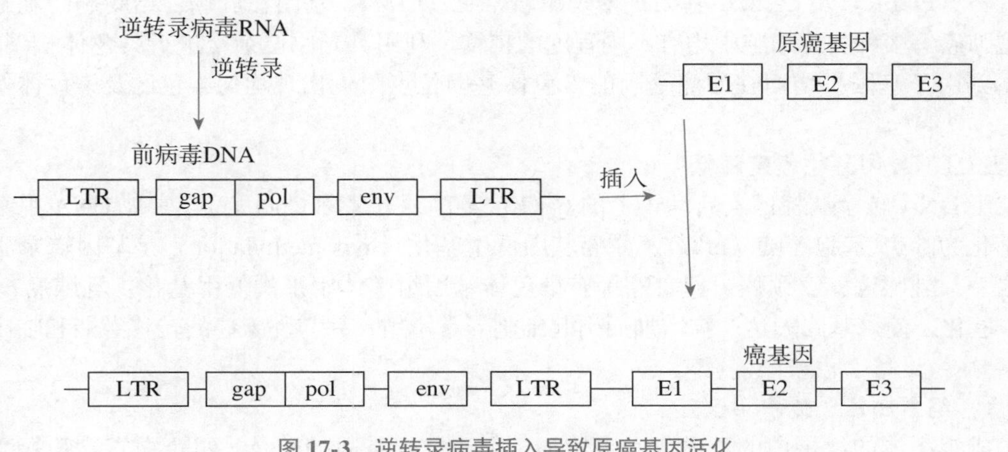

图 17-3　逆转录病毒插入导致原癌基因活化

（三）染色体的易位或重排

原癌基因从它所在染色体的正常位置易位（translocation）至另一个染色体上，使其转录的调控环境发生改变而被激活。例如，慢性髓细胞白血病（chronic myelocytic leukemia，CML）患者染色体的易位为 t（9；22）（q34；q11）（图 17-4）。

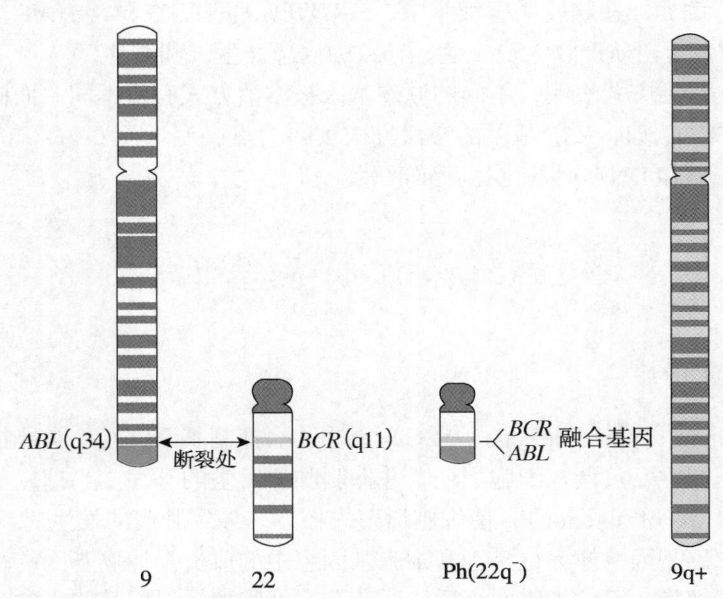

图 17-4　慢性髓细胞白血病的 Ph 染色体和 *BCR-ABL* 融合基因

这种易位使约95%的CML患者出现特征性的费城（Ph）染色体。该染色体上游*ABL*基因（编码酪氨酸蛋白激酶）易位到*BCR*基因（含转录激活序列）下游后形成*BCR-ABL*融合基因。*BCR-ABL*融合基因产物酪氨酸蛋白激酶活性显著增加，导致CML发生。*BCR-ABL*融合基因和Ph染色体的检查可辅助诊断CML，并作为判定临床疗效的一个指标。伊马替尼（Imatinib）是一种酪氨酸蛋白质激酶抑制剂，临床上作为靶向抗肿瘤药物用于CML的治疗，取得了非常好的疗效。但病情复发后产生耐药性，推测与酪氨酸蛋白质激酶基因再次发生了突变有关。

（四）基因扩增

基因扩增（gene amplification）是指原癌基因拷贝数异常大量增加，导致编码产物过度表达，进而引起细胞增殖失控。在人类恶性肿瘤中，细胞周期蛋白D1（cyclin D1）、表皮生长因子受体（EGFR）及*C-MYC*基因扩增现象较常见。*C-MYC*基因在肝癌、结肠癌、乳腺癌及小细胞肺癌等多种肿瘤细胞中均有不同程度的扩增。利用荧光原位杂交进行染色体核型分析，可观察到由于基因扩增而在原癌基因的染色体基因位点附近出现均匀染色区及染色体外的双微体。

（五）DNA甲基化程度降低

位于DNA转录调控区及启动子上的CpG重复序列（又称CpG岛），常被DNA甲基转移酶甲基化为5-甲基胞嘧啶（m^5C）。原癌基因低甲基化（hypomethylation）是基因转录激活的特征之一，乳腺癌、宫颈癌、卵巢癌等有染色体基因组整体水平的低甲基化。乳腺癌*C-MYC*的低甲基化，使该基因表达产物增加而引起细胞异常增殖，并与乳腺癌的转移潜能和临床分期有关。

（六）组蛋白乙酰化水平改变

构成核小体的组蛋白的乙酰化水平增加，促进原癌基因的转录。组蛋白富含赖氨酸，赖氨酸在翻译后的乙酰化修饰使其ε-氨基所带正电荷减少，与带负电荷的DNA结合能力降低，染色质结构从致密状态转变为有利于转录的松解状态。乙酰化水平取决于组蛋白乙酰化酶（histone acetyltransferase，HAT）和组蛋白去乙酰化酶（histone deacetylase，HDAC）的表达调控。HAT可促进基因转录，而HDAC则抑制基因转录，二者失衡与肿瘤的发生有关。两种酶除了以组蛋白为作用底物外，还有许多非组蛋白分子底物。HAT和HDAC的表达有细胞定位及组织特异性。例如，在脑胶质瘤细胞中，*C-MYB*原癌基因在异常HAT作用下乙酰化程度增加，并使C-MYB蛋白质产物大量表达，导致肿瘤恶性生长和转移。

上述癌基因的激活方式表明，不同的原癌基因被激活方式有所不同，而同一种原癌基因也可有多种激活方式。例如，*RAS*基因的激活方式主要为点突变，而*C-MYC*的激活方式主要有基因扩增、基因重排和DNA甲基化程度异常等。

第三节 抑癌基因

一、抑癌基因的概念

抑癌基因（tumor suppressor gene，TSG）又称肿瘤抑制基因，是一类能抑制细胞过度生长和增殖、诱导细胞凋亡、负调控细胞周期，并抑制肿瘤发生的基因。当抑癌基因发生缺失或突变时，失去功能（loss of function），使细胞增殖失控，并导致肿瘤的发生。

基因失去功能突变后具有致癌性的抑癌基因产物

抑癌基因与原癌基因一样，也是正常细胞基因组中的成员。抑癌基因的存在是通过细胞杂交证实的。当肿瘤细胞与正常细胞融合后，所获杂交细胞如果保留某些正常亲本的染色体，就不表现肿瘤恶性表型；而当染色体丢失后则又可重新出现肿瘤恶性表型。这一现象提示了正常染色体上存在某些抑制肿瘤恶性表型的基因。作为某一种组织或细胞的抑癌基因，常须满足以下条件：该基因在正常组织中有稳定表达；在发生肿瘤的相应组织中有缺失或突变；将该基因导入该种肿瘤细胞中可抑制肿瘤恶性表型。

二、常见的抑癌基因及作用机制

目前已经发现的抑癌基因，包括广义上的肿瘤转移抑制基因、DNA 修复基因及促细胞凋亡基因等有数百种，一些非编码基因（如 microRNA 基因）也属于抑癌基因。抑癌基因一般先在某个特定的肿瘤组织中被发现，并由此而命名。表 17-2 列出了一些常见的人抑癌基因。

表17-2　常见的人抑癌基因

基因	染色体定位	基因产物及功能	主要相关肿瘤
APC	5q21	编码 G 蛋白	结肠癌
BRCA	17q21	转录因子	乳腺癌、卵巢癌
DCC	18q21	细胞表面黏附分子	结肠癌
NF1	17q12	GTP 酶激活剂	神经纤维瘤
NM	17q3	肿瘤转移抑制因子	胃癌、骨肉瘤
MLH1	3p23	DNA 错配修复	畸胎瘤、黑色素瘤
P16	9p21	p16 蛋白质（CDK4、6 抑制剂）	乳腺癌、黑色素瘤
P21	6q21	p21 蛋白质（CDK4、6 抑制剂）	前列腺癌
TP53	17p13	p53 蛋白质（转录因子）	结肠癌等多种肿瘤
PTEN	10q23	磷脂酶	胶质细胞瘤、前列腺癌
RB	13q14	Rb（转录因子）	视网膜母细胞瘤
WT1	11p13	转录因子	肾母细胞瘤

引起抑癌基因失去功能的原因有：基因缺失或突变使表达产物含量降低和（或）失去活性、表达产物的磷酸化程度改变及表达产物与癌基因产物结合使其活性被抑制等。另外，调控抑癌基因表达的甲基化、乙酰化及 microRNAs 的异常，也可导致这些抑癌基因表达下降，引起肿瘤发生。视网膜母细胞瘤（retinoblastoma，RB）基因和 *TP53* 基因是两个重要的具有普遍抑癌作用的基因，其作用机制研究得也较清楚，以下重点说明。

（一）*RB* 基因

RB 基因是第一个被分离和鉴定的抑癌基因。1971 年，阿尔弗雷德·乔治·努森（Alfred George Knudson）在对儿童视网膜母细胞瘤遗传学特点的研究中发现了 *RB* 基因。它位于人染色体 13q14，含 27 个外显子，其 mRNA 为 4.7kbp，编码产物 Rb 蛋白质为含 928 个氨基酸的单链分子，定位于核内。由于分子量约为 105kDa，Rb 又称为 p105（pRB）。

Rb 的结构和功能高度保守。Rb 及后来发现的其他家族成员 p107 和 p130，统称为“口袋蛋白质”。因为 Rb 的 A、B 两个结构域组成“口袋”样功能区（图 17-5），通过该功能区与多种蛋白质分子结合，并依靠分子间的相互作用发挥 Rb 对细胞周期的负调控功能。*RB* 基因的抑癌作用可被许多病毒癌基因所封闭，如腺病毒的 E1A 蛋白、SV40 的大 T 抗原和人类乳头瘤病毒 16（HPV16）的 E7 蛋白等都可与“口袋”样功能区结合，使之被占位性失活。

RB 基因的表达和 Rb 的磷酸化程度与其对细胞周期、分化和发育等调控密切相关。正常情况下，Rb 在机体的几乎所有细胞中都有表达。*RB* 基因敲除小鼠在出生 2 周后死亡，说明

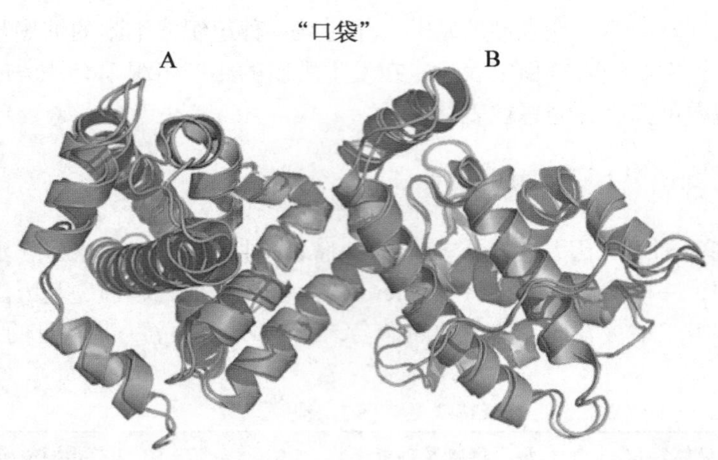

图 17-5 Rb 蛋白的空间结构

Rb 为正常的生长和发育所必需。现已发现乳腺癌、肺癌、膀胱癌、骨肉瘤、非小细胞肺癌等有 *RB* 基因的缺失或突变，而在一些体外培养的肿瘤细胞中转染 *RB* 基因后，则可使细胞的恶性程度发生逆转。

蛋白质磷酸化及蛋白质分子间的相互作用是细胞周期的一个核心事件。Rb 有非磷酸化（有活性）与磷酸化（无活性）两种形式，并随细胞周期而发生改变。Rb 的磷酸化部位主要为"口袋"区和羧基末端。在 G1 期，非磷酸化的 Rb 与转录因子 E2F 形成复合物，使 E2F 的转录激活功能丧失，E2F 依赖性的相关基因不能表达，进而阻止细胞从 G1 期进入 S 期。当周期蛋白依赖性蛋白质激酶（cyclin dependent protein kinase，CDK）与周期蛋白结合被激活后，可使 Rb 磷酸化程度增加，不再结合 E2F。于是，被释放的 E2F 发挥转录激活作用，细胞进入 S 期的增殖状态。因此，*RB* 基因的缺失或突变可导致细胞周期失控，使细胞增殖过度并转化（图 17-6）。

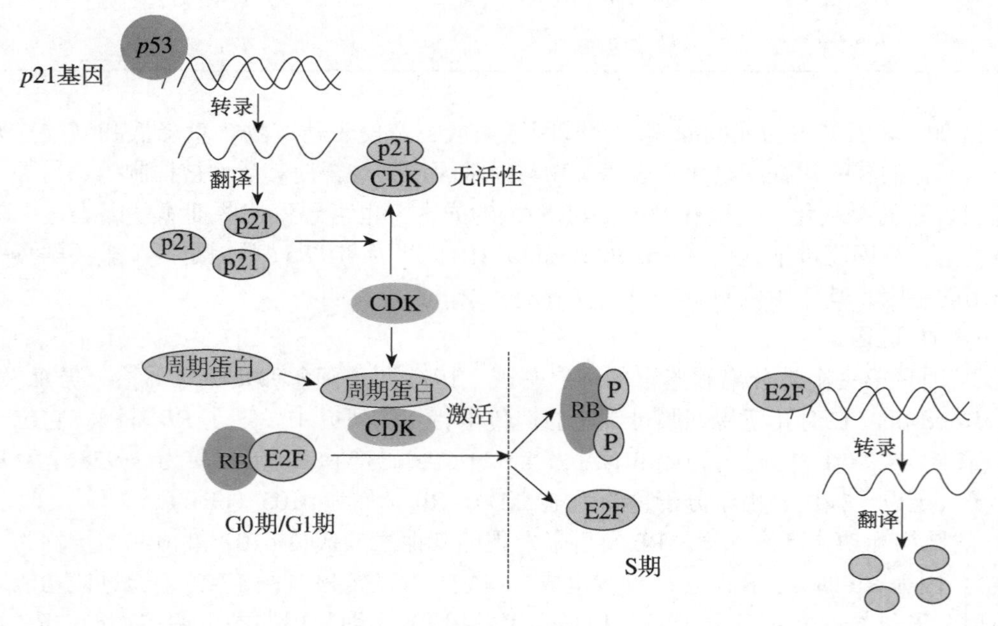

图 17-6 Rb 抑制细胞增殖的作用

（二）*TP53* 基因

人 *TP53* 基因位于染色体 17p13，含 11 个外显子，mRNA 为 2.5kbp，编码含 393 个氨基酸的核蛋白。*TP53* 基因于 1979 年被首次发现，1989 年野生型（wild type）的 *TP53* 基因才被确定为抑癌基因。后来发现，*TP53* 基因家族成员还有 *TP63* 基因和 *TP73* 基因，结构和功能与 *TP53* 基因相似。

产物 p53 蛋白质的实际分子量为 47.3kDa，这是因为 p53 蛋白质含有较多的脯氨酸，在 SDS-PAGE 电泳中移动较慢。p53 蛋白质的主要功能性结构域（图 17-7）包括：

1．转录激活结构域（1 ～ 44） 位于氨基端，具转录激活作用，促进多种靶分子（如 p21）的转录。小鼠双微基因（*MDM2*）编码的 E3 泛素连接酶与该结构域的结合，可抑制 p53 的转录因子功能。

2．脯氨酸结构域（58 ～ 101） 富含脯氨酸，参与 DNA 损伤后引起的细胞凋亡。

3．DNA 结合结构域（102 ～ 292） 又称核心区，由第 5 ～ 8 外显子编码，可与 DNA 的特异序列结合。

4．寡聚化结构域（325 ～ 356） 与 p53 四聚体的形成有关。两个 p53 单体通过该结构域内的 β 片层结合为二聚体，两个二聚体再通过紧接着的 α 螺旋聚合成四聚体。

5．细胞定位调节结构域 位于羧基端，有富含亮氨酸的核定位信号（NLS，316 ～ 324）及核输出信号（NES，370 ～ 376 和 380 ～ 386）。

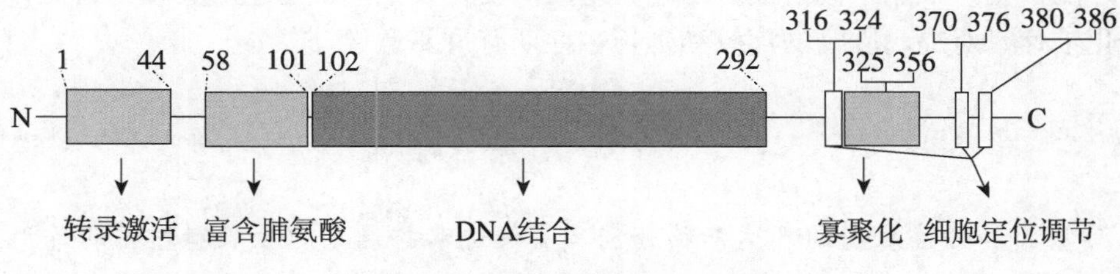

图 17-7　p53 的主要结构域

人类 50% 以上的肿瘤组织有 *TP53* 基因异常，表明正常的 *TP53* 基因对抑制肿瘤形成及对机体的保护作用极为重要。因此，它又被称为“分子警察”。p53 抑制肿瘤的作用主要有以下几个方面：

1．监控 DNA 的完整性 染色体 DNA 损伤后，p53 含量及活性应激性升高。例如，紫外线损伤后，p53 的 Ser15 和 Ser37 位点在 ATR 和 ATM 蛋白激酶作用下发生磷酸化，使 p53 的转录激活功能增强，并启动细胞 DNA 修复系统，使细胞周期阻滞于 G1 期，便于细胞在此期间进行损伤的染色体 DNA 修复。

2．诱导细胞凋亡 如果 p53 不能使损伤的染色体 DNA 修复，则诱导细胞发生凋亡而被清除。p53 诱导凋亡作用与上调 *BAX*、*FASL*、*BID*、*NOXA* 等促凋亡基因表达、下调抗凋亡蛋白质 *BCL-2* 等的基因表达有关。

3．抑制细胞周期 p53 可通过促进 *p21* 基因的表达抑制细胞周期。p53 与 *p21* 基因的转录调控序列结合，促进 *p21* 基因表达。p21 是 CDK 的通用抑制剂，通过与 CDK 结合而抑制了由与细胞周期蛋白的结合引起的 CDK 激活。因此，p53 使细胞周期阻滞于 G1 期。p53 的这种作用还间接地使 Rb 保持非磷酸化状态，而发挥抑制细胞周期从 G1 期向 S 期进展的功能。

4．抑制原癌基因的表达 p53 可下调多种原癌基因的表达，如 *C-MYC*、*C-FOS*、*C-JUN* 和增殖细胞核抗原（proliferating cell nuclear antigen，PCNA）基因等。

研究表明，*TP53* 基因的缺失和突变，不仅使其含量和结构异常，并使 p53 蛋白质失去抑制细胞增殖作用。正常细胞中的 *TP53* 基因，又称野生型 *p53* 基因所表达的 *p53* 蛋白质，其含量低、半衰期短，一般不易检测到，而检测到的 p53 实际是突变型的或应激性升高的 p53。

TP53 基因的突变类型有点突变、移码突变和基因重排等。据统计，*TP53* 基因的点突变占全部突变的 40% 以上，并且 95% 的突变发生在 DNA 结合结构域。基因突变引起 p53 空间构

象改变，失去稳定性和抑癌基因功能。例如，在25种肿瘤中检测到的*TP53*基因密码子CGC突变为CTC，使Arg^{175}被替换为Leu^{175}，p53因此失去功能。其他常见的突变氨基酸位点为Arg^{175}、Gly^{245}、Arg^{248}、Arg^{249}、Arg^{273}和Arg^{282}。*TP53*基因突变位点是评估患者对肿瘤治疗敏感性的一个指标。目前，国内外都有针对*TP53*基因的治疗药物，并已开展临床试验和治疗。

另外，研究还发现：p53也是HDAC3（HDACs的Ⅰ类家族中的成员）的一个底物。在恶性黑色素瘤中，HDAC3的表达及酶活性增加，使乙酰化p53（乙酰化位点为Lys^{370}、Lys^{382}）减少，并影响到它的功能。利用RNA干扰技术下调*HDAC3*基因表达及加入*HDAC3*的抑制剂（如M275），可恢复乙酰化p53的活性，抑制肿瘤的生长，并促进细胞凋亡。

肿瘤的发生和发展是涉及多因素、多阶段的累积和渐进的复杂过程。除上述的细胞生长、增殖和凋亡异常外，还与细胞分化、端粒及端粒酶活性、血管生成、上皮间质转化和肿瘤干细胞等有关。从正常细胞到良性增生，再转变为癌瘤性增生、浸润、局部转移和远端转移等的不同进展阶段，可出现阶段性的多个癌基因激活、抑癌基因失活及其他基因的改变，这也是导致肿瘤细胞异质性的重要原因。另外，肿瘤的发生和发展还与环境和遗传因素密切相关。基因组测序和基因芯片检测分析，有助于了解正常组织及肿瘤组织中的差异性表达基因，并作为肿瘤诊断和治疗的依据。根据不同阶段肿瘤相关基因的变化及不同肿瘤组织类型的特点，采取对患者的个体化治疗，对提高肿瘤的疗效和延长生存期有重要意义。

microRNAs与癌基因和抑癌基因的表达调控

小结

原癌基因和抑癌基因的表达产物分别具有促进和抑制细胞生长和增殖的作用。原癌基因和抑癌基因的异常可引起肿瘤。癌基因包括病毒癌基因和细胞癌基因，分别存在于病毒基因组和正常细胞基因组中。原癌基因被致病因素激活后，表达产物的数量、结构和功能异常改变，转变成癌基因。原癌基因的编码产物包括生长因子类、生长因子受体类、细胞内信号转导蛋白质类及核内转录因子类。原癌基因激活的机制有点突变、获得启动子和增强子、染色体的易位或重排、基因扩增、甲基化程度降低和组蛋白乙酰化水平改变。

生长因子是一类由细胞分泌，对细胞生长、增殖和分化起调节作用的蛋白质或多肽，参与了机体内的多种生理和病理过程。生长因子有内分泌、旁分泌和自分泌三种作用模式。生长因子通过与细胞质膜或细胞内的特异性受体结合，将其信号跨膜传入细胞内。生长因子介导多种信号转导途径。生长因子的表达水平、结构和功能的异常与很多疾病密切相关。原癌基因的表达产物有许多是生长因子或生长因子受体，可引起信号转导途径的异常激活。

抑癌基因是一类能抑制细胞过度生长和增殖，并抑制肿瘤发生的基因。抑癌基因也存在于正常细胞基因组中。*RB*基因和*TP53*基因是两个重要的抑癌基因，对细胞周期起负调控作用，它们所编码的产物均为转录因子。非磷酸化的Rb具有活性，Rb抑制细胞周期的机制发生在G1期。p53抑制肿瘤的作用主要有监控DNA完整性、诱导细胞凋亡、抑制细胞周期和下调癌基因表达。

肿瘤的发生和发展是涉及多因素、多阶段的复杂过程。应根据肿瘤类型及进展阶段中癌基因和抑癌基因改变的特点，对肿瘤患者进行个体化治疗。根据肿瘤发生的机制，针对特定的靶分子设计药物并用于肿瘤的治疗，称为肿瘤的分子靶向治疗。针对EGFR和ErbB-2的肿瘤分子靶向治疗主要有特异性识别和结合受体胞外区的单克隆抗体及小分子酪氨酸激酶抑制剂，PDGF/PDGFR介导的异常激活信号转导途径可被相应药物阻断。

思考题

1. 试举例说明原癌基因异常激活有哪些方式。
2. 论述原癌基因、抑癌基因和肿瘤发生的关系。
3. 论述 *TP53* 的生物学功能及其与肿瘤发生的关系。
4. 根据原癌基因在肿瘤中的改变，请设计抗肿瘤分子靶向药物。

（李红梅）

第18章 血液的生物化学

第一节 概 述

血液（blood）是在心血管系统内循环流动的红色、不透明、具有黏性的液体，由液态的血浆（plasma）与血细胞（红细胞、白细胞及血小板）等有形成分组成。正常人体血液总量约占体重的 8%，血浆占全血体积的 50% ～ 60%，血细胞占全血体积的 40% ～ 50%。

离体的血液在不加抗凝剂的情况下，静置凝固后析出的淡黄色透明液体称为血清（serum）。若将离体的血液加入适量的抗凝剂后离心，可使血细胞下沉，浅黄色的上清液即为血浆（plasma）。血液凝固的机制是血浆中可溶性的纤维蛋白原（fibrinogen）在一系列凝血因子的作用下转变为不溶性的纤维蛋白。故血清与血浆的主要区别是血清中不含纤维蛋白原。

正常人体血液的比重为 1.050 ～ 1.060，其大小主要取决于血液内的血细胞数和蛋白质的浓度。血液的 pH 为 7.40±0.05，渗透压在 37℃时约为 770kPa（310mOsm/L）。

红细胞是血液中最主要的细胞，由骨髓中的造血干细胞定向分化而成。成熟红细胞除细胞膜和胞质外，无其他细胞器，因而失去了核酸、蛋白质的合成及有氧氧化能力，但是成熟红细胞保留了糖酵解、磷酸戊糖途径及谷胱甘肽代谢系统，这些代谢反应可为红细胞提供能量，保护红细胞及保证红细胞的气体运输作用。

成熟红细胞中，血红蛋白（hemoglobin，Hb）占红细胞内蛋白质总量的 95%，它是血液运输 O_2 的最重要物质，和 CO_2 的输送也有一定关系。血红蛋白是由 4 个亚基组成的四聚体，每一亚基由一分子珠蛋白（globin）与一分子血红素（heme）缔合而成。

血红素也可以作为其他蛋白质的辅基，如肌红蛋白（myoglobin）、过氧化氢酶、过氧化物酶等。一般细胞均可合成血红素，且合成通路基本相同。在人红细胞中，血红素的合成从早幼红细胞开始，直到网织红细胞阶段仍可合成，而成熟红细胞不再有血红素的合成。

第二节 血液的化学成分与功能

一、血液的化学成分

血液不断地与各器官、组织之间进行物质交换，各种物质不断进出血液，所以血液的化学成分非常复杂。在生理情况下，血液中各种化学成分的含量相对恒定，仅在一定范围内波动，但在病理情况下，血液中某些化学成分的含量可能会发生改变。

正常人体血液的含水量为 77% ～ 81%，其余为可溶性固体和少量 O_2、CO_2 等气体。血浆含水较多，占 93% ～ 95%，红细胞含水较少，约 65%。血液中的固体成分十分复杂，可分为无机物和有机物两大类。无机物以电解质为主，重要的阳离子有 Na^+、K^+、Ca^{2+}、Mg^{2+}，重要的阴离子有 Cl^-、HCO_3^-、HPO_4^{2-} 等。

血液中的有机物包括蛋白质、非蛋白质含氮化合物、糖类和脂类等。非蛋白质含氮化合物主要有尿素、尿酸、肌酸、肌酐、氨基酸、多肽、胆红素和氨等，这些化合物中所含的氮总称为非蛋白质氮（non-protein nitrogen，NPN）。正常人血中非蛋白质氮含量为 14.28 ～ 24.99mmol/L。非蛋白质含氮物质主要是蛋白质和核酸代谢的终产物，如尿素、尿酸等，由血液运输到肾排出。当肾功能严重障碍时，血中 NPN 含量增高。尿素是 NPN 中含量最多的一种物质，血尿素氮（blood urea nitrogen，BUN）的含量约占 NPN 总量的 50%，故临床上也常将 BUN 的水平作为判断肾排泄功能的指标。

血浆中葡萄糖、乳酸、酮体、脂类等的含量与糖代谢和脂代谢密切相关。血浆中的脂类全部以脂蛋白的形式存在，还有一些微量物质，如酶、维生素、激素等。血液中某些成分常受食物影响，因此常采用饭后 8 ～ 12h 的空腹血液进行分析。血液中主要化学成分及正常参考值参见表 18-1。

表18-1　正常成人血液的主要化学成分

化学成分	分析材料	正常参考值
蛋白质		
总蛋白质	血清	60 ～ 80g/L
清蛋白	血清	35 ～ 55g/L
球蛋白	血清	20 ～ 30g/L
血红蛋白	全血	男：120 ～ 160g/L　女：110 ～ 150g/L
纤维蛋白原	血浆	2 ～ 4g/L
非蛋白含氮物		
NPN	全血	14.28 ～ 24.99mmol/L
尿素氮	血清	1.7 ～ 8.3mmol/L
尿酸	血清	男：0.15 ～ 0.42mmol/L　女：0.09 ～ 0.35mmol/L
肌酸	血清	0.23 ～ 0.53mmol/L
肌酐	血清	0.08 ～ 0.18mmol/L
氨基酸氮	血清	2.6 ～ 5.0mmol/L
氨	全血	6 ～ 35μmol/L（那氏试剂法）
总胆红素	血清	1.7 ～ 17.1μmol/L
不含氮的有机物		
葡萄糖	血清	3.9 ～ 6.1mmol/L
乳酸	全血	0.6 ～ 1.8mmol/L
三酰甘油	血清	0.45 ～ 1.69mmol/L
总胆固醇	血清	2.85 ～ 5.69mmol/L
磷脂	血清	41.98 ～ 71.04mmol/L
酮体	血清	＜ 33μmol/L
无机物		
Na^+	血清	135 ～ 145mmol/L
K^+	血清	3.5 ～ 5.5mmol/L
Ca^{2+}	血清	2.1 ～ 2.7mmol/L
Mg^{2+}	血清	0.8 ～ 1.2mmol/L
Cl^-	血清	100 ～ 106mmol/L
HCO_3^-	血浆	22 ～ 27mmol/L
无机磷	血清	1.0 ～ 1.6mmol/L

二、血液的基本功能

血液在全身血管不断流动，联系各种组织器官，维持机体内环境的相对稳定。血液的生理功能主要表现在以下几个方面：

（一）运输功能

血液具有运输 O_2、CO_2、营养物质、代谢产物及代谢调节物的功能。除部分小分子无机化合物及中分子有机化合物可直接溶于血液被运输外，大多数物质以特异结合形式存在于血液中。血浆中的清蛋白和某些蛋白质能与多种物质包括药物结合而起运输作用。

（二）平衡功能

人体内环境的稳定离不开血液的平衡调节作用。血浆及红细胞内的缓冲系统可在一定限度内维持血液 pH 的稳定。血浆中的缓冲体系可有效地减轻进入血液中的酸性或碱性物质对血浆 pH 的影响。血浆中的蛋白质，特别是清蛋白，是维持血浆胶体渗透压的主要成分。另外，血液还参与体温调节，在中枢神经系统控制下，与肺、肾及皮肤等组织器官配合，共同维持体温的恒定。

（三）免疫功能

血液中的白细胞如粒细胞和单核细胞具有吞噬功能，淋巴细胞则与特异性抗体的生成和细胞免疫有关。血液中的补体系统是一蛋白酶系，被激活后参与免疫反应的效应阶段作用。因此，血液是机体免疫系统的重要组成部分，有防御异物、预防感染的作用。

（四）凝血与抗凝血功能

血液中的各种凝血因子参与血液凝固，防止大出血；抗凝血因子可以防止血管阻塞，保证血流通畅。

第三节 血浆蛋白质

一、血浆蛋白质的分类与特性

（一）血浆蛋白质的分类

血浆蛋白质是血浆中含量最多的可溶性固体成分，是血浆中各种蛋白质的总称，正常含量为 60 ～ 80g/L。血浆蛋白质种类很多，据目前所知有 200 多种。通常按分离方法和生理功能将血浆蛋白质进行分类。不同的方法可将血浆蛋白质分离成不同的组分，常用的方法包括电泳和超速离心等。

电泳是最常用的分离蛋白质的方法，由于电泳的支持物不同，其分离程度差别很大。临床常采用简单快速的醋酸纤维素薄膜电泳，以 pH 8.6 的巴比妥溶液为缓冲液，可将血清蛋白质分成 5 条区带：清蛋白（albumin）、α_1- 球蛋白、α_2- 球蛋白、β- 球蛋白和 γ- 球蛋白（图 18-1）。正常成人血浆中清蛋白是最主要的蛋白质，浓度达 35 ～ 55g/L，占血浆总蛋白的 57% ～ 68%。球蛋白的浓度为 20 ～ 30g/L。正常的清蛋白 / 球蛋白比值（albumin/globulin，A/G）为（1.5 ～ 2.5）∶ 1。临床上常用 A/G 对肝疾患与免疫相关疾患加以区分。例如，慢性肝炎或肝硬化患者，肝合成清蛋白能力下降，而同时球蛋白产生增加，A/G 下降，甚至出现 A/G 倒置。

用分辨率较高的聚丙烯酰胺凝胶电泳法，则可将血浆蛋白质分为 30 多条区带。用等电聚焦电泳与聚丙烯酰胺凝胶电泳组合的双向电泳，分辨率更高，可将血浆蛋白分成 100 余种。

血浆蛋白质多种多样，各种血浆蛋白质有其独特的功能。除按分离方法分类外，也采用功能分类法。由于有些蛋白质功能尚不清楚，所以难以对全部血浆蛋白质做出十分恰当的分类。目前按其生理功能可将血浆蛋白质分类如表 18-2。

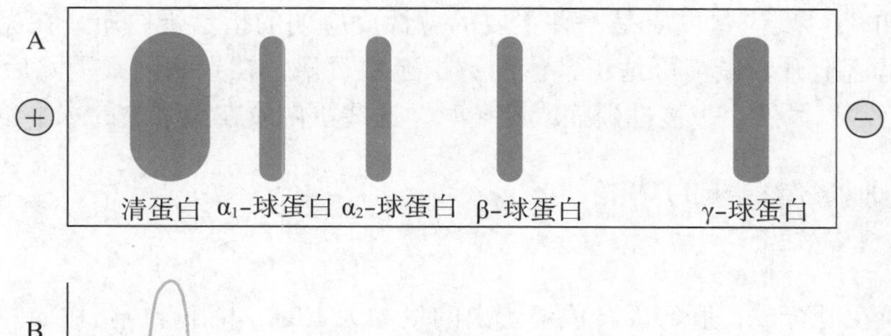

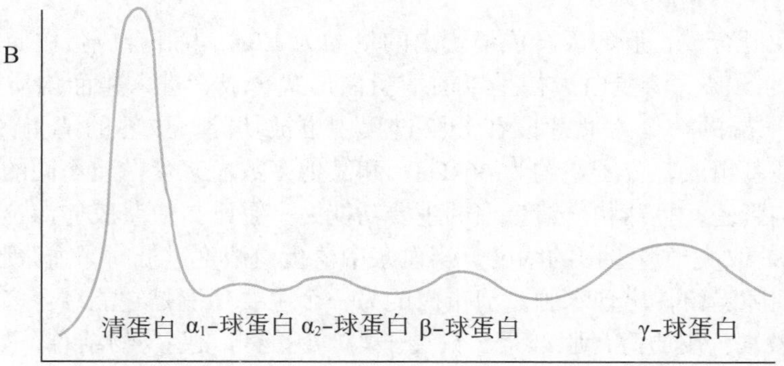

图 18-1　血清蛋白的醋酸纤维素薄膜电泳图谱

A：染色后的图谱；B：光密度扫描后的电泳峰

表18-2　人血浆蛋白质的分类（按生理功能）

种类	血浆蛋白质
载体蛋白	清蛋白、载脂蛋白、运铁蛋白、血浆铜蓝蛋白
免疫防御系统蛋白	IgG、IgM、IgA、IgD、IgE 和补体 C1 ～ 9 等
凝血和纤溶蛋白	凝血因子Ⅶ、Ⅷ，凝血酶原，血纤维蛋白溶解酶原等
酶	脂蛋白脂肪酶等
蛋白酶抑制剂	α_1- 抗胰蛋白酶、α_2- 巨球蛋白等
激素	促红细胞生成素、胰岛素等
参与炎症反应的蛋白质	C- 反应蛋白质、α_1- 酸性糖蛋白等

（二）血浆蛋白质的特性

1．在肝合成　如清蛋白、纤维蛋白原和纤连蛋白等。还有少量蛋白质在其他组织细胞合成，如 γ- 球蛋白由浆细胞合成。

2．均为分泌型蛋白质　血浆蛋白质在肝细胞内粗面内质网核糖体上合成，分泌入血浆前经历了剪切信号肽、糖基化、磷酸化等翻译后修饰加工过程，成为成熟蛋白质。

3．几乎都是糖蛋白　仅清蛋白、视黄醇结合蛋白和 C- 反应蛋白质等少数不含糖。糖蛋白中所含的寡糖链携带着可起识别作用的生物学信息。

4．半衰期不同　正常成人血浆清蛋白和触珠蛋白的半衰期分别为 20 天和 5 天左右。

5．有遗传多态性　多态性是指在同种属或人群中，一种蛋白质至少有两种表型。ABO 血型是广为人知的多态性，另外 α_1- 抗胰蛋白酶（α_1-antitrypsin）、触珠蛋白、运铁蛋白（transferrin）、血浆铜蓝蛋白和免疫球蛋白等均具多态性。

6．一些是急性时相蛋白　在机体发生急性炎症或某些组织损伤（如急性心肌梗死、外伤、手术等）时，某些血浆蛋白质水平升高，这些蛋白质被称为急性时相蛋白质。这些蛋白质包括 C- 反应蛋白质（由于与肺炎球菌的 C- 多糖起反应而得名）、纤维蛋白原、α_1- 抗胰蛋白酶、α_1- 酸性糖蛋白等。急性时相蛋白质的变化与疾病进程相关，因此用于某些临床疾病的早期诊断和鉴别诊断。例如，C- 反应蛋白质是一种主要的急性反应期的指示蛋白质，在炎症或组织损伤后 6 ～ 8 小时迅速上升，最高可达正常值的数十至数百倍，在致病因素消除后，C- 反应蛋白质可很快恢复正常。另外，患慢性炎症或肿瘤时，这些蛋白质在血浆中的水平也可升高。

二、不同血浆蛋白质的功能

（一）清蛋白

清蛋白主要在肝合成，肝每天合成清蛋白的量约为 12g，占肝合成蛋白质总量的 25%，为分泌蛋白质量的约 50%。清蛋白最初是以前清蛋白形式合成，进入粗面内质网腔后，信号肽被切除，随后 N 末端的一个六肽片段在分泌过程中也被切除。成熟的清蛋白为单一多肽链，由 585 个氨基酸残基组成，分子量约为 66kDa。和其他多数血浆蛋白质不同的是，清蛋白不含任何糖基，其结构紧密，呈球状。清蛋白的主要功能之一是维持血浆胶体渗透压。血浆胶体渗透压的 75% ～ 80% 取决于清蛋白的浓度。当血浆中清蛋白浓度过低时，血浆胶体渗透压下降，导致水分在组织间隙潴留，出现水肿。清蛋白的另一个主要功能是它能结合多种配体，如游离脂肪酸、甲状腺激素、皮质醇、胆红素、铜离子等，还能与一些药物结合，如磺胺、青霉素、阿司匹林等。清蛋白与这些物质的结合增加了这类物质在血浆中的溶解性，并在这些物质的转运中起着十分重要的作用。

（二）免疫球蛋白和补体

免疫球蛋白（immunoglobulin，Ig）又称抗体，是人体受到细菌、病毒或异种蛋白质等抗原刺激后，由浆细胞产生的一类具有特异性免疫作用的球状蛋白质。补体是一类蛋白酶的总称，可对外来携带抗原的细胞（如细菌）膜蛋白进行水解，使细胞膜溶解，即所谓的杀伤作用。免疫球蛋白与特异抗原结合，形成抗原 - 抗体复合物，此复合物的形成可激活补体系统，使之行使杀伤功能。因此，免疫球蛋白与补体的作用密切相关。

（三）触珠蛋白

触珠蛋白（haptoglobin，Hp）是血浆中一种重要的糖蛋白，又称结合珠蛋白，可与细胞外的血红蛋白通过非共价键牢固结合。每个单体分子可结合 2 分子血红蛋白。当血管内因溶血而出现血红蛋白时，触珠蛋白即与之结合形成 Hp-Hb 复合物，后者因分子量较大（约 155kDa），不易通过肾小球滤出，从而防止了血红蛋白中铁的丢失。Hp-Hb 复合物可被巨噬细胞吞噬和分解。当发生严重溶血时，触珠蛋白结合血红蛋白的量达到饱和，未被结合的血红蛋白自肾小球滤出，在肾小管内沉积，引起肾损伤，即血红蛋白尿性肾病。

（四）金属结合蛋白类

1．运铁蛋白和铁蛋白 运铁蛋白（transferrin）是一种糖蛋白，在肝细胞合成，分子量约为 76kDa，含糖量为 5.9%，占血清总蛋白质的约 3%，正常血清含量为 1.8 ～ 4.0g/L。运铁蛋白的主要功能是运输铁。自由铁离子对机体有毒，与运铁蛋白结合后即无毒性，1 分子运铁蛋白可与 2 个 Fe^{3+} 结合。运铁蛋白与铁的结合还可防止铁离子自肾丢失。铁蛋白（ferritin）是一种含铁蛋白质，主要存在于肝、脾、骨髓等脏器。铁蛋白是铁贮存的主要形式，在铁平衡中起重要作用。当体内铁增加时，铁蛋白将铁摄入并且将二价铁转为无害的三价铁贮存，避免细胞内高浓度的游离铁对细胞的毒性作用；当机体需要铁时，可以动员铁蛋白中的贮存铁释放。血清中含有微量的铁蛋白，正常情况下含量稳定。血清铁蛋白水平是判断机体缺铁或铁过载的指标。

2．血浆铜蓝蛋白 血浆铜蓝蛋白（ceruloplasmin）是一种含铜的蛋白质，因呈现蓝色而得名。血浆铜蓝蛋白属于 α_2- 球蛋白，分子量为 160kDa，血浆中浓度为 150 ～ 600mg/L。血浆中 90% 的铜与血浆铜蓝蛋白结合（其余 10% 与清蛋白结合），每分子血浆铜蓝蛋白可牢固结合 6 个铜离子。血浆铜蓝蛋白具有氧化酶活性，可将 Fe^{2+} 氧化为 Fe^{3+}，以利于铁离子与运铁蛋白结合，参与体内铁的运输与动员。铜是许多重要酶的辅因子，例如细胞色素氧化酶、酪氨酸酶、铜依赖超氧化物歧化酶等。正常成人体内含铜约 100mg，主要分布于骨、肝、肾和肌肉组织中。血浆铜蓝蛋白在肝中合成，肝疾患时，血浆铜蓝蛋白合成减少，血浆铜蓝蛋白含量下降（< 200mg/L）。

（五）血浆酶类

血浆中有很多酶，根据来源不同可将血浆酶分成三类。

1．血浆功能性酶　血浆功能性酶是血浆蛋白质的固有成分，在血浆中发挥其特异的催化作用，如凝血酶系、纤溶酶、血浆铜蓝蛋白（铁氧化酶）、脂蛋白脂肪酶、血浆前激肽释放酶、磷脂酰胆碱胆固醇酰基转移酶和肾素等。脂蛋白脂肪酶来自肝外组织，纤溶酶原可能来自嗜酸性粒细胞，其余几乎均由肝合成后分泌入血。当肝功能下降时，这些酶在血浆中的活性即下降。

2．外分泌酶　此类酶来源于外分泌腺，只有极少量逸入血浆，如淀粉酶（来自唾液腺和胰）、脂肪酶（来自胰）、蛋白酶（来自胃和胰）和前列腺酸性磷酸酶等。它们在血浆中的活性与其分泌腺体的功能状态有关。

3．细胞酶　这类酶在细胞内催化有关的代谢过程，当细胞更新或细胞破坏时，可有少量进入血液。因此，其在血浆中活性的升高常提示有关脏器细胞的损坏或细胞膜通透性的改变，对血浆中的这些酶活性的测定常有助于相关脏器病变严重程度的诊断。例如血清中谷丙转氨酶活性的升高提示肝或肌组织存在损伤。

（六）血浆蛋白酶抑制剂

血浆蛋白酶抑制剂都属于糖蛋白，它们能抑制血浆中的蛋白酶、凝血酶、纤溶酶、补体成分以及白细胞在吞噬或破坏时释放出的组织蛋白酶等，对体内的一些重要生理过程起着调节作用。蛋白酶抑制剂能抑制血浆中蛋白酶的活性，防止蛋白酶对组织结构蛋白的水解，对机体起保护作用。α_1- 抗胰蛋白酶是血浆中主要的蛋白酶抑制剂，它除能抑制胰蛋白酶的作用外，还可以抑制多种丝氨酸蛋白酶的活性。

第四节　红细胞的代谢特点与血红蛋白的生物合成

一、红细胞的代谢特点

红细胞是血液中最主要的细胞，由骨髓中的造血干细胞定向分化而成。在红细胞发育过程中，经历了原始红细胞、早幼红细胞、中幼红细胞、晚幼红细胞、网织红细胞等阶段，最终才发育成为成熟红细胞。在成熟过程中，红细胞发生一系列形态和代谢的变化。早、中幼红细胞有细胞核、线粒体等细胞器，可以合成核酸和蛋白质，能通过有氧氧化供能，并且能分裂增殖。晚幼红细胞则失去合成 DNA 的能力，不再进行分裂。网织红细胞无细胞核和 DNA，但仍残留少量 RNA 和线粒体，故仍可合成蛋白质及通过有氧氧化供能。成熟红细胞除细胞膜和胞质外，无其他细胞器，丧失了核酸、蛋白质的合成及有氧氧化能力，只保留了糖酵解、磷酸戊糖途径及谷胱甘肽代谢系统，这些代谢反应可为红细胞提供能量，保护红细胞及保证红细胞的气体运输作用。下面重点介绍成熟红细胞的代谢特点。

（一）糖代谢

红细胞通过易化扩散的方式从血浆中摄取葡萄糖。血循环中的红细胞每天大约从血浆中摄取 30g 葡萄糖，其中 90% ～ 95% 用于糖酵解和 2，3- 二磷酸甘油酸（2，3-bisphosphoglycerate，2，3-BPG）支路进行代谢，5% ～ 10% 通过磷酸戊糖途径进行代谢。

1．糖酵解　红细胞内存在催化糖酵解所需要的全部酶和中间代谢物，糖酵解的基本反应和其他组织相同。糖酵解是红细胞获得能量的唯一途径，1 分子葡萄糖经酵解生成 2 分子 ATP，通过这一途径可使红细胞内 ATP 浓度维持在 1 ～ 2mmol/L。红细胞中生成的 ATP 主要用于下述几个方面，以维持红细胞的形态、结构、功能和生命。

（1）维持红细胞膜上钠泵的正常运行：Na^+ 和 K^+ 一般不易通过细胞膜，钠泵通过消耗 ATP 将 Na^+ 泵出、K^+ 泵入红细胞，以维持红细胞的离子平衡以及细胞容积和双凹盘状形态。如果红细胞内缺乏 ATP，则钠泵功能受阻，Na^+ 进入红细胞多于 K^+ 排出，红细胞内吸入更多水分而成球形，容易溶血。

（2）维持红细胞膜上钙泵的正常运行：钙泵可将红细胞内的 Ca^{2+} 泵入血浆，以维持红细胞内的低钙状态。正常情况下，红细胞内的 Ca^{2+} 浓度很低（约 20μmol/L），而血浆中 Ca^{2+} 浓度为 2 ～ 3mmol/L。血浆内的 Ca^{2+} 可经被动扩散进入红细胞。缺乏 ATP 时，钙泵不能正常运行，钙将聚集并沉积于红细胞膜，使膜失去柔韧性而变脆，红细胞流经狭窄部位时易破碎。

（3）维持红细胞膜上的脂质与血浆脂蛋白中的脂质进行交换：红细胞膜的脂质处于不断更新中，此过程需消耗 ATP。缺乏 ATP 时，脂质更新受阻，红细胞的可塑性降低，易被破坏。

（4）用于谷胱甘肽、NAD^+ 的生物合成。

（5）用于葡萄糖的活化，启动糖酵解过程。

2．2,3-BPG 支路

（1）2,3-BPG 是红细胞内能量的贮存形式：2,3-BPG 支路是指在红细胞糖酵解途径中，由 1,3- 二磷酸甘油酸（1,3-BPG）经 2,3-BPG 转变为甘油酸 -3- 磷酸的侧支途径（图 18-2）。催化此反应的酶是二磷酸甘油酸变位酶和 2,3-BPG 磷酸酶。

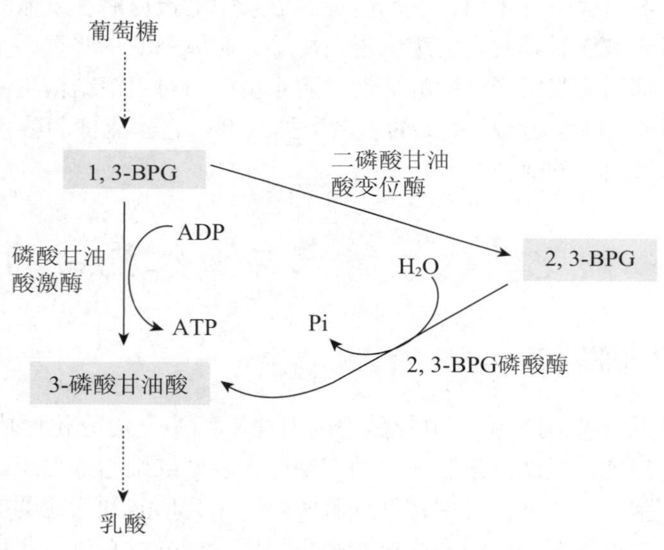

图 18-2 2,3-BPG 支路

正常情况下，2,3-BPG 对二磷酸甘油酸变位酶的负反馈作用大于对磷酸甘油酸激酶的抑制作用，所以 2,3-BPG 支路仅占糖酵解的 15% ～ 20%，但由于 2,3-BPG 磷酸酶的活性较低，致使 2,3-BPG 的生成大于分解，造成红细胞内 2,3-BPG 含量较高，浓度接近 5mmol/L，比红细胞内其他糖酵解中间产物浓度高出数十倍到数百倍。2,3-BPG 氧化时可生成 ATP，故 2,3-BPG 是红细胞内能量的贮存形式。

（2）2,3-BPG 参与血红蛋白运氧功能的调节：2,3-BPG 最主要的功能是降低血红蛋白对 O_2 的亲和力，调节血红蛋白的运氧功能。2,3-BPG 不结合氧合血红蛋白，而是通过与去氧血红蛋白结合来降低血红蛋白对 O_2 的亲和力。2,3-BPG 与血红蛋白的结合可以表示为：

$$HbO_2 + 2,3\text{-}BPG \rightleftharpoons Hb\text{-}2,3\text{-}BPG + O_2$$

2,3-BPG 能进入去氧血红蛋白（T 态）分子对称中心的空穴内，其负电基团与空穴侧壁的 2 个 β 亚基上的正电基团形成离子键（图 18-3），从而使去氧血红蛋白分子的 T 态构象更稳定，降低血红蛋白与 O_2 的亲和力。当血液流经氧分压较低的组织时，红细胞的 2,3-BPG 能显著地增加 O_2 释放，以供组织需要。在氧分压相同条件下，随 2,3-BPG 浓度的增大，HbO_2 释放 O_2 增多。人体能通过改变红细胞内 2,3-BPG 的浓度来调节对组织的供氧。静脉血红细胞的 2,3-BPG 水平高于动脉血；在高原、气道阻塞、心力衰竭或贫血等情况下，红细胞 2,3-BPG 水平升高。

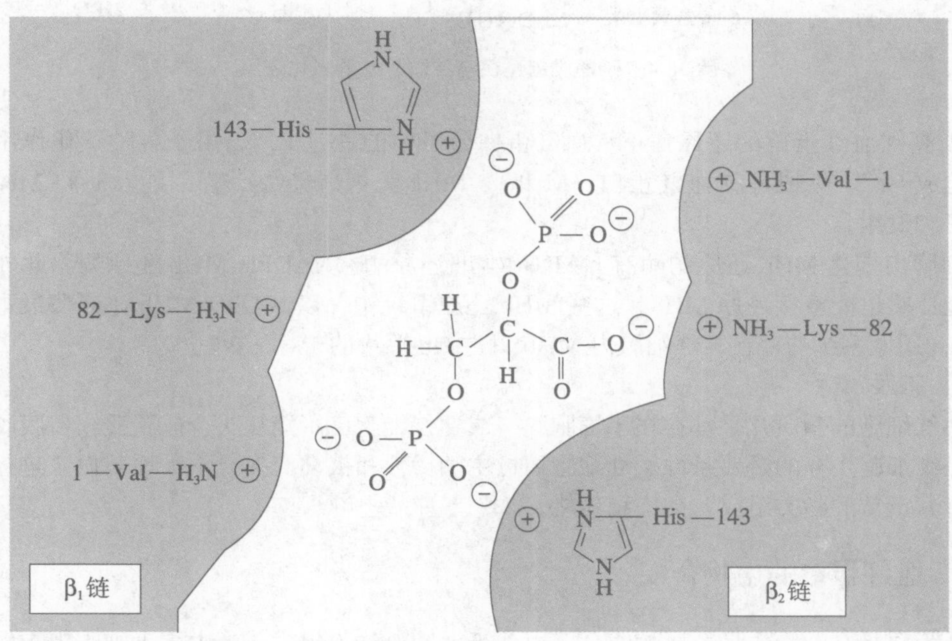

图 18-3　2,3-BPG 与血红蛋白的结合

另外，胎儿血红蛋白 HbF（由 $\alpha_2\gamma_2$ 组成）与 2,3-BPG 的结合能力比成年人血红蛋白与 2,3-BPG 的结合能力弱，原因是其 γ 亚基 143 位是 Ser 而不是 His，Ser 不能与位于空穴中的 2,3-BPG 形成盐键。故胎儿血红蛋白对氧的亲和力比成人血红蛋白对氧的亲和力高，以利于胎儿通过胎盘从母体血中获得 O_2。

3. 磷酸戊糖途径和氧化还原系统　红细胞中 5% ~ 10% 的葡萄糖沿磷酸戊糖途径分解，其生理意义是为红细胞提供 NADPH + H^+，用于维持谷胱甘肽还原系统和高铁血红蛋白的还原。

（1）谷胱甘肽的氧化还原：谷胱甘肽有还原型（GSH）和氧化型（GSSG）两种形式。还原型谷胱甘肽的重要功能是保护红细胞膜蛋白、血红蛋白及酶的巯基免受氧化剂的毒害，从而维持细胞的正常功能。如当红细胞内生成少量 H_2O_2 时，GSH 在谷胱甘肽过氧化物酶催化下，将 H_2O_2 还原成 H_2O，而自身氧化生成 GSSG，从而阻止其他细胞成分被氧化，起到保护作用。由 NADPH + H^+ 作为供氢体，GSSG 在谷胱甘肽还原酶的催化下，又重新还原成 GSH（图 18-4）。

葡糖 -6- 磷酸脱氢酶是磷酸戊糖途径的关键酶，葡糖 -6- 磷酸脱氢酶缺乏的患者，因磷酸戊糖途径不能正常进行，导致 NADPH + H^+ 生成障碍，使谷胱甘肽不能维持于还原状态，因而红细胞膜蛋白、血红蛋白及酶的巯基得不到保护而被氧化，易发生溶血。这类患者如食用某些食物（如蚕豆）或服用某些药物（如伯氨喹、磺胺类及阿司匹林等），可以导致 H_2O_2 和超氧化物大量生成而引起溶血。

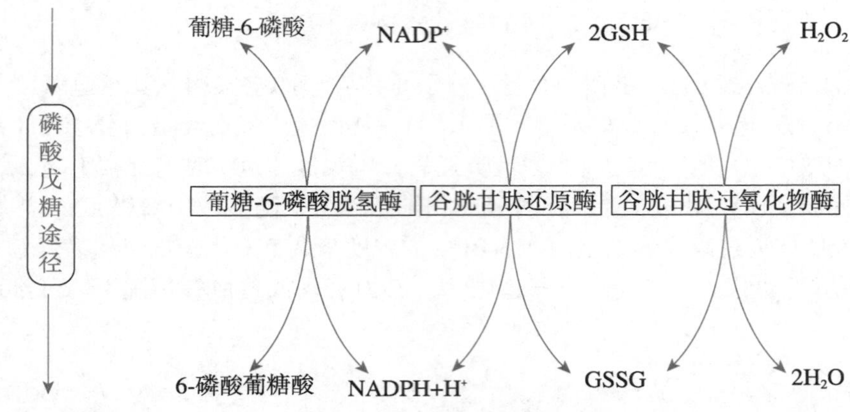

图 18-4 磷酸戊糖途径与谷胱甘肽的氧化还原

（2）高铁血红蛋白的还原：正常血红蛋白分子中的铁是 Fe^{2+}，由于各种氧化作用，可将 Fe^{2+} 氧化成 Fe^{3+}，生成高铁血红蛋白（MHb）。MHb 无携氧能力，若不能及时将 MHb 还原，可致缺氧和发绀。

红细胞内催化 MHb 还原的酶有 NADH-MHb 还原酶、NADPH-MHb 还原酶。此外维生素 C 和谷胱甘肽也能直接还原 MHb。这些 MHb 还原系统中，以 NADH-MHb 还原酶最重要。由于有 MHb 还原系统的存在，红细胞内 MHb 只占 Hb 总量的 1% ～ 2%。

（二）脂质代谢

成熟红细胞的脂质几乎都存在于细胞膜。成熟红细胞已不能从头合成脂酸，但膜脂的不断更新却是红细胞生存的必要条件。红细胞通过主动掺入和被动交换，不断地与血浆进行脂质交换，维持其正常的脂类组成、结构和功能。

二、血红蛋白的生物合成

血红蛋白是红细胞中最主要的成分，由珠蛋白和血红素组成。体内多种细胞内都能合成血红素，合成的血红素可分别作为肌红蛋白、细胞色素、过氧化物酶等的辅基。血红蛋白中的血红素主要在骨髓的幼红细胞和网织红细胞中合成，成熟红细胞不能合成血红素。

（一）血红素的生物合成

合成血红素的基本原料有琥珀酰辅酶 A、甘氨酸和 Fe^{2+}。合成的起始和终末阶段均在线粒体内，中间阶段在胞质内进行。多种因素可以调节血红素的生物合成。其反应步骤大致如下。

1．δ- 氨基 -γ- 酮戊酸（δ-aminolevulinic acid，ALA）的生成 在线粒体内，琥珀酰辅酶 A 和甘氨酸在 ALA 合酶（ALA synthase）的催化下，缩合生成 ALA。ALA 合酶是血红素生物合成的限速酶，其辅酶是磷酸吡哆醛。

$$\underset{\text{琥珀酰辅酶A}}{HOOC-CH_2-CH_2-C(=O)\sim SCoA} + \underset{\text{甘氨酸}}{H_2N-CH_2-COOH} \xrightarrow[\text{ALA合酶（磷酸吡哆醛）}]{CO_2+HSCoA} \underset{\text{ALA}}{HOOC-CH_2-CH_2-C(=O)-CH_2NH_2}$$

2．胆色素原的生成 生成的 ALA 由线粒体进入胞质。在 ALA 脱水酶（ALA dehydratase）催化下，2 分子 ALA 脱水缩合生成 1 分子胆色素原（porphobilinogen，PBG）。ALA 脱水酶含有巯基，铅等重金属对其有抑制作用。

$$\text{2 ALA} \xrightarrow[\text{ALA脱水酶}]{2\,H_2O} \text{胆色素原}$$

2 ALA　　　胆色素原

3．尿卟啉原Ⅲ及粪卟啉原Ⅲ的生成　在胞质中，4 分子胆色素原由胆色素原脱氨酶（又称尿卟啉原Ⅰ同合酶）催化，脱氨缩合生成 1 分子线状四吡咯，后者再由尿卟啉原Ⅲ同合酶催化，环化生成尿卟啉原Ⅲ。尿卟啉原Ⅲ进一步经尿卟啉原Ⅲ脱羧酶催化，脱羧生成粪卟啉原Ⅲ。

4．血红素的生成　胞质中生成的粪卟啉原Ⅲ扩散进入线粒体，经粪卟啉原Ⅲ氧化脱羧酶作用，使侧链氧化脱羧，生成原卟啉原Ⅸ，再由原卟啉原Ⅸ氧化酶催化进一步脱氢氧化，生成原卟啉Ⅸ。最后通过亚铁螯合酶（ferrochelatase，又称血红素合成酶）的催化，原卟啉Ⅸ与 Fe^{2+} 螯合生成血红素（图 18-5）。铅等重金属对血红素合成酶有抑制作用。

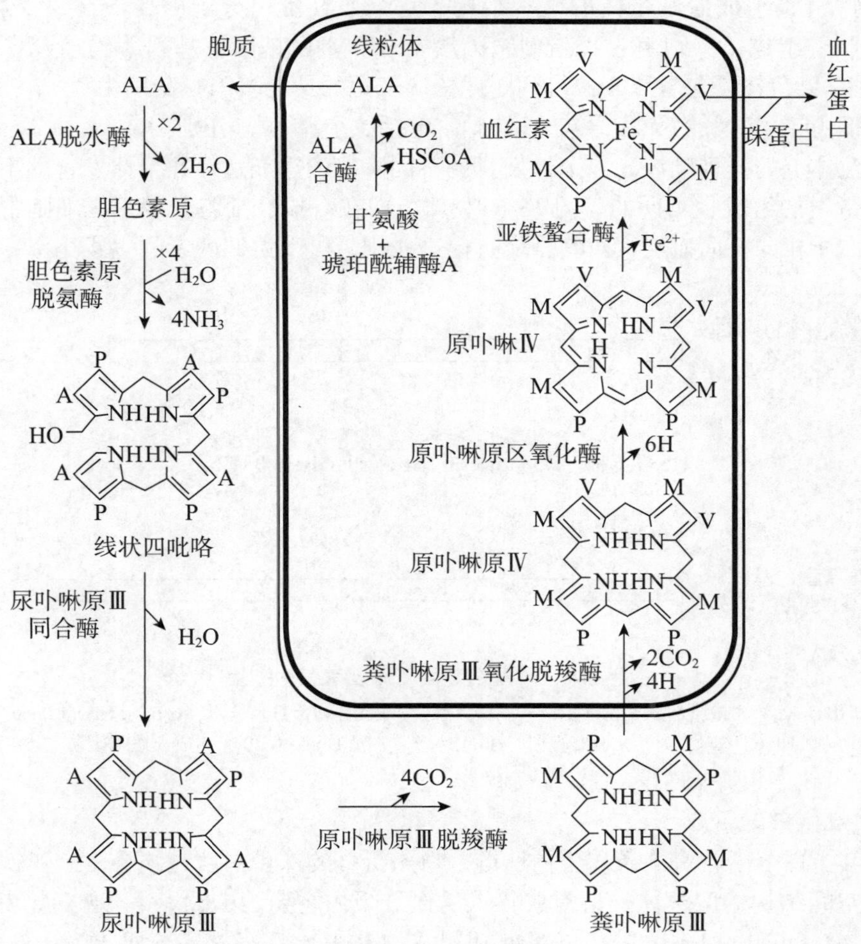

图 18-5　血红素的生物合成

A：—CH_2COOH；P：—CH_2CH_2COOH；M：—CH_3；V：—$CHCH_2$

5．血红素生物合成的调节 血红素的合成受多种因素的调节，其中最主要的调节步骤是 ALA 的生成。ALA 合酶是血红素合成过程的限速酶，其活性受下列因素影响。

（1）血红素：血红素对 ALA 合酶有反馈抑制作用。正常情况下，血红素合成后迅速与珠蛋白结合形成血红蛋白，没有过多的血红素堆积。过量的血红素可以抑制 ALA 合酶的合成，并别构抑制 ALA 合酶的活性，另外还通过氧化生成高铁血红素强烈抑制 ALA 合酶，从而减慢血红素的生成速度。

（2）促红细胞生成素：促红细胞生成素（erythropoietin，EPO）是由肾产生的一种糖蛋白，由 166 个氨基酸残基组成，分子量为 34kDa。促红细胞生成素经血液循环运到骨髓等造血组织后，可诱导 ALA 合酶的合成，从而促进血红素的合成。当红细胞比容降低或机体缺氧时，促红细胞生成素分泌增多，促进血红素和血红蛋白的合成，以适应机体运输氧的需要。慢性肾炎、肾功能不良患者常见的贫血现象与促红细胞生成素合成量的减少有关。

（3）某些固醇类激素：雄激素及雌二醇等都是血红素合成的促进剂。临床上应用丙酸睾酮及其衍生物治疗再生障碍性贫血。

（4）杀虫剂、致癌物及药物：这些物质可诱导 ALA 合酶的合成。原因是这些物质在肝细胞内进行生物转化时，需要细胞色素 P_{450}，它含有血红素辅基，在此情况下 ALA 合酶合成增多，可促进血红素合成，使这些物质更好地进行生物转化。此外，铅可抑制 ALA 脱水酶及亚铁螯合酶，导致血红素生成的抑制。

（二）珠蛋白的合成

珠蛋白肽链是组成血红蛋白的基本结构，每个血红蛋白分子由 2 条 α 及 2 条非 α 类（β 类）珠蛋白肽链组成，分别由 α 珠蛋白基因簇及 β 珠蛋白基因簇基因编码。人 α 珠蛋白基因簇位于第 16 号染色体，包含 3 个按排列顺序依次表达的功能基因，分别为 ζ、α_2、α_1 基因（图 18-6）。β 类珠蛋白基因簇第 11 号染色体上，包括 5 个基因，分别为 ε、G_γ、A_γ、δ、β 基因。它们按在染色体上的排列顺序，在个体发育的不同阶段依次表达。在个体发育的不同阶段，血红蛋白中珠蛋白的组成是不同的（图 18-6）。珠蛋白在有核红细胞及网织红细胞中合成，其过程与一般蛋白质相同，而血红素对其合成有促进作用，可以协调两者的生成比率。

珠蛋白基因家族的表达

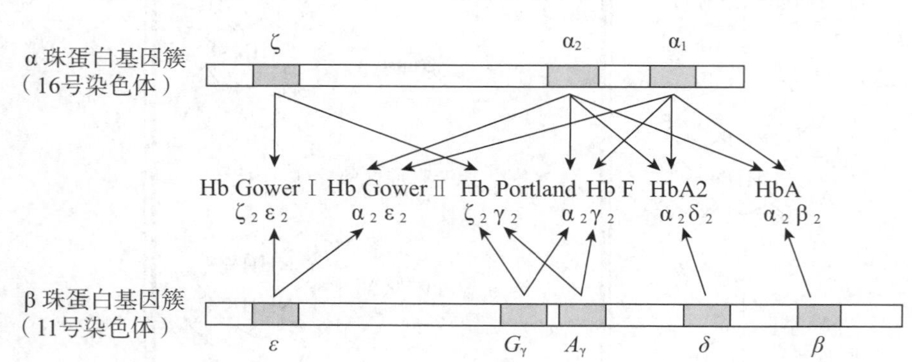

图 18-6 珠蛋白基因家族及其表达产物

Hb Gower Ⅰ（$\zeta_2\varepsilon_2$）为最早的胚胎血红蛋白，胚胎血红蛋白还包括 Hb Gower Ⅱ（$\alpha_2\varepsilon_2$）、Hb Portland（$\zeta_2\gamma_2$）；Hb F（$\alpha_2\gamma_2$）为胎儿血红蛋白，Hb A2（$\alpha_2\delta_2$）及 Hb A（$\alpha_2\beta_2$）为成人血红蛋白

（三）血红蛋白的合成

每个血红蛋白分子含有 4 条珠蛋白肽链，每条折叠的珠蛋白肽链结合 1 个亚铁血红素，形成具有四级空间结构的四聚体。正常成年人的血红蛋白主要为 HbA（占 95%），其次为 HbA2（占 2% ～ 3%）和 HbF（< 2%）。新生儿和婴儿的 HbF 水平显著高于成年人，新生儿 HbF 占 Hb 总量的 70% 左右，1 岁后逐渐降至成人水平。

HbA 由 2 条 α 链和 2 条 β 链聚合而成。α 链含 141 个氨基酸残基，β 链含 146 个氨基酸残基，两种肽链的氨基酸序列虽然相差很大，但都能卷曲成相似的球状立体结构，都有一个空隙容纳一个血红素。在珠蛋白肽链合成后，容纳血红素的空隙一旦形成，血红素立刻与之结合，并使珠蛋白折叠成其最终的立体结构，再形成稳定的 αβ 二聚体，最后 2 个二聚体构成有功能的 $\alpha_2\beta_2$ 四聚体（图 18-7）。

血红蛋白病

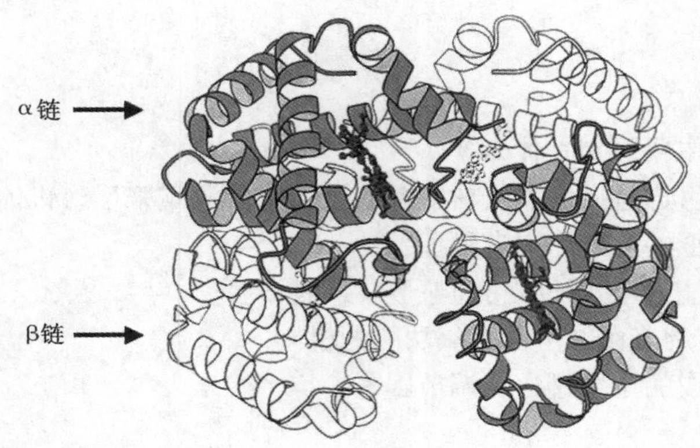

图 18-7　血红蛋白四级结构示意图

小结

血液由液态的血浆与混悬在其中的红细胞、白细胞、血小板等有形成分组成。离体血液凝固后析出的淡黄色透明液体，称为血清。若将离体血液加入适量抗凝剂后离心，浅黄色的上清液即为血浆。血清与血浆的主要区别是血清中不含纤维蛋白原。

血液中的固体成分十分复杂，可分为无机物和有机物两大类。无机物以电解质为主，有机物包括蛋白质、非蛋白质类含氮化合物、糖类和脂类等。血液具有多种生理功能，如运输多种物质、调节酸碱平衡、维持体温恒定、免疫功能、凝血与抗凝血功能等。

血浆蛋白质种类繁多，用不同的方法可将血浆蛋白质分离成不同的组分。清蛋白是人血浆中的主要蛋白质，在肝中合成。清蛋白有两个主要功能：一是维持血浆胶体渗透压，二是结合并转运多种物质。免疫球蛋白和补体在体液免疫中起重要作用。触珠蛋白可与血红蛋白牢固结合，防止血红蛋白中铁的丢失。运铁蛋白是铁的转运载体，铁蛋白是铁的贮存形式。血浆铜蓝蛋白结合血浆中 90% 的铜，具有氧化酶活性，利于铁的运输。血浆酶根据来源可分为三类：血浆功能性酶、外分泌酶、细胞酶。测定血浆中这些酶的活性有助于对相关脏器病变严重程度进行判断。血浆蛋白酶抑制剂能抑制血浆中的蛋白酶、凝血酶、纤溶酶、补体成分以及白细胞在吞噬或破坏时释放出的组织蛋白酶等，对体内的一些重要生理过程起着调节作用。

成熟红细胞不仅无细胞核，而且也无线粒体、核糖体等细胞器，不能进行核酸和蛋白质的生物合成，也不能进行有氧氧化，不能利用脂肪酸。血糖是其唯一的能源，且红细胞摄取葡萄糖属于易化扩散，不依赖胰岛素。成熟红细胞保留了糖酵解、磷酸戊糖途径及谷胱甘肽代谢系统。2, 3-BPG 支路是红细胞糖酵解途径中，由 1, 3-BPG 经 2, 3-BPG 转变为甘油酸 -3- 磷酸的侧支途径。该支路生成的 2, 3-BPG 不仅是红细胞内能量的贮存形式，更重要的是可调节血红蛋白的运氧功能，它可降低血红蛋白对 O_2 的亲和力。

血红素的合成原料有琥珀酰辅酶 A、甘氨酸和 Fe^{2+}。合成的起始和终末阶段均在线粒体内，中间阶段在胞质内进行。ALA 合酶是血红素生物合成的限速酶，其辅酶是磷酸吡哆醛，该酶催化琥珀酰辅酶A和甘氨酸缩合生成ALA。血红素的合成受多种因素的调节，其中最主要的调节步骤是ALA的生成。血红素对ALA合酶有反馈抑制作用。促红细胞生成素可诱导ALA合酶的合成。某些固醇类激素可作为血红素合成的促进剂。一些杀虫剂、致癌物及药物可诱导ALA合酶的合成。

思考题

1．血浆和血清的主要区别是什么？
2．临床上为什么可通过血液非蛋白氮及肌酐含量的测定来反映机体的肾功能？
3．血浆清蛋白降低的可能原因有哪些？
4．为什么清蛋白能最有效地维持血浆胶体渗透压？
5．简述2，3-BPG调节血红蛋白携氧功能的机制。
6．简述血红素合成的主要过程及调节因素。

（刘友勋）

第19章 肝的生物化学

第一节 概 述

肝是人体内最重要的器官之一。成人肝约重1500g，占体重的2.5%，是人体内最大的腺体。肝具有肝动脉和门静脉的双重血液供应。肝动脉将肺吸收的氧运至肝内，门静脉将消化道吸收的养分首先运入肝加以改造，对有害物质进行处理。与此相对应，肝也有两条输出通路：即除肝静脉与体循环相连外，还通过胆管系统与肠道相连接。同时，肝组织还有丰富的血窦，此处血流缓慢，肝细胞与血液接触面积大且时间长。这些良好的物质交换条件使肝成为物质代谢的重要场所。

肝细胞的形态结构和化学组成有许多特点。丰富的线粒体、内质网、高尔基复合体和核糖体、溶酶体及过氧化物酶体等，为肝细胞的蛋白质合成和生物转化提供了保障。肝所含酶系种类多，有600多种，有的甚至仅存在于肝细胞中，如尿素合成酶系等，因此肝被比喻为体内的“化工厂”。

总之，肝因其畅通的运输通路和独特的形态结构及化学组成，使其代谢极为活跃，不仅在糖、脂肪、蛋白质、维生素和激素等代谢方面发挥重要作用，而且还具有分泌、排泄和生物转化等重要功能。

第二节 肝在物质代谢中的作用

肝是人体的物质代谢和生物转化中心，以适当比例和形式向肝外组织输出营养物质、调节代谢，并处理过剩氨成为尿素，经肾排泄。

一、肝在糖代谢中的作用

肝在糖代谢中的作用主要是通过糖原合成、分解及糖异生作用来维持血糖浓度恒定。肝有较强的糖原合成与分解能力，餐后血糖浓度增高，肝将过剩的血糖合成糖原储存于肝内，降低血糖浓度。肝糖原储存量可达肝重的5%～6%，过多的糖在肝内转变为三酰甘油。空腹血糖浓度下降，肝糖原被迅速分解为葡糖-6-磷酸，在肝葡糖-6-磷酸酶催化下，水解成葡萄糖以补充血糖。肝也是糖异生作用的主要器官，可将甘油、丙氨酸和乳酸等转化为糖原或葡萄糖，作为血糖的补充来源。因此，虽然肝糖原的储存有限（饥饿十几小时后即可消耗尽），但正常人饥饿十几小时甚至更久并无低血糖现象发生。而当肝严重损伤时，则易出现空腹低血糖及餐后高血糖现象。

二、肝在脂质代谢中的作用

肝在脂质的消化、吸收、分解、合成及运输等过程中均起重要作用。

肝所分泌的胆汁中含有胆汁酸盐，是一种表面活性物质，可乳化脂类，促进脂质的消化吸收。肝可利用糖合成三酰甘油，有利于能源储存。肝还是人体中合成胆固醇及磷脂的重要器官，是血液中胆固醇及磷脂的主要来源，肝合成的胆固醇占全身合成胆固醇总量的80%以上。

同时，肝具有很强的处理胆固醇及一定的脂肪酸 β 氧化能力。胆汁酸盐就是肝处理胆固醇的主要产物。肝内脂肪酸 β 氧化产生酮体，供肝外组织利用（氧化供能），是肝通过血液向脑、肌肉及心脏等供应能量的补充形式。肝利用三酰甘油、磷脂、胆固醇及载脂蛋白合成极低密度脂蛋白（VLDL）和初生态高密度脂蛋白（HDL），并分泌入血，它们是血浆三酰甘油和胆固醇等的重要运输形式。

肝细胞损伤（如肝炎、肝癌等肝病）时，会出现脂质消化、吸收不良，产生厌油腻和脂肪泻等症状。而当人体大量食入脂质，肝合成三酰甘油的量超过其合成与分泌 VLDL 的能力时，三酰甘油在肝内堆积，出现脂肪肝。

三、肝在蛋白质代谢中的作用

（一）血浆蛋白质的合成

肝蛋白质代谢十分活跃，其更新速度远远大于肌肉等组织。肝除合成其自身的结构蛋白质外，还合成多种蛋白质分泌入血。除 γ- 球蛋白外，血浆蛋白质几乎都在肝合成，如清蛋白、纤维蛋白原及凝血酶原等。

清蛋白就是其中最重要的一种，肝细胞合成清蛋白的能力很强且极迅速，从合成到分泌的全过程仅需 20 ～ 30min。正常成人肝每天大约合成清蛋白 12g，约占全身清蛋白总量的 1/20，据估算，这种合成量仅相当于肝合成清蛋白能力的 1/3，可见肝具有相当大的合成清蛋白的能力。血浆蛋白质中以清蛋白的浓度最高，它是维持血浆胶体渗透压的主要成分，所以当肝功能严重受损时，血浆胶体渗透压可因清蛋白的合成不足而降低，这与肝硬化患者水肿及腹水形成密切相关。

肝也合成血浆蛋白质中的多种凝血因子（如纤维蛋白原、凝血酶原、凝血因子Ⅷ、凝血因子Ⅸ、凝血因子Ⅹ等），因此肝功能损伤常导致血液凝固功能障碍。

L19-1a

人原发性肝细胞癌

胎肝可合成一种与血浆清蛋白分子量相似的甲胎蛋白（α-fetoprotein），胎儿出生后其合成受到抑制，正常人血浆中很难检出。肝癌时，癌细胞中甲胎蛋白基因失去阻遏，血浆中可再次检出此种蛋白质，对肝癌诊断具有一定意义。

（二）蛋白质分解

肝对血浆蛋白质（除清蛋白外）的处理起着重要作用。清蛋白以外的血浆蛋白质都是含糖基的蛋白质，它们在肝细胞膜唾液酸酶的作用下，失去糖基末端的唾液酸，即可迅速地被肝细胞上的特异性受体（肝结合蛋白质）所识别，并经胞吞作用进入肝细胞而被溶酶体清除，所以血浆球蛋白的更新时间都较短。肝硬化患者血浆 γ- 球蛋白的更新时间延长，可能与肝细胞受体减少有关。

正常人血浆中清蛋白与球蛋白的比值（A/G）为 1.5 ～ 2.5，肝功能受损时，该比值会下降甚至发生倒置，这种变化可作为某些肝病的辅助诊断指标。

（三）氨基酸及其代谢产物的处理

由于肝含有丰富的与氨基酸分解代谢有关的酶类，所以肝内氨基酸分解也十分活跃。由蛋白质消化吸收和组织蛋白质水解产生的氨基酸，很大部分极迅速地被肝细胞摄取，经转氨基、脱氨基、转甲基、脱硫及脱羧基等作用转变为酮酸或其他化合物，进一步经糖异生作用转变为糖，或氧化分解。所以肝也是氨基酸分解代谢的重要器官，除亮氨酸、异亮氨酸及缬氨酸这三种支链氨基酸主要在肝外组织（如肌肉组织）进行分解代谢外，其余氨基酸，特别是酪氨酸、苯丙氨酸和色氨酸等芳香族氨基酸，都主要在肝中进行分解代谢，所以当肝功能障碍时，会引起血中多种氨基酸含量升高，甚至从尿中丢失。肝的转氨酶含量，特别是丙氨酸氨基转移酶的活性显著高于其他组织，故肝细胞膜通透性增强（如急性肝炎）时，大量细胞内酶类逸出。血浆丙氨酸氨基转移酶活性异常增高是肝病的诊断指标之一。

肝接受各种来源的氨基酸，并且调节氨基酸比例，将适用于其他器官平衡的氨基酸混合物通过血液输送给相应器官。肝亦利用某些氨基酸合成多种含氮化合物如嘌呤、嘧啶、烟酸、肌酸、胆碱等。肝还是处理氨基酸代谢产物的重要器官。无论是肝自身或其他组织氨基酸代谢产生的氨，还是由肠道细菌腐败作用产生并吸收入血的氨，都可由肝通过鸟氨酸循环合成尿素，这是体内处理氨的主要方式。体内与鸟氨酸循环有关的酶主要存在于肝细胞内，而且活性极强，所以肝细胞损伤时，血中与鸟氨酸循环有关的酶，如鸟氨酸氨基甲酰转移酶和精氨酸代琥珀酸裂解酶的活性都可增高，测定这些酶在血清中的活性也有助于肝病的诊断。当肝功能严重损害时，由于合成尿素的能力降低，可使血氨浓度增高，导致肝性脑病。

肝也是胺类物质的重要解毒器官，胺类物质的主要来源是肠道细菌对氨基酸（特别是芳香族氨基酸）的分解作用，其中有些属于“假神经递质”，它们的结构类似儿茶酚胺类神经递质，能抑制后者的合成，并取代或干扰这些脑神经递质的正常作用。所以，当肝功能严重受损或有门 - 腔静脉分流时，这些芳香胺类不能被及时处理，就会对中枢神经系统功能产生严重影响，也可导致肝性脑病。此外，肝功能障碍引起血中芳香族氨基酸堆积，它们通过血脑屏障的量异常增高，致脑内各种神经递质代谢失衡，这也与肝性脑病的发生有一定关系。

肝性脑病（hepatic encephalopathy）系由于急、慢性肝细胞功能衰竭或门 - 体静脉分流术之后，使来自肠道的有毒产物绕过肝，未被解毒而进入体循环，导致人体代谢的严重紊乱、中枢神经系统功能障碍，从而引起神经精神症状或昏迷。

引起肝性脑病的肝病有急慢性重型病毒性肝炎、肝硬化、中毒性肝病（毒物、药物和乙醇等）、原发性肝癌、门 - 体静脉分流术后以及妊娠急性脂肪肝等疾病。

肝性脑病的发病机制十分复杂，尚未完全阐明。一般认为肝衰竭时存在多方面的代谢紊乱，肝性脑病也系综合性因素所致。这些因素主要包括：①脑水肿。此现象多见于急性肝性脑病。有研究认为血脑屏障通透性增高，使血液循环中的毒性物质进入脑脊液，抑制脑细胞膜上的 Na^+-K^+-ATP 酶，谷氨酰胺迅速堆积于脑星形胶质细胞，与脑水肿的形成有关。②高血氨抑制大脑能量代谢。在急、慢性肝衰竭时，血氨过高，干扰糖的有氧氧化，合成 ATP 减少。③高血氨干扰神经递质传递。谷氨酸在肠道细菌作用下，经脱羧生成 γ- 氨基丁酸（GABA）。肝衰竭或门 - 体静脉分流时，血浆 GABA 增高，在血脑屏障通透性增加的情况下，GABA 进入中枢神经系统，与突触后神经元 GABA 受体结合，使大脑活动受到抑制。此类受体也可与苯二氮䓬类（BZs）和巴比妥类药物结合，使其作用被抑制。此外，谷氨酸属于大脑兴奋性神经递质，其突触功能的正常发挥需要突触前神经末梢与邻近星形胶质细胞形成谷氨酸 - 谷氨酰胺循环，也称神经元 - 星形胶质细胞运输。脑内氨含量的增或减损害了谷氨酸 - 谷氨酰胺循环，使谷氨酸突触失调，加强了对大脑的抑制作用。④氨基酸代谢失衡。芳香族氨基酸（如苯丙氨酸、酪氨酸、色氨酸等）主要在肝分解，肝衰竭或门 - 体静脉分流时，血中芳香族氨基酸增加，高血氨也促使脑摄取芳香族氨基酸，其中酪氨酸是 5- 羟色胺的前体，使 5- 羟色胺合成增加，致 5- 羟色胺调节紊乱，这与门 - 体静脉分流后的神经精神症状有关。

四、肝在维生素代谢中的作用

肝在维生素的吸收、贮存和转化等方面都具有重要作用。

脂溶性维生素的吸收需要胆汁酸盐的协助，故胆道阻塞时容易引起脂溶性维生素吸收障碍，例如维生素 K 吸收障碍所致凝血时间延长就是比较常见的一种临床表现。肝是许多维生素（维生素 A、维生素 E、维生素 K 及维生素 B_{12} 等）的贮存场所。例如，体内的维生素 A 主要贮存于肝，贮存量足够维持身体几个月的需要。血浆中的维生素 A 与视黄醇结合蛋白、前清蛋白以 1∶1∶1 结合而运输。视黄醇结合蛋白由肝合成，肝病、锌缺乏和蛋白质营养障碍均可使该结合物减少，造成血浆中维生素 A 水平降低，直至出现夜盲症。

此外，肝还直接参与多种维生素的代谢过程。胡萝卜素（维生素 A 原）转变为维生素 A、维生素 PP（烟酰胺）转变为 NAD^+ 或 $NADP^+$、泛酸转变为辅酶 A 以及维生素 B_1 转化为硫胺素焦磷酸的过程等都是在肝中进行的。而且，人类肝虽然几乎不储存维生素 D，但可催化维生素 D 在 C-25 位羟化，且具有合成维生素 D 结合蛋白质的能力。血浆中 85% 的维生素 D 代谢物与维生素 D 结合蛋白质结合而运输。肝病时，维生素 D 结合蛋白质合成减少，可导致血浆总维生素 D 代谢物水平降低。

五、肝在激素代谢中的作用

肝和许多激素的灭活与排泄有密切关系。

许多激素在发挥调节作用之后，主要在肝内被分解转化而降低或失去活性，此过程称为激素灭活。灭活过程对于激素作用的时间长短及强度具有调节作用。水溶性激素与肝细胞膜上的特异受体结合而发挥其信使作用，并可通过胞吞作用进入肝细胞。类固醇激素可与葡糖醛酸或活性硫酸结合，丧失活性，再随胆汁或尿液排出。又如胰岛素、甲状腺素、肾上腺素及其他蛋白质或多肽类激素等，也可在肝内灭活。所以肝功能严重损害时，体内多种激素因灭活减弱而堆积，会不同程度地引起激素调节紊乱。如雌激素水平升高，可出现蜘蛛痣、肝掌；血管升压素水平升高，可出现水钠潴留等。

第三节　肝的生物转化作用

人体内有些代谢产物需要排泄到体外，机体在将其排出体外之前需进行氧化、还原、水解和结合反应，使极性增强，易溶于水，可随胆汁或尿液排出体外，这一过程称为生物转化（biotransformation）。机体内生物转化过程主要在肝中进行，其他组织（如肾、肠等）也有一定的生物转化功能。

体内需进行生物转化的物质可按来源分为内源性和外源性两大类。内源性物质包括激素、神经递质及其胺类等具有强烈生物学活性的物质，以及氨和胆红素等对机体有毒性的物质。外源性物质，也称异源物（xenobiotics），包括食品添加剂、色素、药物、误食的毒物及蛋白质在肠道的腐败产物（如胺类物质）等。

生物转化的生理意义在于它对体内这些物质进行改造，使其生物学活性降低或丧失，或使有毒物质降低甚至失去其毒性。更重要的是，生物转化可使物质的溶解度增高，促使它们从胆汁或尿液中排出体外。应该指出的是，有些物质经肝生物转化后，反而毒性增加或溶解度降低，不易排出体外。有些药物如环磷酰胺、磺胺类、水合氯醛、硫唑嘌呤和大黄等需经生物转化才能成为有活性的药物。所以，不能将肝生物转化作用简单地看作是“解毒”作用。因此，异源物的生物转化知识对于理解药物治疗学、药理学、毒理学、肿瘤研究以及药物辅料非常重要。

肝生物转化的主要方式分为氧化（oxidation）、还原（reduction）、水解（hydrolysis）与结合（conjugation）四种。通常将它们归纳为两相反应：一相反应包括氧化、还原及水解反应。通过一相反应，一方面，可使一些代谢产物由无活性转变为生物活性化合物，从这种意义上讲，这些物质可称为“药物前体”或“致癌剂前体”。但另一方面，有些被转化物质水溶性增加，生物学活性降低。有些物质还需进一步与葡糖醛酸、硫酸等极性更强的物质结合，以增加溶解度，这些结合反应就属于二相反应。实际上，许多物质的生物转化反应非常复杂，往往需要经历不同的转化反应。物质经历两相代谢反应的目的是增加水溶性（极性），以促进其从体内排泄。

一、氧化反应

这是一类最常见的生物转化反应，由肝细胞内多种氧化酶系所催化。

（一）微粒体氧化酶系

微粒体氧化酶系在生物转化的氧化反应中最为重要。它以存在于微粒体中的细胞色素

P_{450} 为传递体，这类酶催化多种脂溶性物质接受分子氧中的一个氧原子，生成羟基化合物、环氧化合物以及其他含氧的化合物。许多这样的产物很不稳定，可进一步经过分子重排、断链或其他反应而形成多种产物。因底物氧化的结果是加入一个氧原子，故也称单加氧酶（monooxygenase）。细胞色素 P_{450} 酶类（cytochrome P_{450}，CYP）至少有 14 个酶家族，人体组织含 30 ~ 60 种。单加氧酶催化的基本反应可用下式表示（图 19-1）：

$$RH + NADPH + H^+ + O_2 \longrightarrow NADP^+ + H_2O + ROH$$

底物　　　　　　　　　　氧化产物

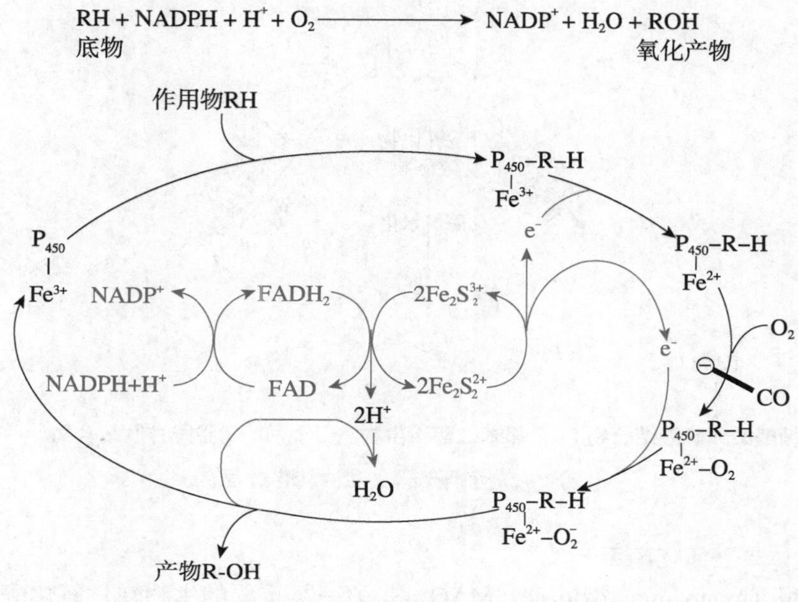

图 19-1　单加氧酶系的反应过程

例如，苯胺可在 N 原子上加氧生成毒性更强的苯羟胺，后者可进一步经分子重排而生成对氨基苯酚。

芳烃加氧后可生成不稳定的环氧化合物，进一步经分子重排转变为酚类化合物，也可以加水形成邻苯二醇类化合物，还可与谷胱甘肽形成结合物。多种芳香烃的环氧化合物是致癌物质，可与 DNA 发生共价结合，引起基因突变而发生癌变。若环氧化合物分子重排形成酚类，即丧失致癌活性，并进一步与葡糖醛酸或硫酸结合而排出。环氧化合物与谷胱甘肽结合也可消除其致癌活性，并可以这种形式或与氨基酸结合的形式随尿排出。环氧化合物的水化产物邻苯二醇类化合物本身虽已丧失致癌活性，但也可能进一步加氧形成新的致癌环氧化合物，有一定致癌活性。这个例子说明生物转化过程并非都能解除毒性或消除致癌活性，有时反而将无活性的物质转变为有毒的物质或致癌物质（图 19-2）。

有些细胞色素 P_{450}（如 CYP1A1）主要参与环氧芳香烃类化合物代谢，在肿瘤发生中起重要作用。如肺癌发生过程中，吸烟吸入的环氧芳香烃类化合物是致癌剂前体，被 CYP1A 转变为活性致癌物。而且，吸烟可诱导此酶活性，吸烟者的组织和细胞中 CYP1A1 活性明显高于不吸烟者。一些报道还表明，吸烟孕妇胎盘中 CYP1A1 活性可能改变环氧芳香烃类化合物代谢，影响胎儿健康。而另一种 CYP2E1 可被乙醇诱导，CYP2E1 参与包括烟草中致癌剂前体在内的多种异源物的代谢，因此大量饮酒可能因激活 CYP2E1 而增加对致癌剂的易感性。

单加氧酶系重要的生理意义在于参与药物和毒物的转化。其羟化作用不仅加强底物的水溶性，有利于排泄，而且参与体内许多代谢过程，如维生素 D_3 的活化（羟化）、胆汁酸及类固醇激素合成过程中所需的羟化等。单加氧酶系的特点是此酶可诱导生成。长期服用巴比妥类催眠药的患者，会产生耐药性。又如口服避孕药的妇女，如果同时服用利福平，由于利福平是细胞色素 P_{450} 的诱导剂，可使其氧化作用增强，加速避孕药的排出，降低避孕药的效果。

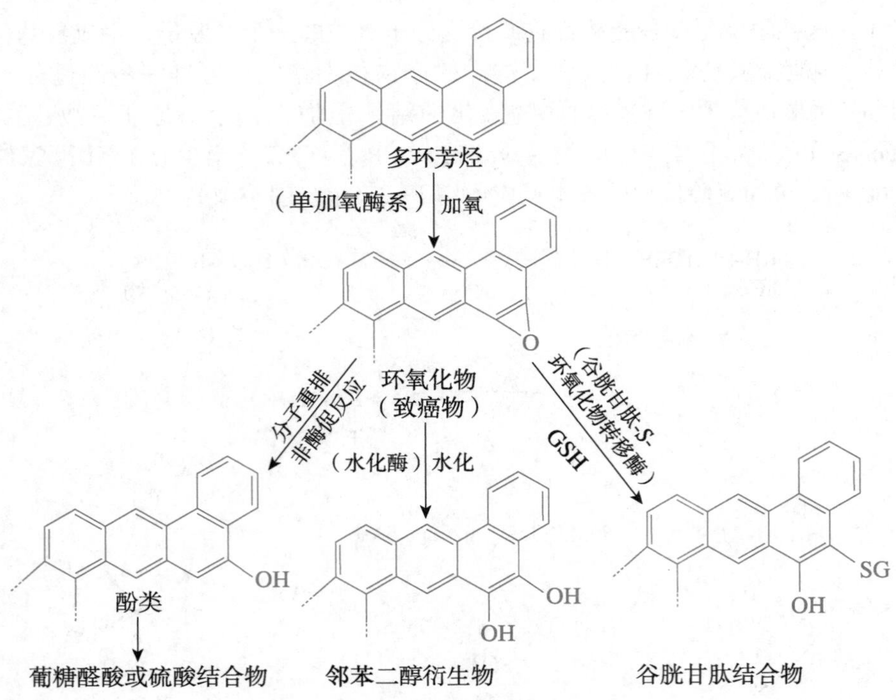

图 19-2 多环芳烃的生物转化过程

（二）线粒体单胺氧化酶系

单胺氧化酶（monoamine oxidase，MAO）是另一类重要的生物转化氧化酶，它是一类存在于线粒体的黄素蛋白，催化胺类的氧化脱氨基反应，生成相应的醛类，后者可进一步受细胞质中的醛脱氢酶催化脱氢而氧化成酸。肠道细菌作用于蛋白质、肽类和氨基酸，可产生多种氨基酸的脱羧产物——胺类物质，如组胺、酪胺、尸胺和腐胺等，它们主要由肠壁细胞和肝细胞以上述氧化脱氨方式进行处理，丧失生物活性。

$$RCH_2NH_2 + O_2 + H_2O \xrightarrow{\text{单胺氧化酶}} RCHO + NH_3 + H_2O_2$$

（三）胞质中的脱氢酶系

胞质中含有以 NAD^+ 为辅酶的醇脱氢酶（alcohol dehydrogenase，ADH）和醛脱氢酶（aldehyde dehydrogenase，ALDH），分别使醇或醛脱氢，氧化生成相应的醛或酸类。

$$CH_3CH_2OH + NAD^+ \xrightarrow{\text{醇脱氢酶}} CH_3CHO + NADH + H^+$$

$$CH_3CHO + NAD^+ + H_2O \xrightarrow{\text{醛脱氢酶}} CH_3COOH + NADH + H^+$$

例如，人们都知道大量饮酒会损伤肝。这是因为乙醇被吸收后 90% ~ 98% 在肝代谢，而人血中乙醇的清除率为 100 ~ 200mg/(h·kg)。70kg 体重的成人每小时可代谢 7 ~ 14g 乙醇，超量摄入的乙醇，除经 ADH 氧化外，还可诱导微粒体乙醇氧化系统（microsomal ethanol oxidizing system，MEOS）。MEOS 是乙醇 -P_{450} 单加氧酶，其催化的产物是乙醛。只有当血液中乙醇浓度很高时，此系统才显示出催化作用。乙醇持续摄入或慢性乙醇中毒时，MEOS 活性可经诱导增加 50% ~ 100%，代谢乙醇总量的 50%。值得注意的是，乙醇诱导 MEOS 活性不但不能使乙醇氧化产生 ATP，反而增加对氧和 NADPH 的消耗，使肝内能量耗竭，造成肝细胞损伤。

二、还原反应

肝细胞微粒体中含有的还原酶系主要是硝基还原酶和偶氮还原酶两类，它们可接受 NADPH 的氢，将硝基化合物和偶氮化合物还原成胺类。

NO_2 ⟶ NO ⟶ NHOH ⟶ NH_2

硝基苯　亚硝基苯　苯羟胺　苯胺

N═N ⟶ H H N—N ⟶ 2 NH_2

偶氮苯　苯胺

三、水解反应

肝细胞微粒体及胞质中含有许多水解酶类，可以催化不同类型物质（如脂质、酰胺类及糖苷类化合物）的水解反应。许多物质经水解后即丧失或减弱其生物活性，通常需进一步经其他反应（特别是结合反应）才能排出体外。例如，进入人体的乙酰水杨酸（阿司匹林），首先经水解反应转化为水杨酸，然后进一步通过多种不同途径处理。

$OCOCH_3$ COOH ⟶ OH COOH ⟶ OH COOH OH ⟶ 葡糖醛酸苷等结合产物

乙酰水杨酸　水杨酸　羟基水杨酸

四、结合反应

结合反应是体内最重要的生物转化方式。含有羟基、羧基或氨基等功能基团的药物、毒物或激素可在肝细胞内与某种物质结合，从而遮盖其功能基团，增强其极性，使之失去生物学活性，增强溶解度。参加结合反应的物质有葡糖醛酸、硫酸、谷胱甘肽、甘氨酸、乙酰辅酶 A 及甲硫氨酸等。其中，葡糖醛酸、硫酸和酰基结合反应最为重要，尤其以葡糖醛酸的结合反应最为普遍。

1．葡糖醛酸结合反应　肝细胞微粒体中含有活泼的葡糖醛酸基转移酶，它能以尿苷二磷酸葡糖醛酸（UDPGA）为供体，将葡糖醛酸基转移到多种含极性基团（如—OH、—NH_2、—COOH、—SH 等）的化合物分子上，形成葡糖醛酸结合物。

OH+UDPGA ⟶ COOH H O O H OH H H HO H OH +UDP

苯酚　苯β-葡糖醛酸苷

COOH+UDPGA ⟶ COOH CO H O O H OH H H HO H OH +UDP

苯甲酸　苯甲酰-β-葡糖醛酸苷

2．硫酸结合反应 这也是一种常见的结合方式。肝细胞质中含有活泼的硫酸转移酶，它催化 3′- 磷酸腺苷 -5′- 磷酰硫酸（adenosine 3′-phosphate-5′-phosphosulphate，PAPS）将硫酸基转移到多种醇、酚或芳胺类物质上，形成硫酸酯类化合物。

雌酮 + PAPS ⟶ 雌酮硫酸酯 + PAP

3．酰基结合反应 肝细胞质中含有活泼的乙酰转移酶，可将乙酰辅酶 A 的乙酰基转移给芳胺化合物。例如，大部分磺胺类药物在肝内就是以这种方式丧失其抑菌功能，并从尿中排出的。

$H_2N-C_6H_4-SO_2NH_2 + CH_3CO \sim SCoA \longrightarrow CH_3CO-NH-C_6H_4-SO_2NH_2 + CoASH$

对氨基苯磺胺　乙酰辅酶A　对乙酰氨基苯磺胺　辅酶A

4．甲基结合反应 肝细胞质及微粒体中还含有多种甲基转移酶，可将甲基从 S- 腺苷甲硫氨酸（SAM）转移到被结合物的羟基或氨基上，生成相应的甲基衍生物。例如，烟酰胺可甲基化生成 N- 甲基烟酰胺。大量服用烟酰胺时，由于消耗甲基，引起胆碱和磷脂酰胆碱合成障碍，而成为致脂肪肝因素。

烟酰胺 + *S*–腺苷甲硫氨酸 —(甲基转移酶)⟶ *N*–甲基烟酰胺 + *S*–腺苷同型半胱氨酸

5．谷胱甘肽结合反应 谷胱甘肽（GSH）在肝细胞质谷胱甘肽 *S*- 转移酶催化下，可与许多卤代化合物和环氧化合物结合，生成含谷胱甘肽的结合产物。前面介绍的多环芳烃的生物转化过程中，就含这一类结合反应。

6．甘氨酸结合反应 甘氨酸在肝细胞线粒体酰基转移酶的催化下，可与含羧基的外来化合物结合。下一节将介绍的游离型胆汁酸向结合型胆汁酸的转变即属于此类反应。

值得注意的是，由于参与异源物代谢的酶类受遗传、年龄、性别以及其他因素影响，因此药物治疗的剂量和毒副作用应考虑到个体差异、年龄和性别等，在研究对致癌剂前体的敏感性时，同样需注意遗传以及一些诱导因素。

第四节 胆汁与胆汁酸代谢

一、胆汁

胆汁（bile）是肝细胞分泌的液体，贮存于胆囊，经胆总管流入十二指肠。正常人每天分泌量为 300 ~ 700ml。胆汁呈黄褐色或金黄色，有苦味，比重为 1.009 ~ 1.032。从肝分泌的胆汁称为肝胆汁，比重较低，进入胆囊后，因水分和其他一些成分被胆囊壁吸收而逐渐浓缩，比重增高，称为胆囊胆汁。

胆汁的主要有机成分是胆汁酸盐（bile salt）、胆色素、磷脂、脂肪、黏蛋白、胆固醇及多种酶类（包括脂肪酶、磷脂酶、淀粉酶及磷酸酶等）。其中，胆汁酸盐的含量最高，除胆汁酸和一些酶与消化作用有关外，其余多属排泄物。进入机体的药物、毒物、染料及重金属盐等都可随胆汁排出。

二、胆汁酸的代谢与功能

胆汁酸盐（简称胆盐，主要指胆汁酸钠盐或钾盐）是胆汁的重要成分，它们在脂质的消化、吸收及调节胆固醇代谢方面起着重要作用。

（一）胆汁酸的种类

胆汁酸（bile acid）是体内一大类胆烷酸的总称。正常人胆汁酸按结构分为游离型胆汁酸（free bile acid）和结合型胆汁酸（conjugated bile acid）。胆酸（cholic acid）、鹅脱氧胆酸（chenodeoxycholic acid）称为游离型胆汁酸。游离型胆汁酸分别与甘氨酸或牛磺酸结合的产物，如甘氨胆酸、牛磺胆酸、甘氨鹅脱氧胆酸及牛磺鹅脱氧胆酸，称为结合型胆汁酸。在结合型胆汁酸中，与甘氨酸结合者同与牛磺酸结合者含量之比大约为 3 : 1。而且游离型和结合型胆汁酸均以钠盐或钾盐的形式存在，即胆汁酸盐，也称胆盐。

胆汁酸从来源分为初级胆汁酸（primary bile acid）和次级胆汁酸（secondary bile acid）。初级胆汁酸在肝内由胆固醇生成。初级胆汁酸进入肠道后，在肠道细菌作用下去结合和脱氧，生成的脱氧胆酸（deoxycholic acid）和石胆酸（lithocholic acid）称为次级胆汁酸（图 19-3）。

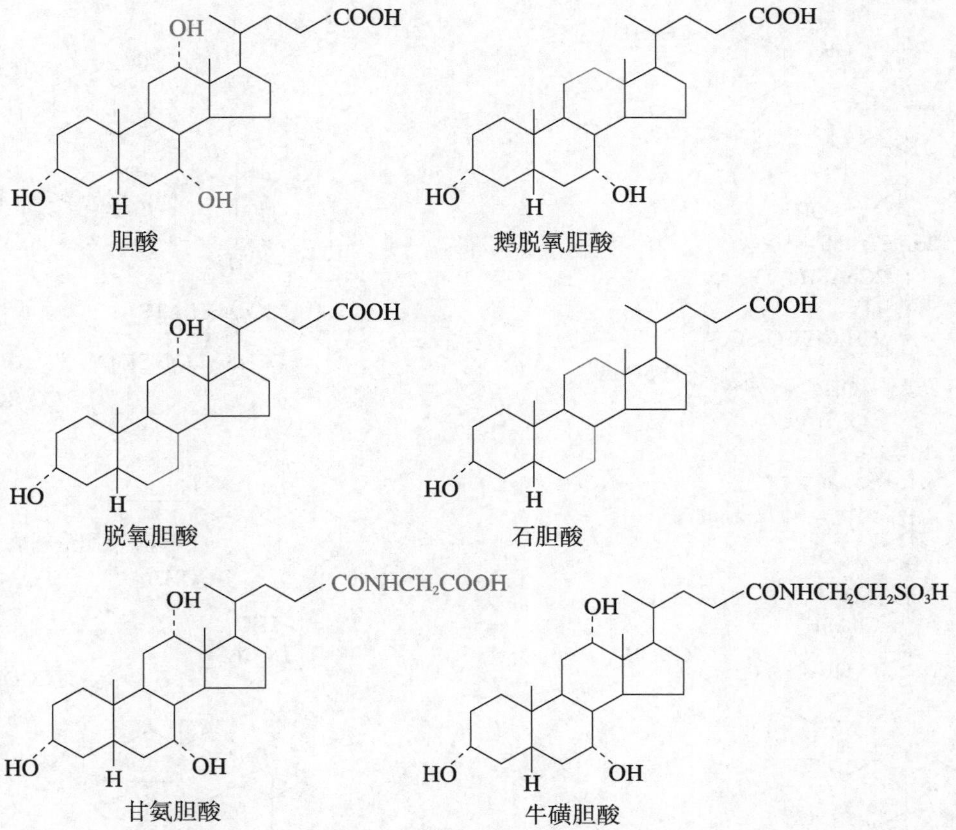

胆酸　鹅脱氧胆酸

脱氧胆酸　石胆酸

甘氨胆酸（$CONHCH_2COOH$）　牛磺胆酸（$CONHCH_2CH_2SO_3H$）

图 19-3　胆汁酸的结构式

（二）初级胆汁酸的生成

肝细胞以胆固醇为原料合成初级胆汁酸，这是肝清除胆固醇的主要方式。在肝细胞内由胆固醇转变为初级胆汁酸的过程很复杂，需经羟化、加氢及侧链氧化断裂等许多酶促反应才能完成。催化该反应的酶类主要分布于微粒体及胞质中。胆固醇在 7α- 羟化酶（微粒体及胞质）催化下生成 7α- 羟胆固醇，以后再进行 3α-（3β- 羟基→ 3- 酮→ 3α- 羟基）及 12α- 羟化、加氢还原，最后经侧链氧化断裂，并与辅酶 A 结合形成胆酰辅酶 A，如未进行 12α- 羟化则形成鹅脱氧胆酰辅酶 A。两者再经加水，辅酶 A 被水解则分别形成胆酸与鹅脱氧胆酸，胆酰辅酶 A 或鹅脱氧胆酰辅酶 A 与甘氨酸或牛磺酸结合，分别生成结合型初级胆汁酸（图 19-4，图 19-5）。

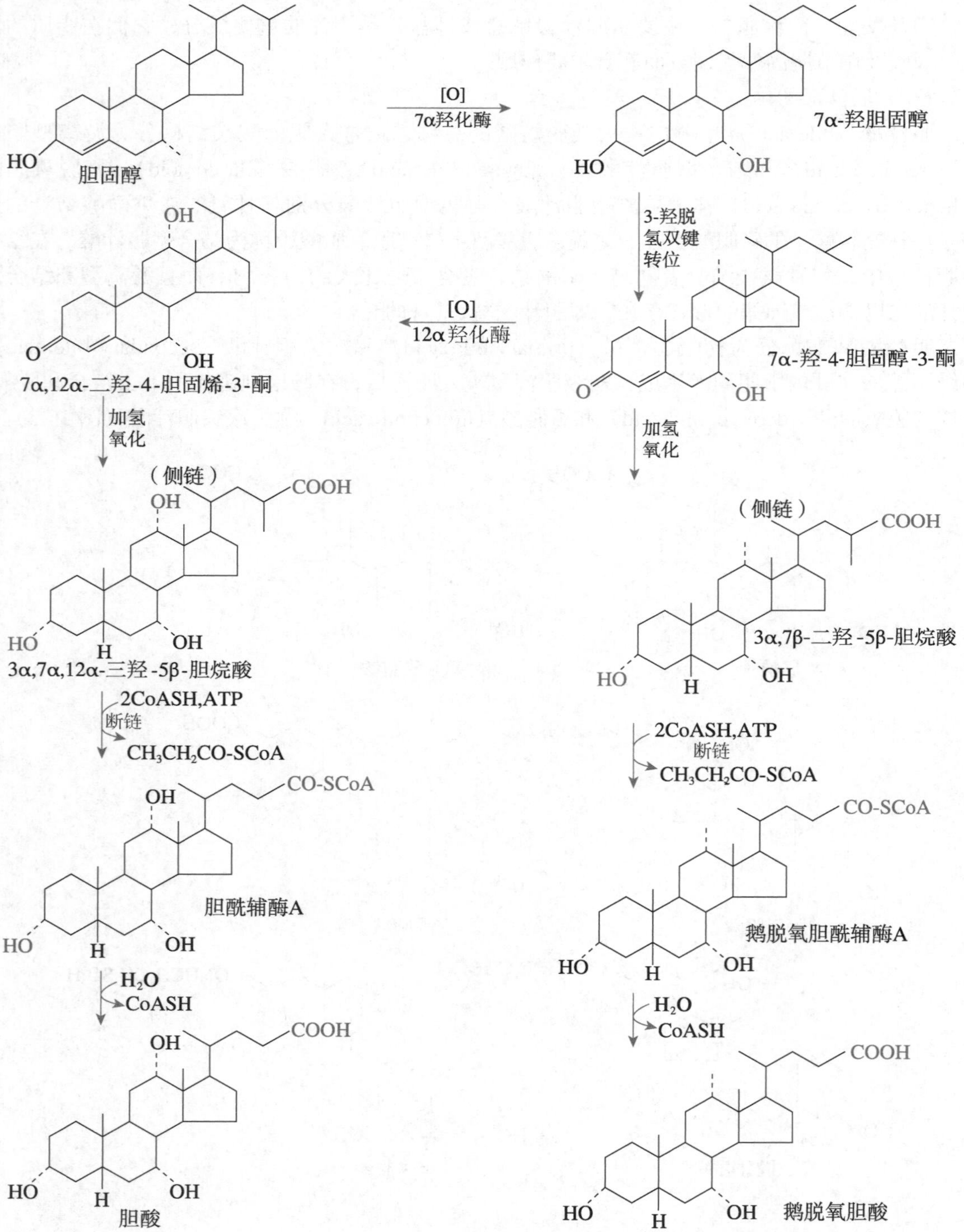

图 19-4 游离型初级胆汁酸的生成

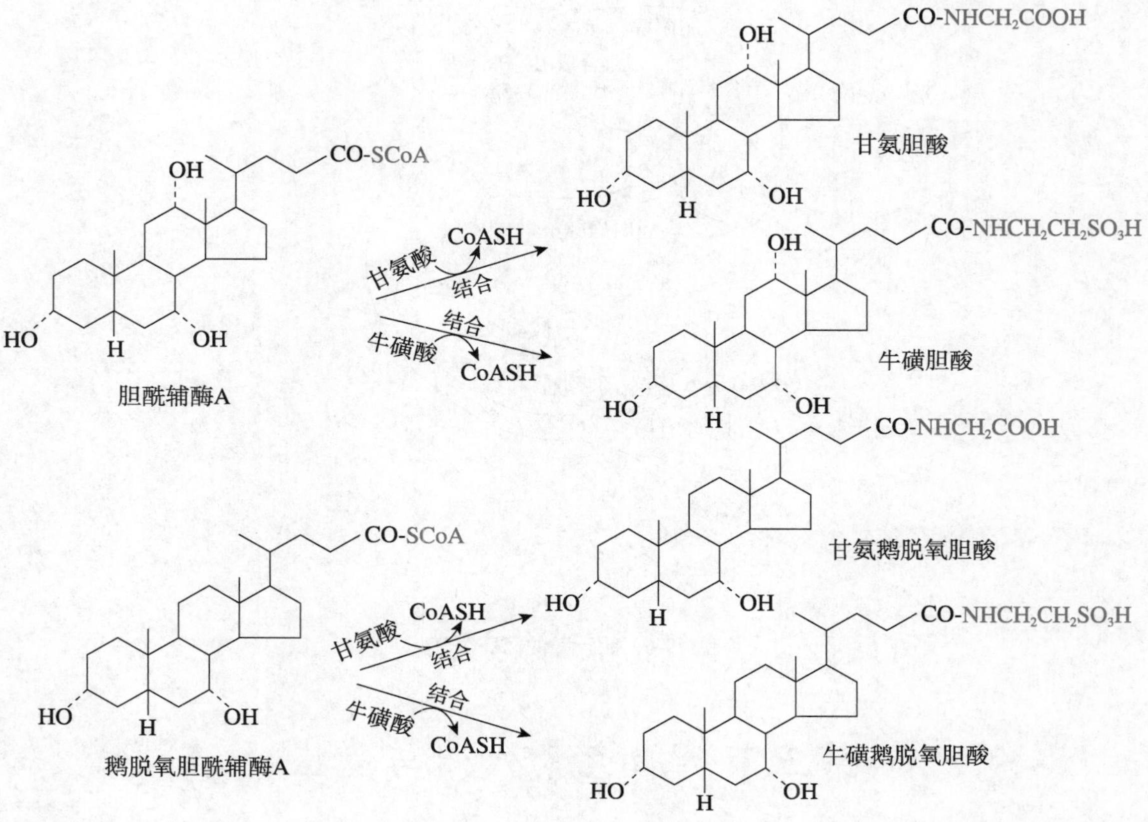

图 19-5　结合型初级胆汁酸的生成

胆固醇 7α- 羟化酶是胆汁酸生成的关键酶，它受产物 - 胆汁酸的反馈抑制，因此，减少胆汁酸的肠道吸收，则可促进肝内胆汁酸的生成，从而降低血清胆固醇。同时，胆固醇 7α- 羟化酶也是一种单加氧酶，维生素 C、皮质激素、生长激素可促进其羟化反应。另外，甲状腺素能通过激活侧链氧化的酶系，促进肝细胞合成胆汁酸。所以，甲状腺功能亢进的患者，血清胆固醇浓度偏低，而甲状腺功能低下的患者，血清胆固醇含量偏高。

（三）次级胆汁酸的生成及胆汁酸的肠肝循环

初级胆汁酸随胆汁流入肠道，协助脂类物质消化吸收时，又在小肠下段和大肠受肠道细菌作用，结合型胆汁酸经水解变为游离型胆汁酸。游离型初级胆汁酸在肠道细菌作用下，发生 7 位脱氧，转变为次级胆汁酸。胆酸转变为脱氧胆酸，鹅脱氧胆酸转变为石胆酸。

人体内每天合成胆固醇 1 ~ 1.5g，其中 0.4 ~ 0.6g 在肝内转变为胆汁酸。胆汁酸是机体内胆固醇代谢的主要终产物。肝和胆囊的胆汁酸池含胆汁酸 3 ~ 5 g，但正常人每天胆汁酸的分泌可高达 30 g，这是由于肠内胆汁酸的 98% ~ 99% 由肠道重吸收，经门静脉重新回到肝，肝细胞将游离型胆汁酸再合成为结合型胆汁酸，并将重吸收的及新合成的结合型胆汁酸一同再排入肠道，这一过程称为胆汁酸的肠肝循环（enterohepatic circulation）。人体正是通过每次饭后 2 ~ 4 次肠肝循环，补充肝合成胆汁酸能力的不足，使有限的胆汁酸最大限度地发挥作用，满足人体对胆汁酸的生理需要（图 19-6）。

胆汁酸分子内既含亲水的羟基和羧基，又含疏水的甲基和烃核，因此具有亲水和疏水两个界面，属于表面活性分子，能降低油和水两相之间的表面张力，促进脂质乳化、吸收。另外，胆汁酸还具有防止胆石生成的作用。胆固醇难溶于水，随胆汁排入胆囊储存时，胆汁在胆囊中被浓缩，胆固醇易于沉淀析出，但因胆汁中含胆汁酸盐与磷脂酰胆碱，可使胆固醇分散形成可溶性微团而不易沉淀形成结石。

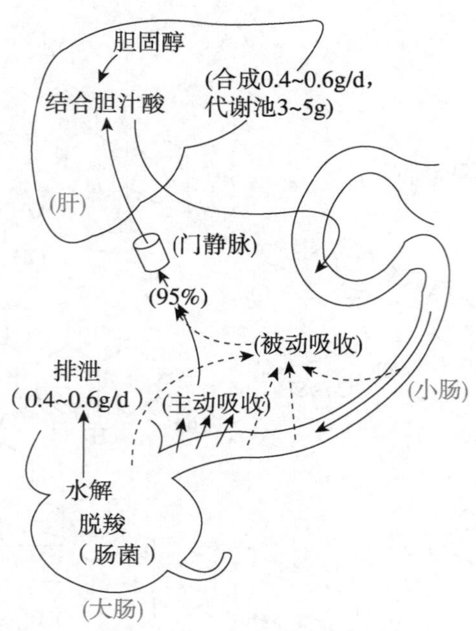

图 19-6 胆汁酸的肠肝循环

第五节 胆色素代谢与黄疸

胆色素（bile pigment）是铁卟啉化合物在体内分解代谢的主要产物，包括胆红素（bilirubin）、胆绿素（biliverdin）、胆素原（bilinogen）和胆素（bilin）。正常时主要随胆汁及粪便排出。胆红素是人胆汁的主要色素，呈橙黄色。胆色素代谢异常时可导致高胆红素血症——黄疸。

一、胆红素的生成与转运

（一）胆红素的来源

体内含铁卟啉的化合物有血红蛋白、肌红蛋白、细胞色素、过氧化氢酶及过氧化物酶等。正常成人每天产生 250 ～ 350mg 胆红素，其中 70% 以上来自衰老红细胞中血红蛋白的分解，其他则部分来自造血过程中某些红细胞的过早破坏（无效造血）及铁卟啉酶类的分解。肌红蛋白由于更新率低，所以比例很小。

（二）胆红素的生成过程

体内红细胞不断地进行新陈代谢。人类红细胞寿命平均为 120 天，衰老的红细胞由于细胞膜的变化而被肝、脾、骨髓的单核巨噬细胞识别并吞噬，血红蛋白分解为珠蛋白和血红素。正常 70kg 成人每小时有（1 ～ 2）$\times 10^8$ 个红细胞被破坏，释放出约 6g 血红蛋白，每一个血红蛋白分子含 4 个血红素分子。血红蛋白分解成的珠蛋白部分被分解为氨基酸，可再利用，血红素则在上述单核巨噬系统细胞微粒体中血红素加氧酶（hemeoxygenase，HO）的催化下转变为胆绿素。胆绿素在胞质胆绿素还原酶（biliverdin reductase，BVR）的催化下，还原成胆红素。

$$\text{血红蛋白} \xrightarrow{-\text{珠蛋白}} \text{血红素} \xrightarrow[\text{HO}]{+O_2-Fe-CO} \text{胆绿素} \xrightarrow[\text{BVR}]{+2H} \text{胆红素}$$

血红素加氧酶催化血红素生成胆绿素时，需分子氧的参与，并需要 NADPH- 细胞色素 P_{450} 还原酶传递电子。血红素加氧酶和含 Fe^{3+} 的血红素（即高铁血红素）结合，形成酶 - 高铁血红素复合体，来自 NADPH- 细胞色素 P_{450} 还原酶的第一个电子将该复合体还原，使 Fe^{3+}

转化为 Fe^{2+}，此转变有利于 O_2 分子和 Fe^{2+} 的结合，从而形成相对稳定的亚铁 - 氧合血红素 - 酶复合体。反应中的第二个电子又激活结合状态的氧分子，这时血红素转化为 α- 羟血红素（α-hydroxyheme），α- 羟血红素在 O_2 分子和电子的作用下，转化为氯铁血红素，同时放出 CO，O_2 分子和电子再次作用于氯铁血红素，将其转化成 Fe^{3+}- 胆绿素复合体，此复合体接受一个电子使 Fe^{3+} 还原为 Fe^{2+}，这时 Fe^{2+} 和胆绿素从复合体中释放出来，释放出的血红素加氧酶则和血红素结合，继续进行血红素的降解反应。上述过程表明，分解 1mol 血红素需要 3mol O_2 和 5mol 电子，在此循环反应中，血红素加氧酶能反复催化血红素的分解（图 19-7）。

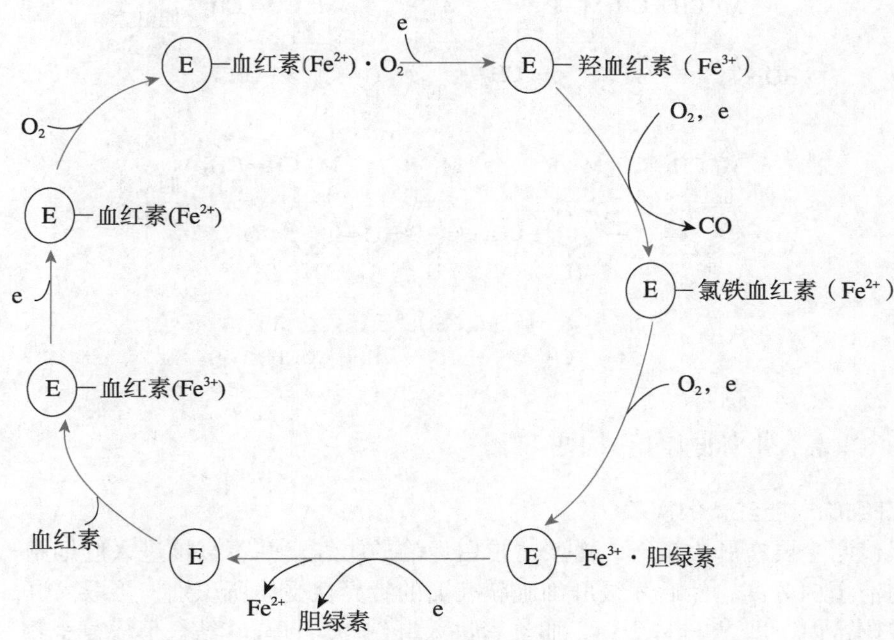

图 19-7　血红素加氧酶催化血红素分解的机制

血红素中的铁进入体内铁代谢池，可供机体再利用或以铁蛋白形式储存，该反应所产生的 CO 是体内内源性 CO 的主要来源，曾被认为仅作为废气从呼吸道排出体外。但随着 NO 信号分子功能的发现，最近的研究也基本确认了 CO 有舒张血管平滑肌的作用。而体内含有大量的胆绿素还原酶，可迅速将生成的胆绿素还原成胆红素，因此，体内一般没有胆绿素的积累，胆绿素只是胆红素生成过程中的一个中间产物。胆红素是一种毒性物质，可造成神经系统不可逆的损害。但近年的研究发现，胆红素具有很强的抗氧化功能，其作用甚至大于超氧化物歧化酶（SOD）和维生素 E。血红素加氧酶是血红素氧化及胆红素形成的关键酶，也是一种应激蛋白。最近的研究发现其在应激状态下被诱导后，可加速胆红素的生成，抵抗外来氧化因素对机体的损伤。

（三）胆红素在血中的转运

胆红素有醇式和酮式两种结构（图 19-8），分子内含有 2 个羟基或酮基、4 个亚氨基和 2 个丙酸基，均为亲水基团，理应溶于水。但实际上在生理 pH 条件下，胆红素分子的亲水基团在分子内，而疏水基团暴露于分子表面，呈亲脂疏水的性质。所以在单核巨噬细胞生成的胆红素穿透出细胞，进入血液后与血浆清蛋白结合而运输。胆红素对清蛋白有极高的亲和力，每一个清蛋白分子具有一个与胆红素高亲和力的结合部位及一个低亲和力结合部位。100ml 血浆中含清蛋白约 4g，其所含的高亲和力结合部位若全部与胆红素结合，则可结合胆红素 700mg；

正常人血浆胆红素浓度不超过 1.0mg/dl，故血浆清蛋白结合自由胆红素的储备能力是很大的。超过此量的自由胆红素与低亲和力结合部位松散结合，此种结合易分离。胆红素 - 清蛋白复合物的生成增加了其在血浆中的溶解度，有利于运输。同时这种结合又限制了胆红素自由透过各种生物膜，使其不致对组织细胞产生毒性作用。自由胆红素则可扩散入组织细胞。但是某些有机阴离子如磺胺药、脂肪酸、胆汁酸、水杨酸类等可与胆红素竞争结合清蛋白分子上的高亲和力结合部位，此时如血中胆红素浓度过高，可使胆红素游离出来，容易进入脑组织而出现中毒症状（如胆红素脑病）。

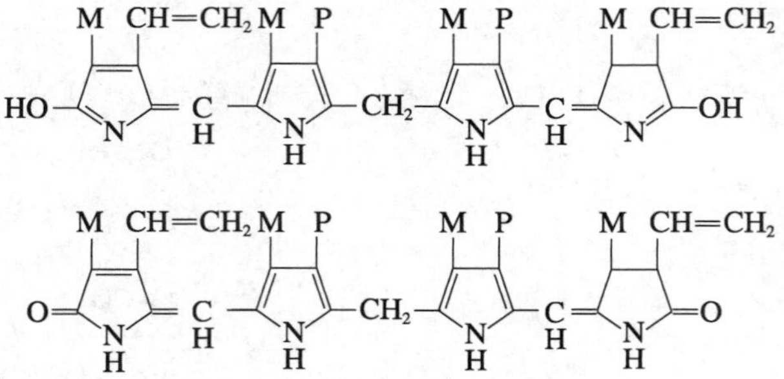

胆红素（醇式）

胆红素（酮式）

图 19-8 胆红素的醇式及酮式结构

M= — CH_3；P= — CH_2 — CH_2 — COOH

二、胆红素在肝细胞内的代谢

（一）肝细胞对胆红素的摄取

胆红素代谢主要在肝内进行。血浆清蛋白运输的胆红素并不直接进入肝细胞，而是在肝血窦中先与清蛋白分离，然后才被肝细胞膜表面的特异性受体所识别，摄取入肝。肝细胞内具有两种载体蛋白，即 Y 与 Z 蛋白。胆红素进入肝细胞后，与其结合形成复合物。Y 蛋白比 Z 蛋白对胆红素的亲和力强，胆红素优先与 Y 蛋白结合，只有在与 Y 蛋白结合达饱和时，Z 蛋白的结合量才增多。磺溴酞钠（BSP）、甲状腺素等皆可竞争与 Y 蛋白的结合，影响胆红素的代谢。生理性的新生儿非溶血性黄疸就是由于在这时期缺少 Y 蛋白。许多药物能诱导 Y 蛋白的生成，加强胆红素的转运，如临床上常用苯巴比妥诱导 Y 蛋白，以消除生理性新生儿黄疸。

（二）胆红素在肝中的结合

胆红素被载体蛋白结合后，摄入肝细胞内即以“胆红素 -Y 蛋白”（或“胆红素 -Z 蛋白”）的形式被运送至滑面内质网，在葡糖醛酸基转移酶（glucuronyl transferase）的催化下与载体蛋白脱离，转而与葡糖醛酸以酯键结合，生成葡糖醛酸胆红素。因胆红素有 2 个自由羧基，故可与 2 分子葡糖醛酸结合，主要生成双葡糖醛酸胆红素，仅有少量单葡糖醛酸胆红素生成。胆红素与葡糖醛酸的这种结合反应也可在肾与小肠黏膜中进行。这种胆红素称为直接胆红素（direct reacting bilirubin）或结合胆红素，结合胆红素的水溶性增强，有利于从胆汁排出，也不会渗透入细胞膜，因此毒性也随之降低。相应的未与葡糖醛酸结合的胆红素则称为间接胆红素（indirect reacting bilirubin）或游离胆红素。苯巴比妥类药物可诱导葡糖醛酸基转移酶的生成。

三、胆红素在肠中的变化

直接胆红素随胆汁排出，进入十二指肠，自回肠末段起，在肠道细菌的作用下，脱去葡糖醛酸基，再逐步被还原成中胆红素原（mesobilirubinogen）、粪胆素原（stercobilinogen）及 D- 尿胆素原（D-urobilinogen），统称胆素原。胆素原无色，可随粪便排出体外，在肠道下段，接触空气后分别被氧化成 L- 尿胆素（L-urobilin）、粪胆素（stercobilin）和 D- 尿胆素（D-urobilin），统称胆素。胆素呈黄褐色，是粪便颜色的主要来源。当胆道完全梗阻时，直接胆红素入肠受阻而不能形成胆素原和胆素，粪便呈灰白色；而新生儿由于肠道细菌不健全，胆红素未被肠道细菌作用而直接出现在粪便中，使粪便呈现橘黄色。

在生理情况下，肠道中形成的胆素原有 10% ~ 20% 可被肠黏膜细胞重吸收，然后经门静脉进入肝内，除有小部分胆素原进入体循环外，大部分重新回到肝中，肝细胞可将重吸收的胆素原不经任何转变地从胆汁中排入肠道，形成胆素原的肠肝循环（bilinogen enterohepatic cycle）（图 19-9）。进入体循环的小部分胆素原，可以通过肾小球滤出，由尿排出，即为尿胆素原。正常成人每日从尿中排出的尿胆素原有 0.5 ~ 4.0mg。尿胆素原与空气接触后被氧化成尿胆素，它是尿中主要的色素。尿胆素原、尿胆素、尿胆红素在临床上称“尿三胆”，但正常人尿中不出现胆红素，如出现则是黄疸。

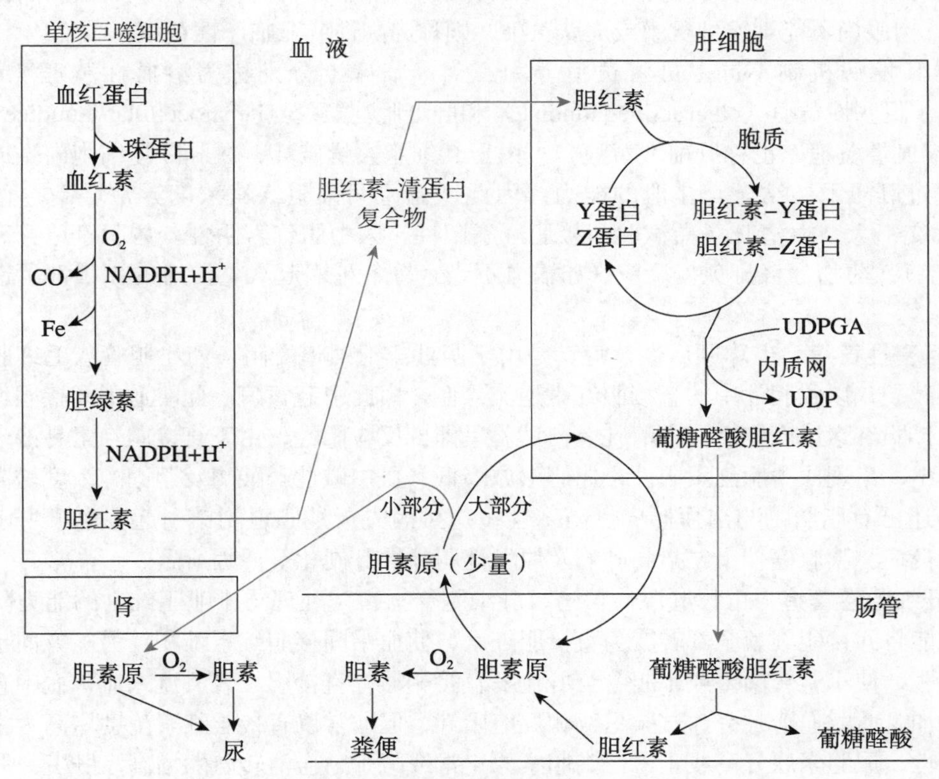

图 19-9　胆红素的形成及胆素原的肠肝循环

四、血清胆红素与黄疸

正常人体中胆红素以两种形式存在，即直接胆红素与间接胆红素。两种胆红素与重氮试剂反应性不同，间接胆红素与重氮试剂反应（血清凡登白试验）缓慢，必须在加入乙醇后才产生明显的紫红色，而直接胆红素却可与重氮试剂直接、迅速地起颜色反应。两者的区别见表 19-1。

表19-1 直接胆红素与间接胆红素的区别

性质	直接胆红素（结合胆红素）	间接胆红素（游离胆红素）
与葡糖醛酸结合	结合	未结合
与重氮试剂反应	迅速、直接反应	慢速、间接反应
水中溶解度	大	小
经肾随尿排出	能	不能
通透细胞膜对脑的毒性作用	无	大

正常人由于胆色素正常代谢，血清中胆红素含量很少，其总量为 0.1 ~ 1.0 mg/dl。其中间接胆红素约占 4/5，其余为直接胆红素。凡能引起胆红素生成过多，或使肝细胞对胆红素摄取、结合、排泄过程发生障碍的因素，均可使血中胆红素浓度升高，称高胆红素血症。胆红素在血清中含量过高，则可扩散入组织，组织被黄染，称作黄疸（jaundice）。由于巩膜或皮肤含有较多的弹性蛋白，后者与胆红素有较强的亲和力，故易被黄染。一般胆红素浓度在 2.0mg/dl 以上时，肉眼才能观察到巩膜或皮肤被黄染的现象，即临床所称的黄疸。如胆红素浓度超过 1.0mg/dl，肉眼尚不能观察到巩膜或皮肤黄染，则称为隐性或亚临床性黄疸。

根据其发病机制不同，可将黄疸分为三类，临床上分别称为溶血性黄疸（hemolytic jaundice）、阻塞性黄疸（obstructive jaundice）和肝细胞性黄疸（hepatocellular jaundice）。

1．溶血性黄疸 也称肝前性黄疸，是由于红细胞大量破坏，在肝巨噬细胞内生成胆红素过多，超过肝摄取、结合与排泄的能力。因此，血清间接胆红素浓度异常增高，直接胆红素浓度改变不大，血清凡登白试验间接胆红素阳性，尿中胆红素阴性，尿胆素原升高。感染（如恶性疟）、药物、自身免疫反应（如输血不当）等各种引起大量溶血的原因都可造成溶血性黄疸。

2．阻塞性黄疸 也称肝后性黄疸，是由于胆汁排泄通道受阻，使小胆管或毛细胆管因压力增高而破裂，以致胆汁中的直接胆红素逆流入血，由此引起黄疸。此时血中间接胆红素变化不大，直接胆红素浓度增高。血清凡登白试验呈即刻反应阳性，由于直接胆红素易溶于水，故可从肾排出，出现尿中胆红素阳性，尿胆素原降低，血中碱性磷酸酶及胆固醇浓度增高，有陶土色粪，还可有脂肪泻与出血倾向。阻塞性黄疸可因先天性胆道闭锁引起，也可由于胆管结石、胆管炎症、胰腺癌、十二指肠肿瘤及原发性胆汁性肝硬化等原因所致。

3．肝细胞性黄疸 也称肝源性黄疸，肝细胞受损害，处理与排泄胆红素的能力降低。一方面肝不能将间接胆红素全部转变为直接胆红素，使血中间接胆红素堆积；另一方面也可能因肝细胞肿胀，使小胆管堵塞或小胆管与肝血窦直接相通，直接胆红素反流入血，血中直接胆红素浓度增加。此时血清凡登白试验呈双相反应阳性，但通常以直接胆红素浓度增高为主，尿中胆红素阳性，尿胆素原升高或正常，粪胆素原正常或减少，血清转氨酶增高。肝炎、肝硬化等肝病引起的黄疸就属于这一类。

各种类型黄疸的血、尿、粪的改变情况如表 19-2。

表19-2 各种黄疸时血、尿、粪的改变

指标	正常	溶血性黄疸	肝细胞性黄疸	阻塞性黄疸
血清胆红素				
总量	$<$ 1 mg/dl	$>$ 1 mg/dl	$>$ 1 mg/dl	$>$1 mg/dl
结合胆红素	0 ~ 0.8 mg/dl		↑↑↑	↑↑

续表

指标	正常	溶血性黄疸	肝细胞性黄疸	阻塞性黄疸
游离胆红素	＜ 1 mg/dl	↑↑	↑	
尿三胆				
尿胆红素	不一定	−	++	++
尿胆素原	少量	↑	升高或正常	↓
尿胆素	不一定	↑	升高或正常	↓
粪便颜色	正常	深	变浅或正常	完全阻塞时陶土色

小结

肝是人体中最大的腺体，在整个物质代谢过程中具有广泛而多样的功能，如血糖浓度调节、脂质转化、脂肪酸改造、酮体生成、尿素合成以及维生素及激素代谢等，有人称之为“人体的化工厂”。

肝的生物转化功能也非常重要，一些代谢产物均可在肝内经氧化、还原、水解、结合四类反应增强其极性和水溶性，易于排出，有利于解毒及激素的灭活。在生物转化过程中最重要的酶是单加氧酶系，它是可诱导的。参加结合反应的重要活性物质有UDPGA、PAPS、乙酰辅酶 A 等。

此外，肝还有排泄功能，胆汁酸盐是胆汁中的重要成分，它乳化脂质，促进脂质的消化吸收。胆汁酸在肝细胞内由胆固醇转变而来，7α- 羟化酶是胆汁酸合成的关键酶。肝细胞合成的胆汁酸有胆酸、鹅脱氧胆酸，称为初级胆汁酸。胆酸与鹅脱氧胆酸在肠道细菌作用下，7 位脱去羟基转变为相应的脱氧胆酸与石胆酸，称为次级胆汁酸。脱氧胆酸与石胆酸可通过肠肝循环，再进入胆汁。初级胆汁酸与次级胆汁酸均可与甘氨酸或牛磺酸结合，分别形成结合型初级胆汁酸和结合型次级胆汁酸。

胆红素是胆汁中的另一个重要成分。胆红素是血红素的分解代谢产物。红细胞在肝巨噬细胞内分解释放出血红蛋白，血红蛋白是产生血红素的主要蛋白质。血红素经微粒体血红素加氧酶系被催化成胆绿素，进而被还原成胆红素。

胆红素是亲脂性的，故在血液中与清蛋白结合运输，称间接胆红素或游离胆红素。间接胆红素进入肝细胞并与葡糖醛酸结合成水溶性强的葡糖醛酸胆红素，称直接胆红素或结合胆红素。直接胆红素经胆道排入肠腔，在肠道细菌作用下，脱去葡糖醛酸，胆红素被还原成胆素原，其中大部分随粪便排出体外，称为粪胆素原；一小部分可被肠道吸收入肝，再随胆汁排出，称胆素原的肠肝循环。胆汁中的胆素原有一小部分逸入体循环自尿中排出，称尿胆素原。粪胆素原与尿胆素原可被氧化生成粪胆素与尿胆素。尿胆红素、尿胆素原与尿胆素在临床上称为“尿三胆”。胆色素代谢障碍可产生黄疸，黄疸有三种类型，即溶血性黄疸、肝细胞性黄疸和阻塞性黄疸，这三种类型黄疸在临床上可通过病史和血、尿、粪便检查而鉴别。

思考题

1．试述肝在人体物质代谢中的作用，并分析肝病患者出现餐后高血糖、厌油腻、夜盲症及蜘蛛痣等症状的生物化学机制。

2．简述肝病时凝血功能紊乱的生物化学机制。

3．试分析肝病患者腹水生成的生物化学机制。

4．什么是生物转化？试述其反应类型及影响因素。

5．简述肝单加氧酶的分类及其在生物转化中的作用。

6．简述乙醇对肝细胞损伤的生物化学机制。

7．简述胆汁酸的生成过程及其肠肝循环的生理意义。

8．简述肝在调节体内胆固醇代谢中所发挥的重要作用。

9．简述胆色素代谢过程。

10．何谓黄疸？试说明三种黄疸产生的原因及生化改变。

（覃　扬）

第20章 维生素与矿物质

第一节 概 述

维生素（vitamin）是维持生物体（包括人）生长、代谢等必需，但体内不能合成或合成量很少、必须由食物供给的一类小分子有机化合物。维生素在体内既不参与构成生物体的组织成分，也不是体内的能量物质，但在调节物质代谢和维持生理功能等方面却有着重要作用。

人类对维生素的认识来源于生活和生产实践。早在公元7世纪初，我国医药书籍里就有关于维生素缺乏病以及用食物防治的记载。唐代名医孙思邈首先用富含维生素A的猪肝治疗因缺乏维生素A导致的夜盲症；他对脚气病亦有详细的研究，认为是一种食米区的疾病，可用车前子、防风、大豆或用谷皮煮粥（富含维生素B_1）进行防治。

17世纪，在欧洲的航海记录中有许多海员患坏血病的记载，后来发现可用橘子汁、柠檬汁或储存在酒里的新鲜蔬菜治疗。现在知道坏血病是因缺乏维生素C引起的疾病，故称维生素C缺乏病，而新鲜的蔬菜、水果中维生素C的含量较多。

各种维生素的名称一般是按发现的先后，在“维生素”之后加上A、B、C、D等字母来命名；还有的维生素最初被发现时以为是一种，后来证明是数种维生素混合存在，便在字母的右下方注以1、2、3等数字以示区别，如维生素B_1、B_2、B_6、B_{12}等。在发现维生素的过程中，常出现同物异名者，还有些曾被命名为维生素，但后来证明并非维生素，这就是维生素的名称无论从字母还是从阿拉伯数字排列都不连贯的原因。维生素的种类很多，化学结构差异很大，按其溶解性质不同分为脂溶性维生素（lipid-soluble vitamin）和水溶性维生素（water-soluble vitamin）。

矿物质（mineral）是构成人体组织和维持正常生理功能必需的各种元素的总称，是人体必需的六大营养素之一。对矿物质与疾病关系的研究始于19世纪。1850年，科学家通过对土壤、水、食品中碘含量的分析，证实了甲状腺肿与环境缺碘的关系；1869年，发现锌与生物的生长发育相关。随着科学技术的进步，研究微量元素与健康和疾病的关系日益受到重视并取得了迅速发展。由于维生素和矿物质几乎与体内所有的生化反应相关，因而其在人体的代谢中起非常重要的作用。机体缺乏维生素和必需矿物质时，物质代谢发生障碍，可导致相应的疾病。

第二节 脂溶性维生素

脂溶性维生素包括维生素A、D、E、K。它们不溶于水而溶于脂肪或脂溶剂，在食物中多与脂质共同存在，并随脂质一同吸收。吸收后的脂溶性维生素在血液中与脂蛋白或特异的结合蛋白相结合而运输。当因胆管阻塞、胆汁酸盐缺乏或长期腹泻造成脂质吸收不良时，脂溶性维生素的吸收也大为减少，甚至会引起缺乏症。吸收后的脂溶性维生素可在体内，尤其是在肝内储存。若长期摄入过多，则可出现中毒反应。脂溶性维生素的作用多种多样，除直接影响特异的代谢过程外，大多还与细胞内核受体结合，影响特定基因的表达。

一、维生素 A

（一）化学本质及性质

维生素 A 又名视黄醇（retinol），是一种具有脂环的不饱和一元醇。与所有的脂溶性维生素一样，视黄醇是一种类异戊二烯分子。天然维生素 A 包括 A_1 及 A_2 两种，维生素 A_1 即视黄醇，维生素 A_2 又称 3- 脱氢视黄醇，维生素 A_2 比 A_1 在化学结构上多一个双键。维生素 A_1 和 A_2 的生理功能相同，但 A_2 的生理活性只有 A_1 的一半。由于维生素 A 的侧链含有 4 个双键，故可形成数种顺、反异构体。维生素 A 在体内的活性形式包括视黄醇、视黄醛和视黄酸。在体内视黄醇可被氧化成视黄醛，视黄醛中最重要的为 9- 及 11- 顺视黄醛（图 20-1）。视黄醛在视黄醛脱氢酶的催化下不可逆地氧化生成视黄酸。

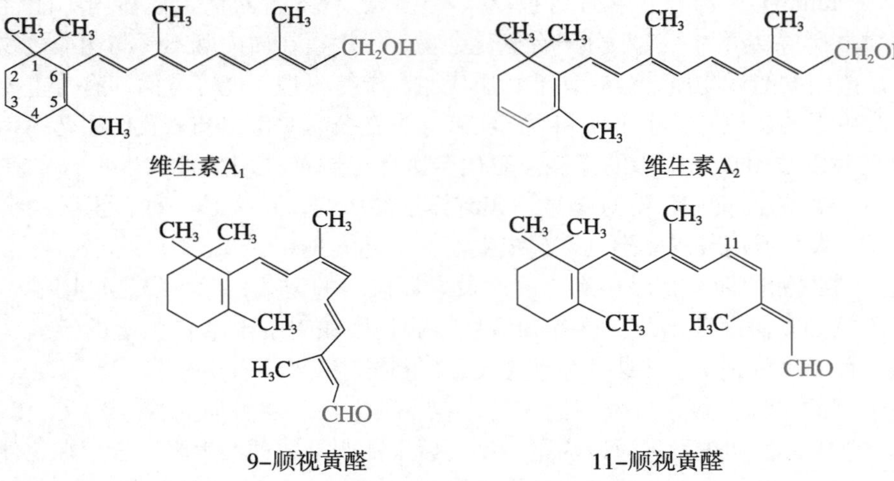

图 20-1 维生素 A 的结构式

动物性食品，如肝、乳制品、肉类、蛋黄、鱼肝油是维生素 A 的丰富来源。植物中不存在维生素 A，但含有被称为维生素 A 原的多种胡萝卜素，其中以 β- 胡萝卜素最为重要（图 20-2）。小肠黏膜细胞中的 β- 胡萝卜素 -15, 15′- 双加氧酶可催化 1 分子 β- 胡萝卜素断裂为 2 分子视黄醇。由于小肠黏膜分解吸收 β- 胡萝卜素的能力有限，每 6 分子 β- 胡萝卜素可获得 1 分子视黄醇。β- 胡萝卜素是抗氧化剂，能直接与活性氧反应，防止脂质过氧化作用，还能预防某些退行性疾病如衰老和白内障等的发生。

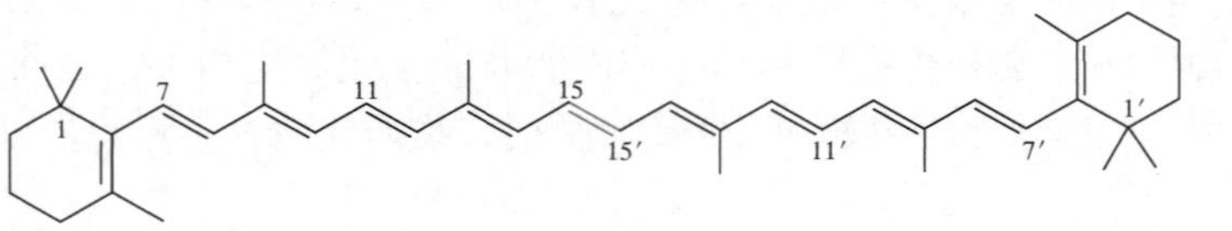

图 20-2 β- 胡萝卜素的结构式

动物性食品中的维生素 A 主要以酯的形式存在，在小肠内酶解生成游离的视黄醇，被摄取后在小肠黏膜细胞内重新酯化并参与乳糜微粒的生成。乳糜微粒中的视黄醇酯被肝细胞和其他组织摄取，视黄醇酯在肝细胞内贮存，应机体需要向血中释放。血浆中的维生素 A 是非酯化型，它与特异的转运蛋白质——视黄醇结合蛋白质（retinol binding protein，RBP）结合而转运。约 95% 的 RBP 再与甲状腺运载蛋白（transthyretin，TTR）相结合。当运输至靶组织后，视黄醇与细胞表面特异受体结合进入细胞。在细胞内，视黄醇与细胞视黄醇结合蛋白质（cellular retinol binding protein，CRBP）结合。肝细胞内过多的视黄醇则转移到肝内星形细胞，以视黄醇酯的形式储存，其储存量可达体内视黄醇总量的 50% ~ 80%，高达 100mg。

（二）生理功能

1．构成视觉细胞内的感光物质　在视觉细胞内有不同的视蛋白与 11- 顺视黄醛组成视色素。锥状细胞内有视红质、视青质和视蓝质等可感受强光及颜色；杆状细胞内有视紫质（rhodopsin）可感受弱光或暗光。视紫质由 11- 顺视黄醛和视蛋白结合而成，当视紫质感光时，其中的 11- 顺视黄醛发生光学异构作用转变为全反式视黄醛，并引起视蛋白别构，视蛋白是 G 蛋白偶联受体，通过一系列反应产生视觉神经冲动。上述过程产生的全反式视黄醛，少量经异构酶的作用缓慢地重新异构为 11- 顺视黄醛，大部分被眼内的视黄醛还原酶还原成全反式视黄醇，经血流至肝转变为 11- 顺视黄醇，然后再随血流返回视网膜氧化成 11- 顺视黄醛，参与合成视紫质，从而构成视循环（图 20-3）。

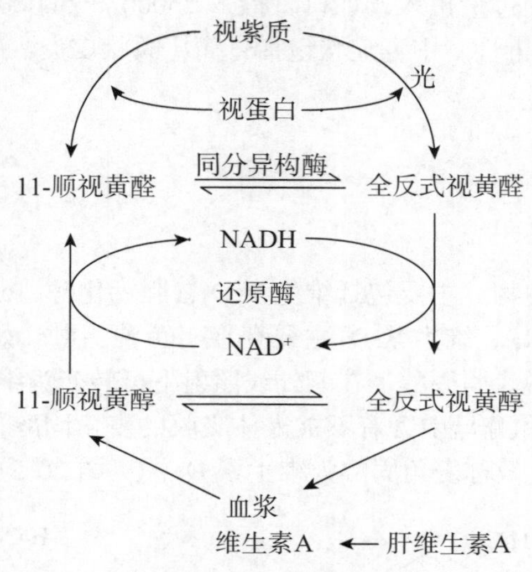

图 20-3　杆状细胞的视循环

2．维持上皮组织结构的完整　视黄醇的衍生物——视黄基磷酸盐参与糖蛋白的合成，糖蛋白是某些上皮细胞分泌的黏液的重要成分，黏液对呼吸、消化及生殖系统等起润滑和保护作用。维生素 A 缺乏时，黏液分泌减少，上皮组织干燥、增生和过度角化，尤以对眼、呼吸道、消化道、尿道及生殖系统等黏膜上皮的影响最为显著，如皮脂腺角化出现毛囊丘疹、泪腺上皮不健全可出现泪液分泌减少，进而发展成眼干燥症等，因此维生素 A 对于维持上皮组织的正常形态与生长具有重要作用。维生素 A 又名为抗干眼病维生素。

3．视黄酸对胚胎发育和基因表达具有调节作用　全反式视黄酸，又称全反式维甲酸（all-trans retinoic acid，ATRA），是维生素 A 的代谢中间产物，具有广泛的生理和药理活性。在脊椎动物生长、发育和细胞分化尤其是胚胎发育过程中有重要作用，调节脊椎动物胚胎发生过程中多方面的形态形成。全反式视黄酸和 9- 顺视黄酸（图 20-4）可同细胞核内受体结合，然后被转运并结合到染色质特定部位，调控基因表达和组织分化。

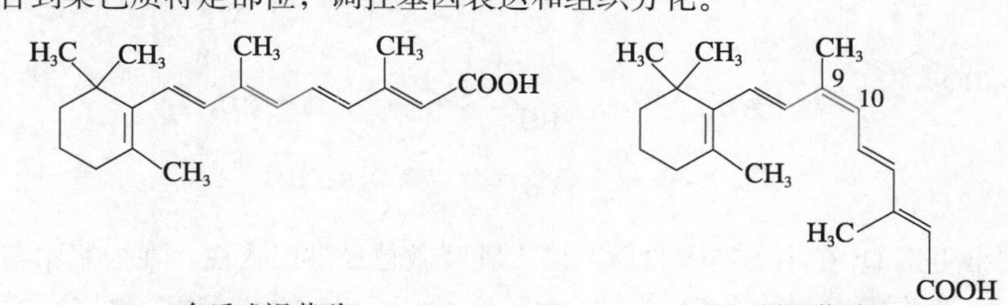

全反式视黄酸　　9–顺视黄酸

图 20-4　视黄酸的结构式

4．维生素 A 和胡萝卜素的抗氧化作用 维生素 A 和胡萝卜素在机体中可捕获活性氧自由基，防止脂质过氧化。

5．其他作用 流行病学调查表明，膳食中维生素 A 的摄入量与癌症的发生呈负相关。动物实验表明，摄入维生素 A 及其衍生物全反式维甲酸可诱导肿瘤细胞分化，减轻致癌物质的作用。

（三）维生素 A 与疾病

当维生素 A 缺乏时，11- 顺视黄醛得不到足够的补充，视紫质合成减少，对弱光的敏感性降低，暗适应能力减弱，严重时会发生夜盲症。

正常成人每日维生素 A 需要量为 800 ～ 1000 视黄醇当量（retinol equivalent，RE）或 2600 ～ 3300 国际单位（international unit，IU）。1RE = 1μg 视黄醇，1IU = 0.3μg 视黄醇。维生素 A 可在肝内积聚。长期过量摄入，如每日摄入 25000 ～ 50000RE 维生素 A，持续数月或数年，儿童与成人均会产生毒性，中毒症状包括骨痛、鳞状皮炎、严重头痛、肝脾大、恶心与腹泻等。

二、维生素 D

（一）化学本质及性质

维生素 D 为类固醇衍生物，主要包括维生素 D_3（胆钙化醇，cholecalciferol）和维生素 D_2（麦角钙化醇，ergocalciferol）。维生素 D_3 主要存在于鱼油、肝、奶及蛋黄中，人体皮下储存有从胆固醇转变而来的 7- 脱氢胆固醇，在紫外线照射下可转变为维生素 D_3，故称 7- 脱氢胆固醇为维生素 D_3 原。植物油和酵母中含有不被人体吸收的麦角固醇，在紫外线照射下可转变为能被人体吸收的维生素 D_2，故称麦角固醇为维生素 D_2 原（图 20-5）。

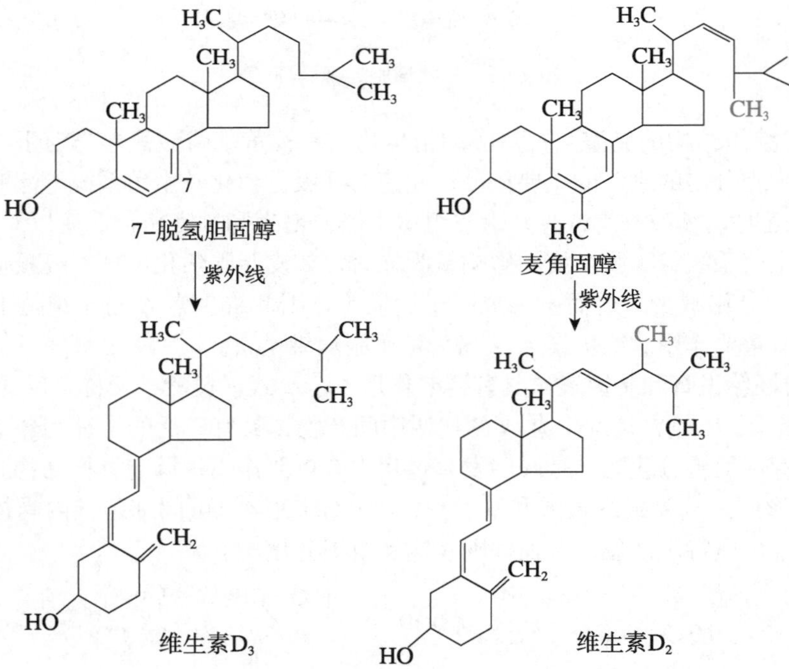

图 20-5 维生素 D_2 和维生素 D_3 的形成

食物中的维生素 D_3 在小肠被吸收后，掺入乳糜微粒经淋巴入血，在血浆中与一种特异的载体蛋白质——维生素 D 结合蛋白质（vitamin D binding protein，DBP）结合后被运输至肝。在肝细胞微粒体 25- 羟化酶的催化下，维生素 D_3 转变为 25-（OH）-D_3。25-（OH）-D_3 是血浆中

维生素 D_3 的主要存在形式，也是维生素 D_3 在肝内的主要储存形式。25-(OH)-D_3 被转运到肾，经肾小管上皮细胞线粒体内 1α- 羟化酶催化生成维生素 D_3 的活性形式 1,25-$(OH)_2$-D_3，目前认为它也是一种类固醇激素，经血液运输至靶细胞发挥对钙、磷代谢的调节作用。

肾小管上皮细胞还存在 24- 羟化酶，催化 25-(OH)-D_3 羟化生成无活性的 24,25-$(OH)_2$-D_3。1,25-$(OH)_2$-D_3 可通过诱导 24- 羟化酶和阻遏 1α- 羟化酶的生物合成来控制其自身的生成量(图 20-6)。维生素 D_3 在肝内主要与葡糖醛酸或硫酸结合，通过胆汁排出体外。

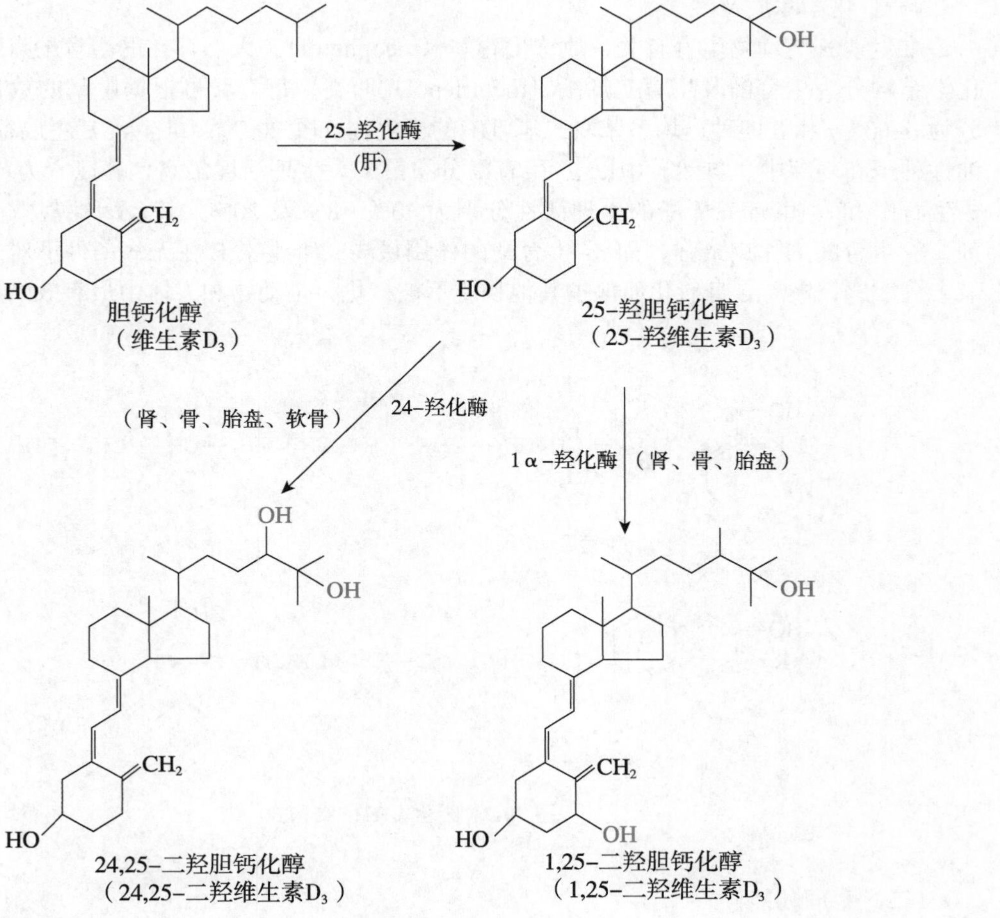

胆钙化醇
（维生素D_3）
25–羟化酶
(肝)
25–羟胆钙化醇
（25–羟维生素D_3）
24–羟化酶
（肾、骨、胎盘、软骨）
1α–羟化酶（肾、骨、胎盘）
24,25–二羟胆钙化醇
（24,25–二羟维生素D_3）
1,25–二羟胆钙化醇
（1,25–二羟维生素D_3）

图 20-6　维生素 D_3 的代谢

（二）生理功能

1．调节体内钙、磷平衡　1,25-$(OH)_2$-D_3 与甲状旁腺素、降钙素共同调节体内的钙、磷平衡。1,25-$(OH)_2$-D_3 的靶器官是小肠黏膜、骨骼和肾小管，其主要生理功能是促进小肠黏膜细胞对钙和磷的吸收。1,25-$(OH)_2$-D_3 能诱导钙结合蛋白质合成及增强 Ca-ATP 酶活性，促进 Ca^{2+} 吸收；它也能促进钙盐更新，有利于新骨生成和肾小管细胞对钙和磷的重吸收。因此，1,25-$(OH)_2$-D_3 总的生理效应是提高血钙、血磷浓度，促进新骨生成和钙化。当维生素 D 缺乏或转化障碍时，儿童可患佝偻病，成人可患软骨病。因此，维生素 D 又称抗佝偻病维生素。

2．影响细胞的分化　大量研究证明，肾外组织细胞也具有将 25-(OH)-D_3 羟化生成 1,25-$(OH)_2$-D_3 的能力。皮肤、大肠、前列腺、乳腺、心、脑、骨骼肌、胰岛 β 细胞、活化的 T 淋巴细胞和 B 淋巴细胞、单核细胞等均存在维生素 D 受体，1,25-$(OH)_2$-D_3 具有调节这些组织细胞分化的功能。维生素 D 缺乏可引起自身免疫性疾病，低日照与大肠癌和乳腺癌的高发病率和高死亡率相关。

（三）维生素 D 与疾病

正常成人每日维生素 D 的需要量为 5 ～ 10μg 或 200 ～ 400IU。长期服用维生素 D 每日超过 2000IU 时可引起中毒，主要表现为食欲缺乏、恶心、呕吐、腹泻、血钙升高、高钙尿症、高血压及软组织钙化。

三、维生素 E

（一）化学本质及性质

维生素 E 与动物生育有关，故称生育酚（tocopherol）。天然存在的生育酚有数种，根据其化学结构分为生育酚及生育三烯酚（tocotrienol）两类，每类又可根据甲基的数目和位置不同分为 α、β、γ 和 δ 四种，均系苯骈二氢吡喃的衍生物（图 20-7）。维生素 E 主要存在于植物油、油性种子和麦芽中。自然界中以 α- 生育酚分布最广，生理活性最高，若以它为基准，则 β- 及 γ- 生育酚和 α- 生育三烯酚的生理活性分别为 40%、8% 及 20%，其余活性甚微。作为抗氧化剂，δ- 生育酚的作用最强，而 α- 生育酚的作用最弱。维生素 E 在无氧条件下对热稳定，但对氧十分敏感，极易自身氧化而保护其他物质不被氧化，是动物和人体中最有效的抗氧化剂。

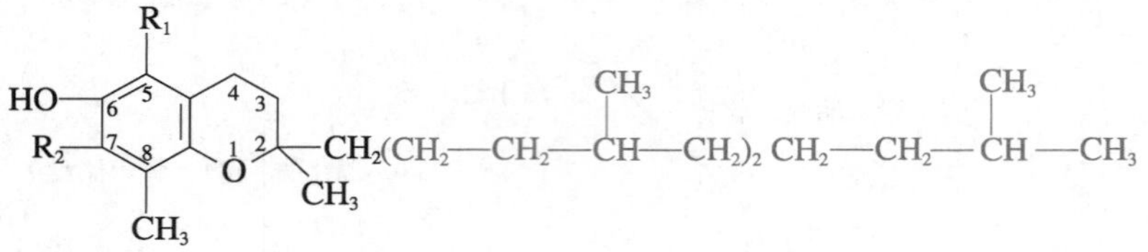

生育酚

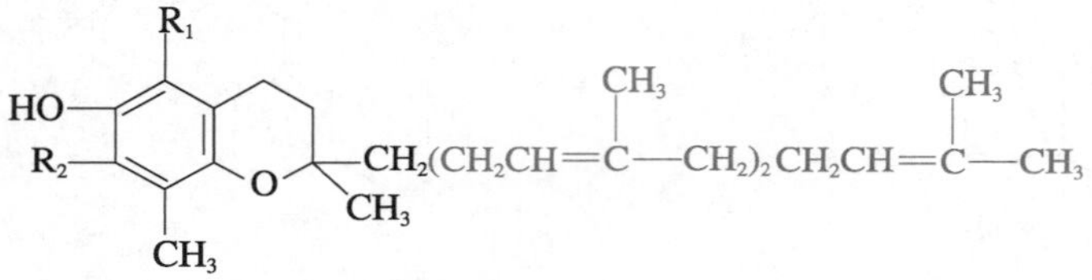

生育三烯酚

图 20-7 维生素 E 的结构式

（二）生理功能

1．与动物的生殖功能有关 动物缺乏维生素 E 时其生殖器官受损而不育。雄鼠缺乏维生素 E 时，睾丸萎缩，不产生精子；雌鼠缺乏时，胚胎及胎盘萎缩而被吸收，引起流产。在人类尚未发现因维生素 E 缺乏引起的不育症。临床常用维生素 E 治疗先兆流产和习惯性流产。维生素 E 对生育作用的机制还不完全清楚，可能是由于它能抑制孕酮的氧化，增强了孕酮的作用，或者通过促性腺激素而产生作用。

2．抗氧化作用 机体代谢不断产生自由基，自由基是指含有一个或一个以上未配对电子的原子或原子团，具有强氧化性，如羟基自由基（˙OH）、超氧阴离子自由基（$˙O_2^-$）、过氧化物自由基（ROO·）等。维生素 E 能捕捉自由基形成生育酚自由基，生育酚自由基又可与另一自由基反应生成非自由基产物——生育醌。维生素 E 还可与硒（Se）协同通过谷胱甘肽过氧化物酶发挥抗氧化作用。因此维生素 E 作为脂溶性的抗氧化剂和自由基清除剂，能对抗生物膜磷脂中多不饱和脂肪酸的过氧化反应，避免脂质过氧化物产生，保护生物膜的结构与功能。

3．促进血红素合成 维生素 E 能提高血红素合成的关键酶 δ- 氨基 -γ- 酮戊酸（ALA）合酶和血红素合成中另一种酶 ALA 脱水酶的活性，从而促进血红素合成。研究证明，当人体血浆维生素 E 水平低时，红细胞氧化性溶血增加，若供给维生素 E，可延长红细胞的寿命。

4．调节基因表达　维生素 E 可上调或下调生育酚摄取和降解的相关基因及脂质摄取和动脉硬化、细胞黏附与炎症、细胞信号转导系统和细胞周期调节等的相关基因的表达。因而，维生素 E 在抗炎、维持正常免疫功能、抑制细胞增殖、抑制 LDL 的氧化从而降低心血管疾病的危险性及延缓衰老等方面都有一定作用。

（三）维生素 E 与疾病

一般不易缺乏维生素 E，当膳食中的多不饱和脂肪酸增多时，维生素 E 的供给量也应增加。严重的脂质吸收障碍和严重肝损伤可引起维生素 E 缺乏症，主要表现为红细胞数量减少，体外实验见红细胞脆性增加，常表现为贫血，偶可引起神经功能障碍。

四、维生素 K

（一）化学本质及性质

维生素 K 具有促进凝血的功能，故又称凝血维生素。广泛存在于自然界的维生素 K 有维生素 K_1（phytylmenaquinone）和维生素 K_2（multiprenylmenaquinone）。维生素 K_1 主要存在于深绿色蔬菜如甘蓝、菠菜、莴苣和植物油中。维生素 K_2 是人体肠道细菌的代谢产物。维生素 K_1 和维生素 K_2 不溶于水，溶于脂溶剂，对热稳定，易被光线和碱破坏。人工合成的维生素 K_3 和维生素 K_4 溶于水，可口服和注射。它们都是 2- 甲基 -1, 4- 萘醌的衍生物（图 20-8）。维生素 K 主要在小肠被吸收，随乳糜微粒而代谢。

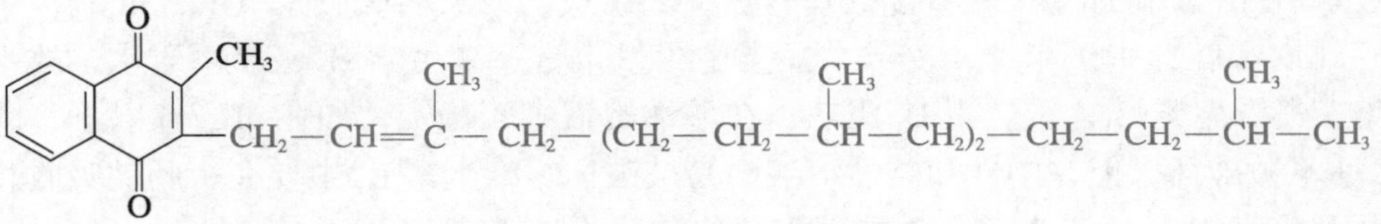

$$-CH_2-CH=C(CH_3)-CH_2-(CH_2-CH_2-CH(CH_3)-CH_2)_2-CH_2-CH_2-CH(CH_3)-CH_3$$

维生素K_1

$$-(CH_2-CH=C(CH_3)-CH_2)_5-CH_2-CH=C(CH_3)-CH_3$$

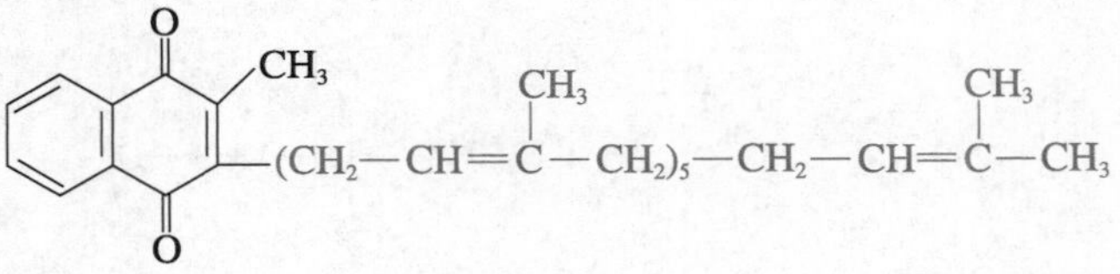

维生素K_2

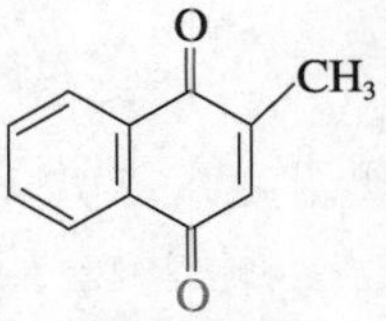

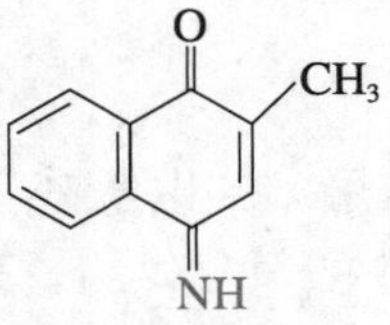

维生素K_3　　维生素K_4

图 20-8　维生素 K 的结构式

（二）生理功能

1．对多种前体蛋白质的活化作用　血液中的凝血因子Ⅱ、Ⅶ、Ⅸ、Ⅹ在肝中初合成时是无活性的前体，它们的激活需要在以维生素 K 为辅因子的 γ- 谷氨酰羧化酶的作用下，将其分子中多个谷氨酸残基羧化为 γ- 羧基谷氨酸残基（Gla）。Gla 有很强的螯合 Ca^{2+} 的能力，是这些凝血因子发挥生理活性所必需的。某些合成于肝的抗凝血因子如蛋白 C、蛋白 S 等的激活也需依赖维生素 K。

2．对骨代谢具有重要作用 维生素 K 依赖蛋白质不仅存在于肝，还存在于各组织中。骨中骨钙蛋白和骨基质 Gla 蛋白均是维生素 K 依赖蛋白质。研究表明，服用低剂量维生素 K 的女性，其股骨颈和脊柱的骨盐密度明显低于服用大剂量维生素 K 时的骨盐密度。

3．减少动脉硬化 大剂量维生素 K 可以降低动脉硬化的危险性。

（三）维生素 K 与疾病

成人每日对维生素 K 的需要量为 60 ~ 80μg，缺乏时表现为凝血时间延长，易出血。因维生素 K 广泛分布于动、植物组织，且体内肠道细菌也能合成，故一般不易缺乏。当胰腺疾病、胆管阻塞或长期服用广谱抗生素时，可引起维生素 K 缺乏。维生素 K 不能通过胎盘，新生儿肠道中无细菌，易发生出血现象，因此应常对孕妇在产前或对新生儿给予维生素 K 以防出血。

第三节 水溶性维生素

水溶性维生素包括 B 族维生素和维生素 C 等。水溶性维生素在体内的储存很少，所以必须经常从食物中摄取。体内过剩的水溶性维生素可由尿排出体外，因而在体内很少蓄积，少有中毒现象产生。大部分水溶性维生素通过转变为辅酶参与人体的物质代谢。

一、维生素 B_1

（一）化学本质及性质

维生素 B_1 由含硫的噻唑环和含氨基的嘧啶环组成，故又名硫胺素（thiamine），主要存在于种子的外皮和胚芽中，米糠、麦麸、豆类中含量丰富。维生素 B_1 极易溶于水，故米不宜多淘，以免损失维生素 B_1。维生素 B_1 耐热，在酸性溶液中较稳定，如在 pH 3.5 以下，即使加热到 120℃亦不被破坏，但在中性和碱性溶液中易被破坏。维生素 B_1 主要在小肠被吸收，入血后主要在肝及脑组织中经硫胺素焦磷酸激酶催化转变为硫胺素焦磷酸（thiamine pyrophosphate，TPP），TPP 是维生素 B_1 在体内的活性形式，占体内硫胺素总量的 80%（图 20-9）。

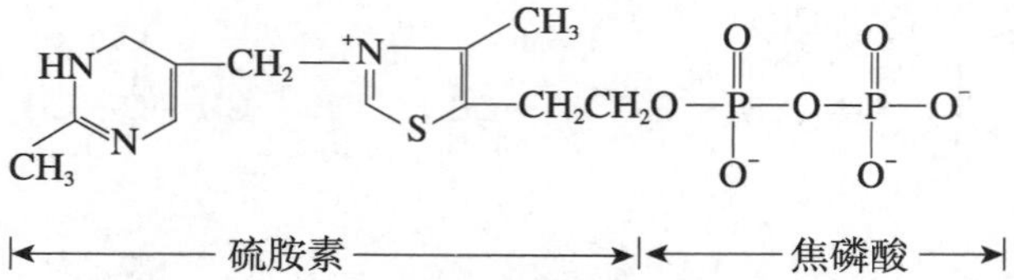

硫胺素　　焦磷酸

图 20-9 硫胺素焦磷酸的结构式

（二）生理功能

1．在糖代谢中具有重要作用 维生素 B_1 和糖代谢关系密切。正常情况下，机体所需要的能量主要靠糖代谢产生的丙酮酸氧化供给，TPP 是 α- 酮酸脱氢酶复合体的辅酶，参与线粒体内的 α- 酮酸如丙酮酸、α- 酮戊二酸和支链氨基酸代谢产生的 α- 酮酸的氧化脱羧反应，TPP 在这些反应中转移醛基。TPP 噻唑环上的硫与氮原子之间的碳原子十分活跃，易于释放出 H^+ 形成碳负离子（carbanion），碳负离子与 α- 酮酸羧基结合，形成不稳定的中间产物，进而使 α- 酮酸脱羧。TPP 也是胞质磷酸戊糖途径中转酮酶的辅酶，参与转糖醛基反应。

当维生素 B_1 缺乏时，丙酮酸脱氢酶活性降低，可减少能量的产生，而丙酮酸和乳酸堆积影响细胞的正常功能。α- 酮戊二酸脱氢酶活性降低亦可影响 α- 酮酸的氧化脱羧。此时由于以糖有氧氧化供能为主的神经组织能量来源不足以及神经细胞膜鞘磷脂合成受阻，可导致慢性末梢神经炎和其他神经肌肉症状。

2．与神经传导有关 乙酰胆碱由乙酰辅酶 A 与胆碱合成。乙酰辅酶 A 主要来自丙酮酸的氧化脱羧反应。维生素 B_1 缺乏时，乙酰辅酶 A 的来源减少，影响了乙酰胆碱的合成。胆碱酯酶催化乙酰胆碱的水解，维生素 B_1 可抑制胆碱酯酶的活性。维生素 B_1 缺乏使乙酰胆碱的生成减少、分解加速，其结果是影响神经传导，主要表现为胃、肠蠕动缓慢，消化液分泌减少，出现食欲缺乏、消化不良等症状。

（三）维生素 B_1 与疾病

正常成人每日对维生素 B_1 的需要量为 1.2 ～ 1.5mg。缺乏维生素 B_1 可引起脚气病，表现为多发性神经炎、皮肤麻木、四肢无力、心力衰竭、肌肉萎缩及下肢水肿等症状，因此维生素 B_1 又名抗脚气病维生素。

二、维生素 B_2

（一）化学本质与性质

维生素 B_2 又名核黄素（riboflavin），它是核醇与 6, 7- 二甲基异咯嗪的缩合物（图 20-10）。核黄素的异咯嗪环上第 1 及第 10 位氮原子与活泼的双键相连，此 2 个氮原子能反复接受或释放氢，因而具有可逆的氧化还原特征。还原型核黄素及其衍生物呈黄色，于 450nm 处有吸收峰。

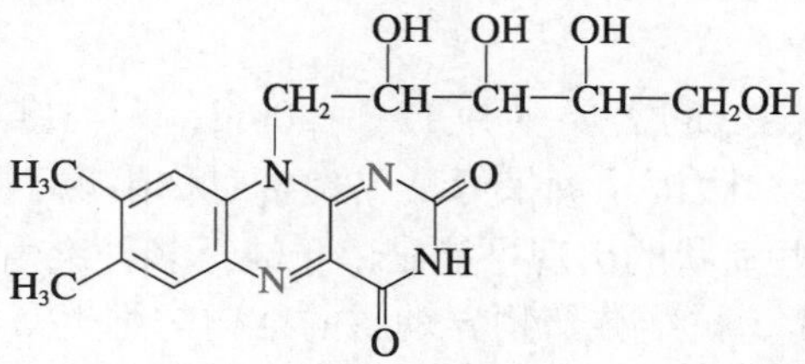

图 20-10　核黄素的结构式

维生素 B_2 广泛存在于动、植物中，在酵母、肝、肾、蛋、奶及大豆中含量丰富，在酸性和中性溶液中对热稳定，但对紫外线敏感，易降解为无活性产物。食物中的维生素 B_2 主要在小肠上段通过转运蛋白主动吸收，吸收后的核黄素在小肠黏膜中黄素激酶的催化下转变为黄素单核苷酸（flavin mononucleotide，FMN），FMN 在焦磷酸化酶的催化下，进一步生成黄素腺嘌呤二核苷酸（flavin adenine dinucleotide，FAD）。FMN 和 FAD 是核黄素的活性形式。

（二）生理功能

FMN 和 FAD 是体内多种氧化还原酶（如琥珀酸脱氢酶、脂酰 CoA 脱氢酶、黄嘌呤氧化酶等）的辅基，在生物体内的氧化还原反应中起传递氢的作用，这些酶被称为黄素蛋白或黄酶。由于 FMN 和 FAD 广泛参与体内各种氧化还原反应，因此维生素 B_2 能促进糖、脂质、蛋白质的代谢，对维持皮肤、黏膜和视觉的正常功能均有一定的作用。

（三）维生素 B_2 与疾病

正常成人每日对维生素 B_2 的需要量为 1.2 ～ 1.5mg。缺乏维生素 B_2 时，可引起口角炎、唇炎、舌炎、阴囊皮炎、眼睑炎、角膜血管增生等。用光照疗法治疗新生儿黄疸时，核黄素也可遭到破坏，引起新生儿维生素 B_2 缺乏症。

三、维生素 PP

（一）化学本质及性质

维生素 PP 包括烟酸（nicotinic acid）及烟酰胺（nicotinamide），二者均属于吡啶衍生物（图 20-11）。维生素 PP 广泛存在于自然界，以酵母、花生、谷类、肉类和动物肝中含量丰富。在体内，色氨酸能转变为维生素 PP，但效率较低，60mg 色氨酸仅能转变为 1mg 烟酸。食物

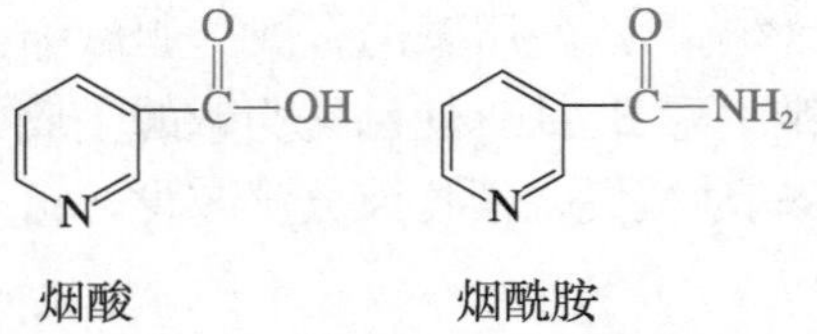

烟酸 烟酰胺

图 20-11 烟酸和烟酰胺的结构式

中的维生素 PP 均以烟酰胺腺嘌呤二核苷酸（nicotinamide adenine dinucleotide，NAD^+，辅酶Ⅰ）或烟酰胺腺嘌呤二核苷酸磷酸（nicotinamide adenine dinucleotide phosphate，$NADP^+$，辅酶Ⅱ）的形式存在。它们在小肠内被水解生成游离的维生素 PP 并被吸收，运输到组织细胞后，维生素 PP 再合成 NAD^+ 和 $NADP^+$。维生素 PP 的性质比较稳定，不易被酸、碱或加热破坏，是各种维生素中性质最稳定的一种。过量的维生素 PP 随尿排出体外。

（二）生理功能

1．NAD^+ 和 $NADP^+$ 是维生素 PP 在体内的活性形式 它们是多种不需氧脱氢酶的辅酶，广泛参与体内的氧化还原反应，其分子中的烟酰胺部分具有可逆的加氢及脱氢的特性，在生物氧化过程中起递氢的作用。多聚腺苷二磷酸聚合酶是一种核酸修复酶，参与 DNA 损伤的修复过程，此酶在催化反应时需要 NAD^+。

2．烟酸能抑制脂肪动员 它可使肝中 VLDL 合成减少，从而降低血浆胆固醇。近年来烟酸作为药物已用于临床治疗高胆固醇血症，但大剂量（每天 2 ～ 4g）服用烟酸时，会引起血管扩张、皮肤潮红、胃肠不适等反应，长期日服用量超过 500mg 还可能造成肝损伤。

（三）维生素 PP 与疾病

正常成人每日对维生素 PP 的需要量为 15 ～ 20mg。人类维生素 PP 缺乏病称为糙皮病（pellagra），主要表现为皮炎、腹泻及痴呆等。皮炎常对称出现于身体的暴露部位，而痴呆则是神经组织变性的结果，这些症状的出现可能是由于缺乏多种维生素，但给予烟酸可见效。维生素 PP 又称抗糙皮病维生素。抗结核药物异烟肼的结构与维生素 PP 相似，两者有拮抗作用，长期服用异烟肼可能引起维生素 PP 缺乏。

四、维生素 B_6

（一）化学本质及性质

维生素 B_6 包括吡哆醇（pyridoxine）、吡哆醛（pyridoxal）及吡哆胺（pyridoxamine），皆属于吡啶衍生物，广泛分布于动、植物食品中，肝、肉类、鱼、全麦、坚果、豆类、蛋黄和酵母中含量尤为丰富。维生素 B_6 易溶于水和乙醇，稍溶于脂溶剂，对光和碱均敏感，高温下迅速被破坏。维生素 B_6 在体内以磷酸酯形式存在，磷酸吡哆醛（pyridoxal phosphate）和磷酸吡哆胺（pyridoxamine phosphate）是其活性形式，两者可相互转变（图 20-12）。吡哆醛和磷酸吡哆醛是维生素 B_6 在血液中的主要运输形式。

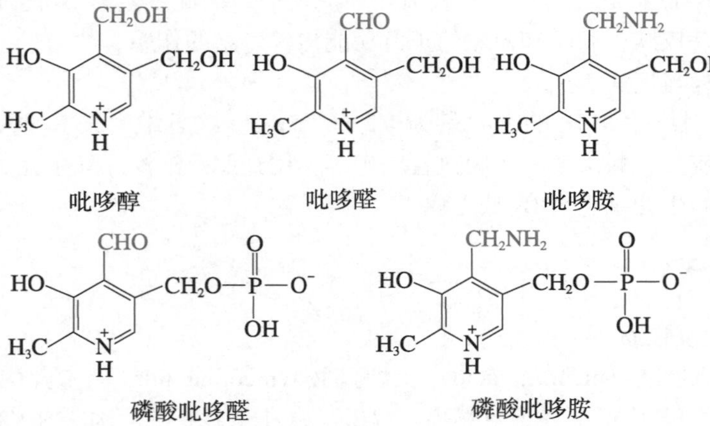

吡哆醇 吡哆醛 吡哆胺

磷酸吡哆醛 磷酸吡哆胺

图 20-12 维生素 B_6 及其磷酸酯的结构式

（二）生理功能

1．磷酸吡哆醛是多种酶的辅酶　磷酸吡哆醛是体内百余种酶的辅酶，在代谢中发挥着重要作用。如磷酸吡哆醛是谷氨酸脱羧酶和转氨酶的辅酶，谷氨酸脱羧酶催化谷氨酸脱羧生成大脑抑制性神经递质 γ- 氨基丁酸，因而临床常用维生素 B_6 治疗婴儿惊厥、妊娠呕吐和精神焦虑等。磷酸吡哆醛还是血红素合成的关键酶 δ- 氨基 -γ- 酮戊酸（ALA）合酶的辅酶，维生素 B_6 缺乏时血红素合成受阻，可出现低血色素小细胞性贫血和血清铁增高。磷酸吡哆醛作为糖原磷酸化酶的重要组成部分，参与糖原磷酸降解为葡糖 -1- 磷酸的过程。肌磷酸化酶所含维生素 B_6 的量占全身维生素 B_6 总含量的 70% ～ 80%。氨基酸产能需要磷酸吡哆醛的辅助，因此将其视为能量释放维生素。

高同型半胱氨酸血症（hyperhomocysteinemia）是心血管疾病的一个危险因素，同型半胱氨酸除了甲基化生成甲硫氨酸外，还可在磷酸吡哆醛的参与下转变为半胱氨酸。已知 2/3 以上的高同型半胱氨酸血症与维生素 B_6、叶酸和维生素 B_{12} 缺乏有关，维生素 B_6 对治疗上述疾病有一定的作用。

2．磷酸吡哆醛可终止类固醇激素的作用　磷酸吡哆醛可将类固醇激素 - 受体复合物从 DNA 中移去，终止这些激素的作用。维生素 B_6 缺乏时，可增加人体对雄激素、雌激素、皮质激素和维生素 D 作用的敏感性，这对于前列腺、乳腺和子宫的激素依赖性癌症的发展可能有重要作用。

（三）维生素 B_6 与疾病

由于食物中富含维生素 B_6，人类很少发生维生素 B_6 缺乏病。异烟肼能与磷酸吡哆醛的醛基结合，使其失去辅酶作用，故在服用异烟肼时，需补充维生素 B_6。

五、泛酸

（一）化学本质及性质

泛酸（pantothenic acid）又称遍多酸，因广泛存在于生物界而得名。泛酸为淡黄色黏稠的油状物，易溶于水和乙醇，在中性溶液中对热稳定，遇酸、碱易被破坏。泛酸在肠内被吸收后，经磷酸化并与半胱氨酸反应生成 4′- 磷酸泛酰巯基乙胺。4′- 磷酸泛酰巯基乙胺是辅酶 A（coenzyme A，CoA）及酰基载体蛋白质（acyl carrier protein，ACP）的组成部分，参与酰基的转移反应，所以辅酶 A 和 ACP 为泛酸在体内的活性形式（图 20-13）。

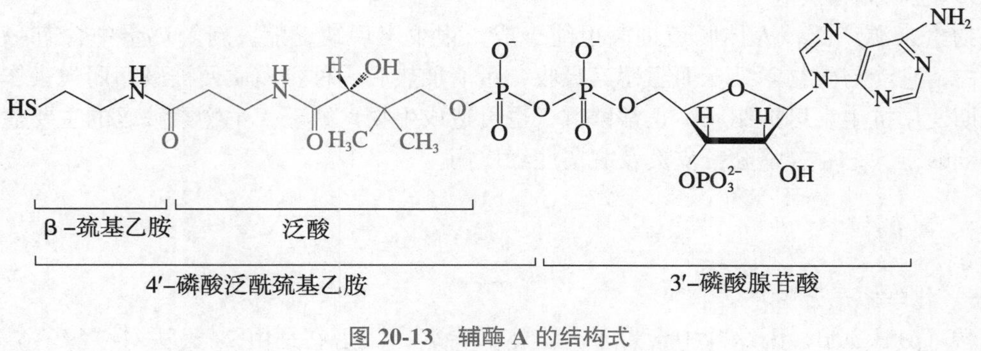

β-巯基乙胺　泛酸

4′-磷酸泛酰巯基乙胺　3′-磷酸腺苷酸

图 20-13　辅酶 A 的结构式

（二）生理功能

在体内，辅酶 A 和 ACP 构成酰基转移酶的辅酶，广泛参与糖、脂质、蛋白质代谢及肝的生物转化作用，70 多种酶需辅酶 A 或 ACP。辅酶 A 被广泛用作治疗各种疾病的重要辅助药物。

（三）泛酸与疾病

泛酸在食物中普遍存在，因此典型的泛酸缺乏症甚为罕见。泛酸缺乏症的早期易疲劳，引发胃肠功能障碍。严重时出现肢神经痛综合征，主要表现为脚趾麻木、步行时摇晃、周身酸痛等。若病情继续恶化，则会产生易怒、脾气暴躁、失眠等症状。

六、生物素

（一）化学本质及性质

生物素（biotin）是由噻吩环和尿素结合而成的双环化合物，并有一戊酸侧链。生物素广泛分布于肝、肾、蛋黄、酵母、蔬菜和谷类中，肠道细菌也能合成供人体需要。生物素为无色针状结晶体，耐酸而不耐碱，溶于温水而不溶于乙醇、乙醚及氯仿，高温或氧化剂可使其失活。

（二）生理功能

1．生物素是体内多种羧化酶的辅基 生物素是体内多种羧化酶如丙酮酸羧化酶、乙酰辅酶 A 羧化酶和丙酰辅酶 A 羧化酶等的辅基，参与 CO_2 的固定过程。生物素作为辅基，与羧化酶脱辅基酶中赖氨酸残基的 ε- 氨基以酰胺键共价结合，形成生物胞素（biocytin）残基，羧化酶则转变成有催化活性的酶（图 20-14）。

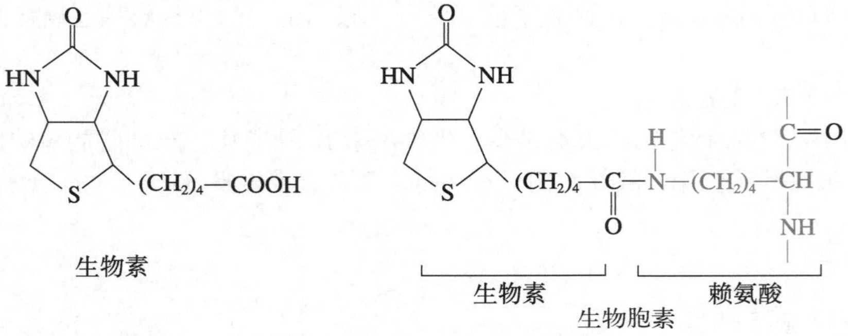

O
HN NH
S (CH₂)₄—COOH
生物素

O
HN NH
H
C═O
S $(CH_2)_4$—C—N—$(CH_2)_4$—CH
O NH
生物素 赖氨酸
生物胞素

图 20-14 生物素和生物胞素的结构式

2．生物素参与细胞信号转导和基因表达 近年的研究证明，已鉴定的人基因组中含有 2000 多个依赖生物素的基因。生物素还可使组蛋白生物素化，从而影响细胞周期、转录和 DNA 损伤的修复。

（三）生物素与疾病

生物素来源广泛，人体肠道细菌也能合成，很少出现缺乏症。新鲜鸡蛋中含有一种抗生物素蛋白，它能与生物素结合而阻碍其吸收，蛋清加热后这种蛋白质便被破坏而失去作用。另外，长期使用抗生素可抑制肠道正常菌群，也可造成生物素缺乏。生物素缺乏的主要症状是疲劳、食欲缺乏、恶心、呕吐、皮炎及脱屑性红皮病。

七、叶酸

（一）化学本质及性质

叶酸（folic acid）因绿叶中含量十分丰富而得名，因为它是由 2- 氨基 -4- 羟基 -6- 甲基蝶啶、对氨基苯甲酸及 L- 谷氨酸结合而成，故又称蝶酰谷氨酸。叶酸广泛存在于肝、酵母、鲜果及蔬菜中，肠道细菌也能合成。植物中的叶酸多含 7 个谷氨酸残基，谷氨酸之间以 γ- 肽键相连。仅牛奶和蛋黄中含蝶酰单谷氨酸（图 20-15）。叶酸为黄色结晶，微溶于水，易溶于稀乙醇，不溶于脂溶剂，在酸性溶液中不稳定，在中性及碱性溶液中耐热，对光敏感。食物在常温下储存时所含叶酸很容易损失。

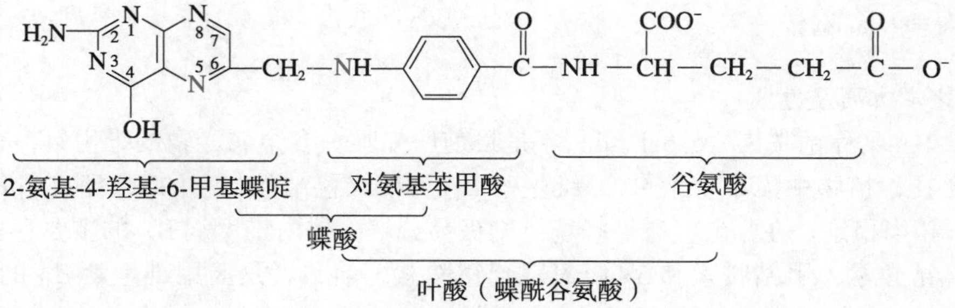

2-氨基-4-羟基-6-甲基蝶啶　对氨基苯甲酸　谷氨酸

蝶酸

叶酸（蝶酰谷氨酸）

图 20-15　叶酸的结构式

食物中的蝶酰多谷氨酸能被小肠黏膜上皮细胞分泌的蝶酰谷氨酸羧基肽酶水解，生成蝶酰单谷氨酸和谷氨酸。蝶酰单谷氨酸在小肠上段易被吸收，在小肠上皮黏膜细胞二氢叶酸（FH_2）还原酶的作用下，生成叶酸的活性形式——5, 6, 7, 8- 四氢叶酸（FH_4）。二氢叶酸还原酶的辅酶为 NADPH（图 20-16）。

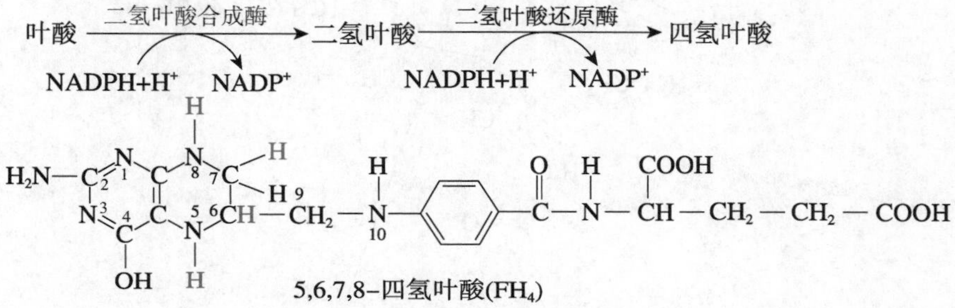

叶酸 —二氢叶酸合成酶（$NADPH+H^+$ → $NADP^+$）→ 二氢叶酸 —二氢叶酸还原酶（$NADPH+H^+$ → $NADP^+$）→ 四氢叶酸

5,6,7,8–四氢叶酸(FH_4)

图 20-16　四氢叶酸的生成及结构式

（二）生理功能

1. FH_4 是体内一碳单位转移酶的辅酶　FH_4 分子中的 N-5、N-10 位是结合一碳单位的部位，一碳单位在体内参与丝氨酸、甘氨酸、嘌呤、胸腺嘧啶核苷酸等多种物质的合成。

2. FH_4 与核酸代谢密切相关　叶酸缺乏时，DNA 合成受到抑制，骨髓幼红细胞 DNA 合成减少，细胞分裂速度降低，细胞体积变大，细胞核内染色质疏松，称巨幼红细胞。此种细胞的胞膜易碎，大部分在成熟前就破坏，造成贫血，称巨幼细胞贫血（megaloblastic anemia）。抗癌药物甲氨蝶呤和氨蝶呤因结构与叶酸相似，能抑制二氢叶酸还原酶的活性，使四氢叶酸合成减少，进而抑制体内嘌呤和胸腺嘧啶核苷酸的合成，因此有抗癌作用。

3. FH_4 影响甲硫氨酸的生成　同型半胱氨酸转变为甲硫氨酸需要 FH_4 和维生素 B_{12}。除了参与合成蛋白质，甲硫氨酸还可转变为 *S-* 腺苷甲硫氨酸，用于包括 DNA 甲基化在内的多种甲基化反应。叶酸缺乏时，同型半胱氨酸不能顺利转变为甲硫氨酸，可引起高同型半胱氨酸血症，每日服用 500μg 叶酸有益于预防冠心病的发生。叶酸缺乏亦可引起 DNA 低甲基化，增加患某些癌症（如结肠癌、直肠癌）的危险性。

（三）叶酸与疾病

由于叶酸来源丰富，一般不易发生叶酸缺乏症。但当吸收不良、代谢失常或需要量增多、长期服用肠道抑菌药物时，皆可造成叶酸缺乏。叶酸的应用可降低胎儿脊柱裂和神经管缺损的危险性，孕妇及哺乳期妇女应适量补充叶酸。抗惊厥药及口服避孕药可干扰叶酸的吸收及代谢，如长期服用此类药物，亦应考虑补充叶酸。

八、维生素 B_{12}

（一）化学本质及性质

维生素 B_{12} 又称钴胺素（cobalamin），是目前所知唯一含金属元素的维生素，在动物性食物中广泛存在，植物中无维生素 B_{12}。维生素 B_{12} 为粉红色结晶，它的水溶液在 pH 4.5 ~ 5.0 弱酸环境下相当稳定，在强酸、碱性环境下则极易分解。体内维生素 B_{12} 的主要存在形式有氰钴胺素、羟钴胺素、甲钴胺素和 5′- 脱氧腺苷钴胺素。前二者是药用维生素 B_{12} 的常见形式，后二者具有辅酶功能，也是血液中存在的主要形式（图 20-17）。

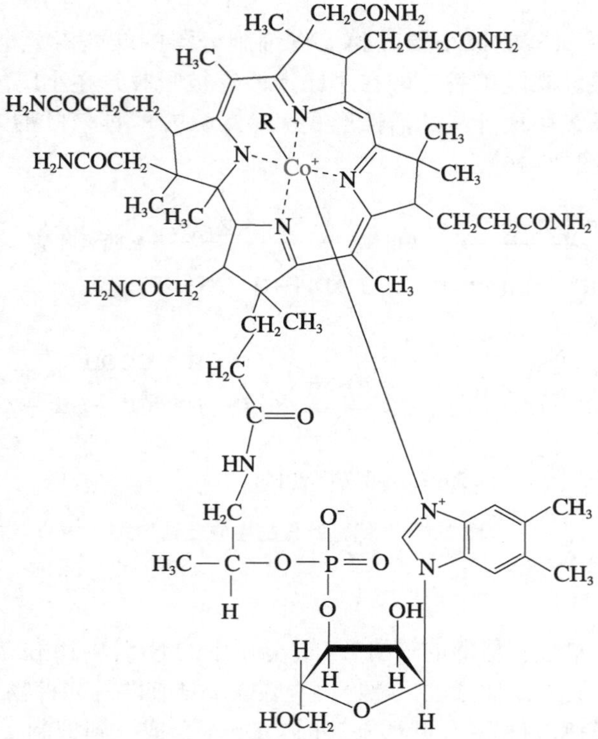

图 20-17 维生素 B_{12} 的结构式

食物中的维生素 B_{12} 常与蛋白质结合而存在，在胃酸或胃蛋白酶的作用下与蛋白质分离并与来自唾液的亲钴蛋白质结合。在十二指肠内，亲钴蛋白质 - 维生素 B_{12} 复合物经胰蛋白酶水解游离出维生素 B_{12}，后者需要与一种由胃黏膜细胞分泌的内因子（intrinsic factor，IF）紧密结合生成 IF- 维生素 B_{12} 复合物才能被回肠吸收。IF 是分子量为 50kDa 的一种糖蛋白，每分子能结合 1 分子的维生素 B_{12}。当胰功能障碍时，亲钴蛋白质 - 维生素 B_{12} 不能分解而排出体外，可导致维生素 B_{12} 缺乏。在小肠黏膜上皮细胞内，维生素 B_{12} 与 IF 分开，维生素 B_{12} 再与一种被称为转钴胺素Ⅱ（transcobalamin Ⅱ，TC Ⅱ）的蛋白质结合而存在于血液中。维生素 B_{12}-TC Ⅱ复合物与细胞表面受体结合进入细胞，在细胞内维生素 B_{12} 转变成羟钴胺素、甲钴胺素或进入线粒体转变成 5′- 脱氧腺苷钴胺素。肝中还有其他钴胺素结合蛋白质，如转钴胺素Ⅰ（transcobalamin Ⅰ，TC Ⅰ），可与维生素 B_{12} 结合而储存于肝内。

（二）生理功能

1．维生素 B_{12} 是甲基转移酶（甲硫氨酸合酶）的辅酶 维生素 B_{12} 催化同型半胱氨酸甲基化生成甲硫氨酸，N^5-CH_3-FH_4 是甲基的供体。维生素 B_{12} 缺乏时，N^5-CH_3-FH_4 中的甲基不能转移出去，其后果一是使甲硫氨酸生成减少，二是影响四氢叶酸的再生，组织中游离的四氢叶酸含量减少，一碳单位代谢受阻，导致核酸合成障碍，产生巨幼细胞贫血，即恶性贫血。同型半胱氨酸堆积可造成高同型半胱氨酸血症，增加患动脉硬化、血栓生成和高血压的危险性。

2．维生素 B_{12} 影响脂肪酸的合成　5′- 脱氧腺苷钴胺素是 L- 甲基丙二酰 CoA 变位酶的辅酶，此酶催化 L- 甲基丙二酰 CoA 转变为琥珀酰 CoA。当维生素 B_{12} 缺乏时，L- 甲基丙二酰 CoA 大量堆积，其结构与脂肪酸合成的中间产物丙二酰 CoA 的结构相似，在脂肪酸合成中可代替丙二酰 CoA 合成支链脂肪酸，影响了脂肪酸的正常合成，破坏膜结构。维生素 B_{12} 缺乏导致的神经疾患便是由于脂肪酸合成异常而影响髓鞘质的转换，使髓鞘变性退化，结果引发进行性脱髓鞘，所以维生素 B_{12} 具有营养神经的作用。

（三）维生素 B_{12} 与疾病

维生素 B_{12} 广泛存在于动物性食品中，正常肝中储存的维生素 B_{12} 可供 6 年之需，故维生素 B_{12} 缺乏很少见，偶见于由于内因子产生不足或胃酸分泌减少而影响维生素 B_{12} 吸收的年长者，维生素 B_{12} 缺乏还见于有严重吸收障碍的患者和长期素食者。

九、维生素 C

（一）化学本质及性质

维生素 C 是一种含有 6 个碳原子的酸性多羟基化合物，因具有防治坏血病（维生素 C 缺乏病）的功能，又称为 L- 抗坏血酸（ascorbic acid）。因其分子中 C-2 及 C-3 位上两个相邻的烯醇式羟基易解离释放出 H^+，所以分子中虽无羧基，却具有有机酸的性质。维生素 C 可以氧化脱氢生成脱氢维生素 C，并使许多物质还原，故维生素 C 还具有还原剂的性质。脱氢维生素 C 又可以接受氢再还原成维生素 C（图 20-18）。

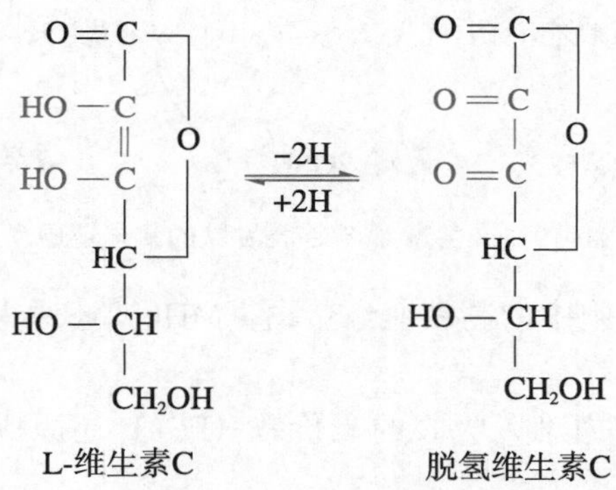

图 20-18　维生素 C 的氧化与还原

人类和其他灵长类、豚鼠等动物体内不能合成维生素 C，必须从食物中获得。维生素 C 广泛存在于新鲜蔬菜及水果中，尤以番茄、橘子、猕猴桃、鲜枣、山楂、刺梨及辣椒等含量丰富。植物中含有维生素 C 氧化酶，能将维生素 C 氧化灭活为二酮古洛糖酸，所以久存的蔬菜、水果中维生素 C 的含量会大为减少。干种子中虽不含维生素 C，但一经发芽便可合成，故豆芽是维生素 C 的极好来源。维生素 C 是无色无臭的片状结晶体，有酸味，易溶于水，不溶于脂溶剂。维生素 C 具有很强的还原性，故极不稳定，容易被热或氧化剂破坏，在中性或碱性溶液中尤甚，烹饪不当可使维生素 C 大量丧失。

维生素 C 极易从小肠被吸收。还原型维生素 C 是细胞内和血液中维生素 C 的主要存在形式，血液中脱氢维生素 C 仅为维生素 C 含量的 1/15。

（二）生理功能

1．参与体内多种羟化反应　维生素 C 是多种羟化酶的辅因子，在体内物质代谢中起重要作用。

（1）胶原脯氨酸羟化酶及胶原赖氨酸羟化酶分别催化前胶原分子中脯氨酸和赖氨酸残基的羟化，促进成熟胶原分子的生成。维生素 C 是羟化酶维持活性所必需的辅因子之一。胶原是结缔组织、骨的有机基质及毛细血管壁基质等的重要组成部分。脯氨酸羟化酶也为骨钙蛋白和补体 C1q 生成所必需。维生素 C 缺乏会导致坏血病（scurvy），表现为毛细血管脆性增加、牙齿松动、牙龈腐烂、骨骼脆弱易折断以及创伤不易愈合等。

（2）正常人体每日有 40% 的胆固醇转变为胆汁酸，维生素 C 是胆汁酸合成的关键酶——7α- 羟化酶的辅酶，参与将体内胆固醇转变为胆汁酸的反应。此外，肾上腺皮质类固醇合成过程中的羟化反应也需要维生素 C。

（3）苯丙氨酸代谢的中间产物对羟苯丙酮酸在对羟苯丙酮酸羟化酶的催化下生成尿黑酸，此反应需要维生素 C。维生素 C 缺乏时，尿中可出现大量的对羟苯丙酮酸。酪氨酸转变为儿茶酚胺也是依赖维生素 C 的过程。

（4）体内肉碱合成过程中需要依赖维生素 C 的羟化酶。维生素 C 缺乏时，由于脂肪酸的 β 氧化作用减弱，患者出现倦怠乏力也是坏血病的症状之一。

2．参与体内多种氧化还原反应

（1）体内许多含巯基的酶在发挥作用时需要自由的巯基（—SH），维生素 C 能使酶分子的—SH 维持在还原状态，使酶保持活性。维生素 C 可在谷胱甘肽还原酶的催化下，使氧化型谷胱甘肽（GSSG）还原。还原型谷胱甘肽（GSH）能还原脂质过氧化物，从而维持生物膜的正常功能（图 20-19）。

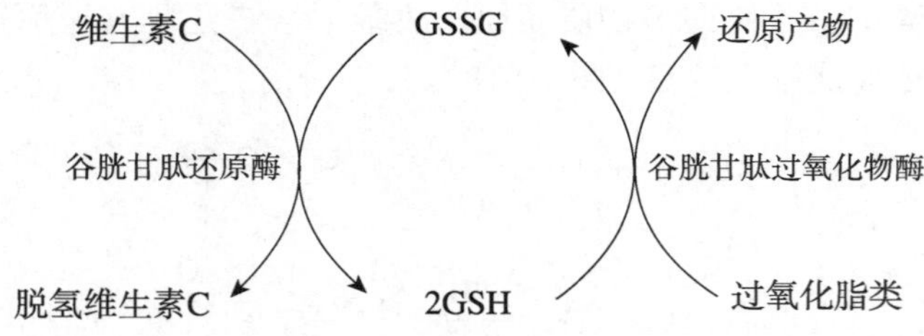

图 20-19 维生素 C 与谷胱甘肽的氧化还原反应

（2）维生素 C 能使红细胞中的高铁血红蛋白（MHb）还原为血红蛋白（Hb），恢复其运输氧的能力。

（3）维生素 C 能使肠道内难以吸收的三价铁（Fe^{3+}）还原成易于吸收的二价铁（Fe^{2+}），有利于食物中铁的吸收。

（4）维生素 C 能保护维生素 A、E 及 B 免遭氧化，还能促使叶酸转变成四氢叶酸而促进叶酸的利用。

（5）维生素 C 作为抗氧化剂，影响细胞内活性氧敏感的信号转导系统（如 NF-κB 和 AP-1），从而调节基因表达和细胞功能，促进细胞分化。

3．增强机体的免疫力 维生素 C 促进淋巴细胞增殖和趋化作用，并能提高吞噬细胞的吞噬能力、促进免疫球蛋白的合成，因而可防止和治疗感染。

（三）维生素 C 与疾病

由于机体在正常状态下可储存一定量的维生素 C，坏血病的症状常在维生素 C 缺乏 3 ～ 4 个月后出现。我国建议成人每日维生素 C 需要量为 60mg，但需要量受某些因素的影响，如吸烟可造成血中维生素 C 降低，阿司匹林可干扰白细胞摄取维生素 C，口服避孕药和皮质类固醇也能降低血浆维生素 C 水平。过量摄入的维生素 C 可随尿排出体外。

十、硫辛酸

硫辛酸（lipoic acid）的结构是 6,8- 二硫辛酸，可还原为二氢硫辛酸（图 20-20）。硫辛酸在自然界分布广泛，肝和酵母中含量尤为丰富，在食物中常和维生素 B_1 同时存在。

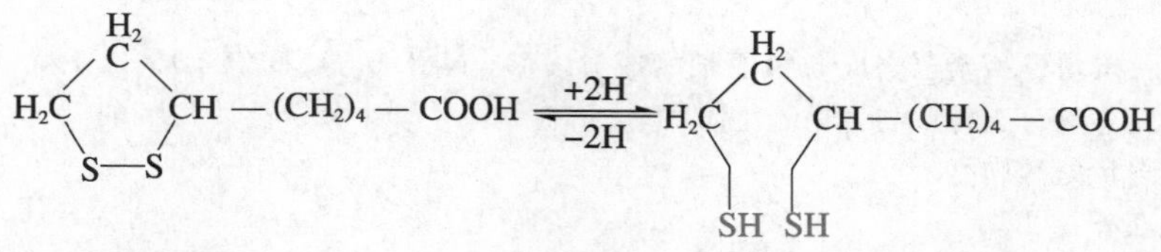

$$\text{硫辛酸}\ (\text{环}\ H_2C-C(H_2)-CH,\ S-S)-(CH_2)_4-COOH \underset{-2H}{\overset{+2H}{\rightleftharpoons}} H_2C(SH)-C(H_2)-CH(SH)-(CH_2)_4-COOH\ \text{二氢硫辛酸}$$

硫辛酸　　　　二氢硫辛酸

图 20-20　硫辛酸的氧化还原

硫辛酸是一种酰基载体，作为辅酶存在于丙酮酸脱氢酶复合体和 α- 酮戊二酸脱氢酶复合体中，与乙酰基转移酶赖氨酸残基上的 ε- 氨基以酰胺键相连，可将乙酰基从酶复合体的一个活性部位转到另一个活性部位。

硫辛酸还有抗脂肪肝和降低血胆固醇的作用。此外，它很容易进行氧化还原反应，故可保护巯基酶免受重金属离子的破坏。目前尚未发现人类有硫辛酸缺乏症。

各种维生素的来源与功能见表 20-1。

表20-1　重要维生素的来源、功能、需要量及缺乏症

名称	来源	主要生理功能	辅酶或活性形式	日需要量	缺乏症
维生素 A（抗干眼病维生素、视黄醇）	肝、蛋黄、鱼肝油、牛奶、绿叶蔬菜、胡萝卜、玉米等	1．构成视紫质； 2．参与糖蛋白合成，维持上皮组织健全与完整； 3．促进生长发育，增强机体免疫力； 4．抗氧化作用	11- 顺视黄醛、视黄醇、视黄酸	80μg（2600IU）	夜盲症、眼干燥症、皮肤干燥、毛囊丘疹
维生素 D（抗佝偻病维生素、钙化醇）	鱼肝油、肝、牛奶、蛋黄，日光照射皮肤可将 7- 脱氢胆固醇转变为维生素 D_3	调节钙、磷代谢，促进钙、磷吸收	1,25-$(OH)_2$-D_3	5 ~ 10μg（200 ~ 400 IU）	佝偻病（儿童）、软骨病（成人）
维生素 E（生育酚）	植物油、麦芽等	1．与动物生殖功能有关； 2．抗氧化，捕捉自由基； 3．促血红素合成； 4．对基因的调节作用	生育酚	8 ~ 10 mg	人类未见缺乏症，临床用于治疗习惯性流产
维生素 K（凝血维生素）	绿色蔬菜、植物油、肠道细菌可合成	1．促进肝合成凝血因子Ⅱ、Ⅶ、Ⅸ、Ⅹ，抗凝血因子蛋白 C、蛋白 S 2．维持骨盐含量； 3．降低动脉硬化的危险性	2- 甲基 -1,4- 萘醌的衍生物	60 ~ 80 μg	凝血时间延长，皮下、肌肉及胃肠道出血
维生素 B_1（硫胺素、抗脚气病维生素）	酵母、豆类、瘦肉、谷类外壳及胚芽	1．α- 酮酸氧化脱羧酶的辅酶； 2．抑制胆碱酯酶活性； 3．转酮基反应	硫胺素焦磷酸（TPP）	1.2 ~ 1.5 mg	脚气病、末梢神经炎

续表

名称	来源	主要生理功能	辅酶或活性形式	日需要量	缺乏症
维生素 B_2（核黄素）	酵母、蛋、牛奶、绿叶蔬菜等	构成黄素酶的辅基成分，参与生物氧化体系	FMN、FAD	1.2 ~ 1.5 mg	口角炎、舌炎、唇炎、阴囊皮炎
维生素 PP（烟酸、烟酰胺、抗糙皮病维生素）	肉、酵母、谷类及花生等，人体可自色氨酸转变一部分	构成脱氢酶辅酶成分，参与生物氧化体系	NAD^+，$NADP^+$	15 ~ 20 mg	糙皮病
维生素 B_6（吡哆醇、吡哆醛、吡哆胺）	酵母、蛋黄、肝、谷类	1．构成氨基酸脱羧酶和转氨酶的辅酶； 2．ALA 合酶的辅酶； 3．同型半胱氨酸分解代谢酶的辅酶； 4．调节类固醇激素的作用	磷酸吡哆醛、磷酸吡哆胺	2 mg	高同型半胱氨酸血症
泛酸（遍多酸）	动、植物细胞均含有	1．构成辅酶 A 的成分，参与体内酰基转移作用； 2．构成 ACP 的成分，参与脂肪酸合成	辅酶 A、ACP		
叶酸	肝、酵母、绿叶蔬菜、肠道细菌合成	以 FH_4 的形式参与一碳基团的转移，与蛋白质及核酸合成、红细胞及白细胞成熟有关	四氢叶酸	200 ~ 400μg	1．巨幼细胞贫血； 2．高同型半胱氨酸血症； 3．DNA 的低甲基化
生物素	动、植物组织中，肠道细菌可合成	1．构成羧化酶的辅酶，参与 CO_2 的固定； 2．参与细胞信号转导和基因表达等			
维生素 B_{12}（钴胺素）	肝、肉、牛奶等	1．促进甲基转移； 2．L- 甲基丙二酰 CoA 变位酶的辅酶	甲钴胺素、5'-脱氧腺苷钴胺素	2 ~ 3 μg	1．巨幼细胞贫血； 2．高同型半胱氨酸血症； 3．神经脱髓鞘
维生素 C（抗坏血酸）	新鲜水果、蔬菜，特别是番茄、橘子、鲜枣含量较高	1．参与体内羟化反应； 2．参与氧化还原反应； 3．促进铁吸收； 4．增强机体免疫力	维生素 C	60 mg	坏血病
硫辛酸	肝、酵母	1．酰基转移作用； 2．参与氧化还原反应； 3．降低血胆固醇			

第四节　矿　物　质

目前发现人体所必需的矿物质（minerals）有 20 余种。根据它们在体内的含量和人体每日对它们的需要量不同可分为两大类：含量大于体重 0.01%、每日膳食需要量在 100mg 以上者为常量元素或宏量元素（macroelements），包括钙、磷、镁、钾、钠、氯、硫 7 种；含量低于此量者为微量元素（microelements，trace elements）。目前公认的必需微量元素有铁、铜、锌、锰、铬、钼、钴、钒、镍、锡、氟、碘、硒和硅共 14 种（世界卫生组织，1973）。矿物质不能在体内合成，必须从食物或水中摄入，矿物质不能在代谢中被彻底分解，除非被排出体外。一般来说，人体对矿物质的需要随年龄增长而增加。不同矿物质的人体需要量不同，有些矿物质在日常食物中大量存在，易于通过食物获取，因此不易缺乏。有些矿物质受地域、环境、饮食习惯、人体状态和疾病等因素影响，容易造成缺乏或摄入过多，如碘、锌、硒、钙、氟等。由于人体每日对不同矿物质都有一定的需要量，如矿物质摄入过少，可引起缺乏症，过多则引起中毒，二者都可能造成机体生理功能异常，甚至危害生命。以下主要介绍常量元素中的钙、磷以及部分微量元素。

一、常量元素

（一）钙

1．钙的代谢　钙（calcium，Ca）是位于元素周期表中第 20 位、第 4 周期Ⅱ A 族的碱土金属元素，原子量 40.08。钙是构成人体的重要成分，食物是人体摄取钙元素的主要来源。食物中含钙量各有差异，奶和奶制品是钙的最佳来源，钙主要在小肠近段吸收。正常成人体内含有钙总量为 1000 ～ 1200g，占人体重量的 1.5% ～ 2.0%。人体中的钙 99% 集中在骨骼和牙齿中，主要以羟磷灰石［$Ca_{10}(PO_4)_6(OH)_2$］的形式存在，少量以无定形的磷酸钙［$Ca_3(PO_4)_2$］形式存在。甲状旁腺激素（PTH）、降钙素（CT）、1,25-$(OH)_2$-D_3 三种激素相互影响、相互制约、相互协调，使机体与外环境之间、各组织与体液之间、钙库与血钙之间的钙平衡保持相对稳定。

钙主要通过肠道和泌尿系统排泄，经汗液也有少量排出。

2．钙的生理功能　钙是构成骨骼的重要成分。钙对于保证骨骼的正常生长发育和维持骨健康起着至关重要的作用。钙离子是重要的第二信使（second messenger），对于中枢神经系统的基因表达、突触传递和神经元兴奋性是极其重要的。内质网释放进入胞质的钙离子还可以与钙结合蛋白质结合，钙调蛋白（calmodulin，CaM）是最重要的钙结合蛋白质，CaM 还调节肌肉收缩和舒张、影响细胞周期、调节神经系统的功能、调节细胞运动。钙离子即凝血因子Ⅳ，参与外源性和内源性凝血过程，调节血小板功能和兴奋分泌偶联等。钙还可参与调控生殖细胞的成熟和受精。

3．钙与疾病　钙缺乏症是较常见的营养性疾病，儿童时期生长发育旺盛，对钙需要量较多，儿童长期摄钙不足，并常伴随蛋白质和维生素 D 缺乏，可引起生长迟缓、骨骼变性，发生佝偻病（rickets）。成年人 35 岁以后骨质会逐渐丢失。特别是妇女绝经以后，由于雌激素分泌减少，骨质丢失速度加快，如果体内同时缺乏钙，则易发生骨质疏松症（osteoporosis）。

（二）磷

1．磷的代谢　磷（phosphorus，P）是位于元素周期表中第 15 位、第 3 周期Ⅴ A 族的非金属元素，原子量 30.95。人主要通过食物摄取丰富的磷，磷的吸收分为主动吸收和被动吸收两种机制。吸收部位主要在小肠，其中以十二指肠及空肠吸收最快。正常成人体内含磷量 600 ～ 700g，约占体重的 1%。正常人血磷浓度为 0.97 ～ 1.6mmol/L（30 ～ 35mg/L）。体内磷的平衡取决于体内和体外环境之间磷的交换，即磷的摄入、吸收和排泄三者之间的相对平衡。

磷在体内的代谢受三种激素的调节。甲状旁腺激素（PTH）、1,25-$(OH)_2$-D_3、降钙素（CT）都对骨和肾的磷代谢有调控作用，而1,25-$(OH)_2$-D_3还能直接促进小肠吸收磷。

磷主要通过肾排出，未经肠道吸收的磷从粪便排出。

2．磷的生理功能 磷是构成骨骼和牙齿的重要成分，磷在骨和牙中的存在形式主要是无机磷酸盐，成分是磷灰石［$Ca_{10}(PO_4)_6(OH)_2$］。作为磷的储存库，其重要性与骨、牙中的钙盐相同，具备构成机体支架和承担负重作用。血中钙和磷浓度之间有一定关系，当血钙、磷浓度以100ml中的毫克数表示时，正常情况下其乘积在35～40之间，即［Ca］×［P］= 35～40，如小于30，则反映骨质钙化停滞。

体内磷以有机磷酸酯的形式参与体内的物质代谢及其调节。高能磷酸化合物作为能量载体，在生命活动中起重要作用。体内许多重要物质和代谢中间产物都含有磷，如核酸、核苷酸的组分、磷脂、辅酶或辅基、高能磷酸化合物（ATP，CTP，UTP和GTP）、磷酸葡萄糖和磷酸果糖等。在细胞内信号传递过程中，细胞内的cAMP和cGMP等都是重要的第二信使，参与调节机体的各种生命活动。磷脂是一类含有磷酸的类脂，是细胞膜结构的组成成分。磷脂参与形成脂蛋白，参与脂质物质的运输和代谢。磷酸基团是许多辅酶或辅基的组成成分，作为酶的辅因子参与体内的物质代谢。无机磷酸盐组成体内重要的缓冲体系，参与体内酸碱平衡的调节。

3．磷与疾病 较少出现膳食性磷缺乏，只有在静脉营养补充过度而未补磷的特殊情况下，才会出现相应的磷缺乏症。当医用口服、灌肠或静脉注射大量磷酸盐后，可引起高血磷。高血磷可减少尿钙丢失，降低血钙离子浓度，导致PTH释放增加，形成继发性甲状旁腺激素升高。其结果可促使骨的重吸收，对骨骼产生不良作用，这是一种肾性骨萎缩性损害。高血磷还可引起非骨组织的钙化。

（三）钾

1．钾的代谢 钾（potassium，K）是位于元素周期表中第19位、第4周期ⅠA族的碱土金属元素，原子量为39.10。人体钾主要来源于食物，蔬菜和水果是钾的最好来源，其中马铃薯含钾量最高。在食物中，钾与磷酸、硫酸、柠檬酸和其他有机阴离子形成钾盐。正常人血浆钾浓度为3.5～5.3mmol/L。吸收的钾通过钠泵（sodium-potassium adenosine triphosphatase，Na^+-K^+-ATP酶，）将3个Na^+转到细胞外，2个K^+泵到细胞内，使细胞内保持较高浓度的钾。摄入的钾约90%经肾排出，肾是维持钾平衡的主要调节器官。每日排出的钾由远端肾小管所排泄。醛固酮促进钾的排泄。

2．钾的生理功能 钾在细胞内渗透压的维持中起重要作用，钾增加可以减少尿钠的重吸收，增加尿钠排泄，降低静脉血容量。补钾对高血压及正常血压者有降压作用，从而减少脑卒中风险。在葡萄糖和氨基酸穿过细胞膜合成糖原和蛋白质时，必须有适量的钾离子参与。ATP的合成也需要一定量的钾。钾可维持神经肌肉的应激性和正常功能。钾对骨骼健康也是有益的。一些食物如肉类可以产生过多酸性产物，体内钙盐可以缓冲这些酸性产物导致的骨钙丢失，补充钾盐可以防止由此造成的骨丢失。

3．钾与疾病 正常情况下一般不会由于膳食原因引起营养性钾缺乏。由于疾病或其他原因需长期禁食或少食，而静脉补液中少钾或无钾时，易发生钾摄入不足。损失过多见于频繁呕吐、腹泻、胃肠引流、长期食用缓泻剂等。肾小管功能障碍可使钾从尿中大量丢失。大量出汗也使钾大量丢失。人体内钾总量减少可引起钾缺乏症，可引起神经肌肉、消化、心血管、泌尿、中枢神经系统发生功能性或病理性改变。主要表现为肌无力及瘫痪、心律失常、横纹肌肉溶解症及肾功能障碍等。

（四）镁

1．镁的代谢 镁（magnesium，Mg）是位于元素周期表中第12位、第3周期ⅦA族的碱土金属元素，原子量为 24.31。镁是人体重要的矿物质之一，镁主要分布在细胞内，正常成人体内镁总量约 25g。由于叶绿素是镁卟啉的螯合物，所以绿色蔬菜富含镁。食物中镁主要在空肠末段与回肠部位吸收。镁主要通过被动吸收机制吸收。体内调节镁平衡的三个器官是小肠、骨和肾。肾是维持机体镁平衡的重要器官，肾对镁的处理包括滤过和重吸收。健康成人从食物中摄取的镁大量从胆汁、胰液和肠液分泌到肠道，其中 60% ~ 70% 随粪便排出，部分从汗和脱落的皮肤细胞丢失，其余从尿中排出。

2．镁的生理功能 镁参与 300 余种依赖 ATP 的酶促反应，这些反应涉及蛋白质合成、DNA 和 RNA 合成、糖的无氧酵解和有氧氧化、氧化磷酸化、神经肌肉兴奋性、信号转导和血压调节等。镁是骨细胞结构和功能所必需的元素，维持骨骼生长，影响骨的吸收。镁对神经肌肉兴奋和抑制作用与钙相同，体内的镁和钙既有协同又有拮抗作用，镁是细胞内液的主要阳离子，可以维持体内的酸碱平衡。

3．镁与疾病 慢性酒精中毒引起的营养不良、长期静脉营养而忽视镁供给、烧伤、急慢性肾病、哺乳损失等都会造成镁的缺乏。长期消耗、慢性疾病或炎症也常伴有体内低镁，如阿尔茨海默病、哮喘、多动症、高血压、心血管疾病等。镁缺乏时可以引起神经肌肉兴奋性亢进、共济失调和肌肉震颤等。骨矿物质内稳态有赖于镁，镁缺乏后会引起骨质疏松。在正常情况下，由于有机体的调节机制，一般不易发生镁中毒。但肾功能不全、糖尿病早期、肾上腺皮质功能不全和大量注射或口服镁制剂等可导致镁中毒。镁中毒表现为腹泻、肌无力、嗜睡、心脏传导阻滞等。

二、微量元素

（一）铁

1．铁的代谢 铁（iron，Fe）是位于元素周期表中第 26 位、第 4 周期Ⅷ族的金属元素，原子量 55.84。铁是人体内含量最丰富的必需微量元素。铁在体内分布很广，以肝、脾含量最高。75% 的铁存在于铁卟啉（ferric porphyrin）化合物中，25% 存在于其他含铁化合物中。成年男性平均含铁量约为每千克体重 50mg，女性为每千克体重 30mg。铁的吸收部位主要在十二指肠及空肠上段，少数在胃内吸收。影响铁吸收的因素很多，胃酸、维生素 C 和谷胱甘肽、半胱氨酸等及能与铁离子络合的物质如氨基酸、柠檬酸、苹果酸等能促进 Fe^{3+} 还原为 Fe^{2+}，有利于铁的吸收，这也是临床补铁药研制和应用的原理。鞣酸、草酸、植酸、含磷酸的抗酸药等可与铁形成不溶性或不能被吸收的铁复合物而影响铁的吸收。吸收的铁在肠黏膜上皮细胞内重新氧化为 Fe^{3+} 并与铁蛋白结合。人体内的铁分为两类：一类是储存铁，又分为铁蛋白和含铁血黄素；另一类为功能铁，包括血红蛋白、肌红蛋白、含铁酶及转铁蛋白中所含的铁。正常人排铁量很少，体内铁主要通过肠道和脱落皮肤细胞、胆汁、尿液和汗液等排出。女性月经期、哺乳期也会丢失部分铁。

2．铁的生理功能 铁作为血红蛋白和肌红蛋白的成分，参与氧和二氧化碳的转运。铁还参与构成多种金属酶和蛋白质的辅因子，功能涉及能量代谢、DNA 合成、细胞循环阻滞和细胞凋亡。铁缺乏可影响血红蛋白的合成而致贫血。铁参与过氧化氢酶、过氧化物酶、细胞色素氧化酶等的合成，并激活琥珀酸脱氢酶、黄嘌呤氧化酶等的活性。实验表明，缺铁会造成机体免疫机制受损、抗体产生受抑制、白细胞功能障碍等，易导致感染。

3．铁与疾病 铁缺乏可引起低血色素小细胞性贫血，除了铁摄入不足，常见的原因有急性大量失血、慢性小量失血（如消化道溃疡、妇女月经失调出血等）及儿童生长期和妇女妊娠、哺乳期得不到铁的额外补充等。

长期铁摄入过剩，过量的铁会导致血色素沉着这一少见病，患者多种组织中铁的沉积水平异常升高，引起器官损伤，如肝硬化、肝肿瘤、糖尿病、心力衰竭、皮肤色素沉着等。

（二）锌

1．锌的代谢 锌（zinc，Zn）是位于元素周期表中第 30 位、第 4 周期ⅡB 族的金属元素，原子量 65.39。广泛分布于各组织中，成年人锌含量约为 2.5g，其中 60% 存在于肌肉中，30% 存在于骨骼中。正常人全血锌含量为 90 ～ 110μmol/L（4 ～ 8mg/L），全血锌 80% 存在于红细胞中。头发含锌量为 125 ～ 250μg/g，其量可反映人体锌的营养状况。动物性食物含锌丰富且吸收率高，肠腔内有与锌特异结合的因子，能促进锌的吸收。锌在体内主要以各种含锌蛋白质的形式存在，很少以离子形式存在。入血后锌主要与清蛋白结合或与转铁蛋白结合，运输至肝及全身，血锌浓度为 0.1 ～ 0.15mmol/L。人体内锌经粪便、尿、乳汁和汗腺排出。

2．锌的生理功能 锌主要以含锌蛋白质的形式发挥作用。体内含锌蛋白质有 3000 余种，占基因组编码蛋白质基因的 10%，其中包括各种酶类、转录因子、含锌信号分子、转运或贮存蛋白质、参与 DNA 修复、复制或翻译的蛋白质、锌指蛋白，还有一些功能不清的蛋白质也含有锌。锌作为蛋白质的辅因子，比维生素更为常见。

锌是体内多种酶的组成成分，人体内重要的含锌酶有碳酸酐酶、乳酸脱氢酶、谷氨酸脱氢酶、碱性磷酸酶、超氧化物歧化酶、胸苷激酶、RNA 聚合酶及 DNA 聚合酶等。在固醇类激素及甲状腺激素受体的 DNA 结合区，都有锌参与形成的锌指结构。该结构的形成有助于蛋白质与 DNA 的相互作用，因此锌在基因表达调控过程中起重要作用。

3．锌与疾病 自从发现伊朗乡村病以来，锌在人体功能上的重要性得到广泛重视。动物蛋白质摄入不足是体内锌缺乏的主要原因，食物中的植酸、纤维素和磷酸可影响锌的吸收。过量饮酒、胃肠道疾病和肾病也可导致锌缺乏。锌的缺乏会引起体内多方面的功能障碍，如伤口愈合迟缓、性器官发育不全、生长发育不良，儿童会出现缺锌性侏儒症。单核细胞和 T 细胞都需要在锌的辅助下产生细胞因子，因此锌缺乏可导致人体免疫力降低。此外，唾液中的味多肽含有锌，为味蕾正常发育所必需，当锌缺乏时，味觉的敏感性减退。缺锌可引起皮肤炎、消化功能减退、免疫力降低、脱发、神经精神障碍等。儿童可出现生长发育迟缓和睾丸萎缩。

（三）碘

1．碘的代谢 碘（iodine，I）是位于元素周期表中第 53 位、第 5 周期ⅦA 族的非金属卤族元素，原子量 126.91。碘是人类发现的第二个必需微量元素。成人体内含碘 20 ～ 50mg，其中约 30% 集中在甲状腺内，用于合成甲状腺激素，其余的碘则分布于其他组织中。人体摄入碘 80% ～ 90% 来自是食物，10% ～ 20% 来自饮用水。食物中的无机碘溶于水形成碘离子，碘主要在胃和小肠被迅速吸收。碘的吸收部位主要在小肠。成人每天的适宜需碘量为 150μg，妊娠期、哺乳期妇女则为 175μg。碘主要通过肾排泄，占总排泄量的 85%，其他由肠道、汗腺、乳腺等排出。

一般正常成年人每日碘最低生理需要量为 60μg。实际需要量应为最低需要量的 2 倍。

2．碘的生理功能 碘在体内的主要作用之一是参与甲状腺激素的合成。这些激素（甲状腺素、三碘甲腺原氨酸）的主要作用是调节成人基础代谢率和促进儿童生长发育。碘的另一个重要功能是抗氧化作用，碘可与活性氧竞争细胞成分并中和羟自由基，防止细胞遭受破坏，因此，碘在预防癌症方面有积极作用。

3．碘与疾病 碘缺乏病是指由于长期碘摄入不足而引起的一类疾病，由于这类疾病具有地区性特点，故称为地方性甲状腺肿和地方性呆小病。地方性甲状腺肿以甲状腺代谢性肿大、不伴有明显甲状腺功能改变为特征。地方性呆小病是全身性疾病，表现为生长发育停滞、智力低下、聋哑及神经运动障碍等。

若摄入含碘量高的食物或在治疗甲状腺肿等疾病过程中使用过量碘剂，则会发生碘过量，常见的有高碘性甲状腺肿、碘性甲状腺功能亢进等。

（四）硒

1．硒的代谢 硒（selenium，Se）是位于元素周期表第 34 位、第 4 周期ⅥA 族的非金属元素，原子量 78.96。硒属于人体必需微量元素。人体含硒 14 ～ 21mg。硒主要在十二指肠被吸收，入血后硒大部分与 α- 球蛋白和 β- 球蛋白结合而运输，小部分与 VLDL 结合而运输。硒可以分布到全身所有的软组织，肝、胰、肾和脾含量较多。成人每日需要量为 30 ～ 50μg，海洋生物、肝、肾、肉及谷类是硒的良好来源，摄入正常膳食一般不会缺硒。硒主要随尿及汗液排出。

2．硒的生理功能 硒在体内以硒代半胱氨酸的形式存在于近 30 种蛋白质中，将这些含硒代半胱氨酸的蛋白质称为硒蛋白，如谷胱甘肽过氧化物酶、硫氧还蛋白还原酶、碘甲腺原氨酸脱碘酶、硒蛋白 P 等。

谷胱甘肽过氧化物酶是重要的含硒抗氧化蛋白，通过氧化型谷胱甘肽（GSH）降低细胞内过氧化物的含量，从而保护所有生物膜不被氧化降解，并能加强维生素 E 的抗氧化作用。硒还可促进人体生长发育、保护心血管和心肌、增强机体免疫力、解除体内重金属的毒性作用、以辅基的形式参与酶的催化功能。临床研究表明，补充硒还可降低某些癌症的发生危险性。

3．硒与疾病 缺硒可以引发多种疾病，如糖尿病、心血管疾病、某些癌症等。缺硒与克山病的发生有密切关系。克山病是由于地域性生长的庄稼中含硒量低引起的以心肌坏死为主的地方病。此外，缺硒与大骨节病有关。硒摄入过多可致中毒，急性硒中毒表现为头痛、头晕、无力、恶心、脱发、高热、手指震颤等。

（五）铜

1．铜的代谢 铜（copper，Cu）是位于元素周期表中第 29 位、第 4 周期ⅠB 族的金属元素，原子量 63.54。铜属于人体必需微量元素。铜有一价（Cu^{+}）和二价（Cu^{2+}）两种氧化状态。正常成人体内含铜 80 ～ 110mg。体内肝、肾、心和脑中含铜量最高，其次为脾、肺和肠。铜经消化道被吸收，吸收部位主要在十二指肠和小肠上段。铜被吸收进入血液后，与血浆清蛋白疏松结合，形成铜 - 氨基酸 - 清蛋白络合物进入肝。该络合物中的部分铜离子与肝生成的 α_2- 球蛋白结合，形成血浆铜蓝蛋白。血浆铜蓝蛋白再由肝进入血液和各组织，是运输铜的基本载体。成人每日需铜量为 1 ～ 3mg，孕妇和生长期的青少年应略有增加。铜主要随胆汁排泄。

2．铜的生理功能 铜是体内多种含铜酶的辅基，如血浆铜蓝蛋白，其作用是将铁氧化以促进其与转铁蛋白结合，所以血浆铜蓝蛋白实际是一种含铜的亚铁氧化酶；作为电子转运装置的细胞色素氧化酶、参与合成去甲肾上腺素的多巴胺 -β- 羟化酶及酪氨酸酶、超氧化物歧化酶、单胺氧化酶、赖氨酰氧化酶等，都含有铜。

铜通过增强血管生成素对内皮细胞的亲和力增加血管内皮生长因子和相关细胞因子的表达与分泌，促进血管生成。

3．铜与疾病 铜缺乏相对少见。铜缺乏的特征性表现为低血色素小细胞性贫血、骨骼脱盐、白细胞减少、出血性血管改变、高胆固醇血症和神经疾患等。铜摄入过多亦会出现中毒现象，如蓝绿粪便及唾液、行动障碍、肾功能异常等。肝豆状核变性（Wilson 病）是一种常染色体隐性遗传病，表现为铜在体内的吸收增加而排泄减少，导致铜在肝、脑、角膜、肾等组织器官中沉积，造成危害。Menkes 病是一种比较少见的 X 染色体相关遗传性疾病，与铜转运缺陷有关，可致血液、肝、脑中铜含量降低，组织中铜酶活性下降。

（六）锰

1．锰的代谢 锰（manganese，Mn）是位于元素周期表中第 25 位、第 4 周期ⅦB 族的金属元素，原子量为 54.94。正常成人体内含锰 12 ～ 20mg。锰在自然界分布甚广，食物中的锰主要在小肠被吸收。成人每日摄入锰 2.0 ～ 3.0mg 即可维持其在体内的平衡。锰在体内主要储存于脑、肾、肝中，在亚细胞结构中，线粒体含锰最多。锰主要随胆汁经肠道排泄，只有极少量随尿排出。

2．锰的生理功能 锰是精氨酸酶、脯氨酸酶、超氧化物歧化酶等多种酶的组成成分。锰又是脱羧酶、碱性磷酸酶、醛缩酶等多种酶的激活剂。它不仅参与糖和脂质代谢，还和蛋白质、DNA 和 RNA 的合成密切相关。

3．锰与疾病 缺锰时动物的生长发育受到影响。

（七）钴

1．钴的代谢 钴（cobalt，Co）是位于元素周期表中第 27 位、第 4 周期Ⅷ族的金属元素，原子量为 58.93。正常成人体内含钴 1.1 ～ 1.5mg。钴主要由消化道和呼吸道吸收，从食物中摄入的钴必须在肠内经细菌合成维生素 B_{12} 后才能被吸收利用。肝、肾和骨骼中钴的含量较高，钴主要通过尿液排泄。

2．钴的生理功能 钴是维生素 B_{12} 的组成成分，体内的钴主要以维生素 B_{12} 的形式发挥作用。维生素 B_{12} 在体内参与造血，促进红细胞的正常成熟，还参与一碳单位的代谢等。

3．钴与疾病 钴缺乏可使维生素 B_{12} 缺乏，维生素 B_{12} 缺乏可引起巨幼细胞贫血。由于人体排钴能力强，很少有钴蓄积的现象发生，钴中毒多为治疗贫血引起。

（八）氟

1．氟的代谢 氟（fluorine，F）是位于元素周期表中第 9 位、第 2 周期ⅦA 族的非金属卤族元素，原子量为 19.00。正常成人体内含氟总量为 2 ～ 6g，其中 90% 积存于骨骼及牙齿中，少量存在于指甲、毛发及神经肌肉中。氟主要从胃肠和呼吸道被吸收，氟的吸收很快，吸收率也很高。氟的生理需要量为每日 0.5 ～ 1.0mg。80% 以上的氟随尿排泄，其余部分随粪便排出。

2．氟的生理功能 氟在骨骼及牙齿的形成及钙、磷代谢中有重要作用。氟可被羟磷灰石吸附，生成氟磷灰石，可以强化牙齿，防止龋齿的发生。为防止龋齿和骨骼因脱骨盐而形成的骨质疏松症，饮用水中应加一定的氟。此外，氟还可直接刺激细胞膜中的 G 蛋白，从而激活腺苷酸环化酶或磷脂酶 C，启动细胞内 cAMP 或磷脂酰肌醇信号转导系统，引起广泛的细胞内生物学效应。

3．氟与疾病 缺氟可致骨质疏松，易发生骨折，牙釉质受损易碎。氟过多又可对机体造成危害，如长期饮用每升含氟 2mg 以上的水，牙釉质呈现斑纹，久之牙被侵蚀，可形成孔穴或破碎。过多的氟还可导致骨脱钙和白内障，并可影响肾上腺、生殖腺等多器官的功能。

（九）铬

1．铬的代谢 铬（chromium，Cr）是位于元素周期表中第 24 位、第 4 周期ⅥB 族的金属元素，原子量为 52.00。正常成人体内含铬量约为 60mg，广泛分布于所有组织。铬经口、呼吸道、皮肤及肠道吸收，主要由尿中排出。

2．铬的生理功能 胰岛素发挥作用必须有铬的参与。铬调素为一种分子量约为 1500 的多肽，每分子铬调素可紧密结合 4 个铬离子（Cr^{3+}）。铬调素通过促进胰岛素与其受体结合和受体激酶信号转导，增强胰岛素的生物学效应。铬能与体内核蛋白、甲硫氨酸、丝氨酸等结合，在蛋白质代谢中起重要作用。

3．铬与疾病 铬缺乏的主要症状为葡萄糖耐量减低，为胰岛素的有效性降低的结果。铬缺乏还可引起生长停滞、动脉粥样硬化和冠心病等。

（十）钼

1．钼的代谢 钼（molybdenum，Mo）是位于元素周期表中第 42 位、第 5 周期ⅥB 族的金属元素，原子量为 95.94。膳食及饮水中的钼化合物，极易被吸收。成人适宜摄入量为 60μg/d，最高可耐受摄入量为 350μg/d。膳食中的钼很易被吸收。但硫酸根（SO_4^{2-}）因可与钼形成硫酸钼而影响钼的吸收。同时硫酸根还可抑制肾小管对钼的重吸收，使其从肾排泄增加。因此体内含硫氨基酸的增加可促进尿中钼的排泄。钼除主要从尿中排泄外，尚可有小部分随胆汁排出。

2．钼的生理功能　钼是正常人体内黄嘌呤氧化酶、醛氧化酶及亚硫酸盐氧化酶的辅基，钼酶催化一些底物的羟化反应。黄嘌呤氧化酶催化次黄嘌呤转化为黄嘌呤，然后转化成尿酸。醛氧化酶催化各种嘧啶、嘌呤、蝶啶及有关化合物的氧化和解毒。亚硫酸盐氧化酶催化亚硫酸盐向硫酸盐的转化。钼还有明显的防龋作用，对尿结石的形成有强烈抑制作用。

3．钼与疾病　钼缺乏主要见于遗传性钼代谢缺陷，人体缺钼时，尿中尿酸、黄嘌呤、次黄嘌呤排泄增加，易患肾结石。现已发现，缺钼地区的人群中食管癌、痛风发病率增加。钼不足还可表现为生长发育迟缓甚至死亡。过量的钼能够使体内能量代谢过程出现障碍，心肌缺氧而灶性坏死，增大缺铁性贫血患病概率，也会加速人体动脉壁中弹性物质缩醛磷脂氧化，使体重下降、毛发脱落、动脉硬化、结缔组织变性引发皮肤病、龋齿等生命健康隐患。

小结

维生素是机体维持正常功能所必需、但体内不能合成或合成量很少、必须由食物供给的一类低分子量有机物。缺乏时会发生维生素缺乏病。根据其溶解性质可分为脂溶性维生素和水溶性维生素两大类。

脂溶性维生素包括维生素 A、D、E、K。维生素 A 在视觉感受、上皮组织结构完整、胚胎发育、基因表达和抗氧化等方面具有重要作用。维生素 D_3 经肝和肾的羟化作用生成其活性形式 1,25-$(OH)_2$-D_3，可调节钙、磷代谢，缺乏导致佝偻病和骨软化症。维生素 E 是体内最重要的脂溶性抗氧化剂，还与细胞信号转导和基因调节有关。维生素 K 作为羧化酶的辅酶，参与某些前体蛋白质如凝血因子等的羧化反应。

水溶性维生素包括 B 族维生素和维生素 C 等，它们多以辅酶的形式发挥作用。维生素 B_1 的活化形式——硫胺素焦磷酸是 α- 酮酸氧化脱羧酶及转酮醇酶的辅酶。核黄素以 FMN 和 FAD 的形式作为黄素酶的辅基。烟酰胺以 NAD^+ 和 $NADP^+$ 形式作为多种脱氢酶的辅酶。泛酸存在于辅酶 A 和 ACP 中，后两者在许多重要的反应中携带并传递脂酰基。维生素 B_6 的磷酸酯——磷酸吡哆醛是体内多种酶的辅酶。生物素是羧化酶的辅酶，起固定 CO_2 的作用。维生素 B_{12} 和叶酸参与一碳单位及甲硫氨酸的代谢，直接影响核酸代谢。维生素 B_6、维生素 B_{12} 和叶酸影响同型半胱氨酸的代谢，与高血压、动脉硬化、血栓生成有一定关系。维生素 C 是一种抗氧化剂，对维持谷胱甘肽的还原性有一定的作用，其还是多种羟化酶的辅酶。

矿物质根据它们在体内的含量和人体每日对它们的需要量不同可分为两大类，即常量元素和微量元素。矿物质不能在体内合成，必须通过摄入进入体内；矿物质除非被排出体外，否则不能被代谢排出。矿物质在人体的生物学作用大体为四个方面：①构成人体组织的重要成分。②构成生物大分子或与生物大分子结合，参与体内信息传递和物质代谢。③以无机盐或离子形式在细胞外液中影响细胞膜的通透性、维持正常的渗透压和酸碱平衡、参与凝血过程、维持神经和肌肉兴奋性。④构成小分子有机生物活性物质发挥重要的生理功能。维持体内一定量的矿物质是保证正常生命活动的必要条件。饮食、人体不同状态或疾病、环境污染等原因都有可能造成体内矿物质的缺乏与过多，一些疾病也可同时伴有某些元素的缺乏。矿物质的缺乏或过多都可能造成机体生理功能异常，甚至危害生命。

思考题

1．引起维生素缺乏的常见原因有哪些？

2．分别阐述人体缺乏维生素 A、D、K、B_1、B_{12}、叶酸和维生素 C 时，会出现哪些疾病或症状及发生这些疾病或症状的机制。

3．什么是必需微量元素？综述各种必需微量元素的生理功能。

（王志刚　赵　蕾）

第21章 常用分子生物学技术

第一节 概述

人们通常将研究生物大分子的结构、功能及代谢调控的科学称为分子生物学。所谓的生物大分子是由某些基本结构单位按照一定的顺序和方式连接而成的多聚体。在医学研究领域，生物大分子主要是指蛋白质、核酸和聚糖。因此，广义地说，分子生物学是生物化学的一个重要组成部分，而且是生物化学研究发展过程中必然产生的一门分支学科，是随着生物化学的不断发展、研究水平的不断深入而产生的。同时，分子生物学也是集多个生物相关学科之大成，如生物化学、遗传学、细胞生物学、微生物学等，使多个领域在分子水平上相互渗透、相互联系，因此分子生物学也成为众多生命学科的共同语言与工具。与分子生物学相关的研究技术也是涉及诸多学科的研究方法与技术，是各个学科的研究基础，有力地推动了整个生命科学的发展。

分子生物学技术的产生和发展推动了分子生物学理论研究的进程，二者是技术与科学相互促进的最好证明。技术的发展为证实原有理论和新理论提供了有力的工具。因此，了解分子生物学技术原理及其应用，对于加深理解现代分子生物学的基本理论和研究现状、深入认识疾病的发生发展机制、理解和应用基于分子生物学的新的诊断和治疗方法极有帮助。为此，本章概括介绍目前常用的分子生物学技术及其在医学上的应用。

第二节 分子杂交

分子杂交（molecular hybridization）是分子生物学的重要技术之一，其中核酸分子杂交也是基因诊断中最常用的技术，核酸分子杂交以 DNA 的变性和复性为理论基础，是不同来源的单链核酸通过碱基互补形成杂合双链的过程。

一、核酸探针

探针（probe）是分子杂交的技术基础，是指能与特定核苷酸序列发生特异性互补杂交，杂交后又能被特殊方法检测的已知被标记的核苷酸序列。分子杂交中探针的浓度须大于待测核酸的浓度，以保证探针与待测核酸充分杂交。常用的探针标记方法有放射性核素法、生物素法、地高辛法和分子信标法等。在杂交反应中，如果探针与膜上的核苷酸序列互补，就可以结合到膜上，可根据不同类型的探针采取相应的检测手段来判定结果。

（一）放射性核素标记

用于标记核酸探针的放射性核素主要是 ^{32}P，它具有放射性强、释放的 β 粒子能量高和穿透性较强等特点，因而灵敏度高，放射自显影检测所需时间短，广泛用于各种滤膜杂交；缺点是存在放射线污染，而且半衰期短（14.3 天），标记的探针最好在 1 周内使用。

（二）生物素标记

生物素（biotin）是最先被用于核酸探针标记的非放射性标记物，有两种标记法。一种是化学标记法：光敏生物素通过一个连接臂，一端连接生物素，另一端连接化学性质活泼的光敏基团。在强可见光下，光敏基团与核苷酸上碱基的特定部位共价结合成为光敏生物素标记探针。另一种是酶标记法：将生物素通过连接臂与dNTP上的碱基结合，形成生物素化dNTP，在聚合酶催化下替代相应的dNTP掺入到探针分子中。在溶液中，生物素可以与卵白素以及链亲和素特异性结合，因此可以通过偶联有碱性磷酸酶或辣根过氧化物酶的卵白素或链亲和素和酶的底物进行显色检测。

（三）地高辛标记

地高辛（digoxigenin，Dig）是类固醇半抗原化合物，是目前应用比较广泛的另一种非放射性核酸标记物，通过一个11个碳原子的交联臂与尿嘧啶核苷酸的嘧啶环上的5位碳相连，形成地高辛标记的尿嘧啶核苷酸，即地高辛-11-dUTP。探针标记方法与酶促生物素标记法相似。杂交后有灵敏的免疫酶学检测系统，可通过偶联有碱性磷酸酶或辣根过氧化物酶的抗地高辛单抗和酶的底物进行显色检测，灵敏度高，有取代生物素标记探针的趋势。

（四）分子信标

分子信标（molecular beacon）是根据核酸碱基配对原则和荧光共振能量转移现象设计的。分子信标长约25核苷酸（nt），空间结构呈茎环形，其中环序列是和靶核酸互补的探针，茎长5～7nt，由与靶序列无关的互补序列构成，茎的一端连一个荧光分子，另一端连淬灭剂（quencher）。当无靶序列时，分子信标呈茎环结构，荧光分子和淬灭剂非常接近，荧光分子发出的荧光被淬灭剂吸收并以热的形式散发，因此检测不到荧光信号。当有靶序列存在时，分子信标的环序列和靶序列特异地结合，形成的双链比茎环结构更稳定，荧光分子和淬灭剂分开，荧光分子发出的荧光不被淬灭剂吸收，因而可检测到荧光。

二、分子杂交的方法

核酸分子杂交按其反应环境分为液相杂交和固相杂交两类。液相杂交是杂交时待测核酸样品与探针都在溶液中。固相杂交是把待检测的核酸样品预先结合到固体支持物上，再与液体中的探针进行杂交反应，杂交反应后杂交分子留在支持物上。固体支持物的种类有硝酸纤维素膜、尼龙膜、化学激活膜、乳胶颗粒、磁珠和微孔板等。固相杂交的优点是通过漂洗能除去未杂交的游离探针，留在支持物上的杂交分子容易被检测，能防止待测DNA的自我复性，故被广泛应用。

（一）斑点杂交

斑点杂交（dot blot hybridization）是将RNA或DNA变性后直接点样在硝酸纤维素膜或尼龙膜上，烘烤固定，探针放在杂交液内进行杂交。方法简便、快速，可在一张膜上同时进行多个样品的检测，对于核酸粗提样品的检测效果较好，适用于特定基因的定性分析。

（二）原位杂交

原位杂交（in situ hybridization）是将核酸保持在细胞或组织切片中，经适当方法处理细胞或组织，将标记的核酸探针与细胞或组织切片中的核酸进行杂交。原位杂交为核酸序列在细胞水平的定位和测定提供了方法，可确定含有特定核酸序列的细胞类型和数目，可检出基因和基因产物的亚细胞定位，可确定染色体中特定基因的位置，为染色体病的诊断提供了方法。

（三）转移印迹杂交

转移印迹杂交是将电泳和分子杂交技术结合起来的一种实验方法。根据检测样品种类的不同又分为三类：

1．Southern印迹法（Southern blotting） DNA分子经限制性内切酶切割，在琼脂糖凝胶上电泳使DNA片段按大小分开，变性后，从凝胶中转印到固体支持物（硝酸纤维素膜或尼龙膜）上，经固定后，在固体支持物上与特异性的探针进行杂交，而后用放射自显影的方法或其他检测手段对目的DNA进行定性、定量分析。此方法是由英国爱丁堡大学的Edwin Southern博士于1975年建立的，并且应用初期采用吸墨汁纸吸水（blotting）的方法将琼脂糖凝胶上的DNA条带转移到硝酸纤维素膜上（图21-1A），Southern印迹法由此得名。现在将DNA转移到硝酸纤维素膜上多采用电转移的方法（图21-1B）。Southern印迹杂交可用于克隆基因的酶切图谱分析、基因组中基因的定性及定量分析、基因突变分析及限制性片段长度多态性（restriction fragment length polymorphism，RFLP）分析等研究中。

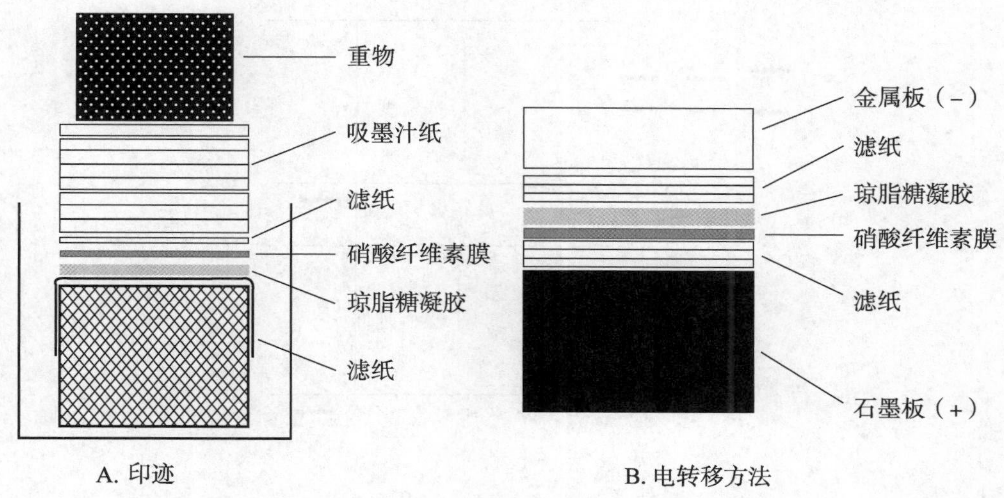

图 21-1　Southern 印迹法

2．Northern 印迹法（Northern blotting）　Northern印迹杂交是RNA分析法，操作过程和Southern印迹杂交基本相似。由于RNA分子小，不需要酶切就可直接电泳，电泳在变性条件下进行，以去除RNA中的二级结构。然后将经电泳分离的RNA转移到硝酸纤维素膜上，用特异性的探针进行杂交，通过检测杂交信号进行RNA的定性、定量分析。Northern印迹杂交常用于基因表达的特异性分析和定量分析。

3．Western 印迹法（Western blotting）　Western印迹法是将蛋白质经聚丙烯酰胺凝胶电泳分离后转移到硝酸纤维素膜上，通过抗原-抗体反应对目的蛋白质进行定性、定量分析，也称免疫印迹法（immunoblotting）。

第三节　聚合酶链反应

一、聚合酶链反应的基本原理

聚合酶链反应（polymerase chain reaction，PCR）是20世纪80年代K. Mullis等建立的一种体外酶促扩增特异DNA片段的技术。PCR是在试管中进行DNA复制反应，其基本原理与体内相似，不同之处是用耐热酶（Taq DNA聚合酶）取代DNA聚合酶Ⅰ的Klenow片段，合成的DNA引物替代RNA引物，用加热（变性）、冷却（退火）、保温（延伸）等改变温度的方法使DNA得以复制。反复进行变性、退火、延伸的循环，就可使DNA无限扩增。

PCR的整个过程包括模板变性、模板与引物退火和引物延伸三个步骤，具体如下：将PCR体系升温至95℃左右，双链的DNA模板就解开成两条单链，此过程为变性（denaturation）。然后将温度降至引物的T_m值以下，一对上下游引物各自与两条单链DNA模板的互补区域结合，此过程称为退火（annealing）。当将反应体系的温度升至70℃左右时，耐热的 Taq DNA 聚合酶催化四种脱氧核糖核苷酸按照模板 DNA 的核苷酸序列的互补方式依次加至引物的 3′ 端，形成新生的 DNA 链，此过程称为延伸（extention）。每一次循环使反应体系中的 DNA 分子数增加约 1 倍。理论上，当经过 30 次循环后，DNA 产量达 2^{30} 拷贝，约为 10^9 拷贝。由于实际上扩增效率达不到 2 倍，因而应为 $(1+R)^n$，R 为扩增效率（图 21-2）。

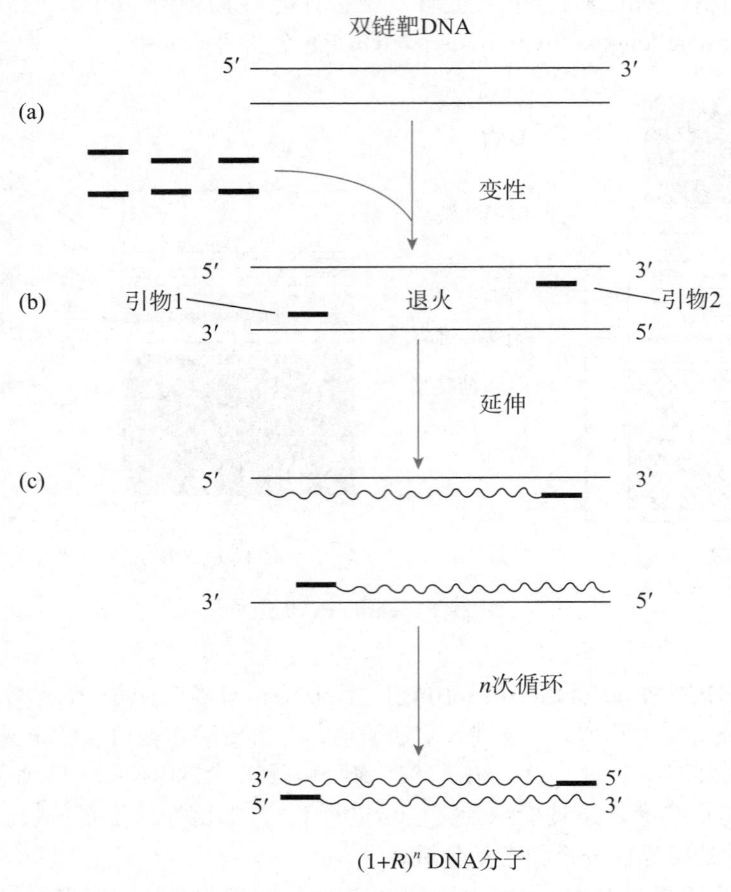

图 21-2 PCR 扩增靶 DNA 序列

PCR 具有特异性强、灵敏度高、操作简便、对待检材料质量要求低等特点，能够快速扩增任何目的基因，被誉为 20 世纪分子生物学研究领域最重大的发明之一，Mullis 也因贡献卓著而获得 1993 年诺贝尔奖。

二、参与聚合酶链反应体系的因素及其作用

参与 PCR 体系的因素主要包括模板 DNA、特异性寡核苷酸引物、耐热的 DNA 聚合酶、dNTP、含有必需离子的反应缓冲液、反应温度与时间、循环次数、PCR 仪等。

（一）模板 DNA

模板 DNA 亦称为靶序列，既可以是单链 DNA，也可以是双链 DNA。模板 DNA 来源广泛，可以从细胞、细菌、病毒、组织、病理标本、考古标本中提取。在一定范围内，PCR 的产量随模板 DNA 浓度的升高而显著增加，但模板浓度过高会导致反应的非特异性增加。一般基因组 DNA 作模板时用 1μg 左右，质粒 DNA 作模板时用 10ng 左右。

（二）引物

引物决定 PCR 扩增产物的特异性与长度，引物设计决定 PCR 的成败。引物的设计应遵循以下几个原则：

1．引物长度一般为 16 ~ 30 个核苷酸。引物过短会降低 PCR 产物的特异性，理论上每增加一个核苷酸，引物的特异性提高 4 倍。但是引物过长则会导致退火不完全、引物与模板结合不充分，使启动合成的模板数减少，扩增产物明显减少。

2．四种碱基应随机分布，避免出现连续 3 个相同的碱基，特别是 G 或 C，否则会使引物与模板的 G 或 C 富集区错误互补，导致错误发生。引物中 G + C 含量通常为 40% ~ 60%。过高的 G + C 含量会造成退火温度过高。

3．引物自身不应存在互补序列而引起自身折叠。同时，两引物间不应存在多于 4 个有互补性的连续碱基，以免产生引物二聚体。

4．引物与非特异性靶区之间的同源性不应超过 70% 或有连续 8 个互补碱基同源，否则易导致非特异性扩增。

5．引物 3′ 端是引发延伸的起始点，因此应避免该区域出现错配。而引物 5′ 端对扩增特异性影响不大，如果需要修饰，可以在此区域引入，如加限制性内切酶酶切位点，用生物素、荧光素、地高辛等标记，引入突变位点、启动子序列、蛋白质结合 DNA 序列等。

PCR 体系引物浓度一般为 0.1 ~ 1.0μmol/L。引物过多会产生错误引导或产生引物二聚体，过低则降低产量。

（三）DNA 聚合酶

最初进行 PCR 时使用大肠埃希菌 DNA 聚合酶 Ⅰ 的 Klenow 片段。由于此酶不耐热，在 DNA 高温变性过程中易失活，需要不断加入新酶。不仅操作麻烦，而且成本很高，难于推广。直到人们发现了耐热 DNA 聚合酶，PCR 才得以广泛应用。目前，Taq DNA 聚合酶是应用最广的耐热 DNA 聚合酶，是从在 70 ~ 75℃温泉中生活的一种耐热菌中分离提纯的，由 832 个氨基酸组成。该酶的活性在 95℃处理 20s 并经过 50 个反应周期后仍可保持在 65% 以上，一次性加入可以满足反应全过程的需要。Taq DNA 聚合酶大约有 1/1000 的错配率。目前已有高保真的 Taq DNA 聚合酶。

（四）dNTP

dNTP 为 PCR 的合成原料。每种 dNTP 浓度应相等，通常的浓度范围为 20 ~ 200μmol/L，在此范围内，PCR 产物的量、反应的特异性与保真性之间的平衡最佳。浓度过高易导致错误碱基的掺入，过低会降低反应产量。

（五）缓冲液

缓冲液为 PCR 提供合适的酸碱度与某些离子，反应缓冲液一般含 10 ~ 50mmol/L Tris-HCl（pH 8.3 ~ 8.8）、50mmol/L KCl 和适当浓度的 Mg^{2+}。Mg^{2+} 浓度对 Taq DNA 聚合酶影响很大，它可影响酶的活性和专一性、引物的退火和解链温度、产物的特异性以及引物二聚体的形成等。通常 Mg^{2+} 的最佳浓度范围为 0.5 ~ 2mmol/L。

（六）PCR 循环参数

1．变性温度和时间　变性温度过高或变性时间过长都会导致 DNA 聚合酶活性的丧失，从而影响 PCR 产物的产量。但变性温度过低或变性时间过短则会导致 DNA 模板变性不完全，使引物无法与模板结合。通常情况下，95℃变性 30s 即可使各种 DNA 分子完全变性。

2．退火温度和时间　引物与模板的退火温度由引物的长度及 G + C 含量决定，一般以比引物的 T_m 值低 5℃为最佳。增加退火温度可减少引物与模板的非特异结合，降低退火温度则可增加 PCR 的敏感性。通常退火温度和时间分别为 37 ~ 55℃、20 ~ 40s。

3．延伸温度和时间　延伸温度取决于所用的 DNA 聚合酶的最适温度，通常为 70 ~ 75℃。延伸时间取决于扩增片段的长度，可以 500bp/30s 为基准，根据目的片段的长度计算反应时间。

4．循环次数　PCR 的循环次数主要取决于模板 DNA 的浓度，一般为 23 ~ 35 次，此间

PCR 产物的积累即可达到最大值。随着循环次数的增加，dNTP 与引物浓度降低，DNA 聚合酶活性降低，产物浓度过高，变性不完全，扩增产物增加不呈指数方式，出现平台效应。过多的循环次数也会增加非特异性产物量及碱基错配数。因此在得到足够产物的前提下应尽量减少循环次数。

三、PCR 的应用

1．DNA 的微量分析 PCR 的主要用途是扩增微量的 DNA。理论上只要有一条双链 DNA 作为模板，即可通过 PCR 扩增得到足够下一步实验需要的 DNA 量。实际工作中，1 滴血液、1 根毛发或 1 个细胞足以满足 PCR 的检测需要，因此在基因诊断和法医鉴定方面具有极广阔的应用前景。

2．目的基因的克隆 在基因工程中可以利用 PCR 技术获得目的基因。通过 PCR 获得目的基因时，要注意 Taq DNA 聚合酶的错配率，尽可能选用高保真的 Taq DNA 聚合酶。

3．测定基因的表达水平 通过逆转录 PCR（reverse transcription PCR，RT-PCR）技术检测 mRNA 含量可测定基因的表达水平。逆转录 PCR 是将 RNA 的逆转录反应和 PCR 联合应用的一种技术，即首先以 RNA 为模板，在逆转录酶的作用下合成 cDNA，再以 cDNA 为模板通过 PCR 来扩增目的基因。可以利用此技术对 RNA 进行定性和半定量分析。

4．基因的定点突变 利用 PCR 技术进行定点突变。将待诱变的碱基设计在引物中，当下一轮 PCR 以引物延伸的链为模板扩增时，DNA 的碱基就产生了定点突变。利用这种方法可以改变蛋白质中特定的氨基酸。

第四节 DNA 的序列分析

在分子生物学研究中，DNA 的序列分析是进一步研究和改造目的基因的基础。1977 年，英国科学家 F. Sanger 创建了双脱氧合成末端终止法（Sanger 法），并完成了 ΦX174 DNA 全序列 5386 个核苷酸的测定。同年美国的 A. Maxam 和 W. Gilbert 合作创立了化学修饰法（Maxam-Gilbert 法），并于 1978 年用该法测定了 SV40 DNA 的 5224 个核苷酸。这两种 DNA 测序方法的创立，使 DNA 测序技术实现了第一次飞跃，测定几千乃至上万个核苷酸组成的 DNA 分子已不再困难。Sanger 及 Maxam 和 Gilbert 也因此共获诺贝尔化学奖。之后，DNA 测序技术在此基础上进一步改进和发展。

一、双脱氧合成末端终止法

双脱氧合成末端终止法是一种试管内的复制 DNA 互补链并比较逐个核苷酸延伸链的分析方法。其基本原理是用 2′, 3′- 双脱氧核苷酸（ddNTP）掺入到新合成的链中，使 DNA 合成在特定的核苷酸处终止。

用 Sanger 法分析 DNA 序列时，四个反应管中分别加入待测的单链 DNA 模板、DNA 聚合酶、四种 dNTP，其中一种 dNTP 是用放射性核素标记的。除此之外，每一管还要加入一种 ddNTP，即 A 管加入 ddATP，T 管加入 ddTTP，G 管加入 ddGTP，C 管加入 ddCTP。以 A 管为例，当模板上碱基是 T 时，反应体系中有两种碱基可与之配对——dATP 和 ddATP。如果是 dATP 与之配对，引物的延伸还能继续下去。如果是 ddATP 与之配对，引物的延伸就会到此终止。因为 ddATP 能够以它的 5′- 磷酸和它上一位的核苷酸形成正常的 3′, 5′- 磷酸二酯键，但是 ddATP 没有 3′- 羟基，下一个核苷酸不能与之形成 3′, 5′- 磷酸二酯键，使 DNA 链的延伸终止在 ddATP 处。所以管中会出现长短不一、但总是终止于 A 位的核苷酸链。另外三管亦如此，即四个反应管中分别存在以四种不同核苷酸为 3′ 端的长度不等的核苷酸链。总的结果是这四个反应管中含有一系列长度只差一个核苷酸的 DNA 聚合链。聚合反应结束后，将产物分别通过超薄的聚丙烯酰胺 - 尿素变性凝胶电泳，形成不同的电泳条带。经过放射自显影，从下向上读即是新合成链 5′ → 3′ 的碱基排列顺序（图 21-3）。

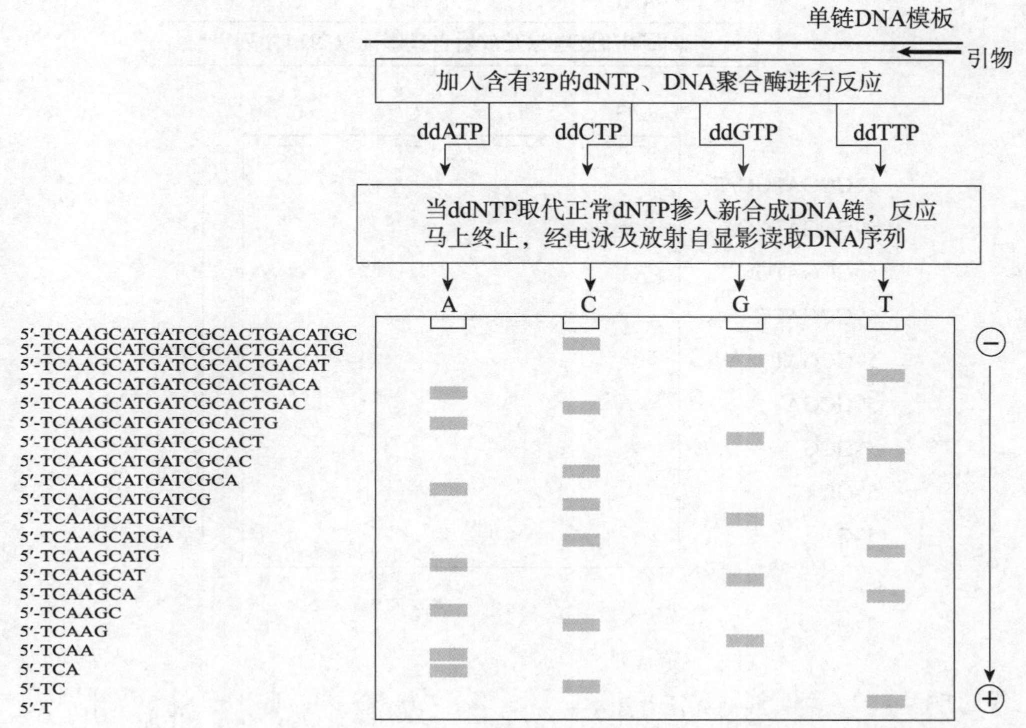

图 21-3 双脱氧合成末端终止法测序原理

二、化学修饰法

化学修饰法是先用放射性核素对 DNA 片段的末端进行标记，然后用专一的化学试剂对特定的碱基进行化学修饰，经过修饰的碱基从糖环上脱落，同时和该糖环相连的磷酸二酯键断裂，产生在该修饰碱基处断开的长短不一的 DNA 片段。硫酸二甲酯专一修饰鸟嘌呤，甲酸修饰嘌呤碱基，肼修饰嘧啶碱基，但在 NaCl 存在时，肼只修饰胞嘧啶。分别用上述化学试剂降解 DNA，然后电泳。电泳条带从下向上读即是待测 DNA 5′ → 3′ 的核苷酸序列（图 21-4）。

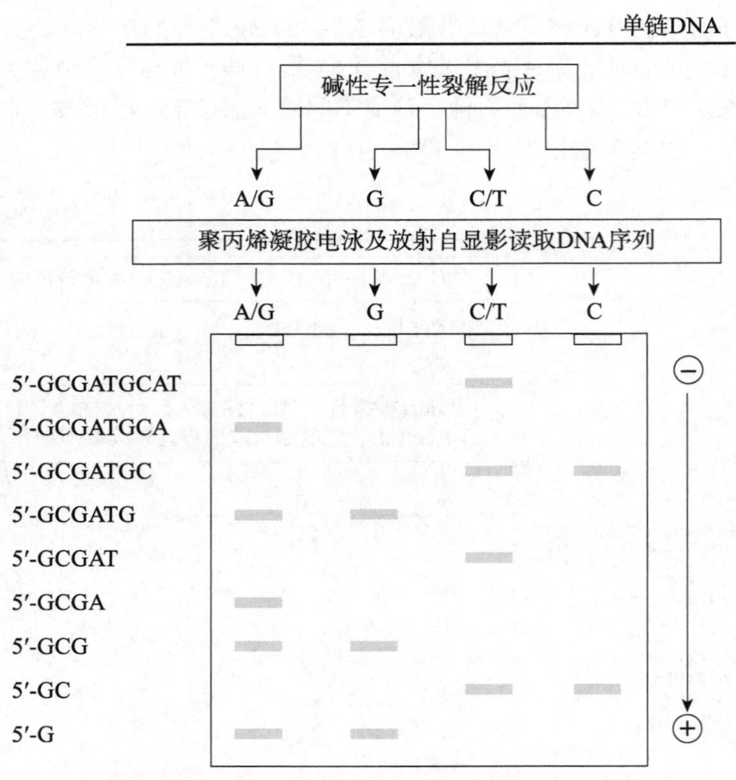

图 21-4 化学修饰法测序原理

第五节 转基因动物、克隆动物和基因敲除技术

一、转基因动物

转基因动物（transgenic animal）是指将外源基因导入动物的受精卵，再将受精卵植入到代孕动物的输卵管或子宫中培育出的动物（图 21-5）。在转基因动物中，外源基因已与动物本身的基因组整合并随细胞分裂而增殖，在体内得到表达，传至下一代。也有人先将外源基因导入精子或卵细胞，再让导入外源基因的精子或卵细胞形成受精卵，进而培育成转基因动物。

转基因动物利用了基因工程和胚胎工程技术，改变动物遗传性状，创造医学研究需要的动物模型。例如将大鼠的生长激素基因导入小鼠受精卵培育的转基因小鼠，体重是普通小鼠的2倍，成为超级鼠。

利用转基因技术还可将人体内许多活性肽和生长因子的基因转入动物的受精卵，培育转基因动物，从中提取这些基因的产物。如将人类的基因转入奶牛，从牛奶里提取人类基因的产物。转基因动物就像工厂一样可以源源不断地提供人类需要的产品，因此被称为动物工厂或生物工厂。

二、克隆动物

克隆是英语“clone”的音译，即无性繁殖系。克隆动物（cloning animal）是生物体通过体细胞进行的无性繁殖以及由无性繁殖形成的基因型完全相同的后代个体组成的种群。克隆动物技术又称核转移技术，主要包括三个步骤：①制备成熟的卵细胞；②细胞核移植，将供体细胞的细胞核与去核的卵细胞融合成一个杂合细胞；③将“核质融合”的卵细胞移植到代孕动物的子宫发育直到出生（图 21-6）。

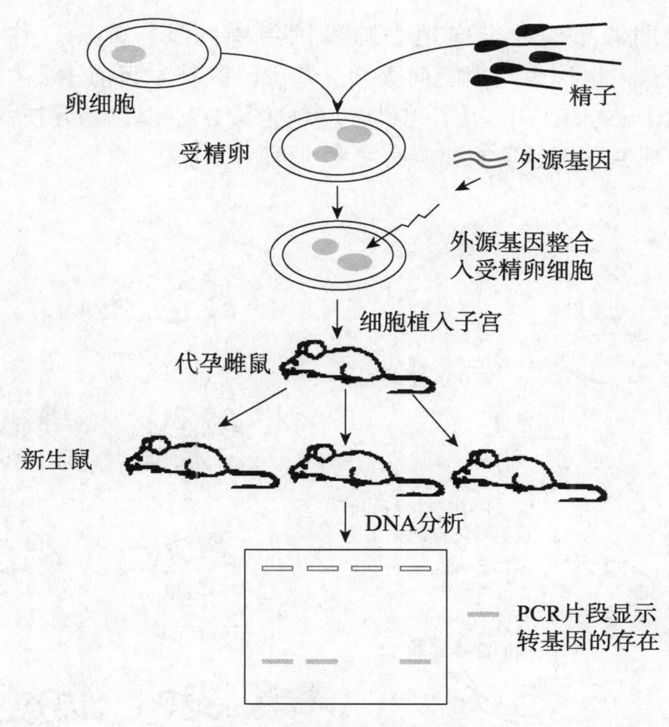

图 21-5　转基因动物原理

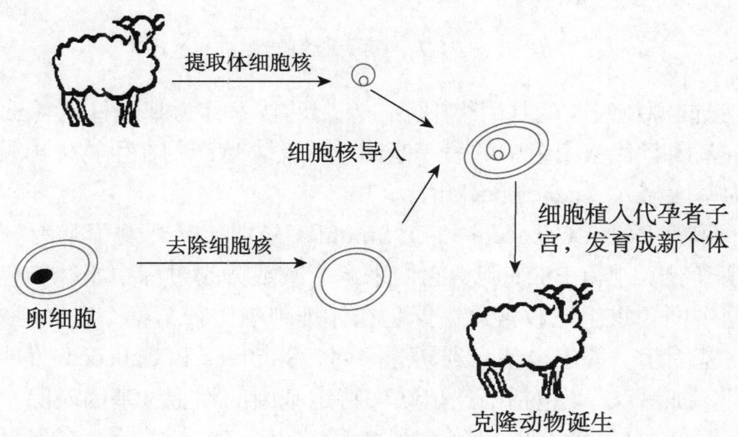

图 21-6　克隆动物原理

1997 年 2 月 23 日，苏格兰罗斯林研究所的 Ian Wilmut 及其团队宣布克隆了多莉羊，全世界的科学家都被该消息震惊。苏格兰科学家将未受精的卵细胞核去除，将其与成年绵羊细胞的核融合，培养融合卵，然后移植到替代母体中。这是首次报道的从成年动物的 DNA 克隆的动物。

克隆动物不同于转基因动物，克隆动物的遗传信息完全来自于提供细胞核的动物，即克隆动物是供核动物的复制品。而转基因动物是将外源基因转入动物的受精卵内，产生后代个体的方式仍然是有性繁殖，只不过后代细胞染色体内插入了外源基因。

三、基因敲除技术

通过DNA定点同源重组，定向地去除基因组中的某一基因，称为基因敲除（gene knockout）或基因剔除，也称为基因靶向灭活。基因敲除技术目前主要在小鼠的胚胎干细胞（embryonic stem cell，ES cell）中运用，具体过程见图21-7。基因敲除技术在医学中主要用于建立基因敲除动物，研究基因的功能和疾病发生的机制。

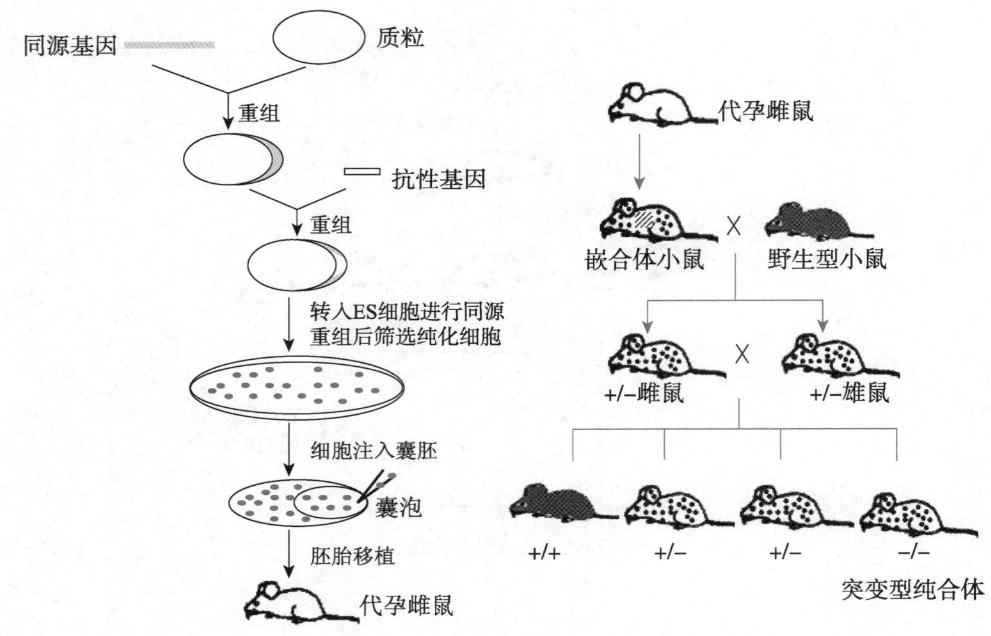

图21-7 基因敲除原理

通过DNA定点同源重组改变基因组中某一基因的技术称为基因打靶（gene targeting）。利用基因打靶使某一基因替代基因组中的另一基因，让其表达产物在生物体内发挥作用，以研究其功能的技术称为基因敲入（gene knockin）。

1987年，美国科学家M. Capecchi和O. Smithies分别独立开发了基因打靶技术。该技术可以使特定基因精确导入小鼠ES细胞。它们来源于减数分裂过程中姐妹染色单体交叉互换同源区域。生殖细胞中同源重组比较常见，但是在体细胞中比较罕见。这样，外源DNA序列往往随机整合到宿主基因组，偶尔也整合到同源序列。Smithies和Capecchi发明了筛选出同源重组细胞的方法，即“加减法”，包括筛选出缺失特定基因的细胞（基因敲除）和敲入工程化改造基因的细胞（基因敲入）。而1981年英国科学家Martin J. Evans发明的胚胎干细胞技术也为基因靶向技术的实现奠定了重要基础。这三位科学家因基因靶向技术分享了2007年诺贝尔生理学或医学奖。

第六节 生物芯片技术

生物芯片（biochip）是指通过微电子、微加工技术在芯片表面构建的微型生物化学分析系统，以实现对细胞、DNA、蛋白质及其他生物组分的快速、敏感、高效的处理。

生物芯片技术的原理最初是由核酸的分子杂交衍生而来，即应用已知序列的核酸探针对未知序列的核酸进行杂交检测，这一过程也适用于蛋白质的研究，如抗原与抗体、配体与受体专一性结合的研究。

生物芯片的检测过程是通过光蚀刻、化学合成及微细加工工艺等技术方法，在很小的介质（硅片、玻璃、尼龙膜等）表面合成固定核酸、蛋白质及多态序列，形成高密度的点阵，与样本来源制备的探针杂交后，由特殊的装置检出信号，并由计算机进行分析、综合。因此，生物芯片的检测过程是分子生物学技术、机械制造技术、计算机技术等多学科相互交叉结合的过程。

一、基因芯片

将核酸杂交的原理应用于 DNA、RNA 的研究之中，根据其制作方法可分为两种形式。

1．原位合成芯片　是采用显微光蚀刻技术或压电打印技术，在芯片的特定区域原位合成寡核苷酸而制成，用于杂交分析。其中，寡核苷酸的长度受链内互补序列及 T_m 等因素的影响，一般在 25bp 以内，针对不同的用途，长度不一。此种芯片可用于序列测定、突变检测及基因转录表达分析。

基本过程主要包括四个步骤：①芯片的制备——支持物的预处理、原位合成芯片的制备、DNA 微阵列的制备。②样品的准备——包括样品的分离纯化、扩增和标记等过程。③分子杂交——待测样品经扩增、标记等处理后，即可与 DNA 芯片上的探针阵列进行分子杂交。④检测分析——待测样品与芯片上的探针阵列杂交后，荧光标记的样品结合在芯片的特定位置上，未杂交分子被除去，然后含荧光标记的 DNA 片段在激光的激发下发射荧光。

2．DNA 微阵列（微点阵）　采用预先合成 DNA 或制备基因探针，然后打印到芯片上。其加工工艺相对简单，可为普通的实验室所掌握，用于各自目的的研究之中。所用的支持物介质一般是玻璃、尼龙膜等。玻片需经特殊的处理（多聚赖氨酸包被）或进行其他形式的化学修饰。点样于其上的探针可以是 cDNA 片段、基因组片段、寡核苷酸或核酸类似物如肽核酸等。由计算机控制的机械装置将已合成或分离、提纯的靶 DNA 分子点样于其上不同的分区，完成后风干，经一定剂量的紫外线照射，使之与支持介质共价或化学交联固定，即可用于不同的检测过程中。

基因芯片技术不仅可以对大量的生物样品进行平行、快速、敏感、高效的基因分析，而且在 DNA 序列测定、基因表达分析、基因组研究、基因诊断、药物研究与开发、法医鉴定、工农业、食品与环境检测等领域均可得到广泛应用。

二、蛋白质芯片

蛋白质芯片的制作原理类似于基因芯片，所不同的是蛋白质多肽芯片所用的样品是提纯的蛋白质多肽或从 cDNA 文库中提取的蛋白质产物。检测原理基本类似于抗原、抗体检测的酶联免疫吸附测定（enzyme-linked immunosorbent assay，ELISA）法，如采用双抗体的形式，通过机械点涂的方法，将多种不同的单克隆抗体点样固定在固相介质表面，制备抗体蛋白质芯片，与制备的多种抗原样本杂交、结合，再与标记的多种不同的抗体杂交，通过蛋白质抗原的多价结合表位而结合标记抗体。可根据杂交信号的有无、多少而进行定性或定量分析。

蛋白质芯片应用的研究领域不仅限于抗原 - 抗体的研究，也适于受体与配体的研究。由于蛋白质、抗体等大分子物质有一定的空间构象，所以存在一定的交叉杂交问题。

三、缩微芯片

缩微芯片将常规的核酸提取、PCR 等生化反应及电泳过程集中在一块或若干块用于制备和分离样品的玻片上来完成，所需的仪器及操作过程大大缩短和简化。

1．缩微芯片的特点　分析全过程自动化，生产成本低，防污染；所需的反应体系大大缩小，样品也大大减少，灵敏度大大提高；制备检测过程快速，经济效益好。

2．缩微芯片的类型

（1）生物样品制备的芯片：制备过程通常要经过细胞分离、破碎细胞、脱蛋白质等步骤，最终得到纯度较高的DNA、RNA并进行分析。

（2）核酸扩增芯片、毛细管电泳芯片及PCR毛细管电泳芯片：通过化学蚀刻技术在载片表面加工出进行PCR的多个反应池和PCR产物分离的泳道，覆盖化学介质而形成封闭的反应体系。反应试剂通过注入或泵入的形式加入到反应池中。芯片的外部加热-冷却采用计算机控制的帕尔帖电热器进行变性、退火、延伸的不同温度控制。

第七节 RNA干扰技术

RNA干扰（RNA interference，RNAi）也被称作转录后基因沉默（post transcriptional gene silencing，PTGS），是指由RNA分子抑制基因表达，特别是特异性降解靶mRNA分子的一种生物学过程。当细胞中导入与靶基因的mRNA分子编码区存在同源互补序列的短发夹RNA（short hairpin RNA，shRNA）时，能特异性地降解该mRNA分子，从而产生相应的基因表型缺失。

RNA干扰现象是1990年Jorgensen研究小组在研究转基因牵牛花的相关工作时偶然发现的。随后科学家们发现RNA干扰现象普遍存在于生物界，从低等的原核生物，到近年来发现的哺乳动物。

一、RNA干扰的分子机制

RNA干扰过程主要是由一种长度为21～23个核苷酸的小分子RNA介导实现的，这种小分子RNA被称作小干扰RNA（small interfering RNA，siRNA）。首先，细胞内的双链RNA（double strand RNA，dsRNA）在一种被称作Dicer的RNAase Ⅲ样活性的内切核酸酶的作用下裂解生成长度为21～23nt的小分子片段，即siRNA。每个siRNA分子含有正义和反义2条链，3′端有2个碱基突出。随后，siRNA分子结合至由多种蛋白质参与构成的核酶复合物，形成RNA诱导沉默复合物（RNA-induced silencing complex，RISC）。在ATP的参与下，siRNA解离成单链，形成活化的RISC，并在单链siRNA的引导下结合至靶基因mRNA分子的特定部位，对mRNA分子进行切割，从而达到抑制基因表达的目的（图21-8）。细胞内的dsRNA可以通过多种途径形成，如基因组的转录产物、病毒RNA复制中间体及细胞内或病毒的RNA依赖的RNA聚合酶以细胞内的单链RNA分子为模板合成等。

二、RNA干扰技术在医学与研究中的应用

1．功能基因组学研究 RNA干扰技术经常被用来研究某一特定基因的功能，可用于以培养细胞株或模式生物为对象的生物学研究。含有与目的基因互补序列的dsRNA经合成后导入细胞或生物体内，被作为外源性遗传物质识别，从而激活细胞或生物体的RNAi通路。利用这个机制，研究者可以使某个目的基因的表达很大程度地被抑制，研究由此带来的生物学效应可以揭示该基因的生理功能。由于RNAi并不能完全地废止目的基因的表达，因此这项技术经常被称作基因敲低（gene knockdown），以区别于基因被彻底去除的基因敲除过程。

2．药物开发 大多数药物属于靶基因的抑制剂，RNAi模拟了药物的作用，因此成为药物开发研究的一个有力工具，在药物标靶的筛选和确认方面已获得了广泛的应用。同时那些在标靶实验中证实有效的siRNA或dsRNA本身可以被进一步开发成siRNA药物。

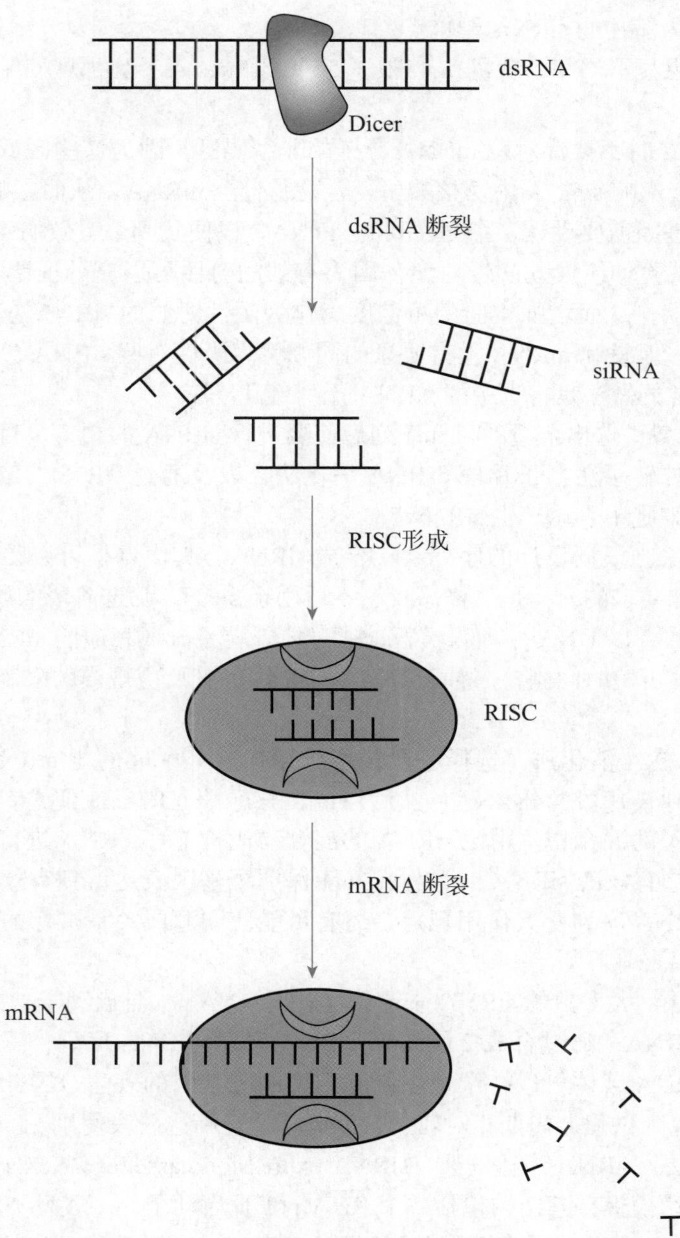

图 21-8 siRNA 的作用机制

3．诊断与治疗 RNAi 技术在医学上的应用主要以抗病毒治疗为中心开展，如研究者用 RNAi 通过局部抗生素处理，治疗由 2 型单纯疱疹病毒引起的感染，抑制癌细胞中病毒基因的表达，敲低 HIV 的病毒宿主受体或辅助受体，使流感病毒基因沉默等。此外，RNA 干扰也常常被认为是一个比较有前景的癌症治疗途径，通过沉默肿瘤细胞中不同程度上调表达的基因或者是参与细胞分化的基因来抑制肿瘤细胞生长。

三、RNA 干扰技术的基本流程

1．siRNA 的设计 确定了目的基因后，需要选取合适的 siRNA 序列。RNAi 目标序列的选取应遵循以下几个方面的原则：

（1）从靶 mRNA 分子的起始密码开始，寻找腺苷酸二联体序列（AA），并选取其 3′ 端的

19个核苷酸序列作为潜在的 siRNA 靶位点。

（2）有研究结果显示 G + C 含量在 45% ~ 55% 的 siRNA 要比那些 G + C 含量偏高的更为有效。

（3）设计 siRNA 时不要针对靶 mRNA 分子的非编码区，因为这些区域结合有丰富的调控蛋白质因子，可能会影响 siRNA 内切核酸酶复合物结合至 mRNA，从而影响 RNAi 的效果。

（4）通常一个基因需要设计多个靶序列的 siRNA，以便找到最有效的 siRNA 序列。

所有的 RNAi 试验均应设立阴性对照，因为有效的对照可以充分证明 siRNA 只对靶基因产生特异性基因沉默，从而增强实验的可信度。作为阴性对照的 siRNA 应该和选中的 siRNA 序列有相同的组成，但是和 mRNA 没有明显的同源性。阴性对照 siRNA 包括碱基错配或混乱序列的 siRNA。通常的做法是将选中的 siRNA 序列打乱。

2．siRNA 的制备 选出合适的目标序列后需要进行 siRNA 的制备。目前比较常用的方法有化学合成法、体外转录法、长片段 dsRNA 消化法，以及通过 siRNA 表达载体或 PCR 制备的 siRNA 表达框在细胞中表达产生 siRNA。

（1）化学合成法：根据设计的序列人工合成 siRNA。其优点是可以得到高质量的 siRNA 分子，特别是有特殊要求的。但是价格昂贵，不适用于 siRNA 筛选阶段的研究。

（2）体外转录法：以 DNA 序列为模板，通过体外转录合成相应的 siRNA。其优点是合成成本较低，效率高，可短时间制备多种 siRNA。但是因为其反应规模的限制，siRNA 的获得量比较低。

（3）长片段 dsRNA 消化法：选择一段长度为 200 ~ 1000nt 的靶 mRNA 序列为模板，通过体外转录技术得到长片段的 dsRNA，然后用内切核酸酶（RNase Ⅲ或者 Dicer）进行消化，从而得到各种 siRNA 的混合物，用该 siRNA 的混合物代替单一 siRNA 进行干扰。这种方法的优点是可以省略筛选有效的 siRNA 的过程，并能保证靶基因表达得到有效的抑制。缺点是不能确定最有效的 siRNA 序列及其作用靶点，还有可能使同源或关系密切的基因发生非特异性的基因沉默。

（4）表达载体法：大多数的 siRNA 表达载体利用 RNA pol Ⅲ启动子，操纵一段 dsRNA 在细胞中表达小分子 RNA。通过合成 2 段编码 dsRNA 序列的 DNA 序列，退火后克隆至载体启动子下游。利用 siRNA 载体可以持续地在细胞内抑制靶基因的表达，因此适用于较长时间的研究。但涉及基因克隆过程，周期相对较长，因此不适合筛选阶段使用。

（5）表达框架法：siRNA 表达框架（siRNA expression cassettes，SECs）是指通过 PCR 获得的一段 siRNA 表达模板，其结构包括一个 RNA pol Ⅲ启动子、一段发夹结构 siRNA 和一个 RNA pol Ⅲ终止位点。SECs 可被直接导入细胞内表达相应的 siRNA 抑制靶基因。由于 SECs 可直接通过 PCR 得到，可在短时间内制备多种不同的 siRNA 表达框架，因此为筛选研究的有效工具。如果在 PCR 产物两端添加酶切位点，还可将筛选到的有效 siRNA 模板直接克隆到表达载体上，构建 siRNA 的表达载体。缺点是 PCR 产物的细胞转染效率较低，PCR 合成过程中的碱基错配不易被发现，可能导致结果不理想。

3．siRNA 的导入 制备好的 siRNA、siRNA 表达载体或表达框架需导入至真核细胞中发挥其抑制靶基因表达的作用。将 siRNA 或者其表达载体及表达框架导入细胞的方法与外源 DNA 分子（如质粒）导入的方式基本一致，常用的转染方法包括磷酸钙共沉淀法、电穿孔法、阳离子脂质体法、DEAE- 葡聚糖和 polybrene 多聚体复合物法以及显微注射法。

4．siRNA 作用的检测 siRNA 导入细胞后，需要对其基因沉默的功效进行检测。通常从 mRNA 水平和蛋白质水平进行检测。

（1）mRNA 水平检测：siRNA 转染细胞后与靶 mRNA 分子结合，在 RISC 复合物的作用下将靶 mRNA 分子切割、降解。细胞转染后经过适当时间的培养，提取细胞内总 RNA，通过

RT-PCR 的方法检测细胞内靶 mRNA 分子的相对含量，通过与对照组的比较观察 siRNA 的基因沉默效应。

（2）蛋白质水平检测：由于 siRNA 结合靶 mRNA 分子造成靶 mRNA 分子的降解，因此以该 mRNA 分子为模板的蛋白质翻译过程受到了抑制，基因产物含量下降或缺失。将转染的细胞经过适当时间的培养后制备细胞裂解液，提取细胞内的总蛋白质，通过 Western blotting 的方法检测细胞内特异性蛋白质的含量以判断 siRNA 的基因敲低效果。

第八节　生物大分子的相互作用研究技术

一、蛋白质 - 蛋白质间的相互作用

蛋白质 - 蛋白质间的相互作用（protein-protein interactions，PPIs）广泛参与体内的生物学过程，如细胞之间的联系、代谢与发育的调控等。蛋白质侧链氨基酸残基之间的非共价结合是蛋白质 - 蛋白质间相互作用的结构基础，这些结合可能是暂时性的，也可能是持续性的。蛋白质间暂时性的结合将形成信号通路，而持续性的结合将在细胞内形成稳定的蛋白复合物，超过 80% 的细胞内蛋白质都是以蛋白复合物的形式发挥其生物学功能的。PPIs 的研究对于推断细胞内的蛋白质功能也很重要，可以根据与已知功能的蛋白质相互作用的证据预测未知蛋白质的功能。此外，揭示蛋白质 - 蛋白质间的相互作用信息有助于鉴定药物靶标。目前比较常用的用于鉴定蛋白质 - 蛋白质间相互作用的技术手段包括酵母双杂交、免疫共沉淀、谷胱甘肽转移酶沉降法等。

1．酵母双杂交　酵母双杂交（yeast two-hybrid）系统是在真核模式生物酵母中进行的，是一种高灵敏度的研究蛋白质之间相互作用的技术。酵母的转录激活因子包含 2 个功能结构域——N 端 DNA 结合结构域（DNA binding domain，DBD）和 C 端转录激活结构域（activation domain，AD），2 个结构域保持其独立的功能而不依赖另一个，但只有 2 个结构域结合，才能发挥转录激活功能。将待测蛋白质 X 和 Y 分别融合至 DBD 和 AD，只有 X 和 Y 存在相互作用使得 AD 和 DBD 在空间上接近才能驱动下游报告基因的表达。一般将 X 蛋白质称作诱饵（bait），为已知蛋白质，Y 称作猎物（prey）。对于一个给定的诱饵，可以利用 cDNA 文库构建完整的猎物文库进行全基因组的筛选，寻找可以与之结合的蛋白质。

2．免疫共沉淀　免疫共沉淀（co-immunoprecipitation，Co-IP）是以抗体和抗原之间的专一性作用为基础的用于研究蛋白质间相互作用的经典方法，是确定两种蛋白质在完整细胞内生理性相互作用的有效方法。其基本原理是：当细胞在非变性条件下被裂解时，细胞内存在的许多蛋白质 - 蛋白质间的相互作用被保留下来。向溶液中加入抗体，与抗原形成特异免疫复合物，经过洗脱，收集免疫复合物，然后进行 SDS-PAGE 及 Western blotting 分析。目前多用精制的细菌蛋白质 protein A 预先结合固化在琼脂糖球珠上，将其与细胞裂解液孵育，琼脂糖球珠上的 protein A 能结合到免疫球蛋白的 FC 片段，从而达到纯化蛋白复合物的目的。如果用蛋白质 X 的抗体免疫沉淀 X，那么与 X 在体内结合的蛋白质 Y 也能被一同沉淀下来。这种方法常用于测定两种目标蛋白质是否在体内结合；也可用于确定一种特定蛋白质的新的作用伙伴。

3．谷胱甘肽转移酶沉降法（GST- pull down）　沉降法（pull down）是用于测定两种或更多种蛋白质之间的物理相互作用的体外方法，是亲和纯化的一种，原理与免疫共沉淀相似，只是使用“诱饵”蛋白质来代替抗体。诱饵蛋白质被标签标记并利用特异性识别该标记的固体支持物捕获，然后将固定化诱饵的支持物与含有推定的“猎物”蛋白质源，如细胞裂解液一

起孵育，通过蛋白质 - 蛋白质间的相互作用将“猎物”蛋白质一同拉下，然后通过质谱分析、Western blot 等手段进行检测与验证。

谷胱甘肽转移酶（glutathione-S-transferase，GST）是比较常用的标签。利用 pGEX 系列载体将诱饵蛋白质与 GST 形成融合蛋白在 *E. coli* 中表达。GST 融合蛋白质同样具有谷胱甘肽转移酶活性，可以使用固化的谷胱甘肽通过亲和层析从细胞裂解液中纯化。纯化后的蛋白质复合物可以用浓度递减的谷胱甘肽在非变性条件下洗脱下来，还可以用位点特异的蛋白酶（位于 pGEX 质粒多克隆位点上游）将 GST 融合蛋白质切开，获得纯化的外源蛋白质。

二、蛋白质 - 核酸的相互作用

许多重要的生物过程如 RNA 的转运和翻译、DNA 的包装、遗传重组、复制和 DNA 修复等都是由蛋白质和核酸两种生物大分子的相互作用控制的，而且通过生物技术操纵蛋白质 -DNA 的相互作用可以调节一些致病相关基因的表达而有利于疾病的治疗。因此，研究蛋白质 -DNA 相互作用对于探索个体及细胞的生长、发育、差异化的调节和生物的演变机制至关重要。经典的用于研究 DNA- 蛋白质相互作用的方法包括染色质免疫沉淀、电泳迁移率变换分析、DNA 足迹等。

1. 染色质免疫沉淀 染色质免疫沉淀（chromatin immunoprecipitation，ChIP）是一种用于研究细胞中蛋白质和 DNA 之间相互作用的免疫沉淀实验技术，其目的是确定特定蛋白质是否与特定基因组区域结合，例如启动子或其他 DNA 结合位点上的转录因子。染色质免疫沉淀分析的基本原理是在活细胞状态下固定蛋白质 -DNA 复合物，通过超声处理或核酸酶消化将 DNA- 蛋白质复合物（染色质蛋白质）剪切成约 500bp 的 DNA 片段，使用适当的蛋白质特异性抗体从细胞裂解液中免疫沉淀与该蛋白质相关的交联 DNA 片段，纯化后确定 DNA 片段的序列。特异性 DNA 序列的富集表示目的蛋白质与体内基因组上的相关区域结合。

2. 电泳迁移率变换分析 电泳迁移率变换分析（electrophoretic mobility shift assay，EMSA）也称凝胶转移实验（gel shift），是一种简单、快速、敏感的用于测试蛋白质 -DNA 相互作用的体外技术。该技术是基于观察到蛋白质和 DNA 的复合物比游离 DNA 片段或双链寡核苷酸在非变性聚丙烯酰胺凝胶上的电泳迁移率降低的现象。首先将蛋白质（例如核或细胞提取物）与含有推定的蛋白质结合位点的 ^{32}P 末端标记的 DNA 片段进行孵育，然后将孵育产物在非变性聚丙烯酰胺凝胶上进行电泳，放射自显影后分析各样品的迁移率。通过加入含有目标蛋白结合位点的其他 DNA 片段与其他不相关 DNA 序列的竞争实验确定蛋白质 -DNA 结合位点的特异性。

3. DNA 足迹 DNA 足迹（DNA footprinting）分析是利用与 DNA 结合的蛋白质经常保护 DNA 免受酶裂解的现象来检测 DNA- 蛋白质的相互作用的一种生化技术，该技术可以在特定的 DNA 分子上定位蛋白质结合位点。将感兴趣的 DNA 片段用放射性核素标记的引物进行 PCR 扩增，使用脱氧核糖核酸酶（DNase）对 PCR 产物进行切割，放射自显影检测所得的切割模式。将不存在 DNA 结合蛋白质的 DNA（通常称为游离 DNA）的切割模式与 DNA 结合蛋白质存在下的 DNA 切割模式进行比较。如果蛋白质结合 DNA，则可以保护结合位点免受酶裂解，在凝胶上留下清晰的印迹，称为“足迹”。可通过改变蛋白质的浓度来估计蛋白质的结合亲和力。

核酸分子杂交以 DNA 的变性和复性为理论基础，是不同来源的单链核酸通过碱基互补形成杂合双链的过程。核酸探针是分子杂交的技术基础，它是一段与被检测的核酸序

列互补的带有放射性或其他标记的核苷酸片段，可以用于检测核酸样品中存在的特定基因。常用的探针标记方法有放射性核素法、生物素法、地高辛法和分子信标等。分子杂交的方法有斑点杂交、原位杂交和转移印迹杂交等。

聚合酶链反应是一种在体外由引物介导的 DNA 聚合酶酶促合成反应，也称基因扩增技术，类似体内的 DNA 复制过程。主要是利用 DNA 聚合酶依赖 DNA 模板的特性，在一对引物间诱发聚合反应。整个过程包括模板变性、模板与引物退火结合和引物延伸三个步骤。该技术主要用于 DNA 的微量分析、基因克隆、DNA 序列测定等。

DNA 序列分析主要有双脱氧合成末端终止法和化学修饰法两种方法。

转基因动物是指将外源基因导入动物的受精卵，再将受精卵植入到代孕动物的输卵管或子宫中培育出的动物。转基因动物利用了基因工程和胚胎工程技术，改变动物遗传性状，创造医学研究需要的动物模型。

克隆动物是生物体通过体细胞进行的无性繁殖以及由无性繁殖形成的基因型完全相同的后代个体组成的种群。克隆动物的遗传信息完全来自于提供细胞核的动物，即克隆动物是供核动物的复制品。

基因敲除的目的是灭活基因组中的某一个基因。通过 DNA 定点同源重组改变基因组中某一基因的技术称为基因打靶。利用基因打靶使某一基因替代基因组中的另一基因，让其表达产物在生物体内发挥作用，以研究其功能的技术称为基因敲入。基因敲除技术在医学中主要用于建立基因敲除动物，研究基因的功能和疾病发生的机制。

生物芯片是指通过微电子、微加工技术在芯片表面构建的微型生物化学分析系统，以实现对细胞、DNA、蛋白质及其他生物组分的快速、敏感、高效的处理。生物芯片技术的原理最初是由核酸的分子杂交衍生而来，即应用已知序列的核酸探针对未知序列的核酸进行杂交检测，这一过程也适用于蛋白质的研究，如抗原与抗体、配体与受体专一性结合的研究。生物芯片的检测过程是通过光蚀刻、化学合成及微细加工工艺等技术方法，在很小的介质表面合成固定核酸、蛋白质及多态序列形成高密度的点阵，与样本来源制备的探针杂交后，由特殊的装置检出信号，并由计算机进行分析、综合。

RNA 干扰是指由小分子 RNA 抑制基因表达，特别是降解特异性 mRNA 分子的一种生物学过程。这些小 RNA 分子主要包括 siRNA 及可以表达 siRNA 的其他小分子 RNA。由于 RNAi 技术可以选择性地抑制特定基因的表达，因此成为功能基因组学研究的有力工具。此外，RNAi 技术在药物研发和临床疾病，特别是肿瘤和感染性疾病的治疗方面也有着广阔的应用前景。

生物大分子间的相互作用广泛参与体内的生物学过程。蛋白质间暂时性的结合将形成信号通路，而持续性的结合将在细胞内形成稳定的蛋白质复合物。蛋白质相互作用的研究对于推断细胞内的蛋白质功能也很重要，还有助于鉴定药物靶标。RNA 的转运和翻译、DNA 的包装、遗传重组、复制和 DNA 修复等都是由蛋白质和核酸两种生物大分子的相互作用控制的，而且通过生物技术操纵蛋白质 -DNA 的相互作用可以调节一些致病相关基因的表达而有利于疾病的治疗。因此，研究蛋白质 -DNA 相互作用对于探索个体及细胞的生长、发育、差异化的调节和生物的演变机制至关重要。

思考题

1. 根据核酸分子杂交的原理试述其在医学领域的可能应用。
2. 试述如何提高 PCR 产物的特异性与产量。

3．试比较转基因动物、克隆动物和基因敲除技术的异同点。

4．根据已知生物大分子之间相互作用的原理，请设计一种新的方法检测生物大分子之间的相互作用。

（杨 洁 葛 林）

附录 1　推荐的课外参考读物与专业研究类期刊

参考书籍

贾弘禔．生物化学与分子生物学．3 版．北京：人民卫生出版社，2015.

查锡良，药立波．生物化学．8 版．北京：人民卫生出版社，2013.

赵宝昌．生物化学．2 版．北京：高等教育出版社，2009.

周春燕，冯作化．医学分子生物学．2 版．北京：人民卫生出版社，2014.

Nelson DL，Cox MM. Lehninger Principles of Biochemistry. 7th ed. New York：Worth Publishers，2017.

Ferrier D. Biochemistry. 7th ed. Philadelphia：Lippincott Williams & Wilkins/Wolters Kluwer Health，2017.

Litwack G. Human Biochemistry and Disease. San Diego：Academic Pr.，2008.

Rodwell VW，Bender D，Botham KM，et al. Harpers Illustrated Biochemistry. 30th ed. New York：McGraw-Hill Education，2015.

Lodish H，Berk A，Kaiser CA，et al. Molecular Cell Biology. 8th ed. New York：Scientific America Books，WH Freeman & Co.，2016.

专业研究类期刊

生物化学与生物物理学报（上海）

生物化学与生物物理进展（北京）

中国生物化学与分子生物学报（中国生物化学与分子生物学学会主办，北京）

生命的化学（中国生物化学与分子生物学学会主办，上海）

分子生物学杂志（武汉）

Archives of Biochemistry and Biophysics（简称 ABB，美）

Annual Review of Biochemistry（生物化学年鉴，美）

Biochemical Journal（简称 BJ，英）

Biochemistry（美）

Biochemical and Biophysical Research Communications（简称 BBRC，美）

Biochimica et Biophysica Acta（简称 BBA，欧）

Cell（美）

EMBO Journal（欧洲分子生物学学会主办，英）

FASEB Journal（美国实验生物学会主办，美）

Journal of Biochemistry（简称 JB，日本生物化学学会主办，日）

Journal of Biological Chemistry（简称 JBC，美国生物化学与分子生物学学会主办，美）

Journal of Cellular Biochemistry（简称 JCB，美）

Journal of Molecular Biology（简称 JMB，美）

Molecular and Cellular Biology（简称 MCB，美）
Nucleic Acids Research（英）
Oncogene（英）
Trends in Biochemical Sciences（简称 TIBS，美）

（程　杉）

附录2 医学生物化学与分子生物学大事记

1757 约瑟夫·布兰克（Joseph Black）发现 CO_2。

1771—1774 约瑟夫·普利斯（Joseph Priestly）和卡尔·威廉·谢勒（Carl Wilhelm Scheele）分别发现 O_2。

1776—1778 谢勒（C. W. Scheele）从天然产物中分离出甘油、柠檬酸、苹果酸、乳酸、尿酸。

1779—1796 英根·胡兹（Ingen-Housz）证明绿色植物生成 O_2 时需要光，植物可利用 CO_2。

1780—1789 劳伦特·拉瓦锡（Laurent Lavoisier）研究生物体内的“燃烧”，后人称其为生物化学之父。

1783 阿巴特·拉萨罗·帕兰扎尼（Abbate Lazaro Spallanzani）证明蛋白质在胃中的消化作用是化学反应而不是机械过程。

1804 约翰·索热尔（John D. de Saussure）首次指出了光合作用气体交换在化学计量上是收支平衡的。

1806 沃克兰（Vauguelin）和罗比凯（Robiquet）首次分离出第一个氨基酸——天冬酰胺。

1810 盖伊·吕萨克（Gay-Lussac）推导出了乙醇发酵的反应式。

1815 比奥（Biot）发现了分子的旋光性。

1828 弗里德里希（Friedrich Wöhler）由无机化合物氨及氰酸铅合成了第一个有机化合物——脲。

1830—1840 冯·利比希·贾斯特斯（von Liebig Justus）将食物成分分为糖、脂肪、蛋白质等种类，提出“代谢”一词，证明动物体温形成是食物在体内“燃烧”的缘故，最先写出两本生物化学专著。

1833 佩恩（Payen）和帕索兹（Persoz）提纯了麦芽淀粉糖化酶（淀粉酶），并证明它是热不稳定的，认为酶在生物化学中具有极其重要的作用。

1837 约翰·雅各·伯齐利厄斯（Jns Jacob Berzelius）提出了发酵的催化性质的假说，随后证明乳酸是肌肉活动的产物。

1838 施莱登（Schleiden）和施旺（Schwann）发表了细胞学说；格拉尔杜斯·约翰内斯·穆德（Gerardus Johannes Mulder）对蛋白质进行了初步的系统研究。

1842 朱利叶斯·罗伯特·迈耶（Julius Robert Mayer）发表了热力学第一定律及其在生物机体研究中的应用。

1850—1855 克劳德·伯纳德（Claude Bernard）从肝中分离出糖原并证明它被转变为血糖，发现了糖原异生作用的过程。

1854—1864 路易斯·巴斯德（Louis Pasteur）证明发酵作用是由微生物引起的，推翻了自生论。

1857 鲁道夫·阿尔伯特·冯（Rudolf Albert von Kölliker）发现了肌肉细胞内的线粒体。

1862 朱利叶斯·冯·萨克斯（Julius von Sachs）证明淀粉是光合作用的产物。

1864 菲利克斯·霍普·霍佩赛勒（Erust Felix Hoppe-Seyler）第一次结晶出第一个蛋白质——血红蛋白。

1869 弗雷德里希·米歇尔（Friedrich Miescher）从脓液中分离出当时他称之为“核素”的核酸。

1872 爱德华·弗鲁格（Eduard F. W. Pflüger）证明不仅血液与肺消耗 O_2，所有动物组织都消耗 O_2。

1877 威利（Willy Kühe）提出使用“enzyme”这个词，并将“酶”和“细菌”两者区别开来；德国出版了首份生物化学专业杂志《生理化学杂志》。

1886 麦克穆恩（C. A. MacMunn）发现细胞色素。

1890 克里斯蒂安·艾克曼（Christiaan Eijkman）发现脚气病同食物中缺乏米糠有关，从此开始对 B 族维生素的研究。

1893 威廉·奥斯特瓦尔德（Wilhelm Ostwald）证明了酶是催化剂。

1894 菲舍尔（E. Fischer）证实了酶的专一性，并用“锁钥原理”解释酶与底物之间的关系，1902 年获诺贝尔化学奖。

1897 爱德华·比希纳（Eduard Buchner）首次证明离开活细胞的“酿酶”仍具有活性，极大地促进了生物体内糖代谢的研究。

1897—1906 克曼（C. Eijkman）证明脚气病是一种营养缺乏症，可用稻米水的可溶解成分医治。1929 年获诺贝尔生理学或医学奖。

1901 德·弗里斯（De Vries H.）的著作《突变论》两卷于 1901、1903 年先后出版。

1901—1904 约翰·雅各伯（John Jacob Abel）、塔卡米尼（JokichiTakamine）和奥德里奇（Aldrich）第一次分离出激素肾上腺素，斯托尔茨（Stoltz）合成了这个激素。

1902 埃米尔·费歇尔（Emil Fischer）及霍夫迈斯特（Hofmeister）证明了蛋白质是多肽，分别提出蛋白质分子结构的肽键理论；加罗德（A. E. Garrod）发现黑尿症（现称苯丙酮尿症）是一种由于代谢途径异常而致的遗传性疾病；贝利斯（W. M. Bayliss）和斯塔林（E. H. Starling）提取出“肠促胰液肽（secretin）”并命名为“激素（hormone）”。

1903 诺伊贝格（Neuberg）首先使用“生物化学（biochemistry）”一词。

1905 哈登（Harden）和杨（Young）证明乙醇发酵需要磷酸盐，第一次浓缩获得了第一个辅酶，以后证明这个辅酶是 NAD；努普（Knoop）指出脂肪酸的 β 氧化作用。

1907 弗莱彻（Fletcher）和霍普金斯（Hopkins）证明缺氧条件下肌肉收缩时定量地将葡萄糖转变成乳酸。

1908 卡雷尔（A. Carrel）在美国成功地在体外培养了温血动物的细胞，此后，组织培养方法应用于生物学研究的许多方面，1912 年获诺贝尔生理学或医学奖。

1909 约翰逊（W. Johannsen）提出了“基因（gene）”“基因型（genotype）”“表型（phenotype）”等遗传学的基本概念；索伦森（Srensen）证明了 pH 对酶作用的影响；劳斯（F. P. Rous）发现了肿瘤病毒（鸡 Rous 肉瘤病毒），1966 年获诺贝尔生理学或医学奖。

1911 芬克（C. Funk）在英国从米糠中分离出具有活性的抗脚气病的维生素 B 白色晶体，并提出了“vitamin”这个词。

1912 霍普金斯（F. G. Hopkins）用实验肯定了维生素的存在，并提出“营养缺乏症”的概念；克曼（C. Eijkman）用实验证实糙米含维生素 B_1，有治疗多发性神经炎的作用。二人为此于 1929 年共获诺贝尔生理学或医学奖。

1913 米歇尔（Michaelis）和门滕（Menten）发展了酶作用的动力学理论。

1915—1922　科勒姆（E. V. Mc Collum）发现维生素 A 及维生素 D，证明其与软骨病有关，并把维生素分为水溶性和脂溶性两大类。

1917　麦卡伦姆（McCollum）证明小鼠眼干燥症是由缺乏维生素 A 引起的。

1922　班廷（F. G. Banting）和贝斯特（C. H. Best）在麦克劳德（J. R. Macleod）的指导下提取出纯胰岛素，并成功地应用于糖尿病治疗，1923 年班廷（Banting）与麦克劳德（Macleod）共获诺贝尔生理学或医学奖。

1923　凯林（Keilin）重新发现细胞色素，并证明在呼吸时它可变为氧化态；斯维德伯格（T. Svedberg）发明了第一台超速离心机。

1925　梅耶霍夫（O. Meyerhof）发现从肌肉中提取出来的一组酶可使肌糖原转变为乳酸；凯林（D.Keilin）发现细胞色素在细胞呼吸中起氧化还原作用。

1926　萨姆纳（J. B. Sumner）第一个取得纯酶——尿素酶的结晶，并证明酶的蛋白质本质。

1928　弗莱明（A. Fleming）发现青霉素对细菌的抑制作用；弗洛里（H. L. Florey）和钱恩（E. B. Chain）提纯了青霉素，并在实验和临床上证实了青霉素的疗效。1945 年，三人共获诺贝尔生理学或医学奖。

1929　费斯克（C. H. Fiske）与萨伯罗（Y. SubbaRow）和罗曼（K. Lohmann）分别独立地从肌肉提取液中分离出 ATP。后来罗曼（K. Lohmann）又阐明了 ATP 的化学结构；科尔夫妇（C. F. Cori 和 G. T. Cori）发现了肌糖原、血乳酸、肝糖原及血糖之间转化的循环过程，后称 Cori 循环。奥赛（B. A. Houssay）发现脑下垂体对糖代谢的影响是通过控制胰岛素的生成而实现的。1947 年，后三者共获诺贝尔生理学或医学奖。

1930—1933　诺斯罗普（Northrop）分离出结晶胃蛋白酶，并证明它是蛋白质。

1930—1935　埃兹尔（Edsall）和冯 · 缪拉尔特（Von Muralt）从肌肉中分离出肌球蛋白。

1931　恩格尔哈特（Engelhardt）发现磷酸化作用与呼吸作用的偶联；中国生物化学家吴宪（Wu Xian）提出蛋白质变性理论。

1933　克雷布斯（H. A. Krebs）发现尿素合成的鸟氨酸循环；后来又提出代谢的共同途径——柠檬酸循环假说，并得到了证实。与李普曼（F. A. Lipmann）共同阐明了糖有氧氧化的三个阶段。为此，他们两人共获 1953 年诺贝尔生理学或医学奖。尤里（H. C. Urey）开始用重元素放射性核素标记代谢物进行生物体内代谢途径的研究；汤佩松（Tang Peisong）发现在植物中细胞色素氧化酶的存在和作用。

1934　佛伦（J. A. Folling）发现苯丙酮尿症是由于缺乏苯丙氨酸羟化酶所致。

1935　埃姆登（G. G. Embden）和纳斯（J. K. Parnas）等人阐明了糖酵解过程的全部 12 个步骤；舍恩海默（Schoenheimer）和里滕贝格（Rittenberg）首次将放射性核素示踪用于糖类及类脂物质的中间代谢物的研究。

1936　A.E. Mrsky 和鲍林（L.C. Pauling）发展了氢键理论，并提出氢键在蛋白质结构中起着使多肽键形成稳定构型的作用。

1937　洛曼（Lohmann）和舒斯特（Schuster）证明硫胺素是丙酮酸羧化酶辅基的组成成分。

1937—1938　瓦尔堡（Warburg）证明 ATP 的形成是与 3′- 磷酸甘油醛的脱氢作用相偶联的。

1939—1941　舒斯特（Lipmann）提出了 ATP 在能量传递循环中具有中心作用的假说。

1939—1942　恩格哈（Engelhart）和柳比莫瓦（Lyubimova）发现肌球蛋白的 ATP 酶活性。

1940　马丁（A. J. P. Martin）和辛格（R. L. M. Synge）建立色层析法，后来又发展为纸层析法，推动了分子生物学的研究。1952 年他们共获诺贝尔化学奖。

1941　比德尔（G. W. Beadle）和塔特姆（E. L. Tatum）共同提出“一个基因一个酶”的

假说，开辟了生化遗传学的研究。

1944 艾富里（O. T. Avery）、麦克劳德（C. M. Macleod）和麦卡蒂（M. McCarty）报告了肺炎双球菌的转化实验，证明不同品系的肺炎双球菌之间的转化因子是 DNA 而不是蛋白质，即 DNA 是遗传物质。麦克林托克（B. McClintock）提出“可移动基因学说”，于 1983 年获诺贝尔生理学或医学奖。

1945 阿斯特伯里（W. Astbury）使用了“分子生物学”这个术语；布兰德（Brand）用化学法及微生物法首次对 β- 乳球蛋白的全部氨基酸组成进行了分析。

1946 莱德伯格（J. Lederberg）和塔特姆（E. L. Tatum）发现细菌的有性繁殖以及细菌的基因重组和转导现象，推动了分子遗传学的发展。1958 年他们共获诺贝尔生理学或医学奖。

1947—1950 李普曼（Lipmann）和卡普兰（Kaplan）分离并鉴定了 CoA。

1949 鲍林（L. C. Pauling）等人用电泳法证明镰状细胞贫血是因为有异常血红蛋白的存在，并推证这种血红蛋白的生成受基因控制，引入了分子病的概念。

1949—1950 桑格（Sanger）发展了 2,4- 二硝基氟苯法；埃德曼（Edman）发展了异硫氰酸苯脂法鉴定肽链的 N 端。

1950 鲍林（Pauling）和科里（Corey）提出了 α 角蛋白的 α 螺旋结构学说；鲍林（Pauling）于 1954 年获诺贝尔化学奖。

1951 伦宁格（Lehninger）证明从 NADH 到氧的电子传递是氧化磷酸化作用的直接能量来源。

1952—1954 Zamenik 等发现了核蛋白粒，以后称为核糖体，是蛋白质合成的部位。

1953 桑格（Sanger）和汤普森（Thompson）完成了胰岛素 A 链及 B 链氨基酸序列的测定；维格诺德（V. du Vigneaud）首次在实验室合成了多肽激素——催产素及加压素；沃森（J. D. Watson））和克里克（F. H. C. Crick）合作提出 DNA 结构的双螺旋模型，完满地解释了 DNA 作为遗传物质的功能，开创了分子遗传学的新时代。1962 年他们与威尔金斯（M. H. F. Wilkins）共获诺贝尔生理学或医学奖。

1954 卡尔文（M. Calvin）用 ^{14}C 示踪实验，阐明了植物光合作用中的“卡尔文循环”，即三碳植物中同化 ^{12}C 化学反应的公共途径。1961 年获诺贝尔化学奖。

1955 本滋尔（Benzer）完成了基因精细结构图谱，并肯定一个基因是具有许多突变位点的；奥乔亚（Ocho）和伯格 - 马纳戈（Grunberg-Manago）发现多核苷酸磷酸化酶；霍格兰（M. B. Hoagland）建立了蛋白质合成的无细胞体系。

1956 萨瑟兰（E. W. Sutherland）发现了 cAMP，随后阐明 cAMP 是多种激素在细胞水平上起作用的“第二信使”，1971 年获诺贝尔生理学或医学奖。加莫夫（G. Gamov）提出了三联体密码子的假设，并提出有 64 个密码子的推论。Ubarger 报道了从苏氨酸合成异亮氨酸时，终产物异亮氨酸能抑制合成链中的第一个酶。

1957 沃格尔（Vogel）、马加萨尼克（Magasanik）等提出酶合成中的遗传阻遏。科恩伯格（A. Kornberg）发现 DNA 聚合酶，为研究 DNA 的离体合成提供了重要条件，1959 年他与奥乔亚（S. Ochoa）共获诺贝尔生理学或医学奖。

1958 克里克（Crick）提出分子遗传的中心法则；梅塞尔森（Meselson）和斯塔尔（Stahl）为 DNA 半保留复制模型提出了实验证明；Stem、穆尔（Moore）和斯帕克曼（Spackman）设计出氨基酸自动分析仪，加快了蛋白质的分析工作。

1959 马克斯 · 费迪南德 · 佩鲁茨（M. F. Perutz）完成了血红蛋白的晶体结构分析；张明宽获得世界上第一个哺乳动物体外受精成功的“试管兔子”。

1959 乌绍阿（Uchoa）发现了细菌的多核苷酸磷酸化酶，成功地合成了核糖核酸，研究并重建了将基因内的遗传信息通过 DNA 中间体翻译成蛋白质的过程。他和科恩伯格

（Kornberg）分享了当年的诺贝尔生理学或医学奖，而后者的主要贡献在于实现了 DNA 分子在细菌细胞和试管内的复制。

1961　莫诺（J. Monod）等提出酶促反应的机制是酶分子发生变构效应的假说；米切尔（P. D. Mitchell）提出化学渗透偶联假说；雅各（Jacob）和莫诺（Monod）提出了操纵子学说，1965 年共获诺贝尔生理或医学奖；尼伦伯格（M. Nirenberg）和马泰（H. Matthei）发现了苯丙氨酸的遗传密码为 UUU，这是第一个被破译的遗传密码。

1964　利特菲尔德（Littlefield）等人利用突变细胞株和 HAT 选择培养液解决了分离杂交瘤细胞的难点。HAT 筛选培养液是根据次黄嘌呤核苷酸和嘧啶核苷酸生物合成途径设计的。

1965　王应睐（Wang Yingai）、汪猷（Wang You）等完成了牛胰岛素的人工合成；雅各（Jacob）和莫诺（Monod）由于提出并证实了操纵子作为调节细菌细胞代谢的分子机制而与利沃夫（Iwoff）分享了诺贝尔生理学或医学奖。雅各（Jacob）和莫诺（Monod）还首次提出存在一种与染色体脱氧核糖核酸序列相互补，能将编码在染色体 DNA 上的遗传信息带到蛋白质合成场所并翻译成蛋白质的信使核糖核酸，即 mRNA 分子。他们的这一学说对分子生物学的发展起到极其重要的指导作用。

1966　确定了组成蛋白质的 20 种氨基酸的全部遗传密码。

1967　埃德曼（Edman）和贝格（Begg）发明多肽氨基酸序列分析仪；世界上有 5 个实验室几乎同时发现了 DNA 连接酶。1970 年，具有更高活性的 T4 DNA 连接酶被发现。

1968　冈崎（Okazaki）提出 DNA 不连续复制的学说；霍利（Robert W．Holley）、科拉纳（Har Gobind Khorana）、尼伦伯格（Marshall W．Nirenberg）因合成了核酸，揭开了遗传密码的奥秘而获得 1968 年诺贝尔生理学或医学奖。

1969　韦伯（Weber）应用 SDS- 聚丙烯酰胺凝胶电泳技术测定了蛋白质分子量；梅里菲尔德（B. Merrifield）等人工合成了含有 124 个氨基酸的、具有酶活性的牛胰核糖核酸酶。

1970　巴尔的摩（D. Baltimore）和特明（H. M. Temin）各自独立从鸡肉瘤病毒中发现逆转录酶，因此获得 1975 年度诺贝尔生理学或医学奖。

1971　伯格（P. Berg）首次完成 DNA 的体外重组，在基因工程基础研究方面取得了杰出成果，1980 年获诺贝尔化学奖；布洛贝尔（Günter Blobe）第一次提出蛋白质带有控制其在细胞中传输和定位的信号及其分子机制，并于 1999 年获诺贝尔生理学或医学奖。

1972　辛格（Singer）提出了生物膜结构的流动镶嵌模型。

1973　最早在人体进行基因治疗试验，第二例基因治疗在 1980 年，两次均未成功。20 世纪 80 年代初期，乔伊纳（Joyner）等人最先在体外成功地通过逆转录病毒载体，把细菌新霉素磷酸转移酶基因转入造血干细胞；科恩（S. N. Cohen）提出以嵌合质粒的方式将外源基因克隆到细菌中的方法；穆尔（Moore）和斯坦（Stein）设计出氨基酸序列自动测定仪。

1974　科恩伯格（R. D. Kornberg）等提出了核小体的结构模型。

1975　休斯（Hughes）分离出具有类吗啡作用的脑啡肽；米尔斯坦（C. Milstein）和科勒（G. Kohler）成功获得了世界上第一株能稳定分泌单一抗体的杂交瘤细胞株。

1976　第一个 DNA 重组技术规则问世；马克萨姆（Maxam）和吉尔伯特（Gilbert）建立了快速测定大片段 DNA 序列的化学法；世界著名的生物技术公司 Genentech 公司成立，1978 年，Genentech 公司的科学家们成功地把编码人胰岛素两条链的基因转到一个载体上，并在大肠埃希菌中得到了表达，从而获得了世界上第一种基因工程蛋白质药物，1979 年该公司的科学家又克隆并表达了人类生长激素基因，再次证明利用 DNA 重组技术，可以在微生物中大量表达外源蛋白质，Genentech 公司在 1982 年被正式批准生产、销售世界上第一种基因工程蛋白质药物“重组人胰岛素”。

1977　桑格（Sanger）提出了应用双脱氧合成末端终止法测定 DNA 序列的方法，与吉尔伯特（Gilbert）分别在 1980 年获诺贝尔化学奖；波伊尔（H. W. Boyer）等利用重组 DNA 的方法将基因导入大肠埃希菌中并成功表达，揭开了分子生物学新的一页；罗伯茨（R. J. Roberts）与夏普（P. A. Sharp）在真核生物基因组中发现断裂基因，于 1993 年共获诺贝尔生理学或医学奖。

1978 罗伯特·爱德华兹（Robert G. Edwards）成功地通过体外受精使世界第一例试管婴儿诞生，于 2010 年获诺贝尔生理学或医学奖。

1979 戈尔德贝尔格（M. Goldberg）和霍格内斯（D. S. Hogness）发现真核生物的 DNA 启动子的 TATA 盒。

1980 王应睐（Wang Yinglai）、汪猷（Wang You）、王德宝（Wang De bao）等完成了酵母丙氨酸 tRNA 的人工合成。

1981 切克（T. R. Cech）等发现了核酶，于 1989 年获诺贝尔化学奖；第一台商业化生产的 DNA 自动测序仪诞生。

1982 塔宾（C. J. Tabin）及雷迪（E. P. Reddy）等分别发现并首次证实人类癌基因中的一个点突变导致了肿瘤的产生；普鲁西纳（S. B. Prusiner）首先用“prion（朊病毒）”一词描述蛋白质感染因子，揭示了一种新的感染方式，于 1997 年获诺贝尔生理学或医学奖；马歇尔（B. J. Marshall）和沃伦（J. R. Warren）发现了导致胃溃疡和消化性溃疡的真正元凶——幽门螺杆菌，于 2005 年获诺贝尔生理学或医学奖。

1983 吴（S.L.Woo）和罗布森（J. H. Robson）建立了检测苯丙酮尿症的基因诊断方法；基因工程 Ti 质粒用于植物转化，第一株转基因植物问世。

1984 穆利斯（K. B. Mullis）创建 PCR 法扩增 DNA，史密斯（M. Smith）创建寡核苷酸碱基定点突变技术，二人于 1993 年共获诺贝尔化学奖。

1985 杰弗里斯（A. J. Jeffreys）等报道了一种通过 DNA 识别每个人的“指纹”法。

1986 科恩（S. Cohen）与蒙塔尔奇尼（R. Lcvi-Montalcini）发现了神经生长因子和表皮生长因子；比奇（Beachy）研究组率先将外壳蛋白基因用于培育抗病毒的植物新品种；美国生物学家诺贝尔奖获得者杜尔贝科（Dulbecco）首先倡议，从整体上研究人类的基因组，分析人类基因组的全部序列以获得人类基因所携带的全部遗传信息；1987 年，美国国立卫生研究院和能源部联合提出了人类基因组计划，并于 1990 年正式实施。

1988 怀特（P. Whyte）、帕尔纳斯（K. J. Buchkovich）和霍罗威茨（J. M. Horowitz）等发现癌基因的活化或一种抗癌基因的钝化是肿瘤产生的前提。

1989 毕晓普（J. M. Bishop）与瓦默斯（H. E. Varmus）证明癌症的起因是致癌基因而不是病毒。

1990 罗森伯格（Rosenberg）等人利用逆转录病毒载体将基因导入肿瘤浸润淋巴细胞，并将其输回体内进行跟踪，美国国立卫生研究院及其下属重组 DNA 顾问委员会批准了美国第一例临床体细胞基因治疗方案，1990 年 9 月 14 日，该临床试验正式开始；平田（Hirata）和凯恩（Kane）等在研究酵母液泡 H^+- ATPase 的 69kDa 亚基基因 VMA1 时，首先发现蛋白质剪接现象；理查德·亨德森（Richard Henderson）第一个用冷冻电镜解析出来膜蛋白结构，2017 年与雅克·迪波什（Jacques Dubochet）、约阿希姆·弗兰克（Joachim Frank）共同获得诺贝尔化学奖。

1991 中国开始了基因治疗的临床研究。在基因治疗的管理方面，1993 年 5 月 5 日，原卫生部药政司颁布了人体细胞及基因治疗临床研究质控要点作为基因治疗的管理依据。怀特（White）等人首次获得纯合的转基因绵羊；第一次国际基因定位会议上，转基因动物技术被公认是遗传学中继连锁分析、体细胞遗传和基因克隆之后的第四代技术，被列为生物学发展史上 126 年中第 14 个转折点。

1992　弗奇戈特（R. F. Furchgott）、伊那罗（L. J. Ignarro）和穆拉德（F. Murad）发现一氧化氮（NO）为心血管系统的信号分子，于 1998 年共获诺贝尔生理学或医学奖；大隅良典（Yoshinori Ohsumi）的实验第一次证明了在酵母细胞中同样存在自噬现象，这也成为了自噬领域的一个突破性发现，于 2016 年获诺贝尔生理学或医学奖。

1994　吉尔曼（A. G. Gilman）与罗德贝尔（M. Rodbell）由于发现了 G 蛋白以及它们在细胞信号转导方面的作用，共同获得诺贝尔生理学或医学奖；皮勒（Perler）等人对与蛋白质剪接有关的成分进行规范化的定义和命名。

1997　威尔穆特（Ian Wilmut）等第一次克隆出成年的哺乳动物绵羊 Dolly。

1998　菲尔（A.Z.Fire）和梅洛（C. C .Mello）发现了 RNA 干扰现象，二人于 2006 年获诺贝尔生理学或医学奖；日本采用核移植技术培育出克隆牛，经人工授精，产出第二代克隆牛，证实了克隆牛具有繁殖能力；2 个星期后，英美等国培育出克隆鼠。

2000　果蝇和拟南芥的基因组测序完成；克雷格 · 文特尔（Craig Venter）、塞莱拉（Celera）公司和人类基因组计划相继宣布，人类基因组草图完成。

2001　克雷格 · 文特尔（Craig Venter）公布了绘制人类蛋白质组图谱的计划；开始肿瘤靶向治疗的研究；罗杰 · 科恩伯格（Roger D. Kornberg）构建了描述真核生物转录机构完整活动的晶体图片，获 2006 年诺贝尔化学奖。

2002　水稻、小鼠、疟原虫和按蚊基因组测序完成；中国台湾首次育成以外源基因转殖的克隆猪。

2003　中国大陆、中国台湾、中国香港科学家宣布联手启动"中华人类基因组单体型图"计划；中、美、日、德、法、英 6 国科学家联合宣布完成人类基因组序列图。

2004　鸡（*Gallus gallus*）基因组测序完成。

2005　联合国通过《关于人类的克隆宣言》；多国科学家宣布完成水稻基因组序列全图谱的绘制；德国科学家绘制出首张人类蛋白质互作图谱；耶鲁大学科学家首次详细描绘出细胞信号转导网络。

2006　首次发现动物癌症可以传染；世界上首次 RNAi 临床试验初获成功；首次证明每个脑细胞都有自我更新能力。

2007　卡佩基（M. Capecchi）、史密斯（O. Smithies）和埃文斯（M. J. Evans）的一系列突破性发现为"基因靶向"技术的发展奠定了基础，使深入研究单个基因在动物体内的功能并提供相关药物实验的动物模型成为可能。三人因此共获 2007 年度诺贝尔生理学或医学奖。

2008　哈拉尔德（Harald）祖尔（Zur）豪森（Hausen）因发现了导致宫颈癌的罪魁祸首——人乳头瘤病毒，弗朗索瓦巴尔 - 桑努希（Francoise Barre-Sinoussi）和吕克 · 蒙塔尼耶（Luc Montagnier）因发现了艾滋病病毒，三人因此同获 2008 年度诺贝尔生理学或医学奖。

2009　伊丽莎白 · 布莱克本（Elizabeth Blackburn）、卡罗尔 · 格雷德（Carol Greider）和杰克 · 索斯塔克（Jack Szostak）由于发现了端粒酶，解决了在细胞分裂时染色体如何完整地自我复制以及染色体如何受到保护以免于退化的问题，三人因此获得 2009 年度的诺贝尔生理学或医学奖；万卡特拉曼 - 莱马克里斯南（Venkatraman Ramakrishnan）、托马斯 - 施泰茨（Thomas Steitz）和阿达 - 尤纳斯（Ada Yonath）利用高分辨率晶体解析对核糖体在蛋白质合成功能中的结构基础进行阐述，共同荣获 2009 年诺贝尔化学奖。

2011　布鲁斯（Bruce A. Seutler）和朱尔斯 · 霍夫曼（Jules A. Hoffmann）认定免疫系统中的"受体蛋白"，可确认微生物侵袭并激活先天免疫功能，构成人体免疫反应的第一步。拉尔夫 · 斯坦曼（Ralph M.Steinman）发现免疫系统中的"树突状细胞"及其在适应性免疫反应中的作用，构成免疫反应的后续步骤。三人因此同获 2011 年度诺贝尔生理学或医学奖。

2012　山中伸弥（Shinya Yamanaka）和约翰戈登（John B. Gurdon）由于发现成熟细胞

可被重编程、恢复多能性，因此获得 2012 年诺贝尔生理学或医学奖；罗伯特·莱夫科维茨（Robert J. Lefkowitz）和布莱恩·克比尔卡（Brian K. Kobilka）因在 G 蛋白偶联受体研究中作出突出成就，获得 2012 年诺贝尔化学奖。

2013　詹姆斯·罗斯曼（James E. Rothman）、兰迪·谢克曼（Randy Schekman）和托马斯·居德霍夫（Thomas C. Südhof ）揭示了细胞内运输体系的精细结构和控制机制。三人因此同获 2013 年诺贝尔生理学或医学奖。

2015　托马斯·林道尔（Tomas Lindahl）、保罗·莫德里奇（Paul Modrich）和阿奇兹·桑贾尔（Aziz Sancar）由于对揭示细胞 DNA 修复机制的贡献，获得 2015 年诺贝尔化学奖。

2017　杰弗里·霍尔（Jeffrey C. Hall）、迈克尔·罗斯巴什（Michael Rosbash）和迈克尔·杨（Michael W. Young）因在“生物节律的分子机制”方面的发现，获得 2017 年诺贝尔生理学或医学奖。

（程　杉）

中英文专业词汇索引

F

G

H

M

N

P

Q

R

S

T

Z